確 率 論 史

パスカルからラプラスの時代までの数学史の一断面

アイザック・トドハンター 原著

安 藤 洋 美 訳

現 代 数 学 社

A HISTORY
OF THE
MATHEMATICAL THEORY OF PROBABILITY
FROM THE TIME OF PASCAL TO THAT
OF LAPLACE
BY
I. TODHUNTER, M. A., F. R. S.
LONDON
PUBLISHED BY MACMILLAN COMPANY
MDCCCLXV

序　　言

　私の著書『19世紀における変分法の歴史』（*History of the Calculus of Variations during the Nineteenth Century*）が好評であったので，同種の他の研究を始めてみようかと思った次第である．私が目下興味をもっている主題をじっくりと考察してみたいと思ったのは，その主題のなかには微妙な問題が含まれていること，その主題が産み出したものを分析すれば何らかの価値のある貢献ができそうだということ，さらに重要で実際的な応用がきくこと，そして最後にそれを開拓してきた人々が傑出した人々であること，などである．

　確率論を使って考察される問題の性質と，この理論が数理科学の進歩ならびに実生活に関係したものの上に及ぼした影響は，このような序言のなかで簡単に論ずることはできない．しかしながら，わずか1世紀半の期間にほとんどすべての偉大な数学者たちが，この歴史の過程のなかに登場してくるという簡単な事実によっても，われわれは有名人がもっていた関心すべてを，われわれの研究題目とすべきだと考えてもよかろう．この顕著な人名簿のなかでも，とくに，──同じような性格と才能によって結びつけるのがふさわしいパスカルとフェルマー，──類まれな分析力の持主で，そのため後の世紀の人とみなされ，その上ニュートンの考えを固守したという栄誉をひとり占めにしたド・モワブル──ライプニッツと彼が設立者とみなされる有名な学派，そのなかに属するベルヌイやオイレル──フランス大革命をひきおこした人々のなかで，とくに目立った存在のダランベールと，その犠牲者としてもっとも有名なコンドルセ──現世紀〔訳註．19世紀〕まで生存し，数学界の支配者として当時ライバルとみなされたラグランジュとラプラス──などがとくに際立った人々として注目される．

　さて，この書物の内容の概要を述べておこう．

　第1章はカルダン，ケプラー，ガリレオの著作のなかに含まれる，この題目についてのいくつかの予想を説明する．

　第2章は偶然の問題に徒らに熱中していたが，幸いパスカルに援けられて転向したシュヴァリエ・ド・メレを紹介する．**分配問題**（the Problem of Points）はパスカルとフェルマーの間の往復書簡によって論ぜられ，かくして確率論の夜明けが始まる．

　第3章は当時この題目について分っていたことを，1659年ホイヘンスがまとめて提示した論文を分析する．このような研究はその時代の第一流の人々の思索を知る機会を学生たちに与えるものであって，大いに推奨されるべきものである．このような観点に立って，たとえばホイヘンスによって提供されたものが，ヤコブ・ベルヌイ，ド・モワブル，ラプラスによって模倣されたということは，われわれの研究題目にとって幸運なことであった．──そして，同じコースは今日の数学者たちによって別の題材と関連して追跡されるのに大いに役立つに違いない．

　第4章は順列と組合せの理論の初期の歴史について述べる．第5章は死亡率と生命保険についての研究の初期の歴史の概略を述べる．これらの章のいずれも，十分なものとは思っていない．しかし，それらは確率論史の主たる話題と関連した分野でもあるので，両者の結びつきを辿るにはこれで十分であろうと思われる．

　第6章は1670年から1700年の間のいくつかの分野にわたる研究について説明する．われわれの注意は，カラメル，ソーヴォー，ヤコブ・ベルヌイ，ライプニッツ，さらにホイヘンスの論文の翻訳者

── I ──

に私が擬しているアーバスナット，ロバーツ，クレイグというような人々につぎつぎに向けられる．これらの人々のうち，あとの3人は証言の確率と関連して，数学を不合理に濫用したことで有名である．

第7章はヤコブ・ベルヌイの『推論法』（*Ars Conjectandi*）を分析する．この書物はその時代の最大級の数学者の1人による苦心の論文である．そして，それは不幸なことには未完成のまま残されたけれども，著者の能力と，この題目についてのなみなみならぬ関心とを，きわめてはっきりと示してくれる．とくに，われわれはヤコブ・ベルヌイの名を冠する有名な定理に注目したいものだ．そして，それによって確率論はそれ以前に占めていたよりも，もっと見通しのよい位置を占めることになる．

第8章はモンモールに割かれている．彼はヤコブ・ベルヌイやド・モワブルとくらべると，数学的な能力に劣る．また，その題目についての真の尊厳さと重要さについて，非常に崇高な考え方をしていたとも思われない．しかし，彼は熱狂的に確率論の研究に耽った．彼は自分では独創的な仕事は何も残さなかったが，彼の影響はニコラス・ベルヌイやド・モワブルの活動に，直接的にしろ間接的にしろ刺激を与えたのである．

第9章はド・モワブルに関係したことで，彼の『偶然論』（*Doctrine of Chances*）の十分な分析を含む．ド・モワブルはこの分野において最高度の数学的能力を発揮した．これらの能力は**遊戯継続**（the Duration of Play）の問題に対する解答をみれば明白なものである．不幸にして，彼は証明を公表しなかった．それから50年以上たって，ラグランジュがそれについての研究を補って，この問題を解析学の手法を用いる恰好の練習題にしてしまったのである．そのような理由で，われわれはド・モワブルの能力は賞讃するものの，彼が研究の方法を内証にしておいたために，数学もしくは少くとも数学史にもたらした損失を考えると遺憾に思う．

ド・モワブルの『偶然論』は，この題目についての十分な，明快な，そして正確な教程を形作っている．そして，それは現在にいたるまで，少くとも英国では標準的な著作としての地位を保ちつづけている．

第10章は1700年から1750年までの間のいくつかの分野における研究について説明する．これらの研究は，ニコラス・ベルヌイ，アーバスナット，ブラウン，メラン，ニコル，ビュッホン，ハム，トーマス・シンプソンおよびジャン・ベルヌイによるものである．

第11章はペテルスブルク学士院の叢書のなかで，主に出版公表されたダニエル・ベルヌイの一連の覚え書について説明する．それらの覚え書は大胆で独創性にとんだものとして注目すべきものであり，それらのうちの最初のものは道義的期待値の理論を含んでいる．

第12章はオイレルに関するものである．彼の覚え書のなかには，ある種の偶然ゲームに関するものがあるのでそれを説明する．

第13章はダランベールに関連している．確率論の基本原理のいくつかについて彼が主張したことに対する反論を詳しく述べ，さらに人類がかかりやすい宿命的な疫病のひとつを根絶することから生ずる人間生活の利益についての数学的考察について，ダニエル・ベルヌイと論争を行なったことも詳しく説明する．

第14章はベイズに関することである．観測結果から原因の確率を推測するという研究対象の分野のおこりとなった，有名な彼の定理を，彼流の証明によって説明する．

第15章はラグランジュに割かれる．彼は観測値の誤差論について価値ある覚え書と，遊戯継続について述べられたド・モワブルの結果の証明によって，確率論に貢献している．

第16章は1750年から1780年までの間の，さまざまな研究について注意してみたい．この章は，ケストナー，クラーク，マレ，ジャン・ベルヌイⅢ世，ビグラン，ミッチェル，ラムベルト，ビュッホン，フスと何人かの人物が登場する．ミッチェルの覚え書は注目すべきものである．それはスバル星のような，ある星同志の接近の事実から抽出した，構想の存在についての有名な推論を含んだものである．

第17章はコンドルセに関するもので，彼は確率論についての1冊の大部な書物と，1篇の長い覚え書を刊行した．彼は主として過半数の投票によって確定する判決の正当性の確率を論じている．彼はこの問題が十分数学の研究の対象になると考えたが，彼の出した結論そのものはそんなに重大なものではなかった．

第18章はトランブレに関係することである．彼は高等数学の援けをかりて独創的にえられた結果を，初等的な手法で確立するという主要な計画をもりこんだ覚え書を数種書いた．しかし，彼の画いた計画の遂行はうまくいったとは思われない．

第19章は1780年から1800年までの間のいろいろな研究について説明する．この章では，ボルダ，マルファッティ，ビキレ，『百科全書（事項別配列)』（*Encyclopédie Méthodique*）の数学の分野の担当執筆者たち，ダニエール，ワーリング，プレヴォ，リュイエ，ヤングらが登場する．

第20章はラプラスに割かれている．この章は確率論についての彼の著作すべてを完全に説明する．まず，年代順に彼の覚え書が分析され，それから彼自身の研究すべてを含み，さらに他の著書たちから多くのことを推論したところの彼の偉大な著作が分析される．ラプラスの覚え書と著作の主要部分すべてが，注意深く，かつ明瞭に解説されたものと思う．とりわけ，たとえば積分値を近似するラプラスの方法，分配の問題，ヤコブ・ベルヌイの定理，ビュッホンから持ち出された問題，そして就中，最小二乗法の有名な方法に関して，私は言及している．最後の題目に関するポワソンの輝ける解析の仕方に，私は大変おかげを蒙ったし，さらに未知の要素がひとつ以上の場合に適用される一般的な考察をも与えることができた．こうして，この重要な方法に関する理論を，学生諸君が理解できるように解説したので，何かの役に立つのではないかと思う．

附録においては，この書物の印刷の途中で，私の注意をひいたけれども，しかるべき場所に入れるには遅きに失したいくつかの著作について述べてある．

叙述はできる限り正確を期したし，また私が分析した独創的な著作の本質的な要素も再生するよう努力したつもりである．しかしながら，どんな研究をする場合でも，原文を正しく書き写すことは必ずしも必要ではないと思う．代数的な問題で既知量と未知量をあらわすのに，特別な文字を使うことは，さほど重要なこととは思われないし，各人が使いやすいように文字を選んで使ったのだと思う．しばしば同じ問題がいろいろな著者によって論じられてきたし，またそれらの方法の難易度を比較するにも，一通りの記号で通して説明する必要もあった．しかし一人一人の著者はそんなことを考える必要もなく好きなように文字を選んでいたのである．事実，記号の選び方を注意深く分析してみると，対照的な方法をとる私の註釈が，簡潔さと明瞭さを保持しようとすれば，正確さを犠牲にしなければならなかったのである．

本書に出てくる多くの記号は，数学の文献ではよく使われているものを用いたが，例外として1，2，…，n の相乗積をあらわす省略記号は，あまり一般的に用いられていない $\lfloor n$ を用いた．この相乗積に対しては多くの記号があるが，そのいずれも $\lfloor n$ よりよいという根拠がないので，それで本書のなかでは，ずっとこの記号でおしとおしている．〔訳註．訳書では n! を用いた．〕

私がしばしば引用した確率論の研究書の著者は，モンモール，ド・モワブル，ラプラスの3人で，

彼らの著書はいずれも1版以上出ている．私が引用した版は，それぞれ〔91頁〕，〔131頁〕，〔401頁〕で何版か説明してあるので，現在の版をお持ちの方はその点銘記されて，無用の誤解のないようにしてほしい．

おそらく，私が吟味した書物，とくに古い時代の書物の著者たちの何人かに，あまりにも多くの紙面を割いたように思われるかもしれない．しかし，物語を著書目録のみの列挙に限定してしまうなら，正確さと面白さは減ってしまうものである．経験によると，ほんの一寸論ずるか，さもなければ貧弱で不十分な規模で論ずべきではないように思われる．

ここで，私は数学史の分野における，何人かの私の先輩について言及したい．そうすれば彼らから私は多くの援助をうけていないことも明らかになるであろう．

モンチュクラ（Montucla）の『数学の歴史』（*Histoire des Mathématiques*）の第3巻380頁-426頁が，確率論とその周辺に割かれている．私はこの書物をつねに簡単に〔モンチュクラ〕の名称によって引用した．しかし，もちろん，第3巻と第4巻は彼の死後，ラ・ランド（La Lande）によって，モンチュクラの原稿から編集されていることは衆知の通りである．残念ながら，私はモンチュクラに感謝の念を抱かない；彼の著書は数学史の研究者に対しては必須のものである．なぜなら，その欠点が何であれ，それは競争相手もなく存在しているからである．しかし私は確率論について彼が述べていることに大いに失望させられたのである．資料も豊富でなければ，正確でもなければ，批判的でもない．ハーラム（Hallam）は，数学史の観点からみて，"モンチュクラはまったく表面的である"と若干きびしくきめつけているのである〔ハーラム，『ヨーロッパ文献史』(*History of the Literature of Europe*) の第1巻，第2章のノート参照〕．

確率論の初等的な教程のいくつかのなかに，簡単な歴史概要が含まれていたり，あるいは形式的に混入されているものがある．そのなかでは「実用知識文庫」のなかで出版された確率論教程のものが最良であると思う．この小冊子は筆者不明のものであるが，しかしラボックとドリンクウオーターによって書かれたことは分っている．ラボックはいまではジョン・ラボック卿であり，ドリンクウオーターはドリンクウオーター・ベチューン（Drinkwater Bethune）と改名している〔ド・モルガン教授の『算術書』（*Arithmetical-Books*）106頁，『保険雑誌』（*Assurance Magazine*）Vol IX，238頁のド・モルガンの書簡，『タイム紙』1862.12.16付の書簡参照〕．この教程は興味深く，価値のあるものであるが，そのなかでなされている歴史的叙述には，私は一様に賛同しかねるものがある．

もっと野心的な著作はシャルル・グローの『発祥より今日までの確率計算の歴史』（*Histoire du Calcul des Probabilités depuis ses origines jusqu'à nos jours*）である．これは八折り版（6×9.5吋）148頁からなる．数学記号を用いないで，通俗的な物語り風に書かれているが，しかしながら，いくつかの重要な特筆すべき記事を含んでいる．修辞的な文体のために，正確な真理が表現されないことは，歴史学や科学ではおこりがちであるが，にもかかわらずある題目についての全過程をいきいきと，そしてごく大づかみに展開することによって，一般読者は楽しまされることであろう．グローは確率論が純粋数学に果す役割の価値を認めているけれども，しかし道徳的もしくは政治的考察を含む問題を数学的に定式化して考える応用面は健全なものとは考えていなかった．グローは，彼がまだ若年のころ，「確実性の理論」（*Théorie de la Certitude*）と題する主題について，フランス学士院によって募集された懸賞論文をかいた．それは1929頁，3冊の2つ折書物になっている非常に大がかりな論文集であるが，その内容を要約したように思われるのがこの歴史の書である〔『道徳科学ならびに政治科学アカデミーの集会議事録』（*Séances et Travaux de l'Académie des Sciences morales et politiques*）vol. X. 372,382頁；vol XI 139頁参照〕．私がここで注目した研究の出版以前に，グローは他の学問分野で名

声をえていたことは，とくに取りあげる必要もないだろう．

ごく簡単にスケッチされてはいるが，ずばり的をいた解説の確率論史が，偉大な数学者自身の手になっている．つまり，ラプラスは彼の有名な著作の序論の数頁を割いて，確率論の先駆者の名前と彼らの貢献を記録している．先人の数学者たちから受けついだものと，ラプラス自身が創造したものとを，注意深く区別するための，特別な論及は彼の教程全体を通してなされていないことは，大いに悔まれる．

2人もしくはそれ以上の著者たちの研究の類似性を私が指摘する場合，これらの研究が相互に独立になされたのでないというように誤解しないでほしい．このような研究の一致性は，理由もなく，容易に，しかもごく自然におこりうるものであり，それゆえ先に研究を公表した人をもって成功者とすることは無意味なことである．この点についてはとくに注意を喚起しておきたい．というのは，私の先の歴史的著述のなかの一節から，ここで私が否認したような推測をひき出したことを後悔しているからである．ラプラスのような研究者の場合，彼の先駆者たちの研究業績と自分のそれが，ひとつやふたつのみならず，多くの点で一致したであろうし，また彼が大いに先人を模倣したに違いないことも明らかである．しかも，彼と同時代の人々は大変博学であったので，何でも彼でも自分の独創であるときめつけるわけにはいかなかったとも考えられる．

数学の研究の非常に広汎な分野の探求に，私は乗り出したようである．私が吟味してきた数多の覚え書と著作の特質と価値を，注意深く，しかも公平に評価するのが私の目的とするところである．私の批判は意識的に綿密で厳しくなっている．しかし私は決して非礼でもなければ不公正でもないと信じている．時には私が見つけた原著の誤りは十分に説明されているし，誤りを詳細に論じると内容以上に紙面をとる恐れのあるときは要約のみを与えておいたから，独創力のある学生諸君には役に立つと思う．また，学生諸君にとって必要な題材だと思われるときには，ためらうことなく，いつでも私自身の見解と理論展開とを紹介しておいた．

数学史に関する私の前書が，ある有名なドイツの評論雑誌において，著者自身の貢献があまりにも目立ちすぎること，そのために研究の純粋に歴史的な性格が損われてしまったことを指摘された．しかし，私は私の考えている計画を変更する考えはない．というのは，このような自己の見解をつけ加えることは，真面目に問題を取り扱っている限り，歴史の連続性を乱すことなく，その題目をより理知的に，より完全ならしめえたと，いまもって考えているからである．このようなむつかしい題目について，他の研究者たちの労作の説明や，私自身の研究成果のなかで，私が絶対誤りを犯していないと断言することはできない．しかし，もし誤りがあったとしても，それはごく僅かであろうし，またほんの些細なものにすぎないことを念ずるものである．私は，自分の著書の中で犯したどんな誤りや手落ちも，読者から指摘していただければ，有難くお受けしたいと思っている．

原著から正確に引用すること，ならびにそれらを翻訳するかわりに，出版されたままの言葉で表わすことによって，私の陳述を確かなものにするよう，細心の注意を払ったつもりである．私がこの書物で適用したこのような方法は，この書物を手にした外国の学生諸君にも十分受け入れられるものと思っている．また，私が研究した諸著作のなかに出てくる歴史的補註や引用文をも残すように努力したつもりである．この書物に出てくる**目次の表**，**年代リスト**，**索引**の援けをかりると，18世紀末までの数学者と称する人たちが，確率論について何か書いているかどうかをきわめて容易に確かめることができる．

私は18世紀末までの確率論の歴史を書いた．しかし，このような制約は，ラプラスの場合だけ，私は無視した．というのは，確率論についての彼の労作の大部分は，18世紀中になされたものであり，

— Ⅴ —

今世紀のはじめになって有名な彼の著作の中に，それらが再蒐集され，再公表されたからである．それゆえ，本書に彼の研究すべてにわたって，十分な説明を行なうのは都合よいことである．18世紀末以来今日まで経過した期間のなかで，歴史的に残るに違いないと思われる研究がつぎつぎとあらわれた．そして私はこのような豊富な材料の分析に少しはあたってもみた．しかし，この書物のために私が費した時間と労力を考えてみるとき，長い間心に懐いていた計画を放棄することは残念ではあるが，とりあえず当初計画した終点に達したいま，心に安らぎを覚えるのである．

　私はこの書物を，原則的には史書とみなしたいと思っているけれども，それでもなお，学生諸君に注意願いたい別の2通りの観点がある．第1は，本書を確率論についての包括的な教科書とみてほしいことである．なぜなら，この書物は代数学に関する初等的な書物からえられる程度の知識のみを読者に仮定しており，かつ確率論の諸文献のなかに出てくる問題のほとんどすべての発生過程と，ほとんどすべての形式が紹介されているからである．第2は，この書物がラプラスの有名な教程についての注釈書――おそらく，このような伴奏をより必要とする数学教程はほかにないであろう――として，特別な書物であるとみなしうることである．

　最後に，私の研究に対して，親切にも関心をもたれ，珍しい書物を貸与され，価値ある助言を賜ったド・モルガン教授に，私は深甚の謝意を表したい．いうまでもなく，ド・モルガン教授は確率論の研究者のなかでは際立った存在である．同教授は本書に示されたと同じ関心を，パスカルやライプニッツが永遠の輝きをもって実証的に示した方向にも示され，ごく自然に，そしてきわめて正当に，**思考の法則**（Laws of Thought）という形の素晴らしい研究にまとめられたことによって，教授の数学的，形而上学的才能はいかんなく実証されていることは一目瞭然である．そして稀な才能，巾広い学識，魅力ある性格によって，教授を知るすべての人々に感動を与え，崇敬の念を抱かせるものである．

アイザック・トドハンター

ケンブリッジにて
　　1865年5月

訳者まえがき

　本書はアイザック・トドハンターの『**確率の数学理論の歴史**（パスカルの時代からラプラスの時代まで）』（*A History of the Mathematical Theory of Probability from Time of Pascal to that of Laplace*）の全巻の翻訳である．今日，自然現象や社会現象の把握にさいして，確率論的あるいは統計学的方法の適用が少なからず必要なことはいうまでもない．そのための基礎理論たる統計数学については，わが国でも多くのすぐれた教科書が出版されているのであるが，しかし，その歴史的発展経過を詳しく述べた書物は，わずかに北川敏男氏の『**統計学の認識**』（白揚社）ぐらいのものである．わが国で出版されている数学史の書物も，大半は微積分法の歴史，幾何学の歴史にかたより，確率論史だけのものは皆無である．その上，一般読者にとって，第1次資料としての16～18世紀の原典をひとつひとつ丹念にあたってみるということは，まず不可能である．すると，本書のような第2次資料でも，少くとも第1次資料を総まとめにしてあるものであれば，研究上大変便利ではないかと考えて，ここに訳出した次第である．幸い，社会統計学史では，ヨーンの『**統計学史**』（有斐閣）（*V. John ; Geschichte der Statistik*）が足利末男氏によって訳出されているので，それと本訳書とをあわせ読まれれば，18世紀末までの統計数学関係の歴史は，かなりはっきりしたものになってくるのではなかろうか．

　原著の著者，トドハンター博士は明治時代の高等学校・中学校で使用された代数学・3角法・微分積分法の教科書の著者として知られ，わが国の数学教育に多大の影響を及ぼしたが，今日ではまったく忘れ去られてしまったので，簡単に略歴を記しておく．

　アイザック・トドハンター（Issac Todhunter）は1820年11月23日サセックス州ライに生れ，1884年5月1日ケンブリッジで死去した．5才で父に死別，貧困のうちに成長した．ペッカムの学校の助手として働く傍ら，ロンドンのユニヴァーシティ・カレジの夜学に毎晩5哩の道を歩いて通った．カレジでド・モルガンの指導を受ける．1842年にロンドン大学から，1848年ケンブリッジのセント・ジョンズ・カレジから学位をえ，1849年同カレッジの評議員（Fellow）に選出され，講師となった．1862年英国学士院会員に推挙

トドハンター

された．彼は数学のいろんな分野で高度の研究を行なったのであるが，そのことより，数多の数学教科書の著者として有名である．もっとも重要な著作を年代順にあげると次のようになる．

　1852年『**微分法教程**』（*A Treatise on the Differential Calculus*）
　1852年『**積分法教程**』（*A Treatise on the Integral Calculus*）
　1853年『**解析的静力学**』（*A Treatise on Analytical Statics*）
　1855年『**平面座標幾何学**』（*A Treatise on Plane Co-ordinate Geometry*）

1858年『3次元解析幾何学例題』(*Examples of Analytical Geometry of Three Dimensions*)

1858年『代数学』(*A Treatise on Algebra*)〔1875年には7版〕

1859年『3角法』(*Plane Trigonometry*)〔1880年には8版〕

1861年『方程式論』(*The Theory of Equations*)

1861年『19世紀における変分法の進歩の歴史』

1862年『ユークリッド原論』(*Elements of Euclid*)

1863年『代数学初歩』(*Algebra for beginners*)

1865年『確率の数学理論の歴史』

1873年『3角法初歩』(*Trigonometry for beginners*)

1873年『ニュートンからラプラスまで，引力についての数学理論の歴史』(*History of the Mathematical Theories of Attraction from Newton to Laplace*)

1873年『研究の対立』(*The Conflict of Studies*)

1875年『ラプラス関数』(*Laplace's Functions*)

1886年『弾性の理論の歴史』(*History of the Theory of Elasticity*)

（この書物は死後カール・ピアソンによって編集されたものである．）

彼はこれらの書物の著者としては明晰で，教師としては老練ではあったが，性格は頑固に伝統主義的であった．教育論者としてのトドハンターは『ユークリッド原論』をみても分るように，代数記号や計算の痕跡すらとどめない程，徹底した保守主義者だったので，のちにジョン・ペリーらの数学教育の改革運動の打倒目標ともなった．親しい人々との会合では，よく "God save the Queen" とさけび，人々にも唱和させたといわれているから，古きよき時代のよき人であったのであろう．1880年眼疾にかかり，麻痺がおこり，晩年は不幸だった．

　1970年代に入って，数学教育の進歩はいちじるしい．幸か不幸か確率論や統計学は今日わが国の初等教育の分野にまで進出している．したがって，教材の歴史的由来を研究される人たちの便宜も考え，原著以外にも重要と思われる事項を訳註として加えておいたが，それらは必ずしも十分なものとはいえない．他日を期して完全なものにまとめたいと思っているが，とりあえず，本訳書を上梓する次第である．本訳書が出版されるにあたり，桃山学院大学の後藤邦夫，坂本賢三〔現神戸商船大学〕両教授の示唆に負うところが大きい．両教授の多年蒐集になる17, 18世紀の科学の諸文献〔大学図書館蔵〕は訳業にあたり大変役立った．また『*Biometrika*』誌の閲覧の便宜をはかって下さった同志社大学の植田三郎教授，保険関係の資料でお世話になった日本生命保険相互会社の青戸俊夫氏，さらに統計学全般の歴史について御指導いただいた慶応大学の坂元平八教授，資料を引用させていただいた著者の方々，最後に印刷所の皆さん，現代数学社の皆さんに心から感謝する．

　　　1975年2月　　　　　　　　　　　　　　　　　　　　　　　　　　　訳　者

再版にあたって

　本訳書は33年前に出版された．原著も1865年出版の古い本であるが，翻訳作業中参考にできる日本語の文献は，武隈良一先生が小樽商大商学討究などに書かれた数編の論文しかなかった．それで本訳書は当時としては大部で高価な本だったにもかかわらず，類書がなかったためか，売り切れてしまった．その後，欧米ではトドハンターの史書を上回る優れた研究書，例えばハルト（A. Hald）の２巻本やカール・ピアソンの講義録などが出版されたが訳書は出ていない．その間，伊藤清・樋口順四郎先生のラプラス『確率の解析的理論』や飛田武幸先生たちのガウス『天体運動論』など原典の翻訳は出版されたが，確率論の通史は和書では出版されなかった．そんな事情でトドハンターの訳書を期待する声があるとのことで，現代数学社から再版したいと連絡を受けた．本来なら，想を新たに最新の研究も取り入れて出すべきではあるが，時間的な余裕がないので，最小限の誤植の修正と加筆にとどめた．

　私が翻訳に使った原本は桃山学院大学図書館の蔵書である．1989年私は学校法人桃山学院の常務理事に選出され，不本意ながら学校経営に携わった．数十億円の借金，雨漏りだらけの学舎，公共下水道のない場所での環境保護など，一介の数学教師には経営の仕事は重荷であった．事態の打開のためには大学の全面移転しかなかったが，その政策はたちまち学内外の反撥を招いた．辞職願を懐に日夜神経を擦り減らした仕事が続いたが，幸い1995年キャンパス移転は成功し，私は本来の教育職に戻れたが，今から思えばゾッとするような事態の連続だった．事業失敗で引責辞任に追い込まれれば，大学の図書館使用もできないだろうと，上京した際，神田の古書店でトドハンターのDover版を購入した．老店主は梯子を掛けて棚の本を取ってくれ，埃を払いながら「これには訳書もあるが，いいのかい？」と尋ねた．私は「原書が欲しいのだ」と答えた．粗末な包装紙で本を包みながら老店主は「そういえば最近とんと訳書を見かけないな，前はチョコチョコ（古書店に）出てたが」と宣まうた．私は老店主の本に関する知識の深さに感心した．その後の経済不況でこの古書店も消えたのは残念だ．

　この訳書は，本来は中学高校の先生方が教材研究の参考にされることを祈念して上梓したが，数学教育界では全く無視された．ところが1998年の夏，思わぬ分野から確率論史が話題になっていることを知らされた．米国の投資顧問会社のバーンスタインの書いた『リスク』の訳書が私の所に送られてきた．それには翻訳者の故青山護先生から「トドハンターの訳書がとても役に立った」という手紙が添えられていた．見れば『リスク』の前半はトドハンターの本の要約といってもよいものだった．金融工学と名付けられると権威あるものに思えるが，所詮株の世界は博打の世界，確率の世界だったのだ．そんなこともあり，本訳書が多くの分野で読まれることを切に願うものである．

　　2002年　　　　　　　　　　　　　　　　　　　　　　　　　　　　　　　　訳　者

目　　次

序言，訳者まえがき

第 1 章　　カルダン．ケプラー．ガリレオ ……………………………… 1

ダンテについての註釈 …………………………………………………… 1

カルダン，『サイコロ遊びについて』 …………………………………… 1

ケプラー，『新星について』 ……………………………………………… 3

ガリレオ，『サイコロ遊びについての考察』 ………………………… 4

ガリレオの書簡 …………………………………………………………… 4

第 2 章　　パスカルとフェルマー ……………………………………… 9

ラプラス，ポワソン，ブールからの引用 ……………………………… 9

ド・メレの問題 …………………………………………………………… 9

分配問題 ………………………………………………………………… 10

ド・メレの不満 ………………………………………………………… 11

ライプニッツの意見 …………………………………………………… 12

分配問題に対するフェルマーの解答 ………………………………… 13

ロベルヴァルとパスカルの誤り ……………………………………… 13

『算術 3 角形論』 ……………………………………………………… 15

パスカルの工夫 ………………………………………………………… 16

同時代の数学者たち …………………………………………………… 18

第 3 章　　ホイヘンス ………………………………………………… 24

『サイコロ遊びにおける計算について』 …………………………… 24

英語翻訳版 ……………………………………………………………… 24

ある問題に対するホイヘンスの解答 ………………………………… 25

解答を与えずに提起された問題 ……………………………………… 25

第 4 章　　組合せについて …………………………………………… 28

ウイリアム・バックレイ ……………………………………………… 28

ベルナルド・バウフシウスとエリキウス・プテアヌス …………… 28

ヤコブ・ベルヌイからの引用 ………………………………………… 29

パスカルの組合せ論 …………………………………………………… 30

スホーテン ……………………………………………………………… 31

ライプニッツの『結合法論』 ………………………………………… 32

－ X －

目　　次

ライプニッツの無益な試み………………………………………………34

ウォリスの『代数学』……………………………………………………34

ウォリスの誤り……………………………………………………………35

第 5 章　　死亡率と生命保険 …………………………………………42

ジョン・グラント …………………………………………………………42

ヴァン・フッデとヤン・デ・ウィット……………………………………43

ウィリアム・ペティ卿 ……………………………………………………43

ライプニッツとヤコブ・ベルヌイの間の交通…………………………44

ハレー………………………………………………………………………45

ハレーの死亡表……………………………………………………………46

幾何学的説明………………………………………………………………47

第 6 章　　1670年から1700年までのいろいろな研究 ………………56

カラムエルの『2 つの数学』……………………………………………56

カラムエルの誤り…………………………………………………………57

バセット・ゲームについてのソーヴォーの分析………………………58

ヤコブ・ベルヌイの 2 つの問題…………………………………………58

ライプニッツ………………………………………………………………58

ライプニッツの誤り………………………………………………………59

モットによる『偶然の法則について』…………………………………59

アーバスナットによる著作………………………………………………59

序文からの引用……………………………………………………………60

『偶然の法則について』における誤謬…………………………………61

提起された問題（平行 6 面体の投げ）…………………………………62

フランシス・ロバーツの『算術の逆理』………………………………62

クレイグの『キリスト教神学の数学的原理』…………………………63

人間の証言の信頼性………………………………………………………64

第 7 章　　ヤコブ・ベルヌイ ……………………………………………67

ベルヌイとライプニッツの交通…………………………………………67

『推論法』…………………………………………………………………68

モンチュクラの犯した誤り………………………………………………68

『推論法』の目次…………………………………………………………69

分配問題(1)…………………………………………………………………69

偶然についての問題に対するヤコブ・ベルヌイ自身の方法 ………69

遊戯継続の問題についてのベルヌイの解答……………………………70

もっともらしい誤りの指摘………………………………………………71

— XI —

順列・組合せの取扱い···72

ベルヌイ数···73

分配問題(2)···73

間違った解がもっともらしくみえる問題·······························74

ベルヌイの定理···77

無限級数についての覚え書···78

ボーム・ゲームについての書簡···79

グローの意見···80

第 8 章　　モンモール···91

フォントネルの賛辞···91

モンモールの書物の 2 つの版···91

モンモールの書物の目次···92

モンモールについてのド・モワブルの引照·······························93

組合せと二項定理の取扱い···93

ド・モワブルによって与えられた公式の証明·····························94

ある級数の和(1)···96

ファラオン・ゲームについての研究·······································98

トレーズ・ゲーム(1)···99

バセット・ゲーム··· 100

貴婦人によって解決された問題（核ゲーム）····························· 101

分配問題··· 102

ボールのゲーム··· 104

遊戯継続について··· 105

エール・ゲーム··· 108

タ・ゲーム··· 111

ジャン・ベルヌイからの書簡··· 113

ニコラス・ベルヌイの偶然ゲーム··· 115

トレーズ・ゲーム(2)··· 118

級数の和(2)··· 119

ウォルドグラーヴの問題··· 120

級数の和(3)··· 121

マールブランシュについて··· 122

パスカルについて··· 123

ある級数の和(4)··· 123

アーバスナットとスフラフェサンデによる神の摂理についての推論········· 124

ヤコブ・ベルヌイの定理··· 125

数学史についてのモンモールの見解······································· 126

ニコラス・ベルヌイの問題··· 126

目　　次

ペテルスブルクの問題 ……………………………………………………………… 127

第 9 章　　ド・モワブル …………………………………………………… 131

ジャン・ベルヌイとニュートンの証言 …………………………………………… 131

『偶然論』の諸版 ……………………………………………………………………… 131

『クジの測定について』 …………………………………………………………… 132

ド・モワブルの近似公式(1) ………………………………………………………… 132

ド・モワブルの補題 ………………………………………………………………… 133

ウォルドグラーヴの問題(1) ………………………………………………………… 133

遊戯継続の問題(1) …………………………………………………………………… 134

『偶然論』について ………………………………………………………………… 134

『偶然論』の序論 …………………………………………………………………… 135

連分数 ………………………………………………………………………………… 135

ド・モワブルの近似公式(2) ………………………………………………………… 136

遊戯継続の問題(2) …………………………………………………………………… 138

ウッドコックの問題 ………………………………………………………………… 138

バセット・ゲームとファラオン・ゲーム ………………………………………… 140

ベルヌイ数 …………………………………………………………………………… 141

ファラオン・ゲーム ………………………………………………………………… 141

トレーズ・ゲームと邂逅の問題 …………………………………………………… 141

ボーリング …………………………………………………………………………… 145

サイコロについての問題 …………………………………………………………… 146

ウォルドグラーヴの問題(2) ………………………………………………………… 148

ハザード・ゲーム …………………………………………………………………… 149

ホイスト・ゲーム …………………………………………………………………… 149

ピケ・ゲーム ………………………………………………………………………… 150

遊戯継続の問題(3) …………………………………………………………………… 151

循環級数 ……………………………………………………………………………… 157

カミングの問題 ……………………………………………………………………… 160

ヤコブ・ベルヌイの定理 …………………………………………………………… 161

事象の連の問題 ……………………………………………………………………… 162

『いろいろな解析』 ………………………………………………………………… 163

モンモールとの論争 ………………………………………………………………… 164

スターリングの定理 ………………………………………………………………… 166

アーバスナットの推論 ……………………………………………………………… 167

第 10 章　　1700年から1750年までのいろいろな研究 …………………… 182

ニコラス・ベルヌイ ………………………………………………………………… 182

— XⅢ —

バーベイラック······183
神の摂理についてのアービュスノットの推論······183
ウォルドグラーヴの問題······185
ブラウンによるホイヘンスの論文の翻訳······185
メランによる奇数か偶然かのゲームの問題······186
ニコル······187
ビュッホン······188
ジョン・ハム······188
30-40ゲーム······190
シンプソンの『偶然の性質と法則』······190
シンプソンによるド・モワブルの結果の補足······191
ある級数の和······193
シンプソンの『雑論』······193
ジャン・ベルヌイの問題······194

第11章　　ダニエル・ベルヌイ······200

道義的期待値の理論······200
ペテルスブルクの問題······204
惑星の軌道面の傾き······206
天然痘······207
結婚の平均期間······210
ダニエル・ベルヌイの壺の問題······211
男子と女子の出生······214
観測誤差······214

第12章　　オイレル······218

トレーズ・ゲーム······218
年　金······218
ファラオン・ゲーム······220
ジェノアの富クジ(1)······222
富クジ(2)······223
ラグランジュについてのノート······224
富クジ(3)······225
終身年金······229

第13章　　ダランベール······232

『貨幣の表か裏か』(1)······232
ペテルスブルクの問題(1)······234

目　　次

天然痘……………………………………………………… 236

ペテルスブルクの問題(2)……………………………… 242

数学的期待値…………………………………………… 243

種　痘(1)………………………………………………… 244

『貨幣の表か裏か』(2)……………………………… 245

ペテルスブルクの問題(3)……………………………… 246

種　痘(2)………………………………………………… 247

ラプラスの引用………………………………………… 249

ペテルスブルクの問題(4)……………………………… 249

ある問題における誤謬………………………………… 251

第 14 章　　ベイズ……………………………………… 256

ベイズの定理…………………………………………… 256

ベイズの研究の方法…………………………………… 257

曲線下の面積…………………………………………… 258

プライスの例…………………………………………… 259

面積の近似……………………………………………… 259

第 15 章　　ラグランジュ……………………………… 263

誤差論…………………………………………………… 263

循環級数………………………………………………… 271

分配問題………………………………………………… 272

遊戯継続の問題………………………………………… 273

年　金…………………………………………………… 275

第 16 章　　1750年から1780年までのいろいろな研究 …… 278

ケスネトナー…………………………………………… 278

ドドソン………………………………………………… 278

ホイル…………………………………………………… 278

クラークの『偶然の法測』………………………… 279

マ　レ(1)………………………………………………… 280

ジャン・ベルヌイⅢ世(1)……………………………… 280

ビグランの富クジの問題……………………………… 282

ペテルスブルクの問題について(1)，ビグランの解釈…… 285

ミッチェル……………………………………………… 286

ジャン・ベルヌイⅢ世(2)……………………………… 287

ラムベルト……………………………………………… 288

マ　レ(2)………………………………………………… 289

エマーソン‥‥‥‥‥‥‥‥‥‥‥‥‥‥‥‥‥‥‥‥‥‥‥‥‥‥‥‥‥‥‥‥‥ 293
ビュッホンの賭事について‥‥‥‥‥‥‥‥‥‥‥‥‥‥‥‥‥‥‥‥‥‥‥ 293
ペテルスブルクの問題について(2)，ビュッホンの解釈‥‥‥‥‥‥‥‥ 294
ビュッホンの幾何学的確率の問題‥‥‥‥‥‥‥‥‥‥‥‥‥‥‥‥‥‥ 295
ニコラス・フス‥‥‥‥‥‥‥‥‥‥‥‥‥‥‥‥‥‥‥‥‥‥‥‥‥‥‥ 297

第17章　　コンドルセ‥‥‥‥‥‥‥‥‥‥‥‥‥‥‥‥‥‥‥‥‥‥ 301

『試論』の序論‥‥‥‥‥‥‥‥‥‥‥‥‥‥‥‥‥‥‥‥‥‥‥‥‥‥ 301
『試論』の構成‥‥‥‥‥‥‥‥‥‥‥‥‥‥‥‥‥‥‥‥‥‥‥‥‥‥ 301
第1仮説‥‥‥‥‥‥‥‥‥‥‥‥‥‥‥‥‥‥‥‥‥‥‥‥‥‥‥‥‥‥ 302
第2仮説‥‥‥‥‥‥‥‥‥‥‥‥‥‥‥‥‥‥‥‥‥‥‥‥‥‥‥‥‥‥ 305
事象の連に関する問題‥‥‥‥‥‥‥‥‥‥‥‥‥‥‥‥‥‥‥‥‥‥‥ 307
大臣職に対する候補者の選出‥‥‥‥‥‥‥‥‥‥‥‥‥‥‥‥‥‥‥‥ 312
逆確率についての問題‥‥‥‥‥‥‥‥‥‥‥‥‥‥‥‥‥‥‥‥‥‥‥ 318
無視しうる危険‥‥‥‥‥‥‥‥‥‥‥‥‥‥‥‥‥‥‥‥‥‥‥‥‥‥ 323
陪審による審理‥‥‥‥‥‥‥‥‥‥‥‥‥‥‥‥‥‥‥‥‥‥‥‥‥‥ 324
好都合な法廷‥‥‥‥‥‥‥‥‥‥‥‥‥‥‥‥‥‥‥‥‥‥‥‥‥‥‥ 325
期待値‥‥‥‥‥‥‥‥‥‥‥‥‥‥‥‥‥‥‥‥‥‥‥‥‥‥‥‥‥‥ 327
ペテルスブルクの問題，コンドルセの解釈‥‥‥‥‥‥‥‥‥‥‥‥‥‥ 327
封建的な権利の評価‥‥‥‥‥‥‥‥‥‥‥‥‥‥‥‥‥‥‥‥‥‥‥‥ 329
未来事象の確率‥‥‥‥‥‥‥‥‥‥‥‥‥‥‥‥‥‥‥‥‥‥‥‥‥‥ 331
異常な出来事の確率‥‥‥‥‥‥‥‥‥‥‥‥‥‥‥‥‥‥‥‥‥‥‥‥ 332
ローマ史の信頼性‥‥‥‥‥‥‥‥‥‥‥‥‥‥‥‥‥‥‥‥‥‥‥‥‥ 335
コンドルセの功績に関する意見‥‥‥‥‥‥‥‥‥‥‥‥‥‥‥‥‥‥‥ 337

第18章　　トランブレ‥‥‥‥‥‥‥‥‥‥‥‥‥‥‥‥‥‥‥‥‥ 342

分配問題‥‥‥‥‥‥‥‥‥‥‥‥‥‥‥‥‥‥‥‥‥‥‥‥‥‥‥‥‥ 342
原因の確率‥‥‥‥‥‥‥‥‥‥‥‥‥‥‥‥‥‥‥‥‥‥‥‥‥‥‥‥ 343
出生の問題‥‥‥‥‥‥‥‥‥‥‥‥‥‥‥‥‥‥‥‥‥‥‥‥‥‥‥‥ 345
富クジの問題‥‥‥‥‥‥‥‥‥‥‥‥‥‥‥‥‥‥‥‥‥‥‥‥‥‥‥ 349
天然痘‥‥‥‥‥‥‥‥‥‥‥‥‥‥‥‥‥‥‥‥‥‥‥‥‥‥‥‥‥‥ 350
結婚期間‥‥‥‥‥‥‥‥‥‥‥‥‥‥‥‥‥‥‥‥‥‥‥‥‥‥‥‥‥ 352
誤差論‥‥‥‥‥‥‥‥‥‥‥‥‥‥‥‥‥‥‥‥‥‥‥‥‥‥‥‥‥‥ 353
エール・ゲーム‥‥‥‥‥‥‥‥‥‥‥‥‥‥‥‥‥‥‥‥‥‥‥‥‥‥ 354

第19章　　1780年から1800年までのいろいろな研究‥‥‥‥‥‥‥‥ 356

プレヴオ‥‥‥‥‥‥‥‥‥‥‥‥‥‥‥‥‥‥‥‥‥‥‥‥‥‥‥‥‥ 356
ボルダ‥‥‥‥‥‥‥‥‥‥‥‥‥‥‥‥‥‥‥‥‥‥‥‥‥‥‥‥‥‥ 356

目　　次

マルファティ……………………………………………………………………………… 357

ビキレ…………………………………………………………………………………… 360

『百科全書（事項別配列）』………………………………………………………………… 362

ダニエール……………………………………………………………………………… 364

ワーリング……………………………………………………………………………… 364

アンキロン……………………………………………………………………………… 369

フレヴォとリュイエ…………………………………………………………………… 370

マシュー・ヤング……………………………………………………………………… 376

第20章　　　ラプラス……………………………………………………………………… 379

1774年の論文…………………………………………………………………………… 379

循環級数………………………………………………………………………………… 379

遊戯継続の問題(1)……………………………………………………………………… 379

偶数と奇数(1)…………………………………………………………………………… 380

原因の確率……………………………………………………………………………… 380

誤差論(1)………………………………………………………………………………… 382

ペテルスブルクの問題………………………………………………………………… 382

1773年の論文…………………………………………………………………………… 384

偶数と奇数(2)…………………………………………………………………………… 384

分配の問題(1)…………………………………………………………………………… 385

遊戯継続の問題(2)……………………………………………………………………… 385

彗星の軌道の傾き……………………………………………………………………… 386

1781年の論文…………………………………………………………………………… 386

遊戯継続の問題(3)……………………………………………………………………… 386

積分の近似値…………………………………………………………………………… 388

出生の問題……………………………………………………………………………… 390

誤差論(2)………………………………………………………………………………… 392

1779年の論文…………………………………………………………………………… 392

母関数(1)………………………………………………………………………………… 392

1782年の論文…………………………………………………………………………… 392

1783年の論文…………………………………………………………………………… 392

1809年の論文…………………………………………………………………………… 393

1810年の論文…………………………………………………………………………… 394

『現代の知識』…………………………………………………………………………… 395

彗星についての問題…………………………………………………………………… 396

『確率の解析的理論』とその諸版…………………………………………………… 398

ナポレオンに対する献辞その諸版…………………………………………………… 399

序論（哲学的試論）…………………………………………………………………… 399

物理的天文学におけるラプラスの研究……………………………………………… 401

— XVII —

パスカルの推論……………………………………………………………………… 401

確率の評価についての幻影……………………………………………………… 402

ベーコンに関すること…………………………………………………………… 403

『確率の解析的理論』第1巻…………………………………………………… 404

母関数(2)……………………………………………………………………………… 405

近似の方法………………………………………………………………………… 410

諸例題……………………………………………………………………………… 413

第2巻，第1章…………………………………………………………………… 421

第2巻，第2章…………………………………………………………………… 421

偶数と奇数(3)……………………………………………………………………… 421

分配問題(2)………………………………………………………………………… 421

第4補遺…………………………………………………………………………… 424

ウォルドグラーヴの問題………………………………………………………… 426

事象の連…………………………………………………………………………… 429

惑星の軌道の傾き………………………………………………………………… 431

候補者の選出……………………………………………………………………… 434

第3章……………………………………………………………………………… 435

ヤコブ・ベルヌイの定理………………………………………………………… 435

ダニエル・ベルヌイの問題……………………………………………………… 442

第4章……………………………………………………………………………… 443

ポワソンの問題…………………………………………………………………… 444

最小二乗法………………………………………………………………………… 451

最小二乗法の歴史………………………………………………………………… 462

第5章……………………………………………………………………………… 463

ビュッホンの問題………………………………………………………………… 463

第6章……………………………………………………………………………… 464

定積分……………………………………………………………………………… 465

第7章……………………………………………………………………………… 469

第8章……………………………………………………………………………… 471

天然痘……………………………………………………………………………… 471

結婚期間…………………………………………………………………………… 472

第9章……………………………………………………………………………… 474

ヤコブ・ベルヌイの定理の拡張………………………………………………… 475

第10章……………………………………………………………………………… 476

不等式……………………………………………………………………………… 476

第11章……………………………………………………………………………… 476

第1補遺…………………………………………………………………………… 477

第2補遺…………………………………………………………………………… 477

第3補遺…………………………………………………………………………… 478

目　　次

　ポワソンからの引用……………………………………………………………………… 478

付　　　録 ……………………………………………………………………… 503

　ヤン・デ・ウィット ………………………………………………………………… 503
　リチェティ …………………………………………………………………………… 503
　カ　レ………………………………………………………………………………… 504
　スフラフェサンデ …………………………………………………………………… 504
　ジャン・ベルヌイからの引用 ……………………………………………………… 504
　メンデルスゾーン …………………………………………………………………… 504
　リュイエ ……………………………………………………………………………… 505
　ワーリング …………………………………………………………………………… 506

訳者あとがき …………………………………………………………………… 509

著者の年代順リスト（年表）………………………………………………… 510

索　　　　引………………………………………………………………………… 526

第1章

カルダン・ケプラー・ガリレオ

1. 賭事の実際が，つねに確率論の初歩的な考察に注意を向けさせたに違いない．もっとも古いところでは，ダンテ (Dante) の『神曲』(*Divina Commedia*) についてのある註釈書のなかに，3個のサイコロを振ってでる目が，それぞれどんな確率で生起するかを示した部分がある．これを発見したのはリブリ (Libri) である．彼は註釈書のこの部分——『煉獄』(*Purgatorio*) 第6篇第1行に語られている部分——を引用している．この註釈書は1477年ヴェニスで出版された．〔リブリ『**イタリアにおける数理科学の歴史**』(*Histoire des Sciences Mathématiques en Italie*) 第2巻188頁を参照[1]〕

2. このほか，グロー (Gouraud) も，古い時代の著作者たちのなかから，私たちの主題である確率論の足跡をさぐり出し，これを指摘している．その1節をあげておこう．ただ，残念なことに，ここで彼が何を参照したかについて詳しいことはわからない．

パチオリ

タルタニア

「昔の人々は，こういう類の計算はまったく無視してきたようにみえるが，現代の考証学によって明らかになったところによれば，実際には，東ローマ帝国の修道士の手になる『**古事について**』(*De Vetula*) という題名の，変則なラテン語で書かれた詩篇のなかに，また15世紀末に書かれたダンテについての註釈書[2]のなかに，中世およびルネサンス期の多くの数学者たち，とりわけパチオリ (Pacioli)[3]，タルタニア (Tartaglia)[4]，ペヴェローネ (Peverone)[5] らの著書のなかに，そのいくつかの痕跡を見いだすことができるのである．」……〔グロー『**確率計算の歴史**』3頁参照〕

『古事について』の1部（13世紀）

3. つぎに私たちの注意をひくのは，『**サイコロ遊びについて**』[6] (*De Ludo Aleae*) と題する**カルダン** (Cardan) の論文である．この論文は彼が世を去った1576年以後，随分たった1663年に出版された，カルダン全集第1巻に掲載公表されたものである．

モンモール (Montmort) によれば，「ジェローム・カルダンはサイコロ遊びについてという論文をものしたのだが，そこには博識と道徳的省察以外の何ものも見い出すことはできない．」〔『**解析試論**』(*Essai d' Analyse*) XL頁〕という．ところが一方，リブリによれば，「カルダンはサイコロ遊びについて専門的な論文を書

第1章　カルダン・ケプラー・ガリレオ

いた．そこでは，組合せ解析についての多くの問題が解かれている．」〔『歴史』第３巻176頁〕という．モンモールの批評はカルダンの業績をあまりにも過少に評価しており，リブリの指摘はこれをあまりにも過大に評価している．

　4．カルダンの論文は２つ折版15頁からなっており，各頁２段組みになっているが，印刷が非常に悪くて，辛うじて読める程度である．カルダン自身，根っからの賭博師であったので，彼の論文は賭博師の指導書としては，もっとも良く書かれたものかも知れない．この論文には賭博に関して，ほんとうにいろいろな事柄が書かれている．たとえば，ゲームの仕方が書いてあったり，だまそうと思っている相手に対してとらねばならない防衛策が説明されていたりといった具合である．しかし，偶然に関する議論は，この論文のほんの僅かの部分を占めているにすぎない．[7]

　5．カルダンの論文のひとつの見本として，その第13章の内容を述べてみよう．この章では２個のサイコロを振ったとき，勝ちの目の出方は何通りあるかが示されている．たとえば，２か12が勝ちの目であるとすれば，この目の出方はそれぞれ１通りしかない．すなわち，（1，1）と（6，6）である．また，11が勝ちの目であるとすれば，２つのサイコロの一方が６の目を，他方が５の目を出す２通りの出方がある．さらに，10が勝ちの目であるとすれば３通りの出方がある．すなわち，（5，5），（6，4），（4，6）である．以下同様である．

　カルダンはこのあと，こう続けていう．「だが，しかし，Fritillusにおいては11通りの点の出方があり，それは１個のサイコロで示すことができる．」……これはどういう意味であるかと考えてみると，どうも，２個のサイコロを振ったときに，出た目の数があらかじめ決めておいた数に合っているとみなすのは，２つのサイコロの目の数の合計がその様に合っている場合だけではなく，２つのうちのどちらか一方だけでもその様に合っていればよいとみなすということらしい．こう考えると，目の数の和が６以下の数を勝ちの目としたときには，上のように考えた場合の数以外に，勝ちとなる場合がさらに11通りでてくる．

　つぎに，カルダンは３個のサイコロを振ったとき，勝ちの目の出方には何通りあるかを示している．たとえば，３と18の目の出方はそれぞれ１通り，４と17の目の出方はそれぞれ３通り，等々，といった具合にである．また，**Fritillus** の場合の数については，次のような表をあげている．

1	2	3	4	5	6	7	8	9	10	11	12
108	111	115	120	126	133	33	36	37	36	33	26

この表について，カルダンが語っていることと照らしあわせて，われわれが明らかにミス・プリントだと判った２ケ所は訂正してある．ところで，この表が何をあらわしたものであるか，はっきりしていない．しかし，すでに述べてきたようなことから類推して，次のように想像することはできる．――３個のサイコロの出た目の数の合計がその数になる場合，３個のうちの２個の目の数の合計がその数になる場合，３個のうちの１個**だけ**でもその数になる場合の数，それらの合計の数の表である，と．こう考えると，カルダンが，12より大きい数についてすでに示しておいた場合と同じである，と述べていることに符合する．ところが，こう考えても，カルダンの表とは一致しない個所がある．というのは，上記の意味に解釈して，勝ちの目が１のときの場合の数を計算してみれば，１の目がどのサイコロにも出ない場合の数は 5^3 であり，３個のサイコロを投げたすべての目の出方は 6^3 通りなのだから，３個のうち少くとも１個は１の目を出す場合の数は，$6^3-5^3=91$ となって，カルダンの表の108とは合致しないからである．

　普通のサイコロ遊びでの場合の数と，カルダンの示した場合の数との関係は，次のようになると思われる．３個のサイコロを用いるとして，普通のやり方で所定の目が出る場合の数を n，カルダンの

－ 2 －

やり方で同じ目が出る場合の数をNとする．また，2個のサイコロを用いる普通のやり方で所定の目が出る場合の数をmとする．このとき，目の和が13以上になる場合は$N=n$，目の和が7～12になる場合は$N=3m+n$，目の和が6以下になる場合は$N=108+3m+n$となる．この法則に合致しない場合が，上の表のなかにただひとつある．表をみれば分るように，カルダンは目の和が12となる場合は26通りあるとしているが，われわれの提示した法則によると，3+25=28通りになるのである．

このような法則を提示すれば，カルダンの表とよく一致するのであるが，この法則に適うような3個のサイコロ遊びとして，どのような単純な遊び方が考えられるのか，われわれには分らない[8]．

6. カルダンの論文について，もう少し立ち入った説明をしているものとしては，ヘンリー・モーレイ (Henry Morley) の『カルダノの生涯』(*The Life of G. Cardano*) 第1巻92～95頁がある．[9] モーレイはこの書物の92頁でカルダンの言葉を引用しているが，彼はこの言葉を誤解しているように思われる．というのは，彼によれば，「カルダンは第1原則として，サイコロ遊びやトランプは，金を賭けてするのでなければならないということを，冷静にしかも哲学的にきめつけている」という結論になってしまうのである．モーレイが引用した部分で，カルダンは金を賭けねばならないと主張しているのではなく，むしろ分相応の金を賭けることが作法に適ったことだといっているように思われる．というのも，他の所，たとえば第2章で，カルダンは分相応に賭けることを勧めているからである．カルダンの論文については，『英国百科辞典』(*English Cyclopaedia*) の『確率』(Probability) の項でも，簡単にふれられている．

カルダン

7. ケプラー (Kepler) は，1606年に発表した『ヘビ座の裾における新星について』(*De Stella Nova in pede Serpentarii*) [10] という著書のなかで，偶然の問題について言及している．ケプラーは，1604年に輝やかしい光彩を放って出現した，新星の原因について出されたさまざまな見解を検討している．この見解のなかには，その星は原子が偶然に同時発生したために生じたのだというエピキュラス風[11]のものもあった．このくだり全体は，好奇心をそそるものであるが，ケプラーの著作のリプリントが現在出版されていて，入手が容易なので，ここで紹介する必要はないだろう〔『Ch. フリッシュ博士編——ヨハネス・ケプラー天文学著作全集』(*Joannis Kepleri Astronomi Opera Omina edidit Dr. Ch. Frisch*) 第2巻714～716頁；また，『実用知識の文庫』(*Library of Useful Knowledge*) の『ケプラーの生涯』(*Life of Kepler*) 13頁参照〕．このくだりは，デュガルド・スチュワート (Dugald Stewart) の注意をひいたものである〔『ハミルトン編——スチュワート著作集』(*Works edited by Hamilton*) 第1巻617頁参照〕．

ケプラー

ケプラーの考え方が健全であることを示す証拠として，彼の言葉を二，三引用してみよう．彼は，サイコロ投げのような事象でも，それが起こるには必ず原因があると述べている．彼はつぎのようにいう．

「なぜ一方でヴィーナスの目が出，他方でドックというもっとも不利な結果〔3個のサイコロを投

— 3 —

第1章　カルダン・ケプラー・ガリレオ

げ，3個または2個が同点〕が出るのだろうか？　もちろん，演技者がここで振るサイコロの代りに別のサイコロをもってきて，手で混ぜあわせるという恐れもないし，熱狂したあまり手を伸してこっそりとサイコロを動かすということもないし，また空気が流れて風が吹き込んでサイコロがどうということもない．もし誰かが結果を正確にそれときめうるとしても，固有の原因によってそうなったという理由は，現在のところ何の根拠もないのである．」

8. つぎに，われわれが注目しなければならないのは，**『サイコロ遊びについての考察』**（*Considerazione sopra il Giuco dei Dadi*）と題する**ガリレオ**（Galileo）の研究である．この作品がいつ書かれたものかは知られていないが，ガリレオが死んだのは1642年のことであるから，それ以前のものであることは確かである．さて友人の一人がガリレオに，つぎのような難題をもちかけたものらしい．3個のサイコロを振ると9の目と10の目の出る組合せはともに6通りであるのに，経験によれば9の目よりも10の目の方がよく出る，というものである．ガリレオは起こりうるすべての場合を注意深く正確に分析し，216通りの可能な場合のうち，10の目の出るのは27通り，9の目の出るのは25通りであることを示した．

ガリレオ

この作品は**『ガリレオ・ガリレイ全集』**（*Le Opere……di Galileo Galilei*），フィレンツェ，1855年の第14巻，293〜296頁に収められている．このガリレオ全集第15巻に掲載されている**『ガリレオ著作目録』**（*Bibliografia Galileiana*）をみれば，この作品がはじめて世にあらわれたのは，1718年にフローレンスで出版された著作集においてであることがわかる．この著作集では第3巻119〜121頁に収められている．

9. リブリは**『イタリアにおける数理科学の歴史』**第4巻288頁で，ガリレオについてつぎのように述べている．「……彼の手紙から，彼が長い間，幾何比あるいは算術比を用いた誤差の計算法に関する未解決の難題に没頭していたことがわかる．この問題は確率計算にも駆け引きの算術にも同じように関係している．」リブリは1718年フローレンスで出版されたガリレオ著作集の第2巻55頁を参照したとしているが，彼が第3巻のつもりで言い誤ったことは確かである．この手紙は，**『ガリレオ・ガリレイ全集』**フィレンツェ，1855年の第14巻231〜284頁に**『一頭の競争馬の評価をめぐる書簡』**（*Lettere intorno la stima di un cavallo*）という題で収められている．わたくしたちの知るところによれば，当時，フローレンスの紳士たちは，女のことにかまけたり，競馬の馬を世話したり，ゲームに度を過したりして，時間を無駄にするようなことはなく，洗練された社交界で教養に富んだ会話をかわすことによって，つねに自己研鑽に励んでいた．紳士たちの間でのこうした会話のなかで，つぎのような問題が提出された．実際には100クラウンの値打のある馬が一頭いる．一人の男はこれを10クラウンだと値ぶみしたが，もう一人の男は1000クラウンだと値ぶみした．この2つの値ぶみのうち，どちらがより法外な値ぶみだろうか？　この問題をもちかけられた人たちのなかに，ガリレオがいた．彼は，1000対100の比が100対10の比に等しいから，この2つの値ぶみの法外さは同等であると述べた．これに対して，同様にこの問題をもちかけられたノッツォリニ（Nozzolini）という名の牧師は，1000の100に対する超過額は，100の10に対する超過額より大きいのだから，1000クラウンと値ぶみした方がより法外であると述べた．ガリレオとノッツォリニの間にやりとりされた数通の手紙は

— 4 —

出版されている．また，ガリレオと同じ立場に立つベネディット・カステルリ(Benedetto Castelli)[12]の手紙も一通出版されている．最初ガリレオがこの問題をもちかけられたときには，ノッツォリニと同じように考えたが，後でこの考えを改めたものらしい．議論に参加した人たちは，まことにいきいきとこの問題を論じ，おもしろい図解もいくつか導入されている．しかしながら，この議論が科学的にいくらかでも興味があり，価値があるものだとは思えない．リブリがこの議論に言及するその口振りは，ガリレオの手紙にその価値以上の重要性を与えるものである．フローレンスの紳士たちも，さきに述べたような女とか競馬とかの，くだらぬことを断念して，ここにわたくしたちが見てきたようなものよりも，もっと重要な問題を研究していてもよさそうに思うのだが．

〔訳註〕

（1）リブリの本名は長い．Sommaja の Conte Guglielmo Bruto Icileo Timoleon Libri-Carucci. 1802年1月2日フローレンスに生れ，1869年9月28日フィエソールで死ぬ．リブリの書物は『*Histoire des sciences mathématiques en Italie depuis la renaissance des lettres jusqu'à la fin du* 17e siècle』全4巻，1838-1841. 各巻の半分は原資料に割いてあり，今日では重要である．

（2）註釈書の著者は Benvenuto d'Imola.〔*M. Cantor,『Geschichte』*, II，57項，327頁〕

（3）ルカス・パチオリ (Lucas Pacioli, 1445?-1515) はルカス・ディ・ブルゴ，ルカ・パチュオロ，パッチェオルスとよばれ，トスカナの修道士で，ペルジア，ナポリ，ミラノ，フィレンツェ，ローマ，ヴェネチアなどで数学を教授した．1499年に発表した **『算術・幾何・比 および 比例大全』**(*Sūma de Arithemetica, Geometria, Proportioni et Proportionalita*) は当時の算術・代数・3角法に関する一切の知識を含む．この書物はまた世界最初の複式簿記の書でもあった．パチオリの大全のなかで，「2人の賭博師が賭をやり，最初に60点とったものが賭金をとる．1回の勝ちで10点をうる．しかし途中で第1の人が50点，第2の人が20点とっていたときにゲームを中止すると，賭金をどう配分したらよいか」という問題がのっている．〔第2章参照〕原文は "Una brigata gioca apalla a. 60. el gioco e. 10 ₽ caccia. e fāno posta duc. 10. acade ₽ certi accidēti che nō possano fornire e luna ₽te a. 50. e laltra. 20. se dimanda che tocca ₽ ₽te de la posta."

（4）ニコロ・タルタニア (Nicolo Tartaglia, 1499?-1557) は6才のとき，あるフランス兵のためにひどく切りつけられ，自由にしゃべれなくなった．そのため，彼は"タルタニャ（どもり）"とよばれた．未亡人となった母は貧困で学校の授業料が払えないので，彼はラテン語，ギリシャ語，数学を独学で仕上げた．しかし彼は異常な天分によって若いうちから数学を教授し，さらに3次方程式の一般解法もえたが，カルダンにその成果を盗まれたことは有名な伝説である．彼の著 **『一般数量論』**(*General Trattato di numeri et misure*) (1556) I. 265 頁に "修道士ルカ・ディ・ブルゴの誤り"(Error di fra Luca dal Borgo) という題でパチオリを引用している．

（5）ペヴェローネ (Giovanni Francesco Peverone) によって書かれたものは，『*Due Brevi e Facili Trattati, il Primo d'Arithmetica, l'Altro di Geometria*』(1558年).

（6）サイコロ賭博の歴史は古く，5000年前のモヘンジョ・ダロの遺跡からは陶器または石で作った1から6までの目のついた立方体が発掘され，この使用者と想像される人たちを襲ったアリアン人たちは，当時 Vibhītaka とよばれていた Terminaria belerica の実（梅の実のような形）をサイコロに使っていた．この実は直径は2cmあまりの大きさで表面は滑らかでない．これを多数ばら撒いた上，手で摑みどりし，摑んだ数あるいは残った数で勝負を争った．数が4で割り切れる場合を Kṛta（クリタ）といって最高点，4で割って1あまる場合を Kali （カリ）といって最低点とした〔辻直四郎『**インド文明の曙——ヴェーダとウパニシャッド**』（岩波新書）108〜111頁参照〕．また，古代インドでは神意を伺うのに，Pāsaka とよばれる4角柱（現存のものは断面積 1cm×1cm，高さ 7cm）を同時に何本か投げるか，1本を何回か投げ，柱に刻まれた1から4までの目の表われ方で神意をよんだという．出方が神意によるらしくみえたからであろう．リグ・ヴェーダには「群なすサイコロは150，心まかせのいたずらを，遮りとどむるすべなきは，掟きびしきサヴィトリ（太陽神）の，神の心にさも似たり．力におごる荒武者の，怒り恐れず，帝王もサイコロには頭垂るるものを」とある．

第1章　カルダン・ケプラー・ガリレオ

ヨーロッパでは羊や犬の関節の骨から作ったアストラガルス (astragalus) とよぶサイコロに似た道具が発掘されている．このアストラガルスを研磨して6面のサイコロが作られた．エジプト第18王朝(B.C. 1400年)頃には，

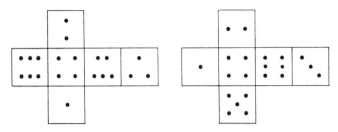

目のつけ方が左図のようなもの，しばらくたって，対面の目の数の和が7になるようなもの（右図）があらわれた．材料も水晶，象牙，砂岩，鉄，木などさまざまであった〔F. N. David『*Dicing and Gaming (A Note on the History of Probability)*』Biometrika. Vol 42. 1955年〕．

わが国では，「五六三四さえありけり双六の采(サエ)」（『萬葉集』巻16, 3827番）とあるから，この時代（8世紀）にはすでにサイコロ賭博が入っていた〔増山元三郎『**統計学へのいざない**』（東大出版）71〜77頁参照〕．

（7）カルダンの書物は現在英訳されているので読むことができる．英訳と解説は1953年オイステン・オア (Oystein Ore) によって『*The Gambling Scholar*』としてプリンストン大学出版から刊行された．1961年にはこのオアの本の後半をその訳者，シドニ・ヘンリ・グールド (Sydney Henry Gould) が『*The Book on Games of Chance*』という題名で Holt社 から出している．これにはウィルクス (S. S. Wilks) の序文がついている．

つぎに，カルダンの『**サイコロ遊びについて**』の章の名称を示そう．

1. ゲームの種類について
2. 演技の条件について
3. 誰と何時演技すべきか
4. 演技の効用と損失
5. 私が賭事をする理由
6. 賭事の基本原則
7. 吊されたサイコロ箱と不正なサイコロ
8. 人が演技すべき諸条件
9. 1個のサイコロ投げについて
10. どうして賭事はアリストテレスに非難されたか
11. 2個のサイコロ投げについて
12. 3個のサイコロ投げについて
13. 2個のサイコロ，もしくは3個のサイコロを投げて，目の和が6またはそれ以上になる場合
14. 合成得点について
15. これについてなされる誤りについて
16. カード・ゲームについて
17. この種のゲームにおける詐欺について
18. プリメロにおける習慣的な約束
19. プリメロにおける得点について
20. 演技中の運について
21. サイコロを振るときのためらいについて
22. ゲームの2重の分類について
23. 熟練した腕をためす機会のあるカード・ゲームについて
24. カード・ゲームとサイコロ・ゲームの違い

25. カード・ゲームについて

26. ゲームの演じ方を教える人は果して上手な演技者か

27. 演技の腕をみがくに役立つ要因はあるか

28. 〔西洋すごろくの〕遠大な計画・判断・手順

29. 演技者の性格について

30. 古代における偶然ゲームについて

31. ナックルボーンズの演じ方

32. 結 論

はじめの数節を訳しておこう.

「1. ゲームの種類について

　ゲームの勝敗は球戯ならば体の機敏さで，円盤投げやレスリングならば体力できまる．チェスならば精出して得た技術がもとで，サイコロやナックルボーンズなら偶然がもとで，Fritillus ならばその両方の要因で勝負がきまる．必要とされる能力には，ゲーム用と競技用の2種類がある．そのようなひとつのゲームはプリメロである．なぜなら，カード・ゲームはサイコロ・ゲームと同じ名称〔alea〕のゲームに属するからである．古代ではカードは知られていなかったし，それらが作られた材質さえもはっきりしていないのである．その証拠に，人間が羊皮紙やパピルス紙に，粘土板や蠟やリンデンの皮に書いた事実がある．カード・ゲームがプリメロ〔primero, ゲームの王様の意〕とよばれる理由は，それが偶然の作用するゲームのなかでも主要な位置を占めており，それが美しくも4つの図柄からできているからである．いま述べた4つの図柄は，〔あたかも〕われわれが世界を構成している〔といっても全世界を指すわけではない〕4元素〔地，火，空気，水〕と対応している．さらにカード・ゲームにはいろいろな変種がある．

　2. 演技の条件について

　演技者とその敵対者との状況には注意を払わねばならないとともに，ある条件のもとでゲームが行われているときはその条件，たとえば賭金の額，場所，時間にも注意を払わねばならない．葬式のときでさえ，賭事が許される場合がある．そこで，「葬式の費用と賭事」という法律の条文があるくらいである．しかし，別の場合，たとえばティティアン法やコルネリアン法のように，賭事を葬式のときにやることは法律で禁じられていた．

　けれども，大きな心配事があって心の安らぎを求めるときには，賭事は許されるばかりでなく，むしろ有益なものだとさえ考えられている．獄中の囚人，とりわけ死刑囚や病人には賭事が許されている．そして法も，人間が苦悩しているときには賭事を許している．しかし，たといつそれが正当化されようとも，確かに誰も賭事に出費することには価値を認めない．私自身の場合，長煩いで死にかけた時，いつもサイコロで遊んだのだが，随分と慰められたものである．

　しかしながら，賭金には節度がなくてはならない．さもないと，誰も賭事をすべきではない．退屈しのぎに賭事にお金を使うのは，読書やおしゃべりを楽しんだり，美しく簡単な芸術品を作るよりも，もっとよい効果をもたらすであろう．しかし，リュートやバージナルを演奏したり，歌をうたったり，詩を書いたりするほうが，賭事よりより有益である．というのは，それには3つの理由がある．最初の理由は，重大な仕事から逃れていまいった気分転換をはかることは，賭事よりも賞讃に値するし，〔絵をかくときには〕何かが創造されるし，〔音楽を奏すれば〕個性をみがくことになるし，〔読書やおしゃべりをすれば〕人から何かを学びとれるからである．2番目の理由は，それらは骨折ってなされる割には時間がかからないが，賭事はわれわれの意に反して意外に時間をくうものである．セネカがその著『人生の短かさと脆さ』のなかでいっているように，時間はもっとも大切なものなのである．3番目の理由は，そういった余暇の使い方は，より尊敬される方向に使うべきで，賭事のようなものに余暇を使う悪い見本は，とくに子供や召使いには見せないことである．賭事は，心に怒りや動揺を起こさせ，ときには金銭に関する争いを惹起する．〔その争いは不名誉で危険なもので，法律で禁じられている．〕最後に，上述の生活の楽しみは自分一人ででも味わえるのに，賭事は自分一人だけではできないのである．

　3. 誰といつ演技すべきか

　もし，ある人が知恵者だという評判がたっていたり，あるいは市長職にあったり，他の市民的名声を博してい

第1章　カルダン・ケプラー・ガリレオ

たり，聖職者であったりして，年老いて威厳が備っている場合，そのような人が賭事をするのはもっとも分の悪いことである．一方，少年や青年，兵士が賭事をしたとしても，比較的非難が少ない．賭金の額が高い程，不名誉も大きくなる．一例として，ある非常な高僧〔すなわち枢機卿〕が夕食後ミラノ伯爵と5000クラウンも賭けてゲームをしたことから，厳しく非難されたことがある．

　この事実に対する非難はとくに王宮内で轟然とまきおこり，王の廷臣や追従者をのぞけば，誰一人弁護する者はいなかった．彼らも王が賭けに勝てば，何か賜物があろうと思っているし，また王に対する恐怖心から弁護しているのである．とかくするうちに，王が負けて5000クラウンは奪い取られ，王から貧者にあてがわれてきた補助金は打ちきられ，人民の税金は増額されてしまった．もし，ある人が賭事に勝ったとしても，賭けで勝った金は無駄使いしてしまう．一方，その人が賭事に負けたら，正直で資産がなければ貧乏人になりさがり，不正直で腕力があれば強盗になり，貧乏で不正直なら絞首刑にされてしまう．また，相手が賭けに没頭している下層の者で評判の悪い人間ならば，そのような人を相手にしたことが，そもそも不名誉の根源であり，損なのである．こういう類の人間とせっせとゲームをするなら，君はちゃんとした勝負師ではなくなってしまうだろう．そうでなければ，彼らの豊富な経験と奇計のために君自身が破産してしまうだろう．

　賭の相手は社会的にしかるべき地位にあるべき人で，時々ゲームをする程度でよい．それも少しの時間だけ適当な場所で〔たとえば休日の会合というように〕，少しの賭金でゲームをするべきである．だから，王，目立った性格の高位聖職者，血縁者，外戚などが相手としてはよい．プロの賭博師と演技するのはもっとも損で不名誉であり，〔私がいつもいっているように〕危険でもある．賭事をするもっともよい場所は，自宅か友人の家がよい．そこでは公けの噂にならない．法律家，医者，それに類似の職業の人が，賭事をするのは不利である．なぜなら，第1に彼らは暇人だと思われる．第2に，もし勝てば，賭博師のように思われる．負ければ，おそらく腕が悪いとみられる．こういう職業の人は，音楽を演奏したいと思っても，同じような判断にせまられるにきまっている．」

（8）3個のサイコロを投げ終った演技者たちは，出た目の結果により次の規則のいずれかにしたがい，1人，2人もしくは3人の演技者の得点とする．

　①　3個のサイコロすべての目の和をもって得点とする．

　②ⓐ　1つの doublet，つまり2個が同じ目を出し，あと1個が違う目を出すとき，たとえば（3, 3, 4）のとき，2つの異なる目の和 3+4=7 点をもって1人の演技者の得点とし，残りの目3が第2の演技者の得点となる．

　②ⓑ　ある doublet の中の第3の目が6のとき，たとえば（4, 4, 6）のとき，doublet の中の同じ目の和4+4=8点が1人の演技者の得点である．

　③　サイコロの出た3つの目のおのおのに，3人の演技者おのおのの得点がつながる．

　この規則によれば，13点から18点までは①の規則により度数が計算される．7点から12点までは①，②ⓐまたは②ⓑの規則によって度数が計算される．たとえば12点の場合，①の規則で（4, 4, 4）1通り，（5, 4, 3），（6, 4, 2），（6, 5, 1）各6通り，（6, 3, 3），（5, 5, 2）各3通り，②ⓑの規則で（6, 6, 6）1通り，計25+1=26通り．6点から1点までは①，②ⓐもしくは②ⓑ，③の規則によって度数が計算される．たとえば6点の場合①の規則で10通り，②ⓐの規則で（5, 1, 1），（5, 5, 1），（4, 2, 2），（4, 4, 2）各3通り，②ⓑの規則で（6, 3, 3）3通り，③の規則で108通り（正しくは91通り），計10+4×3+3+108=133通り．〔Ore『*Cardano, the gambling scholar*』161頁〕

（9）ヘンリー・モーレイの書物『**カルダノの生涯**』は1854年ロンドンで全2巻が出版された．

（10）新星とは，非常に微かな星が急に光度を増してある等級に達し，それから急に減光するものをいう．新星の記録されたもので一番古いのは，1572年11月11日カシオペア座に出現したもので，チコ・ブラーエ（Tycho Brahe）が十分な観測をしたので，チコの新星と名付けられた．この新星は1575年3月には見えなくなった．ケプラーの新星は史上2番目に発見された新星である．発見者はブルノフスキ（Brunowski）で，ケプラーはそれを詳しく観測した．新星の原因については定説はない．〔平山清次『**一般天文学**』219頁〕

（11）**エピキュラス**（Epikuros, B.C.341?～270?）は原子論的唯物論を基礎とする実践哲学を作ったが，その目的は幸福な生活の確保にあったため，彼の哲学は享楽主義，快楽主義などと誤解された．

（12）**カステルリ**（1577. ブレシァ―1644? ローマ）はガリレオの愛弟子の1人で，ガリレオがピサ大学からパドヴァ大学に移ったのち，ピサの教授となり，ガリレオの一男の教育をたのまれた．後に物理学者トリチェリの師となった．

— 8 —

第2章

パスカルとフェルマー

10. 前章で，われわれは後世の確率論の徴候をいくつか示してきたのであるが，それは極めて僅かなものであった．それゆえ，確率論の研究者たちが，自分たちの研究の真の起源はパスカル（Pascal）なのだ，と誇らしげにいうのも十分根拠のあることなのである．その例をあげてみよう．

「17世紀には偉大な人々が数多く輩出し，また偉大な発見が数多くなされた．おそらく，17世紀は人間精神の声価をもっとも高めた世紀であろう．確率論は，この17世紀の2人の幾何学者によって誕生したのである．すなわち，パスカルとフェルマー（Fermat）が確率に関する問題をいくつか提示し，これを解決したのである……．」〔ラプラス『**確率の解析的理論**』（*Théorie analytique des Probabilités*）第1版3頁〕

「社交界に出入りしていたある人物が，1人の厳格なジャンセニストに対して提出した賭事についての問題が，確率計算のはじまりであった．」〔ポワソン『**確率についての研究**』（*Recherches sur la Probabilités*）1頁〕

「シュヴァリエ・ド・メレ[1]（Chevalier de Méré）──有名な賭博師──が，ポール・ロワイヤル[2]の世捨て人──この人はその当時"人間の偉大さと悲惨さ"について真剣に考えていたが，それでもなお科学への興味をまったく失ってしまっていたわけではない──に対して提出した問題が，その後連綿と続く問題のはじまりであった．ここから新しい数学的分析の方法が登場し，生活の実際的な関心事に貴重な貢献をなすことになるのである．」〔ブール『**思考の法則**』（*Laws of Thought*）243頁〕

11. このように，シュヴァリエ・ド・メレがパスカルにある問題を出したものらしい．パスカルはこの問題についてフェルマーと何通かの書簡を交換している．不幸なことに，いまではこれらの書簡のほんの1部しか手に入れることができない．この問題について，パスカルからフェルマーに宛てた書簡3通が，『**D. ペトリ・ド・フェルマー数学著作集**』（*Varia Opera Mathematica D. Petri de Fermat*）……トロセ，1679年179～188頁に発表されている．この3通はいずれも1654年に書かれたものである．これらの手紙はパスカル著作集にも再録されている．1819年のパリ版第4巻360～388頁がそれである．パスカル著作集のこの巻には，フェルマーからパスカルへの書簡も何通かおさめられている．これらの書簡はフェルマー著作集にはおさめられていない．フェルマーの書簡のうち，2通は確率に関するものであるが，その2通のうちの1通は，パスカルの3通の手紙のうちの2番目のものに対する返信である．もう1通もパスカルの書簡に対する返信であることは，はっきりしているのだが，このパスカルの書簡はさきに述べた現存の3通の書簡以外のものである．[3]〔パスカル著作集の第4巻385～388頁参照〕

このパリ版パスカル著作集から引用してみることにしよう．パスカルの最初の書簡をみれば，この書簡以前にも，われわれがいま手にすることのできない書簡が何通か交換されていたことがわかる．この最初の書簡の日付は，1654年7月29日となっている．パスカルはこうはじめている．

— 9 —

第2章　パスカルとフェルマー

「貴兄へ．あなた御同様，私も待ちきれないのです．たとえ，また病床につくようなことになるにしても，昨夕，私がド・カルカヴィ[4]（de Carcavi）氏から分配方法について書かれた貴方の手紙を受け取り，これを読んでまったく感じ入り，感嘆の言葉もないことを，貴方に一言申し上げておかずにはいられないのです．長々と述べる余裕はございませんが，一言でいえば，貴方はサイコロ・ゲームの場合の分配方法と，勝負の場合の分配方法を，ともにまったく正しく求められたのです．私はそれにまったく満足しきっています．というのも，貴方と私とがこうして見事に意見の一致をみた今では，私の考えが正しいことは疑いえないことだからです．私は，サイコロ・ゲームの場合の分配方法よりも，勝負の場合の分配方法に感心しました．サイコロ・ゲームの場合の方法を発見した人は沢山います．たとえば，私にこの問題を出したシュヴァリエ・ド・メレ氏がそうですし，ド・ロベルヴァル[5]（de Roberval）氏もそうです．しかし，ド・メレ氏は勝負の場合の正しい配当金を決めることができませんでしたし，それを決める迂遠な方法さえ求めることができなかったのです．ですから，この比例配分を知っているのは，これまでのところ，私だけだったのです．」

パスカルの書簡は，この後，問題に対する議論にうつるのであるが，この抜萃からも察せられる通り，パスカルはこの問題を非常に重要視したらしい．イギリスでは，この問題は**分配問題**（Problem of Points）とよばれている．それは"2人の演技者が対戦し，定められた得点を先にとったものが勝ちときめる．もし，この2人がゲームを最後までやりおえないで別れなければならないとすると，2人は賭金をどのように分配すればよいだろうか？"というものである．

この問題は，ゲームの所定の段階で，おのおのの演技者がそのゲームに勝つ確率はどれほどかを問うのと同じである．ここで，パスカルとフェルマーは，おのおのの演技者が1点をとる機会は等しいと仮定して，議論をすすめている．

12. さて，パスカルがこの分配問題をどのように解いていったかを述べることにしよう．もっとも，実際には，彼の言葉を翻訳するだけである．

たとえば，2人の演技者がおのおの32ピストルずつ賭け，さきに3点とったものを勝ちとするゲームをやったとする．このときの2人に対する分配方法を，私はつぎのように考えたのである．

いま，第1の演技者が2点，第2の演技者が1点とっているとしよう．この条件のもとで2人は次の1点を争うのである．ここで第1の演技者が勝てば，賭金は全部彼のものとなり，第2の演技者が勝てば2人はともに2点とっていることになって，2人は対等の関係に立つことになるが，ここでゲームを中断することになれば，おのおのが32ピストルずつ受取ればよい．こういうわけで，第1の演技者は，勝てば64ピストル，負ければ32ピストルを手に入れることになる．そこで，もし2人がゲームをこれ以上続行しないで，このまま別れることになれば，第1の演技者は第2の演技者にこういうであろう．"もし私がここで負けたとしても32ピストルが私のものとなるのは確かです．残りの32ピストルは貴方のものになるかもしれないし，私のものになるかもしれない——その機会は半々です．だからこの32ピストルは等分しましょう．もちろん，私のものになるのが確実なさきの32ピストルは私がいただきます．"こうして，第1の演技者は48ピストル，

パスカル

第2の演技者は16ピストルを受取ることになるであろう.

次に，第1の演技者が2点，第2の演技者が0点で，つぎの1点を争っているとしよう．この条件では，第1の演技者がこの1点をとればこのゲームに勝って64ピストルもらうことになる．また，第2の演技者がこの1点をとれば，上で調べたのと同じ条件になって，第1の演技者が48ピストル，第2の演技者が16ピストルもらうことになる．そこで，もし2人がこれ以上ゲームを続けることを望まないとすれば，第1の演技者は第2の演技者にこういうであろう．"もし，私がこの1点をとれば64ピストルは私のものになります．また，もし負けたとしても48ピストルはもらう権利があります．そこで，この48ピストルは私がいただくとして，残りの16ピストルは，この1点をとる機会が半々なのですから，2人で等分することにしましょう."こうして，第1の演技者は56ピストル，第2の演技者は8ピストルを受取ることになるであろう.

最後に，第1の演技者が1点，第2の演技者が0点だとしてみよう．ここで2人が続けて次の1点を争うとすると，第1の演技者が勝った場合にはすぐ上で調べたのと同じ条件になって，第1の演技者は56ピストル受取る権利をもつことになる．第1の演技者が負けた場合には，2人はともに1点をとっていることになって，おのおの32ピストルずつ受取ることになる．そこで，もし2人がこれ以上ゲームを続けることを望まないのであれば，第1の演技者は第2の演技者にこういうであろう．"まず，どちらにしても32ピストルをいただきます．その上で，56ピストルから32ピストルを引いた残りの24ピストルを等分しましょう."こうして，第1の演技者は32＋12＝44ピストル，第2の演技者は20ピストルを受取ることになるであろう.

13. この後つづいて，パスカルは証明ぬきで2つの一般的な解を与えている．彼の解を現代記法で表わしてみよう.

(1) 演技者の賭け金はおのおの A とする．また，ゲームは先に $n+1$ 点を得た方が勝ちとする．いま，第1の演技者が n 点，第2の演技者が0点であるとしよう．ここで2人がこれ以上ゲームを続けないで別れることに合意したとすると，第1の演技者が受取る権利のある金額は，$2A - \dfrac{A}{2^n}$ である.

(2) あるゲームの賭け金，点数は(1)と同じであるとする．いま，第1の演技者が1点，第2の演技者が0点であるとしよう．ここで2人がこれ以上ゲームを続けないで別れることに合意したとすると，第1の演技者が受取る権利のある金額は

$$A + A \frac{1 \cdot 3 \cdot 5 \cdots (2n-1)}{2 \cdot 4 \cdot 6 \cdots (2n)}$$

である．パスカルは第2の命題を証明することは難かしいと述べている．彼にいわせると，この命題は2つの定理にもとづいて証明される．その第1は純粋に算術的なものであり，第2は偶然性に関するものである．[6] 第1の定理は，現代代数学でいえば，2項定理で各項の係数和を求める定理に相当する．第2の定理は，組合せを用いて第1の演技者の勝つ機会の値を式であらわすものである；この式に第1の算術の定理を援用すれば，上に与えられた値が導き出される．この2つの解の証明は，この章のなかで後述する一般的な定理から導き出される［23節参照］．パスカルは，さらに，先に6点をうる方を勝ちとするゲームで，起こりうるすべての場合を表わす数表を付け加えている．[7]

14. それから，パスカルは別の話題にうつって，つぎのようにいっている.

「十分時間がございませんので，ある難問の証明を貴方に送ってさし上げることができません．この難問というのは，ド・メレ氏を随分驚かせたものです．というのも，彼は非常に才能のある人なのですが，幾何学にはたけていないからです．貴方も御存じのように，このことは大きな欠点です．それに，彼は数直線が無限に分割できることを理解できず，数直線は有限個の点からなると考えて

— 11 —

第2章　パスカルとフェルマー

もよいと信じているのです.[8] 彼をこの盲信から脱け出させることは, 私にはできませんでした. もし, 貴方が彼をこの盲信から救うことができれば, 彼は完璧なのですが. こういうわけで, 彼は私に, そんな動機からして数のなかには誤りがあるのだといっているのです.」

この難問というのは, 次のようなものである. サイコロ1個を投げて6の目を出そうとするとき, 4回振れば671対625で6が出ると賭けた方が勝味がある. また, サイコロ2個を投げて2個とも6の目を出そうとするとき, 24回振ったのでは出ると賭けた方に勝味はない. しかしながら, 24と36の比は(36というのはサイコロ2個を振ったときの可能な目の出る場合の数である), 4と6の比(6というのはサイコロ1個を振ったときの可能な目の出る場合の数である)と同じなのである. パスカルはつづけていう.

「彼の破廉恥さときたらひどいものです. 定理というものは不変のものではないし, 算術は自己矛盾しているのだと声高に言ってのけるのですから. しかし, 貴方は貴方の原則でもって, こんな理屈を簡単に見破ってしまわれることでしょう.」

15. フェルマー著作集におさめられているパスカルの手紙では, 前節で引用した部分のド・メレという名は伏せられていて, ——氏と空白になっている. パスカル著作集の出版者が, この空白にド・メレの名を正しく補ったのだと一般に認められている. モンモール (Montmort) はこの点について, まったく疑問をもっていない 〔モンモール『偶然ゲームに関する解析試論』32頁. グローの1頁. ラボック (Lubbock) とドリンクウォーター (Drinkwater)『確率』41頁参照〕. しかし, いくつかの難点のあることも確かである. というのは, 11節に引用した部分で, パスカルはド・メレはひとつの問題, すなわち**サイコロの問題** (celle des dés) を解くことができたと述べているし, ド・メレは分配問題を解くことのみができなかったというようにも読みとれるからである. モンチュクラによれば, 分配問題はシュヴァリエ・ド・メレからパスカルに出されたのであり,「ド・メレ氏はこのほかにもサイコロ遊びについての問題をいくつか彼に出している. たとえば, 何回振れば, そのうち1回は振ったサイコロが全部同じ目になると確信できるか, などである. このシュヴァリエ・ド・メレは, 幾何学者や解析学者より才智にたけていたし, この後の方の問題も正しく解いているのである. もっとも, これはそれ程難かしい問題ではない. しかし, 彼は前の問題には失敗している. また, パスカルもさらにこの問題をロベルヴァルに出したが, ロベルヴァルもまた失敗している〔384頁〕.」この言葉から察するに, モンチュクラは, 14節の引用部分でパスカルのほのめかした人物は, ド・メレではないと考えていることになる. ド・メレは分配問題を解けなかったのであるから, 数学は達者でなかったに違いないと, モンチュクラがほのめかしているのは正しいとはいえないだろう. というのは, ロベルヴァルの例からもわかるように, 当時の著名な数学者でさえ, この問題に立ち向えば, とても難しくて解けそうにないと感じたと思われるからである.

ライプニッツはド・メレについて,「それでもやはり, 本当のところ, シュヴァリエは大変才能に富んでいるし, 数学の才能についても例外ではない.」と述べている. このくだりの文脈からいえば, ライプニッツのド・メレに対する評価は低いのであるが, この言葉が不真面目なものだとは思えない 〔ライプニッツ『デュタン編, 全著作集』(Opera Ommia, ed. Dutens) 第2巻, Ⅰ部92頁参照〕.

『新論文集』(*Nouveaux Essais*) 第Ⅳ冊第16章で, ライプニッツは「シュヴァリエ・ド・メレ氏は『軽い読み物』(*Agréments*) や, ほかにも何冊かの本を出しているし, 頭のきれる人であった. それに, 彼は賭博師であり, 同時に哲学者でもあった.」と述べている.

他のところでは, ライプニッツがド・メレをこれよりもずっと冷淡に扱っていることは認めねばならない〔たとえば『全著作集』第4巻203頁〕. このくだりや, ライプニッツが引用しているベイル

— 12 —

の辞書（*Bayle's Dictionary*）の『ツェノン』（*Zeno*）の項の註からみたところでは，ド・メレは量が無限に分割できないと主張していたらしい．このことは，この唯一つの間違いさえなければ完璧だとパスカルがいった友人が，ド・メレであるとする根拠のひとつになる．

　いま，われわれが指摘した難点はあるにしても，全体的にみれば，算術の定理は互いに矛盾したものだと熱心に主張した張本人は，実際にド・メレであったと結論づけてよかろう．ド・メレが現在では，主としてその誤謬で知られているというのは，彼にとって不運なことだが，確率論の歴史のなかで，彼の名がパスカルとフェルマーの名と分ちがたく結びついていることを思えば，この不運もいくらかは償われているといえよう．

　16. パスカルの書簡は，この後また別の数学の話題にふれて終っている．この書簡に対するフェルマーの返信は残っていない．しかし，その内容はパスカルの次の書簡から推測できる．フェルマーはパスカルに，組合せを用いた分配問題の解答を送ったものらしい．

　パスカルの2番目の書簡は，1654年8月24日付けである．パスカルはこのなかで，演技者が2人の場合にはフェルマーの方法で十分だが，2人以上の場合は十分でないと述べている．後でわかるように，ここではパスカルが間違っている．さて，パスカルはフェルマーの方法を以下のように例示している．演技者が2人いて，第1の演技者は2点とれば勝ち，第2の演技者は3点とれば勝つとしてみよう．このとき，ゲームは4回の試行で決着がつく．a，bという文字を用いて，4文字の組合せをすべて作ってみよう．この組合せは，つぎのように，16通りできる．

$a\,a\,a\,a$	$a\,b\,a\,a$	$b\,a\,a\,a$	$b\,b\,a\,a$
$a\,a\,a\,b$	$a\,b\,a\,b$	$b\,a\,a\,b$	$b\,b\,a\,b$
$a\,a\,b\,a$	$a\,b\,b\,a$	$b\,a\,b\,a$	$b\,b\,b\,a$
$a\,a\,b\,b$	$a\,b\,b\,b$	$b\,a\,b\,b$	$b\,b\,b\,b$

さて，2点とれば勝つ演技者をA，3点とれば勝つ演技者をBとしよう．このとき，上の16通りの組合せでいえば，aが2個以上ある組合せはAの勝ち，bが3個以上ある組合せはBの勝ちになる．このようにして，それぞれを調べてみれば，Aの勝ちになるのは11通り，Bの勝ちになるのは5通りとなることがわかる．また，これらの組合せはおのおの同等らしさで生起するのであるから，Aの勝つ機会：Bの勝つ機会＝11：5となる．

　17. パスカルは，彼がフェルマーの方法をロベルヴァルに知らせてやったところ，上で考えられた例では4回試行すると仮定しているが，そうなるとは限らないといって，ロベルヴァルはこの方法に反対したと述べている．というのは，第1の演技者が次の2回の試行に勝って，この2回の試行でゲームが終るというようなことは本当に可能なことなのだと．パスカルはこの反論に対して，ゲームが2回の試行あるいは3回の試行で終るかもしれないことは，本当にありうることだが，演技者が合意のもとに4回の試行をすべて行なったのだと考えても差支えない筈だ，というのは，4回試行するまでにゲームの決着がつくとしても，余分の試行はこのゲームの決着に何らの影響をも与えないからであると答えている．パスカルはこういう点を非常に明確におさえている．

　15節にあげておいたライプニッツからの最初の引用文の内容のなかで，彼は「フェルマー氏やパスカル氏やホイヘンス氏の賭博についての巧みな考えを，ロベルヴァル氏は全然理解できなかったし，理解しようともしなかった．」と述べている．

　ロベルヴァルが取り上げたこの難点は，後にみるように，ダランベール（D'Alembert）によって，再び取り上げられることになる．

　18. このあと，パスカルはフェルマーの方法を，演技者が3人の場合に適用している．第1の演技

第2章 パスカルとフェルマー

者はあと1点とれば勝ち，あとの2人はあと2点とらなければならないとしてみよう．この場合，ゲームは3回の試行で決着がつく．a, b, c という文字を用いて，3文字の組合せをすべてあげてみよう．この組合せは，以下のように，27通りできる．

a	a	a		b	a	a		c	a	a
a	a	b		b	a	b		c	a	b
a	a	c		b	a	c		c	a	c
a	b	a		b	b	a		c	b	a
a	b	b		b	b	b		c	b	b
a	b	c		b	b	c		c	b	c
a	c	a		b	c	a		c	c	a
a	c	b		b	c	b		c	c	b
a	c	c		b	c	c		c	c	c

1点とれば勝てる演技者をA，のこりの2人の演技者をB，Cとしよう．パスカルはこの27通りを調べて，次のような結果を導いた．a が2回以上起こる組合せと，a, b, c がそれぞれ1回ずつ起こる組合せ，あわせて13通りはAの勝ち，BとCの負けとなる．また，a が1回，b が2回起こる組合せ3通りは，Aの勝ちともBの勝ちとも考えられる，と彼はみなした．同様にして，Aの勝ちともCの勝ちともなりうる場合が3通りある．それゆえ，Aが勝つ場合の数はあわせて $13 + \frac{3}{2} + \frac{3}{2} = 16$ 通りであると見なされる．また，Bについては，Bが勝ち，AとCが負けるのは bbb, cbb, bcb, bbc の4通りであるから，全体をあわせると，Bが勝つ場合の数は $4 + \frac{3}{2} = 5\frac{1}{2}$ 通りだとみなされる．同様にして，Cが勝つ場合の数も $5\frac{1}{2}$ 通りだとみなされる．こう考えてくれば，A, B, C が勝つ機会はそれぞれ $16, 5\frac{1}{2}, 5\frac{1}{2}$, だということになるわけである．

しかしながら，パスカルは彼自身の方法でやってみれば，この機会は 17, 5, 5 になると述べている．この相違がどうして生じたのかについて，パスカルは，フェルマーの方法では必ず3回の試行がなされると仮定しているが，彼自身の方法ではそう仮定していないという事情によるのだと結論している．必ず3回の試行がなされると仮定することによって，実際の結果が影響をうけると考えた点でパスカルは間違いを犯した．実際，すでにみてきたように，演技者2人の場合にはパスカル自身がこの仮定を，正当であると強く主張していたのである．

19. 1654年8月29日付のフェルマーからパスカル宛の書簡がある．そのなかで，フェルマーは，演技者が3人の場合の分配問題について述べている．われわれがたったいま考察した例については，17：5：5 という比が正解であるとフェルマーは述べている．しかし，この書簡は8月24日付のパスカルの書簡に対する返信ではなく，現存していないそれ以前の書簡に対する返信のように思われる．

9月25日に，フェルマーはパスカルに1通の書簡を書いて，そこでパスカルの誤謬を指摘している．パスカルは，$a, c,$

フェルマー

c というような組合せが，Aの勝ちにもCの勝ちにもなりうるのだと考えていた．ところが，フェルマーのいうように，この場合にはAの勝ちになってCの勝ちにはならないのである．なぜなら，Aは1点とれば勝ちになるのであるから，Cが点をとる前にAが1点とっているこの場合は，Aの勝ちとなってゲームに決着がつくからである．適当に修正をすれば，A, B, C の機会が17, 5, 5 となり，パスカルが考えた方法で導いた結果と一致するのである．

それから，フェルマーはロベルヴァルのために，もうひとつの解法を示している．この解法では，必ず3回の試行がなされると仮定せずに，同じ結果を導いている．

この書簡のあとの部分で，フェルマーは整数論についての有名な定理を，いくつか示している．

パスカルはフェルマーのこの書簡に対して，1654年10月27日に返信を送り，十分納得したと伝えている．

20. フェルマーからパスカルに宛てた書簡がもう1通あるが，これには日付がつけられていない．この書簡は，パスカルがフェルマーに出した簡単な問題について述べている．ある人が1個のサイコロを8回振って，そのうち1回は6の目を出すといって賭けたとする．この人はすでに3回振って3回とも駄目だったとしよう．ここで4回目を振るのをやめるとすれば，彼は賭金のうちいくらをとることが許されるだろうか．成功の機会は $\frac{1}{6}$ なのである．それゆえ，振るのをやめるとすれば，賭金の $\frac{1}{6}$ をとればよいことになる．しかし，**まだ1回も振っていない段階で**，この4回目の振りの値を推定するとすればどうなるであろうか．1回目の振りは $\frac{1}{6}$ に値する．2回目はその残りの $\frac{1}{6}$，すなわち賭金の $\frac{5}{36}$ に値する．3回目はさらにその残りの $\frac{1}{6}$，すなわち賭金の $\frac{25}{216}$ に値する．4回目はさらにその残りの $\frac{1}{6}$，すなわち賭金の $\frac{125}{1296}$ に値する．

フェルマーの書簡からみて，おそらくパスカルはこの2つの場合を区別していなかったものと思われる．しかし，フェルマーが返信した当のパスカルの書簡は残っていないので，この点について確かなことは言えない．

21. このように，分配問題がパスカルとフェルマーの間で議論された主な問題であったのだが，この問題は彼らによって極め尽くされたわけではない．というのは，彼らは演技者の技能が同等であると仮定した場合についてだけ，考えたからである．いままでに見てきたように，非常に単純な場合は別として，一般に彼らの方法を用いてこの問題を解くとすれば，極めて面倒なものになると思われる．それでも，どちらかといえば，パスカルの方法の方が洗練されている．研究者たちは，彼の方法が差分法によるこの問題の現代的解法と，同様の原理によっていることに気づかれるであろう〔ラプラス『確率の解析的理論』210頁参照〕．

グローは，この問題に対するフェルマーの解法を大いに賞讃しているが，フェルマーの解法をそれだけ取り出して考察するか，パスカルの解法との比較において考察するかは別として，いずれにせよこの賞讃は度をすごしていると思われる〔グローの9頁参照〕．

22. つぎに，パスカルの『算術3角形論』(Traité du triangle arithmétique) を見てみることにしよう．この論文は，1654年に印刷されたが，1665年になってやっと出版されたものである〔モンチュクラの387頁参照〕．この論文はさきに参照したパスカル著作集第5巻におさめられている．

算術3角形のもっとも単純な形式のものを，次の表に示しておこう．

この表の横行のなかには，現在われわれが**図形数** (figurate numbers) とよんでいるものがある．パスカルは各横行にそれぞれ位数をつけて区別している．1行目の 1, 1, 1, 1, …… を第1位数の

— 15 —

第2章　パスカルとフェルマー

1	1	1	1	1	1	1	1	1	1 ……
1	2	3	4	5	6	7	8	9 ……	
1	3	6	10	15	21	28	36 ……		
1	4	10	20	35	56	84 ……			
1	5	15	35	70	126 ……				
1	6	21	56	126 ……					
1	7	28	84 ……						
1	8	36 ……							
1	9 ……								
1 ……									

数，2行目の 1, 2, 3, 4, …… を第2位数の数，等々とよぶわけである．第3位数の数 1, 3, 6, 10, …… は当時すでに **3角数** (triangular number) という名で知られていた．また，第4位数の数 1, 4, 10, 20, …… も**ピラミッド数**[9](pyramidal number) の名で知られていた．パスカルによれば，第5位数の数 1, 5, 15, 35, …… はその当時まだ特定の名を認められていなかったということであるが，彼はこれを**3角型3角数** (triangulo-triangulaires) とよぶことを提案している．

現代記法を用いてあらわせば，第 r 位数第 n 項は

$$\frac{n(n+1)\cdots\cdots(n+r-2)}{(r-1)!}$$

となる．

パスカルは次の定義によって算術3角形を構成したのである．すなわち，それぞれの数は，真上の数と左隣の数との和である，という定義である．たとえば，

$$10=4+6, \quad 35=20+15, \quad 126=70+56, \cdots\cdots$$

パスカルは，この数の特性をまことに巧妙に，かつ明快に展開している．たとえば，第 r 位数のはじめの n 項の総和は，$n+r-1$ 個のもののなかから，同時に r 個をとる場合の組合せの数に等しくなる．このことをパスカルは帰納的立証によって確立したのである．

23. パスカルは，彼の創意になるこの算術3角形を，いろいろな問題に適用している．その問題のなかには，分配問題，組合せ理論，二項和の累乗が含まれている．ここでは，それらのうち分配問題への適用についてのみ見ていくことにしよう．

この算術3角形のなかで，最上段の横行と最左端の縦列とから，同数の1を切りとるように引かれた線を，**底** (base) とよぶ．

底は，最上段最左端の隅からはじめて番号づけすることができる．たとえば，10番目の底は，1, 9, 36, 84, 126, 126, 84, 36, 9, 1 を結んで引かれた線になる．r 番目の底は r 個の数を含むことがわかる．

さて，いまAが勝つためにはあと m 点，Bが勝つためにはあと n 点必要であるとしてみよう．$m+n$ 番目の底をとってみると，Aの可能性：Bの可能性＝底の最上段の行からはじまる最初の n 個の数の合計：残り m 個の数の合計，となる．パスカルはこのことを帰納法によって証明した．

パスカルの得たこの結果が，他の方法によって得られる結果と一致することは，容易に示すことができる．$m+n$ 番目の底に含まれる項は，二項定理による $(1+x)^{m+n-1}$ の展開式の各係数に一致するからである．$m+n-1=r$ とすると，パスカルの結果をつぎのように言い表わすことができる．

Aの可能性：Bの可能性

$$= 1 + r + \frac{r(r-1)}{1 \cdot 2} + \cdots\cdots + \frac{r(r-1)\cdots(r-n+2)}{(n-1)!}$$

$$: 1 + r + \frac{r(r-1)}{1 \cdot 2} + \cdots\cdots + \frac{r(r-1)\cdots(r-m+2)}{(m-1)!}$$

これは現代の初等的な書物のなかで示される結果に一致している〔トドハンター『代数学』第53章参照〕.

24. 次に，パスカルはいくつかの例をあげている. (1) Aがあと1点，Bがあとn点必要とするとき. (2) Aがあと(n−1)点，Bがあとn点必要とするとき. (3) Aがあと(n−2)点，Bがあとn点必要とするとき. これら3つの例のうち，(2)の例と(3)の例の間には，おもしろい関係がある. これを示してみることにしよう.

Aの勝ちになる場合の数をM，Bの勝ちになる場合の数をNとする. また，$r=2n-2$ とおく.

(2)の例では

$$M + N = 2^r$$

$$M - N = \frac{r!}{(n-1)! \, (n-1)!} = \lambda \, (とする)$$

ここで，賭金の総額を $2S$ とすると，Aは $\frac{2S}{2^r} \cdot \frac{2^r + \lambda}{2} = \frac{S}{2^r}(2^r + \lambda)$ の権利をもつことになる. したがって，Aは自分の賭けた金をとりもどし，そのうえ相手の賭けた金の $\frac{\lambda}{2^r}$ を手に入れることになる.

(3)の例では

$$M + N = 2^{r-1}$$

$$M - N = \frac{2(r-1)!}{(n-1)! \, (n-2)!} = \frac{2(n-1)(r-1)!}{(n-1)! \, (n-1)!} = \frac{2\lambda(n-1)}{r} = \lambda$$

したがって，Aは自分の賭けた金をとりもどし，そのうえ相手の賭けた金の $\frac{\lambda}{2^{r-1}}$ を手に入れることになる.

ここで，(2)の例と(3)の例をくらべてみると，これが何点勝ちのゲームであっても，1点目に勝った演技者が2点目にも勝ったとすれば，2点目をとったときの利得は1点目をとったときの利得の2倍になることがわかる.[10]

25. これで，確率論についてのパスカルの研究のうち，現存のものをすべて分析したことになる. しかしながら，彼はこれらの研究をひとつの完全な論文にまとめようという意図をもっていたようである. 有名なパリーのマテセオス・アカデミーあてのパスカルの書簡が1通残っている. このアカデミーは，正式な科学協会設立以前にあった任意参加制の協会のひとつである〔パスカル著作集第Ⅳ巻356頁参照〕. パスカルはこの書簡のなかで，彼が準備をすませ，後に発表したいと思っていたいろいろの論文を列挙している. そのなかに，偶然性に関するものもひとつ入る筈になっていた. 彼の言葉から，彼が論じようと企てていたこの主題が，目新しく，しかも重要なものであるという考えを強く抱いていたことがわかる. 彼はいう.

「私はもっとも新しいが，しかし厳密には検討を加えられていない主題を，**ゲームにおける偶然の構成** (compositione aleae in ludis)，ガリア風にわれわれの言葉でいうところの**ゲームの分け前の仕方** (faire les partis des jeux) という題名で処理しようと思います. 正当に競いあっている演技者双方に，不確定な未来がつねに正確に配当されるという条件のもとでは，理にかなった計算は

— 17 —

第2章　パスカルとフェルマー

妨げられてきました．確かに，偶然の推理を探究すればするほど，調べてわかることはほんのちょっぴりしかありません．あいまいさ，たとえばクジ引きという事象は，必然性よりもむしろ，まったく偶然性に左右されることが自然なのでして，それによって報酬が分配されるのであります．それゆえ，いままではそのような事柄は不確かなものだとしてきました．しかし，いま経験にさからってまでも，偶然を支配している論拠をはっきりとさせたいと存じます．もちろん，そのようなことを幾何学的方法によって学問的な保証をとりつけ，確実性がこの種の偶然性にも関係している事実を，大胆に打ち出そうと思っています．そして，数学が不確定な事象をひきおこすサイコロと結びついていることを示し，加えて偶然と確実の相矛盾したものを統一的にとらえ，統一されたものは偶然とも確実とも指名できないのでありますから，"サイコロの幾何学（aleae geometria）"という表題の本を手にとった人は，きっとびっくりするに違いないと思います．」

しかし，この計画は実現しなかった．この手紙は1654年の日付になっているが，彼は1662年39才の若さでこの世を去ったのである．

26. これ以前の著作者たちのなかに見られた，とるに足りないような暗示を無視してしまえば，確率論が実際にパスカルとフェルマーからはじまるといってよいであろう．確率論にとって，この2人の名前以上に栄誉ある名前を見つけ出すことは困難であろう．

パスカルの名声は，広範な領域に及んでいるものであって，数学や物理学はその一部にすぎない．それゆえ，最初に名声を博した研究を，彼が放棄してしまったことはまったく残念なことではあるが，彼の記憶すべき**書簡**（Letters）を考えてみれば，この残念な気持も和らげられるだろうし，また，彼が円熟した力の限りを傾注した宗教の証験についての偉大な作品のうちで，今日残っているあの諸断片のことを考えてみれば，こうした気持は深い悲しみのなかに消え失せてしまうであろう．

フェルマーの名声は，パスカルほど広範な領域にわたるものではない．しかしそれは科学史上に例をみないほど並みはずれたものである．フェルマーは整数論について，さまざまの注目すべき定理を発表した．このうちの2つがとりわけ重要なのである．[11] そのひとつはオイレル（Euler）とラグランジュ（Lagrange）をさんざん手こずらせた挙句，結局コーシー（Cauchy）によって解決されたものであるが，他のひとつはいまだに解決されていない．フェルマー自身がこれらの定理の証明に成功したかどうか不明であるために，それだけ余計にこれらの定理に興味をそそられるのである．

ルイ・フィリップ王の時代に，フランス政府はフェルマー全集の新版の刊行のため，補助金を与えたのであるが，残念ながらこの計画は実現しなかった．11節で引用した版は，1861年ベルリンでフリードランダー（Friedlander）によって複写再刊されたものである．

27. パスカルとフェルマーの手によって確率論が創始された頃，この2人はヨーロッパでもっとも著名な数学者であった．デカルト（Descartes）は1650年に世を去り，ニュートンとライプニッツはまだ無名であった．ホイヘンスは1629年に生れ，当時すでに才覚をあらわしており，将来の俊秀の片鱗をみせてはいたが，まだパスカルやフェルマーの水準には達していなかった．イギリスでは，1616年生まれで1649年にオックスフォードの幾何学サヴィル講座[12] の教授に任命されたウォリスが着実に名声をえつつあったが，これに対して1630年生まれのバロウ（Barrow）がケンブリッジの数学ルーカス講座の教授に任命されたのは，やっと1663年になってからのことであった．

問題自体が興味深いうえに，当時もっとも著名な2人の数学者が論じあったのだから，この主題は急速に広く人々の注意をひくことになったであろうと思ってもよさそうなものであるが，実際はそうでなかった．この2人の偉人たち自身，広く研究を公表することには無関心であったらしい．パスカルは，終いには科学からも社会からも身を引くことになるし，フェルマーは煩雑な生活のなかでの唯

— 18 —

一の娯楽としてのみ数学に没頭し，1665年にこの世を去ったのである.

　ニュートンとライブニッツによって微分法が発明されるや，数学者たちはこの問題に夢中になってしまい，おかげで，パスカルとフェルマーが手紙を交換してから後，半世紀の間，確率論はほんの僅か進んだにすぎなかったのである.

〔訳註〕
（1）**シュヴァリエ・ド・メレ**（1610-1684）はポワトゥー出身の軍人で，武技に長じた豪傑で，たびたびの戦闘に参加し，帰国すると田園生活を享受し，粋人と交際することを好しとした．そして，あらゆる卑俗をきらい，衒学的な形式主義をすて，けだかく美しく，人に愛せられる人間＝教養人＝を目指した．パスカルは子供の時分からの隣人であった宮廷貴族のロアンネス公（Duc de Roannez, 1627-1696）を知っていたが，メレとの出会いは，この公の手びきによる．1651年以後，ロアンネス公はポワトゥー県知事となり，その県の沼地の干拓事業などで，パスカルもポワトゥーへおもむき，そこでメレと懇意になった．メレがパスカルに教えたことは，形式的推理によって進む科学者の理性とは異なり，感情・本能による直観が人間の交わりにおいて重要なこと，科学の論証的認識とは質を異にする直観的認識ないし理解が独自の明証をもって成立することであった．後にパスカルが方法的に明確に区別する2つの精神，つまり，少数の原理から出発して秩序だてて論証していく科学的認識に向う**『幾何学的精神』**（*esprit géométrique*, 1658）と，生において複雑な人間的意味を一目でみてとる**繊細の精神**（esprit de finesse）とを対比させたのは，もっぱらメレの教示にもとづくとされている．〔野田又夫**『パスカル』**，岩波新書 参照〕
（2）**ポール・ロワイヤル**（Port Royal）は，パリの西南ヴェルサイユからさらに西南3kmにあった修道院のことで，1204年創設といわれる．17世紀の頃には，ここはジャンセニスムという宗教思想をもつ人々の中心となり，当時宗教的にも政治的にも大きな勢力をもっていたイエズス派と対決する人々の拠点でもあった．1656年1月14日，この修道院の指導者アントワーヌ・アルノー（Antoine Arnauld, 1612-1694）がパリ大学神学部から異端の宣告をうけ，1661年2月修道院附属の学校は閉鎖され，のちルイ14世の命令で徹底的な破壊がおこなわれた．パスカルはこの修道院に1648年妹とともに出入しはじめる．確率論の研究の末期（1654, 10），俗世間に対する大きな嫌悪から，禁欲的宗教的態度にもどり，1655年1月ポール・ロワイヤルに滞在する．アルノーが異端の宣告を受けると，パスカルもイエズス会との論争の渦中に入り，**『プロヴァンシャル』**（*Les Provinciales*）全18通の手紙をかき，イエズス会との公開論争をいどんだことは有名である．なお，パスカルがポール・ロワイヤル滞在中，この附属の "小さな学校" に，劇作家ラシーヌ（Racine, 1639-1699）が学んでいたが，劇作は人心を毒するというロワイヤルの道徳観から，最後にはロワイヤルと訣別する．
（3）パスカルとフェルマーの往復書簡は，現在では6通が確認されている．Ⅳ～Ⅵはあまり重要でない.

Ⅰ．フェルマーからパスカルへ	1654年（ただし月日不明）	〔**20**節〕
Ⅱ．パスカルからフェルマーへ	1654年7月29日	〔**11～14**節〕
Ⅲ．パスカルからフェルマーへ	1654年8月24日	〔**16～18**節〕
Ⅳ．フェルマーからパスカルへ	1654年8月29日	〔**19**節〕
Ⅴ．フェルマーからパスカルへ	1654年9月25日	〔**19**節〕
Ⅵ．パスカルからフェルマーへ	1654年10月27日	〔**19**節〕

Ⅰ．の書簡は，つぎの通りである.
「パスカル様

　もしも私がただ1つのサイコロを8回投げて，ある目を出そうと試みるとき，その遊戯にお金が賭けられているならば，第1回目の投げを行わないことを如何に見積るかというに，私の原理によると公平であるためには，最初に投げない賠償として全額の$\frac{1}{6}$を賭金から貰わねばなりません.

　つぎにまた第2回目の投げを行わないことを見積るならば，賠償として残りの$\frac{1}{6}$すなわち全額の$\frac{5}{36}$を貰わね

— 19 —

第2章　パスカルとフェルマー

ばなりません.

　そして次に第3回目の投げを行わないことを見積るならば，賠償として残りの$\frac{1}{6}$すなわち全額の$\frac{25}{216}$を貰わなければなりません.

　そして次に第4回目の投げを行わないことを見積るならば，残りの$\frac{1}{6}$すなわち全額の$\frac{125}{1296}$を貰わねばなりません.

　これで私はあなたと共に第4回目の投げの値を定めたことになりますが，これは既に先人によっても論ぜられていることと思います.しかしあなたはお手紙の最後の例においてこう言われました.（あなた自身の言葉でいうと）私が6の目を出そうと8回投げようと思ったが，3回失敗し第4回目を相手に拒否されたとき，4回目に6が出たかも知れないので相手が賠償したいといってきたら，彼はわれわれの賭金の全額の$\frac{125}{1296}$をもってくるであろうと.

　しかしこれは私の原理によると正しくありません.何となればこの場合は，はじめに3回投げても何も得られないので，サイコロは手にもったまま，賭金は全額残ったままなので，サイコロを手に持っていて第4回目の投げを行わないことを見積ると，賠償として全額の$\frac{1}{6}$を取らねばならぬことになります.

　また出そうとした目が第4回目にも出ないとき，第5回目を行わないことを見積ると，やはり全額の$\frac{1}{6}$が賠償になります.何となれば賭金の全額が残っておることが根本になっているのみならず，各回の投げが等しい利益をもたらすことがまた同時に自然の成行でもあるからであります.

　以上において私どもが原理的に一致しているのかどうかを知りたいと思いますし，また私どもがただその適用において異なったのではないかと思ってあなたにおききする次第であります.　　敬具」

〔武隈良一『パスカルとフェルマーとの往復書簡』（科学史研究No.26，1953年）参照〕

（4）ピェール・ド・カルカヴィ（Pierre de Carcavi, ?-1684）はパリ市会参事官から後に1663年王室の図書係となり，またアカデミーの最初の会員になった人で，コルベールの信任があつかった.

（5）ド・ロベルヴァル（Gilles Personne de Roberval, 1602. 8. 8-1675. 10. 27）はボーヴェ（Beauvais）近郊のロベルヴァルに生れた.彼は本名より出生地をもって呼名された.姓のペルソニエはラテン名のペルソネリウス（Personerius）からきている.パリのジェルヴェ・コレージュの哲学教授であり，のちにロワイアル・コレージュの数学教授となった.高次の平面曲線と，すでにトリチエリが本質的な部分は開拓していた接線法の研究で知られている.カヴァリエリと同じ頃に，彼もまた不可分量の考えに達し，1634年に『不可分量論』（*Traité de indivisibles*）を出し，さらにその後，区求積法による面積の求め方，同じ方法による長さや体積の求め方を発表した.1644年にはアリスタルコスの天文学の解説も行なっている.彼の覚え書は，1693年『昔のアカデミーの覚え書集』（*Mémoires de l'ancienne académie*）の第6巻として刊行された〔D.E. Smith『数学の歴史』（*History of Mathematics*）Vol. 1. 385頁，Vol. 2. 688頁；黒田孝郎，近藤洋逸『数学史』296，322頁参照〕.

（6）第1の定理は

$$\frac{1}{2}\binom{n}{\frac{n}{2}}+\binom{n}{\frac{n}{2}+1}+\binom{n}{\frac{n}{2}+2}+\cdots\cdots+\binom{n}{n}=2\times4^{\frac{n}{2}-1}$$

第2の定理は，相手の賭金から貰う権利のある金額は

$$A\frac{\frac{1}{2}\binom{n}{\frac{n}{2}}}{\frac{1}{2}\binom{n}{\frac{n}{2}}+\binom{n}{\frac{n}{2}+1}+\binom{n}{\frac{n}{2}+2}+\cdots\cdots+\binom{n}{n}}$$

とする.しかし，この2つの事柄の証明は書かれていないし，なぜこの2つの定理を使えばよいかも述べられていない.

（7）各人が256ピストルずつ賭けたとき，相手の賭金から貰う分け前の表は

	6点勝負	5点勝負	4点勝負	3点勝負	2点勝負	1点勝負
1回目	63	70	80	96	128	256
2回目	63	70	80	96	128	
3回目	56	60	64	64		
4回目	42	46	32			
5回目	24	16				
6回目	8					

（8）パスカルが直線は無限に分割可能だといったとき，メレは直線が非常に多くのしかし有限個の点から成るといって反対した．メレは宗教とともに，数学的無限を含む謎にも触れまいとする，徹底した有限主義者であった．メレは有限な賭事の名人ではあるが，人生全体を無限に向って賭けようとはしない．しかるに，パスカルは空間の無限性を謎として痛切に意識し，人生全体を無限に向って賭けようとする．賭けの理論の適用は，専らその方向に求められる．パスカルの『パンセ』のなかに，それを裏づけるものがのっている．

「‘神は存在するか存在しないか’を言明しよう．だが，われわれはどちらの側へ傾くであろうか？ 理性はその場合，何ごとをも決定することはできない．そこには，われわれを隔てる無限の渾沌がある．この無限の距離の果てるところで，1つの賭がおこなわれる．表が出るか裏が出るかなのだ．君はどちらに賭けるか？ 理性によっては，君は一方と他方のいずれをも選ぶことはできない．理性によっては，君は2つのうちいずれかをしりぞけることもできない．

それゆえ，君はいずれか一方を選んだ者を，まちがいだと言って責めてはならない．なぜなら，君はそれについて何も知らないのだから．――いや，私はそちらを選んだのがいけないと言って責めるのではない．どちらか一方を選んだということで責めるのだ．なぜなら，表を選んだ者も，その反対の者も，同様にまちがっているからである．彼らは2人とも誤っている．正しいのは，賭をしないことである．

――なるほど．だが賭はしなければならない．それは随意なことではない．君はすでに船を乗り出したのだ．いったい君はどちらを取るか？考えてみよう．選ばなければならないからには，どちらが君にとって利益が少ないかを考えてみよう．君が失うかもしれないものは2つ，真と善である．賭けるものは2つ，君の理性と君の意志，つまり君の認識と君の幸福である．そして君の本性が避けようとするものは2つ，誤謬と悲惨である．どうしても選ばなければならないからには，他方を措いて一方を選んだところで，君の理性は別に傷つけられるわけではない．これで1つの点が片づいた．だが，君の幸福はどうなるか？ 神は存在するという表の側をとって，その得失を計ってみよう．2つの場合を見積ってみよう．もし君が勝てば，君はすべてを得る．もし君が負けても，君は何も失いはしない．」つまり

	神は存在する	存在しない
勝運（正しくは確率）……………	$\frac{1}{2}$	$\frac{1}{2}$
得られるもの…………………………	∞	0
利益（正しくは数学的期待値）…	∞	0

「だから，ためらわずに，神は存在するという側に賭けたまえ．――それは結構だ．たしかに，私は賭けなければならない．しかし私はあまりに多くを賭けすぎはしないだろうか？ ――考えてみよう．勝にも負にも同様の運があるのだから，かりに君が1に対して2の生命を得るだけであっても，君はやはり賭けてさしつかえなかろう．しかし得られる生命が3であるならば，賭けるのが当然である（なぜなら，どうしても賭けなければならない状態に君はいるのだから）．そして，このように賭けることを余儀なくされているときに，勝にも負にも同様の運がある勝負において，君が3つの生命を得るために君の生命を賭けないとしたならば，君は無分別のそしりを免がれないであろう．」つまり

— 21 —

第2章 パスカルとフェルマー

	神は存在する	存在しない
勝運（正しくは確率）…………	$\frac{1}{2}$	$\frac{1}{2}$
得られるもの………………	2, 3	1
利益（正しくは数学的期待値）…	1, $\frac{3}{2}$	$\frac{1}{2}$

「しかるに，そこにあるのは，永遠の生命と幸福である．」つまり

	神は存在する	存在しない
勝運（正しくは確率）…………	$\frac{1}{2}$	$\frac{1}{2}$
得られるもの………………	∞	1
利益（正しくは数学的期待値）…	∞	$\frac{1}{2}$

「そうだとすれば，無数の運のうちにたった1つだけが君のものであるとしても，君が2を得るために1を賭けるのは，なお道理にかなっているであろう．」つまり

	神は存在する	存在しない
勝運（正しくは確率）…………	1	∞
得られるもの………………	$\infty \times 2$	1
利益（正しくは数学的期待値）…	$\infty \times 2$	∞

「またどうしても賭をしなければならないとき，無数の運のうち1つが君のものになりうる勝負において，もし無限に幸福な無限の生命が得られるならば，君が3に対して1つの生命を賭けることを拒むのは，無分別な行為であろう．」つまり

	神は存在する	存在しない
勝運（正しくは確率）…………	1	∞
得られるもの………………	$\infty \times 3$	1
利益（正しくは数学的期待値）…	$\infty \times 3$	∞

「しかし，ここでは無限に幸福な無限の生命が得られるのであり，負ける運が或る有限数であるのに対して，勝つ運は1つある．しかも，君の方から，賭けるものは有限である．」つまり

	神は存在する	存在しない
勝運（正しくは確率）…………	1	n
得られるもの………………	∞	1
利益（正しくは数学的期待値）…	∞	n

「これでは損も得もあったものではない．無限が存在するところ，勝つ運が1つあるのに対して負ける運が無限ではないところにおいては，損得は考えるべきではない．いっさいを賭けるべきである．」こうして，彼は理性の限界を超える'賭け'の考察をながながと述べている．〔『パンセ』第3篇，松浪信三郎訳，筑摩書房〕

(9) ピラミッド数は右の図のようにして示されるものである．

(10) 『算術3角形論』およびその応用について，伊吹武彦，渡辺一夫，前田陽一監訳『パスカル全集』（全3巻，人文書院）第1巻 735-704頁に邦訳されている．

(11) フェルマーの残した2つの問題とは

　'$4n+1$ なる形の素数は2つの平方数の和で表わされ，しかもその2数はただ1通りしかない．'

　'平方数を他の2つの平方数に分けることは容易である．しかし，1つの立方数を2つの立方数に，あるいは4乗数を2つの4乗数に，そして一般には平方数を越えて無限にいかなる累乗数をも，同指数の2つの累乗数に分けることはできない．'

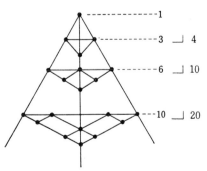

— 22 —

である．前者は1749年7年間の苦闘の末オイレルが証明した．〔ソビエト科学アカデミー **『数学通論（素数）』**（東京図書），高木貞治『**初等整数論講義**』（共立出版）参照〕

(12) オックスフォードの幾何学ならびに天文学の**サヴィル教授職** (Savilian professorship) とケンブリッジの**ルーカス教授職** (Lucasian professorship) とはよく話題になるので若干解説しておく．

ヘンリー・サヴィル（1549.11.30–1622.2.19）は1585年オックスフォードのマートン・カレッジの教会会長となり，1596年にはイートン・カレッジの学長に指名された貴族である．彼はユークリッドを講じたが，数学の進歩にはあまり貢献しなかったが，1619年彼によって開設された教授職（サヴィル教授職）を通して科学知識の普及につとめ，以後3世紀の間今日に至るまで優れた学者によってこの教授職は受けつがれている．

ヘンリー・ルーカス（Henry Lucas, ?–1663.7.22）は一時ケンブリッジのセント・ジョンズ・カレッジの学生であったが，学位授与の候補者になったとは思えない．しかし，1636年に M.A. の称号を許され，1639–40年には議会から選出されて大学の代表者となった．その後年間100ポンドの収益をもたらす土地を獲得して，それを元手に開設した講座をルーカス教授職というが，久しく空席のままであった．1663年バロウ（Issac Barrow, 1630.10–1677.5.4）がこの椅子にはじめてついたが，6年後の1670年ニュートンに席をゆずった．

第3章

ホ　イ　ヘ　ン　ス

28. さて，われわれはここで『**サイコロ遊びにおける計算について**』（*De Ratiociniis in Ludo Aleae*）と題するホイヘンス[1] の論文について述べなければならない．この論文は，はじめ，スホーテン[2]（Schooten）による『**フランシス・スホーテンによる5巻からなる数学演習書**』（*Francisci à Schooten Exercitationum Mathematicarum Libri quinque*）と題する著書の末尾519-534頁に収められたものである．スホーテンのこの著書は，モンチュクラによれば，1658年のものだということだが，私のみた唯一の写本では1657年になっていた．

スホーテンはホイヘンスの数学の先生であった．われわれがこれから検討していこうとしている論文は，ホイヘンスが母国語で書いてスホーテンに送り，これをスホーテンがラテン訳したものである．

スホーテンからウォリスに宛てた手紙から，ウォリスがホイヘンスの論文を読んで賞讃したことが窺われる〔ウォリス『**代数学**』（*Algebra*），1693年，833頁参照〕．

ライプニッツも，またこの論文を賞讃している〔ライプニッツ『**デュタン編―全著作集**』第6巻，第1部，318頁参照〕．

29. 論文の冒頭には，スホーテンへの手紙が掲載されているが，そのなかでホイヘンスは彼の先達たちについて，次のように述べている．「本当のことをいうと，すでに久しい以前に，北部イタリアの勝れた数学者たちの間で，この種の計算が論じられており，私に第1発明者の栄誉を与えることはまったく不当なことなのです．」ホイヘンスは，この論文のなかで，彼が数学者たちの注意を喚起しようとしている問題は，重要でしかも興味深いものだということを強調している．

30. この論文はヤコブ・ベルヌイの『**推論法**』に註釈づきで再録されている．この，ベルヌイの著書は4部からなっており，その第1部のなかにこの論文の内容がまとめられている．また，この論文の英訳も2つ出版されている．そのひとつはモット（Motte）[3] によるものだとされてきたが，おそらく実際はアーバスナット（Arbuthnot）によるものであろう．他のひとつはW・ブラウン（Browne）によるものである．

31. ホイヘンスの論文には14個の定理が含まれている．第1の定理は，ある演技者にとって金額aを手に入れる可能性と，金額bを手に入れる可能性が等しいとき，この演技者の期待値は$\frac{1}{2}(a+b)$である，というものである．第2の定理は，ある演技者にとって，a，b，cを手に入れる可能性がそれぞれ等しいとき，この演技者の期待値は$\frac{1}{3}(a+b+c)$である，というものである．第3の定理は，ある演技者にとってaを手に入れる可能性がp，bを手に入れる可能性がqであるとき，この演技者の期待値は$\frac{pa+qb}{p+q}$である，というものである．

この第3の定理については，次のようにいわれてきた．「この真理は現在では初等的にみえるかも知れないが，これすら，まったく反論なしに受け入れられたわけではない．」〔ラボックとドリンクウォーターの42頁〕この言葉が何を念頭においたものであるかは明らかでない．というのは，ずっと

— 24 —

後になって，ダランベールによって反論されたことを除けば，この初等的な原理に異論が唱えられたことはないと思われるからである．

32．第4，第5，第6，第7の定理は，**演技者が2人の場合の分配問題**を，その簡単な例について論じたものである．その解法はパスカルのものに類似している〔12節参照〕．第8，第9の定理は，**演技者が3人の場合の分配問題**について，その簡単な例を論じたものである．その解法は，演技者が2人の場合の解法に類似している．

33．このあと，ホイヘンスはサイコロの問題をいくつか取扱っている．第10の定理では，1個のサイコロを何回振れば，そのうち1回は6の目が出ると請けあえるかを調べている．第11の定理では，2個のサイコロを何回振れば，そのうち1回は目の和が12と出ると請けあえるかを調べている．第12の定理では，1回振っただけで6の目を2つ出すと請けあうには，一度に何個のサイコロを振ればよいかを調べている．第13の定理は，次の問題からなっている．AとBが2個のサイコロでゲームをする．もし目の和が7と出ればAの勝ち，目の和が10と出ればBの勝ち，7と10以外の目の和が出れば金は等分にするとき，AとBの可能性をくらべよ．この答は13：11になるとされている．[4]

34．第14の定理は，次の問題からなっている．AとBが2個のサイコロでゲームをする．Bが7の目を出す前にAが6の目を出せばAが賭金をとり，Aが6の目を出す前にBが7の目を出せばBが賭金をとるものとする．Aからゲームをはじめて，A，B交互にサイコロを振るとすれば，AとBの勝つ可能性の比はどうなるか．

ホイヘンスの解法を述べてみよう．Bの可能性を金額でx，賭金をaとする．このとき，Aの可能性は金額で$a-x$となる．ここで，Bの可能性をxとしたが，これはAが振る番のときのことであって，Bが振る番となると，Bの可能性はこれとは違った値（これをyとしよう）になる．さて，いまAが振る番だとしよう．36通りの場合がそれぞれ同等に起こりうる．そのうち5通りはAの勝ちになって，Bは賭金をまったく受け取れないことになるが，残りの31通りはAの負けになって振る番がBにまわる．Bに番がまわってきたときには，仮定によってBの可能性はyとなる．こうして，この論文の第3の定理を適用すれば，Bの期待値は$\frac{5 \times 0 + 31y}{36} = \frac{31y}{36}$となる．したがって

$$x = \frac{31y}{36}$$

つぎに，いまBの振る番だとしてみて，Bの可能性を評価してみよう．36通りの場合がそれぞれ同等に起こりうる．このうち6通りはBが勝ってAは賭金を全然受け取れないことになるが，残りの30通りはBの負けになって振る番が再びAにまわる．仮定によってAに番がまわったとき，Bの可能性はxになる．こうして，Bの期待値は$\frac{6a + 30x}{36}$となる．したがって

$$y = \frac{6a + 30x}{36}$$

これら2つの等式から，$x = \frac{31a}{61}$であることがわかる．これから，$a - x = \frac{30a}{61}$となり，Aの可能性：Bの可能性＝30：31となる．

35．論文の最後でホイヘンスは解析・証明ぬきで問題を5つ与えている．解析と証明は読者にゆだねられているわけである．ベルヌイは『推論法』のなかでこれらの問題を解いている．以下，問題を列挙しておく．

(1) AとBが2個のサイコロを用いて，次の条件でゲームをする．Aが6の目を出せばAの勝ち，B

— 25 —

第3章 ホイヘンス

が7の目を出せばBの勝ちとする。最初にAが1回振り、つぎにBが2回振り、そのつぎにAが2回振る……というように、どちらかが勝つまで続ける。このとき、Aの可能性：Bの可能性＝10355：12276 となることを示せ。

(2) 3人の演技者A，B，Cが12個の玉を持っている。12個のうち8個は黒玉，4個は白玉である。3人の演技者はつぎの条件でゲームをする。目かくしして，最初に白玉を抽出したものを勝ちとする。Aが1番，Bが2番，Cが3番，その後4番目は再びA，……というように順番がまわる。このとき，3人の演技者の可能性はそれぞれいくらか。

ベルヌイは、この問題の意味に関して、3つの場合を仮定して解いている。第1に、玉を復元抽出する場合。第2に、3人の演技者に対して12個の玉が1組あるだけで、非復元抽出する場合。第3に、演技者は各自12個の玉を1組ずつ持っていて、各自自分の持っている組から玉を非復元抽出する場合。以上3つの場合を仮定したわけである。

(3) 10枚1組のカードが4組，計40枚ある。AとBがゲームをして、Aはこの40枚から4枚をひいて、この4枚が各組からの1枚ずつの4枚になると請けあって、これに賭けるものとする。このとき、Aの可能性：Bの可能性＝1000：8139 であることを示せ。

(4) 12個の玉がある。そのうち8個は黒玉，4個は白玉である。AとBがゲームし、Aは目かくしして7個の玉を抽出し、そのうち3個は白玉になると請けあって、これに賭ける。Aの可能性とBの可能性をくらべよ。

(5) AとBはおのおの12点ずつ持っており、3個のサイコロを用いて次の条件でゲームをする。目の和が11と出ればAはBに1点与え、目の和が14と出ればBがAに1点与える。最初に相手の持点全部を取り上げた方が勝ちとなる。このとき、Aの可能性：Bの可能性＝244140625：282429536481 となることを示せ。

36. ホイヘンスの論文は、このあと、ヤコブ・ベルヌイ、モンモール、ド・モワブル（De Moivre）らの労作がこれにとってかわるまで、長い間にわたって確率論についての一番分りやすい説明書となっていた。これらの労作について述べる前に、組合せ論の歴史、死亡率の法則と生命保険の原理についての研究の歴史を若干説明し、種々さまざまな研究を見てゆくことにしよう。

ホイヘンス

〔訳註〕

（1）**クリスチャン・ホイヘンス**（Christian Huygens 1625. 4. 14–1695. 7.8）はオランダの数学者・物理学者・天文学者である。ハーグに生れ、ブレダとライデンの両大学で学んだ。はじめ法律を勉強したが、後に数学に転じ、1651年〜54年にかけて円と円錐曲線との求積について勝れた仕事をして、デカルトの注目をひいた。1655年スピノザの助けもあってレンズ研磨の新しい方法を考察し、兄とともに望遠鏡を改良した。この望遠鏡で土星の衛星を発見、土星の見かけの変化が黄道に対して28°傾いている環であることを発見（1656年）した。また、小さな角距離を測定するための測微計という望遠鏡装置は1658年彼により導入された。彼は天文学上の経験によって、時間の精密な測定法を強く望み、この目的のために、錘で動く時計に振子をとりつけたため、時計は振子を動かしつづけるが、振子は時計の動く速さを規正した。この仕掛けの説明は、近代の時計製造術の基礎とみなされている『**時計**』（*Horologium*）という著作として、1658年出版された。

1665年ルイ14世は彼を恩給給与の条件でパリに招き、王立図書館に滞在して研究を行なう。1673年、名著『**振子時計**』（*Horologium oscillatorium*）が出版された。この書物はユークリッドのスタイルで書かれたものでは

あるが，のちにニュートンの『プリンキピア』にも影響を与えた書物である．このなかでガリレオの発見した単振子は近似的にしか等時性を示さないのに対し，サイクロイドの弧をえがく振子では正確に等時性を示すという定理がえられている．また，縮閉線と伸開線の理論を構成し，サイクロイドのまわりにまかれた糸の端は，第2のサイクロイドすなわち縮閉線を描くことを用いて，サイクロイド運動を確保するための振子のアテ板（checks）を設計した．さらに，この書物のなかにはニュートンの運動の第1法則も定式化されている．「もし動力が存在せず，また空気が物体の運動を妨げることもなければ，物体は一度与えられた運動を永久に維持して，一様な速度で一直線に運動しつづけるであろう．」と．そこで，ホイヘンスは振子の一振動が正確に1秒になるような秒振子を使った実験で重力による加速度を測定し，$g \fallingdotseq 9.6 m/sec^2$ を出した．

1681年，非寛容なカトリックの圧迫のため悩まされたホイヘンスは，故郷のオランダに帰り，光学上の研究と発明に専念する．彼は焦点距離の非常に大きなレンズを，きわめて長身の空中望遠鏡に使って球面収差の困難の多くを取りのぞくという，光学的構造の原理を導入した．彼の考察になる「ホイヘンス式接眼レンズ」は今もなお使われている．なお，1685年のナント勅令廃止後は，彼はフランスとの関係を一切絶ってしまう．

1689年彼は渡英し，ニュートンと近づきになろうとする．しかし，1690年の『光についのて論文』（*Traité de la lumière*）は光の波動説を唱えたものとして有名であり，そのためにニュートンの光の粒子説と相対立してしまい，ニュートンの権威のもとにずっと後世にいたるまで押し退けられたのである〔シンガー『**科学思想のあゆみ**』（伊東他訳）岩波，412-413頁；広重徹『**物理学の歴史**』Ⅰ，66-71頁参照〕．

（2）**フランス・ヴァン・スホーテン**（*Frans van Schooten*, 1615.-1660. 5. 29）は，スホーテン一家とよばれたライデン市の数学教授の1人である．スホーテン一家は科学には深い関心をもっていたが，ベルヌイ一家の如く第1級の数学者群ではなかった．初代フランス・ヴァン・スホーテン（1581.-1646.12.11）は1627年『**3角関数表**』を出版している．この人の息子がここに登場してくるホイヘンスの先生のスホーテンであり，1646年に『**ヴィエタ（Vieta）全集**』を編集，1649年には『ラテン語訳，**デカルトの幾何学**』を出版，解析幾何学の註釈を行なっている．1651年に『**普遍数学原理**』（*Principia Matheseos Universalis*），1657年に上述の『**数学演習全5巻**』，1660年には透視図法について書いたといわれている．彼は終生ライデン工科学校の教授であった．彼の義理の兄弟ペトルス・ヴァン・スホーテン（1634.2.22-1679.11.30）ははじめライデン大学の数学教授職，のち1669年ライデン大学のラテン語教授職となったが，さしたる業績も残さなかったようである．

（3）**モット**（Benjamin Motte, ?-1738.3.12）はロンドン市ミドル・テンプル・ゲイトで1713年出版業を開いて成功した商人である．スィフトの『ガリバー旅行記』などを出版した．1700年から20年間の王立協会発行の『**哲学会報**』（Philosophical Transactions）の摘要3巻を作った．スコットランドの数学者ジョン・アービュスノット（John Arbuthnot, 1667.4.29-1735.2.27）と職業柄親交があったので，ホイヘンスの訳をアービュスノットがモットの名で出したのかも知れぬ．ただベンジャミンの弟アンドリュ（Andrew Motte, ?-1730）は1727年頃グレシャム・カレジの幾何学講師でもあり，ニュートンの『プリンキピア』の英訳者として知られた数学者なので，ひょっとするとアンドリュが訳したのかもしれぬ．いずれにしろモット兄弟の生年がはっきりせぬので，確証はない〔『**国民伝記辞典**』（Dictionary of national biography）参照〕．

（4）**第10の定理**の解．1回の投げで6の目が出ることに賭ける人の勝つ可能性は1，負ける可能性は5である．賭金をaとすると，第3の定理より彼の期待値は$a/6$，残り$5a/6$が相手の期待値である．2回の投げで1回6の目が出ることに賭ける演技者の期待値は次の方法で計算する．もし第1回目の投げで6の目が出ると彼はaを得る．もし第1回目の投げで6の目が出なくても，前の論法でなお$a/6$に相当する期待値をもつ．しかし，第1回目の投げで6の目を出す可能性は1，6の目が出ない可能性は5である．それゆえ，はじめにaを得る可能性は1，$a/6$を得る可能性は5であるから，期待値は $(1 \times a + 5 \times a/6)/(1+6)=11a/36$．残り$25a/36$は相手の期待値である．よって2回投げて1回6の目を出すことに賭ける人の勝ち目は11：25．この方法をつづけると，3回投げて1回6の目を出すことに賭ける人の勝ち目は91：125．4回投げでは671：625．

第13の定理の解．A，B両人a円ずつ賭ける．Aの期待値は $(6 \times 2a + 3 \times 0 + 27 \times a)/36=39a/36$．Bの期待値は $(6 \times 0 + 3 \times 2a + 27 \times a)/36=33a/36$．AとBの可能性の比は13：11．

— 27 —

第4章

組合せについて

37. 組合せの理論は確率論と深く結びついている．だから，モンチュクラにならって，17世紀末までの組合せの理論に関する諸著作について，若干述べておくのも何かと便利ではないかと思う．[1]

38. 組合せに注目した最初のものとしては，ウォリスがウィリアム・バックレイ(William Buckley)[2]の著作から引用して，彼の『代数学』のなかに収めたものがある〔ウォリス『代数学』1693年489頁参照〕．バックレイはエドワード6世の時代に活躍した人であり，ケンブリッジのキングス・カレッジの一員であった．彼はラテン語の韻文でひとつの小論文を書いたが，そのなかに算術の規則が含まれていたのである．ジョン・レスリー卿[3] (Sir John Leslie) の『算術の哲学』(*Philosophy of Arithmetic*) のなかに，このバックレイの小論が全文引用されている．また，ピーコック博士 (Dr. Peacock) の『算術の歴史』(*History of Arithmetic*) にも一部引用されている．さらにド・モルガン『印刷術発明以後の算術書』(*Arithmetical Books from the invention of Printing……*) も参考になる．

ウォリスはひとつの**組合せの規則** (Regula Combinationis) に，12行分を割いて説明している．簡単にいえば，この規則は，いくつかのものがあって，それから1度に1個とるときの組合せ，2個とるときの組合せ，3個とるときの組合せ，……，最後に1度に全部とるときの組合せ，これらの組合せをすべてあわせると何通りになるか，を示すものである．この規則の処理方法は，のちにショーテンについて述べるときに示す方法と同じである．たとえば，4個のものの場合，バックレイの方法によれば，ショーテンの方法によるのと同じく，組合せは全部で $1+2+4+8=15$ になる．

ピーコック

何かの間違いか，それとも誤植なのかわからないが，ウォリスは「算術においては，それはおよそ190年ばかり前に書かれたと解釈するのが妥当である」と述べているが，これは明らかにバックレイの論文の年代を古く見つもりすぎている．『代数学』の第9章では，バックレイが死んだのは，1550年頃とされている．

39. つぎに，この理論とはほとんど関係ないことなのだが，歴史的に悪名の高い組合せの例をあげておかねばならない．

1617年，エリキウス・プテアヌス (Erycius Puteanus, 1574-1646) によって，『**イエズス会所属のプロテウス修道院のベルナルディ・バウフシウスの詩のなかで，エリキウス・プテアヌスがみつけた神意にかなった奇蹟**』(*Erycii Puteani Pietatis Thaumata in Bernardi Bauhusii è Societate Jesu Proteum Parthenium*) と題する1冊の本が出版された．この本は四つ折版1-6頁からなっており，7頁だけ頁数がついているが，残りの頁には頁数がついていない．また，索引，論評，例外規則要約が含まれており，活字による装飾がほどこされている．

ベルナルドウス・バウフシウス (Bernardus Bauhusius, 1575-1619) が聖母マリアを讃えて，つぎのような詩句を作ったものらしい．

Tot tibi sunt dotes, Virgo, quot sidera caelo.

〔かくも多く汝に長所あり，マリア様，天の星の数以上に〕

この詩句は1022通りに並べかえられているが，それがこの本のうち48頁を占めている． 最初は Tot tibi ではじまるもの54通り，次は Tot sunt ではじまるもの25通り，……等々といった具合である． この並べ方はプテアヌスの手になるものだとされたこともあるが，この本の献辞から判断すれば，これはバウフシウス自身によるものだと思われる． プテアヌスは彼自身の詩と，彼が奇蹟（Thaumata）とよんだ散文で書いた数章を補なっている． この散文には各章に*A*から*Ω*までのギリシヤ文字をつけて区分けしている． 1022という数は，トレミー（Ptolemy）の目録による星の数と一致する． この一致をプテアヌスはバウフシウスの偉大なる功績であると考えたらしい．

注意しておかねばならないことは，バウフシウスは上の1行の詩句の，可能な並べかえをすべて列挙するといっているのではない． 彼が聖母マリアの栄光とは一致しないような意味にとれる配列の仕方を排除したことは明らかである． プテアヌスは103頁でつぎのようにいう．

「詩人は

Sidera tot caelo, Virgo, quot sunt tibi Dotes.

〔こんなにも多くの天の星，マリア様よ，汝の長所の数以上に〕

を示して戦慄する． それどころか，このなかに悪魔がひそむと感じて彼は異議をとなえた． 聖母マリアの称讃をよわめることなかれ． こうして，どれほど多くの詩が制限されたかしらない． マリアの長所を賞でんがために.」

40. このおびただしい並べかえのおかげで，バウフシウスのこの詩句は，それ以来100年の間非常に注目されるところとなったのであるが，結局，ヤコブ・ベルヌイが『**推論法**』のなかで，この問題に決着をつけることになる． 『**推論法**』のなかで，彼はこの問題の歴史を詳しく述べている．

「……聖母マリアをたたえようとして，ロヴァニエスのジェスイット，ベルナルドウス・バウフシウスの作った六脚韻詩 "Tot tibi sunt Dotes, Virgo, quot sidera caelo." によって，あまねく多くの人に知れわたった著作を，独特の価値あるものと，誰もがそう認識している． エリキウス・プテアヌスが，神意にかなった奇蹟と題した覚えがきのなかで，その変形された詩を，全部で48頁の紙面を用いて数えあげた． 彼はマリアの長所と同数，空の星があること，もちろん，マリアの長所はそれよりもずっと多いのだが，そういうことを吟味して調べ，そうでないものは注意して除外し，その詩の変形の総数を一般的に調べられている星の数1022と合致させた． プテアヌスによる1022という数を，G．ボッシウス（Vossius）が『**数学の原理**』（*De Scienticis Mathematicis*）のなかで再吟味している． ガリアの人プレステトウス（Prestetus）は初版の『**数学原論**』358頁で2196個の変形詩を魔神が作り出したといっている． しかし，他の版の133頁では，これは実際上改正され，その数はおよそ1.5倍の3276個となっている． 1686年7月に出版されたウォリスの代数学教程を調べてみると，（増えた分をまだ十分吟味してなかったので綿密に検査した結果）徳をたたえる詩の数は2580個と確定した． やがて，ウォリス自身も1693年に出版されたオックスフォード版ラテン語による彼の全集494頁のなかで，その数は最終的に3096個としている． しかし，なお全体としては不足しており，それで以後追加することにでもなれば，ますます多くの人々をだますことになるが，次の版では十分な洞察を行なう価値があるのに抹殺したことは驚くべきことである.」〔『**推論法**』78頁〕

ヤコブ・ベルヌイは，ウォリスの『**代数学**』第2版が，バウフシウスの詩句の配列数と異なると述べているが，実際はそうではない． この第2版は研究の方法においても，その結果においても一致し

— 29 —

第 4 章　組合せについて

ているのである.

　ついで, ヤコブ・ベルヌイは韻律の法則にしたがわない場合をのぞけば, 3314通りの配列があること
を発見したと述べている. この場合, 句切 (caesura) のないものは含めるが, 長々格詩韻 (spondaic
lines) のものは除いている. また, この配列の数を導き出す解析の仕方も述べている.

　41. 組合せについて, われわれのみた限りで, もっとも古い論文はパスカルのものである. これは
すでに22節でみてきた, 算術3角形に関する作品のなかに含まれている. それは, 『**パスカル全集**』
(1819年, パリ) 第5巻, 86-87頁に収められている.

　組合せについてのパスカルの研究は, 彼の**算術3角形**によっている. 彼のえた主な結果をつぎにあ
げておこう. われわれは, これを現代記法を用いて表わすことにしよう.

　底に r 個の数をもつ**算術3角形**をとりあげてみよう. 横第 p 行の数の合計は, r 個のものから一度
に p 個とり出すときの**組合せの数** (multitudo) に等しい. たとえば, 22節でわれわれは底に10個の
数をもつ3角形をとりあげてみた. この3角形の場合, 横第8行の数をみてみると, その合計は

$$1 + 8 + 36 = 45$$

となる. つまり, 10個のものから1度に8個のものをとり出す組合せの数は45通りあることになる.
パスカルの証明は帰納法によっている. この論文のラテン語版で, パスカルは multitudo という言
葉を用いている. また, その全集の22-23頁に収められている, この論文の部分的なフランス語訳で
は multitude という言葉を用いていることも注意しておこう.

　さて, このことから彼はつぎのようなさまざまな推論を導いている. n 個のものがあるとしよう.
一度に1個, 一度に2個, ………, 一度に n 個とるというようにして作られる組合せの数の総計は,
$2^n - 1$ である.

　最後に, パスカルはつぎの問題を考察している. 「等しくない2数が与えられている. 大きい数の
うちで小さい数は何通りに組合わされるかを明らかにせよ.」 そして, 彼は算術3角形を用いて, 実
際に次の結果を導いている. すなわち r 個のものから一度に p 個をとり出す組合せの数は

$$\frac{(p+1)(p+2)(p+3)\cdots\cdots r}{(r-p)!}$$

となる.

　この問題のあとでパスカルはこう付け加えている.

　「これまで, この問題を解くことに手こずってきたが, いまやっと解決できた. しかし, その過程
はほんとうに苦労のしつづけで, いろいろと別な方法も勘案されたのであるが, それらの方法の多
くは, いずれも大なり小なり欠点をもっているものであった, という事実をごく簡単にここでふれ
ておきたいと思う.

　いくつかの物から数個とり出す組合せの数を求める, 組合せの問題に関して, 私にそのことを提
起してくれたのは, D. D. ド・ガニエール氏 (de Ganières) である. 以来, 私はたえず大変な努力
をし, 諸規則を結びつけ, 欠けていた容易な求め方を探すのに没頭していたが, どうにかそれを探
しあてることができたので, 私は自分のしたことを秩序だって述べようと思う.」

　つづいて, パスカルはつぎの規則を与えている. すなわち, r 個のものから一度に p 個とり出す
　組合せの数は

$$\frac{r(r-1)\cdots\cdots(r-p+1)}{p!}$$

となる.

　この形は, 今日, われわれにとって非常になじみ深いものである. 分母分子の両方から因数を約し

— 30 —

たり，分母分子の両方に因数を添加したりすれば，さきにパスカルのあげた形がこの形と一致することは，容易に示すことができる．しかしながら，パスカルはこう述べている．「素晴らしいこの解を示し，なおその上に，証明も提示できたことは，私自身にとっても確かに驚きであった．しかし，この規則を発見したけれども，証明のむずかしさに恐れて，それ以上努力しようとしなかった人たちを，私が無視してしまったのではないかと考えている．それにもかかわらず，算術3角形を援用すると，たやすく結果を導く解をうるのである．」それから，パスカルは彼の**算術3角形**を援用して，規則の正しさを述べ，そののち，「これで証明はおしまいだが，志ならずして沈黙してしまった他の方々が，功を私にゆずって下さったのは，むしろ甘い友情の想い出として残るものである．」と結論づけている．

42. われわれが28節で言及したスホーテンの著作のなかに，ごく僅かではあるが，組合せとその応用について述べているところがあるのを，見出すことができる〔スホーテン**『数学演習書』**373-403頁参照〕．スホーテンの著作の第1節に「全体から部分を選び出すことができるような，そんな事象の組合せの数を与える計算について」という題がつけられている．彼は，a，b，c，d の4つの文字をとり出して，つぎのように配列している．

a．
b．ab．
c．ac．bc．abc．
d．ad．bd．abd．cd．acd．bcd．$abcd$．

このようにして，彼は4つの文字から選びとる仕方は15通りあることを見つけ出している．これに加えて，彼はつぎのように述べている．「ここで，aを1個のリンゴ，bを1個のナシ，cを1個のスモモ，dを1個のサクランボとして，互に区別のつくものと指定してやると，それらから，まったく違った15通りの様式の選び方で，いくつかを選び出すことができる，というように結論づけられる……．」

つぎに，スホーテンは5個の文字をとりあげる．こうして，彼は現代記法で表わせば，n個の文字から任意個の文字を選び出す仕方は 2^n-1 であるという，ひとつの結果をひき出している．

ここで，もし a，b，c，d がある数の互いに異なるすべての素因数であるとすれば，その数は1を除き，その数自身も含めて15個の約数をもつことになるし，また1も含めると16個の約数をもつことになる，というようにスホーテンは推論している．

つぎに，ある文字が重複しているものとしよう．たとえば，a，a，b，c があるとすれば，何通りの選び方ができるだろうか．スホーテンはつぎのように配列した．

a．
a．aa．
b．ab．aab．
c．ac．aac．bc．abc．$aabc$．

こうして，2＋3＋6＝11通りの選び方ができる．

同様にして，文字がa，a，a，b，bであれば，11通りの選び方ができる．

スホーテンは，第1節につづく数節において，ある数の約数の個数についての問題にこの結果を適用している．たとえば，a，b，c，dを相異なる素因数とすれば，$abcd$，a^3bc，a^3b^3，a^7b，a^{15} という形をとる数は全部で16個の約数をもつ．ここで，16個の約数をもつ数のうちでもっとも小さい数はいくらか，という問題がでてくる．この問題は実際に数値を入れてみれば解ける．もっとも小さい素数2，3，5，……をとり出して，これを上にあげた項に代入し，できた数のうちもっとも小

— 31 —

第4章 組合せについて

さな数をとればよい．実際にやってみると，もっとも小さな数は $2^3\cdot 3\cdot 5=120$ であることがわかる．同様に，24個の約数をもつ最小数を求めてみよう．24個の約数をもつ数は，a^2bcd, a^3b^2c, a^5bc, a^5b^3, a^7b^2, $a^{11}b$, b^{23} という形をとる．実際に数値を入れてみると，$2^3\cdot 3^2\cdot 5=360$ が最小数となる．

スホーテンは，この種の問題に関連して2つの表をあげている．(1)第1表では，与えられた個数の約数をもつ数の代数形式をあげている．この表では，100個の約数をもつものまで載せている．また，与えられた個数の約数をもつ数の代数形式が1個以上あるときは，それぞれの形式に数値を代入した場合，その最小数に相当する数の形式を最初にあげている．(2)もうひとつの表は，与えられた個数の約数をもった最小数の表で，これも100個の約数をもつものまで求めている．また，スホーテンは10頁も割いて，10,000以下の素数を全部あげている．

43. 『**結合法論**』（*Dissertatio de Arte Combinatoria*）と題するライプニッツの論文が1666年に出版された．その一部は，この出版に先立って，同年『**結合の仕方の算術的研究**』（*Disputatio arithometica de complexionibus*）という題で発表されていた．この論文は，数学に関するライプニッツの最初の著作として興味深い．もっとも，数学に関する，といっても，かかわりはほんの僅かなものである．この論文は，デュタン編のライプニッツ全著作集第2巻に収められている．ゲルハルト（Gerhart）編のライプニッツ数学著作集（ハルレ(1885年)）では第2部第1巻に収められている．また，エルトマン（Erdmann）編のライプニッツ哲学著作集（ベルリン(1840年)）にも収められている．

ゲルハルト版『哲学著作集』IV, 28頁

44. ライプニッツは，この論文の冒頭で，パスカルの算術3角形に似た表を掲げて，与えられた個数のものの集合から2個とったとき，3個とったとき，4個とったとき………の組合せの数が何通りになるかという問題にこれを適用している．論文の後半では，あるものの集合から要素を全部とり出すときの順列は何通りになるかを，求める方法を示している．彼は1から24までの自然数の集合について，この結果を求めている．また，ラテン語の詩をいくつか持ち出してきて，それから作りうる並べ方の数が大変大きなものになることに注目している．その詩句のなかには，われわれが39節ですでに引用しておいたものも含まれていた．

しかしながら，論文の大半は，エルトマンがこれをライプニッツ哲学著作集に収めようと判断したくらい，まさに妥当であったと思わせるようなものである．かくして，たとえば，三段論法における様式の数についての長い議論がなされていたりする．また，神の存在証明[5]も入っている．この証明は3つの定義，ひとつの公準，4つの公理，ひとつの観察結果，すなわち，**何かしら物体が動かされている**（aliquod corpus movetur）ということに基づいている．

45. この論文で興味深い点をいくつかみてゆくことにしよう．
(1) ライプニッツは奇妙な表記法を提案している．ある集合から一度に2個とるときは，com 2 natio (com**bin**atio) という記号を用い，一度に3個とるときは，con 3 natio (con**ter**natio) という記号を

— 32 —

用い，一度に4個とるときは，con 4 natio……等々といった具合である．

(2) 組合せの問題の数学的な扱い方についていえば，ライプニッツはパスカルに比べて，はるかに劣っている．おそらく，ライプニッツはパスカルの著作を見たことがなかったのであろう．それまでの人々は一度に2個とり出す場合の組合せだけしか考えなかったが，ライプニッツ自身はこれを拡張して2個以上とり出す場合の組合せの求め方を，彼の表から読みとれるということを，彼はほのめかしている．すなわち，「一般的な方法をわれわれは確定し，それによって特殊な場合もすべての人々に知られるようになった．」彼は一度に2個とり出す場合の組合せの数については，その法則を提示している．現代記法によれば，$\frac{n(n-1)}{2}$という公式になる．しかし，3個，4個，……とり出す場合の組合せの数については，その法則を提示していない．ところが，パスカルの著作には，これも含まれていたのである．

ライプニッツ

(3) 算術3角形に類似した表を掲げた後，「基本的な表であるがゆえに，それはまた平明な表でもあるので，それについての理論をわれわれはここで必要としない．」とつけ加えている．ここで何らかの重要性をもっている唯一の定理は，現代的に表現すれば，つぎのようになるものである．すなわち，nが素数であれば，n個のものから一度にr個とり出す組合せの数はnによって割り切れるというものである．

(4) ライプニッツが，彼の先達となった人々の名をあげているくだりを引用しておこう．この論文の内容の一部は，彼自身の手になるものであるが，他の一部は他の人々から得たものであると述べたのち，彼はこう付け加えている．

「〔結合法〕をまずはじめに研究したものは誰か分らない．シュベンターは『**自然学的・数学的リクリェーション**』(*Deliciae Physico-mathematicae*) 第1節，第32命題において，ヒエルムス・カルダノ，ヨハネス・ブテオネウス，ニコラウス・タルタニウム[6]が際立った先達たちであると指名している．しかし，1539年ミラノ市で出版されたカルダノの『**実用算術**』(*Practica Arithmetica*) には，ついに発見されない．1585年4月にローマで作られたヨハネス・ド・サクロボスコ[7]の天球の註釈のなかで，クリストフ・クラヴィウス[8]は，それが誰であろうとずっと以前から明らかに人々の興味ある関心事だったと述べている．」

シュベンター[9] (Schwenter) については，つぎのような記述がみられる．

「シュベンターはおそらく，カルダンの『**比例について**』(*De Proportionibus*) という本に言及したのであろう．この本のなかでは，図形数について述べられ，これを根の開平に利用する方法が示されている．この方法はドイツの代数学者シュティフェル[10] (Stifel) が採用したものと同じである．シュティフェルはこれを16世紀のはじめに書いている．」〔ラボックとドリンクウォーターの

第4章 組合せについて

45頁〕

(5) ライプニッツは，＋，－，＝の記号を今日と同じ意味で用いている．乗法には⌒，除法には⌣を用いている．また，*productum*（延長）という言葉を加算という意味に用いている．たとえば，3＋1の *productum* は4である，というが如きである．

46. この論文は，ライプニッツが20才にして，その際立った特性を力強く展開させていたことを示している．さまざまな問題について，その著述者たちを数多く参照していることから，彼の読書範囲が広かったことがわかる．また，そのときすでに，彼が果しえぬ夢にふけり，そのなかで彼の巾広い能力が無駄に費やされているという証拠も，そこに見出すことができる．彼は，無益にも，形而上学の不確かな定義を論理学の基本的公理に結びつけることによって，実体的な現実を作り出そうと望んだのであり，この実を結ぶことのない試みに対して，**普遍科学**（universal science），**一般科学**（general science），**哲学的計算**（philosophical calculus）などという野心に満ちた題名を与えたのである〔エルトマンの82-91頁，とくに84頁参照〕．

47. 『**組合せ，入れ替え，分割方法についての論文**』（*A Discourse of Combinations, Alternations, and Aliquot Parts*）が，1685年に出版されたウォリスの『**代数学**』の英語版にのっている．この『**代数学**』のラテン語版は1693年に出版されているが，それの485-529頁がこの論文にあてられている．

この後，ウォリスの『**代数学**』を参照する場合には，そのラテン語版の頁数をあげておくが，そこから引用する場合は彼自身の手になる英語版から引用することにする．この英語版は1795年マーサーズによってロンドンで出版されたリプリント版で，そのなかに『**偶然論の本質的部分である，順列と組合せの理論**』（*The Doctrine of Permutations and Combinations, being an essential and fundamental part of the Doctritne of Chances*）と題するものがリプリントの1巻のなかに再録されている．

48. ウォリスの第1章は，"与えられた個数のものから1個またはそれ以上をとり出したり残したりする場合の，いろいろな選び方について"である．彼はパスカルの算術3角形と類似した表をあげて，これをどのように

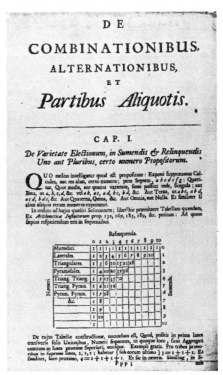

ウォリス『**代数学**』485頁

用いて与えられたものの集合から，一度に2個，3個，4個，5個とり出す場合の組合せの数を求めるかを示している．ウォリスの論文は，パスカルが与えた内容に付け加えるものは何ひとつないけれども，彼がパスカルを参照したというわけではない．ウォリスにとってまことに不都合なことは，彼の挿入句の一杯入った不恰好な文体は，パスカルのあの天才から湧き出てくる明瞭でいきいきとした思考や言葉と，まったく対照的であったということである．なお，この章は，バックレイの『**算術**』からの抜萃とその説明で終っている．これについては，38節で述べておいた．

49. ウォリスの第2章は，"与えられた個数のもののなかでの入れ替え，すなわち，順列の交替について"である．この章では，順列とよばれているものの例をいくつかあげている．たとえば4個の

文字 a, b, c, d があって，そのすべてをとり出す場合の順列は，$4 \times 3 \times 2 \times 1$ 通りである．このようにして，ウォリスはこれら 4 文字の順列は 24 通りであることを示すのである．彼はまた，1 から 24 までの自然数について，その順列が何通りになるかを求めている．これは 24 個のものから，その全部をとり出す場合の順列の数になる．

ウォリスは，Roma という単語の 4 文字をすべてとり出す場合の順列 24 通りを示したのち，「ラテン語では，これら 24 通りのうちで，Roma〔ローマ〕，ramo〔枝，ramus の与格，従格〕，oram〔海岸，ora の対格〕，mora〔休息〕，Maro〔男子の名前〕，armo〔軍備を整えさせる〕，amor〔愛〕の 7 通りだけが有効である．他のものは役に立たない．というのは（ラテン語の）既知の意味をもった単語とならないからである．」と付け加えている．

それから，ウォリスが考察したのは，順列を求めるもののなかに，重複のある場合である．彼は，Messes〔収穫物，messis の複数形〕という単語をとりあげている．ここでもし文字に重複がないとすれば，これらの文字をすべてとり出す場合の文字の順列は，$1 \times 2 \times 3 \times 4 \times 5 \times 6 = 720$ 通りとなる筈である．しかし，ウォリスが示しているように，文字 e が 2 回重複し，文字 s が 3 回重複しているので，720 を $2 \times 2 \times 3 = 12$ で割らなければならない．したがって，順列は 60 通りになる．ウォリスはこれらの順列を列挙したあと，「これらの変形のうちで，有効な綴字をなすものは，messes それ自身だけである」と付け加えている．その章は，次の詩句

        Tot tibi sunt dotes, virgo, quot sidera caelo.

の配列の数を試みたのち，終っている．

その試みののち，彼はこう述べている．「私は，これ以外に変形はないとは確信できない（もし，これ以外にもあれば，追加しなければならない）．また，ここにあげたものは，ほとんどが二重に重複しているかもしれない（もし，そうならば，それらを求める数から除外しなければならない）．しかし，現在のところは，そのどちらとも弁別がつきにくいのである．」

ウォリスのこの試みは，きわめて粗悪な分析の見本のようなものである．彼自身予期していた通り，2 つの誤りをともにおかしているのである．欠落している場合もあれば，2 回以上重複して数えられている場合もあるといったわけである．彼が勝れた抽象能力と分析力をもっていたことを考えてみれば，彼がこんな問題を解きそこなったことは不思議に思えるのである．彼の言葉によれば，彼は任意にとり出された数の平方根を，'寝ながら，記憶のみに頼って' 53 桁まで求めるということを，やってのける程の力をもっていたのである[11]〔ウォリス，『代数学』450 頁参照〕．

ウォリス

50. ウォリスの第 3 章は，"与えられた数の約数と分割方法について"である．この章では，与えられた数の素因数分解，その数の約数の個数，与えられた個数の約数をもつ最小数について論じている．

51. ウォリスの第 4 章は，"約数と分割方法に関するフェルマー氏の問題"である．この章では，ウォリスらイギリスの数学者たちに対して，フェルマーが挑戦して提出した問題とその解答が与えられている．この問題というのは現在整数論とよばれているものに関連した問題である．

52. このように，ウォリスは，組合せ理論を確率論と関

第4章 組合せについて

係をもたせるような仕方で応用することはなかった．実際のところ，パスカルよりも，フェルマーの方に強く影響されていたのであろうし，また確率論よりも整数論の方を開拓していたのであろう．

モンモールは，彼自身の著作が出版されるまで，組合せ理論においては，パスカルの結果に付け加えるべき何らかの重要性をもった結論は出せなかった，と考えていたが，これは正しいようである．モンモールは，彼の著書の35頁で，組合せ理論の著述者として，プレステー (Prestet)，タッケ (Tacquet)，[12] ウォリスの3人をあげている．私は，プレステーとタッケの著書はまだ見たことがない．グローは，プレステーの『数学についての新しい原論』（*Nouveaux éléments de mathématiques*）第2版について，つぎのように述べている．「熟練した幾何学者のプレステー老神父は，ついに1689年，厖大なものを組立てたり，変化させたりするこの巧妙な手法の主要なものを，まことに明瞭に説き明かしたのである．」〔グロー，23頁〕

〔訳註〕
（１）16世紀までの組合せ理論の歴史について補足しておこう．組合せ理論が出てくる史上最初のものは，中国の**五経** (Five Canons, 詩経，書経，易経，礼経，春秋経) のうち，古さの点からも重要さの点からも第3番目の『**易経**』(I-king, 英訳 Book of Permutations, Book of Changes) である．『**易経**』がいつできたかははっきりしないが，B.C. 8世紀からB.C. 3, 4世紀（戦国時代）にかけてのものと思われる．易経はいうまでもなく，陰陽二元説にもとづいて自然現象の説明を行なった．上古文字の変遷を考えると，易の二爻は

　　　　　　━━　は　〇　（陽 yang）

から転化してきているので円転性や連続性のものを表わし，したがって

　　　　　　━ ━　　（陰 ying）

は切断性や不連続性のものを表わす．これら2つの記号によって，太陽や雨をもとにして考え出した陰陽性の組合せによって，それを宇宙の諸現象になぞらへ，さらにはそれと人事百般の事項を対応させて，現象に適切深遠なる解釈を施したものが易である．八卦，六十四卦 (hexagram) は有名である．

易の基本観念は樹型図でかくと次のようになる．

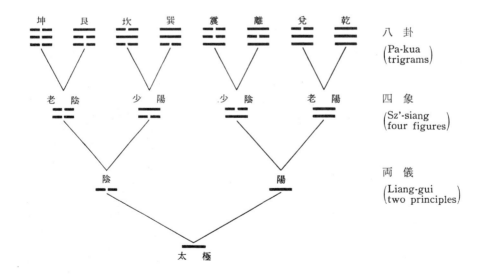

シンボル	読み方		自然		家族		方角	人体各部	動物
☰	k'ién	乾	天	健	父	陽	南	首	馬
☱	tui	兌	沢	説	少女	陰	南東	口	羊
☲	li	離	火	麗	中女	陰	東	目	雉
☳	chön	震	雷	動	長男	陽	北東	足	龍
☴	sün	巽	風	入	長女	陰	南西	股	鶏
☵	k'an	坎	水	陷	中男	陽	西	耳	豕
☶	kön	艮	山	止	少男	陽	北西	手	狗
☷	k'un	坤	地	順	母	陰	北	腹	牛

〔高田基治，後藤基巳『**易経**』岩波文庫参照〕

くだって，ギリシヤではどうだろうか．ギリシヤでは組合せ論の萌芽はみられない．ただ，プルターク (Plutarch, 46–120) によると，哲学者クセノクラテス (Xenocrates, B.C. 350 ?) が，1,002,000,000,000 個位と，可能な音節の数を計算したといわれている．また，クリシプス (Chrysippus B.C. 280–207) は10個の公理の組合せの数は 1,000,000 より大きいこと，さらにヒッパルクス (Hipparchus B.C. 190–120) がその数は重複を許さねば 101,049 個，重複を許せば 310,925 個であるといったという．〔D. E. スミス『**数学の歴史**』第2巻 524頁〕

実用的なものをのぞいて，数学のどの分野にも興味を示さなかったローマの学者たちのなかでは，ボエチウス (Boethius, 475 ?–524) は『算学入門』(*De Institutione Arithmetica*) のなかで n 個のものから一度に2個とる組合せの数は $\frac{1}{2} n(n-1)$ で表わされるという規則を与えている．〔J. L. ハイベルグ『**文献学**』(*Philologus*) 475頁〕

インドではブラマグプタ (Bramagupta, 598–660) が1次と2次の定方程式と不定方程式を解き，組合せの理論と循環4辺形について綿密な研究をした〔サートン『**古代中世科学文化史**』第1巻（平田訳）226頁〕らしいが詳しいことはわからない．バスカラ (Bhāskara, 1114–1185) は『**リラワティ**』(*Lilāvati*) のなかで

「韻律学においては韻律の変化を求めるために，〔建築の〕芸術においては〔建物の〕すき間についての変化を計算するために，〔音楽では〕音階のシェーマ，医学では異なる香りの組合せに役立つ」

といって，n 個のものから一度に r 個とる順列と重複順列，組合せに対する規則を与えている．

キリスト紀元の初期，カバラとして知られたヘブライの神秘科学と数学の間に密接な関係が生じ，並べ方の神秘性のなかにひそむ信仰が順列や組合せの研究の導火線となった．この事実を伝える匿名の書『**創造記**（*Sefer Jezirah*）』は，以後の著作に大きな影響を与えたものらしい．たとえば，アブラハム・イブン・エズラ (Rabbi ben Ezra, 1093?–1167) は数学と占星術，暦術，天文学に関する多くの論文をかき，とくに1148年にルッカで書いた8篇の占星術の小論文は回教徒の占星術を西洋にひろめるのに役立った．それらのなかに，土星がとくに他の惑星と結合しうる方法の数を求めている．そして7個のものから一度に2個とる組合せの数は一度に5個とる組合せの数に等しいこと，同様に一度に3個とる組合せの数は一度に4個とる組合せの数に等しいことなどを述べている．しかし，一般規則 $\binom{n}{r} = \binom{n}{n-r}$ は知ってはいたらしいが，論文では言及していない．彼は神秘主義の傾

第4章　組合せについて

向から数の不可思議な性質と魔法陣をも研究している〔D. E. スミス『**数学の歴史**』第2巻，525頁，サートン『**古代中世科学文化史**』第2巻251頁，300頁；コールマン，ユシケービッチ『**数学史**』2. 山内，井関訳342頁〕.

順列の研究で見おとされがちなものに，継子立（Keishizan）がある．これは中国の算学にはなく，日本独特のものであるが，1917年にD. E. スミスが西洋にも10世紀ごろにそれに類するものがあらわれたと述べているが，1923年初版の彼の『**数学の歴史**』にはのっていないので，日本のもののみをとりあげる．江戸時代，村井中漸が『**脱子術**』（明和5年，1768年）の序文のなかで，藤原通憲（入道信西，平治の乱で殺害，?-1159）が継子立を作ったとある．「実子に擬した白石と，継子に擬した黒石とを各15ずつ環状にならべ，そのうちのひとつ甲から左廻りに計へて10番目ごとにあたる石を取り去り，かくして15の石を取り去りたるとき，これらの15の石がことごとく黒で残る15の石がすべて白なるやうに並べる」のが継子立の問題である．これを図のように並べると，甲から数えはじめて，乙に終って，15個の黒石がすべて取り去られるというのである．『**愚管抄**』巻5（1220？）に

「それを信西がはたはたと折を得て／めでたくさたして諸国七道少しの煩もなく，さはさはとただ二年が程に作り出してけり．その間／手づから終夜業を置ける後夜方には／算の音なりけるこゑすみて／たふとかりけりなどと人沙汰しけり，さて／ひしと功程を考へて／諸国にすくなくとあて，誠にめてたくなりにけり．」

とあるので，スミスは信西の研究は1156-1159年にかけて行われたという．14世紀には広く流布したらしいことは，吉田兼好（1283?-1350）の『**徒然草**』に

「まゝ子立といふものを双六の石にて作り，立て並べたる程に，とられんこと何れの石とも知らねども，数えあてて一をとりぬれば，その外に逃れぬと見れど，またまた数ふれば，かれこれまぬき行く程に，何れも遁れざるに似たり．」（花は盛りに，月はくまなきをのみ見るものかは……の条）

とあって，当時一般に流行していたことがわかる〔日本学士院編『**明治前日本数学史**』第1巻，11頁，160頁，富士短期大学科学史研究室編『**教師のための数学史講座**』第1集，150頁．スミス『**数学の歴史**』第1巻，274頁．〕.

二項係数，とくに
$$\binom{n}{r} = \binom{n-1}{r} + \binom{n-1}{r-1}$$

なる関係式を知っていたのは，元のフビライ帝の時代の朱世傑（Chu shi-kie）である．1303年に出版された『**四元玉鑑**』は，算術3角形（パスカルの3角形）が，第8ベキまで求められている．これはパスカルに先立つこと，実に350年である〔サートン『**古代中世科学文化史**』第4巻，241頁〕.

14世紀の指導的なユダヤの数学者であり，神学者であったレヴィ・ベン・ゲルション（Levi ben Gerson, 1288-1344）は1321年『**計算法**』（*Maassei Choscheb*）をかき，そのなかでn個のものを全部とる順列$n!$や，r個一度にとる順列・組合せの問題を解いている．1360年頃にニコル・オレーム（Nicole Oresme, 1323-1382. 7. 11）は『**力の形態と変形の測定についての論究**』（*Tractatus de figuratione potentiarum et mensurarum difformitatum*）のなかで，6個のもののなかから一度に1，2，3，4，5個とる組合せの数の和を求めている．そしてこれらの個々の組合せの数を詳細に考察し，それらの修辞学的形式をも論じている．おそらく，組合せの一般法則は知っていたものと思う．ゲルションの著作も，オレームの著作もいずれも手記であったため，当時の人に知られないまま埋もれてしまった．

最初の印刷物で順列を取り扱ったものは，パチオリの『**算術……大全**』で，円順列が論じられている．これは1494年のことであった．

16世紀に入ると，博学なラビ・モーゼス・コルドヴェロ（Rabbi Moses Cordovero，パレスチナのサフェドに1522年生れ，同地で1570年7月25日死去）が『**ザクロの果樹園**』（*Pardes Rimmonim*）（1552年）をかき，そのなかで順列と組合せのおもしろい処理の方法を与え，一般法則についても何らかの知識をもちあわせていたようである．

同じ頃，ブテオ (Buteo) は4個のサイコロ投げの可能な結果の数の問題を論ずるのみならず，図に示されるような数個の円壔型鍵の合わせ錠 (combination lock) の問題を論じている．それらはリヨンで出版された1559年の『論理計算』(*Logistica*) 305頁，313頁にのっている．

（2）**バックレイ**（1519-1571）はイギリスの算術学者であり，1537年から8年間ケンブリッジのイートン・キングス両カレッジにすごす．1546年にはエリザベス女王に日時計を献上している．1548年はまたケンブリッジに帰り，キングス・カレッジで算術とユークリッドを教える．1549年には聖職者の列に加わる．この書物は1550年出版の『**記憶の算術**』(*Arithmetica memorativa*) であろう．これはラテン語でかかれ，算術の法則を詩で表わしているが，これを用いると記憶に便利だというつもりらしい．印刷術発明以前は，バスカラのように法則を詩で述べるのが普通ではあったが，全部を詩で述べるという馬鹿げたものは少なかった．バックレイのは馬鹿げたものの典型である〔小倉『**カジョリ初等数学史**』下88頁，E.G.R. Taylor『*The Mathematical Practitioners*』169頁〕．

（3）**レスリー**は『**英国百科辞典**』第7版の"18世紀中の数理科学ならびに物理科学の進歩"の執筆者である．

（4）**ジョージ・ピーコック**は1791.4.9.ダットンに生れ，1858.11.8.エリで死去．ケンブリッジ・トリニチ・カレジで学び，英国の伝統的にかたい数学を再現するのに努めた．1836年ラウンド講座の教授 (Lowndean professorship) となったが，3年後にエリの大聖堂の評議員会長をひきうけ，終生そこに過す．ケンブリッジ天文台の開設，初等数学の教科書出版，微分記号導入の改良などに貢献したが，特別に価値ある独創的な研究はしていない〔スミス『**数学の歴史**』第1巻，459-460頁〕．

（5）神の存在証明はキリスト教信仰を哲学的に証明しようという意図をもって，教父やスコラ哲学者たちによって試みられたものである．その証明は存在論的証明 (ontological argument)，宇宙論的証明 (cosmological argument)，自然神学的証明 (physico-theological argument) の3通りある．存在論的証明は一切の経験を度外視して，ア・プリオリな概念からのみ最高原因の現実的存在を推論するものである．しかし，勝手に拵えた単なる理念から，この理念に対応する対象の存在を強いて引き出そうとすることは元来不可能である．宇宙論的証明は，必然的存在者はあらゆる反対の述語のうちのただ1つによってのみ規定されうる，ゆえにこの必然的存在者は自分自身の概念によって完全に規定せられていなければならないと推論する．ところで1つの物を完全にかつア・プリオリに規定する唯一の概念のみが可能であり，この唯一の概念が最も実在的存在者という概念である，したがってこのような存在者の概念は，それによって必然的存在者が考えられうるところの唯一の概念であり，それだから最高存在者は必然的に実在するというのが，この証明の云い分である．自然神学的証明は一定の経験とこれによって認識されたところの感覚界の特殊な性質とから始め，そこから原因性の法則にしたがいつつ世界の外にある最高原因まで上昇しようとする証明である．ライプニッツは第2の立場に立つ〔カント『**純粋理性批判**』（岩波文庫，中）〕．

（6）タルタニアは例の『**一般数量論**』(*General Trattato*) 第2巻で，サイコロの投げの結果に組合せ論を適用した最初の人であることを言明しており，その発見は1523年復活祭前の四旬節の第1日目，ヴェローナ市においてであることを述べている．"Regola generale del presente auttore ritrouata il primo giorno di quarasima l'anno 1523, in Verona, di sapere trouare in quanti modi puo variar il getto di che quantita di dati si

第4章　組合せについて

voglia nel tirar quelli."

（7）**サクロボスコ**（Sacrobosco, 1200–1256）は Johannes Sacrobosco, John of Halifax, John of Holywood, Sacro Bosco, Sacrobusto などといろいろな名前でよばれている．はじめ，オックスフォードに学び，のち1230年パリ大学に入り，死ぬまでパリに滞在した．彼は『**数術**』（*Tractatus de Arte Numerandi*），通称『**アルゴリズム**』（*Algorismus*）とよばれる，20頁前後の小冊子をかき，インド数字の書き方呼び方，整数四則，級数，平方根，立方根の説明のみを行ない，アラビア数学の普及に努めた．この書は1488年はじめて印刷され，以来諸国の大学で16世紀まで教えられたという〔スミス『**数学の歴史**』第1巻221頁，小倉『**数学史研究**』第1輯69頁〕．

（8）**クリストフ・クラヴィウス**（Christopher Clavius, 1537, バンベルク——1612. 2. 6, ローマ）は16世紀最大の数学者である．ジェスイットで後年ローマに移住したが，卓越した数学教師であるとともに，叙述内容の優秀さのゆえに評価された教科書の著者として知られる．『**実用算術抜き書き**』（*Epitome Arithmeticae Practicae*, 1583年），『**代数学**』（*Algebra*, 1608年），『**ユークリッド原本15巻**』（*Euclidis Elementorum Libri XV*, 1574年）は代表作である．1582年法皇グレゴリー13世監督のもとに暦の改正にあたった数学者の1人である〔スミス『**数学の歴史**』第1巻334頁〕．

（9）**ダニエル・シュベンター**（1585. 1. 31, ニュールンベルク —— 1636. 1. 19, アルトドルフ）は，アルトドルフ大学で1608年ヘブライ語，1625年オリエント語，1628年数学の教授となった．彼は数学遊戯の著者として知られている．

（10）**ミハエル・シュティフェル**（Michael Stifel, 1487. 4. 19, エッスリンゲン——1567. 4. 19, イエナ）は生れ故郷のアウグチヌス派の修道院で教育を受け，聖職につき，古い信仰の正真正銘の防人として，未来を嘱望されていたが，ルターの雄弁に心動かされ，後には狂信的な新教徒となった．『**黙示録**』などを研究して

　　1．法王レオ10世のラテン名は Leo Decimus である．
　　2．これは Leo DeCIMVs とかける．
　　3．その大文字を並べかえると MDCLVI となる．
　　4．このなかから神秘（Mystery）にするためにMをのぞき，Leo X だからXを追加すると，DCLXVI となる．
　　5．これは数666であるが，'黙示録'によると，これは獣の数である．ゆえに，レオ10世は獣である．

などという馬鹿げた論証を行なったりしている．このような論法を聖書の分析に適用し，1533年10月3日を世界の最終日と発表し，これを信じた農民が多く破滅してしまったため，農民集団の怒りを買い，ルターの機転で見苦しくも牢獄に難をさけることになり，そこで落着いて数学の勉強ができるようになったのは皮肉である．1544年ニュールンベルクで『**完全算術**』（*Arithmetica integra*）を出版，カルダンの草稿を彼が読んだのはこの時期である．『**ドイツ語算術**』（*Deutsche Arithmetica*, 1545 年），『**イタリア人とドイツ人向けの実用計算書**』（*Rechenbuch von der Welschen und Deutschen Practick*, 1546年），『**クリストフ・ルドルフのコス**』（*Die Coss Christoffs Rudolffs*, 1553–1615年）などが主著である．ここで，Coss とはラテン語 Causa＝未知数の意味で，生涯の不明なルドルフの代数書の改訂版らしい〔武隈良一『**数学史**』（培風館）84–86頁〕．

（11）一見馬鹿げたバックレイの詩の順列を，なぜウォリスが興味をもって分析したのであろうかという疑問がのこる．はなばなしい彼の『**無限算術**』の成果に比べて，このトドハンターの評価はあまりにもひどすぎるが，ウォリスの経歴をある程度調べれば，この疑問に答えることもできよう．**ウォリス**（1616. 11. 23, ケント——1703. 10. 28, オックスフォード）はケンブリッジのエマヌエル・カレッジで神学を修め，1637年B. A，1640年 M. Aの学位を得，同年聖職者となり，1644年クィーン・カレッジの評議員になる．その間クロムウェルの恐怖政治を体験し，チャールズⅠ世の処刑に対する抗議書の署名人に加わったため，クロムウェルによって聖職から追放され，新設のオックスフォード・サヴィル教授職となる．1658年クロムウェルの支配が終ると，国王チャールズⅡ世は彼を宮廷牧師に任命する．1663年には英国学士院の設立者の1人として名を連ねている．1668年，チャールズⅡ世はルイ14世と対抗するため，スウェーデン，オランダと3国同盟をもつが，間もなく70年にはこの同盟から脱退して，報酬としてフランスから年金すらもらう程，堕落した王となった．そして，1685年この王が死ぬまで，イギリスはオランダ・フランスと結んだり離れたりする．臨終の床でカトリックに変った王について，彼

の弟でカトリックのジェームズⅡ世がやってきたが，下院は彼の王位継承を排斥し，上院は承認する．当時，議会はトーリー党〔王権の不可侵性と神聖さに賛成〕とホィッグ党〔王制は王と人民との契約に依拠〕に分れていたが，ジェームズⅡ世が軍隊，政府，大学におけるすべての高い地位をカトリックで独占させ，彼の対外政策をフランスの意志に順応させようとしたとき，公然たる反抗が起こり，1688年にオラン二エ公ウィレムⅢ世が，'新教およびイギリスの自由'の旗印のもとに，ジェームズを追放して王位につく．ウォリスはこの王よりも長命で，その後継者アン女王のもとでもひきつづき教授職にあった．この点について，ウォリスが自己の政治的価格確保に何らかの破廉恥なことをしたのではないかと思われる節もあるが，事実はそうではなく，彼が比較的政治的中正を保ったことと，どの政治的潮流をも一身を献げる程高く買わなかったこと，および最大の理由は当時の外交において重要な役割を演じた **暗号**（Cryptography）の権威であったということである．そのことは，ライプニッツがハノーヴァー選挙侯の使いとして，ウォリスに暗号教育の依頼をした事実が何よりも雄弁に物語っている．ライプニッツも，若い頃ニュールンベルクの秘密結社バラ十字会（Rosicrucian）のメンバーとして錬金術や暗号を学び，そのことが後に記号論理学や数学のもろもろの記号の改善に大いに役立ったといえよう．ウォリスの順列についての研究が，転置式暗号（文字の配列の変換）の研究と無関係ではないのである〔スミス『**数学の歴史**』第1巻，69-70頁，コワレフスキー『**数学史**』（中野広訳）83-84頁，長田順行『**暗号**』（ダイヤモンド社）196頁〕．1697年2月11日付のバーネットあての書簡で，ライプニッツは「暗号解読で秀いでた名士がイギリスにおられるとききました．そのお名前と人となりを知りたく思います．といいますのは暗号もなお半ば数学の材料だからです．」と書いている．このあと1697年3月19日から1730年3月29日以降まで，ライプニッツから8通，ウォリスから4通の書簡がかわされるが，秘密をもらせば訴訟はまぬがれ難いと，ウォリスは暗号術の公表を断った〔ゲルハルト編『**ライプニッツ数学著作集**』第4巻14-82頁〕．

（12） **プレステー**（Jean Prestet, 1648-1690）の『**原論**』の初版は1675年に出版されている．**タッケ**（Andreas Tacquet, 1612-1660）はベルギーの数学者，『**円柱と円環**』（*Cylindrica et annularia*, 1651年, アントワープ）で，不可分法による求積を攻撃している．

ヴァン・スホーテン

第 5 章

死亡率と生命保険

53. 死亡率法則の研究の歴史，生命保険計算の歴史は，重要でもあり，またそれがおおう範囲も広いので，それだけをとりあげて研究してみるのも十分な価値がある．死亡率法則とか生命保険計算とかの問題は，元来，確率論との関係が深かったのだが，現在では数理科学のなかで独立した分野を形成していると考えてよいだろう．それゆえ，ここでは，その起源をたどるだけにしておこう．

54. グローによれば，死亡率表の使用は古代の人々にまったく知られていなかったわけではない．グローは，ヤン・デ・ウィット[1]（Jan de Witt）の時代までは，世に知られていなかったこのような表について述べたあと，註として，こうつけ加えている．

「世に知られていなかったといっても，少くとも近代の人々に知られていなかったというにすぎない．というのは，ローマ法典の1節『ハルキディウス法について』[2]（*ad legem Falcidiam*, XXXV. 2, 68）から，ローマ人はその表の使い方を全然知らなかったのではないことがわかるからである．このことについては，M. V. ルクレール（Leclerc）の『ローマ人の日記』（*Des Journaux chez les Romains*, 198頁），ある鋳物師の『生命の確からしさと，その公開された使用法』（*De probabilitate vitae ejusque usu forensi*）という物ずきな論文（ゲッチンゲン，1748年，8つ折16頁版）を参考せよ．」〔グロー，14頁〕

55. われわれの目下の主題と関連してあげられる最初の人名は，たいていは，ジョン・グラント（John Graunt）[3] である．ラボックとドリンウォーターの書物の44頁から，彼の人物評をかりることにしよう．ロンドン市の年間死亡数の記録は1592年にはじまり，1594年から1603年にかけて何回か中断したが，それ以後は規則正しく継続して記録されているということだが，このことについて述べたあと，彼らはこう続けている．

「これらの記録がはじめて企画されたとき，それはペストの流行状態を知らせるためであった．そして，首都ロンドンの人口やその成長状態を知るという隠れた目的のために，これらの記録を役立てようと，まことに鋭敏聡明なグラント大尉が考えたのは，やっと1662年になってのことであった．グラント自身の言葉をかりれば，彼以前の時代と同様，"週毎の死亡率表をいつも受け取っている人々のほとんどは，めったにこれを利用しなかった．せいぜい次回の会合での話の材料になる程度であった．また，ペストが流行すれば，それがどのように拡がり，どのようにおさまるかを見はからって，金持ちは移転する必要があるかないかを考え，商人たちはそれぞれ商売をどうすれば良いかを考える程度であったろう"．

グラントは，自分のえた推論といっしょに，その推論のもと

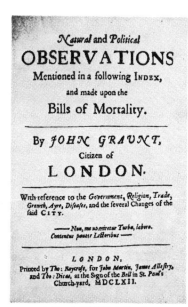

グラント『諸観察』第1版扉

になった統計表を公表することに随分気をつかったらしい．これを公表するとき，彼は自分を"鞭をもってきて間違うたびにそれで打つ世間（あの怒りっぽくて気むずかし屋の先生）を前にして，自分の勉強してきたことを述べる愚かな生徒"にたとえているぐらいである．この後に続く多くの著述家たちは，こうした暴露によって蒙らねばならない罰を，これ以上におそれていると洩らしているし，実際かれらは自分たちの結論がどこから出てきたものかを一切明らかにしていない．自分たちの出した結論に対する自信を犠牲にする以外には，この矛盾から免れる道はなかったのである．」

これらの研究によって，グラントは英国学士院(Royal Society)[4]の一員に選ばれるという栄誉をうけた．

グローは，彼の著書の16頁の註でこう述べている．

「ジョン・グラントは幾何学には通じていなかったが，聡明で良識をそなえた人であった．彼は『死亡表に関する……自然的および政治的諸観察』[5]（*Natural and Political Observations …… made upon the Bills of Mortality*）と題する一種の**政治算術**（Arithmetique politique）論のなかで，これらのさまざまの表を集計し，さらに（同，XI章）不体裁ではあるが，少くとも独創的な計算として，一定数の人間が同時に健康に生まれたと想定した場合，各年令におけるこれらの人間の死亡率がどうなるかを求めた．」[6]

また，『文芸誌』（Athenaeum）1863年10月31日号537頁も参考になる．

56. つぎに2人のオランダ人が登場する．ヴァン・フッデ(van Hudden)[7]とヤン・デ・ウィットである．モンチュクラはその著407頁でこう述べている．

「終身年金の問題が，ヴァン・フッデやヤン・デ・ウィットによって論じられた．ヴァン・フッデは幾何学者であったが，それよりもまずアムステルダムの市長であった．ヤン・デ・ウィットはオランダの高名な行政官であり，デカルトの幾何学の主たる推薦者のひとりであった．私はフッデの著書の題名は知らないが，ヤン・デ・ウィットのは『無償年金，償還年金それぞれの場合の終身年金の代価』（*De vardye van de lif-renten na proportie van de los-renten*）（ハーグ，1671年）である．この2人はともに，イギリスからさほど離れていなかったために，死亡率記録の重要性に気づくこともできたし，また必要に応じてそれを検査することもできたのである．それでライプニッツは数年後オランダを通った折りに，あらゆる手を尽して，ヤン・デ・ウィットの著書を手に入れようとしたが，失敗した．しかし，この著書がまったく失われてしまったわけではない．というのは，ニコラス・ストルイック氏(Nicolas Struyck)が『一般地理学概要』（*Inleiding tot het algemeine geography*）（アムステルダム1740年，4つ折8頁版，345頁）のなかで，その写本を一部手に入れたと告げているからである．ストルイック氏はそのあらましを私たちに伝えている．それによって，どのようにして，ヤン・デ・ウィットが正しい判断を下したかがわかるのである．

政治算術に専心していたイギリスの受勲士ペティ(Petty)は，この問題を瞥見していたが，彼はこれを有効に論じるほどの幾何学者ではなかった．イギリスもフランスも多くのものを取り入れていたし，これ以後も多くのものを取り入れるのであるが，こういうわけで，ハレー(Halley)が登場するまでは，この両国の人たちは，まるで盲人か知慧おくれの子供のようにしか，この問題を取り扱えなかったのである．」

57. モンチュクラが言及しているウィリアム・ペティ卿[8]については，彼の著と私たちの当面の主題との関連からすれば，さして重要なものではないということができる．フランス原版の『百科全書』（*Encyclopédie*）の『政治算術』[9]の項に，彼の著作についての説明がのっている．この項は『百科

— 43 —

第5章　死亡率と生命保険

全書（事項別配列）』(*Encyclopédie Méthodique*) にも収録されている．グローは彼の著書の16頁の註で，ペティについてつぎのように述べている．

「いろいろな政治経済論のなかで，グラント以後についていえば，W・ペティが——実際上，判断よりも想像の方が多く含まれているが——1682年から1687年にかけて，この種の研究に専心していた．」

58. さらにまた，モンチュクラの言及しているヴァン・フッデについていえば，ただ，ライプニッツがヤン・デ・ウィットとともに彼の名をあげて，年金についての彼の研究に賛同しているということを付け加えることができるだけである〔『**ライプニッツ全集——デュタン編**』第2巻，第1部，93頁．第6巻第1部217頁参照〕．

59. ヤン・デ・ウィットの著書については，ライプニッツとヤコブ・ベルヌイの間にかわされた書簡のなかに，それについて述べた部分がある．しかし，そこに述べてあることは，ライプニッツに関するモンチュクラの言明と，ぴったりと一致してはいない〔『**ライプニッツ数学著作集——C. I. ゲルハルト編**』(*Leibnizens Mathematisch Schriften herausgegeben von C. I. Gerhardt*), 第1部, 第3巻, ハルレ, 1885年参照〕．ヤコブ・ベルヌイは，78頁でつぎのように述べている．

ペティ

「少し前，ハノーヴァの月刊抜刷りのなかに，私にとっては未知の人でありますペンジオナリ・デ・ウィットが，生命保険の代価の計算について行なった念入りな論究のことがのっておりましたが，私はそれに強く興味をおぼえました．おそらく，ウィットはこれまでにその計算法を提示したのだと思います．それでもし許されるならば，誰かこのことを私に教えて下さるよう，便宜をはかってほしいと切に望むものです．」

これに対して，ライプニッツは次のように答えている〔84頁〕．

デ・ウィット

「ペンジオナリ・デ・ウィットの小冊子は僅かなものであります．そこで，偶然が同等に公正な可能性をもっていると仮定して，人間の生死を評価した場合，そのことからオランダにおいてはクジの方法と同じ流儀で十分生命保険が支払われるものであることを述べています．それから，このことはベルギーに伝わり，のちに広く一般に知れわたるようになったのです．」

次の手紙で，ヤコブ・ベルヌイは，デ・ウィットの書物が自分にとってどれ程必要なものであるかを述べている〔89頁〕．そして，事実，彼はアムステルダムからこの書物を取り寄せようとしたが，うまくゆかなかったので，ライプニッツの持っている写本でも貸してほしいと依頼している．これに答

— 44 —

えて，ライプニッツは

「ペンジオナリ・ウィットが詳細に論じているのは，　生命に関する保険のことについてのような印象をうけますが，詳しいことは方々に書簡で問いあわせているので，いまに判明すると思いますが，しかし貴方がおのぞみのものは，まだ持ち合せておりません．その書物はオランダ本国で売り出されると同時に，何処かへ隠されてしまったらしいのですが，ともかく機会をとらえて，うまく入手することにしましょう．」

ヤコブ・ベルヌイは再度その書物が入手できたかどうかを尋ねている〔95頁〕．それに対して，ライプニッツは次のように答えている〔99頁〕．

「私はペンジオナリ・ウィットの著作を買い求めたいと，方々に書簡を出しましたが，にもかかわらず，いまだにそれを見つけることができませんし，誰が所有しているかも分りません．しかし，一面識もない貴方のお手紙を拝見して，パスカルの算術3角形やホイヘンスのサイコロ遊びにおける計算などとともに，目下他の学識ある人々が，同等に不確かな場合には平均をとるという算術を使っていることを知るにつけても，基礎からそのことを追究してみたいと思っている次第です．基本的なことは，たとえば，農場の価値を評価しようとする際，財政担当官が持主と意見の対立をきたしたときは，都市の首長は両者の言い分を折半して判定を下すのと同様，いやそれ以上に単純な性質をもつものらしいです．」

ヤコブ・ベルヌイにあてた最後の手紙で，ライプニッツはその本をまだ見つけていないという意味のことを述べている〔103頁〕．

ライプニッツはジャン・ベルヌイの力をかりて，デ・ウィットの論文の写しを手に入れようと企てたが，結局うまくゆかなかったということが，この巻の767頁，769頁から判明する．

ここであげた手紙は，1703年，1704年，1705年のものである．

60．ヤン・デ・ウィットについては，その政治的名声があまりにも高いために，科学について受けてしかるべき名声は忘れ去られ，彼の数学的業績が注目されることはほとんどない．したがって，彼が『曲線の線要素』[10] (*Elementa linearum curvarum*)（ライデン，1650年）という題の著作を発表したといわれていることだけを，ここに付け加えておこう．この著作はコンドルセから賞讃されたものである〔コンドルセ『解析学についての……論説』（*Essai……d'Analyse*）CLXXXIV頁参照〕．

61．さて，今度はハレー (Halley)[11] の論文を見ておかねばならない．その題名は，『ブレスラウ市の興味ある出生・死亡表から引き出した，人類死亡率の推定，あわせて終身年金の代価確定の試み』(*An estimate of the Degree of the Mortality of Mankind, drawn from curious Tables of the Births and funerals at the city of Breslaw : with an Attempt to ascertain the Price of Annuities upon lives*) である．

この論文は『哲学会報』[12] (*Philosophical Transaction*)（1693年，第17巻，596～610頁）に収められている．

この論文が，終身年金の代価についての正しい理論の基礎を築いたものとして有名であるのは，もっともなことである．

62．ハレーは，ロンドンとダブリンで発行されていた死亡率表に言及している．しかしながら，これらの表は，それから正確な計算をひき出すには不適当なものであった．

「まず第一に，その表には人口総数が示されていない．つぎに，死亡年令が示されていない．最後に，ロンドンでもダブリンでも，他所から移住してきて，そ

An Eſtimate of the Degrees of the Mortality of Mankind, drawn from curious Tables of the Births and Funerals at the City of Breſlaw ; with an Attempt to aſcertain the Price of Annuities upon Lives. By Mr. E. Halley, R.S.S.

THE Contemplation of the *Mortality* of *Mankind*, has beſides the *Moral*, its *Phyſical* and *Political* Uſes, both which have been ſome years ſince moſt judiciouſly conſidered by the curious Sir *William Petty*, in his *Natural* and *Political* Obſervations on the *Bills* of *Mortality* of *London*, owned by Captain *John Grant*, And ſince in a like Treatiſe on the *Bills* of *Mortality* of *Dublin*.

『哲学会報』のハレーの論文

第5章　死亡率と生命保険

こで死んでゆく者が急速に増加しており，その増加も偶然的であったために（これは死亡についても出生についてもいえることではあるが，出生よりも死亡の方が顕著であった），この2つの町を標準にすることはできない．この目的のためには，もし可能ならば，私たちの研究対象とする人々にとって，まったく移動せず，生まれたところで死に，また外部からの移住による偶発的人口増加も，どこか他のところへ移住することによって町が衰微していくこともない，そのような状態が必要なのである．」

63. つぎに，ハレーは1687, 88, 89, 90, 91年の数年間にわたるブレスラウ市の死亡率表のなかに，満足しうるデータを見出したと述べている．この死亡率表は，「（おそらくハレーの要請によって），ノイマン[13]（Neumann）からジャステル[14]（Justell）を通して英国学士院に届けられた．英国学士院の記録保管所には，このもとの記録の写しがまだ保存されていると思われる．」〔ラボックとドリンクウォーターの45頁〕

64. ブレスラウの死亡率表は公表されなかったものらしい．ハレーもただ，彼がそこから推論を下しているもとの表については，非常に簡単な紹介を与えているにすぎない．ハレーの示した表は次のようなものである．[15]

1	1000
2	855
3	798
4	760
……	

左側の数は年令，右側の数はそれに対応する生存人数である．この表の意味については，われわれには自信がない．モンチュクラは，1000人のうち855人が1才になるまで生き，さらにそのうちの798人が2才になるまで生き，……等々，となっているのだと理解している〔モンチュクラ，408頁〕．ダニエル・ベルヌイは，生まれた幼児の数は示されていないが，1000人が1才まで生き，そのうち855人が2才まで生き，……等々と理解している．『パリー・アカデミーの歴史』(*Histoire de l'Academie ……Paris*)（1760年）．

65. つぎに，ハレーは，この表を年金計算にどのように利用するかを示している．ある人の終身年金の代価を算定するためには，この表から n 年後にこの人が生存している可能性を出して，n 年後に支払われるべき年金の現価にこの可能性をかける．それから，$n=1$ からこの人の生きうる最高年令までのすべての n について，上のような手続きでえた結果を総計するのである．ハレーは「確かにこれは非常に面倒な計算になるであろう」といっている．彼は5才刻みで70才までの年金代価表を作成している．

66. ハレーは共有年金，すなわち2人以上被保険者がいるときの1人に対する年金についても考察している．年上と年下の2人がいるとして，この2人のうちの少くとも1人が，ある定められた年数後も生きている確率を知りたいとしてみよう．年下の現在の年令に対応する表の中を N，定められた年数後の年令に対応する数を R とし，$N=R+Y$ とする．このとき，Y は N のうち，定められた年数内に死亡した数をあらわしている

エドマンド・ハレー

ことになる．年上についても同様の意味をもつ数 n, r, y を求める．すると，定められた年数内に

2人とも死亡している可能性は $\frac{Yy}{Nn}$ となる．年上が死に，年下が生きている可能性は $\frac{Ry}{Nn}$ ……等々となる．

ハレーは当時の様式にしたがって，幾何学的に図示している．

AB，CDはNをあらわし，DE，BHはRをあらわしている．したがって，EC，HAはYをあらわす．同様にして，AC，AF，CFはn，r，yをあらわす．このとき，当然長方形ECFGはYyをあらわす，等々となる．

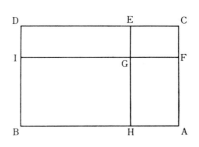

同様にして，被保険者が3人の場合にも，まず代数的にあらわし，それから平行6面体を用いて幾何学的に図示している．このような簡単な代数的命題を，面積や体積を使ってどれくらい分りやすくなるのか，現在のわれわれには解しかねる．

67. 『哲学会報』（第17巻，654〜656頁）には『同じ著者による，ブレスラウ市の死亡率表についての，さらに突込んだ考察』(*Some further Considerations on the Breslaw Bills of Mortality. By the same Hand, &e.*) がある．

68. ド・モワブルはハレーの論文に言及し，その表を再公表している〔ド・モワブル『偶然論』(*Doctrine of Chances*) 261頁，345頁参照〕．

〔訳註〕

(1) **ヤン・デ・ウィット**（1625.9.25-1672.8.20）はドルドッシュに生れる．父ヤコブはドルドッシュの市長で，オランダ世襲の王侯オレンジ公の対抗者であった．ヤンは幼少より父の政治的心情を教え込まれ，注意深く教育された．50年ドルドッシュの市長となり，53年共和党におされてオランダ政府の首脳となり，商業資本の代弁者として，反オレンジ党の指導者として，72年に惨殺されるまで，オランダの国内，外交政策を主として担当した．

国内政策ではネーデルランドと同じくオランダの他の州に配属されていたオレンジ公の庁舎を廃し，外交政策では英仏の力に対抗してオランダ商業資本の利益を守り，領土の維持に努めた．第1次英蘭戦争（1652-54）の平和条約において，オレンジ公の政治的軍事的指導性を外すことを，クロムウェルと密約する．また1658年-59年にはスウェーデンと組んでデンマークに海軍力をもって干渉し，一方ポルトガルの東印度会社の権益を犯す．チャールズⅡ世が即位して，1665-67年に第2次英蘭戦争が起こる．この非常事態に便乗して，オランダ民族主義と結びついていたオレンジ公の権力を殺ぎ，終身首脳たるべき勅令を出させる．このとき，臨戦費を出すために設けた国債（生命年金を国家が行なうこと）は，ウィットの発案である〔マルクス『資本論』第1巻，第24章，第6節参照〕．

1671年4月2日，オランダ政府は生命年金により資金を集めることを決定し，7月30日この決定が確認され，ウィットの報告が配布された．この報告は生命年金計算において年令別にしたもっとも古い研究であるにもかかわらず，ヨーロッパではおよそ2世紀の間忘れ去られていた．

当時，民間の生命保険の価格は，perpetuity の $\frac{1}{2}$ にきめるのが普通であった．perpetuity とは利率の逆数であって，たとえば4％の利率による perpetuity は1回分の利息の25倍である．したがって生命年金は perpetuity の $\frac{1}{2}$ とすると，年金1をうるためには12.5払わねばならない．これを生命年金は12.5年購入（12.5 years' purchase）であるとよんだ．デ・ウィットの生命年金は14年購入に修正されていた．

ウィットは数千人の生命年金契約から，研究過程は明らかではないが，死亡法則を導出している．その死亡法則は

(1) 4才の人が128人いるとし，そのうち半年に1人ずつ死亡していき，54才のときに28人生存する．

第5章　死亡率と生命保険

(2)　その後の10年間は9ケ月ごとに1人ずつ死亡する．したがって64才のときに14人と$\frac{2}{3}$人生存する．

(3)　その後の10年間は6ケ月ごとに$\frac{1}{2}$人ずつ死亡する．したがって74才のときに$4\frac{2}{3}$人生存する．

(4)　その後は6ケ月ごとに$\frac{1}{3}$人ずつ死亡する．すると7年経過すると全部死亡してしまう．

というものである．

デ・ウィットの年金現価の計算方法は

$$l_x a_x = \sum_{n=1}^{\infty} a_{\overline{n|}} d_{x+n}$$

なる関係式によった．ただし，l_0人の人がx才まで生存する人数 l_x，x才で死ぬ人の数 $d_x = l_{n+1} - l_x$，年金の支払いをn年間に限った場合の確定年金の現価 $a_{\overline{n|}}$，x才の人がn年後に生存しておれば年金が支払われるとしてその現価を a_x で表わす〔浅谷輝男『生命保険の歴史』四季社，209頁-213頁参照〕．

　1672年無防備で不意をうたれたオランダはフランス軍の侵入を許し，オランダ全土は英仏連合軍に蹂躙され，国民の反感をウィットは一身にうけ，代ってオレンジ公が復権する．そして72年8. 25. ハーブの牢獄を訪れた兄弟2人とともに殺害され，文字通り身体を寸断された．しかし犯人たちは処刑されなかった．

（2）ハルキディウス法は，法定相続人以外の者に財産の$\frac{2}{3}$以上遺贈することを禁じている．そこで生命年金または定期年金を遺贈することにより逃げ道を考えた者があったので，ローマ政府はこの年金の価値を算定して，法律の制定に合致するかどうかを確かめる必要があった．それで364年に執政官ユルピアヌス（Ulpianus）による年令別の平均余命表を作った．ユルピアヌスの年金計算は，ある年令の者の生命年金はその年令の平均余命の年数を期間とする確定年金の値を使用したのである〔浅谷輝男『生命保険の歴史』203-205頁〕

（3）ジョン・グラント（1620.4.24-1674.4.18）は毛織商人ヘンリー・グラントの子としてロンドンに生れた．少年時代，英学の教育を授けられ，のち父の希望で小間物商に年期奉公し，主としてこの商売に従事した．しかし，親譲りの毛織物商組合員の特権ももっていた．彼はいたる処で才覚をあらわし，ロンドン市のいろいろな職を歴任したのち，市会議員となり，また訓練部隊では大尉であった．彼はまた仲裁の名人でもあり，商人間の係争の調停者にしばしば選ばれている．そして，僅か30才にして友人ペティをグレシャム・カレジの音楽教授の地位に世話した程大きな勢力をもっていた．1666年のロンドンの大火の時分には"市で非常に重きをなすロンドンの富裕な商人"になっていた．ロンドン大火による打撃から彼は事業上の悲運におち入り，そののち立直ることもできず，1666年を最後に英国学士院の会議録からも消えた．1674年，黄疸で死去〔久留間鮫造訳『グラント，死亡表による……諸観察，解題"グラントの生涯"』〕．

（4）英国学士院，詳しくは，"自然現象および有用な技術のために，諸実験の保証によって，さらに前進さるべき王立協会"（Regalis Societas ad rerum naturalium aritumque utilium scientias experimentorum fide ulterius promovendas）である．英国の大学では17世紀まで古典教養に力を注ぎ，新興の自然哲学には余り関心をもたなかった．文芸の盛んなエリザベス女王時代（1558-1603）には自然哲学は，紳士一生の仕事とはみなされないという伝統が大学ではいきていた．そこで，1645年頃まで，テオドール・ハーク（Theodor Haak）の示唆にもとづいて，いわゆる新哲学（new philosophy）あるいは実験哲学（experimental philosophy）に関心をもっているロンドン居住のかなりの人達が，週に一度，ある時には，その会員の1人である医者のゴッダード博士のウード街にある邸宅に，またあるときはチープサイドのアパートに，また時にはグレシャム・カレッジやその近所に集まって研究成果を交換しあった．王党に属する学者たちは，1649年のチャールズⅠ世の処刑およびクロムウェルの勝利後，どうしても沈黙することを余儀なくされたがゆえに，"目立たぬ会(invisible college)"としてこの会合をつづけねばならなかった．彼らは清浄な自然に執着し，それだけより熱心に政治的および宗教的な事柄についてのあらゆる争いをその会合から追放し，真理に対する純粋な愛情から，まったく冷静に狂信，宗教的妄想，それから生まれる予言やその他の日常の怪奇なことを拒否した．各人は自分の研究を忠実に他の会員に報告し，それゆえ外的形式や内的秩序を考慮することはなかった．1662年11月18日，チャールズⅡ世はかねて彼に忠誠をつくしてきたこのような人々の集まりに対して，あらゆる援助を提供することを約し，上記の勅許状をあたえた〔ヨーン『統計学史』（訳書，163頁-169頁）〕．

― 48 ―

（5）グラントの著書『死亡表に関する，下掲の見出し中に列挙の，自然的および政治的諸観察』の見出しは，

1. 埋葬の記録をとることの起りは1592年のペストから始まった.

2. 1592年ないし1662年の間における，公表の表の7度の変更および増加.

3. なぜ埋葬および洗礼の記録が一般的にとられなければならないか，そしていまや役人によって取り寄せられ，精査されなければならないか.

4. ペストの真実の記録は他のもろもろの疾病の記録なしにはとられ得ない.

5. 検屍役の無知は，十分な，有益な記録をとることに対する障害ではない.

6. かつて生を享けた者の全体の約1/3は4才以下で，また36/100は6才以下で死亡するということ.

7. 2/9は急性，70/229は慢性の疾病で，また4/229は外的疾患で死亡するということ.

8. なかんずく著名な恐ろしい疾病および事故による死亡の比率の表.

9. 7/100は老年のために死ぬということ.

10. ある種の疾病および事故は恒常的な割合を保つが，ある他のものは非常に不規則である.

11. 饑餓による死亡は1/4000を超えないということ.

12. （略）

13. ロンドンでは殺害による死亡は1/2000にたりないということ，およびその理由.

14. 癩癪としての死亡は1/1500にたりないということ.

15. 黴毒による死亡者は多くは事実どおりには記入されないで，癆症などの名の下にごまかされているということ.

16. 佝僂病は，……，1634年には死亡者14人であったが，次第に増加して1660年には500人以上になったということ.

17. その他に……胃のつかえという新たな疾病が現われており，それは20年間に6から300近くに増加したということ.

18. 胸の差し込み（多くはヒステリー……）もまた，30年間に，44から249に増加したということ.

19. （略）

20. 結石は減少し，次第になくなりつつあるということ.

21. 痛風は停止状態にある.

22. 壊血病は増加する.

23. 瘧（オコリ）のための死亡の熱によるものに対する割合は1：40である.

24. 早産児および死産児の受洗者に対する割合は1：20である.

25. 宗教上の争いが生じて以来洗礼は半分はなおざりにされるようになったということ.

26. 産褥で死ぬ婦人は死亡者100人中1人にならず，出産時の死亡は200人中1人にたりない，ということ.

27. なぜ生児の登記がなおざりにされたかの理由.

28. （略）

29. 当代中にロンドンでは死亡数の大きな年が4度あった. すなわち，1592，1603，1625および1636年がこれであり，そのうちで1603年が最大であった.

30. 1603年および1625年には全体の約1/5，出産者の8倍の死亡者があった.

31. ペストによる死亡者は記入されているものよりも1/4より多数であるということ.

32. 1603年のペストは8カ年，1636年のペストは12カ年続いたが，1625年のそれは1カ年しか続かなかった.

33. 空気の変化がペストの流行に及ぼす影響は，接触による伝染とは比較にならぬほどより大であるということ.

34. 紫斑病，疱瘡，その他の悪疫がペストに先駆するということ.

35. ペストの流行をきたしやすい空気の状態は，同時にまた婦人をして早産しやすくさせる.

36. ペストの大流行の年には全人口の約1/5が死亡したと同時に，2/5が逃避したということ. そしてこのこ

第5章　死亡率と生命保険

とは，ロンドンの住民が地方に対して有する大きな関係および利害を示すものであるということ.

37. （ペストの流行の大小にかかわらず）市の人口は2ヵ年内に補充されるということ.

38. 1618，20，23，24，32，33，34，49，52，54，56，58，および61年は多病の年であった.

39. 多病の年であるほど出生は少ない.

40. ペストは常に王の登位に伴って来る，ということは真赤なうそである.

41. 秋すなわち落葉季は最も不健康な季節である.

42. ロンドンでは11の洗礼に対して12の埋葬があったということ.

43. 地方ではその反対に52の埋葬に対して63の洗礼があったということ.

44. ロンドンの市内および付近の人口は全イングランドおよびウエルズの人口の1/15であるという推測.

45. イングランドおよびウエルズには約650万の人口があるということ.

46. 地方の人口はやっと280年間に出産によって倍加するが，後に示すごとく，ロンドンの人口は約70年間に倍加するということ．その理由は，子を産む者の多数が地方を去るということ，これに反してロンドンの子を産む者は地方のあらゆる部分から来るということ，すなわち地方で子を産む者はほとんど地方生れの者に限るが，ロンドンでは多数の他所生れの者がそこで子を産むということである.

47. 1年に約6000人が地方からロンドンに上ってくるということ.

48. ロンドンでは11家族のうちから年々約3人の死亡者が出るということ.

49. イングランドおよびウエルズには約2500万エイカの土地がある.

50. ロンドンにおける子を産む者の残余の人口に対する割合は，なぜ地方におけるよりも少ないか.

51. ロンドンには，地方におけるよりも多くの産児の障害があるということ.

52. ロンドンにおいては13人の女子に対して14人の男子があり，地方においては14人の女子に対して15人の男子しかないということ.

53. 去勢を行なうことなしには，一夫多妻は人類の増殖に無用である.

54. なぜ羊や牛は狐やその他の害獣以上に子を産むか.

55. 13人の女子に対して14人の男子があり，そして男子の40ヵ年に対して女子は25ヵ年しか生殖的でないから，従って結局325人の女子に対して560人の男子があるわけになる.

56. 右の不平等は男子の晩婚と，戦争，航海，および植民に用いられることによって低減される.

57. 医者は1人の男子に対して2人の婦人の患者をもつが，しかも男子の死亡者は婦人の死亡者よりも多い.

58. 1642年におけるロンドンからの多数の男子の出征はたちまちにして補充された.

59. 60. 61. （略）

62. ロンドンの97および16の教区の人口は，40年間に7から12に，また40年間に23から52に，増加したということ.

63. 16教区は97教区よりもはるかにより大きな増加をなした，すなわち後者は右の40年間に9から10に増加したに過ぎない.

64. 10の郊外教区は54年間に1から4に増加した.

65. 97，16および10教区は54年間に2から5に増加した.

66. 城内のいかなる大邸宅が貸家に変えられたか.

67. クリップルゲイト教区が最大の増加をなしたなど.

68. 市が西方に移動すること並びにその理由.

69. なぜラッドゲイトは市にとってあまりに狭隘なのどになったか.

70. ロンドンには他のものの200倍からの大きさ〔の人口〕をもつ若干の教区があるということ.

71. （略）

72. ロンドンの市および郊外を等分すると，ほぼクライスト・チャーチ，ブラックフライアズ，あるいはコールマンストリートの大きさをもつ，1000教区になる.

— 50 —

73. ロンドンの市内および付近の97, 16および10の教区間内には約24000の出産年令の婦人がいる.

74. それぞれ8人をふくむ11家族のうちから年々約3人の死亡者が出るということ.

75. ロンドンの城内には約12000の家族がある.

76. 10および16の市外教区の居住は城内の97教区のそれに比べて3倍の大きさをもつ.

77. 97, 16および2郊外教区における人間の数は約384000である.

78. そのうち199000は男子, 185000は女子である.

79. 100人の出生者中いく人が6カ年以内に, いく人がつぎの10カ年に, さらにいく人が76才に至る各10カ年ごとに死ぬかを示す表.

80. 右に指定した各年令階級の者がロンドンにいく人いるかの推断を可能ならしめる表.

81. 97, 16および10の教区内に70000に近い戦闘適令者, すなわち16ないし56才の男子があるということ.

82. ウエストミンスター, ラムベス, イズリンタン, ハックニ, レッドリフ, ステプニ, ニューウインタンは城内の97教区に比肩する多数の人口を含み, 従って全体の1/5であるということ.

83. だからロンドンの市内および近郊には約81000の戦闘適令者と, 460000の総人口がある.

84. アダムとイヴは5610年間には, 普通の出生率によれば, 現在地上にいると思われる以上の人口を産み得たはずである.

85. それゆえ世界は聖書に示されている以上に古くはあり得ない.

86. 各々の結婚は平均4人の子供を産み出すということ.

87. 所によって男女間の割合は異なるということ.

88. 地方のある大きな教区において90年間に男女同数の埋葬があったということ.

89. 2700の住民からなるある教区において90年間にわずか1059の, 埋葬に対する洗礼の超過があったということ.

90. ロンドンに住むために約6000の外来者が年々地方からやって来る, そして彼らは埋葬数を年約200増加せしめる.

91. 地方においては4の埋葬に対して5の洗礼があった.

92. 最も健康な年は同時にまた最も多産な年だということの1つの確証.

93. 地方における最大および最小の死亡数の割合は市におけるそれよりも大である.

94. 地方の空気は市のそれよりも善悪ともに影響を受けやすい.

95. 出生数の変動もまたロンドンより地方の方が大である.

96. ペスト以外の死亡者は地方ではほぼ50人に1人に過ぎないが, ロンドンでは30人に1人である.

97. ロンドンは現在は以前ほど健康的でない.

98. その原因が人口の増加であるか, 石炭を燃やすことであるか, 双方であるかは疑問である.

99. 錬金の術は世間にとっても, 術者にとっても利益ではないだろう.

100. 真の政策の基本はいかなる国にあってもその土地と人手とを知悉することである.

101. 土地の内在的価値はなにに依存するか.

102. (略)

103. 人口に関する真実の計数をもつことの利益の若干例.

104. 必要な業務に従事している者は全人口中の一小部分に過ぎないということ.

105. 人口に関する真実の計数は彼らの統治と商業のために, また彼らの平和と富裕とのために, 必要であるということ.

106. この知識は主たる政府当局者に限るべきであるかどうか.

これらの見出しをみると, この著書は人口問題のみならず, 当時から起こりつつあった都市問題(なかんずく公害問題)の鋭い分析をも含んでいる.

(6)グラントの著書, 第11章§9(見出し, 79)に「われわれは, 100の出生者中約36は6才になる前に死亡す

— 51 —

第 5 章　死亡率と生命保険

るということ，また76才以上まで生き延びる者はおそらく1人しかいないだろうということを明らかにした〔第2章死因についての一般的観察〕が，しかし6才と76才との間には7の旬年があるから，われわれは，6才における生存者である64人と76才以上まで生き延びる1人との間に6個の比例中数を求めた．そして以下の数が実用的に十分真に近いということを発見する．けだし，人々は精確な比例で死ぬものでもなければ分数で死ぬものでもないからである．そこで以下の表が生じる．

100人中最初の6ヵ年間に死亡する者	36
次の10ヵ年，または旬年	24
第2の旬年	15
第3の旬年	9
第4の旬年	6
次	4
次	3
次	2
次	1」

〔グラント『死亡表』久留間鮫造訳〕

（7）**ヴァン・フッデ**（Johann van Hudden, 1628.5.23-1704.4.16, アムステルダム）は，ライデンのヴァン・スホーテンに数学を学び，1672年以後アムステルダム市の長官の1人となったが，役所に19時間も詰めていたという．1657年に『**方程式の縮約について**』（*De reductione aequationum*）という論文を書き，

$$x^n + c_1 x^{n-1} + \cdots\cdots + c_n = 0$$

の2重根は

$$ax^n + (a+b)c_1 x^{n-1} + \cdots\cdots + (a+nb)c_n = 0$$

を満足することを述べている．とくに，$a=n$, $b=-1$ とおくと，後の方程式は

$$nx^{n-1} + (n-1)c_1 x^{n-1} + \cdots\cdots\cdots + c_{n-1} = 0$$

となって，これは微分法の公式そのものである．1658年に『**最大，最小について**』（*De Maximis et Minimis*）という論文をかき，上記のことを用いて最大，最小を決定する．デ・ウィットの生命年金についての報告は，死亡者分布の妥当性の裏付けを試みていないのであるが，それはフッデによって確められた〔コワレフスキ『**数学史**』（中野訳）68頁，ニュートン『**プリンキピア**』（河辺六男訳）283頁〕．

（8）**ウイリアム・ペティ**（William Petty, 1623.5.26-1687.12.16）はバンフシャー州ラムゼーに貧しい羊毛織元の第3子として生れる．13才のとき商船のボーイとなり，フランスへゆき，ここで働きながらフランス語と航海術を学ぶ．いったん帰国したが，母国では国王と議会との軋轢のため内乱が起こったので，勉学のためヨーロッパへ渡る．オランダで医学，パリで解剖学を学ぶ．また，当時フランスに亡命中のホッブスの知遇を得，その政治的思想の影響をうける．1646年帰国．ロンドン理学協会のメンバーになり，オックスフォードのブレイズノーズ・カレジの解剖学教授，グラントの世話でロンドンのグレシャム・カレッジの音楽教授を兼任する．1651年彼は共和国政府からアイルランド派遣軍づきの軍医に任命され，同地に渡る．これが学問，行政，事業の面において，彼がアイルランドと生活の結びつきをもつに至った機縁となった．アイルランドでは土地測量の大事業を完成した．そして没収地の分配事業の衝に当った．と同時に彼もまたアイルランドに広大な土地を所有することになった．1660年王制復古後はロンドンに住み，王立協会のメンバーとして活躍した．1662年『**租税貢納論**』（*A treatise of taxes and contributions*），グラントに刺戟されて，1672年『**アイルランドの政治的解剖**』（*The political anatomy of Ireland*），1676年『**政治算術**』を完成している．晩年はアイルランドの土地所有が禍して不遇であった〔松川七郎『**ウイリアム・ペティ**』（岩波）〕．

（9）ペティの『**政治算術**』は一名「土地の大きさおよび価値・人民・建築物，農業・製造業・商業・漁業・工匠・兵士，公収入・利子・租税・余剰利得・登記制度・銀行，人間の評価・海員および民兵の増加・港・位置・海上権力，等々に関する」もので，一論説「この論説は，各国一般について論じているが，大ブリテン国王陛下

の諸領域およびその隣国たるオランダ・ジーランドおよびフランスについてはとくにくわしく論じている」のである.

第1章　小国で人民がすくなくとも，その位置・産業および政策いかんによっては，富および力において，はるか多数の人民，またはるか広大な領域に匹敵しうること．それには，とくに航海および水運の便がもっとも著しく，またもっとも根本的に役立つこと．

第2章　ある種の租税および公課は，王国の富を減少せしめるというよりも，むしろ増加せしめること．

第3章　フランスは，自然的にして永久的な障害があるため，現在も将来も，イングランド人またはオランダ人より以上に，海上では優勢たりえないこと．

第4章　イングランド国王の人民および諸領域は，その富および力に関して，フランスのそれらと自然的にはほぼ同じ重要さがあること．

第5章　イングランドの偉大さにとっての諸障害は，偶然的にして除去しうるものにすぎないこと．

第6章　イングランドの権力および富は，ここ最近40年のあいだに増大したこと．

第7章　イングランド国王の臣民の全支出の十分の一で——もしこれが規則的に課税・調達されるならば——優に1万の歩兵，4万の騎兵，4万の水兵を維持し，経常・臨時の双方についての政府のいっさいの経費をまかなうことができること．

第8章　イングランド国王の臣民のなかには，現在よりも1年当り200万ポンド多くを稼得しうる遊休の人手が十分あること，そしてこの目的のためにいつでも役立つ適当な仕事口もまた十分あること．

第9章　この国民の産業を運営してゆくに足るだけの貨幣があること．

第10章　イングランド国王の臣民は，全商業世界の貿易を運営するために，十分な，しかも便利な資財をもっていること．

以上のことを「比較級や最上級のことばのみを用いたり，思辨的な議論をするかわりに，（私がずっと以前からねらいさだめていた政治算術の1つの見本として，）自分のいわんとするところを**数**(Number)・**重量**(Weight)または**尺度**(Measure)を用いて表現し，感覚にうったえる議論のみを用い，自然のなかに実見しうる基礎をもつような諸原因のみを考察するという手つづきをとったからであって，個々人のうつり気・意見・このみ・激情に左右されるような諸原因は，これを他の人たちが考察するのにまかせておくのである.」〔ペティ，大内兵衛・松川七郎訳『**政治算術**』（岩波文庫）〕

（10）これは円錐曲線についての解析幾何学である．トドハンターはウィットの著作を1650年としているが，フランシス・ヴァン・スホーテンが1659年に出したデカルトの『幾何学』の普及版の附録の中に，ウィットのものも出ている．ウィットは若い頃4年間ライデンにゆき，スホーテンに師事していたのである〔コワレフスキ『**数学史**』（中野訳）69頁〕．

（11）**ハレー**（Edmund Halley; 1656. 11. 8–1742. 1. 14）は最初ロンドンのセント・ポール・スクールで数学と古典を学び，のち1673年にオックスフォードのクィーン・カレッジに入学した．20才になる前に英国学士院に論文を提出した．20才のときセントヘレナ島に天体観測のため渡り，1676年11月の誕生日の前日同島において水星の子午線通過について最初の完全な観測を行なった．この観測を記念して，英国の天文学者フラムステッド（Flamsteed）は彼を“南方のチコ”とよんだ．78年わずか22才で学士院会員となった．しかし唯物的考え方を支持したとの理由で1691年のオックスフォードにおける天文学のサヴィル教授職には失敗したが，1703年にはウオリスのあとをついで幾何学のサヴィル教授職につき，ついで1721年にはフラムスラッドの後をついで王室天文学者となった．彼が再来すると予言した彗星（ハレー彗星）は時間通りあらわれ，その周期も報告された．彼の興味は天文学が主たるものであったが，幾何学，代数学にも深い興味を示し，対数表も作った．1710年にはアポロニウスの円錐曲線論を再版したほか，メネラウスらの書物も編集した．1687年にはニュートンの『プリンキピア』の出版にも財政的援助を与えている〔スミス『**数学史**』Vol 1. 405～406頁〕．

（12）『**哲学会報**』は1665年5月1日にはじめて発行され，4つ折版16頁の大きさである．1860年までに154巻出ている．発行者ははじめ不思議にも王立協会の渉外書記オルデンブルク（Oldenburg）で，ドイツ人であった．

— 53 —

第5章　死亡率と生命保険

（13）**ノイマン**（Kaspar Neumann; 1648–1715）はドイツにおける政治算術の最初の代表者である．67年から70年までイエナ大学において神学や哲学，言語学を学ぶ一方，数学や自然科学にも没頭した．とくにベーコンとデカルトに傾倒し，そのことが経験的・実証的方法を人間世界の現象と神学の理論に応用しようと思う動機をもたらし，程なく当時のドイツの大学に支配的だった哲学的方向と対立するようになる．89年末に彼はライプニッツに，"出生および死亡を通して人口のその時々の状態にあらわれ，その当時まで測り知られぬ全智全能の神の摂理とみなされていた諸変動を，これまで自然界に用いられてきた実証的方法で研究し，その中にあらわれる法則を研究する"ことを書き送っている．ライプニッツはノイマンの研究方法を高く評価し，この問題に興味をもっている王立協会の会員たちをして，ノイマンの研究と業績に注意を向けさせたらしい〔ヨーン『**統計学史**』足利末男 訳 216頁–225頁〕．

（14）**ジャステル**はドイツの哲学者の協会書記の名．

（15）本文中の表はハレーの論文の表 II に相当する．表 II，表 III の完全なものは次の通りである．

〈表 II〉は多少とも恣意的なものであるらしい．〈表 III〉の並置された13個の記入のうち，12個は〈表 II〉の12個の枠内の数値の総計であり，13番目の記入（100才の107）はまったく独自につけ加えられたもので，資料の出典は

〈表　II〉

年令	人数	年令	人数	年令	人数	年令	人数	年令	人数	年令	人数
1	1000	8	680	15	628	22	586	29	539	36	481
2	855	9	670	16	622	23	579	30	531	37	472
3	798	10	661	17	616	24	573	31	523	38	463
4	760	11	653	18	610	25	567	32	515	39	454
5	732	12	646	19	604	26	560	33	507	40	445
6	710	13	640	20	598	27	553	34	499	41	436
7	692	14	634	21	592	28	546	35	490	42	427

年令	人数	年令	人数	年令	人数	年令	人数	年令	人数	年令	人数
43	417	50	346	57	272	64	202	71	131	78	58
44	407	51	335	58	262	65	192	72	120	79	49
45	397	52	324	59	252	66	182	73	109	80	41
46	387	53	313	60	242	67	172	74	98	81	34
47	377	54	302	61	232	68	162	75	88	82	28
48	367	55	292	62	222	69	152	76	78	83	23
49	357	56	282	63	212	70	142	77	68	84	20

〈表 III〉	年令	人数	年令	人数
	7	5547	84	253
	14	4584	100	107
	21	4270	計	34000
	28	3964		
	35	3604		
	42	3178		
	49	2709		
	56	2194		
	63	1694		
	70	1204		
	77	692		

ない．しかし，計34000はハレーがはっきりとブレスラウ市の住民数であると述べているものである．
　基礎的なデータは，次の通りである．5年間で出生は6193，死亡は5869；1年平均では出生1238，死亡1174で差64は国王の軍隊の徴集によっては相殺されない増加である．年平均出生1238人中348人が最初の1年以内に死亡
$$1238-348=890$$
さらに，次の5年間に，すなわち満6才までに198人が死亡，第7年目を迎えるのは
$$890-198=692$$
人にすぎない．以上から，はじめの1000の数字をめぐり，いろいろな解釈がうまれたが，〈表Ⅱ〉の算出法はいまもって不明である〔ヨーン『**統計学史**』201頁-209頁〕．

ジョン・グラント

第 6 章

1670年から1700年までの いろいろな研究

69. この章では，ホイヘンスの論文発表から，ヤコブ・ベルヌイ，モンモール，ド・モワブルのより精緻な労作の発表にいたるまでの間にあらわれた，確率論へのさまざまな寄与についてみていくことにしよう．

70. ジョン・カラミュエル (John Caramuel) という名のジェズイットが1670年『2つの数学』(*Mathesis*[1] *Biceps*) という題の2つ折り版全2巻の数学教程を出版した．第1巻のはじめに掲載されているこの著者の著作目録から判断して，この教程は全部で4巻になる予定だったらしい．

この書物の921～1036頁に"組合せ"(Combinatoria) と題する一節があって，そのなかに確率論にあてられた部分がある．

カラミュエルは，まずはじめに，現代風にいえば，組合せにあたるものについて説明している．ここでは，特に注意しなければならないことは何もない．おきまりの結果が，一般的な記号で証明されているというのでもなく，ただ例をあげて示されているだけである．カラミュエルは，クラヴィウスとイズキエルドウス (Izquierdus) をしばしば手引として参照している．

現代的な意味での組合せについてのこのような説明のあと，つづいてカラミュエルは"ルルスの方法"（Ars Lulliana）を説明している．ルルスの方法とは，レイモンドウス・ルルス[2]によって提案されたもので，推論の補助的方法，もしくは論争の補助的方法とでもいったものである．

71. 次に"組合せの数が生ずるところのサイコロの道具と，まじめに論じた運をともなうゲーム"（*Kybeia, quae Combinatoriae genus est, de Alea, et Ludis Fortunae serio disputans*）という題の偶然に関する論文がつづく．この論文にはホイヘンスの論文が再録されているが，しかしホイヘンスとは別の人の手になるものだというように，カラミュエルはのべている〔984頁〕．

『2つの数学』扉

「全智全能の主が私に伝え教えて下さったので，私の論文がクリスチアノ・セヴェリノ・ロンゴモンタヌスの著作とみなされるものより，ずっと勝れていることが分ったと毒舌をはいてもよいでしょう．なぜなら，その論文は好奇心にとんだ，短かいものではありますが，若干の学問的研究を含んでいるからであります．」

— 56 —

この本の目次XXXVIII頁で，カラミュエルは

「ロンゴモンタヌスより勝れたものであるという毒舌は，著作のなかで明らかにされよう．多分それは世間に広まるであろう．」

というように，ホイヘンスの論文について述べている．

ロンゴモンタヌス（Longomontanus）というのは，1562年から1647年まで生存したデンマークの天文学者であった．

72. ニコラス・ベルヌイは，カラミュエルに対して大へん厳しいことをいっている．　彼は「カラミュエルという名のジェズイットについては，すでに私の論文のなかで言及したが……彼の与えたものはすべて似而非推論の集まりにすぎないので，私はこれを全然重視していない」といっている〔モンモール，387頁〕．

ここで，ニコラス・ベルヌイが「私の論文」といっているのは，おそらく彼の『推論法試論』（*Specimina Artis conjectandi……*）のことであろう．それについては次章で注意したい．しかし，『学術官報補遺』[3]（*Acta Eruditorum Suppletorius*）に再録されたその論文のなかには，カラミュエルの名は見あたらない．

ジャン・ベルヌイはライプニッツへの手紙のなかで，カラミュエルのことをもっと好意的に述べている〔59節で引用した巻の715頁参照〕．

73. ニコラス・ベルヌイは，このジェズイットの犯した誤りを誇張している．カラミュエルは，次にあげるような問題に触れ，しかもこれを正しく扱っているのである．この問題というのは，2個のサイコロをふったときの成行き；演技者2人の場合の分配問題の簡単なもの；2回もしくは3回サイコロをふったとき，ただ1回1の目の出る可能性；**パス・ディス・ゲーム**[4]などである．

彼は演技者が3人の場合の分配問題のうち，簡単なものを2つやっているが，ここで誤りを犯している．また，このほかにも2つの問題で誤りを犯している．そのひとつはホイヘンスの論文の14番目の問題であり，他のひとつもこれとまったく同種のものである．

ホイヘンスの14番目の問題に対するカラミュエルの方法は次の通りである．賭金を36とする．このとき，Aの最初のふりの勝つ可能性は $\frac{5}{36}$ であるから，$\frac{5}{36} \times 36 = 5$ をうる．それゆえ，36から5をひいた残りの31がBに残されたものだと考えることができる．さてBが1回ふって成功する可能性は $\frac{6}{36}$，したがって $\frac{6}{36} \times 31 = 5\frac{1}{6}$ をBの第1回目のふりの値であると考えてよい．

このようにして，カラミュエルは，第1回目のふりの値として，Aには5，Bには $5\frac{1}{6}$ をあてがったのである．このあと，彼は残りの $25\frac{5}{6}$ はAとBとで等分すればよいと提案している．しかし，これは間違いである．彼は第1回目について用いた方法を続けて，Aの第2回目のふりには $25\frac{5}{6}$ の $\frac{5}{36}$ をあて，Bの第2回目のふりにはその残りの $\frac{6}{36}$ をあて，……等々とすべきであったのだ．こうしていけば，2人の演技者おのおのの分配金として，無限等比級数を得て，正しい結果を導けた筈であった．

カラミュエルがホイヘンスの論文を手本としていたのに，間違いをしでかしたのは不思議なことである．彼は，2人の演技者の場合の分配問題を議論するときは，この手本にしたがったが，それ以外はこの方法を棄ててしまったのであろう．

74. 『学芸雑誌』[5]（*Journal des Sçavans*）1679年2月号のなかで，ソーヴォー（Sauveur）が，

第6章　1670年から1700年までのいろいろな研究

バセット・ゲーム[6]での親の有利さについて証明ぬきでいくつかの公式をあげている．　この公式の証明はヤコブ・ベルヌイの『推論法』191-199頁にのっている．　私はこの雑誌のアムステルダム版にのったソーヴォーの公式を調べたことがある．そこには6通りの公式があった．はじめの5通りは，いささか厄介なものであるが，これらの公式についてはソーヴォーとベルヌイの意見が一致している．最後の1通りの公式は，5番目の公式から2番目のものを差しひくだけで簡単に得られるものであるが，これについては実際に間違えたのか，それともミスプリントなのか分らないが，ともかくソーヴォーが間違っている．ベルヌイが「サルバトリス（ソーヴォーのラテン読み）の作ったゲームの表を，われわれもこれを論じたがゆえに，ある種の場所，ことに最後の個処は多少修正を必要とすることを見付けた」というとき，彼はこの食い違いを誇張しているように思われる．モンチュクラ〔390頁〕も，グロー〔17頁〕も，実際以上にソーヴォーを不正確だと考えているようである．

『パリ……アカデミーの歴史』の1716年の巻には，フォントネル[7]（Fontenelle）のソーヴォーへの賛辞が収められている．　フォントネルによれば，バセット・ゲームにソーヴォーは熱中していて，このゲームにふける誰よりも事を有利に運ぶことができたということである．このソーヴォーがバセット・ゲームの可能性を研究しようと思ったのは，ダンゴー（Dangeau）侯爵の依頼によってであった．その結果，ソーヴォーは宮廷に招かれ，彼の計算を国王や女王に披露するという栄誉をうけたのである〔モンモール，XXXIX頁参照〕．

75. ヤコブ・ベルヌイが『学芸雑誌』1685年号において，偶然の問題を2つ提起し，その解答を募っている．問題は次のものである．

(1)　AとBがサイコロ1個を用いてゲームをする．AとBのうち，最初に1を出した方を勝ちとする．まずAが1回ふり，次にBが1回ふる．それからAが2回ふり，次にBが2回ふる．さらにその後Aが3回ふり，Bが3回ふる．というように1の目が出るまでふるものとする．

(2)　同じ条件で，まずAが1回ふり，次にBが2回ふり，それからAが3回，次にBが4回，というように1の目が出るまでふるものとする．

これらの問題は，ヤコブ・ベルヌイ自身が『学術官報』1690年号で結論を下すまで，誰も解くことができなかった．この同じ巻の後の方で，ライプニッツが結論を出している．その可能性は無限級数で与えられているが，総和は示されていない．

ヤコブ・ベルヌイの解は，彼の全集〔ジュネーブ，1744年〕に再録されている〔『ヤコブ・ベルヌイ全集』207頁および430頁参照〕．この問題は『推論法』52-56頁にも解が与えられている．

76. ライプニッツは確率論に大へん興味をもっていた．彼が確率論の進歩に貢献したとはいえないけれども，その重要性には十分気づいていたことは分る．とりわけ，そのなかで彼の注意をひいた問題があった．それはあらゆる種類のゲームに関する問題であった．彼自身，ここに自己の創造力を訓練する場を見い出したのである．彼は，人がその創造性をもっとも発揮しうるのは娯楽においてであって，子供の遊びのなかにさえ，もっとも偉大な数学者たちの注意をひきつけるに足るのだ，と信じていた．彼は，ゲームについての体系的な論文をものにしたいと思っていた．ここでいうゲームとは，第1に数のみに依存しその大小を比較するゲーム，第2にチェスのように位置によるゲーム，最後に玉突きのように動作にのみ依存するゲームである．彼の考えたこのことは，実現すれば，創意工夫の完成に役立つか，もしくは彼自身他の個処で述べているように策略法（art of arts），いいかえると思考法の完成に役立つはずであった．〔『ライプニッツ全著作集，L．デュタン編』第Ⅴ巻17，22，28，29，203，206頁；第Ⅵ巻第Ⅰ部271，304頁；『エルトマン編』175頁参照〕推論によって得られる結論の確率を算定するという研究の著述計画もライプニッツはたてていた〔『ライプニッツ全著作集，デ

— 58 —

ュタン編』第VI巻第I部36頁参照〕.

77. しかしながら, ライプニッツは確率論において犯しやすい誤謬の例を提供している. その誤謬こそ, われわれの研究対象の独自の性格でもあるように思われるのであるが, ともかく彼のいうことをきいてみよう〔『ライプニッツ全著作集, デュタン編』第VI巻第I部217頁参照〕.

「たとえば, サイコロ2個を用いるとき, 12の目と11の目は出る確率が同じである. というのは, どちらの目の出方も唯1通りしかないからである. しかし, 7の目の出る確率はその3倍である. なぜなら, (6, 1), (5, 2), (4, 3)を出したときに目の和は7になり, またどの1つの組合せも他の組合せと同じ確率で生起するからである.」

確かに, 11は (6, 5) のときにのみ出る目である. しかし, 2個のサイコロのうち, どちらか一方に6が出て, 他方に5が出ればよいのだから, 2個のサイコロで, 11の目が出る可能性は, 12の目が出る可能性の2倍になる. 同様に, 7の目が出る可能性は, 12の目が出る可能性の6倍になるのである.

78. 『偶然の法則について』(*Of the Laws of Chance*)という題の著作が, 1692年ロンドンで発表された, とモンチュクラは述べているが, 彼はこれに加えて, 「しかし, 私はこの本を見たことがないので, それについてこれ以上いうことはできない. しかしながら, この本は英国学士院の書記官であったベンジャミン・モット(Benjamin Motte)のものではないか, と私は思う.」と述べている〔モンチュクラ, 391頁参照〕.

ラボックとドリンクウォーターはこれについて次のように述べている〔43頁〕.

「編纂されたこの論文は一般に英国学士院の書記官だったモットによって書かれたものだとされている. この論文には, ホイヘンスの論文の翻訳, ファラオン (Pharaon) やハザード (hazard)[8]などのゲームで親がどの程度有利であるかという問題に対するホイヘンスの原理の適用例, およびクジに関するいくつかの問題に対するホイヘンスの原理の適用例が収められている.」

同様の陳述はギャロウェイ (Galloway) の『確率論』[9] (*Treatise on Probability*) の5頁でもなされている.

79. ところが, 英国学士院にはモットという名の会員はいないらしいのである. というのは, トムソン(Thomson)の『英国学士院の歴史』 (*History of the Royal Society*) に載っている会員名簿にはその名がみあたらないからである.

私は, この著作はきっとアーバスナット[10]によるものだと思う. というのは, 1714年W・ブラウン(W. Browne)はホイヘンスの論文の英訳を発行しているが, その読者へのお知らせのなかで, ブラウンは次のようにいっているからである.

「ラテン語版以外にも, 学識豊かなアーバスナット博士が英訳版を発行しているが, この英訳版には当時もっともよく行われていたゲームに対して, 一般理論を適用した例が付け加えられている. この英訳版はあちこちに散在してしまっているので, 現在私たちが見ることのできるのは, それがどういうものだったかという説明だけである.」

このことから, それまでアーバスナットのもの以外には英訳版はなかったことが分ると思う. 「当時もっともよく行われていたゲームに対して, 一般理論を適用した例」という部分は, その著作自体のなかに見られる「この方法を私たちの間でもっともよく行われているゲームに適用することは容易である」という部分と, うまく合致している〔第4版28頁参照〕.

ワット (Watt) の『英国の文献目録』 (Bibliotheca Britanica) では, アーバスナットに関する項目のなかで, この著作は1692年のものであることを指摘されている.

— 59 —

第6章　1670年から1700年までのいろいろな研究

80. 私はこの著作の写本をひとつだけ見たことがある．私はこの写本をド・モルガン教授に借りたのである．その扉には次のようなことが書かれている．

「偶然の法則について，もしくはゲームの運に関する計算の方法について．また，簡単な証明と，現在もっともよく行われているゲームへの適用例が付け加えられている．これは想像しうる可能性がもっとも複雑な場合にも容易に拡張できるものである．ジョン・ハム（John Ham）によって改訂された第4版，ファラオンとよばれるゲームでの親の利の証明；ハートのエース，フェア・チャンスでのハンディのつけ方；クジについてのいくつかの問題の算術的解法；ハザードや西洋すごろくについての二，三の論究（これらは誰によって付け加えられたか不明）．ロンドン．フリート街ミドルテンプル門にて，B・モットとC・バサースト（Bathurst）によって印刷された．M. DCCXXXVIII年」

81. 次にこの第4版に出てくる研究の内容を述べよう．この著作は八折リ版の小冊子である．それは2部からなっているといえる．第1部は49頁までである．ここには，ホイヘンスの論文の英訳と，それに付け加えた事項が収められている．50頁は空白で，51頁は目次になっており，ここにはすでにあげておいた目次の1部が再び掲載されている．「ファラオンと……二，三の論究」という部分である．

78節では，ルボックとドリンクウォーターから引用したが，その引用文をみると，彼らはこの2部を区別していなかったように思われる．実際のところ，第1部では「ファラオンで胴元がどの程度有利であるか」については何も書かれていないのである．私は，第2部の諸研究が1692年以前のものではないと信じている．これらの諸研究は，明らかにド・モワブルからとったものだと思われるからである．ド・モワブルは自分の著書のはしがきの第2節で，次のように述べている．

「当時，私はこの主題については，ホイヘンス氏の**『サイコロ遊びにおける計算について』**という本と，非常に利潑な紳士の手になる英文の小冊子（これはまさしく前者の訳本であった）とを除いては，他に何も読んだことがなかった．この紳士についていえば，この紳士は事柄をもっと先に押しすすめるだけの能力をもっていたにもかかわらず，原本に忠実であることに満足していたのである．ただ，これにハザードとよばれるゲームでの親の利についての計算や，他に二，三のことを付け加えていた．」

82. この著作には序文がついている．この序文は大へん威勢よく書かれてはいるが，荒っぽさもめだつ．ここに，その抜萃を少しあげておこう．この抜萃をみれば，この著者の考え方は健全で，彼の期待するところは賢明であることが分るであろう．

「友人を晩餐に招待したときには，食前の酒として白ブドー酒を出すのが作法だとされるのと同じように，本を書くときには序文を書いておくことが必要だと考えられている．しかし，これも献辞が欠けていれば台なしになるので，私は読者への書簡をもまた欠かすわけにはいかないと考えた．サイコロ賭博が法に適ったものかどうか，ここで私は敢て決めようとは思わない．そんな議論は狂信的牧師といかさま賭博師にまかせておけばよい．ただ，流行の病を取扱うのと同じようにサイコロ・ゲームを取扱うことは正当なことだと，私は確信するものである……．」

「この論文の多くの部分は，ホイヘンス氏の論文『サイコロ遊びについての計算について』の翻訳にあてられている．哲学の改造について，彼の右に出る人はいないし，彼と並びうる人もほとんどいないと私は考える．この書を企てたのは，私自身の余興のためでもあるが，それ以上にまず何人かの友人たちを満足させるためであった．彼らはハザードの割合について時々議論していたからである．これについてはいくつかの場合を検討しておいた．これに必要だったのは数時間の暇と，ちょっと頭を働かすことだけだった．これを発表しようと思い立ったのは，これをもっと一般的に使

えるものにし，それによって初心な地方地主にお金をポケットにしまっておくよう説得せんがためであった．もしこのために，いかさま賭博師たちから文句をつけられるようなことがあっても，連中はこの世界が大切に養っておかねばならないような人達でないのだから，そんなことに構うことはない……．」

「……サイコロが，かくかくの力と方向とによってかくかくの目は出ないようになっている，などということはあり得ないことなので，私はそれを，技術を必要としないまったくの偶然だとよぶ……．」

「読者はここで数の威力をみることができるであろう．これは，人々がどんな法則にも服さないと考えてきたようなものにもうまくあてはまるのである．われわれは，数学的推論に還元できるものを，ほんの僅かしか知らない．そして，数学的推論に還元できないということは，そのものに関するわれわれの知識が僅かで，しかも混乱したものであるという証拠なのである．また，数学的推論を行うことができるときに，この推論以外のものを使用するというのは，ローソクがすぐそばにあるのに，暗闇のなかを手探りで物を探すのと同じくらい馬鹿げたことである．確率計算は有用であるべく改良されねばならないし，思索を楽しませてくれるものでもあり，かつゲーム以外にも非常に多くの偶然的な出来事に適用できるようになると，私は信じている……．」

「……同様に，経験に基づく確率計算がある．これはどのような手段を用いた賭にも利用できる．たとえば，婦人が子供を連れているとき，その子供が男である可能性の方が大きいが，この可能性の確かであることを知りたければ，男女の比率表をみればよい．また，年間死亡率表によれば，生きている人の人数に対する年間死亡者数の比は30あるいは26対1であるので，年間13人のうち1人死ぬ（これは，あの馬鹿げた迷信の恰好の理由にはなっても，真の理由にはならない）ということが対等の賭になる．というのは，この比率であれば，26人のうち1人死んでも負けにはならないからである．また，街路で牧師に会い，その牧師が宣誓拒否者（Non Juror）であるという場合は，1対18で対等な賭になる．実際には，そういう人たちは1対36の割合でいるからである．」

83. 1〜25頁はホイヘンスの論文にあてられており，彼が読者のために解かないで残しておいた5つの問題もそのなかに含まれている．これについて，われわれの著者は次のように述べている．

「前述の問題の計算は，才能のある読者たちが，先に述べた方法を自分自身で適用することができるようにと，ホイヘンス氏が書きのこしておいたものである．この計算のほとんどは難しいというよりも，むしろ面倒なものである．たとえば，第2と第3の問題を取り上げてみよう．他の問題はこれらと同じ方法で解くことができるから．」

われわれの著者は第2の問題を，『推論法』によっていえば，その3通りの意味のうちの，最初の意味にとって解いている．そして，ヤコブ・ベルヌイが『推論法』の58頁で示したと同じ結果を得ている．われわれの著者は次のように付け加えている．

「私はここでこの問題の意味を，白玉以外のものを抽いたときにはその総数を減らさないようにする．すなわち，白玉を抽きそこねた場合にはそれを元に戻し，次の番のものにも同等の運を与えるようにする，というように考えた．もしそうしなければ，Aの分け前は $\frac{55}{123}$ となって，$\frac{9}{19}$ より小さくなるからである．」

しかしながら，この $\frac{55}{123}$ という結果は，ヤコブ・ベルヌイがこの問題に対して与えた他の2つの意味のどちらをとったとしても，間違っている．この2つの意味のそれぞれに対して，ヤコブ・ベルヌイは $\frac{77}{165}$，$\frac{101}{125}$ [11] という結果を得ている〔35節参照〕．

第6章　1670年から1700年までのいろいろな研究

84.　このあと，ゲームについての他のいくつかの計算が続いている．ロイヤル・オーク籤（Royal-Oak Lottery）[12]について述べたものがいくつかあるが，これはド・モワブルが『偶然論』の序文でロイヤル・オークのゲームについて述べたものと似ている．

また，3個のサイコロを投げて得るいろいろな目の数を示した表があげられている．34-39頁はパスカルから取り入れたものであるが，これは前後のつながりなしに不意に導入されているだけであるし，またそのほとんどはホイヘンスの論文の翻訳のなかにすでに含まれているものであった．

85.　われわれの著者は，**ホイスト・ゲーム**[13]にも触れている．すなわち，エース，キング，クィーン，ジャックの札の位置についての2つの問題を解いている．このとき，配り手とその相手とを区別しなかったので，その解は近似的なものにすぎない．また，彼は両サイドの演技者の可能性の比較の問題，たとえば，サイドの1人が8，他の1人が9をうるときの可能性の比較の問題も解いているが，この解についても上と同じことがいえる．彼はこの可能性を9：7としているが，ド・モワブルはこれをもっと厳密に研究した結果，およそ25：18になるとしている〔『偶然論』176頁，参照〕．

86.　われわれの著者は，43頁で次のようにいっている．

「いままで見てきた場合はすべて，ホイヘンス氏によって提示された定理によって計算することができた．しかし，これよりもっとこみ入った場合を扱うときには，他の原理が必要になる．こうした場合について，簡単にす速く計算するために，もうひとつの定理を付け加えたい．この定理は，ホイヘンス氏の方法にならって証明することができる．」

その定理というのは，"a に対する可能性を p，b に対する可能性を q，c に対する可能性を r とするとき，その運は

$$\frac{ap+bq+cr}{a+b+c}$$

の値である．"というものである．われわれの著者はこれを証明し，この定理にさらに，d に対する可能性 s，……等々を付け加えたらどうなるかというように，一般的な場合にまで拡張できるだろうと述べている．

われわれの著者は，次にハザード・ゲームについて考察している．彼はド・モワブルと同様の研究をし，同じ結果を導いている〔『偶然論』160頁参照〕．

87.　この書物の第1部はつぎのように締めくくられている．

「いままで見てきた問題はすべて，生起する確率がそれぞれ等しいような可能性を想定していた．もしそうでない場合を想定すれば，いままでのものとはまったく違った性質の場合がでてくる．この種のものを考えることもまた一興であろう．そこで，この種の問題をひとつ出しておこう．その解答は，これを苦労して解くに値すると思われる方にお任せする．

"辺の比が $a：b：c$ である平行6面体において，ある与えられた面，たとえば，ab の面が出るためには，平行6面体を何回投げたらよいか．"」

この問題は，後にトーマス・シンプソン（Thomas Simpson）によって論じられることになる．これは，彼の『偶然の性質と法則』（*Nature and Laws of Chance*）の問題XXVIIである．

88.　この書物の第2部については，ド・モワブルの著作を検討したのち，説明する方が好都合だと思う．

89.　さて次に『クジの運に関する算術的パラドックス』（*An Arithmetical Paradox, concerning the Chances of Lotteries*）という，英国学士院会員フランシス・ロバーツ（Honourable Francis

— 62 —

Roberts) 殿下による論文をみてみよう.

これは『哲学会報』1693年第XVII巻677-681頁に発表された
ものである.

空クジ3本，16ペンスの当りクジ3本からなるクジがあると
しよう．また他のクジでは，空クジ4本，2シリングの当りク
ジ2本があるとしよう．さて，ここで1本ひくとすれば，第1
のクジでは期待値は16ペンスの $\frac{1}{2}$，第2のクジでは期待値は2
シリングの $\frac{1}{3}$ となる．したがって，どちらのクジでも期待値は
8ペンスということになる．ロバーツが見出したというパラド
ックス（逆理）は次のようなものである；一人の賭博師がこれら
のクジのどちらかに見込んで，1シリングを払ったとすると，
いまみてきたように期待値は同じであるのに，彼に対する勝ち

ロバーツの論文

目は第1のクジでは3：1，第2のクジでは2：1になる．このパラドックスは，**勝ち目**（odds）とい
うことを恣意的に定義することによって，ロバーツ自身が作り出したものにすぎない．

あるクジで，空クジ a 本，当りクジ b 本，おのおのの賞は r シリングであるとする．一人の賭博師
がこのクジを1回ひくのに，1シリング払ったとする．このとき，ロバーツは，この賭博師に対する
勝ち目は $\frac{a}{b}$ と $\frac{1}{r-1}$ の積から，$a：b(r-1)$ になる，というのである．これはまったく恣意的
である．

この論文の代数的な部分のみはまったく正しく，また当時の著作のタイプからすれば，ちょっと変
ったものである．

この著者が，ド・モワブルの序文のなかの Robertes という綴りで出てくるロバーツと同一人物で
あることは，疑問の余地のないところである.

90. 私がまだみたことのないひとつの著作について，その説明をラボックとドリンクウォーターか
ら借りることにする．それは，彼らの著書の45頁にのっている．

「証言の確率に関するクレイグ（Craig）[14] の論文については，その名をあげる以上のことをする必
要はない．クレイグの論文は，1699年に『**キリスト教神学の数学的原理**』(*Theoligiae Christianae
Principia Mathematica*) という題名で出版されたものである．数学的な言語や推論を，道徳的な
研究対象に導入しようというこの企ては，およそ真面目に読めた代物ではない．この書は，当時数
学界の注目をあびていたニュートンのプリンキピアの下手な模倣といった風のものである．著者は，
はじめに精神は動きうるものであり，推論のひとつひとつが動く力であって，この力がある種の速
さで疑念をうみ出す……云々と述べている．彼は大真面目に与えられた時間 (cœteris paribus)
を経て伝達される史実に対する疑念は，その史実がたとえどんなものであろうとも，その史実の当
初からの時間の2倍の割合で増大することを証明したり，同様に，一様な欲望，一様に加速される
欲望，時間の累乗に比例して変化する欲望，等々を評定する，といった具合なのである.」

人名辞典には，クレイグの著作が，J・ダニエル・ティティウス（Daniel Titius）の論駁とあわせ
て，1755年ライプチヒで再版されており，またこれについての批評のいくつかが1701年ペーターソン
（Peterson）によって発表された，と著されている．プレヴォー（Prevost）とルュイエ（Lhuilier）は
『**ベルリン……アカデミー紀要**』(*Mémoire de l'Academie …… Berlin*)（1797年）に発表された

— 63 —

第6章 1670年から1700年までのいろいろな研究

ある論文のなかで，クレイグの著作にふれている．クイレグは口誦によっている限りでは，キリスト
の福音に対する信仰は800年で消滅し，記録された伝説によっている場合は3150年で消滅すると結論
をだしたようである．ペーターソンはまた別の減少の法則を用いて，信仰は1789年で消滅すると結論
をだした〔モンモールの XXXVIII頁，および『文芸誌』1863年11月7日号611頁参照〕．

91. 『人間の証言の信頼性の計算』（*A Calculation of the Credibility of Human Testimony*）
は『哲学会報』第XXI巻1699年号359-365頁に収められている．この論文は匿名であるが，ラボックと
ドリンクウォーターは，クレイグのものだろうと述べている．

この論文の考え方は現在認められているものではない．

まず，継時的な証言を得た，つまりある報告が n 個の証言の
系列を経て伝達されたとしよう．それぞれの証言の信頼性は
p_1, p_2, ……, p_n とする．この論文によれば，このとき結果の
確率は $p_1 p_2 …… p_n$ と積の形で表われさる．

つぎに，同時的に証言を得たとしよう．2つの証言がなされ
たとする．第1の証言は $1-p_1$ の不確実さを残す．第2の証言
はこのうち p_2 の部分を取りのぞく．したがって $(1-p_1)(1-p_2)$
の不確実さを残す．こうして，結果の確率は $1-(1-p_1)(1-p_2)$ と
なる．同様にして，3つの同時的証言があれば，結果の確率は
$1-(1-p_1)(1-p_2)(1-p_3)$ となる．もっと証言の数が多くなって
も同様である．

この論文の理論は，フランスの『百科全書』初版の『確率』

『哲学会報』匿名の論文

の項に採用されている．また，『百科全書（事項別配列）』にも再録されている．この項には署名がな
いので，当然これはディドロ（Didrot）のものだとしなければならない．これと同じ理論を，ビキレ
（Bicquilley）が『確率計算について』（*Du Calcul des Probabilités*）という著作のなかで採用し
ている[15]．

〔訳 註〕

（1）mathesis という言葉は，デカルトのmathesis universalis（普遍数学）からとったものである．デカルト
のいう mathesis universalis は，数学の方法にならって，ひとつの学問を構成し，それが多くの実例や学問を
包括するようなものの創造された体系をいう．

（2）ルルス（Raymundus Lullus；1280？-1315）

一風変った考え方をもっていたので目立った中世の教育者である．気性からいえば，宣教師で新十字軍の必要
とその可能性を説いてまわった．独創的な考えも時にひらめかせたが，元来は保守的であった．『軍務の書』
（*Liber de Militia*）『子供の教えについて』（*De Doctrina Puerilis*）『第一と第二の意図の書』（*Liber de Prime
et Secunda Intentione*）などを書いた．「彼は回教とユダヤ教との信仰に精通していたけれども，自己の信仰の
優越を深く確信し，また他面，論理的方法の効果を非常に信頼していたので，生涯のある時期に，純粋な知的努
力によって異教徒を改宗させる可能性を夢みた．だが彼は，単に夢みただけではなかった．彼は満身のエネルギー
をもって，その夢を現実化させようと切望した．彼はおびただしい論文を多くの言語——主にカタロニア語——
で書いた．そして偉大な論理的技術を意味する〈大なる術〉（ars magna）を説いたが，これによると一切の知
識は，文句のつけようのない簡明さと説得力とのある単一体系に関係づけることができるという．この術は，悪
くいえば愚にもつかぬものであり，よくいえば今日の数学的論理の未熟な先触れであった．彼は理論だけに閉じ
こもらず，その方法をできるだけ多くの科学部門に応用した．」かくして『天文学新論』（*Tractatus novus de*

— 64 —

Astronomia）と『新要約幾何学』（*Liber de nova et Compendiose Geometria*），『光の書』（*Liber de Lumine*）などが生れる．「彼は回教徒やユダヤ人の執筆者がしたように知識の諸項目を並置することに満足しなかった真の百科辞典編纂者であった．彼は，それらをあらゆる可能な方法で関係づけ，それらを無数の環でつなぎあわせ，それらをただ一つの図式にまとめなければ承知しなかった．彼は統一——忠実な彼の心情では，キリスト教の象徴する宗教的統一と区別することができなかった知的統一——ということに，やむにやまれぬ渇望をいだいていた．三位一体とさらに奇怪なるカバラ思想とを同一視するような神学的離れ業の影響下にあって，彼の精神が異常な方面に発展したことは，彼の信仰と極端な論理学的傾向とを思いあわせるならばおどろくにあたらない．彼は哲学史上なお依然として無類である．極端な実念論の模型であり，論理学過度の原型である．」〔サートン『**古代中世科学文化史**』Ⅲ 198–199頁〕．ちなみにイギリス経験実証主義の元祖 R. ベーコン（1214–1292）はルルスと思想をともにするフランチェスコ会士であった．

（3）『学術官報』（*Acta Eruditorum*）はライプチヒ大学の倫理学教授オットー・メンケ（Otto Mencke, 1644–1707）によって，1682年に月刊誌として発行された雑誌である．オットーの死後はその子ヨハン・ブルクハルト・メンケ（Johann Burkhard Mencke, 1674–1732）が嗣ぎ，さらにその死後はその子フリードリヒ・オットー・メンケ（Friedrich Otto Mencke）が承けて『新学術官報』（*Nova Acta Eruditorum*）の名で編輯した．1776年廃刊に至るまでに『学術官報』50巻補遺10巻，『新学術官報』43巻補遺8巻，ならびに索引6巻，計117巻を出した．ライブニッツが微積分に関する論文を載せたのは主としてこの雑誌である〔ライブニッツ『**単子論**』河野与一訳，岩波文庫，11頁参照〕．

（4）パス・ディス・ゲーム（Game of passe-dix）は3個のサイコロをもって2人の演技者によって行なわれるゲームである．1人は目の合計が10をこえることに賭け，他の1人は目の合計が10に等しいかまたはそれ以下であることに賭ける．

（5）『学芸雑誌』（*Journal des S avans＝Journal des Savants*）は，歴史家フランソワ・ド・メズレ（François de Mézeray, 1610–1683）の創意に基づき，「文芸の国に起こった新しい出来事を知らせる」ために，ドウニ・ド・サロ（Denys de Sallo, 1626–1669）がコルベールから特権を得て1665年1月5日ド・エドウヴィル（Sieur de Hédouville）という仮名を以て発刊した週刊の文芸彙報である．新著の紹介と批評，近く物故した有名な学者に関する記事を載せた．サロは一挙にして好評を博したが，一方では批評に上った学者の感情を害し，またイエスイタ派の間に物議をかもし一旦廃刊した．コルベールの世話で復活してのちも，2度ばかり途切れたが，1792年から1816年までの中止の間をのぞき，続刊して現在にいたっている〔ライブニッツ『**単子論**』河野与一訳，岩波文庫，10頁〕．

（6）バセット・ゲーム（*Bassette game*）は18世紀に流行したカード遊びの一種である．第8章の訳註参照．

（7）ル・ボヴィエ・ド・フォントネル（LeBovier de Fontnelle, 1657.2.11–1757.1.9）はニュートンが『**プリンキピア**』を出す前年の1686年，太陽は恒星と同じ性質のものとする著書『**世界の複数性についての対話**』（*Entretiens sur la pluralité des mondes*）を出している．彼は69人も科学者の弔辞を書いた．

（8）ファラオン（pharaon）はトランプ遊びの1種，ハザード（hazard）はサイコロ遊びの1種である．第9章の訳註参照．

（9）ギャロウエイ（Thomas Galloway, 1796–1851）の『確率論』は1839年，エジンバラで発行された．

（10）アーバスナット（J. Arbuthnot）はこの書物のほかに『両性の出生にみられる恒常的規則性から得る，神の摂理の論証』（*An Argument for Divine Providence, taken from the constant Regularity observed in the Births of both Sexes*）（『哲学会報』第ⅩⅩⅫ巻，186頁〜190頁）で，生れてくる男女両性のうち，男性の出生率がやや女性のそれを上まわることを述べている．これはジュツスミルヒの研究の先駆をなすものである．また，彼は『一人の紳士からの書簡のなかで数学の学習の有用性を説いた随筆』（*An Essay on the Usefulness of Mathematical Learning in a Letter from Gentleman*）（1701年）も書いている〔ケインズ『**確率論**』（*A Treatise on Probability*）433頁〕．

（11）ホイヘンスの第2問題の解はつぎの通りである．第1の仮定（復元抽出）のとき，$p=\dfrac{4}{12}+\left(\dfrac{8}{12}\right)^3\dfrac{4}{12}+$

第6章　1670年から1700年までのいろいろな研究

$\left(\dfrac{8}{12}\right)^6\dfrac{4}{12}+\cdots\cdots=\dfrac{9}{19}$. 第2の仮定（非復元抽出）のとき，$p=\dfrac{4}{12}+\dfrac{8}{12}\cdot\dfrac{7}{11}\cdot\dfrac{6}{10}\cdot\dfrac{4}{9}+\dfrac{8}{12}\cdot\dfrac{7}{11}\cdot\dfrac{6}{10}\cdot\dfrac{5}{9}\cdot\dfrac{4}{8}\cdot\dfrac{3}{7}\cdot\dfrac{4}{6}$

$=\dfrac{77}{165}$. 第3の仮定のとき，$p=\dfrac{4}{12}+\left(\dfrac{8}{12}\right)^3\dfrac{4}{11}+\left(\dfrac{8}{12}\cdot\dfrac{7}{11}\right)^3\dfrac{4}{10}+\left(\dfrac{8}{12}\cdot\dfrac{7}{11}\cdot\dfrac{6}{10}\right)^3\dfrac{4}{9}+\left(\dfrac{8}{12}\cdot\dfrac{7}{11}\cdot\dfrac{6}{10}\cdot\dfrac{5}{9}\right)^3\dfrac{4}{8}+\left(\dfrac{8}{12}\cdot\dfrac{7}{11}\right.$

$\left.\cdot\dfrac{6}{10}\cdot\dfrac{5}{9}\cdot\dfrac{4}{8}\right)^3\dfrac{4}{7}+\left(\dfrac{8}{12}\cdot\dfrac{7}{11}\cdot\dfrac{6}{10}\cdot\dfrac{5}{9}\cdot\dfrac{4}{8}\cdot\dfrac{3}{7}\right)^3\cdot\dfrac{4}{6}+\left(\dfrac{8}{12}\cdot\dfrac{7}{11}\cdot\dfrac{6}{10}\cdot\dfrac{5}{9}\cdot\dfrac{4}{8}\cdot\dfrac{3}{7}\cdot\dfrac{2}{6}\right)^3\dfrac{4}{5}+\left(\dfrac{8}{12}\cdot\dfrac{7}{11}\cdot\dfrac{6}{10}\cdot\dfrac{5}{9}\cdot\dfrac{4}{8}\right.$

$\left.\cdot\dfrac{3}{7}\cdot\dfrac{2}{6}\cdot\dfrac{1}{5}\right)^3\dfrac{4}{4}=\dfrac{6476548}{13476375}$ となり，$\dfrac{101}{125}$ はトドハンターの誤記.

(12) ロイヤル・オーク 籤は柏の小枝で作ったクジのこと．チャールズⅡ世がオークの樹に難を避けたのを記念して用いるオークの小枝を Royal-oak という．

(13) ホイスト・ゲーム（Whist）はいまから100年ほど前まではもっとも人気のあったトランプ・ゲームである．ホイストは「しっ！」「静かに！」などにあたる言葉で，プレイに入る際「ホイスト！」といって静粛を求めたことから，この題名がついたといわれる．使用カードは52枚．人数は4人．ドロー（場札やストック，あるいは他の人の手札からカードを抽くこと）によって高位のカードを抽いた2人と低位の2人の2組に分れ，パートナー同志は互に向かい合って席につく．パートナーを決めるドローで最高位のカードを抽いた人がディーラー（胴元）になる．胴元の敵はだから両サイドに坐ることになる．胴元は左隣の人から順に各13枚ずつの手札を配る．カードの順位をA，K，Q，J，10，9，8，…，2．最後に配られたカード，すなわち胴元の手札のうち一番上になっているカードの種類がその回のゲームの切り札となる．遊び方は（1°）まず最初に，胴元の左隣の人が任意のカードを1枚台札として場に出す．他の人は台札と同じ種類のカードがあれば必ずそれを出し，なければ切り札で切るか，他の種類のカードを出す．そしてその場で4枚のカードが出揃ったら〝1トリック〟というわけで，そのうちで高位の切り札，もし切り札が出ていなければ台札と同じ種類で高位のカードを出した人がそのトリックに勝つことになる．（2°）以後，第（1°）項の要領で全部の手札がなくなるまでプレイを続け，計13トリック行なったらゲームは終了する．清算は，2組に分れてプレイしたわけだから，2人の取ったトリックを合せて7トリック以上に勝った組が勝ちとなる．7トリック取ると1点，8トリック取ると2点，9トリック取ると3点，……，13トリック全部取ると7点が与えられ，何回戦かのゲームにおいて，7点先取した組の勝ちになる．

(14) ジョン・クレイグ（John Craig）はケンブリッジで教育を受けた神学者である．1685年に『**直線および曲線によって表わされる図形の求積決定法**』（*Methodus figurarum lineis rectis et curvis comprehensarum quadraturas determinandi*）を書き，そのなかでライブニッツの方法を応用し，それに賛辞を呈している．そしてニュートン流の $\dot{x}$ に代り dx の使用を行なった．クレイグの『*Theologie Christianae Principia Mathematica*』は，ニュートンの『*Philosophiae Naturalis Principia Mathematica*』（1686年）とあまりにも表題が似通っている．おそらく，クレイグはニュートンの注目を喚起するか，または彼のライブニッツ崇拝がもたらしたかもしれない悪い印象を和げることを狙ったのであろう．なぜなら，ニュートンも終末論的問題には甚だ関心を持っていたからである．生年不明，1731.10.11 ロンドンで死去〔コワレフスキー『**数学史**』中野広訳，114頁-115頁〕．

(15) 東洋ではこの期間めだった研究はない．強いてあげると，1592年（萬暦元年），程大位の著した『**算法統宗**』が，わが国で覆刻され，訓点が附せられたのが，1675年（延宝3年）である．この書物はわが国に大きな影響をもたらしたものである．首編（序論）に2進法と八卦の関係が説明されている．巻6は少広章（開平開立，2次方程式の解法）にあてられているが，この章に，いわゆる算術3角形が，開方求廉率作法本源図と題されてのっている．しかし，「此図雖呉氏九章内有，自乗方至五乗方却不知如何作用，註釈不明」といっている．すなわち，程大位はこの図を呉信民の『**九章詳註比類大全**』（明の景泰9年，1450年）からとったが，何に使うのか分らないと正直に告白している〔『**明治前日本数学史**』第1巻，419-420頁参照〕．

第7章

ヤコブ・ベルヌイ

92. さて，この章では，ヤコブ・ベルヌイの『推論法』（*Ars Conjectandi*）について説明しよう．
ヤコブ・ベルヌイは，数学史上有名なあのベルヌイ家[1]の最初の人である．彼は1654年12月27日に生れ，1705年8月16日に死んだ．ベルヌイ家に関する興味深く貴重な書物としては，『ペーテル・メリアン教授著：**数学者ベルヌイ一家**』（*Die Mathematiker Bernoulli …… von Prof. Dr. Peter Merian*）（バーゼル，1860年）を参照すればよい．

93. ライプニッツはヤコブ・ベルヌイ[2]がこの主題を研究したのは，自分の要請によるものだと述べている．「故ベルヌイ氏は，私の勧めによって，この主題を研究したのである．」〔『**ライプニッツ全著作集，デュタン編**』第Ⅵ巻第1部217頁〕しかし，このようなライプニッツの云い分は，59節ですでに言及したライプニッツとヤコブ・ベルヌイの間の書簡のなかでは確認されていない．むしろこの手紙を出した頃，ヤコブ・ベルヌイはこの著作をほとんど完成させていたと思われるし，その時期はライプニッツがこの著作のことについて何か伝え聞く以前のことであった．ライプニッツは次のように述べている〔71頁，1703年4月〕．

「あなたの確率を評価する方法（私もそれをかなり研究してきました）が，十分に完成しているということを，私はうかがいました．種々さまざまなゲームが，数学の研究（そのなかにはあなたのおやりになったすばらしい試みもはいっていますが）をうみ出すだろうと，私は思っていました．それはきわめて魅惑的であるとともに有用なものです．しかも，この研究があなたのような数学者にはまったくふさわしく思われるのです．」
それに対して，ヤコブ・ベルヌイは次のように答えている〔77頁，1703年10月3日〕．

「確率を評価する理論を私が完成したという理由で，あなたのような高名なお方が喜んで下さったことを，私は知りました．私より以上にもっとよくこの事を考えている人はほとんどいないと思っておりましたがゆえに，正直申しまして，ずっと以前からその洞察に私は懸命になっておりました．寿命さえありますれば，人を使ってでもこの題材について書きあげたいと思っております．しかし，寄る年波には勝てず，そのことはのびのびになっています．といいますのは，私の健康より以上に無気力さがますますつのるものですから，書く内容が多いとそれだけ臆劫になるのは，自然の成行というものです．それで，しばしば私は秘書を求め，彼らに十分なように事を述べ，それを文書にしてもらって確認しております．そこで，すでに書物も大方完成しており，残るところは推測論の原理を市民的，道徳的，経済的に応用することだけで，独自で行ないたいと思っています．」
つづいて，ヤコブ・ベルヌイは現在彼の名でよばれている有名な定理について述べている．
ライプニッツは次の手紙で，この定理に反論してきた〔83頁〕．これにベルヌイが答えている〔87頁〕．ライプニッツは再度この主題に立ち戻っている〔94頁〕．ベルヌイはこれに簡単に答えている〔97頁，1705年2月28日〕．

「真理を考察するにあたっては，なおその上に大いに観察を数多くし，事象をまったく完全に記述する状態にすれば真実は増大しましょう．そして，公表すると同時に証明をあなたに認めてもらえ

— 67 —

第7章 ヤコブ・ベルヌイ

ると確信いたします.」

94. ヤコブ・ベルヌイからライプニッツへの最後の手紙は，1705年6月3日付である．この手紙はまことに沈痛な調子で終っている．有名なるベルヌイ一家のなかでも，おそらくもっとも有名なこのヤコブ・ベルヌイは，病に苦しみ，弟子でもあった弟のジャン[3]の忘恩を悲しみ，彼の師ともみなされうるライプニッツの不当な疑惑に傷ついていたのである.

「もし悪い噂がほんとうに流されているのでしたら，それはギリシャ人ではなくて，私の弟がバーゼルの人々に流したに違いありません．しかし事態はもっと重要な段階に立ち至っています（やがて生命が私を見殺しにし，おそらく空しくなってしまうのだろうと判断されます）．不公平にもあなたまで私を非難されていることについて，不都合な疑惑をもっており，どこか他の場所で，もっと文筆作業のできる平和がほしいと思います．ごきげんよろしく，さようなら．」

95. 『推論法』は彼の死後8年たって，ようやく出版された．『パリ……アカデミーの歴史』1705年号（1706年出版）に，フォントネルによるヤコブ・ベルヌイへの賛辞が掲載されている．フォントネルはそのなかで，当時まだ発表されていなかった『推論法』の内容を簡単に紹介している．この紹介は，源をたどればヘルマン(Hermann)[4]に由来する．

『学芸雑誌』1706年号にもヤコブ・ベルヌイへの賛辞が掲載されているが，そこには簡単な紹介がのっている：モンチュクラは，この紹介はソーラン(Saurin)[5]のものだとしている〔モンチュクラ，Ⅳ頁〕.

ヤコブ・ベルヌイのこの著作は，ライプニッツとジャン・ベルヌイの間の書簡でしばしば言及されている〔59節で引用された書物の367，377，836，845，847，922，923，925，931頁参照〕.

ヤコブ・ベルヌイ

96. 『推論法』は1713年に出版された．ヤコブとジャンの甥にあたるニコラス・ベルヌイが2頁の序文を書いている．この序文によれば，この著作の第Ⅳ部は未完のままであったので，出版者はジャン・ベルヌイが後を継いで完成させることを望んでいたが，彼はいろんなことにかかわっていたため，多忙でそれができなかったものらしい．そこで，当時すでに注意を確率論に転じていたニコラス・ベルヌイに，この仕事をやってもらいたいということになったのである．しかし，ニコラス・ベルヌイは自分がこの仕事に適していないと考えた．そこで，彼の勧めによって，結局この著作は著者が遺したままの形で，出版されることになったのである．ニコラス・ベルヌイは，「推薦者は，大部分はすでにそのままでも使えるものであると印象づけられていたので，著者の書いたまま遺すという条件で，一般に公表することを決定した」と述べている.

『推論法』はヤコブ・ベルヌイの著作集には収められていない.

97. 『推論法』は，表題の頁と序文を除いて306頁の四折り版の本であるが，そのなかには無限級数論も含まれている．また，この本の末尾には，さらに『**ある友への書簡，ポーム・ゲーム[6]について**』(*Lettre à un Amy, sur les Parties du Jeu de Paume*) というフランス語の論文35頁が付け加えられている．モンチュクラはこの手紙を匿名の著者によるものであるとしている〔モンチュクラ，391頁参照〕．しかし，これがヤコブ・ベルヌイのものであることは疑問の余地がない．というのは，

— 68 —

ニコラス・ベルヌイが『推論法』の序文，およびモンモールへの手紙のなかで，これをヤコブ・ベルヌイのものだとしているからである〔モンモール，333頁参照〕．

98. 『推論法』は4部に分れている．第1部はホイヘンスの論文『**サイコロ遊びにおける計算について**』の再版であり，ヤコブ・ベルヌイによる註がつけられている．　第2部は順列と組合せの理論にあてられている．第3部には偶然ゲームに関するさまざまな問題の解法が収められている．第4部は道徳や経済学における興味ある問題に確率論を適用しようと企てたものである．

　この著作のなかで，ヤコブ・ベルヌイは等号の記号として通常用いられている＝を使わないで，∞を用いている．ウォリスによると，この記号はもとはデカルトのものだということである〔ウォリス『代数学』1693年138頁参照〕．

99. 『推論法』第1部の仏訳が1801年に出版された．　その表題は『**推論法，ヤコブ・ベルヌイによるラテン語からの翻訳；註，解説および補遺つき．L. G. F. ヴァステルによる……**』(L' Art de Conjecturer, Traduit du Latin de Jacques Bernoulli; Avec des Observations, Eclaircissemens et Additions. Par L. G. F. Vastel……)となっている．

　『推論法』第2部は，47節で引用したリプリント本に収録されている．マーサーズ(Masers)はそのリプリント本の中で，この部分の英訳をしたのであった．[7]

100. 『推論法』第1部は1頁から71頁までである．　この第1部については，ホイヘンスとの論文よりも，ヤコブ・ベルヌイの註釈の方が重要だと考えてよいだろう．　その註釈は，基本的な定理について別の証明を与え，問題に対しても別の研究法を与えている．また，時にはこれらを拡張していることもある．　ここでわれわれは，ヤコブ・ベルヌイが付け加えたもののうちでも，もっとも重要なものをみていくことにしよう．

101. 演技者が2人の場合の分配問題について，ヤコブ・ベルヌイは演技者の1人が勝つために必要な点数が9点以下のいずれかの点で，もう1人の演技者が勝つために必要な点数が7点以下のいずれかの点であるとした場合について，この2人の各自の可能性がいくらになるかを示す表を提示している．彼が述べているように，この表はいくらでも拡張することができる〔『**推論法**』16頁〕．

102. ヤコブ・ベルヌイは，2個あるいは3個のサイコロを用いて作りうるいろいろの目と，おのおのの投げに対する好都合な場合の数に対して，長い註をつけている．ことに注目すべきことは，現在では次のように表現される公式に相当する大きな表を，彼が構成していることである：n個のサイコロをふって，mの目の出る場合の数は，$(x+x^2+x^3+x^4+x^5+x^6)^n$を展開したとき，$x$のベキ級数の$x^m$の係数に等しい〔『**推論法**』24頁〕．

103. ホイヘンスの10番目の問題は，1個のサイコロを何回ふると，そのなかで1回6の目を出すことが請合えるかというものである．　ヤコブ・ベルヌイは，彼の出した結果に対して，当然でてくるであろう反論を予想して，それに答える註を付け加えている．これは，『**ベルリン……アカデミーの新紀要**』(Nouveaux Mémoires de l' Acad……Berlin)1781年号で，プレヴォ(Prevost)[8]によって批判された．

104. ヤコブ・ベルヌイは，1回の試行の成功率がわかっているとき，n回の試行を行なったうち少くともm回成功する可能性を求める一般式を与えている．1回の試行の成功率，失敗率をそれぞれ$\frac{b}{a}$，$\frac{c}{a}$とすると，求める可能性は$\left(\frac{b}{a}+\frac{c}{a}\right)^n$の展開式の$\left(\frac{b}{a}\right)^n$から$\left(\frac{b}{a}\right)^m\left(\frac{c}{a}\right)^{n-m}$の項までを総計したものになる．

　この公式は，腕の差のある2人の演技者についての分配問題の解法にもあてはまるが，ヤコブ・ベ

— 69 —

第7章　ヤコブ・ベルヌイ

ルヌイはこれには適用していない.

105. ヤコブ・ベルヌイは，ホイヘンスが論文の最後にあげた5つの問題のうち，4つを解いている. そして，第4の問題は組合せによらなければ解けないので，第3部にまわしている.

106. しかし，この第1部のうちで確率論に対して，もっとも価値ある貢献をなしたのは，偶然についての問題を解くためのひとつの方法を提示したことである. ヤコブ・ベルヌイは，この解法が自分の創意によるものだと語り，またしばしばこれを用いている. ホイヘンスの論文の第14定理をなしている問題に対する彼の解法を示してみよう. ホイヘンス自身の解法はすでに示した〔34節参照〕.

　2人の演技者が交互にサイコロをふると考えるかわりに，無数の演技者が順番に1回ずつふると考えよう. 奇数番目の人が6を出すか，偶数番目の人が7を出すかすればゲームが終り，その人が賭金を全部もらうことにする. 6の目が出る場合の数をb，6の目の出ない場合の数をcとする；このとき，$b=5$，$c=31$ となる. また，7の目が出る場合の数をe，7の目の出ない場合の数をfとする；このとき，$e=6$，$f=30$ となる. そして

$$a = b + c = e + f$$

とする.

　ここで，各演技者ごとの期待値を考えよう. それは次のようになる.

Ⅰ	Ⅱ	Ⅲ	Ⅳ	Ⅴ	Ⅵ	Ⅶ	Ⅷ	
$\dfrac{b}{a}$,	$\dfrac{ce}{a^2}$,	$\dfrac{bcf}{a^3}$,	$\dfrac{c^2ef}{a^4}$,	$\dfrac{bc^2f^2}{a^4}$,	$\dfrac{c^3ef^2}{a^5}$,	$\dfrac{bc^3f^3}{a^6}$,	$\dfrac{c^4ef^3}{a^7}$,	……

　1番目の演技者の期待値が $\dfrac{b}{a}$ となることは明白である. 2番目の演技者が勝つためには，1番目の演技者が失敗し，そのうえで2番目の演技者が成功しなければならない. したがって，2番目の演技者の勝ちになる場合は a^2 のうち ce，すなわち期待値は $\dfrac{ce}{a^2}$ となる. また，3番目の演技者が勝つためには，1番目，2番目の演技者がともに失敗し，そのうえで3番目の演技者が成功しなければならない. したがって，3番目の演技者の勝ちになる場合は a^3 のうち cfb，すなわち期待値は $\dfrac{bcf}{a^3}$ である. 他の演技者についても同様である. さてここで，1番目，3番目，5番目，……の位置にAという1人の演技者を置きかえ，2番目，4番目，6番目，……の位置にBという1人の演技者を置きかえたと考えてみよう. すると，ホイヘンスの出した問題と同じになり，AとBの期待値はそれぞれ無限等比数列によって与えられる. この数列を総計すれば，Aの期待値は $\dfrac{ab}{a^2-cf}$，Bの期待値は $\dfrac{ec}{a^2-cf}$ となる. こうして，その比は 30：31 となって，34節の結果と一致する.

107. ホイヘンスが練習問題としてあげておいた問題のうち，最後のものがもっとも注目すべきものである〔35節参照〕. これは**遊戯継続**（duration of play）の例としては最初のものである. この主題は後にド・モアブル，ラグランジュ，ラプラスといった最高頭脳を鍛えるものとなったのである. ヤコブ・ベルヌイはこの問題を解き，さらに証明抜きでもっと一般的な問題に対する解も与えている. この一般的な問題からみれば，ホイヘンスの問題はその特殊な場合にすぎない〔『**推論法**』71頁〕.

　Aがm点，Bがn点持っているとしよう. 1回のゲームで勝つ可能性は $a：b$ であるとする. そして，ゲームを1回終る毎に，負けた者が勝ったものに1点与えるものとする. このような条件のもとで，各々の演技者が相手の点を全部勝ちとる可能性を求めるという問題である. ホイヘンスの取り上げた問題は $m=n$ の場合であった.

　この問題の解法を，便宜的に，現代記法で表わすことにしよう.

Aが x 点持っているとき，彼が相手の点を全部勝ちとる可能性を $u(x)$ で表わす．次のゲームで，Aは1点手に入れるか，1点失なうかのいずれかであるが，それら2通りの偶発事態に対する彼の可能性は $\dfrac{a}{a+b}$ と $\dfrac{b}{a+b}$ である．それから，相手の点を全部勝ちとる可能性はそれぞれ $u(x+1)$, $u(x-1)$ となる．したがって

$$u(x)=\frac{a}{a+b}u(x+1)+\frac{b}{a+b}u(x-1)$$

この方程式はホイヘンスが第14定理で示したのと同じやり方でえられる〔34節参照〕．

この差分方程式は普通のやり方で解ける．その結果，つぎの解をうる．

$$u(x)=c_1+c_2\left(\frac{b}{a}\right)^x$$

ここで，c_1 と c_2 は任意の定数である．この定数を求めるために，Aが0点の場合を考えると，Aの可能性は0；Aが全部の点をもっている場合を考えると，Aの可能性は1となる．したがって

$$u(0)=0,\qquad u(m+n)=1$$

となる．

そこで

$$0=c_1+c_2,\qquad 1=c_1+c_2\left(\frac{b}{a}\right)^{m+n},$$

ゆえに

$$c_1=-c_2=\frac{a^{m+n}}{a^{m+n}-b^{m+n}},$$

よって

$$u(x)=\frac{a^{m+n}-a^{m+n-x}b^x}{a^{m+n}-b^{m+n}}.$$

ゲームをはじめる時点でAの可能性を求めるには，$u(x)$ に $x=m$ を代入すればよい．したがって

$$u(m)=\frac{a^n(a^m-b^m)}{a^{m+n}-b^{m+n}}$$

まったく同様にして，ゲームの各段階におけるBの勝つ可能性を求めることができる．ゲームをはじめる時点でのBの可能性は

$$\frac{b^m(a^n-b^n)}{a^{m+n}-b^{m+n}}$$

となるであろう．

ゲームをはじめる時点での A，B の可能性の合計は1になることがわかる．このことは，2人の演技者のうち，どちらかが結局全部の点を勝ちとることになる筈だ，ということを示している．いいかえると，この賭には必ず終りがあるということなのである．このことは十分予想されていたことではあったが，研究のなかでは仮定されていなかった．

ヤコブ・ベルヌイがここに示した公式は，つぎにはニコラス・ベルヌイとモンモールとの間の書簡のなかに出てくることになるのであるが，しかしそれが最初に発表されたのは，ド・モワブルの『クジの測定について』(*De Mensura Sortis*) の問題Ⅸにおいてである．そこでは証明も与えられている．

108. 偶然の問題を研究した人たちの，ほとんどすべての人が気づいたことであったが，ヤコブ・ベルヌイも，この領域の問題では非常に誤りにおちいりやすく，とりわけ厳密な計算をしないで推論しようとすることから誤りにおちいりやすいのだ，ということに気づいていたようである．だから，『推論法』15頁で「計算をともなわないで単に勝手に論じている」と，うっかり落ちこんでしまうよ

— 71 —

第7章　ヤコブ・ベルヌイ

うな，ひとつの誤りを指摘している．彼はこう付け加えている．

「そのために，すぐさま連想することは，自分の鼻が低いのではないかと，いたずらに心配している人のことである．こういうことを心配するのは，はっきりとした類似性が事物の間に認められることを，できる限り計算によって確かめることに慣れていないからである．しかし，そういう事実を最大限理解している人は，案外に少ないものである．」

ふたたび，27頁では，つぎのように述べている．

「現に発生したことを，十分な計算にもとづかないで信ずると，ますます御神託を信ずるようなことになるのみか，事象自身のなかに自然に深く浸透していくことにもならない．にもかかわらず，そのうえ哲学の周辺であらゆる精神に役立ちうるものはすべて，みなそんなに有りふれたものではない．」

また，29頁では，パスカルによればド・×××氏が難しいと思っていたという，その難点に言及している．このド・×××氏は，ヤコブ・ベルヌイが「幾何学には関与していないが，それ以外の点では非のうちどころのない人だと思う，ある無名の人物」とよんだ人のことである．ヤコブ・ベルヌイはこう続けている．

「たとえば，何事にも習熟している人は，数多くの物事によく精通しているので，計算にたよるということを，このように大いにためらい，基礎を明らかにするよりも，他の方法で学ぼうとする態度をとるものである．このゆえに，何かある類似のものを無造作に別のものとして分けてしまうことのないよう，再三再四教える必要がある．」

109. 『推論法』第2部は，72頁から137頁までである．ここには順列・組合せの理論が含まれている．ヤコブ・ベルヌイは，彼以前にも他の人々，とりわけスホーテン，ライプニッツ，ウォリス，プレステーらがこの主題を扱ってきたと述べている．それで，彼が述べる事柄はまったく新しいものではないと述べている．73頁で彼はこう続けている．

「……それにもかかわらず，はじめに図形数の一般的証明と，巧妙な諸性質を添えて説明することは卑しむべきことではない．そしてその他の点では一般に私の独創になるものであり，われわれの先人でそのことに関して知っている人は誰もいないのである．」

110. ヤコブ・ベルヌイはまず順列を扱っている．すなわち，ある物の集合から，その物全部を抽出するときの順列の数を求める普通の規則を，物を重複して抽く場合と重複を許さないで抽く場合とそれぞれについて示している．ここで彼は，Tot tibi sunt dotes, Virgo, quot sidera caelo という詩句の配列の数を十分に分析している〔40節参照〕．つぎに，彼は組合せを考察している．まず，ある物の集合から，1度に1個，1度に2個，1度に3個，……と取り出していったときのすべての場合の数を求めている．それから，n 個のものから1度に r 個を取り出すときの組合せの数を求めている．彼の先人が得ていた結果に，彼がもっとも多くのものを付け加えたのは，この部分においてであった．彼は，実質的にはパスカルの算術三角形と同じひとつの図をあげている．これから彼は2つの結果を導いている．ひとつは，図形数の第 n 位第 r 項をあらわす有名な式であり，もうひとつはある位数の図形数の一定個数の項の和をあらわす公式である．これらの結果は，現在の代数学の書物のなかで述べられているのと同様に，現代記法ではっきりと書かれている．しかし，その証明は，予期した以上に面倒な仕方でなされている．22節や41節でみてきたように，パスカルはためらうことなく，むしろ積極的に帰納法を用いている．しかしながら，ヤコブ・ベルヌイは95頁で「……帰納法による論証形式は科学では不十分である……」と述べている．

ヤコブ・ベルヌイは，95頁で図形数研究について彼の先人たちの名前をあげて，つぎのように述べ

— 72 —

ている.

「図形数を観察することに専念したので有名な人々は，ウルムの人ハウルハベル[9]（J. Faulhaber）からラムリニ（Remmelini）にいたるまでと，ウォリス，『対数術』（*Logarithmotechnia*）の著者メルカトル[10]，プレステット等々多数にのぼる.」

111. ここで注目すべきことは，ヤコブ・ベルヌイが89頁で付随的に，指数が正整数の場合の二項定理を証明していることである．マーサーズはこれを二項定理の最初の証明だとしている〔47節で引用した著書の233頁〕.

112. つぎに，ヤコブ・ベルヌイは図形数列の和から自然数のベキの和を導き出している．彼は，$\sum n$，$\sum n^2$，$\sum n^3$，……$\sum n^{10}$ をはっきりと提示したのである．もっとも彼は現代の著書で用いられている $\sum$ という記号のかわりに，$\int$ を用いている．それから，彼は証明ぬきで帰納によってこの結果を拡張し，以後**ベルヌイ数**（numbers of Bernoulli）として有名になった係数を，はじめて解析学のなかに持込んだのである．彼の一般公式はつぎの通りである[11].

$$\sum n^c = \frac{n^{c+1}}{c+1} + \frac{n^c}{2} + \frac{c}{2}An^{c-1} + \frac{c(c-1)(c-2)}{2 \cdot 3 \cdot 4}Bn^{c-3}$$
$$+ \frac{c(c-1)(c-2)(c-3)(c-4)}{2 \cdot 3 \cdot 4 \cdot 5 \cdot 6}Cn^{c-5}$$
$$+ \frac{c(c-1)(c-2)(c-3)(c-4)(c-5)(c-6)}{2 \cdot 3 \cdot 4 \cdot 5 \cdot 6 \cdot 7 \cdot 8}Dn^{c-7} + \cdots\cdots$$

ここで，$A = \frac{1}{6}$，$B = -\frac{1}{30}$，$C = \frac{1}{24}$，$D = -\frac{1}{30}$，……

彼は，1から1000までの自然数の10乗の和の値を求めている．その結果は32桁の数になる．彼は98頁でつぎのように付け加えている.

「イスマエリ・ブリアルドの全集にもとづいた無用な調査より，明らかになったことは，彼の厖大な無限小に役立つ算術の書物に，その概念を書きあげた．この書物ははじめの6乗のベキ和までを法外な辛苦のすえ証明したものなので他のいずれにも勝って最高の出来ばえと思えない．そのことを吾々はわずか一頁でものにしているのである.」

ブリアルド（Bulliald）の『**むつかしい書物**』（*Spissum volumen*）については，ウォリスの『**代数学**』*LXXX*章に説明がでている.

113. ヤコブ・ベルヌイは，第4章で，n 個のものから同時に c 個のものを取り出したときの組合せの数について，現在よく知られている法則を示している．また，彼はこの法則からいろいろの簡単な推論を導いている．彼はここで第2部の主題から離れて，ふたたび分配問題の議論をしている〔**推論法**』107頁〕．彼は組合せを応用して，この問題を解く方法を2つ示している．第1の方法では，『**推論法**』第1部で示した表がそのあとどのように続いていくかを示し，その各項の法則を示している．その表というのは，勝つために A, B おのおのが所与の点数を必要としているとき，そのA，Bの可能性を示すものである．パスカルも，6点勝ちのゲームについてこのような表を作っている．このパスカルの表を拡張したものが『**推論法**』16頁に示されているが，そこには表の各項の一般式も研究されている．この研究から1人の演技者が他の演技者より1点多く必要としている場合について，パスカルが示した結果を導き出している．ヤコブ・ベルヌイはこの研究を，「すでにパスカルが解決していることを述べ，創始者自身にこの程度の好意を示しておこう.」といって，しめくくっている.

分配問題に対するヤコブ・ベルヌイのもうひとつの解法は，ずっと簡単でしかも直接的なものである．この解法は104節で仄めかしておいたことの単なる応用にすぎないからである．Aがあと m 点，

— 73 —

第7章　ヤコブ・ベルヌイ

Bがあと n 点必要だとしよう．このとき，ゲームは $m+n-1$ 回の試行で決着がつく．A，Bはどの試行でも同等の可能性をもっているから，可能な場合の数は 2^{m+n-1} 通りである．ここで，Aが勝つのは，Bが全然点をとれなかったとき，1点しかとれなかったとき，2点しかとれなかったとき，……，$n-1$ 点しかとれなかったときである．したがって，Aの勝ちになる場合の数は

$$1+\mu+\frac{\mu(\mu-1)}{2!}+\frac{\mu(\mu-1)(\mu-2)}{3!}+\cdots\cdots+\frac{\mu(\mu-1)\cdots\cdots(\mu-n+2)}{(n-1)!}$$

である．ここで，$\mu=m+n-1$　である．

　実際には，パスカルもここまでは達していた〔23節参照〕．しかし，算術三角形よりは，この公式の方が便利である．

114. 第5章で，ヤコブ・ベルヌイは組合せに関するもうひとつの問題を考察している．この問題は現在ではつぎのようにいい表わされるものである；n 個の記号からなる r 次の同次積はいくつあるか．第6章でも彼はこの問題を続けて論じ，所与の数の約数の個数に関する理論について，若干言及している．その内容の多くについては，ショーテンとウォリスの著作を参照している．これらについては，われわれはすでにみてきたところである〔42節，47節参照〕．

115. 第7章で，ヤコブ・ベルヌイは，n 個のものから1度に c 個とり出した組合せ，と現在よばれているものに対して公式を与えている．このあと，第2部の残りの部分では，順列・組合せに関する他の問題を論じ，彼の理論を例によって説明している．

116. 『推論法』第3部は，138頁から209頁までである．ここでは，第1部，第2部で出された理論を例示するために，24の問題があげられている．ヤコブ・ベルヌイは，2，3行の前置きをしたあとにすぐ問題に入っている．その前書きとは

　　「いままでほとんど誰も区分しなかったことが，下書きの段階で発見され，それを陳述し，公表するにあたって，説明を若干分りやすくし，さらに誰も組合せの理論を使うことを考えていなかった事柄にもそれを適用する．」

というものである．

117. 14番目の問題は注目に値する．この問題には2つの場合が考えられるが，その一方のみを考察するだけで十分であろう．Aは1個のサイコロをふる．次にこの1回目に出た目の回数だけサイコロをふって，その合計が12を越えれば，賭金は全部Aのものになる．また合計が12になれば，賭金の半分がAのものになる．合計が12より小さければ，Aは何ももらえない．このときのAの期待値はいくらになるか，という問題である．答は $\frac{15295}{31104}$ となって，$\frac{1}{2}$ より小さい．ヤコブ・ベルヌイはこの正解を示した後で，こうした議論では慎重を期すことが必要であることを読者に印象づけるため，もっともらしいが間違っている解法を示している．それはつぎのようなものである．Aが1回目に1の目を出す可能性は $\frac{1}{6}$ である．このとき，1回しかふれないことになるが，その1回のふりでは1から6までの目が同じ確率ででる．したがって，その平均として $\frac{1}{6}(1+2+3+4+5+6)=3\frac{1}{2}$ が得られる．$3\frac{1}{2}$ は1と6の算術平均であることがわかる．また，Aが1回目で2を出す可能性は $\frac{1}{6}$ である．このとき，2回サイコロはふれるが，この2回のふりで2から12までの数がえられる．2を得る確率と12を得る確率は等しく，3を得る確率と11を得る確率は等しく……等々となる．したがって，前の場合と同様に平均として $\frac{1}{2}(2+12)=7$ が得られる．同様にして，1回目に3，4，5，6が出た場合について，そのあとのふりの平均を求めてみると，それぞれ $10\frac{1}{2}, 14, 17\frac{1}{2}, 21$ が得られる．

— 74 —

したがって，得られる数すべての平均は

$$\frac{1}{6}\left(3\frac{1}{2}+7+10\frac{1}{2}+14+17\frac{1}{2}+21\right)=12\frac{1}{4}$$

となる．これは12より大きいので，この賭けはAにとって有利だということになる．

　一般に間違った解というものは，正解を学んだ後でみせられるよりも，はじめからそれをみて欺されたという方が，よりもっともらしく思われるものらしい．　ある人たちによれば，ヤコブ・ベルヌイの示した間違った解は，はっきりいって間違いであり，ちっとももっともらしくない．すなわち，この解は最初の問題を離れて，まったく別の問題にすりかわっているのである．これは簡単な例をあげれば，容易にわかることである．サイコロをふったとき，Aは1から6までの目のいずれかを同等の可能性で得るのではなくて，1の目と6の目しか得られないと考えてみよう．ただし，1と6の目は同等の可能性で得られるものとする．　このとき，先の説明と同様，平均して $\frac{1}{2}\left\{3\frac{1}{2}+21\right\}=12\frac{1}{4}$ が得られる．しかし，この賭けがAにとって不利であることは明白である．1回目に1の目が出ると，後1回しかサイコロをふれないから12には達しないし，1回目に6が出て後6回サイコロをふれるとしても，その合計が12に達するとは限らないからである．問題は得られる数の平均はいくらかということではなく，12もしくはそれ以上になるのは何通りあるか，12もしくはそれ以下になるのは何通りあるか，ということなのである．

　ヤコブ・ベルヌイは，第1の解法に異論の余地がないのだから，第2の解法は間違っているにちがいないといっているだけで，それ以上のことは明らかにすることができなかったらしい．というのは，第2の解法からはこの賭けがAに有利になると考えられる，と述べたあと，彼は「利益を求めるという点からすれば，第1の解法とはまったく反対であることは明らかである；……」と付け加えているからである．

　その後，マレ（Mallet）[12]とフス（Fuss）[13]がこの問題を考察しているが，この二人はヤコブ・ベルヌイの意見に賛成して，この間違った解がもっともらしく思われることを認めている．

118. ヤコブ・ベルヌイは，当時流行していた偶然ゲームのうち，いくつかについて詳しく検討している．たとえば，167頁，168頁では「5と9」（Cinq et neuf）とよばれるゲームを取りあげている．また169頁～170頁では縁日にやってきた旅芸人から聞いたゲームを取りあげている．ヤコブ・ベルヌイによれば，その可能性は旅芸人にとって不利なものではあったが，彼がいうように「利益は減らさないが，さりとて法外にもうけるというものでもない，そんな様式の偶然をともなう」ものであったという．　こんな風に，ヤコブ・ベルヌイに手のこんだ議論をする機会を与え，自分自身にとっては五分五分の利益で賭けの楽しみを公衆に与えたこの旅芸人については，できればもっと知りたいものである．

　つぎにヤコブ・ベルヌイは「スリージャック」（Trijaques）とよばれているゲームを取りあげている．このゲームでは不利なカードがまわってきても動じないで落着いていることが非常に重要であり，そしてあらかじめそのゲームの可能性を知っておれば平静さを保つことができると，こう彼は考えたのである．このあとすぐに彼は，自分自身が以前にこのゲームでしばしば経験したことについて述べていることから，おそらくスリージャックは彼がかつて好んでやった娯楽であったと考えてよいだろう．

119. 19番目の問題はつぎのようなものである．

　「どんな偶然の様式であれ，ゲームの胴元もしくは会計係は多少とも，ゲームに失敗することより

第7章　ヤコブ・ベルヌイ

もゲームに勝つ場合の数が少し大きくなるような原理に基づく特権をもっている．それと同時にゲームの進行に応じて胴元が遊び仲間に権利を移譲するよりも，胴元が管理支配して確実に利がある場合の数の方がより大きいことも分っている．この胴元の特権をどれ程と評価したらよいか．」

　この問題が注目されるのは，主としてヤコブ・ベルヌイが正解に達する以前に，頭のなかに浮んだ2つの誤った解を率直に記録しているという事実によってである．

120. 20番目の問題は，バセット・ゲームに関係したものである．ヤコブ・ベルヌイはこの問題に8頁も割いているが，彼の目的はこのゲームでの胴元の利益を評価することであった〔74節参照〕．

　ヤコブ・ベルヌイが議論した最後の3つの問題は，ある旅芸人が，よく調べてみると，実際には客にとって不利なのだが，見かけは客に有利にみえる条件を客引きのため提示するのをみて，思いついたものである．それらは208頁，209頁に載っている．

121. 『推論法』第4部は，210頁から239頁までである．表題は「**第4部；政治的，道徳的かつ経済的なものについて前述の理論が示す功用と応用の部分**」（*Pars Quarta, tradens usum et applicationem praecedentis Doctrinae in Civilibus, Moralibus et Oeconomicis*）となっている．残念なことに，この部は未完のままで残されている．しかし，未完ではあるが，全体のなかでここがもっとも重要な部分であると考えられる．この第4部はさらに5章に分かれている．それぞれの表題をあげておこう．

　Ⅰ．確実性，確率，必然性および偶然事象についての準備的な事柄．

　Ⅱ．知識と推測について，推論法について，推論の意義について，一般的にこれまで適合した公理．

　Ⅲ．いろいろな一般的論証について，および事象の確率を計算してそれらの評価を考慮する方法．

　Ⅳ．場合の数を考察する二通りの方法について．感じたままのことを，経験によって定められたものとすること．それを事象のなかに提示する個別の問題．

　Ⅴ．上述の諸問題の解法．

122. ここで推論の確率についてのヤコブ・ベルヌイの結論を簡単にみていくことにしよう．彼は推論を，**純粋なもの**（*pure*）と**混合したもの**（*mixed*）の2種類に区別している．彼は「純粋なものとは，ある種の原因のもとで事象が起こるが，別の原因では事象が起こったとは積極的にみとめないものをいう．混合したものというのは，若干の原因で事象は起こるがそれ以外に相反した事象でも起こると判断されるものをよぶ．」といっている．

　いま，純粋な種類の3つの推論があって，これらが同一の結論に帰結すると考えてみよう．3つの推論の確率は，それぞれ

$$1-\frac{c}{a}\ ,\qquad 1-\frac{f}{d}\ ,\qquad 1-\frac{i}{g}$$

とする．このとき，この3つの推論の帰結する結論の確率は $1-\dfrac{cfi}{adg}$ となる．このことは，3つの推論のどれもがその結論を立証するのであるから，結論が誤謬になるのは3つの議論がともに誤謬であるときだけである，ということを考えれば明らかである．

　今度は，これに加えて混合した種類の推論が2つあると考えよう．この2つの推論の確率をそれぞれ $\dfrac{q}{q+r}$, $\dfrac{t}{t+u}$ とする．このとき生じる確率として，ヤコブ・ベルヌイは

$$1-\frac{cfiru}{adg(ru+qt)}$$

を与えている．しかしこの公式は正しくない．$q=0$ とすると，ひとつの推論が結論に対するまった

— 76 —

く決定的な反証となるのに，この公式では結論を支持する一定の確率が残るからである．この誤りはラムベルト（Lambert）によって指摘された〔『ベルリン……アカデミー紀要』1797年号，プレヴォとリュイェ参照〕．

123. 『推論法』第4部のうちでもっとも注目すべきものは，現在ベルヌイの定理（Bernoulli's Theorem）とよばれている定理の発表とその研究である．この定理を導入した部分の言葉から，彼はこの定理が重要であると強く考えていたことが伺われる．

> 「この定理は，20年の間私の胸中であたためられていたもので，いま世間にはじめて公表しようと思っている問題である．それは新しい問題ではあるが同時に難かしい問題でもある．しかし，この定理のすばらしい応用は，この理論のなかの他のあらゆる分野に，高い価値と尊厳さを与えるであろう．」〔『推論法』227頁，ド・モワブル『偶然論』254頁〕

さて，われわれはこの定理の純粋に代数的な部分について述べることにしよう．いま，二項定理によって $(r+s)^{nt}$ を展開したとしよう．ここで文字はすべて整数，$t=r+s$ である．この展開式の最大項とその前後 n 項の和を u とする．このとき，n を十分大きくとれば，展開式の残余の項の和に対する u の比はいくらでも大きくできる．

もし，この比を c より小さくないようにしたいなら，次の2式のうち大きい方を n とすれば十分である．

$$\frac{\log c + \log (s-1)}{\log (r+1) - \log r}\left(1 + \frac{s}{r+1}\right) - \frac{s}{r+1}$$

$$\frac{\log c + \log (r-1)}{\log (s+1) - \log s}\left(1 + \frac{r}{s+1}\right) - \frac{r}{s+1}$$

この結論に対するヤコブ・ベルヌイの証明は，長たらしいがまったく申し分のないものである．この証明は主として，二項定理による展開式の各項が最大項までは順次増加し，最大項に達したあとは順次減少するという事実によっている[14]．このヤコブ・ベルヌイの証明は，確率論の歴史を進めていくにしたがって，スターリング（Stirling）の定理を用いた証明にとってかわられることになる．

124. 次にこの代数的結論の確率論への応用をみてみることにしよう．$(r+s)^{nt}$ の最大項は $r^{nr}s^{ns}$ を含む項である．ただし，$t=r+s$ である．さて，r と s を1回の試行である事象が起こる確率と起こらない確率にそれぞれ比例するものとしよう．このとき，$(r+s)^{nt}$ の最大項を中心とする前後 $2n+1$ 項の和は，nt 試行のうちその事象の生起回数が $n(r-1)$ と $n(r+1)$ に等しいか，もしくはその間に入る確率に対応する．したがって，その事象の生起回数の全試行数に対する比は，$\frac{r+1}{t}$ と $\frac{r-1}{t}$ との間に入る．ここで，n を前節の2式のうち大きい方とすると，$c:1$ の可能性で，その事象の生起回数の全試行数に対する比が $\frac{r+1}{t}$ と $\frac{r-1}{t}$ の間に入ることになる．

ヤコブ・ベルヌイは，例として

$$r=30, \quad s=20, \quad t=50$$

の場合をとりあげている．

その事象の生起回数の全試行数に対する比が $\frac{31}{50}$ と $\frac{29}{50}$ の間に入る可能性を1000：1にするためには，25550試行すればよい．また可能性を10000：1にするためには，31258試行；100000：1にするためには 36966 試行……等々とすればよい．

125. 今度は，ひとつの壺のなかに白玉と黒玉が入っており，白玉と黒玉の個数の比は 3：2 であることがあらかじめ知られている場合を考えてみよう．先の結果から，取り出した玉は元へ戻すとい

— 77 —

第7章 ヤコブ・ベルヌイ

うことにして，1個の玉を25550回取り出せば，全試行中の $\frac{29}{50}$ から $\frac{31}{50}$ までの間に 白玉が 取り出される回数比がおちる可能性は 1000：1 となる．これはヤコブ・ベルヌイの定理を直接利用したものである．しかし彼自身は，これを逆に利用する方がずっと重要であるとしている．たとえば，上の例で，白玉の個数と黒玉の個数の比が前もってわかっていないとしてみよう．そして，何回も何回も玉を抽いた結果，白玉が R 回，黒玉が S 回得られたとしよう．このとき，ヤコブ・ベルヌイの定理から，壺の中の白玉の黒玉に対する比は，およそ R/S となる．ここで，この推定のあたる確率を数値として正確に評定するためには，研究をさらに進めねばならない．先へいけばわかることだが，このことは2つの方向からなされたのである．ひとつはヤコブ・ベルヌイの定理の逆によるものであり，もうひとつはベイズ（Bayes）の定理とよばれる定理を援用するものである．この2つの方向から導かれた結果はほぼ一致している〔ラプラス『**確率の解析的理論**』282頁，366頁参照〕．

126. われわれは，ヤコブ・ベルヌイの定理の逆を利用することが非常に重要であると述べたが，もちろんヤコブ・ベルヌイ自身もこのことに十分気づいていた．定理を逆に使うことについて，ライプニッツはそのようなことは認め難いこととしたが，これに対してヤコブ・ベルヌイは反論し，この方法の正しさを主張したのである〔59節に引用した書簡の77，83，87，94，97頁参照〕．

127. 『推論法』のあとに，無限級数論がつづき，この書物の241頁〜306頁がそれにあてられている．これは，1744年ジューネーブから出版されたヤコブ・ベルヌイ著作集に収められている．この著作集は2巻から成っており，それはいくつかの部分に分けてこの2巻にバラバラに収められている．

この論文はわれわれの主題とは関係がないので，興味ある点をいくつか簡単にみるだけにしておこう．

128. ヤコブ・ベルヌイは，243頁でこの主題の重要性をつぎのような言葉で強調している．

「因に級数の考察が如何に必要であると同時に有用であるかは，このような級数がその解を疑わねばならぬような非常な困難な問題に対して，人間精神のすべての他の力が難船したときに，人々が最後の手段としてそれに助けを求めることのできる予備の錨のようなものである，ということを知っている人々にとっては，研究せずには居られないことからもわかる．」

129. この論文でヤコブ・ベルヌイが用いた技法は，主としてひとつの級数からもうひとつの級数をひいて第3の級数を得る，というものであった．たとえば，

$$S = 1 + \frac{1}{2} + \frac{1}{3} + \cdots\cdots + \frac{1}{n+1}$$

とし，つぎに

$$S = \quad 1 + \frac{1}{2} + \cdots\cdots + \frac{1}{n} + \frac{1}{n+1}$$

とする．これから

$$0 = -1 + \frac{1}{1.2} + \frac{1}{2.3} + \frac{1}{3.4} + \cdots\cdots + \frac{1}{n(n+1)} + \frac{1}{n+1}$$

したがって

$$\frac{1}{1.2} + \frac{1}{2.3} + \frac{1}{3.4} + \cdots\cdots + \frac{1}{n(n+1)} = 1 - \frac{1}{n+1}$$

こうして，第 r 項が $\frac{1}{r(r+1)}$ である級数の第 n 項までの和は $\frac{n}{n+1}$ となる．

130. ヤコブ・ベルヌイは，無限級数 $\frac{1}{1} + \frac{1}{2} + \frac{1}{3} + \frac{1}{4} + \cdots\cdots$ の和が無限大であることを最初に認

— 78 —

めたのは彼の弟だといっている. そして, 弟の証明と自分自身の証明をともにあげている 〔『**推論**
法』250頁〕.

131. ヤコブ・ベルヌイは, 無限級数 $\frac{1}{1}+\frac{1}{2^2}+\frac{1}{3^2}+\frac{1}{4^2}+\cdots\cdots$ の和が有限であることを示している
が, この和がいくらになるかを求めることはできなかったと述べている. 彼は254頁で, 「もしも誰
かがこの和を発見してくれたら, そのことはいままでの自分たちの努力を台なしにしてしまうもので
はあるけれども, その偉大な方にわれわれは敬意を表したく思う.」と述べている. この和は, 現在
では $\frac{\pi^2}{6}$ であることが知られている. この結果はオイレルによるものである. オイレルの『**無限小解**
析序説』(*Introductio in Analysin Infinitorum*) (1748年) 第Ⅰ巻130頁にこの結果が与えられて
いる[15].

132. ヤコブ・ベルヌイは今日の数学者たちよりも, 無限大に対してははるかに親しみを覚えていた
ように思われる. 彼は262頁で, 無限級数

$$\frac{1}{\sqrt{1}}+\frac{1}{\sqrt{2}}+\frac{1}{\sqrt{3}}+\frac{1}{\sqrt{4}}+\cdots\cdots$$

の和は

$$\frac{1}{1}+\frac{1}{2}+\frac{1}{3}+\frac{1}{4}+\cdots\cdots$$

より大きいから, 無限大であると述べている. 彼はさらに, 前の級数の奇数番目の項の和と偶数番目
の項の和の比は $\sqrt{2}-1:1$ であるから, 奇数番目の項の和は偶数番目の項の和より小さくなるよう
にみえる, と述べている. しかし, こんなことはあり得ないことである. ヤコブ・ベルヌイは, しか
し, このパラドックスに惑わされることはなかった. なぜなら, 彼はつぎのようにいい添えているか
らである.

「明らかにまったく違った計算になるのだが, たとえ無限大の性質から有限の洞察を包含すること
ができえないとしても, われわれは少くとも十分にそのことを調査してみなければならない.」

133. 『推論法』を収録しているこの書物の末尾に, 『**ある友への手紙, ポーム・ゲームについて**』
が載せられている. このことは**97**節で説明しておいた.

ここで論じられている問題は次のようなものである. A, B 2人の演技者がいるとしよう. この2
人はまず1セットを争う. たとえば, 1セット5ゲームであれば, 5ゲームを先に勝ちとったものが
このセットを得るのである. さらに, このセットをいくつか (たとえば, 4セット) とれば, この試
合の勝者になれる. このとき, いろいろな試合運びのもとで, A, Bそれぞれの可能性がいくらにな
るかを求めるのである. たとえば, 1試合4セット;1セット5ゲームとして, いまA, Bのセット
カウントが2:1で第4セットに入り, このセットのゲーム・カウントが2:1であるとした場合,
A, Bそれぞれのこの試合に対する勝算を求めるのである. このように, この問題は分配問題に性格
が似ているが, 分配問題よりは複雑である. ヤコブ・ベルヌイはこの問題を十分に論じ, その結論を
表にして示している. 彼は演技者の力に差のある場合を考察している. またこの手紙がとりわけ力を
注いでいるテニスの試合に関連して, 特殊な状況から生じてくるいろいろな問題を解決している.

この手紙の2頁目には, ベルヌイの名で知られている有名な定理の利用法が, 大へん明確に述べら
れている 〔123節参照〕.

134. この『**ある友への手紙……**』のなかに, 注目に値する興味深い問題がひとつある.

AとBとが試合をし, この試合の規則によって, A, Bのおのおのが交互に相手に対して有利にな

— 79 —

第7章　ヤコブ・ベルヌイ

るとしよう．たとえば，Aが1ゲーム目，3ゲーム目，5ゲーム目，……を勝つ可能性はつねにp，負ける可能性はqになると仮定する；するとAが2ゲーム目，4ゲーム目，6ゲーム目，……に勝つ可能性はq，負ける可能性はpになる．Bの可能性は，1からAの可能性をひけばよいから，Aの可能性がqかpであれば，このときBの可能性はpかqになる．

　いま，AとBが試合をし，さきにnゲームをとった方に賭金が与えられるとしよう．ただし，この試合にはつぎのような特例がある；A，Bがともにn—1ゲームをとった場合には，このあと続けて2ゲームとらなければ勝ちにならない；またつぎの2ゲームをA，Bがそれぞれ1ゲームずつとって，ともにnゲームとったことになった場合にも，同じ規則が適用されて，さらに続けて2ゲームとらなければ勝ちにならない；以下同様になる．

　いま，$n=2$ として，Aの利益を評価してみよう．この利益をx，賭金総額をSとしよう．

　いま，Aが1ゲーム目も2ゲーム目も勝つ可能性はpqとなり，このときSを手に入れる．また，Aが1ゲーム目に勝ち2ゲーム目に負ける可能性は p^2 になり，1ゲーム目に負け2ゲーム目に勝つ可能性は q^2 となるが，この場合には振出しにもどった状態であるから，Aはxを受けると考えてよい．

　したがって

$$x=pqS+(p^2+q^2)x$$

それゆえ

$$x=\frac{pqS}{1-p^2-q^2}=\frac{pqS}{2pq}=\frac{S}{2}$$

このことから，当然Bの可能性も $\frac{S}{2}$ となる．こうして，演技者は同等の立場に立っていることがわかる．

　ヤコブ・ベルヌイは，彼独自のやり方でこの結論を得ている．彼は，nがいくらであっても演技者は同等の立場に立つと述べている．彼は $n=2, 3, 4, 5,$ $p=2q$ の場合について，実際に可能性を計算してこのことを確かめている〔『推論法』18頁，19頁〕．

　nがいくらであっても演技者は同等の立場に立つことを示すためには，おそらくつぎのことをいえば十分であろう．上に説明した試合の特殊な規則によって，演技者の一人が相手に対して少くとも2ゲームの差をつけてnゲーム以上を勝ちとるまでは，この試合は決着がつかない．したがって，この試合は偶数のゲーム数で終るか，3ゲーム以上の差がついて奇数のゲーム数で終るかのいずれかである．そして，後者の場合には，あと1ゲームやってそれをカウントに入れても，演技者のどちらにとってもこのゲームが不利になったり有利になったりすることはない．したがって，つぎのような規則で試合をしたとしても，両者が試合に勝つ確率は以前とまったく変りがない：つまり，ゲーム数は偶数とする．nゲーム以上とって相手に少くとも2ゲームの差をつけたものが勝者となる．この場合には，ゲーム数は偶数なのだから，2人の演技者は同等の立場に立っていることがわかるのである．

135. グローは『推論法』の功績をつぎのように要約した〔グロー『確率計算の歴史』28頁〕．

　「この『推論法』という書物は，それが書かれた時代，著者がそのなかで示した独創性と巾広さと聡明さ，この書物が確率計算に与えた科学的構造の驚くべき豊富さ，最後にその後2世紀にわたって解析学に与えた影響，これらのことを考えれば，数学史上もっとも重要な記念碑であるといってもいいすぎではあるまい．この書物によってヤコブ・ベルヌイの名は創始者たち——後世の人々がいろいろのことを発見したとき，この創始者たちの最初の努力がなければこの発見もなしえなかっ

— 80 —

たと思われるがゆえに，これらの諸発見の真の功績は彼らにあるのだと，感謝をこめて讃える人たち——のなかに名をとどめることになったのである.」

ところが，この大げさな賛辞は『推論法』が出版された時日という単純な事実を見のがしているように思われる. 実際にこの書物が出版されたのは，モンモールとド・モワブルが数学の研究の分野に登場して後のことであった. ヤコブ・ベルヌイの研究の方が早く書かれていたことは確かなのだが，公表されたのははるか後だったのである. したがって，彼の諸研究が及ぼすはずであった影響は，その公刊以前にすでに生み出されていたのである. 『推論法』のはじめの3部は, モンモールやド・モワブルによって研究された問題と，重要性においても難しさにおいても同程度であった. しかし，正当にも彼の名を冠した第4部の重要な定理によって, ヤコブ・ベルヌイは確率論の歴史に永遠に名をとどめることであろう.

〔訳註〕

（1）ベルヌイ家はアルバ公の恐怖政治のもとに，1583年オランダの故郷をすてて，スイスのバーゼルに移住した新教徒から出ている. バーゼルでは代代商人の娘と結婚し，莫大な財産をつくった. この家系はゴールトン (Francis Galton, 1822–1911) が『天才と遺伝』（*Hereditary Genius: an Inquiry into its Laws and Consequences*）において解説している天才家系である. 下の系図中□は数学者として有名なものを示す.

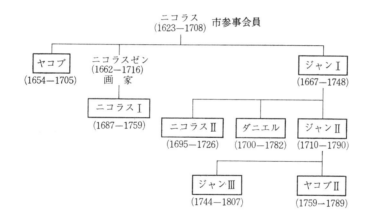

（2）ヤコブ・ベルヌイ (Jacobus Bernoulli) の名前は，ジャック (Jacques, 仏), ヤコブ (Jakob, 独), ジェームズ (James, 英) と読まれる.

（3）弟ジャン・ベルヌイ (Johannes Bernoulli) の名前は，ジャン (Jean, 仏), ヨハン (Johann, 独), ジョン (John, 英) と読まれる.

（4）ヤコブ・ヘルマン (Jacob Hermann; 1678. 7. 16–1733. 7. 11) はバーゼルに生れ，バーゼルで死んだスイスの数学者で，ヤコブ・ベルヌイの弟子である. 『学術官報』には寄与し, 1700年にはライプニッツを弁護した微積分の書物を書いている. 1707年から1731年までパドゥア，フランクフルト，ペトログラードの各大学を転々とし，その後バーゼルの道徳哲学の教授となった.

（5）ジョゼフ・ソーラン (Joseph Saurin; 1659. 9. 1–1737. 12. 29) は司祭ではあるが，代数曲線の重複点における接線の確定の仕方について論文を書いている. パリで死亡 [スミス『数学史』第1巻472頁, 520頁].

（6）ポーム・ゲームはテニスの一種.

（7）1899年に独訳が R. Hausser により出版されている. 題名は『*Wahrscheinlichkeitsrechnung. 4 Teile mit dem Anhange: Brief an einem Freund über des Ballspiel.*』(*Ostwald's Klassiker*, No. 107. 108)

第7章 ヤコブ・ベルヌイ

（8）**ピエール・プレヴォ**（Pierre Prevost: 1751. 3. 3–1835. 4. 18）はスイスの物理学者，哲学者．1784年ジュネーブ大学哲学教授，1810年同大学物理学教授．物体の放出する輻射がその内部状態に規定されるという法則で有名．

（9）**ヨハン・ハウルハベル**（Johann Faulhaber; 1580. 5. 5–1635）は *Ulm* の数学教師で，代数学や初等数学についていろいろの著作がある．カルダノに似た百科全書的人物［スミス『**数学史**』第1巻418頁］．

（10）**ニコラス・メルカトル**（Nicolaus Mercator; 1620–1687. 2）はデンマークの一地方ホルシュタインが生んだ17世紀における唯一の数学者である．彼は当時の宇宙形状誌の指導的学者であり，三角法，対数計算，天文学に関する著作の他，ユークリッドも編集している．一時期ロンドンに住み，英国学士院会員にもなっている．主著は『**対数術，もしくは新しく精密にかつ容易に対数を構成する方法**』（*Logarithmotechnia, siva Methodus construendi logarithmos nova accurata et fcailis*; ロンドン，1668年）で，そのなかに，彼の名を冠する有名な級数

$$\log(1+x)=x-\frac{x^2}{2}+\frac{x^3}{3}-\frac{x^4}{4}+\cdots\cdots$$

が出てくる［スミス『**数学史**』第1巻434頁，コワレフスキー『**数学史**』中野訳，101, 113, 136頁］．

（11）ベルヌイ数について解説しておこう．

$$g(x,\ \lambda)=\frac{\lambda e^{x\lambda}}{e^{\lambda}-1} \qquad\qquad ①$$

を λ のベキ級数に展開する．係数はパラメタ x の関数で，多項式関数の形をとることがわかる．そこで

$$g(x,\ \lambda)=\sum_{n=0}^{\infty} B_n(x)\frac{\lambda^n}{n!} \qquad\qquad ②$$

で定義される多項式 $B_n(x)$ を**ベルヌイ多項式**とよぶ．$g(x,\ \lambda)$ は $\lambda\neq0$ で定義されている．しかし，すべての x について，ロピタル公式を使えば

$$\lim_{\lambda\to0} g(x,\ \lambda)=1$$

となるから，$g(x,\ 0)=1$ と定義する．さて

$$\lambda e^{x\lambda}=\lambda+x\lambda^2+\frac{x^2\lambda^3}{2!}+\frac{x^3\lambda^4}{3!}+\frac{x^4\lambda^5}{4!}+\cdots\cdots$$

$$e^{\lambda}-1=\lambda+\frac{\lambda^2}{2!}+\frac{\lambda^3}{3!}+\frac{\lambda^4}{4!}+\cdots\cdots$$

であるから，実際に割算を実行すると

$$g(x,\ \lambda)=1+\left(x-\frac{1}{2}\right)\lambda+\left(\frac{x^2}{2}-\frac{x}{2}+\frac{1}{12}\right)\lambda^2+\cdots\cdots$$

となる．よって

$$\begin{aligned}
&B_0(x)=1\\
&B_1(x)=1!\left(x-\frac{1}{2}\right)=x-\frac{1}{2}\\
&B_2(x)=2!\left(\frac{x^2}{2}-\frac{x}{2}+\frac{1}{12}\right)=x^2-x+\frac{1}{6}\\
&B_3(x)=3!\left(\frac{x^3}{6}-\frac{x^2}{4}+\frac{x}{12}\right)=x^3-\frac{3}{2}x^2+\frac{x}{2}\\
&\cdots\cdots\cdots\cdots\cdots\cdots
\end{aligned} \qquad\qquad ③$$

②式から

$$g(0,\ \lambda)=\frac{\lambda}{e^{\lambda}-1}=\sum_{n=0}^{\infty} B_n(0)\frac{\lambda^n}{n!} \qquad\qquad ④$$

係数 $B_n(0)$ は**ベルヌイ数**とよばれ，簡単に B_n とかく．つまり

$$B_n\equiv B_n(0),\ n=1,\ 2,\ 3,\ \cdots\cdots$$

③式より，$x=0$ を代入すると

$$B_0=1,\ B_1=-\frac{1}{2},\ B_2=\frac{1}{6},\ B_2=0,\ \cdots\cdots \qquad\qquad ⑤$$

— 82 —

（定理1）　$B_{2n+1}=0,\ n=1,\ 2,\ 3,\ \cdots\cdots$

（証明）④式で λ の代りに $-\lambda$ とおいた式を④からひくと

$$\frac{\lambda}{e^\lambda-1}-\frac{-\lambda}{e^{-\lambda}-1}=-\lambda=\sum_{n=0}^{\infty}[1-(-1)^n]B_n(0)\frac{\lambda^n}{n!}$$

λ の各ベキの係数を比較すれば，$B_{2n+1}(0)=0.$　　　　　　　　（Q. E. D）

（定理2）$B_1(1)=\dfrac{1}{2},\ B_n(1)=B_n,\ n=0,\ 2,\ 3,\ 4,\ \cdots\cdots$

（証明）　　　　　$g(1,\ \lambda)=\dfrac{\lambda e^\lambda}{e^\lambda-1}=\sum\limits_{n=0}^{\infty}B_n(1)\dfrac{\lambda^n}{n!}$　　　　　　　⑥

一方

$$\frac{\lambda e^\lambda}{e^\lambda-1}=\lambda+\frac{\lambda}{e^\lambda-1}=\lambda+\sum_{n=0}^{\infty}B_n\frac{\lambda^n}{n!}$$

$$\therefore\quad \lambda+\sum_{n=0}^{\infty}B_n\frac{\lambda^n}{n!}=\sum_{n=0}^{\infty}B_n(1)\frac{\lambda^n}{n!}$$

λ のベキの係数を比較すると

$$1+B_1=B_1(1)$$
$$B_n=B_n(1)$$

前の式より　$B_1(1)=1-\dfrac{1}{2}=\dfrac{1}{2}$　　　　　　　　　　　（Q. E. D）

　もちろん，ベルヌイ数はベルヌイ多項式より計算は楽に求められる．事実④式を展開していくと

$$B_0=1,\ \ B_1=-\frac{1}{2},\ \ B_2=\frac{1}{6},\ \ B_3=0,\ \ B_4=-\frac{1}{30},$$

$$B_5=0,\ \ B_6=\frac{1}{42},\ \ B_7=0,\ \ B_8=-\frac{1}{30},\ \cdots\cdots$$

⑤式でベルヌイ数をベルヌイ多項式から求めたのと反対に，ベルヌイ数が分っているときベルヌイ多項式を求めることができる．

（定理3）$B_p(x)=\sum\limits_{n=0}^{p}\dbinom{p}{n}B_n x^{p-n}$

（証明）　　$\sum\limits_{p=0}^{\infty}B_p(x)\dfrac{\lambda^p}{p!}=\dfrac{\lambda}{e^\lambda-1}e^{x\lambda}=\Big(\sum\limits_{n=0}^{\infty}B_n\dfrac{\lambda^n}{n!}\Big)\Big(\sum\limits_{m=0}^{\infty}x^m\dfrac{\lambda^m}{m!}\Big)$

$$=\sum_{n=0}^{\infty}\sum_{m=0}^{\infty}B_n x^m\frac{\lambda^{n+m}}{n!\,m!}=\sum_{p=0}^{\infty}\sum_{n=0}^{p}B_n x^{p-n}\frac{\lambda^p}{n!(p-n)!}$$

λ の各ベキの係数を比較すると

$$\frac{B_p(x)}{p!}=\sum_{n=0}^{p}B_n\frac{x^{p-n}}{n!(p-n)!}$$　　　　　　（Q. E. D）

（定理3）を用いると

$$B_4(x)=B_0 x^4+4B_1 x^3+6B_2 x^2+4B_3 x+B_4$$
$$=x^4-2x^3+x^2-\frac{1}{30}$$

$$B_5(x)=x^5-\frac{5}{2}x^4+\frac{5}{3}x^3-\frac{x}{6}$$

$$B_6(x)=x^6-3x^5+\frac{5}{2}x^4-\frac{1}{2}x^2+\frac{1}{42}$$

$$B_7(x)=x^7-\frac{7}{2}x^6+\frac{7}{2}x^5-\frac{7}{6}x^3+\frac{x}{6}$$

第7章　ヤコブ・ベルヌイ

$$B_8(x) = x^8 - 4x^7 + \frac{14}{3}x^6 - \frac{7}{3}x^4 + \frac{2}{3}x^2 - \frac{1}{30}$$

（定理4）　$\Delta B_0(x) = \Delta 1 = 0$

　　　　　$\Delta B_n(x) = nx^{n-1}$,　$n = 1, 2, 3, \dots\dots$

（証明）

$$\Delta g(x, \lambda) = \frac{\lambda e^{(x+1)\lambda}}{e^\lambda - 1} - \frac{\lambda e^{x\lambda}}{e^\lambda - 1}$$

$$= \lambda e^{x\lambda} = \sum_{n=1}^\infty \frac{x^{n-1}}{(n-1)!}\lambda^n$$

一方

$$\Delta g(x, \lambda) = \Delta \sum_{n=0}^\infty B_n(x)\frac{\lambda^n}{n!} = \sum_{n=0}^\infty \Delta B_n(x)\frac{\lambda^n}{n!}$$

$$\therefore\quad \sum_{n=0}^\infty \Delta B_n(x)\frac{\lambda^n}{n!} = \sum_{n=0}^\infty \frac{x^{n-1}}{(n-1)!}\lambda^n$$

両辺の λ の各ベキの係数を比較すると

$$\frac{\Delta B_n(x)}{n!} = \frac{x^{n-1}}{(n-1)!},\quad n = 1, 2, \dots\dots \qquad \text{(Q. E. D)}$$

（定理5）　$\dfrac{dB_0(x)}{dx} = 0$

　　　　　$\dfrac{dB_n(x)}{dx} = nB_{n-1}(x)$　$(n = 1, 2, \dots\dots)$

（証明）

$$\frac{\partial}{\partial x}g(x, \lambda) = \lambda g(x, \lambda) = \sum_{\alpha=0}^\infty B_\alpha(x)\frac{\lambda^{\alpha+1}}{\alpha!}$$

一方，

$$\frac{\partial}{\partial x}g(x, \lambda) = \sum_{n=0}^\infty \frac{d}{dx}B_n(x)\frac{\lambda^n}{n!} = \sum_{n=1}^\infty \frac{d}{dx}B_n(x)\frac{\lambda^n}{n!}$$

$n = \alpha + 1$ とおくと

$$\sum_{\alpha=0}^\infty \frac{d}{dx}B_{\alpha+1}(x)\frac{\lambda^{\alpha+1}}{(\alpha+1)!} = \sum_{\alpha=0}^\infty B_\alpha(x)\frac{\lambda^{\alpha+1}}{\alpha!}$$

λ^α の係数に比較してみると

$$\frac{1}{\alpha+1}\frac{dB_{\alpha+1}(x)}{dx} = B_\alpha(x) \qquad \text{(Q. E. D)}$$

（定理6）　$\displaystyle\sum_{x=1}^N x^c = \frac{1}{c+1}[B_{c+1}(N+1) - B_{c+1}(1)]$

（証明）

$$\sum_{x=1}^N x^c = \left[\Delta^{-1}x^c\right]_1^{N+1}$$

$$= \left[\frac{1}{c+1}B_{c+1}(x)\right]_1^{N+1} \qquad \text{(Q. E. D)}$$

（定理6）を実際に（定理4）を用いて展開すれば，112節の公式をうる．たとえば

$$\sum_{x=1}^{N-1} x^5 = \frac{1}{6}[B_6(N) - B_6(1)]$$

$$= \frac{1}{6}\left[N^6 - 3N^5 + \frac{5}{2}N^4 - \frac{1}{2}N^2 + \frac{1}{42} - \frac{1}{42}\right]$$

$$= \frac{1}{12}N^2(N-1)^2(2N^2 - 2N - 1)$$

（12）ジャック・アンドレ・マレ（J.A. Mallet）はル・クレルク（S.Le Clerc）の幾何学書などとともに17，18世紀に流行した『直観幾何』（1702年）の著者として知られている人とは別人で，ジュネーヴの天文学教授で18世紀の中頃活躍した自然科学者である（1740-1797）．

（13）フォン・フス（N. von Fuss）は『18世紀の有名な幾何学者たちの数学に関する書簡』（*Correspondance mathématique … de quelques célèbres géometres de XVIII siècle*, 1843年，ペトログラード）の著者である 1755.1.30 バーゼルに生れ，1826.1.4ペトログラードで死去[スミス『**数学史**』Vol. 2. 454頁].

（14）ヤコブ・ベルヌイが20年間胸中にあたためたのち，ようようにして達した解法は今日ではほとんど省みるものもない．しかし卓越したその証明法は，カール・ピアソン（Karle Pearson）によって『**ヤコブ・ベルヌイの定理**』（*James Bernoulli's Theorem*）（*Biometrika XVII*, 1925年，201頁-210頁）で再現された．

（Ⅰ）まず，$(r+s)^{nt}$, $t=r+s$ を二項定理によって展開した二項級数

$$(r+s)^{nt} = \sum_{i=0}^{nt} \binom{nt}{i} r^i s^{nt-i}$$

を考える．仮りに右辺の級数における r^i の項を u_i で表わすことにすれば

$$(r+s)^{nt} = \sum_{i=0}^{nt} u_i$$

となる．この展開式で最大項は $i=nr$ のときで，その値は

$$u_{nr} = \binom{nt}{nr} r^{nr} s^{ns}$$

である．

つぎに，上の展開式の項数は全体で $nt+1$ であって，最大項の前に nr 項，最大項の後に ns 項存在する．いま，最大項を中心として，その前後 n 項ずつを除いてみる．すると展開式ははじめの $n(r-1)$ 項と，後の $n(s-1)$ 項とが残る．これらの残った項の和の上限を求めたい．

（Ⅱ）
$$\left\{ \sum_{i=1}^{n} u_{nr+i} \right\} \div \left\{ \sum_{i=1}^{ns-n} u_{nr+n+i} \right\} > c \qquad ①$$

となる正数 c をとる．つぎに

$$x = \frac{u_{nr}}{u_{nr+n}}$$

とおく．そのとき，一般に

$$\frac{u_i}{u_{i+1}} = \frac{s(1+i)}{r(nt-i)} \qquad (i=0, 1, 2, \cdots, nt-1)$$

であるから，この比は i とともに増大する値である．よって

$$\frac{u_{nr+1}}{u_{nr+2}} < \frac{u_{nr+n+1}}{u_{nr+n+2}}, \quad \frac{u_{nr+2}}{u_{nr+3}} < \frac{u_{nr+n+2}}{u_{nr+n+3}}, \quad \cdots\cdots$$

が成立することを知る．上の比の内項を入れかえると

$$\frac{u_{nr+1}}{u_{nr+n+1}} < \frac{u_{nr+2}}{u_{nr+n+2}} < \cdots\cdots < \frac{u_{nr+n}}{u_{nr+2n}}$$

とすることができる．なお，これらの比が x，すなわち $u_{nr} : u_{nr+n}$ より大であることを推定できる．よって

$$x u_{nr+n+i} < u_{nr+i} \qquad (i=1, 2, 3, \cdots\cdots, n)$$

をうるから，これらの不等式を $i=1, 2, 3, \cdots\cdots, n$ にわたって全部加え合せると

$$x < \left\{ \sum_{i=1}^{n} u_{nr+i} \right\} \div \left\{ \sum_{i=1}^{n} u_{nr+n+i} \right\}$$

が成立することがわかる．他方，

$$\sum_{i=1}^{ns-2n} u_{nr+2n+i}$$

はその項数が $n(s-2)$ であって各項は順次減少する級数である．

ゆえに，次の不等式

— 85 —

第7章　ヤコブ・ベルヌイ

$$\sum_{i=1}^{n}\sum^{s-2n} u_{nr+2n+i} < (s-2)\sum_{i=1}^{n} u_{nr+n+i}$$

は明らかである．最後の不等式の両辺に $\sum_{i=1}^{n} u_{nr+n+i}$ を加えると，不等式

$$\sum_{i=1}^{ns-n} u_{nr+n+i} < (s-1)\sum_{i=1}^{n} u_{nr+n+i}$$

をうる．したがって

$$\left\{(s-1)\sum_{i=1}^{n} u_{nr+i}\right\} \div \left\{\sum_{i=1}^{ns-n} u_{nr+n+i}\right\} > \left\{\sum_{i=1}^{n} u_{nr+i}\right\} \div \left\{\sum_{i=1}^{n} u_{nr+n+i}\right\}$$

が成立するから，明らかに

$$\frac{x}{s-1} < \left\{\sum_{i=1}^{n} u_{nr+i}\right\} \div \left\{\sum_{i=1}^{ns-n} u_{nr+n+i}\right\}$$

であるといえる．そこでもし $c(s-1)<x$ であるように c をえらぶと，不等式①が成立する．逆に c がすでに与えられていると，x をそのようにとればよい．

　まったく同様な方法によって，先の定数 c に対して

$$x'=\frac{u_{nr}}{u_{nr-n}}$$

とおいて，不等式 $c(r-1)<x'$ が成立するようにすれば，不等式

$$c < \left\{\sum_{i=1}^{n} u_{nr-i}\right\} \div \left\{\sum_{i=0}^{nr-n-1} u_i\right\} \qquad\qquad ②$$

が成立する．不等式①②を書き直して

$$\sum_{i=1}^{n} u_{nr+i} > c \sum_{i=1}^{ns-n} u_{nr+n+i}$$

$$\sum_{i=1}^{n} u_{nr+i} > c \sum_{i=1}^{nr+n} u_{nr-n-i}$$

とし，辺々相加えると同時に，左辺に u_{nr} を付け加えると

$$\sum_{i=nr-n}^{nr+n} u_i > c \left\{\sum_{i=1}^{ns-n} u_{nr+n+i} + \sum_{i=1}^{nr+n} u_{nr-n-i}\right\}$$

となる．右辺を少し書き直して

$$\sum_{i=nr-n}^{nr+n} u_i > c \left\{\sum_{i=0}^{nt} u_i - \sum_{i=nr-n}^{nr-n} u_i\right\}$$

となる．したがって最後の項を左辺に移してから，両辺を $c+1$ で割れば

$$\sum_{i=nr-n}^{nr+n} u_i > \frac{c}{c+1}\sum_{i=0}^{nt} u_i = \frac{c}{c+1}(r+s)^{nt} \qquad\qquad ③$$

となる．

　（Ⅲ）不等式③が成等するためには，

$$c(s-1) < x=\frac{u_{nr}}{u_{nr+n}}$$

$$c(r-1) < x'=\frac{u_{nr}}{u_{nr-n}}$$

が成立することが条件になっている．ゆえに，つぎに考えるべきことは，x および x' の値は如何ほどの数であるか，もしその数値が分らなければその下限はどう与えられるかということである．それに対して

$$x=\frac{u_{nr}}{u_{nr+n}}=\binom{nt}{nr}r^{nr}s^{ns} \div \binom{nt}{nr+n}r^{nr+n}s^{ns-n}$$

$$=\frac{(nr+n)!\,(ns-n)!\,s^n}{(nr)!\,(ns)!\,r^n}$$

— 86 —

$$= \frac{(nr+1)(nr+2)!\,(nr+n)}{(ns-n+1)(ns-n+2)!\,(ns-n+n)}\,\frac{s^n}{r^n}$$

となるから，分子の掛算の順序を逆にして

$$x = \frac{(nrs+ns)(nrs+ns-s)(nrs+ns-2s)\cdots(nrs+s)}{(nrs-nr+r)(nrs-nr+2r)(nrs-nr+3r)\cdots(nrs)}$$

仮りに

$$d_i = \frac{nrs+ns+s-is}{nrs-nr+ir}, \quad (i=1,\ 2,\ 3,\ \cdots,\ n)$$

とおくと

$$x = \prod_{i=1}^{n} d_i$$

である．d_i の分子は i とともに減少し分母は i とともに増加する．ゆえに，d_i は i とともに減少する．よって，$d_i(i=1,\ 2,\ 3,\ \cdots,\ n)$ の最大値は d_1 で，最小値は d_n である．よって，d_1 の分子 $nrs+ns$ を分子とし，d_n の分母 nrs を分母とする分数

$$\frac{nrs+ns}{nrs} = 1 + \frac{1}{r}$$

は

$$d_1 > 1 + \frac{1}{r} > d_n.$$

いま，$d_i(i=1,\ 2,\ \cdots\cdots,\ n)$ のうちに $1+\frac{1}{r}$ より小でない数が m 個あるとすれば，m は n より小にして 1 より小でない正整数である．すなわち，このような m は不等式

$$\frac{nrs+ns+s-ms}{nrs-nr+mr} \geqq 1 + \frac{1}{r}$$

を満足させる最大整数である．この不等式を変形して

$$\frac{n(r+1)+s}{t+1} \geqq m, \quad t = r+s.$$

しかも，このような m が 1 以上，n 未満であることは容易にわかる．

なお d_i の最小値 d_n も

$$d_n = 1 + \frac{1}{nr} > 1$$

だから，

$$x = \prod_{i=1}^{n} d_i > \left(1+\frac{1}{r}\right)^m$$

をうる．なぜなら，d_i の $i=1,\ 2,\ \cdots,\ m$ までを $1+\frac{1}{r}$ でおきかえ，d_i の $i=m+1,\ m+2,\ \cdots,\ n$ までを 1 とすれば上記の不等式となる．

いままでは n を与えられた 1 より大きい正整数として，m を決定することを考えてきたが，今後はこれを逆に考えて，まず c を与え，次に

$$c(s-1) \leqq \left(1+\frac{1}{r}\right)^m$$

となるように m を与える．すなわち，m をとるのに

$$m \geqq \frac{\log c + \log(s-1)}{\log(r+1) - \log r}$$

が成立するようにきめる．最後に n をとるのに，このような m を用いて

$$\frac{n(r+1)+s}{t+1} \geqq m$$

第7章　ヤコブ・ベルヌイ

あるいは，これを変形して

$$n \geqq m\left(1+\frac{s}{r+1}\right)-\frac{s}{r+1}$$

となるように決定する．こうすれば任意の正数 c に対して

$$c\,(s-1)\leqq\left(1+\frac{1}{r}\right)^{m}<x$$

となるように n を決定することができる．しかも

$$x<\left\{\sum_{i=1}^{n} u_{nr+i}\div\left\{\sum_{i=1}^{n} u_{nr+n+i}\right\}\right.$$

$$<\left\{(s-1)\sum_{i=1}^{n} u_{nr+i}\div\left\{\sum_{i=1}^{ns-n} u_{nr+n+i}\right\}\right.$$

であるから不等式①は確かに成立する．

　また，他方においては与えられた正数 c に対して

$$c\,(r-1)\leqq\left(1+\frac{1}{s}\right)^{m'}$$

となるように，またこれを変形して

$$m'\geqq\frac{\log c+\log(r-1)}{\log(s+1)-\log s}$$

となるように m' をまず決定し，つぎに

$$n\geqq m'\left(1+\frac{r}{s+1}\right)-\frac{r}{s+1}$$

となるように n を決定する．ゆえに，このような n に対しては

$$c\,(r-1)\leqq\left(1+\frac{1}{s}\right)m'<x'$$

となるがゆえに

$$x'<\left\{\sum_{i=1}^{n} u_{nr-i}\div\left\{\sum_{i=1}^{n} u_{nr-n-i}\right\}\right.$$

$$<\left\{(r-1)\sum_{i=1}^{n} u_{nr-i}\div\left\{\sum_{i=1}^{nr-n} u_{nr-n-i}\right\}\right.$$

が成立する．ゆえに不等式②は必ず成立する．

　よって，c をどんな大きな正数であっても，このような c に対して

$$\left.\begin{array}{l}\dfrac{\log c+\log(s-1)}{\log(r+1)-\log r}\left(1+\dfrac{s}{r+1}\right)-\dfrac{s}{r+1} \\[2.5ex] \dfrac{\log c+\log(r-1)}{\log(s+1)-\log s}\left(1+\dfrac{r}{s+1}\right)-\dfrac{r}{s+1}\end{array}\right\} \qquad ④$$

のいずれよりも大きな正整数 n をとれば，不等式①および②が成立する．したがって当然不等式③が成立する．

（15）オイレルの原文のみ掲載することにする．

　167. Cum igitur supra (§ 156) invenerimus esse

$$\frac{e^{x}-e^{-x}}{2}=x\left(1+\frac{xx}{1\cdot2\cdot3}+\frac{x^{4}}{1\cdot2\cdot3\cdot4\cdot5}+\frac{x^{6}}{1\cdot2\cdots7}+\text{etc.}\right)$$

$$=x\left(1+\frac{xx}{\pi\pi}\right)\left(1+\frac{xx}{4\pi\pi}\right)\left(1+\frac{xx}{9\pi\pi}\right)\left(1+\frac{xx}{16\pi\pi}\right)\left(1+\frac{xx}{25\pi\pi}\right)\text{ etc.},$$

erit

$$1+\frac{xx}{1\cdot2\cdot3}+\frac{x^{4}}{1\cdot2\cdot3\cdot4\cdot5}+\frac{x^{6}}{1\cdot2\cdot3\cdots7}+\text{etc.}$$

$$=\left(1+\frac{xx}{\pi\pi}\right)\left(1+\frac{xx}{4\pi\pi}\right)\left(1+\frac{xx}{9\pi\pi}\right)\left(1+\frac{xx}{16\pi\pi}\right)\left(1+\frac{xx}{25\pi\pi}\right)\text{ etc.}$$

— 88 —

Ponatur $xx = \pi\pi z$ eritque

$$1 + \frac{\pi\pi}{1\cdot2\cdot3}z + \frac{\pi^4}{1\cdot2\cdot3\cdot4\cdot5}z^2 + \frac{\pi^6}{1\cdot2\cdot3\cdots7}z^3 + \text{etc.}$$

$$= (1+z)\left(1+\frac{1}{4}z\right)\left(1+\frac{1}{9}z\right)\left(1+\frac{1}{16}z\right)\left(1+\frac{1}{25}z\right)\text{etc.}$$

Facta ergo applicatione superioris regulae ad hunc casum erit

$$A = \frac{\pi\pi}{6}, \qquad B = \frac{\pi^4}{120}, \qquad C = \frac{\pi^6}{5040}, \qquad D = \frac{\pi^8}{362880} \quad \text{etc.}$$

Quodsi ergo ponatur

$$P = 1 + \frac{1}{4} + \frac{1}{9} + \frac{1}{16} + \frac{1}{25} + \frac{1}{36} + \text{ etc.,}$$

$$Q = 1 + \frac{1}{4^2} + \frac{1}{9^2} + \frac{1}{16^2} + \frac{1}{25^2} + \frac{1}{36^2} + \text{ etc.,}$$

$$R = 1 + \frac{1}{4^3} + \frac{1}{9^3} + \frac{1}{16^3} + \frac{1}{25^3} + \frac{1}{36^3} + \text{ etc.,}$$

$$S = 1 + \frac{1}{4^4} + \frac{1}{9^4} + \frac{1}{16^4} + \frac{1}{25^4} + \frac{1}{36^4} + \text{ etc.,}$$

$$T = 1 + \frac{1}{4^5} + \frac{1}{9^5} + \frac{1}{16^5} + \frac{1}{25^5} + \frac{1}{36^5} + \text{ etc.,}$$

$$\text{etc.}$$

atque harum litterarum valores ex A, B, C, D etc. determinentur, prodibit:

$$P = \frac{\pi\pi}{6},$$

$$Q = \frac{\pi^4}{90},$$

$$R = \frac{\pi^6}{945},$$

$$S = \frac{\pi^8}{9450},$$

$$T = \frac{\pi^{10}}{93555}$$

$$\text{etc.}$$

168. Patet ergo omnium serierum infinitarum in hac forma generali

$$1 + \frac{1}{2^n} + \frac{1}{3^n} + \frac{1}{4^n} + \text{ etc.}$$

contentarum [summas], quoties n fuerit numerus par, ope semiperipheriae circuli π exhiberi posse; habebit enim semper summa seriei ad π^n rationem rationalem. Quo autem valor harum summarum clarius perspiciatur, plures huiusmodi serierum summas commodiori modo expressas hic adiiciam.

$$1 + \frac{1}{2^2} + \frac{1}{3^2} + \frac{1}{4^2} + \frac{1}{5^2} + \text{etc.} = \frac{2^0}{1\cdot2\cdot3} \cdot \frac{1}{1}\pi^2,$$

$$1 + \frac{1}{2^4} + \frac{1}{3^4} + \frac{1}{4^4} + \frac{1}{5^4} + \text{etc.} = \frac{2^2}{1\cdot2\cdot3\cdot4\cdot5} \cdot \frac{1}{3}\pi^4,$$

$$1 + \frac{1}{2^6} + \frac{1}{3^6} + \frac{1}{4^6} + \frac{1}{5^6} + \text{etc.} = \frac{2^4}{1\cdot2\cdot3\cdots7} \cdot \frac{1}{3}\pi^6,$$

$$1 + \frac{1}{2^8} + \frac{1}{3^8} + \frac{1}{4^8} + \frac{1}{5^8} + \text{etc.} = \frac{2^6}{1\cdot2\cdot3\cdots9} \cdot \frac{3}{5}\pi^8,$$

$$1 + \frac{1}{2^{10}} + \frac{1}{3^{10}} + \frac{1}{4^{10}} + \frac{1}{5^{10}} + \text{etc.} = \frac{2^8}{1\cdot2\cdot3\cdots11} \cdot \frac{5}{3}\pi^{10},$$

第7章　ヤコブ・ベルヌイ

$$1+\frac{1}{2^{12}}+\frac{1}{3^{12}}+\frac{1}{4^{12}}+\frac{1}{5^{12}}+\text{etc.}=\frac{2^{10}}{1\cdot2\cdot3\cdots13}\cdot\frac{691}{105}\pi^{12},$$

$$1+\frac{1}{2^{14}}+\frac{1}{3^{14}}+\frac{1}{4^{14}}+\frac{1}{5^{14}}+\text{etc.}=\frac{2^{12}}{1\cdot2\cdot3\cdots15}\cdot\frac{35}{1}\pi^{14},$$

$$1+\frac{1}{2^{16}}+\frac{1}{3^{16}}+\frac{1}{4^{16}}+\frac{1}{5^{16}}+\text{etc.}=\frac{2^{14}}{1\cdot2\cdot3\cdots17}\cdot\frac{3617}{15}\pi^{16},$$

$$1+\frac{1}{2^{18}}+\frac{1}{3^{18}}+\frac{1}{4^{18}}+\frac{1}{5^{18}}+\text{etc.}=\frac{2^{16}}{1\cdot2\cdot3\cdots19}\cdot\frac{43867}{21}\pi^{18},$$

$$1+\frac{1}{2^{20}}+\frac{1}{3^{20}}+\frac{1}{4^{20}}+\frac{1}{5^{20}}+\text{etc.}=\frac{2^{18}}{1\cdot2\cdot3\cdots21}\cdot\frac{1222277}{55}\pi^{20},$$

$$1+\frac{1}{2^{22}}+\frac{1}{3^{22}}+\frac{1}{4^{22}}+\frac{1}{5^{22}}+\text{etc.}=\frac{2^{20}}{1\cdot2\cdot3\cdots23}\cdot\frac{854513}{3}\pi^{22},$$

$$1+\frac{1}{2^{24}}+\frac{1}{3^{24}}+\frac{1}{4^{24}}+\frac{1}{5^{24}}+\text{etc.}=\frac{2^{22}}{1\cdot2\cdot3\cdots25}\cdot\frac{1181820455}{273}\pi^{24},$$

$$1+\frac{1}{2^{26}}+\frac{1}{3^{26}}+\frac{1}{4^{26}}+\frac{1}{5^{26}}+\text{etc.}=\frac{2^{24}}{1\cdot2\cdot3\cdots27}\cdot\frac{76977929}{1}\pi^{26},$$

第 **8** 章

モ ン モ ー ル

136. つぎに注意を惹く著作はモンモールのものである． その表題は『**偶然ゲームに関する解析の試み**』（*Essai d'Analyse sur les Jeux de Hazards*）である．

フォントネルの『**ド・モンモール氏を讃えて**』（*Eloge de M. de Montmort*）が， 1721年に出版された『**パリ……アカデミーの歴史**』1719年号に掲載されている． これから，二, 三のことを知ることができる．

ピエール・レーモン・ド・モンモール（Pierre Remond de Montmort）は1678年に生れた． 彼の先達であり，恩師であり，知友であったマールブランシュ[1]（Malebranche）の影響によって，彼は宗教・哲学・数学に身を献げた． 彼はパリのノートル・ダム寺院の参事の職をすすめられて不承不承ひきうけたが，後に結婚のためこれを辞退した． 彼は簡素なひっそりとした生活を続けた． そして「まことに幸いなことに，結婚は彼により快適な家を与えた」といわれている． 1708年，彼は偶然に関する論文を発表した． そのなかで彼はコロンブスの勇気をもって数学の新分野を切り開いたのであった．

ド・モワブルが『**クジの測定について**』という論文を発表したのは， モンモールの著作が世に出てから後のことであった． フォントネルは次のようにいっている．

「私は，ド・モンモール氏がこの著作のことで，随分感情を害していたということを， はっきり云っておこう． ド・モンモールには，この著書がまったく彼の著書の模写したものであり，それにならって書かれていると思われたからである． なるほど，その著作のなかではド・モンモール氏は賞讃されている． そして，そのことだけで十分ではないかと人は言うかもしれない． しかし，土地を与えているのだから家臣は自分に忠節と臣下の礼を払うべきだと考えている領主は，その家臣が自分のことを賞讃したからといって，臣下の義務まで免除してやるということはしないであろう． 私は，ド・モンモールの主張はもっともだと思っているが， 彼が実際にこのような領主であったかどうかはわからない.」

モンモールは1719年パリにおいて天然痘のために死亡した． そのとき， 彼は『**幾何学の歴史**』（*Histoire de la Géométrie*）を執筆中であったが，それを果せずに死んでしまった． このことについてフォントネルは興味深いことを述べている〔モンチュクラ『**数学の歴史**』第1版， 序文VII頁参照〕．

137. モンモールの著作には2つの版がある． 第1版は1708年に出た． 第2版は1713年に出たといわれているが，私のもっている写本の表紙の頁には1714年と日付がうってある． 私のもっている写本は著者からスフラフェサンデ[2]（*'s Gravesande*）に贈られたものらしい． この2つの版はともに4つ折版で，第1版は本文189頁と序文XXIV頁， 第2版は本文414頁と序文・広告XLII頁である． 第1版から第2版へとこのように量がふえたのは， 1～72頁に組合論が入り， またモンモールとニコラス・ベルヌイの間にかわされた一連の書簡と， ジャン・ベルヌイからの書簡が1通付け加えられたためである． モンモールという名は，その表紙にも本文のなかにも見あたらない． ただ338頁に一度だけ出

— 91 —

第8章　モンモール

てくるのであるが，それも地名としてであって，彼の名を指しているのではない．

今後，モンモールの著作について述べるとき，とくに断りのない限り，第2版によるものとする．

モンチュクラは彼の歴史の著書394頁で，モンモールの第2版にふれて，「この版は，第1版を増訂し修正を加えたものだが，それとは別に各部の冒頭に美しい版画が入っていることで有名である」といっている．この版画は4枚あるが，第1版にも入っていたもので，当然初版の方がその刷りがきれいである．この著作は稀覯本なので，モンチュクラのこの言は誤りだとして訂正しておいた方がよい．そうすれば，版画だけほしい人は第1版に注意を向け，第2版は数学者の手に残しておいてくれるであろう．

138. ライプニッツはモンモール兄弟と書簡をかわしている．ライプニッツはこの書簡のなかで，われわれがこれから見てゆくこの著作について，好意的な意見をよせている．しかし，彼はこうもいっている．「外国人や後世の人々のために，ゲームの規則をもう少しわかりやすく記述し，そこで用いた用語も説明したらよいと思う．」〔『**ライプニッツ全著作集，デュタン編**』第Ⅴ巻17, 28頁〕

ライプニッツとジャン・ベルヌイ，ニコラス・ベルヌイとの間でかわされた書簡のなかにも，モンモールと彼の著作に言及した部分がみられる〔59節で引用した著書の827, 836, 837, 842, 846, 903, 985, 987, 989頁参照〕．

139. さて，これからモンモールの著作を詳しく説明していくことにしよう．第2版を基準にすることにし，われわれの所見が第1版にあてはまらないときは，その都度指摘することにする．

140. 序文はXXIV頁ある．そこでモンモールは，ヤコブ・ベルヌイが『**推論法について**』という本を書いていたという事実にふれている．この書物は，彼の早逝によって完成するに至らなかったものであった．モンモールがこれらの研究をはじめたのは，彼の友人が彼にファラオン・ゲームで胴元の利がどれ程であるかを調べてほしいと頼んだことに発している．彼はベルヌイの死を償うような著作を書くように誘われたわけである．

モンモールは，ゲームに熱中している人々の間で，ゆきわたっている馬鹿げた迷信めいた考えに対して，賢明な観察をいくつかなし，偶然にも法則があり，この法則を知らなければ，間違いをしでかして不利な結果に至るのだということを，そのような人々ばかりでなく，一般の人々にも示すことによって，馬鹿げた迷信めいた考えを抑えようとしている．間違いによって生じるそのような不利な結果を，人々は自分たちの無知のせいだとは考えず，運が悪かったのだと考える．彼が積極的にⅧ頁で次のように語るとき，おそらく彼は一賭博者としてよりもむしろ一哲学者として語っている．

「もし人々が賭ける度ごとに，得る期待値と失う危険率とを知っていれば，もっと愉快に遊べることは確かである．そうすれば，人々は賭けの結果に対して，以前よりずっと平静でいられるし，また賭けの結果が裏目に出たとき，大てい演技者のほとんどがぶつぶつと不平をならすものだが，この不平の馬鹿さ加減を以前にもまして強く感じることであろう．」

141. モンモールは彼の著書を4部に分けている．第1部には組合せの理論を収め，第2部ではトランプを使った偶然ゲームを論じ，第3部ではサイコロを使った偶然ゲームを論じ，第4部にはホイヘンスの5つの問題も含めて偶然についてのいろいろの問題の解法を収めている．この4部に加えて，137節で述べておいた書簡が付け加えられている．モンモールはヤコブ・ベルヌイのよく知られた企画にならって，彼の研究主題を政治・経済および道徳の問題に適用することを，彼の著書の1部にあてようとしなかった理由を述べている〔XIII-*XX*頁参照〕．その理由のひとつは，そのような適用にはどれも難点がつきまとうと判断したということである．また，彼はそのような適用が有効になされるための条件をあげている．すなわち，1°確実な事実に基づいて立てられた少数の前提には疑問の余地

がないこと．2°人間の自由というわれわれの認識にともなう永遠の障害が介入してくる状況は考慮しないこと．モンモールは，すでにわれわれが見てきたハレーの論文を高く評価している．また彼は，ペティの『政治算術』も賞めている〔57, 61節参照〕．

モンモールは，彼の先達となったホイヘンス，パスカル，フェルマーについて簡単にふれている．この著書は主として数学者のために書かれたのであるから，そこで論じるいろいろのゲームについては十分説明しておいたと，彼は述べている．というのは，「学者は一般に賭博者ではない」からである〔XXIII頁参照〕．

142. 序文のあとに，緒言がつづいている．この緒言は第1版にはない．モンモールは，彼の第1版以後この主題について2つの小論文が発表されたと述べている．ひとつはニコラス・ベルヌイの「**法律における推論法について』**（*De arte conjectandi in Jure*），もうひとつはド・モワブルの『**クジの測定について』**である．

モンモールは，ド・モワブルが彼について述べている言葉に随分腹を立てていたらしい．ド・モワブルの述べた言葉というのは，次のようなものである．

「ホイヘンスは，このような一般的な問題を解くために使われる規則を理解した最初の人であるが，最近ガリア人の著者がその規則をいろいろな例にわたって美しく説明して評判になっている．しかし，元来事象に要請されている以上に，これ程簡素化し，さらに加えて一般化した人を，われわれははっきりとみたことがない．なぜかというと，より多くの金を知らずに使用させ，かつ多くの遊び仲間に条件付で現金を支払わせるように，計算を都合のよいように過度にあいまいに再現している．たとえ，遊び仲間がつねに活発に定常的に投資したとしても，学問を遊びの範疇にせまく限定しすぎるきらいがある．」

モンモールは，この言葉が自分に対して不必要な攻撃を加えていると思った．彼は自分自身の成果が過少に評価されたと思ったわけである．そこで彼は自己の主張を守ろうとする．そのために，彼は確率論の歴史をその起源から描き出すことになるのである．彼は，かつてはほんの僅かしか注目されず，その後完全に忘れ去られていた主題を探究した功績を果したのだ，と述べている．

143. モンモールの著書の第1部は"**組合せの理論**"である．この部は1頁から72頁までである．モンモールは，そのXXV頁で，この第1部は第1版であちこちに散らばって提示されていた組合せの諸定理を集成し，さらにいくつかを追加したものであると述べている．

モンモールは，パスカルの**算術三角形**についての説明からはじめている．彼は，算術三角形の与えられた位置にある項を一般的に表わす式を示している．また，1からnまでの自然数の平方和，立方和，4乗和……の求め方を示している．20頁では，イギリスの幾何学者ジョーンズ（M. Johns）の書いた『**数学新入門**』という本についてふれている．この著者は，普通ウィリアム・ジョーンズ卿[3]（Sir William Jones）の父といわれている人のことである．このあと，モンモールは，ある与えられたものの集合から定められた個数のものを取り出す順列の数について研究している．

144. モンモールの著書の第1部は，今日では，代数学のなかの組合せに関する章というより，確率に関する章に属すると考えられるものである．実際ここには，トランプの札をひいたり，サイコロをふったりという例が沢山ある．

われわれは，この第1部のなかでも比較的興味のある点をいくつか見ていくことにしよう．モンモールは，n個のもののなかから一度にr個取り出す場合の組合せの数を示すために，小さな長方形をはさんで上にn，下にrを書くという記号を用いている．

145. モンモールは二項定理を証明しようと企てている〔32頁〕．彼は，この定理にはいろいろの証

— 93 —

第 8 章　モンモール

明法があると述べている．彼自身の方法は，彼のあげた一例からみてとることができる．$(a+b)^4$ を求めるとしよう．4 個の模造貨幣があって，それぞれに黒と白の 2 面があるとしよう．モンモールはこれまでに，算術三角形を援用して，4 個の模造貨幣をランダムにふったとき，4 個とも黒面が出るのは 1 通り，3 個が黒面 1 個が白面となるのは 4 通り，2 個が黒面 2 個が白面となるのは 6 通り，…等々となることを示していた．そこで彼は次のように推論する．掛算の規則から，$(a+b)$ の 4 乗をするためには，(1) a^4 と b^4 を取り出す．これは 4 個とも黒面，4 個とも白面が出る場合と同じである．(2) a^3b と ab^3 を可能なだけ多数取り出す．これは 3 個が黒面 1 個が白面，3 個が白面 1 個が黒面が出る場合と同じである．(3) a^2b^2 を可能なだけ多数取り出す．これは 2 個が黒面 2 個が白面が出る場合と同じである．これから，二項定理での係数が 1，4，6 となる．これは 4 個の模造貨幣で生起しうる場合を考察したときに得たのと同じ結果である．

146. このようにして，実際モンモールは，$(a+b)^n$ の展開式の係数は，黒白の 2 面をもった n 個の模造貨幣をランダムにふったときの，黒白 2 面のいろいろな組合せに相当する場合の数と一致する，と先験的に主張したのである．モンモールは 34 頁で，多項定理の係数についても同様の解釈を下している．このように，いくつかの場合について，彼は偶然に関する定理から純粋の代数学の定理を述べているのを，われわれはみることができる．一方，今日ではわれわれは，むしろ純粋な代数学の定理を偶然論へ適用することの方が多い．

147. 42 頁でもモンモールは次のような問題を示している：それぞれ同数の面をもった p 個のサイコロがある．このサイコロをランダムにふったとき，1 の目が a 個，2 の目が b 個，3 の目が c 個……でる場合の数を求めよ．

この結果を現代記法であらわせば

$$\frac{p!}{a!\,b!\,c!\,\cdots\cdots}$$

となる．

次に，彼はもう少し複雑な場合を考えている．すなわち，ある面が a 個，もうひとつの面が b 個，さらにもうひとつの面が c 個……となる場合で，このとき，a 個でる面が 1 の目か 2 の目か 3 の目か……は特に指定しないし，同様に b 個でる面，c 個でる面……についても特に指定しないものとする．

彼は第 1 版 137 頁にこの問題の解を示している．しかし，その解の分母から $B, C, D, E, F, \cdots$ の因数が除かれなければならない．彼は第 1 版にその証明を与えていない．与えなかった理由は，証明は長くて難解であり，それを自力で発見できるような人にしか分らないようなものになるからである，と彼は述べている．

148. 46 頁でモンモールは，第 2 版で新しく挿入された次のような問題を示している：それぞれ 1 から f までの数をうった f 個の面をもつ n 個のサイコロがある；これらのサイコロをランダムにふる；でた目の合計が与えられた数 p となる場合の数を求めよ．

この問題は

$$(x+x^2+x^3+\cdots\cdots+x^f)^n$$

の展開式の x^p の係数を求めることによって解くことができる．すなわち，

$$\left(\frac{1-x^f}{1-x}\right)^n = (1-x)^{-n}(1-x^f)^n$$

の展開式の x^{p-n} の係数を求めることでもある．$p-n=s$ とすると，求める数は

$$\frac{n(n+1)\cdots\cdots(n+s-1)}{s!} - n\frac{n(n+1)\cdots\cdots(n+s-f-1)}{(s-f)!}$$

— 94 —

$$+ \frac{n(n-1)}{1.2} \quad \frac{n(n+1)\cdots\cdots(n+s-2f-1)}{(s-2f)!} - \cdots\cdots$$

となる[4].

　この級数はすべての因数が正である限り続けられる．モンモールはこの公式を証明したが，上にあげたものよりずっと面倒な証明である．

149. 先の公式はこの主題での標準的な結論のひとつである．　ここでわれわれは，その歴史を辿ってみなければならない．この公式を最初に発表したのはド・モワブルで，彼は『**クジの測定について**』のなかで証明抜きで公表している．モンモールは364頁で，これは自分の第1版の141頁から導いたなどといっている．しかし，この主張にはまったく根拠がない．彼が述べている第1版のその部分には，1個から9個までのサイコロを用いて出すことのできる目の表しか載っていないからである．しかし，1710年11月15日付のジャン・ベルヌイ宛の書簡のなかには，ド・モワブルの発表以前に彼自身この公式を知っていた証拠がみられる〔モンモール，307頁参照〕．ド・モワブルが『**いろいろな解析**』（*Miscellanea Analytica*）のなかで，はじめてこの公式の証明を与えている．　ここで彼は，この公式がモンモールの 第1版に 由来するという 主張に巧みに 反論している 〔『**いろいろな解析**』の191～197頁参照〕．ド・モワブルの証明は，われわれが前頁で示したものと同様である．

150. 次にモンモールはさらに難かしい問題を扱っている：それぞれ1，2，……，10 の数字をつけた10枚からなる3セットのカードがあるとしよう．この30枚のうちから3枚をひくとき，3枚のカードの合計が与えられた数になる場合の数を求めよ．

　この問題では次の3つの場合がある．　(1) 3枚とも異なるセットからひいて与えられた数になる．(2) 2枚を同じセットからひき，残りの1枚を別のセットからひいて与えられた数になる．　(3) 3枚とも同じセットからひいて与えられた数になる．　(1) の場合は，**148**節で扱った．　他の2つは新しいものである．

　モンモールは一般解を示さず，ただ，求められている結果を全部記入した表がどのようにしたらできるかを示しているだけである[5].

　彼は62頁で次のように要約して述べている．「この方法は少々長たらしいが，これ以上に簡潔な方法があるとは思えない．」

　モンモールがここで論じている問題は，次のように言いなおすことができる；方程式 $x+y+z=p$ をみたす正整数の組は何組あるか，ただし，x, y, z は1から10までの正整数，p は3から30までの一定の正整数とする．

151. 63-72頁で，モンモールは級数の和に関するひとつの問題を論じている．われわれは今日これを差分の一般問題として次のように述べる：ある階の差分が0であるような級数の指定された項までの和を求めよ．

　現代記法で，第n項を $u(n)$ とし，（$m+1$）階の差分を0としよう．このとき，差分法によって

$$u(n) = u(0) + n\Delta u(0) + \binom{n}{2}\Delta^2 u(0) + \cdots\cdots$$

$$+ \binom{n}{m}\Delta^m u(0)$$

と示される．

　モンモールは，上の式の $\Delta u(0)$ の代りにA，$\Delta^2 u(0)$ の代りにB，$\Delta^3 u(0)$ の代りにC，……の記号を用いてこの公式を示している．

第8章　モンモール

この公式を用いれば，与えられた級数の指定された項までの和は，一般項が $\binom{n}{r}$ である級数の和に帰着することになる．そして，この和は算術三角形とその性質を用いてすでに得られていたものである．

152. 当然モンモールは，第2版に新しく登場したこの一般的研究は，大変重要なものである，としている．彼は65頁で次のように述べている．

「おわかりのように，この問題は拡張が可能で，普遍性を秘めている．しかし，この題材だけに関していえばもはや改良の余地はないように思われる．この題材は，私の知る限りでは，まだ誰も扱っていないものである．私は『**学芸雑誌**』1711年3月号で証明なしでこの題材を掲載した.」

ド・モワブルは『**偶然論**』のなかで，モンモールがここで証明した法則を用いている．『**偶然論**』第1版29頁では，「この証明は，アイザック・ニュートン卿が『**解析**』（*Analysis*）のなかで示した**微分法**（methods differentials）から得たものだろう」といわれている．また，『**偶然論**』第2版52頁，第3版59頁では，この法則の起源はずっと遡って『**プリンキピア**』第3篇の第5補題によるものだとされている〔『**いろいろな解析**』152頁参照〕．

ド・モワブルが，ここで，モンモールを公平に評価しているとは思えない．というのは，たとえこの法則が潜在的にはニュートンの『**プリンキピア**』や，**微分法**のなかに含まれていたとしても，これを最初にはっきりと表明したという名誉は，当然モンモールに帰せられるべきだからである．

153. モンモールの第2部は，73頁から172頁までである．この部は，トランプを用いた偶然ゲームに関する部分である．まず，最初に扱われるゲームは，ファラオンとよばれるゲームである．

ド・モワブルもこのゲームについて述べており，これに関する研究をいくつか示している．ド・モワブルは4種の標印の札からなる普通のトランプ・カードの一組について考察しているだけであるが，モンモールは多種の標印の札からなるカードの組についても考察している．一方，ド・モワブルは胴元の利率を計算している．その問題を，彼はもっとも重要でしかももっとも難しい部分だと考えた〔『**偶然論**』Ⅹ頁．77頁，105頁参照〕．

154. ファラオン・ゲームに関するモンモールの研究に関連して，そこに出てくるある級数の和を求めるために，いくつかの所見を述べておこう．

155. カード一揃いのうち胴元は p 枚もつことにする．また，相手のカードは一揃いのうち q 回好機が訪れるものとする．ここで，胴元の利得を $u(p)$，相手の賭金の総和をAとしよう．モンモールは次の結果を示している．

$$u(p)=\frac{q(q-1)}{p(p-1)}\frac{1}{2}A+\frac{(p-q)(p-q-1)}{p(p-1)}u(p-2)$$

ただし，$p-2>q$ とする．モンモールはこの結果を得た筈なのに，89頁では上式の

$$q(q-1)\frac{1}{2}A \text{ のところを間違って } (pq-q^2)2A+(q^2-q)\frac{3}{2}A$$

としている．彼は90頁でこれを訂正している．上の等式の扱い方を詳しくみれば，モンモールは十分であったとはいい切れない．しかしながら，よく吟味してみると次のような結果が見いだされるであろう．

もし，q が偶数であれば，公式を逐次代入して，$u(p)$ を $u(q)$ から求めるようにできる．そして，ゲームの規則から，$q=2$ のとき $u(p)=A$，$q>2$ のとき $u(p)=\frac{1}{2}A$ となる．こうして，q が2より大きい偶数であれば

— 96 —

$$u(p)=\frac{q(q-1)}{p(p-1)}\frac{1}{2}A\Big\{1+\frac{(p-q)(p-q-1)}{(p-2)(p-3)}$$
$$+\frac{(p-q)(p-q-1)(p-q-2)(p-q-3)}{(p-2)(p-3)(p-4)(p-5)}$$
$$+\cdots\cdots+\frac{(p-q)(p-q-1)\cdots\cdots1}{(p-2)(p-3)\cdots\cdots(q-1)}\Big\}$$

となる.

$q=2$ の場合には，この式の{　}内の最後の項を2倍にしなければならない.

また q が奇数の場合，もとの公式を逐次代入して，$u(p)$ を $u(q+1)$ から求めることができる. そして，q が1より大きければ，$u(q+1)=\dfrac{q-1}{q+1}\dfrac{A}{2}$ となる. こうして，q が1より大きい奇数であれば，$u(p)=\dfrac{q(q-1)}{p(p-1)}\dfrac{1}{2}A\Big\{1+\dfrac{(p-q)(p-q-1)}{(p-2)(p-3)}$

$$+\frac{(p-q)(p-q-1)(p-q-2)(p-q-3)}{(p-2)(p-3)(p-4)(p-5)}$$
$$+\cdots\cdots+\frac{(p-q)(p-q-1)\cdots\cdots2}{(p-2)(p-3)\cdots\cdots\cdots q}\Big\}$$

となる.

$q=1$ の場合には，特別なやり方によって，$u(p)=\dfrac{A}{p}$ をうる.

q が偶数で $p-q\geqq q-1$，あるいは q が奇数で $p-q\geqq q$ とすると，{　}内の項のいくつかはもっと簡単な形になる. モンモールはこのように想定して，その結果，{　}内の級数がひとつの分数としてあらわされることを見出している. この分数の共通分母は

$$(p-2)(p-3)\cdots\cdots(p-q+1)$$

となり，分子は初項が分母と同じで，末項が q の偶数，奇数とそれぞれの場合について，$(q-2)(q-3)\cdots\cdots2\cdot1$ または $(q-1)(q-2)\cdots\cdots3\cdot2$ となるような級数である.

この節で述べられたことは，モンモールの第1版には含まれていない；これはジャン・ベルヌイによるものである〔モンモール，287頁参照〕.

156. こうしてごく自然に，われわれはある級数の和を考察しなければならなくなる.

$$\phi(n,r)=\frac{n(n+1)(n+2)\cdots\cdots(n+r-1)}{r!}$$

としよう. このとき，$\phi(n,r)$ は図形数第 $r+1$ 位の第 n 項の数になる.

ここで，$\phi(n,r)+\phi(n-2,r)+\phi(n-4,r)+\cdots\cdots$ を $S\phi(n,r)$ で表わすことにすると，$S\phi(n,r)$ は第 $r+1$ 位の図形数を第 n 項から逆にひとつおきにとっていった和に等しくなる. $S\phi(n,r)$ はどういう式で表わされるであろうか.

$$\phi(n,r)+\phi(n-1,r)+\phi(n-2,r)+\phi(n-3,r)+\cdots\cdots=\phi(n,r+1)$$

また，一対ずつ項をくくっていけば

$$\phi(n,r)-\phi(n-1,r)+\phi(n-2,r)-\phi(n-3,r)+\cdots\cdots=S\phi(n,r-1)^{(6)}$$

となることは容易にわかる. 両式を加えて

$$S\phi(n,r)=\frac{1}{2}\phi(n,r+1)+\frac{1}{2}S\phi(n,r-1)$$

が導かれる.

第8章　モンモール

このことを続けていくと，

$$S\phi(n,r)=\frac{1}{2}\phi(n,r+1)+\frac{1}{4}\phi(n,r)+\frac{1}{8}\phi(n,r-1)+\cdots\cdots$$
$$\cdots\cdots+\frac{1}{2^r}\phi(n,2)+\frac{1}{2^r}S\phi(n,0)$$

となり，n が偶数ならば $S\phi(n,0)=\frac{1}{2}n$，n が奇数ならば$S\phi(n,0)=\frac{1}{2}(n+1)$ となる．

$S\phi(n,r)$ はもうひとつ別の式で表わすことができる．上にあげた2つの基本式のn の代りに$n+1$ を代入し，辺々相減じると

$$S\phi(n,r)=\frac{1}{2}\phi(n+1,r+1)-\frac{1}{2}S\phi(n+1,r-1)$$

がえられる．このことを続けていくと

$$S\phi(n,r)=\frac{1}{2}\phi(n+1,r+1)-\frac{1}{4}\phi(n+2,r)+\frac{1}{8}\phi(n+3,r-1)-$$
$$\cdots\cdots-\frac{(-1)^r}{2^r}\phi(n+r,2)+\frac{(-1)^r}{2^r}S\phi(n+r,0)$$

となる．

157. ファラオンに関する問題に対するモンモール自身の解法は，156節で説明した第一の型の和によっており，それはモンモールの解法過程と合致している．モンモールの結果では，q が奇数のときは $q-1$ 項とり，q が偶数のときにはq 項とって，最後の項を2倍するとなっているのは，われわれがn の偶数もしくは奇数によって$S\phi(n,0)$ にそれぞれ異なる値を与えたことに対応する〔モンモール，98頁〕．

モンモールは99頁で，彼の結果にもうひとつの形を与えている．これは第1版発行後に，ニコラス・ベルヌイから得たものである．しかし，ニコラス・ベルヌイの手紙につけられた日付は間違っているように思われる〔モンモール，299頁〕．この形は156節で説明した第2の型によっている．この第2の型の和をファラオンの問題に適用する場合，たまたま$n+r$ はつねに奇数になる．そこで，ニコラス・ベルヌイがこの結果について示した型では，たった1通りの場合しかなく，q を偶数とか奇数とかに分ける必要がないのである．

ファラオン・ゲームに関する論文としては，オイレルのものが『ベルリン……アカデミーの歴史』1764年号に載っている．そこでオイレルはニコラス・ベルヌイと同じ仕方で，胴元の利益を表わしている．

158. モンモールはファラオンに関する結果として2つの数表を示している．ひとつの表は，52枚のカードからなる普通のトランプを用いた場合，それぞれの段階で胴元の利益がどれ程になるかを正確に示したものである．他のひとつは，胴元の利益を近似的に示したものである．前の表をみてみよう．この表は4つの欄からなっていて，第1欄，第3欄の数値は正しい．第2欄は $\dfrac{n+2}{2n(n-1)}$ という公式に，n の値として50，48，46，……，4を次々に代入していけばよいのだが，私がいままでにみたモンモールの第2版の2冊の写本ではこの欄に与えられた数値は間違っている；最初の数値は $\dfrac{26}{2450}$ となるべきところが $\dfrac{3117}{350350}$ となっている．また残りのうちで正しいものもいくつかあるが，それすらもっとも簡単な形になっていないし，それ以外はまったく間違っている．第4欄は $\dfrac{2n-5}{2(n-1)(n-3)}$ という公式に，n の値として50，48，46，…，4を順次代入していけばよいの

— 98 —

だが，ここには間違いもあるし，約分されていないものもある；たとえば，最初の数値は分母が12桁の分数になっているが，これをもっとも簡単な形になおせば，たった4桁になってしまうのである．

　私のみた第1版の写本では，この欄に正しい数値が記入されている．第1版，第2版ともに，テキスト本文の記述は正しく，間違ってはいない．

159. 次に105頁から129頁にかけて，モンモールはランスクネ (Lansquenet) というゲームについて論じている．この部分には興味深い点はないので，そこに書かれている複雑な計算を確かめるのは無駄なことだと思われる．モンモール第1版40, 41頁の数行が，第2版では削除されている．一方，第2版の84節，95節は新しく追加されたものである．84節はヤコブ・ベルヌイから示唆をうけて，モンモールが書き加えたものである〔モンモール，288頁〕．これはヤコブ・ベルヌイが難しいと指摘していた点に関連したものである．このことについては，**119**節ですでに述べておいた．

160. 次に130頁から140頁にかけて，モンモールはトレーズ (Treize) というゲームを論じている．ここに含まれている問題はかなり興味深く，確率論の著作のなかで不朽の地位を保ってきた．

　モンモールによって考察された問題は次のようなものである．

　1, 2, 3, ……から13 (Treize) までの数をうったカードが13枚ある．この13枚のカードをランダムに箱の中に入れて，そこからカードを1枚ずつ抽き出す．このとき，少くとも1枚は抽出した順番とそのカードの数字とが一致する確率を求めよ．

161. 第1版では，モンモールは示した結論に証明を与えていない．しかし第2版では，ニコラス・ベルヌイから受け取っていた2通りの証明を示している〔モンモール，301頁，302頁〕．この2通りの証明のうち，最初の方をみていくことにしよう．

　n枚のカードをそれぞれ a, b, c, d, e, ……としよう．このとき，可能な並べ方の総数は $n!$ となる．a が1番目に抽出される場合の数は $(n-1)!$ となる．また，b が2番目に抽出されて a が1番目に抽出されない場合の数は $(n-1)!-(n-2)!$ となる．さらに，c が3番目に抽出されて a が1番目 b が2番目に抽出されない場合の数は $(n-1)!-(n-2)!-\{(n-2)!-(n-3)!\}=(n-1)!-2(n-2)!+(n-3)!$ となる．d が4番目に抽出されて，a, b, c がそれぞれ1, 2, 3番目に抽出されない場合の数は

$$(n-1)!-2(n-2)!+(n-3)!-\{(n-2)!-2(n-3)!+(n-4)!\}$$
$$=(n-1)!-3(n-2)!+3(n-3)!-(n-4)!$$

となる．一般的に，m番目に抽出されたカードがそこに書かれた数字と一致し，これより前にくるカードがどれも一致しないときの場合の数は

$$(n-1)!-(m-1)(n-2)!+\frac{(m-1)(m-2)}{1.2}(n-3)!$$
$$-\frac{(m-1)(m-2)(m-3)}{3!}(n-4)!+\cdots\cdots+(-1)^{m-1}(n-m)!$$

となる．

　帰納法を用いてこの結果を確証することによって，ニコラス・ベルヌイの方法をいま一歩すすめることができる．m番目のカードではじめて順番と数字が一致する場合の数を $\psi(m, n)$ としよう．このとき，$\psi(m, n)$ と $\psi(m+1, n)$ の関係をみておかねばならない．b から m番目までのカードは順番と数字が一致せず，$m+1$番目のカードが一致する場合の数は $\psi(m, n)$ となる．a の順番と数字が一致する場合は $\psi(m, n-1)$ である．したがって，はじめから m番目まで順番と数字が一致せず，$m+1$番目で一致する場合の数は

— 99 —

第8章　モンモール

$$\psi(m+1,\ n)=\psi(m,\ n)-\psi(m,\ n-1)$$

である.

このことから, ニコラス・ベルヌイが $\psi(m,\ n)$ にあてがった式は一般的に正しいことがわかる.

したがって, m 番目ではじめて, 抽いた順番と抽いたカードの数字が一致すると賭けると, 勝ちになる場合の数は $\psi(m,\ n)$ 通り, 確率は $\dfrac{\psi(m,\ n)}{n!}$ となる.

もし, 少なくとも1枚は順番と数字が一致すると賭ければ, 勝ちになる場合の数は, m が1から n まですべてについて $\psi(m,\ n)$ を求め, それらを合計したものになる. また, その確率はこの合計を $n!$ で割ったものになる.

こうして, 少なくとも1枚は順番と数字が一致する確率は

$$1-\frac{1}{2}+\frac{1}{3!}-\frac{1}{4!}+\cdots\cdots+\frac{(-1)^{n-1}}{n!}$$

となる.

1からこの式を引けば, 1枚も順番と数字が一致しない確率をうる. そこで, 1枚も順番と数字が一致しない場合の数を $\phi(n)$ で表わすとすれば,

$$\phi(n)=n!\left\{\frac{1}{2}-\frac{1}{3!}+\frac{1}{4!}-\cdots\cdots-\frac{(-1)^{n-1}}{n!}\right\}.$$

162. モンモールがトレーズとよんでいるこのゲームは, ときに邂逅 (Rencontre) ともよばれることがあった. ここではじめて紹介されたこの問題は, 後に次のような著者たちによって一般化され, かつ論じられてきた. ド・モワブル『**偶然論**』109〜117頁. オイレル『**ベルリン……アカデミーの歴史**』1751年号. ラプラス『**確率の解析的理論**』217〜225頁. ミシャエリ (Michaelis)『**邂逅のゲームの確率についての論文**』(*Mémoire sur la probabilités du jeu de rencontre*) (ベルリン, 1864年).

163. モンモールの148〜156頁は, バセット・ゲームに関する部分である. このゲームは, 古くからあるゲームのなかでも, もっとも有名なものである. これはファラオン・ゲームと非常によく似ている.

すでに述べたように, ヤコブ・ベルヌイもこのゲームを論じ, その結果を6つの表にまとめていた〔119節参照〕. この表のうち, もっとも重要なのは第4表で, これはド・モワブルの研究の中で再生されている. このゲームがどんなものであるかを知りたい人は, ド・モワブルの『**偶然論**』69頁〜77頁をみればよい[7].

164. ヤコブ・ベルヌイとド・モワブルは, 普通のトランプ・カードを用いた場合だけを考察している. したがって特定のカード, たとえばエースが4回以上出ることはありえない. しかしモンモールは問題をもっと一般的に考え, 多種の標印の札からなるカードの組に対しても公式を与えている. モンモールはひとつのそのような一般公式を与えているが, これは第2版に新たに収められたものである. ド・モワブルは y と記し, $\frac{1}{2}$ に等しいとおいたものが, モンモールによれば, それは $\frac{4}{7}$ であるとされている.

モンモールは, バセット・ゲームでの胴元の利益について数表を与えている. 第1版ではもっとも簡単な形に約分したところを, 第2版では約分しないでそのままの形にしている. おそらく表の作製規則を容易にみてとることができるように, こうした修正をしたのであろう. 表の最後の分数は, 第1版では間違っていた〔モンモール, 303頁〕. 表の数値の表現の統一性を保つためには, この分数の分母分子に12をかけておくべきだったと思う.

165. モンモールは157-172頁を，完全な偶然ゲームとはいえないゲームに関する問題にあてている．彼はこの問題に入るまえに，この種のゲームの混み入った議論は面倒で複雑すぎて，われわれの分析能力の閾をこえていると述べている．したがって，彼はこれらのゲームに関する特殊な問題をいくつか論じるだけにしたのである．

　これらのゲームがどのようなものであるか述べられていないので，モンモールの研究を吟味することは困難である．これらの問題のうち2つは，ピケ (Piquet) というゲームに関するものであるが，この問題についてはモンモールよりもド・モワブルの方が詳しく述べている〔『**偶然論**』179頁〕．これは組合せの簡単な練習問題である．この部分に収められているモンモールの，これ以外の問題もすべて同種のものであるが，これらの問題のもとのゲームがどんなものか記述されてなくて，なじみの薄いために理解しにくいことを除けば，別に難しいところはないように思われる．

166. モンモールの第3部は，173頁から215頁までで，サイコロを用いた偶然ゲームを扱っている．この部は第1版からほとんど変っていない．最初のゲームは，キュンクノーブ (Quinquenove) とよばれている．このゲームがどういうものかを述べたあと，1人の演技者がどれ程不利になるかを計算している．第2番目はハザード・ゲームである．これもどういうゲームであるかを記述したあと，サイコロを持った方の演技者がどれ程不利になるかを計算している．このゲームについては，ド・モワブルも論じている〔『**偶然論**』160-166頁〕．第3番目はエスペランス (Esperance)・ゲームである．このゲームを記述したあと，その特定の例として演技者が3人の場合について計算している．この計算はまことに面倒なもので，3人の可能性がおのおの分数であらわされ，その共通分母が20桁にもなる．このあと，トロワ・デ (Troiz Dez)，パス・ディス，ラーフル (Rafle) というゲームが続く．これらのゲームについての説明は不明瞭であるが，これらについての問題が解かれている．ラーフル・ゲームはド・モワブルも論じている〔『**偶然論**』166頁-172頁〕．

167. 最後のゲームは，核ゲーム (Le Jeu des Noyaux) である．モンモールによれば，このゲームはオンタンの男爵 (Baron de la Hontan) がカナダの原住民の間で行われていたのを見つけてきたものであった〔モンモール，XII頁，213頁〕．このゲームは次のように説明されている．

　「黒白2面をもった核を8個使ってゲームをする．これらの核を空中に投げて，黒面が奇数個でれば，核を投げた人が相手の賭けた金を得る．また，全部白面もしくは黒面ができたときには，相手の賭金の2倍を手に入れる．これ以外の場合には，自分の賭金を相手にとられる．」

　黒白2面しかないサイコロが8個あって，これをランダムに投げるとしよう．このとき，この8個のサイコロの出方は $2^8 = 256$ 通りあって，それぞれの起りやすさは等しい．このうち，黒面が1個白面が7個の場合は8通り，黒面が3個白面が5個の場合は56通り，黒面が2個白面が6個の場合は28通り，黒面が4個白面が4個の場合は70通り，となる．また，全部黒面になるのは1通りだけである．したがって，賭金総額を A とすれば，サイコロを投げる演技者の可能性は

$$\frac{1}{256}\left\{(8+8+56+56)A+2\left(A+\frac{1}{2}A\right)\right\}$$

となり，相手の可能性は

$$\frac{1}{256}\left\{(28+28+70)A+2\left(0-\frac{1}{2}A\right)\right\}$$

となる．

　前者は $\dfrac{131}{256}A$ となり，後者は $\dfrac{125}{256}A$ となる．

第8章　モンモール

　モンモールによれば，彼はこの問題を出したのはある貴婦人で，この貴婦人はほとんど即座にこの問題を正しく解いて彼に示したということである．しかしモンモールは，この貴婦人の解法が2面のサイコロの場合だけに限定されているから，正しい解を得られたのも偶然にすぎないとほのめかして，彼女の解を手荒くけなしている．この後，モンモールは，4面のサイコロについて同様の問題を提出している．

　モンモールが，確率論に寄与したこの唯一人の女性の名を記録しておいてくれればよかったと思う．

　168. モンモールの著書の第4部は216頁から286頁までである．ここには，偶然に関するいろいろな問題，とりわけ1657年にホイヘンスが提出した5つの問題の解法が収められている〔35節参照〕．この第4部は，第1版のこれに相応する部分のおよそ2倍になっている．

　169. ホイヘンスの第1問題に対するモンモールの解法は，ヤコブ・ベルヌイのものと似ている．217頁のモンモールの備考（Remarque）の最初の数行は第1版にはなく，第2版で書き加えられたものである．この部分は，『推論法』51頁の数行にきわめてよく似ている．ところが，モンモールは『推論法』が彼の第2版より先に発表されていたにもかかわらず，この著作については序文でもそれ以外のところでも言及していないのである．しかし，『推論法』が彼の第2版より先に発表されたといっても，その間隔はわずかであるから，おそらくモンモールが『推論法』をみたのは彼自身の著書がすべて印刷されて後のことであろう．

　ホイヘンスの第5問題に対する解法は大へん面倒なもので，ヤコブ・ベルヌイのものより劣っている．そしてモンモール自身，自分のとった方法が最上のものではないことを認めている〔モンモール，223頁〕．

　モンモールが第1版で示したホイヘンスの問題に対する解法について，ジャン・ベルヌイがいくつかの改良意見を寄せている．この意見はモンモールの第5部，292～294頁に収められている．それらの意見によって，第2版の解法は改められたが，それでもなおこの問題についてのモンモールの議論は，ヤコブ・ベルヌイのものにくらべて精巧さにおいて随分劣っている．

　170. 次にモンモールが取り上げる2つの問題は，複利計算による年金額の決定にあたるものである．この問題のあと，また別の特定の問題を取りあげている．それは1個のサイコロを何回ふると，少くとも1回6の目が出る可能性が $\frac{1}{2}$ になるかを求めるものである．

　171. さて，モンモールは232頁～248頁を分配問題にあてている．彼はこれらの頁に，われわれが16節で述べたパスカルの1654年8月14日の書簡を再録し，次のように付言している〔モンモール，241頁〕．

　「パスカルの名声に敬意を払って，ここではこの書簡のなかの推論の誤りをすべて詳しく取りあげてみるというようなことはしないでおこう．ただ，彼の誤謬が文字のいろいろな配列の仕方を，まったく考慮に入れなかったことから起ったものだということを注意しておけば十分である．」

　モンモールのこの言葉は，パスカルの書簡が非常に多くの誤りを含んでいるかのようにほのめかしている．しかし，実際には，われわれが19節でみたように，フェルマーに訂正された基本的な誤りがただひとつあるにすぎない．それは一定回数の試行を必ず行なわねばならぬと想定することは正しくないという推論である〔18節参照〕．

　172. モンモールがはじめて，腕に差のある2人の演技者についての分配問題の完全な解を，2つの公式として与えた．この公式を現代記法を用いて示すことにしよう．勝つまでAは m 点，Bは n 点必要だとしよう．このとき，ゲームは $m+n-1$ 試行で決着がつく．$m+n-1=r$ とおく．Aの腕を p ——これは，1試行をAがものにする可能性である——，Bの腕を q としよう．したがって，$p+q=1$

である[8].

　このとき，Aがこのゲームに勝つ可能性は

$$p^r + rp^{r-1}q + \frac{r(r-1)}{1.2}p^{r-2}q^2 + \cdots\cdots + \frac{r!}{m!(n-1)!}p^m q^{n-1}$$

であり，また，Bがこのゲームに勝つ可能性は

$$q^r + rq^{r-1}p + \frac{r(r-1)}{1.2}q^{r-2}p^2 + \cdots\cdots + \frac{r!}{n!(m-1)!}q^n p^{m-1}$$

となる．これが第1の公式である．第2の公式では，Aがこのゲームに勝つ可能性は

$$p^m \left\{ 1 + mq + \frac{m(m+1)}{1.2}q^2 + \cdots\cdots + \frac{(r-1)!}{(m-1)!(n-1)!}q^{n-1} \right\}$$

であり，また，Bがこのゲームに勝つ可能性は

$$q^n \left\{ 1 + np + \frac{n(n+1)}{1.2}p^2 + \cdots\cdots + \frac{(r-1)!}{(m-1)!(n-1)!}p^{m-1} \right\}$$

となる．[8]

　モンモールはこの公式を証明しているが，この証明は初等的な書物にも載っているので，ここで示す必要はないであろう〔トドハンター『代数学』第LIII章〕．

173. 第1版では，モンモールは腕の差のない場合についてしか考察しておらず，さらにこれについても第1の公式を示しただけであった．したがって，この公式が算術3角形を用いるよりは便利であったというだけで，実際にはパスカルより一歩進んでいるわけではなかった〔23節参照〕．腕が違う場合の第一の公式はジャン・ベルヌイの1710年3月17日付の書簡でモンモールに伝えられたものである〔モンモール，295頁〕．すでに述べたように，ヤコブ・ベルヌイもこの公式を知っていた〔113節参照〕．分配問題に対する第2の公式は，われわれの前に初めて登場したのであるから，モンモール自身のものとすべきであろう．

174. 172節で示した2つの公式を比較すれば面白いであろう．

　次の恒等式が成立する．

$$p^r + rp^{r-1}q + \frac{r(r-1)}{1\cdot 2}p^{r-2}q^2 + \cdots\cdots + \frac{r!}{m!(n-1)!}p^m q^{n-1}$$
$$= p^m \Big\{ (p+q)^{r-m} + m(p+q)^{r-m-1}q + \frac{m(m+1)}{1\cdot 2}(p+q)^{r-m-2}q^2 +$$
$$\cdots\cdots + \frac{(r-1)!}{(m-1)!(n-1)!}q^{n-1} \Big\}$$

これは

$$(1-q)^{-(t-m)}(1-q)^{-m} = (1-q)^{-t}$$

という恒等式で表わされる関係を使って，右辺の式における q のいろいろなベキの係数がどうなるかを調べると，証明できる．

　こうして，$p+q=1$ であれば，172節で示したAの可能性についての2つの公式は数字の上で等しくなる．

175. しかしながら，$p+q=1$ でないとすると，172節で示したAの可能性についての2つの公式は数字の上で等しくないことになる．もし $p+q<1$ であれば，この公式を次のように解釈することができる．1回の試行で，Aが勝つ可能性を p，Bの勝つ可能性を q とし，引き分けになる可能性が $1-p-q$ であるとしよう．

　このとき，公式

第8章　モンモール

$$p^m\left\{1+mq+\frac{m(m+1)}{1\cdot 2}q^2+\cdots\cdots+\frac{(r-1)!}{(m-1)!(n-1)!}q^{n-1}\right\}$$

は，引き分けが1回起こるか，あるいはBがn点とる前に，Aがm点とる可能性を表わしていることになる．

このことは，$p+q=1$の場合にこの公式が成立すると したものとの推論を検討してみれば容易にわかることである．

しかし，公式

$$p^r+rp^{r-1}q+\frac{r(r-1)}{1\cdot 2}p^{r-2}q^2+\cdots\cdots+\frac{r!}{m!(n-1)!}p^mq^{n-1}$$

は，r回試行し，Aがm点とった<u>あと</u>でも引き分けがあればAの勝ちとは考えないという条件のもとで，Aがr回試行のうちm点とる可能性を表わしていることになる．

このことは，$(p+q+1-p-q)^r$を展開して，各項をp，q，$1-p-q$のベキの形にすれば，$Cp^\rho q^\sigma$ $(1-p-q)^\tau$という項は，Aがρ点，Bがσ点，引き分けがτ回となる可能性を表わしている，という事実から導かれる．

あるいは，この第2の場合については，**174**節の変形を用いてもよい．このとき，$(p+q)^{r-m}$はAが最初のm点とったあと，引き分けの起こらない可能性を表わしており，$(p+q)^{r-m-1}$はAがm点Bが1点とったあと，引き分けの起こらない可能性を表わしており……等々となる．

176. モンモールは，A，Bがそれぞれkm点，kn点とれば勝ちになる場合のA，Bの可能性は，両者がそれぞれm点，n点とれば勝ちになる場合の可能性と同じであることは容易に想像できることだが，実際にはそうならないと述べている〔モンモール，247頁〕．kが大きくなるにしたがって，必然的に腕の良い演技者の可能性が大きくなってくると，モンモールは主張するが説明はしていない．

ベルヌイの定理から，試行数が十分大きくなれば，各演技者の得点数は非常に高い確率で，それぞれの腕の良さの比にほとんど等しくなることが分っている．したがって，<u>mのnに対する比がAの腕のBの腕に対する比より小さい場合には</u>，Bがkn点とる前にAがkm点とる確率を好きなだけ高くすることができる．

明言はしていないが，おそらくモンモールは，上の下線で示した条件を念頭においていたのであろう．

177. モンモールは248頁-257頁を，ボールのゲーム (game of Bowls) の議論にあてている．この議論は分配問題に似た問題が導かれる．最初この問題は『クジの測定について』のなかで，ド・モワブルが取り上げたものである〔モンモール，366頁；および『**偶然論**』121頁〕．演技者の腕は同じで各自同数のボールを持っていると仮定して，ド・モワブルはこの問題を論じていた．一方，モンモールは，演技者たちに腕の差があり各自の持っているボールの数は異なっていると仮定して，この問題を一般化している．したがって，当然，この問題は第1版には入っていない．

256頁で，モンモールは，ある問題について一見非常にもっともらしく見えるが，その実間違っている解答例を示している．Aがボール1個，Bがボール2個もってゲームするとき，この2人の腕に差がないとすれば，1試行において，おのおのの可能性はいくらか．どのボールを最初に投げるかランダムに決められるとすれば，Bの可能性は$\frac{2}{3}$，Aの可能性は$\frac{1}{3}$となる．しかし間違った解答によって，モンモールはこれとは違った結果に達した．Aがすでに投球したとしよう．そのときBの第1投球で，BがAを負かす可能性は$\frac{1}{2}$，第1投球では失敗したが第2投球で成功する可能性は$\frac{1}{2}\times\frac{1}{2}=\frac{1}{4}$

—104—

となって，結局Bの可能性は$\frac{3}{4}$となるにみえる．モンモールは，この解法の間違いが，Bが第1投球でAを負かすことができなかったとき，第2投球でAを負かす可能性は依然として同等であると前提したところにあると考えている．というのは，Bが第1投球で失敗したということは，Aのボールが平均よりもよい位置にあることを示しているから，Bが第2投球で成功する可能性は半々以下になる筈だと考えたからである．

178. それから，モンモールはあまり重要ではない問題を続けて4題取りあげている．第1の問題は1710年パリで行われたクジに関するものだが，このクジの企画者は自分によっていちじるしく不利な公式値段をもって売出したのであった．第2の問題は組合せについての簡単な練習問題である．第3の問題は健忘症遊び（Le Jeu des Oublieux）とよばれるゲームに関するものである．第4の問題は，ホイヘンスの第11問題の拡張で，『推論法』34頁に載っている．これら4つの問題は，第2版に新たに収められたものである．

179. 今度は，268-277頁でモンモールはもっと重要な性格の問題を論じている．これもまた第2版で新たに付け加えられたものである．これは遊戯継続に関する問題である〔107節参照〕．

Aがm点，Bがn点持っているとする．1ゲームに勝つ可能性をそれぞれa，bとする．ゲームの度ごとに負けた方が相手に1点与える．xゲーム目あるいはそれ以前に，AがBの点を全部とってしまう可能性を求めよ．

この問題は，いままで解かれたこの種の問題のうちでは，もっとも難かしいものである．モンモールの公式は268頁と269頁に与えられている．

180. この問題の当時に至るまでの歴史を知りたければ，モンモールの著書の275，309，315，324，344，368，375，380頁を比較してみればよい．

モンモールはこの問題を研究し，ニコラス・ベルヌイにもやってみるようにと求めたらしい．ニコラス・ベルヌイは彼に解答を送り，これに対してモンモールは感心はしたが，理解はできなかったと述べている．彼は，自分自身の方法とニコラス・ベルヌイの方法はまったく異なっていると考えていた．しかし，後になってニコラス・ベルヌイの説明を受けとって，2人の方法は同じだという結論に到達したのである．ところが，モンモールの第2版が出る前に，ド・モワブルが『クジの測定について』のなかで，また別の方法でこの問題を解いたのである．

181. 遊戯継続についての一般問題は，ド・モワブルによって非常に正確に見事に研究された．実際，彼のこの研究は，この主題に対する彼の主要な貢献のひとつになっている．

彼は，ニコラス・ベルヌイとモンモールにふれて，次のように述べている．

「ド・モンモール氏は，彼の偶然に関する著書の第2版で，遊戯継続に関する問題に対してまことに見事な解答を与えている（これは，その著書に収められているニコラス・ベルヌイ氏の解法と一致している）が，その証明は，先の問題に対してわれわれの示した最初の解法から自然に演繹されるものである．これをここに示しておけば，読者諸氏に喜んでいただけると思う．」〔『偶然論』第1版，122頁〕

「ニコラス・ベルヌイ氏の解答は記号が非常に多く，言葉での説明が余りにも少ないので，それを十分理解することはできなかった．その結果，どうしてもド・モンモール氏の解答を非常に注意深く考察してみなければならなかった．そうしてみると，実際に彼がとても無骨な人で，そのうえ驚いたことに非常に誤りが多いということが分った．それでも，私は『偶然論』に彼の解答を収めた．しかも，誤りは修正したうえ，どこを私が修正したかはほとんど述べずに，その解答を彼のも

— 105 —

第 8 章　モンモール

のとして収録したのである．ところが，このことについて彼から感謝の言葉を何ひとつ受けなかった．そこで，私は自分の権利を行使して，今回はこれを私のものとして収めることにする……」〔『偶然論』第 2 版181頁，第 3 版211頁〕．

ド・モワブルの第 2 版，第 3 版の言葉は，ニコラス・ベルヌイの解法とモンモールの解法とが異なったものだと，暗に述べているようにみえるが，実際には，ド・モワブル自身が第 1 版で述べているように同じものである．モンモールの解答に非常に誤りが多いと述べているのは，不当に厳しすぎる．モンモールは自分の公式を示すときに，何ひとつ適当な注意を添えなかったが，そのすぐ後に与えた例は，彼自身の正しかったことを示しているし，読者をうまく手引きするものであった．『偶然論』第 2 版はモンモールの死後20年近くたって出版されたのだが，このような事情を考えれば，ド・モワブルが彼についての上にみたような前言をひるがえしたことは，あまりに度量が狭すぎるといえよう．

182. ここで，遊戯継続に関する問題に対するモンモールの一般解をみることにしよう．これとド・モワブルの研究との比較については，あとでもっと適当な機会があるだろう．モンモール自身の著作を検討する研究者に役立つと思われることを，3 つばかり述べることにしよう．

268頁，269頁でモンモールは一般的な説明を与えているが，これは誤解を招きやすい説明である．269頁末尾に与えられた例は，これより安全な手引きになっている．この説明文を文字通りたどってみると，例の 2 行目は 1 行目と，4 行目は 3 行目と，6 行目は 5 行目と同数の項からなる，ということになるはずであるが，実際に例ではこうなってはいないし，こうすれば間違いになる．このように，一般的な説明は文字通り解釈すれば正確ではないのである．

また，270頁末尾から271頁のはじめにかけて与えられたモンモールの説明は不十分である．彼も暗に述べているように，文字 a を 4 個，文字 b を11個を，文字 a 4 個の間に唯 1 個文字 b が入るように配列しなければならない，というのは正しくない．$aaabbbbbbbbbba$ というような配列もあるのである．われわれは，ド・モワブルの研究について述べるときに，再びこの点に戻ることになろう．

272頁で，モンモールは彼の公式から演繹されるひとつの法則を示している．この法則は演技者の腕の同等性を仮定している，ということを彼は述べるべきであった．さらにこの法則は $p-m$ が偶数であることも前提となっていることを，彼は述べるべきであった．

183. 275頁，276頁で，モンモールは 2 つの特別な場合について，証明ぬきで結論を出している．

(1) 腕の同じ 2 人の演技者が，各人 2 点ずつでゲームをはじめたとしよう．このとき，この試合が高々 $2x$ ゲームで終る可能性は $1-\dfrac{1}{2^x}$ となる．この結果はモンモールの一般式から導かれる．二項係数のある性質が関係してくるので，それを簡単に示しておこう．

$(1+1)^{2x}$ の展開式の各項をはじめからそれぞれ $u_1,\ u_2,\ u_3,\ \cdots\cdots$ とする．級数

$u_x+2u_{x-1}+u_{x-2}+0+u_{x-4}+2u_{x-5}+u_{x-6}+0+u_{x-8}+\cdots\cdots$ の和を S とする．

そのとき，$S=2^{2x-1}-2^{x-1}$ となる．

これを証明しておこう．$(1+1)^{2x-1}$ の展開式の第 r 番目の項を v_x，$(1+1)^{2x-2}$ の展開式の第 r 番目の項を w_r とすれば，

$$u_r=v_r+v_{r-1}$$
$$u_{r-1}=v_{r-1}+v_{r-2}=w_{r-1}+2w_{r-2}+w_{r-3}$$

となる．さきにあげた級数の奇数番目の項に，前者の変形を代入し；偶数番目の項に後者の変形を代入すると，上の級数は

— 106 —

$$v_x+v_{x-1}+v_{x-2}+v_{x-3}+v_{x-4}+\cdots\cdots+2\{w_{x-1}+2w_{x-2}+w_{x-3}+0+w_{x-5}+\cdots\cdots\}$$

となる.

この式の前の方の級数は $\frac{1}{2}(1+1)^{2x-1}$ となり，後の方の級数は，われわれが和を求めている当の級数の x を $x-1$ でおきかえたものになっている．したがって，ここで<u>帰納法</u>を適用すれば，証明は完結する．なぜならば，

$$\frac{1}{2}(1+1)^{2x-1}+2\{2^{2(x-1)-1}-2^{(x-1)-1}\}$$
$$=2^{2x-2}+2(2^{2x-3}-2^{x-2})=2^{2x-1}-2^{x-1}$$

であることは明らかである．

(2) 次に，各演技者が 3 点ずつ持ってゲームをはじめたとしよう．このとき，試合が高々 $2x-1$ 回のゲームで終る可能性は $1-\frac{3^x}{4^x}$ となる．モンモールはこの結果を第 1 版184頁で示していた．この場合にも二項係数の性質が絡んでくる．これを簡単に示してみよう．

$(1+1)^{2x+1}$ の展開式の各項を，はじめからそれぞれ $u_1,\ u_2,\ u_3,\ \cdots\cdots$ とし，次の級数の和を S とする．

$$u_x+2u_{x-1}+2u_{x-2}+u_{x-3}+0+0+u_{x-6}+2u_{x-7}+2u_{x-8}+u_{x-9}+0+0+\cdots\cdots$$

このとき，$S=2^{2x}-3^x$ となる．

これを証明しよう．$(1+1)^{2x-1}$ の展開式の第 r 番目の項を w_r とすれば，

$$u_x+2u_{x-1}+2u_{x-2}+u_{x-3}$$
$$=w_x+w_{x-1}+w_{x-2}+w_{x-3}+w_{x-4}+w_{x-5}+3(w_{x-1}+2w_{x-2}+2w_{x-3}+w_{x-4})$$

となる．もとの級数の 0 ではさまれた 4 項の組それぞれに対しても，同様の変形を施せば，$\frac{1}{2}(1+1)^{2x-1}+3\textstyle\sum$ と元の級数を変形できる（ただし，$\textstyle\sum$ は，S の x を $x-1$ でおきかえたものである）．したがって

$$S=2^{2x-2}+3\textstyle\sum$$

帰納法を適用すれば，$S=2^{2x}-3^x$ となる．

184. 腕に差のない 2 人の演技者が，同じ奇数の持ち点，たとえば m をもってゲームを始めたとしよう．$f=\frac{m+1}{2}$ とする．そのとき，モンモールは276頁で，この試合が $3f^2-3f+1$ ゲーム以内に終ると賭けると有利だ，と述べている．モンモールはどのようにしてこの近似式を得たのかは示していない．この式は $\frac{3}{4}m^2+\frac{1}{4}$ という形におきかえることができる．ド・モワブルはこの近似式について，第 1 版148頁で好意的な意見を述べている；「さて，モンモール氏は，賭博者の間に腕の差がないと前提した上で，この 2 人が奇数の同数の賭金をもっている場合について，そのような近似をみごとに明察して……」と彼は述べている．第 2 版，第 3 版では，ド・モワブルはこの賛辞を取りさげて，この法則についてこう述べている．「数が小さいときは近似的に成立するが，数が大きくなればまったく不完全なものになってしまう．というのも，彼の式から得られるゲームの数は，実際に必要ゲーム数を上まわるところか，実際にはそれを下まわってしまうからである．」〔『**偶然論**』第 3 版218頁〕．

ド・モワブルは例として，$m=45$ の場合を取りあげている．ド・モワブルが彼自身の方法で計算すると，約1531ゲーム以内にこの試合が終るということが同等の可能性をもつであろう；モンモールの法則では1519ゲームになるというわけである．われわれは，ド・モワブルとは意見を異にし，この 2 つ

第8章　モンモール

の結果は食い違っているというより，むしろほぼ一致していると考えるべきであろう．

　遊戯継続の問題は，ラプラスの『確率の解析的理論』225頁-238頁で十分に論じられている．

　185. モンモールは277頁で，ある簡単な問題に対して，その結果のいくつかを数値で示している．107節の問題で，腕に差のない２人の演技者が，最初 n 点を持ってゲームをしたとしよう．107節と同様に

$$u(x) = \frac{1}{2}\{u(x+1) + u(x-1)\}$$

である．したがって，$u(x) = cx + c_1$ となる；ただし，c，c_1 は任意の定数である．

$$u(0) = 0, \quad u(2n) = 1$$

から，これらの定数は確定する．その結果

$$u(x) = \frac{x}{2n}$$

となる．

　モンモールの例は，$n = 6$ の場合に与えられている〔モンモール，第１版178頁〕．しかし，彼はその一般法則をみつけ出せなかったらしい．ジャン・ベルヌイはこのことに驚いている〔モンモール，295頁〕．

　186. 次に278-282頁で，モンモールは４つの問題を出している．この４つの問題はもともと第１版の末尾に載せられたものであった．

　第１の問題は，トレーズ・ゲームに関するものである．モンモールはこの解を130頁-143頁で与えているし，ニコラス・ベルヌイによるその証明も301頁-302頁に収められているのに，なぜこの問題をここで繰り返したのか分らない．

　第２の問題は，エール (Her) とよばれるゲームに関するものである．モンモールとニコラス・ベルヌイの間に交わされた書簡には，あちこちにこの問題に関する議論がみられる〔モンモール，321，334，334，338，348，361，376，400，403，409，413頁〕．**187**節で再びこの問題を論じよう．

　第３の問題は，フェルム (Ferme) をよばれるゲームに関するものである．本書ではこれ以上この問題にふれない．

　第４の問題は，タ (Tas) とよばれるゲームに関するものである．この問題は**191**節でふれることにする．

　モンモールの書物の**緒言**XXV頁の言葉からは，上の４問題の解がすべてこの本のどこかに書かれているように読取れるのであるが，実際には第１の問題が解かれているだけで，残りはモンモール自身解いていなかったのではないかと思われる〔モンモール，321頁〕．

　187. エールとよばれるゲームに関する議論について，いくらか説明しておいた方がよかろう．このゲームは数人でするものだと，モンモールは書いているが，ここでの議論は演技者２人の場合に限られているので，われわれもこれに従うことにしよう．

　太郎は普通のトランプ・カード１組を持っている．彼はそれからランダムに１枚を抽き出して次郎に配り，自分もまた１枚とる．それで，相手より強いカードを持っていれば，その人が勝ちということになる．カードの強さは，弱い順から，エース，２，３，……，ジャック，クィーン，キングとなる．

　ここで，もし次郎が自分のもらったカードに不満なら，このカードを太郎のものと取り替えることができる．ただし，太郎がキングを持っているときは，太郎は交換を拒否できる．太郎は，最初とっ

—108—

たカード，もしくは次郎に交換させられたカードに不満であれば，もう1枚別のカードを抽いて，それと持札とを取り替えることができる．ただし，このとき，抽いたカードがキングだったら，取り替えはできず，不満だったもとの持札をそのまま持ちつづけなければならない．最後にカードを見せあって，太郎と次郎がともに同じ強さのカードを持っておれば，次郎の負けとなる．

188. 問題は，太郎と次郎の相対的な可能性の確定にある．そして，この可能性は2人がカードを取り替える権利を行使するかしないかによって異なってくる．モンモールはこの問題を2人の友人に伝えている．ひとりは，後でも出てくるウォルドグラーヴ（Waldegrave）で，いまひとりはラベ・ド・モンスリ（l'Abbé de Monsoury）とも，ラベ・ドルベ（l' Abbé d' Orbais）ともよばれている人である．この二人は，この問題のある点については，ニコラス・ベルヌイと意見を異にしている．ニコラス・ベルヌイは，ゲームの進行状態に応じて，演技者各人の選択できる2つの方法のうちどちらをとるべきかが決まってくると主張したが，この二人は決まらないと主張したのである．

モンモールは，最初のうち，この点についてほとんど口をはさまなかったが，最後の方の手紙でニコラス・ベルヌイの意見には反対であると述べている．ニコラス・ベルヌイは自分の見解を十分に説明したい意向を示しているが，この説明はなされないまま二人の交信は終っている．

189. 議論の性格を明らかにするために，少し詳しくみていこう．

読者は当然，ひとつの一般原則——すなわち，演技者が強いカードを持ったときには，危険を冒してカードを取り替えるようなことをしないのが無難である，という原則——がある筈だと思ったことであろう．たとえば，次郎が8もしくはそれ以上のカードを持てば，彼はこれに満足して太郎のカードと交換するようなことはしないだろうし，また，次郎が6もしくはそれ以下のカードを持てば，彼は太郎のカードと交換するであろう．この点については，どの論争者も黙認しているようである．したがって，結局，次郎が7のカードを持ったときにどうするべきかが問題になる．この場合を論ずるための数値例が，モンモールの339頁に与えられている．その例を，解をうる経過の説明もまじえながら，ここにもう一度示しておこう．

Ⅰ．次郎はカード7をもっている．このとき，彼が太郎とカードを取り替えれば，彼の勝つ可能性はいくらになるか．

次郎が取り替えたときには，太郎は次郎がどのカードを持っているかを知っているし，太郎自身が7を持っていることも分っている．そこで，次郎が7もしくはそれ以下のカードを持つことになれば，太郎は満足する状態になる．次郎が8もしくはそれ以上のカードを持つことになれば，彼はもう1枚別のカードを抽くことになる．そこで，太郎が最初に**クィーン**，**ジャック**，10，9，8のどれかのカードを持っていた場合に，次郎が勝つ可能性が生ずる．これらの場合のうち，太郎が10のカードを持っていた場合を取りあげてみよう．太郎が10のカードを持っている可能性は$\frac{4}{51}$である．次郎はこのカードを手に入れ，太郎は7のカードを得る．太郎はこのカードのかわりに，残り50枚のカードから1枚を抽きぬく．この50枚のカードのうち，39枚が次郎に好都合のカードである．すなわち，7が3枚，**キング**が4枚，9が4枚，8が4枚，6が4枚，……，**エース**が4枚である．

このようにやっていくと，次郎の勝つ可能性は

$$\frac{4}{51} \cdot \frac{47+43+39+35+31}{50} = \frac{780}{51 \cdot 50}$$

となる．

この場合には，太郎の出方がはっきりしているので，これを考えずに次郎の可能性を求めることが

— 109 —

第 8 章　モンモール

できる.

　Ⅱ. 次郎はカード 7 を持っている. このとき, 彼がこのカード 7 を取り替えないで持っていたら, 彼の勝つ可能性はいくらになるか.

　この場合, 可能性は太郎の出方によって違ってくる. ところで, 太郎が 9 もしくはそれ以上のカードを持っているときはそのままで, 7 もしくはそれ以下のカードを持っているときにはもう 1 枚抽くであろう, ということについてはどの論争者も黙認しているようである. したがって, 太郎がカード 8 を持っているときはどうするかが問題となる.

　(1)　太郎の方針は, カード 8 が手元に来たときは取り替えないとする.

　太郎が 7, 6, 5, 4, 3, 2, **エース** を 1 枚持っている場合, 次郎が勝つ可能性が出てくる. このとき, 太郎はもう 1 枚カードをひく.

　ここで, 前と同じ方法を用いれば, 次郎の勝つ可能性は

$$\frac{3}{51}\cdot\frac{24}{50} + \frac{4}{51}\cdot\frac{27}{50} + \frac{4}{51}\cdot\frac{27}{50} + \frac{4}{51}\cdot\frac{27}{50} + \frac{4}{51}\cdot\frac{27}{50} + \frac{4}{51}\cdot\frac{27}{50} + \frac{4}{51}\cdot\frac{27}{50} = \frac{720}{51\cdot50}$$

となる.

　(2)　太郎の方針は, カード 8 が手元に来たときは取り替えるとする.

　この場合は, 上の結果に $\frac{4}{51}\cdot\frac{24}{50}$ を加えればよい, したがって, 次郎の勝つ可能性は $\frac{816}{51\cdot50}$ になる.

　結局, 次郎の勝つ可能性は, Ⅰ の場合 $\frac{780}{51\cdot50}$, Ⅱ の場合 $\frac{720}{51\cdot50}$ か $\frac{816}{51\cdot50}$ となる. Ⅱ の場合, 太郎が (1)(2) の方針をいずれも同等の可能性をもってとるとすれば, 次郎の勝つ可能性は $\frac{1}{2}\left(\frac{720}{51\cdot50}+\frac{816}{51\cdot50}\right)=\frac{768}{51\cdot50}$ となる. このように, Ⅱ の場合の方が 1 の場合より, 次郎の勝つ可能性は少なくなるわけである. したがって, 次郎はカード 7 を配られたときには, それを取り替えるという方針をとるべきである, ということになる. これがニコラス・ベルヌイが考えた推論のひとつである.

　一方, 彼の論敵は, 太郎が上に述べた 2 つの方針のどれを選ぶかという可能性は同等である, とすることは正しくないと主張した.

　そこで, 次のような可能性を評価すべきであろう. 太郎がカード 8 を持ち, 次郎がこのカードを自分のカードと取り替えなかったとする. このとき, 太郎の勝つ可能性はどうなるか. 太郎は次のように推論せねばならない.

　Ⅰ. 次郎の方針は, カード 7 を取り替えるとする. そうすれば, 彼はいま 8 もしくはそれ以上のカードを持っている筈である. つまり彼は 23 枚のカードのうち 1 枚を持っていなければならない.

　(1)　ここで太郎がこのカード 8 をとっておけば, 太郎が次郎を負かす可能性は, 次郎のカードが 3 枚の 8 のカードのどれか 1 枚である場合だけである. つまり, 可能性は $\frac{3}{23}$ である.

　(2)　ここで太郎がこのカード 8 を取り替えることにすれば, 次郎が **クィーン**, **ジャック**, 10, 9, 8 のどれかを持っている場合に, 太郎の勝つ可能性が生ずるとすれば, その可能性は

$$\frac{4}{23}\cdot\frac{3}{50} + \frac{4}{23}\cdot\frac{7}{50} + \frac{4}{23}\cdot\frac{11}{50} + \frac{4}{23}\cdot\frac{15}{50} + \frac{3}{23}\cdot\frac{22}{50} = \frac{210}{23\cdot50}$$

となる.

　Ⅱ. 次郎の方針は, カード 7 のときはそのままにしておく, ものとする. そうすれば, 前と同様に

　(1)　ここで太郎がこのカード 8 をとっておけば, 太郎の勝つ可能性は $\frac{7}{27}$ となる.

— 110 —

(2) ここで太郎がこのカード8を取り替えると，太郎の可能性は

$$\frac{4}{27}\cdot\frac{3}{50}+\frac{4}{27}\cdot\frac{7}{50}+\frac{4}{27}\cdot\frac{11}{50}+\frac{4}{27}\cdot\frac{15}{50}+\frac{3}{27}\cdot\frac{22}{50}+\frac{4}{27}\cdot\frac{26}{50}=\frac{314}{27\cdot50}$$

となる．

190. これらの数値例は，論争者たちに認められた．だから，以上のことをまとめてみよう．まず，問題は，次郎があるカードを保有しておくべきかどうか，太郎があるカードを保有しておくべきかどうか，である．もし次郎が相手の方針を知っているとすれば，彼の相手の逆をやればよい．つまり，相手がカードを取り替えるという方針なら自分はカードを保有しておく；相手がカードを保有しておくという方針なら自分はカードを取り替える．また，もし太郎が相手の方針を知っているとすれば，彼も次郎と同じようにすればよい．つまり，相手がカードを保有するという方針なら自分もカードを保有し，相手がカードを取り替えるという方針なら自分もカードを取り替える．

ところが，ニコラス・ベルヌイは次郎はカードを取り替えるべきであり，したがって当然太郎もカードを取り替えるべきであると主張した．これに対して，モンモールは405頁で次のように反論している．

「要するに，もし私が次郎で，貴方が太郎の助言者であることを知っているとすれば，私がカード7はとっておかねばならないことは明らかです．同様に，私が太郎で，貴方が次郎の助言者であることを知っているとすれば，私はカード8を取り替えねばなりません．この場合，貴方は次郎に間違った助言を与えたことになります．」

読者は，クレタ人であるエピメニデス（Epimenides）がクレタ人は皆嘘つきだといったとき，クレタ人は正直者かどうか，という古い謎を思いおこすであろう．

ニコラス・ベルヌイの論敵たちは，最初，次郎がカード7を保有しておいても取り替えても，また太郎がカード8を保有しておいても取り替えても，相違はないと主張した．そして，モンモールはこの点について彼らは間違ったのだと考えた．しかし議論のなかで，演技者にとって絶対に正しいという方針はたてられないと主張して，彼らは自分たち自身を弁明した．そして，この点に関してモンモールは彼らは正しかったと考えた〔モンモール，40頁〕．

この問題は，トランブレ（Trembley）が『ベルリン……アカデミー紀要』1802年号で考察している．

191. モンモールが出した第4問題は，タ・ゲーム（Le Jeu des Tas）に関するものである．このゲームは，281頁に，次のように説明されている．

「何が議論されるかを理解するために，必要なことを説明しよう．オンブル（hombre,トランプ・ゲームの1種）の再開後，時々演技者の1人が1人で楽しむゲームに，タ・ゲームがある．これはまず，カードを4枚ずつ10個の山（*tas*）に分けて，これらを裏返しておく．次にそれぞれの山の最初のカードをめくって，同じ数字のもの——たとえば，キング2枚とか，ジャック2枚とか，6が2枚とか，等々——があれば，これら2枚をペアにして脇にのけておく．そして，ペアにしてのけられたカードのすぐ下のカードをめくる．……こうして2枚ずつ取り除いていって，それぞれの山の最後のカードまでめくれば，勝ちということにする．」

このゲームはまったく純粋な偶然ゲームではない．なぜなら，ペアにして取り除く仕方がいくつかあって，演技者がそこから1つの仕方を主観的に選ぶことがしばしば起こるからである．上のゲームの説明では，40枚のカードを用いることになっているが，モンモールは40枚という制限をつけずに，一般的に解こうとして，この問題を提起している．彼は，演技者の勝つ可能性と，もっとも有利な方

第8章　モンモール

法を示している．彼によれば，このゲームに金が賭けられることはめったになく，よく婦人の間で行われていたとのことである．

192. モンモールは321頁で，この問題の特殊な場合について，証明ぬきで結論を与えている．この特殊な場合というのは，カードがn個のペアからなり，各ペアは同数字の2枚のカードからなるとする．これらのカードをランダムに2枚ずつn個の山に分ける．彼によれば，このとき演技者の勝つ可能性は$\dfrac{n-1}{2n-1}$となる．ニコラス・ベルヌイは334頁で，この公式は正しいが，しかし自分自身は$n=2$，3, 4, 5, ……というようにひとつずつ，あてはめる帰納法でこの公式が正しいことを知っただけなので，どのように導いたか教えて欲しいといっている．このことから，ニコラス・ベルヌイはこの公式がある場合には正しいということを実際に検討しただけで，一般的な証明を与えたのではないと想像される．モンモールはニコラス・ベルヌイのこの要請を看過したらしい．というのは，書簡ではこれ以降一度もこの問題にふれていないからである．結論が非常に単純で，しかもニコラス・ベルヌイが難かしいと思ったというから，ここでその解を与えておくのも面白いと思う．容易に分るように，この場合には，演技者が数枚の同数字のカードからどの2枚をとってペアを作ろうかということは起こりえないから，このゲームは純粋な偶然ゲームである．

193. この問題を解くためには，演技者が負ける場合のカードの状態を考えてみればよい．それは，表を向けたカードのなかにペアを1つも作れない場合である．演技者は一番最初からこういう状態になってしまうかもしれないし，あるいは何ペアかを作った後でそうなるかもしれない．こういう状態になったとき，<u>まだ1枚もとり除かれていない山がいくつか残されていることと，表向けられているがペアを作れないカードが残されていること</u>になる．このことは，よく考えてみると明らかなことである．

そこでまず，(1)可能な場合が全部で何通りあるか．(2)演技者が一番最初に駄目にされてしまう場合は全部で何通りあるか，を求めねばならない．

(1)　$2n$枚のカードが$2n$個所に並べられると考えてよいから，可能な場合は全部で$(2n)!$通りある．

(2)　ここで，まずカードを上のn個所に並べ，次に下のn個所に並べると考えて，この場合の数を求めることができる．まず，最初の位置に$2n$枚のカードからどれか1枚をとっておく．次に2番目の位置に先においたカードとペアをなすカードを除いて，$2n-2$枚のうちからどれか1枚をとっておく．さらに3番目の位置には先においた2枚のカードとペアをなすカードを除いて$2n-4$枚のうちからどれか1枚をとっておく……等々，とすればよい．こうすれば，上のn個所に並べる方法の数は$2^n n!$通りになる．次に下のn個所に並べる方法の数は$n!$通りとなる．したがって，一番最初の試行で演技者が駄目になってしまう場合の数は，$2^n(n!)^2$通りとなる．

ここで，n個の山の並び方の違いを無視してしまうと，上の2つの結果をそれぞれ$n!$で割ればよい．このとき，結果はそれぞれ$\dfrac{(2n)!}{n!}$，$2^n n!$となる．以下，この形を用いることにする．

負けになる場合の数をu_nとし，カードがrペアからなっているとき勝ちになる場合の数をf_rとしよう．

$$u_n = 2^n n! + \sum \frac{n!}{r!(n-r)!} f_r (n-r)! 2^{n-r}$$

である．ただし，加算は$r=2$から$r=n-1$までにわたる．

このことを証明しよう．すでに述べたように，演技者が負けるのは表向けたカードがペアにできな

— 112 —

いで，まだ1枚も取り除かれていない山がいくつか残っている場合である．いま，$n-r$個の山が残ったとしよう．つまり，もとのn個の山からr個の山が取り除かれたわけである．nペアからrペアを選ぶ場合の数は$\frac{n!}{r!(n-r)!}$で示される．また，これらのrペアが取り除かれるように並べられる場合の数がf_rである．さらに，$2^{n-r}(n-r)!$は，残りの$n-r$個のペアのカードを1枚ずつ表向けるとひとつのペアも作らずに，$n-r$個の山に分けられる場合の数を示している．

ゲームの性格からいって，$r=1$の場合は起こりえないことがわかる．なぜなら，ゲームが一番最初の試行で駄目になってしまうのでない限り，2ペア取り除けることは確かだからである．しかし，$r=1$のとき，$f_r=0$となるのだから，加算を$r=1$から$r=n-1$までの範囲にわたるとしてよい．

そこで，次の式をうる．

$$u_n = 2^n n! \left\{ 1 + \sum_{r=1}^{n-1} \frac{f_r}{2^r r!} \right\}$$

u_{n-1}に対する加算は，$r=1$から$r=n-2$までとなる．そこで，次式をうる．

$$u_n = 2n u_{n-1} + 2n f_{n-1} .$$

ところで

$$u_{n-1} + f_{n-1} = \frac{(2n-2)!}{(n-1)!} \quad ;$$

したがって

$$u_n = \frac{2n(2n-2)!}{(n-1)!} .$$

そして，

$$f_n = \frac{(2n)!}{n!} - u_n = \frac{2(2n-2)!}{(n-2)!} \quad ;$$

かつ

$$f_n \div \frac{(2n)!}{n!} = \frac{n-1}{2n-1} .$$

これが，モンモールの結果である．

194. さて，ここでモンモールが彼の著作中第5部とよんだものに達する．この第5部は283頁〜414頁である．この部には，モンモールとニコラス・ベルヌイの間に交わされた書簡，ならびにジャン・ベルヌイからモンモールへの書簡1通とその返信1通が収められている．この部はすべて，第2版ではじめて収められたものである．

ライプニッツの友人であり，オイレルの師であったジャン・ベルヌイは，ヤコブ・ベルヌイを長兄とする3人兄弟の末であった．ジャンは1667年に生まれ，1748年に死んでいる．この兄弟の二番目はニコラスという名であったが，彼の息子も同じ名前で，この息子がモンモールの友人であり，彼と書簡を交換した人物であった．ニコラスは1687年に生まれ，1759年に死んでいる．

ジャン・ベルヌイ

195. 書簡のいくつかはモンモールの第1版に関するものである．そして第1版の内容に近づくためにも，これらの書簡を便宜的に研究することは必要である．なぜなら，モンモール第2版では第1版のそれぞれに対応するくだりを引

第8章　モンモール

照しているけれども，しかもこれらのくだりは，上の書簡のなかでなされた批判にしたがって修正もしくは改正されているので，もとの版がどのようなものであったのかは必ずしも明瞭とはいえないからである．

196. 最初の書簡はジャン・ベルヌイからのものである〔モンモール，283頁〜298頁〕．この書簡は，**『ジャン・ベルヌイ著作集（全4巻）』**（ローザンヌ，ジュネーブ，1742年）にも収められている〔第1巻，453頁〕．

ジャン・ベルヌイは，モンモールの第1版に言及し，いくつかの誤りを訂正し，改良すべき点をいくつか指摘している．彼は，モンモールがファラオン・ゲームについての講義をもっとも簡単な形で与えなかったと指摘している．しかし，モンモールはこの部分を修正しなかった．ジャン・ベルヌイは胴元の利益について一般公式を与えたのに，155節でみたようにモンモールはこれを採用しなかったのである．

197. ジャン・ベルヌイは，第1版でモンモールが2度もおかした奇妙な間違いを指摘している〔モンモール，288頁，296頁〕．モンモールは，ある等比数列の一定個数の項の和が，実際に求められないと考えたのである．彼は，その和を与えるありきたりの代数公式を忘れたか，あるいは知らなかったように思われる．ジャン・ベルヌイが引用した部分は，第1版の35頁と181頁であったが，私のみた第1版の唯一の写本では，ジャン・ベルヌイの引用文にあたるところはなかった．しかし，2つの部分とももとの頁が削除されたり，間違いを訂正して別のものに置き換えられているように思われる．

この間違いを指摘してのち，ジャン・ベルヌイは次のように述べている．

「しかし，他の部分については，あなたは上手に対数を使っています．私も12年前にこんな機会に対数を有効に用いたことがあります．そのときの問題は，はじめ樽に一杯のブドー酒があって，これを1年間毎日一定量ずつ純粋の水と入れかえていくとすれば，樽のなかに残るブドー酒と水の量はいくらになるか，というものでした．この奇妙な問題の解答は**『栄養について』**（*De Nutritione*）という私の論文のなかにあります．この論文については，ヴァリニュオン氏[(9)]（*Varignon*）があなたにお伝えできると思います．私がこの問題を作ったのは，目に見えない形で，つねに私たちの身体から発散し，消失しているものを補うために，私たちが毎日栄養補給して得ている新しい物質と，それに混って私たちの身体に残っている古い物質の量をどのように求めればよいかを示すためのものでした．」

『栄養について』という論文は，ジャン・ベルヌイ著作集に収められている．

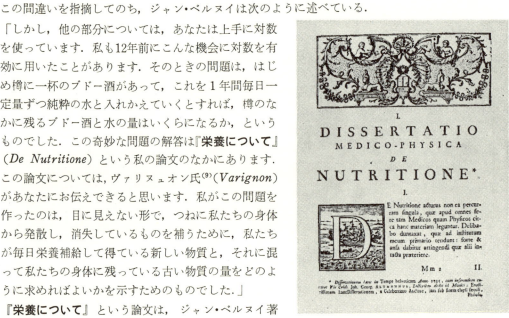

『ジャン・ベルヌイ著作集』第1巻，275頁

198. 次に，ジャン・ベルヌイは，トレーズ・ゲームに関するモンモールの議論に言及している．彼はそこで次のような定理を与えている．

$$\phi(n) = 1 - \frac{1}{2!} + \frac{1}{3!} - \frac{1}{4!} + \cdots\cdots + \frac{(-1)^{n+1}}{n!}$$

$$\Psi(n) = \phi(n) + \frac{1}{1}\phi(n-1) + \frac{1}{2}\phi(n-2) + \cdots\cdots + \frac{1}{(n-1)!}\phi(1)$$

とするとき,

$$\Psi(n) = \frac{1}{1} + \frac{1}{2!} + \frac{1}{3!} + \frac{1}{4!} + \cdots\cdots + \frac{1}{n!}$$

この定理は帰納法によって証明できる. なぜなら, $\Psi(n)$ は,

$$1\left\{1 + \frac{1}{1} + \frac{1}{2!} + \frac{1}{3!} + \cdots\cdots + \frac{1}{(n-1)!}\right\} - \frac{1}{2}\left\{1 + \frac{1}{1} + \frac{1}{2!} + \frac{1}{3!} + \cdots\cdots + \frac{1}{(n-2)!}\right\}$$

$$+ \frac{1}{3!}\left\{1 + \frac{1}{1} + \frac{1}{2!} + \frac{1}{3!} + \cdots\cdots + \frac{1}{(n-3)!}\right\} - \cdots\cdots$$

と書くことができ, これから

$$\Psi(n+1) = \Psi(n) + \frac{1}{(n+1)!}$$

を示すことができるからである.

199. ジャン・ベルヌイは, 次にホイヘンスの第5問題に対するモンモールの解法に注意を向けている〔35節参照〕.

ジャン・ベルヌイによれば, モンモールは第2・第3問題をホイヘンスの考えた意味どおりに理解していなかった. 第5問題については, モンモールは問題の表現をまったく別のものにしてしまったが, 実際に解くときはホイヘンスの表現どおりにしている. 第2版ではモンモールは誤りを訂正して, 第2・第5問題についての彼の解答に対してなされた反論が正しいことを認めている. しかし, 第3問題については, 彼は自己の最初の考え方を固執している〔モンモール, 292頁, 305頁〕.

ジャン・ベルヌイは, 次に, 分配問題の解法にふれて, その一般公式を示している. これについては, 173節でみてきた. このあと, 彼はモンモールが十分に考察しなかったひとつの問題にふれている〔85節参照〕.

200. ジャン・ベルヌイは, モンモールの著作を高く評価したが, 同時にこれを拡張し, 内容豊かなものにするよう勧めている. 彼はモンモールが読者の研究のために出した4つの問題にふれて, 第1の問題は一生かかってもできない程だし, 第4の問題は自分には理解できないし, また残りの2つの問題も解くのは大へん面倒だと思う, と述べている. しかし, この意見はまったく誤っているように思われる. 第1の問題は4つの問題のうちでもっとも簡単だし, 現に何らの困難もなく解かれる〔161節参照〕. おそらく, ジャン・ベルヌイはこれをもっと一般的な意味に理解したのであろう〔モンモール, 308頁〕. 第4の問題はまったく分りやすい問題だし, その特殊な場合は単純である〔193節参照〕. 第2, 第3の問題はこれよりずっと扱いにくいように思われる.

201. 299頁〜303頁には, ニコラス・ベルヌイからモンモールへの一通の書簡が収められている. この書簡のなかで, モンモールの第1版にあった2つの間違いが訂正されている. また, ここにはファラオン・ゲームにおける胴元の利益についての公式が証明なしで与えられており, さらにバセット・ゲームでの胴元の利益についての公式も与えられている. モンモールは前者の公式を第2版で引用している〔157節参照〕. ニコラス・ベルヌイは, トレーズ・ゲームを分析する際に発見された公式について, 勝れた研究をしている〔161節参照〕. 彼はまた, ある偶然ゲームを簡単に論じている. これを説明することにしよう.

202. 1組の演技者 A, B, C, D, ……がカードを使って, 1セット l ゲームの試合をするとしよう. 最初胴元はAで, 彼が次のゲームにもカードを配る権利を保持する可能性は $m+n$ 中 m, これを

— 115 —

第8章　モンモール

失う可能性は $m+n$ 中 n であるとする．Aがカードを配る権利を失なったときは，彼の右手の人が胴元になる．この後もこの順番で胴元が変っていくものとする．また，BはAの左，CはBの左，……等々にすわる．Aが胴元のときの各演技者の利をそれぞれ a，b，c，d，……とする．このゲームは純粋の偶然ゲームであって，各演技者の利益はその位置によって完全にきまるものとする．

A，B，C，D，……の可能性をそれぞれ，z，y，x，u，……で示し，$s=m+n$ とする．このとき，ニコラス・ベルヌイは次のような値を与えている．

$$z=a+\frac{ma+nb}{s}+\frac{m^2a+2mnb+n^2c}{s^2}+\frac{m^3a+3m^2nb+3mn^2c+n^3d}{s^3}+\cdots\cdots$$

$$y=b+\frac{mb+nc}{s}+\frac{m^2b+2mnc+n^2d}{s^2}+\frac{m^3b+3m^2nc+3mn^2d+n^3e}{s^3}+\cdots\cdots$$

$$x=c+\frac{mc+nd}{s}+\frac{m^2c+2mnd+n^2e}{s^2}+\frac{m^3c+3m^2nd+3mn^2e+n^3f}{s^3}+\cdots\cdots$$

$$u=d+\frac{md+ne}{s}+\frac{m^2d+2mne+n^2f}{s^2}+\frac{m^3d+3m^2ne+3mn^2f+n^3g}{s^3}+\cdots\cdots$$

等である．

これらの数列はそれぞれ l 項までつづく．演技者が l 人に満たない場合には，一組の文字 a，b，c，d，e，f，g，……が繰り返されることになる．たとえば，演技者が4人しかいなければ，$e=a$，$f=b$，$g=c$，……となるわけである．

各項の意味は容易にわかるであろう．たとえば，z の値を考えてみよう．Aが配る；このときの利益は a．次に，Aが2回目も配る可能性は s 中 m，配る権利が次の人に移る可能性は s 中 n で，このときAはBが最初にいた位置にくる．したがって $\frac{ma+nb}{s}$ という項が得られる．さらに3回目については，可能な場合は全部で $(m+n)^2=s^2$ 通り；このうちAが3回目に配る場合は m^2 通り；Aの右手の演技者が配る場合は $2mn$ 通り，さらにもう一人右手の人が配る場合は n^2 通りである．したがって，$\frac{m^2a+2mnb+n^2c}{s^2}$ の項が得られる．以下同様である．

このあと，ニコラス・ベルヌイは，上のような式に対して，もう1つの形を与えている．これを z について与えておこう．他の値については，これから推測できる．

$$q=\frac{s}{n}, \ r=\left(\frac{m}{s}\right)^l, \ t=\frac{n}{m}$$

とする．

$$z=aq(1-r)+bq\{1-r[1+tl]\}+cq\left\{1-r\left[1+tl+\frac{t^2l(l-1)}{1\cdot2}\right]\right\}$$
$$+dq\left\{1-r\left[1+tl+\frac{t^2l(l-1)}{1\cdot2}+\frac{t^3l(l-1)(l-2)}{1\cdot2\cdot3}+\cdots\cdots\right]\right\}$$

この級数は l 項までつづく．

この変形は次のようにして導かれる．たとえば z の値から c の係数を取り出してみると，その係数は

$$\frac{n^2}{1\cdot2s^2}\left\{1\cdot2+3\cdot2\frac{m}{s}+4\cdot3\frac{m^2}{s^2}+5\cdot4\frac{m^3}{s^3}+\cdots\cdots\right\}$$

となる．ただし，{ }の内の級数は $l-2$ 項つづく．

次に，この式が

— 116 —

$$q\left\{1-r\left[1+tl+\frac{t^2l(l-1)}{1\cdot2}\right]\right\}$$

と一致することを示さなければならない.

　ここで，この場合を特殊例として含んでいる一般定理を取り上げることにしよう.

$$S=\frac{n^\lambda}{s^\lambda\lambda!}\left\{P_1+P_2\frac{m}{s}+P_3\frac{m^2}{s^2}+\cdots\cdots(l-\lambda\text{項まで})\right\}$$

とする．ただし，$P_\rho=\dfrac{(\rho+\lambda-1)!}{(\rho-1)!}$ とおく.

$$u=1+\frac{m}{s}+\frac{m^2}{s^2}+\cdots\cdots+\frac{m^{l-1}}{s^{l-1}}$$

とすると，

$$S=\frac{n^\lambda}{\lambda!}\ \frac{d^\lambda u}{dm^\lambda}$$

となる.

　さて

$$u=\frac{1-\left(\dfrac{m}{s}\right)^l}{1-\dfrac{m}{s}}\equiv\frac{1-\mu^l}{1-\mu}\quad;$$

したがって

$$\frac{d^\lambda u}{dm^\lambda}=\frac{\lambda!}{s^\lambda}\ \frac{1-\mu^l}{(1-\mu)^{\lambda+1}}-\frac{\lambda}{1}\frac{(\lambda-1)!}{s^\lambda}\ \frac{l\mu^{l-1}}{(1-\mu)^\lambda}$$

$$-\frac{\lambda(\lambda-1)}{1\cdot2}\frac{(\lambda-2)!}{s^\lambda}\frac{l(l-1)\mu^{l-2}}{(1-\mu)^{\lambda-1}}-\frac{\lambda(\lambda-1)(\lambda-2)}{1\cdot2\cdot3}\frac{(\lambda-3)!}{s^\lambda}\frac{l(l-1)(l-2)\mu^{l-3}}{(1-\mu)^{\lambda-2}}\cdots\cdots$$

$$=\frac{s\lambda!}{n^{\lambda+1}}\left\{1-r\left[1+tl+\frac{t^2l(l-1)}{1\cdot2}+\frac{t^2l(l-1)(l-2)}{1\cdot2\cdot3}+\cdots\cdots\right]\right\}\quad,$$

ここで，〔　〕の内の級数は，$\lambda+1$ 項までである.

　問題の性質から考えて，

$$a+b+c+\cdots\cdots=0\qquad\text{また}\quad z+y+x+\cdots\cdots=0$$

l を無限大もしくは十分大きな数と考えることができれば，問題は非常に簡単になる．なぜなら，A の利益を z とすれば，A が次回にも胴元になったときの A の利益は依然として z であり，胴元が次の人に移ったときには，A の利益は B の最初の利益と等しくなるからである．したがって

$$z=a+\frac{mz+ny}{s}\quad.$$

　s を掛けて整理すると

$$z=y+aq\quad.$$

　同様にして

$$y=x+bq,\ x=u+cq,\ \cdots\cdots$$

　こうして，

$$z=\frac{q}{p}\{a(p-1)+b(p-2)+c(p-3)+\cdots\cdots\}$$

なる式が得られる；ここで，p は演技者の総数を表わしている．$y,\ x,\ \cdots\cdots$ の値を求めるためには，文字を対称的におきかえればよい.

— **117** —

第8章　モンモール

この結果は，また

$$z=-\frac{q}{p}\{a+2b+3c+\cdots\cdots\}$$

のようにも表わすことができる．

203. 次の書簡はモンモールからジャン・ベルヌイにあてたものである．それは303頁～307頁に載せられている．モンモールは，ジャン・ベルヌイが注意した点について簡単にふれている．また，彼はニコラス・ベルヌイに考えてもらいたいと，遊戯継続に関するひとつの問題を提出している．

204. 次の書簡はニコラス・ベルヌイならモンモールにあてたものである．それは308頁～314頁に載せられている．

ニコラス・ベルヌイは，まずトレーズ・ゲームにふれて，その一般公式を示している．しかし，たまたま彼はこの公式を間違って示した．彼はのちにモンモールからこのことを指摘されて訂正している〔モンモール，315頁，323頁〕．

ここでは，161節ですでに考察した単純な場合におけるニコラス・ベルヌイの方法にならって，この公式を研究してみることにしよう．

n 枚のカードがあって，これを p 組に分割するとしよう．1つの組のカードを順番に a，b，c，$\cdots\cdots$ で示すことにする．

すべての場合の数は $n!$ である．

a が最初にくる場合の数は $p(n-1)!$ である．

a が最初にこないで b が2番目にくる場合の数は $p(n-1)!-p^2(n-2)!$ である．

a が最初にこないし b も2番目にこないで，c が3番目にくる場合の数は

$$p(n-1)!-2p^2(n-2)!+p^3(n-3)!$$

以下同様である．

こうして，最初のカードで勝つ確率は $\dfrac{p}{n}$，2番目のカードで勝つ確率は $\dfrac{p}{n}-\dfrac{p^2}{n(n-1)}$，3番目のカードで勝つ確率は $\dfrac{p}{n}-\dfrac{2p^2}{n(n-1)}+\dfrac{p^3}{n(n-1)(n-2)}$，等々となる．

こうして，はじめの m 枚のカードのどれかで勝つ確率は

$$\frac{mp}{n}-\frac{m(m-1)}{1\cdot2}\frac{p^2}{n(n-1)}+\frac{m(m-1)(m-2)}{1\cdot2\cdot3}\frac{p^3}{n(n-1)(n-2)}\cdots\cdots$$

である．

ここで，$m=\dfrac{n}{p}$ を代入すれば，勝つ確率全部が求まる．それは

$$\frac{1}{1}-\frac{n-p}{1\cdot2(n-1)}+\frac{(n-p)(n-2p)}{1\cdot2\cdot3(n-1)(n-2)}-\frac{(n-p)(n-2p)(n-3p)}{1\cdot2\cdot3\cdot4(n-1)(n-2)(n-3)}+\cdots\cdots$$

である．

205. このあと，ニコラス・ベルヌイはまた別のゲームに移って，ここでモンモールの結論に反論している．モンモールは，ゲームがある段階で終るものだとすれば，第1演技者に一定の利があると考えた．しかし，ニコラス・ベルヌイは，その段階でゲームは終了する筈はなく，演技者たちが彼らの位置をかえねばならないと考えたのである．彼によれば，第1演技者の利は，モンモールの述べた利の半分でなければならないという．この点は偶然の理論に属することではなく，トランプの規則に関することなので，余り興味はない．それでも，モンモールはニコラス・ベルヌイの指摘が正しいとは認めていない〔モンモール，309頁，317頁，327頁〕．

— 118 —

206. このあと，ニコラス・ベルヌイは，モンモールが彼のために出した遊戯継続の問題を考察している．ここでニコラス・ベルヌイは，さきに180節でふれた公式を与えている．しかし，モンモールがその返信のなかでいっているように，この公式の意味は非常に曖昧である．ニコラス・ベルヌイはゲームの試行数に際限がないときの，各演技者の可能性を表わす結果を与えている．彼によれば，この結果を一般公式から演繹することもできるが，彼はこの結果をそれ以前に別の方法で得ていたのである〔107節参照〕．

207. このあと，ニコラス・ベルヌイは，級数の和について述べている．彼は，今日代数学の初等的な書物によくみられる方法を，ここに例示している．3角数の平方の最初の n 項和を求めるとしよう．つまり，第 r 項は $\left\{\dfrac{r(r+1)}{1\cdot 2}\right\}^2$ である級数の n 項の和を求めるのである．

この和が

$$an^5+bn^4+cn^3+dn^2+en+f$$

に等しいとおき，このように仮定した恒等式の n を $n+1$ におきかえた式をこれから差ひいて，係数比較し，a，b，c，d，e，f をきめる．この方法はニコラス・ベルヌイによれば，彼の叔父のジャンのものである．ニコラス・ベルヌイはもうひとつの方法を示している．彼は

$$\left\{\frac{r(r+1)}{1\cdot 2}\right\}^2=6\frac{r(r+1)(r+2)(r+3)}{1\cdot 2\cdot 3\cdot 4}-6\frac{r(r+1)(r+2)}{1\cdot 2\cdot 3}+\frac{r(r+1)}{1\cdot 2}$$

というように変形して，求める和が

$$6\frac{n(n+1)(n+2)(n+3)(n+4)}{1\cdot 2\cdot 3\cdot 4\cdot 5}-6\frac{n(n+1)(n+2)(n+3)}{1\cdot 2\cdot 3\cdot 4}+\frac{n(n+1)(n+2)}{1\cdot 2\cdot 3}$$

となることを発見している．

208. このニコラス・ベルヌイからの書簡の前に，現存していないが，恐らくモンモールからニコラス・ベルヌイにあてた書簡が1通あるように思われる．なぜなら，ニコラス・ベルヌイはクジについての問題に言及し，あたかもモンモールがこの問題に彼の注意をむけさせたかのように述べているからである〔180節参照〕．そのうえ，彼はヤコブ・ベルヌイの未発表の『推論法』の印刷を引き受けようと申し出たことをほのめかしているからでもある．この2点はいずれも，この書物に収められたこれ以前のモンモールの書簡ではふれられていないのである．

209. 次の書簡は，モンモールからニコラス・ベルヌイに宛てたものである〔モンモール，315頁～323頁〕．この手紙のなかで，もっとも興味あることは，それ以後よく議論されるひとつの問題がここにはじめて登場していることである．この問題はモンモールに対して出されたもので，ウォルドグラーヴというイギリスの紳士によって解かれたものである〔モンモール，318頁，328頁〕．この問題が最初に出されたときには，演技者は3人となっていたが，ここではこれをもっと一般的にして示しておこう．$n+1$ 人の演技者がいるとする．このうちの2人が1ゲーム行う．負けた方は1円供託し，勝った方は第3の演技者とゲームをする．ここでも負けた方は1円を供託し，勝った方は第4の演技者とゲームをする．以下同様．最初のゲームに負けた演技者は，$n+1$ 番目の演技者に番がまわった後で，再びゲームに加わる．1人の演技者が他の演技者全員を連続して負かしたとき，この試合は終り，この演技者は供託された金を全額手に入れる．各演技者の期待値と，一定のゲーム回数内にこの試合が終る可能性を求めることが問題である．このゲームは純粋の偶然ゲームであり，演技者には腕の差のないことが前提とされている．

モンモール自身は，演技者が3人の場合について，必要な結果を2つとも与えているが，証明は示していない．演技者が4人の場合については，モンモールは，ゲーム数が3回から13回までの間で試

— 119 —

第8章 モンモール

合終了となる場合の解を，それぞれのゲーム回数に対して数値で与えている．しかし，これらのゲーム数の間に，ある法則を簡単に求めることはできないと述べている．彼はこの問題をさらに追求して，演技者が4人の場合について各演技者の利を求め，演技者が5人かあるいは6人の場合について所定のゲーム数で試合が終る確率を求めようと試みた．しかし，彼は320頁で

「しかし，私にはこれが非常に難かしいように見えた．というより，むしろ，やろうと思えば必ずやり遂げることができそうなので，やる気にならなかった.」

といっている．

210. この問題は，モンモールとニコラス・ベルヌイの交信のなかで，数回引き合いに出されている〔モンモール，328，345，350，366，375，380，400頁〕．ニコラス・ベルヌイは，演技者の人数にかかわらず，一般的にこの問題を解いている．彼の解法は，モンモールの381頁〜387頁に与えられている．おそらく，これは，モンモールの書物のなかでも，もっとも素晴しい研究である．この解法を研究する人のために役立つよう，次の点だけ注意しておこう．

(1) 386頁で，ニコラス・ベルヌイは，彼が与えた2つの級数から何項とるべきかを述べておくべきであったのに，彼は述べていない．この項数は$\frac{n+p-1}{n}$に近い最大の整数となる．彼自身がこの点にふれた330頁では，$\frac{n+p-1}{n}$ではなく，間違って$\frac{n+p}{n}$とおいている．

(2) 386頁でa，b，c，……に与えられている式は，aの式以外は正しい．aの値は，ニコラス・ベルヌイの言葉からは$\frac{1}{2^n}$だと考えられるが，正しくは$\frac{2}{2^n}$である．

(3) ニコラス・ベルヌイが得た主な結果は，329頁の最初に示されている．これらの結果は，後にラプラスが与えた結果と一致する．

211. この問題が最初に注目されたのは，いまわれわれが吟味しているモンモールの書簡においてであるが，これを最初に発表したのはド・モワブルである．『**クジの測定について**』の第XV問題がそれである．しかし，ここでは，われわれの関知している限りで最初にこの問題にかかわった人の名をとって，**ウォルドグラーヴの問題**（Waldegrave's Problem）と名づけることにしよう．

この問題はラプラスの『**確率の解析的理論**』238頁でも論じられているので，再びこの問題に立ち帰って話をすることになるであろう．

212. モンモールは320頁で『**ゲームの理論**』（*Traité du Jeu*）という題の書物に言及している．彼はこの書物を最近パリから受けとった，といっている．彼によれば，これは道徳の本（un livre de morale）だということである．彼はその著者を賞讃しているが，可能性の計算には時々誤りがあるとして，その例をひとつあげている．これに応えて，ニコラス・ベルヌイは，この書物の著者はバーベイラック（Barbeyrac）氏であると述べている．ニコラス・ベルヌイのこの書物に対する一般的な見解はモンモールと一致しているが，モンモールがあげた件の例については，バーベイラックが正しくモンモールが間違っていると考えている．2人の結果の相違は，ゲームの規則の理解の仕方が違っていることに起因している．モンモールは，これに対して簡単に答えている〔モンモール，332頁，346頁〕．

モンモールは数学の研究論文が少ないことを嘆いている；彼は332頁で次のように述べている．

「ライプチヒの雑誌には，数学に関する項がまったくないのを知って，私は大へん驚きました．それらが有名なのは，一部はあなたの叔父さんたちがしばしば寄稿された素晴しい論文によっているのです．幾何学者たちはここ5〜6年の間，この雑誌に昔のような豊富さを見出してはいないのです．あなたはそのことで叔父さんを非難すべきですし，またお許し願えば，私はあなたもまた

— 120 —

そのことで非難されるべきだと思うのです；名誉はあなたの目の前の人に輝く.」

213. 次の書簡は, ニコラス・ベルヌイからモンモールに宛てたものである〔モンモール, 323頁〜337頁〕. この書簡は主として, われわれがすでに十分にみてきたトレーズ, エール, タ, ウォルドグラーヴの問題にふれて述べている. ニコラス・ベルヌイはまた, テニスのゲームについて述べた叔父の書簡に言及している. これはのちに, 『推論法』の末尾に載せて発表されたものである. 彼は, モンモールの結果がヤコブ・ベルヌイの結果と一致するかどうかを知るために, 書簡のなかで考察された4つの問題を解くことを提案している.

ニコラス・ベルヌイは, その書簡の末尾に, 級数の和についてひとつの例をあげている. 彼は1, 3, 6, 10, 15, 21, ……という数列のp項の和を求めている. 彼は
$$1+3x+6x^2+10x^3+15x^4+21x^5+\cdots$$
という級数を考えて, これを次のように分解している.
$$1+2x+3x^2+4x^3+5x^4+\cdots$$
$$+x+2x^2+3x^3+4x^4+\cdots$$
$$+x^2+2x^3+3x^4+\cdots$$
$$+x^3+2x^4+\cdots$$
$$+x^4+\cdots$$
$$+\cdots$$

これらの各行の級数のp項までの和を求めるのは容易である. $x=1$のとき得られる式は$\frac{0}{0}$の形をとるが, ニコラス・ベルヌイは, 「故ド・ロピタル侯爵 (le Marquis de l' Hôpital)[10]が『無限小解析』Analyse des infiniment petits) のなかで示し, 私の叔父が規則としていたものを用いて……」この

ド・ロピタル

17世紀におけるジュー・ド・ポーム

不定形の値を求めている.

この研究論文は印刷が非常に不正確である.

214. 次の手紙は, モンモールからニコラス・ベルヌイに宛てたものである〔モンモール, 337頁-347頁〕. エールとウォルドグラーヴの問題にふれた上で, ニコラス・ベルヌイがテニスのゲームについての叔父の書簡から提起した問題について, いくつかの試みを示している. しかし, モンモールは, この問題を理解することが困難だったので, その意味についていくつかの質問をしている.

第8章　モンモール

215. モンモールは342頁で，ある問題の結果として，
$$4m^3-8m^2+14m+6=3^{m+1}$$
なる方程式を与えている．彼によれば，この方程式の根はおよそ $m=5\frac{57}{320}$ であるというが，これは間違いである．なぜなら，この方程式は5と6の間に根をもたないからである．正しい方程式は明らかに
$$8m^3-12m^2+16m+6=3^{m+1}$$
でなければならない．この方程式は，5.1と5.2の間にひとつの根をもつ．

216. また，次のような問題もとりあげられている．Aの腕，つまり1試行に成功する可能性は p，Bの腕は q とする．AとBが試合をして，3ゲーム中2ゲームとれば勝ちになる．ただし，2点得点を得れば1ゲームは勝ちとする．第1ゲームではBは持点1点を，第2ゲームでは両者同等，第3ゲームではまたBに持点1点が与えられるものとする．全体として2人の可能性が等しくなるとすると，この2人の腕はそれぞれどの程度か．第1，第3ゲームでAが勝つ可能性は p^2，Bが勝つ可能性は p^2+2qp；第2ゲームでAが勝つ可能性は p^3+3p^2q，Bが勝つ可能性は q^3+3q^2p となる．したがって，Aが3ゲーム中2ゲーム勝つ可能性は
$$p^2(p^3+3p^2q)+p^2(q^2+2qp)(p^3+3p^2q)+p^4(q^3+3q^2p)$$
となるが，これは仮定から $\frac{1}{2}$ とならなければならない．

p の代りに $\frac{a}{a+b}$，q の代りに $\frac{b}{a+b}$ を入れると，モンモールの結果と上の結果は一致する．ただし，1個所だけ間違いの個処があり，それは後に訂正されている〔モンモール，343頁，350頁，352頁〕．

217. この書簡は，文学史として興味深い次のような文でしめくくられている．

マールブランシュ

「『**真理探究法**』（*De la Recherche de la verité*）が再版されることを，あなたは御存じかどうかわかりませんが，マールブランシュ神父が私に教えてくれたところによりますと，この書物は4月のはじめに出るそうです．この第2版には，非常に重要な主題について大へん多くのことが追加されることになっています．この新しく付け加わったもののなかに，重力の原因に関する論文があります．この主題が保持している内容がどんなものか知らない学者も多いでしょうが，そんな人たちなら，この論文をちょっと見ただけで疑ってしまうことでしょう．しかし，マールブランシュ神父は，重力の原因，物体の持続性と流動性，光と色の主要な現象を説明するために，小さな旋風をまきおこすことが必要であると，反論の余地のない程明確に証明しています．彼の理論は，ニュートン氏が『**光と色の性質について**』（*De Natura Lucis et Colorum*）という立派な論文のなかで報告された見事な実験と非常によく一致しています．私が何年間も繰り返してきた熱烈な要望によって，この比類なき哲学者は一般物理学全体を包括する，こうした主題を書こうと決心してくれたのですが，私は公然とこの事実を私の名誉にしてよいと思うのです．あなたも，この偉大な人物が，この曖昧な主題のなかに明晰な考えを持ち込み，彼の『**形而上学**』（*Traités de Metaphysique*）の中で光彩を放った卓越した天才と創意が，この主題のなかにも持ち込まれるのをみて，きっと賞讃されることと思います．」

後世の人々は，モンモールの友であり師であったマールブランシュの，この物理学的思弁に対して，モンモールがここで示しているような高い評価を示さなかった．マールブランシュは今日形而上学の著作によってのみ記憶され，賞讃されているのである．これについては，最大の批評家の一人による

次のような証言がある.

「思想家として，おそらく彼はフランスの生んだもっとも深い思想家であり，哲学的主題について
の著述家としては，全ヨーロッパのなかで彼の右に出る者はいない.」

〔ウィリアム・ハミルトン卿[11] (Sir William Hamilton) の 『形而上学に関する講義』(*Lectures on Metaphysics*) 第Ⅰ巻262頁；また彼の編集になる『リード著作集』(*Reid's Works*) 266頁参照〕

218. 次の書簡は，モンモールからニコラス・ベルヌイに宛てたものである〔モンモール352頁-360頁〕．ここで注目すべきことは，モンモールが今日の代数学の初等的な書物のなかで述べられている「与えられた正整数の指数をもつ多項式の展開式の各項を求めること」の定理に，最初に注目したのは自分であると主張していることである〔モンモール，355頁〕.

219. モンモールはこの書簡のなかで，曲線の長さの求め方の例をいくつかあげている〔モンモール，356頁，357頁，359頁，360頁〕．ことに，彼は積分計算がまだ5，6人の数学者たちにしか知られていなかった初期の時代に，彼自身が論じているという例に注目している．この例は，発明者の名をとって，ド・ボーヌ (De Beaune) の曲線[12]とよばれている曲線の長さを求めるものである〔『ジャン・ベルヌイ著作集』第Ⅰ巻62頁，63頁〕．この書簡のなかでもモンモールが示したことは，それだけでは理解しにくいが，そのもととなった『学芸雑誌』第XXXI巻の論文を参考にすれば理解できる.

曲線の長さを求めることに関して，モンモールがここに示したものは，積分計算の歴史を研究する人以外には興味のないことだし，そのうえモンモールの論文には間違いもあるし，誤植もある.

220. モンモールは，パスカルからフェルマーに宛てた書簡から，次の文章を引用している.

「腹蔵なくいえば，幾何学はもっとも高度な精神の鍛練だと思うのですが，同時に私はこれが無益なものだと知っていますので，幾何学しか能のない人間と熟練した職人とどちらが上かという風な区別はつきません．また，私はこれをこの世でもっとも美しい職業とよぶのですが，やはり所詮これも職業にすぎないのです．それに私がいままで何度も申してきましたように，幾何学は何かを試すにはよいのですが，私たちの力を実際に使うためには役立ちません.」

当然モンモールは，こうした考え方に対しては厳しく，また屈辱的だとし，初期のパスカルならこうはいわなかっただろうと反論している.

221. 次の書簡も，モンモールからニコラス・ベルヌイに宛てたものである〔モンモール，361-370頁〕．このなかで，モンモールはたったいまド・モワブルの書物を受け取ったばかりだといっているが，ここでド・モワブルの書物といっているのは，ド・モワブルが『哲学会報』に発表した『クジの測定について』という論文である．そこでモンモールはこの論文を分析しはじめる．ここでモンモールがド・モワブルの価値を正当に評価していないことは明らかである．実際にモンモールは『クジの測定について』に示されたものは，すべて彼自身の著作の第1版に暗に含まれていると考えた．そのうえ，彼自身とベルヌイ家の人たちとの間にかわされた書簡のなかで，問題が議論されたという事情だけで，ド・モワブルからその独創の名誉を奪うに十分であると思ったようである．ニコラス・ベルヌイの意見は，ド・モワブルに対してはこれよりずっと好意的である〔モンモール，362頁，375頁，378頁，386頁〕.

222. 365頁でモンモールは，ホイヘンスの出した第2，第5問題について述べている〔35節参照〕．演技者が3人いるとしよう．白玉の数をa，黒玉の数をbとし，$c=a+b$とする．一度抽出された玉は元へ戻さないものとする．このとき，第1演技者の勝つ可能性は

$$\frac{a}{c}+\frac{b(b-1)(b-2)a}{c(c-1)(c-2)(c-3)}+\frac{b(b-1)\cdots\cdots(b-5)a}{c(c-1)\cdots\cdots(c-6)}+\cdots\cdots$$

—123—

第8章　モンモール

である.

　モンモールは a，b が十分大きな数であってもその値が求められるよう，この級数の和を求めたのだといって，自分の手柄にしているが，実際には a，b が大きいとはせずに，$a=4$ と仮定している. そのとき，級数は

$$\frac{4b!}{c!}\left\{\frac{(c-1)!}{b!}+\frac{(c-4)!}{(b-3)!}+\frac{(c-7)!}{(b-6)!}+\cdots\cdots\right\}$$

となる. $p=b+3$，$c=p+1$ とおくと，{　} 内の級数は

$$p(p-1)(p-2)+(p-3)(p-4)(p-5)+(p-6)(p-7)(p-8)+\cdots\cdots$$

となる.

　この級数の n 項の和を求めてみよう. この級数の第 r 項は

$$(p-3r+3)(p-3r+2)(p-3r+1)$$

であるが，これが

$$A+B(r-1)+\frac{C(r-1)(r-2)}{1\cdot2}+\frac{D(r-1)(r-2)(r-3)}{1\cdot2\cdot3}$$

に等しいと仮定する. ただし，A, B, C, D は r と独立である.

　すると

$$A=p(p-1)(p-2)$$
$$B=-(9p^2-45p+60)$$
$$C=54p-216$$
$$D=-162$$

となる. したがって，求める n 項の和は

$$np(p-1)(p-2)-\frac{n(n-1)}{1\cdot2}(9p^2-45p+60)$$
$$+\frac{n(n-1)(n-2)}{1\cdot2\cdot3}(54p-216)-\frac{n(n-1)(n-2)(n-3)}{1\cdot2\cdot3\cdot4}162$$

である.

　この結果はモンモールの結果と十分近いものなので，多分モンモールはこれと同じ方法を用いたに違いない. しかし，彼は間違いをいくつかしでかしてしまった. というのは，p と独立な項に別の式を与えているからである.

　この式が役立つ偶然問題においては，n の代りに $\frac{p}{3}$ に近い最大整数でおかねばならない.

　364頁でモンモールは1710年6月8日付の書簡にふれているが，この書簡は今日残っていない.

　223. 次の書簡は，ニコラス・ベルヌイから モンモールに 宛てたものである〔モンモール，371頁-375頁〕. ニコラス・ベルヌイはド・ボーヌの曲線のある特性を論証している. また，彼は対数曲線の幾何学的な長さの求め方を示しているが，その結果は非常に不正確である. このあと，彼はオランダで注意を促されたというある主題について述べている. この主題については『哲学会報』に論文がひとつ掲載されていた. この主題というのは，男女の出産比率がつねに調和を保っていることから，神の摂理を論じるというものである. ベルヌイが引用している論文は，ジョン・アーバスナット氏のもので，1710年に出版された『哲学会報』第XXVII巻に収められている. ニコラス・ベルヌイはオランダでスフラフェサンデとこの問題を論じている.

　ニコラス・ベルヌイは，この議論に反駁せざるを得なかったといっている. 彼が論破すべきだと考

—124—

えたのは，次の通りである．1629年から1710年にかけてのロンドンの出産記録を調べたところ，平均して女17人に対して男18人が生れていることがわかった．この比がもっとも大きく違うのは，1661年の男4748人女4100人のときと，1703年の男7765女7683人のときとである．そこで彼は1400人の赤ん坊がいれば，その男女比がこの限界内に入ることに300：1で賭けてもよいと述べている．225節に，彼がこの結果を得た方法が示されている．

224. 次の書簡も，ニコラス・ベルヌイからモンモールに宛てたものである〔モンモール，375頁-387頁〕．ここでは，エール・ゲームについて少しふれ，またド・モワブルの論文『クジの測定について』に対するモンモールの意見に答えている．この書簡のなかでもっとも重要な部分は，ウォルドグラーヴの問題についての精巧な議論である．われわれはすでにこの問題について十分論じてきたので，ここではニコラス・ベルヌイが，いままで確率論という主題についていろいろなことをやってきたが，自分はそのなかでもここにあげた議論が一番よいと述べていることを付け加えるだけにしておこう．〔モンモール，381頁〕．彼が自分自身の研究をこのように持ちあげて認めていることは，正当なことだと思われる．

225. 次の書簡もまた，ニコラス・ベルヌイからモンモールに宛てたものである〔モンモール，388頁-393頁〕．この書簡は，全体が新生児の男女比の問題で占められている．すでに述べたように，ニコラス・ベルヌイは男女比がほぼ恒等的であるという事実から，神の摂理の存在を推論することに反対していた．彼は，**男の生まれる確率と女の生まれる確率との比は 18：17 になると仮定した**．また，14000人の新生児のうち男が7037〜7363人である可能性は43：1となることを示している．彼のこの研究は，ベルヌイの定理とよばれている伯父ヤコブの定理の一般的な証明が含まれている．この研究には二項級数の項の和を求めることが必要である；これは近似的につぎの言葉で述べられるような処理の仕方で求められる．「ところで，項数が非常に大きくなると，その比を求めるためにある独特な工夫が必要とされる．私がこの問題に取組んだ理由はここにあるのである．」

この研究全体は，ヤコブ・ベルヌイのものと若干似ているが，おそらくそれから示唆を受けたのであろう．というのは，ニコラス・ベルヌイはこの書簡の末尾でつぎのようにいっているからである．「私は，なくなった伯父が『推論法』という論文のなかで同様のことを証明していたのを思い出します．伯父のこの論文は現在バーゼルで印刷中です……」

226. 次の書簡は，モンモールからニコラス・ベルヌイに宛てたものである〔モンモール，395頁-400頁〕．モンモールはダングレーム公爵夫人（Duchesse d' Angoulême）がなくなって，悲しみ困惑していると書いている．それで，幾何学的なことについては論じることはできないが，文献紹介だけでもすることにしよう，といっている．

彼は『物理的前動，もしくは推理によって証明された創造物に対する神の行為』（*Prémotion Physique, ou Action de Dieu sur les Creatures démontrée par raisonnement*）という題の著作について述べている．この匿名の著者は数学者のやり方にのっとって，いたるところに定義，公理，定理，証明，系，等々といった仰々しい言葉を使っている．

モンモールは，「ニュートン氏が新しい方法を最初に，しかも唯一人で考察したことを賛えるために英国学士院の人々が発表した」という有名な宣伝文書（Commercium Epistolicum）について，ニコラス・ベルヌイと彼の叔父の意見を求めている．

モンモールは『火の機構』（*Mechanique du Feu*）という題で発表されていた小論文にふれて，これに賛意を表している．

モンモールは，ニコラス・ベルヌイから受け取っていた2つの研究に対して，強い賞讃の意を表し

第8章　モンモール

ている．ひとつはウォルドグラーヴの問題の解であり，他はヤコブ・ベルヌイの定理の証明らしい〔224節，225節参照〕．400頁でモンモールはつぎのようにいっている．

「この問題はまことに難かしく，大へん骨の折れるものでした．あなたは恐しい人です；先頭にたっていたとはいえ，私がこんなにも早く追いつかれるわけはないと信じていました．しかし，私がこう信じていたのは誤りだったと分りました；いまや私はあなたの後に立ってしまい，遠くからあなたの後についていくことを余儀なくされてしまったのです．」

227. この書簡からは，モンモールがデカルトの自然哲学とニュートンの自然哲学という，相対立する体系の間にあって当惑している様子が読みとれて興味深い．彼は397頁でつぎのようにいっている．

「私は，ニュートン氏やイギリスの多くの幾何学者たちの権威にまどわされて，物理学の研究を永久にやめ，いま一度天界のことをすべて学びなおそうかという気にもなってしまいます．いや，しかし，理性で決定すべきところを偉大な人々の権威によってはならないのです．」

228. モンモールはこの書簡のなかで，数学史に関する見解を述べている．彼は399頁でつぎのように述べている．

「誰かが私たちに，数学における諸発見がどのようにして，またどのような順序で相ついで起こってきたのかを，労を惜しまず教えてくれるようにと願わずにはいられません．誰かがそうしてくれれば，私たちはそのことで随分恩恵を蒙るでしょう．絵画の歴史とか音楽の歴史とか医学の歴史とかいうのはありますが，数学の歴史，とりわけ幾何学の歴史のよいものがあれば，これは随分と興味深くもあり，また役に立つ書物となるでしょう．もっとも古い時期からはじめて，このように高度の完成段階にまで達した現代にいたるまで，いろいろな方法の間の連関を見出し，いろいろな理論の間の連繋を見出すことができれば，どんなにか喜ばしいことでしょう．もしそのようなよい書物ができれば，それはいわば人間精神の歴史とも見なすことができると思うのです；なぜなら，人間をあらゆる創造物の最上位に据えるために，神が許したもうた知性という賜物のすばらしさを，もっともよく知ることができるのは何よりもこの数学においてなのですから．」

モンモール自身，ここで奨励している仕事をいくらか進めていた〔137節参照〕；しかし，彼の草稿は捨てられたり散逸したりして全然残っていない〔モンチュクラ『**数学の歴史**』第1版序文IX頁参照〕．

229. 次の書簡は，ニコラス・ベルヌイからモンモールに宛てたものである〔モンモール，401頁，402頁〕．ニコラス・ベルヌイはつい最近『推論法』が出版されたけれども，「あなたにとっては，目新しいものは何ひとつないでしょう」と書いている．モンモールが彼に提出した問題のお返しに，彼は5つの問題をモンモールに出している．彼によると，そのうちの第5の問題はこの前の書簡に書いておいたものだということであるが，この書物に収められた書簡のなかには，それらしいのは見当らないので，きっとその手紙が発表されなかったか，あるいはその一部が削除されたのであろう．

第3の問題はつぎのようなものである．AとBが普通のサイコロでゲームをする．最初Aが1円を供託し，Bから振る．ここでBが偶数の目を出せばAの供託した1円はBのものになり，奇数の目が出ればBは1円を供託する．つぎに，Aがふって偶数の目を出せば1円とれるが，奇数の目が出ても1円供託しなくてよい．つぎにBがふる……というようにやっていく．このように，2人とも偶数の目を出せば1円とれるが，奇数の目が出たとき1円を供託するのはBだけである．このゲームは供託金がなくなるまで続ける．AとBの利益を求めよ．

第4の問題はつぎのようなものである．もしAが普通のサイコロを投げて1回目に6の目を出せば

— 126 —

Bに1円，さらに2回目に6の目を出したらBに2円，つづいて3回目に6の目を出したら3円，………を与える約束する．

第5の問題は第4の問題を一般化したものである．つまり，第4の問題では各回で1，2，3，4，5，……円与えるとしたが，今度はAはBに1，2，4，8，16，……円とか，1，3，9，27，……円とか，1，4，9，16，25，……円とか，1，8，27，64，……円を与えると約束するわけである．

230. 次の書簡は最後の手紙で，モンモールからニコラス・ベルヌイに宛てたものである〔モンモール，403頁-412頁〕．この書簡ではエールのゲームを大きく取りあげている．ニコラス・ベルヌイから出された5つの問題について，モンモールは第1，第2の問題には手をつけず，第4，第5の問題には難かしいところがないけれども，第3の問題はこれらよりずっと難かしい，と述べている．第3の問題について，Bにとって利も不利もないと納得するまでには随分時間がかかったが，結局そういう結論に達した．また，彼と同時に，この問題を考えたウォルドグラーヴも同じ結論に達した，とモンモールは述べている．しかしながら，この結論は明白であると思われる．なぜなら，Bはどの試行でも1円得る可能性と1円失う可能性が等しいからである．

モンモールは408頁で，ニコラス・ベルヌイにひとつの問題を出しているが，この問題に関係したゲームの詳細については説明がない．

231. 229節の第4問題では，Bの利益はつぎの級数であらわされる．

$$\frac{1}{6}+\frac{2}{6^2}+\frac{3}{6^3}+\frac{4}{6^4}+\cdots\cdots$$

この級数は普通の方法で求めることができる．

ニコラス・ベルヌイからモンモールに出されたこの第4，第5の問題と同種の問題が，のちにダニエル・ベルヌイらによって論じられ，**ペテルスブルク問題**（Petersburg Problem）という名で有名になった．

232. 全体として，モンモールの著作は鋭さ，辛抱強さ，精力旺盛さのゆえに高く評価されねばならない．いままでほとんど未開拓の分野で研究を進めようとした彼の勇気は讃えられねばならない．彼の示したこうした模範が，より優れた彼の後継者を鼓舞したのである．確かにド・モワブルは，数学的能力においてモンモールより優れていたし，そのうえモンモールの2倍以上長生きし，その長い人生を十分に活用することができた．一方，モンモールにとって有利なことは，ド・モワブルが亡命と貧困のなかにあって望むべくもなかった余暇を，彼は十分にうることのできる環境にあったことである．

〔訳 註〕

（1）マールブランシュは，1674年『真理探究法』（*De la Recherche de la Verité*）を出版した．この書はデカルトの哲学を発展させたもので，一切の認識は神のうちにあってのみ成立することを説き，スピノザの汎神論への道を開いたものである．(1638. 8. 6-1715. 10. 13)

（2）スフラフェサンデ（Wilhelm Jacob Storm van 's Gravesande；1688. 9. 27-1742. 2. 28）は18世紀のオランダの代表的数学者．数学的能力が早期に出た例である．彼の最初の論文は19才のときに出された．それは *Newton* 哲学の説明をしたものであった．『*Physices elementa mathematica, experimentis confirmata, sive Introductio ad Philosophiam Newtonianam*』2 Vols. (1720-1721)〔スミス，Vol. I. 526頁〕

（3）ウィリアム・ジョーンズは『数学新入門（傑作集）』（*Synopsis Palmariorum Matheseos*）(1709年，ロンドン）の中でマーチン（J. Machin）が計算したπの値を100桁までのせている．(1675-1749. 7. 3)

第8章　モンモール

（4）　$(1-x)^{-n}(1-x^f)^n=\left\{\sum_{k=0}^{\infty} {}_n\mathrm{H}_k\,x^k\right\}\left\{\sum_{i=0}^{n}\binom{n}{i}(-x^f)^i\right\}$

であるから，x^s の項は

$$\sum_{i,\,n}\binom{n}{i}(-1)^i{}_n\mathrm{H}_k\,x^{fi+k}$$

で，$fi+k=s$ を満たすものでなければならない．

$i=0$　のとき　$k=s$

$i=1$　のとき　$k=s-f$

$\cdots\cdots\cdots$

$i=n$　のとき　$k=s-fn$　$\left(\begin{matrix}k<0\ となれば，加算はその前の\ k\ と\\ i\ の値で打切る\end{matrix}\right)$

（5）　$x-1=x'$, $y-1=y'$, $z-1=x'$ とおくと x', y', $z'\geqq0$

かつ，$\quad x'+y'+z'=p-3$　$(0\leqq p-3\leqq27)$

負でない整数の組は　${}_3\mathrm{H}_{p-3}=\binom{p-1}{p-3}=\binom{p-1}{2}$ 通りである．

しかし，x, y, $z\leqq10$ という制限があるので

$\quad 10-x=x''$, $10-y=y''$, $10-z=z''$ とおくと　x'', y'', $z''\geqq0$

かつ，$\quad x''+y''+z''=30-p$

負でない整数解は　${}_3\mathrm{H}_{30-p}=\binom{32-p}{30-p}=\binom{32-p}{2}$ 通りである．

$\binom{p-1}{2}$ と $\binom{32-p}{2}$ は $p=16.5$ を対称軸として対称な値をとるから，

$\quad 3\leqq p\leqq16$ のときは $\binom{p-1}{2}$ 通り

$\quad 17\leqq p\leqq30$ のときは $\binom{32-p}{2}$ 通り　　　　　解がある．しかるにこれらの解のなかには x, y, z が10をこえた

ときの場合も含まれているのでそれをひく．　$x=10$ のとき，当然 $p\geqq12$. このとき

$$y+z=p-10\quad すなわち\quad y'+z'=p-12$$

この負でない整数解の組は　${}_2\mathrm{H}_{p-12}=\binom{p-11}{p-12}=\binom{p-11}{1}=p-11$　通りある．

$y=10$, $z=10$ に対しても同様のことがいえるので，求める解は

$\quad 3\leqq p\leqq16$　　　ならば　$\binom{p-1}{2}-3(p-11)$ 通り

$\quad 17\leqq p\leqq30$　　ならば　$\binom{32-p}{2}-3(22-p)$ 通り

である．

（6）　$\phi(n,\ r)=\dfrac{n(n+1)(n+2)\cdots\cdots(n+r-1)}{r!}={}_n\mathrm{H}_r$　であるから

$\quad \phi(n,\ r)+\phi(n-1,\ r)+\phi(n-2,\ r)+\cdots\cdots\quad=\phi(n,\ r+1)$

すなわち

$$ {}_n\mathrm{H}_r+{}_{n-1}\mathrm{H}_r+{}_{n-2}\mathrm{H}_r+\cdots\cdots\quad={}_n\mathrm{H}_{r+1}$$

を証明すればよい．

$$ {}_n\mathrm{H}_{r+1}={}_n\mathrm{H}_r\times\frac{n+r}{r+1}={}_n\mathrm{H}_r\left(1+\frac{n-1}{r+1}\right)$$

$$ ={}_n\mathrm{H}_r+{}_n\mathrm{H}_r\times\frac{n-1}{r+1}={}_n\mathrm{H}_r+{}_{n-1}\mathrm{H}_{r+1}$$

よって

$$ {}_n\mathrm{H}_{r+1}\quad={}_n\mathrm{H}_r+{}_{n-1}\mathrm{H}_{r+1}$$

$$ {}_{n-1}\mathrm{H}_{r+1}={}_{n-1}\mathrm{H}_r+{}_{n-2}\mathrm{H}_{r+1}$$

$$ {}_{n-2}\mathrm{H}_{r+1}={}_{n-2}\mathrm{H}_r+{}_{n-3}\mathrm{H}_{r+1}$$

$$\cdots\cdots\cdots\cdots\cdots$$

$$_2H_{r+1} = {}_2H_r + {}_1H_{r+1}$$
$$\underline{\qquad {}_1H_{r+1} = {}_1H_r \qquad\qquad\qquad}$$
$$\therefore \quad {}_nH_{r+1} = {}_nH_r + {}_{n-1}H_r + {}_{n-2}H_r + \cdots\cdots$$

一方

$$\phi(n,\ r) - \phi(n-1,\ r) = {}_nH_r - {}_{n-1}H_r = {}_nH_{r-1}$$
$$\phi(n-2,\ r) - \phi(n-3,\ r) = {}_{n-2}H_r - {}_{n-3}H_r = {}_{n-2}H_{r-1}$$
$$\cdots\cdots\cdots\cdots$$

よって

$$\phi(n,\ r) - \phi(n-1,\ r) + \phi(n-2,\ r) - \phi(n-3,\ r) + \cdots\cdots$$
$$= \phi(n,\ r-1) + \phi(n-2,\ r-1) + \quad\cdots\cdots = S\phi(n,\ r-1)$$

（7）ド・モワブル『偶然論』69頁にのっているバセット・ゲーム（The Game of Bassette）はつぎの通りである.

「胴元が52枚のカードをもち，それらを切り，全部のカードを裏向け，最後の1枚だけは表向けて，その後で彼はカード全部を対にしておく.

賭博者（setter）またはポーント（ponte）はキングからエースまですべての力のある13枚のカードを手の中にもつ. この13枚のカードを Book という. この Book から気の向くままに1枚もしくはそれ以上のカードをぬきとり，それにもとづいて賭金をおく.

賭博者は1組のカードを裏向ける前に彼の賭金を設定するか，あるいは1組のカードを裏向けた後ですぐ彼の賭金を設定するか，あるいは任意枚数を抽いたあとで彼の賭金を設定するか，いずれかの場合がある.

第1の場合は特別であって，それだけで計算される. しかしあとの2通りの場合は同じ規則によって清算が行われるので，われわれはそれを説明しよう.

1組のカードを裏向けて設定したのち，賭博者が彼の賭金をおく. みえているカードにつづくカードの位置を上から順番に1番，2番，3番，……とよぶ. また任意枚数とったあとならば，そこから順番に1番，2番，……とよぶ.

もし，賭博者が賭金をおいたのと同じカードが（1番目をのぞき）奇数番目の位置にあったら，彼は賭金と同額をもらう.

もし，賭博者が賭金をおいたのと同じカードが（2番目をのぞき）偶数番目の位置にあったら，彼は賭金を失なう.

もし，賭博が賭金をおいたのと同じカードが1番目の位置にあったら，彼は勝ちも負けもせず，賭金はそのままにしておく.

もし，賭博者が賭金をおいたのと同じカードが2番目の位置にあったら，賭金全部は失わないとしても，1部たとえば半分失なうとか，あるいは一般的な計算をするときは ⅌ 失なうものとする. この場合，賭博者は面目が立った（to be Faced）といわれる.

賭博者が，任意の枚数抽かれたあとやってきた場合. もしも彼のカードが，残りのカード群のなかのたったの1枚，しかも一番最後のものであるならば，清算は行われない. なぜならそれが奇数番目の位置にあるから，周囲の人々に勝ちも負けもせず，賭金だけはもどってくる.」

（8）Aはあと少くとも m 回勝てばよい. そのために勝負は m 回，$m+1$ 回，…，$m+n-1$ 回行なうことが必要になる. よって，Aがゲームに勝つ可能性は

$$\sum_{k=m}^{m+n-1} \binom{m+n-1}{k} p^k q^{m+n-1-k} = \sum_{k=m}^{r} \binom{r}{k} p^k q^{r-k} = p^r + rp^{r-1}q + \frac{r(r-1)}{1\cdot 2} p^{r-2}q^2 + \cdots\cdots$$

しかるに，第 k 回（$m \leqq k \leqq m+n-1$）目にAが m 勝目をあげたとしたら，その前にAは $m-1$ 回勝っていなければならない. したがって

$$\binom{k-1}{m-1} p^{m-1} q^{k-m} p = \binom{k-1}{m-1} p^m q^{k-m} = \binom{k-1}{k-m} p^m q^{k-m}$$

第 8 章　モンモール

よってAがゲームに勝つ可能性は

$$\sum_{k=m}^{m+n-1}\binom{k-1}{k-m}p^m q^{k-m}=\sum_{k=m}^{r}\binom{k-1}{k-m}p^m q^{k-m}=p^m\left\{1+\binom{m}{1}q+\binom{m+1}{2}q^2+\cdots\cdots\right\}$$

よって両者は等しい.

（9）**ピェール・ヴァリヌュオン** (Pierre Varignon, 1654–1722. 12. 22) は1688年コレージュ・マザランの教授, のちコレージュ・ロワイヤルの教授となり, パリ・アカデミー会員となった. はじめ牧師を志したが, ユークリッドの写本を読み, 多くの人と交際しているうち, 数学に転向し, デカルトの幾何学や物理の問題に興味をおぼえた. 彼は新しくおこった微積分の価値をみとめたフランス人の学者のうち最初の人であった. 『**無限小解析についての説明**』(*Eclaircissements sur l'analyse des infiniment petits*) (1725年, パリ) 『**数学原論**』(*Éléments de mathématiques*) (1731年, パリ) 『**ユークリッド幾何学のみを使って円を無限個の正方形に分けて面積を求める方法**』(*Manière de trouver une infinité de portions de cercle toutes quarrables moyennant la seule géométrie d'Euclide*) (1703年, パリ) などの著作がある〔スミス『**数学史**』Vol. 1. 471頁〕.

（10）**ギローム・フランソワ・アントワーヌ・ド・ロピタル**(Guillaume François Antoine de l'Hospital, 1661–1704. 2. 2) は古い名誉ある家柄の出身であるとともに, 神童の誉れも高く, 15才でパスカルの提出した難問を解いたといわれる. 視力に乏しく軍人として大成できないので, 自分の好きなことをして人生をすごした. ジャン・ベルヌイの弟子であり, 微積分法の概念をフランスに入れた1人である〔スミス『**数学史**』Vol. 1. 384頁〕.

（11）このハミルトンは数学者のウィリアム・ローワン・ハミルトンとは別人である.（1788. 3. 8–1856. 5. 6）エディンバラ大学の哲学論理の教授で, 数学, 物理学を好まなかった人である.

（12）**ド・ボーヌ** (Florimond de Beaune, 1601. 10. 7–1652. 8. 18) はブロワ (Blois) の法律顧問官でデカルトの註釈者の1人である. ド・ボーヌの曲線とは, その切線影に対する縦座標の比が, 与えられた線分に対する横座標と縦座標の差の比と同じである, つまり

$$\frac{dx}{dy}=\frac{n}{x-y}$$

をみたす曲線のことで, 彼はこの曲線の形状をデカルトに尋ねていた.

第 9 章

ド・モワブル

233. アブラハム・ド・モワブルは1667年 シャンパーニュ（Champagne）州ビトリ（Vitri）に生まれた．1685年，ナントの勅令が廃止されたために，彼はイギリスに亡命した．そこで彼は数学の個人教授をしたり，確率や年金に関する質問に答えたりして生計をたてていた．彼は1754年ロンドンで死去した[1]．

ジャン・ベルヌイは1710年4月26日付のライプニッツ宛ての書簡のなかでド・モワブルについて，つぎのようにいっている〔59節で引用したゲルハルト版の847頁参照〕．

「疑いもなく依然としてロンドンに長期滞在中の，際立って傑出した幾何学者 ド・モワブル氏は，きくところによりますと貧困と病気に疲れ果てているらしく，事態の改善のため日々の生計を若者を教育することによって立てようと考えているらしいのです．それにしても恵まれない境遇の人ですね．勝れた才能をいかすにふさわしいところがないということは．一体全体いつになったらこのような不当な生活の苦しさから脱け出せるのでしょうか．彼の能力のためにも一体全体このまま放置しておいてよいものでしょうか．もっとも，わが尊敬するド・モワブル氏は，このような苦難にもめげず，いままでも研究をつづけてきましたし，きっと今後も研究はつづけるでありましょうが．」

ド・モワブルは1697年英国学士院会員に選ばれた．彼の肖像画は，学士院の会議が行われる部屋の壁を飾っている偉大な科学者たちの肖像画のコレクションのなかでも，際立って異彩をはなっているように思われる．ニュートンは晩年に，数学について尋ねる者にはつぎのように答えたという．「ド・モワブル氏に尋ねてごらんなさい．彼は私よりもよく知っているから」と．英国に隠れ場を見出した人々のなかで，天才と高徳と，そして不幸によって気高くなった人々のなかで，ド・モワブル以上に故国に名誉を与えた人物を探すのはむつかしかろう．

234. 『哲学会報』329号は，学士院会員ド・モワブルの『クジの測定について，すなわち運まかせのゲームにおける結果の確率』(*De Mensura Sortis, seu, de Probabilitate Eventuum in Ludis a Casu Fortuito Pendentibus*) と題する論文だけからなっている．〔右図〕

この号は1711年1月2月3月号である．そしてそれは『哲学会報』第XXVII巻213頁～264頁を占めている．

この論文は後にド・モワブルにより『偶然論；もしくはゲームにおける事象の確率を計算する方法』(*The Doctorine of Chances; or, a Method of Calculating the Probabilities of Events in Play*) と題された労作のなかに書きのべられている．この労作の第1版は1718年に出版されている．これは4つ折り版の書物で，表紙と献辞をのぞき XIV＋175頁の構成である．第2版は1738年刊行され，大型4つ折り版で表

(213)

(Numb. 329.)

PHILOSOPHICAL
TRANSACTIONS.

For the Months of January, February, and March, 1711.

D E

MENSURA SORTIS,
SEU; DE

Probabilitate Eventuum in Ludis a Casu Fortuito Pendentibus.

Autore Abr. De Moivre, *R. S. S.*

第9章　ド・モワブル

紙と献辞と訂正の頁のほか XIV＋258頁の構成である．　第3版は著者の死後1756年に出版された．　これも大型4つ折版で表紙と献辞をのぞき XII＋348頁からなる．

235. この章では論文『クジの測定について』と『偶然論』第3版について説明しようと思う．　この論文を説明していきながら，『偶然論』と対応する個処を指摘したり，また『偶然論』を説明していく途中でその第3版と前の版とを比較しながら，思いつく所見を述べてみよう．とくに断わりのない限り，『偶然論』を引き合いに出すときは第3版のものとする．

236. 論文『クジの測定について』は1800年まで，『哲学会報』の抄録に再録されていない．その抄録はハットン (Hutton)，シャウ (Shaw)，ピアソン (Pearson) によって編集されたものであった．

この論文は執筆をすすめてくれたフランシス・ロバーツ (Francis Roberts) に献じられている．この主題に関してなされた，この時期の重要な研究は，ホイヘンスの論文とモンモールの著作の第1版であった．ド・モワブルはこれらについては，すでに142節で引用した言葉でもって言及している．

ド・モワブルは彼の論文のなかの 第16, 17, 18問題は ロバーツ によって提起されたものであるといっている．1717年に書かれたといわれている『偶然論』の序文において，つぎのような言葉でこの論文の起源が述べられている．

「『哲学会報』に試論を発表して7年ほどになるが，この書物では私はそれをもっと大きく取りあげるつもりである．この主題を取りあげるようになった動機は誇り高きフランシス・ロバーツ氏(現ラドノール伯爵) の激励と懇請によるものである．彼は，最近刊行された『偶然ゲームに関する解析』と題するフランスの書物をみて，そのなかに出てくる問題のいずれよりも，ずっとずっと難しいいくつかの問題を私に示してきた．これらの問題が彼の満足のいくように解けたら，彼はこれらの問題を系統化し，解に導びく規則を書くことを私に約束した．こうして私の研究が進んでいくにつれて，彼は私がこの主題についてなした発見を，英国学士院で話するよう命令した．そして『哲学会報』に，勝負事に関することよりも，むしろ真理を愛する人たちに有益と思われる，いくつかの一般的考察を発表するようにと要請されたのである．」

237. 論文は，確率がどのように測られるかという，二,三の前置きと，26個の問題から成り立っている．

238. 第1の問題は，1個の サイコロ を8回ふって1の目が2回もしくはそれ以上でる可能性を求める，というものである〔『偶然論』13頁参照〕．

239. 第2の問題は，分配の問題である．　Aは4点ほしく，Bは6点ほしいとしよう．　Aが1点をうる可能性はBのそれと・3対2とする〔『偶然論』18頁参照〕．この題目について当時すでに出版されていたものはすべて，演技者が1点をうる可能性はつねに等しいと仮定されていた〔173節参照〕．

240. 第3の問題は，AがBに3ゲーム中2ゲームを与えうるとして，単一のゲームにAおよびBが勝つ可能性を求めることである．第4の問題もこれと同じ種類のもので，AがBに3ゲーム中1ゲームを与えうるものとして，単一のゲームにAおよびBが勝つ可能性を求めることである〔『偶然論』の問題ⅠとⅡ参照〕．

241. 第5の問題は，ある事象が少くとも1回起こる可能性が½に等しくなるためには，何回試行しなければならないかを求めることである．この問題はすでにモンモールが解決している〔**170**節参照〕．

ド・モワブルは，この問題における不変的な結果のひとつである役に立つ近似公式を追加している．吾々はこの問題が再録されている『偶然論』の問題Ⅲを説明するとき，この問題に立ちかえることにしよう．

242. それから，ド・モワブルはひとつの補題を述べている．すなわち，どのサイコロもそれぞれ面の数が同じ，面上の数字の種類も同じとき，任意個数のサイコロをふって，目の和が与えられた数になる可能性を求めよ，というものである〔『偶然論』39頁参照〕．149節でこの補題の歴史については述べておいた．

243. 第6の問題は，ある事象が少なくとも2回起こる可能性が1/2になるには何回試行を行なえばよいか，というものである．第7の問題は，ある事象が少くとも3回，もしくは4回起こる確率が1/2になるには何回試行を行なえばよいか，というものである〔『偶然論』の問題Ⅲ，Ⅳ参照〕．

244. 第8の問題は，3人の演技者による分配の問題である．これは『偶然論』の問題Ⅵである．

245. 第9の問題は，ホイヘンスにより読者の自習用として提示された問題の5番目のものである．これはモンモールが初版で間違えたものである〔199節参照〕．2人の演技者が果しなくゲームをつづけ，結局一方が他方を破産させる可能性を求める一般公式を，われわれはここではじめてみるのである〔107節参照〕．この問題は『偶然論』の問題Ⅶである．

246. 10番目の問題は，『偶然論』の問題Ⅷであって，つぎのようにいいあらわされている．すなわち

2人の賭博者A，Bが24点をつみあげておく．3個のサイコロを投げ，目の和が11ならばAが1点とり，目の和が14ならばBが1点とる．早く12点取った方が勝ちとなる．

これはごく簡単な問題である．ド・モワブルはこの問題が先の問題と混同されるかもしれないことを心配したようである．なぜなら，第9の問題の最後に，彼はこう述べている．

「最大限用心すべきことは，なにか似通った関係にあるらしく思われることにより，物事を混同せぬようにすることであろう．つぎの問題は一見してよく似ているように思われる．」

第10の問題を説明したあと，またつぎのようにいっている．

「この問題とさきの問題との相違は，サイコロを投げてAとBのどちらかに好都合な場合は高々23回で，それでゲームは終ってしまうことである．ところがさきの問題は，ゲームの規則によって，収益が交互に入るので，永遠にゲームがつづく可能性があり，その点でもっともむつかしい問題である．」

247. 11番目，12番目はホイヘンスによって読者の自習用として提示された第2の問題より構成されており，2通りの意味に解釈されている．それらは『偶然論』の問題Ⅹ，Ⅺをなしている．ド・モワブルによって与えられた意味はヤコブ・ベルヌイによって考察された3通りの場合の第1と第2の場合にあたる〔35節，199節参照〕．

248. 13番目の問題はホイヘンスによって提示された第1の問題であり，14番目の問題は同じく第4の問題である〔35節参照〕．これらの問題は非常に簡単で，『偶然論』には再録されていない．ホイヘンスの第4問題を解くにあたって，ド・モワブルはA<u>が少くとも</u>3つの白玉を出す場合を考えた．モンモールはAが<u>ちょうど</u>3つの白玉を出す場合を考えた．ジャン・ベルヌイはモンモールへの書簡のなかで，Aは少くとも白玉を3つ出すという立場を示している．そして，ヤコブ・ベルヌイは両方について考えている〔199節参照〕．

249. 15番目の問題は，俗にウォルドグラーヴの問題とよばれているものである〔211節参照〕．ド・モワブルは演技者が3人の場合の問題について論じている．この議論は『偶然論』の132頁から159頁までに再録され，演技者が4人の場合に拡張されている．ド・モワブルはこの問題に対する解をはじめて公刊した人である．

250. 16番目の問題と17番目の問題は，ボールのゲームに関係したものである〔177節参照〕．これ

— 133 —

第 9 章　ド・モワブル

らの問題は『偶然論』の117頁から123頁までに，より一般的な形式で再生されている．これら2つの問題について，モンモールは彼の著作の366頁でつぎのように述べている．

「問題16と問題17は同じ問題のきわめて単純な2つの場合にすぎない．それはこの書物のなかで私が発見したあらゆる事柄のなかのほんのひとつのものにすぎない．」

251. 18番目，19番目の問題は『**偶然論**』の問題XXXIXとXLである．しかしそこではもっと分りやすい形に書かれている．

252. 論文のなかの残された7つの問題は，遊戯継続に関する別の節を構成している．それは『**偶然論**』の問題LVIII, LX, LXI, LXII, LXIII, LXV, LXVIであり，いずれ後程あらためて論ずる．

253. 論文『**クジの測定について**』は確率論の歴史においてとくに注目すべきものであることは，さきの説明からも明らかであろう．多くの重要な結果が，ここではじめてド・モルガンによって公表されている．けれども，これらの結果はすでに『**推論法**』の写本のなかにも書かれているし，モンモールとベルヌイとの交通のなかにも見出されるのである．

『**偶然論**』の説明に移ろう．

254. 『**偶然論**』の第2版は，研究の途中でわかった追加的な結果と改良された部分を知らせる**通知**の項がある．これは第3版にはみられない．第2版は目次が最後に示されているが，他の版には目次がない．第3版の通知の項には，つぎのようなことが書かれている．

「この書物の著者は老令のため視力を失ない，ためにこの新版の世話を友人の一人に委任せざるをえなかった．著者はその友人に，前の版の写しと，彼自身の手になるいくつかの欄外の改良点と追加結果を手渡した．これらに加えて編集者は必要と思われることをいくつか補った．そして全般にわたって配列をかえ，間違って配列されたものは然るべき位置へ戻しておいた．それから年金に関する問題もすべて収録した．というのはこの題目についての一番新しい版にそれらが載っていたからである．それからいくつかの有用な論説も附録として同様に追加収録しておいた．これらの一連の計画は，著者が亡くなる1年前に，すべて協議ずみのことである．」

255. 次のリストは第3版に新しく載ったものを示している．注意，30頁-33頁；注意，48頁，49頁；系2，64頁-66頁；例，88頁；注釈，95頁；注意，116頁；系3，138頁；系2，149頁；注意，151頁-159頁；系4，162頁；系2，176頁-179頁；欄外注，187頁；注意，251頁-254頁．

終身年金に関する部分が，通知のなかで設定された計画によって，いちじるしく変更された．

第2版と第3版とでは，問題の番号が問題XIまでは変わらず，第3版の問題XIIは第2版では問題LXXXIXであった．また第3版の問題XIIIから問題LXIXまでは，各問題の番号は第2版のものより1つだけ大きい．第2版の問題LXIXは第3版では問題VIに組込まれており，問題LXX, LXXIはどちらの版も同じである．ただし，第2版ではLXXIが誤植によってLXXとなっている．その後の問題の番号は，終身年金に関する問題が第2版では他の問題と切りはなされていなかったのに，第3版ではそれらが独立したため，いちじるしく変っている．

この著作の第1版はニュートンに献じられた．第2版はカーペンター卿に献じられた．そして第2版の献辞は第3版にもそのままのこっている．ニュートンへの献辞は，第3版の329頁に納められている．

256. 『**偶然論**』の第1版には，この書物の目的と有効性を説明し，あわせて目次の説明ものったすばらしい序文がついている．序文は他の版にも，少しばかり省略された部分もあるが，再録されている．省略した部分のなかに，モンモールの著書の第1版と第2版に関係した次のような文章がはいっているのは，遺憾なことである．

— 134 —

「しかしながら，もし私がもう少し時間をかけてその書物を吟味してみたならば，彼がホイヘンスの方法を豊富な具体例によって解説しているのみならず，自らの手になるいくつかの奇抜なる発明をも加えていることが分って，十分その長所を認めたであろう．………」

「私の試論が印刷されてのち，『偶然ゲームに関する解析』の著者モンモール氏はその書物の第2版を出版した．そのなかで彼はおどろくべき才能と，なみはずれた能力との証拠を数多く示した．その証拠に対して，私は真理と，また彼が私に敬意を表してくれた友情に対して捧げる．」

第1版の序文の結びの節で『推論法』に言及し，その4部で始められた主題を追究しつづけるよう，ニコラスとジャン・ベルヌイに勧めている．この節は他の版では削られている．

『偶然論』第3版を分析するにあたって，前の版と変更のある部分，また追加されている部分はその都度指摘することにして，先へ進もう．

257. 『偶然論』は33頁の序論をもってはじまる．そこでは確率についての主な規則を説明し，それらを例題によって解説する[2]．この部分は第1版の序論にくらべると，ずっと分量がふえているので，序論についてのわれわれの注意は第1版には向けないことにしよう．ド・モワブルは注意深くつぎの基本定理を考える．すなわち，「単一の試行である事象の起こる見込みを $a:b$ としよう．そのとき n 回の試行で少くとも r 回その事象が起こる可能性は $(a+b)^n$ の展開式のはじめの $n-r+1$ 項をとり，それを $(a+b)^n$ で割ることによって得られる．」この結果が172節の2番目の公式に対応することは，別の仕方で示すことができる．奇妙なことにド・モワブルはこれに証明を与えなかった．彼が証明をしているものにくらべると，この定理はそれほど自明とも思えないのではあるが．

ある事象がちょうど r 回起こる可能性を求めるために，ド・モワブルは，（少なくとも r 回ある事象の起こる可能性）－（少なくとも $r-1$ 回ある事象の起こる可能性）なることを示している．彼は，われわれが期待する程はっきりとしてはいないが，ある事象がちょうど r 回起こる可能性を求めるより新しく直接的な方法に気づいており，それによって少くとも r 回ある事象の起こる可能性を導いている．

258. ド・モワブルはひとつの事象が起こる確率を表わすのに，たった1個の文字を用いることからくる便利さに気付いている．こうして，ある事象の起こる確率を x とすれば，$1-x$ はそれが起こらない確率を示しているであろう．y と z を他の2つの事象が起こる確率としよう．すると，例えば

$$x(1-y)(1-z)$$

は，第1の事象は起こり，第2，第3の事象は起こらない確率をあらわすであろう．ド・モワブルはこう結論する．「任意個の事象の場合も含めて，数え切れないほど事象の数が多くても，固有の記法の効果によって，なんの苦もなく解くことができるであろう[3]．」

259. 第3版でド・モワブルは大きな分母子をもつ分数を連分数で近似していく便利さに注意を払っている[4]．そのことについて，彼は「ウォリス博士やホイヘンスによって提示された方法」とよんでいるが，そこでは今日代数学の初等的な書物のなかでみられる逐次収束の定式化の規則を与えている．

— 135 —

第9章 ド・モワブル

この規則はコーツ[5] (Cotes) の業績に帰せられている.

260. 『偶然論』は終身年金に関するものをのぞいて, 計74個の問題を含んでいる. 第1版においては問題数は53個であった.

261. 240節では問題Ⅰと問題Ⅱを紹介しておいた. p, qを1回のゲームでのAとBの可能性を表わすものとする. 問題ⅠはBが1回勝つ前にAは3ゲーム勝つ可能性は$\frac{1}{2}$である, ということを述べている. したがって, $p^3=\frac{1}{2}$. $p=\frac{1}{\sqrt[3]{2}}$だから, $q=1-\frac{1}{\sqrt[3]{2}}$. 問題ⅡはBが2ゲーム勝つ前に, Aが3ゲーム勝つ可能性は$\frac{1}{2}$であることを述べている. したがって, $p^4+4p^3q=\frac{1}{2}$. これは厄介だが解けるに違いない.

これらの問題は172節の一般公式の簡単な例題である.

262. 問題Ⅲ, 問題Ⅳ, 問題Ⅴはつぎのような一般的な言いまわし方ができる. aを単一の試行である事象の起こる可能性の数, bをその事象の起こらない可能性の数とする. その事象が少なくともr回起こる可能性の数が$\frac{1}{2}$になるには何回の試行が必要かを求めよ.

たとえば, $r=1$とする.

xを試行の回数としよう. x回ともつづいてその事象が起こらない可能性は$\frac{b^x}{(a+b)^x}$となる. そして仮定により, これはx回のうち少なくとも1回はその事象が起こる可能性と等しくなる. だから, これらの可能性のおのおのを$\frac{1}{2}$とおくと

$$\frac{b^x}{(a+b)^x}=\frac{1}{2}\ ;$$

この方程式からxは対数によって求めることができる.

ド・モワブルは近似値へ話を進める. $\frac{b}{a}=q$とおく. すると

$$x\log\left(1+\frac{1}{q}\right)=\log 2$$

もしも, $q=1$ならば$x=1$である. もしも, $q>1$ならば, $\log\left(1+\frac{1}{q}\right)$を展開することにより

$$x\left\{\frac{1}{q}-\frac{1}{2q^2}+\frac{1}{3q^3}-\frac{1}{4q^4}+\cdots\cdots\right\}=\log 2$$

ただし, $\log 2$はナピヤの自然対数を意味する. そこで, qが十分大きければ

$$x\div q\log 2\div\frac{7}{10}q$$

ド・モワブルは, 37頁でつぎのように述べている.

「こうして, xとqの比の値は非常にせまい限界内に落ちることが分った. なぜなら, それは1にはじまり, およそ$\frac{7}{10}$に近い値に収束するからである.

しかし, xは極限値0.7qにすぐ収束するから, このxの値は, qの値が定まれば, あらゆる場合に求めうるものである.」

qが適当に大きければ, この結果が正しいとすると, ド・メレがおちいった誤りを再びおかすことになる. 彼はこの結果がqのすべての値に対して成立すべきだと考えたのである〔14節参照〕.

263. 262節における一般的な言いまわし方の別の例として, $r=3$としよう.

x回の試行のうち, その事象が少なくとも3回起こる可能性は

$$\left(\frac{a}{a+b}+\frac{b}{a+b}\right)^x$$

— 136 —

の展開式のはじめの $x-2$ 項の和に等しく，それで仮定によりその値は $\frac{1}{2}$ である．そこで展開式の後の3項の和もまた $\frac{1}{2}$ に等しい．すなわち，

$$b^x + xb^{x-1}a + \frac{x(x-1)}{1 \cdot 2}b^{x-2}a^2 = \frac{1}{2}(a+b)^x \qquad .$$

$\frac{b}{a}=q$ とおく．それで $\left(1+\frac{1}{q}\right)^x = 2\left\{1+\frac{x}{q}+\frac{x(x-1)}{2q^2}\right\}$ となる．

$q=1$ ならば，$x=5$ である．

q が十分大きいとすると，$\frac{x}{q}=z$ とおいて，

$$e^z = 2\left(1+z+\frac{z^2}{2}\right)$$

をうる．ここで，e は自然対数の底である．

この方程式の根は，$z \doteqdot 2.675$ である．そこで，ド・モワブルは x の値がつねに $5q$ と $2.675q$ の間にあると結論した〔『偶然論』45頁〕．

264. ド・モワブルは上の2つの節で示した方法によって計算した表を提示している．

「　　　　　　　　　　限　　界　　の　　表

　　　　　　　　　x の値はつねに，

　ある事象が少くとも1回起こるには，　　$1q$ から $0.693q$ の間にある．
　ある事象が少くとも2回起こるには，　　$3q$ から $1.678q$ の間にある．
　ある事象が少くとも3回起こるには，　　$5q$ から $2.675q$ の間にある．
　ある事象が少くとも4回起こるには，　　$7q$ から $3.672q$ の間にある．
　ある事象が少くとも5回起こるには，　　$9q$ から $4.670q$ の間にある．
　ある事象が少くとも6回起こるには，　$11q$ から $5.668q$ の間にある．

　　　等々

　そして q が1に比べてかなり大きいときで，ある事象が少くとも n 回起こる（n はかなり大きい）に必要な試行回数は $\frac{2n-1}{2}q$，もしくは nq である．」

ド・モワブルはこの最後の文章で示した一般的結果を，彼が実際に計算した上の6つの場合から得られる数値をもとにして推測しただけで，それ以上突込んで調べることはしなかった．

265. 263節で，ド・モワブルが $\frac{x}{q}$ はつねに5から2.675の間にあると結論づけたことを知った．このことは自明のことのように思われたらしく，証明はされていない．しかし，このことは何ら証明なしに考えられることではない．というのは，$\frac{x}{q}$ ははじめ q とともに増加し，したがって5より大きい値をとる．その後 q とともに減少して2.675より小さくなり，しかる後にふたたび増大して極限値2.675に収束する場合も考えうるからである．$r=3$ の特殊な例におけると同様に，r の値に関係なく，この注意は一般の命題にあてはまる．

263節における等式から，q が増加すると x も増加することを示すことはやさしい．しかも問題の性質からして，このことは場合場合に応じて異なるのだと結論せざるをえない．なぜなら，もし唯1回の試行で成功する可能性が小さくなるなら，試行回数をふやさなければ，ある事象が少くとも1回起こる可能性を確実に $\frac{1}{2}$ にできないことは，明らかに思われる．

266. 『偶然論』の39頁から43頁にかけて，すでに説明した補題がのっている〔242節参照〕．

— 137 —

第9章 ド・モワブル

267. 『偶然論』の問題Ⅵは，3人の演技者による分配の問題である．ド・モワブルはフェルマーと同種の解を与えた〔16節，18節参照〕．第3版には，パスカルが2人の演技者に対して用いた方法による，いくつかの簡単な場合の議論がのっている〔12節参照〕．ド・モワブルもまたここで，任意の演技者数に対する問題の解法を，うまい方法で説明している．その方法はフェルマーの方法に基づいており，複雑な場合にその方法を適用する際に生ずるかもしれないわずらわしさを，できるだけ軽くするよう工夫されている．その方法は，1730年『いろいろな解析』においてはじめて公表された[6]．それは『偶然論』第2版の191頁，192頁にのっている．

268. 問題VIIはホイヘンスによって提起された5番目の問題である〔35節参照〕．ド・モワブルがヤコブ・ベルヌイと同じようにその問題を一般化し，その結果に証明をつけて，『**クジの測定について**』という論文ではじめて公表したことは，すでに述べた通りである〔107節，245節参照〕．ド・モワブルの証明は非凡ではあるが，完全なものではない．というのは，彼はAがBを破産させる可能性と，BがAを破産させる可能性の比を求め，それから実際的にはゲームを長く続けると演技者のいずれかは他方に負かされてしまうに違いないと考えたのである．こうして彼は2つの可能性の絶対値を導出している．

『**小型版百科全書**』（*Cabinet Cyclopaedia*）のなかの，ド・モルガン教授の『**確率についての論説**』（*Essay on Probability*）の第1附録が参考になる．

問題Ⅷについては246節で述べた．

269. 問題Ⅸはつぎの通りである．

「熟練の比が $a:b$ である演技者AとBがともにゲームをする．Aが賭けの回数のうち q 回勝つか，p 回負けるまでゲームをつづける．そして各ゲームごとの賭金の金額はAがL，BがGとする．Aの利益もしくは不利益を求めよ．」

これは『偶然論』第1版の問題XLIIIであり，この問題について序文でつぎのように述べている．

「43番目の問題は，私が心から尊敬しているトーマス・ウッドコック（Thomas Woodcock）が私に教えてくれたものである．私は何とかその解答を得たいと思い，一生懸命考えた末，幸いにもうまく解けたので，彼が私に教えてくれた数日後に解答をしらせた．私見によれば，この問題は確率論に関して提起しうる問題のなかでも，一番綿密に研究しなければならないものである．その答は，利益がお互いの演技者の勝ち負けの回数に限定された可能性の大小に由来するのみならず，賭金の多い少ないことにも由来することを確定する方法を包含している．一方の演技者に可能性の不平等さがあれば，他方の演技者には賭金の不平等さがあるので，2人の利益を比較できるのである．」

『**いろいろな解析**』204頁で，その問題が，**観察者**（spectatissimo viro），トーマス・ウッドコックによって提起されたものであると，ド・モワブルは述べているが，『偶然論』の第2版や第3版ではそれにふれていない．それはド・モワブルの彼への心からの尊敬の念がいつの間にか衰え，しまいには消え去ってしまったからである．

問題の解はつぎの通りである．

「R, S をそれぞれA，Bが相手の賭金全部を勝ちとる確率とする．その確率は問題VIIで決定ずみである．まず，AとBの供託する金額が同じで，GとGとする．Aは qG を勝ちとるか，pG を取られるかのいずれかであるから，Aの取り分は $RqG-SpG$ と見積られる．そのうえ，供託する金額が G と G であるから，さらにゲームに勝つ可能性の比が $a:b$ であるから，ゲームごとのAの取り分は $\dfrac{aG-bG}{a+b}$ である．同様にして，AとBの供託する金額をそれぞれ L，G とするとき，ゲーム

—138—

ごとのAの取り分は$\dfrac{aG-bL}{a+b}$となるであろう．それゆえ，ここではA，Bの供託する金額はそれぞれL，Gと仮定する．この場合のAの取り分全部を求めるために，A，Bが同じ額を賭けるにせよ，違った額を賭けるにせよ，演技者のどちらかが他の賭金全部を勝ちとる確率は，そのことによって何ら変らない．そしてゲームが終了してしまうまでのゲーム数も何ら変らない．それゆえ，前者の場合〔供託金額が同じ〕の各ゲームでの取り分対後者の場合〔供託金額が違う〕の各ゲームでの取り分は，前者の場合のゲーム全体の取り分対後者の場合のゲーム全体の取り分になる．ゆえに

$$\frac{aG-bG}{a+b}\bigg/\frac{aG-bL}{a+b}=\frac{RqG-SpG}{RqG-SpL}$$

よって，Aの取り分は

$$RqG-SpL=(Rq-Sp)\frac{aG-bL}{a-b}$$

問題VIIのR，Sの値を代入して

$$=\frac{qa^q(a^p-b^p)-pb^q(a^q-b^q)}{a^{p+q}-b^{p+q}}\cdot\frac{aG-bL}{a-b}$$

となる．」

270. 『偶然論』第1版の136頁〜142頁において，ド・モワブルは前問のはなはだわずらわしい解答を与えている．これにニコラス・ベルヌイが彼の伯父に教えてもらったという，もっとも短かい解答が添えられている．この解は，ド・モワブルが『クジの測定について』の第9問題のなかで彼自身が用いた手法に基づいている．しかしながら，ド・モワブルはベルヌイの解が自分の独創になるものだということを主張していない．このことは，『いろいろな解析』206頁でも同じである．そこで彼は，すでにわれわれが与えた簡単な解答の考案者の名前をあげている．すなわち，

「私がやった問題の解法は，おそらく前にある人がやった解法と同じだということを，前にもまことに素直に述べておいたが，その態度はいまも変っていない．しかしながら，それでも私にとって解法の発見者の名前を書き記しておくのが公平だろうということを信じて疑わない．

7〜8年前，国際テンプル騎士団員で，天才的で特異な洞察力を備えた人であるステヴィン博士（Dr Stevens）が，解くようにと提示された最高に難かしい問題を，彼はこのように容易に理にかなったやり方で解くことができたといって，そのことを私に語ってくれた．」

それから解法が書き連ねてあり，その後でさらにド・モワブルは補足をしている．

「ジュネーブの数学教授の地位にある教養ある青年クラーメル博士[7]（D. Cramer）と，彼の同僚として同じような業績をもつカランドリ博士[8]（D. Calendri）が，ずっと前にロンドンにしばらく滞在していたことがあり，彼らとのつき合いに私は楽しい時を過したが，そのとき彼らは私にニコラス・ベルヌイ博士の書簡について語り，かつまたこの問題に没頭している一人の聖職者の新しい解答を手に入れることを請合ってくれた．だから，当然この聖職者が最初の解の発見者として先頭に名を連ねるべき人である．まだ誰も解法の手段を示した者はいないのだから，もしそれをどんな形ででも私にしらせてくれたら，修正された形式ではなくてそのままの形で発表しようと考えている．」

271. 247節ですでに問題Xと問題XIについて述べた．問題Xを解くにあたって，ド・モワブルは152節で述べた級数の和についての定理を用いている．第2版では系が追加されており，第3版では拡張されているので，それについて注意しておこう．

A，B，Cが<u>順番に</u>n個の面をもつ1個のサイコロを投げる．Aに好都合な面はa個，Bに好都合

第9章 ド・モワブル

な面はb個，Cに好都合の面がc個で，$a+b+c=n$としよう．A，B，Cがそれぞれ1回はじめて投げて好都合な面を出す可能性は$an^2:(b+c)bn:(b+c)(a+c)c$になることはすぐわかる．ド・モワブルは第3版の65頁で，<u>投げる順番がきまる前は可能性の比は$a:b:c$になる</u>と思っていたようである．もちろん，これは<u>まったく投げる順番を考えていない場合</u>と同じである．つまり，もしサイコロをふって，出た目によってA，B，Cに与えられる賭金がそれぞれa，b，cのうちのひとつであるとする．もしひとつの順序がきめられ，その順序と別の順序とが同じ可能性をもつとしても，結果は異なるであろう．たとえば，Aの可能性は6通りの可能な同等の可能性のある場合から得られる和の1/6であろう．Aの可能性は

$$\frac{a\{6a^2+9a(b+c)+3(b^2+c^2)+8bc\}}{6\{n^3-(b+c)(c+a)(a+b)\}}$$

であることがわかる．

272. 問題XIIははじめ第2版の248頁に，つぎのような前置きとともにのっていた．「特別な親友が先の問題Iにもうひとつの問題を追加することを望んだので，私は彼の希望をかなえたいと思った．その問題とはこれである．」問題そのものは重要でない．それは『**推論法**』のなかでしばしば用いられる方法によって解かれるが，それは106節で説明ずみである．

273. 問題XIIIはバセット・ゲームに関するものであり，問題XIVはファラオン・ゲーム[9]に関するものである．これらの問題はこの書物の69頁から82頁まで占める．これらのゲームについては154節，163節で十分に説明しておいた．ド・モワブルの議論はどの版でも同じであるが，「……であるこれらの人々は……」という言葉でその頁の終りまで続いている第1版の37頁の1節だけは，以下の版で省略されている．その節は事実バセット・ゲームの公式の簡単な例が与えてあった．

274. 問題XVからXXまでは一続きのものである．ド・モワブルは可能性に関する簡単な例題を解き，その結果を順列と組合せの理論に適用している．近代ではわれわれは通常逆の順序を採用する．つまり，まず順列と組合せの理論を確立しておいて，そのあとでその理論を偶然性に関する議論に適用する．ド・モワブルの方法を問題XVから例示しよう．問題XVは

「6つのものa，b，c，d，e，fが与えられている．そのなかから2つのものが任意にとり出される．はじめにaがとり出され，つぎにbがとり出される確率を求めよ．」

この問の解は

「はじめの位置にaがくる確率は$\frac{1}{6}$である．aがとり出されたとすると残りは5つのもので，そのなかからbがとり出される確率は$\frac{1}{5}$である．だから，aがとり出され，つぎにbがとり出される確率は$\frac{1}{6}\times\frac{1}{5}=\frac{1}{30}$である．」

そして，ド・モワブルはつぎの系のなかで

「はじめにaをとり，つぎにbをとることは，2つのものをとって並べる仕方のひとつにすぎない．したがって，6つのものから2つとって並べる仕方は30でなければならない．」

という．

275. 序文で，ド・モワブルはつぎのように述べている[10]．

「組合せの一般的な規則を説明し，この主題に関するいくつかの問題についての解に用いられるある定理を与えたのち，私はひとつの新しい定理を設定する．それは前の定理を適当にちぢめたものであ

ド・モワブル

るが，この定理によって一見ひどく難かしそうに思わるかもしれない偶然性に関する問題が，たやすく解決される．」

この新しい定理は，分数の分母分子にあらわれる共通因数を約分することによって，式を簡単にするということ以外の何ものでもない〔『偶然論』ix頁，89頁〕．

276. 問題XXIから問題XXVまでは，問題XVから問題XXまでに明らかになった原理を富クジに関する問題にやさしく応用することからなっている．このうちのはじめの2つは第1版に出ている[11]．

第3版の95頁には，留意すべき注釈がのっている．ド・モワブルはつぎの公式を引用している．a と n を正整数とするとき

$$\frac{1}{n}+\frac{1}{n+1}+\frac{1}{n+2}+\frac{1}{n+3}+\cdots\cdots+\frac{1}{a-1}$$

$$=\log\frac{a}{n}+\frac{1}{2n}-\frac{1}{2a}+\frac{A}{2}\left(\frac{1}{n^2}-\frac{1}{a^2}\right)+\frac{B}{4}\left(\frac{1}{n^4}-\frac{1}{a^4}\right)+\frac{C}{6}\left(\frac{1}{n^6}-\frac{1}{a^6}\right)+\cdots\cdots$$

ただし，$A=\frac{1}{6}$，$B=-\frac{1}{30}$，$C=\frac{1}{42}$，……である．

ド・モワブルにいわせると，数 A，B，C，……は「ベキ級数の和を求めるすばらしい定理のなかにでてくるベルヌイ氏の数」である〔112節参照〕．この公式がはじめて出てきたのは，『いろいろな解析』で，その付録のなかの公式を証明するために引用された．このことについては，あとで『いろいろな解析』の話をするときに述べるつもりである．

277. 問題XXVIIから問題XXXIIまではカドリーユ（Quadrille）・ゲームに関するものである．このゲームについては，ゲームの規則は書かれていないが，組合せ理論の単純な例題にすぎない問題をみれば，理解は容易である．これらの問題は第1版にはない．

278. 問題XXXIIIはファラオン・ゲームで胴元が賭金の何パーセントを得たかを求める問題である．ド・モワブルは序文でこの解は非常に重要であるかのように述べているが，しかしそれから生ずる事柄にはほとんど満足に期待していないのである．胴元に対して賭ける演技者は，実際にはゲームのどの段階でもどんな手が一番よいかを考慮せずに，まったく偶然にまかせてゲームをしているように思われる．けれども，モンモールの先に述べた研究とド・モワブルによれば，ある種の手は他の手よりも明らかに劣悪だということを示している．

ド・モワブルの解における胴元の相手は，それゆえ偶然にもてあそばれる賭博師というより，むしろ機械といった方がよいだろう．

279. つぎに問題XXXIVを示そう．

「AとBがゲームをし，それぞれが勝つ可能性は $a:b$ である．そしてAが勝ちつづけている限り，BはAに主動権を渡すことを余儀なくされる．Aが自己の手に収める利益を求めよ．」

各々1点を賭けるとして，結果は

$$\frac{a-b}{a+b}\left\{1+\frac{a}{a+b}+\frac{a^2}{(a+b)^2}+\frac{a^3}{(a+b)^3}+\cdots\cdots\right\}=\frac{a-b}{b}$$

である．

280. 問題XXXV，問題XXXVIはトレーズ・ゲームと邂逅のゲームに関するもので，ニコラス・ベルヌイとモンモールによって論ぜられたものである〔162節参照〕．

ド・モワブルは先輩たちに比べて，この問題について大いに独創的に，大いに一般化して取扱っている．それをみていくことにしよう．

第9章　ド・モワブル

281. 問題 XXXV は次のようなものである.

「すべて相異なる任意個数の文字 a, b, c, d, e, f, …… がある. これらの文字を無作為に取っていった場合, そのうちの何個がアルファベットの順番と同じ順番に取り出され, その他の文字はそうでなく取り出される確率を求めよ.」

n を文字の総数とする. p 個の定まった文字が辞書式順番に, q 個の定まった文字がその順序をはずれ, 残りの $n-p-q$ 個の文字については何の制限も課さないものとする. このような結果が起こる確率は

$$\frac{1}{n(n-1)\cdots(n-p+1)}\left\{1-\frac{q}{1}\frac{1}{n-p}+\frac{q(q-1)}{1\cdot2}\frac{1}{(n-p)(n-p-1)}+\cdots\cdots\right\}$$

である. この式は $p>0$ と仮定した場合であるが, もし $p=0$ ならば

$$1-\frac{q}{1}\frac{1}{n}+\frac{q(q-1)}{1\cdot2}\frac{1}{n(n-1)}-\cdots\cdots$$

となる. もしこの式で $q=m-1$ と仮定すれば, 161節ですでに与えた結果をうる.

この式を証明する過程で, ド・モワブル はいくつかの簡単な場合を調べてみるだけで満足し, 一般的に成立する法則は類推したにすぎない. 彼の方法を紹介しよう.

a が第1番目の位置にくる可能性は $\frac{1}{n}$ である. a が第1番目の位置に, b が第2番目の位置にくる可能性は $\frac{1}{n(n-1)}$ である. そこで, a が第1番目の位置にきて, b が第2番目の位置にこない可能性は

$$\frac{1}{n}-\frac{1}{n(n-1)}$$

である.

同様に, a, b, c が固有の位置に並ぶ可能性は $\frac{1}{n(n-1)(n-2)}$ である. この値を a, b が固有の位置に並ぶ可能性からひく. すると, a と b が固有の位置にきて c が固有の位置にこない可能性がえられる. この可能性は

$$\frac{1}{n(n-1)}-\frac{1}{n(n-1)(n-2)}$$

となる.

ド・モワブルはこの過程を簡単にみやすくするために特殊な記法を使っている. $+a$ によって a がその固有の位置にくる可能性を示し, $-a$ によって a がその固有の位置にこない可能性を示す. $+b$ によって b がその固有の位置にくる可能性を示し, $-b$ によって b がその固有の位置にこない可能性を示す, 等々. そして一般に $+a+b+c-d-e$ のような記号は, a, b, c が固有の位置にきて, d, e が固有の位置にこない可能性を示す.

$$\frac{1}{n}=r,\quad\frac{1}{n(n-1)}=s,\quad\frac{1}{n(n-1)(n-2)}=t,\quad\frac{1}{n(n-1)(n-2)(n-3)}=v,\quad\cdots\cdots$$

としよう.

そのとき, つぎの結果をうる.

$$\begin{aligned}+b\quad&=r\\ \underline{+b+a}&\underline{=s}\\ +b-a&=r-s\quad\cdots\cdots\cdots\cdots\cdots\cdots①\\ +c+b\quad&=s\end{aligned}$$

— 142 —

$$+c+b+a=t$$
$$\underline{+c+b-a=s-t} \quad \cdots\cdots\cdots\cdots ②$$

$$+c-a\quad\ \ =r-s \qquad \text{〔①による〕}$$
$$\underline{+c-a+b=\qquad s-t} \quad \text{〔②による〕}$$
$$+c-a-b=r-2s+t \quad \cdots\cdots\cdots\cdots ③$$

$$+d+c+b\quad\ \ =t$$
$$\underline{+d+c+b+a=v}$$
$$+d+c+b-a=t-v \quad \cdots\cdots\cdots\cdots ④$$

$$+d+c-a\qquad =s-t \qquad \text{〔②による〕}$$
$$\underline{+d+c-a+b=\qquad t-v} \quad \text{〔④による〕}$$
$$+d+c-a-b\quad\ \ =s-2t+v \quad \cdots\cdots\cdots\cdots ⑤$$

$$+d-b-a\quad\ \ =r-2s+t \qquad \text{〔③による〕}$$
$$\underline{+d-b-a+c=\qquad s-2t+v} \quad \text{〔⑤による〕}$$
$$+d-b-a-c=r-3s+3t-v \quad \cdots\cdots\cdots\cdots ⑥$$

これらの記号処理を言葉でいい表わすことは容易である．たとえば結果②を導出する場合を考えよう．

$$+c+b=s,$$

これは b と c が固有の位置を占める可能性が s であることを示し，これが真であることはわかる．

$$+c+b+a=t,$$

これは c と b と a が固有の位置を占める可能性が t であることを示し，これも真であることはわかる．

これら2つの結果から，c と b が固有の位置を占め，a が固有の位置から外れる可能性は $s-t$ である．それで，このことは記号で

$$+c+b-a=s-t$$

と表わされる．

同様にして，③の結果を求めてみよう．①より $r-s$ は，c が固有の位置を占め，a が固有の位置から外れる可能性を示していることがわかる．そして②によって，$s-t$ は，c と b が固有の位置を占め，a が固有の位置から外れる可能性を示している．よって，c が固有の位置を占め，a と b が固有の位置から外れる可能性は $r-2s+t$ になると考えられる．そして，この結果は記号で

$$+c-a-b=r-2s+t$$

と表わされる．

282. ド・モワブルは序文でこのような処理方法をつぎのような言葉で述べている．

「第35，第36問題のなかで，私は新しい種類の代数を説明する．それによって組合せに関するいくつかの問題がきわめて容易な処理によって解くことができ，その解き方はある程度まで記号法の直接の結果なのである．これらの問題を解くのに私が用いた代数が絶対に必要なものだと，私は言いはるつもりはない．なぜなら，『偶然ゲームに関する解析』の著者モンモール氏とニコラス・ベルヌイ氏が，まったく別のやり方で，ここにあげた問題を解いているように思われるからである．しかし，もしも私の示した方法が一般性はともかくとしても簡略化には成功しているので，私の方法以外ではほとんど簡単には解が得られないだろうということを読者に請けあったとしても，自信過剰と思わないでいただきたいものである．」〔序文ix頁〕

283. ド・モワブル自身は結果を言葉で述べている．もちろん，それは281節で与えた式と同じであるが，それを再び示しておくのが便利であろう．記号についてはすでに説明したとおりで，そのあと

— **143** —

第9章　ド・モワブル

つぎのように述べている.

「1，r，s，t，v，……に交互に正と負の符号をつける．ただし，$p=0$ ならば 1 から，$p=1$ ならば r から，$p=2$ ならば s から，……始まるとする．これらの数の前に指数が q である二項係数をおく．このような数を配列すると，求める確率を表わすことになるであろう．」

284. 問題XXXVI とその解は以下の通りである．

「任意に与えられた個数の文字 a，b，c，d，e，f，……があり，各文字はそれぞれ同じものが何個かずつある．これらの文字を無作為に取り出して順番に並べるとき，ある特定の文字が固有の位置を占め，同時に他の文字はどれも固有の位置を占めない確率を求めよ．」

n を文字の総数，l を各文字の個数とすると，$\dfrac{n}{l}$ は異なる文字の総数を示す．p を固有の位置にある文字の数，q を固有の位置にない文字の数とする．さて，前問で与えられた方法を最大限活用することにして，ここでは

$$r=\frac{l}{n},\ \ s=\frac{l^2}{n(n-1)},\ \ t=\frac{l^3}{n(n-1)(n-2)},\ \ \cdots\cdots$$

とおけば，どんな特別な場合の問題に対しても解がえられる．

こうしてすべての文字が固有の位置を占めない確率は，級数

$$1-qr+\frac{q(q-1)}{1\cdot 2}s-\frac{q(q-1)(q-2)}{1\cdot 2\cdot 3}t+\frac{q(q-1)(q-2)(q-3)}{1\cdot 2\cdot 3\cdot 4}v\cdots\cdots$$

で表わされる．項数は $q+1$ 項である．

しかし $q=\dfrac{n}{l}$ となるような特殊な場合，前の級数は

$$\frac{1}{2}\frac{n-l}{n-1}-\frac{1}{6}\frac{(n-l)(n-2l)}{(n-1)(n-2)}+\frac{1}{24}\frac{(n-l)(n-2l)(n-3l)}{(n-1)(n-2)(n-3)}\cdots\cdots$$

のように変形される．項数は $\dfrac{n-l}{l}$ である．

285. ド・モワブルはつづいていくつかの系を追加している．次のものはこれらの系のうちの最初のものである．

「　　　　　　　　系　　　1

このことから，つぎのことが成り立つ．無作為に取り出した 1 つもしくはそれ以上の文字が固有の位置を占める確率は，つぎのように表わされる．

$$1-\frac{1}{2}\frac{n-l}{n-1}+\frac{1}{6}\frac{(n-l)(n-2l)}{(n-1)(n-2)}-\frac{1}{24}\frac{(n-l)(n-2l)(n-3l)}{(n-1)(n-2)(n-3)}+\cdots\cdots\ \ \rfloor$$

これはニコラス・ベルヌイが与えた結果と一致する〔204節参照〕．

つづく 3 つの系で，ド・モワブルは，2 つもしくはそれ以上の文字が固有の位置を占める確率，3 つもしくはそれ以上の文字が固有の位置を占める確率，4 つもしくはそれ以上の文字が固有の位置を占める確率を提示している．

286. 上に述べた 4 つの系は，ここでの問題のもっとも重要な部分である．この問題はのちにラプラスによって取り扱われたが，彼は与えられた個数もしくはそれ以上の文字が固有の位置を占める確率の値を与える一般公式を求めている〔ラプラス，**『確率の解析的理論』**217頁〜222頁〕．ド・モワブルが問題の提示とその解のなかでもっとも顕著に主張している問題XXXV と問題XXXVI の部分は，p 個の文字は固有の位置を占め，q 個の文字は固有の位置を占めず，そして $n-p-q$ 個の文字には何の制限もないという条件である．この部分はド・モワブルの創始した考えである．なぜなら，このよ

—144—

うな考えは彼の時代より前にはみられないし，また注意も惹かなかったように思われるからである．

287. 『偶然論』の第1版，第2版にはなかった注意が116頁にのっている．ド・モワブルは

$$1-\frac{1}{2}+\frac{1}{6}-\frac{1}{24}+\cdots\cdots=1-\frac{1}{e}$$

であることを示している．

288. 問題XXXVIの系5はつぎのようになっている．

「A，B2人が各自1組のカードを持っており，それらのカードを1枚ずつ同時につぎつぎと出していく．そして同じカードが出たらAはBに1ギニ[12]与えるものとする．このような条件づきで演技するとき，Bはどれだけの額をAに与えることになるのか．カードの数が何枚であっても，答は1ギニである．

これは先の問題の系ではあるけれども，つぎのように考えればもっと容易に解くことができる．各人のもっている1組のカードには，カードの順番を推定する規則があり，最初に出すカードが同じである確率は1/52，2番目に出すカードが同じである確率も1/52，そうすると，このように同じカードが出る場合は52通りあるから，全体として値は52/52＝1である．」

この結果をすでに与えた公式から導出することは興味のあることである．n枚のカードのうち，特定のp枚のカードは固有の順番に取り出され，残りのカードは固有の順番に取り出されない可能性は，281節の第1公式で，$q=n-p$とおくことによって得られる．任意のp枚のカードが固有の位置を占め，残りが固有の位置を占めない可能性は，この結果に$\frac{n!}{(n-p)!p!}$を掛ければよい．そしてこの場合Bはpギニ受取るから，さらにpの値をかけるとBの利益が計算される．こうして

$$\frac{1}{(p-1)!}\left\{1-1+\frac{1}{2}-\frac{1}{3!}+\frac{1}{4!}-\cdots\cdots+\frac{(-1)^{n-p}}{(n-p)!}\right\}$$

をうる．

これを$\varphi(p)$で表わす．pに1からnまでのすべての値を代入した$\varphi(p)$の総和を求めると1になることを示さねばならない．

$\Psi(n)=\sum_{p=1}^{n}\varphi(p)$とおく．すると

$$\Psi(n+1)-\Psi(n)=0$$

は容易にわかる．

こうして，すべてのnに対して$\Psi(n)$は定数である．$n=1$を代入すると

$$\Psi(n)=\Psi(1)=1$$

となる[13]．

289. 問題XXXVIの系6を以下に説明しよう．

「カードの組数が与えられたとき，カードの任意個の組数のなかで偶然に起こるある種の状態の確率は，われわれの方法によって容易に求めることができる．カードの組数をk，各組からカードを1枚ずつ順々に取り出し，1枚もしくはそれ以上のカードが固有の位置を占める確率は

$$\frac{1}{n^{k-2}}-\frac{1}{2!}\cdot\frac{1}{\{n(n-1)\}^{k-2}}+\frac{1}{3!}\cdot\frac{1}{\{n(n-1)(n-2)\}^{k-2}}-\frac{1}{4!\{n(n-1)(n-2)(n-3)\}^{n-k}}+\cdots\cdots$$

で与えられる．」

ラプラスはこの結果を証明した〔ラプラス，『確率の解析的理論』224頁参照〕．

290. 問題XXXVII，問題XXXVIIIはボールのゲームに関連したものである〔177節，250節参照〕．

第9章　ド・モワブル

ド・モワブルは『偶然論』120頁でつぎのように述べている.

「高貴なるフランシス・ロバーツ殿下によって私に提示されたこの問題の解答は，ずっと以前に『哲学会報』329号のなかで与えておいた. 系の方法によって，もしも賭博者の腕の差がわかっておれば，問題は解けることをその論文で述べておいた. それ以後，確率に関する主題を出版したド・モンモール氏の書物の第2版でこの問題が解かれた. その解法は賭博者の腕の差を問題にし，多くの場合にその解法をあてはめ，それによってさらにあてはめることのできる一般的な方法を与えている. しかし，彼の解法が組合せ論をうまく用いたために正しいものだとしても，私の方法がより簡単明瞭で，ある根本原理に基づいて演繹されており，その原理によって私は順列と組合せの理論を証明しているのである………. 」

291. 問題XXXIXから問題XLIIまでは一連のものである. 問題XXXIXはつぎの通りである.

「任意の面の数をもったサイコロをもって，一定回数投げ，その回数のなかで何個かの面が出る期待値を求めよ. 」

$p+1$ をサイコロの面の数，n を投げる回数，f を演技者Aが出すべき目の面の数とする. するとAの期待値は

$$\frac{1}{(p+1)^n}\left\{(p+1)^n-\frac{f}{1}p^n+\frac{f(f-1)}{1\cdot 2}(p-1)^n-\frac{f(f-1)(f-2)}{3!}(p-2)^n+\cdots\cdots\right\}$$

となる.

ド・モワブルはこの一般的な結果を，f がそれぞれ1，2，3，4に等しいような簡単な場合の吟味から推測している. 彼は序文でこの問題についてつぎのように述べている.

「最初この問題を解こうと試みはじめたとき，ウォリス博士らによって講じられた組合せについての一般規則以外に，何の手がかりもなかった. それを応用しようとすると，計算が信じられないほど複雑で尨大なものになってしまった. そんな訳で私は見解を変えることを余儀なくされ，求める解がほかにもっと容易な考え方から演繹できないものかどうか探究しなければならなくなった. そのうちに私は幸運にも先に述べておいた方法に思いあたった. その方法が解法を非常に簡単にしてくれるので，私はそれを組合せの方法によってなされた改良だとみなしている. 」

この問題は非常に多くの人たちの注意を惹きつけた. マレ，オイレル，ラプラス，トランブレなどの人たちによって論じられた〔マレ(Mallet)『スイス国官報』(*Acta Helvetica*) 1772年；オイレル『解析学小論』(*Opuscula Analytica*) Vol. II. 1785年；ラプラス『いろいろな学者による……覚え書』(*Mémoire par divers Savans*)1774年；『確率の解析的理論』191頁；トランブレ『ベルリン……アカデミー紀要』1794年；1795年〕.

この問題についてはオイレルの研究の説明のところで説明するつもりである.

292. つぎに示すのが問題XLである.

「任意に与えられた面の数をもつ1個のサイコロをふって，きめられた目を出すのに，何回ふればその目が同等確実にでるといえるか. 」

291節の公式をとり，それが $\frac{1}{2}$ に等しいと仮定する. そのとき n の値はいくらか？ この方程式を正確に解く方法はないから，ド・モワブルは近似計算を採用する. 彼は $p+1$，p，$p-1$，$p-2$，……が等比数列をなすと仮定する. この仮定について，彼は

「p と1の比がそんなに小さくなければ，この仮定はそう真実から遠ざかっているとは思わない. 」と述べている.

— 146 —

$r = \dfrac{p+1}{p}$ とおくと，方程式は

$$1 - \frac{f}{1}\frac{1}{r^n} + \frac{f(f-1)}{1 \cdot 2}\frac{1}{r^{2n}} - \frac{f(f-1)(f-2)}{3!}\frac{1}{r^{3n}} + \cdots\cdots = \frac{1}{2}$$

つまり

$$\left(1 - \frac{1}{r^n}\right)^f = \frac{1}{2}$$

となる．したがって

$$\frac{1}{r^n} = 1 - \left(\frac{1}{2}\right)^{\frac{1}{f}},$$

それで n は対数によって求められる．

この問題について，ド・モワブルは序文でつぎのように述べている．

「第40番目の問題は前問の逆である．それはとくに注目すべき解の方法を含んでいる．つまり等比数列を等差数列に変換するという工夫である．このような変換は，数が大きくて間隔が小さい場合にはいつも成立する．この有用な考え方は，ずっと以前に，私の尊敬する友人で秀いでた数学者で，英国学士院の幹事であるハレー博士に負っていることをすなおに白状しておこう．私は実際にある機会に彼がその方法で計算しているのに立会ったことがある．このような有用な概念がすぐにわかったし，またその他にもいろいろヒントをもらったので，ハレー博士の25年間の不断の友情に対して，私は心から感謝の意を表するものである．」

ラプラスもこの近似解法に注目し，彼自らの手で得られた結果と比較している〔ラプラス『**確率の解析的理論**』198頁〜200頁参照〕．

293. 問題 XLI はつぎのとおりである．

「正角柱の a 個の面に Ⅰ の目を，b 個の面に Ⅱ の目を，c 個の面に Ⅲ の目を，d 個の面に Ⅳ の目を，……マークする．一定回数，n 回投げて Ⅰ の目が何回か，2 の目も何回かでる確率を求めよ．」

これは問題 XXXIX の拡張になっており，『**偶然論**』の第 1 版にはなかった．

$a + b + c + d + \cdots\cdots = s$ とする．このとき，求める確率は

$$\frac{1}{s^n}\left[s^n - \{(s-a)^n + (s-b)^n\} + (s-a-b)^n\right].$$

もし，Ⅰ の目が何回か，Ⅱ の目が何回か，Ⅲ の目が何回かでる確率は

$$\frac{1}{s^n}\big[s^n - \{(s-a)^n + (s-b)^n + (s-c)^n\}$$
$$+ (s-a-b)^n + (s-b-c)^n + (s-c-a)^n - (s-a-b-c)^n\big]$$

であろう．

以下，同様に他の目が加わった場合の確率も求められる．

ド・モワブルは，これらの結果が問題 XXXIX に用いられた方法によって，容易に得られることをほのめかしている．

294. 問題 XLII は第 2 版にはじめて登場したものであるが，さして重要なものではない．

つぎに問題 XLIII を示す．

「いくつかの偶然事象があって，それらが実現する回数に何の制限もなく，ある与えられた順番に実現する確率を求めること．」

ド・モワブルは偶然事象の起こり方を表わすいくつかの数を，ひとつの近似値として普通の平均値

— 147 —

におきかえることを提案しているのは注目に値する[14]．しかし，結果の信憑性は疑わしい．この問題は第1版にはなかった．

295. 問題XLIV，問題XLVは，いわゆるウォルドグラーヴの問題に関するものである〔211節参照〕．

ド・モワブルの第1版では，この問題は77頁から102頁まで占めている．ド・モワブルは序文で，自分の解が公表される前にニコラス・ベルヌイによる解を受けとったと述べている．そして両者の解が『哲学会報』341号にのっている．ド・モワブルの解は，演技者が3人とか4人の場合には，きわめて明晰で完全なものである．そのうえ，彼は一般的な問題については，わずかばかりの貢献をしている．最後の頁はブルック・テイラー[15] （Brook Taylor）がド・モワブルにしらせた問題の解法についての説明に割かれている．

ド・モワブルの第3版では，その問題は132頁から159頁まで占めている．第1版にとりあげられた事柄が，この版でも再録されてはいるが，しかし読者にとってあまり関心のわかないと思われるいくつかの細目と，さらにブルック・テイラーの方法は省略されている．その反面，第3版には新しく9頁分がこの問題の説明の最後に追加されている．この9頁分は，ゲームのどの段階においてもゲームを中止し，供託金を公正に分配することが必要だと仮定したとき，演技者の人数に応じてかわる数値結果を出すための説明と研究とからできている．この部分はド・モワブルの独創になるものである．

演技者が3人や4人の特別な場合に，ド・モワブルが与えた説明はいとも簡単で満足のゆくものである．しかし一般的な解となると彼の方法はニコラス・ベルヌイより劣っているようである．ド・モワブルが与えた3人の演技者の場合は，モ

テイラー

ンモールがかつて証明ぬきで与えた結果をどのようにして得たかを，われわれに見出させるものであることに注意しよう〔209節参照〕．ド・モルガンはまず個々の演技者が供託金を全部勝ちとる可能性から計算できる利益を求め，つぎに供託金のうちから彼が受けたたねばならない分担から生ずる損失を求め，それらによって個々の演技者の期待値を確定する．明らかに期待値は前者の利益から後者の損失を引いたものである．モンモールの期待値の出し方はそれとは異なり，まずはじめに，ある演技者が他の2人の演技者の供託金を勝ちとる可能性から計算できる利益を求め，それから他の2人の演技者によって自分の供託金を没収される可能性から生ずる損失を求め，前者から後者をひくというものである．

この問題はラプラスによって解決されたので，ラプラスの章で再度おめみえすることになろう．

296. 問題XLVIはハザード・ゲームについてのものである．ここではゲームのやり方は書かれていない．しかし，モンモールの著書の177頁にはゲームのやり方が書かれている．そのやり方により，ド・モアブルの解も理解できる．彼の結果はモンモールのものと一致する．問題XLVIIもまたハザード・ゲームに関するものである．この問題はモンモールが見すごしたもので，ド・モワブルの考察によってのみ彼の考えていたことがどんなに問題であったかを知ることができるものである．この問題に関して，ド・モワブルは165頁でつぎのように述べている．

「いまからおよそ12年ほど前，先の問題を解いた後で，私は私の解法のことをヘンリー・スチュアー

ト・ステヴン氏に話したが，しかしそのやり方については述べなかった．彼は稀有の資格保有者である以外に，複雑な問題を単純なものに変えてしまう特殊な聡明さをもっている紳士であったので，数日を経ずして彼は私に返事をよこしてくれた．その返事の内容はそのまま系3になっている．そのうえ，私は以前にも別の著作のなかで，彼の主張を引用したことがあるので，ここで彼の才能に対する敬意を表しておきたい．」

この文章につづいてステヴンの考えた内容が説明される．上の文章は第2版の140頁にはじめて出てくるものであるが，その版では *Stevens* が *Stephens* と綴られている〔270節参照〕．

問題XLVIIは第1版にはなく，他方，ハザード・ゲームにおける可能性の数値が何の解説もなく第1版の174頁，175頁にのっている．そして，その表は以後の版にはない．

297. 問題XLVIII，問題XLIXはラッフリング（Raffling）というゲームに関するものである．3個のサイコロを投げるとき，3個とも同じ目を出すか，2個同じ目を出すか，どれも同じ目を出さないかのどれかが起きる．ラッフル・ゲームでは同じ目が3つ，もしくは2つ出た場合はカウントする．このゲームはモンモールによって，その著書の207頁～212頁で述べられている．しかし彼はド・モワブルほど入念には書いていない．2人とも可能性の数表を与えているが，ド・モワブルのいうところによると，その数表はモンモールの著作が出版される20年前フランシス・ロバーツによって作成されたということである〔『いろいろな解析』224頁参照〕．

問題XLIXはド・モワブルの第1版にはなく，問題XLVIIIは他の版での取扱いが十分でない．

298. 問題Lは，Whisk についてと題されている．それは172頁から179頁まで占める．このゲームは今日ではホイストとよばれている．ド・モワブルはこのゲームにおける Honours〔エース，キング，クィーン，クナーヴ；役札〕のいろいろな分布の可能性を確定している．こうして，たとえば，どちらの側にも役札がない確率は$\frac{650}{1666}$である．このことはもちろん，役札が平等に分配されたことを意味する．この結果は2通りの場合，すなわち，第1番目は表向けたカードが役札であった場合と，2番目は表向けたカードが役札でなかった場合の2通りの場合を考察することによってえられる．かくして，求める確率として

$$\frac{4}{13} \cdot \frac{3}{1} \cdot \frac{25 \cdot 26 \cdot 25}{51 \cdot 50 \cdot 49} + \frac{9}{13} \cdot \frac{4 \cdot 3}{1 \cdot 2} \cdot \frac{25 \cdot 24 \cdot 26 \cdot 25}{51 \cdot 50 \cdot 49 \cdot 48}$$

を得，これは$\frac{650}{1666}$に等しい．

ド・モワブルは2つの系を得ている．そしてこれはホイストに関する彼の考察の主要部分を占めている．

系1はつぎの通りである．

「上に述べたことから，ホイストにおいて次の場合の問題を解くことは困難ではない．すなわち，ゲームで8トリック[16]，もしくは9トリックとった側が勝つとして，その可能性はいくらか？

そのために，つぎの原則を前提とする必要がある．

1° 7点13トリック得る可能性は8192中1
2° 6点12トリック得る可能性は8192中13
3° 5点11トリック得る可能性は8192中78
4° 4点10トリック得る可能性は8192中286
5° 3点9トリック得る可能性は8192中715
6° 2点8トリック得る可能性は8192中1287

第9章 ド・モワブル

7° 1点7トリック得る可能性は8192中1716

これらすべてが $(a+b)^{13}$ の係数であることは明らかであろう.

しかし,さきに求めた可能性はトリックによるそれだけのポイントを得る確率を表わすことを注意深くみておかねばならない.」

ド・モワブルは自身の結論をつぎのように述べている.

「このことから,8トリックが胴元のものか,(胴元の左側の)最初の番のものかどうか考えることなく,どちらかが先に7対5より小さい勝ち目がある.そしてそれはほとんど25対18に近いものである.」

2番目の系には,誰でも指定された回数だけ勝つ可能性の表がのっている. ド・モワブルはつぎのようにいう.

「これらの表のたすけによって,いくつかの有用な問題,たとえば1°のような問題を解決することができる.すなわち,胴元がとっておきのカードの他に3枚の切札をきっちり持つ可能性は,4662/15875となる.」

第1版では1頁とほんのちょっと,ホイストについての簡単な注意がのっているだけであった.

299. 問題LIからLVまでは**ピケ**(Piquet)に関するものである.ゲームの内容は記載されていないが,問題を理解するにはいささかの支障もなく,それらは単に組合せの例題にすぎない.次の注意が186頁にのっているが,これは第1版にはなかったものである.

「前問の解から容易につぎのことがわかるであろう.12枚のカードでもっていろいろ変化を与えることは,持札の優先性から生ずるピケに関する確率のいくらか,すなわちピック(Pic,ピケで60点とること),リピック(相手は点がなく自分だけが手に30点もっているとき,これを90点と数えること),ラーシュ(lurch,大敗すること)の確率を計算することを不可能ならしめることである.しかしながら,そのような困難さはあるにしろ,しばしばくり返される観察によってそれらの確率がいくらであるかをほぼ評価することができる.それはちょうど実験から導き出される合理的な推測を,われわれが行なうのと同じことである.そのようなわけで,このゲームに相当な腕と経験をもつ人の観察は書きとめておいて,後でそれらを応用しようと思う.」

ピケに関する話題は,後の版より第1版の方が簡単である.

300. 問題LVIの内容とその解のはじめの部分を紹介しよう.

「   問 題 LVI

ただし書きについて

AはBを負かす可能性を2つもち,BはAを負かす可能性を1つもっている.しかし両方とも自分の賭金を取り戻すことのできる可能性も1つある.その賭金を s とする.Aの取り分を求めよ.

解

この問題自体はやさしいが,はじめての人々は各自が自分の賭金を取り戻す場合は考えに入れる必要がなく,それは何もなかったのと同じであるというように考えると過ちを犯すことになる,ということに注意すべきであろう.さらに,このことについて,これらの偶然についての理論に大へん練達しているようなふりをしている人々も,自ら上述の失敗におちこんでしまうこともある,ということをつけ加えておこう.」

この問題は第1版にはなかった.Aの取り分は $\frac{1}{4}s$ である.

301. 問題LVIIは第1版にはなかったが,つぎに示す通りである.

「AとBとがおのおの s ポンドずつ手付金を出してゲームをする.Aは s をうるのに可能性が2,

—150—

Bはsをうるのに可能性が1とする。もしBが手付金sを出すかわりに$2s$出すことに同意すれば、AとBは同等の可能性でゲームをすることになろう。Aは上の契約で得をするか損をするか、明らかにせよ。」

Aの期待値は第1の場合$\frac{1}{3}s$、第2の場合$\frac{1}{2}s$であるから、この契約でAは$\frac{1}{6}s$を得る。

302. さて、つぎにド・モワブルの研究のうちでもっとも重要なもののひとつ、すなわち遊戯継続に関する研究を紹介しよう。まず『偶然論』第3版に記載されていることを全般にわたって説明し、そのあとで『クジの測定について』に示された独創的な考察にどの程度のことが追加されたかを述べよう。

ド・モワブル自身この問題に関する自分の研究に正当な満足感を抱いていた。彼は序文でつぎのように述べている。

「遊戯継続に関する問題の一般解について考え始めたころ、この問題について何らかの手がかりとなるものはなかった。ド・モンモール氏が彼の著作の第1版のなかでこの問題に対して、賭金3をうるか失なうかを、演技者の腕がみな同じという条件のもとで、解を与えたのである。しかし彼はその解に証明をつけていないし、その証明が発見されたときも一般解をうるにほとんど使いものにならなかったので、私は自分で研究をすすめることを余儀なくされたが、幸いにもそのことに私は成功した。私が発見した結果は、そのあと、前に注意した私の試論に発表されたのである。」

ここで試論（Specimen）といっているのは、論文『クジの測定について』のことである。

303. 遊戯継続に関する一般的問題はつぎのように表現してもよい。Aはm枚の模造貨幣を、Bはn枚の模造貨幣をもっていると考える。1回のゲームで勝つ可能性の比を$a:b$とする。そして、各ゲームでの敗者は勝者に1枚の模造貨幣を与えることになっている。一定回数ゲームをしたとき、もしくはそれ以内に、一方が他方の模造貨幣を全部手に入れる確率を求めよ。下線の部分は、この問題が107節で議論した簡単な問題より、ややむつかしくなっていることを示している。

ド・モワブルは問題LVIIIとLIXで、$m=n$の場合の遊戯継続の問題を解いている。

$n=2,3$の場合を講じてから、ド・モワブルはつぎのように一般的規則を書いている。

「与えられた回数ゲームを行なって勝負がつかない確率を決定する一般的規則

各賭博者がもっている貨幣の枚数をnとし、$n+d$回ゲームを行なうものとする。そして$(a+b)^n$を求めて2つの外側の項を除き、残りに$aa+2ab+bb$を掛ける。さらにその結果の2つの外側の項をふたたび取除き、残りに$aa+2ab+bb$を掛ける。そしてその結果の2つの外側の項をまた取除き、……等々。このような操作を$\frac{1}{2}d$回つづける。最後の結果を分子とし、$(a+b)^{n+d}$を分母とするような分数をつくる。すると、この分数は求めている確率をあらわす。なお、dが奇数ならば、dの代りに$d-1$とおけばよい。」

例として、ド・モワブルは$n=4$、$d=6$の場合を仮定している。

$(a+b)^4$を展開し、2つの外側の項を取除くと、$4a^3b+6a^2b^2+4ab^3$が得られる。

これに、$a^2+2ab+b^2$を掛けて、その結果の2つの外側の項を取除くと$14a^4b^2+20a^3b^3+14a^2b^4$となる。

そして、これに$a^2+2ab+b^2$を掛けて、その結果の2つの外側の項を取除くと、$48a^5b^3+68a^4b^4+48a^3b^5$になる。

ふたたび、これに$a^2+2ab+b^2$を掛けて、その結果の2つの外側の項を取除くと、$164a^6b^4+232a^5b^5+164a^4b^6$となる。

こうして、演技が10ゲームで終らない確率は

— 151 —

第9章　ド・モワブル

$$\frac{164a^6b^4+232a^5b^5+164a^4b^6}{(a+b)^{10}}$$

である.

　ド・モワブルは，彼の与えた規則の正しさを確かめることは読者にゆだねている．そのことはむつかしくはない.

　掛算の作業は，a と b を省略して，最後にそれらを元に戻すことによって簡単にできると，ド・モワブルは示唆している．これは現在，**係数分離法**（the method of detached coefficients）といえる方法である.

　304. 前の節で取除いた各項は，指定された回数のゲームで勝負がつくであろう 確率を表わす式を与える．ゆえに，$n=4$，$d=6$ ならば，確率は

$$\frac{a^4+b^4}{(a+b)^4}+\frac{4a^5b+4ab^5}{(a+b)^6}+\frac{14a^6b^2+14a^2b^6}{(a+b)^8}+\frac{48a^7b^3+48a^3b^7}{(a+b)^{10}}$$

$$=\frac{a^4+b^4}{(a+b)^4}\left\{1+\frac{4ab}{(a+b)^2}+\frac{14a^2b^2}{(a+b)^4}+\frac{48a^3b^3}{(a+b)^6}\right\}$$

であることが分る.

　さて，ここでド・モワブルの重要な結果のひとつにたどりつく．彼は証明せずに，先の例で4，14，48，……といった数値係数を決定する一般的な公式を与えている．ド・モワブルの公式は，第1に各係数がその前の係数と関連していること，第2は各係数の値を分離して与えることである．これらの法則を証明することによって，法則をもっともよく理解しうるのである．われわれはまずラプラスが与えた結果から出発しよう．彼は『確率の解析的理論』229頁で，Aがちょうど $(n+2x)$ 番目のゲームで勝つ確率は

$$\frac{a^n t^n}{\left\{\dfrac{1+\sqrt{1-4abt^2}}{2}\right\}^n+\left\{\dfrac{1-\sqrt{1-4abt^2}}{2}\right\}^n}$$

の展開式における t^{n+2x} の係数であることを示している；ただし，$a+b=1$ と仮定する.

　さて，上式の分母は

$$1-nc+\frac{n(n-3)}{1\cdot2}c^2-\frac{n(n-4)(n-5)}{3!}c^3+\cdots\cdots$$

に等しいことが分っている；ただし，$c=abt^2$〔トドハンター『微分学』）*Differential Calculus*）第IX章参照〕.

　こうして，級数の理論によって，t^{n+2x} の係数と，その前にある t のベキ t^{n+2x-2}，t^{n+2x-4}，……の係数との間の1次の関係が得られる．これがド・モワブルの第1法則である〔『偶然論』198頁参照〕.

　ふたたび，上の分数にもどり，それをつぎのようにかく.

$$\frac{a^n t^n}{N^n(1+c^n N^{-2n})}$$

ここで

$$N=\frac{1+\sqrt{1-4abt^2}}{2}$$

そして，これを展開すると

$$a^n t^n\{N^{-n}-(abt^2)^n N^{-3n}+(abt^2)^{2n}N^{-5n}\cdots\cdots\}$$

となる．N^{-n} の項の t^{2x} の係数は

— 152 —

$$a^x b^x \frac{n(n+x+1)(n+x+2)\cdots\cdots(n+2x-1)}{x!}$$

であることが分っている〔『微分学』第IX章参照〕.

同様にして,N^{-3n} の項での t^{2x-2n} の係数,N^{-5n} の項での t^{2x-4n} の係数,……が求められる.

こうして,元の式の展開式における t^{n+2x} の係数をうる.

これが,ド・モワブルの2番目の法則である〔『偶然論』199頁参照〕.

305. ド・モワブルの問題 LX. LXI. LXII は問題 LVIII. と LIX にもとづいて作られた簡単な例である.それらはつぎのように表わされている.

> **問 題 LX**
>
> AとBは,どちらかが4回勝つか負けるかするまで勝負をすると仮定する.4回のゲームで演技が終る確からしさと,終らない確からしさを等しくするには,両者の技術の比,すなわち指定された任意の1ゲームで勝つA,Bの可能性の比はどれほどか?

> **問 題 LXI**
>
> AとBは,どちらかが4回勝つか負けるかするまで勝負をすると仮定する.演技が4回のゲームで終る確率が $\frac{3}{4}$ になるには,両者の技術の比はどれだけでなければならないか?

> **問 題 LXII**
>
> AとBは,どちらかが4回勝つか負けるかするまで勝負をすると仮定する.6回のゲームで演技が終る確率が $\frac{1}{2}$ になるには,両者の技術の比はどれだけでなければならないか?

306. 問題 LXIII と LXIV は303節で一般的に述べたことにあたる.それで,問題 LVIII と LXIV では,いままで課せられていた $m=n$ という制限が取払われる.前と同様にド・モワブルは証明なしに,2つの一般的規則を述べている.それをいまから述べよう.

ラプラスは『確率の解析的理論』228頁において,Aが第 $(n+2x)$ 番目のゲームで勝つ可能性は

$$\frac{\left\{\frac{1+\sqrt{1-4c}}{2}\right\}^m - \left\{\frac{1-\sqrt{1-4c}}{2}\right\}^m}{\left\{\frac{1+\sqrt{1-4c}}{2}\right\}^{m+n} - \left\{\frac{1-\sqrt{1-4c}}{2}\right\}^{m+n}} a^n t^n$$

の展開式における t^{n+2x} の係数に等しいことを示している.

$\frac{\sqrt{1-4c}}{2}=h$ とおく.上式を展開して,分母子を $2h$ で約すと

$$\frac{m\left(\frac{1}{2}\right)^{m-1} + \frac{m(m-1)(m-2)}{3!}\left(\frac{1}{2}\right)^{m-3} h^2 + \frac{m(m-1)(m-2)(m-3)(m-4)}{5!}\left(\frac{1}{2}\right)^{m-5} h^4 + \cdots\cdots}{(m+n)\left(\frac{1}{2}\right)^{m+n-1} + \frac{(m+n)(m+n-1)(m+n-2)}{3!}\left(\frac{1}{2}\right)^{m+n-3} h^2 + \cdots\cdots}$$

となる.

分母を t のベキにしたがって整理すると

$$1 - labt^2 + \frac{(l-1)(l-2)}{1\cdot 2}(abt^2)^2 - \frac{(l-2)(l-3)(l-4)}{3!}(abt^2)^3 + \cdots\cdots$$

となり,ここで $l=m+n-2$ である.

さて,304節でやったと同じように,

$$\left\{\frac{1+\sqrt{1-4c}}{2}\right\}^r + \left\{\frac{1-\sqrt{1-4c}}{2}\right\}^r$$

$$= 1 - rc + \frac{r(r-3)}{1\cdot 2}c^2 - \frac{r(r-4)(r-5)}{3!}c^3 + \cdots\cdots$$

第9章　ド・モワブル

をうる．そして左辺は

$$2\left\{\left(\frac{1}{2}\right)^r+\frac{r(r-1)}{1\cdot2}\left(\frac{1}{2}\right)^{r-2}h^2+\frac{r(r-1)(r-2)(r-3)}{4!}\left(\frac{1}{2}\right)^{r-4}h^4+\cdots\cdots\right\}$$

に等しい．

$$\frac{hdh}{dt}=-abt$$

であることを用いて，t に関して両辺を微分しよう．すると

$$2\left\{\frac{r(r-1)}{1}\left(\frac{1}{2}\right)^{r-2}+\frac{r(r-1)(r-2)(r-3)}{3!}\left(\frac{1}{2}\right)^{r-4}h^2+\cdots\cdots\right\}$$

$$=2\left\{r-\frac{r(r-3)}{1}abt^2+\frac{r(r-4)(r-5)}{1\cdot2}(abt^2)^2-\cdots\cdots\right\},$$

$r=l+3$ とおく．すると求める結果をうる．

　こうして，t の逐次のベキの係数の間の1次関数を得ることができる．

　これがド・モワブルの第1法則である〔『偶然論』205頁参照〕．

　ふたたび，$N=\dfrac{1+\sqrt{1-4c}}{2}$ としよう．すると，はじめの式は

$$\frac{a^nt^nN^m(1-c^mN^{-2m})}{N^{m+n}(1-c^{m+n}N^{-2m-2n})}=\frac{a^nt^n(1-c^mN^{-2m})}{N^n(1-c^{m+n}N^{-2m-2n})}$$

と変形される．

　304節の後半において，われわれが処理したようなやり方で，t^{n+2x} の係数を確定することができる．

　結果はド・モワブルの第2法則と一致する〔『偶然論』207頁参照〕．

　307. 問題LXVは遊戯継続の問題の特殊な場合である．mはここでは無限であると考える．いいかえると，**A は無限の資本** (unlimited capital) をもっているとする．そのとき，A が指定されたゲーム回数でBを破産させる可能性を求めよう．

　ド・モワブルはこの問題を2通りの方法で解いている．ここでは，その問題に付随した2つの例のうちの最初のものでもって，彼の最初の解法を示そう．

「　　　　　　　　　解

　A がBを負かす賭金をnとし，ゲーム回数を$n+d$と仮定する．$(a+b)^{n+d}$を求める．もしdが奇数ならば，$(a+b)^{n+d}$ の展開式のはじめの$\dfrac{d+1}{2}$項をとる．そしてそれと同じ項数だけ，それにつづく項をとり，それらの項の係数はさきの$\dfrac{d+1}{2}$項の係数と逆にする．もし，dが偶数ならば$(a+b)^{n+d}$の展開式のはじめの$\dfrac{1}{2}d+1$項をとり，それにつづく$\dfrac{1}{2}d$項をとり，係数をさきにとった項のものと逆の順につける．ただし，はじめの展開式の最後の項の係数はのぞく．こうしてとられた全部の項の和を分子とし，分母を$(a+b)^{n+d}$とする分数が，求める確率を表わす．

　　　　　　　　　例　　　I

　A が得る賭金の数を3，与えられたゲーム回数を10とする．$(a+b)^{10}$を求める．これは

$$a^{10}+10a^ab+45a^8bb+120a^7b^3+210a^6b^4+252a^5b^5+210a^4b^6+120a^3b^7+45aab^8+10ab^9+b^{10}$$

である．このとき，$n=3$，$n+d=10$ より $d=7$，$\dfrac{d+1}{2}=4$ である．ゆえに，上の展開式のはじめの4項，つまり

$$a^{10}+10a^9b+45a^8bb+120a^7b^3$$

をとる．そして，つぎにつづく4項を係数を無視してとり，はじめにとった各項の係数の順序を逆

— 154 —

にしたものをそれらの係数とする．だから，つぎの4項は

$$120a^6b^4+45a^5b^5+10a^4b^6+1a^3b^7$$

である．すると，ゲームが10回もしくはそれ以内おこなわれるとき，AがBの賭金3を得る確率は

$$\frac{a^{10}+10a^9b+45a^8bb+120a^7b^3+120a^6b^4+45a^5b^5+10a^4b^6+a^3b^7}{(a+b)^{10}}$$

となる．AとBの腕が同等な場合，上式は$\dfrac{352}{1024}=\dfrac{11}{32}$となる．」

308. ド・モワブルの解において，彼が与えた展開式の項のはじめの集合の由来を探ることはむつかしくない．しかし，第2の集合の由来を探るのはそれほど明らかではない．彼の例Iをとって，あとの4つの項について説明しよう．

最後の項はa^3b^7である．Bの資本がすべてなくなり，一方Aは3ゲームにのみ勝つ唯一の方法，すなわち，それはAがはじめの3ゲームで勝たねばならないということである．

つぎの項は$10a^4b^6$である．Bの資本がすべてなくなり，一方Aは4ゲームのみに勝つのに10通りの方法がある．なぜなら，10ヶ所の場所があるとして，bを最初の3ヶ所のうち任意の場所におく．残りの場所には$aaaabbbbb$をこの順序におく．また，aをあとの7ヶ所のうちの任意の場所におき，残りの場所には$aaabbbbbb$の順におく．こうして可能な10通りの場合が得られる．

そのつぎの項は$45a^5b^5$である．Bが資本をすべてなくす一方，Aが5ゲームに勝つのに45通りの方法がある．なぜなら，10ヶ所の場所があるとして，はじめの3ヶ所のうち任意の2ヶ所にbをおく．そして残りの場所に$aaaaabbb$をこの順番におく．また，終りの7ヶ所のうち任意の2ヶ所にaをおく．そして残りの場所に$aaaabbbb$の文字をこの順序におく．全体として，10個のものから同時に2個とり出す組合せの数に等しい数がえられる．一般的な結果はつぎの通りである．r個の文字aと，s個の文字bを配列せねばならないものとしよう．それで，おのおのの配列において，配列しおわる前に文字bより文字aの方がnだけ多いとする．もしも$r<s+n$ならば，異なる配列の総数は$\binom{r+s}{r-n}$に等しい．たとえば，$r=6$，$s=4$，$n=3$とする．そのとき異なる配列の数は$\dfrac{10\times9\times8}{1\times2\times3}=120$である．

われわれがここで注意した結果は，モンモールによって得られたものである．しかしそれは非常に不満足な方法で得られたものであった〔182節参照〕．

ド・モワブルが問題LXVを最初に解いた方法は，遊戯継続の一般的な問題に対するモンモールの解と同じ原理に基づいている．

309. 問題LXVに対するド・モワブルの2番目の解は，証明なしで与えたひとつの公式から成立つ．306節の式にもどろう．そしてmは無限大であるとする．そのとき，Aがちょうど$n+2x$番目のゲームで勝つ可能性は

$$\frac{a^nt^n}{\left\{\dfrac{1+\sqrt{1-4c}}{2}\right\}^n}$$

の展開式におけるt^{n+2x}の係数である．すなわち

$$a^n\frac{n(n+x+1)(n+x+2)\cdots\cdots(n+2x-1)}{x!}a^xb^x$$

である〔304節参照〕．

Aが$n+2x$番目もしくはそれ以前に勝つ可能性は，それゆえ

$$a^n\left\{1+nab+\frac{n(n+3)}{1\cdot2}a^2b^2+\cdots\cdots\right.$$

— 155 —

第9章　ド・モワブル

$$+ \frac{n(n+x+1)(n+x+2)\cdots(n+2x-1)}{x!} a^x b^x \Big\}$$

である〔ラプラス『**確率の解析的理論**』235頁参照〕.

310. ド・モワブルは，問題 LXV に関してつぎのように述べている.

「1708年に私が遊戯継続の一般的問題を解こうと，はじめて試みたとき，私はこの問題 LXV を解くことからはじめた. さらにこの問題は私が久しく解決したいと思っていたことの基礎であることがよく分ったので，そのとき以来，この問題を必要なだけ繰返し使うことにより，私は主だった問題を解決した. しかし，後になってもっとよい方法が見つかったので，私は最初の論文でこれらの事柄をわずかばかり発表したが，その内容は大へん簡単でエレガントにおもわれた. それでもなお，私は適当な時点で発表するためにこの問題をあたためていたのである.」

ド・モワブルはモンモールとニコラス・ベルヌイの研究について言及している. そのことはすでに引用ずみである〔181節参照〕.

311. L．エチンガー（Oettinger）は『**確率計算**』（*Die Wahrscheinlichkeits-Rechnung*）（ベルリン，1852年）と題する著作の187頁，188頁において，ド・モワブルとラプラスが得た結果のうち，いくつかについて反対している.

エチンガー博士は，309節の終りに述べた式で，ラプラスはAが無限の資本をもつという条件を書くのを落していると，ほのめかしているように思われる. しかし，ラプラスはこの条件を彼の著作の234頁ではっきりと導入しているのである.

さらに，ド・モワブルの問題 LXV に対する解については，エチンガーは「彼は上述の論拠の薄弱な結果を支持しているが，それによってラプラスは学説をたてているのである」と述べている.

しかし，このような所見に対する根拠はない. ド・モワブルとラプラスは正しいのである. この誤った理解は，彼がド・モワブルの書物の205頁のところしか読まなかったことから起こったのであろう. だから，ある級数の法則が普遍的に成り立つと思ったのであろうが，一定の項数以後にはその法則が成り立たないことをド・モワブルは明確に述べている.

まさにエチンガー博士の名声は，私をして彼の批判に注意を向けさせたし，またそのような批判に対する私の異見を記録する必要性をもたらした.

312. ド・モワブルの問題 LXVI と問題 LXVII は，容易に前の結果から推論できる. それらはつぎのように述べられている.

「　　　　　　　問　　題　　LXVI

与えられた回数のゲームにおいて，Aが q 円勝ち，Bが p 円勝つような状況が起こる確率を求めること.」

「　　　　　　　問　　題　　LXVII

与えられた回数のゲームにおいて，Aが q 円勝ち，さらにBがゲーム全体を通じて p 円勝つことがない確率を求めること.」

313. ここで，ド・モワブルは遊戯継続に関する問題の解の結果を別の形で述べていることを説明しよう. 彼は『**偶然論**』の215頁でつぎのように述べている.

「ゲームの回数が非常に小さいとき，遊戯継続の問題を解くいままでの規則は，使いやすいものである. しかし，回数が大きくなると，その方法は退屈なもので，手に負えないくらい，時には婉蜒とつづく. この不便さをなくすために，ここで私は英国学士院で発表した論文の抜萃を述べよう. その論文には，この件に関する主だった問題を，正弦表を用いてきわめて手っ取り早く解く方法が

— 156 —

のっている．私は前に『偶然論』第1版149頁，150頁で，その方法を暗示しておいたのである．」

前に英国学士院に提出したという論文は『哲学会報』には公表されなかったように思われる．その内容については，多分『偶然論』からわかるであろう．

ド・モワブルは上の抜萃のなかの告知にしたがって，3角関数表を使って遊戯継続に関する結果を発表している．問題LXVIIIで彼は演技者たちの腕が同等であると仮定し，問題LXIXでは演技者たちの腕に差があると仮定している．その公式の証明は『いろいろな解析』76頁〜83頁と，『偶然論』230頁〜234頁にみられる．ド・モワブルは，賭博者たちがそれぞれ同数の模造貨幣を最初もっていると仮定しているが，『いろいろな解析』83頁には「最初手持ちの貨幣の数が違っている場合の解は，同数の場合の解と似ているが，いくらか複雑である．」このことは，ラプラスが問題全体を論じて達した結論でもあった．

314． ド・モワブル自身の証明は循環級数論による．この理論によってド・モワブルは線型差分方程式を解いている．この場合の方程式は，304節，306節で説明した2つの規則のうちの最初のものによって与えられる．また，ある3角法の公式も求められている〔『いろいろな解析』78頁参照〕．これらの式のうちのひとつを，ド・モワブルは「衆知の円周の等分割に関するもの」といっている．そのつぎのものが，3角法についての初等的研究により，$\cos n\theta$ の展開式が $\cos\theta$ の降べきの形で得られる性質である．さて $n\theta=\dfrac{\pi}{2}(2k+1)$ ならば，$\cos n\theta=0$ となる．ゆえに，$\cos n\theta$ に同値なその展開式も0にならなければならない．ド・モワブルが使っている別の公式は，**円に関するド・モワブルの性質**（De Moivre's property of the Circle）とよばれる一般的定理から推論されたものである．それらはつぎのようなものである．

$\alpha=\dfrac{\pi}{2n}$ とする．そのとき

$$1=2^{n-1}\sin\alpha\sin3\alpha\sin5\alpha\cdots\cdots\sin(2n\alpha-\alpha).$$

さらに，n が偶数であれば

$$\cos n\phi=2^{n-1}\{\sin^2\alpha-\sin^2\phi\}\{\sin^23\alpha-\sin^2\phi\}\cdots\cdots$$
$$\cdots\cdots\{\sin^2(n-3)\alpha-\sin^2\phi\}\{\sin^2(n-1)\alpha-\sin^2\phi\}.$$

〔トドハンター『平面3角法』（*Plane Trigonometry*）第XXIII章参照〕

ド・モワブルはこれらの式のうち，はじめの式を使っている．そして2番目の公式を ϕ について微分し，そのあとで $\phi=\alpha$，$\phi=3\alpha$，$\phi=5\alpha$，……において得た公式も使っている．

315． ド・モワブルは遊戯継続に関する彼の結果を，モンモールによって提起された近似値の吟味のために応用している．このことについては184節ですでに述べておいた．

316． 確率論に関するド・モワブルの研究の跡をさらにたどってみよう．論文『**クジの測定について**』には，『偶然論』の問題LVIII，LX，LXII，LXIIIとLXVのはじめの解，LXVIが問題としてのっている．『偶然論』の第1版には問題LXVIIIとLXIXをのぞき，第3版にのせられた問題の全部がのっている．問題LXVIIIとLXIXは第2版につけ加えられた．研究の歴史をたどっていくと，ラグランジュとラプラスもこの件に注意していることがわかる．ラプラスは『確率の解析的理論』の225頁〜238頁で，彼の先駆者たちの研究を具体的に表現している．

317． 322節で注目した些細なひとつの例外は，『偶然論』の売れ残り本をみると第1版にはなくて，第2版でつけ加えられた．

318． 『偶然論』の220頁〜229頁で，ド・モワブルは本題からはなれている．それは数学でド・モワブルがなしたもっとも価値ある貢献のひとつで，**循環級数**（Recurring Series）に関するものであ

第9章　ド・モワブル

る[17]．彼は220頁でつぎのように述べている．

「偶然性に関するいくつかの問題の解法は級数の和に依存しているという事実を読者は知ったであろう．私は，機会あるごとに，級数の和を求める方法を述べた．しかし，他にも使い途があると思うので，この件でよく知っておく必要のある事柄について要約しておく必要があると思う．とくにこの小論では，私が証明なしに説明に使う場合が非常に多いけれども，それはお許し願いたい．それらは『**いろいろな解析**』ですでに説明ずみのことと考えてほしいのである．」

319. 循環級数のことについて知っている研究者ならば，『**偶然論**』のこの部分がとくに難解であると思わないであろう．なぜなら，それは代数学における研究書のなかで説明されているからである．しかし，ド・モワブルは，現代では普通再生産されないいくつかの定理を与えている[18]．

320. ド・モワブルが述べているひとつの定理は注目してよかろう．それは『**偶然論**』224頁と，さらに『**いろいろな解析**』167頁にある．

$(1-r)^{-p}$ を r のベキに展開したときの一般項は

$$\frac{p(p+1)\cdots(p+n-1)}{n!}r^n$$

である．この展開式のはじめの n 項の和は

$$\frac{1-r^n-nr^n(1-r)-\dfrac{n(n+1)}{1\cdot2}r^n(1-r)^2-\cdots-\dfrac{(n+p-2)!}{(n-1)!(p-1)!}r^n(1-r)^{p-1}}{(1-r)^p}$$

に等しい．

$n=1$ のとき，上のことが正しいことが容易にわかる．そして，帰納法によって，一般的に正しいことがわかる．なぜなら

$$r^{n+1}=r^n\{1-(1-r)\}$$

だから，

$$r^{n+1}+(n+1)r^{n+1}(1-r)+\frac{(n+1)(n+2)}{1\cdot2}r^{n+1}(1-r)^2+\cdots$$

$$=r^n\{1-(1-r)\}+(n+1)r^n(1-r)\{1-(1-r)\}+\frac{(n+1)(n+2)}{1\cdot2}r^n(1-r)^2\{1-(1-r)\}+\cdots$$

$$=r^n+nr^n(1-r)+\frac{n(n+1)}{1\cdot2}r^n(1-r)^2+\cdots+\frac{(n+p-2)!}{(n-1)!(p-1)!}r^n(1-r)^{p-1}-\frac{(n+1+p-2)!}{n!(p-1)!}$$

$$\times r^n(1-r)^p.$$

だから，n を $n+1$ にかえて得られる追加項は

$$\frac{(n+p-1)!}{n!(p-1)!}r^n$$

である．それで，もしド・モワブルの定理が n の任意の値に対して正しいならば，n を $n+1$ に変えても正しい．

321. ド・モワブルが『**偶然論**』229頁に述べている別の定理に注目しよう．2つの循環級数の間の関係の尺度（scale of relation）が与えられているとき，対応する項の積からできる級数の関係の尺度を求めたい．

たとえば，分母が $1-fr+gr^2$ である純代数的分数を r のべきで展開したときの一般項を u_nr^n とする．そして，分母が $1-ma+pa^2$ である純代数的分数を a のべきで展開したときの一般項を v_na^n とする．一般項が $u_nv_n(ra)^n$ である級数の関係の尺度をみつけたい．

— 158 —

循環級数を等比数列に分解するという普通の理論より

$$u_n r^n \times v_n a^n = r^n a^n (R_1 \rho_1{}^n + R_2 \rho_2{}^n)(A_1 \alpha_1{}^n + A_2 \alpha_2{}^n) \quad,$$

ここで，ρ_1 と ρ_2 は方程式

$$1 - fr + gr^2 = 0$$

の根の逆数であり，α_1 と α_2 は方程式

$$1 - ma + pa^2 = 0$$

の根の逆数である．そして，R_1，R_2，A_1，A_2 は定数である．

ゆえに

$$u_n v_n = R_1 A_1 (\rho_1 \alpha_1)^n + R_1 A_2 (\rho_1 \alpha_2)^n + R_2 A_1 (\rho_2 \alpha_1)^n + R_2 A_2 (\rho_2 \alpha_2)^n$$

である．このことは，要求されている関係の尺度は 1 以外に 4 つの項を含むことを示している．その 4 つの量 $\rho_1 \alpha_1$，$\rho_1 \alpha_2$，$\rho_2 \alpha_1$，$\rho_2 \alpha_2$ は z に関する方程式の根の逆数である．ただし，z は

$$1 - fr + gr^2 = 0, \quad 1 - ma + pa^2 = 0, \quad ra = z$$

から，r と a を消去して求められる．ゆえに，この方程式は

$$1 - fmz + (pf^2 + gm^2 - 2gp)z^2 - fgmpz^3 + g^2 p^2 z^4 = 0$$

である．

こうして，求めている関係の尺度がきまる．なぜなら，展開して一般項が $u_n v_n (ra)^n$ となる分数の分母は

$$1 - fmra + (pf^2 + gm^2 - 2gp)r^2 a^2 - fgmpr^3 a^3 + g^2 p^2 r^4 a^4$$

となるであろう．

ド・モワブルは，229頁でつぎのようにつけ加えている．

「しかし，つぎのことは大いに注目すべきことである．もし，示差した尺度のひとつが，2 項式 $1-a$ の任意のベキであるならば，r を ar におきかえるか，もしくは $a=1$ ならば r のベキをそのまま残すだけで，そのベキに対する他の示差した尺度を作るに十分である．そして他の示差した尺度のベキは求める示差した尺度を構成する．」

このことは非常に簡単に証明される．ある関係の尺度を $(1-a)^t$ としよう．そのとき，2 つの循環級数の対応する項の積を作ることによって，一般項を

$$\frac{(t+n-1)!}{(t-1)!\,n!}\, a^n \{R_1 \rho_1{}^n + R_2 \rho_2{}^n + R_3 \rho_3{}^n + \cdots\cdots\}$$

と書ける．

これは，一般項が

$$\frac{R_1}{(1-ra\rho_1)^t} + \frac{R_2}{(1-ra\rho_2)^t} + \frac{R_3}{(1-ra\rho_3)^t} + \cdots\cdots$$

の展開式における r^n の係数であることを示している．そして，これらの分数を通分することにより，ド・モワブルの結果がえられる．

322. ド・モワブルは彼の循環級数に関する理論を使って，すでに313節でみたように，遊戯継続に関する結果を証明している．さらに，なおその理論の使い方を説明するために，ゲームに関する 2 つの別の問題を取りあげている．この問題はつぎのように表わされている．

「　　　　　　　　問　題　LXX

1 回のゲームで勝つ可能性の比が $a:b$ である演技者 M と N がいる．どちらかが 4 回負けるまでゲームをする．このとき，2 人の見物人 R と S とがいて，そのゲームにかかわっている．R は M の側

第9章　ド・モワブル

につき，SはNの側につく．そして，1回目のゲームでMが勝てば，RはSに金額Lを払い，Nが勝てばSはRに金額Gを払う．同様に，2回目ではそれぞれ支払う金額は$2L$，$2G$となり；3回目では$3L$，$3G$；4回目では$4L$，$4G$；4回で勝負つかず5回目では$5L$，$5G$；という具合に，一方が他方にわたす金額は，MとNが演技する限り，永久に等差数列で増していくということがお互いに了承ずみとする．この条件にさらに加えて，各ゲームの終了時には，RとSが支払う金額は勝者がとるものとする．ゲームに結末がつくと同時に，そのテーブル上には受けとるべきお金は何も残っていないものとする．このとき，問題はRの利得をゲームが始まる前に評価することである．」

「　　　　　　　　　問　題　LXXI

　MとNが1回のゲームで勝つ可能性の比を$a:b$とする．MとNのうち，どちらかが4回勝つまで演技する．それと同時に1回のゲームで勝つ可能性の比が$c:d$である演技者RとSとがいて，RとSのどちらかが5回勝つまで，これまた勝負する．このとき，RとSの間で勝負のつく回数より，MとNの勝負のつく回数の少ない確率はどれだけか.」

問題LXXIの特別な場合，すなわち$a=b$，$c=d$の場合は『偶然論』第1版の152頁にある．

323. 問題LXXIIとLXXIIIは重要である．ここでは，後者を説明するだけで十分であろう．

　「AとBが協同で演技をする．各人が1ゲームで勝つ可能性は異なり，想像するに$a:b$であろうと考えられる．そして，一定回数ゲームをしたあとで，彼らは見物人Sに約束する．すなわち，Aは$\dfrac{a}{a+b}n$回以上勝ったとき，勝った回数だけの貨幣をSに支払う．また，Bは$\dfrac{b}{a+b}n$回以上勝ったとき，勝った回数だけの貨幣をSに支払う．このとき，Sの期待値を求めよ．」

問題LXXIIは，問題LXXIIIで$a=b$とおいた特別の場合である．

この2つの問題は『いろいろな解析』99頁～101頁にはじめて発表された．そこには，問題 LXXII に関して，次のような注意が述べられている．

　「かつて1721年，王立協会会員クラリシムス・アレクサンダー・カミング氏がこの題目についての問を私に提起した．私は苦労の末この問題を解き，それを後日に彼に伝えたのである．」

　その問題を解いてから，ド・モワブルは問題LXXIIIにすすみ，つぎのように紹介している．

　「問題のみならず，さらにその由来までカミング氏に負っているつぎの問題を，たったいま成功したばかりの方法によって解くことができ，さらにその上，ずっと先の見通しまでできるようになった．」

　問題LXXIIIを解いてみよう．ド・モワブルは『偶然論』で結果だけを述べている．

　$n=c(a+b)$とする．SがAに依存する場合のSの期待値を考えよう．Aがすべてのゲームに勝つ可能性は

$$\frac{a^n}{(a+b)^n}$$

で，このとき，AはSにcbをわたす．Aが$n-1$回のゲームに勝つ可能性は

$$\frac{na^{n-1}b}{(a+b)^n}$$

で，このとき，AはSに$cb-1$をわたす．等々．

　こうして，Sの期待値を求めるためには，級数

$$a^nbc+na^{n-1}b(bc-1)+\frac{n(n-1)}{1\cdot2}a^{n-2}b^2(bc-2)+\cdots\cdots$$

—160—

の和を求めねばならない．この級数は括弧内の項が正である限りつづく．
$$a^n bc - na^{n-1}b = a^{n-1}b(ac-n) = -a^{n-1}bbc$$
であるから，はじめの2項は
$$(n-1)a^{n-1}bbc \quad ,$$
これと，$-\dfrac{n(n-1)}{1\cdot 2}a^{n-2}b^2 2$ を加えると
$$(n-1)a^{n-2}b^2(ac-n) = -(n-1)a^{n-2}b^2 bc,$$
こうして，はじめの3項は
$$\frac{(n-1)(n-2)}{1\cdot 2}a^{n-2}b^2 bc$$
となる．この方法を任意個数の項に対して適用すると，bc 個の項の和に対して，
$$\frac{(n-1)(n-2)\cdots\cdots(n-bc+1)}{(bc-1)!}a^{n-bc+1}b^{bc-1}bc$$
となり，これは
$$\frac{n!}{n(bc)!(ac)!}a^{ac}b^{bc}acbc$$
と表わされる．

これはド・モワブルの結果と一致する．SがBに依存する場合のSの期待値は，Aに依存する場合と同様にして求められる．

324. 1回のゲームでAとBが勝つ可能性の比が $a:b$ であることが分っているとき，ベルヌイの定理から，試行回数が多いとAとBがそれぞれ勝つゲームの回数の比が $a:b$ に近い確率は大きいことがわかる．したがって，ド・モワブルは問題 LXXIII から自然に，ベルヌイの定理の逆用法とよばれるものに事実上相当する研究に移っている〔125節参照〕．ド・モワブルはつぎのように述べている．

「……私は無礼を顧みず，つぎのように述べるつもりである．これは偶然についての題目において提起されうる問題のなかでも一番むつかしい問題である．その理由は最後に述べるつもりで保留しておいたが，私の解法がすべての読者に理解してもらえないとしても，大目にみていただきたい．

しかし，これからあらゆる人びとにとって役立ついくつかの結論が導き出されるであろう．さらにここで，私は1733年11月12日に印刷された私の論文を翻訳しておく．その論文は私の友人数人には送っておいたが，いまだ公表はしていないものである．それは私自身の考えがどんどん発展していくために，公表をさしひかえていたものであるが，ここに公表の機会が得られたので，翻訳して公表する．」

この文章につづいて，『**二項式 $(a+b)^n$ を級数に展開して，それらの項の和を近似する方法．この方法により，実験が与える同意の程度を推定するいくつかの 実用的な規則が導き出されること**．」

(*A Method of approximating the Sum of the Terms of the Binomial $(a+b)^n$ expanded into a Series, from whence are deduced some practical Rules to estimate the Degree of Assent which is to be given the Experiments.*) と題する節がのっている．この節は『**偶然論**』の243頁～254頁にのっている．『**いろいろな解析**』を吟味するまで，このことに関する所見を留保しておくのがよいように思われる．

325. ド・モワブルの問題 LXXIV はつぎのように述べられている．

「与えられた試行回数で，一定回数つづけて勝ち目の出る可能性を求めること．」

これは，第2版の243頁には，つぎの言い方で述べられている．

— 161 —

第9章　ド・モワブル

「この著作に結末をつけるにあたって，つぎの問題には私は手こずらされた．そのために，私はとくに注意深くそれを考察した．」

ド・モワブルはこの問題の結果を証明していない．これをわれわれは現代記法で解くことにしよう．

1回の試行でその事象が起こる可能性を a，起こらない可能性を b とする． n を試行回数， p をその事象がつづけて起こる回数とする．これを**長さ p の連**（$a\ run\ of\ p$）とよぶ．

n 回の試行において，求める長さ p の連が起こる確率を u_n と書くと

$$u_{n+1}=u_n+(1-u_{n-p})ba^p$$

となる．なぜなら， $n+1$ 回の試行では， n 回の試行で起こるすべての好都合の場合以外に，さらにいくつかの場合，すなわち， $n-p$ 回の試行で失敗し， $n-p+1$ 回目の試行も失敗して，それから p 回つづけて成功する場合も含むからである．

$u_n=1-v_n$ とする．そして，上の方程式に代入すると

$$v_{n+1}=v_n-ba^pv_{n-p}$$

となる．

それゆえ， v_n の生成関数は

$$\frac{\phi(t)}{1-t+ba^pt^{p+1}}$$

である．ここで， $\phi(t)$ は t の任意の関数であって， t^p より高次の t のベキは含まないものとする．

ゆえに， u_n の生成関数は

$$\frac{1}{1-t}-\frac{\phi(t)}{1-t+ba^pt^{p+1}}$$

である．これをつぎのように表わす．

$$\frac{\Psi(t)}{(1-t)(1-t+ba^pt^{p+1})}\ ,$$

ここで， $\Psi(t)$ は t の任意の関数であって， t^{p+1} より高次の t のべきは含まないものとする．さて， $n<p$ ならば，明らかに $u_n=0$ である．また， $u_p=a^p$， $u_{p+1}=a^p+ba^p$ も明らかである．

そこで

$$\Psi(t)=a^pt^p(1-at)$$

であることも分る．よって， u_n の生成関数は

$$\frac{a^pt^p(1-at)}{(1-t)(1-t+ba^pt^{p+1})}$$

となる．

この関数の展開式における t^n の係数は，それゆえ

$$\frac{a^pt^p(1-at)}{1-t+ba^pt^{p+1}}$$

を展開し， t^{n-p} の項も含めて t^{n-p} までの t のすべてのベキの係数をとることにより得られる．

ド・モワブルの結果は，ほんの些細な誤謬は犯してはいるものの，さきの説明と一致することがわかる．彼は1を $1-x-ax^2-a^2x^3-\cdots\cdots-a^{p-1}x^p$ で割ってから，その級数のはじめの $n-p+1$ 項をとり，それに $\dfrac{a^p}{(a+b)^p}$ を掛け，最後に $x=\dfrac{b}{a+b}$ と置かねばならないと述べている．ここでの誤謬は，級数 $1-x-ax^2-a^2x^3-\cdots\cdots-a^{p-1}x^p$ において， a の代りに $\dfrac{a}{b}$ とおかねばならないことである．『**偶然論**』255頁で与えた例では，ド・モワブルは正しい． $\dfrac{a}{b}=c$ とおき，ド・モワブルの修正された規則にし

— 162 —

たがって

$$\cfrac{1}{1-x\cfrac{1-c^p x^p}{1-cx}}\,\cfrac{a^p}{(a+b)^p} \quad \text{すなわち} \quad \frac{1}{1-x(1+c)+c^p x^{p+1}}\,\frac{a^p}{(a+b)^p}$$

を展開する．このことは，$a+b=1$ であることを思い出せば，われわれの結果と一致する．

ド・モワブルは『偶然論』256頁で

$$1-x-cx^2-c^2 x^3-\cdots\cdots-c^{p-1}x^p$$

の代りに

$$1-x\frac{1-c^p a^p}{1-cx}$$

とおくことによって，彼の結果をこの形式に与えている．

ド・モワブルは259頁で，長さ p の連の可能性が $\frac{1}{2}$ であるような試行回数をきめる近似法則を，証明なしで与えている．

ド・モワブルの問題 LXXIV は，コンドルセの『確率の解析の応用についての論説』の73頁～86頁で，またラプラスの『確率の解析的理論』の247頁～253頁で，それぞれ拡張されて論じられている．

326. ド・モワブルの『偶然論』は，261頁～328頁で終身年金（*Annuities on Lives*）について述べている．そして，329頁～348頁に付録があり，これでこの書物は終っている．この付録も主として年金に関するものであるが，確率に関することについても多少の所見が含まれている．53節ですでに述べたので，死亡率および生命保険に関する研究は説明しない．

年金についてのド・モワブルの理論を，所見と追加事項をつけて，イタリア語に翻訳したものがあることは注目に値する．その表題は『**アブラハム・ド・モワブルの年金についての理論：英語からの翻訳，……ドン・グレゴリオ・フォンタナ神父の援助による……ドン・ロベルト・ガエタ神父訳**』（*La Dottrina degli Azzardi……de Abramo Moivre : Transportata dall' Idioma Ingless,……dal Padre Don Roberto Gaeta……sotto l'assistenza del Padre Don Gregorio Fontana*）（ミラノ，1776年）である．この翻訳は確率の一般的理論を論ずるものではなくて，終身年金ならびにそれと類似の題目だけが取扱われている．

『偶然論』第2版の**通知**の XIII 頁で，ド・モワブルはつぎのように述べている．

「世間には古きよき時代の紳士がいるもので，彼は1726年に公衆に対して，"もし自分にその気があるならば，寿命の値を計算できる．"と請けあった．しかし，彼は "やる気がなかった."……」

ド・モワブルはつづいていくつかの皮肉な注意をしている．私がコピーした手書きノートには，ここで指摘されている人物は「ギルドホールのジョン・スマート（John Smart of Guildhall）で，彼は1726年に『利息，割引，年金の表』（*Tables of Interest, Discount, Annuities*）を出版している．」と書いている．

327. ここでは，ド・モワブルの『級数と求積法についてのいろいろな解析』（*Miscellanea Analytica de Seriebus et Quadraturis*）（ロンドン，1730年）と題する研究に注目しなければならない．

これは4つ折版，250頁から成っている．そのうち，表題，献辞，序文，目次，予約購読者のリスト以外に，正誤表が1頁，補足が22頁，正誤表の追加が2頁ある．

われわれが扱っている題目に関係した補足事項として，すでに『いろいろな解析』を持ち出して説明してきた．しかし，ここでは専ら，モンモールとド・モワブルが論争している研究を検討しよう．この部分は『**誰かの中傷に対する反論**』（*Responsio ad quasdam Criminationes*）と題するもので，

— 163 —

第9章　ド・モワブル

146頁〜229頁を占め，7つの章に分れている.

328. 第1章でその部分の目的が説明されている. ド・モワブルはモンモールの第1版と，論文『**ク ジの測定について**』と， モンモールの第2版出版の歴史を語っている. ド・モワブルは『**クジの測定について**』のコピーをモンモールに送った. モンモールはその論文に関する自分の意見を書簡でニコラス・ベルヌイにしらせた. その書簡はモンモールの書物の第2版で公表されている〔221節参照〕. ド・モワブルは9つの群に分けて，モンモールが批評した事柄を簡単に述べている.

しかし， 出版されたモンモールの第2版からみると， 彼はド・モワブルと論争はしなかったようである. ド・モワブルはモンモールの著作のコピーを受取ったことの返礼を書いている. その後も， この2人の数学者の間には頻繁な手紙のやりとりが行われている. 1715年にモンモールは訪英し，ニュートンや他の著名な人たちと会っているし， また英国学士院の会員に推挙されてもいる. ド・モワブルは『**偶然論**』が出版されたとき，そのコピーをモンモールに送っている. それから2年たって，モンモールは死んだのである.

ド・モワブルは，われわれが136節ですでに紹介したフォントネルの言葉を引用しているが，彼の言うところから察するに，自己の主張を弁明するために，自分自身の研究とモンモールの研究の間の比較を企てるようになったことが，おぼろ気にわかる. 『**偶然論**』はラテン語でなく英語で書かれたので，その論争に興味をもつ人すべてが容易に読みうることができなかった. だから， ド・モワブルはこれに関する事柄を，もっぱら『**いろいろな解析**』にのせたのである.

329. 『**誰かの中傷に対する反論**』の第2章の表題は『**二項係数を用いてスターリングの解法を明示した微分学の方法**』（*De Methodo Differentiarum, in qua exhibetur Solutio Stirlingiana de media Coefficiente Binomii*）である. ここで一般的に扱っている事柄は，級数の和を求めるにあたって， モンモールの研究のいずれも必要でないことをド・モワブルは示した. ド・モワブルは152節で注意したある定理を引用することから始めている. 彼はこの定理を使ういくつかの例をあげている. 彼はまた和を求める別の方法にも言及している.

モンモールは級数の和に関して非常に一般的な結論に達していた. ある級数の第n項を$u_n r^n$で表わそう. ここで，u_nは$\Delta^m u_n = 0$となるようなものであり，mは任意の正整数である. このとき，この級数で任意個の項の和を求めることにモンモールは成功していた. ド・モワブルはモンモールの結果は差分法で容易に求められることを示した. その方法は151節で説明したとおりである.

ド・モワブルが引用しているモンモールの級数の和に関する研究は，『**哲学会報**』第XXX巻（1717年）に発表された.

『**誰かの中傷に対する反論**』のこの章には，スターリング自身から送られた書簡も含めて，スターリングの定理に関するいくつかの興味ある内容がくわしく説明されている.

330. 『**誰かの中傷に対する反論**』の第3章の表題は『**組合せの方法について**』（*De Methodo Combinationum*），第4章の表題は『**順列について**』（*De Permutationibus*），第5章の表題は『**組合せと順列についてのより深い考察**』（*Combinationes et Permutationes ulterius consideratae*）である. これらの章は，大体のところ， 『**偶然論**』のいくつかの部分を翻訳したものである. だから注目すべきようなものは何もない. 第6章の表題は『**サイコロ遊びにおける点の数について**』（*De Numero Punctorum in Tesseris*）である. これは149節でその由来を述べた公式に関連したものである.

331. 『**誰かの中傷に対する反論**』の第7章の表題は『**特殊な型のいろいろな問題の解法**』（*Solutiones variorum Problematum ad Sortem spectantium*）である. この章では，偶然性について9つの問題を解いている. はじめの8つは『**偶然論**』にある. 2つのものをのぞいて，『**いろいろな解**

— 164 —

析』につけ加えられたものには何の重要性もない．つけ加えられたもののうちで，最初のものは，歴史的にはいくらか興味あるものである．二項定理を例にとってみると，$(p+q)^8$ のひとつの項は $28p^6q^2$ である．ド・モワブルは218頁でつぎのように述べている．

「……しかし，おそらく積 p^6q^2 の未知の係数は，もちろん28なのではあるが，それは文字 p，p，p，p，p，p，q，qを使っていろいろ並べかえる場合の数である．このことはすでに以前に私が提案したものでは決してないのである．なぜかというと，おそらく一般的に二項積でも多項積でも，それに関連した係数は誰でも求められる．すなわち，それはいろいろな文字の位置を入れかえるときに，どれだけ多くの場合の数があるかということで明らかになろう．しかし，そのことは別に探しあてたものがある．つまり，連続積 $\dfrac{n}{1} \times \dfrac{n-1}{2} \times \dfrac{n-2}{3} \times \dfrac{n-3}{4} \times \cdots\cdots$ から係数のもつ規則は，すでにくまなく調べられているが，ひょっとすると私より先にこの規則を完成した人があるかもしれないけれども，そんな事柄は目下あまり興味はない．さらに加えて，1697年の日付の『哲学会報』に係数の規則の所有権が私にあること，ならびにその規則の証明も記載されてあることを思い出すのである．」

2番目の追加されたものは，『偶然論』の問題 XLIX に関連したものである．最大値に関するいくつかのやさしい項目は『偶然論』にはなくて，『いろいろな解析』の223頁と224頁とにある．

332. 『誰かの中傷に対する反論』の第7章の9番目の問題は，$(1+1)^n$ を展開したとき，最大項までの p 項の和とすべての項の和との比を求めることである．ただし p は奇数，n は偶数である．ド・モワブルはこの比を，ある事象の起こる可能性を用いて表わしており，その可能性の値は彼がすでに公式として得ていたものである．この比を表わす方法は『偶然論』のなかには出ていない．それはスターリングの定理を適用すれば不必要になるからである．しかし，それは近似法については興味ある事実を含んでいる．それで，そのことを説明しよう．

2人の賭博者AとBとがいて，それぞれ同等な腕をもつものとする．Aに無限個の模造貨幣をもたせ，Bには p 個の模造貨幣をもたせる．Bが n 回のゲームで破産する可能性を $\phi(n,p)$ とする．そのとき，求める比が $1-\phi(n,p)$ である．これは問題 LXV の解の第1形から求まる〔307節参照〕．さらに，おのおのが p 個の模造貨幣をはじめにもっていると考える．そのとき，Bが n 回のゲームで破産する可能性を $\varPsi(n,p)$ とする．同様に，もしおのおのが $3p$ 個の模造貨幣をもっていれば，Bが n 回のゲームで破産する可能性を $\varPsi(n,3p)$ で表わす，等々．そのとき，ド・モワブルは近似的に

$$\phi(n,p) = \varPsi(n,p) + \varPsi(n,3p)$$

が成り立ち，さらにもっと近似的に

$$\phi(n,p) = \varPsi(n,p) + \varPsi(n,3p) - \varPsi(n,5p) + \varPsi(n,7p)$$

となることを示した．

近似の緻密さは，n が大きくなり，p が n の適当な分数であるとき，n と p に依存するであろう．

これらの結果は『偶然論』の199頁と210頁で与えた公式から出てくる．$\varPsi(n,p)$ の第2項は負であり，それは $\varPsi(n,3p)$ の第1項と絶対値が等しい．したがって，これらの項は相殺する．同様にして，$\varPsi(n,p)$ の第3項は $-\varPsi(n,5p)$ の第1項と相殺し，$\varPsi(n,p)$ の第4項は $\varPsi(n,7p)$ の第1項と相殺して消える．相互に相殺しない項，それゆえわれわれが無視する項は，ごく僅かな項しか残らず，それらはかくして比較的小さい．

333. さて，『いろいろな解析』の補足部分に進もう．偶然性に関する問題を考察することから，数学者たちは二項定理における係数の近似計算を考えるようになった．そして，ここでわかるように，

— 165 —

第9章　ド・モワブル

数学上でもっとも目立った結果のひとつが発見されたのである。その補足部分はつぎのような言葉で始まっている。

「『いろいろな解析』を書きおえて2，3日後に，スターリング[19]の理論が手紙で私に知らされてきたが，それはもっとも重要な対数の性質を私に知らせたものである。その手紙のなかで，小数点以下5桁の数字以内に一般に誤差を押えるという点において，考え方は卓越したものであるが，しかしまだ十分自信がなさそうな書きぶりでもあった。そのようなことは人情のつねではあるが，これまでも熱望してやまなかったところの，このように大きな自然数の対数の和を，より早く収束する級数にむすびつけることに実際に成功したのである。一方，つぎのように事態を説明しよう。」

これにつづいて，現在スターリングの定理とよばれているものと，形式上は全然一致しない定理が述べられている。しかし，事実上は同値なのである。ド・モワブルはそのことに関して彼独自の考察を行ない，つぎの結果に達している。

$$\log 2 + \log 3 + \log 4 + \cdots\cdots + \log(m-1)$$

$$= \left(m - \frac{1}{2}\right)\log m - m + \frac{1}{12m} - \frac{1}{360m^3} + \frac{1}{1260m^5} - \frac{1}{1680m^7} + \cdots\cdots + 1 - \frac{1}{12} + \frac{1}{360} - \frac{1}{1260} + \frac{1}{1680} - \cdots\cdots$$

最後の行の級数に関して，ド・モワブルは『いろいろな解析』の補足の9頁で，つぎのように述べている。

「それは何よりもまず十分適当な値に収束する。結果，はじめの5項の和の値を計算したその値に収束するということはないけれども，それにもかかわらず，その後の項の和によって収束性を回復する。」

最後の文章には誤りがある。なぜなら，その級数は発散する。このことはベルヌイ数の性質からわかる。しかし，ド・モワブルはスターリングがすでに得ていた結果を使って，

$$1 - \frac{1}{12} + \frac{1}{360} - \frac{1}{1260} + \cdots\cdots = \frac{1}{2}\log 2\pi$$

という結論に達していた。こうして，現在のスターリングの定理とよばれる定理が導かれたのである[20]〔『いろいろな解析』170頁，補足10頁参照〕。

334. 『いろいろな解析』の補足で，ある二項式を展開したときの中央の項の係数，つまり

$$\frac{(m+1)(m+2)\cdots\cdots(2m)}{m(m-1)\cdots\cdots 2\cdot 1}$$

の近似値を求めることに，ド・モワブルは進んでいる。

彼はほぼ2頁を費して，結論に達している。その結果は，上式を同値な式

$$\frac{(2m)!}{(m!)(m!)}$$

でおきかえれば，直ちに得られるであろう。

それから，ド・モワブルは級数

$$\frac{1}{n^c} + \frac{1}{(n+1)^c} + \frac{1}{(n+2)^c} + \frac{1}{(n+3)^c} + \cdots\cdots$$

の和の近似値に対する一般的定理を与えている。

すでに，276節でこの和の特別な場合の，彼の用法に注目しておいた。

ド・モワブルはその定理を証明していない。もちろん，この定理は普通オイレルの名がつけられている，有名な結果

— 166 —

$$\sum \mu_x = \int \mu_x dx - \frac{1}{2}\mu_x + \frac{1}{6} \cdot \frac{1}{2}\frac{d\mu_x}{dx} - \frac{1}{30} \cdot \frac{1}{4!}\frac{d^3\mu_x}{dx} + \cdots\cdots$$

に含まれるものである.

〔『ペテルスブルク・アカデミー記録, 最近号』第XIV巻, 第1部, 137頁（1770年）参照〕

しかし, この定理はマクローリン（Maclaurin）の『微分法』（*Treatise of Fluxions*）（1742年）の673頁にも出ている[21].

335. 『偶然論』にふたたびもどり, 243頁〜254頁に与えられている 事柄に注意しよう 〔324節参照〕.

この部分でド・モワブルはまず, スターリングと彼自身が得た定理について述べている. そして, これからつぎの結果をひき出している. n が非常に大きな数とするとき, $\left(\frac{1}{2}+\frac{1}{2}\right)^n$ の一項が真中の項と l だけ隔っているとき, 両項の比の対数がおよそ $-\frac{2l^2}{n}$ となる.

このことから, 中央の項の前もしくは後につづく l 項の和の近似値を求めることができる. ゆえに, 彼はある可能性の数値を推定できたのである. たとえば, $n = 3600$ とするとき, ある事象が1回の試行で起こるか起こらないかの可能性を同等だと考えると, 3600回の試行のうち, その事象の起こる回数が1800＋30と1800−30回の間にある可能性は, 0.682688 であることをド・モワブルは発見している.

こうして, スターリングの定理を使えば, ベルヌイの定理は大いに価値を増すのである.

ド・モワブルは, ニコラス・ベルヌイとアーバスナット博士との論争に言及している. その論争とは, 男児の出生数と女児の出生数の比がほとんど一定である事実からひき出された推論に関するものである〔223節参照〕. ニコラス・ベルヌイの注意は, アーバスナット博士が実際にすすめた議論と関係がないことを, ド・モワブルは示したのである.

336. こうして, ド・モワブルが確率論に寄与した主要な内容は, 遊戯継続, 循環級数に関する理論, スターリングの定理を用いてベルヌイの定理の価値を高めたこと, などの研究であったことをみてきた. 306節で注目した重要な結果の証明を, ド・モワブルが明らかにしたならば, 彼に対するわれわれの評価はもっと高いものになったであろう. しかし, 確率論が, 唯一人ラプラスを除いて, 他のどんな数学者よりも多くのものを彼に負っていることは, 疑問の余地のないところである.

〔訳 註〕

（1）**アブラハム・ド・モワブル**（1667.5.26-1754.11.27）はビトリのプロテスタントの外科医の息子として生れた. 家庭は高貴の出でもなければ, 財産があるわけでもなかったが, 父が注意深く息子の教育計画をたてた. そして家庭教師のもとで家庭教育がはじまった. のちに, 父はプロテスタントではあったが, キリスト教の司祭が主宰するビトリの学校に彼を入学させた. その学校はプロテスタントと戦うという特殊な目的で, ド・モワブルの生れた年に設立されたものであった. 11才になって, 少年はセダン（Sedan）のプロテスタントの大学へやらされた. そこで彼は目をかけてくれたデュ・ロンデル（Du Rondel）というギリシャ語の教授と居をともにした. しかしたまたま, ルジャンドルの『算術』の写本が手に入り, それに彼は心奪われたので, 同年令の子供たちと遊ぶ時間を, ルジャンドルとともにすごすということになった. デュ・ロンデル教授は古典語にさくべき時間を浪費することをやかましく叱るので, 少年は密かに数学を勉強せねばならなかった. 算術に進歩したというしらせが父の耳に入ったとき, 父はプレステーの『代数学原理』（Élémens d'Algébre）の写本を与えた. しかしこの書物は哲学的序論が多すぎて, ド・モワブルは退屈してしまった.

セダンの大学が1681年に閉校になったのち, ド・モワブルはソームール（Saumur）で哲学を勉強し, それからパリに出て物理学を学んだ. ソームールでは, ド・モワブルはクリスチャン・ホイヘンスの確率についての小論文『サイコロ遊びにおける計算について』（*De Ratiociniis in Ludo Aleae*）（1657）を読んだのである. これは

— 167 —

第9章 ド・モワブル

ひとつの重要な出来事であって，ホイヘンスの論文は，当時利用しうるこの題目についての唯一の出版物であった．もちろん，当時この論文をくまなく理解できたわけではないが，後年ド・モワブルが豊かな果実をつけるべき種はまかれたのである．

パリ滞在中，ブルゴーニュ（Bourgogne）にある親戚を訪れ，そこで3角法と力学についてのロオー（Rohaut）の写本と，フルニエ（P. Fournier）によるユークリッドの写本を手に入れた．ユークリッドの第5命題（2等辺3角形についての命題）でつまづいたが，父の説明で納得がゆき，このあと第6巻まで，すらすら読めたという．

このとき以来，父はパリに居を構え，ド・モワブルは数学と物理学の研究をはじめた．そして「自己をきびしく鍛えるとともに他人を教える天賦の才をもった人」として有名な，オザナム（Ozanam, 1640–1717）について勉強し，アンリヨン（Henrion）の『実用幾何学』と『3角法』，力学理論，透視法，球面3角法，ユークリッドの13巻，テオドシウスの球面幾何などをマスターした．

1685年10月18日ナントの勅令が廃止されたとき，ド・モワブルは18才であった．ハーグ（Haag）によると，彼の生命は危険にさらされ，セント・マチンの修道院に幽閉されたが1688年4月27日釈放されたという．このことから彼がロンドンにやってきたのは21才であって，18才という通説は誤りである．彼の父母親類の運命については何も分っていない．生涯2度と再び彼はフランスに帰っていないし，フランスの雑誌に寄稿したこともない．〔H.M. Walker『*Abraham De Moivre*』Scripta Mathematica, Vol. II. No. 4. (1934. 4)〕

（2）**序論**（The Introduction）のはじめは確率の定義から始まる．

『偶然論』 第3版

「1. ひとつの事象の確率は，その事象が起こりうる可能性の数と，その事象が起こるか起こらないかいずれかの可能性の総数と比較して，より大きくなったり，より小さくなったりするものである．

2. それゆえに，もし，ある事象が起こりうる可能性の数を分子に，ある事象が起こりうるか，起こりえないかいずれかの可能性の総数を分母にもつ分数を構成するならば，その分数は，その事象の起こる確率の妥当な明示である．だから，もしある事象が起こりうる3通りの可能性と，起こりえない2通りの可能性をもつならば，分数 $\frac{3}{5}$ はその事象の生起する確率を表現するにふさわしく，確率の測度であるとして取りあげることができよう．」

このあと，

3. （余事象の確率の説明）
4. 5. （期待値の定義）
6. （任意の金額を失なう危険を期待値の逆数で定義すること）
7. （ゲームにおける利益，不利益の測度は，それぞれの賭博師のもつ期待値の結合の結果として求まること）
8. （確率の積，独立事象の場合）
9. （確率の積，従属事象の場合）
10. （期待値の和としての期待値）

の説明がつづく．例題は全部で10個あり，それぞれ CASE…… とよばれている．

「　　　　CASE 1st

1 個のサイコロを 2 回投げて少くとも 1 回 1 の目のでる確率を求めよ.」

答は $\dfrac{1}{6}+\dfrac{5}{36}$, つまり $\dfrac{1}{6}\times1+\dfrac{5}{6}\times\dfrac{1}{6}=\dfrac{11}{36}$ となる.

「　　　　　CASE 2nd

1 個のサイコロを 3 回投げて少くとも 1 回 1 の目のでる確率を求めよ.」

答は $\dfrac{1}{6}\times1+\dfrac{5}{6}\times\left[\dfrac{1}{6}\times1+\dfrac{5}{6}\times\dfrac{1}{6}\right]=\dfrac{1}{6}+\dfrac{55}{216}=\dfrac{91}{216}$ となる.

「　　　　　CASE Ⅲd

1 個のサイコロを 4 回投げて少くとも 1 回 1 の目のでる確率を求めよ.」

答は $\dfrac{1}{6}+\dfrac{5}{6}\times\dfrac{91}{216}=\dfrac{671}{1296}$ となる.

　　　　　CASE Ⅳth

1 個のサイコロを 2 回投げて, 2 回とも 1 の目のでる確率を求めよ.」

答は $\dfrac{1}{6}\times\dfrac{1}{6}=\dfrac{1}{36}$ となる.

　　　　　CASE Ⅴth

1 個のサイコロを 3 回投げて, 少くとも 2 回 1 の目のでる確率を求めよ.」

答は $\dfrac{1}{6}\times\dfrac{11}{36}+\dfrac{5}{6}\times\dfrac{1}{36}=\dfrac{16}{216}$ である.

「　　　　　CASE Ⅵth

1 個のサイコロを 4 回投げて, 少くとも 2 回 1 の目のでる確率を求めよ.」

答は $\dfrac{1}{6}\times(2^{\text{nd}}\text{case})+\dfrac{5}{6}\times(5^{\text{th}}\text{case})=\dfrac{91}{1296}+\dfrac{80}{1296}=\dfrac{171}{1296}$ となる.

つづいて 11 番目の規則の説明がくる.

「11. ある事象の起こる可能性の数を a, 起こらない可能性の数を b とする. 任意の回数試行を行なって, 少くとも 1 回その事象の起こる確率は

$$\dfrac{a}{a+b}+\dfrac{ab}{(a+b)^2}+\dfrac{abb}{(a+b)^3}+\dfrac{ab^3}{(a+b)^4}+\dfrac{ab^4}{(a+b)^5}+\cdots\cdots$$

なる級数によって表わされる. ただし, 級数の項数は試行の回数に等しい.

　　　　　…………

前の場合と同じ仮定で, 任意の回数試行を行なって, 少くとも 2 回その事象の起こる確率は, 級数

$$\dfrac{aa}{(a+b)^2}+\dfrac{2aab}{(a+b)^3}+\dfrac{3aabb}{(a+b)^4}+\dfrac{4aab^3}{(a+b)^5}+\dfrac{5aab^4}{(a+b)^6}+\cdots\cdots$$

によって表わされる. ただし, 級数の項数は試行の回数に等しい.

　　　　　…………

$a+b=s$ とおき, n 回の試行において l 回ある事象が起こる確率は

$$\dfrac{a^l}{s^l}\times\left[1+\dfrac{lb}{s}+\dfrac{l(l+1)bb}{1\cdot2s^2}+\dfrac{l(l+1)(l+2)b^3}{1\cdot2\cdot3s^3}+\dfrac{l(l+1)(l+2)(l+3)b^4}{1\cdot2\cdot3\cdot4s^4}+\cdots\cdots\right]$$

で表わされる. 級数は $n-l+1$ 項つづく.

n 回の試行において l 回は起こらない確率は, $n-l+1=p$ とおくと

$$\dfrac{b^p}{s^p}\times\left[1+\dfrac{pa}{s}+\dfrac{p(p+1)aa}{1\cdot2s^2}+\dfrac{p(p+1)(p+2)a^3}{1\cdot2\cdot3s^3}+\dfrac{p(p+1)(p+2)(p+3)a^4}{1\cdot2\cdot3\cdot4s^4}+\cdots\cdots\right]$$

で表わされ, 級数は l 項つづく.」

「　　　　　CASE Ⅶth

1 個のサイコロを 4 回投げて, たった 1 回だけ 1 の目の出る確率を求めよ.」

答は $(\text{Ⅲ}_d\text{case})-(\text{Ⅴ}^{\text{th}}\text{case})=\dfrac{671}{1296}-\dfrac{171}{1296}=\dfrac{500}{1296}$ となる.

— **169** —

第9章　ド・モワブル

「　　　　　　CASE Ⅷth

AとBが一しょにゲームをする．Aはあと1ゲーム勝ちたいし，Bはあと2ゲーム勝ちたい．AとBとがそれぞれゲーム・セットを勝ちとる確率はいくらか.」

あと高々2ゲーム行なえばゲーム・セットになることが考えられる．なぜなら，第1ゲームでAが勝てば，これ以上ゲームをやる必要はないし，第1ゲームでBが勝てば，やはりあと1ゲームでゲーム・セットになる．したがってAは2ゲーム中少くとも1回勝てばよい．A，Bともに同等の腕をもつものとする．2ゲームつづけてBの勝つ確率は$\frac{1}{2}\times\frac{1}{2}=\frac{1}{4}$．Aが2ゲーム中少くとも1回勝つ確率は$1-\frac{1}{4}=\frac{3}{4}$．結局AとBとがゲーム・セットを勝ちとる見込みは3:1である．

「　　　　　　CASE Ⅸth

AとBとが一しょにゲームをする．Aはあと1ゲーム勝ちたいし，Bがあと2ゲーム勝ちたい．しかしBがゲームに勝つ可能性は，Aがゲームに勝つ可能性の2倍である．ゲーム・セットを勝ちとる確率はそれぞれいくらか.」

答えはBの勝つ確率が$\frac{2}{3}\times\frac{2}{3}=\frac{4}{9}$．Aの勝つ確率が$1-\frac{4}{9}=\frac{5}{9}$．Bが2ゲーム勝つ前に，Aがゲーム・セットをとる見込みは5:4である．

つぎに規則12がくる．

「12. ゲーム・セットまでにAはl回ゲームに勝たねばならぬし，Bはk回ゲームに勝たねばならないとする．ゲーム・セットまでに高々$l+k-1$回試合をせねばならない.」

「　　　　　　CASE Ⅹth

ゲーム・セットまでにAはあと3回，Bはあと7回勝ちたい．AとBが試合に勝つ可能性は3:5である．それぞれがゲーム・セットを勝ちとる確率を求めよ.」

$$a=3,\quad b=5,\quad l=3,\quad n=l+k-1=9,\quad p=n-l+1=7$$

だから，Bがゲーム・セットをうる確率は11節の第2定理により

$$\frac{5^7}{8^7}\times\left[1+\frac{7\times3}{8}+\frac{7\times8}{1\times2}\cdot\frac{3^2}{8^2}\right]=\frac{5^7}{8^9}\times484=0.28172$$

となる．Aのゲーム・セットをうる確率は 0.71828 であり，大体，両者の勝ち目は 23:9 である．

このあと

「*The same Principles explained in a different and more general way.*」として，257節の後半以下の説明が要約される．

（3）『偶然論』30頁の引用

（4）『偶然論』31頁には，例として

$$\frac{S}{R}=\frac{11269}{28731}=\cfrac{1}{2+\cfrac{1}{1+\cfrac{1}{1+\cfrac{1}{4+\cfrac{1}{1+\cfrac{1}{1+\cfrac{1}{5}\cdots}}}}}}$$

$$\frac{1}{2+\frac{1}{1}}=\frac{1}{3}<\frac{S}{R},\quad \cfrac{1}{2+\cfrac{1}{1+\cfrac{1}{1}}}=\frac{2}{5}>\frac{S}{R},\quad \cfrac{1}{2+\cfrac{1}{1+\cfrac{1}{1+\cfrac{1}{4}}}}=\frac{9}{23}<\frac{S}{R}$$

このような収束の過程を

	greater	less	
	$S:R$	$S:R$	

$$\frac{1}{a}=\quad 1:2 \qquad\qquad 1:3 \qquad\qquad =\frac{1}{a+\dfrac{1}{b}}$$

$$\frac{1:3}{2:5}\times d=4 \qquad\qquad \times c=1$$

$$\frac{9:23}{11:28}\times f=1 \qquad\qquad \frac{8:20}{9:23}\times e=1$$

$$\frac{100:255}{111:283}\cdots \qquad\qquad \frac{11:28}{20:51}\times g=5$$

というダイヤグラムで表わす.

（5）**ロジャー・コーツ**（Roger Cotes, 1682. 7. 10–1716. 6. 5）はニュートンをして「もし彼が生きていたら，われわれは何かを知りえたであろうに」と嘆かせた程の秀才であるが，早逝した．24才で天文学のプルム教授職についた．1713年にはケンブリッジでニュートンの『**プリンキピア**』の第2版を刊行した．彼の全集は従弟のロバート・スミスによって，『**測定しうる調和，もしくは分析と綜合**』（*Harmonia Mensurarum, sive Analysis et Synthesis*, 1722年）と題されて刊行された．彼は1の n 乗根，最小2乗法，2項式を分母にもつ有理関数の積分の方法などを研究した〔スミス『**数学史**』Vol. 1. 447–448頁〕.

（6）『**偶然論**』50–51頁にこの方法は収録されている.

「賭博師A，B，C，……の技倆をそれぞれ a，b，c，…と仮定する．A，B，C，……がそれぞれあと p，q，r，……ゲーム勝つと，ゲーム・セットになる．Aがゲーム・セットを勝ちとる可能性を求めよ.

1°　1をまず書き記せ.

2°，a をのぞく，b，c，d，……をこの順に書き記せ.

3°　b，c，d，……のなかから重複を許して取った2個，3個，……の組合せを列挙せよ.

4°　それらのうち，B，C，D，……がゲーム・セットをうる場合の組合せを取りのぞけ.

5°　それらに a^{p-1} をかけよ.

6°　それらの組合せの前に，組合せの各項のなかの文字を一列に並べる順序の数をおけ.

7°　同じ次元（文字に関して）の項ばかり集めよ.

8°　集められた項を加え，次元の低い方から高い方へ配列し，それらをそれぞれ s^{p-1}，s^p，s^{p+1}，s^{p+2}，… で割れ．$s=a+b+c+\cdots\cdots$ とする.

9°　これらの商の和に $\dfrac{a}{s}$ をかけよ.

たとえば，$p=2$，$q=3$，$r=5$ とする．すると規則によって

$$1,\quad b+c,\quad bb+bc+cc,\quad bbcc+bc^3+c^4,\quad bbc^3+bc^4,\quad bbc^4$$

なる組合せをうる．それらに $a^{p-1}=a^{2-1}=a$ をかける．各項の前に順列の数をかけ，同次の項を s，s^2，s^3，……でわる．そしてそれらの和に $\dfrac{a}{s}$ をかける.

$$\text{Aの可能性}=\frac{a}{s}\times\Bigg[\frac{a}{s}+\frac{2ab+2ac}{s^2}+\frac{3abb+6abc+3acc}{s^3}+\frac{12abbc+12abcc+4ac^3}{s^4}$$

$$+\frac{30abbcc+20abc^3+5ac^4}{s^5}+\frac{60abbc^4+30abc^4}{s^6}+\frac{105abbc^4}{s^7}\Bigg]$$

とくに $a=b=c=1$ とおくと

$$\text{Aの可能性}=\frac{1}{3}\times\Bigg[\frac{1}{3}+\frac{4}{9}+\frac{12}{27}+\frac{28}{81}+\frac{55}{243}+\frac{90}{729}+\frac{105}{2187}\Bigg]=\frac{1433}{2187}$$

同様に B，C の可能性はそれぞれ $\dfrac{635}{2187}$，$\dfrac{119}{2187}$ である.」

（7）**ガブリエル・クラーメル**（Gabriel Cramer, 1704. 7. 31–1752. 1. 4）はジェネーヴに生れ，ニームで死去

第9章　ド・モワブル

した．20才でジュネーヴ大学の教授となり，カランドリの同僚となった．クラーメルの研究は主として物理学に向けられたが，1732年には幾何学，1739, 41, 48, 50年には数学史，1750年には代数曲線に関する論文を書いた．彼はオランダ，イギリス，フランスに多くの数学者の知己がおり，またライブニッツと関孝和によって発見された行列式を再評価している〔スミス『**数学史**』Vol. 1. 520頁〕．

（8）**ルドヴィンコ・カランドリ** (Ludovinco Calendri, 1703–1758) はニュートンの理論と円錐曲線について研究していたスイスの数学者である．1750年以後，政府の官職についた．

（9）**ファラオン・ゲーム**はつぎのような規則にもとづくゲームである．　『**偶然論**』77頁に規則がのっている．

「1°　まず，胴元が52枚のカードをもつ．

2°　胴元はつぎつぎとカードをひき，それらを交互に彼の右側と左側におく．

3°　胴元がカードをひきはじめる前か，任意枚数ひきおえた後に，賭博者が少くとも1枚のカードの上に1円以上の賭金を勝手にえらんでおく．

4°　賭博者のカードが，胴元の右側の奇数番目の位置にあるとき，胴元は賭博者のそのカード上の賭金をうる．しかし，賭博者のカードが，胴元の左側の偶然番目の位置にあるときは，胴元が賭博者のそのカード上の賭金と同額を賭博者に支払う．

5°　4°のことが，2回起こったら，胴元は賭博者の賭金の半分をとる．

6°　賭博者のカードが，ストック〔抽いたあとの残りカードをひと重ねにして真中においたもの〕のなかで，唯1回1番最後にあるとき，賭博者は勝ちも負けもしない．

7°　賭博者のカードがストックのなかに2回と，左右両側のカップルのなかに2回でてきたときは，賭博者はすべての賭金を失なう．」

（10）『**偶然論**』序文　IX頁

（11）『**偶然論**』の問題 XXI はつぎの通りである．

「40000枚のクジのうち，当りクジが8000枚入っている．このクジを3枚ひいて少くとも1枚以上が当りクジである確率を求めよ．」問題 XXII は「40000枚のクジのうち，3枚をひく．少くとも1枚あたる確率を½にするには，当りクジを何枚にしておかねばならないか．」

ド・モワブルはこの解を近似値で与えている．$n=40000$，当りクジを x とすると

$$\frac{n-x}{n}\ \frac{n-x-1}{n-1}\ \frac{n-x-2}{n-2}=\frac{1}{2},\qquad \frac{(n-x-1)^3}{(n-1)^3}=\frac{1}{2}$$

これは大体

$$\frac{(n-x)^3}{n^3}=\frac{1}{2}$$

の解に等しい．$x=n\left(1-\frac{1}{2}\sqrt[3]{4}\right)=8252$．

（12）**ギニ** (guinea) は，昔英国で用いられた金貨の名称．いまでは貨幣そのものはないが，医師・弁護士などの謝礼，寄附金，絵画，馬，地所などの値に用いる．1ポンド1シリング＝21シリングである．1663年–1813年まで通用していた〔押田勇雄編『**単位の辞典**』丸善，82頁〕．

（13）近代的な解法はフエラー (Feller) の『**確率論とその応用**』（*An Introdutcion to Probability Theory and Its Applications, Vol. 1.*）（邦訳，河田竜夫他，紀伊国屋）の96–98頁参照

（14）『**偶然論**』問題 XLIII の解はつぎの通りである．

「1°　a, b を2つの事象の可能性とし，a, b の順に事象が起こるものとする．b の前に a が起こる確率は $\frac{a}{a+b}$，するとつぎに b が起こることは必然である．それゆえ，a, b の順に事象が起こる確率は

$$\frac{a}{a+b}$$

2°　a, b, c を3つの事象の可能性とし，この順に事象が起こるものとする．b または c の前に a の起こる確率は $\frac{a}{a+b+c}$，c が起こる確率は $\frac{b}{b+c}$，するとつぎに c は必然的に起こる．したがって，a, b, c の順に

— 172 —

起こる確率は

$$\frac{a}{a+b+c}\times\frac{b}{b+c}$$

3° a, b, c, dを4つの事象の可能性とし，この順に事象が起こる確率は

$$\frac{a}{a+b+c+d}\times\frac{b}{b+c+d}\times\frac{c}{c+d}$$

それゆえ，もし普通のサイコロを2つ投げて，目の和の数 VII が出る前に，IV，V，VI，VIII，IX，X が出る確率を求めよう．それらの目の数の出る可能性をそれぞれ a，b，c，d，e，fとし，VII の数の出る可能性を mとする．上にあげた目の和の数の順に出る確率は

$$\frac{a}{a+b+c+d+e+f+m}\times\frac{b}{b+c+d+e+f+m}\times\frac{c}{c+d+e+f+m}$$

$$\times\frac{d}{d+e+f+m}\times\frac{e}{e+f+m}\times\frac{f}{f+m}$$

しかし，出る目の和の数は，IV から X までこの順に出るわけではないので，最後に出るであろう VII をのぞいて，文字 a，b，……，fをいろいろ入れかえると720通り出てくる．この問題の完全な解をうるためにはこの720通りのそれぞれの場合の確率を加算しなければならない．

しかしながら，IV と X，V と IX，VI と VIII の目の出方はそれぞれ可能性が同じだから，720通りは90通りに減る．それら90通りのそれぞれの場合を加算して8倍すればよい．

しかし，これらの演算はいたって労力のかかるものである．そこで a，b，c，d，e，fの値はそれぞれ3，4，5，5，4，3であり，それらの平均は4であるから，求める確率は

$$\frac{6b}{6b+m}\times\frac{5b}{5b+m}\times\frac{4b}{4b+m}\times\frac{3b}{3b+m}\times\frac{2b}{2b+m}\times\frac{b}{b+m}$$

$$=\frac{24}{30}\times\frac{20}{26}\times\frac{16}{22}\times\frac{12}{18}\times\frac{8}{14}\times\frac{4}{10}=\frac{2\cdot2\cdot4\cdot4\cdot4\cdot4}{1\cdot3\cdot5\cdot7\cdot11\cdot13}=\frac{1024}{15015}$$

(15) **ブルック・テイラー**（Brook Taylor, 1685. 8. 18–1731. 12. 29）はテイラー定理で有名な数学者である．ケンブリッジのセント・ジョーンズ・カレッジに学び，早くからその数学の才をみとめられ，『哲学会報』に寄稿したりしており，その後英国学士院の秘書もやった．1715年にテイラー定理ののった書物『**増分法**』（*Methodus Incrementorum*）を出す．

(16) **トリック**（trik）とは，最初に場に出されたカード（台札）につづいて，ゲームに参加している人数だけのカードが場に出されるプレイで，この各人が1枚ずつ場にカードを出す1回のプレイを 1 trik という．

(17) **循環級数**，回帰級数ともいう．たとえば，級数

$$\begin{array}{cccccc}\text{A} & \text{B} & \text{C} & \text{D} & \text{E} & \text{F}\end{array}$$
$$1 + 2x + 3xx + 10x^3 + 34x^4 + 97x^5 + \cdots\cdots$$

において，各項を上にのせた大文字で表わすと

$$D=3Cx-2Bxx+5Ax^3$$
$$E=3Dx-2Cxx+5Bx^3$$
$$F=3Ex-2Dxx+5Cx^3$$
$$\cdots\cdots\cdots\cdots$$

となる，このような級数をいう．そして，量 $3x-2xx+5x^3$ を関係の尺度（scale of relation）という．あるいは 3−2＋5 を関係の尺度ということもある．1−関係尺度を示差した尺度（differential scale）という．

(18) たとえば『偶然論』221頁には

（命題1）循環級数 $a+bx+cxx+dx^3+ex^4+\cdots\cdots$ で，関係の尺度が $fx-gxx$ ならば，上の無限級数の和は

$$\frac{\begin{array}{c}a+bx\\-fax\end{array}}{1-fx+gxx}$$

第9章　ド・モワブル

である.

（命題2）循環級数 $a+bx+cxx+dx^3+ex^4+\cdots\cdots$ で，関係の尺度が $fx-gxx+hx^3$ とすると，この無限級数の和は

$$\frac{\begin{array}{r} a+bx+cxx \\ -fax-fbxx \\ +gaxx \end{array}}{1-fx+gxx-hx^3}$$

（命題3）関係の尺度が $fx-gxx+hx^3-kx^4$ であるとき，無限級数の和は

$$\frac{\begin{array}{r} a+bx+cxx+dx^3 \\ -fax-fbxx-fcx^3 \\ +gaxx+gbx^3 \\ -hax^3 \end{array}}{1-fx+gxx-hx^3+kx^4}$$

（19）**ジェームズ・スターリング**（James Stirling, 1692–1770. 12. 5）はスターリング州ガルデンに生れ，オックスフォードのバリオール・カレッジで教育をうけた．1715年オックスフォードを去り，教授職を求めてヴェニスに渡った．〔退位したジェームズⅡ世の支持者であったことが禍したらしく，イタリヤになかば亡命の形で出国した．〕ヴェニスでは当時パドヴァ大学にいたニコラス・ベルヌイと出会い，その地で3次曲線の無限級数を微分法を用いて研究した．1725年ロンドンに帰り，晩年のニュートンと知己になり，いくつかの重要な論文をかいた．のち，スコットランド産の馬の研究をしたり，1735年にはラナーク州の鉱山会社の支配人になって大成した〔スミス『数学史』Vol. 1. 449頁〕．

（20）324節での『A Method of approximating……』の一部分を紹介しておこう．トドハンターはこの部分の業績はあまり評価していないが，統計学史の研究者ヘレン・ウォーカーやカール・ピアソンはこの部分をド・モワブルのもっとも勝れた業績のひとつにあげている．

「偶然に関する問題の解にはしばしば $(a+b)^n$ のいくつかの項の和を必要とする．にもかかわらず，非常に大きいベキについては，計算は厄介であるし，難かしくもあるので，ごく僅かな人々しかこの課題に取組んでいないのである．ヤコブ・ベルヌイとニコラス・ベルヌイの2人の偉大な数学者をのぞいて，私はそれを研究した人を知らない．彼らの研究の過程をみると，彼らの非常な熟練さと勤勉さに対して賞讃をおくるものである．それでもまだいくつかの研究の余地が残されている．というのは，彼らのした研究は，非常に広い限界のなかにいくつかの項の和が含まれることを示したのであるが，その限界をきめるのに精力を使いはたして，近似値を求めることには熱意を示さなかった．彼らのやった研究は『いろいろな解析』のなかで簡単に述べておいたから，参考にしてほしい．この説明はおそらくいままでにこの題目のなかで書かれたもののなかでは最善のものではないかと思う．私のやるべきことは，彼らのやった仕事を調査して，その結果を利用することであり，この点については大目にみていただきたい．この研究に私をかりたてるよう勇気づけてくれたごく小数の尊敬すべき士や数学者たちの期待に私は沿いたいと思う．さて，こうして，私は先人の残した業績にいくつかの新しい考えを加えた．しかし，それらとの結びつきをより明瞭にするために，少し前に私が論じたいくつかの事柄を要約することが必要である．

1.　さて，12年以上前に，私はつぎのことを発見した．$(1+1)^n$ の真中の項とすべての項の和 2^n との比は

$$\frac{2A(n-1)^n}{n^n\sqrt{n-1}}$$

で表わされる．ただし，Aは双曲線対数の数 $\dfrac{1}{12}-\dfrac{1}{360}+\dfrac{1}{1260}-\dfrac{1}{1680}+\cdots\cdots$ である．しかし，n が十分大きいとき，$\dfrac{(n-1)^n}{n^n}=\left(1-\dfrac{1}{n}\right)^n$ は双曲線対数で -1 になる．このことから，双曲線対数が

$$-1+\frac{1}{12}-\frac{1}{360}+\frac{1}{1260}-\frac{1}{1680}+\cdots\cdots$$

であるところの数を B で表わすと，上に書いた式は $\dfrac{2B}{\sqrt{n-1}}\div\dfrac{2B}{\sqrt{n}}$ になる．それゆえ，級数の符号をかえて，

— 174 —

B は双曲線対数が

$$1-\frac{1}{12}+\frac{1}{360}-\frac{1}{1260}+\frac{1}{1680}-\cdots\cdots$$

となる数を表わすとすると $\frac{2}{B\sqrt{n}}$ となる.

この研究をはじめたとき，まず私は B の値を詳しく求めようと考えた．それは上述の級数のいくつかの項の和から推測するものであったが，この級数はゆっくりとしか収束しないので，しばしとまどっていたのであるが，幸いにも，あとからこの題目の研究に参加した，尊敬すべき博学多識の友人スターリングが，ずっと研究を進めていることを知った．スターリングは B が単位円の周の平方根に等しいことを発見していたのである．そこで，$c=2\pi$ とおくと，真中の項とすべての項の和との比は $\frac{2}{\sqrt{nc}}$ によって表わされる．

対数の級数を追求するか，あるいは他の方法によるか，いずれにせよ，数 B が存在することを前提として，数 B が円の周とどんな関係にあるかということは必要ではない．〔B の数値だけが必要なのである．〕それでも私はこの発見を大いに喜ぶものである．というのは永い間の懸案が解決したのと同時に，その解法がきわめて優雅であるからである．

Ⅱ．2 項定理の真中の項と，それから l 項へだたった項の比の対数が，$m=\frac{n}{2}$ と仮定して，大体

$$\left(m+l-\frac{1}{2}\right)\log(m+l-1)+\left(m-l+\frac{1}{2}\right)\log(m-l+1)-2m\log m+\log\frac{m+1}{m}$$

なる量によって示されることをしった.」

(21) オイレル・マクローリンの公式からスターリングの公式が導出されるまでの数学的証明を与えておこう．

（Ⅰ）準備的考察

$f(x)$ が区間〔$-a,\ a$〕で定義された関数で，$x=0$ においてすべての次数の微分係数をもつならば，それをマクローリン級数

$$f(x)=f(0)+f'(0)x+f''(0)\frac{x^2}{2!}+\cdots\cdots\cdots=\sum_{n=1}^{\infty}\frac{1}{n!}f^{(n)}(0)x^n \qquad ①$$

の形で表現できる．もしも，$f(x)$ が $x=0$ の近傍で解析的であれば①式で表わされるベキ級数は収束半径をもつ．また $f(x)$ が $(-a,\ a)$ で $n+1$ 階導関数をもてば①を

$$f(x)=f(0)+f'(0)x+f''(0)\frac{x^2}{2!}+\cdots\cdots+f^{(n)}(0)\frac{x^n}{n!}+f^{(n+1)}(\xi)\frac{x^{n+1}}{(n+1)!} \qquad ②$$

$(-a<\xi<a)$ の形に書くことができる．とくに $f(x)$ が n 次多項式関数であれば，方程式①は有限級数

$$f(x)=f(0)+f'(0)x+f''(0)\frac{x^2}{2!}+\cdots\cdots+f^{(n)}(0)\frac{x^n}{n!} \qquad ③$$

と書ける．またこのとき

$$f(x)=f(0)+\varDelta f(0)x^{(1)}+\varDelta^2 f(0)\frac{x^{(2)}}{2!}+\cdots\cdots+\varDelta^n f(0)\frac{x^{(n)}}{n!} \qquad ④$$

の形に書ける．これは③式の類似式である．

さて，差分法において，与えられた関数 $f(x)$ をベルヌイ多項式を使って書く可能性を考えてみよう．

$$f(x)=a_0 B_0(x)+a_1 B_1(x)+a_2 B_2(x)+\cdots\cdots+a_n B_n(x)+\cdots\cdots \qquad ⑤$$

まったく形式的に係数 a_n をきめてみよう．⑤式の両辺を 0 から 1 まで積分し，$n=1,\ 2,\ 3,\ \cdots\cdots$ に対して

$$\int_0^1 B_n(x)dx=\left[\frac{B_{n+1}(x)}{n+1}\right]_0^1=\frac{B_{n+1}(1)-B_{n+1}(0)}{n+1}=0 \qquad ⑥$$

であること，および $B_0(x)=1$ であるから，

$$\int_0^1 f(x)dx=a_0\int_0^1 B_0(x)dx=a_0$$

さて，⑤式を微分すると

$$f'(x)=a_1 B_0(x)+2a_2 B_1(x)+3a_3 B_2(x)+\cdots\cdots+na_n B_{n-1}(x)+\cdots\cdots$$

— 175 —

第9章　ド・モワブル

ふたたび 0 から 1 まで積分し，⑥式を用いると

$$\int_0^1 f'(x)dx = a_1.$$

しかるに，一方

$$\int_0^1 f'(x)dx = f(1) - f(0) = \Delta f(0) \qquad \therefore \quad a_1 = \Delta f(0)$$

一般的に

$$f^{(n)}(x) = a_n n! B_0(x) + a_{n+1}(n+1)^{(n)} B_1(x) + \cdots\cdots$$

かつ

$$\int_0^1 f^{(n)}(x)dx = a_n n! = \frac{d^{n-1}}{dx^{n-1}} \Delta f(0) = \Delta f^{(n-1)}(0)$$

$$\therefore \quad a_n = \frac{1}{n!} \Delta f^{(n-1)}(0)$$

かくして，⑤式は

$$f(x) = \int_0^1 f(x)dx + \sum_{n=1}^{\infty} \frac{1}{n!} \Delta f^{(n-1)}(0) B_n(x) \qquad\qquad ⑦$$

と書くことができる．

もしも

$$\xi = x + y$$
$$f(x) = g(\xi)$$

とおくと⑦式は

$$g(x+y) = \int_y^{y+1} g(t)dx + \sum_{n=1}^{\infty} \frac{1}{n!} \Delta g^{(n-1)}(y) B_n(x) \qquad\qquad ⑧$$

とくに，$x = 0$ とおくと

$$g(y) = \int_y^{y+1} g(t)dt + \sum_{n=1}^{\infty} \frac{1}{n!} B_n \Delta g^{(n-1)}(y) \qquad\qquad ⑨$$

この⑨式は本質的にはオイレル・マクローリンの公式である．ベキ級数の場合の②式と類似の，剰余項をもった公式を与えて厳密に推論しよう．

（Ⅱ）オイレル・マクローリンの公式の導出．

$f(x)$ を $\lbrack -a,\ a \rbrack$ で定義され，$C^{(n+1)}$ 級の関数とする．$x \in \lbrack -a,\ a \rbrack$ とし，

$$I_n(x) = \int_0^x \frac{(x-\xi)^n}{n!} f^{(n+1)}(\xi)d\xi \qquad\qquad ⑩$$

$$= \left[\frac{(x-\xi)^n}{n!} f^{(n)}(\xi) \right]_0^x + \int_0^x \frac{(x-\xi)^{n-1}}{(n-1)!} f^{(n)}(\xi)d\xi$$

$$= -\frac{x^n}{n!} f^n(0) + I_{n-1}(x)$$

または

$$I_{n-1}(x) = \frac{x^n}{n!} f^{(n)}(0) + I_n(x)$$

なる漸化式をうる．逐次代入法により

$$I_0(x) = xf'(0) + \frac{x^2}{2!} f''(0) + \cdots\cdots + \frac{x^n}{n!} f^{(n)}(0) + I_n(x) \qquad\qquad ⑪$$

しかし

$$I_0(x) = \int_0^x f'(\xi)d\xi = f(x) - f(0)$$

したがって⑪式は

$$f(x) = f(0) + xf'(0) + \frac{x^2}{2!} f''(0) + \cdots\cdots + \frac{x^n}{n!} f^{(n)}(0) + I_n(x) \qquad\qquad ⑫$$

となる．積分に関する第1平均値の定理により

$$I_n(x) - \int_0^x \frac{(x-\xi)^n}{n!} f^{(n+1)}(\xi) d\xi$$

$$= \frac{f^{(n+1)}(\theta x)}{n!} \int_0^x (x-\xi)^n d\xi = \frac{f^{(n+1)}(\theta x) x^{n+1}}{(n+1)!}$$

（ただし，$0<\theta<1$）となる．このような $I_n(x)$ の表現は②式の剰余形と一致する．

これと類似して

$$J_n(x) = \int_0^1 \frac{B_n(1-\xi)}{n!} f^{(n)}(x+\xi) d\xi$$

を定義する．部分積分法により

$$= \frac{B_n}{n!} f^{(n-1)}(x+1) - \frac{B_n(1)}{n!} f^{(n-1)}(x) - \int_0^1 \frac{B_n'(1-\xi)}{n!} f^{(n-1)}(x+\xi) d\xi$$

となる．しかし，

$$B_n(1) = B_n \qquad (n \neq 1)$$

かつ

$$B_n'(1-\xi) = -n B_{n-1}(1-\xi).$$

よって

$$J_n(x) = \frac{B_n}{n!} \Delta f^{(n-1)}(x) + J_{n-1}(x), \quad (n>1).$$

逐次代入法により

$$J_n(x) = \frac{B_2}{2!} \Delta f'(x) + \frac{B_3}{3!} \Delta f''(x) + \cdots\cdots + \frac{B_n}{n!} \Delta f^{(n-1)}(x) + J_1(x). \qquad ⑬$$

最後に

$$J_1(x) = \int_0^1 B_1(1-\xi) f'(x+\xi) d\xi = B_1 f(x+1) - B_1(1) f(x)$$

$$+ \int_0^1 B_0(1-\xi) f(x+\xi) d\xi.$$

$B_1 = -\frac{1}{2}$，$B_1(1) = \frac{1}{2}$ であることを思い出すと，$J_1(x)$ は

$$J_1(x) = -\frac{1}{2} f(x+1) - \frac{1}{2} f(x) + \int_0^1 f(x+\xi) d\xi.$$

上の積分で，$t = x + \xi$ とおくと

$$J_1(x) = -\frac{1}{2}[f(x+1) - f(x)] - f(x) + \int_x^{x+1} f(t) dt$$

$$= B_1 \Delta f(x) - f(x) + \int_x^{x+1} f(t) dt.$$

方程式⑬に上の $J_1(x)$ を代入し，移項すると

$$f(x) = \int_x^{x+1} f(t) dt + \sum_{k=1}^{n} \frac{B_k}{k!} \Delta f^{(k-1)}(x) - J_n(x) \qquad ⑭$$

さて，$n = 2m$（偶数）と仮定すると，⑭式は

$$f(x) = \int_x^{x+1} f(t) dt + \sum_{k=1}^{2m} \frac{B_k}{k!} \Delta f^{(k-1)}(x) - J_{2m}(x) \qquad ⑮$$

この⑮式が**オイレル・マクローリンの公式**である．

そこで，$J_{2m}(x)$ を評価することにしよう．定義によって

$$J_{2m}(x) = \int_0^1 \frac{B_{2m}(1-\xi)}{(2m)!} f^{(2m)}(x+\xi) d\xi$$

であり，偶数 n に対して，$B_n(1-\xi) = B_n(\xi)$ であるから，

— 177 —

第9章　ド・モワブル

$$J_{2m}(x)=\int_0^1 \frac{B_{2m}(\xi)}{(2m)!}f^{(2m)}(x+\xi)d\xi \qquad ⑯$$

$$=\int_1^1 \frac{[B_{2m}(\xi)-B_{2m}]}{(2m)!}f^{(2m)}(x+\xi)d\xi+\int_0^1 \frac{B_{2m}}{(2m)!}f^{(2m)}(x+\xi)d\xi \qquad ⑰$$

$B_{2m}(\xi)-B_{2m}$ は $[0,\ 1]$ において符号を変えないので，積分の第1平均値定理を用いて

$$J_{2m}(x)=\frac{f^{(2m)}(x+\theta)}{(2m)!}\int_0^1 [B_{2m}(\xi)-B_{2m}]d\xi+\frac{B_{2m}}{(2m)!}\int_0^1 f^{(2m)}(x+\xi)d\xi,\ (0<\theta<1),$$

$$\int_0^1 [B_{2m}(\xi)-B_{2m}]d\xi=-B_{2m},$$

であるから

$$J_{2m}(x)=-\frac{B_{2m}}{(2m)!}f^{(2m)}(x+\theta)+\frac{B_{2m}}{(2m)!}[f^{(2m-1)}(x+1)-f^{(2m-1)}(x)]$$

$$=-\frac{B_{2m}}{(2m)!}f^{(2m)}(x+\theta)+\frac{B_{2m}}{(2m)!}\Delta f^{(2m-1)}(x)$$

⑮式は

$$f(x)=\int_x^{x+1} f(\xi)d\xi+\sum_{k=1}^{2m-1}\frac{B_k}{k!}\Delta f^{(k-1)}(x)+\frac{B_{2m}}{(2m)!}f^{(2m)}(x+\theta),\ 0<\theta<1 \qquad ⑱$$

これはオイレル・マクローリンの公式の1形式である．⑱式を $x=a$ から，$x=z-1$ まで両辺を加算しよう．

$$\sum_{x=a}^{z-1}f(x)=\int_a^z f(\xi)d\xi+\sum_{k=1}^{2m-1}\frac{B_k}{k!}[f^{(k-1)}(z)-f^{(k-1)}(a)]+\frac{B_{2m}}{(2m)!}\sum_{x=a}^{z-1}f^{(2m)}(x+\theta_x),\,0<\theta_x<1 \qquad ⑲$$

この⑲式では，θ_x は $x=a,\ a+1,\ \cdots\cdots,\ z-1$ のそれぞれの値に対して定まるものである．

もし，はじめに $J_{2m}(x)$ を加算しておいて，それから平均値定理を適用すれば

$$\sum_{x=a}^z J_{2m}(x)=\int_0^1 \frac{[B_{2m}(\xi)-B_{2m}]}{(2m)!}\sum_{x=a}^z f^{(2m)}(x+\xi)d\xi+\frac{B_{2m}}{(2m)!}\sum_{x=a}^z\int_0^1 f^{(2m)}(x+\xi)d\xi$$

$$=-\frac{B_{2m}}{(2m)!}\sum_{x=a}^{z-1}f^{(2m)}(x+\theta')+\frac{B_{2m}}{(2m)!}[f^{(2m-1)}(z)-f^{(2m-1)}(a)],\ 0<\theta'<1 \qquad ⑳$$

となる．こうすれば⑩式の θ_x の値はすべて等しくとれる．

こうして

$$\sum_{x=a}^{z-1}f(x)=\int_a^z f(\xi)d\xi+\sum_{k=1}^{2m-1}\frac{B_k}{k!}[f^{(k-1)}(z)-f^{(k-1)}(a)]+\frac{B_{2m}}{(2m)!}\sum_{x=a}^{z-1}f^{(2m)}(x+\theta),\ 0<\theta<1 \qquad ㉑$$

をうる．またこの式を，つぎのように変形すると便利である．

$$\sum_{x=a}^{z-1}f(x)=\int_a^z f(\xi)d\xi+\sum_{k=1}^{2m-1}\frac{B_k}{k!}f^{(k-1)}(z)-\frac{B_{2m}}{(2m)!}\sum_{x=z}^\infty f^{(2m)}(x+\theta)+R_m \qquad ㉒$$

ただし

$$R_m=\frac{B_{2m}}{(2m)!}\sum_{x=a}^\infty f^{(2m)}(x+\theta)-\sum_{k=1}^{2m-1}\frac{B_k}{k!}f^{(k-1)}(a) \qquad ㉓$$

で，R_m は z とは無関係である．そして R_m は収束すると仮定する．

（Ⅲ）（Ⅱ）の補足

（Ⅱ）で証明なしで使った事実は

(1) $B_n(1-x)=(-1)^n B_n(x)$ ㉔

(2) $B_{2n}(x)-B_{2n}$ は $0<x<1,\ n=1,\ 2,\ \cdots\cdots$ に対して定符号である．〔第7章，訳註 (10) 参照〕

という2つの事実である．

(1) の証明は

$$g(x,\ -\lambda)=\frac{-\lambda\,e^{-x\lambda}}{e^{-\lambda}-1}=\sum_{n=0}^\infty B_n(x)(-1)^n\frac{\lambda^n}{n!}$$

$$=\frac{\lambda e^{\lambda(1-x)}}{e^\lambda-1}=\sum_{n=0}^\infty B_n(1-x)\frac{\lambda^n}{n!}$$

の λ^n の係数を比較すればよい. 明らかに

$$B_n\left(\frac{1}{2}\right)=0. \qquad \text{㉕}$$

(2)の証明は

$$f(x)=B_{2n}(x)-B_{2n} \qquad \text{㉖}$$

とおくと

$$f(0)=f(1)=0$$

もしも, $f(x)$ が $(0,1)$ が定符号でなければ, $x\neq0$, $x\neq1$ 以外で $f(x)=0$ となる. するとロールの定理により

$$f'(x)=2n\,B_{2n-1}(x) \qquad \text{㉗}$$

は $(0,1)$ 内の少くとも2点において, $f'(x)=0$ とする. しかし, そのことは矛盾である. なぜなら

(3) $0<x<1$, $n=1, 2, \cdots\cdots$ に対して, 方程式 $B_{2n+1}(x)=0$ の根は

$$x=\frac{1}{2} \text{だけに限る.}$$

ことが証明されるからである. これは帰納法で証明する.

$n=0$ のとき, $B_1(x)=x-\frac{1}{2}$. よって, $x=\frac{1}{2}$ は唯一の根である.

$n\neq0$ のとき, $B_{2n+1}(x)$ の零点が $\frac{1}{2}$ 以外の α においても存在すると仮定する. $B_{2n+1}(0)=B_{2n+1}(1)=0$ だから, $[0,1]$ において $B_{2n+1}(x)$ は4つの零点をもつ. したがって, ロールの定理により $B_{2n+1}'(x)$ は $(0,1)$ で少なくとも3つの零点をもつ. よって, $B_{2n+1}''(x)$ は $(0,1)$ で少なくとも2つの零点をもつ. しかし

$$B_{2n+1}''(x)=(2n+1)B_{2n}'(x)=(2n+1)2nB_{2n-1}(x)$$
$$B_{2n-1}(0)=B_{2n-1}(1)=0$$

だから, $B_{2n-1}(x)$ に $[0,1]$ で少なくとも4つの零点をもつ. しかるに

$$B_3(x)=x^3-\frac{3}{2}x_2+\frac{x}{2}=x(x-1)\left(x-\frac{1}{2}\right)$$

で零点は3つしかない. これは矛盾である.

(Ⅳ) <u>スターリングの公式</u>

$$f(x)=\log(1+x)$$

を㉔式に適用しよう. この n 階導関数は

$$f^{(n)}(x)=\frac{(-1)^{n-1}(n-1)!}{(1+x)^n}, \quad n=1, 2, 3, \cdots\cdots$$

そして, オイレル・マクローリンの公式は

$$\sum_{x=a}^{z-1}\log(1+x)=\int_a^z\log(1+\xi)d\xi+B_1\log(1+z)$$

$$+\sum_{k=2}^{2m-1}\frac{B_k}{k!}\frac{(-1)^k(k-2)!}{(1+z)^{k-1}}+\frac{B_{2m}}{(2m)!}\sum_{x=z}^{\infty}\frac{(2m-1)!}{(1+x+\theta)^{2m}}+R_m \qquad \text{㉘}$$

ただし, $0<\theta<1$. この公式で, $a=0$ とおく. そのとき

$$\sum_{x=0}^{z-1}\log(1+x)=\log\prod_{x=0}^{z-1}(1+x)=\log z!$$

かつ, $B_1=-\frac{1}{2}$. だから, ㉘式は

$$\log z!=(1+z)\log(1+z)-z-\frac{1}{2}\log(1+z)$$

$$+\sum_{k=2}^{z-1}\frac{B_k}{k(k-1)}\frac{(-1)^k}{(1+z)^{k-1}}+\frac{B_{2m}}{2m}\sum_{x=z}^{\infty}\frac{1}{(1+x+\theta)^{2m}}+R_m \qquad \text{㉙}$$

となる. $B_3=B_5=\cdots\cdots=0$ だから, ㉙式は

第9章　ド・モワブル

$$\log z! = \left(\frac{1}{2}+z\right)\log(1+z) - z + \sum_{j=1}^{m-1}\frac{B_{2j}}{2j(2j-1)}\ \frac{1}{(1+z)^{2j-1}} + \frac{B_{2m}}{2m}\sum_{x=z}^{\infty}\frac{1}{(1+x+\theta)^{2m}} + R_{2m}$$

㉚

となる．R_m は z に無関係であるから，$z \to \infty$ のときの R_m を評価しよう．固定した m に対して

$$\lim_{z \to \infty}\sum_{j=1}^{m-1}\frac{B_{2j}}{2j(2j-1)}\ \frac{1}{(1+z)^{2j-1}} = 0 = \lim_{z \to \infty}\sum_{x=z}^{\infty}\frac{1}{(1+x+\theta)^{2m}},$$

したがって

$$R_m = \lim_{z \to \infty}\left[\log z! - \left(\frac{1}{2}+z\right)\log(1+z) + z\right]$$

㉛

をうる．

さて，ウォリスの公式から

$$\frac{2}{\pi} = \lim_{n \to \infty}\frac{[(2n)!]^2}{[2^n n!]^4}(2n+1),$$

すなわち

$$\sqrt{\frac{2}{\pi}} = \lim_{n \to \infty}\frac{(2n)!}{[2^n n!]^2}\ \sqrt{2n+1}$$

㉜

㉛式から，K_m を

$$K_m = \exp(R_m) = \lim_{z \to \infty}\frac{z!\ e^z}{(1+z)^{\frac{1}{2}+z}}$$

と定義すると

$$z! = (1+z)^{\frac{1}{2}+z}e^{-z}\ K_m(1+\theta_z)$$

㉝

$$\left(\text{ただし } \lim_{z \to \infty}\theta_z = 0\right)$$

㉝式を㉜式に代入すると

$$\sqrt{\frac{2}{\pi}} = \lim_{n \to \infty}\frac{(1+2n)^{\frac{1}{2}+2n}e^{-2n}\ K_m(1+\theta_{2n})}{2^{2n}(1+n)^{1+2n}\ e^{-2n}K^{2m}(1+\theta_n)^2}\ \sqrt{2n+1}$$

$$= \frac{1}{K_m}\lim_{n \to \infty}\frac{2(1+2n)^{1+2n}}{(2+2n)^{1+2n}}\ \frac{(1+\theta_{2n})}{(1+\theta_n)^2}$$

$$= \frac{2}{K_m}\lim_{n \to \infty}\left(\frac{1+2n}{2+2n}\right)^{1+2n} = \frac{2}{K_m}e^{-1}$$

$$\therefore\ \ K_m = \frac{1}{e}\ \sqrt{2\pi}$$

$$R_m = \log K_m = \log\sqrt{2\pi} - 1$$

このことを㉚式に代入すると

$$\log z! = \left(\frac{1}{2}+z\right)\log(1+z) - z + \log\sqrt{2\pi} - 1 + \sum_{j=1}^{m-1}\frac{B_{2j}}{2j(2j-1)}\ \frac{1}{(1+z)^{2j-1}}$$

$$+ \frac{B_{2m}}{2m}\sum_{x=z}^{\infty}\frac{1}{(1+x+\theta)^{2m}}$$

とかくことができる．たとえば，$m=4$ ならば

$$\log z! = \left(\frac{1}{2}+z\right)\log(1+z) - z - 1 + \log\sqrt{2\pi}$$

$$+ \frac{B_2}{2}\ \frac{1}{1+z} + \frac{B_4}{4\cdot3}\ \frac{1}{(1+z)^3} + \frac{B_6}{6\cdot5}\ \frac{1}{(1+z)^5} + \frac{B_8}{8}\sum_{x=z}^{\infty}\frac{1}{(1+x+\theta)_8}.$$

$z = n-1$ とおくと

$$\log(n-1)! = \left(n-\frac{1}{2}\right)\log n - n + \frac{1}{2}\log 2\pi + \frac{1}{12n} - \frac{1}{360n^3} + \frac{1}{1260n^5} - \frac{1}{240}\sum_{x=n-1}^{\infty}\frac{1}{(1+x+\theta)^8}$$

— 180 —

となり，剰余は

$$r = -\frac{1}{240} \sum_{x=n-1}^{\infty} \frac{1}{(1+x+\theta)^8}$$

$$|r| < \frac{1}{240} \int_{n-1}^{\infty} \frac{dx}{x^8} = \frac{1}{1680(n-1)^7}.$$

粗いが，しかし簡単な評価は㉔式で $m=1$, $z=n-1$ とおいた場合，

$$\log(n-1)! = \left(n-\frac{1}{2}\right)\log n - n + \log\sqrt{2\pi} + \frac{B_2}{2}\sum_{x=n-1}^{\infty}\frac{1}{(1+x+\theta)^2}$$

つまり

$$(n-1)! = n^{n-\frac{1}{2}} e^{-n} \sqrt{2\pi}\ e^{\frac{\varepsilon_n}{12}} \tag{㉞}$$

ただし $\displaystyle \varepsilon_n = \sum_{x=n-1}^{\infty}\frac{1}{(1+x+\theta)^2}$

となる．㉞式の両辺に n をかけると

$$n! = n^n\ e^{-n}\ \sqrt{2\pi n}\ e^{\frac{\varepsilon_n}{12}} \tag{㉟}$$

となる．ε_n を量的に評価すると

$$\frac{1}{n+\theta} = \int_{n-1}^{\infty}\frac{dx}{(x+1+\theta)^2} < \sum_{x=n-1}^{\infty}\frac{1}{(x+1+\theta)^2}$$

$$= \varepsilon_n < \int_{n-1}^{\infty}\frac{dx}{(x+\theta)^2} = \frac{1}{n-1+\theta}$$

$$\therefore\quad \varepsilon_n = \frac{1}{n-1+2\theta'},\quad 0<\theta'<1 \tag{㊱}$$

第10章

1700年から1750年までの
いろいろな研究

337. この章では1700年から1750年までの間に，確率論に貢献した事柄を取扱う．

338. われわれの注意をうながす最初の研究はニコラス・ベルヌイの小論文で，これについてはすでに72節で述べた．この小論文は『**法律の問題に応用される推論法試論**』（*Specimina Artis conjectandi, ad quaestiones Juris applicatae.*）と題されている．これは1709年にバーゼルで刊行されたといわれる〔グローの36頁参照〕．

この小論文は『**学術官報補遺**』1711年版の第4巻にリプリントされ，その巻の159頁〜170頁にのっている．59節で引用した巻の842頁，844頁，846頁にこの小論文が引用されている．

339. この論文において，ニコラス・ベルヌイはいろいろな問題，とくに人間の寿命の確率に関する問題に，数学の計算を適用することを教えている．彼は伯父ヤコブが死亡表を比較して導いたいくつかの事実を基礎にしている．ここでヤコブ・ベルヌイの死亡表というのは，同時に生まれた100人の幼児のうち，6年後には64人が，16年後には40人が生存している，……というものである．ニコラスが考察した問題というのは，消息がとだえている人が死んだと考えられる時日を求めること；終身年金の値を求めること；子供がある年令に達したとき，ある金額をその子供に与えるために生れたときに支払う金額を求めること；海上保険の問題；富クジの問題などである．彼はまた証言の確率にもふれており，告訴された被告が無実である確率なども求めている．

この小論文では，著者は自己のもつ数学的才能を十分に発揮しているとはいえないが，その才能はモンモールとの間にかわされた書簡のなかで，いかんなく発揮されていることは衆知の通りである．しかし，この小論文は確率論がきりひらいた応用の価値と範囲について，きわめて大胆で，独創的で，しかも大いに信頼性のあることを示している．

この小論文から2つの例をあげることにしよう．

340. いま b 人がいて，a 年以内にすべて死ぬものとし，しかも a 年以内のどんな時点においても死ぬのは同等に確からしいものとする．この場合，最後の存命者の可能な生存期間を求めること，が要求されているとしよう．ニコラス・ベルヌイはこの問題を，原点を基点とした長さ a の線分上に無作為に b 個の点を何回かとり，原点からもっとも離れた距離にある点の，原点からの平均距離をきめること，という問題と同等であるとしている．

線分 a を n 等分し，おのおのの区間の長さを c とする．すると

$$nc = a$$

であり，n を限りなく大きくする．

つぎに，b 個の点のおのおのが，原点から c，$2c$，$3c$，……nc の距離にあるとする．しかし2つもしくはそれ以上の点が重なることはないものとする．

すると，すべての場合の数は，n 個のものから一度に b 個とる組合せの数，つまり $\phi(n, b)$ である．

— 182 —

一番離れた点は距離xcにあると仮定する．このようなことが起こる場合の数は，のこりの$b-1$個の点が原点から xc 以内の距離にある場合の数に等しい．それは$x-1$個のもののなかから一度に$b-1$個をとる組合せの数に等しい．つまり，$\phi(x-1,\ b-1)$である．

こうして求める平均距離は

$$\frac{\sum xc\phi(x-1,\ b-1)}{\phi(n,\ b)}$$

であり，加算は$x=b$から$x=n$までなされるものとする．

$n\to\infty$のとき，この極限は

$$\frac{ncb}{b+1}=\frac{ab}{b+1}$$

であることは容易にわかる．

以上が，大体においてニコラス・ベルヌイの方法である．

341. ニコラス・ベルヌイは非常に奇妙な方法で，告訴された人間が無実である確率を推定している．告訴された人間に対するどんな1つ1つの証言も，それが真であるよりも偽であることが2倍ももっともらしいと仮定しよう．告訴された人間に対してn通りの異なる証言がある場合，無実である確率を u_n と仮定する．第n番目の証言が偽である可能性は$\frac{2}{3}$である．さらに被告は$n-1$個の証言をひき出す状態になる．証言が真である可能性は$\frac{1}{3}$であるので，したがって，彼は無実ではありえない．こうして

$$u_n=\frac{2u_{n-1}+0}{3}=\frac{2}{3}u_{n-1}$$

そこで

$$u_n=\left(\frac{2}{3}\right)^n$$

このような記法はニコラス・ベルヌイのものではないが，彼の方法と結果は上述のとおりである．

342. モンモールとニコラス・ベルヌイの間の書簡のなかで，『ゲームの理論』(*Traité du Jeu*)と題する，バーベイラックによる著作がほのめかされている〔212節参照〕．私自身はこの著作をまだ読んだことがない．バーベイラックは学位論文のなかで，宗教とか道徳は，一般にゲーム，あるいは特に偶然に左右されるゲームを行なうことを禁じてはいないということを述べたように思われる．この著作は初版が1709年，再版が1744年に刊行されたということである．

バーベイラックはまた，講義録『**クジの性質について**』(*Sur la nature du Sort*) を刊行したといわれている．

〔『**英国百科全書**』(*English Cyclopaedia*) と『**世界の伝記**』(*Biographie Universelle*) のバーベイラックの見出しを参照〕

343. つぎにアービュスノットの論文に注目しよう．われわれの取扱っている主題に関して，初等的な研究を彼が行なったことはすでに指摘したとおりである〔79節参照〕．

論文の題は『**両性の誕生数にみられる一定の規則性からひき出される神の摂理についての証明；女王陛下の侍医，医学カレッジ評議員，英国学士院会員，ジョン・アーバスナット博士著**』(*An Argument for Divine Providence, taken from the constant Regularity ovserved in the Births of both Sexes. By Dr John Arbuthnott, Physitian in Ordinary to Her Majesty, and Fellow of the College of Physitians and the Royal Society*) である．

第10章　1700年から1750年までのいろいろな研究

この論文は『哲学会報』第XXVII巻において公表された。
この巻は1710年，1711年，1712年の合併号である。この巻の
186頁-190頁に論文は収められている〔右図参照〕。

344. この論文はつぎの言葉で始まる。

「自然のなせる業のうちにみられる数限りない神の摂理の
足跡のなかで，まさに注目すべきは，いまもって保たれて
いる男女それぞれの人数の間の正確な均衡状態にみられる
ことである。というのは，この均衡のおかげで，男性一人
一人に対して彼の年令相応の女性が存在するから，人類は
決して衰亡も滅亡もしないからである。この男性の人数と
女性の人数が等しいというのは偶然の結果というより，良
き終末に向かって作用している神の摂理以外の何ものでも
ない。このことを私はこれから証明しよう。」

345. 82年間にわたってロンドン市での 出生登録簿 が与え
られていて，これらは毎年男子の方が女子よりも多く生れて
いることを示している。この論文では確率論に関する事柄は

```
( 186 )

II. An Argument for Divine Providence, taken from
the conftant Regularity obferv'd in the Births of both
Sexes. By Dr. John Arbuthnott, Phyfitian in
Ordinary to Her Majefty, and Fellow of the College
of Phyfitians and the Royal Society.

Among innumerable Footfteps of Divine Providence
to be found in the Works of Nature, there is a
very remarkable one to be obferved in the exact Ballance
that is maintained, between the Numbers of Men and
Women ; for by this means it is provided, that the
Species may never fail, nor perifh, fince every Male
may have its Female, and of a proportionable Age.
This Equality of Males and Females is not the Effect
of Chance but Divine Providence, working for a good End,
which I thus demonftrate :
  Let there be a Die of Two fides, M and F, (which
denote Crofs and Pile), now to find all the Chances of
any determinate Number of fuch Dice, let the Binome
M+F be raifed to the Power, whofe Exponent is the
Number of Dice given ; the Coefficients of the Terms
will fhew all the Chances fought.  For Example, in Two
Dice of Two fides M+F the Chances are M²+2 MF+F²,
that is, One Chance for M double, One for F double,
and Two for M fingle and F fingle ; in Four fuch Dice
there are Chances M⁴+4 M³F+6 M² F²+4 MF³+F⁴,
that is, One Chance for M quadruple, One for F quadru-
ple, Four for triple M and fingle F, Four for fingle M
and triple F, and Six for M double and F double ; and
univerfally, if the Number of Dice be n, all their
Chances will be expreffed in this Series
                                            Mⁿ+
```

ほんのわずかしかない。この論文の主要な点はつぎのとおりである。つまり，男子が生れるか女子が
生れるかの可能性が同様であると仮定する。すると，ある年に男子が女子よりも多く生れる可能性は
$\frac{1}{2}$である。さらに82年間つづいてこのことが起こる可能性は$\frac{1}{2^{82}}$である。この可能性は非常に小さい
から，男か女が生まれる可能性は同様でないと結論したほうがよいかもしれない。

346. この論文はニコラス・ベルヌイの注意をひきつけた。彼はモンモールあての書簡のなかで，アー
バスナットの証明に反対を表明している〔223節参照〕。この問題については，ニコラス・ベルヌ
イからライプニッツへあてた書簡のなかにもうかがえる〔59節で引用した著作の989頁参照〕。すでに
335節でほのめかしたように，ド・モワブルはニコラス・ベルヌイに返信している。

347. 1774年にアムステルダムで発行された2巻4分冊からなる，スフラフェサンデの『**哲学・数学
全集**』（*Oeuvres Philosophiques et Mathématiques par 'sGravesande*）の，第2巻221頁～248頁
にも，この問題についての議論がのっている。

237頁には，ニコラス・ベルヌイがオランダに旅行した折，スフラフェサンデと会ったことが出てい
る。

この議論のなかで，まずスフラフェサンデによる論文を取りあげてみよう。この論文では，確率論
の構成要素のいくつかについての要約が述べられている。それから，男子出生と女子出生の可能性は
同様であると仮定し，そして，11429人の出生のうち，男子の出生数が5745人から6128人の間にある
可能性を求める。骨の折れる計算ののち，この可能性はおよそ$\frac{1}{4}$になるとしている。だからこのこと
が82年間つづいて起こる確率は$\frac{1}{4^{82}}$となるであろう。

このように可能性は非常に小さいのに，ロンドン市では実際にそのような出来事が起こっていたの
である。だから，男子が生れるか女子が生れるかの可能性は同様ではないと考えられる。

スフラフェサンデはこのことに関して ニコラス・ベルヌイに書簡を出したらしく，ニコラス・ベルヌ
イから返事がきている。この返信のなかに，ヤコブ・ベルヌイの有名な定理の証明が記載されている。
この証明は，ニコラス・ベルヌイが モンモールに送った書簡のなかに書いたものと大体同じであり，

その内容はモンモールによって，彼の著作の389頁～393頁にのっている．

スフラフェサンデがニコラス・ベルヌイに書簡を送ったとき，彼はそのなかで自分の見解を非常に明確に述べている．スフラフェサンデの全集の編集者が注意しているように，ニコラス・ベルヌイからの返信から判断して，この書簡はニコラス・ベルヌイに感銘を与えたもののようである．

ニコラス・ベルヌイはこの論争をつぎのように要約している．

「アーバスナット氏は，証明をつぎの2点から組立てている．1°まず，女性の出生数と男性の出生数は等しいと考える．この仮定から，男性数と女性数が窮極的に等しい値をとる確率は小さくなる．2°また，男性の数が女性の数を上まわる確率も小さくなる．以上2つの点で，私が論破したいのは1°であって，2°ではない．」

この要約はアーバスナットの証明を公平に表わしていない．ニコラス・ベルヌイは適当な理由もなく，彼の伯父の名を冠する定理がアーバスナットによって，いくつかの点で反駁されたと考えたようである．

348. われわれの取扱っている主題に関係のある2つの論文が『哲学会報』第XXIX巻のなかで公表されている．この巻は1714年，1715年，1716年の合併号で，論文は133頁-158頁に収められている．それらの表題は『クジの測定についての論説のなかで，ド・モワブルによって提起された問題 XV の一般解』(Solutio Generalis Problematis XV. propositi à D. de Moivre, in tractatu de Mensura Sortis)，『組合せと無限級数を使った，先の問題の一般的な別解』(Solutio generalis altera praecedentis, ope Combinationum et Serierum infinitarum) である〔右図参照〕．

これらの論文はウォルドグラーヴの問題とよばれるものに関するものである〔211節参照〕．

第1の論文はニコラス・ベルヌイによるものである．それは大体において彼が送ったモンモールあての書簡の内容と同じもので，モンモールの著作の381頁-387頁に再録されている．

第2の論文はド・モワブルによるものである．その内容は『偶然論』に転載されている．

349. つづいて，つぎの表題のもとに現われた著作に注目しよう．

『サイコロ遊びについての計算と題するクリスチャン・ホイヘンスの書物．もしくは，トランプ，サイコロ，賭け，富クジなどのように運まかせのゲームにおけるあらゆる可能性の値を数学的に示すこと．ロンドン：S．カイマー出版，T．ウッドワード代理店，フリート街，インナー・テンプル門近郊，1714年』(Christiani Hugenii Libellus de Ratiociniis in Ludo Aleae. Or, the value of all chances in games of fortune; cards, dice, wagers, lotteries, &c. mathematically demonstrated. London: Printed by S. Keimer, for T. Woodward, near the Inner Temple-Gate in Fleet-street. 1714.)

これはホイヘンスの教科書の W．ブラウン (W. Browne) による翻訳である．小型の八ツ折り版で，リチャード・ミード (Richard Mead) 博士への献辞，読者への案内と，24頁にわたる翻訳が収録されている．献辞はつぎのとおりである．

第10章　1700年から1750年までのいろいろな研究

「閣下，つぎの論文にある主題を考えますとき，そのなかのどんな定理も，私は明確に証明して確認していますので同意せざるをえないのでありますが，それに劣らず，この論文を閣下のもとに献呈させていただきたいという気持を押えることはできません．私が閣下に献呈したいと思う理由は簡単です．つまり，閣下が数学をもっとも高貴な部門である物理学に導入されたことによって，数学のかなりの部分に最大の栄光と名誉を与えられたからであります．さらに，そのことによって数学が極度の完成に達するのをみたいと望む，かの自然の真相の発表者は，もちろん数学に対して閣下の賛助と応用を乞わねばならないからです．このような過程は非常に慎重に事が進められていますので，おそらく彼は数々の定理を理解することができるでしょう．それらの定理により人々の資金の経営を目的に応じてうまく指示していくことができますし，また各人の富を安全に預けられるような可能性や運を人々に教えることができるのです．ときには，より栄光ある結末に身をおくこともあり，非常に巧みな詐欺師のトリックから身を守る道具ともなり，そして秘密裡の不正な取引きや人に一杯くわせて政略の裏をかくこともできるのであります．」

読者への案内のなかで，ブラウンはアーバスナットがすでに訳出したホイヘンスの論文について述べている．彼は，またド・モワブルとモンモールの研究にも注意を払っている．彼はさらに つぎのように述べている．

「この版の出版に際して，私が計画したことはできる限り書物を有用なものにするために，付録をたくさんつけ加えることであった．その付録には，私が考えてもみなかったり，また知らなかったりした問題のうち，非常に調法で複雑ないくつかの問題と，それらに特別の考察を行なったものを含めるつもりであった．しかし，ここ数日の間に，モンモールのフランス語の書物が，非常に重要な部分を加えて，パリで新しく再版されるという情報をうけたので，私は新しく何が付け加えられたかを一読できるまで，付録に手をつけるのを中止した．なぜなら，かの非凡な著者の注意力と思慮でその著作が飾られているであろうから．」

こうして彼が約束した付録が出たかどうかについては，何も分らない．

350. 1730年に発行された『パリ…… **アカデミーの歴史**』（1728年号）のなかに 『**偶数か奇数かのゲームについて**』 （*Sur le Jeu de Pair ou Non*）と題するメラン（Mairan）[1] が得たいくつかの結果に対する註釈がのっている．これらは53頁-57頁に収められており，メラン自身のものではない．

多くの模造貨幣の山を想定する．1人の人がそれからいくつかの貨幣を無雑作につかみ，いま1人の人に対して，摑んだ貨幣の数が奇数か偶数かを尋ねる．メランは，偶数よりも奇数の方が起こりやすいと主張する．その理由をつぎのように説明する．まず摑む前の山になっている貨幣の数が奇数であると仮定する．たとえば，7枚あるとしよう．すると，貨幣の山から摑む人は，1枚か2枚か3枚か，……7枚の貨幣をとり出す．すると貨幣の山から摑むには7通りある．そのうち奇数枚摑むのは4回，偶数枚摑むのは3回である．だから，奇数枚摑む方が起こりやすいのである．つぎに，最初の山になっている貨幣の数が偶数ならば，山から摑みとる人は，偶数枚摑む回数とは等しい．だから，この推論によって，全体として奇数個の方に分があると，メランは結論づけている．

この問題に関する現代の考え方は，メランのものとは違っている．もしも最初の山に n 枚の貨幣があるとすると，そこから1枚摑みとるには n 通りの方法があり，2枚摑みとるには $\dfrac{n(n-1)}{1 \cdot 2}$ 通りある等々と考えるべきである．メランはこの見解には注目したが，これを非難している．

ラプラスは『**いろいろな学者たちによる……覚え書**』（*Mémoire……par divers Savans……*）第Ⅵ部，パリ，1774年のなかで，この問題を取扱っている．彼は組合せの方法によらないで，普通の結果にたどりついた．そしてメランの結果に言及し，簡単にそれに対して異議を唱えている．この問題は

— 186 —

『確率の解析的理論』（*Théorie analytique des Prob.*）の201頁に，組合せの方法によって解かれている．

　1765年に出版されたフランス語の『**百科全書**』初版のなかの『**偶数か奇数か**』の項目に，メランの見解がのっている．また，1785年の『**百科全書（事項別配列）**』にふたたびこの項目がとりあげられているが，そこにはラプラスの異議については何の注意も払われていない．

351. メランの結果がのせられている『**パリ……アカデミーの歴史**』の68頁に，つぎの短かい記事がのっている．

　「アカデミー会員であった故 M. ソーヴォー氏の子息である M. ソーヴォー神父（M. L' Abbé Sauveur）は，ひとつのテーブルで清算するようないく通りもの異なるゲームをしなくても，4人でするトランプ遊び（カドリーユ）で勝つ確率を確定する方法を発見した．彼のこの研究は困難で複雑な組合せの方法がいたるところで用いられている．」

352. つぎに『**ゲームに関するいくつかの問題の吟味と解法**』（*Examen et Résolution de quelques questions sur les Jeux*）と題するニコル（Nicole）[2]の論文に注目しよう．

　この論文は，1732年に発行された『**パリ……アカデミーの歴史**』（1730年号）に発表されたものである．これは覚え書ばかり集めた部分の45頁〜56頁に収められている．

　論じられている問題は，分配問題である．その方法は大変骨の折れるやり方で解かれており，その点でその論文はまったく無駄骨を折っているように思われる．なぜなら，この論文の結論はすでにモンモールとド・モワブルが簡単な方法で与えていたからである．

　しかし，ひとつの点だけは注目してよいであろう．あるゲームでAとBが勝つ可能性は a, b に比例するものとする．2人で偶数回勝負する．たとえば8回ゲームをする．そのとき，各人が賭ける金額の和を S とすると，Aの利得は

$$S\frac{a^8+8a^7b+28a^6b^2+56a^5b^3-56a^3b^5-28a^2b^6-8ab^7-b^8}{(a+b)^8}$$

となる．

　この式は，もしA，Bそれぞれが4回ゲームに勝てば，損はないし得もしないことを前提としている．さて，この式の分子は明らかに $a+b$ で割り切れるから，

$$S\frac{a^7+7a^6b+21a^5b^2+35a^4b^3-35a^3b^4-21a^2b^5-7ab^6-b^7}{(a+b)^7}$$

となる．

　この式は，ゲームの回数が8回でなく，7回の場合の結果の式に等しい．ニコルはこのことに注目したが，それが道理に適っていると指摘するだけで満足している．この結果が普遍的に真であることは何の困難もなく示すことができる．AとBが $2n-1$ 回ゲームをするとき，Aが1回だけBに勝つ可能性を p_1，AがBに1回以上勝つ可能性を p_2 とする．同じようにBが1回だけAに勝つ可能性を q_1，BがAに1回以上勝つ可能性を q_2 とする．そのときのAの利得は $S(p_1+p_2-q_1-q_2)$ である．さて，つぎに $2n$ 回のゲームを考える．このときAがBに1回以上勝つ可能性は $p_2+\dfrac{p_1a}{a+b}$ である．逆にBがAに1回以上勝つ可能性は $q_2+\dfrac{q_1b}{a+b}$ である．だからAの利得は

$$S\left(p_2+\frac{p_1a}{a+b}-q_2-\frac{q_1b}{a+b}\right)$$

となる．

　さて，$\dfrac{p_1}{a}=\dfrac{q_1}{b}\equiv\mu$ だから，

第10章　1700年から1750年までのいろいろな研究

$$\frac{p_1 a - q_1 b}{a+b} = \frac{\mu(a^2 - b^2)}{a+b} = \mu(a-b) = p_1 - q_1$$

それで，$2n$ 回ゲームをしたときのAの利得は，$2n-1$ 回ゲームをしたときの利得と同じである．

353.　『パリ……アカデミーの歴史』の同じ号の331頁〜344頁に，ニコルのもうひとつの論文が収録されている．その表題は『人々が知りたがっている多くの演技者の運をきめる方法と，定められた回数のゲームにおいてもっとも多く勝って儲けようと思っている人の他の人々に対する利得をきめる方法』（*Méthode pour déterminer le sort de tant de Joüeurs que l'on voudra, et l'avantage que les uns ont sur les autres, lorsqu'ils joüent à qui gagnera le plus de parties dans un nombre de parties determiné.*) である．

これは演技者が数人の場合の分配問題である．このとき，各演技者が同じ得点数を望むと仮定している．ニコルは骨の折れる方法で始めている．しかし，この場合の演技者の可能性はある多項式の展開式の各項によって表わされることが分ったので，彼は一般法則を与えることができた．たとえば，3人の演技者の1回のゲームでの可能性をそれぞれ a，b，c とする．そしてゲームが3回行われるとき，Aが賭金全部をうる可能性は，$a^3 + 3a^2(b+c)$，Bが賭金全部をうる可能性は $b^3 + 3b^2(c+a)$，Cが賭金全部をうる可能性は $c^3 + 3c^2(a+b)$ である．3人がそれぞれ1回だけゲームで勝つ可能性は $6abc$ であり，このとき3人の誰も損得はない．

4回ゲームをするとき，同様にしてAが賭金全部をうる可能性は $a^4 + 4a^3(b+c) + 12a^2bc$ である．また，AとBが賭金を折半しCには何も残らない可能性は $6abc$ である．

ニコルが与えたすべての事柄は，すでによく知られているものであった〔モンモールの著作313頁；ド・モワブル『いろいろの解析』210頁参照〕．

354.　1733年にビュッホン (Buffon)[3] は偶然に関するいくつかの問題の解法をパリ科学アカデミーに送った．これらの要約が『パリ……アカデミーの歴史』（1733年号）の43頁〜45頁にのっている．その解法はビュッホンの『道徳算術についての試論』（*Essai d' Arithmétique Morale*）のなかで与えており，その研究に言及するときに注目しよう．

355.　さて，「偶然の法則について」（*Of the Laws of Chances*）と題する著作に立ち戻ろう．この著作の第2部は，ド・モワブルの研究の説明をしてしまうまで検討せずに残しておいた〔77節，78節参照〕．

表題によると，第2部はジョン・ハム (John Ham) によるものである．

ド・モワブルの名前はどこにもでてこないが，ハムのつけ加えたうちの大部分はド・モワブルからとられたものと思う．

ハムは第2部の53頁〜73頁でファラオン・ゲームについて考察している．しかし，私の考えるところによると，これは全部ド・モワブルから採録したものである．というのは，ハムはド・モワブルと同じ例題を扱っている．つまり，ド・モワブルの第1版の問題XIと，第3版の問題Xである例題をそっくりそのまま与えているのである．

また，74頁〜94頁にはハートのエース（Ace of Hearts）とかフェア・チャンス（Fair Chance）とか富クジについてのいくつかの例がのっている．ここでは試行の回数についてはド・モワブルの結果がしばしば使用されており，その試行においても，ある事象が1回もしくは2回起こるのは五分五分の見込みであるような場合が取扱われている〔264節参照〕．

356.　しかしながら，ド・モワブルの結果に証明なしに彼がつけ加えた事項は注目に値する．

ある事象が2回起こるであろう可能性が五分五分であるような場合，何回試行を行なえばよいかと

— 188 —

いう問題で，ド・モワブルは方程式

$$\left(1+\frac{1}{q}\right)^{zq}=2(1+z)$$

に従属するものとした．

q を無限大にすると，この式は

$$z=\log 2+\log(1+z)$$

となり，これからド・モワブルは近似的に $z \doteqdot 1.678$ をえた．しかし，q が無限大でないときを考えよう．

$$\left(1+\frac{1}{q}\right)^{q}\equiv e^{c}$$

とおく．すると方程式は

$$e^{cz}=2(1+z)$$

となる．$z=2-y$ と仮定すると

$$e^{2c-cy}=6-2y.$$

$e^{\gamma}=6$ とおき，$2c=\gamma+s$ とおくと

$$e^{s-cy}=1-\frac{1}{3}y$$

両辺の対数をとると

$$s-cy=-\frac{1}{3}y-\frac{1}{18}y^2-\frac{1}{81}y^3-\cdots\cdots$$

すなわち

$$\gamma y-\frac{1}{18}y^2-\frac{1}{81}y^3-\cdots\cdots=s,$$

ただし

$$r=c-\frac{1}{3}$$

ここで，級数の反転により

$$y=\frac{s}{r}+\frac{1}{18r}\left(\frac{s}{r}\right)^2+\frac{1+2r}{162r^2}\left(\frac{s}{r}\right)^3+\cdots\cdots$$

をうる．

これがハムの公式であり，すでに述べた通り，彼が証明なしで与えた式である．$e^{\gamma}=6$ と仮定しているから

$$\gamma=\log 6 \doteqdot 1.791759$$

かくして

$$s=2c-\gamma=2c-1.791759$$

$q>4.1473$ なるすべての場合において，この級数は z の値を確定するであろうと彼は述べている．この極限値は，$2c-\gamma=0$，つまり $\left(1+\frac{1}{q}\right)^{q}=\sqrt{6}$ ならしめることによって明らかに求められる．そしてこのことは試行によっても解くことができる．しかし，ハムはここで不必要にこまごま厳密にしすぎているようである．なぜならば

$$0<\gamma-2c<c-\frac{1}{3} \quad \text{なる限り} \quad \frac{s}{r}<1$$

すなわち

$$\frac{\gamma}{3}+\frac{1}{9}<c<\frac{\gamma}{2} \qquad \text{なる限り} \quad \frac{s}{r}<1$$

第10章　1700年から1750年までのいろいろな研究

というが如きである.

357. ハムのこの研究はサイコロ遊びや西洋すごろくについて, ある可能性の 数値を与えるいくつかの計算過程を示すことで終っている.

358. つぎに注目する研究は『**フランス人たちには 30—40, フローレンスでは31とよばれたゲームについての計算**』(*Calcul du Jeu appellé par les François le trente-et-quarante, et Jue l'on nomme à Florence le trente-et-un*) である. これは1739年フローレンスで出されたもので, 著者はD. M. 氏というだけである.

この書物は4つ折り版であり, 表題と読者への注意, 序文8頁, そのあと本文が1頁〜90頁つづいている.

ここで考えられるゲームはつぎのようなものである. 普通のトランプ1組から, 8と9と10のカードを除くと, 残りは40枚となる. そして絵札は10点, 他のカードはカードの数をその点数とする.

カードの点数の合計が31と40の間の数になるまで, カードを表向けて出す(31と40は含まれるものとする). このとき, 31から40までの間のおのおのの数について, 可能性を求めるのが問題である.

起こりうるすべての場合を検討し, 場合の数を数えあげることでこの問題が解かれる. その演算は大へん骨の折れる厄介なものである. そしてその研究はおそらく偶然ゲームに関する文献が与えうる, もっとも顕著な誤まれる勤勉さの見本でもある. 80頁で彼は私のまだ知らない別の研究について述べているらしい. 彼は

「……私の書いたローマの富クジについての計算という論文のなかで, そのことをすでに証明してある」というように述べている.

彼の取扱っているゲームは近年流行している同名のゲームと一致しないということが, われわれのゲームに関する記述からうかがわれる〔ジェルゴンヌの『**数学年報**』(*Annalés de Mathénatiques*) 第16巻のなかのポワソンの覚え書参照〕.

359. ウールヴィッチにある王立軍事アカデミーの数学教授であった, 有名なトーマス・シンプソン(Thomas Simpson)[4] も, また確率についての論文を書いている. 彼は1710年に生まれ, 1761年に死んだ. チャールス・ハットンの[5]『**若い数学者たちのために選ばれた演習問題**』(*Select Exercises for Young Proficients in the Mathematics*) のなかに, シンプソンの生涯と著作についての説明がのっている.

シンプソンが1740年に発表した研究は『**偶然の性質と法則……新しく一般的で顕著な方法のすべてと数多くの例題の説明**』(*The Nature and Laws of Chances……The whole after a new, general, and conspicuous Manner, and illustrated with a great variety of Examples*) と題されている.

序文において, ド・モワブルの研究より価値は低いが難解でない題材を 紹介するつもりであると, シンプソンは述べている. 実際のところ彼の研究はド・モワブルの研究の抄録と考えてもよい. 彼の扱っている問題はほとんどすべてがド・モワブルからとされており, 扱い方もほとんど 同じである. シンプソンほどの高い能力をもった人が, ほんの僅かしか新しい仕事をしていないことから推察すると, ド・モワブルは同時代の数学的方法に関する限り, この題目を非常にしっかりと吟味していたことがわかる.

シンプソンがなした新しい事柄のみを指摘することにしよう. 彼は自己の研究を30個の問題に分けて論じている.

360. シンプソンの問題Ⅶはつぎのようなものである.

— 190 —

「（同じ形と大きさの）物が数種類あり，おのおのの種類の物の個数はきまっているものとする．つまり，第1の種類の物(a)は a ヶ，第2の種類の物(b)は b ヶ，……あるとする．これらを無差別にみな一しょにしておいて，そのなかから m ヶとり出す．そのとき(a)が p ヶ，(b)が q ヶ，(c)が r ヶ……とり出される確率を求めよ．」

現代の記法で結果を表わすと

$$\frac{\dfrac{a!}{p!(a-p)!}\cdot\dfrac{b!}{q!(b-q)!}\cdot\dfrac{c!}{r!(c-r)!}\cdots}{\dfrac{n!}{m!(n-m)!}}$$

となる．ここで，$n=a+b+c+\cdots\cdots$である．

シンプソンが表題の頁で「富クジや頼母子講などにおける利益と損失を求めるために大いに役に立つ，新しくて包括的な問題」として書いているのは，この問題のことである．

361. シンプソンの問題Ⅺはボールのゲームに関連したものである〔177節参照〕．彼は敵味方の2つの側に不確定多数の演技者がいる場合の結果も含めて表を作っているが，その表を十分に説明していない．サミュエル・クラーク（Samuel Clark）はその著『偶然の法則』（*Laws of Chance*）の63頁～65頁で，その表についてシンプソンよりも上手に説明している．

362. シンプソンの問題XVは，1回の試行においてある事象が起こる可能性がわかっているとき，ある事象が r 回起こる可能性が $\frac{1}{2}$ であるためには何回試行を行なわねばならないか，というものである．シンプソンはこの問題を"いままでよりも一般的な方法で"解いたと主張しているが，ド・モワブルの結果以上には出ていないように思われる．しかしながら，シンプソンが追加したものを与えることにしよう．r 回起こる事象があったとして，単一の試行でその事象の起こる可能性を $\frac{a}{a+b}$ とする．$q=\frac{b}{a}$ とし，q は大きいと考える．そのとき，その事象が r 回起こる可能性が $\frac{1}{2}$ であるためにはおよそ $q\left(r-\frac{3}{10}\right)$ 回の試行をしなくてはならないことをド・モワブルは示した〔262節参照〕．しかし，$q=1$ ならば，求める試行回数はぴったり $2r-1$ 回である．それから，シンプソンが提起した一般的な公式は，

$$q\left(r-\frac{3}{10}\right)+r-\frac{7}{10}$$

である．この式は $q=1$ のときは正確であり，q がそれ以上のときも近似値としてはよいものである．

363. シンプソンの問題XXはド・モワブルの問題Ⅶと同じである．これは遊戯継続の1例である〔107節参照〕．シンプソンの方法は，ド・モワブルが駆使したほど技巧的でなく，事実上現代の方法に大へんよく似ている．

364. シンプソンの問題XXIIは148節で説明したものである．シンプソンの方法は，ド・モワブルの方法と比べると，非常にわずらわしいものである．しかしながら，彼は有用な系をつけ加えている．

共通因数を導入するか，約分するか，いずれかを行なって148節の結果をつぎの形におきかえることができる．

$$\frac{(p-1)(p-2)\cdots(p-n+1)}{(n-1)!}-\frac{n}{1}\frac{(q-1)(q-2)\cdots(q-n+1)}{(n-1)!}$$
$$+\frac{n(n-1)}{1\cdot2}\frac{(r-1)(r-2)\cdots(r-n+1)}{(n-1)!}-\cdots\cdots\cdots$$

ここで，$q=p-f$，$r=p-2f$，……，かつこの級数は負の項が出てくるまでつづくものとする．

— 191 —

第10章 1700年から1750年までのいろいろな研究

このとき，シンプソンの系は，サイコロによって表わされる目の数の合計が p を超えない可能性をきめるものである．それには p について $p=1$ から p まで上式を加算せねばならない．こうして求める可能性は，初等的な級数に関する定理を使って

$$\frac{p(p-1)\cdots(p-n+1)}{n!}-\frac{n}{1}\frac{q(q-1)\cdots\cdots(q-n+1)}{n!}$$
$$+\frac{n(n-1)}{1\cdot 2}\frac{r(r-1)(r-n+1)}{n!}-\cdots\cdots$$

である．ただし，前の場合同様，級数は負の項があらわれるまでつづく．

365. シンプソンの問題 XXIV もド・モワブルの問題 LXXIV と同じである．すなわち，n 回試行するなかで，p 回つづけて成功する可能性に関するものである〔325節参照〕．ド・モワブルは証明せずにこの解を与えたが，シンプソンは不完全な証明をしている．なぜならば，「継続の法則（Law of Continuation）は一目瞭然である」と彼がいうある方法を論証の手順に用いているからである．

実際，解は

$$\frac{a^p(1-at)}{(1-t)\{1-t+ba^p t^{p+1}\}}$$

の展開式における t^{n-p} の係数をとることによって，つまり

$$\frac{a^p(1-at)}{(1-t)^2}\left\{1-\frac{ba^p t^{p+1}}{1-t}+\left(\frac{ba^p t^{p+1}}{1-t}\right)^2-\left(\frac{ba^p t^{p+1}}{1-t}\right)^3+\cdots\cdots\right\}$$

の展開式における t^{n-p} の係数をとることによって得られる．

さて，

$$\frac{1-at}{(1-t)^2}=\frac{1}{1-t}+\frac{(1-a)t}{(1-t)^2}=\frac{1}{1-t}+\frac{bt}{(1-t)^2}$$

こうして，われわれは 2 つの級数の和として結果を表わすことができる．そして，それはシンプソンの与えた形と一致する．

366. シンプソンの問題 XXV の遊戯継続の問題に関するものである．彼は問題 XXII と問題 XXV に関して，序文のなかで「この 2 つの問題は確率論において，もっとも複雑で注目すべきものである．そして 2 つともまったく新しい方法で解いてある．」と述べている．このことは問題 XXV についてはまったくあてはまらない．彼は何も証明せずに結果を出している．彼の（第 1 の場合）と（第 2 の場合）はド・モワブルからとられている．さらに（第 3 の場合）はつぎにつづく一般的陳述の特殊例であり，この一般的陳述はモンモールの解と一致するのである〔モンモールの著作268頁，『偶然論』193頁，211頁参照〕．

367. つぎにシンプソンの問題 XXVII を述べよう．彼は序文のなかでこの問題に関して与えている注意にもふれることにしよう．

「辺の比が互いに $a:b:c$ である平行 6 面体について，そのある与えられた面，たとえば a と b が出るためには，平行 6 面体を何回投げればよいかを見つけること．

　昔，ラテン語で公表されたこの問題は27番目のものであったが，この問は非常にむつかしいので，（私の知る限りでは）いまもって解決されていない．」

この問題の原文は87節にある．シンプソンはこの平行 6 面体をとりまく球をおき，その球の 1 つの動径が与えられた平面の縁をぐるっとまわるものと仮定した．そして 1 回の投げで与えられた面が上を向く可能性は，動径によって縁どられる球面の部分と全球面との比に等しいと彼は考えた．こうすることによって，この問題は球の表面の部分領域を求めることに帰着する．

368. シンプソンは70頁-73頁で級数の和について2つの例をあげている．そして，その2つの例は和を求める方法としては新しいものだと主張している．

(1) $(a+x)^n = A + Bx + Cx^2 + Dx^3 + \cdots\cdots$ とおいて，

$$\frac{A}{1\cdot 2\cdots\cdots r} + \frac{Bx}{2\cdot 3\cdots\cdots(r+1)} + \frac{Cx^2}{3\cdot 4\cdots\cdots(r+2)} + \cdots\cdots$$

の和を求めたい．

上の恒等式の両辺を積分し，$x=0$ のとき両辺が0となるように定数をきめると

$$\frac{(a+x)^{n+1}}{n+1} - \frac{a^{n+1}}{n+1} = Ax + \frac{B}{2}x^2 + \frac{C}{3}x^3 + \frac{D}{4}x^4 + \cdots\cdots$$

この演算をくり返すと

$$\frac{(a+x)^{n+2}}{(n+1)(n+2)} - \frac{a^{n+1}x}{n+1} - \frac{a^{n+2}}{(n+1)(n+2)}$$

$$= \frac{Ax^2}{1\cdot 2} + \frac{Bx^3}{2\cdot 3} + \frac{Cx^4}{3\cdot 4} + \frac{Dx^5}{4\cdot 5} + \cdots\cdots$$

このことを r 回くり返して，両辺を x^r で割ると求める和が得られる．

(2) $1^n + 2^n + 3^n + \cdots\cdots + x^n$ の和を求めること．

これに関するシンプソンの方法は，ニコラス・ベルヌイがすでに使った方法と同じである．そして，ニコラス・ベルヌイは叔父のジャンにそれを帰している〔207節参照〕．

369. シンプソンの問題XXIXはつぎの通りである．

「AとBとがあるゲームに勝つ可能性は $a:b$ とする．2人のうちのどちらかが n 回勝つか，n 回負けるまで勝負をつづける．ゲームを公平に行なうためにゲームのはじめにAは賭金 p を，Bは賭金 $p \times \dfrac{b}{a}$ を出しておく．勝負が終ったとき，両者の期待値を求めよ．」

この研究には何の困難さもない．

370. シンプソンの問題XXXはつぎの通りである．

「AとBの実力は同等で，n 回どちらかが勝つまでゲームをつづけるものとする．ゲームをつづけている間，どちらも結局 $r\sqrt{n}$ 賭金を得ることのない確率と，Bが決して勝つことのない確率を求めよ．ここで，r は与えられた数であり，n は任意に大きい数である．」

シンプソンは序文で問題XXIVと問題XXXに関してつぎのように述べている．

「この2つの問題はド・モワブル氏が第3版の終りにつけ加えた2つの新しい問題と同じである．かの博学な著者が証明を留保したこの2つの問題は，この書物で十分明確に考察されている……．」

こうしてシンプソンはこの2つの問題について表題の頁でつぎのように述べている．

「ド・モワブル氏の第3版の終りにつけ加えられた2つの問題に関する十分明確な考察；そのうちのひとつは確率論にもっとも有用であるとド・モワブル氏は認めているのだが，しかし彼はこの2つの問題の証明を省略している．」

シンプソンが問題XXXを解いたと主張し，さらにド・モワブルが証明を留保した，と述べていることはまったく間違っている．彼の考察は $(a+b)^n$ の展開式における最大項に近い項の近似値をきめることである．しかし，その方法は『偶然論』の第2版233頁-243頁と，第3版241頁-251頁に述べられている．シンプソンのは事実上ド・モワブルと同じなのである．

371. シンプソンが1757年に発表した『**力学，天体物理学，理論数学におけるいくつかの珍らしい興味ある主題についてのいろいろな小論**』(*Miscellaneous Tracts on some curious, and very interesting Subjects in Mechanics, Physical-Astronomy, and Speculative Mathematics*) と題さ

— 193 —

第10章　1700年から1750年までのいろいろな研究

れた研究に注意しよう.

　この論文の64頁–75頁に「**実用天文学において，　観測数値の平均をとることによって生ずる利点を示す試み**」(*An attempt to shew the Advantage arising by Taking the Mean of a Number of Observations, in Practical Astronomy.*) という節がある.

　これは非常に興味のある節である．彼が解いた問題を，ラグランジュは『**トリノ科学論文集**』(*Miscellanea Taurinensia*) の第5巻の覚え書で再生させている．しかしシンプソンのことについては少しもふれていない.

　この節の説明は，ラグランジュの覚え書を検討するときまで延ばした方がよかろう．そこでシンプソンが1757年に発表したことを述べるつもりである.

　372. 1742年にジャン・ベルヌイの研究論文の全集が発行されたが，その第4巻に『**賭けについて，もしくは推論法について，ある種の問題**』(*De Alea, sive Arte Conjectandi, Problemata quaedam*) と題する節がある．この節は28頁–33頁あり，7個の問題が取りあげられている〔右図参照〕.

　373. はじめと2番目の問題は簡単で，よく知られたものである．この2つは完全に解決されている．3番目の問題はボールのゲームに関するものである．これについてはジャン・ベルヌイは証明なしで，すでに分っていた結果だけを述べている〔モンモールの著作248頁と，『**偶然論**』117頁参照〕.

　374. 4番目の問題には誤りが含まれている．ジャン・ベルヌイは，もし $2n$ 個の普通のサイコロを投げれば，サイコロの出た目の数の和が $7n$ になる場合の数は

$$\frac{(7n-1)(7n-2)(7n-3)\cdots(5n+1)}{1\cdot2\cdot3\cdot4\cdots(2n-1)}$$

であると述べている．これは

$$(x+x^2+x^3+x^4+x^5+x^6)^{2n}$$

を展開したときの，x^{7n} の係数であることを主張するのと同じことである．しかしながら，実際上その係数は上の式を第1項にもつような級数である.

　375. 5番目と6番目の問題は，原理的な面では何ら新しさはない．ジャン・ベルヌイは単に数値結果だけを与えているが，その結果を証明するには長い計算が必要である．7番目の問題はわかりやすいものとは思われない.

〔訳　註〕

（1）メラン(Mairan)はハレーの伝記作家として知られている．『**ハレー氏への讃辞**』(*Éloge de Mr. Halley*) は，『**王立科学アカデミーの歴史**』(*Histoire de l'académie royale des sciences*) (1742年) にのっている．172頁以下に掲載〔ヨーン『**統計学史**』足利訳, 226頁〕.

（2）フランソワ・ニコル (François Nicole) は1683年12月23日パリに生れ，1758年1月18日パリにて死去する．当時パリではつぎつぎに神童があらわれたが，ニコルもその1人である．19才のときサイクロイドの求長法をあみ出してその能力を示した．以後彼は軌跡の問題に没頭した．1707年～8年に軌跡による曲線の性質，1717年差分法，1726年3次曲線，1730年確率，1731年円錐曲線，1738年3次方程式，1740年角の3等分問題などの研究を

—194—

公表している〔スミス『数学史』Vol. 1 472頁–473頁〕.

（3）ジョルジュ・ルイ・ルクレール・ビュッホン（George Louis Leclerc Buffon）伯爵は1707年9月7日パリに生れ，1788年4月16日パリで死去した．フランスの名家に生れ，若いときにイギリスに旅行して新知識を得て帰った．生物の進化の概念に形式と実質の双方を与えた最初の人として知られ，44巻からなる大著『博物誌』（*Histoire naturelle générale et particuliére*）（1749–1804）を出版し，ニュートンの機械的世界観の一種の注釈を，自然の知識の全領域，なかでも生きている自然にほどこしたのである〔シンガー 『科学思想のあゆみ』，伊東俊太郎他訳，岩波，367頁，564頁参照〕.

（4）トーマス・シンプソン（Thomas Simpson）は1710年8月20日レスターシャー，ボスワース市場に生れ，1761年5月14日その地で死去した．父親によって機織工具となるべく仕込まれ，子供の頃の教育は読み書きに限定された．しかし父親の必要と考える以上に読書に没頭したため，きびしい父の折檻にあい，家出した．行商人が彼にくれたコッカー（Cocker）の算術書の写しによって，数学の勉強をはじめた．彼の人生は波瀾に富んだものであり，ロンドンでは絶えず貧困と戦っていた．1737年『新しい流率論』（*A new Treatise of Fluxions*），1740年は本文にある確率論の書物，1742年『年金と財産相続の教理』（*The Doctrine of Annuities and Reversions*）1745年『初等代数学』（*An Elementary Treatise of Algebre*），1750年『流率論とその応用』（*The Doctrine ane Application of Fluxions*）などを出版した．1743年にはウーリッジ王立軍事アカデミーの数学教授となり，1745年英国学士院会員に推挙される．教師としての彼は不成功で，家庭の父としても満足すべきものでなく，酒ののみ過ぎで身をもちくずした〔スミス『数学史』Vol. 1 457頁〕.

（5）チャールス・ハットン（Charles Hutton）は1737年4月7日ニューカッスルに生れ，1823年1月27日ロンドンで死去する．シンプソンの後任として，1772年から1802年までウールヴィッチ王立軍事アカデミーの数学教授であった．1785年『数表』（*Mathematical Tables, containing Common, Hyperbolic, and Logistic Logarithms, with other Tables, and a large and original History of the Discoveries and Writings relating to those Subjects*），1795年，1796年『数学・哲学辞典』（*Mathematical and Philosophical Dictionary*）全2巻を出版した〔スミス『数学史』Vol. 1. 458頁〕.

（6）1700年から1750年までのいろいろの研究のうち，わが国における研究をみてみよう.

1. 関孝和（?–1708. 10. 24）は，ヤコブ・ベルヌイがその著『推論法』（1713）で導入してベルヌイ数を，それ以前にも発見していたようである．関孝和の没後，正徳2年（1712年），彼の高弟荒木村英が弟子大高由昌に命じて，孝和の遺稿をまとめて『括要算法』4巻を刊行させた．その第1巻に「垜積術解」（だせきじゅつかい）があって，方垜（ほうだ）および衰垜を論じている．1^p, 2^p, 3^p, ……を方垜といい，

$$s_p = 1^p + 2^p + 3^p + \cdots n^p$$

を方垜積という．s_1 を圭垜，s_2 を平方垜，s_3 を立方垜，s_4 を三乗方垜，……という.

衰垜とは各横行の数列

1	1	1	1	1	1	1	……
1	2	3	4	5	6	7	……
1	3	6	10	15	21	28	……
1	4	10	20	35	56	84	……
1	5	15	35	70	126	210	……
……………							

をいい，第2行を圭垜，第3行を三角衰垜，第4行を再乗衰垜，第5行を三乗衰垜，……といい，その和を衰垜積という.

この衰垜の第m行目の第n番目の数と，第$m+1$行目の第$n-1$番目の数との和が，第$m+1$行目の第n番目の数となる．さらに第m行の数列のn項の和が第$m+1$行目の第n番目の数となる．これを3角形の形に排列したものは，パスカルの3角形であるが，中国では宋の楊輝（生年まったく不明）の『楊輝算法』にものっている.

孝和は，圭垜積 s_1，平方垜積 s_2 以下十乗方垜積 s_{11} を求める問題を提起し，その答を与えている.

第10章　1700年から1750年までのいろいろな研究

「平方垜．今有平方垜．底子三箇，問積幾何．

　答曰，積一十四箇．

　術曰，置底子倍之，加三箇，以底子相乗，得数加一箇以底子相乗，得数以六約之得積，合問．」

つまり

$$s_2=\frac{1}{6}\Big\{(2n+3)n+1\Big\}n=\frac{1}{6}(2n^3+3n^2+n)$$

で，$n=3$ とおけばよい．s_{11} まではすべてこの形式で述べられている．現代風に表で表わすと

	n	n^2	n^3	n^4	n^5	n^6	n^7	n^8	n^9	n^{10}	n^{11}	n^{12}	約法
s_1	1	1											2
s_2	1	3	2										6
s_3	0	1	2	1									4
s_4	-1	0	10	15	6								30
s_5	0	-1	0	5	6	2							12
s_6	1	0	-7	0	21	21	6						42
s_7	0	2	0	-7	0	14	12	3					24
s_8	-3	0	20	0	-42	0	60	45	10				90
s_9	0	-3	0	10	0	-14	0	15	10	2			20
s_{10}	5	0	-33	0	66	0	-66	0	55	33	6		66
s_{11}	0	10	0	-33	0	44	0	-33	0	22	12	2	24

となる．

つぎに，圭垜，平方垜より四乗方垜までの演段すなわち解説があって，図式によって一般の結果を示している．図式とは

基数	1	1											
圭	1	2	φ										
平	1	3	3	φ									
立	1	4	6	4	φ								
三乗	1	5	10	10	5	φ							
四乗	1	6	15	20	15	6	φ						
五乗	1	7	21	35	35	21	7	φ					
六乗	1	8	28	56	70	56	28	8	φ				
七乗	1	9	36	84	126	226	84	36	9	φ			
八乗	1	10	45	120	210	252	210	120	45	10	φ		
九乗	1	11	55	165	330	462	462	330	165	55	11	φ	
十乗	1	12	66	220	495	792	924	792	495	220	66	12	φ
級	1	2	3	4	5	6	7	8	9	10	11	12	13

ここでφは，1を消して0としたことを明示するための特別の記号である．もし，φを1とおけば，各横行の数列は二項係数そのものである．さらに

　第 一 級　全

　第 二 級　取二分之一，為加

　第 三 級　取六分之一，為加

　第 四 級　空

　第 五 級　取三十分之一，為減

　第 六 級　空

　第 七 級　取四十二分之一，為加

第 八 級　空

第 九 級　取三十分之一，為減

第 十 級　空

第十一級　取六十六分之五，為加

第十二級　空

　この意味を，たとえば五乗方垜について説明しよう．横行の数列は第1級から第7級まで

$$1, \binom{7}{1}, \binom{7}{2}, \binom{7}{3}, \binom{7}{4}, \binom{7}{5}, \binom{7}{6}$$

と並んでいる．第1級は全（そのまま），第2級には $\lambda_0 = \dfrac{1}{2}$，第3級には $\lambda_1 = \dfrac{1}{6}$，第4級には 0，第5級には $\lambda_2 = -\dfrac{1}{30}$，第6級には 0，第7級には $\lambda_3 = \dfrac{1}{42}$ をかけると

$$1, \frac{1}{2}\binom{7}{1}, \frac{1}{6}\binom{7}{2}, 0, -\frac{1}{30}\binom{7}{4}, 0, \frac{1}{42}\binom{7}{6}$$

すなわち

$$1, \frac{7}{2}, \frac{21}{6}, 0, -\frac{35}{30}, 0, \frac{7}{42}$$

となる．これらにそれぞれ n^7，n^6，n^5，n^4，n^3，n^2，n をかけて加えたものが，五乗方垜積×原法となる．原法とは s_p に対しては $p+1$ をいう．それで

$$7s_6 = n^7 + \frac{7}{2}n^6 + \frac{21}{6}n^5 - \frac{35}{30}n^3 + \frac{7}{42}n$$

$$s_6 = \frac{1}{42}(6n^7 + 21n^6 + 21n^5 - 7n^3 + n)$$

となって，先に与えた公式と一致する．

　ここの公式を一般化すると

$$s_p = \frac{1}{p+1}\left\{ n^{p+1} + \lambda_0\binom{p+1}{1}n^p + \lambda_1\binom{p+1}{2}n^{p-1} + \lambda_2\binom{p+1}{4}n^{p-3} + \lambda_3\binom{p+1}{6}n^{p-5} + \cdots\cdots \right\}$$

これはヤコブ・ベルヌイが求めたのと同じ式である〔『**明治前日本数学史**』第2巻154頁-160頁〕．

　2．弘前高照神社の神官で津軽藩に仕えた田中佳政（生年没年不明）は1717年（享保2年）『**数学端記**』全5巻を著した．その第5巻に「量識萬物変数法」があり，順列・組合せの問題7問を解したものである．このように順列，組合せの問題が刊本に出たのは，これが最初である．

「1. 今欲彩旗以青赤黒之三色為三畫，問為象若干．

　2. 今欲彩旗以青赤黄白黒五色為五畫，問為象若干．

　3. 假令今有薬八味，欲以五味為一方，問盡作方則若干．（人参，白檀，當歸，芍薬，地黄，川芎，茯苓，甘草）

　4. 假令今有薬百味，欲以十味為一方，問盡作方則若干．

　5. 今欲以五字為三連名，問盡得名若干．

　6. 今欲以三連名於萬物，問盡得名若干．

　7. 今欲以百字作七言四句之詩，問反復為盡詩則若干箇．

　答曰，152，4080，0255，7506，8059，1573，0089，7192，0749，3278，2458，4704，0000，0000．」

　3．建部賢弘（1663年-1739年7月20日）『**不休綴術**』（ふきゅうていじゅつ）に「探薬種為方術」が1題ある．これは1722年（享保7年）のものである．

　　「仮如有薬材二十一種，互取三種為一方，問方為幾何．答曰，一千三百三十方．」

方は薬法のことである．

　これは薬材 3，4，5，6，7 について，いちいち求めてみると，1，4，10，20，35 であって，三角衰垜の積数に符合するので，本術を得たのである．

「其一限ヨリ逐テ原薬材ノ数ヲ砕テ為方ノ数ヲ求メ，為方ノ数ヲ得ニ就テ，其逐限之消息ニ拠テ三角衰垜之数

— **197** —

第10章　1700年から1750年までのいろいろな研究

ナルコトヲ会スル者，便綴術，本旨也」

とある〔『**明治前日本数学史**』第Ⅱ巻．288頁；加藤平左衛門『**算聖関孝和の業績**』421頁〕．

　4．松永良弼（よしすけ）は生年不明，1744年（延享元年）6月23日死去する．享保十一年（1726年）刊行の『**断連総術**』において順列・組合せを論ずる．巻頭に

　「凡物可互換者皆徒互対術」

とあり，n個のものからm個を選び出す仕方は「対m」として，つぎのように表わしている．

　nを総数とし，$n(n-1)(n-2)\cdots(n-m+1)$を各対之級数といい，$m!$ を各対之約法と名づけ，これをnのベキにしたがって排列した級載之図を与えている．n個の縦線のうちのm個を連結する数をm連数といい，nを画数または線数という．n個の縦線のあるものを連結（これを連という）し，あるものは断絶（これを断という）したまま残し，このようなあらゆる状態の数を断連の変態数（積数）という．総数nに対するm連数は$\binom{n}{m}$＝級数：約法であることを述べたのち，さらに mm' 連数（n個の線m，m' を別々に連結する数をいう），$mm'm''$ 連数を求め，こうしてn個の線に対するあらゆる断連変態数を求めている．

　たとえば，$n=5$ の場合には

　　二連数$\binom{n}{2}$，三連数$\binom{n}{3}$，四連数$\binom{n}{4}$，五連数$\binom{n}{5}$

　　二二連数$\dfrac{1}{2}\binom{n}{2}\binom{n-2}{2}=3\binom{n}{4}$，二三連数$\binom{n}{2}\binom{n-2}{3}=10\binom{n}{5}$

　皆断数　1

となり，総数

$$1+\binom{n}{2}+\binom{n}{3}+4\binom{n}{4}+11\binom{n}{5}=1+(124n-330n^2+285n^3-90n^4+90n^5):5!$$

となる

　$n=2$ から $n=7$ までの断連変態数の表はつぎの通りである．

	n	n^2	n^3	n^4	n^5	n^6	約法
$n=2$	0	-1	1				2
$n=3$	0	-1	0	1			6
$n=4$	0	-7	11	-5	1		6
$n=5$	0	124	-330	285	-90	11	120
$n=6$	0	-3176	7254	-7515	2945	-549	41	720
$n=7$	0	87408	-220990	210483	-48455	24507	-3115	162	5040

　$n=5$ のときは，ちょうど源氏香といわれるものになる〔『**明治前日本数学史**』第Ⅱ巻，559頁～560頁〕．

　5．香道に源氏香というものがある．組香のひとつとして中古十組の一式であるといわれる．5種の香を一種5包ずつ計25包をまぜて，そのなかから5包をとって焚き，20包は焚かずにおく．5包の香の種類をきく人は名

乗紙に，5包とも別々の香で同種なしときくと ‖‖‖ (1)のようにかき，帚木と名づける．

5包とも同香ときくと ‖‖‖ (2)のようにかいて，手習と名づける．

一は類香なく，二と四，三と五は同香ときくと， (3)のようにかき，初音と名づける．

　こうしてつぎに示すような52通りの図ができる．

　巻頭桐壺，巻尾夢の浮橋には図を与えず，これらの名称を加えると，源氏54帳の名を配することができる．

— 198 —

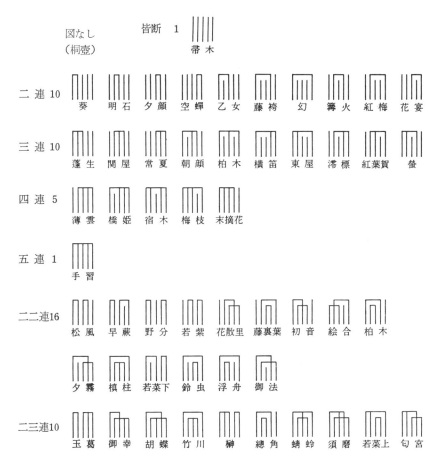

〔林鶴一『和算における組合せ解析について』(On the Combinatory Analysis in the Old Japanese Mathematics) 東北数学雑誌, 33巻, 1931年〕

アーバスナット

トマス・シンプソン

シンプソン『偶然の性質と法則』の扉頁

第11章

ダニエル・ベルヌイ

376. ダニエル・ベルヌイは，いままでたびたび言及したジャン・ベルヌイの子供である．ダニエル・ベルヌイは1700年に生れ，1782年に死んだ[1]．彼は確率論に関する重要な論文をいくつか書いている．それらの論文が大胆で独創性に富んでいることは注目すべきことであるので，われわれはいまからそれらを検討しよう．

377. 注目に値する最初の論文は『**クジの測定について新しい試論**』（*Specimen Theoriae Novae de Mensura Sortis*）と題がついている．1738年に発行された『**ペテルスブルク・アカデミーの記録**』（*Commentarii Acad.··· Petrop.*）（1730年，1731年号）の175頁-192頁に，その論文がのっている．

378. この論文には，ダニエル・ベルヌイによって提案された**道義的期待値**（*moral expectation*）の理論が含まれている．彼は，この理論の方が数学的期待値の理論よりも，われわれの日常の考え方により一致するような結果を与えると考えた．ラプラスは彼の『**確率の解析的理論**』の432頁-445頁をこの題材にあてており，そこで彼はダニエル・ベルヌイの仮説を再びとりあげて発展させている．

379. 数学的期待値（*mathematical expectation*）は，ある金額をうる確率とその金額との積で与えられる．しかし，実際には，ある与えられた金額が各人に対して同等な重要性をもっていると考えることはできない．たとえば，1,000ポンドの金をもっている人に対して，1シリングの金は大したものてはないが，数シリングしかもっていない人にとっては，1シリングは重要である．貨幣の相対価値を考慮に入れるために，さまざまな仮説が提案されたが，そのなかでダニエル・ベルヌイの仮説がもっとも注意をひいた．

金額 x をもっている人を想定する．もし x が dx だけ増したとすると，増分の相対価値は，dx に正比例し，x に反比例するとダニエル・ベルヌイは考えた．つまり，それを dy に等しいとおくと，

$$dy = \frac{kdx}{x}, \quad k は定数$$

である．ゆえに

$$y = k\log x + 定数 \equiv k\log\frac{x}{a}.$$

ラプラスは x を**物質的財産**（fortune physique），y を**精神的財産**（fortune moral）とよんでいる．a は正の量と考えねばならない．というのは，ダニエル・ベルヌイが注意しているように，飢え死しない限りどんな人も絶対的に貧困であるということはないからである．

ダニエル・ベルヌイは y を**効用**（emolumentum），a を**財産総額**（summa bonorum），$x-a$ を**儲け**（lucrum）とよんでいる．

380. はじめに物質的財産として a をもっている人を想定する．彼が x_1 を得る確率を p_1，x_2 を得る確率を p_2，……と仮定して，これらの確率の総和が1と仮定する．

$$Y = kp_1\log(a+x_1) + kp_2\log(a+x_2) + kp_3\log(a+x_3) + \cdots\cdots - k\log a$$

とする．

—200—

このとき，ベルヌイは Y を**中間効用**（emolumentum medium），ラプラスは Y をも精神的財産とよんでいる．つぎに，X をこの精神的財産に対応する物質的財産としよう．すると

$$Y = k\log X - k\log a$$

こうして

$$X = (a+x_1)^{p_1}(a+x_2)^{p_2}(a+x_3)^{p_3}\cdots\cdots$$

$X-a$ はラプラスのいう期待値から生じる同一の精神的利益を個人に得さしめる物質的財産の増分に相等する．ダニエル・ベルヌイはこれを，**正当に期待しうる儲け，もしくは問題の分け前**（lucrum legitime expectandum seu sors quaesita）とよんでいる．

381. ダニエル・ベルヌイは論文のなかで，自分の仮説を曲線表示によって説明している．彼は，$y = k\log x/a$ の場合だけに限らず，一般的に $y = \phi(x)$ の場合を考えている．普通の数学的期待値の理論はこの方法により，曲線がとくに直線になる，すなわち $\phi(x)$ が x の線型関数であると仮定することに相当する．

382. 380節で与えた X の値を求めたのち，ダニエル・ベルヌイの論文の残りの部分は，この値からひき出される推論から成っている．

383. 最初の推論は，公平な偶然ゲームでさえも不利になるということである．はじめに物質的財産 a をもっている人が，x_1 得る確率を p_1，x_2 失う確率を p_2 としよう．すると，380節より彼が期待できる物質的財産は

$$(a+x_1)^{p_1}(a-x_2)^{p_2}$$

である．ゲームが数学的に公平であることを前提として，つまり

$$\frac{p_1}{p_2} = \frac{x_2}{x_1}$$

とすれば，

$$(a+x_1)^{p_1}(a-x_2)^{p_2} < a$$

であることを示さねばならない．

ダニエル・ベルヌイは $p_1 = p_2 = \dfrac{1}{2}$ と仮定した算術的な例を与えることで満足している．ラプラスは積分法を援用して一般的に定理を確立した．この定理はもっと簡単に証明できる．

$$p_1 = \frac{x_2}{x_1+x_2}, \quad p_2 = \frac{x_1}{x_1+x_2}$$

をうるから，

$$\{(a+x_1)^{x_2}(a-x_2)^{x_1}\}^{\frac{1}{x_1+x_2}} < a$$

であることを示せばよい．

さて，x_1 と x_2 が整数であるとみなしてよい．すると，われわれが示さねばならぬ結果は，幾何平均は算術平均よりも小さいという不等式に関する一般的な定理によって真であることが分る．なぜなら，ここで $a+x_1$ に等しい量が x_2 あり，$a-x_2$ に等しい量が x_1 あると考えれば，算術平均は

$$\frac{x_2(a+x_1) + x_1(a-x_2)}{x_1+x_2} = a,$$

幾何平均は

$$\{(a+x_1)^{x_2}(a-x_2)^{x_1}\}^{\frac{1}{x_1+x_2}}$$

になるからである[2]．

384. ダニエル・ベルヌイは賭けで自分が不利にならないためには，1回の賭けでどれだけ賭ければ

第11章　ダニエル・ベルヌイ

よいかを決めている．彼は

$$p_1 = p_2 = \frac{1}{2}$$

の場合をとりあげる．そのとき，この条件より

$$(a+x_1)^{\frac{1}{2}}(a-x_2)^{\frac{1}{2}} = a.$$

これを解いて

$$x_2 = \frac{ax_1}{a+x_1}.$$

こうして，$x_2 < x_1$ かつ $x_2 < a$ となる．

385. ところで，ダニエル・ベルヌイはこのことを保険に応用している．この応用をより容易に理解するには，ラプラスの定理をまず説明しよう．この定理はダニエル・ベルヌイの論文には述べられていない．まず，ある商人が物質的財産 a をもち，自分の持船が到着すると総額 x を得ることが期待されると考えよう．また，船が安全に着く確率を p とし，$q = 1-p$ とおく．

その商人が船に対して，普通の数学的公正さの条件づきで保険をかけると考える．すると保険会社に支払うのは qx であるから，全体として

$$a + x - qx = a + px$$

が彼の手元に残る．

しかし，彼が保険をかけなければ，彼の物質的財産は $(a+x)^p a^q$ である．問題は，$(a+x)^p a^q < a + px$ となることを示すにある．

ラプラスは積分法を用いてこれを示した．しかし，われわれは積分計算をしないで示すことにしよう．

$$(a+x)^p a^q < a + px$$

は

$$\left(1 + \frac{x}{a}\right)^p < 1 + \frac{px}{a}$$

と同じであるから，後の式の成立を示すことにする．

m, n を整数とし

$$p = \frac{m}{m+n}$$

とおく．このとき

$$\left\{\left(1 + \frac{x}{a}\right)^m 1^n\right\}^{\frac{1}{m+n}} < \frac{m\left(1 + \frac{x}{a}\right) + n}{m+n}$$

である．これは388節で引用した幾何平均と算術平均に関する定理よりわかる．そして，このことがわれわれの示した事柄であった．

さて，その商人は金額 qx よりも多く保険金をかけても不利益にはならない．その増加分は，附加価値

$$\xi = a + px - (q+x)^p a^q$$

以内に押えればよい．

386. さて，ダニエル・ベルヌイにもどろう．商人は金額 qx より多く保険金をかけても不利にはならないことは前節で述べたが，保険会社の方が商人に対して支払い能力以上の額を要求することがあるかもしれない．ダニエル・ベルヌイはこのことに疑問をもったのである．保険会社によって与えら

れる賦課金に対する商人の財産を求めることが必要になる．すると，この場合は，保険をかけるかどうかは別に問題ではないのである．

前節の記法をそのまま使って，保険会社の賦課金（保険料）をeとする．
$$a+x-e=(a+x)^p a^q$$
から，aを求めればよい．

ダニエル・ベルヌイは例として，$x=1,000$，$e=800$，$p=\frac{19}{20}$をとっている．このとき，aは約5043になる．そこで商人の財産が5043より小さければ，彼は当然保険をかけるべきである．しかし，財産が5043より大きければ，保険はかけるべきではない，とダニエル・ベルヌイは推論する．このことは，上式でaが求まるということから，方程式が唯1つの正根をもつということを仮定するのと同じである．この事実を証明してみよう．それには
$$a+x-e,\ (a+x)^p a^q$$
を比較せねばならない．ここで，aは変数，$x>e$とする．

m，nを整数とし，$p=\frac{m}{m+n}$，$q=\frac{n}{m+n}$とする．すると
$$(a+x-e)^{m+n},\ (a+x)^m a^n$$
を比較すればよい．

$a=0$のとき，$(a+x-e)^{m+n}>(a+x)^m a^n$である．

$a=\infty$のとき，$mx>(m+n)(x-e)$ならば
$$(a+x-e)^{m+n}<(a+x)^m a^n$$
となる．このことが本当だとすれば，
$$(a+x-e)^{m+n}=(a+x)^m a^n$$
は<u>1つの正根</u>をもつ．この方程式が他にも正根をもつかどうかを吟味しなければならない．
$$\log(a+x-e)^{m+n}=y,\ \log(a+x)^m a^n=z$$
とおく．すると
$$\frac{dy}{da}=\frac{m+n}{a+x-e},\ \frac{dz}{da}=\frac{m}{a+x}+\frac{n}{a},$$

$a=0$のとき，$\frac{dz}{da}>\frac{dy}{da}$
それで，zはyよりもより速く増加する．もしも
$$\frac{dy}{da}=\frac{dz}{da},$$
と仮定すると
$$a=\frac{nx(x-e)}{(m+n)e-nx}$$
をうる．

$a=0$からはじまって，$y=z$となるまでaを徐々に増加させる．このときのaは上で与えた値以下であることは明らかである．かりに，aが増加して$y=z$となる2つ目のaの値にたどりついたとすると，aは上の値をこえている．そして，zはyよりもゆっくりと増加し，zの最終値はyの最終値より小さくなってしまう[3]．しかし，こんなことは起こりえない．だから，$y=z$をみたすaの値は唯1つであり，この値は
$$\frac{nx(x-e)}{(m+n)e-nx}$$

— 203 —

第11章　ダニエル・ベルヌイ

より小さい.

つぎに，$mx<(m+n)(x-e)$ ならば，はじめの方程式は正根をもたない．なぜなら，このとき z は y よりもつねに速く増加し，しかも，z の最終値は y の最終値よりも小さいので，$y=z$ をみたす a の値は負になるからである．

387. ダニエル・ベルヌイは，また保険会社が安全に保険事業を行なうためには，どれほどの資本金を必要とするかを問うている．そのような資本金の最小値を y とすると，y は
$$(y+e)^p(y-x+e)^q=y$$
を満足するものでなければならない．

ダニエル・ベルヌイ

この式は，386節の方程式で，$a+x-e$ の代りに y とおいたものにすぎない．前節と同じ例では，$y=14243$ となる．

388. さて，ある商人にとって自分の財産をすべて1まとめにして危険にさらすよりも，いくつかに独立に分割して危険にさらす方がより有利である，という重要な原理をダニエル・ベルヌイはうちたてている[4]．彼はつぎのような例をあげている．はじめに資本金4,000をもった商人を考える．そして彼は1隻の船で8000手に入れることを期待しているものとする．その船が無事に着く可能性を $\frac{9}{10}$ としよう．すると，この商人の物質的財産は
$$(4,000+8,000)^{\frac{9}{10}}(4,000)^{\frac{1}{10}} \doteqdot 10,751.$$

しかし，彼が1隻の船に商品の半分を積み，他の1隻にあと半分を積むと考える．このとき，両方の船が無事に着く可能性は $\frac{81}{100}$ である．そして，どちらか一方だけが無事に着く可能性は $2 \times \frac{9}{10} \times \frac{1}{10} = \frac{18}{100}$ となり，両方とも失ってしまう可能性は $\frac{1}{100}$ である．だから，この場合の商人の物質的財産は
$$(4,000+8,000)^{\frac{81}{100}}(4,000+4,000)^{\frac{18}{100}}(4,000)^{\frac{1}{100}} \doteqdot 11,033$$
である．

はじめにもっていた資本金4,000を差引くと，前の場合の期待値は6,751で，後の場合の期待値は7,033になる．

商人の期待値は，1隻の船に積み込む商品の割合をへらすことによって，絶えず増加するが，7,200を越えることは決してない，とダニエル・ベルヌイは述べている．7,200とは $8,000 \times \frac{9}{10}$ であるから，この数は数学的期待値を表わす．このようにダニエル・ベルヌイが証明せずに述べた結果については，ラプラスが『**確率の解析的理論**』のなかで証明している．この証明は決して易しいものではない．そして，ダニエル・ベルヌイがどのようにして彼の結果を得たのか，知りたいものである．

389. さて，ダニエル・ベルヌイは自分の理論を，**ペテルスブルク問題**として知られている問題に応用した．この問題の名称の由来は，おそらくそれがペテルスブルク・アカデミーの『**記録**』(*Commentarii*) のなかで，はじめて発表されたからであろう．この問題はニコラス・ベルヌイがモンモールに提出した2つの問題に似ている〔231節参照〕．

Aが空中に貨幣を1回投げる．はじめに表が出たらBから1シリング受けとる．2回目にはじめて表が出たら2シリング受けとり，3回目にはじめて表が出たら4シリング受けとる，……．このときのAの期待値を求めるのが問題である．

— 204 —

期待値は

$$\frac{1}{2}+\frac{2}{2^2}+\frac{4}{2^3}+\frac{8}{2^4}+\cdots\cdots=\frac{1}{2}+\frac{1}{2}+\frac{1}{2}+\frac{1}{2}+\cdots\cdots$$

である.

こうして，Aの期待値は<u>無限大</u>になる．それで，上の方法で勝負するように，AがBを誘うためには，Aは当然Bに無限大の金額を与えるべきである．それでもなお，Aの立場にいる用心深くない人は，自分が得る利益とひきかえに，ごく僅かな金額すら喜んで払おうとするのである.

つまり，この問題におけるパラドックスは，数学的理論が常識的なやり方と明らかに直接対立するということである.

390. ここで，ペテルスブルク問題に，ダニエル・ベルヌイの道義的期待値の理論を応用しよう.

Aははじめ金額aをもっており，はじめに表が出たら1，2回目にはじめて表が出たら2，……を受けとるとする．このときのAの物質的財産は

$$(a+1)^{\frac{1}{2}}(a+2)^{\frac{1}{4}}(a+4)^{\frac{1}{8}}(a+8)^{\frac{1}{16}}\cdots\cdots-a$$

である.

もしもaが有限であれば，この式の値も有限である．そして$a=0$のとき，この式の値は2であることは容易にわかる．ベルヌイはこの式の値が

$$a=10のとき，およそ\quad 3$$
$$a=100のとき，およそ\quad 4\frac{1}{3}$$
$$a=1,000のとき，およそ\quad 6$$

であると述べている.

資本aを持っている人が，Aの期待値に対して不利にならないように与える金額の限度xは

$$(a+1-x)^{\frac{1}{2}}(a+2-x)^{\frac{1}{4}}(a+4-x)^{\frac{1}{8}}(a+8-x)^{\frac{1}{16}}\cdots\cdots=a$$

から求まる.

$a-x=a'$とおくと，上式は

$$(a'+1)^{\frac{1}{2}}(a'+2)^{\frac{1}{4}}(a'+4)^{\frac{1}{8}}(a'+8)^{\frac{1}{16}}\cdots\cdots-a'=x$$

このとき，aの値が大きいならば，すでに述べたことよりxはaにくらべて小さいから，a'をaとしてもよい．だから，近似的に

$$x=(a+1)^{\frac{1}{2}}(a+2)^{\frac{1}{4}}(a+4)^{\frac{1}{8}}(a+8)^{\frac{1}{16}}\cdots\cdots-a$$

となる.

ダニエル・ベルヌイのこの部分を，ラプラスは『**確率の解析的理論**』の439頁-442頁で再びとりあげて発展させている.

391. ダニエル・ベルヌイの論文に，クラーメル（Cramer）からニコラス・ベルヌイにあてた書簡がのっている．それにはペテルスブルク問題のパラドックスを解明する2通りの方法が提示されている.

（1）クラーメルは，ある金額の価値はその額面に一様に比例していると考えるべきでないという．2^{24}より大きい金額は，実際は皆等しいと考えようと彼は提案している．こうして，Aの期待値は

$$\frac{1}{2}+\frac{2}{2^2}+\frac{4}{2^3}+\cdots\cdots+\frac{2^{24}}{2^{25}}+\frac{2^{24}}{2^{26}}+\frac{2^{24}}{2^{27}}+\frac{2^{24}}{2^{28}}+\cdots\cdots$$

となる．はじめの25項の和は$12\frac{1}{2}$，残りの部分は等比級数で和は$\frac{1}{2}$となるから，全体として和は13である.

— 205 —

第11章　ダニエル・ベルヌイ

(2)　ある金額の価値は，その額面の平方根に比例すると想定することをクラーメルは提案する．すると，Aの道義的期待値は

$$\frac{1}{2}\sqrt{1}+\frac{1}{4}\sqrt{2}+\frac{1}{8}\sqrt{4}+\frac{1}{16}\sqrt{8}+\cdots\cdots=\frac{1}{2-\sqrt{2}}$$

となる．この値は，上述のことから，金額になおすと

$$\frac{1}{(2-\sqrt{2})^2}\doteqdot 2.9$$

となる．前の場合での期待値13よりも，この値の方が常識的な考え方に近いようだと，クラーメルは考えたのである．

392. クラーメルの仮定はまったく勝手なものである．だから，このような仮定はいくらでもふやせることは自明である．フォンテーン（M. Fontaine）がこの問題のパラドックスを説明するために行なった試みについては，モンテュクラが自己の書物の403頁で言及している．その試みとは，理論的にはこのゲームは無限回実行されるが，現実的には20回までに限定すべきだというのである．しかし，数学的理論に反対した人々は，この条件のもとでのゲームに対する期待値は，常識的な値よりもずっと大きいと主張している．

393. ペテルスブルクの問題は，ふたたび話題にのぼるときまで，しばらくおいておこう．ただ，ラプラスが『確率の解析的理論』の439頁で，ダニエル・ベルヌイの見解をとりあげていることには注意してよかろう．また，ポワソンは，ある人Bの財産はもちろん有限であるので，彼が一定額以上の金額を支払うことはできないという考え方にもとづいて，数学的理論と常識とをうまく一致させようと提案した．ポワソンの提案は結局，事実上クラーメルの第1の仮定と一致する〔ポワソン『**確率についての研究**』（*Recherches sur la Prob.*）の73頁；クールノー（Cournot）の『**偶然論の解説**』（*Exposition de la Théorie des Chances*）の108頁参照〕．

394. ダニエル・ベルヌイの別の論文に移ろう．パリ科学アカデミーは，1732年につぎのような懸賞問題を出した．

「軸のまわりの太陽の自転の赤道面に対して，惑星の軌道面が傾いている物理的原因はなにか．そして，各惑星間でもこの軌道の傾きが異なっているのはなぜか．」

アカデミーに送られた論文のどれもが賞をうける価値がないと判断された．それで，アカデミーは同じ問題を1734年に2倍の懸賞金をかけて出した．この懸賞金はダニエル・ベルヌイとその父ジャン・ベルヌイの間で折半された．2人の論文は『**王立科学アカデミーの賞を得た論文集**』（*Recueil des pieces qui ont remporté le prix de l' Academie Royal des Sciences*）第3巻（1734年）に収められている．

ダニエル・ベルヌイの論文のフランス語訳はその書物の95頁-122頁に，ラテン原文は125頁-144頁に収められている．

395. 彼の論文のなかで，われわれが関心をもつ部分ははじめに出てくる．ダニエルは，惑星軌道相互の間の小さな傾きを偶然のせいにはできないことを示そうと考えた．彼は3通りの計算をしている．

(1)　任意の2つの惑星軌道のなかで，軌道面の傾きが一番大きいのは，水星と太陽の黄道の傾きであり，それは6°54′であることを彼はみつけた．彼は球の表面に6°54′の広さの帯を考える．この帯状の部分は球の全表面のおよそ$\frac{1}{17}$である．全部で6つの惑星があるから，1つの惑星に対して他の5つの惑星の傾きがすべて6°54′以内にある可能性は$\frac{1}{17^5}$である．

—206—

(2) しかしながら,すべての惑星は1つの共通線で交わるものとしよう. すると,90°に対する6°54′の比はほぼ$\frac{1}{13}$であるから, 5つの惑星の軌道面の傾きがすべて6°54′以内にある可能性は$\frac{1}{13^5}$となると考える.

(3) 太陽の赤道面を(1)で引用した平面と考える. そして, この面に対する任意の軌道面の傾きのうち, 最大のものは7°30′であった。7°30′は90°のおよそ$\frac{1}{12}$であるから, 6つの惑星軌道面のおのおのが赤道面に対して7°30′以内にある可能性は$\frac{1}{12^6}$であると考えた.

396. 395節の(1)で, ダニエル・ベルヌイがなぜ$\frac{2}{17}$とせずに, $\frac{1}{17}$としたのか;つまり半球の表面のかわりに全球の表面をとり, それと帯状部分とを比較したのはなぜか, を知ることは難しい. また, 彼は軌道面よりもむしろ軌道の極を考えたらしい. そして与えられた1つの極から一定距離内に他のすべての極が位置する可能性を求めたものらしい.

397. ダランベールが, ダニエル・ベルヌイの計算にいささかの価値も認めなかったことは, あとで示そう.

ラプラスは, すべての傾きの和が与えられた量をこえない確率を求めるよう提案している〔『確率の解析的理論』257頁参照〕. しかし, ダニエル・ベルヌイが試みた原理の方がはるかに自然のように思われる. なぜなら, 彼の原理はそれぞれの傾きが小さいという事実をより明確に説明しているからである.

398. ダニエル・ベルヌイのつぎの論文は, 『天然痘による死亡についての新しい分析と, 天然痘を予防する種痘の利益に関する論説』(*Essai d'une nouvelle analyse de la mortalité causée par la petite Vérole, et des avantages de l'Inoculation pour la prévenir*) という表題のものである.

この論文は『パリ・アカデミーの歴史』(1760年号) にのっている. この発行年は1766年の日付である. 論文用に割かれた部分の1頁-45頁にこの論文がのっている.

399. この論文は, 1760年4月30日にはすでに読まれていたことが, その7頁目から読みとれる. そして印刷される前に批評も出ているのである. その批評はダニエル・ベルヌイがある大数学者にたのんだものである〔当論文の4頁, 18頁参照〕. このことについて, 彼は1765年4月16日に弁解の序文 (introduction apologétique) をかいているが, それはこの論文のはじめの6頁を占める.

その批評家とはダランベールその人であった〔モンチュクラの著, 426頁参照, および本書の第13章参照〕.

400. この論文でのダニエル・ベルヌイの主たる目的は, 各年における天然痘による死亡数をきめることである. これはもちろん長期間にわたって観察すればできるのだが, 彼の時代にはそのような観察はされていなかった. そして, 死亡表は作られてはいたが, 各年ごとの総死亡数を与えるだけで, 死亡原因は区分けされていなかった. だから, ダニエル・ベルヌイが求めようとする結果を得るには計算が必要だったのである.

401. ダニエル・ベルヌイは2つの仮定を設けた. それは, 以前に病気にかからなかった人のうち平均して$\frac{1}{8}$が1年間で天然痘にかかる. そして, そのうち$\frac{1}{8}$が1年間で死ぬということである. 彼は観察に訴えることによって, この仮定を立証した. しかし, それは一般的に認められるような仮定ではなかった. 種痘が用いられるようになって以来, 彼の論文は実際的価値をもたなくなったからである. しかしながら, この仮定にもとづいて彼が築いた数学的理論を, ここに再生することは大いに興味がある.

402. 年令数をxとする. 同時に誕生した一定人数の人たちのうち, x才で生き残っている人数をξ

— 207 —

第11章　ダニエル・ベルヌイ

としよう．さらに，そのうちそれまで天然痘にかかったことのない人数を s とする．つぎに，病気にかかったことのない人のうち1年間に天然痘にかかる割合を $\frac{1}{n}$，そのうちの $\frac{1}{m}$ が死亡すると仮定する．

天然痘にかかったことのない生存者の数はたえず減少する．その理由は，天然痘にかからずにいた人のうち，何人かは天然痘にかかってしまうし，また天然痘以外の病気で死亡するからである．

期間 dx のうちに天然痘にかかる人数は，仮定により $\frac{s}{n}dx$ である．なぜなら，1年間に天然痘にかかる人数は $s \times \frac{1}{n}$ であるから，dx 年では $\frac{s}{n}dx$ となる．天然痘で死ぬ人数は $\frac{s}{nm}dx$ である．だから，他の病気で死ぬ人数は $-d\xi - \frac{sdx}{nm}$ となる．ところで，この数は $\frac{s}{\xi}$ の割合で減少する．なぜなら，天然痘にかかったことのない人数 s は減少するということだけがこの表現に不足しているからである．

こうして

$$-ds = \frac{sdx}{n} - \frac{s}{\xi}\left(d\xi + \frac{sdx}{nm}\right)$$

整理して

$$\frac{sd\xi}{\xi} - ds = \frac{sdx}{n} - \frac{s^2 dx}{nm\xi}, \qquad \frac{sd\xi - \xi ds}{s^2} = \frac{\xi dx}{ns} - \frac{dx}{nm}$$

$\frac{\xi}{s} = q$ とおくと

$$dq = \frac{mq-1}{mn}dx$$

だから，積分して

$$n\log(mq-1) = x + 定数$$

よって

$$\left(\frac{m\xi}{s} - 1\right)^n = e^x + c$$

そして

$$s = \frac{m\xi}{e^{\frac{x+c}{n}} + 1}$$

となる．

定数 c をきめるため，初期値 $x=0$ のとき $s=\xi$ であるから，結局

$$s = \frac{m\xi}{(m-1)e^{\frac{x}{n}} + 1}$$

403. この式によってダニエル・ベルヌイはハレーの表をもとにした数表を与えている．ハレーの表はブレスラウ市の観察から作られたものである．このとき，ダニエル・ベルヌイは $m = n = 8$ と仮定している．ハレーの表は x の各正整数値に対応する ξ の値を与え，それからダニエル・ベルヌイの公式は s の値を与える．つぎの表はその表からの抜粋である．

ハレーの表では，第1年目の値は1,000である．しかし，この値に対応する誕生数がいくらかは述べられていない．ダニエル・ベルヌイは1,300とする理由を述べているが，それは適当にこじつけたものである〔64節参照〕．

404. この論文の21頁で，ダニエル・ベルヌイは次の問題が当時間われて

x	ξ	s
0	1300	1300
1	1000	896
2	855	685
3	798	571
4	760	485
5	732	416
6	710	359
7	692	311
8	680	272
9	670	237
10	661	208
11	653	182
12	646	160
13	640	140
14	634	123
15	628	108
16	622	94

いたことを述べている．その問題というのは，ある時代での生存者すべてのうちで天然痘にかかったことのない割合はどれほどか？というものである．この問題を提起したのはダランベールであった．彼はこの問に自ら答えて，せいぜい $\frac{1}{4}$ であると見つもった． ダニエル・ベルヌイ はおよそ $\frac{2}{13}$ とした．そして実際は観察を行なってこのことを吟味したかったと，彼はいっている．そして，つぎのことをつけ加えている．

「われわれの原理を証明するのに役立てうる別の定理がある．全生存者のうち16才なかばまでの幼児と少年だけをとって考えると，天然痘にかかる人数とかからない人数はほぼ等しい．」

405. ダニエル・ベルヌイは別のおもしろい研究を述べている．まず，天然痘がまったく絶滅したとしよう．そのとき，同時に生まれた一定人数のうち，ある年令に達してなお生存している人数を求めよう．402節で用いた記法をそのまま用いることにする． 天然痘がずっとなくなったとして， 年令 x での生存者数を z とする．もちろん，$x=0$ のとき，$z=\xi$ である．

期間 dx での死亡者数は $-d\xi$ である．天然痘による死亡者数は $\frac{sdx}{nm}$ だから，天然痘が絶滅しているときの死亡者数は $-d\xi-\frac{sdx}{nm}$ である．しかし，この死亡者数は人数 ξ での場合の算式だから，$\frac{z}{\xi}$ を掛けないと z の場合の死亡者数を求めることはできない．それで，結局

$$-dz=-\frac{z}{\xi}\left(d\xi+\frac{sdx}{nm}\right)$$

よって

$$\frac{dz}{z}-\frac{d\xi}{\xi}+\frac{s}{\xi}\frac{dx}{nm}$$

402節の結果を代入してから積分し，初期条件

$$x=0 \text{ のとき，} z=\xi$$

を使って任意定数をきめると

$$\frac{z}{\xi}=\frac{me^{\frac{x}{n}}}{(m-1)e^{\frac{x}{n}}+1}$$

となる．

$x\to\infty$ のとき，$\frac{z}{\xi}\to\frac{m}{m-1}$ となる．

406. 天然痘による死亡者数について議論したのち，ダニエル・ベルヌイは種痘について話を進めている．種痘には若干危険がともなうが，しかし全体としては大いに利益を伴なうことも，彼は認めている．そして平均寿命がおよそ3年伸びると結論づけている．この論文が発表された当時，論文中で一番実用的に重要なのは，この結論であった．しかし，この結論がもはや重要でなくなったのは幸いである．

407. ダランベールがダニエル・ベルヌイの研究の正しさに強くケチをつけたことは後ほどみることにしよう． ラプラスはダニエル・ベルヌイを高く評価している．ラプラスはまた種痘に関する問題の取扱い方を簡単に指摘しているが，しかし m と n を定数とはしていない．その点では彼はダニエル・ベルヌイよりダランベールのやり方にしたがっている 〔ラプラス『**確率の解析的理論**』CXXXVII頁，413頁参照〕．

408. ダニエル・ベルヌイのつぎの論文は 『**推論法試論における無限小算法の使用について**』 (*De usu algorithmi infinitesimalis in arte conjectandi specimen*) という表題がついている．

第11章　ダニエル・ベルヌイ

　この論文は『ペテルスブルク・アカデミー記録，最近号』（Vol.XII）のなかに含まれている．第12巻は1766年，1767年合併号であり，1768年に出版されたものである．当論文は87頁–98頁に収録されている．

409.　この論文の目的とするものは2重になっている．ひとつは偶然性に関するある問題を解くことである．これはわれわれがつぎに検討する論文に必要である．2つ目は確率論のなかへ微分計算を導入することが説明されていることである．ダニエル・ベルヌイがすでに微分計算を実際上使用していることは，402節でみた通りであるが，現論文は402節の過程を説明するのに役立つ注意を含んでいる．しかし，その注意はどんな読者にとっても自分自身でたやすく気付くようなものである．ここでは別の論文のなかで説明されている点をみていくことにしよう〔417節参照〕．

410.　ダニエル・ベルヌイが解いた問題は，つぎのようなもっとも簡単な形のものである．すなわち，袋のなかに $2n$ 枚のカードが入っている．そのうちの2枚は1，別の2枚は2，さらに別の2枚は3，……等と番号がついている．m 枚のカードが抽出されたとき，袋のなかに残っているカードのうち，ペアになっているものはいくつあるか．

　ダニエル・ベルヌイが解いた方法を，表現を若干かえて述べてみよう．m 枚抽出したとき，袋のなかに残っているカードのなかのペアの数を x_m とする．それから新しいカードを1枚抽出する．そのカードは1組のペアのうちの1枚であるか，そうでない半端ものか何れかである．そして前者の場合の確率は $2x_m$ に比例し，後者の場合は $2n-2x_m-m$ に比例する．前者の場合袋のなかに残るペアの数は x_m-1，後者の場合は x_m ペアが残る．だから，普通の原理にしたがって

$$x_{m+1}=\frac{2x_m(x_m-1)+(2n-2x_m-m)x_m}{2n-m}$$

$$=\frac{2n-m-2}{2n-m}x_m$$

$x_0=n$ であるから，代入していくと，逐次 x_1, x_2, x_3, ……をうる．

$$x_m=\frac{(2n-m)(2n-m-1)}{2(2n-1)}$$

411.　あとでダニエル・ベルヌイはこの問題をもっと一般的な場合にまで拡張している．しかし，この論文とこれからみていこうとする論文の性格を理解するには，これで十分である．

412.　つぎの論文の表題は『結婚年令による平均結婚期間ならびに他の類似の問題について』（*De duratione media matrimoniorum, pro quacunque conjugum aetate, aliisque quaestionibus affinibus*）ある．

　この論文は前の論文と密接に関連している．それは『ペテルスブルク・アカデミー記録，最近号』Vol. XIIの99頁–126頁に，先の論文につづいてのせられている．

413.　ある年令，たとえば20才の男500人が20才の女500人と結婚すると考えよう．この1000人の人が全員死んでしまうまで，どんな割合で年毎に徐々に減っていくかということは，死亡表よりわかる．しかし，この死亡表には既婚者と未婚者の区別がない．だから，その表からは一定の年数を経過したのちに，完全な夫婦の組数を知ることはできない．そこで，ダニエル・ベルヌイは410節の結果を応用している．つまり，カードのペアが結婚しているカップルに相当する．前の論文では，抽出されずに残っているカードの数を知って，そのなかのペアの数を推測した．抽出されずに残っているカードの数は，一定年令での生存者数に相当する．この数は死亡表からわかる．そして，前の式により完全な夫婦の数が計算できる．ダニエル・ベルヌイはさきに仮定した数に対して，平均結婚期間の表を計算

—210—

して作っている.

414. つづいて，ダニエル・ベルヌイは夫と妻の年令が違う場合に論を進めていく．このためには，411節で述べたような拡張された問題を必要とする．ダニエル・ベルヌイは，40才の男500人と20才の女500人が結婚した場合の平均結婚期間の表を計算している．

ダニエル・ベルヌイは自分の結果に絶対的な信頼性をおくべきでないことを認めている．彼は男も女もともに同じ死亡法則にしたがっていることを研究している．けれども，もちろん平均して女の方が男よりも長命であることに気づいている．この事実に関して，彼は論文の100頁で，つぎのように述べている．「また，まったく単独に寿命の計算だけを与えることはできない．そのわけは，女性は生れたときから顕著に特権が付与されており，さらにすべての生命をそのなかに宿すからである.」

ダニエル・ベルヌイの方法は『ベルリン・アカデミー紀要』（*Mémoires de l'Acad.···Berlin*）（1799年，1800年）のなかで，トランブレ（Trembley）によって批判された．

平均結婚期間の問題はラプラスによって『確率の解析的理論』415頁で取扱われている．

415. 412節-414節で注目した論文は，398節-406節で取扱った論文と非常によく似ている．両者とも観察の不足を理論で補い，論じられている問題は同種のものであり，微分計算を用いて説明されている．

416. ダニエル・ベルヌイによるつぎの論文は『新しい推測の問題についての解析の探究』（*Disquisitiones Analyticae de novo problemate conjecturali*）と題がついている．

この論文は『ペテルスブルク・アカデミーの記録，最近号』（Vol.14, 1769年，第1部）のなかに収められている．この書物の表題の頁には，日付が間違って1759年とつけられている．発行された日付は1770年である．この論文は第1部の1頁-25頁に収められている．

417. この論文は微分計算を用いて説明されている．それで，すでに検討したダニエル・ベルヌイの論文とよく似ている．

3つの壺を考えよう．最初の壺には n 個の白玉，2番目の壺には n 個の黒玉，3番目の壺には n 個の赤玉が入っている．おのおのの壺から無作為に玉を1つずつ抽出する．そのやり方は，最初の壺から抽出した玉を2番目の壺に入れ，2番目の壺から抽出した玉を3番目の壺に入れ，3番目の壺に入れた玉を最初の壺に入れる．この操作を一定回数くり返してのちの玉の分布がどうなっているか調べてみよう．

上述の操作を x 回行なってのち，3つの壺のなかの予想される白い玉をそれぞれ，u_x, v_x, w_x とする．そのとき

$$u_{x+1}=u_x-\frac{u_x}{n}+\frac{w_x}{n}$$

である．

なぜなら，$\frac{u_x}{n}$ は最初の壺から白玉を抽出する確率であり，$\frac{w_x}{n}$ は3番目の壺から白玉を抽出して最初の壺に入れる確率である．同様にして

$$v_{x+1}=v_x-\frac{v_x}{n}+\frac{u_x}{n}, \quad w_{x+1}=w_x-\frac{w_x}{n}+\frac{v_x}{n}.$$

条件 $u_x+v_x+w_x=n$ を用いて，v_x, w_x を消去すれば，u_x についての2階差分方程式

$$u_{x+2}=u_{x+1}\Big(2-\frac{3}{n}\Big)-u_x\Big(1-\frac{3}{n}+\frac{3}{n^2}\Big)+\frac{1}{n}$$

をうる．

しかし，つぎのやり方の方がもっと対称的である．$u_{x+1}=Eu_x$ とおいて，普通の仕方で記号を分離

—211—

第11章　ダニエル・ベルヌイ

する．つまり

$$\left\{E-\left(1-\frac{1}{n}\right)\right\}u_x=\frac{1}{n}w_x$$

$$\left\{E-\left(1-\frac{1}{n}\right)\right\}v_x=\frac{1}{n}u_x$$

$$\left\{E-\left(1-\frac{1}{n}\right)\right\}w_x=\frac{1}{n}v_x$$

よって

$$\left\{E-\left(1-\frac{1}{n}\right)\right\}^3u_x=\left(\frac{1}{n}\right)^3u_x$$

だから

$$u_x=A\left(1-\frac{1}{n}+\frac{\alpha}{n}\right)^x+B\left(1-\frac{1}{n}+\frac{\beta}{n}\right)^x+C\left(1-\frac{1}{n}+\frac{\gamma}{n}\right)^x$$

となる．ここで，A, B, C は定数であり，1の立方根をそれぞれ α, β, γ としたものである[5]．

それから，上の方程式から

$$w_x=n\left\{E-\left(1-\frac{1}{n}\right)\right\}u_x$$

をうる．だから

$$w_x=\alpha A\left(1-\frac{1}{n}+\frac{\alpha}{n}\right)^x+\beta B\left(1-\frac{1}{n}+\frac{\beta}{n}\right)^x+\gamma C\left(1-\frac{1}{n}+\frac{\gamma}{n}\right)^x$$

同様にして

$$v_x=\alpha^2 A\left(1-\frac{1}{n}+\frac{\alpha}{n}\right)^x+\beta^2 B\left(1-\frac{1}{n}+\frac{\beta}{n}\right)^x+\gamma^2 C\left(1-\frac{1}{n}+\frac{\gamma}{n}\right)^x$$

定数 A, B, C は，条件

$$u_x+v_x+w_x=n$$

によって規定される．そして

$$u_0=n, \quad v_0=w_0=0$$

より

$$A=B=C=\frac{n}{3}$$

である．

418. 壺の数が3つに限らず，いくつの場合でも上の方法を適用することができる．

他の色の玉の分布を考察する必要もない．なぜならば，対称性からつぎのことは明らかであろう．すなわち，x 回操作したのちの黒玉の予想される分布では，u_x が2番目の壺のなかの黒玉の数になり，v_x が3番目の壺の黒玉の数になり，w_x が最初の壺のなかの黒玉の数になる．同様に，赤玉の予想される分布では，u_x, v_x, w_x がそれぞれ3番目，1番目，2番目の壺のなかの赤玉の数に相当する．

はじめにおのおのの壺のなかの玉の数を n 個と仮定しておけば，玉のはじめの分布がどんなものであれ，差分方程式の方程式とその解とは同じである．ただし，任意定数の値が違うことは起こる．これは，はじめに n 個の白玉を考えたときの計算手順での値とも異なる．こうして，次の問題を実際に解いてみよう．壺の数を一定にして，各壺のなかにはそれぞれ n 個の玉が入っている．そして，全部の玉の個数のうち，m 個は白で，残りは白でないとする．さらに白玉の最初の分布は与えられている．このとき，x 回の操作ののちの予想される分布を求めよ．

419. ダニエル・ベルヌイは417節でみたような仕方を適用していない．彼は単につぎの結果を与え

— 212 —

ているだけである．それはおそらく帰納法によって得たものだと思われる．

$$u_x = n\left\{\left(1-\frac{1}{n}\right)^x + \frac{x(x-1)(x-2)}{3!}\left(1-\frac{1}{n}\right)^{x-3}\left(\frac{1}{n}\right)^3\right.$$
$$\left. + \frac{x(x-1)(x-2)(x-3)(x-4)(x-5)}{6!}\left(1-\frac{1}{n}\right)^{x-6}\left(\frac{1}{n}\right)^6 + \cdots\cdots\right\}$$

v_x, w_x についても同じような式で表わされる．α, β, γ のベキの合計の値を知り，すでにえた式を2項定理によって展開すれば，これらの式で得る．

420. さて微分計算を含む問題をこの壺の問題と まったく同じ様に作ることができる．まず3つの同等の容器を考えよう．最初の容器には白い液体，2番目には黒い液体，3番目には赤い液体が満たしてあるとする．そして，最初の容器から2番目の容器へ，2番目の容器から3番目の容器へ，3番目の容器から最初の容器へと液体が流れるように，同じ大きさの口径の管がついていると仮定する．さらに，それぞれの液は流れた瞬間に完全に混合してしまうものとする．このとき，時刻 t における容器中の液体の分布を求めよ．

時間が t だけ経過したときの，白い液体の各容器のなかの量を，それぞれ u, v, w とする．すると

$$du = kdt(w-u) \qquad dv = kdt(u-v) \qquad dw = kdt(v-w)$$

となる．ただし，k は定数である．

ダニエル・ベルヌイは，対称的でなく，難解な計算手順で，上の各式を積分している．しかし，上式は変数を分離するという現代風な方法を用いると，簡単に積分できる．$\frac{d}{dt}\equiv D$ とおくと，

$$(D+k)u = kw, \quad (D+k)v = ku, \quad (D+k)w = kv,$$

それゆえ

$$(D+k)u = k^3 u$$

だから，

$$u = e^{-kt}\{Ae^{k\alpha t} + Be^{k\beta t} + Ce^{k\gamma t}\}.$$

ここで，A, B, C は任意の定数であり，α. β. γ は1の3乗根である[6]．v と w の値は u の値から導出しうる．はじめ，$u=k$, $v=w=0$ と仮定しよう．すると，$A=B=C=\frac{1}{3}$ であるから，

$$u = \frac{h}{3}e^{-kt}\{e^{k\alpha t} + e^{k\beta t} + e^{k\gamma t}\}$$

ラプラスは『確率の解析的理論』の303頁において，容器の数が任意の場合の結果を与えている．

421. さて，ダニエル・ベルヌイが示したかったことは，壺の問題で x と n を限りなく大きくすると，その結果はいまの問題の結果と一致する．しかし，実際に，このことによって得るものは何もない．なぜなら，前者の問題は解くことができるからである．しかし，前者があまり難解で解けないならば，後者の問題を前者の代用に考えればよい．だから，前者のような問題は後者のような問題にかえることによって，しばしば有利になるかもしれない，というのが一般的にダニエル・ベルヌイの考え方なのである．

n と x が非常に大きいとき，二項定理もしくは対数の定理によって

$$\left(1-\frac{1}{n}\right)^x \doteqdot e^{-\frac{x}{n}}$$

となる．

そこで，n と x が非常に大きいとき，419節で与えた u_x の値はつぎのようになる．

第11章　ダニエル・ベルヌイ

$$ne^{-\frac{x}{n}}\left\{1+\frac{1}{3!}\left(\frac{x}{n}\right)^3+\frac{1}{6!}\left(\frac{x}{n}\right)^6+\cdots\cdots\right\}$$

ダニエル・ベルヌイは積分計算を援用して，{ }内の級数の和を求めている．しかしながら，α, β, γ のベキの和の値に関する定理を使えば，この級数は

$$\frac{1}{3}\left\{e^{\frac{\alpha x}{n}}+e^{\frac{\beta x}{n}}+e^{\frac{\gamma x}{n}}\right\}$$

に等しくなる．

ゆえに，n と x が限りなく大きくなるとき，u_x の値は明らかに420節で示した u の値に近づく．

ダニエル・ベルヌイは，自己の得た結果にいくつかの数値応用例を与えている．

ダニエル・ベルヌイの論文は，マルファティ[7]（Malfatti）により『イタリア学会から出された論文集』（*Memorie…della Societa Italiana*）（1782年，第1巻）のなかで批判された．

422.　ダニエル・ベルヌイによるつぎの論文の表題は『本性上偶然性にしたがう相続く事象の偶然にもとづくクジの測定』（*Mensura Sortis ad fortuitam successionem rerum naturaliter contingentium applicata*）である．この論文は先にあげた『ペテルスブルク・アカデミーの記録，最近号』の同じ巻の26頁-45頁に収められている[8]．

423.　彼はこの論文のなかでまず，男と女のそれぞれの出生数はほぼ等しいことに注意している．そしてそれが偶然によるのかどうか考えることを提起する．この論文では，男と女の出生数が同じであると仮定して，一定の出生数のうちで男の数が全体の半分から多少それる確率を求めることが，論じられている．論文のなかではいくつかの計算と，数値例が与えられている．

ダニエル・ベルヌイは，自分の研究したことが，ずっと以前にスターリングとド・モワブルによって，もっとうまく処理されてしまっていることを，全然しらなかったようである〔ド・モワブル『偶然論』243頁-254頁参照〕．

ダニエル・ベルヌイが貢献したことはつぎのことにつきる．m と n を大きな数とし，

$$u=\frac{(2n)!}{(n!)(n!)}\frac{1}{2^{2n}},\qquad v=\frac{(2m)!}{(m!)(m!)}\frac{1}{2^{2m}}$$

とする．

すると

$$\frac{u}{v}\doteqdot\sqrt{\frac{4m+1}{4n+1}}$$

であることを示している．

彼はまたつぎのようにも述べている．すなわち，$\left\{\left(\frac{1}{2}\right)+\left(\frac{1}{2}\right)\right\}^{2n}$ を展開するとき，真中の項から第 μ 番目の項は，およそ $u/e^{\frac{\mu^2}{n}}$ に等しい．これらの結果はスターリングとド・モワブルの結果にあるから，ダニエル・ベルヌイの論文は発表されたときは，もう役にたたないものであった〔337節参照〕．

424.　ダニエル・ベルヌイのつぎの論文の表題は『非常に多くの異なる観測値から最大に確からしい値を決定すること，およびそれから出てくるまことらしき帰納的推論』（*Dijudicatio maxime probabilis plurium observationum discrepantium atque verisimillima inductio inde formanda.*）である．この論文は1778年に発行された『ペテルスブルク・アカデミー官報』（1777年，第1部）（*Acta Acad. Petrop.*）の3頁-23頁に収められている．

425.　この論文は，確率論の一分野としての観測値の誤差論を取扱った最初のものではなかった．なぜならば，すでにトーマス・シンプソンとラグランジュがこの主題を扱っていたからである〔371節

—214—

参照〕.

　しかしながら，ダニエル・ベルヌイは彼の諸先輩たちの研究には精通していなかったようである.

　まちまちの観測値からある結果を得るための普通の方法は，観測値の算術平均をとることであると，ダニエル・ベルヌイは述べている. このことは，すべての観測値に同等の重みを仮定しているになる. ダニエル・ベルヌイはこの仮定に反対し，小さな誤差の方が大きな誤差よりも起こりやすいものだと考えたのである. 誤差を e としよう. このとき，その誤差の確率を $\sqrt{r^2-e^2}$ によって測ることを彼は提案している. ただし，r はある定数である. すると多くの観測値から得られる最良の結果は，すべての誤差の確率の積を最大ならしめるようなものである. だからある要素の観測値が $a, b, c, \cdots\cdots$ であったとし，その要素の真の値を x とする. そのとき，x は

$$\sqrt{r^2-(x-a)^2}\ \sqrt{r^2-(x-b)^2}\ \sqrt{r^2-(x-c)^2}\ \cdots\cdots$$

を最大にする値でなければならない.

　ダニエル・ベルヌイは定数 r にあてがわれる値に対して，いろいろな指示を与えている.

　426. こうして，ダニエル・ベルヌイは現代の理論といくつかの点において一致している. 両者の主たる相違点は，誤差の分布が，現代の理論では方程式

$$y=\sqrt{\frac{c}{\pi}}\ e^{-cx^2}$$

によって定義される確率曲線を用いるのに対し，彼は円を用いていることである.

　ダニエル・ベルヌイはこの主題に関して，いくつかの妥当な注意を与えている. そして，いろいろな数値例によって彼の論文を説明している. しかし，それらの数値例にあまり興味のあるものとはいえない. というのはそれらは実際の観測値から導かれたものではないからである. さらに，彼の方法には，他に問題点がないとしても致命的な欠点がある. それは観測の回数が 2 をこえると，彼の方程式は未知量が手にあまるほど多くあらわれてくるということである. このことを彼は十分承知していた.

　427. この書物の24頁-33頁には，オイレルによるいくつかの注のついたダニエル・ベルヌイの論文の解説がのっている. この論文の表題は『**観測値について，もっとも進んだ論説**』(*Observationes in pra-ecedentem dissertationem*) である.

　ダニエル・ベルヌイが誤差の確率の積を最大ならしめると提案したことは，まったく任意のものであると，オイレルは考えた. オイレルは別の方法，つまり確率の 4 乗の和を最大ならしめることを説明している. 425節の記号を用いると

$$\{r^2-(x-a)^2\}^2+\{r^2-(x-b)^2\}^2+\{r^2-(x-c)^2\}^2+\cdots\cdots$$

を最大にする x を求めることである. オイレルは最大 (maximum) といっているが，彼は最大と最小 (minimum) の間の区別をしていないのである. x を確定するための方程式は 3 次方程式であるが，それゆえ 2 つの最小値と 1 つの最大値がある場合とか，1 つだけ最小値があって最大値がない場合とかが考えられる.

　オイレルは，ダニエル・ベルヌイの方法の誤っている部分に対して異議を唱えているように思われる. 確率論における特別な法則は実際は任意のものであり，確率の積を最大ならしめる原理は確率論によって示唆されている.

　オイレルは自分の方法を実際の観測値から導き出された 1 つの例によって説明している[9].

第11章　ダニエル・ベルヌイ

〔訳　註〕

（１）**ダニエル・ベルヌイ**（Daniel I. Bernoulli）は1700年2月9日グロニンゲン（Groningen）に生れ，1782年3月17日バーゼルで死んだ．彼がペテルスブルクにいたのは1725年–1733年の8年間である．

（２）本節の方法によらない証明法は次の通りである．まず，消費行動を通じて各個人が得ることのできる満足感を**効用**と定義する．財の大きさが x, y のとき，ある個人がそれによって得る満足感を数値化して $u(x)$, $u(y)$ とおく．満足感の大きいことを

$$xPy$$

で表わして，$xPy \rightleftarrows u(x) > u(y)$ ときめる．$u(x)$ を効用関数という．$u'(x)$ を**限界効用**という．効用関数については，限界効用逓減，つまり

$$u''(x) < 0$$

であることを仮定する．

ある人の物質的財産を a，金額 x をうる確率を p とするとき

$$E = \{u(a+x) - u(a)\} p$$

を**効用的期待値**という．さらに，この人が金額 x_1 をうる確率を p_1, x_2 をうる確率を p_2, …… とすると，効用的期待値は

$$E = \{u(a+x_1) - u(a)\} p_1 + \{u(a+x_2) - u(a)\} p_2 + \cdots\cdots$$

で定義される．

さて，383節の問題の効用的期待値は

$$E = \{u(a+x_1) - u(a)\} p_1 + \{u(a-x_2) - u(a)\} p_2$$
$$= \left\{ u'(a) x_1 + \frac{1}{2!} u''(a+\theta_1 x_1) x_1^2 \right\} p_1 + \left\{ u'(a)(-x_2) + \frac{1}{2!} u''(a-\theta_2 x_2) x_2^2 \right\} p_2$$

しかるに，公平な賭けでは

$$x_1 p_1 = x_2 p_2$$

$$\therefore \quad E = \frac{1}{2!} \left\{ p_1 x_1^2 u''(a+\theta_1 x_1) + p_2 x_2^2 u''(a-\theta_2 x_2) \right\}$$

$u''(x) < 0$ より，$E < 0$ である．ただし，$0 < \theta_1, \theta_2 < 1$ とする．

（３）これを図示すれば図のようになるが，こういうことは起こらない．

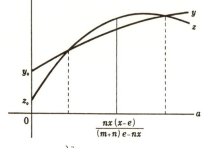

（４）物質的財産 a をもつ人が金額 x_1 を得る確率を p とする．1まとめにして送るときの効用的期得値は

$$E_1 = \{u(a+x_1) - u(a)\} p$$

2等分して送るときの効用的期待値は

$$E_2 = \{u(a+x_1) - u(a)\} p^2 + \left\{ u\left(a + \frac{x_1}{2}\right) - u(a) \right\} 2p(1-p)$$

である．したがって

$$E_2 - E_1 = p(1-p) \left[2 \left\{ u\left(a + \frac{x_1}{2}\right) - u(a) \right\} - \{u(a+x_1) - u(a)\} \right]$$
$$= p(1-p) \left[2u\left(a + \frac{x_1}{2}\right) - \{u(a) + u(a+x_1)\} \right]$$

しかるに，$u''(x) < 0$ より，効用関数は上方に凸である．よって，角括弧内は正となり $E_2 > E_1$ である．

（５）演算子 E を $Eu(x) = u(x+1)$ ときめる．また

$$E^2 u(x) = E\{Eu(x)\} = Eu(x+1) = u(x+2)$$

一般に

$$E^n u(x) = E[E^{n-1} u(x)]$$

と定義する．あとは形式的に

$$u(x+1)-Au(x)=(E-A)u(x)$$

などというようにかく．Eについては普通の代数演算ができる．

$u(x)=a^x$ とおくと

$$(E-a)a^x=0$$
$$(E^2-a^2)a^x=0, \quad (E^2-a^2)(-a)^x=0$$
$$(E^3-a^3)a^x=0, \quad (E^3-a^3)(a\omega)^x=0$$

（ただし，ω は1の立方根のひとつ）

さらに

$$(E-a)(E-b)(a^x+b^x)=0$$
$$(E-a)(E-b)(E-c)(a^x+b^x+c^x)=0$$

であることがわかる．したがって

$$\left\{E-\left(1-\frac{1}{n}\right)\right\}^3 u_x=\left(\frac{1}{n}\right)^3 u_x$$

は

$$\left[\left\{E-\left(1-\frac{1}{n}\right)\right\}^3-\left(\frac{1}{n}\right)^3\right]u_x=0$$
$$\left[E-\left(1-\frac{1}{n}\right)-\frac{\alpha}{n}\right]\left[E-\left(1-\frac{1}{n}\right)-\frac{\beta}{n}\right]\left[E-\left(1-\frac{1}{n}\right)-\frac{\gamma}{n}\right]u_x=0$$

とおけばよい．

（6）$(D-k)u=0$ の一般解は $u=Ae^{kt}$ である．

（7）ジオヴァニ・フランチェスコ・ジュセッペ・マルファティ（Giovanni Francesco Giuseppe Malfatti, 1731-1807. 10.9）はヴェロナのジェスイット学校で教育を受け，19才のときボロニアに出てヴィッセンツオ・リッカチ（Vincenzo Riccati）の指導をうけ，1771年フェララの数学教授となり，終生そこに留まった．1803年に出版した『切体学の問題についての覚え書』（*Memoria sopra un problema sterestomica*）には「与えられた3角形の2辺に接し，また2つずつ互いに外接する3円を3角形のなかに作図する」という有名な彼の名を冠する定理がのっている．マルファティは解析幾何学を用いてこれを解いた〔スミス『**数学史**』Vol. 1. 515頁〕．

（8）この論文の要約はO.B. Sheynin『Daniel Bernoulli on the normal law』（Biometrika, Vol. 57, 1970年，199-202頁）にのっている．

（9）この論文の英訳は *M. G. Kendall*『Daniel Bernoulli on maximum likelihood』（Biometrika, Vol. 48, 1961年，1-18頁）にのっている．

第12章

オイレル

428. オイレルは1707年に生まれ，1783年に死んだ．彼の勤勉さと天才性は，数学のあらゆる分野に永遠の足跡をのこした．しかし，確率論に対する彼の貢献度は，比較的重要ではないとされている．しかし，それは彼自身の偉大な力量と名声にふさわしくないということではない[1]．

429. オイレルの最初の論文は，『邂逅のゲームにおける確率の計算』(*Calcul de la Probabilité dans le Jeu de Rencontre*) と題がついている．この論文は，1753年発行の『ベルリン……アカデミーの歴史』(1751年号)の255頁-270頁に収められている．

430. この論文で議論されている問題はモンモールとニコラス・ベルヌイによってトレーズ・ゲームとよばれたものである〔162節参照〕．オイレルは彼が好んでよく使う方法で話を進めている．まず，1枚のカードを考える．それから，2枚のカード，3枚の

オイレル

カード，4枚のカードというように，起こりうる様々な場合を想定して呈示する．そして，結局，帰納的な方法によって証明されていない一般法則に彼はたどりつくのである．

オイレルの得た結果は，すでにニコラス・ベルヌイがもっと手短かに，簡単に与えているし，モンモールはその著作の301頁に発表している．だから，オイレルはモンモールの書物を読んでいなかったといわねばならない．

少くとも1枚のカードが，その固有の位置にくる可能性に対して，161節で与えた式は，$n \to \infty$のとき $1 - e^{-1}$ に等しくなる；ただし，e は自然対数の底である．このことは，オイレルによって注意された〔287節参照〕．

431. オイレルのつぎの論文は『人類の死滅と繁殖についての一般的研究』(*Recherches générales sur la mortalité et la multiplication du genre humain*) と題がついている．この論文は1767年発行の『ベルリン……アカデミーの歴史』(1760年号)の144頁-164頁に収められている．

432. この論文には，人類の死滅と繁殖に関する簡単な定理がいくつかのっている．同時にN人の幼児が生まれると仮定しよう．このとき，1年後に生き残っているその幼児たちの数を$(1)N$，2年後に生き残る数を$(2)N$，……と表示する．

このとき，彼はいくつかのおきまりの問題を考えている．たとえば，年令が皆一定数m才である人たちのうち，何人がn年後に生きているであろうか？

オイレルの表示にしたがって，最初の人類N人のうち，m才で生き残っている人数は$(m)N$人，そのうちでさらにn年たっても生き残っている人数は $(m+n)N$人である．だから，m才の人がそれからn年後まで生き残れる割合は $\dfrac{(m+n)}{(m)}$ である．よって，m才の人数をMとすれば，それからn年後

— 218 —

の生存者数は $\dfrac{(m+n)\,M}{(m)}$ 人である.

433. それから, オイレルは終身年金に対する公式を与えている. 現在みな m 才の人が M 人いて, 総数 a 円を支払い, 各人が生きている限り毎年 x を受けとるものとする. 単位金額の現在価値が 1 年後に $\dfrac{1}{\lambda}$ になったとしよう.

そのとき, 1 年後には $M\dfrac{(m+1)}{(m)}$ 人が生存していて, そのおのおのは x 受けとる. それゆえ, 受けとった金額の総計の現在価値は $\dfrac{x}{\lambda}M\dfrac{(m+1)}{(m)}$ である.

同様にして, 2 年後には $M\dfrac{(m+2)}{(m)}$ 人が生き残り, 各人が年金 x を受けとる. ゆえに受けとる金額の総計の現在価値は $\dfrac{x}{\lambda^2}M\dfrac{(m+2)}{(m)}$ である, 等々.

受けとった年金の総額の現在価値は Ma に等しくなるはずである. そこで

$$a=\frac{x}{(m)}\left\{\frac{(m+1)}{\lambda}+\frac{(m+2)}{\lambda^2}+\frac{(m+3)}{\lambda^3}+\cdots\cdots\right\}$$

となる.

オイレルは(1), (2), …, (95)の数値表を与えている. これは彼の述べるところによると, ケルセボーム[2] (Kerseboom) の観察から演繹したものである.

434. 1 年間に生まれる幼児の数を N 人, そのつぎの年に生まれる幼児の数を rN 人とする. N 人を rN 人にするのと, rN 人を r^2N 人にするのとは, 同じ原因によると仮定すると, r^2N 人は rN 人が生まれた年の翌年の幼児の生誕数を表わす. 同様に, そのさらにつぎの年には r^3N 人の幼児が生まれる. … 100年後の人口数を求めよう[3].

N 人の幼児が生まれた年から 100 年後には N 人のうち $(100)N$ 人が生き残る. 次の年に生まれる rN 人のうち, 100 年後には $(99)rN$ 人が生き残る. ……こうして, 100 年後に生き残る総数は

$$Nr^{100}\left\{1+\frac{(1)}{r}+\frac{(2)}{r^2}+\frac{(3)}{r^3}+\cdots\cdots\right\}$$

である.

それゆえ, 100 年目の人口とその年の生誕者数との比は

$$1+\frac{(1)}{r}+\frac{(2)}{r^2}+\frac{(3)}{r^3}+\cdots\cdots$$

である.

もしも, ある年における人口数とその年の生誕者数の比が一定であると仮定すれば, どんな年における比も上で与えた式に等しい. そして, (1), (2), (3), …… は観察によってえられているから, r を求める方程式が導かれる.

435. 前の論文のすぐ次に『**終身年金について**』(*Sur les Rentes Viageres*) と題のついた論文がつづく. この論文はこの巻の165頁-175頁に収められている.

この論文の主要な点は, 終身年金の計算を楽にすることである.

m 才の人が毎年 1 ポンドの終身年金を受け取るために, 払い込む金額を A_m で表わそう[4]. そして, $m+1$ 才の人が毎年 1 ポンドの年金を受け取るために, 払い込む金額を A_{m+1} とする. すると, 433節で示したことにより

$$A_m=\frac{1}{(m)}\left\{\frac{(m+1)}{\lambda}+\frac{(m+2)}{\lambda^2}+\frac{(m+3)}{\lambda^3}+\cdots\cdots\right\}$$

第12章　オ　イ　レ　ル

$$A_{m+1}=\frac{1}{(m+1)}\left\{\frac{(m+2)}{\lambda}+\frac{(m+3)}{\lambda^2}+\frac{(m+4)}{\lambda^3}+\cdots\cdots\right\}$$

となる．それゆえ

$$(m)\lambda A_m=(m+1)+(m+1)A_{m+1}$$

こうして，A_m が既知であれば，A_{m+1} は容易に計算できる．

オイレルは0才から94才までの年金額を表示している[5]．しかし，90才，91才，92才，93才，94才に関しては，彼はつぎのようにいっている．

「しかしながら，この年令の老人の数はそんなに多くないので，終身年金の企業家はこの年令の老人たちにかかわり合わなくてもよい．このことは，確率にもとづいてたてられる，あらゆる企てについて成り立つ一般的な規則である．」

セールスマンに儲かるよという条件で，多くの人たちに年金を買うことを勧めるには十分魅力あるものとも思えない，というのがオイレルの見解である．彼は，**すえ置き年金**（deferred annuities）の方が，おそらくもっと大当りするかもしれないことをほのめかしている．何故なら，生れた子供が20才になったときから，生涯100クラウンの年金を受け取るには350クラウンで買いとるべきだと計算している．そして，彼は

「もし，総額3500エキュで年金を買うならば，20才から毎年1000エキュを受けとることになる．にもかかわらず，彼らの子供たちの財産に穴をあけることになるかもしれないと，疑われているのである．」

とつけ加えている．

436. オイレルのつぎの論文は，『**ファラオン・ゲームにおける胴元の利益について**』（*Sur l'avantage du Banquier au jeu de Pharaon*）である．この論文は1766年に発行された『**ベルリン……アカデミーの歴史**』（1764年号）の144頁-164頁に収められている．

437. オイレルは，すでにモンモールとニコラス・ベルヌイが解いていたのと同じ問題を解いたのにすぎない．しかし，オイレルはこの2人についても，また他の著者たちについても何も述べていない．結果は同じでも，オイレルはまったく新しい方法で解を与えている．差分方程式

$$u_n=\frac{m(m-1)}{2n(n-1)}+\frac{(n-m)(n-m-1)}{n(n-1)}u_{n-2}$$

を考えよう．逐次代入法で

$$u_n=\frac{m(m-1)S}{2n(n-1)(n-2)\cdots\cdots(n-m+1)}$$

をうる．ここで

$$S=\phi(n)+\phi(n-2)+\phi(n-4)+\cdots\cdots$$
$$\phi(n)=(n-2)(n-3)\cdots\cdots(n-m+1)$$

である．

このことは，155節で $A=1$ とおくと，結果は一致する．

まず，Sに対して便利な表現式を求めよう．

$$\frac{\phi(n)}{(m-2)!}=(1+x)^{n-2} \text{ を展開したときの } x^{m-2} \text{ の係数}$$

であることがわかる．

それでSは

$$(1+x)^{n-2}+(1+x)^{n-4}+(1+x)^{n-6}+\cdots\cdots$$

— 220 —

の展開式における x^{m-2} の係数の$(m-2)!$ 倍に等しい.

さて, ファラオン・ゲームでは, n はつねに偶数である. だから, この級数は $(1+x)^0=1$ までつづく. ゆえに, その和は

$$\frac{(1+x)^n-1}{(1+x)^2-1}=\frac{(1+x)^n-1}{2x+x^2}$$

こうして,

$$\frac{(1+x)^n-1}{2+x}$$

の展開式の x^{m-1} の係数を必要とする.

この係数は

$$\frac{n(n-1)\cdots\cdots(n-m+2)}{2(m-1)!}-\frac{n(n-1)\cdots\cdots(n-m+3)}{4(m-2)!}$$
$$+\frac{n(n-1)\cdots\cdots(n-m+4)}{8(m-3)!}-\cdots\cdots$$

である.

だから, $S=$(この係数)$\times(m-2)!$ である.

そこで, S に対するこの表現式を用いて

$$u_n=\frac{1}{4}\frac{m}{n-m+1}-\frac{1}{8}\frac{m(m-1)}{(n-m+1)(n-m+2)}$$
$$+\frac{1}{16}\frac{m(m-1)(m-2)}{(n-m+1)(n-m+2)(n-m+3)}-\cdots\cdots$$
$$+(-1)^m\frac{1}{2^m}\frac{m(m-1)\cdots\cdots 2}{(n-m+1)\cdots\cdots(n-1)}$$

をうる.

これはニコラス・ベルヌイが与えた胴元の利益の表現式であり, それについては**157**節で述べた.

さて, オイレルが u_n に対して与えた表現式は

$$\frac{m}{2^m}\left\{\frac{m-1}{1(n-1)}+\frac{(m-1)(m-2)(m-3)}{1\cdot 3(n-3)}\right.$$
$$\left.+\frac{(m-1)(m-2)(m-3)(m-4)(m-5)}{1\cdot 2\cdot 3\cdot 4\cdot 5(n-5)}+\cdots\cdots\right\}$$

である.

オイレルは, $m=2,3,4,\cdots\cdots,8$ の場合からこの公式を得ている. しかし, 一般的な証明はしていない. われわれはニコラス・ベルヌイの式からこれを導出しよう.

部分分数分解によって, ニコラス・ベルヌイの式のなかの各項を分解できる. こうして, 分母が $n-1$, $n-2$, $n-3$, $\cdots$, $n-m+1$; 分子が n に独立な分数の級数をうる.

分母が $n-r$ である分数の分子を求めよう.

ニコラス・ベルヌイの公式の最後の項から

$$\frac{(-1)^{r+1}}{2^m}\frac{m(m-1)\cdots\cdots 2}{(m-1-r)!\,(r-1)!}\quad;$$

最後から2番目の項は

$$\frac{(-1)^r}{2^{m-1}}\frac{m(m-1)\cdots\cdots 3}{(m-1-r)!\,(r-2)!}\quad;$$

—221—

第12章　オイレル

をうる．そして，これをつづけていくとき，これらの項を加えて

$$\frac{(-1)^{r+1}\,m!}{2^m(r-1)!\,(m-1-r)!}\left\{1-\frac{r-1}{1\cdot2}2+\frac{(r-1)(r-2)}{1\cdot2\cdot3}2^2+\cdots\cdots\right\}$$

$$=\frac{(-1)^{r+1}\,m!}{2^{m+1}\,r!(m-1-r)!}\left\{1-(1-2)^r\right\}$$

この式は，r が偶数のときは0になる．そして，r が奇数のときは

$$\frac{m!}{2^m\,r!(m-1-r)!}$$

となる．

こうして，ニコラス・ベルヌイの式から，オイレルの式がでてくる．

438. オイレルのつぎの論文は『ジェノア の富クジのなかで，続きが起こる確率について』（*Sur la probabilités des séquences dans la Lotterie Génoise*）と題されている．この論文は，1767年発行の『ベルリン……アカデミーの歴史』（1765年号）の191頁-230頁に収められている．

439. この富クジでは，1から90まで一連の番号のついた90枚の札があって，無作為にそのなかから5枚が取り出される．抽出された5枚の札のなかで，2枚もしくはそれ以上の札の番号がつづいている確率はどれほどか？　というのが問題である．このような結果を**続き**（*sequence*）という．だから，たとえば抽出された札の番号が4，5，6，27，28ならば，3枚続きと2枚続きが あることになる．オイレルはこの問題を一般的に考察している．1から n まで一連の番号のつけられた n 枚の札があって，2枚抽出したとき，3枚抽出したとき，……，6枚抽出したときの，ひとつの続きの可能性を求めている．これらの場合をすべて，順番に調べていくことによって，あらゆる場合にも成り立つ一般的法則を理解することができる．彼は形式的にはこの法則を証明していないが，帰納法によって，彼が前に与えておいた事柄から，この法則の正しさを推論している．

440. オイレルの方法のひとつの例として，3枚の札が抽出される場合の彼の研究を調べてみよう．起こりうる3つの事象があって，それはつぎのように表わされる．

I．a，$a+1$，$a+2$；つまり3枚続き．

II．a，$a+1$，b；すなわち2枚続き，数 b は $a+2$ でもなく，$a-1$ でもない．

III．a，b，c；ただし数 a，b，c は続きにならない．

I．a，$a+1$，$a+2$ の形の場合，このような事象の数は $n-2$ である．なぜなら，続きは$(1,2,3)$，$(2,3,4)$，$(3,4,5)$，……，$(n-2,\ n-1,\ n)$である．

II．a，$a+1$，b の形の場合．a，$a+1$，$a+2$ のような3枚続きの数は $n-2$ 通りあった．それと同様に，a，$a+1$ のような2枚続きの数は $n-1$ 通りある．さて，b は $a-1$，a，$a+1$，$a+2$ でない1から n までの任意の1数である．つまり，b は $n-4$ 個の数のうちの任意の数である．しかし，最初の2枚続き，$(1,2)$と，最後の2枚続き$(n,\ n-1)$の場合は，b のとりうる数は $n-3$ 通りである．ゆえに，a，$a+1$，b の形の事象の総数は$(n-1)(n-4)+2=n^2-5n+6=(n-2)(n-3)$である．

III．a，b，c の形の場合．a を任意の数とすると，b と c は1から $a-2$ までの間の数か，$a+2$ から n までの数でなければならない．そして b と c は連続してはいけない．オイレルは起こりうる事象の数を調べている．しかしながら，ここではオイレルの方法とは別の方法を用いてみよう．全事象の総数は，n 個のもののなかから1度に3個のものをとりだす組合せの数に等しい．すなわち，$\dfrac{n(n-1)(n-2)}{1\cdot2\cdot3}$である．IIIの場合の数は，この全事象の数から，Iの場合の数と，さらにIIの場合の数をひいて求められる．ゆえに

$$\frac{n(n-1)(n-2)}{1 \cdot 2 \cdot 3} - (n-2)(n-3) - (n-2)$$

$$= \frac{(n-2)(n-3)(n-4)}{1 \cdot 2 \cdot 3}$$

3つの事象の確率は，それぞれの場合の事象の数を，全事象の数で割ればよい．

こうしてⅠ．Ⅱ．Ⅲ．の場合の確率はそれぞれつぎのようになる．

$$\frac{2 \cdot 3}{n(n-1)}, \quad \frac{2 \cdot 3(n-3)}{n(n-1)}, \quad \frac{(n-3)(n-4)}{n(n-1)}$$

441. オイレルのつぎの論文も富クジに関するものである．この論文の表題は『**確率計算における ひとつの難問の解**』（*Solution d'une question très difficile dans le Calcul des Probobilités*）である．これは1771年発行の『**ベルリン……アカデミーの歴史**』（1769年号）の285頁-302頁に収められている．

442. その最初の文章には，この問題の性格が述べられている．

「私がこの問題にかかわり，そしてこの問題を発展させようと思うようになったのは，ある富クジの設計のせいである．その富クジは5等級あって，各等級とも券が10,000枚ずつある．各等級とも，そのうち当りクジは1,000枚，空クジは9,000枚である．各券はその5等級にわたって通用することができるようになっている．そして，この富クジでは各等級での賞金以外に特別に，5等級すべてにはずれた各等級の券には，1デュカが支払われることが約束されている．」

443. 上のことはもっと簡単につぎのように考えてもよいであろう．ある人が5等級の異なった富クジで，同じ番号の券をもっているとする．各等級ごとに富クジは1,000枚があたり，9,000枚がはずれる．賞金が当る可能性のほかに，彼が何も当たらない場合1デュカもどってくることが決まっている．

444. オイレルの方法は非常に巧妙である．富クジの等級の数を k とし，各等級での当たりクジの数を n，はずれの数を m としよう．

はじめの等級の券が抽出されたとして，n 枚の券A，B，C，……が当ったとしよう．

いま，2番目の等級の券が抽出されたとする．前と同じ n 枚の券が当たる確率を求めよう．その確率は

$$\frac{1 \cdot 2 \cdots\cdots n}{(m+1)(m+2)\cdots\cdots(m+n)}$$

である．

そして同様の方法で，最初の等級で当った券が，すべての等級で当たる確率は，この分数を $k-1$ 乗して得られる．

$$\{(m+1)(m+2)\cdots\cdots(m+n)\}^{k-1} = M$$
$$\{1 \cdot 2 \cdots\cdots n\}^{k-1} = \alpha$$

とおく．

すると，同じ n 枚の券がすべて当たりとなる可能性は $\frac{\alpha}{M}$ である．この場合，当らない人が m 人いるから，この富クジの主催者は m デュカ払わねばならない．

445. さて，まったく当たらない人が $m-1$ 人いる場合を考えてみよう．ここで，最初の等級で当たった n 枚の券A，B，C，…のほかに m 枚の券があり，そのうちの1枚は残りの等級のひとつもしくはひとつ以上の等級で当たる．このようなことが起こりうる場合の数を βm で表わそう．さて，M を最初の等級が抽き出されたのちに起こりうる場合の総数とする．その上，β は m と無関係である．

第12章　オ　イ　レ　ル

このような述べ方のなかに，オイレルの解法の本質的なものが含まれている．βとmとは無関係であるという陳述が正しい理由は，A，B，C，……のうちの1枚を除いて，残りの券の間に新しい券を分配することによって，いろいろな分配方法が生ずるが，それが起こりうるすべての場合になるからである．

　同様にして，まったく当たらない人が$m-2$人いる場合には，最初の等級に当たらなかったm枚の券のうち2枚が，残りの等級で1回もしくはそれ以上当たる．こういうことが起こりうる場合の数を$rm(m-1)$によって表わすことができる．ただし，rはmとは無関係である．

　この方法をつづけていくと，あらゆる可能な場合の数の和がMであるから，
$$M=\alpha+\beta m+rm(m-1)+\delta m(m-1)(m-2)+\cdots\cdots$$
をうる．

　さて，α，β，r，……はすべてmと無関係である．そこで，mの値に1，2，3，……を順々に代入していけば，α，β，r，……の値をきめることができる．

446. オイレルはβ，r，……の値に関しては，ある程度詳しく書きとめている．しかし後になってそれらの値を求めることは必要ないことを彼は示している．

　なぜならば，富クジの主催者が出くわす蓋然的な出費を求めることを彼は提案しているからである．さて，第1の仮定のもとではそれはmデュカ，2番目の仮定ではそれは$m-1$デュカ，3番目の仮定ではそれは$m-2$デュカなどである．こうして蓋然的な出費は

$$\frac{1}{M}\Big\{\alpha m+\beta m(m-1)+rm(m-1)(m-2)+\cdots\cdots\Big\}$$
$$=\frac{m}{M}\Big\{\alpha+\beta(m-1)+r(m-1)(m-2)+\cdots\cdots\Big\}$$

445節でのMの値の右辺の式で，mの代りに$m-1$を代入した式が，上式の括弧内の式になる．だから，この式はmの代りに$m-1$とおいたときのMの値になる．こうして

$$\alpha+\beta(m-1)+r(m-1)(m-2)+\cdots\cdots$$
$$=\{m(m+1)\cdots\cdots(m+n-1)\}^{k-1}$$

　結局，蓋然的な出費は
$$m\Big(\frac{m}{m+n}\Big)^{k-1}$$
である．

　それから，オイレルは一般的に推論して，この単純な結果が正しいことを確かめている．

447. つぎに，『トリノ論文集第V巻に掲載された，多数の観察結果の平均をとる方法に関する，ド・ラ・グランジュ氏の小論についての説明』（*Éclaircissemens sur le mémoire de Mr. DeLa Grange, inséré dans le Ve volume de Mélanges de Turin, concernant la méthode de prendre le milieu entre les résultats de plusieurs observations, &c.*）(1777年11月27日アカデミーに提出)と題する覚え書に注目せねばならない．この覚え書は1785年におけるアカデミーの歴史を含む『ペテルスブルク・アカデミー新年報』第3冊に発表されている．この巻は1788年に発行され，覚え書は299頁-297頁に掲載されている．

　この覚え書は371節で引用したラグランジュによる覚え書の説明からなっている．新しいものは何もない．その説明は代数学の初心者むけのものであるが，怠慢な学生か頭の悪い学生以外には不必要なものである．

448. 確率論に関するオイレルのつぎの貢献は富クジに関するものである．この問題は，ド・モワブ

— 224 —

ル，マレ，ラプラス，オイレル，トランブレの注意を，つぎつぎとひいたものである．オイレルの解法を説明する前に，ド・モワブルとラプラスがすでに発表してしまっていたことについて述べるのは都合がよかろう．

ド・モワブルの『偶然論』第3版の問題 XXXIX は，つぎのように述べられている．すなわち，それは任意に与えられた数の面をもつサイコロを，A が任意の回数投げて，ある数の面を出すとき，A の期待値を求めることである．すでに述べたように，この問題は『クジの測定について』のなかではじめてあらわれた〔251節，291節参照〕．

サイコロの面の数を n，投げの回数を x，特定の m 個の指定された面が出ると仮定する．そのとき，好都合の場合の数は

$$n^x - m(n-1)^x + \frac{m(m-1)}{1 \cdot 2}(n-2)^x + \cdots\cdots$$

である．ただし，この級数は $m+1$ 項からなる．可能なすべての場合の数は n^x である．だから，好都合な場合の数を可能なあらゆる場合の数で割れば，求める可能性が得られる．

449. つぎはド・モワブルの研究した方法を説明しよう．まず，1の面が出る場合の数について考えよう．あらゆる場合の数は n^x である．1が除かれている場合の数は $(n-1)^x$ である．だから，1が出るあらゆる場合の数は $n^x - (n-1)^x$ である．

つづいて，1と2の面が出る場合の数はどれだけかを考えよう．2が除かれているとき，1が出るあらゆる場合の数は，いま述べた方法により，

$$(n-1)^x - (n-2)^x$$

である．それゆえ，そのサイコロで2の目が削除されているときに，1の目が出る場合の数となる．1の目が出る場合の数から，この数をひくと，1と2の両方の目が出るあらゆる場合の数になる．こうして，結果は

$$n^x - (n-1)^x - \{(n-1)^x - (n-2)^x\}$$
$$= n^x - 2(n-1)^x + (n-2)^x$$

である．

同様にして，ド・モワブルは1，2，3の目が出る場合の数を簡単に考察している．さらに，1，2，3，4の目が出る場合の結果も述べている．そして結局のところ，一般的な結果を言葉で述べている．

それから，ド・モワブルはその公式からどのようにして近似値が得られるかを示している〔292節参照〕．

450. その結果は便宜的に差分の記法で表わすことができる．

特定の m 個の面が出る場合の数は $\varDelta^m(n-m)^x$ である．ただし，もちろん m は n より大きくない．

また，m が x より大きければ，求める事象は起こりえないことは明らかである．事実，m が x より大きいとき，$\varDelta^m(n-m)^x = 0$ となる．

$n = m$ と仮定する．そのときの場合の数は $\varDelta^n 0^x$ で表わされる．この式をきちんと書くと

$$n^x - n(n-1)^x + \frac{n(n-1)}{1 \cdot 2}(n-2)^x - \cdots\cdots$$

となる．

451. 前節の終りの一般的な結果のうち，ひとつの特別な場合は注目に価する．$x = n$ とおけば，n 回投げるとき，n 個の面すべてが出る場合の数が得られる．$x = n$ のときの級数の和は，積 $1 \cdot 2 \cdot 3 \cdots\cdots n$ に等しいことが分っており，いろいろな方法で示すことができる．しかし，この結果は確率論

— 225 —

第12章　オイレル

自体からも得られることに注意しよう．なぜならば，全部で n 個の面がすべて n 回の投げで出るには，出る目に重複があってはならない．だから，この場合の数は n 個のものすべてを一列に並べる順列の数である．

こうして，確率論を用いて間接的に，ある級数の和を推論できることがわかる．今後，われわれは同じような例に出会うであろう．

452. 『いろいろな学者たちによる …… 覚え書集』（*Mémoires …… par divers Savans*）第Ⅵ巻（1775年）の363頁で，ラプラスはつぎの問題を解いている．ある富クジは n 枚の券から成り，それから同時に r 枚を抽く．x 回抽いたとき，ちょうど全部の種類の券が抽出される確率を求めよ，という問題である．

毎回抽出したあと，富クジの枚数はもとに戻っているものとする．

ラプラスの方法は，『確率の解析的理論』192頁で与えているのと，本質的には同じである．しかし，193頁-202頁を占めている近似計算は，この覚え書ではやっていない．

ラプラスは提起した問題以上に問題を一般化して解いている．なぜなら，x 回抽いたとき，特定の m 枚の券が全部抽出される確率を求めているからである．そして，m を n とおいて，提起した問題を特殊な場合における結果として求めている．

453. ラプラスが扱っている問題と，ド・モワブルが扱っている問題とが実際上一致しているのは，一番興味をひく点である．そして，この2人の数学者の方法も大体同じであるということも面白い．

ド・モワブルの問題では，あらゆる場合の数が n^x である．ラプラスの問題では，この数は $\{\phi(n, r)\}^x$ である．ただし，$\phi(n, r)$ は n 個のものから同時に r 個のものを取り出す組合せの数を表わす．ド・モワブルの問題では，サイコロのあるひとつの面が削除されたときに起こるあらゆる可能な場合の数は $(n-1)^x$ である．ラプラスの問題では，これに対応する数は $\{\phi(n-1, r)\}^x$ である．……ゆえに，ラプラスの問題では，特定の m 枚の券が抽かれる場合の数は

$$\{\phi(n, r)\}^x - m\{\phi(n-1, r)\}^x + \frac{m(m-1)}{1 \cdot 2}\{\phi(n-2, r)\}^x - \cdots\cdots$$

である．そして，求める確率は，これをあらゆる可能な場合の数 $\{\phi(n, r)\}^x$ で割れば求められる．

454. 差分の記法を用いると，特定の m 枚の券を抽出する場合の数は $\Delta^m\{\phi(n-m, r)\}^x$ であり，全部の券を抽く場合の数は $\Delta^n\{\phi(0, r)\}^x$ となる．

455. 『パリ……アカデミーの歴史』（1783年）において，ラプラスは近似計算を与えている．これは『確率の解析的理論』195頁にものっている．10000枚の券から成る富クジがあって，毎回1枚ずつ復元抽出するとき，およそ95767回抽くと，確率はおよそ $\frac{1}{2}$ となることを，ド・モワブルは発見している．

456. ド・モワブルとラプラスがすでに公表している内容に注意が述べられていたが，とりあえずオイレルの解法を検討しよう．

オイレルの『解析小論』（*Opuscula Analytica*）第Ⅱ巻（1785年）のなかに，その問題がのっている．この巻の 331頁-346頁に『確率計算における，むつかしい問題についての解法』（*Solutio quarundam quaestionum difficiliorum in calculo probabilium*）と題する覚え書がある．かくして，オイレルはつぎのように始める．

「1，2，3，4，…，90と数字の印のついた90枚のチップから同時に5枚のチップをクジびきするという，何処ででも一般的に考えつくゲームが，この問題に研究の機会を提供したのである．クジびきの順番を作成したあとで，90枚全部を順々にクジびきするか，少くとも89枚クジびきするか，

88枚クジびきするか，……それ以下の枚数をクジびきするとき，クジにあたる確率は当然どれ程の値をもつか，というような類の問題が生じたのである．したがって，これらの諸問題は，むつかしいゆえに，何よりもまず大分前から確率論を使って，解を構成することが採用された．また，確率論そのものを疑わしいとして，計算をやり直そうと試みたダランベールの異議を私は退けるつもりはない．なぜなら，最高の幾何学者が数学の研究に惜別したのちに，さらにまたよりよい解釈を行なうために，確率論の基礎をしっかりと固めることに着手したのだから．にもかかわらず，誰はばかることなくなされたダランベールの反論が，極端にいって無知のせいだとしても，そのために科学自身にとって，ある種の不都合さも生じなかったことは，誰もが知る有名な事実である．」

457. オイレルはこのような計算をするのに大変便利なある記号を発見したと述べている．すなわち

$$\frac{p(p-1)\cdots\cdots(p-q+1)}{1\cdot2\cdot\cdots\cdots q} \text{の代りに}\left(\frac{p}{q}\right)$$

を使っている[6]．

458. オイレルは彼の先達となった人たち，ド・モワブルとラプラスについては何も述べていない．彼はチップ全部が抽出される可能性を求める式を与えている．この式はラプラスの与えた公式と一致する．この式は453節で与えた式で $m=n$ とおけばよいのである．

つづいて，オイレルは少くとも $n-1$ 枚のチップ，$n-2$ 枚のチップ，……が抽出される場合の問題を考えている．彼は $n-1$ 枚のチップを抽く場合，$n-2$ 枚のチップを抽く場合，……を順々に簡単に議論し，一般的な結果をそのあとで述べている．そのやり方はつぎの通りである．少くとも $n-1$ 枚のチップが抽かれるとして，その場合の数は

$$\{\phi(n,r)\}^x - \phi(n,\nu+1)\{\phi(n-\nu-1,r)\}^x$$
$$+ (\nu+1)\phi(n,\nu+2)\{\phi(n-\nu-2,r)\}^x$$
$$- \frac{(\nu+1)(\nu+2)}{1\cdot2}\phi(n,\nu+3)\{\phi(n-\nu-3,r)\}^x - \cdots\cdots$$

である．

この結果は，すでに分っていたことに，オイレルが寄与したことを，つけ加えたものにすぎない．

459. オイレルの方法はその正確さの点で完全無欠といってよい．彼の方法は，代数学の教科書のなかで使った方法，つまり与えられた数より小さく，その数と素である整数の個数を求める方法に似ている．オイレルの結果をより簡単に求めうる別の証明の方法を説明しよう．

ちょうど m 枚のチップが抽出される場合の数は

$$\phi(n,m)\Delta^m\{\phi(0,r)\}^x$$

である．なぜなら，454節によって，$\Delta^m\{\phi(0,r)\}^x$ は m 枚の券によりできている富クジで，x 回抽いて全部の券がでてくる確率である．そして，$\phi(n,m)$ は，n 個のものから同時に m 個のものを取り出す組合せの数である．

ゆえに，少くとも $n-1$ 枚のチップを抽く場合の数は

$$\sum\phi(n,m)\Delta^m\{\phi(0,r)\}^x$$

という式で与えられる．ここで $\sum$ は $m=n-\nu$，$n-\nu+1$，……n の値をとる，m についての和である．

こうして

$$\Delta^n\{\phi(0,r)\}^x + n\Delta^{n-1}\{\phi(0,r)\}^x + \frac{n(n-1)}{1\cdot2}\Delta^{n-2}\{\phi(0,r)\}^x$$
$$+ \frac{n(n-1)(n-2)}{1\cdot2\cdot3}\Delta^{n-3}\{\phi(0,r)\}^x + \cdots\cdots$$

第12章 オ イ レ ル

をうる. この級数は $\nu+1$ 項までつづく.

この級数は略記して

$$\left\{ \Delta^n + n\Delta^{n-1} + \frac{n(n-1)}{1\cdot2}\Delta^{n-2} + \frac{n(n-1)(n-2)}{1\cdot2\cdot3}\Delta^{n-3} + \cdots\cdots \right\} \{\phi(0,r)\}^x$$

とかける.

さて, Δ を $E-1$ とおいて展開し, E のベキについて整理すると

$$\{ E^n - \phi(n,\nu+1)E^{n-\nu-1} + (\nu+1)\phi(n,\nu+2)E^{n-\nu-2}$$

$$- \frac{(\nu+1)(\nu+2)}{1\cdot2}\phi(n,\nu+3)E^{n-\nu-3} + \cdots\cdots \} \{\phi(o,r)\}^x$$

となり, これはオイレルの結果と一致する.

Δ の代りに $E-1$ とおくとき, 実際に E^{n-p} の係数が

$$\frac{(-1)^p n!}{p!(n-p)!} \left\{ 1 - p + \frac{p(p-1)}{1\cdot2} - \frac{p(p-1)(p-2)}{1\cdot2\cdot3} + \cdots\cdots \right\}$$

であることが分る. ここで括弧内の級数は $\nu+1$ 項までつづくが, $p\leqq\nu+1$ ならば, $p+1$ 項までつづく. 前者の場合, その級数の和は $(1-x)^p(1-x)^{-1}=(1-x)^{p-1}$ を展開したときの x^ν の係数である. 後者の場合, その級数の和は同じ展開式の x^p の係数であるので, $p\neq0$ のときは値 0 をとり, $p=0$ のときは値 1 をとる.

460. 毎回 r 枚の券を抽くから, x 回抽いて得られる券の最大数は xr である. だから, オイレルが注意しているように, 展開式

$$\{\phi(n,r)\}^x - n\{\phi(n-1,r)\}^x + \frac{n(n-1)}{1\cdot2}\{\phi(n-2,r)\}^x - \cdots\cdots$$

は, $n>xr$ ならば 0 でなければならない. というのは, この式は r 回の抽出で n 枚の券が抽かれる場合の数を与えているからである. また, オイレルは, $n=xr$ の場合も注意するようにといっている. なぜなら, このとき, 上式は

$$\frac{n!}{(r!)^x}$$

という因数の積になってしまうからである.

オイレルはこの結果を証明していない. おそらく, 彼はそれを確率論自体から導出したのであろう. なぜなら, もし $xr=n$ ならば, 全部の券が r 回の抽出ですべて抽出されるから, 重複して 2 度抽かれる券がないことは明らかであり, こうして, 1 回目の抽出で起こるすべての場合の数は, n 個のものから一度に r 個とり出す組合せの数でなければならない; また, 2 回目の抽出で起こるすべての場合の数は, $n-r$ 個のものから一度に r 個とり出す組合せの数でなければならない; ……そして, このような数すべての積が, 求める数であるからである.

級数の和を求めるというこの例が, 間接的に確率論によって求められるということは, 大へん奇妙である〔**451**節参照〕.

461. オイレルは彼の公式を定立してのち, つぎのような短い記事をのせている.

「この確率論においては, とくに目の前にあるいくつかの文字をぬきとるのに同等の確からしさを与えがちである. しかし, これに反して, 評判の高いダランベール氏はそのように仮定することに否定的である. 展望のきく書物を完成する前に, 傍観者ぶらずに, すべての人々が一しょになって, このことを論じようではないか. もしも, 何かある文字群からくり返しくり返し文字をぬきとるとしたら, それは結果としては特別なクジをひくのと同じように論じられるし, 逆にまた特別なクジ

—228—

をひくことは何個かの文字をぬきとることになぞらえることができよう．この計算は，できることなら，系統的な教程を若い世代に，もしそれが駄目なら年をとってからでも構わないが，教授されることがのぞましいし，また何処ででも教授されることがのぞましい．そして，この計算が実用化されるために，いろいろな教科書を準備し，他日それらは地球上どこででも作成し得て，確かに特別な工夫をこらさねば解けないというようなことはなくそうではないか．」

462．オイレルの『解析小論』第II巻（1785年）には生命保険に関する覚え書がのっている．その表題は『**確率計算を適切に使った問題の解法．償還の義務があり，両親が死去するや直ちに積立てを停止し，ある金額の銀貨を支払うことに結びついた2つの量について**』（*Solutio quaestionis ad calculum probabilitatis pertinenlis. Quantum duo conjuges persolvere debeant, ut suis haeredibus post utriusque mortem certa argenti summa persolvatur.*）である．この論文はこの巻の315頁-330頁に掲載されている．

オイレルは，彼が1760年の『**ベルリン……紀要**』のなかに挿入した表をふたたび取りあげている〔433節参照〕．その表は1000人の幼児のうち，任意に与えられた年の終りにおける生存人数を示している[7]．

夫婦とも死亡したとき，一定の金額を保証するには，頭金がx，そのうえ，夫婦が死亡するまで毎年zを支払うものと，オイレルは仮定している．そして，x，zと保証金額との間の関係を調べている．この関係より3つの量のうち，2つの量に任意の値を代入し，3番目の量の値を求める計算ができる．たとえば，保証額を1000ルーブル，$x=0$として，zを求めるが如きである[8]．

オイレル自身は数値例は与えていないが，計算表が容易に作れるように，応用するのにはまったく便利な公式を残している．

〔訳註〕

（1）**レオンハルト・オイレル**（Leonard Euler）は1707年5月15日バーゼルに生れ，1783年11月18日ペテルスブルクで死去する．幼少時代はスイスの農村で，牧師の父パウルから教育された．バーゼル大学ではヤコブ・ベルヌイの弟子として数学を学び，のち1726年ペテルスブルク・アカデミーに移った．1741年ドイツに移り，ベルリン・アカデミーの組織作りに専念した．1766年再びペテルスブルクに戻った．オイレルの伝記についてはここで述べるまでもなく，すでに数多くの書物が出ている．〔フレイマン『**14人の数学者**』松野武，山崎昇訳，160頁-209頁；ベル『**数学をつくった人々**』（II）田中勇，銀林浩訳，8頁-26頁；ルイブニコフ『**数学史**』井関清志，山内一次訳293頁-298頁などは邦書で読める伝記である．〕

（2）**ウィレム・ケルセボーム**（Willem Kersseboom, 1691-1771）は批判的な論争好きの頭脳をもった人であった．彼は財務官吏として年金業務に精通する機会をもったが，彼のすぐれた才能はこの材料の学問的な意義を理解して目的意識的な方法ではじめてこれを利用し，人口研究，とくに死亡率の研究に新しい業績を残した．彼は1737年から1748年の間に，これらの研究をいずれもオランダ語で7つの論文にして発表している．ケルセボームの死亡表は一定の年令の与えられた数の生存者から出発して，その減少を確定するために，この生存者をより高年令段階まで追及している．ケルセボームの研究家G. F. クナップ（Knapp）は「ここにはもはや推測はなく，方法がある」と述べている．彼はまた，イギリスのシンプソンとの論争において〔新生児の平均余命は35年になるか否か？をめぐるもの〕，ロンドン市の材料をもとにして第2の死亡表を作った．そのなかで

$$x\text{才の平均余命}=\frac{x\text{才から最高年令までの死亡表にある生存者数の総和}}{x\text{才の現存人数}}$$

と計算する．これはハレーにはなかった考えであった．つぎの表はケルセボームの第2表で，1742年の論文『*Tweede verhandeling, bevestigende de proeve om te weeten de provable meeninge des volks*』56頁にのっているものである．

— 229 —

第12章　オ　イ　レ　ル

年令	生存者数	年令	生存者数	年令	生存者数	年令	生存者数
0	1400	24	783	48	530	72	217
1	1125	25	772	49	518	73	203
2	1075	26	760	50	507	74	189
3	1030	27	747	51	495	75	175
4	993	28	735	52	482	76	160
5	964	29	723	53	470	77	145
6	947	30	711	54	458	78	130
7	930	31	699	55	446	79	115
8	913	32	687	56	434	80	100
9	904	33	675	57	421	81	87
10	895	34	665	58	408	82	75
11	886	35	655	59	395	83	64
12	878	36	645	60	382	84	55
13	870	37	635	61	369	85	45
14	863	38	625	62	356	86	36
15	856	39	615	63	343	87	28
16	849	40	605	64	329	88	21
17	842	41	596	65	315	89	15
18	835	42	587	66	301	90	10
19	826	43	578	67	287	91	7
20	817	44	569	68	273	92	5
21	808	45	560	69	259	93	3
22	800	46	550	70	245	94	2
23	792	47	540	71	231	95	1

　この表から，1才の平均余命は42.1才，11才の平均余命は42.6才，21才の平均余命は36.2才となる．オイレル
の死亡表はこの表から各年令の生存者比率を　$(x)=\dfrac{x\text{才の生存者数}}{1400}$　として表わしたものである．〔ヨーン
『**統計学史**』足利末男訳236頁-247頁参照〕

（3）人口増加は幾何級数的であるというマルサスの比喩は，オイレルのこの仮定に存在したといえよう．

（4）オイレルは A_m の代りに $\overline{m}$ という記号を用いている．

（5）毎年100エキュもらう場合の支払い額は下の通りである．記号は左端の表に準ずる．

年令	生存者数	支払額	m	(m)	$\overline{m}$	m	(m)	$\overline{m}$
0	1000	1155,25	13	621	1535,42	26	544	1395,43
1	804	1408,73	14	616	1525,28	27	535	1389.85
2	768	1448,51	15	611	1514,65	28	525	1387,14
3	736	1489,06	16	606	1503,50	29	516	1381,90
4	709	1520,88	17	601	1491,81	30	507	1376,75
5	688	1545,67	18	596	1479,54	31	499	1368,76
6	676	1551,77	19	590	1469,31	32	490	1363,60
7	664	1558,81	20	584	1458,63	33	482	1355,55
8	653	1564,32	21	577	1450,15	34	475	1344,30
9	646	1560,33	22	571	1438,66	35	468	1332,63
10	639	1556,29	23	565	1426,64	36	461	1320,51
11	633	1549,59	24	559	1414,05	37	454	1307,92
12	627	1542,64	25	552	1403,58	38	446	1297,95

— 230 —

m	(m)	$\overline{m}$	m	(m)	$\overline{m}$	m	(m)	$\overline{m}$
39	439	1284,58	58	291	929,69	77	104	441,13
40	432	1270,67	59	282	907,33	78	93	417,98
41	426	1252,97	60	273	884,16	79	82	397,75
42	420	1234,42	61	264	859,96	80	72	375,64
43	413	1218,12	62	254	838,51	81	63	350,17
44	406	1201,08	63	245	812,78	82	54	329,69
45	400	1180,06	64	235	789,74	83	46	306,38
46	393	1161,13	65	225	766,08	84	39	279,44
47	386	1141,30	66	215	741,80	85	32	257,60
48	378	1123,73	67	205	716,88	86	26	232,90
49	370	1105,43	68	195	691,33	87	20	217,91
50	362	1086,35	69	185	665,14	88	15	205,07
51	354	1066,45	70	175	638,31	89	11	193,62
52	345	1048,99	71	165	610,83	90	8	179,54
53	336	1030,94	72	155	582,75	91	6	151,35
54	327	1012,27	73	145	554,09	92	4	138,38
55	319	989,54	74	135	524,89	93	3	93,73
56	310	969,18	75	125	495,22	94	2	47,62
57	301	948,07	76	114	470,16			

（6）これは今日の組合せの記号 $\left(\dfrac{p}{q}\right)$ である．オイレルの論文では

1°　つねに　　$\left(\dfrac{p}{q}\right)=\left(\dfrac{p}{p-q}\right)$

2°　　　　　　$\left(\dfrac{p}{0}\right)=1$

3°　$q<0$, もしくは $p<q$ ならば $\left(\dfrac{p}{q}\right)=0$

4°　$-p<0$　のとき $\left(\dfrac{-p}{q}\right)=\pm\left(\dfrac{p+q-1}{q}\right)$, ただし＋は p が偶数のとき，－は p が奇数のときのように，記号を拡張して用いている．

（7）この表は『人類の死滅と繁殖についての一般的研究』のなかの表と同じである．

（8）N 組の夫婦の夫と妻の現在の年令を a, b とする．

$$P=\frac{(a+1)}{\lambda}+\frac{(a+2)}{\lambda^2}+\frac{(a+3)}{\lambda^3}+\cdots\cdots+\frac{(95)}{\lambda^{95-a}}$$

$$Q=\frac{(b+1)}{\lambda}+\frac{(b+2)}{\lambda^2}+\frac{(b+3)}{\lambda^3}+\cdots\cdots+\frac{(95)}{\lambda^{95-b}}$$

$$R=\frac{(a+1)(b+1)}{\lambda}+\frac{(a+2)(b+2)}{\lambda^2}+\frac{(a+3)(b+3)}{\lambda^3}+\cdots\cdots+\frac{(95)(95-b)}{\lambda^{95-a}}$$

とすると

$$x+z\left(\frac{P}{(a)}+\frac{Q}{(b)}-\frac{R}{(a)(b)}\right)=1000\left(1+\frac{(1-\lambda)P}{(a)}+\frac{(1-\lambda)Q}{(b)}+\frac{(\lambda-1)R}{(a)(b)}\right)$$

が，オイレルの与えた関係式である．

第13章

ダランベール

463. ダランベールは1717年に生まれ，1783年に没した[1]．この偉大な数学者は，確率論史上，一般に受け入れられていた見解と対立した見解をもっていたことで知られている．科学・哲学・文学において有名であったからこそ，彼の逆理や誤謬に対して関心が払われたのであり，もう少し目立たぬ著者が提唱したものであったら，何ら意に介されなかったであろう．彼の奇説の最初の公刊は『百科全書，もしくは合理的辞典』[2]（*Encyclopédie ou Dictionnaire Raisonné*……）の『貨幣の表か裏か』（Croix ou Pile）という項目のなかにみられる．われわれは『百科全書』同様この研究に簡単にふれ，その続編である『百科全書（事項別配列）』と区別しよう．後者は前者に基づいており，『貨幣の表か裏か』という項目は，そのまま後者のなかに再録されている．

ダランベール

464. 『貨幣の表か裏か』の項目をのせている『百科全書』の分冊は，1754年に刊行された．この項目の記事のなかで提起されている問題は，貨幣を2回投げた場合における表のでる可能性を求めることである．Hは表，Tは裏を表わすものとする．すると，普通の理論では，同等に確からしい4通りの場合，すなわち HH, TH, HT, TT が起こりうると考えられる．不都合な場合は一番最後の場合だけであるから，求める可能性は $\frac{3}{4}$ である．しかしながら，ダランベールはこのことが正しいかどうかに疑問をもった．彼によれば，1回目の投げで表がでれば，このゲームは終るのであるから，2回目を投げる必要はないというのである．こうして，彼はたった3つの場合，すなわち H, TH, TT が起こりうると考え，求める可能性は $\frac{2}{3}$ であると考えた．

同じように3回投げる場合には4通りの起こり方，つまり H, TH, TTH, TTT があり，求める可能性は $\frac{3}{4}$ だといっている．普通の理論ではこの場合は同等に確からしい8通りの起こり方があり，求める可能性は $\frac{7}{8}$ であるとする．

465. 同じ項目の記事のなかで，ダランベールはペテルスブルクの問題もとりあげている．すでに389節-393節でとりあげた『ペテルスブルク学士院の記録』（*Commentarii Acad.*……*Petrop*）第5巻における解答にも自分の意見を述べている．彼は「しかし，皆がこれで満足しているのかどうかは知らない．そしてここに代数学者が没頭する価値のあるある種の悪例があるのである．」と付け加える．ダランベールは，ひとりの演技者の期待値と他の演技者の相対的な危険性が実際に無限大である，いいかえると定められた有限のどんな値よりも大きな値をとりうるかどうか，をわれわれは知りさえすればよいのだといっている．このことは少し考えればわかることだと彼はいう．なぜなら，件の危険性は試行の回数とともに増加し，そしてこの回数はゲームの条件によってどこまでも大きくしうる

—232—

からである[(3)].　ゲームが永久に続くということが，無限大の期待値を生み出す理由のひとつだと彼は結論づける.

ダランベールはさらにいくつかの注意を述べているが，それは彼の『小論』[(4)] (*Opuscules*) 第2巻に再録されており，のち程論じたいと思う．そして『小論』の第4巻では，ダランベールは上に述べたことと実際に矛盾した結論を出しているのもわかるであろう．

466. つぎに『百科全書』の項目『**賭事**』(Gageure) をみてみよう．これは1757年刊行の巻〔第7巻〕にのっている．ダランベールはこの機会を応用して『**貨幣の表か裏か**』の項目のなかで説明したことに対する，いくつかの非常に有力な反論をのせたといっている．彼は「それらはジュネーヴ市民でその町の数学教授であるネッカー氏 (M. Necker) の息子のものであり，彼の手紙のなかからそれらの反論を選び出してみた．」といっている．反論は全部で3つある．ネッカーの反論の最初は，ダランベールのいう3つの事象が同等に確からしいということを否定し，この否定の根拠づけをしていることである．第2番目は普通の理論での解の見事な陳述をしていることである．第3番目はダランベールの見解は明らかに正しくない結論を引き出しているのだから承認できないということである．この反論はダランベールによって『小論』の第2巻にのせられており，これも後述するつもりである．反論をのせたあとで，「これらの反論，とりわけ最後の反論は明らかに注目に価する」とダランベールは述べている．しかしそれでもなお，彼は普通の理論の健全さを信じようとはしなかったのである．

ネッカー

項目『**賭事**』のなかの記事は，『**百科全書（事項別配列）**』には再録されていない．

467. ダランベールは『百科全書』のなかに確率論についてのいろいろな他の項目を書いている．
しかし，それらは重要なものではない．簡単に列挙していくことにしよう[(5)].

『**失踪者**』(Absent) この項目ではダランベールはニコラス・ベルヌイの論文について言及している〔338節参照〕．

『**利益**』(Avantage) この項目の記事には注目に価するものはない．

『**バセット・ゲーム**』(Bassette) ここでは胴元の利益の計算の仕方が，ひとつの場合について記載されている．これはモンモールの著書145頁にのっているものである．

『**トランプのダイヤ**』(Carreau) この項目は『**科学アカデミーができる前，1733年にビュッホン氏によって計算されたいろいろな賭事**』(*Sorte de jeu dont M. de Buffon a donne le calcul in 1733, avant que d'être de l'Académie des Sciences*) についての説明がなされている〔354節参照〕．

『**サイコロ**』(Dé) この項目では，2個のサイコロをふったときの起こりうるすべての投げの結果，3個のサイコロをふったときの起こりうるすべての投げの結果が示されている．

『百科全書』確率の項の頁

— 233 —

第13章 ダランベール

『富クジ』(Loterie) これは通例の注意や例題だけの簡単な項目である.

『賭金』(Pari) この項目は普通の規則を説明する数行からできている. その終りの方に「これらの賭金の規則は勝つ確率が非常に小さく,負ける確率が非常に大きい場合には変更されねばならない. 項目『ゲーム』(Jeu) 参照のこと.」しかしながら,項目『ゲーム』にはこの参照に相当するものがなく, アルファベット順からして『ゲーム』(Jeu) は『賭金』(Pari) に先行するわけだから, なおさら奇妙である. このような不合理さは『百科全書(事項別配列)』にも再生産されている.

ディドロ

『百科全書』の項目『確率』(Probabilité) は明らかにディドロ (Diderot) によるものである. そこでは91節で述べた点を除いて, 確率論について普通の見解が述べられている.

468.『数学小論』の何ヶ所かで, ダランベールは確率論に言及している. これらの言及は主として, ダランベールが不健全だとみなして指摘した確率論の第1原理に対して向けられたものである. われわれは, ダランベールが言及しているすべての箇所を吟味していこう.

469.『数学小論』の第2巻における最初の覚え書は, 『**確率計算についての反省**』(*Reflexions sur le calcul des Probabilités*) と題されている. それは1頁から25頁まで占めている. その巻の発行日付は1761年である. ダランベールは, 確率論における**期待値**についての一般規則, すなわちある事象の起こる確率に, その事象が起こったときの損失もしくは利得をかけることを引用することから始める. ダランベールはこの規則がすべての分析に用いられてきたが, 規則が間違っていると思われる場合も存在しているという.

470. ダランベールが持ちだした第1の場合は**ペテルスブルクの問題**である〔389節参照〕. 普通の理論によれば, AはBとゲームをする特権のために無限の富をBに与えねばならない. ダランベールはいう.

「さて, 無限の富ということが妄想であるばかりか, このようなゲームを行なうために, カードを分配したいと思う者は誰もいない. 私は無限の富なるものは論じないし, また十分に些細な富についても論じない.」

471. ダランベールは学識と聡明さにみちた, 科学アカデミーの有名な一幾何学者によってしらされたペテルスブルクの問題の解に注目している. この幾何学者とはフォンテーン (Fontaine)[6] のことだと思われる. というのは, その解法はフォンテーンが知っていたことを与えられたということだから〔モンチュクラ, 403頁参照〕. この解法では, Bはある金額以上を払うことはありえないとされており, Aが与えるべきこの極限値がゲームにBを誘い込むのであった. ダランベールによれば, このことが不満足なのである. というのは, ゲームを有限回, たとえば100回までで終ったとする. すると理論上ではAが50クラウン与えなければならない. ダランベールはこれが多すぎるのだと主張する.

ダランベールの答は簡単である. そして後述するように, 実際コンドルセ (Condorcet) によってうまく理由づけられた. 一般の規則は長期にわたればA, Bのどちらにも同等に公平であり, 他のどんな方法によっても一方にとって不公平になるので, 結局それは採択される権利があることになる.

472. ダランベールは, ある事象の起こる確率がとても小さい場合は注意されるべきで, 確率を零として扱うべきだと結論する. たとえば, ペーターとジェームズが, つぎの条件でゲームをする. つ

— 234 —

まり，貨幣を100回投げて最後にたった1回だけ表がでたら，ジェームズがペーターに 2^{100} クラウンを与えねばならないとする．普通の理論では，この場合，ペーターはゲームのはじめにジェームズに1クラウン与えておかなければならない．

ダランベールによると，ペーターは確実に負けるであろうから，この1クラウンをジェームズにやる必要はないという．なぜなら，100回貨幣を投げる前に，表が出れば必然的にではないにせよ，確実に負けるのであるから．ダランベールの小さな確率は零と同じであるという理論は，ビュッホンによって支持された．

473. ダランベールは形而上学的に可能なことと，物理的に可能なこととは区別すべきであると述べている．存在すること自体が不条理でないようなものはみな形而上学的に可能なもののなかに入る．事象が普通の起こり方をして，それほど異状な起こり方をしないようなものは，物理的に可能なもののなかに入る．2個のサイコロを100回投げて100回とも2個のサイコロが6の目を出すというのは，形而上学的には可能であるが，物理的には不可能である．というのも，いままでそんなことは一度も起こったためしがないし，また今後も起こることがないのであるから．

このことは，もちろん，非常に小さい可能性は注意して，零として取扱うべきであるという主張をいいかえただけである．しかし，可能性がどの程度まで減少したとき，可能性は零とみなしうるのかと問われた場合，ダランベールの考えは大きな難点をはらんでいるわけである．そして，彼は一般理論に対してこのことを付加的な論法として用いているのである〔ミル『論理学』Vol. II（1862年）170頁参照〕．

474. ダランベールは，ある考えが浮び，それによって確からしさの比が評価されるかもしれないと述べている．その考えというのは，単に実験するということだけである．彼は，硬貨を多数回投げて結果を観察するということで，その考えを例示している．これはビュッホンらの示唆によるものであることは明らかである．普通の確率論の唱導者たちが，ダランベールの提唱した実験をよろこんで受け入れたことはいうまでもない．なぜなら，ヤコブ・ベルヌイの定理にたよっていた彼らは，実験が自分たちの計算に確証を与えると信じて疑わなかったからである．しかし，ダランベールがその直後の節で，実験の提唱とはまったく相反することを述べているのは奇妙である．というのは，もし3回表がつづいて出たら次には裏の方が出やすいと述べているからである．表がつづいて出れば出る程，次には裏が出やすくなるといっている．彼はこのことを自明なことと考え，一般理論の欠陥を示す例が与えられると考えていたのである．『小論』第4巻90頁-92頁で，ダランベールは自分につきつけられた矛盾の告発に注目し，これに反論しようとしている．

475. それから，ダランベールは別の例をひきあいに出している．それはすでに『百科全書』のなかの『貨幣の表か裏か』と『賭事』という項目のなかで説明されたものである〔463節参照〕．ここでの問題は硬貨を2回投げたときの，表の出る確率を求めることである．

ダランベールは『百科全書』のなかで，確率は $\frac{3}{4}$ ではなくて $\frac{2}{3}$ であると結論を述べている．しかし，『小論』のなかではそれ程強く $\frac{2}{3}$ という結論を主張しておらず，$\frac{3}{4}$ なる結論を導く理屈づけが不完全であると主張することで満足しているように思われる．

ダランベールはきわめて執拗に一般的理論への反対を主張している．偉大な数学者の犯した誤謬のすべてを知りたいと思う人は誰でも，原論文を参照しなければなるまい．しかし，ダランベールの反対に説得力がなかったという点に関しては，ほとんどすべての確率論研究者の見解は一致している．

476. 以下に示す抜萃によれば，ダランベールが $\frac{2}{3}$ という結果を絶対に正しいものとして主張して

— 235 —

いるわけではないことが明らかになっている．

「私はここで問題となっている2回の貨幣投げが，まったく厳密に同等な可能性をもつとはみなされない．理由はつぎの通りである．1° 実際に（裏，表）の場合が，単に表のみ出る場合とは同じ確率では起こりえないようであり，私もそう信じている．しかし，その確からしさの比は評価できないであろう．2°（裏，表）の出る可能性が，（裏，裏）の出る可能性より少し大きいであろう．というのは後者の場合，同じ事象が2度続いて起こっているからである．しかし，後者の場合の確からしさの比と前者の場合の確からしさの比は，（おそらく等しくないだろうが）簡単には決まらないであろう．たとえば，上述の場合には，確からしさの比は3：1にも2：1にもならずに（これらの比の値は『百科全書』に記載ずみ），その両方の中間にあるので，約分不可能だし，また測定もできないものである．それでも私は確からしさの比は3：1よりも2：1に近いように思う．というのは，1回の試行で4通りの可能な場合はいうに及ばず，3通りの可能な場合すら起こるわけではないからである．同じ理由で，3回貨幣を投げる場合，私の方法で求める3：1という比率の方が，普通の方法で求める7：1の比率よりも，真の比率に近いように思われるし，7：1の比率は法外なように思われる．」

477. ダランベールは彼の方法に対して高まってきた反論，そして『百科全書』の項目『賭事』に記載されている内容に対する反論に答えている〔466節参照〕．A，B，C 3つの目をもつサイコロがあるとしよう．ダランベールが『百科全書』のなかで主張する方法によれば，試行回数がどんなに大きくなっても，可能性はどちらかといえば指定された目Aの出る可能性になってしまうのである．n 回の試行において，ダランベールはAの目の出る可能性とそうでない可能性は $2^n-1:2^n$ になるという．

ダランベールの『百科全書』

たとえば，$n=3$ としよう．Aの目の出る場合とは，A，BA，CA，BBA，BCA，CCA，CBA であり，そうでない場合とは，BBB，BBC，BCB，BCC，CBB，CBC，CCC，CCB である．こうして比率は7：8になる．さて，ダランベールはこれらの場合が等しく起こりうるとはしていない．けれども，相互間に比率をあてがうことも難しいと信じてもいた．こうして，ダランベールははっきりとはしているが誤った見解から出発し，概して懐疑と確信の喪失へと向かっていったといえよう．そして自己の意見をかえるという不名誉を，ネッカー(Necker)[7] のせいにしたのかもしれない．

478. こうして，ダランベールは自身の結果を要約して，論文の24頁につぎのように述べている．

「以上の考察を反省してみよう．1° もし表が出るか裏が出るかの確率の比を決定するために（最良の方法がないものだから）私が『百科全書』のなかで与えた規則が，厳密にいえば少しも正確でないとしても，比をきめる一般の規則はさらに不正確であること．2° 確率計算の完全な理論をつくるために，おそらく未解決の数多の問題を解決すべきであること．つまり，同等な確からしさでは起こりえないか，あるいは起こりうるとは考えられないような場合での確率の真の比率をきめること；確率が零とみなしうるのはどんな場合であるかを確定すること；さらに確率の大小に応じて期待値や賭金をどのように評価すべきであるかを決定すること，等である．」

479. つぎに注目したいダランベールの覚え書は『**天然痘における種痘の有効性に関する確率計算の応用について**』（*Sur l'application du Calcul des Probabilités à l'inoculation de la petite*

Vérole) である．これは『**小論**』の第 2 巻にのっている．覚え書と附記で，その巻の26頁から95頁まで占めている．

480. ダニエル・ベルヌイが種痘に賛成であることを強く表明した論文を書いているのは前述のとおりである〔**398**節参照〕．ダランベールの覚え書はダニエル・ベルヌイの説に対する批判も若干含まれている．ダランベールは種痘の有効性を否定しているのではない．むしろ，より積極的に支持しているほどである．しかし，ダランベールはその有効性がダニエルによっては明確に比較できていなかったと考えている．そして有効性のみが結局過大に評価されすぎたとも考えている．この研究対象は，幸いにも 1 世紀前ほどには実際的な重要性がない．だから，われわれはダランベールの覚え書を完全に説明する必要はない．いくつかの主要な点を論ずることで満足してよいだろう．

481. ダニエル・ベルヌイは天然痘を国家に関連づけて，種痘が推奨されるべきであると考えた．なぜなら，それは市民の平均寿命を増大させるからであった．それに対して，ダランベールは天然痘を個人的なものに関連づけてしまった．天然痘にまだかかっていない人物を考えてみよう．その人に関連づけられる問題というのは，彼が種痘をしてたとえ軽度ではあっても数日間症状を示すか，あるいは種痘をしないでも天然痘にかからないか，かかっても回復するかという問題である．

ダランベールは個人の平均寿命がおよそ 3 〜 4 年のびると予想したが，種痘の作用にともなう直接の危険性は考慮していなかったようである．結局，種痘をするかしないかの二者択一の相対的な価値はあまりにも漠然としていて，評価しえないのである．それで，人は断固として種痘を拒否する場合でなくても，躊躇するのであろう．

482. ダランベールは，こうして得られた寿命の伸びは，現在ではなくて後々に恩恵を与えるという考えに重点を置いている．そしてさらに老衰のために人生の後半は若い時代ほど価値がないと考えるべきだとする．

ダランベールは個人の**肉体的寿命**（physical life）と**実寿命**（real life）とを区別している．前者は普通の意味での寿命であり，後者は個人が病苦からまぬがれている，つまり人生を楽しんでいる期間の意味に用いている．

さらに，国家への貢献という観点からすれば，**肉体的寿命**と**社会的寿命**（civil life）とを区別する．幼年時代と老年時代は国家の役に立たない．他人にささえられ世話されているのだから，彼は国家の重荷なのである．その期間，個人は国家にとって負荷であるとダランベールは考える．その個人の価値は**マイナス**であり，そして人生の中間期になって個人の価値は**プラス**となる．**社会的寿命**はプラスの価値をもつ期間が，マイナスの価値をもつ期間をこえる，その超過期間によって測られるのである．

このように考えて，ダランベールは種痘の唱導者たちが作為的な平均寿命の伸びを根拠に主張する，種痘の大きな有効性をみとめない．問題を論じている人たちがおそらく予想したであろうよりも，事の本質はずっと難しいと彼は考えているのである．

483. ダニエル・ベルヌイが，天然痘罹病者は毎年 n 人に 1 人の割合で出，罹病者は m 人に 1 人の割合で死ぬと仮定したのは，すでに見たとおりである．これらの仮定のもとに，彼は取り組んだ問題を明解に解いた．ダランベールもまた種痘に関する数学論文を書いているが，彼はダニエル・ベルヌイの仮定が観測された事実にもとづいてたてられたということを認めない．それならば，そのような仮定を他の式でおきかえて論ずるかというとそうでもない．彼はダニエル・ベルヌイのように明晰な結果を導くことができない．われわれはダランベールの数学的研究にはさしたる興味は覚えない．いくつかの曲線の図をかいて，だらだらと説明はしているが，説明の前提となる手続きの明確化には何の役にもたっていない．

第13章 ダランベール

　ダランベールが与えたわずらわしい図をのぞいて，つぎに彼の考察の実例を示すことにしよう．

　ほとんど同じ時期に，沢山の子供が生れたと仮定しよう．ある一定期間後に生存している子供の数を y，この期間中に天然痘によって死んだ子供の数を u，そして天然痘にかからなければ生存しているはずの子供の数を z としよう．z と y を u で表わそう．

　微小な時間内での z の減少量を dz，同じ微小な時間内での y の減少量を dy で表わす．z 人が天然痘にかかったとすれば

$$dz = \frac{z}{y}dy$$

となる．

　しかし，この減少量 dz から，天然痘による減少量をひかねばならない．天然痘で z 人の子供が助からないのであるから，これは $\frac{z}{y}du$ である．

　こうして，

$$dz = \frac{z}{y}dy + \frac{z}{y}du$$

をうる．

　ここで，$-\frac{z}{y}du$ としないで $\frac{z}{y}du$ とおいているのは，u が増加すると z と y が減少するからである．よって

$$\frac{dz}{z} = \frac{dy}{y} + \frac{du}{y}$$

　したがって

$$\log z = \log y + \int \frac{du}{y}$$

　つまり

$$z = y e^{\int \frac{du}{y}}$$

　積分値 $\int \frac{du}{y}$ が分っていないので，この結果は実際には使えない．ダランベールはこのような，もしくは似たような未解決の積分を含むいくつかの公式を示している．

　484. ダランベールの研究で注意をひくのは，74頁にでてくる与えられた年令の人の**平均余命**（espérance de vivre）を，2通りの異なる方法によって推定していることである．**平均寿命**(mean duration of life) は普通の意味での平均の生存期間である．**蓋然的寿命**（probable duration of life）はある個人がそれ以上生きるか，それ以内で死ぬかが半々の可能性であるような生存期間である．ハレーの表によれば，ひとりの幼児にとって平均寿命は26才となる．つまり，N を十分大きな数とし，N 人の子供が生存する期間の合計は $26N$ となる．一方，蓋然的寿命は8才になる．つまり，8年以内に $\frac{N}{2}$ 人の子供は死に，8年以上長生きするのは $\frac{N}{2}$ 人である．

　平均寿命と蓋然的寿命という術語は，いつもここで用いている意味で使われたわけではない．反対に，平均寿命を蓋然的寿命とよんだこともある．以上2つの概念をダランベールは区別しようとしないのである．彼の考えによると，むしろそれらの両方を平均余命と公平によぶべきであるとしている．そして同一の問題に2つの異なる解を与えたことは明らかに確率論への対決である．

　485. 死亡率曲線（curve of mortality）とよばれたものを使って，ダランベールが研究した要点をまとめてみよう．

　ある時点から経過した年数を x，同時に生れた多数の人のなかで x 年後に生存している人間の数を

— 238 —

$\Psi(x)$ とする．x を横軸，$\Psi(x)$ を縦軸にとれば，$x=0$ から $x=c$ の間において，$\Psi(x)$ は減少する．ここで c を人が生存しうるもっとも長い年月，たとえば100年程度とする．

　この曲線はダランベールによって死亡率曲線とよばれた．

　a 才の人の平均寿命は

$$\frac{\int_a^c \Psi(x)dx}{\Psi(a)}$$

で与えられる．蓋然的寿命は

$$\Psi(b)=\frac{1}{2}\,\Psi(a)$$

をみたすような b で与えられる．

　これがダランベールの式である．しかし，別の曲線もしくは関係を用いてもよい．$\phi(x)$ を $\phi(x)dx$ が期間 dx 中に死んだ人間の数を表わす関数としよう．すると，a 才の人間の平均寿命は

$$\frac{\int_a^c (x-a)\phi(x)dx}{\int_a^c \phi(x)dx}$$

となる．

　蓋然的寿命は

$$\int_a^b \phi(x)dx=\int_a^c \phi(x)dx$$

つまり

$$\int_a^b \phi(x)dx=\frac{1}{2}\int_a^c \phi(x)dx$$

を満足するような値 b である．

　こうして平均寿命はある図形の重心の横座標で表わされる．そして蓋然的寿命はその図形の面積を2等分する縦軸の横座標で表わされる．

　これは要点を表わす新しい方法である〔『**大都会人の百科全書**』（*Encyclopaedia Metropolitana*）における『**確率論**』の101節参照〕．

　486. 簡単に前節の2つの方法が一致することを示すことができる．

　$\phi(x)=-k\Psi'(x)$ とおこう；ただし k は定数とする．それゆえ

$$\frac{\int_a^c (x-a)\phi(x)dx}{\int_a^c \phi(x)dx}=\frac{\int_a^c (x-a)\Psi'(x)dx}{\int_a^c \Psi'(x)dx}$$

かつ

$$\int(x-a)\Psi'(x)dx=(x-a)\Psi(x)-\int\Psi(x)dx$$

よって

$$\int_a^c (x-a)\Psi'(x)dx=-\int_a^c \Psi(x)dx$$

かつ

$$\int_a^c \Psi'(x)dx=-\Psi(a)$$

ゆえに

第13章　ダランベール

$$\frac{\int_a^c (x-a)\phi(x)dx}{\int_a^c \phi(x)dx} = \frac{\int_a^c \Psi(x)dx}{\Psi(a)}$$

これは２つの方法が同一の平均寿命を与えることを示している．同じことは蓋然的寿命についても
いえる．

487. ダランベールは，ある**学識ある幾何学者**（un savant Géometre）からきいたという，種痘の
有効性の問題についての間違った解法に注目している．ダランベールはその解を２つの場合に適用し，
承認しがたい結果を生ずることから，誤まりに違いないということを示している．しかし，彼は間違
いの性質を示そうとはしないし，偽りの解が出てきた原理を説明しようともしない．そしてそのこと
の方が奇妙にもおもえるので，それを考察する．

N人の子供が同じ時期に生れたとし，天然痘による死者の数と，それ以外の病気による死者の数と

の記録にもとづいて死亡率の表を作成する．右の表の真中の列 u_r は，r 年目の
年に天然痘以外の病気で死んだ人の数を表わす．右側の列は天然痘による死者の
数 v_r を示す．この表の使い方は次の通りである．Mを任意の数とし，r 年目の
年にN人中 u_r 人が天然痘以外の病気で死ぬとすれば，M人中$\frac{M}{N}u_r$ 人は死ぬで
あろうし，他の比率も同様に解釈できる．

1	u_1	v_1
2	u_2	v_2
3	u_3	v_3
4	u_4	v_4
………		

天然痘という病気が人間の病気のリストから根絶されたとしよう．すると，さきのデータから新た
な死亡率表を作成することが要求される．その学識ある幾何学者はつぎのように考えた．前述の表か
ら v_1, v_2, v_3, ……の列を削除する．残った列が最初の $N-n$人に関する死亡率表であると仮定する
のである．ただし，n は天然痘で死んだ人の総数で，$n=v_1+v_2+v_3+……$である．

こうして，M人の子供はこの仮定のもとに，r 年目の年に$\frac{M}{N-n}u_r$ 人死ぬであろう．

この方法は，一見もっともらしいのであるが，正しくないことは明らかであろう．というのは，天
然痘がなくなったとした場合，人間の寿命に対する見方があまりにも不都合なものである．

$$u_1+u_2+……+u_r=U_r$$
$$v_1+v_2+……+v_r=V_r$$

とすれば，r 年後にはN人中 $N-U_r-V_r$ 人が生き残るのである．これらのうち，u_{r+1} 人がその次の
年に天然痘以外で死ぬのである．よって，天然痘死亡者をのぞくと

$$\frac{u_{r+1}}{N-U_r-V_r}$$

が，r 才になってからその年のうちに死ぬ割合である．そしてこの比率が新しい死亡率表に用いられ
るべきである．その学識ある幾何学者の方法は，この方法ではなく，この比率の値より大きい

$$\frac{u_{r+1}}{N-U_r-n}$$

をもって死亡率とする．

488. こうして，その学識ある数学者の間違っている点とその性質を知りえた．ダランベールの考
えは88頁から99頁までに載っているが，現にダランベールが与えた計算のなかに，実際に用いられて
いる間違った原理を遊離させるには，いくらかの注意が必要である．ダランベールの考えは，やはり
曲線のグラフで示されているので不明確である．が，どうやら，彼の計算では，種痘をすることが決
定的であるような条件に注意が払われている．しかし，それは些細な事柄にすぎず，本質的な原理は
以上に示した通りである．

— 240 —

489. 確率論に関するダランベールのつぎの出版物は，彼の『**哲学雑録**』(*Mélange de Philosophie*) 第 V 巻におけるいくつかの所見から成り立っているように思われる．この著作の初版はみたことがないが，『**哲学雑録**』における所見は，ダランベールの文学と哲学の全集全 5 巻本（8 ツ折版，1821年，パリ）の第 1 巻に再録されているはずである．この主題についての，なん人かの著作者たちによる引用によって，文学と哲学の全集全18巻本（8 ツ折版，1805年，パリ）の第 4 巻にもこれらの所見が再録されていることが分っている．

490. 1821年刊行の第 1 巻には，確率の一般的話題についてと，種痘についての論説がのっている．はじめの論説は『**確率計算における諸問題**』(*Doutes et questions sur le Calcul des Probabilités*) と題されていて，451頁から466頁までを占め，各頁はぎっちり印刷されている．

ダランベールはつぎのように始める．

「一般に，数学者の式は自然の対象へ応用すると，実に欠点だらけのものになってしまうと，悔まれている．しかし，まだ誰も確率計算のなかにひそむ不都合さを認めなかったか，あるいは認めようとしなかったことも事実である．私はまず敢えてこの計算の基礎によこたわる，ある種の原理に対して疑問を提起しておいた．この疑問点に偉大な幾何学者たちが注意をはらっている．他方では，他の幾何学者たちには私の問題提起は不合理にみえるらしい．というのは，なぜ彼らが用いている条件を私が弱めるのか？　という点である．問題は，条件を用いることが間違っていたかどうかを知ることであり，もし間違いであれば彼らは二重の間違いを犯しているであろう．提案の理由を考えないという彼ら自身の決心が，平凡な数学者たちを勇気づけたのであり，彼らが私の意見をきくことなく，この主題について書くことをいそぎ，私に異議を申したてることを急いだのである．私はできるだけ明晰に，多くの私の読者が私を批判しうるように，意見を述べたつもりである.」

491. いま考察している論説は一般に『**小論**』第 2 巻での論述によっているけれども，数学の式を用いていないので，数学に精通していない人でも読みやすい．普通の理論に対する反論も，若干確信なさそうに立てられている．そして，初等的な疑問の結果として $\frac{3}{4}$ のかわりに $\frac{2}{3}$ と結論づけられた，あの特別な場合が記載されていないのである．しかし，他の間違いは全部記載されている．

492. その論説のなかで，他にも特記すべて事柄がある．ダランベールはダニエル・ベルヌイの惑星軌道の黄道に対する小さい傾きについての計算に注目している〔**394**節参照〕．ダランベールはダニエル・ベルヌイの結果を無意味と考えている．

ダランベールはダニエル・ベルヌイに関して，つぎのように述べている．

「私は偉大な幾何学者のことをいっているのだが，その人は奇妙な考え方をしていて，少くとも人々が信用している確率計算についての私の論法を，馬鹿げたものだといっている.」

493. ダランベールは，ラプラスが後ほど採用した例を紹介している．ダランベールは Constantino-politanensibus という単語を構成する文字を，この順序で，あるいは辞書式の順序で配列したものを想定する．数学的には上の場合と，文字全部がでたらめに並んだ第 3 の場合とが同等に起こりうるけれども，常識のある人だったら第 1 もしくは第 2 の場合が偶然に起こったとは，ほとんど考えないであろうと述べている〔ラプラス『**確率の解析的理論**』XI頁〕．

494. ダランベールは『**百科全書**』の『**運命**』(Fatalité) という項目を引用している．その項目の説明が，彼の主張している意見，すなわち**474**節の後半部を，少くとも部分的には支持しているからである．『**運命**』の執筆者は『**百科全書**』には記載されていない．

495. 1821年刊行のダランベールの文学と哲学の全集の第 1 巻にみられる．もうひとつの論説は『**種痘についての考察**』(*Réflexions sur l' Inoculation*) と題されていて，463頁から514頁を占めている．

— 241 —

第13章　ダランベール

その序文でダランベールは『小論』の第４巻に言及している．『小論』の第４巻は1768年刊行であり，その序文のなかで彼は『哲学雑録』第５巻を引用している．

おそらく『哲学雑録』第５巻と『小論』第４巻は同じ年に刊行されたのであろうと思われる．

496. その論説は『小論』の第２巻における研究対象にみられたのと，同じ事柄からできているといえよう．しかし，数学的考察が省かれて，残りの部分が拡張されて例解してある．

ダランベールのとる一般的な立場は，これまでに種痘についてなされてきた推論，もしくはそれらの推論に反対する推論が，大部分誤っているということである．しかしながら，彼の考察は種痘が有効であるという結論をだしており，その結論は論説で述べられているものの方が，『小論』で述べられているものより確信にみちている．その主題に関するいくつかの追加説明が，その論説に述べられている．それらはおそらく『小論』第２巻のあとに刊行されたものであろう．

497. ダランベールは，種痘の有効性を数学的にきちんと解くことは困難であるという意見を保持しつづけていた．この点に関して彼は要約して発言する．「もしこの問題の解に残されているものがあるとしても，確かにそれを容易に解けると信じている人々には残されていない.」

498. ダランベールはこの問題に関する豊富な観察が不足していると強く主張している．彼は，医者たちが機会あるごとに天然痘のあらゆるケースのリストを作るよう，希望している．彼はいう．

「……医学部や医者個人によって公表された資料は，気象観測の公けにされた結果よりも，より明白でより近似的な有効性をもつはずである．それは，70年間にわたって，われわれのアカデミーが細心の注意をはらって続けてきたが，有効性のない割に敬意のはらわれている気象観測結果の蒐集の比ではない．

医者が，神学的にも問題のある種痘のことで，けんかをしたり，お互に危害を加えあったり，悪口をいいあったりせず，事実を歪曲したりでっちあげたりするかわりに，人間が生きていくうえに役立つ事柄について，必要な実験を一致協力して行なうことが，どんなに望まれているであろうか？」

499. 次に，ダランベールの『小論』第４巻をみてみよう．73頁から105頁までと，283頁から341頁までが考察の対象となる．これらの頁に示されている所見は，書簡のなかから抜萃されている．

500. 上記の２つの部分のうち，前の部分，73頁から105頁までをまずみてみよう．

ダランベールは『確率計算について』(*Sur le calcul des Probabilités*) という節をもって論じはじめる．この節は主としてペテルスブルクの問題に紙面を割いている．第 n 回目の投げ以前に，表が出ない可能性は，普通の理論では $\frac{1}{2^n}$ である．ダランベールはまったく独断的に，A の期待値を有限な値とするように，別の式でこの可能性を表わすことを提案する．彼は $\frac{1}{2^n}$ の代りに $\frac{1}{2^n(1+\beta n^2)}$ とおく．ただし，β はある定数とする．この場合，求める総和は近似的にしか求められない．また $\frac{1}{2^{n+\alpha n}}$ とか $\frac{1}{2^{n+\alpha(n-1)}}$ とか推定される可能性も採用する．ただし，α は定数とする．

彼は，これらの可能性を与えると，確率の一般的理論による無限大の期待値の代りに，有限の期待値をうるということのほかに，上の推測に何ら理由を与えていない．しかし，もっと奇妙なのは，2^n を

$$2^n\left\{1+\frac{B}{(K-n)^{q/2}}\right\}$$

という項でおきかえるものである．ただし，B，K は定数，q は奇数である．彼はつぎのようにいっている．

— 242 —

「分母にくる 2 の指数 n について，確率が 0 となってしまうような n が存在する．するとその数 n よりさらに大きい数をとって確率が負にならないようにしなければならない．それはちょっと気にかかることかもしれない．というのは，いままで確率が負になることはなかったからである．件の n よりさらに大きい数をとるということで，確率は現実のものから想像上のものになってしまう．しかし，そのような不都合さは，確率が負になるという不都合さにくらべるとものの比ではなかろう．」

501. ダランベールの次の節は『**ゲームの解析について**』(*Sur l'analyse des Jeux*) と題されている．

ダランベールはまず「ゲームの計算のなかに出てくる，いとも簡単で，いとも自然な考察」を提案し，「ド・ビュッホン氏にその考えのヒントを与えられている」といっている．この考えはビュッホンの研究にふれる折に説明しよう．ダランベールはそれをビュッホンが自分の推論を正当化するために用いるはずであった形で与えている．しかし，数値例を与えた後，すぐにダランベールはビュッホン自身のいった陳述にもどっている．なぜなら，彼は，100000 クラウンもっている人が 50000 クラウンをあるゲームに賭けると仮定したとき，負けた場合の損失の方が勝った場合の利得よりも大であるといっているのである．「このとき，彼は最初の持ち分の $\frac{1}{2}$ を失なうのに対し，利得は $\frac{1}{3}$ しかないからである．」

502. x を得る可能性が $\frac{p}{p+q}$ で，y を失う可能性が $\frac{q}{p+q}$ であれば，一般的理論では期待値は $\frac{px-qy}{p+q}$ となる．ダランベールは一般的な原理にしたがって上の結果を得ている．しかし，つづいて，彼はもうひとつ別の期待値 $\frac{px-qy}{p}$ も得て，それを正当なものだといっている．金額 z 円を出して，定められた特典を手に入れるものとする．もし，ゲームに勝ったら彼は x 円受けとる．彼は z 円払っているから，差ひき $x-z$ 円の利益をうる．それで期待値は $\frac{p(x-z)}{p+q}$ である．もし，ゲームに負けると，すでに z 円支払いずみであるから，あと $y-z$ 円さらに支払わねばならない．それで彼の損失は全部で y 円となり，このときの彼の期待値は $\frac{-qy}{p+q}$ である．それで，彼の期待値の総計は $\frac{p(x-z)-qy}{p+q}$ であり，もし，z が公正な支払い金額だとしたら，それは 0 となるべきものである．よって

$$z=\frac{px-qy}{p}$$

である．下線部の文章が，問題に対して新たな貢献をなすかもしれないと考えるのは，まったく無駄なことである．このように，ダランベールは同一問題に対して 2 通りの相異なる解を与えたように思われ勝ちであるが，実は 2 通りの違った問題の解を与えたのである．このことについて彼の論文の 283 頁に，より深い所見が述べられている．

503. ダランベールは期待値を決定するために，得られた値にそれを得る確率を掛けるという普通の規則に反対する．彼は，その確率が主たる要素で，得られる値はそれに従属するものであると考える．彼は一般の方法に反対して次の例を提示する．しかし，彼の意味するところはほとんど理解できない．

「100 組のうち，100 番目の組をひきあてたら 99000 エキュ，のこり 99 組のうちの 1 組をひきあてたら，1000 エキュをかせげるものとする．このとき，99000 エキュに賭ける馬鹿があろうか？ 上記の 2 つの場合の期待値はこうしてみると，実際には等しくないのである．にもかかわらず，確率論の規則によれば，それらは同じものである．」

504. ダランベールは，つぎのような言葉でパスカルの権威にうったえる．

— 243 —

第13章 ダランベール

「パスカルは，3個のサイコロを20回ふって毎回3個とも6の目が出たら死んでもよいと思うことに躊躇する人や，それを仕損じたら皇帝にならうという人も狂人とみなされるであろうか？ といっている．私もまったく同じ意見である．しかし，上述のことが物理的に可能であるとすれば，なぜ彼は狂人とみなされるのであろうか？」

〔ダランベールの文学と哲学の全集，1821年刊，第1巻553頁のノート参照〕

505. 次の節は『**人間の寿命について**』(*Sur la durée de la vie*) と題されている．ダランベールは平均寿命と蓋然的寿命の差異に注目している〔484節参照〕．ダランベールはここにこうした差異が存在していること自体が，確率論に対する大きな異議であると考えているように思われる．

ダランベールの確率論に対する異議は，力学に対する異議，つまり面の重心が必らずしも面積の2等分線上にないということにもとづいているのと，同様の理屈である．

ダランベールは，ダニエル・ベルヌイが誤りに気付いていたというビュッホンの数的命題は，真に不正確なのではなく，ビュッホンとダニエル・ベルヌイの間の差異が平均寿命と蓋然的寿命とよばれているものの間の差異から起こったと主張している．

506. 最後の節は『**種痘に関するベルヌイ氏の論文について**』(*Sur un Mémoire de M. Bernoulli concernant l'Inoculation*) と題されている．

ダニエル・ベルヌイは自分の覚え書の始めに，「批評はもっと慎重で，もっと用心深いこと，とりわけまえもって批評するつもりの事柄に身を処するという労をいとわないことが望まれる．」といっている．**事柄に身を処する** (se mettre au fait) という言葉が，ダランベールを大そう怒らせたようである．彼にはそれが自分へのあてつけのように思われたからである．彼は『**小論**』の第4巻，IX頁，99頁，100頁で，このことを引用し，ダニエル・ベルヌイのことをこの偉大な幾何学者 (ce grand Géometre) というように，うわべだけの敬語を用いて皮肉っている〔『小論』第4巻，99頁，101頁，315頁，321頁，323頁参照〕．

507. ダランベールはダニエル・ベルヌイが計算の基礎にした仮定に反対している〔401節参照〕．ダランベールはまったく不合理な，彼の心の悩みが判断をにぶらせたとしか思われない，別の異議をとなえている．ダニエル・ベルヌイは天然痘で死ぬすべての人間の平均寿命が6年1ヶ月であること，そしてもし天然痘がなくなれば平均寿命は29年9ヶ月になるはずであることを発見した．さらに天然痘も考慮に入れた場合の平均寿命は26年7ヶ月になるであろうということも発見している．また，ダニエル・ベルヌイは天然痘による死亡数は全死亡数の$\frac{1}{13}$であることも認めている．

だから，ダランベールは関係式

$$\frac{1}{13} \times 6\frac{1}{12} + \frac{12}{13} \times 29\frac{9}{12} = 26\frac{7}{12}$$

が成立すると確信する．しかし，この関係式は成立しないのであって，左辺は$26\frac{7}{12}$の代りに$27\frac{11}{12}$に近い値をとるのである．ここでダランベールは**487**節で指摘しておいた誤りをおかしている．その節を書くにあたって，筆者はいま論じているダランベールの所見を読んでいなかった．しかし，ダランベールの論点は明らかでなく，私がもしやと考えていた彼の誤りがここではっきりしたように思われる．

上の等式を成立させるためには$29\frac{9}{12}$を変更し，この値のかわりに天然痘流行時の他の病気による死者の平均寿命を代入せねばならない．この数は，$29\frac{9}{12}$より小さい．

508. 『**小論**』第4巻の283頁から341頁の内容をみてみよう．ここは2つの節に分れており，ひとつは『**確率計算について**』(*Sur le Calcul des probabilités*)，他のひとつは『**種痘に関する計算に**

— 244 —

ついて』（*Sur les Calculs relatifs à l'Inoculation*）と題がついている.

509. 最初の節は，いままで述べてきた所見のくり返しとはいささかも違っていない．ダランベールは疑惑の起こりをつぎのような言葉で示している.

「ベルヌイ氏のすばらしい著作『推論法』を読んで，疑問を抱いてから，かれこれ30年になる…….」彼は新しい情熱をもって『貨幣の表か裏か』に関する古い誤謬をふりかえったようである.すなわち，

「もし，表，裏と表，裏と裏の場合について考えるなら，このゲームで起こりうるひとつひとつは，はじめの確率が$\frac{1}{2}$であり，のこりの確率が$\frac{1}{2} \times \frac{1}{2}$，すなわち$\frac{1}{4}$であるという普通に考えられる理由により（もっとも私にはこのことは間違いだと思われるのだが）確率は等しくない．このことについて考えれば考えるほど，数学的にいえば上の3通りの場合の確率は等しいように思われるのだが……」

510. ダランベールは一般に受け入れられている原理に対立するもうひとつの論点を紹介している.彼は1個の貨幣をm個続けて投げることと，m個の貨幣を同時に投げることが同じであるということを認めようとしない．物理的にいえば，m個の貨幣を同時に投げてある面をきめられた個数だけ出すことの方が，1個の貨幣をm回投げてある面をきめられた回数だけ出すことよりも容易である，と彼は考える．しかし，誰もダランベールの言い分を認めようとしない．実際に，上の2つの場合が同じでないような状況を設定することはできる．たとえば，用いられる貨幣が完全に対称でなく，一方の面が他方の面よりも出やすい場合がそれである．しかし，このような場合には，m個の貨幣を同時に投げるときよりも，1個の貨幣をもってm回投げる場合の方が，普通の型の貨幣の場合と類似の状態（run，連）を期待できるのである．簡単な例として，$m=2$ の場合を考えよう．同時に投げたときの結果は$\frac{1}{4}$以上，逐次投げたときは，ちょうど$\frac{1}{4}$をうる〔ラプラス『確率の解析的理論』402頁参照〕.

511. ダランベールは290頁で「あるとき，ひとりの賭博師に，1個のサイコロのある目を出すのに，何回ふったら有利と賭けることができるか，と尋ねられた………」と述べている．これはシュヴァリエ・ド・メレによってパスカルに示された古典的な問題である．ダランベールは，普通の考え方によれば，n 回の試行で勝ち目は $6^n - 5^n : 5^n$ であるから，4回投げると賭は有利になると断言できると答えている．そのことに付け加えて，ダランベールは「この賭博者は私に経験によれば上の結論と反対のようだと答えている．そして4回続けてふって，きめられたある面を出すという賭では，敗けるよりも勝つ方が多いということができる.」といっている．もしこれが本当ならば，理論と観察の不一致は，理論の仮定となるものが誤っているからだと，ダランベールはきめつける．したがって，ダランベールは彼の原理により，n 回の投げでの好都合の場合の数は，普通の理論のように $6^n - 5^n$ ではなくて，$1 + 5 + 5^2 + \cdots + 5^{n-1}$ であると指摘する．これは477節で述べた3面サイコロの場合の完全な類推である．しかしながら，ダランベールはこれらの場合を同等に確からしいとはみなしてはいけないとしている.

512. ダランベールは3人の数学者たちから寄せられた，好意的な証言を引用している〔『小論』296頁，297頁〕彼はこれらの交通者の1人を，非常に思慮深い有能な解析学者；2番目の人を，最高の名声を得て最高の業績をあげた数学者；そして3番目の数学者を数学を考究して成功し，哲学のすばらしい仕事によって有名な，はなはだ見識のある作家，であると評している．しかしこのはなはだ見識のある作家（*Ecrivain très-éclairé*）は批判力よりも熱狂さが目立つ改宗者である，ともいっている．「貴兄が確率について述べていることはすばらしく，しかも大へん明晰であります．古くからある確率計算は破産したと思われます………」しかし，ダランベールはノートのなかで「私は破産をそんな

— 245 —

第13章　ダランベール

にも望んでいないのである．ただ確率計算を理解しやすく修正することを望んでいるだけである.」
と付け加えることを余儀なくされたのである.

513. ダランベールはペテルスブルクの問題をふり返って，つぎのようにいう.

「人々にいわせると，賭金が無限大だと考える理由は無際限に賭事をつづけることができるという
暗黙の仮定によるが，人生がそう長くないことを思えば，このことは認めがたい.」

ダランベールは上述の困難性に対する説明が不十分に思われるような注意を4つ提起する．そのひ
とつは次のようなものである．第1回目に表が出たら1シリング，2回目に表が出たら2シリング，
3回目に表が出たら4シリング，……受けとると仮定するかわりに，おのおのの場合に各1シリング
だけ受けとると仮定しよう．理論的にはゲームは無限につづくことになるが，期待値は有限である.
この注意は，ダランベールが『貨幣の表か裏か』〔465節参照〕で下した結論と矛盾しているようで
ある.

514. 上に持出した事例は，ダランベールが自己の主張に対する反論を認めたことになるので興味
深い．彼はつぎのように反論しようとする．上述の例によって，普通の理論のもうひとつの原理，す
なわちその原理によって，総期待値が部分的な期待値の和に等しくなるのであるが，その原理が疑わ
れるのみであるという〔『小論』299頁-301頁〕.

515. こうしてダランベールは普通の理論に対する反論を列挙する.

「確率計算についての私のすべての疑いを一言で説明し，それらを真の審判者の眼にさらすために，
確率計算が正当であるように思われる自明の，もしくは暗黙の推論のうち，私が同意するものと否
定するものを列挙しよう.

第一の推論．ある場合の組合せの数と別の場合の組合せの数の比が p 対 q だということに関する
推論．私は純粋に数学的なこの推論を認める．なぜなら，最初の場合の確率対第2の場合の確率が
p 対 q であるといえるからである．けれども，このなかに私が否定するか，あるいは少なくとも強
い疑問をいだくものが含まれている．たとえば，$p=q$ のような場合である．$p=q$ の場合，第2
の場合の事象がつぎつぎと非常に大きな回数見出されるならば，たとえ確率は等しくても，そのつ
ぎの試行では第1の場合より第2の場合の事象が物理的には起こりにくいだろう.

第二の推論．確率 $\dfrac{1}{m}$ 対確率 $\dfrac{1}{n}$ が，貨幣 np エキュ対 mp エキュに相当するという推論．私はこ
の推論に同意する．なぜなら

$$\frac{1}{m} \times (mp) = \frac{1}{n} \times (np)$$

であるから．mp エキュを確率 $\dfrac{1}{m}$ でうる演技者の期待値（あるいは同じことであるが，運（*sort*)）
と，np エキュを確率 $\dfrac{1}{n}$ でうる演技者の期待値は等しい．しかし，この推論にも私が否定するものが
ある．私にいわせれば，期待される金額がたとえ少なくても，より高い確率であるときは期待値は大
きい．そして賭金1000,000エキュを $\dfrac{1}{2000}$ の確率をもってかせぐ演技者の配当よりも，1000エキュを
$\dfrac{1}{2}$ の確率をもってかせぐ演技者の配当の方を，われわれはためらうことなく選ぶべきである.

ただ暗黙の了解だけしている第三の推論．$p+q$ をすべての場合の数，p をある場合の数の見込
み，q を他の場合の数の見込みとする．p と q とが $p+q$ に対して存在しているように，おのおのの
見込みは全体の確実性によってきまる．ここでもまた私が否定するものがある．すなわち，おのお
のの場合の確率が p と q のようなものであることに，私は同意するか，もしくは承認しよう．場合
の数が $p+q$ となるような場合に，確実にしかも間違いなく達するであろうということも認める.

— 246 —

しかし，２つの場合の数の見込みについては，それらが絶対的な確実性に対する比であると結論づけることには賛成できない．なぜなら，絶対的な確実さというのは，最大の確からしさに比べてもずっと大きく無限大のものであるから．

　私の意見によれば，私が正確さを疑っているものを，どの程度必要な原理でおきかえられるかを尋ねられるであろう．私の答はすでに述べた通りであるが，件の題目は，それらの原理とそれらの結果のなかで正確で精密で，同時にきれいな計算に付すことに，最小限の考慮を払うこともないと信じがちである.」

516. ダランベールは種痘に関する計算に再び立ちもどる．彼はダニエル・ベルヌイの数学的考察を非常に詳細に批判している．

　ダランベールが最初に述べる異論はつぎの通りである．s をある期間 x の始めに生きている人間の数としよう．ダニエル・ベルヌイは $\dfrac{sdx}{64}$ 人が期間 dx の間に天然痘で死ぬと仮定している．したがって，$n+1$ 年目の年に天然痘で死ぬ人間の数は

$$\int_n^{n+1} \frac{sdx}{64}$$

で示される．しかし，これは $\dfrac{S}{64}$ と同じではない．ここで S は年のはじめに生きている人間の数であるとする；というのは s は年のはじめの値は S で，年間漸次減少していく変数だからである．しかし，$\dfrac{S}{64}$ はダニエル・ベルヌイが観測から得たと公言している結果である．だから，ダニエル・ベルヌイは自己矛盾をきたしている．ダランベールの反論は正当である．ダニエル・ベルヌイ自身疑いなくそのことを認めたに違いない．というのは，自分の計算は近似値としてのみ正しいことを示しているにすぎないという返答を，直ちによこしているからである．さらに $\int_n^{n+1} sdx$ を S に等しいとした場合に生ずる誤差は，S を $x=n+1$ のときの s の値ではなく，$x=n+\dfrac{1}{2}$ のときの s の値にすれば，非常に小さくなる．そしてダニエル・ベルヌイの推論では，このように仮定することを禁じているということはない．

517. 前節でダランベールが公正に示すことを余儀なくされた反論を紹介した．しかし，彼自身は実際に $n=0$ と仮定した．それで彼の試みは，ダニエル・ベルヌイの表全部にわたってなされたのではなくて，第１列についてのみ行われた〔**403**節参照〕．これはダランベールの反論が根拠としている原理に影響があるのではなくて，前節の注意と関連しているのであって，反論の実際の値がいちじるしく小さいことがわかるであろう〔ダランベール『**小論**』312頁-314頁参照〕．

518. ダランベールがかかげる他の反論も正当である〔『**小論**』315頁参照〕．微分計算を用いる代わりに，ダニエル・ベルヌイは差分計算を用いるべきであったということである．417節において，ダニエル・ベルヌイが微分計算を用いて確率論におけるいろいろな問題を解くことを提案していることは，すでにみた通りである．ダランベールの反論に対する返答は，ダニエル・ベルヌイが提起した研究を完成すること，つまり問題の近似解を求めることによってなされる．しかしながら，今後トランブレの覚え書を吟味しながら，ダニエル・ベルヌイの仮定を前提として，代数学による解法が有効であることを知るであろう．

519. ダランベールはダニエル・ベルヌイがその問題をより簡単で，しかも正確な方法で解いたのではないかと考えている．というのは，ダニエル・ベルヌイは２つの仮定をおいている〔**401**節参照〕．ダランベールにいわせると，必要なのはそのうちの一方だけである．すなわち，**483** 節の u の代りに y のある関数を仮定するのである．したがって，ダランベールは任意の関数を規定する．その関数は

— 247 —

第13章　ダランベール

明らかに，ダニエル・ベルヌイの仮定したものにくらべて，事実と対応づけてみれば，劣っているのである．

520. ダランベールは，**いとも奇妙な問題**（un problême assez curieux）とよんでいるものを解いている〔『小論』325頁参照〕．彼は自分自身の仮定と，ダニエル・ベルヌイの仮定とを用いて，それを解いている．ベルヌイの解法はつぎの通りである．402節にもどって，s 人中天然痘で死ぬ人の数を決定することが要求されたとする．天然痘で死なない人の数を ω とする．時間 dx の間でこの ω 人のなかから天然痘で死ぬ者はいない．そして他の病気で死ぬ人は，ダニエル・ベルヌイの仮定によると

$$\left(-d\xi-\frac{sdx}{mn}\right)\frac{\omega}{\xi}$$

となるであろう．これから

$$-d\omega=\left(-d\xi-\frac{sdx}{mn}\right)\frac{\omega}{\xi}$$

ゆえに

$$\frac{d\omega}{\omega}=\frac{d\xi}{\xi}+\frac{sdx}{\xi mn}$$

402節から，x と ξ の項に s を代入し，積分すると

$$\frac{\omega}{\xi}=\frac{Ce^{\frac{x}{n}}}{e^{\frac{x}{n}}(m-1)+1}$$

をうる．ここで C は任意の定数である．その定数は観察によって決定される．すなわち，$x=0$ のとき，$\frac{\omega}{\xi}=\frac{1}{24}$ である．

521. ダランベールは402節のダニエル・ベルヌイの方法のかわりに，時刻 x における s の値を求める方法を示した〔『小論』326頁-328頁参照〕．しかし，ダランベールの方法はあまりにも仮定のとり方が恣意的にすぎて価値がない．

522. ダランベールは487節で紹介した学識ある幾何学者（Savant Géometre）に対する駁論を展開している．彼は決定的にこの人物が間違っているのだといっている．しかし，彼がどういう点で誤っていたのかを示してはいないようである．

523. ダランベールは，天然痘にかかって危機を脱する場合，個人の危険度を比較する方法についての彼自身の考えを展開することに，覚え書の最後の10頁を割いている．われわれはすでに**482**節で彼の見解についてのヒントは与えておいた．現存の覚え書のなかでの彼の所見は巧妙で興味深い．しかし彼の仮説はあまりにも独断的で，彼の研究に対する実用的価値が認められないほどである．

524. 死亡率曲線について，彼が行なっている2つの所見を再生しよう〔『小論』340頁参照〕．ビュッホンの表から，n 才の人の平均寿命はつねに $\frac{1}{2}(100-n)$ よりも小さいことがわかる．よって，最高の寿命を100才にとれば，死亡率曲線は横軸に対してつねに凹でありえないことがでてくる．また，ビュッホンの表より蓋然的寿命はほとんどつねに平均寿命より大きい．ダランベールはこのことを死亡率曲線がつねに横軸に対して凸でありえないということを示すのに適用している．

525. 『小論』の第5巻は，1768年に発行された．それにはわれわれに関連のある2つの短い項目がふくまれている．

228頁から231頁までは，「**死亡率表について**」（*Sur la Tables de mortalité*）である．**524**節で述べた2つの所見の基礎をうらづける数値結果が与えられている．

— 248 —

508頁から510頁までは，「**種痘に関する計算について**」(*Sur les calculs relatifs à l'inoculation*)である．これらの覚え書は『小論』の第4巻283頁から341頁までの論説の補足をなしている．ダランベールは彼の反論のひとつに対してなされた返答に注目して，彼の反論の正当性を強く主張する．にもかかわらず，彼は種痘を実際有効なものだとみなす理由を述べている．

526. 『小論』の第7巻，第8巻は1780年に発行されたものである．第7巻の巻頭序文に，ダランベールはつぎのように述べている．「これは私の数学上の最後の仕事となるであろう．私の頭脳は，45年間のこのジャンルでの仕事によって疲れはてて，これ以上の深い探究がほとんどできなくなっている．」ダランベールは1783年に没した．伝記作家によれば，死ぬ直前の2～3年は，頭脳を使いはたすというより，非常な心の痛手をうけていたように思われる．

527. 『小論』の第7巻の39頁から60頁に「**確率計算について**」(*Sur le calcul des Probabilités*)と題する覚え書がのっている．それによれば，依然としてダランベールが普通の確率論は反対していたことがうかがえる．それは，つぎのような文章ではじまる．

「私はまだこの主題に再びとりかかっていないことを，かの幾何学者に詫びねばならない．しかし，敢て白状するが，考えれば考えるほど私は普通の確率論における原理への疑念がはっきりしてくるのである．私はこの疑念が明瞭になることを，そしてこの理論が何らかの原理を代用しつつ，なおかつ原型は保持して，ともかく今後もはや何の疑念も入りこまぬ方法で明らかになることを希望する．」

528. 単にいい古された所見をくり返すだけでなく，新しいことに注目しよう．ダランベールは42頁である間違いをおかしている．のちほどわかることであるが，『百科全書（事項別）』の『トランプ』の項目だけに見出せる間違いである．彼によると，2回投げると第1回目に表の出る確率は$\frac{1}{2}$，2回目の試行で表が出る確率も$\frac{1}{2}$である．だから，彼は表が出る確率は$\frac{1}{2}+\frac{1}{2}=1$であると推論する．彼は「ところで，もしそれが真ならば，あるいは類似の原理のうえで根拠のある類似した結果が少くとも真であるならば，精神を満足させるにふさわしいであろう」といっている．その答は，結果が間違っているし，誤って演繹されている．この間違いは初歩的な研究の過程で露呈されている．

529. その覚え書は主として**ペテルスブルクの問題**に割かれている．ダランベールは『**いろいろな学者たちによる……覚え書**』(*Mémoires……par divers Savans……*)の第6巻に記載されている覚え書を引用している．その覚え書のなかで，ラプラスは貨幣の一方の面が他方の面よりおおいに出やすい傾向にあるが，出やすい面が表か裏かはわからないという仮定をおいている．最初の試行で，表が出たら2クラウン，2回目の試行で表が出たら4クラウン，3回目の試行で表が出たら8クラウン……受けとるものとする．すると，ゲームがx回つづくとき，演技者は相手に，$x<5$ならばxクラウン以下，$x>5$ならばxクラウン以上，$x=5$ならばちょうどxクラウン与えることを余儀なくされるというのが，ラプラスの示すところである．普通の確率論では，演技者はつねにxクラウンを相手に与えなければならない．ラプラスのこの結果は，ひとつの近似解として得られただけである．ダランベールはあたかもそれらが正確なものであるかのように紹介している．

530. 1回目に表が出る確率を$\frac{1}{2}$でなく，ωとする．そしてゲームがn回以上行われるものとする．もし第1回目に表が出たら2クラウン，第2回目に表が出たら4クラウン，……を受けとることにすれば，演技者が与えられる総額は

$$2\omega\{1+2(1-\omega)+2^2(1-\omega)^2+\cdots\cdots+2^{n-1}(1-\omega)^{n-1}\}$$

であり，これをΩとする．

第13章　ダランベール

筆者がダランベールを正しく理解しているのであれば，ω の値については何も分っていないのだから，問題の解として演技者が与えられる総額は，$\int_0^1 \Omega d\omega$ であると想定することができる．しかし，このことは普通の確率による解の困難さをすべて含んでいる．というのは，n が無限大になれば，結果もそうなる．しかし，ダランベールはこの点できわめて不明瞭である〔529節の論文集45頁，46頁参照〕．

彼は

$$n>5 \text{ ならば } \int_0^1 \Omega d\omega > n$$

$$n=5 \text{ ならば } \int_0^1 \Omega d\omega = n$$

$$n<5 \text{ ならば } \int_0^1 \Omega d\omega < n$$

であろうと考えているようである．しかし，この結果は誤りである．そして，この推論は理解しがたく要領をえない．$n=1$ のときには $\int_0^1 \Omega d\omega = n$ となることは計算によってわかる．そして

$$2 \leqq n \leqq 6 \text{ ならば } \int_0^1 \Omega d\omega < n$$

$$n \geqq 7 \text{ ならば } \int_0^1 \Omega d\omega > n$$

である．

531. それから，ダランベールはペテルスブルクの問題で，結果が無限大になることをさける解決策を提案している．この方法というのは，まったく独断的なものではあるが，それはつぎの通りである．もし，最初に裏が出たら，つぎに表が出る確率を $\dfrac{1}{2}$ でなく $\dfrac{1+a}{2}$ にしなければならない．ただし，a はある小さい数である．もし1回目も2回目も裏が出るとすれば，次に表の出る確率は $\dfrac{1}{2}$ ではなく $\dfrac{1+a+b}{2}$ である．そして，1回目，2回目，3回目に裏が出たとすれば，次に表の出る確率は $\dfrac{1}{2}$ ではなく $\dfrac{1+a+b+c}{2}$ となる．……ただし，a，b，c，……はごく小さな正数で，$a+b+c+\cdots<1$ である．というのは，あらゆる確率が1より小さいからである．

この仮定にもとづいて，もしゲームが389節で述べたものであるとすると，Aはつぎの級数の半分をうることが期待しうる．

$$1$$
$$+(1+a)$$
$$+(1-a)(1+a+b)$$
$$+(1-a)(1-a-b)(1+a+b+c)$$
$$+(1-a)(1-a-b)(1-a-b-c)(1+a+b+c+d)$$
$$+\cdots$$

これが有限であることは簡単に示される．というのは

（1）$1+a,\ 1+a+b,\ 1+a+b+c,\ \cdots<2$

（2）$1-a-b<1-a,\ 1-a-b-c<1-a-b<1-a,$
　　　…………

こうしてはじめの2項を除いた級数の和は，等比級数

$$2\{(1-a)+(1-a)^2+(1-a)^3+(1-a)^4+\cdots\}$$

— 250 —

より小で，この和は有限である．

　これがダランベールの原理であり，彼はそれを以下の場合にのみ用いている．彼は
$$(1-a)(1-a-b)(1-a-b-c)(1-a-b-c-d)(1+a+b+c+d+e)$$
で始まるすべての項は
$$2(1-a)(1-a-b)(1-a-b-c)(1-a-b-c-d)s$$
より小さいことを示している．ただし，s はつぎの等比数列を示す．
$$s=1+r+r^2+r^3+\cdots\cdots,\qquad r\equiv1-a-b-c-d$$

　532. このような独断的な仮説によって，ダランベールは無限大の解の代りに有限の解を得ている．さらに，彼はしなくてもよいことまでやっているのである．というのは，彼が得た無限級数の逐次項は，もし a，b，c，d，$\cdots\cdots$ がある法則，たとえば
$$1-a-b-c-d-e-\cdots\cdots=\frac{1}{1+(m-1)\rho}$$
によって結びつけられているならば，第2項から**連続的減少級数**（continually diminishing series）の形をとりはじめることを彼は証明しているからである．ただし，ρ は小さい分数，$m-1$ は a，b，c，d，e，$\cdots\cdots$ などの個数である．さらに，彼は a，b，c，d，e，$\cdots\cdots$ が単に連続的減少級数と仮定すれば同じ結果が成り立つことも示している．このことは余計なことのように思われる．なぜなら，ペテルスブルクの問題において唯一想定される難しさは無限大を解であるとみなさねばならぬことと，この数列が各項漸次減少する一般級数のおきかえであることを示さなくても，このことを除くには十分なのであるから．しかし，ダランベールは明らかにこれとは別の意見をもっていたようである．この数列が減少列であることを証明してから，

　「賭金の清算が第3回目の試行から最後の試行まで減少していることを示すにはこれで十分であろう．その上，賭金の総清算額はゲームの回数が無限でも有限になることはすでに証明ずみである．

　このように，ここでペテルスブルクの問題に対して与えた解の結果は，普通の確率論による解のように不可解なむつかしさはない．」

　533. われわれの主題に対して注目すべきダランベールのいまひとつの寄与がある．それは彼にとってさえ極端とさえ思われる誤謬を含んでいる．それは『**百科全書（事項別）**』の項目『**トランプ**』の論説である．つぎのような問題が提示されている．

　「ピエールは手のうちに8枚のカードをとる．それらのカードはエース，2，3，4，5，6，7，8であり，それらを十分よくかきまぜる．ポールは次々とそのカードをひき，ひく度ごとにそれを言いあてることに賭ける．ピエールは，ポールがうまく言いあてないことに，どれだけ賭けたらよいか．」

　ポールの可能性は
$$\frac{1}{8}\times\frac{1}{7}\times\frac{1}{6}\times\frac{1}{5}\times\frac{1}{4}\times\frac{1}{3}\times\frac{1}{2}$$
であることは正しく確定される．

　つぎに，このことから3つの問題が出てくる．そのすべてが馬鹿げた間違いなのであるが，それらはつぎの通りである．

　「もし，ポールが7回中ただ1回うまく云いあてたとすれば，その期待値は $\frac{1}{8}+\frac{1}{7}+\cdots\cdots+\frac{1}{2}$ で，それゆえ，ピエールの賭金：ポールの賭金は
$$\frac{1}{8}+\frac{1}{7}+\cdots\cdots+\frac{1}{2}:1-\frac{1}{8}-\frac{1}{7}-\cdots\cdots-\frac{1}{2}$$

第13章　ダランベール

になる.

　もし，ポールがはじめの2回のうち，1回はうまく言いあてたとすれば，その期待値は $\frac{1}{8}+\frac{1}{7}$ で，この場合の賭金の比は

$$\frac{1}{8}+\frac{1}{7} : 1-\frac{1}{8}-\frac{1}{7}$$

となる.

　もし，2回言いあてたとすると，期待値は

$$\frac{1}{8\times7}+\frac{1}{8\times6}+\cdots\cdots+\frac{1}{8\times2}+\frac{1}{7\times6}+\cdots\cdots+\frac{1}{7\times2}+\frac{1}{6\times5}+\cdots\cdots$$

である.」

　第1の問題は，ポールが7回のうち1回はうまく言いあて，6回は失敗することを意味していると考えよう. そのとき彼の可能性は

$$\frac{1}{8}\Big(\frac{1}{7}+\frac{1}{6}+\frac{1}{5}+\frac{1}{4}+\frac{1}{3}+\frac{1}{2}+1\Big)$$

になる. なぜなら，第1回目はうまく言いあて，あと全部失敗する確率が

$$\frac{1}{8}\times\frac{6}{7}\times\frac{5}{6}\times\frac{4}{5}\times\frac{3}{4}\times\frac{2}{3}\times\frac{1}{2}=\frac{1}{8\times7},$$

2回目はうまく言いあて，あとの場合は失敗する可能性は

$$\frac{7}{8}\times\frac{1}{7}\times\frac{5}{6}\times\frac{4}{5}\times\frac{3}{4}\times\frac{2}{3}\times\frac{1}{2}=\frac{1}{8\times6}$$

となる，…….

　もし，ポールが7回中少くとも1回は言いあてることを意味するなら，可能性は $\frac{7}{8}$ となる. 毎回失敗する可能性は

$$\frac{7}{8}\times\frac{6}{7}\times\frac{5}{6}\times\frac{4}{5}\times\frac{3}{4}\times\frac{2}{3}\times\frac{1}{2}=\frac{1}{8}$$

となるから，少くとも1回うまく言いあてる可能性は $1-\frac{1}{8}=\frac{7}{8}$ である.

　第2の問題は，ポールが最初の2回は言いあて，残りの5回は失敗することを意味するものとしよう. そうであれば，彼の可能性は

$$\frac{1}{8}\times\frac{1}{7}\times\frac{5}{6}\times\frac{4}{5}\times\frac{3}{4}\times\frac{2}{3}\times\frac{1}{2}=\frac{1}{8\times7\times6}$$

となる. あるいは，最初の2回は言いあて，残りは棄権したとする. するとその可能性は $\frac{1}{8}\times\frac{1}{7}$ となる.

　第3の問題は，7回のうち，どれか2回は言いあて，あとの5回は失敗した場合であろうと思われる. そのとき，可能性は21項の和からなる. この21という数は7個のものから2個とる組合せの数である. はじめの2回うまく言いあて，残り全部失敗する可能性は

$$\frac{1}{8}\times\frac{1}{7}\times\frac{5}{6}\times\frac{4}{5}\times\frac{3}{4}\times\frac{2}{3}\times\frac{1}{2}=\frac{1}{8\times7\times6}$$

である. 7回のうち任意の2回言いあて，他は失敗する場合についても同じように考えてよい. そこで可能性の総和は

$$\frac{1}{8}\Big\{\frac{1}{7}\Big(\frac{1}{6}+\frac{1}{5}+\frac{1}{4}+\frac{1}{3}+\frac{1}{2}+1\Big)+\frac{1}{6}\Big(\frac{1}{5}+\frac{1}{4}+\frac{1}{3}+\frac{1}{2}+1\Big)$$
$$+\frac{1}{5}\Big(\frac{1}{4}+\frac{1}{3}+\frac{1}{2}+1\Big)+\frac{1}{4}\Big(\frac{1}{3}+\frac{1}{2}+1\Big)+\frac{1}{3}\Big(\frac{1}{2}+1\Big)+\frac{1}{2}\Big\}$$

あるいは第3の問題は7回のうち少くとも2回は言いあてる場合を意味しているのかもしれない．つまり2回言いあてたら，あとは棄権してもいいわけである．すべて失敗する場合と，ただ1回だけ言いあてる場合の可能性を1からひけば，ポールの可能性を求めることができる．すなわち，

$$1-\frac{1}{8}-\frac{1}{8}\Big(\frac{1}{7}+\frac{1}{6}+\frac{1}{5}+\cdots\cdots+1\Big).$$

534. 別の問題がわれわれの注目した問題とは関係なく提示されており，それは正確に解かれている．

『百科全書（事項別）』のその項目には，ダランベールの署名がのっている．が，その巻は1784年に発行されており，彼の死後である．しかし，彼の存命中にこの項目のある部分だけ印刷されたとも考えられるし，たとえ死後であったとしても，その項目が彼の原稿からひきぬかれた可能性もある．その項目は『百科全書』のもとの本には含まれておらず，『トランプ』という名称もしくはそれに類似の誰もが自然に思いつくような題名の項目すらないのである．このような執筆者名の誤りが『百科全書（事項別）』にみられることは奇妙である．

項目『トランプ』を読んでしばらくして，筆者はそのなかの誤謬に気がついた．このことは『書籍評論』(*Comptes Rendus*)（1844年刊行，第19巻）のなかでビネ[7](*Binet*)がふれていることである．彼はその項目の出典に関しては何ら疑いを示していないが，3つの問題は正しくないといっており，第1の問題に関しては正しい解を与えている．

535. 終りにのぞんで，他の著作家たちによるダランベールに対する所見をいくつかみていこう．

536. モンチュクラは『貨幣の表か裏か』の項目にふれたのち，自分の書物の406頁でつぎのように述べている．

「ダランベールは『小論』1768年発刊の第4巻73頁と第5巻283頁におさめられたいくつかの例に満足できなかった．それらの例は秀れた多くの幾何学者たちの同意をえていることでもあった．コンドルセが『百科全書（事項別）』の項目でこれらの反論を支持している．他方いろいろな数学者たちがダランベールの推論に反論しようと企てた．そして，とくにダニエル・ベルヌイこそは普通の確率理論を擁護した第1人者であったと思う．」

この文中，第5巻というのは間違いである．それは第4巻であるべきものである．コンドルセがダランベールの反論を支持したという根拠はどこにもみあたらないように私には思われる．また，ダニエル・ベルヌイが普通の確率理論を擁護していたこともはっきりしない．というのは，彼は種痘に関する彼の論文に対して加えられた攻撃を打ち破ろうと，必死になっているように思われるからである．

537. グローはダニエル・ベルヌイとダランベールとの論争にふれたのち，彼の書物59頁でつぎのように述べている．

「その他の数学者たちは，ダランベールがあえて述べた疑問点に対して，沈黙と軽蔑をもって答えた．どのような不当で，いやらしい軽蔑がなされたかは何びとも分っていないし，そのような内容が後世に伝えられていないので確認できない．」

ダランベールの反論は沈黙と軽蔑をもって受けいれられたという，この文章は前節のモンチュクラから引用したものと矛盾する．490節でのダランベール自身の言によると，彼を非難したのはつまらない数学者たちなのである．

538. ラプラスは簡単ではあるが，ダランベールに答えている〔ラプラス『確率の解析的理論』Ⅶ頁，Ⅹ頁参照〕．

死ぬ前に，ダランベールは彼の『貨幣の表か裏か』に関する誤りを見出したようである．しかし彼

— 253 —

第13章　ダランベール

の著作を調べた限りでは，このことの確証はえられなかった〔『**ケンブリッジ哲学会報**』（*Cambridge Philosophical Transactions*）第9巻，117頁参照〕．

〔訳　註〕

（1）ジャン・ル・ロン・ダランベール（Jean le Rond D'Alembert）は1717年11年16日，砲兵大将デトウシュ（Destouches）と後年の枢機卿リオン大監督の妹・修道尼のド・タンサン（de Tencin）との私生児としてパリに生れた．彼は生母によってノートルダム寺院近くの聖ジャン・ル・ロン礼拝堂の階段の上にすてられ，ジャン・ル・ロンというその名を発見された場所によって与えられた．発見された捨子は父親によって近くの硝子職人の家にあずけられ，その妻を養母として育てられた．ダランベールは9才のとき，父デトウシュに死に別れたが，死の直前父は彼を近親に紹介し，あわせて莫大な遺産も与えたので，勉学の費用には困らなかった．ダランベールはマザランによって創設された *Collège des Quarte-Nations* において勝れた教育をうけ，つぎに医学，法学，数学を学んだ．1740年には身分高き親類の紹介で論文を提出してアカデミー会員となった．しかし，彼がその養母から離れず，彼女をその死に至るまで自分の許においたということは感動すべきことである．

　数学の業績については1743年『**動力学論**』（*Traité de dynamique*），1744年『**流体の平衡および運動についての論考**』（*Traité de léquibre et pu mouvement des fluides*），1745年『**風の一般理論**』（*Théorie generale des vents*），1754年『**宇宙系のいろいろな重要な点に関する研究**』（*Recherches sur différents points importants du système du monde*）などである．1754年以後，数学の研究をやめ，文学，歴史，哲学の方面の研究を行なう．生涯清貧にすごしたようである．1783年10月29日パリで没する〔スミス『**数学史**』Vol I. 479頁，コワレスキー『**数学史**』中野広訳191頁-198頁〕．

（2）『**百科全書**』は正確には『**百科全書，もしくは科学，芸術，手工業の合理的辞典**』（*Encyclopédie, ou Dictionnaires raisonné des Sciences, des Arts et des Métiers*）とよばれ，諸学問の内的連関を示すべき百科全書と，学芸の世界の諸事実を具体的に明らかにすべき辞典との2つの役割を担ったものである．Encyclopédieはギリシヤの εγκύκλιoς παιδεία（ひとまとめにされた教育）から作られたものであるが，ギリシヤ時代にそのような作品はなかった．この言葉はラブレー（F. Rabelais）が『**パンタグリュエル**』（*Pantagruel*）のなかで使ったのが始めてである．1728年イギリスのチャンバース（Chambers）の『**百科全書**』が，全2巻の小著ながら評判であったのに刺戟されて，フランスでも百科全書の企画がなされた．1746年無名に等しかったディドロ（Diderot）が編集責任者となり，ダランベール，ヴォルテール，モンテスキューなどが協力した．1748年4月出版特許がおり，1750年10月，趣意書が配布され，「技術と学問のあらゆる領域にわたって参照されうるような，そしてただ自分自分のためにのみ自学する人々を啓蒙すると同時に，他人の教育のために働く勇気を感ずる人々を手引きするのにも役立つような辞典」を作ることがうたわれた．1751年7月1日，第1巻が刊行された．仔牛皮装幀，2つ折型915頁，各頁左右2段組み，各74行，発行部数2500．1752年1月，第2巻刊行．しかしその直後イエズス会の圧力で発行配布が禁止された．しかし政府部内にも百科全書派の哲学者たちと思想を同じく意見も多く，発禁3月のちに，再び刊行許可．1753年11月第3巻，54年，55年，56年，57年と毎年1巻ずつ刊行された．しかし，執筆者総数184人という知識の巨大集団は，それだけに内部の意見の喰い違いも多く，ルソー（Rousseau）が脱退するなど動揺も激しかった．また1959年3月には国王の顧問会議で出版特許を取り消すなど，いろいろと迫害もうけたが，その都度，ディドロの才覚と組織的手腕で危機をのりきり，1772年全17巻，図版全11巻が完結した．その間26年の長い歳月が流れた〔ディドロ・ダランベール編『**百科全書**』岩波文庫，389頁-399頁〕．

（3）「ピエールはボールと次の条件で賭勝負をする．もしピエールが第1投で表を出せば，彼はボールに1エキュ支払う．第2投で始めて表を出せば2エキュ，第3投では4エキュ．普通の規則ではボールの期待値，したがってボールがこの勝負に賭けねばならないのは

$$\frac{1+2+4+\cdots\cdots}{1+1+1+\cdots\cdots}$$

であり，総額は無限大となる．」〔山崎英三『**ダランベールと確率論**』科学史研究，Vol. 11. (No. 101), 1972〕

— 254 —

（4）『数学小論』（*Opuscules mathématiques*）全8巻，1761年-1768年．パリで刊行．

（5）確率論に関する『百科全書』の項目はつぎの通りである．

① 『失踪者』（*Absent*）第1巻40頁-41頁（1751年）

② 『利益』（*Avantage*）第1巻862頁（1751年）

③ 『バセット・ゲーム』（*Bassette*）第2巻122頁（1752年）

④ 『トランプのダイヤ』（*Franc-Carreau*）第2巻702頁（1752年）

⑤ 『組合せ』（*Combinaison*）第3巻663頁-664頁（1753年）

⑥ 『貨幣の表か裏か』（*Croix ou Pile*）第4巻512頁-513頁（1754年）

⑦ 『サイコロ』（*Dé*）第4巻647頁-648頁（1754年）

⑧ *『期待値』（*Espérance*）第5巻970頁-971頁（1755年）

⑨ 『賭事』（*Cageure*）第7巻420頁-421頁（1757年）

⑩ *『ゲーム』（*Jeu*）第8巻531頁-541頁（1765年）

　*『偶然ゲーム』（*Jeu de Hasard*）第8巻538頁（1765年）

⑪ *『賭ける』（*Jouer*）第8巻884頁-888頁（1765年）

⑫ 『富クジ』（*Loterie*）第9巻694頁（1765年）

⑬ 『賭金』（*Pari*）第11巻942頁（1765年）

⑭ 『確率』（*Probabilité*）第13巻393頁-400頁（1765年）

* はダランベールの書いたものではない．

（6）アレクシ・フォンテーン（Alexis Fontaine, 1704.8.13-1771.8.21）は公証人の子として生れ，ツールノンのカレジに学び，のちパリでカステル神父に数学の手ほどきを受ける．1732年ごろ，クレーローやモーペルチュイらと知り合い，科学アカデミーに数篇の論文（主に変分法の原型を与えるもの）を寄稿．1739年アカデミーの幾何学者に昇進．研究範囲が狭かったこと，他人の研究に無関心だったこと，論文は晦渋だったこと，などで孤独な存在だった．晩年ラグランジュとの論争を始めるが，程なく死ぬ〔『*Dictionary of Scientific Biographies*』V〕．

（7）ジャック・ネッカー（Jacques Necker, 1732.9.30ジュネーヴ——1804.4.9ジュネーヴ）15才でパリに出，12年間銀行につとめ，62年テラソン・ネッカー会社をおこし，巨富を得，65年フランス・インド会社取締役，68年ジュネーヴ仏公使，40才で実業界を去り，文筆生活に入る．新重商主義者．76年チュルゴ失脚後大蔵省に入り，79年大臣代行，新教徒ゆえ台閣に列しえず．81年失脚，89年ついに蔵相となるが，革命をのり切れず，スイスに退去．

（8）ジャック・フィリップ・マリ・ビネ（Jacques Phillipe Marie Binet）（1786.2.2-1856.5.12）は1812年2つの行列の積に関する定理を確立したので有名である．〔スミス『数学史』Vol. 2. 477頁〕

第14章

ベ イ ズ

539. ベイズ (Bayes)[1] の名前は確率論のなかでもっとも重要な分野のひとつ，すなわち，観測された事象を生み出すであろう原因についての確率を推定する方法と結びついている．これから述べる如く，ベイズはその研究に着手し，そしてラプラスがそれを発展させ，今日までずっと続いて保持された形式の一般的原理を明確に表現したのである．

540. われわれはつぎのような表題の2つの論文に注目しよう：

『偶然論における一問題を解くための試み．王立協会会員，学芸修士，ジョン・カントン氏への書簡のなかでプライス氏によって伝えられた故王立協会会員ベイズ師著』 (*An Essay towards solving a Problem in the Doctrine of Chances. By the late Rev. Mr. Bayes, F. R. S. communicated by Mr Price in a Letter to John Canton, A. M. F. R. S.*)[2]

『哲学会報誌第53巻で発表された，偶然論における一問題の解に対する論文における第2の規則の証明．王立協会会員，学芸修士ジョン・カントン氏への書簡のなかでリチャード・プライス師によって伝えられたもの．』(*A Demonstration of the Second Rule in the Essay towards the Solution of a Problem in the Doctrine of Chances, published in a Philosophical Transactions Vol. LIII. Communicated by the Rev. Mr. Richard Price, in a Letter to Mr. John Canton, M. A. F. R. S.*)

最初の論文は，1764年に出版された，1763年度の『哲学会報』第53巻の370-418頁に掲載されている．

第2の論文は，1765年に出版された，1764年度の『哲学会報』第54巻の296-325頁に掲載されている．

541. ベイズはつぎの定理が成立すると提案している．すなわち，もしある事象が p 回生起し，q 回生起しなかったならば，たった1回の試行でその可能性が a と b の間におちる確率は

$$\frac{\int_a^b x^p(1-x)^q dx}{\int_0^1 x^p(1-x)^q dx}$$

である．

ベイズはこのような記法を用いなかった．当時の流儀にしたがって，積分のかわりに曲線下の面積を用いている．さらに，上の説明では，簡単化のために省略したのだが，彼の理論はある重要な条件を含んでいることが明らかとなるであろう．この点については552節で再びふれることにする．

ベイズはさらに，今日の積分に相応する面積の近似値を求める方法をも示している．

542. 最初の論文は，表題からわかるように，ベイズの死後に出版された．牧師リチャード・プライス氏は著名な文筆家で，政治学，自然科学，そして神学との関係では名高い[3]．彼はカントンあての書簡をつぎのように書きはじめている．

「拝啓，われわれの亡き友，ベイズ氏の書類のなかから見つかりました論文をお送りします．私見

— 256 —

では，非常に価値あるもので，保存するに十分値するものでありましょう.」

543. 最初の論文には，プライスによって書かれたカントンあての前置きの書簡がのせられている[4]. そのあとではじまるベイズの論文では，まず確率論の一般法則についての簡単な証明がなされている. ついでベイズの定理が示される. 今日の積分に相当するもので，面積の近似値を求めようとするベイズの方法が2つ提示されているが，その証明は与えられていない. プライスは自ら『**ある特別な場合に対する先の規則の応用を含む付録**』(*An Appendix containing an Application of the foregoing Rules to some particular Cases*) をつけ加えている.

プライス

第二の論文は，近似法についてのベイズの主要な法則とその証明とを含む. そしてまた近似の問題に関連したプライスによる研究をも含んでいる.

544. 前述したように，ベイズは確率論の一般法則についての簡単な証明からはじめている. 彼の論文のこの部分は非常に曖昧であり，同じ問題についてのド・モワブルの論述といちじるしい対照をなしている.

ベイズは複合事象の確率を計算する原則を示している.

複合事象の確率を $\frac{P}{N}$，第一事象の確率を z，第一事象が起こったとして第二事象の起こる確率を $\frac{b}{N}$ としよう. すると，ベイズの原則から $\frac{P}{N} = z \times \frac{b}{N}$ となる. よって $z = \frac{P}{b}$. この結果を，ベイズは何か新しく注目すべきものとして述べているようである. 彼は上述の結果に奇妙なプロセスを経て到着しており，それを彼の第5命題として，きわめて，曖昧な用語で示している.

「2つの継続する事象があるとする. 2番目の事象の起こる確率は $\frac{b}{N}$，両者がともに生起する確率は $\frac{P}{N}$，そして，まず2番目の事象が起こったことがわかったとして，そのことから推測して1番目の事象の起こる確率は $\frac{P}{b}$ であるとするのが公正である.」(第 I 部, 命題5)

プライスは自ら，この命題について，ベイズよりももっと明確な評価を下したことを示すノートを書いている.

545. さて，この論文の注目すべき部分に進むことにしよう. 長方形の玉突台 ABCD がある. 1個の玉を無作為に転がす. 玉がとまったとき，AB への距離を測り，それを x とする. AB と CD との間の距離を a とする. そのとき，x の値が2つの指定された値 b と c との間にある確率は $\frac{c-b}{a}$ である. このことはわれわれにとっては自明なことのように思われる. しかし，ベイズは非常に念入りにこのことを証明している[5].

546. 1個の玉が上述のように転がされたとする. それがとまった点を通って AB に平行な線分 EF をひく. その結果，玉突台は AEFB と EDCF に2分される. 第2の玉が転がされたとする. それが AEFB の範囲にとどまる確率を求めたい. AB と EF との間の距離を x とすると，求める確率は前節から分るように $\frac{x}{a}$ である.

547. さて，ベイズはつぎのような複合事象を考察する：最初の玉が一度転がされ，その結果 EF が確定する；それから第2番目の玉でつぎつぎと $p+q$ 回の試行が行なわれる：最初の玉が転がされる前に，AB から EF までの距離が b と c の間にあり，かつ第2番目の玉が p 回 AEFB 内にとどまり，

— 257 —

第14章　ベ　イ　ズ

q 回は AEFB 外にとどまるという確率を求めたい.

　われわれはつぎのようにして解を求める：EF が AB から x の距離にくる可能性は $\dfrac{dx}{a}$ である；それから第2の事象が p 回成功し，q 回失敗する可能性は

$$\frac{(p+q)!}{p!q!}\left(\frac{x}{a}\right)^p\left(1-\frac{x}{a}\right)^q$$

である；それゆえ，2つの事象の起こる可能性は

$$\frac{dx}{a}\frac{(p+q)!}{p!q!}\left(\frac{x}{a}\right)^p\left(1-\frac{x}{a}\right)^b$$

である.

　よって，求めるべき全体の確率は

$$\frac{(p+q)!}{ap!q!}\int_b^c\left(\frac{x}{a}\right)^p\left(1-\frac{x}{a}\right)^q dx$$

である.

　もちろん，ベイズの解法は以上のものとは非常に異なっている．彼の解法は面積が積分のかわりをしており，極端なまでに馬鹿げた厳密な証明によって結果を出している.

548. 系として，ベイズはつぎのことを示している．最初の玉が転がされる前に，EF が AB と CD との間にきて，かつ2番目の事象が p 回生起し，q 回失敗する確率は，限界を b と c とすることではなくて，0 と a とするときに得られる．しかし，EF が AB と CD の間におちることは確実である．そこで最初の玉が投げられる前に，2番目の事象が p 回生起し，q 回失敗する確率は

$$\frac{(p+q)!}{ap!q!}\int_0^a\left(\frac{x}{a}\right)^p\left(1-\frac{x}{a}\right)^q dx$$

である.

549. さてわれわれは ベイズの論文のもっとも主要な論点に達した．2番目の事象が p 回生起し，q 回失敗したことのみが知られていると仮定し，この事実からまだ知られていない EF のありうべき位置を推測しようというのである．AB から EF までの距離が b と c の間にある確率は

$$\frac{\displaystyle\int_b^c x^p(a-x)^q dx}{\displaystyle\int_0^a x^p(a-x)^q dx}$$

である.

　これは544節で示したベイズの第5命題にもとづく．というのは，z を求める確率とすると

$$z \times（2番目の事象の確率）=（複合事象の確率）$$

である.

　複合事象の確率は547節で与えられており，2番目の事象の確率は548節で与えられているので，z の値が求まる.

550. つぎに，ベイズはある種の曲線の面積を求める．つまり，今日流にいえば，ある式で積分することなのである.

$$\int x^p(1-x)^q dx = \frac{x^{p+1}}{p+1} - \frac{q}{1}\frac{x^{p+2}}{p+2} + \frac{q(q-1)}{1\cdot 2}\frac{x^{p+3}}{p+3}\cdots\cdots$$

である.

　この級数は別の形式で表わすことができる；$u=1-x$ とおくと，この級数は

$$\frac{x^{p+1}u^q}{p+1} + \frac{q}{p+1}\frac{x^{p+2}u^{q-1}}{p+2} + \frac{q(q-1)}{(p+1)(p+2)}\frac{x^{p+3}u^{q-2}}{p+3}$$

$$+ \frac{q(q-1)(q-2)}{(p+1)(p+2)(p+3)} \frac{x^{p+4}u^{q-3}}{p+4} + \cdots\cdots$$

に等しい.

これは u の代りに $1-x$ を代入して x について並べかえるとよい. あるいは, この級数が x に関して微分可能ならば, 各項相殺されて $x^p u^q$ の項のみが残る.

551. 観察事象から原因の確率を推定する一般理論は, ラプラスによって『**いろいろな学者たちによる……論文**』(*Mémoires … par divers Savans*) 第6巻, 1774年号のなかで与えられた. ラプラスの結果のひとつは, もしある事象が p 回生起し, q 回生起しなかったとしたら, そのつぎの試行でその事象が生起する確率は

$$\frac{\int_0^1 x^{p+1}(1-x)^q dx}{\int_0^1 x^p (1-x)^q dx}$$

である.

ベイズ, もしくはむしろプライスは, ベイズの定理によって与えられた確率と, 上述のラプラスによって得られた結果により与えられる確率とを混同しているというように, ラボックとドリンクウォーターは考えた〔ルボックとドリンクウォーターの48頁参照〕. しかし, 私は, ベイズの定理の意味するところを, プライスは正しく理解していたと思うのである. プライスの与えた最初の例は, $p=1$, $q=0$ の場合である. プライスは「2回目の試行で生起する見込みが半々であるか, あるいはちょっとそれより大きい可能性は3回中1回であろう.」と述べている. つぎに, 彼の証明を与えよう;それは以下の通りである:

$$\frac{\int_{\frac{1}{2}}^1 x^p (1-x)^q dx}{\int_0^1 x^p (1-x)^q dx} = \frac{3}{4}$$

ただし, $p=1$, $q=0$ とする. こうして2回目の試行で生起する見込みが $\frac{1}{2}$ と1の間にある確率は $\frac{3}{4}$ である. すなわち, その事象が生起しないことよりも生起する方がありうるという確率が $\frac{3}{4}$ であるということである.

552. 549節の結果について, ベイズ自身の問題において, 先験的にＡＢとＣＤの間においては, ＥＦがどのような位置にあろうと, その位置占めは同等に確からしいことを, われわれは知っている. あるいは, 少くともどれだけの仮定がこの設問には含まれているかを, われわれは知っている. しかし, ベイズの定理を使っての応用とか, 551節におけるラプラスの結果を使っての応用においては, しばしば, このような仮定なり知識が欠落しているのである.

553. すでにわれわれは, ベイズが積分に相当する面積の近似値の求め方のための2つの規則を述べておいた. 最初の論文では, プライスは枚数の節約のために証明を削除している;第2の論文では, ベイズの主要な規則の証明が与えられている. また, プライス自身もその問題に言及しているし, これらの研究は非常に労力を要したものであり, とくにプライスのものはそうである.

つぎのものは, プライスの述べた結果のなかでもっとも明確な結果のひとつである. $n=p+q$ とし, p も q も同時には小さくならないものとする.

$h = \dfrac{\sqrt{pq}}{n\sqrt{n-1}}$ とおく. このとき, もしある事象が p 回生起し, q 回生起しなかったとすれば, たった1回の試行で成功の可能性が $\dfrac{p}{n} + \dfrac{h}{\sqrt{2}}$ と $\dfrac{p}{n} - \dfrac{h}{\sqrt{2}}$ との間にある見込みはおよそ1:1である. たっ

第14章　ベ イ ズ

た1回の試行で，その可能性が$\frac{p}{n}+h$と$\frac{p}{n}+h$との間にある見込みはおよそ2：1である．たった1回の試行で，その可能性が$\frac{p}{n}+\sqrt{2}\,h$と$\frac{p}{n}-\sqrt{2}\,h$との間にある見込みはおよそ5：1である．これらの結果は，定積分の値を求めるラプラスの近似法によって示される．

554. $y=x^p(1-x)^q$　という曲線は2つの変曲点をもち，それらの縦座標は最大値をとる縦座標から等距離にあり，その距離が前節のhにあたる[6]．これらの変曲点が，ベイズとラプラスの方法ではとくに重要である．

〔訳　註〕

（1）**トーマス・ベイズ**（Thomas Bayes）は生年1702，1761.4.17死去．1741年より1761年の死に至るまで英国学士院（王立協会）会員であり，人物としても学者としても著名であったらしいが，**『イギリス伝記事典』**（*The Dictionary of National Biography*）には彼の名はのっていない．それはおそらく非国教徒の牧師であったことが原因らしい．死後，親族の牧師リチャード・プライスに遺稿の整理が委託された．〔フィッシャー**『統計的方法と科学的推論』**（*Statistical Methods and Scientific Inference*）（1955），渋谷政昭，竹内啓訳，岩波，8頁；『抹殺されていた数学者』（現代数学，Vol 7, No.12, 1974年）参照〕

（2）この論文はイギリスの生物測定学，数理統計学の雑誌『*Biometrika*』の第45巻，1958年，293-315頁に再録されているので，比較的容易に原論文に接することができる．

（3）**プライス**（R. Price, 1723-1791）は**『復帰支払の観察』**（*Observations on Reversionary Payments*）の研究によってとくに有名である．英国学士院会員ド・モルガンは**『エクィタブル組合の起源とその進展についての見解』**（*View of the Rise and Progress of the Equitable Society*）のなかで「エクィタブルがはじめて結成されたとき（1762年），その発起人たちが，プライス博士のごとき人の助言と指導とによって利潤を多く得た．そして，プライスは勘定の記帳と，年々の組合の実状の認定とのための適当な方法について，若干の観察を理事会に伝えた」とのべている．この観察が前述の書物である．ところで，エクィタブル組合とは，正式には Society for Equitable Assurances on Lives and Survivorships といい，生命保険事業を今日のような形態，つまり

① 加入年令により保険料率に段階を設けること

② 長期の契約であること

③ 死亡統計の完備とそれを保険に応用する理論の裏付けがあること

の3点で特徴づけられる保険事業を営んだ史上最初の会社である．死亡統計については本書第5章で詳述されているが，ド・モワブルやシンプソン，オイレルも死亡表について研究していたことは本書で明らかである．しかしその後も死亡表の研究がつづけられたのである．ドモルガンの前述の著はつづけていう．

「1780年，プライス博士は復帰支払に関する彼の著述の第4版の準備として，スエーデン，チェスター，ノーサンプトンその他で，寿命の確率から導いた多数の表を作成していた．これらの表を，彼は従来出版されたどの表よりも正確であると考え，同組合の保険料が従来算出されてきた，きわめて不完全な表のかわりに，チェスター表（Chester table），ノーサンプトン表（Northampton table）の採択を勧告した．これはプライス博士の勧告した他のすべての方策と同様に何のためらいもなく同意され」（1780年12年7日の通常総会と1781年1月2日の通常総会）「1781年の終りまでに完全な1組の表がノーサンプトンの観察から作られた．」（1781年12月5日の通常総会決定）「これは20,000以上の計算を含み，あらゆる年令の独身生活者，夫婦生活者に関し，またあらゆる種類の保険の，一時払いの，あるいは毎年払いの保険料額を含んでいた．しかし後者は3％で算出されていたが，当時用いられていた保険料よりも，はるかに低かったので，組合の年間収入の急激な減少をふせぐために，これに15％を追加するのが適当であると考えられた．しかし，これらの新しい諸表の採用により，同表が継続して使用されたならば，36,000ポンドであった平均保険料は，32,000ポンドをやや上まわる額に切下げられ，必要以上に高い保険料を支払って，組合の成功に貢献したことに対し，現在の組合員に補償するため，1782年1月1日以前になされた全支払に対し，保険金額100ポンドごとに30シリングが割増された．この年および次の3年間

— 260 —

に新規加入した保険の数は，毎年その前年の５割ほど増加し，年次収入もまた同じ比率で増加した．同組合のこの急激な発展は，1776年以来その実情に関して，とくに何らの調査も行なわぬ事態に加えて，同組合の財政に影響を与える傾向をもつ，どんな方策もとられない前に，新しい調査を行なう決定を生むに至った．1785年中に，この難事業は成就され，その結果はきわめて好都合であることがわかったので，保険料への増徴15％が除かれ，1786年１月１日以前になされたすべての支払に対し，100ポンドごとに１ポンドを割増しするように決定された．これらの操作により，164,000ポンドの剰余金が，110,000ポンドに減少され，1772年以前に保険をかけた人はすべて最初の保険金額に対して，30％割増された．」

このド・モルガンの文章を読むかぎり，プライスは１つの法則に執着するような人物ではなく，現実に照らして弾力的な政策をとりうる人物であったらしい．そのような感覚の持主であったから，ベイズの定理の如く，現実の観測可能値から原因の確率を修正もしくは推測することに関心を示したものであろう．〔ランスロット・ホグベン『統計の理論，確率・信頼率・誤差の相互関係』（*Statistical Theory-The Relationship of Probability, Credibility and Error*）馬場吉行・平田重行訳，日本評論新社，116-117頁；浅谷輝雄『生命保険の歴史』四季社，参照〕

（４）この部分で重要なのは次の文章である．

「ベイズはこの論文で書いた序文で，次のようにいっている．彼がこの問題について考察したときの最初の目的は，ある事象について，われわれは何も知らないが，ただそれが同じ条件のもとで何回起こり，何回起こらなかったかだけ知っているとき，その与えられた条件のもとでの事象の確率について判断を下すことのできるような方法を見出すことであった．彼はそれにつけ加えて，完全に未知な事象が起こる確率が任意の２つの大きさに入る可能性を，それについていかなる実験も行われない先に測ることができるような何らかの規則を見出すことができさえすれば，そのことは難しくないことにすぐに気づいたと述べている．彼にとって妥当と思われた規則とは，確率が差の等しい任意の２つの値の間に入る可能性は相等しいと想定することであった．もしこのように仮定することが許されるならば，あとはすべて偶然の理論における普通の処理方法に従って容易に計算できるのである．こういうわけで，私は問題の非常に巧妙な解法がこのようにして与えられているのを，彼の論文の中に見出したのである．しかし後に彼は，自分の議論の基礎にした**公準**は，恐らくすべての人によって合理的とは見なされないだろうと考えた．そうして，彼は問題の解答を含んでいると考えた命題を他の形に書きかえ，ある**注解**においてなぜそのように考えるかをつけ加え，数学的な推理の中には議論をまきおこすかもしれないようなことを入れないようにしたのである．」〔フィッシャー『統計的方法と科学的推論』10頁参照〕

（５）ベイズの第１論文の第Ⅱ部，第８命題にあたる．第８命題の前に

「**公準１**．私は正方形のテーブルあるいは平面ＡＢＣＤが次のようにように作られ，水平に置かれているものと仮定しよう．すなわちＯあるいはＷという球のどちらかがその上に投げられたとき，それが平面の上の互に等しい２つの部分の一方に入る確率は他に入る確率と等しい．また球は平面の上のどこかに必ず止まる．

公準２．まずＷという球が投げられるものとする．それが止まった点からＡＤに平行に直線をひき，それとＣＤ，ＡＢとの交点をそれぞれ s，o とする．そののち，球Ｏが $a+b=n$ 回投げられ，１回投げたときそれがＡＤと so の間に止まったならば，事Ｍが１回の試行で起こったとよぶことにしよう．これらのことを仮定すると，

補助定理１．点 o が直線上ＡＢの任意の２点の間におちる確率は，その２点間の距離と直線ＡＢ全体の長さとの比に等しい．

補助定理２．球Ｗが投げられ，直線 os がひかれた後，事象Ｍが１回の確率で起こる確率は Ao とＡＢとの比になる．」が述べられている．

補助定理１は，２ページにわたる証明がついており，ユークリッド原本の第５巻のやり方にしたがって，２つの線分の非通約性が吟味されている．〔『*Biometrika*』Vol. 45. 1958のベイズの論文，フィッシャー『統計的方法と科学的推論』13頁参照〕

（６）$f(x)=x^p(1-x)^q$ とおく

第14章 ベイズ

$$f'(x)=x^{p-1}(1-x)^{q-1}\{p-(p+q)x\}$$
$$f''(x)=x^{p-2}(1-x)^{q-2}\{[(p+q)^2-(p+q)]x^2-2[p(p+q)-p]x+p(p-1)\}$$

$f'(x)=0$ とおくと, $x=\dfrac{p}{p+q}=\dfrac{p}{n}$

$f''(x)=0$ とおくと

$$n(n-1)x^2-2(n-1)px+p(p-1)=0$$

を解いて

$$x=\frac{p}{n}\pm\frac{\sqrt{pq}}{n\sqrt{n-1}}=\frac{p}{n}\pm h$$

トマス・ベイズ　　　　　　　　　ベイズの論文，1頁目

— 262 —

第15章

ラグランジュ

555. ラグランジュ（Lagrange）は1736年トリノに生れ，1813年パリで死去した．確率論への彼の貢献は，数学における彼の名声からくる期待を十分みたすものであることが分るであろう[1]．

556. 彼の最初の論文で確率論に関するものは，『多数の観測値の結果として平均値をとる方法の効用についての論文；確率論によるこの方法の利点の 吟味ならびに この流儀による 関連した問題の 別の解法を含む』（Mémoire sur l'utilité de la méthode de prendre le milieu entre les résultats de plusieurs observations ; dans lequel on examine les avantages de cette méthode par le calcul des probabilités ; et ou l'on résoud différens problêmes relatifs à cette matiére.）と題されている．

ラグランジュ

この論文は『トリノ雑録』（Miscellanea Taurinensia）[2]の第5巻，1770-1773年度版にのせられている．しかしこの巻の発行の日付は不明である．この論文はこの巻の数学の分野の167-232頁に収められている．

当時，この論文の出現はもっとも重要な問題のひとつを研究したものとして，高く評価されたし，また興味をもたれたに違いない．今日でも読む価値のあるものと思われる．

557. この論文は10個の問題の論究にわかれており，誤って9番目の番号がうたれていないので，あとの2つは10，11という番号がふってある．

第1の問題はつぎの通りである：おのおのの観測において，誤差のない場合が a 回，誤差が1に等しい場合が b 回，誤差が -1 に等しい場合が b 回あったと仮定する．n 回観測した値の平均を求め，その結果が真の値である確率を求めよ．

$\{a+b(x+x^{-1})\}^n$ を x のベキに展開し，x と関係ない定数項を求め，それを，起こりうるすべての場合の数 $(a+2b)^n$ で割ると，求める確率をうる．

ラグランジュは代数式の展開操作に独特の技倆を発揮している．n が増大するにつれて，確率の値は減少することが分る．

558. この問題についてのラグランジュの論究の進め方のなかで，興味のあることが2つある．ラグランジュは間接的に

$$1+n^2+\left\{\frac{n(n-1)}{1\cdot 2}\right\}^2+\left\{\frac{n(n-1)(n-2)}{1\cdot 2\cdot 3}\right\}^2+\cdots\cdots$$
$$=\frac{1\cdot 3\cdot 5\cdots\cdots(2n-1)}{1\cdot 2\cdot 3\cdots\cdots n}2^n$$

という関係式に達している．そしてこの関係式を演繹的に証明することは容易ではなさそうなので，注目に値するとだけ述べている．

— 263 —

第15章　ラグランジュ

この結果は

$$(1+x)^n\Big(1+\frac{1}{x}\Big)^n \quad \text{と} \quad \frac{(1+x)^{2n}}{x^n}$$

という等値な式の定数項を等しいとおけば容易に求まる.

しかし, このような簡単な方法にラグランジュは気づかなかったようである.

$\dfrac{1}{\sqrt{1-2az-cz^2}}$ を z のベキについて展開し, その結果を

$$1+A_1z+A_2z^2+A_3z^3+\cdots\cdots$$

とかく. ラグランジュは既知の結果として, 3つの隣接項の係数の間に

$$A_n=\frac{2n-1}{n}aA_{n-1}+\frac{n-1}{n}cA_{n-2}$$

という簡単な関係式を与えている.

これは z に関する微分を行なうことにより

$$\frac{a+cz}{(1-2az-cz^2)^{\frac{3}{2}}}=A_1+2A_2z+\cdots\cdots+nA_nz^{n-1}+\cdots\cdots$$

つまり

$$(a+cz)(1+A_1z+A_2z^2+\cdots\cdots+A_nz^n+\cdots\cdots)$$
$$=(1-2az-cz^2)(A_1+2A_2z+\cdots\cdots+nA_nz^{n-1}+\cdots\cdots)$$

という関係式を得る. そこで, 両辺の z^n の係数を等しいとおけばよい.

559. 第2の問題においては, 第1の問題と同じ仮定のもとに, n 回の観測の平均値の誤差が $\pm\dfrac{m}{n}$ をこえない確率を求めよというものである.

第1の問題同様, ここでも興味ある代数展開式が導かれている.

ここでは得られた結果に注目しよう. $\{a+b(x+x^{-1})\}^n$ を x のベキに展開する；その結果を

$$A_0+A_1(x+x^{-1})+A_2(x^2+x^{-2})+A_3(x^3+x^{-3})+\cdots\cdots$$

と記す. ラグランジュは係数 A_0, A_1, A_2, $\cdots\cdots$の間の関係の法則を示したいと思った. このことを, 彼は恒等式の両辺の対数をとり, そして x について微分することによって示した. しかし, それは

$$x+x^{-1}=2\cos\theta$$

とおくこと, それゆえ

$$x^r+x^{-r}=2\cos r\theta$$

であることから, もっと容易に分る. こうして

$(a+2b\cos\theta)^n=A_0+2A_1\cos\theta+2A_2\cos2\theta+2A_3\cos3\theta+\cdots\cdots$ となる.

ゆえに, 両辺の対数をとり, θ について微分すれば

$$\frac{nb\sin\theta}{a+2b\cos\theta}=\frac{A_1\sin\theta+2A_2\sin2\theta+3A_3\sin3\theta+\cdots\cdots}{A_0+2A_1\cos\theta+2A_2\cos2\theta+\cdots\cdots}$$

となる.

掛け合せ, 両辺を θ の倍数の正弦によって整理する. そして $\sin r\theta$ の係数を等しいとおく. すると

$$nb(A_{r-1}-A_{r+1})=raA_r+b\{(r-1)A_{r-1}+(r+1)A_{r+1}\}$$

となり,

$$A_{r+1}=\frac{b(n-r+1)A_{r-1}-raA_r}{b(n+r+1)}$$

— 264 —

となる.

560. 第3の問題では，おのおのの観測において誤差のない場合が a 回，誤差が -1 に等しい場合が b 回，誤差が r に等しい場合が c 回であるとき，n 回の観測において平均値の誤差がある範囲内におさまる確率が求められる.

第4の問題では，第3の問題と仮定が同じで，n 回の観測における平均値において，もっとも起こりそうな誤差を求めている. そして，これは第5の問題の特殊なものにあたっている.

561. 第5の問題では，おのおのの観測には誤差がともない，それらの誤差が生じる場合の数はある一定の数であるとする. そこでその誤差を p，q，r，s，……とし，これらの誤差が生じる場合の数をそれぞれ a，b，c，d，……とする. そのとき，n 回の観測における平均において，もっとも起こりそうな誤差を求めよう.

$(ax^p + bx^q + cx^r + dx^s + \cdots)^n$ の展開式において，x^μ の係数を M とする；そのとき誤差の総和が μ である確率，つまり平均値の誤差が $\dfrac{\mu}{n}$ である確率は

$$\frac{M}{(a+b+c+d+\cdots)^n}$$

である. それゆえ，M が最大となるときの μ の値を求めればよい.

誤差 p は α 回，誤差 q は β 回，誤差 r は γ 回，……起こるものと仮定する. このとき

$$\alpha + \beta + \gamma + \cdots = n$$
$$px + q\beta + r\gamma + \cdots = \mu$$

である.

代数学の知識より，μ が最大になるのは

$$\frac{\alpha}{a} = \frac{\beta}{b} = \frac{\gamma}{c} = \cdots = \frac{n}{a+b+c+\cdots}$$

のときにかぎる. それゆえ，

$$\frac{\mu}{n} = \frac{pa + qb + rc + \cdots}{a+b+c+\cdots}.$$

よって，これが平均してもっとも起こりそうな誤差（最確値）である.

562. 561節の記号に対して，a，b，c，……などは先験的には知られていない；しかし，α，β，γ，……は観測よりわかっている. 第6の問題では a，b，c，……のもっとも起こりやすい値は，観測の結果から

$$\frac{a}{\alpha} = \frac{b}{\beta} = \frac{c}{\gamma} = \cdots$$

という関係式により確定されることは明らかである. それで，前節の $\dfrac{\mu}{n}$ の値は

$$\frac{\mu}{n} = \frac{p\alpha + q\beta + r\gamma + \cdots}{\alpha + \beta + \gamma + \cdots}$$

となる.

ラグランジュはこのように観測をもとにして決定された a，b，c，……の値が真の値からある定められた範囲をこえて乖離しない確率を求めようとしている. この問題は，この論文の他の研究とは異なる性格の研究である. 普通，それは逆確率の理論とよばれるものであり，難しい問題である.

ラグランジュはあまりにも克服しがたい分析上の困難点に気がついたので，ごく粗い近似で満足せざるをえなかった.

第15章　ラグランジュ

563.　つぎに第7の問題を述べよう．ある観測において，誤差が $-\alpha$，$-(\alpha-1)$，……，0，1，2，……，β という値のどれかひとつであることが同等に確からしいものとする．　n 回の観測における平均の誤差がある予めあてがわれた値になる確率と，予め指定された限界内におちる確率を求めよ．

この問題にとり組む必要はない．実際これはド・モワブルからトーマス・シンプソンにひきつがれた問題と同一である〔148節と364節参照〕．この問題は，これから論ずる第8の問題と同種の代数的操作が必要である．

564.　おのおのの観測において，誤差は $-\alpha$，$-(\alpha-1)$，……，0，1，2，……，α のうちのどれかの量をとるものとし，また，これらの誤差をとる可能性がそれぞれ 1，2，……，$\alpha+1$，α，……，2，1 に比例するものとする．そのとき，n 回の観測値の平均における誤差が $\dfrac{\mu}{n}$ に等しくなる確率を求めよ．

$\{x^{-\alpha}+2x^{-\alpha+1}+\cdots\cdots+\alpha x^{-1}+(\alpha+1)x^0+\alpha x+\cdots\cdots+2x^{\alpha-1}+x^\alpha\}^n$ の展開式における x^μ の係数を求め，さらに上式で $x=1$ とおいた値，つまりすべての場合の数でそれを割らねばならない．すると求める確率の値が求まる．

ところで

$$1+2x+3x^2+\cdots\cdots+(\alpha+1)x^\alpha+\cdots\cdots+2x^{2\alpha-1}+x^{2\alpha}$$
$$=(1+x+x^2+\cdots\cdots+x^\alpha)^2=\left(\frac{1-x^{\alpha+1}}{1-x}\right)^2$$

である．

そこで結局，求める確率は

$$\frac{1}{(\alpha+1)^{2n}}\ \frac{x^{-n\alpha}(1-x^{\alpha+1})^{2n}}{(1-x)^{2n}}$$

の展開式における x^μ の係数であり，またそれは

$$\frac{1}{(\alpha+1)^{2n}}\ \frac{(1-x^{\alpha+1})^{2n}}{(1-x)^{2n}}$$

の展開式における $x^{\mu+n\alpha}$ の係数である．

以上のことが一例となるように，ラグランジュは展開を実際上行なうための一般定理を与えている；しかし，われわれの目的を達成するためには二項定理を使うだけで十分である．それゆえに，$x^{\mu+n\alpha}$ の係数として

$$\frac{1}{(\alpha+1)^{2n}(2n-1)!}\Big\{\phi(n\alpha+\mu+1)-2n\phi(n\alpha+\mu+1-\alpha-1)$$

$$+\frac{2n(2n-1)}{1\cdot2}\phi(n\alpha+\mu+1-2\alpha-2)$$

$$-\frac{2n(2n-1)(2n-2)}{1\cdot2\cdot3}\phi(n\alpha+\mu+1-3\alpha-3)+\cdots\cdots\Big\}$$

をうる．ただし $\phi(r)$ は積

$$r(r+1)(r+2)\cdots\cdots(r+2n-2)$$

を表わす；そして｛　｝内の級数は，$\phi(r)$ で $r>0$ なる限り続くものとする．

565.　x^μ の係数が $x^{-\mu}$ の係数に等しいことが先験的にわかるので，前者を求めようとするとき，代りに後者を求めてもよい．かくして，564節の結果において，μ の代りに $-\mu$ とおいても，求める値は変らない．こうすることによって計算すべき項がへるので，実際の計算では有用であることが明らかである．

— 266 —

この点については，ラグランジュは何もふれていない．

566. さて，平均した結果における誤差が予め指定された限界内におちる確率を求めることができる．平均した結果における誤差が $-\dfrac{n\alpha}{n} \leqq$ 誤差 $\leqq \dfrac{\gamma}{n}$ となる確率を求めよう．そのとき，564節の式において，μ の代りにつぎつぎと

$$-n\alpha, \quad -(n\alpha-1), \quad \cdots\cdots, \quad \gamma-1, \quad \gamma$$

という値を代入し，それらの結果を加算しなければならない．こうして，慣例にしたがって，加算和を示す記号 $\sum$ を用いると

$$\sum \phi(n\alpha+\mu+1) = \frac{1}{2n}\Psi(n\alpha+\gamma+1)$$

をうる；ただし，$\Psi(\gamma)$ は

$$\gamma(\gamma+1)(\gamma+2)\cdots\cdots(\gamma+2n-1)$$

を表わす．

$\phi(n\alpha+\mu-\alpha)$ を加算するとき，$n\alpha+\mu-\alpha$ は正のみの項からなることを忘れてはならない；だから

$$\sum \phi(n\alpha+\mu-\alpha) = \frac{1}{2n}\Psi(n\alpha+\gamma-\alpha)$$

となる．

このような計算をつづけていくと，平均した結果の誤差が $-\dfrac{n\alpha}{n}$ と $\dfrac{\gamma}{n}$ の間にある確率は

$$\frac{1}{(\alpha+1)^{2n}(2n)!}\Big\{\psi(n\alpha+\gamma+1) - 2n\psi(n\alpha+\gamma+1-\alpha-1)$$

$$+ \frac{2n(2n-1)}{1\cdot2}\psi(n\alpha+\gamma+1-2\alpha-2)$$

$$- \frac{2n(2n-1)(2n-2)}{1\cdot2\cdot3}\psi(n\alpha+\gamma+1-3\alpha-3) + \cdots\cdots\Big\}$$

となる；ただし $\{\ \}$ 内の級数は，$\psi(\gamma)$ で $\gamma>0$ なる限り続くものとする．これを $F(\gamma)$ で表わす．

$\beta<$ 平均値の誤差 $\leqq\gamma$ である確率は $F(\gamma)-F(\beta)$ である；また，$\beta\leqq$ 平均値の誤差 $<\gamma$ である確率は $F(\gamma-1)-F(\beta-1)$ である；$\beta\leqq$ 平均値の誤差 $\leqq\gamma$ である確率は $F(\gamma)-F(\beta-1)$ である；さらに $\beta<$ 平均値の誤差 $<\gamma$ である確率は $F(\gamma-1)-F(\beta)$ である．

以上これら4つの結果の最後のものが，ラグランジュの与えたものである．

この節では結果をより明確にうるために，ラグランジュの方法から少しばかり違えて導いた．われわれの結果は $F(\gamma-1)-F(\beta)$ である；そして $F(\gamma-1)$ における項の数は $\psi(\gamma)$ における γ がつねに正であるという規則によって決定される；$F(\beta)$ における項の数も同様の方法で決定されるので，その結果 $F(\beta)$ における項の数は，$F(\gamma-1)$ における項の数ほど大きい必要はない．ラグランジュはこの点において間違った法則を与えている．彼は $F(\gamma-1)$ における項の数は正確に決定している；そして $F(\beta)$ の項の数は $F(\gamma-1)$ の項の数と同数になるように架空の付加項を $F(\beta)$ にくっつけている．

567. 564節のはじめにおける仮定に修正を加えよう．$-\alpha, \quad -(\alpha-1)\cdots\cdots$ という誤差のかわりに，$-k\alpha, \quad -k(\alpha-1), \quad \cdots\cdots$ という誤差の場合を考える．そうすると，564節の考察から，平均した結果の誤差が $\dfrac{\mu}{n}k$ に等しい確率がわかり，さらに566節の考察から，平均した結果の誤差が $\dfrac{\beta k}{n}$ と $\dfrac{\gamma k}{n}$

— 267 —

第15章　ラグランジュ

との間にある確率がわかる．$\alpha \to \infty$，$k \to 0$ とし，しかも $\alpha k = h =$ 一定としよう；そして $\gamma = c\alpha$，$\beta = b\alpha$ とおき，$c \to \infty$ かつ $b \to \infty$ とする．極限においては

$$F(\gamma) - F(\beta) = \frac{1}{(2n)!}\left\{(c+n)^{2n} - 2n(c+n-1)^{2n} + \frac{2n(2n-1)}{1 \cdot 2}(c+n-2)^2 - \cdots\cdots\right\}$$

$$- \frac{1}{(2n)!}\left\{(b+n)^{2n} - 2n(b+n-1)^{2n} + \frac{2n(2n-1)}{1 \cdot 2}(b+n-2)^{2n} - \cdots\cdots\right\}$$

となることがわかる．ただし，おのおのの級数はベキ 2 n 乗の項が正であるかぎりつづく．

　この結果は，つぎに示す仮定にもとづくとき，平均した結果の誤差が $\dfrac{bh}{n}$ と $\dfrac{ch}{n}$ との間にある確率を示す．ここで仮定とは，おのおのの試行ごとに誤差が $-h$ と h の間の任意の値をとりうること；正の誤差も負の誤差も同等に確からしいこと；正の誤差の確率は $h-z$ に比例すること，そして事実，誤差が z と $z+\delta z$ の間にある確率は $\dfrac{(h-z)\delta z}{h^2}$ である，というものである．

　いままで，ラグランジュの手引をしてきたが，われわれの結果は彼の結果と一致する．ただ彼の結果は $h=1$ とおいた場合であること，および彼の公式が多くのミスプリントと誤謬を含んでいることを申添えておこう．

568. 前節の結論は注目すべきものである．われわれは，単一の誤差の生起について非常に合理的な仮定を立てて，平均した結果の誤差が予め指定された限界内におちる確率についての正確な式をえたのである．

　横軸上で，ある定点から右側の点までの距離で正の誤差を示し，左側の点までの距離で負の誤差を示すものとする．縦軸には，横軸上に示したおのおのの誤差の確率を示すものとする．このようにしてえがかれた曲線を，ラグランジュは**誤差曲線**（curve of errors）と名づけた．彼が考察したように，われわれがたったいま論じた場合の誤差曲線は，2 等辺 3 角形の形をしている[3]．

569. 563節，564節，566節，567節，568節で紹介した事柄は，すべて 1757年トーマス・シンプソンによって，彼の『**いろいろな論究**』（*Miscellaneous Tracts*）において発表ずみのものであった．彼はまたいくつかの数値例も与えている〔371節参照〕．

570. ラグランジュの論文の残りの部分は非常に特異である；それはあるひとつの一般的な問題の解と例証にさかれている．567節では，単一の試行における誤差が固定された限界内の任意の値をとりうるという仮定のもとでのある場合についての結果がえられた；しかしこの結果は直接的にえられたものではなかった：われわれは単一試行の誤差が，ある指定された個数の誤差のひとつでなければならないという仮定から出発した．いいかえると，トビトビに（*per saltum*）変化する誤差という仮定から出発して，連続的な誤差という仮定へ移行した．ラグランジュはトビトビに変化する誤差という仮定から出発することなく，いきなり連続的な誤差に関する問題を解こうとした．

　おのおのの観測において，誤差は b と c の間におちねばならないと仮定する；誤差が x と $x+dx$ の間におちるであろう確率を $\phi(x)dx$ で表わす：n 回の観測で誤差の総和が β，γ という予め指定された限界内におさまる確率を求めよう．ラグランジュの考え方はつぎのようなものであった．彼は

$$\left\{\int_b^c \phi(x)a^x dx\right\}^n \qquad \text{を} \qquad \int f(z)a^z dz$$

に変形する．ただし $f(z)$ は a を含まない z の既知関数であり，積分の上端と下端は既知とする．$f(z)$ と，z の限界が既知であるということは，それらが既知関数 $\phi(x)$ と既知の積分の上下端 b，c とから決定するということである．そこで，ラグランジュは誤差の総和が β と γ との間にある確率は

— 268 —

$$\int_\beta^\gamma f(z)dz$$

だという．彼は明らかに論文の読者たちが この事実を即座に 認めるであろうと 推断してしまっている；そしてそのことを確かに彼は証明していないのである．そこで恐らく証明がなされるとしたら多分こんな方法でなされたであろうと思われる方法を以下の説明で示すことにしよう．

571. このような一般的な説明をしておいて，ラグランジュの第1の例題を与えよう．

$\phi(x)=K$（定数）と仮定しよう；そのとき

$$\int_b^c \phi(x)a^x dx = \frac{K(a^c-a^b)}{\log a}$$

であるから

$$\left\{\int_b^c \phi(x)a^x dx\right\}^n = \frac{K^n(a^c-a^b)^n}{(\log a)^n}$$

である．

さて，$a>1$ と仮定してよいから，

$$\int_0^\infty y^{n-1}a^{-y}dy = \frac{(n-1)!}{(\log a)^n}$$

であることは容易に示しうる；かくして

$$\left\{\int_b^c \phi(x)a^x dx\right\}^n = \frac{K^n}{(n-1)!}(a^c-a^b)^n \int_0^\infty y^{n-1}a^{-y}dy$$

である．

$c-b=t$ とおき，二項定理によって $(a^c-a^b)^n$ を展開すると

$$\left\{\int_b^c \phi(x)a^x dx\right\}^n = \frac{K^n}{(n-1)!}\left\{a^{nc}-na^{nc-t}+\frac{n(n-1)}{1\cdot 2}a^{nc-2t}\cdots\cdots\right\}$$
$$\times \int_0^\infty y^{n-1}a^{-y}dy$$

となる．

さて，$\int_0^\infty y^{n-1}a^{-y}dy$ をその要素に分解して，括弧のなかの級数をかける．a^{nc-y} の係数として

$$\frac{K^n}{(n-1)!}\left\{y^{n-1}-n(y-t)^{n-1}+\frac{n(n-1)}{1\cdot 2}(y-2t)^{n-1}\cdots\cdots\right\}dy$$

なる式をうる．ただし $\{\ \}$ のなかの級数は $n-1$ 乗の底が正なるかぎり続くものとする．

$nc-y=z$ とおく；すると $dy=-dz$：$y=0$ のとき $z=nc$，$y=\infty$ のとき $z=-\infty$ である．$nc-z$ を y の代りに代入すると，最終的には

$$\left\{\int_b^c \phi(x)a^x dx\right\}^n = \int_{-nc}^\infty f(z)a^z dz$$

をうる．ただし

$$f(z)=\frac{K^n}{(n-1)!}\left\{(nc-z)^{n-1}-n(nc-z-t)^{n-1}\right.$$
$$\left.+\frac{n(n-1)}{1\cdot 2}(nc-z-2t)^{n-1}-\cdots\cdots\right\}$$

である．この式では $n-1$ 乗の底が正なるかぎり $\{\ \}$ 内の級数は続く．

それから，ラグランジュは n 個の観測値における誤差の総和が β と γ の間にある確率は

$$\int_\beta^\gamma f(z)dz$$

第15章　ラグランジュ

であることを述べている.

572. この結果は正しく, 別の方法でも得られる. 564節で説明した問題を567節で取扱ったと同様の方法で, 563節で示された問題の考察を遂行していけばよい. 結果は567節の結果と非常に類似している. このようにして, ラグランジュは彼の理論構成の手順がこの例で検証されることを示した.

573. 570節の問題では, 誤差の総和が nb と nc との間になければならないことは明らかである. それで, z がこれらの範囲内になければ $f(z)$ は 0 であることを余儀なくされる ; こうなることは容易に示すことができる.

なぜなら, もし $z>nc$ ならば, $n-1$ 乗の底は負となるので, $f(z)$ の { } 内の各項は 0 となる.

また, $z<nb$ ならば, $n-1$ 次の代数的関数（多項式関数）の n 階差分は 0 となるという差分法の定理によって, $f(z)$ は 0 となる.

この注意はラグランジュの論文には与えられていない.

574. さて, ここでラグランジュがおそらくやったに違いないと思われる証明をやってみよう.

570節で説明した一般的問題を考える. 以下の手順が われわれの目的に適ったものであることは容易にわかるであろう. a を任意の量にとり, 便宜上, 1 より大きいものとする. 式

$$\left\{\int\phi(x_1)a^{x_1}\,dx_1\right\}\left\{\int\phi(x_2)a^{x_2}\,dx_2\right\}\cdots\cdots\left\{\int\phi(x_n)a^{x_n}\,dx_n\right\}$$

の値を, $b\leqq x_1$, x_2, $\cdots\cdots$, $x_n\leqq c$, $z<x_1+x_2+\cdots\cdots+x_n<z+\delta z$ なる領域で求めたい. その結果を $Pa^z\delta z$ の形におく ; すると

$$\int_\beta^\gamma P\,dz$$

が求める確率である.

さて, P を求める間接的な方法をとろう. われわれの方法から

$$\left\{\int_b^c\phi(x)a_x\,dx\right\}^n=\int_{nb}^{nc}Pa^z\,dz$$

がでてくる.

しかし, ラグランジュは適当な変換によって

$$\left\{\int_b^c\phi(x)a^x\,dx\right\}^n=\int_{z_0}^{z_1}f(z)a^z\,dz$$

であることを示した. ただし z_0 と z_1 は既知とする. それゆえ

$$\int_{nb}^{nc}Pa^z\,dz=\int_{z_0}^{z_1}f(z)a^z\,dz$$

である.

a は任意の量で, 1 より大きくとったということを想起しよう. だから

$$P=f(z)$$

とならねばならぬことを示せばよい.

$z_0<nb$, $nc<z_1$ とすると, a のすべての値に対して

$$\int_{z_0}^{nb}f(z)a^z\,dz+\int_{nb}^{nc}\{f(z)-P\}a^z\,dz+\int_{nc}^{z_1}f(z)a^z\,dz=0$$

をうる. おのおのの積分を要素に分け, $a^{\delta z}=\rho$ とおく. すると, 結局

$$a^{z_0}\{T_0+T_1\rho+T_2\rho^2+T_3\rho^3+\cdots\cdots\}=0$$

をうる. ただし T_0, T_1, $\cdots\cdots$は ρ と独立である. そして ρ はわれわれの望み通りの任意の値をとる.

— 270 —

そこで未定係数法によって
$$T_0=0, \quad T_1=0, \quad T_2=0, \quad \cdots\cdots.$$
かくして
$$P=f(z).$$

nb および nc と比較して，限界 z_0 と z_1 の大きさの程度について，どんな仮定をしても，証明はかわらない．

575. ラグランジュはもうひとつの例として，すでに567節で論じた問題をとりあげ，彼の新しい方法を使っても，結果が前のものと一致することを検証している．

それから，彼は2つの新しい例をとりあげる；ひとつは，誤差が $-c$ と c の間におちるとき，誤差曲線が $\phi(x)=K\sqrt{c^2-x^2}$ であるもの；誤差が $-\dfrac{\pi}{2}$ と $\dfrac{\pi}{2}$ の間におちるとき，誤差曲線が $\phi(x)=K\cos x$ であるものである．

576. さて，われわれはラグランジュによる別の論文に注意を向けよう．それは『各項がいろいろな異なる仕方で変化する循環級数についての探究，もしくは常線型差分方程式と偏線型差分方程式の積分についての探究；あわせてこれらの方程式の偶然論への応用についての探究』(*Recherches sur les suites recurrentes dont les termes varient de plusieurs manieres différentes, ou sur l'intégration des équations linéaires aux différences finies et partielles ; et sur l'usage de ces equations dans la théorie des hazards.*) と題されている[4]．

ラグランジュ全集第4巻扉

この論文は『ベルリン……アカデミーの新紀要』(*Nouveaux Mémoires de l'Acad.……Berlin*) のなかで発表された．それは1775年の号で，発行の日付は1777年になっている．論文はその巻の183頁–272頁を占め，そのうち偶然論への応用は240–272頁を占める．

577. この論文はつぎのような文章で始まる．

「私はトリノの科学協会の論文集の第1巻のなかで，循環級数の理論を取扱うための新しい方法を発表した．それは常線型差分方程式の積分に基因してなされた研究である．私はこの研究をもっと拡大して，偶然の理論のいろいろな問題の解法にもっぱら応用しうるようにしたいと思っている．しかし，他の事柄にその後熱中して忘れてしまっていたところ，ド・ラプラス氏がパリの科学アカデミーに提出し，論文集の第6巻と第7巻において出版された2つの勝れた論文，再帰循環級数について，および常差分方程式の積分と偶然論へのその応用について，と題する2篇のなかで，大部分私を追いこしてしまったのである．しかしながら，この傑出した幾何学者の仕事になおいくつかのことを加えることができるものと私は信じているし，さらにもっと直接的で，もっと単純で，とりわけもっと一般的なやり方で同じ題材を取扱うことができると私は信じている．それが，

ラグランジュ全集第4巻151頁

— 271 —

第15章　ラグランジュ

この論文のなかで私が述べたいと思った研究の対象である．論文のなかには，常線型差分方程式と偏線型差分方程式の積分に対する新しい方法と，この方法を確率計算の興味あるいろいろな問題に用いた応用とが述べられている．しかし，この論文では係数が常数である差分方程式のみを問題とし，係数が変化するような差分方程式の吟味は別の論文のためにとっておこうと思う．」

578. 方程式の積分に関する部分は省略する．その方法は単純ではあるが，母関数を使用するものほど単純ではない．その論文の偶然に関連する部分に移ることにしよう．

579. 最初の問題は，a 回の試行において，ある事象が少くとも b 回起こる可能性を求めることである．

1回の試行でそれが起こる可能性を p とかく；x 回の試行においてその事象が t 回生起する確率を $y_{x,t}$ とかく．そのとき，ラグランジュは

$$y_{x,t} = p y_{x-1,\ t-1} + (1-p) y_{x-1,t}$$

という方程式を書きとめている．

彼は積分し，任意定数を確定し，普通の結果を得ている．

系において，彼は同じ方法を用いて，ある事象がちょうど b 回起こる可能性を決定している．彼は同じ方程式から出発し，任意定数の異なった決定によって，よく知られた結果

$$\frac{a!}{b!(a-b)!} p^b (1-p)^{a-b}$$

を得ている．

ラグランジュはド・モワブルの書物 15 頁のある解に言及し，つぎのようにつけ加えている：「われわれが与えようとしている内容は，単により単純であるというだけでなく，直接的に原理から演繹できるという利点がある．」

しかし，ド・モワブルはその問題を再度 27 頁で解いており，その解法は自明なくらい近代的な方法でなされている〔257 節参照〕．

ラグランジュの方法が差分方程式の精巧な解法を含んでいることから考えて，ド・モワブルの方法よりより単純だといっているのは奇妙なことである．

580. ラグランジュの第 2 の問題はつぎのようなものである．

「1回の試行ごとに，確率がそれぞれ p，q である 2 つの事象が起こると仮定しよう．a 回の試行において，第 1 の事象が少くとも b 回，第 2 の事象が少くとも c 回生起することに賭けた演技者の運を求めよ．」

明確に述べられていないが，真の仮定は，1回の試行ごとに，第 1 の事象が起こるか，あるいは第 2 の事象が起こるか，あるいはどちらも起こらないというものである．これら 3 つの場合は互いに排反であり，それで最後の場合には，1回の試行での確率は $1-p-q$ である．これは妥当な問題で，うまく解かれている．この解法は，もっと初等的な形で，後程考察するつもりのトランブレ（Trembley）の論文に発表されている．

581. 第 3 の問題はつぎのようなものである．

「問題Ⅱと同じ条件のもとで，第 1 の事象が a 回起こる前に，第 2 の事象が b 回起こるということに賭けた演技者の運を求めよ．」

第 1 の事象が x 回起こる前に第 2 の事象が t 回起こる確率を $y_{x,t}$ としよう．そのとき

$$y_{x,t} = p y_{x-1,t} + q y_{x,t-1}$$

これは

— 272 —

$$y_{x,t} = q^t \left\{ 1 + tp + \frac{t(t+1)}{1 \cdot 2} p^2 + \frac{t(t+1)(t+2)}{1 \cdot 2 \cdot 3} p^3 \right.$$
$$\left. + \cdots\cdots + \frac{(t+x-2)!}{(t-1)!(x-1)!} p^{x-1} \right\}$$

を解にもつ.

この結果は, 172節の第2公式と一致する.

582. 第4の問題は第3の問題に似ている. 確率がそれぞれ p, q, r である3つの事象が起こる可能性のある場合を取扱っている. 第一の系として, 4つの事象の場合へ拡張され, 第二の系として任意の数の事象の場合へ拡張される.

この問題について, ラグランジュは次の注意をつけ加えている.

「われわれが甚だ一般的で甚だ単純な解法を与えたいと思っている問題は, 偶然の解析のなかでは通常分配の問題とよんでいるもので, それを一般的な仕方に限定して解くことである. しかしその問題は2人の演技者の場合しか, まだ完全には解かれていないのである.」

それから, 彼はモンモール, ド・モワブルの第2版問題Ⅵ, ラプラスの論文に言及している.

この論文の他の個処では, つねにド・モワブルの第3版に依拠しているのに対し, ここでは第2版に言及しているのは奇妙である. というのは, 第3版の問題Ⅵのおわりに, 実際ド・モワブルが任意の数の演技者の場合について一般的な解法を与えているからである. ド・モワブルは最初それを『**いろいろな解析**』210頁に発表し, のちに『**偶然論**』に再録している. しかし, 『**偶然論**』の第2版では, その規則は問題Ⅵのしかるべき個所に与えられていなくて, 問題LXIXにでてくるのである.

しかしながら, ド・モワブルによる解法とラグランジュによる解法との間にはいくらかの差異がある. その差異とは, 175節において2人の演技者の場合についてふれたのと同じ類のものである. ド・モワブルの解法は172節で与えたものの最初のものに似ており, ラグランジュの解法はその第2番目のものに似ている.

モンチュクラは, 彼の『**数学史**』第Ⅲ巻, 397頁で, ラグランジュはド・モワブルの第3版をフランス語に翻訳しようとしたのだと述べている.

583. ラグランジュの第5問題は遊戯継続に関するものである. ひとりの演技者が無制限に資本をもっている場合の問題である. これはド・モワブルの問題 LXV である〔307節参照〕. ラグランジュは3通りの解法を示している. ラグランジュの最初の解法はド・モワブルの第2版で証明なしに与えられていた結果を証明したものである〔309節 参照〕. われわれはラグランジュの解法を彼の方法の見本として与えよう. ラプラスは遊戯継続の問題の論議においてラグランジュに先んじていたことを注意しておこう. ラプラスの研究は, 『**いろいろな学者による…… 覚え書集**』 (*Mémoires…… par Divers Savans*) 第6巻, 第7巻に発表されている.

ラプラスは, ひとりの演技者が無制限の資本をもっているという仮定を定式化していないが, 彼の記号 i を無限大と考えれば, この場合に相当する. このように考えると, 『**いろいろな学者による……覚え書集**』第7巻のなかの, ラプラスの論文の158頁には, 実際上ド・モワブルの結果の証明がみられるのである.

ラグランジュの証明に移ることにしよう.

584. 1回の試行において, ある事象の起こる確率は p であるとする. そのとき, ある演技者が a 回の試行において, この事象の起こる回数が少くとも b 回, 起こらない回数よりも多く起こることに賭けたとする. 演技者の可能性を求めよ.

さらに x 回試行をし, また彼の成功を確実にするためにこれから起こる回数が起こらない回数より

第15章　ラグランジュ

も少くとも t 回多くなければならないとき，演技者の可能性を $y_{x,t}$ で表わす．そのとき，明らかに求めるものは $y_{a,b}$ である．

　さらに 1 回試行がなされたとする．

$$y_{x,t}=py_{x-1,\,t-1}+(1-p)y_{x-1,\,t+1}$$

であることは容易に得られる．

　$t=0$ で，x が任意の値のとき演技者は勝つ．$x=0$ で，t が任意の 0 より大きい値をとるとき演技者は負ける．よって，任意の x の値に対して $y_{x,0}=1$ であり，任意の 0 より大きい t の値に対して $y_{0,\,t}=0$ である．

　$1-p=q$ とおくと，方程式は

$$py_{x,\,t}+q\,y_{x,\,t+2}-y_{x+1,\,t+1}=0$$

となる．

　これを積分するために，$y=A\alpha^x\beta^t$ と仮定すると，

$$p-\alpha\beta+q\beta^2=0$$

をうる．

　この式から，ラグランジュの定理によって β^t を α のベキに展開することができる．上の 2 次方程式は α に数値をあてがうと，根 β が 2 つ存在するので，級数も 2 つ出てくる．これら 2 つの級数は

$$\beta^t=\frac{p^t}{\alpha^t}+\frac{tp^{t+1}q}{\alpha^{t+2}}+\frac{t(t+3)}{1\cdot2}\frac{p^{t+2}q^2}{\alpha^{t+4}}+\frac{t(t+4)(t+5)}{1\cdot2\cdot3}\frac{p^{t+3}q^3}{\alpha^{t+6}}+\cdots\cdots$$

$$\beta^t=\frac{\alpha^t}{q^t}-\frac{tp\,\alpha^{t-2}}{q^{t-1}}+\frac{t(t-3)}{1\cdot2}\frac{p^2\alpha^{t-4}}{q^{t-2}}-\frac{t(t-4)(t-5)}{1\cdot2\cdot3}\frac{p^3\alpha^{t-6}}{q^{t-3}}+\cdots\cdots$$

である．

　そこで，もし引つづいて，式 $A\alpha^x\beta^t$ のなかにこれの値を代入すると，2 つの α のベキ級数，つまり

$$Ap^t\Big\{\alpha^{x-t}+tpq\alpha^{x-t-2}+\frac{t(t+3)}{1\cdot2}p^2q^2\alpha^{x-t-4}+\cdots\cdots\Big\}$$

$$Aq^{-t}\Big\{\alpha^{x+t}-tpq\alpha^{x+t-2}+\frac{t(t-3)}{1\cdot2}p^2q^2\alpha^{x+t-4}-\cdots\cdots\Big\}$$

をうる．

　A と α の値の如何にかかわらず，これらの級数のいずれもが差分方程式の解になりうる．それで，A と α にいろいろな値を代入したこれらの級数の 1 次結合もまた解でありうる．

　それで，われわれは，一般解は

$$y_{x,t}=p^t\Big\{f(x-t)+tpqf(x-t-2)+\frac{t(t+3)}{1\cdot2}p^2q^2f(x-t-4)$$

$$+\frac{t(t+4)(t+5)}{1\cdot2\cdot3}p^3q^3f(x-t-6)+\cdots\cdots-\Big\}$$

$$+q^{-t}\Big\{\phi(x+t)-tpq\phi(x+t-2)+\frac{t(t-3)}{1\cdot2}p^2q^2\phi(x+t-4)$$

$$-\frac{t(t-4)(t-5)}{1\cdot2\cdot3}p^3q^3\phi(x+t-6)+\cdots\cdots-\Big\}$$

であろうと推察する．

　ここで $f(x)$ と $\phi(x)$ は，いまのところ任意の関数ですが，$y_{x,0}$ と $y_{0,t}$ の既知の特定値を代入すると確定する関数である．

　ラグランジュは，t が 0 より大きい任意の値をとるとき，$y_{0,t}=0$ という条件のもとでは，以下の

— 274 —

結果がでてくることを容易に示すことができると述べている：つまり，特性φをもつ関数はすべて0であり，かつまた特性fをもつ関数も変数が負になる場合はすべて0でなければならない．〔多分，この説明は十分納得のいくものとは思われない．q^{-t} は t が大きくなると無限大になるであろうが，そのとき この値に乗ぜられる級数が 0 でなければならない，ということを 示そうとしているのである．〕

こうして，$y_{x,t}$ の値は有限項の級数

$$y_{x,t}=p^t\left\{f(x-t)+tpqf(x-t-2)+\frac{t(t+3)}{1\cdot2}p^2q^2f(x-t-4)\right.$$
$$\left.+\frac{t(t+4)(t+5)}{1\cdot2\cdot3}p^3q^3f(x-t-6)+\cdots\cdots\right\}$$

となり，この級数は $x-t$ が偶数ならば $\frac{1}{2}(x-t+2)$ 項，$x-t$ が奇数ならば $\frac{1}{2}(x-t+1)$ からなる．

もうひとつの条件は，任意の x に対して，$y_{x,0}=1$ ということである．しかし，もし，$t=0$ を代入すると，$y_{x,0}=f(x)$ となり，任意の正数 x に対して $f(x)=1$ となる．よって

$$y_{x,t}=p^t\left\{1+tpq+\frac{t(t+3)}{1\cdot2}p^2q^2+\frac{t(t+4)(t+5)}{1\cdot2\cdot3}p^3q^3+\cdots\cdots\right\}$$

をうる．この級数は $\frac{1}{2}(x-t+2)$ 項，もしくは $\frac{1}{2}(x-t+1)$ 項からなる．これはド・モワブルの解答の第2の形式と同一の結果である〔309節参照〕．

585. ラグランジュはこの問題に，別に2通りの解答を与えており，そのうちのひとつは，ド・モワブルの最初の解答と同一の結果であることを示している．ラグランジュによるこれら2通りの別解は差分方程式の積分の仕方が異なるものであるから，立入った吟味は必要なかろう．

586. さらにラグランジュは演技者たちが相異なる資本をもってゲームを始めると仮定したときの，遊戯継続の一般的な問題にすすんでいる．彼は2通りの解答を与えており，ひとつはド・モワブルの問題LXIIIに似ており，もうひとつはド・モワブルの問題LXVIIIに似ている．2番目の解答は注目すべきものである．というのは，それはド・モワブルが証明しないで発表した結果を証明しており，さらに ド・モワブルが等しい資本をもっている場合に限定して解いたものに対して，より一般的な形で解いているのである．

587. ラグランジュの最後の問題は，417節でふれた ダニエル・ベルヌイによって示されたものと同じである．ラグランジュは n 個の壺があると仮定している．そして系において，その問題を修正したものを示している．

588. ラグランジュの論文は，今日の研究者には少しも目新しいものはないし，また母関数の方法を知っている人々には何の利益もないであろう．しかし，それにもかかわらず，彼の論文は容易に，また興味をもって読むことができる．そして発表された当時では，その価値は大きかったに違いないと思われる．序文のなかで，ラプラスの研究に何かつけ加えられるだろうという約束は十分に果された．遊戯継続の一般的問題についての解は，ラプラスの与えたものよりはるかに秀れたものであり，事実，ラプラスはその結果を後になって自分の 著作にとり入れているのである．『確率の解析的理論』の重要な部分である231-233頁は，本質的にはラグランジュの論文に依拠している．

589. 『年金に関する問題についての覚え書』（*Mémoire sur une question concernant les ann-uités*）と題するラグランジュによる論文にふれてみよう．

この論文は『ベルリン……アカデミーの紀要』1792年，1793年号に発表された．発行の日付は1798

— 275 —

第15章　ラグランジュ

年で，235-246頁に載っている．

この論文は10年も前にアカデミーで読まれたものであった．

590. 論じられる問題はつぎのようなものである．ひとりの父がいて，自分のこれからの人生のため，また未成年の子供たちすべてのため，毎年いくらかの金額を拠出しようと思っている．ただし，彼が死んだあとは，すべての未成年の子供たちが成年に達するまで，年金を受取るものとする．

ラグランジュは，未成年の子供A, B, C, ……が年金1クラウンを受取るための年金の現価を$\overline{A}, \overline{B}, \overline{C}$……で表わす．さらに2人の子供A, Bがともに未成年で1クラウンを共有して受取るときの年金の現価を$\overline{AB}$で表わす．こうして，AがBかどちらかが未成年である限り，支払う年金の価格は

$$\overline{A}+\overline{B}-\overline{AB}$$

である．

ジュツスミルヒ『神の秩序』

ラグランジュはこれを証明しているが，しかし記号の意味を考えれば自明である．

同様に，3人の子供はA, B, Cのうちの1人が未成年である限り，支払う年金の価格は

$$\overline{A}+\overline{B}+\overline{C}-\overline{AB}-\overline{BC}-\overline{CA}+\overline{ABC}$$

である．

しかし，ド・モワブルはこの結果をすでに彼の『**生命年金論**』(*Treatise of Annuities on Lives*) のなかで示しており，また共有年金にも同様の記号を使っている．

ラグランジュは，ジュッスミルヒ(*Süssmilch*)[5] の研究のなかで与えた死亡表を用いて，彼の公式から計算した表を2つ付け加えている[6]．

〔訳註〕

（1）ジョセフ・ルイ・ラグランジュ (Joseph Louis Lagrange) は1736年1月25日，トリノで陸軍主計将校の息子として生れた．彼の母マリア・テレシア・グラスは富裕な医師の一人娘として多大の持参金をもってきたが，惜しいことに父の投機事業によってすっかり無くしてしまったらしい．多人数の家族の末子として，彼はできるだけ早く独立の地位を得ねばならなかった．はじめはより多く文献学的分科に興味をもっていたが，のちハレーの論文に覚醒され，全力を傾けて数学の研究に没頭し，若年にして（15才-19才の間？）トリノ王立砲兵学校の数学教授となった．彼の生徒は年上ではあったが，教授は成功を博し，またたく間に若干の友人を獲得して，トリノ・アカデミーを創設し，『**トリノ雑録**』または『**トリノ論文集**』とよばれる報告集を出した．ラグランジュはアカデミーの数学・物理学部長であった．1759年の『トリノ雑録』に出した論文は『**極大と極小の方法についての研究**』(*Recherches sur la méthode de maximis et minimis*), 『**循環級数論のなかに含まれる，差分方程式の解について**』(*Sur l'intégration d'une équation différentielle à differences finies, qui contient la théorie des suites récurrentes*) であった．これらは直ちに多くの人々の注意をひき，とくにオイレルからは是認された好意的な激励の手紙を受取っている．しかし研究の無理がたたって25才のとき胆嚢の病と憂鬱病を煩い，放血の手術によって体力を消耗したらしい．気晴しのパリ旅行でダランベール，コンドルセ，クレーローらに歓待された．1766年フレデリック大王の招きでベルリン・アカデミー会員となり，20年在職する．その間ほとんど毎月大論文を書いたという．アカデミー会員は大抵結婚していたため，彼も従妹と結婚した．しかしベルリンの酷寒は，彼女を重患においやり，看護も空しく妻は死亡，幸福な結婚は夢となった．

1767年に，『**2次の不定方程式の問題の解について**』(*Sur la solution des problèmes indéterminés du second degré*) において，$nx^2+1=y^2$ （nは平方数でない整数）に関するフェルマーの問題を解き，『**数学方程式の解**

— 276 —

について』(Sur la résolution des equations numériques)で，代数方程式の実根の分離の仕方と連分数によるその近似値の求め方を与える．1770年『方程式の代数的解について』(Réflexions sur la résolution algébrique des équation)で，$n≦4$ 次の方程式を解くに役立つ方法が，なぜ $n>4$ 次においては無効になるかを論じている．

1786年フリードリッヒ大王の死はプロシャに大きな変化をもたらした．プロシャ政府は科学や哲学にはあまり関心を示さなかった．1787年ルイ16世の要請でルーヴル宮殿に招聘された．そのとき彼は『解析力学』(Méchanique analytique)の原稿を携えてきた．ルジャンドルの努力で，やっとフランスで出版社がみつかり，1788年発刊された．革命の間，彼は最大の逃晦のなかに暮し，用心深く一切の政治的活動を回避した．しかしフランスを去ることはなかった．1792年天文学者ルモニエ(Lemonnier)の娘と結婚し，心の安らぎを覚える．新婦は彼より30才年下であった．フランスの紙幣の価値低落で生活は貧窮したが，幸いプロシャ政府から元アカデミー会員の年金として300ターレルが支払われることになったため，ようやく生活は旧に復したらしい．1797年エコール・ポリテクニクの教授になり，数学的活動を再開することになる．1797年の『**無限小または消滅するもの，極限または流動率についてのすべての考察から解放されて，有限量の代数的解析に帰着せしめうる微分計算の原理を含む，解析関数論**』(Théorie des fonctions analytique, contenant les principes du calcul différentiel, dégagés de toute considération d'evanouissants, de limites et de fluxions, et réduits à l'analyse algébrique des quantités finies)において，$f(x+h)$ を微分学ぬきで h のベキに展開し，この展開
$$f(x)+hf_1(x)+\cdots\cdots$$
において h の因数を導関数として定義する点に，重点がおかれていた．$f'(x)$ なる記号が表われたのはこの書である．この続篇は『**関数論講義**』(Leçons sur le calcul des fonctions)(1810年)である．1813年4月卒倒して頭をうち，4月10日死去した．死の数日前，「死は怖るべきものではありません．それで死が苦痛なくやってくるとすれば，それはただ苦悩でも不快でもない最後の機能にすぎないのです．……私は数学上で若干の名声を得ました．私は何人も憎まず，何らの悪事をもしておりません．そこで私の生涯は終らねばならないのです．」と友人たちに語ったという〔スミス『数学史』第1巻482-485頁；コワレスキー，中野広訳『数学史』236-260頁；ストルイク，岡・水津訳『数学の歴史』135-138頁参照〕．

（2）『トリノ雑録』もしくは『トリノ論文集』とよばれ，1759年発刊，1792年までつづいた．はじめは私的な談話会の雑誌であったので，第1巻は『Actes de la Société privée』と名づけられていた．

（3）
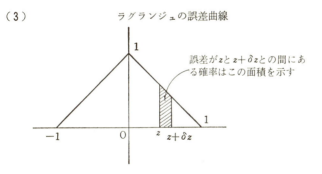

ラグランジュの誤差曲線

誤差が z と $z+\delta z$ との間にある確率はこの面積を示す

（4）差分方程式を解くことを，方程式の積分といっている．これはラプラスもよく使っている言葉である．

（5）ジュッスミルヒの研究とは，ヨハン・ペーター・ジュッスミルヒ(Johann Peter Süssmilch, 1707-1767)の著書『**人間の出生・死亡および繁殖より証明された，人間の変動中に存在する神の秩序，いとも尊きカルクシュタイン連隊付ヨハン・ペーター・ジュッスミルヒ著**』(Die göttliche Ordnung in der Veränderungen des menschlichen Geschlechts, aus der Geburt, Tod und Fortpflantzung desselben erwisen von Johann Peter Süssmilch, prediger beym hochlöblichen Kalcksteinischen Regiment) 1741年の323頁-235頁の死亡表（ハレー表，ストルイック表からの計算結果）である．〔ジュッスミルヒ，森戸辰男訳『神の秩序』；高野岩三郎『**社会統計学史研究**』77-124頁；ヨーン，足利末男訳『**統計学史**』249-282頁参照〕．

（6）ラグランジュはもうひとつ『共和国の内部で一番必要なものについての**政治算術試論**』(Essai d'Arithmetique Politique sur les premiers besoins de l'intérieur de la république) という論文（人口問題について）を書いている．これは1789年から1794年までの間の作である〔ラグランジュ全集第7巻571-579頁〕．

第16章

1750年から1780年までの
いろいろな研究

591. この章では1750年から1780年までの間になされた，いろいろな研究を紹介する．

592. はじめに次の表題をつけられた研究に注意をむけよう．

『1751年ベルリンの科学と文学の王立アカデミーが募集した，偶然事象の題目に関する当選論文．応募作品付き』（*Pièce qui a remporté le prix sur le sujet des Evénemens Fortuits, proposé par l'Academie Royal des Sciences et Belles Lettres de Berlin pour l'année 1751. Avec les pieces qui ont concouru.*）

これは238頁からなる4つ折版である．表題が確率論と関係がありそうなので注目したのだが，実はそうでなかった．

ベルリン・アカデミーは次の問題を公示した．

「幸福な出来事と不幸な出来事，もしくはわれわれが幸福とか不幸とかよぶものが神の意志または神の許可によるものか，そうであれば運命という言葉は現実性のないことの名称であるのか．もし，このような出来事がある義務としてわれわれの上にのしかかってくるのであれば，そもそもその義務とは何であるか，また義務のおよぶ範囲は何処までか．」

ライプチヒの数学教授ケストナー（Kaestner）[1]がその賞金を得た．上記の書物は彼の論文ならびに他の競争者の論文を含んでいる．

全部で9つの論文がある．当選論文はフランス語とラテン語の両方で書かれている．そしてその他の論文はフランス語かラテン語かドイツ語で書かれている．おそらく論題がよくなかったのであろう．諸論文は目新しくもないし，興味もわかないし，注目に値するものではない．筆者たちの一人は婉曲にではあるが，つぎのように述べており，そのことは他の人々も全部同様に感じたことかもしれないのである．

「このような広大な内容を，わずかばかり新しく悪知恵を働かせ，洞察力をしぼって述べたとしても，どっちみち十分な根拠をもっているわけではないから，これで終りにしたい．私はこの証明にあたって，私の意志通りには私の能力が働かなかったことを知らされたのである．」

593. 『数学博物館』（*Mathematical Repository*）という題の3巻本が，数学修士兼数学教師のジェームズ・ドドソン（James Dodson）[2] によって出版された．この著作は数学の問題解答集である．第2巻は1753年発行となっており，82-136頁が偶然に関する問題に費されている．しかし，新しいことや重要なことは何ひとつ載っていない．この巻の残りの部分は年金ならびにそれに関連した問題を扱っている．そして1755年発行の第3巻の全部も年金に関するものである．

594. 偶然ゲームについてのホイル（*Hoyle*）によるいくつかの論文が，ワット（Watt）の『イギリス文庫』（*Bibliotheca Britannica*）のなかに載っている．私はそれらのうち，『ホイル氏による，……初等算術のみを知っている人にも偶然論を分りやすくするための試論；加えて，終身年金につい

—278—

ての有用ないくつかの表』（*An Essay towards making the Doctrine of Chances easy to those who understand Vulgar Arithmetick only: to which is added, some useful tables on annuities for lives &c. By Mr Hoyle*）という表題のものをひとつみつけた．日付はのっていないが，ワットの『イギリス文庫』は1754年に発行されている．

　この著作は小さな8つ折版の本で，大きな活字で印刷されている．表題，序文と献辞でⅧ頁，本文自体は73頁を占めている．1-62頁にはある種のゲームでの可能性を計算する規則が，証明なしに述べられている．残りの頁には年金表と，短かい説明のついたハレーのブレスラウ生命表がのっている．私はホイルの著作の諸規則は検討しなかった．

　595．つぎに『発見における偶然の効果について，さらに天体が地上の物体におよぼす影響について』（*Dell' Azione del Caso nelle Invenzioni, e dell' influsso degli Astri ne' Corpi Terrestri Dissertazioni due*）と題する書物に注意をむけてみよう．

　この書物は4つ折版220頁で，1757年パドヴァにおいて匿名で出版された．この書物は確率論とは関係がない．このことを注意する理由は，表題からそのような関連があるかもしれないと思うからである．とくに書店のカタログなどで，表題がちぢめられるときはなおさらそう感じるかもしれないからである．

　最初の論説は発見における偶然の影響について，2番目の論説は天体が人間，動物および植物におよぼす影響について述べている．最初の論説では，偶然の発見に対する影響を認め，いろいろの例をあげている．2番目の論説では，占星術師たちが考えているような意味では，天体が人間や動植物に影響を与えないことを示そうとしている．

　著者は多血質の人だったように思われる．というのは，著書の31，40，85頁から，円を正方形化できるという望みをもっていることがわかるからである．

　他方，彼は重力に関するニュートンの理論をあまり信頼していなかった．いつかはニュートンの理論も，その先行者たちの渦動運動論と同じように忘れ去られてしまうだろうと考えていたことが，45，172頁から読みとれる．

　以下は，月の影響がないことを示そうとする彼の推論のひとつである．もしも，月の影響があるとすれば，月から発散されるものが認められなければいけない．そして，もしも発散物が感知しうる程度の濃度であるならば，それは天体の運動を妨げるであろうから，時がたつにつれ，天の軌道を清掃する必要が生じてくるであろう．あたかも，ロンドンやパリの街路を塵や汚物から守るように．このようなことが164頁に書かれている．

　著者はあまり厳密に議論をすすめていない．例として74頁をみよう．「英国のヤコボⅢ世はイグビイのカヴァリェリとかかわったという理由で，抜身の剣を突きつけられて，つねに冷たい，悲しい恐怖にさらされた．」これはジェームスⅠ世に関係した事件である．また，81頁には「ベルンのアリストチーレを賞讃していわく．仲間の大先生として認めよう．／」イタリヤ人がダンテに与えるべき名誉を，どんな劣った名前にも与えることはないのである．

　596．つぎに『偶然の法則：もしくは，任意に企てられた演技の情況のもとでおこる確率の数学的洞察』（*The Laws of Chance : or, a Mathematical Investigation of the Probabilities arising from any proposed Circumstance of Play*）と題する，1758年ロンドンで発行されたサミュエル・クラーク（Samuel Clark）[3]の書物に注目しなければならない．

　この書物は8つ折版である．序文が2頁，本文が204頁である．これはド・モワブルとシンプソンの論文をもとにした教科書と考えてもよい．難解な問題はのぞかれており，数学をそれほど知らない人

— 279 —

第16章　1750年から1780年までのいろいろな研究

にも読みやすいように，多くの例と図解が用いられている．

　この書物には新しいものも重要なものも何ひとつない．クラークはことのほか ボール・ゲームがお好きだったようである．このゲームに関連した問題に，44-68頁が割かれている．また，113頁-130頁には，同種のある個数のサイコロを投げて，あらかじめ指定された点数を出す可能性を求める問題をながながと論じている．彼はシンプソンにしたがって説明しているが，それと同時にド・モワブルの方法も取りあげている〔364節参照〕．クラークはつぎのように議論をはじめている．

　「これ以後の問題の解法をやさしくするため，私の秀れた友人であり，数学教師でもあるウィリアム・ペイネ（William Payne）氏から教わった補助定理を述べておこう．

補　　　　題

　1，3，6，10，15，21，28，36，……など n 項目までの総和は $\dfrac{n+2}{1} \times \dfrac{n+1}{2} \times \dfrac{n}{3}$ に等しい．」

　このようによく知られた結果を，ウィリアム・ペイネの名に結びつけるのは，まったく必要ないことである．そして，事実，クラーク自身，彼の書物の84頁で，数列の総和についてのニュートンの一般的定理を示しているのである〔152節参照〕．

　クラークは彼の書物の139-153頁で，われわれが325節で考察した事象の連（run）の問題を論じている．クラークはド・モワブルの解法にあったある些細な誤りを指摘している．彼がその誤りを大げさに指摘しているところから，われわれは彼がそこで手こずったのだと結論づけてよいかもしれない．

　クラークがド・モワブル の方法と違ったやり方で，あえてやろうとしたもうひとつの場合はうまくいっていない．クラークはド・モワブルの問題IXを検討し，異なる結果に到達している〔269節参照〕．誤りはクラークの方にある．ド・モワブルの記法にしたがうと，AがBから qG 受取るか，あるいはAがBに pL 支払わねばならないと，クラークは仮定しているが，これは誤りなのである．たとえば，要するに，Aが $q+m$ 回勝って，m 回負けたとする．そのとき，Aに好都合なゲーム差が q ゲームとなる．この場合AはBから $(q+m)G$ を受取り，mL を支払う．つまり残高は $qG+m(G-L)$ であってクラークのいうように qG ではない．

　597.　つぎにマレ（*Mallet*）の『3人の演技者がトリクトラク（西洋双六）か，あるいはなにか別のゲームをしているとき，総賭金をどう配分するかについての研究』（*Recherches sur les avantages de trois Joueurs qui font entr'eux une Poule au trictrac ou à un autre Jeu quelconque*）と題する論文に注目しなければならない．

　この論文は『スイス……バーゼルの官報』（*Acta Helvetica……Basileae*）第 V 巻，1762年に発表された．論文は230-248頁に載っている．そこでの問題はド・モワブルおよびウォルドグラーヴのものと同じである〔211節参照〕．マレの解はド・モワブルの132-138頁に載っている解と類似している．

　しかしながら，マレはいくつかの内容をつけ加えている．ド・モワブルによって扱われた問題では，負けた演技者が支払う罰金は一定であった．マレはその金額が等差数列もしくは等比数列で増加していく場合を考察している．ド・モワブルの研究者なら，マレによってなされた拡張は，ド・モワブルの考えで容易に処理しうることに気づくであろう．というのは，そこで得られる級数はよく知られた方法で総和を求めうるからである．

　598.　438節でとりあげたオイレルの論文が載っているのと同じ巻に，オイレルと同じ問題を取扱ったビグラン（*Beguelin*）による2篇の論文が載っている．それらを紹介する前に，ジャン・ベルヌイの論文を考察するのが便利である．その論文が書きあげられたのは，ビグランのものよりも本当ははやいのであるが，発表の時期は逆に遅いのである．このジャン・ベルヌイは194節であげたジャン・ベ

— 280 —

ルヌイの孫である[4]． ジャン・ベルヌイ Ⅲ 世の論文は『ジェノアの富クジのなかにでてくる級数もしくは続きについて』(*Sur les suites ou séquences dans la loterie de Genes*) と題されている． それは『ベルリン……アカデミーの歴史』1769年号に発表されている． 発行の日付は1771年である． その論文は234-253頁に載っている． 冒頭につぎのノートがある．

「この論文は1765年に読みおえた． ついでその年のアカデミーの覚え書集に載ったこの主題に関するオイレル氏の論文を読んだ． オイレル氏の論文につづいて印刷されているビグラン氏の論文もまた多くの点で私のものと関係しており，さらに論文執筆の動機となった富クジは現在ますます流行しているので，私ももはや自分の考えを公表せずにはいられない． もし私の方法がオイレル氏やビグラン氏のものとそう違わないのなら，あまり役に立つとはいえないにしても，そのことを了解することが容易であるという利点もあろうかと信ずる．」

599. 論文の最初の節で，続き（シーカンス）に関する問題について，ジャン・ベルヌイ Ⅲ 世はつぎのように述べている．

「私は同じ題材を取扱っているオイレル氏の論文をしるまでは，時々この問題に関心をもっていた． この論文はまた私の研究計画を放棄させるに十分であったし，たとえ私が正しく推論していたとしても，この有名な幾何学者の論文によって理解しえたことを秘かに胸のうちにしまっておいたことだろう． 彼は私に好意ある書簡を送ってくれた結果，私のものが最高のものでもなく，また誤りも少ないというものでもないから，推論の基礎はしっかりしていても，私のしたことはほんの些細なことなのだと知った次第である．」

600. ジャン・ベルヌイ Ⅲ 世は代数的考察はしていない． 90枚の札があり，2枚または3枚または4枚または5枚がそれらから抜き出されたとき起こりうる，いろいろな種類の続きの可能性を算術的に計算することだけ行なっている． 彼の方法は，彼が依拠しているオイレルやビグランの方法と比較しても，簡素化されているようには思われない．

601. ジャン・ベルヌイ Ⅲ 世とオイレルとの間には，たったひとつ相異点がある． ジャン・ベルヌイ Ⅲ 世は，1から90までの数があたかもひとつの円のように並んでいると想定している． だから，彼は90と1で2項からなる続き（シーカンス）をつくると考えている． オイレルはそれを続き（シーカンス）とは考えない． また，同様にジャン・ベルヌイ Ⅲ 世は，89と90と1を3項からなる続き（シーカンス）と考えているのに対して，オイレルはこれを2項からなる続き（シーカンス）と考えている． 以下同様である．

ジャン・ベルヌイ Ⅲ 世の続き（シーカンス）の概念は，対称性がより大きいので，おそらく，続き（シーカンス）に関する研究がオイレルの概念によるものより簡単であろうと予想されるかもしれない． しかし，よく検討してみると逆のようである．

440節の例において，オイレルの結果は

$$n-2, \quad (n-2)(n-3), \quad \frac{(n-2)(n-3)(n-4)}{1 \cdot 2 \cdot 3}$$

であるのに対応して，ジャン・ベルヌイ Ⅲ 世の概念によると，結果は

$$n, \quad n(n-4), \quad \frac{n(n-4)(n-5)}{1 \cdot 2 \cdot 3}$$

である．

602. われわれが注目しようと思うひとつの代数的結果が ここに 与えられている． n 枚の札があるとき，まったく続き（シーカンス）ができない可能性として，オイレルはつぎの値を得ている． すな

— **281** —

第16章　1750年から1780年までのいろいろな研究

わち，

　もし2枚の札が抽出されたときの可能性は$\dfrac{n-2}{n}$

　もし3枚の札が抽出されたときの可能性は$\dfrac{(n-3)(n-4)}{n(n-1)}$

　もし4枚の札が抽出されたときの可能性は$\dfrac{(n-4)(n-5)(n-6)}{n(n-1)(n-2)}$

　もし5枚の札が抽出されたときの可能性は$\dfrac{(n-5)(n-6)(n-7)(n-8)}{n(n-1)(n-2)(n-3)}$

等であり，その法則性は容易にわかる．さて，ジャン・ベルヌイⅢ世は彼の続き（シーカンス）の概念に基づいて，上記の可能性を求めるには，上述の式の$n-1$の代りにnを代入すればよいと述べている．彼はそのことを証明していないので，彼がどのようにしてそれを得たかはわからない．

　それは帰納法によって次のような方法で得られるものである．n枚の札からr枚の札を抽出し，それらがオイレルの意味での続き（シーカンス）を作らない場合の数を$E(n, r)$と記す．また同じくベルヌイの意味での続き（シーカンス）を作らない場合の数を$B(n, r)$と記す．そのとき

$$E(n, r) = \frac{(n-r+1)(n-r)\cdots\cdots(n-2r+2)}{r!}$$

であり，また

$$B(n, r) = \frac{n(n-r-1)\cdots\cdots(n-2r+1)}{r!}$$

であることが示されねばならない．

　なぜならば，適当な可能性が得られるためには，全体の場合の数で割られるのは，$E(n, r)$と$B(n, r)$でなければならない．さて，次の関係式

$$E(n, r) = B(n, r) + B(n-1, r-1) - E(n-2, r-1)$$

が成立するであろう．

　この関係式が成立することは例をとってみればわかる．$n=10$，$r=3$とする．総じて$B(n, r)$のなかで生起する場合はすべて，$E(n, r)$のなかでも生起する．しかし，$B(n, r)$のなかで生起しないものが，$E(n, r)$のなかでは生起するので，それらが加えられねばならない．付け加えられねばならない場合は，たとえば$(10, 1, 3)$，$(10, 1, 4)$，$\cdots\cdots$$(10, 1, 8)$などである．そこで，どんな一般的法則によって，これらの場合が得られるかを吟味しなければならない．1，2，$\cdots\cdots$，9の数から，ベルヌイの続き（シーカンス）を含まない2個をとる組合せと，1をつけ加えるとよい．

　そして，一般的には，はじめの$n-1$個の数から，ベルヌイの数列を含まない$r-1$個の数をとる組合せと，数のひとつとして1を含むような数のペアをとればよい．ちょっとみると，そのような数のペアは$B(n-1, r-1) - B(n-2, r-1)$個あるように思われるが，少し考えれば，上述の如く

$$B(n-1, r-1) - E(n-2, r-1)$$

であることがわかるであろう．

　かくして，関係式がえられたので，$B(n, 1)$の値を独立に求めておけば，あとは次々と$B(n, 2)$，$B(n, 3)$，$\cdots\cdots$の値を求めることができる．

603. さて，われわれはビグランの2つの論文を考察しよう．すでに述べた通り，これらは438節で注目したオイレルの論文と同じ巻に含まれている．論文の題名は『**ジェノアの富クジのなかに出てくる級数もしくは続きについて**』であり，231-280頁に載っている．

604. ビグランの論文には，オイレルのものと同一の一般的な代数公式が含まれている．そしてまた，ジャン・ベルヌイ III 世の概念にもとづく結果に対しても同様な公式が得られている．したがって，後者の公式は論文のなかでは目新しいものである．

605. ビグランの用いた方法のおよそのところは，容易に示すことができるであろう．例として，a，b，c，……i，j，k，l，m の13文字をとろう．これらの文字を相並べて5列に整頓しよう．かくして

$$
\begin{array}{ccccc}
a & a & a & a & a \\
b & b & b & b & b \\
c & c & c & c & c \\
\hline
m & m & m & m & m
\end{array}
$$

まず，そのような列を2列だけ考える．第1列から任意の1字をとり，第2列の任意の1字と結合させる．このようにして，aa, ab, ac, ……, ba, bb, bc, ……など，13^2 個の結合（associations）をうる．

ここでは ab と ba，また ac と ca なども起こりうる．しかし，このような反復を除きたければ，つぎのようにすればよい．第1列の任意の1字をとり，それと第2列の同じ行もしくはそれ以下の行の文字とだけ結合させる．このようにすれば，第1列の a は第2列の13文字のいずれとも結合しうるが，第1列の b は第2列の b およびそれ以下の任意の12文字のいずれかと結合しうるのである．よって，そのような結合の仕方の数は $13+12+\cdots+1=\dfrac{13\times14}{1\cdot2}$ である．

同様に，われわれが3つの列をとるとき，もし反復を許せば 13^3 通りの結合ができるが，反復を許さなければ，$\dfrac{13\times14\times15}{1\times2\times3}$ 通りある．このようにして，もし5つの列があるときにまで進み，反復を許さなければ，結合の総数は $\dfrac{13\times14\times15\times16\times17}{1\times2\times3\times4\times5}$ 通りある．

これらすべては，ビグランもいうように，よく知られた内容のものであるが，彼のさらに突込んだ洞察への入口として紹介されているのである．

606. 富クジの場合には，どんな数字も反復しないので，a，a，a，a，a のような場合は起こらない．そこで，第2列を1字あげ，第3列を2字あげ，……とする．すると

$$
\begin{array}{ccccc}
a & b & c & d & e \\
b & c & d & e & f \\
\hline
i & j & k & l & m \\
j & k & l & m & \\
k & l & m & & \\
l & m & & & \\
m & & & &
\end{array}
$$

をうる．

このようにして，13-4完全列（complete files），すなわち9完全列を得たことになる．そして前節と同様にして，結合の総数は

$$
\frac{9\times10\times11\times12\times13}{1\times2\times3\times4\times5}
$$

第16章　1750年から1780年までのいろいろな研究

であることがわかる．この数は，13個のなかから同時に5個の数をとるときの組合せの数である．

607. つぎに，まったくシーカンスでない結合の数を求めてみたい．各列を1字ではなく，2字上にずらすと，つぎの表をうる．

$$
\begin{array}{ccccc}
a & c & e & g & i \\
b & d & f & h & j \\
c & e & g & i & k \\
d & f & h & j & l \\
e & g & i & k & m \\
f & h & j & l & \\
g & i & k & m & \\
h & j & l & & \\
i & k & m & & \\
j & l & & & \\
k & m & & & \\
l & & & & \\
m & & & &
\end{array}
$$

をうる．

ここでは13-8完全列，すなわち5完全列のみ存在する．そして605節と同様の方法で，すべての結合の数は

$$
\frac{5 \times 6 \times 7 \times 8 \times 9}{1 \times 2 \times 3 \times 4 \times 5}
$$

である．

このような方法で，実際602節で$E(n, r)$としたものの値が求められるのである．

608. ここでわれわれが簡単に例示した方法は，ビグランによって，問題のあらゆる部分での論議に用いられている．しかし，彼はわれわれがやったように<u>文字</u>（letters）を用いていない．彼は歴代のローマ皇帝のメダルを用いている．それで，a，b，c，……の代りに，アウグストウス，チベリウス，カリグラ，……となるのである．

609. n枚の札があり，それから5枚が抽出されるとき得られる結果を述べておくのも有用であろう．

次の表の第1欄は形式を，第2欄はオイレルの概念によるその形式の場合の数，第3欄はジャン・ベルヌイ Ⅲ世の概念による形式の場合の数を示している．

5項シーカンス	$n-4$	n
4項シーカンス	$(n-5)(n-4)$	$n(n-6)$
3項シーカンスと2項シーカンスの組合せ	$(n-5)(n-4)$	$n(n-6)$
3項シーカンスと残り2枚はシーカンスにならない場合	$\dfrac{(n-6)(n-5)(n-4)}{1\cdot2}$	$\dfrac{n(n-7)(n-6)}{1\cdot2}$

— 284 —

2項シーカンス 2組	$\dfrac{(n-6)(n-5)(n-4)}{1\cdot 2}$	$\dfrac{n(n-7)(n-6)}{1\cdot 2}$
2項シーカンス 1組だけ	$\dfrac{(n-7)(n-6)(n-5)(n-4)}{1\cdot 2\cdot 3}$	$\dfrac{n(n-8)(n-7)(n-6)}{1\cdot 2\cdot 3}$
シーカンスなし	602節参照	

任意の指定された事象の可能性は，それぞれに対応する数を，全体の場合の数，すなわちn個のなかから同時に5個とる組合せの数で割れば得られる．

610. つぎにビグランによるもうひとつの論文に注目しよう．

それは『確率の計算における充分理由の原理の使用について』（*Sur l'usage du principe de la raison suffisante dans le calcul des probabilités*）と題されている．

この論文は『ベルリン……アカデミーの歴史』1767年号に発表されている．発行の日付は1769年である．論文は382-412頁に載っている．

611. ビグランは「確率論は専ら充分理由の原理の上に築かれているという先例を論文のなかで示した．」ということから始めている．このことは，明らかに，われわれがたった今検討したばかりの論文のなかのいくつかの注意を指しているのである．また，ビグランはつぎのようにダランベールにもふれている．「傑出した著者であり，幾何学者であると同時に哲学者でもある人が，ほんの少し以前，確率計算について，深く研究するに値する懐疑と疑問を表明したのである．」ビグランは，どの程度まで形而上学的原理が，確率論に役立つことができるかを示そうとしている．

612. ビグランは2つの問題を論じている．彼がいう最初の問題は次の問題である．

「対称性と規則性をもった事象——これはまったく偶然のいたずらとも思えるが——は（すべてのものがまた同等であるのだから）確からしいが，それと同時に，順序も規則性もない事象もひとつひとつの事象が同程度の確率をもつ場合には確からしいとすれば，このような規則性がわれわれの注意をひくのは何処から生ずるのか，そしてまた特異なものだとわれわれが判断するのは何処に基因するのか？」

この問題についての彼の結論は，注目に値しない．

613. 彼のつぎの問題はもっと難しいものだと彼は考えている．それは

「同じ事象がすでに1回もしくは多数回つづけて起こったとしたとき，この事象が将来も起こるための確率を同程度に保持するなら，いまだ1度も起こっていない余事象の確率も最初あてがわれた確率と等しい確率をもって起ることはない．」

ビグランは，ある事象がより頻繁に起これば，次の試行では起こりにくくなるという結論に達している．このように，彼はダランベールの誤りのひとつを継承している．彼は，普通の理論によって可能性が同等であったとしたら，ある事象がt回連続して起こった場合，次の試行で起こらない可能性は$t+1:1$であると考えている．

614. ビグランは彼の考え方を**ペテルスブルクの問題**に適用している．n回試行が行なわれたとしよう．普通の理論が期待値として与える$\dfrac{n}{2}$という値の代りに，ビグランは

$$\frac{1}{2}+\frac{1}{2}+\frac{2}{2!+1}+\frac{2^2}{3!+1}+\frac{2^3}{4!+1}+\cdots\cdots+\frac{2^{n-2}}{(n-1)!+1}$$

という値に達する．

第16章　1750年から1780年までのいろいろな研究

この級数の各項は急速に減少し，無限大までの総和はおよそ $2\frac{1}{2}$ である．

615. 上記の結果のほかに，ビグランはペテルスブルクの問題に対して他に5つの解を与えている．彼の6通りの結果は同一ではないが，通常の確率論では結果が無限大であるのに対して，すべて小さな有限の値を与えている．

616. いずれにしろ，この論文は何の価値もないように思われる．ダランベールが普通の理論に対して浴せた批判に，ビグランは何らつけ加えることもしていないし，かえってそれを不明確で興味のうすいものにしてしまっている．しかし，モンチュクラだけは，この論文の価値について違った評価をしていることだけは，つけ加えておくべきであろう．彼は『数学史』のⅢ巻403頁において，ペテルスブルクの問題について述べるなかで，つぎのようにいっている．

モンチュクラ

「この問題はビグランにとっては形而上学的考察の題材でもあった．……この形而上学者であり解析学者は確率計算についての奥深くにある多くの問題を，形而上学の松明で吟味したのである．……」

617. われわれは次に，いちじるしく注目をひいた論文を紹介しなければならない．それは英国学士院会員，神学士，ジョン・ミッチェル牧師によるもので『**確率視差，恒星から発する光の量による恒星の大きさ，恒星の位置の特殊な状態についての調査**』(*An Inquiry into the probable Parallax, and Magnitude of the fixed Stars, from the Quantity of Light which they afford us, and the particular Circumstances of their Situation, by the Rev. John Michell, B. D., F. R. S.*) と題されている．

この論文は『哲学会報』第57巻，第Ⅰ部，1767年号に発表された．論文は234-264頁に載っている．

618. われわれがミッチェルの論文のなかで関心をもつ部分は，いくつかの星が互いに接近しあっているという事実から，窮極の目的を推量しようとしていることである．彼の方法は，次の抜萃からうかがえるであろう．論文の243頁でつぎのように述べている．

「それからわれわれは，星が天空にたんに偶然散ばっているのだという仮定のもとで，任意の2つもしくはそれ以上の星の間の最小の見掛け上の距離が存在した筈だということが確からしいかどうかを吟味してみよう．この仮定のもとで，おそらくすべての恒星は他の恒星と同様，どこかに位置を占めるであろうことは一見明瞭であるから，ある特定の恒星が任意に与えられた他の恒星からある距離（たとえば1°）以内にたまたま存在する確率は（可能性を計算する普通の方法によって）分数で表現される．その分数の分子は1°を半径とする円であり，分母は大円の直径を半径とする円（これは天球の全表面積に等しい）であるから，求める確率を分数で表わすと

$$\frac{(60')^2}{(6875.5')^2}, \quad \text{小数に直すと} \quad 0.000076154$$

（およそ 1:13131）である．この値の1に対する補数，0.999923846，あるいは分数 $\frac{13130}{13131}$ は，特定の恒星が任意の恒星から1°以上離れている確率を示す．しかし，どの星も，特定の与えられた星から1°以内の距離にある可能性は同じであるから，すべての他の星に対しては，この分数を星の総数（件の星よりもより輝いてみえる星全部）に等しい回数だけ，何回も相乗しなければならない．星の総数を n とすると，$(0.999923846)^n$，もしくは分数 $\left(\frac{13130}{13131}\right)^n$ は，どの星も与えられた特定の星から1°以上離れている確率を示す．そして，この値の1に対する補数は，星全体のうち少くとも

— 286 —

1個以上の星が与えられた特定の星から1°以内の距離にある確率を示す．さらに同じ事象が，どのひとつの星に対しても，他のいずれの星と同様に起こりうることが同等に確からしいので，総数 n 個の星のどのひとつも，任意の他の星と同様な条件のもとにあるから，われわれは最後に求めた値をさらに n 乗する．結局，$\{(0.999923846)^n\}^n$，分数で $\left\{\left(\dfrac{13130}{13131}\right)^n\right\}^n$ は，天空中の n 個のどの星も，他の星と1°以上離れている確率を表わす．そして，この値の1に対する補数は，天空中の n 個のどの星も，他の星の少くとも1個以上と1°以内の距離にある確率を示す．」

619. ミッチェルは246頁で次の結果を得ている．

「上に述べた原則にしたがって，全天空中のどの星も，ヤギ座 β の2つの星のように相互間の距離がそんなに近くないのだが，これらと光度の等しい星が230個あるとして，2つの星が近接している確率を計算すると，およそ $\dfrac{1}{80}$ である．

たとえば，2つ以上の星が関係しているとして，スバル座の最も明るい6つの星をとろう．そして，その星座のなかのもっとも輝きの弱い星と等しい光度の星が，天空中に1500個はあると考えて，星が全天空にランダムに散らばっているとき，その1500個の星のうち，6個がスバル座のように近距離にある可能性は，およそ1:500,000である．」

ミッチェルは詳しい計算を注のノートで示している．

620. ラプラスは『確率の解析的理論』のLXIII頁[5]で，また『現代の知識』（*Connaissance des Tems*）1815年号の219頁で，ミッチェルのことにふれている．

621. 故ホルベス教授（*Prof. Forbes*）はミッチェルの論文に対して非常に興味ある批判をおこなった〔『ロンドン，エジンバラ，ダブリン哲学雑誌』（*London, Edinburgh and Dublin Philosophical Magazine*）1849年8月号，1850年12月号参照〕．彼はミッチェルの数学的計算に対して大変公正な態度で反対しており，さらにまたこれらの計算から導かれた推論の妥当性をも疑っている．

622. シュトルーフェ（Struve）[6]はこの題材について，『新しい連星および複星の表[7]』（*Catalogus Novus Stellarum Duplicium et Multiplicium*）1827年の37-48頁でいくつかの考察を与えている．シュトルーフェの方法はミッチェルの方法と非常に違っている．天球の表面のある与えられた面積 S の中の星の数を n とする．半径 x'' の小さな円の面積を ϕ とする．そのとき，シュトルーフェは星が偶然にばらまかれたものと仮定して，n 個の星のなかで，お互いの距離が x'' より小さくなる星の対が存在する可能性は，$\dfrac{n(n-1)}{2}\dfrac{\phi}{S}$ であるとする．S を赤緯 $-15°$ から北極までの表面積とし，$n=10229$，$x=4$ とすると，上記の式の値は0.007814となることを，シュトルーフェは示している．

〔シュトルーフェ『測微計で測った連星と複星』（*Stellarum Duplicium et Multiplicium Mensurae Micrometricae*）ペトログラード，1837年，91頁および『主として子午線の位置をきめる恒星』（*Stellarum Fixarum, imprimis compositarum Positiones Mediae*…）ペトログラード，1852年，188頁参照〕

ジョン・ハーシェル卿（Sir John Herschel）は『天文学概要』（*Outline of Astronomy*），1849年，565頁，のなかで，シュトルーフェによるいくつかの数値例を示している．しかし，その結果は上に引用した著作のなかのシュトルーフェの計算に合致しないので，私は若干の誤りがあると結論づける．

623. ミッチェルの論文のなかで論じられている他の題材のいくつかについては，シュトルーフェの『恒星天文学研究』（*Études d'Astronomie Stellaire*），セント・ペテルスブルク，1847年を参照されたい．

624. つぎに，ジャン・ベルヌイⅢ世のもうひとつの論文を紹介しなければならない．それは『偶然論のある問題についての覚え書』（*Mémoire sur un probleme de la Doctrine du Hazard*）と題

第16章 1750年から1780年までのいろいろな研究

されている.

この論文は『ベルリン……アカデミーの歴史』1768年号に発表された．発行の日付は1770年，論文は384-408頁に載っている．

論じられている問題は，一般的に次のように言い表わせるであろう．n人の男がn人の女と同時に結婚すると仮定する．$2n$人中半分が死んだとき，すべての結婚が解消される可能性を求めよ．つまり，生き残った人とがすべて寡夫か寡婦である可能性を求めよということである．ジャン・ベルヌイⅢ世は2通りの場合に分けている．第1の場合は，死ぬ人については何の条件もない場合；第2の場合は，死ぬ人の半数が男で，あとの半数が女である場合である．

この論文は興味もうすく，重要性もない．公式は特殊な場合から帰納法によって得られている．しかし，実際には証明されていない．

625. つぎにラムベルト(Lambert)[8]による論文，『**確率計算に由来するある種の迷信についての吟味**』(*Examan d'une espèce de Superstition ramenée au calcul des probabilités*) に注目せねばならない．

この論文は，『ベルリン……新紀要』(*Nouveaux Mémoires…Berlin*) 1771年号で発表された．発行の日付は1773年，論文は411-420頁を占めている．

626. ラムベルトは，まず天候やその他いろいろな事象に関する暦製造業者の予言を，多くのドイツ人が信頼していることに，まず注意をむける．このことから，彼は，予言がランダムになされると仮定して，その予言が検証される可能性とは何かを考える示唆を得たのである．

このようにして，彼が議論にもちこもうとしている問題は，実はトレーズ・ゲームについての古くからの問題である．しかし，ラムベルトは自分の問題をそのようには呼んでいないし，また1751年のオイレルの論文以外，それ以前の著作家の名前を一人もあげていないのである〔162節，280節，430節参照〕．

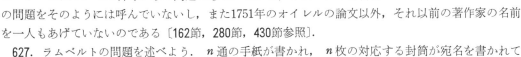

ラムベルト

627. ラムベルトの問題を述べよう．n通の手紙が書かれ，n枚の対応する封筒が宛名を書かれているものとする．それらの手紙が，ランダムに封筒に入れられるとき，すべての，もしくはある指定された数の手紙が間違った封筒に入れられる可能性を求めよ．

手紙が封筒に入れられるすべての方法の数は$n!$通りである．すべての手紙が正しく封筒に入れられる方法は唯1通りしかない．ちょうど1通の手紙だけが間違った封筒に入る方法はないのである．そこで，ちょうど2通の手紙だけが間違った封筒に入る方法の数を求めてみよう．1対の手紙をとる．その取り方は$\frac{n(n-1)}{1\cdot 2}$通りである．そこでこの1組のみが間違った封筒に入り，他の手紙は正しく封筒に入る方法はいくつあるか探すと，それは唯一通りしかない．つぎにちょうど3通の手紙が間違った封筒に入る方法はいくつあるかを考えよう．3通の手紙のえらび方は$\frac{n(n-1)(n-2)}{1\cdot 2\cdot 3}$通りあり，そして選ばれた3通が間違った封筒に入る方法は，やってみればわかるように，2通りある．

こうして，われわれはつぎの結果をうる．

$$n! = A_0 + A_1 n + A_2 \frac{n(n-1)}{1\cdot 2} \\ + A_3 \frac{n(n-1)(n-2)}{1\cdot 2\cdot 3} + \cdots\cdots + A_n \frac{n!}{n!} \tag{1}$$

ここで，A_rはr通の手紙に対して，r枚の対応する正しい封筒があるとき，すべてが間違った封筒

に入れられる方法の数を示す. そして

$$A_0=1, \quad A_1=0, \quad A_2=1, \quad A_3=2, \quad \cdots\cdots$$

である.

　さて, A_0, A_1, A_2, ……は n と独立である. それゆえ, われわれは上の恒等式で, n の代りにつぎつぎと1, 2, 3, ……という値を代入していくと, A_r を決定できる. これがラムベルトの論文の新しい点である.

　ラムベルトは, A_1, A_2, ……などの値について成立する一般法則, すなわち

$$A_r=rA_{r-1}+(-1)^r \tag{2}$$

を与えている.

　しかしながら, 彼はこの法則が成立することを証明していない. われわれはすでに161節で $\phi(n)$ として求めた値のなかで, この法則を暗に証明しておいたのである.

　この法則によって

$$A_4=9, \quad A_5=44, \quad A_6=265, \quad A_7=1854, \quad A_8=14833, \quad \cdots\cdots$$

をうる.

　しかしながら, 161節とは独立に, この法則は容易に証明できる.

$$\Delta^r0!=r!-r(r-1)!+\frac{r(r-1)}{1\cdot2}(r-2)!-\cdots\cdots$$

とおく. この記法は差分法で普通に用いられるものと類似している. そのとき, 基本的な関係式(1)は

$$A_r=\Delta^r0! \tag{3}$$

であることを暗示する. これは数学的帰納法で証明することができる. なぜなら, 試みに

$$\Delta^00!=0!=1=A_0$$
$$\Delta^10!=1-1=0=A_1$$
$$\Delta^20!=2!-2\cdot1+1=A_2$$

である. そして, また基本的な関係式(1)より, $r=0$ から $r=n-1$ までのすべての r の値に対して, $A_r=\Delta^r0!$ ならば, $A_n=\Delta^n0!$ であることがでてくる. よって(3)式が成立した. (3)式から(2)式が成立することは, 容易である.

628. 今度は, 597節で注目した著者のもうひとつの論文をみよう. その論文は『**ジュネーヴの天文学教授マレ氏による, 確率の計算について**』（*Sur le Calcul des Probabilités, par Mr. Mallet, Prof. d'Astronomie à Genève*）と題されている.

　この論文は『**スイス……バーゼル官報**』第7巻に発表された. 発行の日付は1772年, 論文は133-163頁に載っている.

629. その論文は2つの問題の議論からなる. 最初の問題はヤコブ・ベルヌイの『**推論法**』のなかにでてくる問題であり, あとの問題は富クジに関するものである.

630. 『**推論法**』からの問題というのは, その著作の161頁に載っているものである. 117節に転載しておいた.

　マレは, ヤコブ・ベルヌイが正しい解法に加えて, 異なる結果に達するもっともらしいが, それゆえ誤りでもある別の解法を与えていることに注目している. そして, 彼は

　「ベルヌイ氏は一見この奇妙な事を, 何の説明もなく指摘するだけで満足しているようである. しかし, 私はこの僅かの難点をも完全に説明するために, さらにもっと詳細に調べてみるのも無駄ではないと信じている. というのは, ベルヌイ氏の解に似たような無数の場合を想定しうるので, 彼

第16章　1750年から1780年までのいろいろな研究

の解のなかにまた容易に誤らせるものがあることを知る.」
といっている.

631. マレの注釈は, なんら目新しいものや重要なものを想定しているようには思われない. 彼は十分に自分の考えを展開できない曖昧な著者であった. 彼の論文をよんでいると, 次のような説明を思い出すので, 学生諸君に教授するときに役に立つかもしれない. たとえば, 寿命の理論を考えているとしよう. 横座標には, ある定時点から測った年が目盛られている. それに対応する縦座標は, 定時点に生れた多くの人々のなかで, その時点において存命している人数に比例するようにとられている. さて, われわれは, 1人の新生児が n 年以上生存することが, n 年以内に死亡することより可能性が高いかどうか知りたい. ヤコブ・ベルヌイのもっともらしいが, 誤った解法は, 死亡曲線の下の面積の重心の横座標が n より大きければ, 上の事象の起ることはより可能性が高いと説明する. しかし, 正しい解答によれば, 重心の横座標ではなく, その曲線のつくる面積を2等分する縦軸に対応する横座標をとらなければならないのである〔485節参照〕.

632. われわれはある種の富クジに関連したマレの第2の問題に移る.

その富クジはモンモールによって**ロレーヌのクジ** (la lotterie de Lonaine) とよばれるものであって, モンモールの書物の 257-260, 313, 317, 326, 346頁で論じられているものである. 以下でその富クジの様式を実際に説明しよう. 富クジの胴元が n 人の人にいくらかの代価で n 枚の札を発行する. 彼はこのようにして受取ったお金の一部, たとえば a を自分のためにとっておく. 残りのお金を n 個の賞に分割し, 札を買ってくれた人が得られるようにする. 彼は札を買った人を保証するために, 賞金を得なかった人にはいくらかの金額, たとえば b を返金すると約束するなど, 一層の刺激を加えようとする. 賞金はつぎの仕方で分配されるものとする. ひとつの箱のなかにそれぞれ1から n まで番号のついた n 個の模造貨幣を入れておく. 1枚の模造貨幣が抽出され, その模造貨幣の数字と同番号の札をもっている人に賞金が与えられる. そしてその模造貨幣は箱へもどされる. さらに模造貨幣が抽出され, その貨幣の数字と同番号の札をもっている人に賞金が与えられる. そしてまた, 模造貨幣は箱へもどされる. このようにして, n 回模造貨幣が抽出され, 賞金は全部放出しつくされる.

それゆえ, クジのある特異なひき方をすると, ある人は1つ以上の賞金を得るかもしれないし, 全部賞金をせしめてしまうことさえありうる. なぜなら, 彼の番号と同番の模造貨幣が任意の回数, ときには毎回抽出されることがあるからである.

提起された問題は富クジの胴元が有利か不利かを求めることである.

633. モンモールはこの問題をつぎのようにして解いたのである. 札を買った人を1人考える. この人のクジの番号が, 全抽出過程を通じて一ぺんも抽出されない可能性は $\left(\dfrac{n-1}{n}\right)^n$ である. もし, 同番号の札が抽出されなかったら, 彼は勧進元から b を受取る. それで彼の期待値は $b\left(\dfrac{n-1}{n}\right)^n$ である. 同様の期待値は札を買った人一人一人に対して存在し, これらの期待値の和が胴元の利益の減少分にあたる量である. よって, 胴元の利益は

$$a - nb\left(\frac{n-1}{n}\right)^n$$

である.

モンモールが紹介している例では, $b=a$, $n=20,000$ であった. すると, 胴元の利益は負になり, まさに不利益であった. モンモールが完全な考察をする以前から, 彼は胴元の立場が不利であることを知っていた. そして, きっと大衆をごまかそうとする企てがあるに違いないとにらんでいたが, 果

— 290 —

して実際に悪だくみが起きたのである．

634. マレはこの題目について，彼以前の人の論文には何もふれていない．しかし，この問題をもっとも骨の折れる方法で解いている．彼は賞金を貰わない人の番号が，1，2，3，……，n の場合の可能性を求めている．それぞれの場合における利得にこの可能性をかけ，おのおの場合に対応する胴元の利益を求める．それらを総計すると，胴元の利益全体が得られる．

635. マレの研究過程は，次の問題を研究しているのと同じことである．r 面体のサイコロを考える．それを続けて s 回投げる．面がすべて現われる可能性を求めよ．好都合な事象が起こりうる場合の数は

$$r^s - r(r-1)^s + \frac{r(r-1)}{1\cdot 2}(r-2)^s - \frac{r(r-1)(r-2)}{1\cdot 2\cdot 3}(r-3)^s + \cdots\cdots$$

であり，これを r^s で割ると，その可能性が得られる．

これはド・モワブルの問題 XXXIX である．それは後になって ラプラスやオイレルによっても論じられた〔**448**節参照〕．

もしもマレがド・モワブル の公式と証明を借りたなら，マレのみならず読者をも大変な労苦から救われたであろう．しかし，彼は別の道を辿った．以下，それを述べてみよう．好都合な事象が起こりうる場合の数は，1，2，3，……，r から作られる $s-r$ 次の同次積の総和に $r!$ を掛けたものであるというのである．彼はこのことが成り立つことを証明していない．唯非常にみやすい場合をひとつあげて検証しているだけである．また，どんな論拠も述べずに，他の場合も同様にして得られるとしている．このことは彼の論文の144頁にでてくる．

マレは上述のようにして得た結果を変形し，結局われわれがド・モワブルから引用したのと同じ公式を導いている．マレはこの変形が正しいことも一般的に証明していない．彼はいくつかの単純な場合を考えただけで満足したようである．

636. 上述の変形は少々代数的な仕事であり，マレ自身が省略したものを再現してみようと思う．

a，b，c，……，k を r 個の量とする．x^p を $(x-a)(x-b)\cdots(x-k)$ で割ったとしよう．その商は

$$x^{p-r} + H_1 x^{p-r+1} + H_2 x^{p-r-2} + \cdots\cdots$$

である；ただし，H_r は a，b，c，……，k から 作りうる r 次の同次積すべての 和を記すこれは まず x^p を $(x-a)$ で割り，それからその結果を $(x-b)$ で割る，すなわちその結果に $x^{-1}\left(1-\dfrac{b}{x}\right)^{-1}$ を掛ける，……，とすれば容易にわかる．

さらに，もし $p \geqq r$ ならば，式

$$\frac{x^p}{(x-a)(x-b)\cdots\cdots(x-k)}$$

は整式の部分と分数式の部分から成り立つ．もしも，$p < r$ ならば，整式の部分はない．いずれの場合でも，分数式の部分は

$$\frac{A}{x-a} + \frac{B}{x-b} + \frac{C}{x-c} + \cdots\cdots + \frac{K}{x-k}$$

である．ただし

$$A = \frac{a^p}{(a-b)(a-c)\cdots\cdots(a-k)} \quad ,$$

B，C，……，K も同様の式で表わされる．さて，おのおのの分数式

— **291** —

第16章　1750年から1780年までのいろいろな研究

$$\frac{A}{x-a},\quad \frac{B}{x-b},\quad \cdots\cdots$$

を x の負のベキを使って展開しよう．これらの展開式の x^{-t-1} の係数と，われわれが最初に $x^p \div \{(x-a)(x-b)\cdots\cdots(x-k)\}$ に対して与えた x^{-t-1} の係数とを等しいとおくと，

$$Aa^t + Bb^t + Cc^t + \cdots\cdots Kk^t = H_{p-r+t+1}.$$

$m = p - r + t + 1$ とおくと，$p + t = m + r - 1$．かくして，われわれの結果はつぎのように述べることができる．すなわち，r 個の量 a，b，c，$\cdots\cdots k$ からつくられる m 次の同次積の総和は

$$\frac{a^{m+r-1}}{(a-b)(a-c)\cdots(a-k)} + \frac{b^{m+r-1}}{(b-a)(b-c)\cdots(b-k)} + \cdots\cdots$$

に等しい．

これがマレの述べた一般定理であるが，しかし彼はごく僅かな単純な場合のみを証明したにすぎない．

a，b，c，$\cdots\cdots$，k の代りに，それぞれ 1，2，$\cdots\cdots$，r をおくと，マレの得た公式からド・モワブルの得た公式，すなわち数 1，2，$\cdots\cdots$，r から作られる $s-r$ 次の同次積の総和は

$$\frac{1}{r!}\left\{ r^s - r(r-1)^s + \frac{r(r-1)}{1\cdot 2}(r-2)^s - \frac{r(r-1)(r-2)}{1\cdot 2\cdot 3}(r-3)^s + \cdots\cdots \right\}$$

に等しい，という定理へ移っていける．

$s = r + 1$ となる特殊な場合には，

$$1 + 2 + 3 + \cdots\cdots + r$$
$$= \frac{1}{r!}\left\{ r^{r+1} - r(r-1)^{r+1} + \frac{r(r-1)}{1\cdot 2}(r-2)^{r+1} - \frac{r(r-1)(r-2)}{1\cdot 2\cdot 3}(r-3)^{r+1} + \cdots\cdots \right\}$$

という，よく知られた結果をうる．

637. マレは，彼の労多き研究を終えるにあたり，適切にも「この富クジで商売をする人は，先の計算すべてをする苦痛を味わうものでないことだけは明白である．」と述べている．

638. マレの結果はモンモールが与えた結果と一致する．この結果はいたって簡単なので，それを得るもっと容易な方法があるのではないかと思われた．したがって，マレは別解を与えている．そのなかではモンモールのように，直接富クジの胴元の利益を求めるのでなくて，札を買った人それぞれの期待値を求めている．しかし，この解法でも，モンモールのものより手間がかかる．というのは，マレは，札を買った人が 1 回賞にあたる，2 回賞にあたる，3 回賞にあたる，$\cdots\cdots$，n 回賞にあたる場合というように，おのおのの場合を区別しているのに対して，モンモールの解法ではそのような事は必要ないのである．

639. マレはつぎの問題の結果を与えている．すなわち，n 面体のサイコロを p 回投げるとき，ある特定の面がちょうど m 回出る可能性を求めよ．その可能性は

$$\frac{p!}{m!(p-m)!}\frac{(n-1)^{p-m}}{n^p}$$

である．

この公式は自明であろう．なぜなら，おのおのの投げにおいて，ある特定の面が出る可能性は $\dfrac{1}{n}$，特定の面が出ない可能性は $\dfrac{n-1}{n}$ である．そこで，確率論の基本的原理によって，p 回の投げで，ちょうど m 回特定の目が出る可能性は

$$\frac{p!}{m!(p-m)!}\left(\frac{1}{n}\right)^m\left(\frac{n-1}{n}\right)^{p-m}$$

である.

p 回の投げにおけるすべての場合の数は n^p であるから,求める事象が起こる場合の数は

$$\frac{p!}{m!(p-m)!}(n-1)^{p-m}$$

である.この結果はすでにモンモールによって与えられたものと同じである〔モンモールの著作.307頁参照〕.

640. 全体として,マレの論文は,彼の辛抱強い勤勉さと,確率論についての先人たちの研究になじみのなかったことを示している,といえよう.

641. ウィリアム・エマーソン (William Emerson) は1776年に『いくつかの数学的主題を含む雑録,もしくは集論』(*Miscellanies, or a Miscellaneous Treatise ; containing several Mathematical Subjects*) と題される書物を出版した.

1-48頁は偶然論に割かれている.これらの頁は偶然論の概要を34個の問題を通した説明で作られている.この著作には注目すべき点はほとんどないが,唯ひとつ,エマーソンは大抵の場合,問題の正確な解を与えないで,近似解をうるに役立つと考えられる粗い一般推論のみを与えていることは注目してよい.この点は彼自身も認めるところであって,その著の47頁で,

「これらの問題の多くは,計算が大層こみ入ったものになるのを避けるため,いささか曖昧な計算方法で我慢せざるを得なかった.それで真理のそばまでしか近づけなかったことがわかる.」

また,彼の著作の21頁にある注釈も参考になる.

かくして,エマーソンの書物は,初心者にとって非常に危険であり,またより進んだ学生にとってはまったく役に立たない.

この書物の49-138頁は年金と保険の問題に割かれていることを注意しておこう.

642. つぎに,著名な博物学者ビュッホン (*Buffon*) の確率論に対する貢献を吟味せねばならない.彼の名はすでに354節に出ている.

ビュッホンの『道徳算術についての試論』(*Essai d'Arithmétique Morale*) は『博物誌補足』(*Supplément à l'Histoire Naturelle*) の第4巻として1777年として出版された.それは4つ折版103頁のものである.グローはその著作の54頁で,この試論は1760年には完成していたといっている.

ビュッホン

643. その試論は35の節に分けられている.

ビュッホンは異なった種類の真理があるという.すなわち,推論によって知る幾何学的真理,経験によって知る物理学的真理,そしてわれわれが聖書にもとづいて信ずる真理があるという.

彼は物理的真理について,説明を与えることなく特殊な原理を設定する.n 日間続けて太陽が昇ったとしよう.明日も太陽が昇るであろう確率はいくらか?

ビュッホンによれば,それは 2^{n-1} に比例するという〔試論第6節参照〕.

この説明はまったく独断的である〔ラプラス『確率の解析的理論』XIII頁参照[9]〕.

644. 彼は,確率が $\frac{1}{10000}$ のような非常に小さな分数によって計測される場合,確率が0であるというのと区別できないと考えている.そこで,表を見ると,56才の人が1日経って死ぬ可能性がそのような分数で示されるので,その人は死ぬ可能性が実際上0であるとみなすであろう,と彼は考える.非常に小さい可能性は実際上0であるという説は,ダランベールによる〔472節参照〕.しかしながら,

第16章　1750年から1780年までのいろいろな研究

ビュッホンは$\frac{1}{10000}$という値に対しては責任がある〔試論第8節参照〕.

645. ビュッホンは賭事に対して強く反対している. 彼は第11節の終りでつぎのように述べている.

「しかし, われわれは, 遊び道楽という悪い流行に対しては強い解毒剤を, 同時にこの危険な術におちこまないよう何か予防薬を与えようではないか.」

彼は賭事すべてを非難する. たとえ, それが公正な条件のもとで行なわれていると考えられるものすら非難する. だから, 利が一方の側にある賭事に対してはいわずもがなである. それで, たとえば, ファラオン・ゲームのようなものに対して

「……胴元は悪辣な代訴人であり, 賭ける人は欺され易い人にすぎない. それがために, 誰も馬鹿にしないのである.」〔ビュッホンの12節参照〕

こうして, 彼はその節をつぎのように結んでいる.

「……一般に, ゲームとは誤解にもとづく契約であり, 2つのグループの間の不利な契約であり, それがために結局は儲けより以上に損失が大きいという見かえりがあるといえる. つまり, 悪が増し善が除かれる. それについての証明は, また自明である.」

646. 証明はそれから第13節へつづいている.

ビュッホンは等しい富をもった2人の演技者がいて, 各人がその富の半分を賭けるものと仮定する. ビュッホンのいうには, 勝者はその富を$\frac{1}{3}$増すのに, 敗者はその富を$\frac{1}{2}$に減らしてしまう. そして$\frac{1}{2}$は$\frac{1}{3}$より大きいので, 損をするのではないかという怖れの方が, 儲かるのではないかという希望よりも勝っているのである. この論法でみる限り, ビュッホンの論法は正しいとは思えない. 各演技者の富をa, 賭金の額をbとしよう. そのとき, ビュッホンは, 利得を$\frac{b}{a+b}$, 損失を$\frac{b}{a}$と評価している.

しかし, 損失を$\frac{b}{a-b}$と考えた方が自然であろう. こうすると, もちろん, 怖れられている損失の方が, 希望される利得をますます超過してしまうことになる.

その証明は, どんな人でも貨幣金額の価値はその人の富の総額とは逆に変化するという原理によるものである.

647. ビュッホンは, 1730年ジェネーヴにおいてクラーメルから始めて知らされたという, ペテルスブルクの問題を詳細に論じている. この論議は彼の試論の15節に始まり, 20節までつづく〔**389**節参照〕.

ビュッホンは4つの観点から, Aの期待値を無限大からおよそ5クラウンまで減らしている. 4つの観点というのは

（1）Aに支払う金額はせいぜい有限の額でしかないという事実. ビュッホンはもし表が29回目まで出なかったら, Aに支払わねばならぬ金額はフランス王国全体が払える限度をこえることを指摘している.

（2）前節のおわりで述べた貨幣の相対価値論.

（3）たとえ, 1回ごとのゲームに要する時間を清算する時間も含めて2分間であるとしても, 一生の間では, ある回数以上のゲームをする時間はないだろうという事実.

（4）$\frac{1}{10000}$より小さいどんな可能性も, まったくゼロとみなされるという論説〔**644**節参照〕.

ビュッホンは第1の理由を主張した人として, フォンテーン（Fontaine）を引用している〔**392**節, **393**節参照〕.

648. 第18節は, ペテルスブルクの問題について, ビュッホンが行なった実験を詳しく述べている.

彼は子供に1枚の貨幣を2084回投げさせている．これら2084回のゲームで，彼は10057クラウンを得た．うち，1061回は1クラウン，494回は2クラウン，……を得たという．その結果はド・モルガンの『形式論理学』（*Formal Logic*）の185頁に，実験を繰返したデータとともに与えられている〔また，『ケンブリッジ哲学会報』（*Cambridge Philosophical Transaction*）第9巻，122頁参照〕．

649. 第23節には，いくつかの新しい着想がのっている．

まず，ビュッホンは，最近まで確率を評価するための唯一の道具は算術であったと述べ，しかし，幾何学の助けを必要とする例もあると想起する．それゆえに，いくつかの簡単な問題とその結果とを与えている．

平面上の広い面積が，等面積の規則的な図形に分割されていると仮定しよう．規則的な図形というのは，正方形，正三角形，正六角形などを指す．1枚の丸い貨幣が無作為に投げられるとする．それが図形の境界線の内側に落ちる可能性，1本の境界線上に落ちる可能性，2本の境界線上に落ちる可能性，……を求めたい．

これらの例では，簡単な求積法のみを必要とするので，詳しく述べる必要もなかろう．ビュッホンの結果は検証しない．

ビュッホンはこれらの問題をずっと以前に解いていた．1733年の『パリ……アカデミーの歴史』のなかに，それらについての短かい説明がみられるのである．それらは1733年にアカデミーに送付されたものである〔354節参照〕．

650. それから，ビュッホンは積分法の助けを必要とする，より難かしい例題へと進んでいる．広い平面が等距離の平行直線群で区切られている．小さな細い棒が投げ落される．その棒が1本の線と交わる確率を求めよ．ビュッホンはこの問題を正しく解いている．それから，もっと難かしく思われる問題，すなわち広い平面が碁板目に等距離の2組の直交する平行直線群で区切られているとき，棒が1本の線と交わる確率を求めよ．この問題に対しては，彼は単に結果を与えているだけであるが，しかしその結果は間違っている．

ラプラスは，ビュッホンのことについては一言もふれないで，『確率の解析的理論』359-362頁でこの問題を示している．

この問題は複合確率を含んでいる．なぜなら，棒の中心はあるひとつの図形のなかの任意の点に落ち，そして棒はその点を中心として回転してえられるすべての位置をとりうると仮定されるからである．そこで，あるひとつの図形を考えるだけで十分である．ビュッホンとラプラスは問題のなかの2つの要素を，複雑な順に考えている．われわれは簡単な順に考えていこう．

1組の平行線群の隣り合う2本の間の距離をa，他の1組の平行線群の隣り合う2本の間の距離をbとする．棒の長さを$2r$とし，$2r<a$, $2r<b$とする．

棒は間隔aの線とθの傾き，あるいはθと$\theta+d\theta$の間の傾きをもって落ちると考える．そのとき棒が線を横切るためには，中心が面積

$$ab-(a-2r\cos\theta)(b-2r\sin\theta)=2r(a\sin\theta+b\cos\theta)-4r^2\sin\theta\cos\theta$$

なる領域内のどこかに落ちなければならない[10]．

それゆえ，線と交叉する全確率は

$$\frac{\int\{2r(a\sin\theta+b\cos\theta)-4r^2\sin\theta\cos\theta\}\,d\theta}{\int ab\,d\theta}$$

である．

第16章　1750年から1780年までのいろいろな研究

$0\leqq\theta\leqq\dfrac{\pi}{2}$ であるから，結果は

$$\frac{4r(a+b)-4r^2}{\pi ab}$$

もしも，$a=b$ ならば，この値は

$$\frac{8ar-4r^2}{\pi a^2}$$

となる．

ビュッホンの結果は，ここでの記法でかくと

$$\frac{2(a-r)r}{\pi a^2}$$

である．

一方の組の平行線のみと考えると，$b\to\infty$ とおくとよい．結果は $\dfrac{4r}{\pi a}$ である[11]．

651. われわれがここで用いた解法の形式によって，ビュッホンやラプラスの注意しなかった場合，$2r\geqq a$ とか，$2r\geqq b$ などの場合を取扱うことができる．

$b<a$ とする．まず，$b<2r<a$ と仮定する．そのとき，$0<\theta<\sin^{-1}\dfrac{b}{2r}$ である．つぎに，$2r\geqq a$ と仮定する．そのとき，$\cos^{-1}\dfrac{a}{2r}<\theta<\sin^{-1}\dfrac{b}{2r}$ である；θ の限界は $\cos^{-1}\dfrac{a}{2r}$ と $\sin^{-1}\dfrac{b}{2r}$ である．これは $\sqrt{4r^2-a^2}<b$ ，つまり $2r<\sqrt{a^2+b^2}$ である限り成立する．このことは幾何学的には一目瞭然である．

652. ビュッホンは同種の別の問題にも解答を与えている．ひとつの立方体が領域上に落される．立方体が1本の線と交叉して落ちる確率を求めよ．a と b は先の節の説明と同じ意味をもち，$2r$ は立方体の側面の対角線の長さを表わすものとする．求める確率は

$$\frac{\displaystyle\int_0^{\frac{\pi}{4}}\{ab-(a-2r\cos\theta)(b-2r\sin\theta)\}d\theta}{\displaystyle\int_0^{\frac{\pi}{4}}abd\theta}$$

$$=\frac{2(a+b)r\sin\dfrac{\pi}{4}-r^2\left(\dfrac{\pi}{2}+1\right)}{ab\dfrac{\pi}{4}}=\frac{4(a+b)\sqrt{2}\,r-r^2(2\pi+4)}{\pi ab}$$

となる．

ビュッホンは誤った結果を与えている．

653. ビュッホンの試論の残りは，確率論とは関係のない問題に割かれている．問題のひとつは**記数法**（scale of notation）である．ビュッホンは12進法を推奨している．問題の他のひとつは**長さの単位**（unit of length）である．ビュッホンは赤道において秒を刻む振子の長さを推奨している．いまひとつの問題は**円の等積問題**（quadrature of the circle）である．ビュッホンはこれが不可能なことを証明しようと努力している．しかしながら，彼の証明は価値のないものである．なぜなら，それは任意の曲線に対しても一様に適用できるので，どんな曲線図形も正方形化できないことになるからである．そしてこのことは誤った結論なのである．

654. 試論の後には，ビュッホンが以前に刊行した表から導かれた人間の寿命についての結果がたくさん蒐集されている．

ビュッホンの結果はいろいろと表現されているが，結局は n 才の人が x 年以上生きる可能性は $a:b$

である，という公式を表現しているのと同じである.

　ビュッホンは，この公式を使って，n が99までのすべての整数値，x がさまざまの値をとるときの表を作っている.

　これらの結果のあとには，それらと関連のある別の表や観察 が 述べられている. それらの表には1709年から1766年までのパリでの出生者数，結婚数，死亡者数が載っている.

　655. ビュッホンの見解にふれたものとしては，コンドルセの『試論』LXXI頁，デュガルド・スチュワート（*Dugald Stewart*）の『著作集，ハミルトン編』（*Works edited by Hamilton*）第 I 巻，369頁，616頁にみられる.

　656. つぎにフス(*Nicolas Fuss*)[12]の『ニコラス・フスによる確率計算のある問題についての研究. 確率計算のある問題についての覚え書に対する補足』（*Recherches sur un problème du Calcul des Probabilités par Nicolas Fuss. Supplément au mémoire sur un problème du Calcul des Probabilités……*）と題するいくつかの研究に注目せねばならない.

　『研究』の方は，『ペテルスブルク……アカデミー官報』1779年号の続巻81-92頁に載っている. 発行日付は1783年である.

　『補足』の方は，『ペテルスブルク……アカデミー官報』1780年号の続巻91-96頁に載っている. 発行日付は1784年である.

　問題はヤコブ・ベルヌイが『推論法』の161頁で考察したものである〔117節参照〕.

　『研究』のなかで，フスはその問題を解いている. フスが云うには，自分はヤコブ・ベルヌイ自身の解は見ていないが，その問題はマレの論文から知ったそうである〔628節参照〕. フスは，自分の得た結果が，マレによって記録されているヤコブ・ベルヌイの解と異なっているので，自分の解法を発表したと述べている. 『補足』において，フスはヤコブ・ベルヌイの著作を入手することができたと述べ，その問題には 2 通りの場合があり，彼が前に出した解法はヤコブ・ベルヌイの一方の場合の解法と一致すると述べている. そしてもうひとつの場合を付け加えて発表すると述べているが，それもヤコブ・ベルヌイの結果と一致する.

　したがって，もしもフスが最初からヤコブ・ベルヌイの著作を参考にしていたならば，彼は実際に 2 つの論文を書かなかったであろう. フスはド・モワブル の書物の39頁にある補助定理を用いていることがわかるが，しかし フスは そのことについて彼以前のどんな 研究者も引き合いに出していない〔149節参照〕[13].

〔訳　註〕
（1）ケストナー（*Abraham Gotthelf Kaestner*）は1719年 9 月27日ライプチヒに生れ，1800年 6 月30日ゲッチンゲンで死去した. 1746年ライプチヒ大学の数学教授となり，のち1756年ゲッチンゲン大学教授となった. 彼は『数学史』（*Geschichte der Mathematik*）全 4 巻（1796–1800）の著者として有名である. 彼は教育に対しては形式陶冶説を支持し，実用的要素よりも内容をもつ教科書なども作った〔スミス『数学史』Vol. 1. 541頁参照〕.

（2）ドドソン（James Dodson）はド・モワブルの弟子であり，1756年，50才になってやっと Christ's Hospital に付属して設けられた，航海に必要な数学を教育する学校の先生になった. 1742年には『逆対数表』（*Antilogarithmatic Canon*）を書いており，1755年王立協会会員となり，1757年11月23日に死亡している. 1756年に，アミカブルに加入しようと申込んだが，アミカブルの年令制限が45才までであって，当時50才の彼は拒絶されてしまった. それで，ハレーの樹立した原則，つまり保険の価格は被保険者の年令によって等差をつけるべきであるという考え方に基づいて，もっと合理的な生命保険を営む保険組合を作ろうと考えた. そのことを幾人かの知人

第16章　1750年から1780年までのいろいろな研究

に知らせたところ，もし特許状が得られたら参加しようと申入れを受けた．計画に参加した人ははじめ55人，特許状をうる前に資金を集め，ドドソンや彼らの使った費用を返済償却することに決定した．そこで生命保険に加入せんとする者はすべて15シリング払込み，うち5シリングはこの新しい生命保険を考察した功績としてドドソンに支払われた．こうしてドドソンはエクイタブル設立に貢献している．1755年発行の第3巻には，ド・モワブルの仮説（0才の者が86人いたとして，それが全部死亡するまで毎年1人ずつ死去していく）にもとづいて，(1)保険期間1年の生命保険料，(2)終身保険の年払保険料　(3)終身賃借人が支払う金額の計算方法が論じられている〔浅谷輝男『生命保険の歴史』75頁，236頁および第14章の訳註，付録の訳註参照〕．

（3）このクラークはニュートンの勝れた弟子であり，ジョン・ロックの信奉者でもあったサミュエル・クラーク（Samuel Clarke, 1675–1728）とは別人である．

（4）ジャン・ベルヌイⅢ世は1710年5月18日バーゼルで生れ，1790年7月17日同地で死去した．はじめ法律を勉強したが，やがて数学に転向した．そしてベルリン科学アカデミーの数学部門の理事となった．彼は天文学史に多くの関心を寄せていた．本書にみる如く偶然論（1768年），循環小数（1771年），不定方程式（1772年）についても論文を書いている〔系図は第7章の訳註参照〕．

（5）「久しい以前から，肉眼で見える若干の星の特殊な配置は，科学的な観測者たちの注意を惹いてきた．すでにミッチェルは，たとえば，スバルの星々がそれを宿しているあの狭い空間内に，偶然の諸機会のみによって厳しく閉じ込められたなどということは，如何に確実性が稀薄であるかを注意している．そして，彼はこのことから，この星群および空に見える同様な諸星群は，原始原因の諸結果もしくは自然のある一般法則の諸結果であることを結論した．これらの星群は，諸星雲が若干の核に凝結した必然の結果である．なぜなら，明らかに，この星雲状の物質は，これらのさまざまな核に絶えず牽引されているから，長い間にはこれらの核はスバルの星群と同じような星群を形成するに違いないからである．」〔ラプラス，平野次郎訳『偶然の解析』159頁〕

（6）フリードリヒ・ゲオルグ・ウィルヘルム・フォン・シュトルーフェ（Friedrich Georg Wilhelm von Struve）は1793年4月15日ドイツ・アルタナに生れ，1864年11月23日ペテルスブルクで死去する．1813年いまのエストニアにあるドルパート天文台に入り，4年後に理事に任命された．1816年から1819年までリヴォニア地方の3角測量を指導し，1822年から1827年まで，バルト沿岸で子午線の測定に従事し，その作業はのちに北極海やダニューブ沿岸にまで拡げられた．シュトルーフェは恒星の視差を測定した最初の天文学者であった（1838年）．1839年ペテルスブルクの近くのプルコヴォの天文台長に招かれ，死ぬ2年前までその職にあり，連星，複星の研究をつづけた．

（7）天球において2つ以上の恒星が1-2′以内の距離に接近してみえるものを複星（multiple star），とくに2つの場合を連星（double star）という．大熊座ζは2.4等と4.0等の二星よりなり，その距離は14″4である．1780年頃までは複星はあまり注意されなかったが，ハーシェル（後出），シュトルーフェにより数4の連星が観測された．

　複星には，偶然に同じ方向にみえるものと，実際空間において接近していて相互に引力を及ぼしているものと二種類あり，後者を実視連星（*visual binary*）という．前者の例はヘルクレス座δである．

（8）ヨハン・ハインリッヒ・ラムベルト（Johann Heinrich Lambert）は1728年8月26日アルザスのミュルハウゼン（Mulhausen）の仕立屋の息子として生れ，教師の推挙で僧職になるよう教育されることになったが，市政府は援助を断ったので，独学以外に途はなかった．幸い17才のときバーゼルの法律家イゼリン（Iselin）の事務所に職を得，この知名なスイス人の家族のなかで教育される．1748年から1756年の間イゼリンの推挙でツール伯の家庭教師となる．1761年『彗星運動の性質について』（*Über die Eigenschaften der Kometen bewegung*）を出版する．1764年『新オルガノン，または真なるものの探究および記表と誤謬および仮象からのその区別に関する思想』（*Neues Organon oder Gedanken über die Erforschung und Bezeichnung des Wahren und dessen Unterscheidung vom Irrtum und Schein*）によって哲学者としての地位を不動のものにした．この書はカントに深い感銘を与えたものである．1765年フリードリヒ大王に招かれ，ベルリン・アカデミー会員となる．1765年から1772年にかけて，全4巻の『数学の使用とその応用への寄与』（*Beiträge zum Gebrauch der Mathematik und deren Anwendung*）を出している．実験値，観測値の最確値を求めること，死亡表の考察など，確率論に関する内容も含まれている．この書はとくに球面3角法のテキストとしては著名である．数理哲学的なものとして『建築術，もしくは哲学的および数学的認識における単純にしてかつ原初的なるものの理論』（*Architektonik oder Theorie des Einfachen und Ersten in der philosophischen und mathematischen Erkenntnis*）(1771年)，法学のものとして『ローマ法解説』（*Anmerkungen zu den Pandekten*）がある．1777年9月18日，アカデミーの会合に出席したのち，卒中に倒れた．9月25日死去する．

（9）「彼の考えている確率は1を分子とし，該時期以来経過した日数だけ2をベキ乗したものを分母とする分数，この分数を1から引いたものである．」

（10）

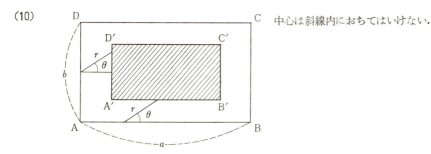

中心は斜線内におちてはいけない．

（11）スイスの天文学者ヴォルフ（Wolf, 1816-1893）は $a=45mm, 2r=36mm$ として5000回の実験を試み，うち2532回は平行線と交ったという．大数の法則を真と仮定すると

$$\frac{72}{45\pi} \doteq \frac{2532}{5000}$$

から，

$$\pi = 3.159\cdots\cdots$$

をうる．〔渡辺孫一郎『確率論』130-131頁参照〕

（12）ニコラス・フスはオイレルが晩年盲目になったため，1773年オイレルの助手（オイレルの口述筆記の役）をつとめるという義務づきで，スイスのバーゼルからペテルスブルクによばれた人である．1786年『**レオナルド・オイレル氏への頌詞**』（*Lobrede auf Herrn Leonhard Euler*）とバーゼルで出版している〔スミス『数学史』Vol1. 522頁参照〕．

（13）1750年以降となると，和算では単なる組合せ論だけとなり，ヨーロッパの確率論とは雲泥の差が生ずる．主たるものだけあげておく．

（I）1763年（宝暦13年），有馬頼徸（よりゆき）（1714.11.25-1783.11.23）の『断連変局法』が出る．有馬は16才のとき，久留米藩主となった殿様である．中務大輔，従四位下，左近衛権少将であったから，和算家としては一番身分の高い人であった．

この書物は久留島義太の遺稿と，松永良弼の書物の解説とからなる．義太の遺稿中の断連探会之図式

```
原算  1    1
原算  2    1    1
原算  3    2    2    1
原算  4    5    6    3    1
原算  5   15   20   12    4    1
原算  6   52   75   50   20    5    1
```

に解説を与えている．第1縦列を初級，第2縦列を次級，以下3級，4級，……という．原算 n の各級の和を原算 n の断連変態数という．

原算 $n+1$ の初級は原算 n の断連変態数である．原算 $n+1$ の次級は，原算 n の初級に n をかけて1で割ったも

第16章　1750年から1780年までのいろいろな研究

の，原算 $n+1$ の 3 級は原算 n の次級に n をかけて 2 で割ったもの，……である．すると

原算　7は 203, 312, 225, 100, 30, 6, 1

となる．しかし，これがなぜ断連の変態数を表わすかの説明はない．

また，松永良弼の結果には，つぎの級数原率の図を掲げている．

	協題式	加　式
原二算定式（約法 2 ）	二連対式	0
原三算定式（約法 6 ）	三連対式	原二算定式×3
原四算定式（約法24）	四連対式×4	原三算定式×4
原五算定式（約法120）	五連対式×11	原四算定式×5
原六算定式（約法720）	六連対式×41	原五算定式×6

ここで $n(n-1)\cdots(n-m+1)=n^{(m)}$ を m 連対式，$m!$ を m に連対法，$\binom{n}{m}$ は m 連対式を m 連対法で割ったもので m 連数という．

原二算定式は $n(n-1)$ を $2!$ で割った $\binom{n}{2}$ である．原三算定式は

$$\left[\binom{n}{2}+\binom{n}{3}\right]\times 6$$
$$=3n(n-1)+n(n-1)(n-2)=3\times原二算定式+三連対式$$

原四算定式は

$$(二連数+三連数+四連数+二二連数)\times 24$$
$$=\left[\binom{n}{2}+\binom{n}{3}+\binom{n}{4}+3\binom{n}{4}\right]\times 24$$
$$=4!\left[\binom{n}{2}+\binom{3}{n}\right]+4n(n-1)(n-2)(n-3)$$
$$=4\times原三算定式+4\times四連対式,$$

原五算定式は

$$(二連数+三連数+四連数+五連数+二二連数+二三連数)\times 120$$
$$=5!\left[\binom{n}{2}+\binom{n}{3}+\binom{n}{4}+3\binom{n}{4}\right]+120\left[\binom{n}{5}+\binom{n}{2}\binom{n-2}{3}\right]$$
$$=5\left\{4!\left[\binom{n}{2}+\binom{n}{3}+4\binom{n}{4}\right]\right\}+11n(n-1)(n-2)(n-3)(n-4)$$
$$=5\times原四算定式+11\times五連対式$$

となる．

（II）1768年（明和 5 年），山路主住（ぬしずみ）（1703-1772.12.11）は『変数之術』を出しているが，独創的なところは少ない．甲乙丙丁 4 字の重複を許す n 字の順列問題を取扱っている．彼は晩年61才で江戸天文方に出仕し，米百俵を給せられた〔日本学士院編『明治前日本数学史』第 3 巻，256-259頁，210頁参照〕．

（訳註追加）603節，ビグラン（Nicolas de Beguelin）は1714年スイスに生れ，1789年 1 月 3 日ベルリンで死去．物理学者．1747年ベルリン・アカデミー会員となった．

第17章

コンドルセ

657. コンドルセ(Condorcet)は1743年に生まれ，1794年に死去した[1]．彼は確率論に関連した1冊の著作と，1編の覚え書を書いている．時間的には，覚え書のある部分は著作よりも早い時期のものであるが，まず著作の方から検討するのが都合がよかろう．

658. その著作は『**投票の多数による決定の確率についての解析学の応用に関する試論，コンドルセ侯爵による著**』（*Essai sur l'application de l'analyse à la probabilité des décisions rendues à la pluralité des voix. Par M. Marquis de Condorcet*）……パリ，1785年，と題されている．

この著作は4つ折版で，序論(Discours Préliminaire)がCXCI頁，試論自身は304頁[2]である．

659. 序論の目的は，数学的研究の結果を，数学者でない人に理解しやすい形で示すことにあった．それは以下の言葉で始まる．

「私はその講義，お手本，そしてなかんずく友情をつねに思い出す偉大な人物が，道徳科学や政治学の真理も，物理学の体系を構成しているところのものと同じ確実さで，かつまた天文学のように数学的確実さに近づくように思われる科学の一分野と同じような確実さで，組立てられるものであることを人々に説得していたのである．

この意見は彼にとっては大事なことであった．なぜなら，そのような意見は人類が幸福と（キリスト教徒としての）完全さにむかって絶えず近づきつつあるのだという喜ばしい期待にみちびくものであり，そのような期待は真理の認識のなかでのみ持ちうるものであるから．

このことが，私がこの人物のためにこの著作を企図した理由である．……」

コンドルセが，ここで偉大な人物といっているのは，注に出ている，チュルゴ(Turgot)[3]である．

コンドルセは，自身フランス革命の犠牲となったが，それで彼はここで表明された人類の幸福と完成への必然的な進歩に対する信仰を放棄せねばならなかったと思われる．

チュルゴー

660. コンドルセの『**試論**』は5部に分れている．

序論は，確率論の基本原理を手短かに説明した後，『**試論**』の5つの部分で得られた結果について順番に記述している．

われわれは，まず，コンドルセの著作がいちじるしく難解であることを述べなければならない．難解だというのは，数学的研究にあるのではなくて，これらの研究をはじめるため，あるいは研究の結

— 301 —

第17章　コンドルセ

果を述べるために用いられる表現にあるのである．多くの場合，コンドルセが何を云おうとしたのか
を理解するのはほとんど不可能である．数学の著作を広く読んできたわれわれの経験からして，彼の
著作の曖昧さと自己矛盾とは他に類をみない．われわれの分析の過程で，いくつかの例題が示される
が，その例題のどれもが害悪であるという印象しか与えない．われわれは，この著作がほとんど研究
されなかったのだと思う．なぜなら，この著作がきわだって望ましくないという反論が認められない
からである．

661. 序論は，確率論の基本的原理の短かい解説から始まっており，その解説のなかに，ひとつの
興味深い点があげられる．確率の数学的定義を与えたあとで，コンドルセはそれが普通の概念と矛盾
しないことを示そうとする．あるいは，換言すると，確率の数学的測度は，われわれの信頼性の度合
の測度であることを示そうとする〔『試論』VII頁〕．残念ながら，この点についての彼の議論は極度
に曖昧である．

われわれは序論で手間どることはさけよう．というのは，ほとんど『試論』で得られた結果以上の
ものは述べられていないからである．

序論は，事実『試論』を研究するのに，数学的な知識を十分持っている人には余計なものであるし，
それ以外の人には理解できそうもない．というのは，一般にコンドルセのいうことを理解しようと思
えば，数学的記号を用いないでは，どんな試みもほとんど絶望的である．

つづいて，『試論』を分析することにしよう．

662. コンドルセの第1部は，11の節に分れ，多くの仮説（hypotheses）の吟味を行なっている．
第1部は，1-136頁を占める．

コンドルセの第1仮説を考察しよう．

まったく同じような判断をすると思われる $2q+1$ 人の投票者がいるものとする．1人の投票者が
正しい決定をする確率を v，間違った決定をする確率を e とすると，$v+e=1$ である．そのとき，
投票者に委ねられた問題について，正しい決定が多数をうる確率を求めよ．ここで v や e という文字
は，真（vérité）と偽（erreur）から多分とられたものであろう．

求める確率は $(v+e)^{2q+1}$ を二項定理で展開し，v^{2q+1} の項から，$v^{q+1}e^q$ を含む項までを取ることに
よって得られる．コンドルセの用いた記号のうち，ここで特異なものを2つあげておこう．彼は求め
る確率を V^q と書いているが，この記号は一般に V の q 乗を意味するので，非常に不便である．また，
彼は $(v+e)^n$ を展開したときの $v^{n-m}e^m$ の係数として，$\dfrac{n}{m}$ を用いているが，これも非常に不便であ
る．$\dfrac{n}{m}$ は一般に分子が n で，分母が m である分数を示すからである．これら2通りの記法について，
コンドルセにしたがうことは好ましくない．

われわれは，そこで．求める確率を $\phi(q)$ によって記す．すると

$$\phi(q)=v^{2q+1}+(2q+1)v^{2q}e+\frac{(2q+1)2q}{1\cdot 2}v^{2q-1}e^2$$

$$+\cdots\cdots+\frac{(2q+1)!}{(q+1)!q!}v^{q+1}e^q$$

である．

663. $\phi(q)$ の式は，コンドルセによって，彼の目的に適うように，より便利な形に変形される．こ
の変形をいまから与えよう．q を $q+1$ に変えたときの $\phi(q)$ の値を $\phi(q+1)$ とする．すなわち，$2q+3$
人の投票者に，ある問題の決定が委ねられたとき，正しい決定が多数をしめる確率を $\phi(q+1)$ と記す．
それゆえ

— 302 —

$$\phi(q+1)=v^{2q+3}+(2q+3)v^{2q+2}e+\frac{(2q+3)(2q+2)}{1\cdot 2}v^{2q+1}e^2$$
$$+\cdots\cdots+\frac{(2q+3)!}{(q+2)!(q+1)!}v^{q+2}e^{q+1}\quad.$$

$v+e=1$ であるから，
$$\phi(q)=(v+e)^2\phi(q)\quad.$$

したがって
$$\phi(q+1)-\phi(q)=\phi(q+1)-(v+e)^2\phi(q)\quad.$$

さて，$\phi(q+1)$は$(v+e)^{2q+3}$の展開式のいくつかの項から成り，$\phi(q)$は$(v+e)^{2q+1}$の展開式のいくつかの項から成るので，
$$\phi(q+1)-(v+e)^2\phi(q)$$
を展開すれば，ごく少数の項のみが，相殺されないで残るであろう．実際，
$$\phi(q+1)-\phi(q)=\frac{(2q+1)!}{(q+1)!q!}v^{q+2}e^{q+1}-\frac{(2q+1)!}{(q+1)!q!}v^{q+1}e^{q+2}$$
$$=\frac{(2q+1)!}{(q+1)!q!}(v-e)v^{q+1}e^{q+1}\quad.\tag{1}$$

したがって，
$$\phi(q)=v+(v-e)\Big\{ve+\frac{3}{1}v^2e^2+\frac{5\cdot 4}{1\cdot 2}v^3e^3+\frac{7\cdot 6\cdot 5}{1\cdot 2\cdot 3}v^4e^4$$
$$+\cdots\cdots+\frac{(2q-1)!}{q!(q-1)!}v^qe^q\Big\}\tag{2}$$

となる．

664. (2)式で与えられる結果が，先に述べたところの変形である．彼の試論の第1部を通じて，コンドルセは上記の変形公式を繰返し使用しており，また試論の他の部分にも出てくる公式である．実際，この公式こそが，彼の用いている主要な数学的道具なのである．

(2)式をうるために，$v+e=1$と仮定したことがわかるであろう．しかし，vとeとがどんな数であれ，恒等的に真である(2)式に類似の結果をうることができる．(1)式の左辺を
$$\phi(q+1)-(v+e)^2\phi(q)$$
によって置きかえ，それから整理すると
$$v^{2q+1}+(2q+1)v^{2q}e+\frac{(2q+1)2q}{1\cdot 2}v^{2q-1}e^2+\cdots\cdots$$
$$+\cdots\cdots+\frac{(2q+1)!}{(q+1)!q!}v^{q+1}e^q$$
$$=v(v+e)^{2q}+(v-e)\Big\{ve(v+e)^{2q-2}+\frac{3}{1}v^2e^2(v+e)^{2q-4}$$
$$+\frac{5\cdot 4}{1\cdot 2}v^3e^3(v+e)^{2q-6}+\cdots\cdots+\frac{(2q-1)!}{q!(q-1)!}v^qe^q\Big\}$$

となる．

これは恒等式である．もしも，$v+e=1$と仮定すると，この式から(2)式を得る．

665. (2)式についての考察を要約しよう．

$v>e$とする．$q\to\infty$のとき，$\phi(q)=1$であることがわかる，なぜなら，(2)式のなかのveのベキの級数は，
$$-\frac{1}{2}+\frac{1}{2}(1-4ve)^{-\frac{1}{2}}$$

— 303 —

第17章 コンドルセ

を ve のベキに展開し，$v^q e^q$ の項まで考えたものである．よって，$q\to\infty$ のとき

$$\phi(q)=v+(v-e)\left\{-\frac{1}{2}+\frac{1}{2}(1-4ve)^{-\frac{1}{2}}\right\}$$

をうる．

さて，
$$1-4ve=(v+e)^2-4ve=(v-e)^2.$$

それゆえ，$q\to\infty$ のとき

$$\phi(q)=v+(v-e)\left\{-\frac{1}{2}+\frac{1}{2(v-e)}\right\}$$
$$=v+(v-e)\left\{-\frac{v-e}{2(v-e)}+\frac{v+e}{2(v-e)}\right\}$$
$$=v+e=1\quad.$$

$v>e$ という仮定は，$(1-4ve)^{\frac{1}{2}}$ に $v-e$ を代入したときにきいてくる．

このようにして，確率論によるつぎの結果をうる．もし，すべての投票者にとって，正しく決定する確率が同じであり，かつそれが誤った決定をする確率より大きければ，多数決が正しいものである確率は，投票者の数が十分大きくなれば，いくらでも 1 に近づく，というのである．

この結論が依拠している仮定が，実際には実現不可能なことは，ほとんど観察の要がない程明らかであるので，その結果はほとんど価値がない．この問題に関して，重要な批評がいくつか，ミル(Mill)の『論理学』(*Logic*)，1862年，第Ⅱ巻65頁，66頁に載っているが，そこでミルは「数学の真の不名誉をもたらした確率計算の誤まれる応用」であると述べている．

J. S. ミル

666. ふたたび663節の(2)式に戻ろう．

間違った決定が多数を占める確率を $\psi(q)$ で表わすと，$\psi(q)$ の値は $\phi(q)$ において e と v を交換することにより得られる．

また，$\phi(q)+\psi(q)=1$ が成立する．

もちろん，$v=e$ であれば，明らかに，すべての q の値に対して
$$\psi(q)=\phi(q)$$
である．$q\to\infty$ のとき，この結果が正しいことを，コンドルセは奇妙な方法で示している〔『試論』10頁〕．

667. いままで，われわれは決定が正しいであろうと思われる確率について述べてきた．すなわち，投票の結果がまだ知られていないと仮定してきた．

しかし，いま，ある決定がすでになされ，m 人がそれに賛成し，n 人がそれに反対し，$m>n$ であることがわかったと仮定しよう．その決定が正しい確率はいくらかを問題にしよう．コンドルセは簡単に，正しいことに賛成する組合せの数は

$$\frac{(2q+1)!}{m!n!}v^m e^n$$

であり，間違ったことに賛成する組合せの数は

$$\frac{(2q+1)!}{m!n!}e^m v^n$$

によって表わされるとしている．かくして，決定が正しかったり，間違っていたりする確率はそれぞれ

$$\frac{v^m e^n}{v^m e^n + e^m v^n}, \quad \frac{e^m v^n}{v^m e^n + e^m v^n}$$

である〔『試論』10頁〕.

668. コンドルセの著作を研究する人は, 賛成者と反対者の数が分っているときになされた正しい決定の確率と, 賛成者と反対者の数が分っていないときになされた正しい決定の確率とを, 十分注意して区別しなければならない. コンドルセはそのことを, 前後の文脈から判断できるつもりで考察をつづけている. たとえば, 彼の序論 XXIII 頁において, 第1仮説の説明をつぎのように始めている.

「私はまずもっとも単純な場合, すなわち投票者の数が奇数である場合, 簡単に過半数は判定できるということから考察する.

この場合, 決定できない場合は起こりえないのだから, 間違った決定をしない確率, 正しい決定をする確率, 下された決定が実は一致する確率 (celle que la décision reudue est conforme à la vérité) は同じものである.」

ここで, コンドルセははっきりといっていないが, celle que la décision rendue est conforme à la vérité という言葉は, 決定がなされたことは分っているが, しかし賛成者と反対者の数は分らないことを意味している. なぜなら, すでに見てきた通り, 試論では, コンドルセは賛成者の数と反対者の数が分っている場合を考察しているのであり, そのときの確率は, まだ賛成者と反対者の数が分っていない場合の決定の正しさの確率とは同じでないからである. 要するに, 要約すれば, 序論のなかではコンドルセは自分のとる立場をはっきりさせていない. そして, 彼は試論のなかで考察している場合を取上げないで, 試論のなかで考察するつもりのなかった場合を取上げているのである. つまり, 彼は自然に無理のない場合を取りあげているのである.

669. つぎに, コンドルセの提起している11個の仮説のうちの第2仮説に進もう〔『試論』14頁〕.

前と同様, $2q+1$ 人の投票者があり, 決定が有効であるためにある一定の多数決を必要とするものと仮定しよう. この多数を $2q'+1$ とする.

$(v+e)^{2q+1}$ を展開して v^{2q+1} から $v^{q+q'+1}e^{q-q'}$ までの項の和を $\phi(q)$ で表わす. $\psi(q)$ は $\phi(q)$ の v と e を交換したものとする.

すると, $\phi(q)+\psi(q)$ は有効な決定がなされるであろう確率;$\phi(q)$ は有効でかつ正しい決定がなされるであろう確率;$\psi(q)$ は有効でかつ間違った決定がなされるであろう確率である. さらに, $1-\psi(q)$ は間違った決定がなされない確率;$1-\phi(q)$ は正しい決定がなされない確率である.

ここで, $\phi(q)+\psi(q)$ は1に等しくないことが注意されねばならない. 事実, $1-\phi(q)-\psi(q)$ が $(v+e)^{2q+1}$ を展開したときの, $v^{q+q'+1}e^{q-q'}$ と $v^{q-q'}e^{q+q'+1}$ との間のすべての項 (両端の項をのぞく) の和からなる. このように, $1-\phi(q)-\psi(q)$ は, 前述の意味での多数がとれないために, 有効な決定が下されない確率を示す.

もし, $v>e$ ならば, $q\to\infty$ のとき, $\phi(q)\to1$ であることがコンドルセによって示されている〔『試論』19-21頁〕.

670. ある有効な決定がなされたことは分っているが, 賛成者と反対者の数は分らないと仮定する. そのとき, その決定が正しい確率は

$$\frac{\phi(q)}{\phi(q)+\psi(q)}$$

であり, またその決定が間違っている確率は

$$\frac{\psi(q)}{\phi(q)+\psi(q)}$$

第17章　コンドルセ

である．

　ある有効な決定がなされたことが分っており，しかも賛成者と反対者の数も分っていると仮定する．そのとき，その決定が正しい確率，または間違っている確率は667節で述べたものと同じである．

　671.　さて，決定をなすにあたって，保証されていなければならない主たる条件であると，コンドルセが考えたものを説明しよう．それらは

　1．間違った決定はすべきでないこと．つまり，$1-\psi(q)$ は大きくなければならないこと．

　2．正しい決定がなされること．つまり，$\phi(q)$ は大きくなければならないこと．

　3．正しい決定にしろ，間違った決定にしろ，決定が有効であるべきこと．つまり，$\phi(q)+\psi(q)$ は大きくなければならないこと．

　4．賛成者と反対者の数が分っていない場合，得られた有効な決定が正しいものであること．つまり，$\dfrac{\phi(q)}{\phi(q)+\psi(q)}$ は大きくなければならないこと．

　5．賛成者と反対者の数が分っているとき，得られた有効な決定が正しいものであること．つまり，たとえ，m と n が許容しうる範囲のぎりぎり小さい値をとるときでも，$\dfrac{v^m e^n}{v^m e^n + e^m v^n}$ は大きくなければならないこと．

　以上が，コンドルセが主たる条件とよんでいるものであろうと思われる．そして，彼独特の起伏ある用語法で，いろいろな場所で，これらを5つの条件，4つの条件，2つの条件などとよんでいる．〔**『試論』** XVIII 頁，XXXI 頁，LXIX 頁〕

　672.　コンドルセの第2仮説からつぎへ移る前に，ひとつの注意をしておこう．『試論』17頁で

$$\frac{2^{n-1}}{\{1+\sqrt{1-4z}\}^{n-1}\sqrt{1-4z}}=1+\frac{n+1}{1}z+\frac{(n+3)(n+2)}{1\cdot 2}z^2$$
$$+\cdots\cdots+\frac{(n+2r-1)!}{r!(n+r-1)!}z^r+\cdots\cdots$$

という結果を求めている．

　『試論』18頁で，彼はこの結果が間接的に得られる2通りの巧妙な方法を示している．しかし，この結果は直接的にも，いろいろな方法で求めることができるのである．たとえば，微分法によって $\{1+\sqrt{1-4z}\}^{-m}$ を z のベキ級数に展開し，それを z について微分して，m の代りに $n-2$ を代入するとよい．

　673.　コンドルセの第3仮説は，第2仮説とよく似ている．唯一の相違点は，$2q$ 人が投票者で，決定が有効であるためには $2q'$ 人の多数が必要であると仮定している点である．

　674.　第4，第5，第6の仮説では，コンドルセは必要な多数が投票者の総数に比例するか，もしくは比例関係に近い場合を仮定している．ひとつの場合だけ，ここでは結果を述べておこう．決定が有効であるためには，少くとも総投票者の $\dfrac{2}{3}$ が意見の一致をみることが必要だと仮定する．総投票者数を n，有効でかつ正しい決定がなされる確率を $\phi(n)$，有効だが間違った決定がなされる確率を $\psi(n)$ とする．v と e は662節での意味にとる．すると，$n\to\infty$ のとき，$v>\dfrac{2}{3}$ ならば $\phi(n)\to 1$；$v<\dfrac{2}{3}$ ならば $\phi(n)\to 0$ となる．また同様に，$e>\dfrac{2}{3}$，つまり $v<\dfrac{1}{3}$ ならば $\psi(n)\to 1$；$e<\dfrac{2}{3}$，つまり $v>\dfrac{1}{3}$ ならば $\psi(n)\to 0$ となる．

　これらの結果を，コンドルセ自身の証明で述べる必要はない．それらが**ベルヌイの定理**から，いかにして導出されるかを示すだけで十分である〔123節 参照〕．その定理から，n が十分大きいとき，$(v+e)^n$ の展開式の最大項の近傍にある項は，他のすべての項より十分大きいことがわかる．さて，

— 306 —

$\phi(n)$は$(v+e)^n$の展開式のうち，最初から$\frac{1}{3}$の項の和よりなるとし，それでもしも $v>\frac{2}{3}$ならば，最大項は $\phi(n)$ のなかに含まれているので，結局 $\phi(n)=1$ となる．

同様に考えて，$v=\frac{2}{3}$ならば，$\phi(n)=\frac{1}{2}$をうる．

675. コンドルセの第7，第8 仮説は，彼自身に よって つぎのように述べられている 〔『**試論**』XXXIII頁〕．

「第7 仮説は，もし必要な多数がえられないときは，決定を別の機会に延ばすことである．

第8 仮説のなかでは，多数決にもとづく最初の決定が下せないときは，2回，3回，……とつぎつぎと意見をきいて，多数が得られるまで会衆に工作せねばならないことが要請される.」

これら2つの仮説は，『**試論**』のなかでは至極あっさりと議論されている．

676. 第9 仮説は，複数法廷のいろいろな制度から生じる決定に関係している．コンドルセは57頁で，そのことをつぎのように述べている．

「いままでわれわれは唯ひとつの法廷を想定してきた．しかしながら，多くの国々では，同じ事件を多数の法廷で判決するか，もしくは同じ法廷で何回も裁判する．しかし，後者の場合には，新しい学説によれば，同一法廷で裁判できるのは，一定の数の一致した判決をうるまでだそうである．この仮説は，われわれがこれから別々に吟味しようとすることを，異なる多数決の方式に分けることである．実際，われわれはつぎのことを要求しよう．　1° 全員一致の判決　2° ある種の形式によるか，もしくは絶対数によるか，得た決定数に比例する数による多数決方式．　3° 一致した判決の結果回数．

法廷の形がこのようなとき，第7 仮説のように判決がなされないということは，判決数＝0 ということである．最後に，つぎつぎと下される判決の数が有限確定するか，あるいは際限ないかを，異なる場合として吟味しなければならない.」

677. 第9 仮説の議論は57頁から86頁にわたっている．コンドルセ自身はこの問題を 非常に重要な問題であると考えたのである．そこで論じられている非常に面白いひとつの場合について，詳しく紹介することにしよう．この場合について，コンドルセは73頁から86頁を割いている．コンドルセが検討しているのは，ある事件の審査を委ねられた一連の法廷のうち，ある一定数の法廷によってつぎつぎと確定される判決が正しいものである確率である．議論の本質的な部分は，つぎに述べる2つの問題の解法そのものである．第1の問題は，ある事象が1回の試行で起こる確率をv，起こらない確率をeとする．そのとき，r回の試行のなかで，ある事象がp回連続して起こる確率を求めることである．第2の問題はr回の試行のなかで，ある事象がp回連続して起こらない前に，p回連続して起こる確率を求めることである．コンドルセが応用したいと思ったのは第2の問題であったが，しかし第1の問題の解法から始める方が便利だと思ったのである．というのは，その問題は非常に簡単であり，かつ325節で見たようにド・モワブルの注意をひいたものであった．

678. 最初の問題はすでに，325節で解いたのであるが，いまひとつ別解を与えておくのも便利であろう．

r回の試行で，その事象がp回連続して起こる確率を $\phi(r)$と表わす．そのとき

$$\phi(r)=v^p+v^{p-1}e\phi(r-p)+v^{p-2}e\phi(r-p+1)$$
$$+\cdots\cdots+ve\phi(r-2)+e\phi(r-1) \tag{1}$$

この式が正しいことを示すために，はじめのp回の試行でつぎのp通りの場合が起こりうることを調べておこう．すなわち，その事象がp回続けて生起する；その事象が$p-1$回生起し，その後生起しない；その事象が$p-2$回続けて生起し，その後生起しない，………；最初の試行から生起しない．

— 307 —

第17章　コンドルセ

これらすべての場合から生ずる確率の集計が $\phi(r)$ である.

第1の場合の確率は v^p である. 第2の場合の確率は $v^{p-1}e\phi(r-p)$ である. なぜなら, $v^{p-1}e$ はある事象が $p-1$ 回連続して生起し, その後生起しない確率であり, $\phi(r-p)$ は残りの $r-p$ 回の試行で p 回連続して事象が生起する確率であるから. 同様にして, $v^{p-2}e^2\phi(r-p+1)$ も説明される. 以下同様である. よって, 方程式(1)が正しいことが分る.

679. 方程式(1)は差分方程式である. その解は

$$\phi(r)=c_1y_1{}^r+c_2y_2{}^r+c_3y_3{}^r+\cdots\cdots+c_py_p{}^r+c \tag{2}$$

である.

ただし, c_1, c_2, $\cdots\cdots c_p$ は任意の定数である. そして, y_1, y_2, $\cdots\cdots$, y_p は y に関する方程式

$$y^p=e(v^{p-1}+v^{p-2}y+v^{p-3}y^2+\cdots\cdots y^{p-1}) \tag{3}$$

の根である. そして c は方程式

$$c=v^p+e(v^{p-1}+v^{p-2}+\cdots\cdots v+1)c$$
$$=v^p+e\frac{1-v^p}{1-v}c$$

から求められる. $e=1-v$ だから, $c=1$

方程式(3)を吟味してみよう. e に $1-v$ を代入し, $yz=v$ と仮定する. すると

$$\frac{v}{1-v}=z^p+z^{p-1}+\cdots\cdots z$$
$$=\frac{z(1-z^p)}{1-z} \tag{4}$$

方程式(3)の実根の絶対値は1より小さく, また複素数根の絶対値も1より小さいこと；つまり, 方程式(4)の実根の絶対値は v より大きく, また複素数根の絶対値も v より大きいことを示そう.

$v<1$ であることは分っている. それゆえ, 方程式(4)より, もしも z が正の実数であるならば, $z>v$ でなければならない. なぜなら, もしも, $z<v$ ならば

$$\frac{z(1-z^p)}{1-z}<\frac{z}{1-z}<\frac{v}{1-v}$$

となるからである. もしも, 方程式(4)の z が負であれば, $1-z^p<0$ でなければならない. そのためには, $p=$ 偶数かつ $|z|>1$ でなければならない. いずれにしろ, $|z|>v$ である. このようにして, 方程式(4)の実根の絶対値は v より大きくなければならない.

ふたたび, 方程式(4)を

$$v+v^2+v^3+\cdots\cdots=z+z^2+\cdots\cdots z^p \tag{5}$$

の形におきかえることができる.

さて, z を複素数とし,

$$z=k(\cos\theta+i\sin\theta),\ i=\sqrt{-1}$$

とおく. そのとき, もしも $k\leq v$ ならば

$$z^n=k^n(\cos n\theta+i\sin n\theta)$$

より, (5)式の右辺の実数部分は左辺のそれより小さくなる. よって, $k>v$ でなければならない.

方程式(3)の根の値に関する性質を証明しおわったので, (2)式から, $r\to\infty$ のとき

$$\phi(r)\to c=1$$

をうる.

680. 第2の問題に移ろう.

— 308 —

$\phi(r)$ を，r 回の試行で，ある事象が p 回連続して失敗する前に，p 回連続して生起する確率とする.

$\psi(n)$ を，1 回試行が行なわれて，その結果事象が生起しなかった（失敗した）と仮定して，残りの n 回の試行で，その事象が p 回連続して失敗する前に p 回連続して生起する確率とする.

すると，(1)式のかわりに

$$\phi(r)=v^p+v^{p-1}e\psi(r-p)+v^{p-2}e\psi(r-p+1)$$
$$+\cdots\cdots+ve\psi(r-2)+e\psi(r-1) \tag{6}$$

をうる.

この方程式は(1)式と同じ方法で証明される.

つぎに，関数 ϕ と ψ の間の関係を示しておこう. それは

$$\psi(n)=\phi(n)-e^{p-1}\{\phi(n-p+1)-e\psi(n-p)\} \tag{7}$$

なる関係式によってきめられる.

この関係式が真であることを示すために，$\psi(n)<\phi(n)$ であることをまず考えればよい. この理由は，もしもその事象が 1 回失敗しなかったとしたら，続けて $p-1$ 回失敗するかもしれないし，またその事象が続けて p 回失敗する前に，p 回その事象が生起する可能性がいくらか残っているかもしれない；というのは，1 回失敗したらこの可能性はなくなってしまうからである. それで，$\phi(n)-\psi(n)$ に対応する確率は

$$e^{p-1}\{\phi(n-p+1)-e\psi(n-p)\}$$

である. e^{p-1} という因数の意味は明らかであろうから，残りの因数の意味のみを説明する. $\phi(n-p+1)-e\psi(n-p)$ という項は，$n-p+1$ 回の試行で期待される結果の確率であることは理解できるであろう. というのは，差引かれている $e\psi(n-p)$ という部分は，最初の試行でその事象が失敗したとき共存している部分で，すでに $p-1$ 回失敗しているときはもちろん考慮されない値である.

こうして，(7)式が成立することがわかる.

(6)式において，r を $r-p$ に変える. それゆえ

$$\phi(r-p)=v^p+v^{p-1}e\psi(r-2p)+v^{p-2}e\psi(r-2p+1)$$
$$+\cdots\cdots+ve\psi(r-p-2)+e\psi(r-p-1) \tag{8}$$

(7)式から

$$\psi(n)-e^p\psi(n-p)=\phi(n)-e^{p-1}\phi(n-p+1)$$

であるから，これを用いて $(6)-(8)\times e^p$ を計算すると

$$\phi(r)-e^p\phi(r-p)=v^p-e^pv^p$$
$$+v^{p-1}e\{\phi(r-p)-e^{p-1}\phi(r-2p+1)$$
$$+v^{p-2}e\{\phi(r-p+1)-e^{p-1}\phi(r-2p+2)\}$$
$$+\cdots\cdots$$
$$+e\{\phi(r-1)-e^{p-1}\phi(r-p)\} \tag{9}$$

をうる.

681. 前節で得た差分方程式は，普通の方法で解くことができるので，これ以上は追求しない.

ただひとつ面白い例を紹介しておこう. $r\to\infty$ とすると，$\phi(r-p)$，$\phi(r-2p+1)$，$\cdots\cdots$ はすべて等しくなる. こうして，われわれは無限回の試行のなかで，ある事象が p 回連続して失敗する前に，p 回連続して生起する確率を求めることができる. その確率を V で表わす. (9)式から

$$V(1-e^p)=v^p(1-e^p)+eV(v^{p-1}+v^{p-2}+\cdots\cdots+v+1)$$
$$-e^pV(v^{p-1}+v^{p-2}+\cdots\cdots+v+1)$$

— 309 —

第17章　コンドルセ

をうる.

整理すると

$$V = \frac{v^{p-1}(1-e^p)}{v^{p-1}+e^{p-1}-v^{p-1}e^{p-1}}$$

(10)

をうる.

682. このようにしてわれわれの解いた問題は，ラプラスの『**確率の解析的理論**』の247-251頁のなかで解かれている. われわれが与えた解法はコンドルセのやった通りのものであるが，それでも若干脱線しているところもあるので，以下その点を説明しておこう. われわれの注意は，コンドルセの論拠が曖昧であったことの証拠ともなろう.

はじめの式(1)はコンドルセによって与えられたものである. 彼の証明は単に恒等式

$$(v+e)^r = v^p(v+e)^{r-p}+v^{p-1}e(v+e)^{r-p}+v^{p-2}e(v+e)^{r-p+1}$$
$$+\cdots\cdots+v^2e(v+e)^{r-3}+ve(v+e)^{r-2}+e(v+e)^{r-1}$$

をあげているだけである。

彼は(4)式と同一の式を導いている. 彼は実根の絶対値が v より大きくなければならないことを示しているが，複素数根についてはその絶対値が 1 より大ならば，$r\to\infty$ のとき $\phi(r)\to\infty$ となるであろうから，絶対値は 1 よりも大になりえないと推測している.

さらに，コンドルセは(4)式が $a\sqrt{-1}$ のような形の純虚数の根をもたないことを示している.

もしも(7)式で ψ の代りに ϕ の項を代入すると

$$\psi(r) = \phi(r)-e^{p-1}\{\phi(r-p+1)-e\phi(r-p)\}$$
$$-e^{2p-1}\{\phi(r-2p+1)-e\phi(r-2p)\}$$
$$-e^{3p-1}\{\phi(r-3p+1)-e\phi(r-3p)\}$$
$$-\cdots\cdots$$

をうる.

『**試論**』75頁で，コンドルセは(7)式をはっきりと使わずに，上と同様の結果を出している. しかし，彼はその導き方をほとんど説明していない.

$\phi(r)$ で v と e とを交換したものを $\chi(r)$ とかく. つまり $\chi(r)$ は r 回の試行で，ある事象が p 回連続して起こる前に p 回連続して失敗する確率を示している.

$r\to\infty$ のとき，$\chi(r)\to E$ とする. すると，v と e とを交換したことによって，V の値から E の値を求められる. 679節の末尾の結果から予想されるように，$V+E=1$ であることがわかる.

コンドルセは

$$V = (1+e+e^2+\cdots\cdots+e^{p-1})v^p f$$
$$E = (1+v+v^2+\cdots\cdots+v^{p-1})e^p f$$

という結果になるであろうといっている. ただし，f は v と e についての相似関数である.

このようにして，コンドルセはわれわれがここで用いたのより，若干複雑なやり方でこれらの結果を得たようである. われわれの方法では，V と E の値は明確に得られるのである.

$$\frac{V}{E} = \frac{v^{p-1}}{e^{p-1}}\ \frac{1-e^p}{1-v^p}$$

であることがわかる. そして，$v>e$ ならば $\dfrac{V}{E}<\dfrac{v^p}{e^p}$ である.

さらに

— 310 —

$$\frac{\phi(p)}{\chi(p)} = \frac{v^p}{e^p}, \qquad \frac{V}{E} < \frac{v^p}{e^p}$$

なる2つの結果が得られる．これらの結果のうち，はじめのものは明らかであり，あとのものはいま証明した通りである．これら2つの結果から，コンドルセは，r が増加すると $\dfrac{\phi(r)}{\chi(r)}$ は連続的に逓減するという推論を下したように思われる〔『試論』78頁〕．それは正しい陳述ではあるが，証明はされていない．

コンドルセは『試論』78頁で，「正しい決定がなされる確率は，一般に

$$\frac{v^p(1-v)(1-e^p)}{e^p(1-e)(1-v^p)}$$

によって表わされる」と述べている．これは誤っている．事実コンドルセは，確率として $\dfrac{V}{V+E} = V$ としなければならないのを，$\dfrac{V}{E}$ としている．

また，コンドルセは同じ頁で「一番好ましい場合は，なによりもまず，異なる決定が混じりあうことなく，同じ決定が p 回相つづくことである．」と述べている．コンドルセの使っている言葉から，彼が何をいおうとしたのかを決めることは困難である．しかし，その後につづくいくつかの式表現の助けをかりて，その意味を復元することができる．それまで彼は，試行がなされる前に，確率の推定を行なってきた．しかしこの場合はまったく別の状況を考えているのである．ある事件が一連の法廷で審査され，そしてついに p 回つづけて一方の側に判決が有利だったことが分っているものと仮定する．さらに，その事件を審査したすべての法廷の意思も，また分っているものとする．そのとき，その判決が正しいものであるという確率を知りたい．そのとき，コンドルセのいいたいのは，はじめの p 個所の法廷がすべて意見の一致をみたとき，その確率がもっとも高いということである．

コンドルセはつづけて，「もしも $p=2$ の場合，若干判決が混りあっているとしたら，……もっとも好ましい場合は r がすべての偶数値（valeurs paires）をとり，その値に対して確率の比が $\dfrac{v^2}{e^2} \cdot \dfrac{e}{v}$ $= \dfrac{v}{e}$ となる場合である．」といっている．この文章を吟味してみよう．

$p=2$ と仮定する．奇数回の試行ののちにある判定が得られたことが得られたと仮定する．そのとき，その判決が正しい確率は $\dfrac{v}{v+e}$ であると推定する．なぜならば，例えば，5回試行がなされたとする．判決が正しいものである確率と，正しくないものである確率は，それぞれ $evev^2$ と $veve^2$ であり，v と e に比例する．他方，もし判決が偶数回の試行ののちに得られたとわかったとき，判決が正しいものである確率と，正しくないものである確率はそれぞれ v^2 と e^2 に比例する．かくして，判決が正しいものである確率は $\dfrac{v^2}{v^2+e^2}$ であり，$v > e$ ならば $\dfrac{v^2}{v^2+e^2} > \dfrac{v}{v+e}$ である．このことがコンドルセの表現したかった内容であろう．また，ほとんど意味の通じないものを修正しようと努力するのは無駄なことではあるが，しかし，偶数値（valeurs paires）を奇数値（valeurs impaires）にかえるぐらいのことはできよう．

683. コンドルセの問題は一般化することができる．r 回の試行において，ある事象が q 回連続して失敗する前に p 回連続して生起する確率はいくらかという問題である．この場合は(7)式の代りに

$$\psi(n) = \phi(n) - e^{q-1}\{\phi(n-q+1) - e\psi(n-q)\},$$

(9)式の代りに

$$\phi(r) - e^q\phi(r-q) = v^p(1-e^q)$$

— **311** —

第17章　コンドルセ

$$+v^{p-1}e\{\phi(r-p)-e^{q-1}\phi(r-p-q+1)\}$$
$$+v^{p-2}e\{\phi(r-p+1)-e^{q-1}\phi(r-p-q+2)\}$$
$$+\cdots\cdots$$
$$+e\{\phi(r-1)-e^{q-1}\phi(r-q)\},$$

⑽式の代りに

$$V=\frac{v^{p-1}(1-e^q)}{v^{p-1}+e^{q-1}-v^{p-1}e^{q-1}}$$

を得る[4].

684. ここでコンドルセの第9仮説にふれた序論の部分に関して，2つの注意を与えておこう．

XXXVI頁で，彼はつぎのように述べている．

「……判決の数と一人一人の意見がどうであるかが分っていると仮定して，ある意見に賛成した多数決の数よりも，優れた意見に対して投ぜられた多数決の数を多くなしうる．」

この文章も，コンドルセには珍らしくない非論理的な種類の表現例である．彼が云わんとしているのは，ある結果は何やらわれわれの知識（knowing）に依存している．にもかかわらず結果はわれわれの知識とはまったく独立に生起しうるということらしい．もしも彼の文章を字句通り忠実に解釈すれば，彼の結論とするところは，われわれがある結果を得，その結果が何に由来したかを知りうるということでなくてはならない．

XXXVII頁において，彼は『試論』において論じなかったある場合にふれている．ある事件が，一連の裁判所で，ある一定数の同じ審判が連続して得られるまで審議されるものとする．ただし，所定の多数が一致しなかった裁判所の審判はすべて無視される．その事件の一方の側，それを肯定側とよび，それと反対の側を否定側とよぼう．肯定側に有利な審判の得られる確率をv，否定側に有利な審判の得られる確率をe，そして所定の多数が得られないために無視される審判の確率をzとする．よって$v+e+z=1$である．rを一方の側に有利な必要審判数，qを法廷の数とする．$(v+z)^q$を展開し，v^qとv^rとの双方を含んだv^qからv^rまでの項の和を$\phi(v)$とする．$\phi(e)$は$\phi(v)$でvの代りにeを代入したものを示す．そのとき，$\phi(v)$は肯定側が有利な判決を得る確率であり，$\phi(e)$は否定側が勝つ確率である．しかし，すでに述べたように，コンドルセはこの場合を論じていない．

685. これまで，コンドルセはつねに各投票者が二者択一の意志表示をするもの，つまりある提案に対して投票者が賛成か反対かの意志表示をするものと仮定してきた．それから一歩進めて，コンドルセは2つ以上の提案のなかからひとつを投票者が選ぶ場合を考察しようとしている．86頁で，彼は吟味すべき3つの仮説があると述べているが，実際には彼の著作のこの部分の後半は2つの仮説のもとで議論している．すなわち，86頁-94頁は第10仮説のもとで，95頁-136頁は第11仮説にもとづいて論じられている．

686. コンドルセの第10仮説は，XLII頁でつぎのように与えられている．

「……投票者たちはひとつの提案に対して賛成か反対かを投票しうるのみであると仮定してきたが，しかしまた彼らが判決を下すための審査に十分な自信がないと宣言することだってありうる．」

89頁-94頁は，ずっと曖昧な書き方がしてある．

687. 94頁から，コンドルセは第11仮説について論じはじめる．$6q+1$人の投票者がいて，各投票者は3つの提案のうちどれかひとつに賛成するものとする．各投票者がこれら3つの提案に賛成する確率をそれぞれv, e, iとし，$v+e+i=1$であるようにする．コンドルセはいろいろな場合を考察している．たとえば，3人の人物A，B，Cがある役職の候補者であると仮定しよう．そしてある

— 312 —

投票者がA，B，Cへ投票する確率をそれぞれ v，e，i とする．$6q+1$ 人の投票者がいるので，3人の候補者が同順位になることはないが，2人が同順位になることがありうる．そこで3つの問題が考えられる．

Ⅰ．BもCも単独では首位に立たない確率を求めよ．

Ⅱ．BもCも，Aより優位にたたない確率を求めよ．

Ⅲ．Aが単独で首位にたつ確率を求めよ．

これら3つの確率は強い順番に並んでいる．Ⅲは，Aが他の2人を確定的に破る場合であり，Ⅱは Ⅲの場合に加えて，AとBもしくはAとCが同列に並び他の1人を破る場合であり，ⅠはⅡの場合に 加えて，Aが2人の対抗者に敗れ，対抗者2人は同順位にあるため首位が確定しない場合である．

たとえば，$q=1$ と仮定せよ．$(v+e+i)^7$ を展開して，上の各問題の解にあたる項を拾いあげよう．

Ⅲの場合，

$$v^7+7v^6(e+i)+21v^5(e+i)^2+35v^4(e+i)^3+35v^3 6e^2 i^2$$

Ⅱの場合，これに加えるに

$$35v^3(4e^3 i+4ei^3)$$

Ⅰの場合，Ⅱの場合に加えるに

$$7v20e^3 i^3$$

コンドルセはこれら3つの問題を簡単に考察している．彼はそれぞれの確率を W^q，$W_1{}^q$，W^{1q} という記号で表わしている．彼は直ちに第4の問題へ論を移し，その確率を $W^1{}_1{}^q$ で表わしているが，実はその問題は第2の問題以外の何ものでもないというのは信じられないほどである．しかしそれは事実である．彼の説明の仕方は，彼自身をも誤まらせるほど曖昧であるように思われる．しかし，よく吟味してみると，第2の問題と第4の問題とは同一であることが分るであろう．そして，これら2つの問題に対してコンドルセが示しているその確率の式は，いくつかの誤植はあるにしても，一致している．

688. コンドルセ自身の言明を示しておくのも興味深いであろう．

「Ⅰ．……soit W^q la probabilité qui ni e ni i n'obtiendront sur les deux autres opinions la pluralité,……〔95頁〕

Ⅱ．……$W_1{}^q$ exprimant la probabilité que e et i n'ont pas sur v la pluralité exigée, sans qu'il soit nécessaire, pour rejeter un terme, que l'un des deux ait cette pluralité sur l'autre, ……〔100頁〕

Ⅲ．……W^{1q}, c'est-à-dire, la probabilité que v obtiendra sur i et e la pluralité exigée,……〔102頁〕

Ⅳ．……$W^1{}_1{}^q$, c'est-à-dire, la probabilité que v surpassera un des deux i ou e, et pourra cependant être égal à l'autre,……〔102頁〕」

これらのうち，Ⅰ，ⅢおよびⅣの表現については，難解な点はない．Ⅱはそれ自身曖昧であり，かつはじめはⅣと同じものではないと考えるのが自然なので，さらに曖昧にされている．しかし，すでに述べたように，Ⅱの意味はⅣと同じである．

コンドルセは，これらの問題を個々に取上げる前に，95頁でそれらをいっしょにして，つぎのように述べている．

「……v についての必要な得票数が e や i の得票数を上まわらないこと，v の得票数よりも e や i の得票数が多くて何れが優位ということもないこと，最後に v の得票数が e や i の得票数を上まわ

— 313 —

第17章　コンドルセ

ること，このような投票者の数が与えられたときの確率を探そう……」

したがって，彼は３つの問題を予期していたように思われる．最初の条件文は第Ⅱの問題を，２番目の条件文は第Ⅰの問題を，最後の条件文は第Ⅲの問題を指しているものであろう．

序論では，これらの問題は XLIV 頁に，つぎのようにまとめて述べられている．

「……他の２人よりも１人が多数票をとる確率，……他の２人のどちらかと同票になる確率，１人が多数票をとれず他の２人が同票になる確率……を求めよう，……」

この文章では，問題はⅢ，Ⅱ，Ⅰの順に述べられている．そして問題が何であるかを知れば，この文章は不適当なものでないことがわかる．しかし，もしその意味を確かめる他の方法がなければ，問題のⅡとⅠとが本当はどんなものなのか確信できないかもしれない．

689. コンドルセはこれらの問題を詳しく論じてはいない．彼は，彼の記法にしたがえば，W^{q+1} が W^q からどのように導かれるか，少しく一般的な考察をしている．しかし，それも思いつき程度のものである．

ここでは，投票者の数が無限大になるとき成立するいくつかの結果を示そう．

まず，$q \to \infty$ のとき，$v > e$ または $v > i$ ならば $W_1{}^q \to 1$ を示す．$(v+e+i)^{6q+1}$ を展開して

$$(v+e)^{6q+1}+(6q+1)(v+e)^{6q}i+\frac{(6q+1)6q}{1\cdot 2}(v+e)^{6q-1}i^2$$

$$+\cdots\cdots+\frac{(6q+1)!}{(4q+1)!(2q)!}(v+e)^{4q+1}i^{2q}+\cdots\cdots$$

とする．

ここではっきりと示した最後の項をとり，それから $W_1{}^q$ に関係する部分をとり出そう．

$$(v+e)^{4q+1}=(v+e)^{4q+1}\left\{\frac{v}{v+e}+\frac{e}{v+e}\right\}^{4q+1}$$

をうる．

$\left\{\dfrac{v}{v+e}+\dfrac{e}{v+e}\right\}^{4q+1}$ を $\left(\dfrac{v}{v+e}\right)^{2q+1}$ を含む項まで展開しそれらの項の和を $f\left(\dfrac{v}{v+e},\dfrac{e}{v+e}\right)$ で表わす．すると，結局より出さねばならない部分は

$$\frac{(6q+1)!}{(4q+1)!(2q)!}(v+e)^{4q+1}i^{2q}f\left(\frac{v}{v+e},\frac{e}{v+e}\right)$$

である．

さて，もし $v > e$ ならば，すでに示したように，$q \to \infty$ のとき，$f\left(\dfrac{v}{v+e},\dfrac{e}{v+e}\right)=1$ である〔665節参照〕．

そこで，$q \to \infty$ のとき，$W_1{}^q$ の値は

$$(v+e)^{6q+1}+(6q+1)(v+e)^{6q}i+\frac{(6q+1)6q}{1\cdot 2}(v+e)^{6q-1}i^2$$

$$+\cdots\cdots+\frac{(6q+1)!}{(4q+1)!(2q)!}(v+e)^{4q+1}i^{2q}$$

の極限である．

さて，$i \leqq e$ と勝手に仮定すると，$v+e > 2i$ である．したがって，$v+e > \dfrac{2}{3}$ でなければならない．それゆえ，674節により，$q \to \infty$ のとき，$W_1{}^q \to 1$ となる．

$W_1{}^q$ は e と i について対称関数であるという点に注目するために，$W_1{}^q$ の代りに $\phi(v, ei)$ という記号を用いる．すると

— 314 —

$$\phi(v,\ ei)+\phi(e,\ vi)+\phi(i,\ ev)=1$$

が成立する.

さて, $q\to\infty$ とする. $v>e$ または $v>i$ であると, すでに示したように $\phi(v,\ ei)=1$ であるから, 残りの $\phi(e,\ vi)=\phi(i,\ ev)=0$ である. かくして, $x<y$ または $x<z$ ならば $\phi(x,\ yz)=0$；$x>y$ かつ $x>z$ ならば $\phi(x,\ yz)=1$ である.

つぎに, $v=e,\ i<v$ または $i<e$ と仮定する. いま考察したように $\phi(i,\ ev)=0$ であるから, $\phi(v,\ ei)=\phi(e,\ vi)=\dfrac{1}{2}$ となる.

最後に, $v=e=i$ と仮定する. そのとき

$$\phi(v,\ ei)=\phi(e,\ vi)=\phi(i,\ ev)=\dfrac{1}{3}$$

である.

$q\to\infty$ のとき, $W^q=W^{1q}=W_1{}^q$ であることはただちに示すことができる. このようにして, 687節の問題Ⅱについて得た結果は, また問題Ⅰや問題Ⅲにも適用しうる.

コンドルセはこれらの結果は与えているが, はっきりとはしていない. 彼はわれわれがここで用いた基本的な方程式を用いずに, W^{1q} についての結果を示している. 彼は $W_1{}^{1q}$ の公式を吟味すれば同一の値が得られると述べている. したがって, 彼は104頁でつぎのようにいうのである.

「Si maintenant nous cherchons la valeur de W^q, nous trouverons que W^q est égal à l'unité moins la somme des valeurs de W^{1q}, où l'on auroit mis v pour e, et réciproquement v pour i, et réciproquement.」

この文章の W^{1q} 以下の内容は, 意味が分らない. しかし, われわれの用いた記号によれば, コンドルセは

$$\phi(v,\ ei)=1-\phi(e,\ vi)-\phi(i,\ ev)$$

の形を, 意中にもっていたように思われる.

しかし, このような方程式は, 結局 W^{1q} と W^q とが $W_1{}^q$ に等しいという仮定なしには真でない. そしてまた, このような仮定があれば, 求めたい結果は直ちに得られるので, ここで引用したコンドルセの文章から以後の5行分は不必要である.

690. 第11仮説のなかで, コンドルセは3人以上の候補者のなかから, 投票で一人を選ぶという普通の選挙の方法が適当かどうかを吟味している. つぎの例を考えよう〔『**試論**』LVIII頁参照〕.

候補者をA, B, Cとする. 60人の投票者のうち, Aが23票, Bが19票, Cが18票とったとする. そのとき, 普通のやり方ではAが選出される.

しかし, コンドルセはこの方法は必ずしも満足できるものではないと述べている. なぜなら, たとえば, Aに投票した23人はすべてCがBより良いと考え, Bに投票した19人はすべてCがAより良いと考え, そしてCに投票した18人中16人はBがAより良く, 2人はAがBより良いと考えていると仮定する. そのとき, コンドルセは要するにつぎの結果を得ている.

Cに有利な2つの命題は, CがAより良いという場合と, CがBより良いという場合である.

これらのうち, 最初の場合は37対23で多数を得, 第2の場合は41対19で多数を得る.

Bに有利な2つの命題は, BがAより良いという場合と, BがCより良いという場合である.

これらのうち, 最初の場合は35対25で多数を得, 第2の場合は19対41で少数となる.

Aに有利な2つの命題は, AがBより良いという場合と, AがCより良いという場合である.

これらのうち, 最初の場合は25対35で少数であり, 第2の場合は23対37で少数である.

— 315 —

第17章　コンドルセ

　こうして，コンドルセは普通の投票では，もっとも得票の少ないCが，実は一番有利な立場にあり，最高得票者のAが実はもっとも不利であると結論する．

　ところが，コンドルセ自身，上に述べた彼の方法も，時には難点をはらんでいることを認めている．たとえば，Aに23票，Bに19票，Cに18票，投票されたとしよう．そして，さらに，Aに投票した23人はすべてCよりBを良いとし，Bに投票した19人のうち17人はAよりCを，2人はCよりAを良いとし，最後にCに投票した18人のうち10人はBよりAを，8人はAよりBを選ぶと仮定する．すると，全体として

　　　　42対18で，BはCより良く
　　　　35対25で，CはAより良く
　　　　33対27で，AはBより良い

という結果が得られる．

　都合の悪いことに，これら3つの命題は相互に両立しない．

　コンドルセは，2人以上の候補者の中からの選挙という問題を，本文でも序論でも非常に長く論じている．第Ⅰ部での十分な議論ののち，第Ⅴ部でそれらの議論が要約されている．しかし，彼の出した結果は，われわれがこれ以上深入りする程，価値のあるものではない〔ラプラスの『**確率の解析的理論**』274頁参照〕．

　691. コンドルセの著作の第Ⅰ部で，彼の得ている一般的結論は大して重要なものとは思われない．それは非常に明白な原理，すなわち投票者による決定が信頼されるためには，投票者が聡明な人でなければならない，という原理にすぎない．彼自身の言葉を引用しておこう．

　「必要な条件をすべてみたし，そしてもっとも適切な形式というものは，同時にもっとも単純なものであること．つまり，多数決というものは同時に価値のないものになる危険性もあるので，聡明な人々からなる集団が，判断の正しさを保証するために多数決という唯一の手段で意思表示をすること．さらに加えて，投票者の数はある決定をうる確率が最大になるよう十分大きいことを必要とする．

　聡明な投票者と単純な形式は，最大の利益に結びつく手段である．複雑な形式は投票者のなかの学識の欠陥を修正するものでもなく，不完全さを治すものでもなく，また避けたいと思う最大の不都合さをひきおこすことさえある〔XLII頁〕．

　……1°　複雑な事件について判決する場合は，厳密に考えて展開された形式，つまり各自の意見はできるだけよく開陳され，各投票者の声が各人の意志表示に十分取り入れられ，意見をまとめるには役立つが，しかし結果の誘導はさけることが必要である．しかし意見具申の形式は簡単なのがよい．

　2°　その上，投票者は聡明であるべきこと，ましてや決定すべき事件がより複雑なものなら，とりわけ聡明であるべきことが必要となる．これなくしては間違った決定がなされる恐れがつきまとう．しかし同時に完全な決定はほとんど不可能でもあり，濫用をつつしむことと悪い掟を永続させる手段をとらないことである〔LXIX頁〕」．

　692. さて，コンドルセの第Ⅱ部に移ろう．それは『**試論**』の137頁-175頁を占める．第Ⅰ部では3つの要素，つまり投票者の数，多数決原理，各投票者が正しいことに投票する確率がわかっているものと仮定した．これら3つの要素から，いろいろな結果が導出されたが，主たるものは，決定が正しいものである確率と，その決定が間違ったものである確率であった．それらは669節で$\phi(q), 1-\psi(q)$で表わされている．さて第Ⅱ部では，コンドルセは上記3つの要素のうち2つが既知，それから2つ

— 316 —

の結果のうちのどれかひとつが既知と仮定する．これらの既知の値から，残りひとつの要素と，ひとつの結果を求めるのである．このことは第Ⅱ部で議論されているほぼすべての場合についてあてはまり，例外としては2つの場合があるだけである．これら2つの場合では，許容しうる最小限の多数をもってなされた決定が正しいものである確率が既知としている．そしてこれらの場合のひとつは，さらに各投票者の投票が正しいものである確率が既知であり，別の場合は多数決原理が既知とされている．

コンドルセ自身は第Ⅱ部の内容を，XXII頁，2頁，137頁の3個所で説明している．これらのうち，最初のものだけが的確である．

693. 第Ⅱ部の主要な内容にはいる前に，コンドルセは2つの題目にふれている．

まず，彼はビュッホンの道徳的確信論（doctrine of moral certainty）に注目し，批判している〔『**試論**』LXX頁，138頁〕．彼の反対理由のひとつは，138頁で，つぎのように述べられている．

「この意見はそれ自身不正確であり，蓋然性と確実性という本質的に異なる性質の2つのものを混同する傾向にある．それはちょうど，ある曲線の漸近線を，はるかに遠い点でひいた接線と混同するようなものである．この仮定は正確さをまったく破壊することなしには，精密科学のなかで認めることはできない．」

ビュッホンの弁護をするというわけではないが，コンドルセのあげた例は適切なものではない．というのは，幾何学の研究者にはよく知られていることであるが，普通漸近線は無限遠点での接線とみなすのは非常に重要で有用なものである．

第2にコンドルセは数学的期待値の問題にふれている〔『**試論**』LXXV頁，142頁〕．彼はダニエル・ベルヌイがはじめてこの問題を扱い，従来の方法の不適切さを指摘し，それを改良しようとしたこと，またのちにダランベールが規則自体を攻撃したことを述べている〔378節，469節，471節参照〕．

694. コンドルセの『試論』の第Ⅱ部で注目すべきものは何もない．第Ⅰ部の諸公式をふたたび用い，値を与えたり，値を探し求めたりしているにすぎない．ある種の級数の値の近似値を求める方法が155頁-171頁に載っている．コンドルセは，今日スターリングの定理とよばれている $x!$ の近似計算の方法を，オイレルから引用している．また，ラグランジュによる公式で，今日の記法でかくと

$$\varDelta^n u_x = \left(e^{\frac{d}{dx}} - 1 \right)^n u_x$$

として表わされる公式を用いている〔ラクロア（Lacroix）『**微分法**』（*Traité du Calc. Diff.*……）第Ⅲ巻，92頁参照〕．

これらの近似値についてのコンドルセの研究は，誤植が多いので醜く，曖昧である．168頁，169頁で示されている必要な数値を求めるための逐次近似の方法は理解しがたい．

695. さて，コンドルセの著作の第Ⅲ部に進もう．それは176頁-241頁に載っている．コンドルセは，176頁でつぎのように述べている．

「われわれはこの第Ⅲ部の目的を十分に説明しよう．それは2つの異なる問題を吟味することに限定されていることがわかるであろう．第1の問題とは，観察によって，ある法廷の判決もしくは各投票者の意見の確からしさをしる問題である．第2の問題は，さまざまな状況のなかで，用心深く公平になしうるために必要な確率の度合を確定する問題である．

しかし，この2つの問題の吟味は，一般に，未来の，もしくは未知の事象の確率を確定しうるような原理をうちたてることによって容易になしうる．その方法は，この事象もしくはこれと相反する事象の起こる可能な組合せを知ることによってではなく，唯同種の事象が現在起こったか，過去

第17章　コンドルセ

に起こったかその順序を知ることによってのみ得られる．これがこれからの問題の目的とするところである．」

696. コンドルセは176頁から212頁までを13個の予備的な問題に割き，それから213頁から241頁の間で，彼の試論の主目的である問題への応用を説いている．

これらの予備的な問題について，LXXXIII 頁 でコンドルセはつぎのような歴史的な注意を与えている．

「過去の事象の法則によって，未来の事象の確率を求めるというアイデアは，ヤコブ・ベルヌイやド・モワブルによって述べられたように思われるが，しかし彼らの著作のなかでは各自その方法を成功したものとしては述べていない．

ベイズ氏とプライスが1764年と1765年の哲学会報誌のなかで，その方法を与えており，さらにラプラス氏が解析的手法でこの問題を取扱った最初の人である．」

697. コンドルセの第1の問題は，つぎの通りである．

「それぞれの確率は分らないが，ただ起こりうることだけが分っている2つの事象をA，Nとする．Aがすでにm回起こり，Nがすでにn回起こったことが分ったとする．2つの事象のおのおのが起こる確率はたえず同じであると仮定して，いま2つの事象のうちのどれかが起り，それが事象Aである確率もしくは事象Nである確率を求めよ．」

この問題はすでにベイズとの関連で述べておいた〔551節参照〕．

コンドルセは問題を簡単に解いている．彼はAに有利な確率は

$$\frac{\int_0^1 x^{m+1}(1-x)^n dx}{\int_0^1 x^m(1-x)^n dx}=\frac{m+1}{m+n+2}$$

という普通の結果を得ている．同様に，Nに有利な確率は$\dfrac{n+1}{m+n+2}$である．

もちろん，2つの事象の確率がつねに等しいという仮説から，これらの結果が導き出されたというのは，省略した云い方であることが読みとれる．本当の仮説は，さらにそれらの確率が，0と1との間にあって，先験的（à priori）に同等に確からしい任意の，未知の値であるということを含んでいる．

同様にして，つぎの結果を得る．事象Aがすでにm回，事象Nがすでにn回起こったと仮定する．これら2つの事象の確率はつねに同じであるが，しかしaとbとの間にあって先験的に同等に確からしい任意の，未知の値であると仮定する．そのときAの確率がαとβの間にある確率を求めよ．ただしα，βはaとbの間に含まれる．

求める確率は

$$\frac{\int_\alpha^\beta x^m(1-x)^n dx}{\int_a^b x^m(1-x)^n dx}$$

である．

ラプラスは，時にこのような結果を，Aの可能性がαとβの間にある確率（probability that the possibility of A lies between α and β）とよんでいる〔ラプラス『確率の解析的理論』第Ⅱ巻第Ⅵ章参照〕〔ド・モルガンの『大都会人のための百科全書』（*Encyclopaedia Metropolitana*）77節の『確率論』および『小型版百科全書』（*Cabinet Cyclopedia*）87頁の『確率についての論説』（*Essay on Probabilities*）参照〕．

698. コンドルセの第2の問題はつぎの通りである.

「前間で,Aの起こる確率とNの起こる確率がそれぞれ毎回等しくないが,しかしそれぞれが0から1までのある値をとりうると仮定すると,どうなるか.」

コンドルセの解は本質的にこの陳述に従属している.Aがm回起こり,Nがn回起こる確率は

$$\frac{(m+n)!}{m!n!}\left\{\int_0^1 x dx\right\}^m \left\{\int_0^1 (1-x)dx\right\}^n = \frac{(m+n)!}{m!n!}\frac{1}{2^{m+n}}$$

である.

Aがm回生起し,Nがn回生起したのち,ふたたびAが生起する確率は,指数のmを$m+1$に代えると得られる.よって,それは

$$\frac{(m+n)!}{m!n!}\frac{1}{2^{m+n+1}}$$

である.

この方法をさらに続けていくと,コンドルセは結局,Aの生起する確率は$\frac{1}{2}$,Nの生起する確率は$\frac{1}{2}$であるという結論に達する.事実,この仮定のもとでも結果は,AとNの生起するのはつねに同等に確からしいという仮定のもとでの結果と一致する.

第1の問題で,コンドルセはおのおのの事象の生起する確率は,観察の継続している間一定のままであると仮定している.第2の問題ではこのことは仮定しないと述べている.しかし,ある要素が一定であると仮定することをさし控えることと,ある要素が一定でないとはっきり仮定することとは別なことである.しかし,以下でみられるように,コンドルセはこれら2つの事を混同していたように思われる.彼の第2の問題は一定の確率という場合を排除するものではなかった.というのは,すでに注意した通り,第2の問題は$\frac{1}{2}$という一定の確率が存在するような場合と一致するからである.

この第2の問題,およびこれと類似した他の問題を導入していることは,コンドルセの独特のものである.われわれは直ちに着想奇抜な第3の問題とその応用へ話を進めよう.とはいっても,われわれはその問題にはあまり感心しないのである.

699. コンドルセの第3の問題はつぎのように述べられている.

「もしも毎回AもしくはNが生起する確率が同じままであるがその値は分らないか,あるいは0から1までの間のある値をとりうるが毎回値が変ると仮定し,さらにすでにAがm回生起し,Nがn回生起したことを知ったとして,AもしくはNが生起する確率はいくらか.」

コンドルセの解答はつぎの通りである.もし,毎回起こる確率が一定であるならば,Aがm回生起し,Nがn回生起する確率は$\frac{(m+n)!}{m!n!}\int_0^1 x^m(1-x)^n dx = \frac{(m+n)!}{m!n!}\frac{m!n!}{(m+n+1)!}$である.もし,毎回起こる確率が一定でないならば,第2の問題と同様,Aがm回生起し,Nがn回生起する確率は,$\frac{(m+n)!}{m!n!}\frac{1}{2^{m+n}}$である.かくして,これらの仮説のもとでの確率は,

$$P = \frac{m!n!}{(m+n+1)!}, \quad Q = \frac{1}{2^{m+n}}$$

とおくと,それぞれ

$$\frac{P}{P+Q}, \quad \frac{Q}{P+Q}$$

であると推論する.

彼は普通のやり方で話を続ける.もしも,最初の仮説が正しければ,もう一度Aの生起する確率は

第17章　コンドルセ

$\dfrac{m+1}{m+n+2}$ であり，またもしも，第2の仮説が正しければ，もう一度Aの生起する確率は $\dfrac{1}{2}$ である．かくして，結局Aに有利な確率は

$$\dfrac{1}{P+Q}\left\{\dfrac{m+1}{m+n+2}P+\dfrac{1}{2}Q\right\}$$

である．

同様にして，Nに有利な確率は

$$\dfrac{1}{P+Q}\left\{\dfrac{n+1}{m+n+2}P+\dfrac{1}{2}Q\right\}$$

である．

この解答において，2つの仮説は<u>先験的に</u>同等に確からしいということを前提としており，それは非常に重要な仮定である．

700. $m+n\to\infty$ と仮定する；もしも，$m=n$ ならば，P の Q に対する比はいくらでも0に近づく；明らかに，この比は m と n との差が増加するにつれて増加し，そして m または n が0になるときはいくらでも大きくなる．コンドルセはより一般的な結果を示している．すなわち，$m=an$，$n\to\infty$ と仮定すると，

$$\dfrac{P}{Q}\longrightarrow\begin{cases}0 & (a=1\text{のとき})\\ \infty & (a>1\text{または}a<1\text{のとき})\end{cases}$$

である．さらに，コンドルセはつづけて

「また，m と n は与えられているが，等しくないとしよう；もしそのまま観察が続けられ，そして m と n は同じ割合に保たれているならば，事象AとBの確率が一定であること，またその確率ができる限り大きくなるような，m と n のある値があるであろう．

同じ理由によって，m と n が十分大きいとき，十分に大きい $m-n$ も，AもしくはNが生起する確率が一定でない可能性がかなり大きいように，全体の数に比して十分小さくしうる．」

第2文節はまったく支持しがたいように思われる．もし非常に多数の試行を行なって，AとNがほとんど同じ回数起こったならば，Aの起こる確率は $\dfrac{1}{2}$，Bの起こる確率は $\dfrac{1}{2}$ と推論すべきであろう．コンドルセは，この第3の問題と，それからひき出した結論を非常に重要だと考えていたようなので，それに異議を唱えることはより必要である〔**『試論』**LXXXIV頁，XCII頁，221頁参照〕．

701. コンドルセの第4の問題はつぎの通りである．

「ここで事象Aは m 回，事象Nは n 回起こったとする；事象のひとつの未知の確率は1から $\dfrac{1}{2}$ までのある値をとり，もうひとつの事象の確率は $\dfrac{1}{2}$ から0までのある値をとることが分っている．そのとき，先の3つの問題の3つの仮説のもとに

1．確率の値が $\dfrac{1}{2}$ から1までの間にあるのはAの確率か，あるいはNの確率か．

2．ある新しい事象が起こる場合，それがAである確率，あるいはNである確率を求めよ．

3．確率が1から $\dfrac{1}{2}$ までの間の値である，ある事象の起こ

コンドルセ

る確率を求めよ.」

コンドルセは

$$\int_{\frac{1}{2}}^{1} x^m (1-x)^n dx \text{ の代りに } \int \frac{\frac{1}{2}}{x^m (1-x)^n \partial x}$$

というように，非常に親しみにくい記法を用いている．

この問題の解法における主要な点は，697節の後半で注意を喚起しておいた事柄である．

コンドルセは，この問題の第2の部分の解答を，「いま，事象ごとに確率が変るものとしよう.」という言葉から始めている．これは，確率を一定と仮定しない，と述べるべきであった〔698節参照〕．

702. コンドルセの第5の問題はつぎの通りである．

「同じ仮定のもとで，第1の問題において

1° 事象Aの確率が与えられた量以下でない確率

2° 事象Aの確率が平均値 $\dfrac{m}{m+n}$ とある量 a しか違わない確率

3° 事象Aの確率がある限界 a 以下でない確率

4° 事象Aの確率が平均 $\dfrac{m+1}{m+n+2}$ と a 以下のある量しか違わない確率を求めよ．

また，これらの確率が与えられたとき，それらとAの確率との差の限界 a はいくらか.」

解答はすべて697節の後半で注意しておいた事実にもとづく．

コンドルセの論文にはありふれたことであるが，彼の文章からは，彼が何を考察したいのかを理解することはできそうもない．彼の解答を吟味すると，1°と3°の質問はまったく同じものであり，2°と4°の質問は記法が違うだけである．

703. 第6の問題では，確率は一定でないという仮説のもとで，第5の問題と同じ質問を提起する．

ここでは，1°と3°の質問は実際に異なるものであり，2°と4°の問題も実際に異なるものである．

コンドルセの第2の問題から第6の問題までは，論ずるのさえ無価値のように思われる〔クールノー (Cournot) の『偶然論の解説』(*Exposition de la Théorie des Chances*)，166頁参照〕．

704. 第7の問題は第1の問題の拡張である．互いに排反な2つの事象AとNがあって，$m+n$ 回の試行でAは m 回，Nは n 回生起したとする．つづく $p+q$ 回の試行でAが p 回，Nが q 回生起するであろう確率を求めよ．

単一の試行でのAとNの可能性を x，$1-x$ とする．すると，$m+n$ 回の試行で，Aが m 回，Nが n 回生起する確率は $x^m (1-x)^n$ に比例するであろう．こうして，結果から原因の確率を推定する方法を用いると，単一の試行でAの可能性が x と $x+dx$ の間にある確率は

$$\frac{x^m (1-x)^n dx}{\displaystyle\int_0^1 x^m (1-x)^n dx}$$

である．

そして，もしも単一の試行でのAの可能性が x であるならば，$p+q$ 回の試行で，Aが p 回，Nが q 回生起する確率は

$$\frac{(p+q)!}{p!q!} x^p (1-x)^q$$

である．

よって，結局この問題の求める確率は

— 321 —

第17章 コンドルセ

$$\frac{(p+q)!}{p!q!} \cdot \frac{\int_0^1 x^{m+p}(1-x)^{n+q}dx}{\int_0^1 x^m(1-x)^ndx}$$

である.

この重要な結果は事実上ラプラスが551節で引用した論文で得ていたものである. しかし, ラプラスの論文には$\frac{(p+q)!}{p!q!}$という因数がないので, $p+q$回の事象は, あらかじめ指定された順序で起こると仮定しなければならない.

あとで, プレヴォとリュイエの論文を検討するが, まったく同じ結果が初等代数の操作によっても得られることがわかるであろう.

705. 残りの問題は主に第7の問題からの演繹であり, またその演繹自体コンドルセの第1部で論じられた問題に類似している. このことを一例によって簡単に説明しよう. Aがm回, Bがn回生起したと仮定するとき, つぎの$2q+1$回の試行でAが過半数以上起こる確率を求めよ. $F(q)$を求める確率とすると

$$F(q) = \frac{\int_0^1 x^m(1-x)^n\phi(q)dx}{\int_0^1 x^m(1-x)^ndx},$$

ただし, $\phi(q)$は

$$x^{2q+1}+(2q+1)x^{2q}(1-x)+\frac{(2q+1)2q}{1\cdot 2}x^{2q-1}(1-x)^2$$
$$+\cdots\cdots+\frac{(2q+1)!}{q!(q+1)!}x^{q+1}(1-x)^q$$

を表わす.

そこで, 663節と同じように, qを$q+1$にかえた場合も同じ記法を用いると

$$F(q+1) = \frac{\int_0^1 x^m(1-x)^n\phi(q+1)dx}{\int_0^1 x^m(1-x)^ndx}$$

をうる.

それゆえ, 663節と同じように

$$F(q+1)-F(q) = \frac{\int_0^1 x^m(1-x)^n\{\phi(q+1)-\phi(q)\}dx}{\int_0^1 x^m(1-x)^ndx}$$

である. ここで

$$\phi(q+1)-\phi(q) = \frac{(2q+1)!}{(q+1)!q!}\{x^{q+2}(1-x)^{q+1}-x^{q+1}(1-x)^{q+2}\}$$

である.

このような方法で, コンドルセは663節の(2)式と同様の, いろいろな公式を導き出している.

が, そこでまず注目すべきことは, コンドルセが第1部ですでに得た結果を応用するという, もっとも簡単な方法で諸公式を導き出したとは思えないことである. しかし, 結果的にはそうなっている. そのことは彼の『試論』の199頁と208頁を比較するとよい.

706. つぎにコンドルセはこれらの問題を, 彼の『試論』の主目的に応用することに着手する. 695

— 322 —

節で引用した文章のなかで述べているように，2つの問題が考察される．第1の設問は213-223頁にあり，第2の設問は223-241頁にある．

707. 第1の設問は2つの結果を求めている．コンドルセは最初の結果には大まかにふれているだけであり，あらゆる注意が第2の結果にむけられている．

コンドルセは第1の設問を処理するために，2つの方法を提起している．最初の方法（premier moyen）は213-220頁に，第2の方法（seconde méthode）は220-223頁に載っている．しかし，いずれの方法も，実際には応用されていない．

708. コンドルセが最初の方法で何を提起したかったのか，それを簡単に説明しよう．多数の真に聡明な人たちからなる法廷があり，この法廷はあるひとつの下級裁判所の数多くの判決を吟味するものとする．さらに，それらの真に聡明な人たちが，下級裁判所の判決を絶対に正しく判断するものと信頼されているとしよう．そのとき，すべての点から考えて，下級裁判所でm人が正しいとし，n人が誤りであるとした結果を，われわれはその吟味ののち受けいれるであろう．この問題には**704**節の問題を適用することができ，よって下級裁判所の裁判官たちによる，つづく$2q+1$回の投票で，正しい判決が多数をうる確率を求めることができる．

しかし，この例は，コンドルセの述べている方法の非常に単純な場合である．彼自身はもっと複雑にした状態を紹介している．たとえば，真に聡明な人たちでさえ完全には信頼できず，下級裁判所の判決の判断を誤る確率を考慮に入れている．しかし，コンドルセの方法を完全に研究しても利益はないであろう．とくに，コンドルセは216頁で，以下のことが主たる結果であると述べているので，ことにそうである．

「……このことは一般にはなはだ重要な結論を導くものである．すなわち，判決が投票者の総数と比べて，比較的小差の多数決で与えられるような法廷はすべて，ほとんど信頼がおけないと思われねばならないこと，またそのような決定は極めて小さな確率をもってしか起こらないことである．」

このような明白な結果のために，入念な計算をする必要はない．

709. 第1の設問を処理する第2の方法では，コンドルセはそれほど聡明でない人たちの決定を再審査するために，真に聡明な人たちからなる裁判所というものは仮定していない．けれども彼は個々の投票の正しさの確率は1と$\frac{1}{2}$との間にあると仮定しており，かつ予備的な問題の解法から得られた，いくつかの公式を応用しようと意図している．この著作のこの部分からは，実際的な価値のあることは何もひき出されない，コンドルセ自身もC頁でつぎのようにいっている．

「この最後の原理を応用して，ある現行の法廷の判決にしたがってなされることを知りたい．しかし応用のために必要な論拠を手に入れることができない．それにまた，計算ははなはだしく長くなるし，それで結果をいわないでおくのも，たとえそれがあまりに不都合なものであったとしても，計算することに専念する勇気を必然的になくさせるものがある．」

710. つぎにコンドルセは，われわれが**695**節で述べた第2の問題へと進んでいるが，いろいろな場合に求められる筈の確率の数値を考察しようとしている．これは『**試論**』の223-241頁にあり，これに対応する序論の部分はCII–CXXVIII頁である．この議論は面白いが，あまり実用価値はない．コンドルセはビュッホンの意見に注目している．ビュッホンは10,000人の人がいれば，1日たつと1人死ぬであろう；しかし，実際には1日のうちで死ぬ可能性は人間に無視されている．したがって，$\frac{1}{10,000}$という数値は，どんな人も無視して差支えないと思っている危険の見積りであるとみなされようと述べている．コンドルセはこの意見に対していろいろな角度から反対し，彼自身違った見積りの数値を

— 323 —

第17章　コンドルセ

与えている．彼は死亡表から，37才の人が1週間以内に突然死ぬ危険性は$\frac{1}{52\times580}$であり，47才の人のそれは$\frac{1}{52\times480}$であることを発見している．彼は，実際的には誰もこの2つの危険性を区別しないので，それでこの差は事実上無視されていると仮定している．この2つの分数の差は$\frac{1}{144768}$であり，それでコンドルセはこの数値を一人の人間が日常生活で実際上0と同じだと考える危険性の数値として用いようと提案している〔**644**節参照〕．

711. しかしながら，コンドルセはわれわれが無視してもよいと思う危険性の数値は，それがどのような事柄に関するものであるかによって変るであろうと考えている．とくに彼は，新しい法律の制定，所有権の帰属の決定，そして罪人に対する死刑の宣告の3つの話題を取上げている．彼は，ある単一の判決を正しく行なう確率がいかに大きくとも，多数回判決を行なっていくうちに，何人かの無実の人たちが有罪とされるかもしれない確率が大きくなることはさけがたいといって，死刑廃止論を唱えている〔『**試論**』CXXVI頁，241頁参照〕．

712. つぎにコンドルセの第4部にうつろう．それは242-278頁にわたる．彼は242頁で，つぎのように述べている．

「いままでは，われわれの話題を現実とは程遠い抽象的な方法や一般的な仮定のもとで考察したにすぎない．この部では，実用にたえるよう，考慮に入れねばならないところの原理を，結果を導びくために計算の過程に取り入れる方法を展開するのにあてるつもりである．」

コンドルセはこの第4部を6つの問題に分けている．これらの問題のなかで．彼はこの著作の前の部分で得られた結果を，実際に応用する前に，修正が必要かどうか吟味することを提起している．たとえば，実際には，すべての投票者が技倆等しく，同等に正直であるとは仮定できない．そのために，6つの問題のうちのひとつでは，そのような状態を考慮している．

しかし，考察しようとしている論題があまりにも漠然としているので，数学の計算の利点を用いて演繹することができない．そのために，コンドルセの研究は彼の説明から期待されるものより，ずっとつまらないものになってしまっていることがわかる．たとえば，264頁では，

「われわれは投票者の感情や悪意の結果起こりうる影響を吟味しよう．」

と述べている．

これらの言葉はわれわれの好奇心をあおり，注意をひくが，しかし，すぐつぎのパラグラフを読むやいなや，まったく失望させられてしまうのである．すなわち，

「経験によってしか確率はきめられないように．もしわれわれが第3部の最初の方法にしたがうか，あるいは第2の方法に基づくか，あるいは判決にあたって収賄の影響もしくは感情の影響が確率を$\frac{1}{2}$以下にしないと仮定するならば，この要因は計算のなかに入りこんでくること，それゆえに修正の余地がないことは明らかである．」

コンドルセ自身，ここではほとんど何の目的も達成していないことを認めている．彼はCLIV頁で「同様に，この第4部はとりわけ簡単な試論とみなさねばならない．このなかで，われわれは確率論の重要さが要求されるような話の展開もできていないばかりか，話をほりさげることもできていない．」

と述べている．

713. コンドルセ自身は，イギリスの陪審に対して成立した強制的な満場一致（forced unanimity）の制度に関連した，第5の問題を大へん重要なものと考えたようである．この問題は CXL-CLI頁と

267-276 頁で論じられている．彼はその制度が間違っていることを示すことができたと信じている．彼はその問題を CXL頁でつぎのように紹介している．

「イギリスでは犯罪の判決はこの形式でなされている．陪審員たちは彼らが一致して賛成するまで集会場にじっとしていることを余儀なくされるし，またこのような苦しい事件に見解の一致をせまられる．なぜなら，飢餓のみが唯一の真の苦痛なのでなくて，退屈で不自由で不快なうちに体をじっとさせていることがまことの刑罰になりうる．

また，この判決の方式に対して，正義の名のもとに，野蛮にして無用な苦痛の慣習を生み出したという同様の非難もなされるし，また公明正大で信頼にたる陪審員よりも，丈夫な陪審員と詐欺師だけを利するものだともいわれている．」

彼は強制的な満場一致の方法が適用できない一群の問題があるといっている．たとえば，物理学上の真理，推論にもとづく真理などがそれである．CXLI頁で，コンドルセは次のように述べている：

「また，少くとも見識ある国や時代においては，解答が推論にもとづくところの問題にとっては，必ずしもこの満場一致の方式は必要でない．学識ある人々の満場一致の意見は正しいものとして受取るのに誰もためらうものはいない．そしてそのときの満場一致は熟考し，時間をかけ，十分研究した末にうみ出されたものであった．しかし，もしも20人以上の能力あるヨーロッパの物理学者たちを閉じこめて，ある種の理論に同意するまでそのままにしておけば，誰もこの種の満場一致に信頼をよせるものはいないであろう．」

714. イギリスの陪審制度についてのコンドルセの研究は再録しない．なぜなら，それはほとんど実用的価値をもっていないように思えるからである．その話題に関心をもっている研究者は，コンドルセの研究をたやすく読むことができる．というのは，そこでの推論は他と独立した部分を構成し，他の部分を精読しなくてもすむからである．

コンドルセの著作のこの部分を読む人に役立つように，2，3の注意を次節においてしよう．

715. CXLI頁でコンドルセは3種類の問題を区別すべきであるといっている．そして直ちに第1の問題を述べている．彼の著作ではよくあることだが，それにつづく残りの頁には，これらの問題のうちの第2と第3番目のものについては注意深く述べられていない．第2の問題は CXLII頁で「他の種類の意見がある……」(Il y a un autre genre d'opinions……) という文で始まる．第3の問題は CLI頁で「さらに考察することができる……」(On peut considérer encore……) という文で始まる．

コンドルセは267頁で

「第1部の第8仮説をとり，かつそれゆえに2つの意見をひとつに一致させて満場一致になるまで投票をつづけると仮定するならば，この満場一致がすぐさま起こるにせよ，投票による何回かの変化があったにせよ，すべて選挙によって多数派に結合していったにせよ，小数派が投票を放棄していったにせよ，計算してみるとすべて同じ確率を与えることがわかる．」

われわれがこの一節を引用したのは，コンドルセが非常に好きな習慣に注意してほしいからである．そしてその習慣が彼の著作の非常な曖昧さの原因となっている．その習慣とは不必要に言葉を変えることである．もしもわれわれが，「多数派に結合していったにせよ」という言葉を，そのあとにつづく言葉と比較してみると，言葉を多種多様に使っているので，それによって伝達されてくる意味も相異なるのかどうか，はっきりさせる必要があるのではないかと思うであろう．しかし，よく検討してみると，意味の相違はないと結論できる．このように言葉のいろいろな云いまわし方が，研究者を当惑させ，人目をひくだけであって，むしろ有害とさえいえる．

この文節では，引用文の下線の部分は全部削除してもよさそうである．というのは，これらの語句

— 325 —

第17章　コンドルセ

がなくても，コンドルセが第1部で得たすべてのことを表現することができるからである．

　コンドルセの著作の270頁のはじめの11行は，恣意的な語句が多く含まれているため，それらに依拠するすべての結論は，まったく価値がなくなってしまう程であると指摘できる．コンドルセの仮説はこの上もなく合理的であるにしても，それらが考えうる最上のものであるならば，これらの問題に数学を適用することを諦めた方が得策かもしれない．

　陪審員による審理（Trial by Jury）とよばれるものは，正しくは判事と陪審員による審理（Trial by Judge and Jury）とよばれるものである．結局，コンドルセがやろうとした研究のなかで，もっとも重要な要素は，判事が陪審に対して及ぼす影響である．このことを考察していくなかで，忘れてはならないことは，判事の能力と経験のゆえに，判事の意見が正しい確率は大変高いということである．

716. つぎにコンドルセの第5部に移ろう．第5部は，この著作の残りの部分，279-304頁にわたっている．コンドルセは CLVII頁でつぎのように述べている．

　「この最後の部の目的は，いままで展開してきた諸原理をいくつかの例に応用することである．その応用は実際の事件によってなされることが望ましい．しかし，これらの事件を選び出してくることが困難であるのと，とくに典型的なものとして期待できる事件があまりないという困難さのために，根底になければならないような事件をいくつか選び出して現実にこの応用で最小限度観察できるようにと，簡単な仮説にもとづいてたてられた定理の原理を，それらに適用することで満足することを余儀なくさされた.」

　しかし，この部分はいままでの研究に対して例題を与えるというよりも，いままでの研究の補足を述べているといった方がよい．いわゆる例題として4つ論じられている．

717. 第1の例題では，民事問題の審理によさそうな法廷の形式を提案している．彼は25人の判事がいて，多数決で判決する法廷を提案している．しかしながら，審理される内容が所有権に関するものであるとすれば，多数決が3票以下の差で決定されたなら，法廷は敗れた原告に対して補償を与えるべきである，という条件を付け加えている．

718. 第2の例題では，刑事問題の審理によさそうな法廷の形式を提案している．30人の判事の法廷で，被告が有罪となるには，多数決が8票以上の差をもってなされねばならないとする．

719. 第3の例題は，あるひとつの役職に対して数人の立候補者がある場合の選挙方法に関係している．この例題は実は『試論』の第1部で与えた考察の補足である．コンドルセはこの問題についてのある有名な幾何学者の論文を引き合いに出しており，その幾何学者の提案に対する自分の反論を記している．引用されている幾何学者とはボルダ（Borda）[6]のことである〔**690**節参照〕．

720. 第4の例題は，すべて同様でない投票者たちが集まる大集会での決定の正確さについての確率に関するものである．正確さについての確率がxであるような投票者の数が$1-x$に比例する場合をコンドルセは考察している．

ただし，$\frac{1}{2}<x<1$と仮定している．この場合の平均確率は

$$\frac{\int_{\frac{1}{2}}^{1}(1-x)x\,dx}{\int_{\frac{1}{2}}^{1}(1-x)\,dx}=\frac{2}{3}$$

である．もしも，$a<x<1$ならば，同様の方法によって，平均確率は$\frac{1+2a}{3}$であることがわかる．

　この例題は興味深いが，それに結びついているいくつかの考察は非常に曖昧なものである．

— 326 —

彼の著作全体を通じていえることであるが，彼は難かしい考察から，とるに足りないほどの推測を行なっていることである．303頁で彼はつぎのように述べている．

「単に人間は聡明でありたいということだけでなく，同時に世論のなかでも，学識あり能力ありと思われるものは，偏見から免がれうるということが，いかに重要であるかをわれわれは知っている．この最後の条件は，偏見のひきおこす不都合さを救済することはまったくできないと思われがちなので，もっとも本質的なものなのである．」

721. 『試論』のほかにも，コンドルセは確率論について長い論文を書いている．それは6篇からなり，『パリ……アカデミーの歴史』の1781年，1782年，1783年と1784年号に発表された．

その第1篇と第2篇は1781年号の707-728頁に発表されている．その号の発行の日付は通年のように号の年度より遅れるものである．1781年号に掲載された論文は1784年8月4日に購読されたといわれている．

722. 論文の第1篇は『**不確かな事象の値として，その事象の確率と事象自体の値との積をとると規定する一般規則についての反論**』（*Réflexions sur la règle générale qui prescrit de prendre pour valeur d'un événement incertain, la probabilité de cet événement, multiplée par la valeur de l'événement en lui-même.*）と題されている．

ある事象が起こる確率を p，その事象が起こるとある人が金額 a の貨幣を受取るものとする．そのとき，コンドルセが言及している一般規則とは，その人の利益を pa と推定するような規則である．この規則について，コンドルセはいくつかの注意をしている．そしてこれらの注意は彼の『試論』の本文，142-147頁でもなされている．その注意を要約するとつぎのようになる．もし<u>非常に多数回の試行</u>（very large number of trials）がなされたなら，満足すべき結果が得られるであろうということを根拠に，コンドルセは上に述べた規則を正当化する．たとえば，AとBがともに演技し，1回のゲームでAの勝つ可能性を p，Bの勝つ可能性を q とする．Aの賭金を kp とすれば，Bの賭金は kq となることがその規則によって定められる．さて，ベルヌイの定理によって，AとBとが多数回ゲームを行なえば，Aの勝つ回数とBの勝つ回数の比が，ほぼ $p:q$ に近い確率が非常に高くなることが知られている．だから，もし賭金を一般的規則にしたがって調整するとすれば，AとBの期待が平等の条件で存在する確率は非常に高くなる．もしも賭金の比率が1でなければ，その比率に釣合った利益が演技者の一人に与えられる．

この規則が正当化される根拠についての見解が正しいことは疑問の余地がない．

723. コンドルセはペテルスブルクの問題にも注意を向けている．彼の観察がどんなものであるかは予想されるであろう．前節における p が非常に小さくて，q がほとんど1に近いと仮定する．するとBの賭金はAの賭金に比較して非常に大きくなる．そこで，この条件のもとでBがAとゲームを行なうのは軽率すぎるであろう．なぜなら，Bは数回のゲームで破産してしまうかもしれないからである．しかし，AとBとが非常に長丁場のゲームを続けることに同意しているとすれば，一般的な規則が指定するもの以外のどんな賭金の比率も公平ではありえない．

724. コンドルセの論文の第2篇は『**この問題に対する解析学の応用：規則的な 並べ方 がそれを生ずる計画の結果であるという確率を確定すること**』（*Application de l'analyse à cette question : Déterminer la probabilité qu'un arrangement régulier est l'effet d'une intention de la produire*）と題されている．

この問題はダニエル・ベルヌイにより，またミッチェルによって論じられたものと類似している〔395節，618節参照〕．

— 327 —

第17章 コンドルセ

コンドルセの研究はまったく恣意的な仮説に頼っているので，ほとんど無価値である．一例をあげておこう．

つぎの2つの数列を考察する．

$$1, \ 2, \ 3, \ 4, \ 5, \ 6, \ 7, \ 8, \ 9, \ 10.$$

$$1, \ 3, \ 2, \ 1, \ 7, \ 13, \ 23, \ 44, \ 87, \ 167.$$

最初の数列では，各項は前項の2倍から前々項をひいたものに等しい．2番目の数列では，各項はその前の4項の和である．コンドルセはつぎのように述べている．

「これら2つの数列が規則的であることは明らかである．これらの数列を吟味する数学者は誰もが，どの数列もある規則に従っていることを知るであろう．しかし，同時に，もしもこれらの数列をある項で打切る，たとえば6項目で打切ってしまったとすると，2番目の数列の方よりもむしろはじめの数列の方が規則性がありそうだと考えるであろう．というのは，はじめの数列では4項がある規則に従うのに対し，2番目の数列では後の2項のみがある規則に従うにすぎないからである．

これら2つの確率の比を評価するために，2つの数列が無限につづくものと仮定する．ところで，2つの数列とも無限個の項はそれぞれの規則に従っているであろうから，われわれはそれらの確率は等しいと考えてよい．しかし，われわれにはある項数の項までしか，これらの規則に従っていることを知ることはできない．そこで，これらの数列のひとつが，他の数列よりも，より規則的である確率は，これらの数列がそれぞれ同じ規則に従ったまま無限につづいたとしたときの確率に等しいとする．

そこで，これらの数列のひとつに対して，ある規則に従う項の数を e，もうひとつの数列に対しても，ある規則に従う項の数を e' とする．そして後続の項の数 q に対して，同じ規則が観察しつづけられる確率を探す．

第1の確率は $\dfrac{e+1}{e+q+1}$，第2の確率は $\dfrac{e'+1}{e'+q+1}$ で表わされ，第1の確率に対する第2の確率の比は

$$\frac{(e'+1)(e+q+1)}{(e+1)(e'+q+1)}$$

である．

$q=\dfrac{1}{0}$ とする．e と e' は有限の数であるから，この比は $\dfrac{e'+1}{e+1}$ になる．また，前述の例では，もしも6項まででとめると $e=4$，$e'=2$ であるから，比は $\dfrac{3}{5}$ となる．もしも10項目まででとめると，$e=8$，$e'=6$ であるから，比は $\dfrac{7}{9}$ となる．もしも e と e' が q と同じ位数の数とすると，比は $\dfrac{ee'+e'q}{ee'+eq}$ となる．そして，もしも $e=q=1$ とするとそれは $\dfrac{2e'}{1+e'}$ となるであろう．」

この考察にいくつかの注意をしておこう．

第1の確率が $\dfrac{e+1}{e+q+1}$ であり，第2の確率が $\dfrac{e'+1}{e'+q+1}$ であることは，おそらくベイズの定理によって得たものである．

$q\to\infty$ と仮定したあとで，$e=q=1$ とおいているのは混乱している．コンドルセは，つぎのように云うべきであった．$e=q$ と仮定すると

$$\frac{ee'+e'q}{ee'+eq}=\frac{2e'}{e+e'}=\frac{2x}{1+x} \ ;$$

ただし，$x=\dfrac{e'}{e}$ である．

— 328 —

それから，コンドルセ自らが得た結果はつぎのようなものであった．ある数列において，ある規則が非常に多くの項について成り立ち，その規則に従うのは全数列のうち x 割であったとすると，この規則に数列全体が従う比較確率は $\dfrac{2\,x}{1+x}$ である．

しかしながら，この結果はいくつかのもっと恣意的な仮説を組合せても得られることは明らかである．

725. コンドルセの論文第2篇の残りの部分は難解である．しかし辛抱強く読めば，その意味を理解することはできる．おそらく727頁を除けば自己矛盾と思われるところはない．その頁の最後の行で，コンドルセはある積分の極限値を求め，それを b と $1-a+b$ としているが，b と $1-a$ であろうと思われる．そうでないと，彼の第VII節は第IV節のくり返しにすぎなくなる．

726. コンドルセの論文の第3篇は『**偶発的に課せられる税の 評価 について**』（*Sur l'évaluation des Droits éventuels*）と題されている．それは『**パリ……アカデミーの歴史**』1782年号に発表され，674-691頁に載っている．

第3篇はつぎの文章で始まる．

「封建政府の崩壊は，ヨーロッパに多数の突発的な税金を存続させたままにしておいた．しかし，それらは2つの基本的な部類に縮小することができる．ひとつは所有権が売買によって変わるときに支払う税金であり，他は直接もしくは間接的な相続税である．」

それから，コンドルセはすべての財産が封建的な権利から解放されるために支払われるべき貨幣額を決定しようとしている．

727. この論文に述べられている予想が，フランス革命によっていかに 迅速に歪曲されたかを思いおこすとき，非常に注目すべきもののように思われる．

「第一原理：この前の所有権が相続されて，つぎつぎと際限なくつづく場合を想定しよう．

われわれがこの原理を適用しようとする動機は，われわれが過去に経験しなかった大変動や大変化が起こることはないという確率が高いということである．あらゆる部門，そしてヨーロッパのすべての国々における文化の進歩，近代化の精神とそれを支配統御する平和，マキャベリズムの落しはじめた軽蔑すべき事件などが，将来戦争や革命を滅多に起こすものでないということを確信させるように思われる．また，われわれが適用しようとする原理が計算と観察をより容易にさせると同時に，より精巧ならしめるという利点ももつ．」

728. その論文は重要でもなければ興味のあるものでもない．すでにコンドルセの『**試論**』で指摘しておいたように，曖昧さと矛盾によって醜くなっている．権利を生み出す事象がある一定の時間内に必然的に起こる場合，たとえば，相続するごとに財産に権利が生ずるような場合を，まずコンドルセは検討する．それから，権利を生み出す事象が必然的に起こらない場合，たとえば，財産の規模や特殊な相続の仕方によっては財産に権利が生ずるような場合を検討している．彼は最初の場合について3通りの方法を示している．しかし，彼のいうこととは逆に，第1の方法のみが，権利を生み出す事象が必然的に起こる場合に適用できるのみであることがわかる．

729. コンドルセの第2の方法の結果を，彼の表現方法によらずに示すことにしよう．

簡単のために，ある事象が起こったら，金額1ポンドが支払われるものとする．1年後に支払われる1ポンドの現価を c とする．その事象が1年のうちに起こるであろう確率を x とする．すると第1年目に生ずる権利の現価は xc であり，第2年目に生ずる権利の現価は xc^2，第3年目に生ずる権利の現価は xc^3，……である．したがって，すべての権利の現価は

— 329 —

第17章　コンドルセ

$$x(c+c^2+c^3+\cdots\cdots)=\frac{xc}{1-c}$$

である.

そこで,x の値はいくらかという問題が生ずる.過去の $m+n$ 年間に,その事象が m 回生起し,n 回生起しなかったとする.そのときは,x として $\dfrac{m}{m+n}$ をとることが合理的と考えられる.それで上式の右辺の値は

$$\frac{c}{1-c}\,\frac{m}{m+n}$$

となる.しかしながら,コンドルセはベイズの定理を用いて,全権利の現価を

$$\frac{\int_0^1 x^m(1-x)^n\dfrac{xc}{1-c}dx}{\int_0^1 x^m(1-x)^n dx}=\frac{m+1}{m+n+2}\,\frac{c}{1-c}$$

であるとする.

さらに,コンドルセは現在の瞬間において,その事象がちょうど生起し,それによって権利が生ずるとすれば,上述の結果に1を加え,全権利の現価は

$$1+\frac{m+1}{m+n+2}\,\frac{c}{1-c}$$

である.

730. 前節の研究は,この論文が掲載されている巻の680頁に書いてあることと同じ基盤の上にたっている.しかしもっと分りやすかったらと思う.われわれは2つの点に注意しよう.

（Ⅰ）　この方法が第1の場合,すなわちある事象がある一定の年数の間に起こらねばならない場合に応用できると,コンドルセがいっているのはまったくの誤りである.彼が言及している例,すなわち現在の所有権者の死亡により,財産の相続者としての権利が生ずる例には,この方法はまったく応用できない.なぜなら,このような事象の生起する確率は,この方法で仮定したように毎年一定ではないのである.その方法は第2の場合,すなわち権利が規模に応じて生ずる例には応用できるであろう.なぜなら,そのような事象は毎年毎年永久に同じように生起するとしても矛盾を生じえないからである.

（Ⅱ）　ベイズの定理を適用することに利点はないことがわかる.コンドルセはベイズの定理を好んで使用している.それにこの論文も他の確率論の論文と同じように,積分記号を過度に用いている.上述の例においても,もしも m と n が非常に大きな数であれば,ベイズの定理を用いて出した結果と実際的な変りはない.もしも $m+n$ が小さい数ならば,過去のわれわれのもつ知識は信頼性をもって未来の予想をするには不十分である.

731. 以上述べたことから,コンドルセが2番目の例を考察しようとしたとき,曖昧になるだろうと予想されたのであるが,果せるかなそうであった.彼は論文の685頁で,たったいま求めた3つの方法に修正を加えるのである.しかし,第2の方法は実際にはまったく修正されていない.というのは,観測の回数を m と n でなく,m' と n' と仮定したにすぎないからである.第3の方法の修正は不合理のように思われる.第1の方法の修正は2つの部分に分けられるが,意味の通じるのは前者だけである.

しかし,これらの点については,原論文を研究する学者に任せることにしよう.

732. 687-690頁で,コンドルセは2つの異なる権利から生ずる総価値について研究していることは付け加えておいてよいだろう.この研究が何であれ,どんな役に立つのか理解しがたい.というのは

普通の方法によって，おのおのの場合を別々に計算できるからである．分子と分母に$n+n'+n''+n'''$ー2回の連続的な積分を含む分数を計算しなければならないという事実から，その結果について非実用的な性格をもついくつかの考えが得られるのかもしれない．このような複雑さは，ベイズの定理の途方もない拡張と誤用から生じたものである．

733. コンドルセの論文の第4篇は『**過去に生起した事象の観察によって，未来に生起するであろう事象の確率を確定する方法についての反省**』(*Réflexions sur la méthode de déterminer la Probabilité des évènemens futurs, d'après l'Observation des évènemens passés*) と題されている．第4篇と第5篇は『**パリ……アカデミーの歴史**』1783年号に発表され，539–559頁に載っている．この号は1786年に出版されているが，541頁に引用されているコンドルセの『**試論**』が出版されたあとであった．

734. $m+n$回の試行で，ある事象がm回生起し，n回生起しなかったとする．そのとき，その事象がつづく$p+q$回の試行でp回生起し，q回生起しない確率を求めたい．求める確率は

$$\frac{(p+p)!}{p!q!}\ \frac{\int_0^1 x^{m+p}(1-x)^{n+q}dx}{\int_0^1 x^m(1-x)^n dx}$$

であり，すでに**704**節で述べておいた．

コンドルセはこの結果を引用している．しかしながら，彼はもっと良い公式が得られるであろうと考え，そこで2つの公式を提示している．しかし，それらは恣意的であり，普通の公式より勝れていると考えられる理由はまったくない．ここでは，コンドルセによって提示されている，これらの公式を示すことにしよう．

Ⅰ．$t=m+n+p+q$とおく．そして

$$u=\frac{x_1+x_2+x_3+\cdots\cdots+x_t}{t}$$

とおく．そのとき，提案された公式は

$$\frac{(p+q)!}{p!q!}\ \frac{\int\int\cdots\cdots\int u^{m+p}(1-u)^{n+q}dx_1 dx_2\cdots\cdots dx_t}{\int\int\cdots\cdots\int u^m(1-u)^n dx_1 dx_2\cdots\cdots dx_{m+n}}$$

である．

おのおのの積分範囲は0と1の間とする．

Ⅱ．ある事象がn回連続して生起したとき，それがさらにp回連続して生起する確率を求めたい．

$$u=x_1\frac{x_1+x_2}{2}\ \frac{x_1+x_2+x_3}{3}\cdots\cdots\frac{x_1+x_2+\cdots\cdots+x_n}{n},$$

vをuと同様，$n+p$項まで拡張した式とする．そのとき，コンドルセは求める確率として

$$\frac{\int\int\cdots\cdots\int v\,dx_1 dx_2\cdots\cdots dx_{n+p}}{\int\int\cdots\cdots\int u\,dx_1 dx_2\cdots\cdots dx_n}$$

なる公式を提案する．

おのおのの積分範囲は0と1の間とする．

コンドルセはある場合については他の公式をいくつか提案している．それらはすでに述べた公式と同じように恣意的であり，完全にわかりやすいというものではない〔第4篇，550–553頁参照〕．

735. コンドルセの論文の第5篇は『**異常な出来事の確率について**』(*Sur la probabilité des faits*

— 331 —

第17章　コンドルセ

extraordinaires）と題されている.

　p はそれ自身ある事象の確率とする. ある証言の真なることの確率を t で表わす. この証言が述べることは, その事象が起こったということである. そのとき, その事象が実際に生起した確率と, 生起しなかった確率を求めよ. 求める確率はそれぞれ

$$\frac{pt}{pt+(1-p)(1-t)}, \quad \frac{(1-p)(1-t)}{pt+(1-p)(1-t)}$$

である. コンドルセはほとんど説明なしに, これらの公式を与えている.

　これらの公式の応用も難渋をきわめる. 富クジの札10,000枚のうち, 1枚が抜き出され, その番号が297番であったと, 信頼のおける証言があったとする. ここでもし $p=\frac{1}{10000}$ とすれば, その証言が正しい確率は非常に小さいものになるので, この公式は信頼できなくなる〔ラプラス『確率の解析的理論』446-451頁；ド・モルガン『ケンブリッジ哲学会報』第IX巻. 119頁参照〕.

　736. コンドルセは, p を推定する方式, t を推定する方式の2点に注意を与えている. 前者については, 彼の論文の第6篇で繰返し説明される. それでわれわれは, 彼が第5篇の論文と第6篇の論文で唱導した見解の概要を与えることにしよう.

　第2の点, t の推定方式について, コンドルセの注意の骨子は, 一人の証人の証言の確率はすべての事実について同一ではないということである. もしもある単純な事実に対して証言の確率を u と推定すれば, 2つの単純な事実からなる複合した事実に対しては u^2 と推定すべきである, 等々. しかしながら, 一人一人が単純な事実を観察するように, 一人の証人が2もしくはそれ以上の単純な事実からなる複合した事実を観察することができるかもしれない.

　737. コンドルセの論文の第6篇は『ある評論の 問題に 対する前篇の 原理の応用』（*Application des principes de l'article précédent à quelques questions de critique*）と題されている. それは『パリ……アカデミーの歴史』1784年号に発表された. 論文は454-468頁に載っている.

　738. 第6篇では, 735節で p と記した値の推定の方式について, 第5篇で行なったいくつかの注意に言及している. 彼はつぎのように述べている.

　「この聴問した事件に関して, 事実を正しいとする確率は, 起こったところの組合せの数に対するすべての組合せの数の比とする必要のないことが, 同時に観察される. たとえば, 10枚の札から1枚の札を抜きぬくゲームで, 証人が私にこの札は特別の札だといったとしたら, この事実の正しい確率は, 証言を生み出す確率と比較して論議されるもので, このカードが抽出される確率, つまり $\frac{1}{10}$ ではなくて, 別のカードを特に確定するより, むしろこのカードをもってくる確率といった方がよい. そして, これらの確率はすべて等しいので, この事実の正しい確率は $\frac{1}{2}$ である.

　この区別は必要である. そしてそれは2種類の哲学者間の意見の相反することを説明するためにも必要である. 一方の人たちは, 異常な出来事が生じたという証言の確率が, 正常な出来事が生じたという証言の確率と等しいとしか信じることができない. それで, たとえば, もし良識ある人が, 1人の女が1人の男子を分娩したと私に語ったと思い込んだら, 私は彼女が12人も子供を出産したとその人が語ったのではないかということも, 同じように信じなければならない.

　反対に, 他の立場の人たちは, 証言は異常な, ごく僅かな可能性しかない出来事に対しては効力がないとする. それで, もし100,000枚のクジをひき, そして信ずるにたる1人の人間が, たとえば当りクジは256番だといったとしたら, 誰も彼の証言を疑わない. たとえ, 1に対して99999倍のものを賭け, その結果, この事象が起こらなかったとしてもである.

— 332 —

先に述べたような観察によって，2番目の場合，事実が正しい確率は$\frac{1}{2}$であり，証言は効果がある．かわって，第1の場合，この確率ははなはだ小さく，証言の効果はほとんど無に帰する．

つぎに，事実を正しいとする確率に対して，この事実，もしくは同様な事実を生ずるところの組合せの数に対する組合せの総数の比率をとることを提案する．

このようにして，たとえば10枚のカード・ゲームから1枚のカードを抽く場合，何かある限定した1枚のカードを抽く組合せの数は1である．他の限定したカードを抽く組合せも1である．それで$\frac{1}{2}$は事実が正しい確率を表現する．もし，人が私に同じカードを2回続けて抽いたといったとしたら，同じカードを2回抽くのは10通り，相異なるカードをつづけて抽くのは90通りであるから，事実が正しい確率は$\frac{1}{10}$となり，はじめの証言の確率はより信頼のおけるものになる．

しかし，私は問題を考察するこの方法を放棄せねばならないと思っている．なぜなら，1° それは私には甚だ仮説的なものに思われるからである．2° 同じような事実の比較はしばしば難かしい．また比較が恣意的に与えられる仮説によってしかできないという，さらにまずい場合も生ずるから．3° 例題に応用するとき，普通の推論にたよったにもかかわらず，はなはだ思惑はずれの結果が導びかれるからである．

そんな理由で，私はそれに対して別のものを探している．そして，ある事象の正しい確率として，他の事象すべての平均確率に対する普通の意味での事象の起こる確率の比をとるのが，より正確であるように思われる．」

739. こうして，コンドルセは第5篇で彼が行なった提案をすて，他の方法を提案していることがわかる．しかし，この新しい提案もコンドルセ自身が古い案に対して提議した欠陥をまぬがれているとは思えない．そのことについては，次節で与えられるコンドルセの例題についての分析からわかるであろう．

740. 10枚のカードがあり，ある特定のカードが2回つづけて抽きぬかれたと主張されたとする．その事象が正しい確率（probabilité propre）を推定しよう．同じカードが2回抽かれる場合は，このほかにも9通りあり，それらのおのおのが起こる確率は，普通の計算では$\frac{1}{100}$である．2回抽かれるとき，違ったカードが抽かれる場合の数は45通り，それらのおのおのの確率は，普通の計算では$\frac{2}{100}$である．よって，他の事象すべての平均確率は

$$\frac{1}{54}\left\{45 \times \frac{2}{100} + 9 \times \frac{1}{100}\right\} = \frac{99}{5400}$$

こうして，コンドルセ自身の言葉によれば，その事象の正しい確率は

$$\frac{1}{100} \div \frac{99}{5400} = \frac{54}{99}$$

でなければならない．しかし，彼自身は，その事象の正しい確率は$\frac{54}{153}$であると述べているので，彼は$\frac{1}{100} \div \frac{99}{5400}$としたのではなくて，

$$\frac{1}{100} \div \left\{\frac{99}{5400} + \frac{1}{100}\right\}$$

と考えていたことがわかる．つまり，コンドルセの論文にはよくあることだが，彼は自分のいいたい意味を十分に表わした文章を書かないのである．

さらに，10枚のカードがあり，今度はある特定のカードが3度つづけて抽きぬかれたと主張されたとする．その事象の正しい確率を推定しよう．この場合の，他のすべての事象の平均確率は

第17章　コンドルセ

$$\frac{1}{219}\left\{120\times\frac{6}{1000}+90\times\frac{3}{1000}+\frac{9}{1000}\right\}=\frac{999}{219000}$$

である.

コンドルセはその事象の正しい確率は$\frac{219}{1218}$であると述べているが, それは$\frac{1}{1000}\div\left\{\frac{999}{219000}+\frac{1}{1000}\right\}$と計算したものである.

741. ところで, コンドルセはこれらの結果をつぎの言葉で適用する.

「このようにして, たとえば, 証言の確率は$\frac{99}{100}$である. いいかえると, 証人は100回のうち1回は間違うと仮定すると, 証言によってある確定したカードが抽きぬかれた確率は$\frac{99}{100}$もしくは$\frac{9900}{10000}$である. 同じカードが2回抽きぬかれた確率は$\frac{9818}{10000}$, 3回抽きぬかれた確率は$\frac{9540}{10000}$である.」

これらの数にはいくつかの難点があることがわかる.

その事象が正しい確率をp, 証言の確率をtとする. それで, 適用されるべき公式は$\frac{pt}{pt+(1-p)(1-t)}$であると考えられる. 最初の場合, コンドルセは$p=1$と仮定しているように思われる. それで見かけ上は, 事象の正しい確率は$\frac{1}{10}\div\frac{1}{9}\left\{9\times\frac{1}{10}\right\}$となって, 実際には彼の言葉と一致するのであるが, **740**節で示したように実用的にはうまくいかない. もし, 実際に計算しようとすると, $p=\frac{1}{2}$とすべきである.

第2の場合には, $p=\frac{54}{153}$であるが, この値を公式に代入すると$\frac{54}{55}$で, およそ0.9818となる.

第3の場合には, $p=\frac{219}{1218}$であるが, この値を公式に代入すると$\frac{803}{840}$となり, およそ0.9560となり, コンドルセのいう0.9540とは異なる.

742. コンドルセのつぎの例題は非常に恣意的で曖昧であるように思われる. 彼はつぎのように述べている.

「いまもなお, 観察の結果, 20,000,000人の人について, 120才の人が1人, 最高令者は130才までであったことが認められるとしよう. 1人の男が私に, 誰か1人が120才で死んだと告げたとする. この事象が正しい確率を求める. まず, 130才以上生きるということは, 私が考えるに起こりそうもない事柄である. それで131通りの異なる事柄があって, そのうちのひとつの事柄が, 120才である人が死んだということであるから, その確率は$\frac{1}{20000131}$. 130通りの他の事柄の平均確率は$\frac{20000130}{20000131\times130}$. それで求める事象が正しい確率は$\frac{130}{20000260}\div\frac{1}{15384}$である.」

743. コンドルセのつぎの例題も, また同じように恣意的であるように思われる. 彼はつぎのように述べている.

「この方法は不確定な事象についても同様に適用できる. そしてまた同じ例をひき合いに出すが, もし1人の証人が同じカードを2回抽きあてたとのみ証言して, そのカードの番号をいわなかったとしたら, そのときこの10通りの事象はそれぞれ$\frac{1}{100}$の確率をもち, 同時にその$\frac{1}{100}$はそれらの平均確率をも表わす. それぞれの確率が$\frac{2}{100}$である45通りの他の事象の平均確率も$\frac{2}{100}$である. したがって, その事象が正しい確率は$\frac{1}{3}$である.」

この場合の結果が, **740**節で得られた結果より小さくなるのは, 奇妙にみえるかもしれないと, コンドルセ自身も思ったようである. それで, 同じカードが2回抽きぬかれたのをみたということのみを教えたときは, 2回抽きぬかれたカードがさらに何であったかを教えるよりも信頼性がうすいと考

— 334 —

えてよい．コンドルセはこの明らかに奇妙なことを説明しようとしているが，うまくいっていないのである．

　しかしながら，この奇妙さはコンドルセ自身の恣意的な選択から生じたもののように思われる．彼自身が設定した規則によれば，他の事象すべての平均確率 (la probabilité moyenne de tous les autres èvènemens) を推定することが必要であった．そして，彼はこの平均確率を2通りの別々の方法で推定しているのであって，その異なる方法を用いた十分な根拠は明らかにされていない．

744. コンドルセのつぎの例題をあげよう．2個のサイコロを持っている人が5回投げ，5回ともつづけて目の和が10以上でたということを，われわれはしらされたとする．そのとき，事象が正しい確率を求めよ．2個のサイコロ投げの結果は 2, 3, ……, 12であり，それぞれの確率は

$$\frac{1}{36}, \frac{2}{36}, \frac{3}{36}, \frac{4}{36}, \frac{5}{36}, \frac{6}{36}, \frac{5}{36}, \frac{4}{36}, \frac{3}{36}, \frac{2}{36}, \frac{1}{36}$$

である．事象の総数は

$$\frac{11 \times 12 \times 13 \times 14 \times 15}{5!} = 3003$$

である．そして，これらのうち，唯の6通りが件の組合せである．これらの6通りの場合の確率は $\frac{1}{12^5}$ であるから，それらの平均確率は $\frac{1}{6 \times 12^5}$ である．他の投げの平均確率は $\frac{11^5}{2997 \times 12^5}$ である．それで，その事象が正しい確率は $\frac{2997}{6 \times 11^5 + 2997}$ である．

　ここでの説明すべてが非常に恣意的なことは明らかである．コンドルセが件の組合せが6通りあるといっているのは，5回の投げのうち，5回とも12の目，5回とも11の目，4回が12と1回が11の目，3回が12と2回が11の目，……のことを意味している．そして，彼は平均確率が $\frac{1}{6 \times 12^5}$ であるといっている．しかし，これらの投げの結果の起こり方の順序も考えに入れないといけないから，すべての起こり方の数は 2^5 通りある．結局平均確率は

$$\frac{1}{2^5} \left(\frac{1}{36} + \frac{2}{36} \right)^5 = \frac{1}{2^5 \times 12^5} \text{である．}$$

　ふたたび，起こりうるすべての場合が3003通りあるとし，そのうち6通りだけが件の組合せであるとしよう．すると他の2997通りの場合のなかには，5回の投げとも目の和が11未満のものと，5回の投げのうち何回かが11未満で残りは10を越えている場合とに分けられる．コンドルセが平均確率として $\frac{11^5}{2997 \times 12^5}$ を考えているのは，この区別を忘れ，前者の場合のみを考えているからであった．彼は $\frac{11^5}{2997 \times 12^5}$ とすべきではなくて，$\frac{1}{2997}\left(1 - \frac{1}{12^5}\right)$ とすべきであった．

745. 2種類の事象AとBを考える．あるAが起こる確率を a，あるBが起こる確率を b とする．m個の事象Aとn個の事象Bがあるとする．ある指定された事象がBであることが正しい確率は，コンドルセの計算によれば

$$\frac{b}{\frac{ma + (n-1)b}{m+n-1} + b} = \frac{(m+n-1)b}{ma + (m+2n-2)b}$$

である．もしも，$m = n \to \infty$ とすると，これは $\frac{2b}{a+3b}$ となる．もしbが極めて小さく，aがほとんど1に等しいとすると，近似値として $2b$ を得る．

746. コンドルセは自分の学説を，ローマ史に関する2つの陳述の信頼性の問題に応用しようとする．彼はつぎのように述べている．

第17章 コンドルセ

「私はいま自分がうちたてた原理を信頼性の問題に応用することを試みたいと思う．ニュートンが，事柄の信頼性の判定に確率計算を応用するという考えをもった最初の人であった．年代学についての彼の著作のなかで，非常に不確かな年代学の疑点に接近する方法を決定するためにせよ，矛盾していると思われる年代の間を一致させるために考え出された違った理論体系が必要とする信頼性を，多少なりとも判断するためにせよ，いままでわれわれが経験にたよっていたような，生存と統治の平均期間を知るのに，確率計算を用いようと彼は提案する．」

コンドルセは，この確率論の応用に対して，反対した人々としてフレル（Fréret）の名をあげ，支持した人としてヴォルテール（Voltaire）の名をあげている．しかし，引用はしていない．

747. ある歴史家によると，ローマの7人の王の統治は257年つづいたという．コンドルセはこの陳述の信頼性を吟味しようとする．選挙君主政体においては，選挙された王は30才から60才の間と仮定してもよかろうと，彼は考える．彼はド・モワブルの人間の寿命についての仮説を採用している．その仮説は，コンドルセが使っているように，ある任意の時点で y 才の人の数は $k(90-y)$ 人であるとする．ここで k は定数で，毎年あたりの死亡数である．

もっとも若くして選ばれた王が生存しうる最大年数を n，もっとも老いて選ばれた王が生存しうる最大年数を m とすると，ある王一代の統治がちょうど r 年つづく確率は，展開式

$$\frac{(n-m+1)x(1-x)-x^{m+1}+x^{n+2}}{(1-x)^2\left(\dfrac{n+m}{2}\right)(n-m+1)}$$

における x^r の係数である．

この公式がどのようにして検証されるかを示すには，もう少し説明が必要であろう．われわれの仮説から，王として選ばれる可能性のある人の数は

$$k\{n+(n-1)+(n-2)+\cdots\cdots+m\}=\frac{k(n+m)(n-m+1)}{2}$$

であることがわかる．そして，もし $r<m+1$ ならば，r 年目に死ぬ人の数は $k(n-m+1)$ 人である．もし $m+1\leqq r\leqq n+1$ ならば，r 年目に死ぬ人の数は $k(n-r+1)$ である．もし $r>n+1$ ならば r 年目に死ぬ人の数は0である．さて

$$\frac{(n-m+1)x}{1-x}-\frac{x^{m+1}-x^{n+2}}{(1-x)^2}$$

の展開式における x^r の係数は，

$$r<m+1 \quad ならば \quad n-m+1$$
$$r>n+1 \quad ならば \quad 0$$
$$それ以外 \quad ならば \quad n-r+1$$

であることがわかるであろう．

748. かくして，7人の王の統治がちょうど257年継続する確率は

$$\frac{(n-m+1)x(1-x)-x^{m+1}+x^{n+2}}{(1-x)^2\left(\dfrac{m+n}{2}\right)(n-m+1)}$$

の7乗の展開式における x^{257} の係数である．

ところで，コンドルセは，$n=60$，$m=30$ にとり，求める係数は0.000792であると述べている．この値を彼が正確に計算したと仮定しよう．

こうして，彼は普通の意味での確率を求めたのである．その値を P で表わす．それから，この事象が正しい確率を求める．統治の期間は7年から420年までのいずれかであるから，414個の可能な事象

— 336 —

が存在する．こうして，他のすべての事象の平均確率は $\frac{1-P}{413}$ である．それで，その事象が正しい確率は $\frac{413P}{1+412P} \doteqdot \frac{1}{4}$ である．

749. 他の歴史家によれば，それらの王の統治期間は257年ではなくて，140年であると，コンドルセは述べている．このことの普通の確率は，0.008887であり，これを Q とかく．そのとき，その事象が正しい確率は $\frac{412Q}{1+411Q}$ で，それは $\frac{1}{2}$ より大きい．

ここでは，彼は事象の総数を414ではなくて，413にとっているように思われる．

750. それから，コンドルセは3つの事象，つまり，257年間の統治期間，140年間の統治期間，そして起こってしまった何か不確定な他の事象（un autre évènement indéterminé quelconque qui auroit pu avoir lieu）とよぶものの比較へと進む．彼は，これらの事象が正しい確率をそれぞれ

$$\frac{411P}{410(P+Q)+1},\ \frac{411Q}{410(P+Q)+1},\ \frac{1-P-Q}{410(P+Q)+1},$$

それらはおよそ

$$\frac{3}{50},\ \frac{37}{50},\ \frac{10}{50}$$

であるとしている．

ここでは彼は事象の総数を，ふたたび413にとっているようにみえる．

彼は，これらの確率を，第1の事象もしくは第2の事象が過去に起こったという証言から生ずる確率に組合せようとしている．

751. コンドルセはローマ史のもうひとつの陳述，つまり占卜官アキウス・ナエヴィウス（Accius Naevius）が剃刀で石を切ったという陳述を考察している．コンドルセは普通の意味での確率を $\frac{1}{1000000}$ とし，745節の方法を用いて，その事象が正しい確率を $\frac{2}{1000000}$ としている．

752. いままで，コンドルセの論文に多くの紙面を費してきたが，それはこの著者の名声によるためである．しかし，コンドルセは内容以上に評判がよすぎたのではないかと思う．われわれには，彼の論文が全体にわたって，極度に恣意的であるとともに非実際的であり，そして部分的には非常に曖昧であるように思える．

753. いろいろな箇所で，コンドルセの研究の曖昧さと非実用性について，大へん断定的な意見を吐いたので，他の著書たちの意見を紹介するのが公平なことだろう．

グローは彼の著作の89-104頁をコンドルセに割いているが，つぎのような欠点を指摘している．すなわち，「適確さに欠け，文章の綾に欠けた困った文体；しばしば曖昧で気まぐれな哲学；最良の裁判官ですら混乱してしまう分析」これだけの欠点がありながら，コンドルセは度をこえた賛辞もうけている．それでわれわれはグローに，デュガルト・スチュワート（Dugald Stewart）がヴォルテールを引合いに出していった非難を，そのままいいたくなる．つまり，「ヴォルテールは，あまりにも平凡な言葉をありあまるほど使って，ロックを賞賛しているので，かつて彼がそんなに激賞した本を，本当に読んだことがあるのだろうかと思う程である．」〔『ハミルトン編，スチュワート全集』第I巻，220頁〕．

ギャロウエイは，コンドルセの『試論』について「非凡な著作で

ヴォルテール

第17章　コンドルセ

あり，かつ人類にとりもっとも重要な問題についての数々の注目すべき意見にあふれている著作である」と述べている〔『百科全書ブリタニカ』の確率の項目〕.

　ラプラスは，彼の確率論の簡潔の歴史の素描のなかで，コンドルセの名前をあげていない．しかし彼はコンドルセが考察したような類の問題にふれ，「いろいろな欲情や種々異なった利害関係，またさまざまな事象などがこれらの対象に関する諸問題を複雑なものにするだけで，これらの問題はほとんどつねに解けないのである．」といっている〔『確率の解析的理論』CXXXVIII頁〕.

　ポワソン（Poisson）はとくにコンドルセの名をあげ，彼の『試論』のなかの序論について，「この種の研究の効用を示す適切な考察を注意深く展開している」と述べている．そしてラプラスのいくつかの研究にふれたあとで，つぎのようにポワソンはつけ加えている．「……すでに過去において何回となく観察された被告人の有罪と無罪の例によって，未知の原因に判決をいいわたすように，ベイズの定理を使って，この原因の確率を演繹することを問題にしたのは，コンドルセの非凡な着想であったというのが公平であろう．」〔ポワソン『確率計算の一般規則を先に述べ，**それから刑事事件，民事事件の裁判判決に確率を使う研究**』（*Recherches sur la probabilité des jugements en matière criminelle et en matière civile, précédées des règals générales du calcul des probabilités*）2頁〕

　ジョン・スチュワート・ミルについてはすでに言及ずみである〔665節参照〕．彼の青春のころのある文章は，おそらく，コンドルセを意識して述べたものではないにしろ，実によくコンドルセにあてはまるのである．ミルは「確率が観察や実験によって導出されるときでさえ，さらによい観察を行なったり，特殊な状況の場合をすべて考慮して，ほんの少しでもデータを改善する方が，以前のより劣ったままのデータに基づいて確率計算を入念に適用するよりも，はるかに有用である．」といっている〔ミル『論理学』第II巻，65頁〕．確かにコンドルセは，どんなデータからでも，たとえそれらが不完全なものであってさえも，適当な積分記号のついた公式を用いると，価値のある結果が得られると，夢想していたように思われる[7].

〔訳　註〕

（1）**コンドルセ**（Marie-Jean-Antoine-Nicolas Caritat, marquis de Condorcet）は1743年9月17日，北仏のピカルディ州リブモンに生れた．ときまさにオーストリア継承戦争（1740-1748）の最中で，父アントワーヌは騎兵大尉として出陣，ストラスブルク南方で戦死した．コンドルセ4才のときであった．幼くして父を失った彼は信心深い母ゴードリ（Gaudry）の手によって養育された．虚弱な母親は，母に似た息子の虚弱さを心配し，一人息子を聖母に捧げることを誓い，8才まで白衣をまとわせ，女児としての生活を送らせた．後年，無口で一見女性的とすら評されたコンドルセの性格態度は，この頃の影響と思われる．

　9才のとき，コンドルセはリジュー（Lisieux）の司教をしていた亡父の兄，ジャック・マリーのもとにひきとられ，2年間教育された．11才で伯父の友人のジェスイットの神父に師事，13才でランスのジェスイット学校に入り，さらに15才のときパリのコレージュ・ド・ナヴァル（Collège de Navarre）に入学した．この学校はかつて宰相リシュリュ（Richelieu）を生んだ名門校であったが，彼は理性を窒息させるような宗教的教養と，貴族的思惟を尊重する教育方針に反撥し，ひたすら合理的な科学研究に努力を傾注した．入学の翌年の復活祭における数学の難問を見事に解いて，ダランベールから激賞されたという．コレージュ・ド・ナヴァルを卒えたコンドルセは一旦帰郷した．家門の伝統たる軍職につくことを断り，1763年再度上京して数学の研究に没頭する．1765年22才で『**積分計算についての試論**』（*Essai sur le calcul intégral*）をアカデミーに提出，1767年には『**三体問題についての覚え書**』（*Mémoire sur le problème des trois corps*）を，1768年には『**解析学試論**』（*Essai d'analyse*）を発表し，数学者の地位を確立し，1769年にはダランベールの推挙により，26才にして科学アカデミーに迎えら

— 338 —

れた．1773年アカデミーの終身幹事となり，会員の死去に際する頌辞を執筆し，しかもこの責を見事に果し終えた．このことはコンドルセが自然科学の諸分野に関して博識な知識と的確な理解とを有していたことを示している．

1774年ルイ16世即位，フランス財政の立て直しを計って，8月経済政策に明るいチュルゴー（Turgot）が大蔵大臣になるや，彼は造幣総監に起用され，重農主義と自由貿易主義を主要理論とするフィジオクラシーの経済原則の線に沿って目ざましい活躍をする．百科全書の『独占および独占者』（Monopole et Monopoleur）は彼の手になるものである．こうして彼は自由主義の立場にたつ経済学者としての地位を獲得していった．1776年チュルゴーの解任が特権階級から出され，チュルゴーは去ったが，コンドルセの辞職は受け入れられなかった．しかしコンドルセの職務に対する興味は完全に失なわれていた．

1782年，パリ科学アカデミー会員に当選．就任演説は社会数学（mathématique sociale）についてのもので，それは1785年の『投票の多数による決定の確率についての解析学の応用に関する試論』として具体化された．

1786年コンドルセはノルマンディの名家の出であるマリ・ルイズ・ソフィ・ド・グルシ（1764-1822）と結婚，彼女はよき伴侶としてコンドルセの活動の内面的支持を行なった．結婚後3年目に勃発した大革命は，百科全書派に属する最後の哲学者としての彼を，生命・才能ともに投入させることになる．1790年パリ市会議員，1791年パリ選出立法議会の代議士となり，革命政府の公教育計画立案に参画する．1793年5月31日の政変で，コンドルセの属するジロンド党はジャコバン党に敗れ，新憲法を攻撃した彼は，10月3日の議会で欠席裁判をもって死刑を宣告された．その後9ヶ月間，ヴェルネ夫人（Vernet）のもとにかくまわれるが，この間に一冊の参考書もなく，『人間精神の進歩についての歴史的叙述の素描』（Esquisse d'un tableau histrique des progrès de l'esprit humain）を執筆している．この書で，人間の理性を確信し，人類社会に自由の楽園の建設を信じて疑わなかったコンドルセの真価が表われている．しかし，ヴェルネ夫人に迷惑のかかることを恐れて同家を去ったのち，官憲に発見，ブール・ラ・レーヌ（ガロアの故郷）の獄舎に投ぜられ，獄中で毒薬自殺した．1794年4月9日のことであった〔コンドルセ，松島鈞訳『公教育の原理』，明治図書，解説参照〕．

（2）この著作は，彼の死後ソフィ夫人の手で『政治学および道徳学へ，解析学を適用することを目的とする科学についての概要』（Tableau général de la science qui a pour objet l'application du calcul aux sciences politiques et morales）の題名で『国民教育雑誌』（Journal d'Instruction publique）に連載され，広く周知された．

（3）アン・ロベール・ジャック・チュルゴ（Anne Robert Jacques Turgot）はフランスの経済学者にして政治家である．伝統的に神学の勉強から始めたが，ヴォルテール，モンテスキュー，ルソーらの影響をうけて，百科全書派となった．1751年ソルボンヌで「人間精神の継続的進歩の哲学的展望」（Tableau philosophique des progrès succesifs de l'esprit humain）なる講演をし，18世紀の典型的合理主義的歴史観を示した．1752年以後行政官となり，自由主義経済政策の推進者グールネー（Gournay）の指導でイギリス経済学を学び，ケネー（Quesnay）と交わって重農主義経済理論を学ぶ．1761年-1774年リモージュ（Limoges）県知事として，地方行政革新を行ない，貧乏県の財政立直しをした．そして在職中主著『富の形成分配に関する諸考察』（Réflexions sur la formation et la distribution des richesses）（1769-1770）を刊行した．1774年から蔵相としてフランス全土にわたる通商の自由，賦役の撤廃，ギルドの廃止などの大改革を行なったが，それはあまりにもブルジョワ的大改革でありすぎて，貴族や保守派の反対にあい，失脚した．1781.3.18痛風で死去．

（4）現在では同じ事象がつづけて起こることを連（run）といい，起こる回数を連の長さという．長さ q の失敗の連よりさきに長さ p の成功の連が起こる確率を求めることになる．現在なら，つぎのようにして解かれる．

長さ q の失敗の連より先に，長さ p の成功の連が起こる事象を $\mathbf{E}$，はじめの p 回の試行において，k 回目にはじめて失敗する事象を $\mathbf{H}_k(1 \leqq k \leqq p)$，$p$ 回とも成功する事象を $\mathbf{H}_0$ とする．$\mathbf{H}_0$, $\mathbf{H}_1$, ……，$\mathbf{H}_p$ は互に排反である．

$$\mathbf{E} = \mathbf{E} \cap \mathbf{H}_1 + \mathbf{E} \cap \mathbf{H}_1{}^c \tag{1}$$

$$x = P(\mathbf{E}|\mathbf{H}_1), \quad y = P(\mathbf{E}|\mathbf{H}_1{}^c)$$

第17章　コンドルセ

とおくと，(1)から

$$P(\mathbf{E})=P(\mathbf{H}_1)P(\mathbf{E}|\mathbf{H}_1)+P(\mathbf{H}_1{}^c)P(\mathbf{E}|\mathbf{H}_1{}^c)$$
$$=ex+vy. \tag{2}$$

また，ベルヌイ試行を想定されているから

$$x=P(\mathbf{E}|\mathbf{H}_k),\qquad 1\leqq k\leqq p \tag{3}$$

である．さて，標本空間を Ω とすると

$$\Omega=\mathbf{H}_0+\mathbf{H}_1+\mathbf{H}_2+\cdots\cdots+\mathbf{H}_p$$

であるから

$$\mathbf{H}_1{}^c=\mathbf{H}_0+\mathbf{H}_2+\mathbf{H}_3+\cdots\cdots+\mathbf{H}_p,$$

よって

$$vy=P(\mathbf{E}\cap\mathbf{H}_1{}^c)=P(\mathbf{H}_0)+\sum_{k=2}^{p}P(\mathbf{E}\cap\mathbf{H}_k)$$
$$=P(\mathbf{H}_0)+\sum_{k=2}^{p}P(\mathbf{H}_k)P(\mathbf{E}|\mathbf{H}_k)$$
$$=v^p+\sum_{k=2}^{p}v^{k-1}ex=v^p+(v-v^p)x$$

すなわち，

$$y=v^{p-1}+(1-v^{p-1})x. \tag{4}$$

また，$\mathbf{G}_k(1\leqq k\leqq q)$ を第 k 回目にはじめて成功する事象とし，$\mathbf{G}_0$ を p 回とも失敗する連とすると，先と同様にして

$$x=(1-e^{q-1})y \tag{5}$$

(4)(5)を解くと

$$\begin{cases} x=\dfrac{v^{p-1}(1-e^{q-1})}{v^{p-1}+e^{q-1}-v^{p-1}e^{q-1}} \\[4mm] y=\dfrac{v^{p-1}}{v^{p-1}+e^{q-1}-v^{p-1}e^{q-1}} \end{cases} \tag{6}$$

(6)を(2)に代入して

$$P(\mathbf{E})=V=\frac{v^{p-1}(1-e^q)}{v^{p-1}+e^{q-1}-v^{p-1}e^{q-1}}.$$

（6）ジャン・シャルル・ド・ボルダ（Jean Charles de Borda, 1733. 5. 4–1799. 2. 20）はフランスの代表的な天文学者であった．1756年科学アカデミー会員，流体力学などについての実験を行なっている．1771年アメリカへ，1774年アフリカへ渡り，海岸や島などで経度，緯度の観測をしており，帰国後，フランス造船学校の設立者となった．死後『3 角関数表』（*Tables trigonométriques Décimales*）（1804年）が出ている．

（7）1792年 4 月20日および21日，公教育委員会の名によって国民議会に提出された『**公教育の全般的組織に関する報告および法案**』（*Rapport et projet de décret sur l'organisation générale de l'instruction publique*）は，公教育委員会議長コンドルセによって行なわれた．法案の第 5 章リセーの第 2 条で，道徳学および政治学への計算の応用について，教授 1 名を配することが規定されており，その原注のなかで

　　「リセーの計画のなかに，計算を政治学や道徳学へ応用することをとくに担当する講座を見出して，人々は驚くであろう．

　　　こうした疑問に答えるためにも，この講座が包含すべき内容を簡単に説明することが有効であろうと思われる．」

と述べて，内容説明に入っている．

　　「……結果として生ずる不幸や，それに対比しうるための救済法は，全般的な繁栄と個人の幸福とを，また現在の幸福と無限の完全を指向する進歩とを調和させるべく努力する哲学的政治学が，全面的な注意を払うに値するものである．

　　　すべてこれらの目的が，偶然性の計算を必要ならしめるのである．そして，一定不変の値をとるのに適して

いないあらゆる事物について，その平均値を出すことを学ぶためにも，真の結果と隔っていない平均値や，あるいは一定の限界を超えた平均値など，種々の結果の偶然性を知るためにも，この偶然性の計算の諸原理を深く研究することが必要となる．

それゆえ，この計算の諸原理を講義することは必要なのである，しかして，一切のわれわれの確実性なるものは，大なり小なりの偶然性にしかすぎないものであることがやがて知られるであろうし，また，このような分析を，われわれのあらゆる知識に適用する必要が感得されることになろう.」

「最後に，あらゆる自由な憲法は，2つの原理，すなわち投票多数決制の原理と，選挙——そのこと自身は選択せられるべき人々の真価についての相対的決定である——の原理に基礎をおいている．実際，選挙による表決は，それが厳密に完全であるためには，まず候補者の2人ずつについて行なわれる比較判断を必要とする．

ところで組合せについての計算によって，やがて次のことがどうして可能であるかが教えられるであろう．すなわちそれは，相互に結合している一連の諸提案に関しては，真の多数意見は存在しないということ，そこに存在するものはこれらの提案が提出される順序にしたがって異なりうる不完全な意見であるか，もしくは，もしも人がその意見を完全なものにしようと努めるならば，そしてまた誰れが意見を変えなかったならば，矛盾した意見であるということである．

……多数決方式が存在不可能な場合には，それにかわるべきものを探究することが必要となる．すなわち，最も強大な偶然性を有する結果を，考えられる限りの諸結果の中から検討することが必要となるのである．なぜなら，われわれが採用する結果の偶然性は，その他の結果がそれぞれに獲得する偶然性のいかなるものよりも大なる偶然性を有するものでなければならないのであり，また一方では，われわれの偶然性の特定のいかなる結果にも好意を示すことなく，すべての他の結論が全体として獲得する偶然性よりも大なる偶然性を獲得することはできないからである.」

そして，「そこに計算の結果にしたがって行動することが必要とされる新しい問題分野が存在することとなるのである」といっている．〔コンドルセ『公教育の原理』松島鈞訳，215頁-219頁参照〕

— 341 —

第18章

ト　ラ　ン　ブ　レ

754. さて，トランブレによる一連の論文を吟味しよう．トランブレ（Trembley）は1749年4月13日ジュネーヴで生れ，1811年9月18日死去した[1]．

最初の論文は『**確率計算に関する初等的な吟味**』（*Disquisitio Elementaris circa Calculum Probabilium*）と題されている．

この論文は『**ゲッチンゲン王立科学協会論究**』（*Commentationes Societatis Regiae Scientiarum Gottingensis*）第XII巻に発表されている．その巻は1793年と1794年の合併号である．発行の日付は1796年．論文はその巻の数学の部分の99-136頁を占める．

755. その論文の冒頭を引用しよう．

「確率計算に関する解析学的考察がいろいろと試みられて，あちこちに散在している．それらを現在つまびらかに調査することは私には自信がない．しかしよくみてみると，そのなかでも概して特殊な問題が考察されており，最高の幾何学者たるラプラスやラグランジュもこの理論を，積分計算の最奥部から推論の補助手段をかりてきて探究しようとし，そしてそのことから確かな果実を得たことも事実である．しかしながら，すべての確率理論の原則は，簡単明瞭な基礎に依拠しており，ほとんどが組合せ論で処理しうる以外の何ものでもない．そこで，逆に一般的な初等的な研究方法があるかどうかを吟味してみると，別に他の数学的武器を用いなくても，いろいろな困難点を数多くの個々に区分けされた場合に分けて取扱えばよいことも分ったのである．そのような試みの第一の例として，この論文は，有名なラグランジュがベルリン王立アカデミーの記録集1775年号で解いた一般的な問題を，初等的な解法でまとめたものを内容としているのである．もしもこの数学が気に入ったら，他の機会に，より明白なものを生み出し，有益なものであることをしらせることを約束するものである．」

756. この文節の末尾で示された意図は，『**ゲッチンゲン論究**』のつぎの号のなかの論文により実現された．当面の論文は9つの問題を論じているが，その大半はド・モワブルの『**偶然論**』のなかに見出されるものである．したがってこの著作に対しては，トランブレは再三再四引用しており，その引用が『**偶然論**』の第2版によるものであることが明らかに示されている．われわれはトランブレの引用したものを，『**偶然論**』第3版のなかから拾いあげてこよう．

この論文に限らず，他の論文でもそうであるが，以前は非常に難かしい方法で取扱われていた定理を，初等的に考察してみようというのがトランブレの意図である．しかし，以下で明らかになるように，彼はしばしば結果を証明なしで述べているのである．

757. 最初の問題は，1回の試行である事象が生起する可能性が p であるとき，a 回の試行のうち，ちょうど b 回その事象が生起する可能性を求めるものである．トランブレはよく知られた結果 $\dfrac{a!}{b!(a-b)!}p^b(1-p)^{a-b}$ を得ている．証明には現代的な方法を用いている〔257節参照〕．

758. 第2の問題は，ある事象が少くとも b 回生起する可能性を求めるものである．トランブレは

— 342 —

すでに172節で注意をうながした公式を2つ，独立に明示し，証明している．彼は「これらの公式を先験的に同等と認めることは長々とした退屈な仕事である」と述べている．しかし，174節でやったように，公式を比較することはさほど難かしいことではない．

759. 第3の問題は，2人の演技者がいる場合での分配問題へ，第2の問題を応用することからなる．第4の問題は，3人の演技者がいる場合の分配問題である．そして第5の問題は，4人の演技者がいる場合の分配問題である．それらの結果はいずれもド・モワブルのものと一致している〔267節参照〕．

760. トランブレのつぎの3つの問題は，遊戯継続に関するものである．彼はド・モワブルの問題LXVから始めている．それは実質的には，演技者の1人が無限の資本をもっていると仮定することである〔307節，309節参照〕．トランブレはド・モワブルのやった解答の第2の方式を与えているが，しかし彼の研究は不満足なものである．括弧のなかの級数のはじめの6項をつづけて求めた後，「このような事情のもとで，数列の規則は明白である」と述べて，その級数の一般項を書きとめている．したがって，トランブレは主たる困難点をほとんどそのまま残しているのである．

761. トランブレの7番目の問題は，ド・モワブルの問題LXIVである．そして彼はド・モワブルの著作の207頁で与えられたと同じ結果を求めている〔306節参照〕．しかし，ここでもまた2，3の項を調べたのち，「このような事情のもとで，数列の規則は明白である」という言葉でもって，主たる困難点はさけて通っている．トランブレは「ちょうどそこでラグランジュの解法に戻ると，これらの諸公式は現われてこないのである」といっている．このことは，ラグランジュの公式が違った形のものであることを意味しているように思われる．多分，トランブレはもっと完全に解明されたラグランジュの第2の解法に言及しているものと思われる〔583節参照〕．

この問題の助けをかりて，ド・モワブルの問題LXVIIを解くことができるということを，トランブレは注釈のなかで述べている．これらの言葉をいいおわったのち，「$c=p-1$ とおくと第1の式から第2の式が出てくる」といっているが，これはまったく誤りであるように思われる．

762. トランブレの8番目の問題は，ラグランジュの論文のなかの第2の問題である〔580節参照〕．ある事象の可能性を p，他の事象の可能性を q とするとき，所与の回数の試行のなかで，はじめの事象が少くとも b 回，あとの事象が少くとも c 回生起する可能性を求めよ．トランブレは差分法をさけて，非常に初等的な形でラグランジュの解法を与えている．

763. トランブレの第9番目の問題は，ラグランジュの論文の最後のものである〔587節参照〕．トランブレは勝れた解答を与えている．

764. つぎの論文は『**結果に由来する原因の確率について**』（*De Probabilitate Causarum ab effectibus oriunda*）と題されている．

この論文は『**ゲッチンゲン王立科学協会の論究**』第XIII巻のなかで発表された．この巻は1795-1798年号である．発行の日付は1799年である．論文はその巻の数学の部分の64-119頁を占める．

765. 論文はつぎの文章で始まる．

「この題材を格別に考察した幾何学者たちのなかでも，パリのアカデミー論究における著名なラプラスの考察が主として目立つ．しかし，その論文のなかでの問題の解法は秀れたものではあるが難かしい解析学を応用しているので，その問題の初等的解法を探り，同時に級数論を使って問題に接近することも価値ある研究をひき出すのではないかと思う．まず私が王立協会の論文集に投稿した内容は，確率計算を組合せ論にひきもどすことによって，どんな計算もできるということである．最初の問題は短かいがあっさりふれるよう企てたが，私の方法を明確に印象づけるべく意図された

— 343 —

第18章　ト　ラ　ン　ブ　レ

ものである.」

766. 最初の問題はつぎのようなものである. ひとつの袋に 無数の白玉と黒玉が未知の割合で入っているものとする. $p+q$ 回の抽出で p 個の白玉と q 個の黒玉が抽出されたとする. そのとき, $m+n$ 回の新たな抽出で m 個の白玉と n 個の黒玉が抽出される可能性はいくらか？

その結果は

$$\frac{(m+n)!}{m!n!}\frac{\displaystyle\int_0^1 x^{m+p}(1+x)^{n+q}dx}{\displaystyle\int_0^1 x^p(1-x)^q dx}$$

$$=\frac{(m+n)!}{m!n!}\frac{(m+p)!}{p!q!}\frac{(n+q)!(p+q+1)!}{(m+p+n+q+1)!}$$

と知られている.

トランブレは551節で引用した論文に言及し, この結果は ラプラスによって与えられたといっている〔また704節参照〕.

トランブレは普通の代数学によって結果を得ている. その研究は近似的なものにすぎないが, しかしながら, 玉の個数が無限の場合には誤差は僅かなものである.

もしもそれぞれの玉が復元抽出されるならば, われわれは普通の 代数学によって, 問題の正しい解を得ることができる. このことについてはプレヴォとリュイエの論文を吟味する際わかることであろう. もちろん, 玉の数が無限個あると仮定すれば, 玉が復元抽出されようと非復元抽出されようと, 解には影響がない. それゆえ, トランブレが近似的に確立したところの重要な結果の正しい初等的証明を間接的に得たことになる.

767. つぎにトランブレによって論じられている他の問題に進もう. ひとつの袋に非常に多数の白玉と黒玉が入っているが, その割合は未知とする. $p+q$ 回の抽出で, p 個の白玉と q 個の黒玉が抽出された. そのとき, 白玉と黒玉の比率が0とある指定された分数との間にある確率を求めよ. この問題をトランブレは長々と考察している. 彼は p と q が非常に大きいと仮定して, 近似的な結果を得ている.

もしも, 上述のある指定された分数 (the assigned fraction) を $\frac{p}{p+q}-\theta$ によって記すとすれば, 求める確率の分子として, 彼は近似的に

$$\frac{\left(\dfrac{p}{p+q}-\theta\right)^{p+1}\left(\dfrac{p}{p+q}+\theta\right)^{q+1}}{(p+q)\theta}\left\{1-\frac{pq+(p+q)^2\theta^2}{(p+q)^3\theta^2}\right\}$$

を得ている.

分母は $\dfrac{p!q!}{(p+q+1)!}$ であるだろう.

トランブレは, ラプラスがこの結果を与えているのは『パリ……**アカデミーの歴史**』1778年号. 270頁と1783年号445頁であると述べている. 『**確率の解析的理論**』では, ラプラスは一般的公式を再述していない. 彼は問題を $\frac{p}{p+q}-\theta=\frac{1}{2}$ の場合に限定したようである〔ラプラス 『**確率の解析的理論**』379頁参照〕.

トランブレの方法はわずらわしいものである. 数学的に高度な研究をより初等的な形式で述べようとする他の多くの企てと同じように, トランブレの方法は研究者にとっては非常に理解しにくいのである. それよりも, 研究者は自らの数学的知識をひろげて, それから最初の方法を研究することの方

— 344 —

が，おそらく容易なことであろう．

768. トランブレは，ラプラスにならって，ブルゴーニュ州（Bourgogne）ヴィットオ（Vitteaux）村における男児と女児の出生に関して数量的応用を行なっている．ラプラスは最初このことを『パリ……アカデミーの歴史』1783年号の448頁に載せたのである．それはまた『確率の解析的理論』380頁にも載っている．ヴィットオ村では，5年間で男児203人に対して，女児212人が出生したという．ラプラスが，1783年の『パリ……アカデミーの歴史』のなかで与えたデータより，もっと新しいデータをそれ以後の著作で示していないのは奇妙である．ヴィットオ村では出生についての変則性がまだ続いているのかどうかを知ることは，興味深いことであったろうに．

769. ラプラスは出生の問題を袋から黒玉と白玉を抽出する問題になぞらえて取扱っていることが明白になる．そのようにして，彼はつぎの結果に到達した．すなわち，袋から212個の黒玉と203個の白玉が抽出されたとすれば，袋のなかに白玉よりも黒玉が数多く入っている可能性は，およそ0.67であるというのである．この結果を出生に関する言葉で表現することは，そんなに容易なことではない．ラプラスは『パリ……アカデミーの歴史』のなかで，「差0.670198は，ヴィットオにおいて，女児の出生の確率が男児の出生の確率より上まわるところの確率であろう．」と述べている．『確率の解析的理論』においては「女児が生まれやすいということは，それゆえこの観察から説明される．生まれやすさの確率は0.67に等しい．」と述べている．これらの表現は「女児の数が男児の数より超過することの確率が0.67141であろう」というトランブレの表現よりも，ここでの問題の意味にはるかによく適しているように思われる．

770. それから，トランブレはつぎのような問題を取りあげる．多数の白玉と黒玉が入っているが，その割合は未知である玉の入った袋から，p 個の白玉と q 個の黒玉が抽出された．もしもさらに $2a$ 回の抽出がなされて，白玉の数が黒玉の数を超えない可能性を求めよ．この問題は和が正確に求めることのできない級数に通じている．トランブレは無用と思われる級数について，いくつかの考察をしているが，それらを応用しているわけではない．これらの研究は彼の論文の103-105頁に出ている．106頁で級数の総和を求める粗い近似値を与えている．彼は「類似の級数を有名なラプラスが述べている」といっている．このことは『パリ……アカデミーの歴史』1778年号の280頁を参照しているのである．しかし，類似の（similem）という言葉を額面通り受取ってはならない．なぜなら，ラプラスの近似値はトランブレのものと同じではないからである．

ラプラスは，自分の出した結果を，ある所定の年において男児が女児以上に生まれる確率を推定するのに応用している．これは『確率の解析的理論』では再述されていないが，しかし事実上は397-401頁で与えられた説明のなかに含まれている．そしてその内容がはじめて現われたのは『パリ……アカデミーの歴史』1783年号の458頁においてである．

771. つぎにトランブレはラプラスの問題で，ラプラスによって『いろいろな学者たちによる……論文集』（*Mémoires……par divers Savans*）第VI巻633頁で論じられている別の問題を取りあげている．

それぞれの熟練度のわかっていない2人の演技者が，相手より先に n ゲームに勝てば賭金を全部取るという条件で演技をする．Aがあと f ゲーム，Bがあと h ゲーム勝てばゲーム・セットとなる段階で，ゲームを中止し，清算することに同意したとする．賭金をどのように配分したらよいか．Aの熟練度が x，Bの熟練度が $1-x$ であることが与えられたとしよう．そのとき172節によって，Bは賭金の $\phi(x)$ 分をとるべきであることがわかる．ただし，

— 345 —

第18章　ト ラ ン ブ レ

$$\phi(x)=(1-x)^m\left\{1+m\frac{x}{1-x}+\frac{m(m-1)}{1\cdot2}\frac{x^2}{(1-x)^2}\right.$$

$$\left.+\frac{m(m-1)(m-2)}{1\cdot2\cdot3}\frac{x^3}{(1-x)^3}+\cdots\cdots+\frac{m!}{h!(f-1)!}\frac{x^{f-1}}{(1-x)^{f-1}}\right\},$$

かつ $m=f+h-1$.

さて，もしAの熟練度を x で表わすならば，$2n-f-h$ 回のゲームでAが $n-f$ 回勝ち，Bが $n-h$ 回勝つ確率は $x^{n-f}(1-x)^{n-h}$ であるだろう．ただし，さしあたり必要のない数値係数は無視しての話である．

そこで，いま観察された事象として，もしAが $n-f$ 回ゲームに勝ち，Bが $n-h$ 回ゲームに勝ったとすると，Aの熟練度が x である可能性は

$$\frac{x^{n-f}(1-x)^{n-h}dx}{\int_0^1 x^{n-f}(1-x)^{n-h}dx}$$

であると推定される．

それゆえ，Bが受取ってよい賭金の割合は

$$\frac{\int_0^1\phi(x)x^{n-f}(1-x)^{n-h}dx}{\int_0^1 x^{n-f}(1-x)^{n-h}dx}$$

である．

これらすべてはラプラスの普通の理論のなかに含まれていることである．ところで，トランブレの方法はつぎの通りである．$\phi(x)$ を考察しよう；第1項は $(1-x)^m$ である；これはBの熟練度が $1-x$ であるという前提のもとにBが m ゲーム勝ちつづける可能性を示す．もしもわれわれがBの熟練度を先験的に知らなければ，$(1-x)^m$ の代りに，彼は $n-h$ 回ゲームに勝ち，相手のAは $n-f$ 回ゲームに勝ったという観察された事実から計算されるところの，Bが m 回続けてゲームに勝つであろうという可能性を置換えねばならない．この可能性は，766節によって

$$\frac{(n+f-1)!(2n-f-h+1)!}{(n-h)!(2n)!}\equiv M$$

である．

さらに，$\phi(x)$ のなかの $mx(1-x)^{m-1}$ という項を考察してみよう．これはBの熟練度が $1-x$ であるという前提で，Bが m 回中 $m-1$ 回ゲームに勝つであろう可能性を表わす．もしもBの熟練度を先験的にわれわれが知らなければ，この値の代りに，Bが $n-h$ 回ゲームに勝ち，Aが $n-f$ 回ゲームに勝っているという観察された事実から演繹したところの，Bが m 回中 $m-1$ 回ゲームに勝つであろうという可能性に置換えねばならない．この可能性は，766節によって

$$\frac{m(n-f+1)}{n+f-1}M$$

である．

原則ははっきりとしているから，これ以上続ける必要はない．Bがとるべき賭金の割合は，結局

$$M\left\{1+(f+h-1)\frac{n-f+1}{n+f-1}+\frac{(f+h-1)(f+h-2)}{1\cdot2}\frac{n-f+1}{n+f-1}\frac{n-f+2}{n+f-2}+\cdots\cdots\right.$$

$$\left.\cdots\cdots+\frac{(f+h-1)\cdots\cdots(h+1)}{(f-1)!}\frac{(n-f+1)(n-f+2)\cdots\cdots(n-1)}{(n+f-1)(n+f-2)\cdots\cdots(n+1)}\right\}$$

となる．

— 346 —

この過程は，トランブレの論文のなかでは，もっとも興味のある部分である．ラプラスはこの問題を『確率の解析的理論』のなかに再述していない．

772. トランブレは自分自身の方法とラプラスの方法との結びつきを示すために，いくつかの見解を述べている．これらは事実上，級数の和を求めるのに積分計算を使用することを明らかにしているのである．

たとえば，

$$\frac{1}{p+1}-\frac{q}{1}\frac{t}{p+2}+\frac{q(q-1)}{1\cdot2}\frac{t^2}{p+3}-\frac{q(q-1)(q-2)}{1\cdot2\cdot3}\frac{t^3}{p+4}+\cdots\cdots$$
$$\cdots\cdots+\frac{(-1)^qt^q}{p+q+1}$$
$$=\int_0^1 x^p(1-tx)^q dx=\frac{1}{t^{p+1}}\int_0^t x^p(1-x)^q dx$$

というような結果を与えている．

773. トランブレは確率の問題は2つの部分から成り立っているという見解を述べている．まず公式が提示されねばならないこと，そして第2に近似計算の方法が発見されなければならないこと，である．彼はラプラスからひとつの例をひいている．

観察によれば，ロンドンにおける女子出生数に対する男子出生数の比は，パリにおけるよりも大きいことがわかる．

ラプラスは，「この差は，ロンドンにおいては男子の方がはるかに生まれやすいことを示しているように思われるし，それはこのことがどの程度確からしいかを確定するのにかかわるものである」と述べている〔『パリ……アカデミーの歴史』1778年号304頁，1783年号449頁，および『確率の解析的理論』381頁参照〕．

トランブレは，

「有名なラプラスは，パリにおいてある期間内にp人の男児とq人の女児の（出生）を記録し，これに反してロンドンでは，別のある期間内にp'人の男児とq'人の女児（の出生）を記録したことを付加している．そして，彼はパリよりもロンドンでは実際上男児が出生しやすいという原因を確率に求めた．上の論議から，この確率を公式

$$\frac{\iint x^p(1-x)^q x'^{p'}(1-x')^{q'}dxdx'}{\iint x^p(1-x)^q x'^{p'}(1-x')^{q'}dxdx'}$$

によって表わすことに帰結する．」

それから，トランブレは積分の範囲を与えている；分子においては，x'は$x'=0$から$x'=x$まで，xは$x=0$から$x=1$まで積分する；分母においては，x'とxともども0から1まで積分する．

トランブレは分子を考察する．彼は$x'^{p'}(1-x')^{q'}$をx'のベキ関数に展開し，$x'=0$から$x'=x$まで積分する．つづいて，彼は$x^p(1-x)^q$を展開し，$x=0$から$x=1$まで積分する．彼は出てきた結果を，もっと便利な形に直して結果としているが，それはもしも彼が$x^p(1-x)^q$を展開しなかったとしたら，すぐさま求められ，1頁分は節約できたと思われる結果なのである．それから，彼は他の変形を行なうために，ある代数学の定理を用いている．彼はこの定理を一般的には証明していなくて，それについて最初の3つの場合だけを吟味して推測しているのである〔トランブレの論文113頁参照〕．

われわれは，別の方法で彼の最終結果を証明しよう．

— 347 —

第18章　トランブレ

$$\int_0^x x'^{p'}(1-x')^{q'}dx' = x^{p'+1}\left\{\frac{1}{p'+1} - \frac{q'}{1}\frac{x}{p'+2} + \frac{q'(q'-1)}{1\cdot 2}\frac{x^2}{p'+3} - \cdots\cdots\right\}$$

をうる.

それに $x^p(1-x)^q$ をかけ, $x=0$ から $x=1$ まで積分する. そして, 既知の公式を使って

$$\frac{q!(p+p'+1)!}{(p+p'+q+2)!}\left\{\frac{1}{p'+1} - \frac{q'}{1}\frac{1}{p'+2}\frac{p+p'+2}{p+p'+q+3}\right.$$
$$\left. + \frac{q'(q'-1)}{1\cdot 2}\frac{1}{p'+3}\frac{(p+p'+2)(p+p'+3)}{(p+p'+q+3)(p+p'+q+4)} - \cdots\cdots\right\}$$

をうる.

彼はこの結論に達するまでに多くの段階を通ってはいるが, 一応われわれはこの結果はトランブレが得たものということにする.

しかしながら, x に関して積分を行なう前に,

$$\frac{1}{p'+1} - \frac{q'}{1}\frac{x}{p'+2} + \frac{q'(q'-1)}{1\cdot 2}\frac{x^2}{p'+3} - \frac{q'(q'-1)(q'-2)}{1\cdot 2\cdot 3}\frac{x^3}{p'+4} + \cdots\cdots$$
$$= (1-x)^{q'}\left\{\frac{1}{p'+q'+1} + \frac{q'}{(p'+q'+1)(p'+q')}\frac{1}{1-x}\right.$$
$$+ \frac{q'(q'-1)}{(p'+q'+1)(p'+q')(p'+q'-1)}\frac{1}{(1-x)^2}$$
$$\left. + \frac{q'(q'-1)(q'-2)}{(p'+q'+1)(p'+q')(p'+q'-1)(p'+q'-2)}\frac{1}{(1-x)^3} + \cdots\cdots\right\}$$

という定理を用いるものとしよう.

そのとき, x に関する積分によって

$$\frac{(q+q')!(p+p'+1)!}{(p+p'+q+q'+2)!}\left\{\frac{1}{p'+q'+1} + \frac{q'}{(p'+q'+1)(p'+q')}\frac{p+p'+q+q'+2}{q+q'}\right.$$
$$\left. + \frac{q'(q'-1)}{(p'+q'+1)(p'+q')(p'+q'-1)}\frac{(p+p'+q+q'+2)(p+p'+q+q'+1)}{(q+q')(q+q'-1)} + \cdots\cdots\right\}$$

をうる.

$q'=1,2,3$ の場合に正しいことがわかるから, 最終的に積分はこうだろうとトランブレが仮定したのは, 事実上, これら2つの結果と同じである.

上に述べた定理に関して, それは両辺の x^r の係数を調べることによって得られることに注意しておこう. これらの係数の恒等性は, 部分分数の理論の一例として確立されるであろう.

774. それから, トランブレは級数の総和を近似的に求めることへと進む. 彼の方法は手間がかかりすぎ, 証明のわずらわしさは比較しがたい程である. 彼は最後に「ここでの級数と同様の級数は, 有名なラプラスが述べた級数である」と述べている. 彼は何も引用していないが, おそらく『パリ……アカデミーの歴史』1778年号, 310頁を念頭においているのであろう.

775. つぎに, 『確率計算に関するひとつの疑問に関する研究』(*Recherches sur une question relative au calcul des probabilités*) と題する論文を考察しよう. この論文は『ベルリン……アカデミーの紀要』1794年, 1795年合併号に発表された. 発行の日付は1799年である. 論文はその巻の数学の分野の69-108頁を占める. 論じられている問題は**448**節で紹介したものである.

776. トランブレは彼の論文のなかで, ド・モワブル, ラプラス, オイレルによってなされたことを参照している. 彼は

「この論文のなかで使用しているオイレルがなした解析は, 大変巧妙でこの偉大な幾何学者にふさ

—348—

わしいものである．しかしその解析はいささかまわりくどく，特殊な場合はさておき，一般的な問題に適用するにはやさしくないので，私は組合せ論によって直接事を処理し，それらが適した問題全般にわたって疑問点を投げかけることを目論んだのである．」
と述べている．

777. トランブレがその問題に与えた程度の一般性は すでにド・モワブル の注意をひいていた〔293節参照〕．ド・モワブルは彼の『偶然論』の問題XXXIX でより簡単な場合を論じ，それから問題XLIにおいてどのようにより一般的な問題を処理するかを簡単に説明している．トランブレは ド・モワブルと逆の順序をとり，まず一般的な問題を論じ，それからより簡単な場合を導いている．

トランブレは問題の結果を得たのち，彼はラプラスとオイレルによって論じられた問題の結果を得るように自分の結果を修正している．このことを，453節で示したやり方で，彼は簡単に処理している．

778. トランブレはひとつの数値例を与えている．90枚の札からなる富クジがあり，毎回5枚が抽出されると仮定する．100回の抽出で，どの数字も抽出されるであろう確率の近似値として，トランブレは74102を得ている．オイレルは，われわれが456節で引用した論文のなかで7419という結果を得ている．

779. トランブレの論文は，これまでに与えたこと以外はほとんど何も付け加えていない．事実，唯一の新しい点といえば，少くとも$n-1$種類の札が出る確率，あるいは少くとも$n-2$種類の札が出る確率，あるいは少くとも$n-3$種類の札が出る確率，等々について考察している程度のことである．その結果も，われわれが458節で引用したもので，オイレルによって与えられたものとよく似ている．その点で，トランブレの方法は何ら重要さを示すものではない．ド・モワブルの著作の読者なら，ド・モワブルのとった順序を逆にすれば，トランブレの方法に自然になってしまうことがわかる．トランブレは一般的な証明は与えていない．彼は簡単な場合から始めて，やや複雑な場合に進み，一般的な結果を支配する法則が明白であると思われるときは，その法則を説明しているのであって，その法則が普遍的に成立するかどうかは，読者自身が信ずるほかないのである．

780. トランブレは460節で考察したある種の級数の総和を求める問題に注目している．トランブレは「オイレル氏はこの場合，確率の値を与える数列の和が積によって表わしうることに注目した．それは積分計算により，きわめて簡単なつぎの方法で示すことができる」と述べている．しかし，その論文の，あとのどの部分にも積分計算は使用されておらず，証明はまったく不満足であるように思われる．結果は$x=1,2,3,4$のとき証明されており，それから一般的に真であろうと仮定している．そしてこのような立証そのものが不満足なものである．なぜなら，おのおのの場合において，rはつぎつぎと1，2，3，4に等しいとおかれ，そこで成立すると思われる法則が一般的にも成立すると仮定されているからである．

また，トランブレは，もし$n>rx$ならば，級数の総和が0であることを証明しようとしている．しかしながら，その証明も同じ不満足な性格がありさらに加えて新たな失敗もしている．トランブレは，$n=r(x+1)$，$n=r(x+2)$，$n=r(x+3)$，……と仮定する．しかし，これらの場合のほかにも，nはrxと$r(x+1)$の間にあるかもしれないし，$r(x+1)$と$r(x+2)$の間にあるかもしれないし，……であるかもしれない．だから，実際上，トランブレは可能な場合をもっとも不完全にしか吟味していない．

781. トランブレは彼の結果から，nとxが大きくて，rが小さい場合に関する近似値を求める計算に適した公式を導いている．彼の公式は，彼自らが観察しているように，ラプラスによって『パリ……アカデミーの歴史』1783年号で与えられた公式と一致する．トランブレは彼の公式を普通の代数

第18章　ト　ラ　ン　ブ　レ

的展開式，すなわち

$$\left(1-\frac{r}{n}\right)^x = e^{-\frac{rx}{n}}\left(1-\frac{r^2x}{2n^2}\right)$$

によって確立した近似法を繰返し用いることによって得ている．

　トランブレは455節でわれわれが注目した数値例ではラプラスによっている．なおその上，トランブレはおよそ86927回の抽出において，あらゆる札が抽出される可能性と，たった1つの札を除く他の札全部が抽出される可能性とは等しいことを発見している．それから2つの札を除く他の札全部が抽出される可能性まで，計算を念入りにつづけている．

　782. つぎの論文は『**天然痘の死亡率についての研究**』(*Recherches sur la mortalité de la petit vérole*) と題されている．

　この論文は『**ベルリン……アカデミーの紀要**』1796年号で発表された．発行の日付は1799年である．論文はこの巻の数学部門の17-38頁を占める．

　783. この論文はダニエル・ベルヌイによる論文と密接な関係がある〔398節参照〕．この論文の目的は2通りあるといえよう．第一の目的はダニエル・ベルヌイの仮定にもとづいて，積分計算によらずに普通の代数学を用いて問題を解くことである．第二の目的は，これらの仮定が事実によってどのように証明されたかを吟味することである．この論文は面白いし，発行当時においては実際的見地からいっても価値があったに違いない．

　784. m と n はダニエル・ベルヌイの論文におけると同じ意味をもつものとする〔402節参照〕．すなわち，毎年天然痘にかかったことのない n 人のうち1人が天然痘を煩い，天然痘にかかった人 m 人のうちの1人が死ぬものとする．

　a_0 を所与の出生数とし，1，2，3，……年後に生存している数を a_1，a_2，a_3，……とかくことにする．そのとき，第 x 年のはじめに天然痘にかかったことのない生存者の数は

$$\frac{a_x\left(1-\frac{1}{n}\right)^x}{1-\frac{1}{m}+\frac{1}{m}\left(1-\frac{1}{n}\right)^x}$$

であることを，トランブレは示している．

　なぜならば，b_x を第 x 年のはじめにおける天然痘にかかったことのない生存数を示し，b_{x+1} を第 $(x+1)$ 年のはじめにおける天然痘にかかったことのない生存数を示すものとする．そのとき，第 x 年において，天然痘は $\frac{b_x}{n}$ 人の人を侵す．かくして $b_x\left(1-\frac{1}{n}\right)$ が天然痘にもかからなかった人の数であるが，他の病気によって死んだ人の数は含まれている．それゆえ，$b_x\left(1-\frac{1}{n}\right)$ 人のうち他の病気によってどれ位の人が死んだかを求め，それを相引かねばならない．さて，第 x 年の間に他の病気で死んだ人の総数は

$$a_x - a_{x+1} - \frac{b_x}{mn}$$

である．$a_x - \frac{b_x}{mn}$ 人のなかから他の病気で死んだ人が出たのである．それで，$b_x\left(1-\frac{1}{n}\right)$ 人中死んだ人は，比率によって

$$\frac{b_x\left(1-\frac{1}{n}\right)}{a_x-\frac{bx}{mn}}\left(a_x-a_{x+1}-\frac{b_x}{mn}\right)$$

である.

それゆえ,

$$b_{x+1} = b_x\left(1-\frac{1}{n}\right) - \frac{b_x\left(1-\frac{1}{n}\right)}{a_x - \frac{bx}{mn}}\left(a_x - a_{x+1} - \frac{b_x}{mn}\right)$$

$$= \frac{b_x a_{x+1}\left(1-\frac{1}{n}\right)}{a_x - \frac{b_x}{mn}}$$

こうして, 帰納法によって結果を出すことができる. なぜならば, たった今与えた方法で

$$b_1 = \frac{a_1\left(1-\frac{1}{n}\right)}{1-\frac{1}{mn}}$$

であることが示される. それから

$$b_x = \frac{a_x\left(1-\frac{1}{n}\right)^x}{1-\frac{1}{m}+\frac{1}{m}\left(1-\frac{1}{n}\right)^x}$$

であることが普遍的に示される.

785. 上の結果を

$$b_x = \frac{ma_x}{1+(m-1)\left(1-\frac{1}{n}\right)^{-x}}$$

の形に変形しよう.

さて, 時間の間隔を 1 年といわず, もっと短かくしても何ら差支えない. すると, n は大きな数となり, そのとき

$$\left(1-\frac{1}{n}\right)^{-x} \doteqdot e^{\frac{x}{n}}$$

である.

こうして, 結果はダニエル・ベルヌイによって与えられたものと一致する〔402節参照〕. なぜなら, 彼の理論においては間隔は 1 年よりずっと短かくとられているから.

786. これまではダニエル・ベルヌイの仮説を用いてきた. しかしながら, トランブレはもっと一般的な仮説にすすんでいる. 彼は m と n が定数でなく, 年々変化するものとする. そこで, 第 x 年におけるそれらの値を m_x, n_x としよう. トランブレの方法によって, この仮定のもとで研究しても困難さはない. もちろん, 結果はダニエル・ベルヌイのもっと簡単な仮説のもとに得られたものよりも複雑である.

787. それから, トランブレは自分の仮説のもとに得た結果と, 1758年から1774年までの間にベルリンで観察された結果の表と比較する. その比較は粗い近似法の手順によってなされている. n がすべての年令ではほとんど一定であり, その値は 6 より若干小さいという結論に, 彼は達している. しかし, m は相当に変化する. というのは, それはまず 6 の値をとり, 11年目には 120 まで増えてゆき, それから19年目に60に減少し, 25年目にふたたび133まで増え, それから減少していくからである.

トランブレは, また, 自分の一般的仮説から得た結果を, ハーグにおける観察から得られた別の表

第18章 トランブレ

とも比較している．この観察から推測されたmとnの値は，ベルリンでの値と非常に異なっており，とくにmの値の違い方が大きいことは注目されねばならない．ベルリンにおける観察は，ハーグにおける観察の，ほぼ5倍のデータをとっているから，ベルリンでの観察結果の方がより信頼性が高いといえよう．

788. 1807年に発行された『ベルリン……アカデミーの紀要』の1804年号のなかに，われわれがいま吟味したばかりの論文についての，トランブレ自身によるノートがある．このノートは『死亡率についての論文に関する弁解』（*Eclaircissement relatif au Mémoire sur la mortalite ……&c*）と題されている．それはこの巻の数学部門の80-82頁を占めている．

トランブレは論文のなかのいくつかの誤植を修正して，つぎのようにいっている．

「なお，私はひとつの試みとしてこの論文のなかで与えた近似法は，より詳しい観察が，より規則的に整理されていることを期待しない限り，何の値打ちもないことを注意しなければならない．そして，そのためにこの論文を公表することをお恕しねがいたい．」

それから，彼はもっと正確な計算がどのようにしてなされうるだろうかということを示している．それから，彼はnの値がほとんど一定のままであるのではなく，実際は激しく変動していることがわかったといっている．

789. つぎの論文は『循環級数の一般項を求める方法についての試論』（*Essai sur la maniére de trouver le terme général des séries récurrentes*）と題されている．

この論文は『ベルリン……アカデミーの紀要』1797年号で発表された．発行の日付は1800年である．論文の97-105頁は，『いろいろな学者たちによる……論文集』第Ⅶ巻で，ラプラスの解いた問題の解明にあてられている．トランブレはラプラスを参照している．

その問題とはつぎのようなものである．1，2，3，……，pと番号のつけられたn個の等しい面をもった固体を考える．n回投げて，1，2，3，……，pの順番に面が出現する確率を求めよ．

この問題は，好運の連（*run of luck*）についてのド・モワブルの研究とほとんど同じである〔325節参照方程式〕．

$$u_{n+1}=u_n+(1-u_{n-p})ba^p$$

の代りに，今度は

$$u_{n+1}=u_n+(1-u_{n-p})a^p \; ; \; a=\frac{1}{p}$$

をうる．

トランブレはいつもの不完全な方法で問題を解いている．彼は$p=2,3,4$の場合をつぎつぎと論じている．それから，これらの場合について成立する法則は一般的に成立するであろうと考えている．

790. つぎの論文は『結婚期間と未亡人の数に関する計算についての観察』（*Observations sur les calculs relatifs à la durée des mariages et au nombre des époux subsistans*）と題されている．

この論文は『ベルリン……アカデミーの紀要』の1799, 1800年合併号で発表された．発行の日付は1803年である．論文はこの巻の数学部門の110-130頁を占める．

791. 論文は412節でわれわれが注目した同じ問題に関するダニエル・ベルヌイの論文を参照している．トランブレはダニエル・ベルヌイの研究と一致した結論を出している．ダニエル・ベルヌイの研究が厳密である限りにおいてはトランブレは足元に及ばない．しかし，トランブレは無限小の計算を使って得られた結論のいくつかに反論しており，したがって，彼の結果はベルヌイの結果の近似値としてしか表現されていない．

— 352 —

792. いつものことながら，トランブレは公式の証明を与えていないのみならず，いくつかの簡単な場合から帰納法によって結論を出している．だから，**410**節において説明したダニエル・ベルヌイの与えた結論に到達するのに，トランブレは３頁も費している．彼は $m=1, 2, 3, 4, 5$ というもっとも単純な場合をつぎつぎと吟味し，それから類推によって一般公式を推測している．

793. 彼の公式のもうひとつの例として，つぎの問題を考えよう．n 人の男性が n 人の女性と同時に結婚したとする．もし $2n$ 人のうち m 人が死んだとしたら，m 組の結婚が解消する可能性を求めよ．

n 組から m 組をとるのは $\dfrac{n!}{m!(n-m)!}$ 通りある．m 組のおのおのにおいて唯一人死ねば，結婚は解消される．このことは 2^m 通りの起こり方がある．したがって，結果に好都合な場合の数は $\dfrac{2^m n!}{m!(n-m)!}$ である．しかし，場合の総数は，$2n$ 人中 m 人が死ぬ場合の数であり，それは $\dfrac{(2n)!}{m!(2n-m)!}$ 通りある．だから，求める可能性は

$$\frac{2^m n!(2n-m)!}{(2n)!(n-m)!}$$

である．

トランブレはこの問題に２頁を費している．そしてやはり結果は証明していない．

794. トランブレは彼の公式のいくつかの応用として，未亡人の年金の問題を取りあげている．彼は『寡婦扶助基金についての理論』（*Theorie von Wittwencassen*）と題するカルステンス（*Karstens*）の1784年刊行の著作を参照している．またテーテンス（*Tetens* デンマークの数学者）[2] の名前もあげている．他方，貧困が根底にあるこのような問題に，数学者として計算をした人としてミハエルゼン（*Michelsen*）の名前をあげている．[3]

トランブレは別の論文で彼の研究をつづける意図をほのめかしているが，それは遂に発表されずに終ったのではないかと思われる．

759. つぎの論文は『観測値のなかで中心をとる方法についての観察』（*Observations sur la méthode de prendre les milieux entre les observations*）と題されている．

この論文は『ベルリン……アカデミーの紀要』1801年号のなかで発表されている．発行の日付は1804年である．論文はこの巻の数学部門の29-58頁を占める．

796. 論文はつぎの言葉ではじまる．

「観測値のなかで中心をとるもっとも進んだ方法は，偉大な幾何学者たちによって，つまびらかにされてきた．ダニエル・ベルヌイ氏，ラムベルト氏，ド・ラプラス氏，ド・ラグランジュ氏がそのことに没頭した．なかでも，ラグランジュ氏がトリノ覚え書集の第Ⅴ巻のなかで，大変立派な論文を発表している．それは積分計算を用いたものである．この論文のなかでの私の計画は，簡単に組合せ論を使うことによって，どのようにしてラグランジュ氏の結果と同じものに到達しうるかを示すにある．」

797. 前節の抜萃は，この論文の目的を示している．しかしながら，われわれはラグランジュが積分計算を使っているけれども，それはラグランジュの論文の後の部分においてしか使っていないことをしっている．そのことについて，トランブレはふれていない〔**570**節から**575**節まで参照〕．ラグランジュは論文の他の個所で微分計算を用いている．しかし，使用する必要はまったくなかった〔**564**節参照〕．

トランブレの論文はいずれにしろ何の価値もないように思われる．その方法は手間がかかり，不明瞭で，さらに不完全である．それに反し，ラグランジュの方法は単純明快で確定的である．トランブ

— 353 —

第18章　ト ラ ン ブ レ

レはまずはじめにド・モワブルの問題を引用している〔**149**節参照〕．彼はド・モワブルの証明は不正確であると考え，別の証明を与えたのである．トランブレの証明は8頁にも及んでいるが，もし正確さに敏感な読者ならば，おそらくもっと詳細に論ずべき部分が多くあることがわかるであろう．

ド・モワブルの問題をこのように論じたあと，トランブレはラグランジュの問題についても，類似の処理を試みようとした．

われわれが注意することは，トランブレがラグランジュの論文から公式を写しとるとき，誤植や勘違いまでそのまま写しとっていることである〔**567**節参照〕．

798. トランブレによる最後の論文は『**偶然ゲームについての計算に関する観察**』（*Observations sur le calcul d'un Jeu de hasard*）と題されている．

この論文は『**ベルリン……アカデミーの紀要**』1802年号に発表された．発行の日付は1804年である．論文はこの巻の数学部門の86-102頁を占める．

799. 考察されているゲームはエール（*Her*）である．このゲームはニコラス・ベルヌイと他の人たちとの間で論争をまきおこしたものである〔**187**節参照〕．トランブレはその論争にふれている．

トランブレは起こりうるすべての場合に対して，ポールの可能性を十分に研究している．そして，さらにペーターの可能性も手短かに研究している．彼は結論をつぎのように述べている．

「ド・モンモール氏と彼の友人は，この場合解決不能であるとして，ニコラス・ベルヌイと反対の結論を出した．なぜなら，もしピェールが8を取ったということをポールがいったとしたら，彼は7にとりかえるであろう．しかし，ポールが7にとりかえたことをピェールがたまたま知ったとしたら，彼は8にとりかえるであろう．このことは二律背反である．しかし，各人は相手とのゲームのやり方について永久に決心がつかないままであるということのみが結果として起こる．そこで与えられた1回の行為で7にとりかえることにポールが意を決したとしても，彼はつづく多数回の行為でたえずこのやり方をつづけることはできない．同時に与えられた1回の行為で8にとりかえることにピェールが意を決したとしても，彼はつづく多数回の行為でこのやり方をつづけることはできない．このことは，モンモール氏に反対したニコラス・ベルヌイの結論と一致する．」

800. ここで述べられているモンモールの結論に反し，ニコラス・ベルヌイの結論と一致したということは正しくないのである．ニコラス・ベルヌイの反対者たちは，ポールが一様に行動すべき規則を述べることは不可能だといっているにすぎないように思われる．トランブレもこのことは認めているのである．

801. ペーターの可能性についてのトランブレの研究において，彼は，ポールが札をとりかえるかどうかの選択をなす前の時点で，この可能性を考察している．しかし，これはペーター自身にとってはほとんど価値がない．ペーターはある状況のもとでどのように行動するかが知りたいのであって，彼が行動する前にポールが最初に得た札を手にもったままでいるかどうか，あるいは札をとりかえることを余儀なくされるかどうかは分っているであろう．そこでペーターの可能性についてのトランブレの研究は，**189**節で例示した方法とは異なるものである．

802. トランブレは3人の演技者がやるエール・ゲームの問題を解こうとしている．しかし，彼の解法はきわめて不合理である．3人の演技者，ポール，ジェームズ，ペーターがいるとしよう．トランブレの考察していることは，たった2人の演技者しかいないとき，ポールとジェームズの可能性はその場合の第1演技者と第2演技者の可能性に比例するというのである．彼はこれらの可能性を x と y で表わす．彼は x 対 y を8496対8079としている．しかし，これらの数字はわれわれの目的からすれば何ら重要でない．彼はまた，ジェームズとペーターの可能性が同じ比率であると仮定している．こ

— 354 —

れはまったく不正確である．なぜなら，ジェームズがペーターに関する自分の可能性を推定する時，彼はポールの持札についてはある知識をもっているであろうからである．それに反して，ポールとジェームズの場合には，ポールは彼自身の札をそのまま保持するか取替えるかを判断するのに，自分の持札以外に何の知識も持ち合せていないのである．

しかし，これは些細な点にすぎない．トランブレの誤りはつぎの処置にある．ポールがジェームズを負かす可能性は $\frac{x}{x+y}$，ペーターがジェームズを負かす可能性は $\frac{y}{x+y}$ であると，彼は考える．ポールとペーターの2人がジェームズを負かす可能性は $\frac{xy}{(x+y)^2}$ であり，それでジェームズは第1試行においてゲームを棄ててしまうであろうと，彼は推論する．このことが誤りである．なぜなら，演技者はほぼ同じ立場に立つようにゲームは構成されているから，ある与えられた演技者が第1試行で追い払われる可能性はほとんど $\frac{1}{3}$ に近い．もし $x=y$ ならば，ジェームズが追い払われる可能性として，トランブレの解答は $\frac{1}{4}$ を与えている．しかし，その値は $\frac{1}{3}$ であるはずである．

誤りは $\frac{x}{x+y}$ と $\frac{y}{x+y}$ がここで独立な可能性を表わすものでないという事実から生じてくる．もちろん，もしポールがジェームズより強いカードをもっておれば，このことだけでジェームズがペーターより優れたカードをもっているのではなくて，弱いカードをもっていることを前提としうる．この誤りがトランブレの解答をはじめから不完全なものにしている．

803. 解答のある副次的な部分として，トランブレは退屈な数字の検討を与えているが，それは割愛して差支えないものである．ジェームズがペーターとポールの両人より強いカードを持っていると仮定するなら，ペーターかもしくはポールが追い払われるかどうかは可能性が半々である，ということを彼は示したかった．だから，彼は以下のように論をすすめることもできたであろう．そのことはモンモールの278，279頁のゲームの説明を読んだ人には容易に理解できることである．

ジェームズのカードの番号を n と表わす．

Ⅰ．$n-r$ と $n-s$ を別の2枚のカードの番号とする．ただし，r と s は正の整数で異なるものとする．そのとき，ポールもしくはペーターは $n-r$ と $n-s$ のいずれか小さい方の番号のカードを持っているであろう．すなわち，他のカード同様あるカードに対しては同じ位の好都合な場合が存在する．

Ⅱ．ペーターのカードもまた n であるかもしれない．そのとき，ポールのカードは1，または2，または3，……または $n-1$ でなければならない．ここでは $n-1$ 通りのペーターにとって好都合な場合が存在する．

Ⅲ．ペーターとポールがともに同じ番号 $n-r$ のカードをもつかもしれない．このときはポールにとって $n-1$ 通りの好都合な場合が存在する．

こうして，ⅡとⅢは釣り合っている．

【訳 註】

（1）ジャン・トランブレ（Jean Trembley）はジュネーヴに生れ，スイスにおいて数学の価値を高めた人として知られている．主として微積分とその応用に貢献した．彼はリュイエ（Lhuilier）の同僚でもあった．

（2）ヨハン・ニコラウス・テーテンス（Johann Nicolaus Tetens, 1736—1807）は計算基数を最初に考案した人．『生命年金と相続権の計算入門（*Einleitung zur Berechnung der Leibrenten und Anwartschaften*）』（1785，86年）を出す．

（3）J. A. C. Michelsen『法律，政治，経済の計算術序説（*Anleitung zur juristischen, politischen und ökonomischen Rechenkunst*）』（1782—84年）．

— 355 —

第19章

1780年から1800年までの
いろいろな研究

804. この章は確率論に関する1780年から1800年までの間になされた，いろいろな貢献についてみていくことにしよう．

805. まず，プレヴォ（Prevost）によって書かれた『偶然の儲けの理論の諸原理について』（*Sur les principes de la Théorie des gains fortuits*）と題する2つの覚え書に注目せねばならない．

最初の覚え書は『ベルリン……アカデミー新紀要』（*Nouveaux Mémoires……Berlin*）1780年号にある．発行の日付は1782年で，覚え書は430-472頁に載っている．第2番目の覚え書は1781年号にあり，発行の日付は1783年，覚え書は463-472頁に載っている．プレヴォはヤコブ・ベルヌイ，ホイヘンスおよびド・モワブルによって与えられた確率論の基本的原理の説明を批判するのだと公言している．しかし，それらの覚え書は何の価値もなく，重要性もないように思われる〔103節参照〕．

806. つぎに注目しなければならないのは，『投票による選挙についての覚え書』（*Mémoire sur les Elections au Scrutin*）と題するボルダ（Borda）の論文である．

これは『パリ……アカデミーの歴史』1781年号の657-665頁に載っている．発行の日付は1784年である．

この論文は確率論とは関連ないが，しかしわれわれがそれに注目するのは，その題目がコンドルセによって長々と考察され，それに彼はボルダの見解も参照しているからである〔719節参照〕．

ボルダは普通の選挙方法は過ちしがちであることを観察する．たとえば，21人の投票者がいて，Aに8票，Bに7票，Cに6票投じられたとして，そのときAが選ばれたと仮定する．しかし，Bに投票した7人とCに投票した6人が，BとCの価値については見解を異にするにしろ，3人の候補者のうちAが最悪であるという点では意見を一にしているかもしれない．そのような場合，21人の投票者のうち，Aに8人が賛成し，13人が反対している．それでAは選出されるべきでないと，ボルダは考える．事実，この場合，ただAとB，あるいはAとCだけが立候補したのであれば，Aは負けたであろう．Aは彼より良い2人の人間が対立してくれたから，勝てたのである．

ボルダは，おのおのの投票者が良いと思う順番に候補者を並べて投票することを示唆する．そのとき，集計において，最低のランクの候補者にa点，つぎのランクの候補者に$a+b$点，さらにその次のランクの候補者に$a+2b$点をあてがうことにする．もし候補者が3人以上いると，このような点数のあてがいをずっと続けていけばよい．たとえば，3人の候補者がいて，そのうちの1人は，6人の投票者から最高点，10人の投票者から次点，5人の投票者から3位を投じられたとする．すると，彼の総評価点は

$$6(a+2b)+10(a+b)+5a=21a+22b$$

であらわされる．われわれがaとbにどんな比をつけようと構わない．というのは，各候補者の総評価点において，aの係数は投票者全員の数であるから．

— 356 —

コンドルセはボルダの方法に反対し，つぎのような例をあげている．3人の候補者A，B，Cと81人の投票者がいるとしよう．左側から順に優位とみて．ＡＢＣが30票，ＡＣＢが1票，ＣＡＢが10票，ＢＡＣが29票，ＢＣＡが10票，ＣＢＡが1票であったとする．この場合，ボルダの方法によればBが選出される．なぜなら，Bの総評価点は$81a+109b$，Aは$81a+101b$，Cは$81a+33b$となる．しかし，コンドルセはAが選出されなければならないと断定する．なぜなら，AがBよりよいという意志は30＋1＋10人の投票者によって表明されているのに反し，BがAよりよいという意志は29＋10＋1人の投票者によって表現されている．ゆえに，Aは41対40でBより優位にある．

こうして．1人の投票者がABCの順位をつけたとする．そのとき，コンドルセは，AがBよりよく，BがCよりよく，AはCよりよいという3つの命題を等しい強さで肯定している．しかし，ボルダははじめの2つは等しい強さ，最後の命題には2倍の強さで肯定している〔コンドルセの『試論』CLXXVII頁，ラプラス『確率の解析的理論』274頁参照〕．

807. われわれがつぎに注目しなければならないのは，マルファッティ（Malfatti）[1]の『**ダニエル・ベルヌイ氏による確率の問題についての論評とベルヌイ氏の問題と類似の他の問題の解**．フェラーラ大学数学教授ギオ：フランチェスコ・マルファッティ氏による』（*Esame Critico di un Problema di probabilità del Sig. Daniel Bernoulli, e solazione d'un altro Problema analogo al Bernuilli-ano. Del Sig. Gio: Francesco Malfatti Professore di Matematica nell' Università di Ferrara*）と題する論文である．

この論文は『**イタリア学会の数学・物理学論文集**』（*Memorie di Matematica e Fisica della Società Italiana*）1782年号，巻Ⅰのなかに発表されたものであり，768-824頁に載っている．問題は416節で述べたものである．マルファッティは玉の数が不正確な場合の問題を解いている．そしてこの問題は本質的にダニエル・ベルヌイが壺のなかの玉の数の問題を説明するのに用いた液体の問題と異なるものである〔420節参照〕．マルファッティは2つの壺がある場合のみに問題を限定して考えている．

マルファッティは，実際，起こりうるいろいろな場合の数を正確に比較することによって，問題は解かれるべきであること，さらに417節で与えたような方程式の使用は，もちろんそれは極めて正当なことだとしても，なすべきでないと述べている．しかし，このことはダニエル・ベルヌイの研究の過程を無効にするものではない．

単純な場合を考えよう．はじめに壺Aに2個の白玉，壺Bに2個の黒玉が入っているとする．ダニエル・ベルヌイの提起した操作をx回行なったあと，壺Aの可能な状態を求めたい．x回の操作のあと，壺Aに2個の黒玉が入っている確率をu_x，壺Aに白玉1個黒玉1個が入っている確率をv_xとする．すると，$1-u_x-v_x$は壺Aに白玉2個が入っている確率である．

808. まず，マルファッティの補助定理を示そう，壺Aに$n-p$個の白玉とp個の黒玉があるとする．すると，壺Bには$n-p$個の黒玉とp個の白玉がある．ダニエル・ベルヌイの操作が1回行なわれたとして，おのおの可能な事象が起こりうる場合の数を求めよう．Aから抽出される玉，Bから抽出される玉がどんな玉であっても，全部でn^2通りの場合がある．さて，3通りの可能な事象，つまり，操作のあとで壺Aのなかの白玉の数は，$n-p+1$個または$n-p$個または$n-p-1$個になる．最初の事象ではAから黒玉1個抽出されBから白玉1個がきたことになる．その場合の数はp^2通り．第2の事象については，Aから黒玉が抽出されBから黒玉がきたか，さもなくばAから白玉が抽出されBから白玉がきたか，いずれかである．その場合の数は$2p(n-p)$通りである．第3の事象については，Aから白玉が抽出され，Bから黒玉がきたことになる．その場合の数は$(n-p)^2$通りである．

すべての場合の数は

— 357 —

第19章　1780年から1800年までのいろいろな研究

$$n^2 = p^2 + 2p(n-p) + (n-p)^2$$

であることは明らかである.

809. さて，807節の問題に戻れば，つぎの方程式を得ることは容易であろう.

$$\begin{cases} u_{x+1} = \dfrac{1}{4} v_x \\ v_{x+1} = u_x + \dfrac{1}{2} v_x + 1 - u_x - v_x \end{cases}$$

これらの方程式を解き，初期条件 $v_1 = 1$ によって定数を確定すると

$$v_x = \frac{2}{3}\left\{1 - \frac{(-1)^x}{2^x}\right\}, \quad u_x = \frac{1}{6}\left\{1 + \frac{(-1)^x}{2^{x-1}}\right\}$$

を得る.

x 回後の操作のあと，A内の白玉の可能な数に対するダニエル・ベルヌイの一般的な結果は，はじめに n 個の白玉があったとしたら

$$\frac{n}{2}\left\{1 - \left(\frac{n-2}{n}\right)^x\right\}$$

である.

こうして，$x \to \infty$ のとき，ダニエル・ベルヌイは可能な白玉の数は最終的には $\dfrac{n}{2}$ であることを発見した．このことはわれわれの出した結果と矛盾しない．なぜなら，$x \to \infty$ のとき，$v_x \to \dfrac{2}{3}$，$u_x \to \dfrac{1}{6}$，よって $1 - v_x - u_x \to \dfrac{1}{6}$ であるから，白玉1個黒玉1個の場合がもっとも起こりやすいのである.

810. マルファティはダニエル・ベルヌイの結果に対して，あまり重要とも思えない反対意見を述べている．無限回の操作ののち，Aにある白玉の起こりうる数として，ダニエル・ベルヌイは $\dfrac{n}{2}$ を得ている．さて，マルファティはダニエル・ベルヌイの命題を逆にとり，Aのなかの白玉の数が $\dfrac{n}{2}$ になるまでには，無限回の操作を必要とするといっている．しかし，ダニエル・ベルヌイ自身は，この逆については一言も述べていないのであるから，マルファティは単に自分自身の誤解を表明しているようなものである.

811. マルファティ自身は，809節で述べておいた u_x の値と同じものを結果として出している．彼は，われわれの用いた方法ではなくて，操作をつぎつぎと行なっていった場合の吟味から帰納しているが，一般的には証明されていない.

812. マルファティが解こうと考え，かつダニエル・ベルヌイの問題と類似したものと考えた問題はつぎのようなものであった．$0 \leqq r \leqq n$ とする．x 回の操作ののち，壺Aにちょうど $n-r$ 個の白玉がある事象が，決して起こらない確率を求めることである．この問題を彼は大へん手間のかかる方法で取扱っている．彼は，$r = 2, 3, 4, 5$ というように順番に考えて結果を出している．彼はこれらの結果から，$6 \leqq r \leqq n$ のときにも成立するであろうと思われる法則を，視察によって導いている．$r = 0$ と $r = 1$ の場合は，特別に取扱うことが必要である.

それゆえ，結果は証明されていない．けれども，その正しさは疑う余地のないものである．法則を導くために必要とされる忍耐力とカンの鋭さは，マルファティの場合驚嘆すべきものがある.

813. われわれはマルファティが得た結果の一例をあげてみよう．しかしながら，その方法は，彼の特殊な場合から帰納するというやり方でなくて，正確な方法をとることにする.

x 回の試行によって，$n-2$ 個の白玉が壺Aのなかにありえない確率を求めよう．$\phi(x, n)$ を x

回の操作によって最後にAのなかに n 個の白玉が残る好都合の場合の総数とする．$\phi(x, n-1)$ は x 回の操作によって最後にAのなかに $n-1$ 個の白玉が残る好都合の場合の総数とする．これ以外に好都合な場合はありえない．というのは，好都合の場合とは，$n-2$ 個の白玉が残らない場合を意味する．

808節の補助定理によって，直ちに

$$\phi(x+1, n)=\phi(x, n-1)$$
$$\phi(x+1, n-1)=n^2\phi(x, n)+2(n-1)\phi(x, n-1)$$

が出てくる．はじめの式を用いると，後の式は

$$\phi(x+1, n-1)=n^2\phi(x-1, n-1)+2(n-1)\phi(x, n-1)$$

したがって，$u_x=\phi(x, n-1)$ とおくと

$$u_{x+1}=n^2 u_{x-1}+2(n-1)u_x$$

をうる．

この方程式の解は，2次方程式

$$z^2-2(n-1)z-n^2=0$$

の2根を α，β とすると，$A\alpha^x+B\beta^x$ の形をしている．

はじめの方程式から，$\phi(x+1, n)$ は $\phi(x, n-1)$ と同じ形式のものであることがわかる．したがって，結局

$$\phi(x, n)+\phi(x, n-1)=a\alpha^x+b\beta^x \quad ,$$

a と b は定数，となる．求める確率は，これを全体の場合の数 n^{2x} で割ることによって求められる．答は

$$\frac{a\alpha^x+b\beta^x}{n^{2x}}$$

をうる．

そこで，定数 a, b を決定するために，1回の操作，2回の操作の場合をとくに吟味する．1回目の操作ののち，Aには $n-1$ 個の白玉と1個の黒玉がなければならない．すべての場合は好都合であるから

$$a\alpha+b\beta=n^2$$

2回目の操作では，Aのなかに白玉が n 個または $n-1$ 個または $n-2$ 個なければならない．そして第1と第2の場合が好都合な場合である．よって

$$a\alpha^2+b\beta^2=n^2\{1+2(n-1)\}$$

をうる．これらを解いて，a と b を決定すると，問題は完全に解ける．

814. $n-3$ 個の白玉があるということが起こらない事象の確率を求めるという問題の解答を簡単に説明しよう．

x 回の試行において，好都合の場合の数を $\phi(x, n)$，$\phi(x, n-1)$，$\phi(x, n-2)$ と表わそう．Aのなかの白玉の数はそれぞれ n 個，$n-1$ 個，$n-2$ 個である．

すると，つぎの方程式が得られる．

$$\phi(x+1, n)=\phi(x, n-1)$$
$$\phi(x+1, n-1)=n^2\phi(x, n)+2(n-1)\phi(x, n-1)+4\phi(x, n-2)$$
$$\phi(x+1, n-2)=(n-1)^2\phi(x, n-1)+4(n-2)\phi(x, n-2).$$

第19章　1780年から1800年までのいろいろな研究

$u_x = \phi(x, n-2)$ とおくと，消去法によって

$$u_{x+3} - (6n-10)u_{x+2} + (3n^2 - 16n + 12)u_{x+1} + 4n^2(n-2)u_x = 0$$

を得る.

それから，$\phi(x, n-1)$ と $\phi(x, n)$ が $\phi(x, n-2)$ と同じ形式の式であることがわかる．それで，好都合な場合の総数は $a\alpha^x + b\beta^x + c\gamma^x$ である．ただし，a, b, c は任意の定数であり，α, β, γ は

$$z^3 - (6n-10)z^2 + (3n^2 - 16n + 12)z + 4n^2(n-2) = 0$$

の根である.

815. 確率論に関する1冊の書物がビキレによって，『**確率の計算について，王の衛兵，C. F. ド・ビキレによる**』(*Du Calcul des Probabilités. Par* C. F. *de Bicquilley, Garde-du-Corps du Roi*) と題して出版されている．1783年の発行である.

この著作は小さな8つ折版で，3頁の序文，王の特許 (Privilége du Roi)，目次，本文164頁からなる.

書店の目録によると，1805年に第2版が発行されているが，筆者はまだ見ていない.

816. 著者の目的は序文のなかのつぎの文章から読みとれる.

「名高い幾何学者たちによって素描された確率論は，深く研究する値打ちもあるし，さらに初等的に教えるための工夫も生じさせる．この興味ある題材に新しい真理を増やすことができるように，また多数の読者に手がとどくようにするために，この書物を出版するのも価値のないことではないと思う.」

題材の選び方は確率論の初等的な著作としては随分不適切なように思われる.

817. 1-15頁は定義と基本的原理が書いてある．15-25頁は図形数の説明，26-39頁は組合せ論の例題として，これから示そうとするいろいろな定理が書かれている．40-80頁は基本的な定理の発展にすぎない定理を含んでいる．それは281節に示したもので，$p = 0$ とおいた場合のものである.

818. 81-110頁はつぎの定理とそれから導かれる結果の説明が書かれている．その定理とは，もし1回の試行である事象の起こる確率が p であれば，$m+n$ 回の試行において，その事象が m 回は生起し，n 回は生起しない可能性は $\dfrac{(m+n)!}{m!n!}p^m(1-p)^n$ である，というものである.

ここでわれわれは面白いひとつの問題に注目しよう．すべての試行ごとに，ある事象Pのみが起こるか，ある事象Qのみが起こるか，PとQが同時に起こるか，PもQもともに起こらないか，いずれかであると仮定する．p をある事象Pのみが起こる可能性，q をある事象Qのみが起こる可能性，t をPとQがともに起こる可能性とする．すると，$1 - p - q - t$ はPもQも起こらない可能性であって，それを u で表わす．そのとき，いろいろな問題を考えている．すなわち，μ 回の試行において，Pがきっちり m 回，Qがきっちり n 回起こる可能性を求めよ.

Ⅰ．どうあろうと，PとQがともに起こることはないとする．そのとき，Pが m 回起こり，Qが n 回起こり，PもQも起こらないのは $\mu - m - n$ 回である．それで，求める可能性は

$$\frac{\mu!}{m!n!(\mu-m-n)!}p^m q^n u^{\mu-m-n}$$

である.

Ⅱ．PとQがともに起こるのが1回あったとしよう．そのとき，Pのみが起こるのは $m-1$ 回，Qのみが起こるのが $n-1$ 回，PもQもともに起こらないのは $\mu - m - m + 1$ 回である．それで，求める可能性は

— 360 —

$$\frac{\mu!}{(m-1)!(n-1)!(\mu-m-n+1)!}p^{m-1}q^{n-1}tu^{\mu-m-n+1}$$

である.

III. PとQがともに起こるのが2回あったとしよう. そのとき, 求める可能性は

$$\frac{\mu!}{2!(m-2)!(n-2)!(\mu-m-n+2)!}p^{m-2}q^{n-2}t^2u^{\mu-m-n+2}$$

である. 以下同様.

819. 前節において注目した種類の問題の他の例として, μ回の試行において, PとQがおのおの少くとも1回起こる可能性を求める. 求める可能性は

$$1-(1-p-t)^{\mu}-(1-q-t)^{\mu}+(1-p-q-t)^{\mu}$$

である.

〔トドハンター『代数学』第LVI章参照〕

820. 111-133頁はいくつかの例題の解答を内容としている. それらのうちの2題はビュッホンからかりたものである. それらは649節と650節のはじめに述べたものである.

ビギレの例題をひとつあげておこう. 単一の試行で, ある事象が起こる可能性をp, その事象が起こらない可能性をqとする. 演技者はその事象が起こることにaを賭け, 起こらないことにbを賭けるものとする. もしその事象が起こらなければ, 賭金をra, rbにふやす. さらにゲームをしてその事象が起こらなければ, 賭金をr^2a, r^2bにふやす, 等々. もし演技者がn回ゲームをつづけるとすれば, 彼の儲けと損失を求めよ.

演技者の損失は

$$(qa-pb)\{1+qr+q^2r^2+\cdots\cdots+q^{n-1}r^{n-1}\}$$

である.

このことは簡単に示される. $qa-pb$ は明らかに演技者が1回目の試行で蒙る損失である. 1回目の試行でその事象が起こらなかったとすると, その確率はqで, 賭金は更新される. そして2回目の試行で蒙る損失は

$$qar-pbr$$

である. 同様に, 2回つづけてその事象が起こらなかったとすると, その確率はq^2で, 賭金は更新される. そして3回目の試行で蒙むる損失は

$$qar^2-pbr^2$$

である. 以下同様. もしも $qa>pb$ ならば, 実質的に損をし, その損失はゲームの回数が増すにつれて大きくなる.

ビキレは $a=1$, $r=\dfrac{b+1}{b}$ という特殊な場合を取上げる. 彼の解答はわれわれが与えたものより簡単ではない. この問題の目的は, 自分の賭金と相手の賭金の間に同じ比率が保たれている限り, 彼は賭金をふやしつづけることによってますます彼が受ける損失は不都合なものになっていくことを, 賭博者たちに例示することであった.

821. 134-149頁は経験もしくは観察から確率を評価することに関係している. もし, ある事象がm回起こり, n回は起こらなかったとしたら, 1回の試行でのその可能性として$\dfrac{m}{m+n}$の値をとることを, この書物は示している.

822. 150-164頁は証言の確率の評価に関係している. ビギレは91節で説明した方法を適用する. 彼

第19章　1780年から1800年までのいろいろな研究

のもうひとつの特徴はつぎの通りである．証言とは別に，経験からある事象に確率 P をあてがい，そして確率 p で物いう証人がその事象に対して彼の証言をすると仮定する．ビギレは結果の確率を $P+(1-P)p$ としないで，$P+(1-P)Pp$ としている．われわれが証人に頼るその信頼性は，彼が証言をする事象の確率の，われわれが前もって推定しておいた値に比例する，と彼は述べている．

823.　われわれはつぎに『百科全書（事項別配列）』のなかの確率論に関係した事柄に注目しよう．この著作の数学の分野は，それぞれ1784年，1785年，1789年発行の 3 冊の 4 つ折版である．

『失踪者』（Absent）この項目は部分的にはコンドルセに負っている．彼は確率論を適用して，ある男が長い間失踪してしまい，彼の財産を相続人たちに分配してよいのは，どの位の期間を必要とするか，そして財産の分け前をいろいろな財産請求者にあてがう方法を求めている．

『保険』（Assurances）この項目には注目すべきものは何もない．

『確率』（Probabilités）『百科全書』のなかのもとの論文が再録されている〔467節参照〕．これは同じ題名のもとに他の項目に付随している．そして確率論についての一般的な原理を与えることを本旨としている．項目の筆者の名前は書かれていないが，コンドルセが書いたに違いなく，このことはその最後の文章によってわかる．それは確率論についてのコンドルセ自身の著作の概要として書かれたものであろうが，簡潔さのゆえであろうか，彼としては才気の乏しいものになっている．

『代償』（Substitution）コンドルセは，国家が財産相続法を改変させる権限をもっているが，改変が実際におこなわれたとき，旧法のもとにあった権利は尊重されなければならず，新法の適用による損失は補償がされないといけない，という見解を述べている．この項目では補償額をコンドルセは評価しようとしている．しかしながら，諸公式は不明瞭でいとわしいやり方で印刷されているので，それらが正しいかどうかを決定するのは非常に難しい．そして確かにそれらを吟味することは，時間と労力の無駄使いであろう．

824.　『百科全書（事項別配列）』のなかには，いままで執行もされなかったいろいろな脅迫が述べられていることを知るべきであろう．だから，項目『保険』については，『事変』（Événement）とか『結社』（Société）が参照されるし，『確率』については，『真理』（Vérité）と『投票者』（Votans）が参照される．コンドルセの著作に精通した人なら誰でも，ここにあげた題名のもとに書かれた項目が見当らないのを幸いと思うであろう．

825.『百科全書（事項別配列）』において確率論に関連した唯一の重要な項目は『中心』（Milieu）と題されたものである．この項目をいまからみていこう．これはジャン・ベルヌイの手になるもので，その理由は598節と624節で注意しておいた通りである．

この項目は当時印刷されていなかったといわれている 2 つの論文の説明をするものであった．項目のなかに

「私が抜萃を与えたいと思う第 1 論文は，ダニエル・ベルヌイ氏のラテン語で書かれた論文である．それを彼は1769年に私に教えてくれたが，その論文は疑いもなく，さらに一層拡張する目的で彼の原稿のなかに長い間しまっておかれたものである．その題名は，『非常に多くの観測値から最大の確率をもった値を決定すること，およびそれから導かれるまことらしい帰納的推論』である．」

題名は424節でみた論文と同一である．しかし，この『中心』という項目の内容は，『ペテルスブルク……アカデミー官報』のなかにあるものとは関係がない．それゆえ，ダニエル・ベルヌイはそれを発表する前に修正を加えたものと思われる．

つぎは，項目『中心』のなかで与えられている方法である．固定した点から出る横軸上に，一致しない観測値が並べられている．その点に垂直にいろいろな観測値の確率が縦座標として表わされてい

— 362 —

る．これらの縦座標の先端の点を結ぶ曲線を描き，曲線下の面積の重心の横座標を求め，それを求める中心の正確な値とする．確率はある上半楕円もしくは上半円の縦座標によって表わされる．項目の説明では，半円の中心を解析的に求めることは非常に難かしい，なぜなら，最後にほとんど取扱いにくい方程式が出てくるからであると述べている．したがって近似方法が提起される．まず第1に，中心を観測値のすべての平均値に関連した点にとり，それから観測値に対応する図形の重心を決定する．この点を半円の新しい中心ととり，同じ操作をくり返す．そして，おのおのの半円の中心に対応して重心が得られるまでこの操作をくり返す．半円の半径の大きさは計算者によって任意に指定されていなければならない．

これは巧妙なものである．しかし，もちろん，そのようにして得られた結果が特別信頼しうるという保証はない．

この『中心』という項目で注目すべき他の論文は，ラグランジュによって『トリノ雑録』に発表されたものである〔556節参照〕．ダニエル・ベルヌイとラグランジュの論文が1785年にまだ印刷されていないというのは奇妙である．というのは，ダニエル・ベルヌイは同名の論文を1777年に『ペテルスブルク……アカデミー官報』に，ラグランジュは1770年から1773年の間に『トリノ雑録』のなかに発表しているからである．最後の巻の発行の日付が書いてないのであるが，オイレルの論文から推測するに，1777年の前らしい〔447節参照〕．

826. つぎに『百科全書（事項別配列）』の偶然ゲームに関係する部分をみてみよう．817節で述べた3つの巻は，いろいろなゲームに関する項目を含んでいる．それらはバセット・ゲームの場合をのぞいて，数学的な考察はしていない〔467節参照〕．『ブルラン』（*Breland*）と題する項目のはじめに「やりたい人には大へん楽しいものである．しかし，これはよくない．いいかえると，はなはだ破滅しやすく，糞くらえだ.」

しかしながら，『数学の第III巻につづく，ゲームの事典』（*Dictionnaire des Jeux, faisant suite au Tome III. des Mathématiques*），1792年，と題するゲームに関する際立った書物がある．その注意（Avertissement）には，「はなはだ馬鹿げた手法でひき出しうる無数の賢明なものがあるように，はなはだ賢明な手法で導かれた無数の馬鹿げたものもある，とモンテスキューはいっている」という文章で始まる．この著作は316頁の本文と16頁の図版を含んでいる．そこには何も数学的な研究はないが，可能性の数値が3つの場合に対して与えられている．これらの場合のうちのひとつは，30と40ゲーム（Trente et quarante）である．しかし，与えられた結果は，316節で引用したポワソンの論文が示すように不正確である．結果が与えられた他の2つの場合というのは，クラブス（Krabs）[2] とパス・ディス（Passe-dix）ゲームである．

ケンブリッジ大学の図書館にある『百科全書（事項別配列）』のコピーは，私が調べた他のコピーにはないゲームに関する他の著作を含んでいた．これは『数学遊戯の事典』（*Dictionnaire des Jeux Mathématiques…An. VII*）と題されている．1792年のゲームに関する事典の刊行の後，予約者の多くが，この論文は拡げられて，もっと完全なものにされるべきであると要請したと，広告文には書かれている．現在の事典は2部に分かれ，第1部は『数学遊戯の事典』で，212頁を占めている．第2部は『通俗ゲームの事典』（*Dictionnaire de Jeux familiers*）で未完である．というのは，AからGrammairien までしか書かれておらず，80頁分である．

『数学遊戯の事典』は，確率の計算については，何ら新しいものも重要なものも含んでいない．書かれている内容は主としてモンモールの書物からとられており，いくつかの個所で彼の名が引用されているが，そうしばしば引用されるという程ではない．『賭博者』（Joueur）という項目では，確率

— 363 —

第19章　1780年から1800年までのいろいろな研究

論を研究した何人かの著者の名前が出てくる．そしてこの事典がその内容の多くを依拠しているモンモールに対しては，ほんの少し賞讃しているにすぎない．すなわち

「多くの著者がゲームの解析に努力した．ホイヘンスの初等的な教科書，ド・モワブルのより深い研究，この題材に関するベルヌイのはなはだ博学な断章等がそれである．モンモールによる偶然ゲームの解析も，価値がないとはいえない．」

ドラフト (Draughts)・ゲームには16頁，チェス・ゲームには73頁が割かれている．トランプ (jeu de Cartes) の項目では，533節で注目した問題が述べられているが，誤りの部分は省略されている．

ホイスト (Whisk ou Wisth) という項目は8頁分あって，それはつぎのように説明されている．

「カード・ゲームには偶然と科学が相半ばする．それは英国人によって発明され，長い間英国内で流行しつづけた．

その起源から一番賢明な，社会にとって一番適当な，一番むつかしい，一番おもしろい，一番刺戟的なもので，そして一番芸術的に工夫されたものがカード・ゲームのすべてである．」

この項目は，ド・モワブルによるカード・ゲームの可能性の計算によって得られた結果をいくつか引用している．それはまたホイル (Hoyle) の著作にもふれている．ホイルの著作は1770年にフランス語に翻訳されたことが，そこからわかる．

『通俗ゲームの事典』に関しては，子供たちの娯楽のために役立つ，つまらないゲームの解説がのっていることを述べておこう．それは「J'aime mon amant par A」に始まり，「目かくし鬼ゴッコ」(Colin-Maillard) も含まれている．

827. つぎにダニエル (D'Aniers) の『偶然ゲームについての反省』(*Reflexiones sur les Jeux de hazard*) と題された論文に注意をむけよう．

この論文は『ベルリン……アカデミーの新紀要』1784年号に発表された．発行の日付は1786年，論文は391-398頁に載っている．

論文は数学的なものではない．偶然ゲームが政府によって禁止されているという事実に言及し，財産が破産してしまうような，そしてどんな場合でもつまらぬ損失以外何も生み出さないような，いろいろな種類のゲームがあることを述べている．

同じ著者による『パリにあって (*Sur les Paris*) と題する論文があり，『ベルリン……アカデミーの新紀要』1786年号に載っている．発行の日付は1788年，273-278頁に載っている．

この論文は，同じ著者による前の論文の補足であって，確率の数学的理論とはまったく無関係である．

828. われわれはつぎに『代数的な量を蓋然的な関係と年金に換算する原則について』(*On the Principles of translating Algebraic quantities into probable relations and annuities.*) と題する奇妙な著作に注目しよう．著者は医学博士，ケンブリッジ大学の数学ルカシアン講座担当教授，ロンドン・ボロニア・ゲッチンゲンの王立協会会員のE.ワーリング (Waring)[3]で，J.アルケデアコン (Archdeacon) によって印刷され，印刷所は大学の印刷所で，出版元はケンブリッジの本屋J.ニコルソンである．1792年の発行．

これは8つ折版のパンフレットである．題名が印刷された頁をのぞくと，本文は59頁，その他に正誤表が1頁ある．この書物は稀覯本であり，コピーの使用に対して，ケンブリッジ大学クィーンズ・カレッジの当局者に対して感謝する．

829. 著者と印刷者とは，この著書をできるだけ不明瞭に分りにくくするために，その労力を結集したかのように思われる．そしてその意図は成功したようである．題名それ自体が特異に異様である，

—364—

代表的な量を蓋然的関係や年金に換算することを意図すること自体が馬鹿げている．ワーリングが意図したのは，確率論と年金論のなかの命題の与える事柄が代数的恒等式に翻訳されうるということなのであろう．

830. ワーリングは補助定理から始める．級数

$$1+2^{z-1}r+3^{z-1}r^2+4^{z-1}r^3+5^{z-1}r^4+\cdots\cdots$$

の和を求める．

その和は

$$\frac{A+Br+Cr^2+Dr^3+\cdots\cdots+r^{z-2}}{(1-r)^z}$$

である．

係数 $A, B, C, \cdots\cdots$ は r に独立である．それらは元の級数と $(1-r)^z$ をかけ，係数を等しいとおくことによって確定されねばならない．それで

$$A=1$$
$$B=2^{z-1}-z$$
$$C=3^{z-1}-z2^{z-1}+\frac{z(z-1)}{2}$$
$$D=4^{z-1}-z3^{z-1}+\frac{z(z-1)}{2}2^{z-1}-\frac{z(z-1)(z-2)}{2\cdot3}$$

である．

このようにしていくと，和を表わす分数の分子において，最終項は r^{z-2} であることがわかる．すなわち，このベキより高次の r のベキはないし，このベキの係数は 1 であることがわかる．ワーリングはこれを証明するために，彼自身による別の著作を参照するように言っている． $n \geqq m$ のとき， $\Delta^n x^m$ の値に関連した差分法の初等的な定理から，それを演繹できることがわかる．

ワーリングはこの補助定理を，著書の年金に関連する部分にいたるまで適用しない．年金に関連する部分は27-59頁である．

831. それからワーリングは確率論の命題にすすむ．彼の方法を示すには例をひとつあげるだけで十分であろう．

$\dfrac{a}{N}\dfrac{N-a}{N}=\dfrac{a}{N}-\left(\dfrac{a}{N}\right)^2$ は恒等的に真である． $\dfrac{a}{N}$ を 1 回の試行で指定された事象の起こる可能性を表わすものとする．すると $\dfrac{N-a}{N}$ はそれが起こらない可能性を示す．すると，この恒等式は，1 回の試行でその事象が起こる可能性と，2 回目の試行でその事象の起こらない可能性との積が，その事象の 1 回起こる可能性と 2 回つづけて起こる可能性との差に等しいことを示している．

832. この著書は19頁まで，確率論に関しては重要性をもつものは何もない．ここで，ワーリングは，つぎのように述べている．

「事象 A および B が起こる可能性をそれぞれ $\dfrac{a}{a+b}$, $\dfrac{b}{a+b}$ としよう． r 回の試行において，事象 A が事象 B よりも r 倍多く起こる可能性は $\dfrac{a^r}{(a+b)^r}$ である． $r+2$ 回の試行では

$$\frac{a^r}{(a+b)^r}\left\{1+r\frac{ab}{(a+b)^2}\right\}$$

$r+4$ 回の試行では

$$\frac{a^r}{(a+b)^r}\left\{1+r\frac{ab}{(a+b)^2}+\frac{r(r+3)}{2}\frac{a^2b^2}{(a+b)^4}\right\}$$

第19章　1780年から1800年までのいろいろな研究

であり，一般に

$$\frac{a^r}{(a+b)^r}\left\{1+r\frac{ab}{(a+b)^2}+\frac{r(r+3)}{2!}\frac{a^2b^2}{(a+b)^4}+\frac{r(r+4)(r+5)}{3!}\frac{a^3b^3}{(a+b)^6}\right.$$
$$\left.+\cdots\cdots+\frac{r(r+l+1)(r+l+2)\cdots\cdots(r+2l-1)}{l!}\frac{a^lb^l}{(a+b)^{2l}}+\cdots\cdots\right\}$$

である．

このことはつぎの算術の定理から演繹される．すなわち

$$\frac{2m(2m-1)(2m-2)\cdots\cdots(2m-s)}{(s+1)!}+r\frac{(2m-2)(2m-3)\cdots\cdots(2m-s-1)}{s!}$$
$$+\frac{r(r+3)}{2}\frac{(2m-4)(2m-5)\cdots\cdots(2m-s-2)}{(s-1)!}$$
$$+\frac{r(r+4)(r+5)}{3!}\frac{(2m-6)\cdots\cdots(2m-s-3)}{(s-2)!}+\cdots\cdots$$
$$+\frac{r(r+s+2)(r+s+3)\cdots\cdots(r+2s+1)}{(s+1)!}=\frac{(r+2m)(r+2m-1)\cdots\cdots(r+2m-s)}{(s+1)!}$$

ワーリングの「AがBよりr倍多く起こる」（A happening r times more than B）という言葉は，彼のいいたい意味を正しく伝えていない．彼の与えた公式から，本当はBが資本金rをもち，Aが無限の資本をもつ場合の遊戯継続の問題を扱っていると，われわれは考える〔**309**節参照〕．

ワーリングは，彼がいう算術の定理（arithmetical theorem）の証明のヒントすら与えていない．それはつぎのようにすればできるであろう．つまり，**584**節の公式をとり，$\alpha=1+z$, $p=1$, $q=z$ とする．すると

$$\beta=\frac{1+z-(1-z)}{2z}=1$$

をうる．したがって

$$1=\frac{1}{(1+z)^t}+t\frac{z}{(1+z)^{t+2}}+\frac{t(t+3)}{2!}\frac{z^2}{(1+z)^{t+4}}$$
$$+\frac{t(t+4)(t+5)}{3!}\frac{z^3}{(1+z)^{t+6}}$$
$$+\frac{t(t+5)(t+6)(t+7)}{4!}\frac{z^4}{(1+z)^{t+8}}+\cdots\cdots$$

をうる．

両辺に $(1+z)^{2n+t}$ を掛ける．すると

$$(1+z)^{2n+t}=(1+z)^{2n}+tz(1+z)^{2n-2}+\frac{t(t+3)}{2!}z^2(1+z)^{2n-4}$$
$$+\frac{t(t+4)(t+5)}{3!}z^3(1+z)^{2n-6}+\cdots\cdots$$

である．

左右両辺をzについて展開し，z^sの係数を等しいとおくと，算術の定理をうる．ただし，この場合はrの代りにtとおいた式になる．

しかし，この算術の定理から遊戯継続についての定理を，ワーリングはどのように演繹しようと意図していたのかははっきりしない．もしも，zの代りに$\frac{b}{a}$とおくと

$$(a+b)^{2n+t}=a^t(a+b)^{2n}+ta^t(a+b)^{2n-2}ab$$

— 366 —

$$+\frac{t(t+3)}{2}a^t(a+b)^{2n-4}a^2b^2+\frac{t(t+4)(t+5)}{3!}a^t(a+b)^{2n-6}a^3b^3+\cdots\cdots$$

をうる．おそらく，この結果からワーリングは遊戯継続の問題が演繹されるであろうと考えたのかもしれない．しかし，その推移を厳密に表現することは難しいように思われる．

833. ワーリングは遊戯継続について別の問題も与えている．その著書の20頁に

「Aの生起がBの生起のきっちりn倍起こる可能性を求めよ．$n+1$回の試行では

$$(n+1)\frac{a^nb}{(a+b)^{n+1}}=P$$

$2n+2$回の試行では

$$P+n(n+1)\frac{a^{2n}b^2}{(a+b)^{2n+2}}=Q$$

$3n+3$回の試行では

$$Q+\frac{n(n+1)(3n+1)}{2}\frac{a^{3n}b^3}{(a+b)^{3n+3}}$$

である．」

と書かれている．

ワーリングは研究の手かがりを与えていない．彼の著作の特徴でもあるが，われわれが突込んで研究してみない限り，彼の問題の意味は腑におちないものばかりである．

彼が与えている3つの例題の最初のものは明らかである．

第2の例題において，その事象は，はじめの$n+1$回の試行のなかで起こりうるかもしれない．そのときの可能性はPである．あるいは，事象がはじめの$n+1$回の試行では起こらなくて，なおさらに$n+1$回余分に試行をすると起こるかもしれない．この第2の場合はつぎのような方法で起こりうる．すなわち，はじめの$n+1$回の試行のなかでBが2回起こりうるか，もしくはあとの$n+1$回の試行のなかでBが2回起こりうる．一方，Aは残りの$2n$回の試行で起こる．したがって

$$2\times\frac{(n+1)n}{2!}\frac{a^{2n}b^2}{(a+b)^{2n+2}}$$

をうる．第2の例題における可能性を求めるためには，これにPを加えなければならない．

第3の例題では，求める事象がはじめの$2n+2$回の試行のなかで起こるかもしれない．そのときの可能性Qである．あるいは，その事象がはじめの$2n+2$回の試行で起こらず，しかしさらに$n+1$回の試行をつづけると起こるかもしれないのである．このあとの場合はつぎのような方法で起こるであろう．

Bははじめの$n+1$回の試行で3回，またはつづく$n+1$回の試行で3回，または最後の$n+1$回の試行で3回起こるかもしれない；他方Aは残りの$3n$回の試行のなかで起こる．

もしくは，Bははじめの$n+1$回の試行で2回，つづく$n+1$回の試行のなかで1回もしくは最後の$n+1$回の試行で1回起こるかもしれない；他方Aは残りの$3n$回の試行のなかで起こる．

こうして，

$$\left\{3\times\frac{(n+1)n(n-1)}{3!}+2\times\frac{(n+1)^2n}{2!}\right\}\frac{a^{3n}b^3}{(a+b)^{3n+3}}$$

をうる．そして第3の例題の可能性を求めるためには，これにQを加えなければならない．

834. つぎの例題が，ワーリングの不完全な説明で，21頁に与えられている．

「a, b, c, d, $\cdots\cdots$をそれぞれ事象α, β, γ, δ, $\cdots\cdots$の起こる確率とする．1回の試行で，かつ

第19章　1780年から1800年までのいろいろな研究

$$(ax^\alpha + bx^\beta + cx^\gamma + dx^\delta + \cdots\cdots)^n = a^n x^{n\alpha} + \cdots\cdots + Nx^\pi + \cdots\cdots$$

とすると，そのときNはn回の試行のなかでπが起こる可能性である.」

　πが何を意味するかは述べられていない．上記の説明に意味をつけるとすれば，a, b, c, d, ……
をそれぞれ数α, β, γ, δ, ……を1回の試行で生起させる可能性と考えると，n回の試行で数の和
がπになる可能性がNということになる.

　835. ワーリングは22頁で，われわれが時にファンデアモンド[4]（Vandermonde）の定理とよんで
いる定理を述べている．その定理は

$$(a+b)(a+b-1)\cdots\cdots(a+b-n+1)$$
$$= a(a-1)\cdots\cdots(a-n+1) + na(a-1)\cdots\cdots(a-n+2)b$$
$$+ \frac{n(n-1)}{1\cdot 2} a(a-1)\cdots\cdots(a-n+3)b(b-1)$$
$$+ \frac{n(n-1)(n-2)}{1\cdot 2\cdot 3} a(a-1)\cdots\cdots(a-n+4)b(b-1)(b-2) + \cdots\cdots$$
$$+ b(b-1)\cdots\cdots(b-n+1)$$

である.

　この定理からひとつの系を演繹しているが，その系をわれわれの記法を用いて書くことにする．
$\phi(x, y)$は数1, 2, 3, ……，xからy個とってできる積全部の和を表わすとする．そのとき

$$\frac{s!}{r!(s-r)!} \phi(n-1, n-s)$$
$$= \frac{n!}{r!(n-r)!} \phi(n-r-1, n-s)$$
$$+ \frac{n!}{(r+1)!(n-r-1)!} \phi(n-r-2, n-s-1)\phi(r, 1)$$
$$+ \frac{n!}{(r+2)!(n-r-2)!} \phi(n-r-3, n-s-2)\phi(r+1, 2)$$
$$+ \frac{n!}{(r+3)!(n-r-3)!} \phi(n-r-4, n-s-3)\phi(r+2, 3)$$
$$+ \cdots\cdots$$

であろう.

　ここで，$r<s<n$ でなければならない；そして右辺の項は$\phi(x, 0)$の形の項が出てくるまで続く.
そして $\phi(x, 0)=1$ でなければならない.

　この結果は，ファンデアモンドの恒等式において，$a^{s-r}b^r$ という項の両辺の係数が等しいとおけば
得られる.

　ワーリングの著作では，この結果は説明も非常にまずく，印刷も非常に不鮮明だったので，この結
果が何を意味し，またどのようにして得られたかを知るのに若干困難をともなった.

　836. ワーリングの年金に関連した部分に立入るつもりはない．ただ，ド・モルガン教授が私に知ら
せてくれたのは，故フランシス・ベイリイ（Francis Baily）がワーリングの著書のなかでは，級数

$$S - mS' + \frac{m(m+1)}{2} S'' \cdots\cdots$$

と，問題Ⅲ，死亡時にすぐに支払われる生命保険についての所見が面白い部分であると手紙に書いて
送ってきたということである.

837. ワーリングによる他の著作に少し注目しよう．それは『人間の知識の諸原則についての試論』(*An Essay on the Principles of human knowledge*) と題されていて，1794年ケンブリッジで発行された．これは8つ折版である．題字の頁，本文240頁，そして付論3頁，正誤表1頁からなる．

838. この著作の35-40頁には，確率に関する二，三のありふれた定理がのっている．付論のはじめの2頁は，ド・モワブルらによって論じられた問題で，文字の列が，位置の順番と文字の順番とが一致する問題に手短かにふれている〔281節；ド・モワブル『偶然論』問題XXXV参照〕．ワーリングは，もしも文字の個数が無数にあれば，それらがすべて固有の位置にくる確率は無限小であると述べている．このことを彼は著書の49頁でふれたと書いているが，これは41頁の誤植であるように思われる．

ド・モルガン

839. この書物から2個所抜粋しておこう．

「第1級の何人かの数学者たちが，ある事象が以前にm回起こったことから，n回起こる確率の度合を示そうと努力したことがわかっている．そして結局，そのような事象は多分生起するであろうということを証明しようとしたのである．しかし残念なことに，この問題は人間の理解をはるかにこえていたのである．太陽が現在の軌道を動くことをやめるのは何時かをきめるようなものである．」〔35頁〕

「私自身は純粋数学のほとんどの問題について書いてきた．そして，これらの書物のなかで，私が知っている限りの数学者たちの発見を掲載したものである．

この書物の序文において，いろいろな著者たちの発明の歴史にふれ，その著者たちの業績と，同様に私自身の業績に帰するものとを説明した．これらの科学のすべてに，私はいくつかの内容をつけ加えた．そして，全体として，もし私の述べることに誤りがないとしたら，300乃至400以上の新しい命題が英国の学者たちによって付け加えられたのである．それらの諸命題は着想の新しさにおいても，解答の難しさにおいても，他国の学者たちのやったものに劣らない．そのような満足すべき状態に自分も加わりたかった．そしてさらに多くの命題を発見したかったが，しかし私には，私の書いたものを苦労して読み，理解してくれた英国ケンブリッジの人々を除いて，国内に好意的な読者がいるとは考えられないのである．」〔115頁〕

英国内での無視されたことへの慰めを，ワーリングはダランベール，オイレル，ラグランジュによって与えられた賞賛の言葉のなかに見出すのである．

デュガルド・スチュワート (Dugald Stewart) はワーリングに関連した叙述をしている〔『ハミルトン編スチュワート全集』第IV巻，218頁参照〕．

840. アンシヨン (Ancillon) による『確率計算の基礎についての疑問』(*Doutes sur les bases du calcul des probabilités*) と題する論文が『ベルリン……アカデミーの紀要』の1794, 1795年合併号に発表された．この論文は思弁的哲学に割かれた部分の3-32頁に載っている．

論文は数学的な研究を含んでいない．その目的とするところは，確率論を構成することの可能性について疑問を投げかけたものであって，ほとんど価値はない．著者は，かつて構成された理論に注意を向けないで，どんな確率論も構成しえないと決めつけているように思われる．このような問題を吟味した人として，彼はモーゼス・メンデルスゾーン (Moses Mendelssohn)[5] とグラーヴ (Grave) の名をあげている．

— 369 —

第19章　1780年から1800年までのいろいろな研究

841. プレヴォとリュイエ (Lhuilier) 共著の 3 篇の論文が『ベルリン……アカデミーの紀要』1796年号に発表されている．発行の日付は1799年である．

842. はじめの論文は『**確率について**』（*Sur les Probabilités*）と題されている．それは1795年11月12日に書いたもので，覚え書集の数学部門の117-142頁に載っている．

843. 論文はつぎの問題を取扱っている．壺のなかに m 個の玉が入っている．そのいくつかは白玉で残りは黒玉であるが，それらの個数は不明である．p 個の白玉と q 個の黒玉が壺から抽出され，元へ戻さない．つぎに $r+s$ 個の玉を抽出し，そのうち r 個が白玉，s 個が黒玉である確率を求めよ．

壺のはじめの状態として考えられる可能な仮定は，黒玉がはじめに q 個，$q+1$ 個，$q+2$ 個，……，$m-p$ 個入っているとするものである．いま，これらいろいろな仮定のもとでの確率を，通常の原則にしたがって組立てていこう．

$$P_n = \underbrace{(m-q-n+1)(m-q-n)\cdots\cdots}_{p\ \text{項}}$$

$$Q_n = \underbrace{(q+n-1)(q+n-2)\cdots\cdots}_{q\ \text{項}}$$

とするとき，第 n 番目の仮定のもとでの確率は

$$\frac{P_n Q_n}{\varSigma}$$

である；ただし，$\varSigma$ はすべての $P_n Q_n$ の和を表わす．さて，もしこの仮定が真であるならば，つぎの $r+s$ 個の抽出で r 個の白玉と s 個の黒玉を抽出する可能性は

$$\frac{R_n S_n}{r!s!N}$$

である．ただし

$$R_n = \underbrace{(m-q-p-n+1)(m-q-p-n)\cdots\cdots}_{r\ \text{項}},$$

$$S_n = \underbrace{(n-1)(n-2)\cdots\cdots}_{s\ \text{項}}, \qquad N = \binom{m-p-q}{r+s}$$

したがって，求める確率は

$$\frac{P_n Q_n R_n S_n}{\varSigma r!s!N}$$

の形の項すべての和である．

そこで $\varSigma$ の値を求めなければならない．原論文では帰納法で求めている．しかし，われわれは二項定理を使って容易に求めうる〔トドハンター『代数学』第 L 章参照〕．こうして

$$\varSigma = \frac{p!q!}{(p+q+1)!} \frac{(m+1)!}{(m-p-q)!}$$

をうる．

さて，P_n において p を $p+r$ とおくと $P_n R_n$ が，Q_n において q の代りに $q+s$ とおくと $Q_n S_n$ が得られる．それゆえ，$P_n Q_n R_n S_n$ の形の項すべての和は

$$\frac{(p+r)!(q+s)!}{(p+q+r+s+1)!} \frac{(m+1)!}{(m-p-q-r-s)!}$$

である．そして

$$N = \frac{(m-p-q)!}{(r+s)!(m-p-q-r-s)!}$$

である.

結局求める確率は

$$\frac{(r+s)!}{r!s!} \frac{(p+r)!(q+s)!}{p!q!} \frac{(p+q+1)!}{(p+q+r+s+1)!}$$

である.

844. r と s はいろいろに変化するが，$r+s$ は一定であると仮定しよう．すると，われわれは前節の一般的な結果を $r+s+1$ 通りの異なる場合に適用することができる．すなわち，抽出した $r+s$ 個の玉が全部白玉，1個を除いてあと白玉，2個を除いてあと白玉，……白玉が全然抽出されない，という場合である．これらの場合の起こる確率の和は，1でなければならない．そのことは結果の正しさの検証にもなる．このことの証明は，原論文では帰納法によって証明された定理を使ってなされているが，しかし，新しい定理は必要がない．なぜなら，前節で求めた $\sum$ という公式を再度適用するだけでよい．前節の結果の変数部分は

$$\frac{(p+r)!(q+s)!}{r!s!}$$

である．これは

$$\underbrace{(r+1)(r+2)\cdots}_{p\ \text{項}} \quad \text{と} \quad \underbrace{(s+1)(s+2)\cdots}_{q\ \text{項}}$$

2つの式の積である.

このような積の和は，$r+s=$ 一定として求められねばならない．すなわち

$$\frac{p!q!}{(p+q+1)!} \frac{(p+q+r+s+1)!}{(r+s)!}$$

である.

それゆえ，求める結果1はこの式に前節の結果の定数部分をかけることによって得られる.

この結果はコンドルセによって注目された〔コンドルセ『試論』189頁参照〕.

845. 前節で考察された $r+s+1$ 通りの場合のなかで，最大の確率をもつのはどの場合か．この問題は論文のなかでは近似的に求められている．最大値の近くの確率の値の変動はそう激しくない．それで843節の最後の結果は，r の代りに $r-1$，s の代りに $s+1$ とおいても，ほとんど変らないと考えて

$$\frac{p+r}{r} \fallingdotseq \frac{q+s+1}{s+1}$$

すなわち

$$\frac{p}{r} \fallingdotseq \frac{q}{s+1}$$

である．それで，r と s が大きければ，$\frac{r}{s} \fallingdotseq \frac{p}{q}$ をうる.

846. 843節の最後の式が，壺のなかに最初入っていた玉の個数 m と独立であることがわかる．論文はこのことに注目し，このことは玉が抽出されたのち再び壺へ戻される場合でないという事実に注意を向けている．玉の個数が無限大であるときのこの種の問題が考察された論文が，別に用意されるであろうと述べているが，しかしこの意図が達せられるとは思えない.

847. 計画された論文の内容となったと思われる2つの問題の比較をすることは，有益であろう.

— 371 —

第19章　1780年から1800年までのいろいろな研究

壺から非復元抽出で p 個の白玉と q 個の黒玉が抽出されたと仮定する．また，玉の総数は無限個とする．すると，**704**節によってつづく $r+s$ 個の抽出で，r 個の白玉と s 個の黒玉が得られる確率は

$$\frac{(r+s)!}{r!s!}\frac{\int_0^1 x^{p+r}(1-x)^{q+s}dx}{\int_0^1 x^p(1-x)^q dx}$$

である．積分すると，**843**節で得たのと同じ結果が得られる．2つの異なる仮定にもとづいて得られた結果が一致するということは，注目すべきことである．

848. **843**節で得た結果で，$r=1$，$s=0$ と仮定しよう．すると

$$\frac{p+1}{p+q+2}$$

をうる．

ふたたび，$r=2$，$s=0$ と仮定しよう．すると

$$\frac{(p+1)(p+2)}{(p+q+2)(p+q+3)}$$

をうる．

因数 $\dfrac{p+1}{p+q+2}$ は，すでにみた通り，p 個の白玉と q 個の黒玉が出たあとで，さらに白玉が1個でる確率である．また，因数 $\dfrac{p+2}{p+q+3}$ は $p+1$ 個の白玉と q 個の黒玉が抽出されてのち，さらに白玉が1個抽出される確率である．したがって，この公式は，つづけて白玉を2個抽出する確率を，最初の場合の確率と第2の場合の確率の積に等しくすることである．公式のこの性質は一般的に成立する．

849. われわれがいま吟味した論文は，内容として玉が非復元抽出されるということに関連した問題を最初に論じたものである．その問題の特殊な場合は，テロット僧正（Bishop Terrot）によって，『**エジンバラ王立協会会報**』（*Transactions of the Royal Society of Edinburgh*）第XX巻のなかで考察されている．

850. **841**節で言及した他の2つの論文は，際だって数学的という訳ではない．そしてそれらは思弁的哲学に割かれた論文集の一部として印刷されている．第2の論文は 3 –24頁に，第3の論文は25–47頁に載っている．論文の著者による，第3の論文に関連したノートが『**ベルリン……アカデミーの紀要**』1797年号の152頁に載っている．

851. 第2の論文は『**結果による原因の確率の推定の仕方について**』（*Sur l'art d'estimer la probabilité des causes par les effets*）と題されている．それは2部からなっている．第Ⅰ部は原因の確率を推定する一般的原理を論ずる．その原理はラプラスが『**いろいろな学者による覚え書集**』（*Mémoires……par divers Savans*）第Ⅵ巻のなかで「もしある結果が n 通りの異なる原因によって生起したとすれば，この結果をとる個々の原因の存在確率は，これらの諸原因によってひき起こされる結果の確率と同じように存在する．」といった言葉を引用している．論文はそれを有用と考えており，この原理を証明することが必要だと考えている．したがって，すべての他の主題が依拠すると思われる単純な仮説から，それを演繹している．コンドルセによってなされたいくつかの注意が批評されている．そして自然法則の定常性をわれわれが信ずるのは，確率論において分数によって表現されるものと同種のものではないと主張している．〔『**ハミルトン編，デュガルト・スチュワート全集**』第Ⅰ巻．421頁，616頁参照〕

論文の第Ⅱ節は，ラプラスの原理を，つぎにあげるいくつかの易しい例題に適用している．サイコ

— 372 —

ロがあって，その面にはどんな数が印されているかわからない．しかし，$p+q$ 回投げると，p 回 1 の目が出，q 回は 1 以外の目が出たことが観察された．1 の目が印されている面の数がある数である確率を求めよ．また，さらに $p'+q'$ 回投げるとき，p' 回 1 の目が出，q' 回 1 以外の目が出る確率を求めよ．

最後の場合の結果は

$$\frac{\sum_{m=1}^{n} m^{p+p'}(n-m)^{q+q'}}{n^{p'+q'} \sum_{m=1}^{n} m^{p}(n-m)^{q}}$$

である；ここで n は面の総数である．これはまた 1 の目と 1 以外の目が指定された順序で出るときの結果でもある．もし，そうでないときは，この値に $\dfrac{(p'+q')!}{p'!q'!}$ を掛けておかなければならない．

論文は証明なしに，n が非常に大きいときの近似的な結果がどうなるか述べている．順序があらかじめ指定されている場合には，それは

$$\frac{(q+q')!}{q!} \frac{(p+p')!}{p!} \frac{(p+q+1)!}{(p+q+p'+q'+1)!}$$

である．

852. 第 3 の論文は『原因の確率を推定するために，その原理の効用と拡張についての注意』（*Remarques sur l'utilité et l'étendue du principe par lequel on estime la probabilité des causes*）と題されている．

この論文はまた 851 節で，われわれがラプラスから引用した原理に関連している．論文は 4 部に分れている．

853. 第 1 節は原理の効用に関するものである．この原理が設定される以前は，確率についての著作家たちは多くの誤りを犯したものだと主張している．

つぎの文章を引用しておこう．

「同時に行なう 2 人の証人の証言の価値の評価において，ラムベルトにいたるまでは，相つぐ証言に対して用いられる公式の完成をみるのに，他の手法を一点も使用しないように思われた．その点について，ヤコブ・ベルヌイがやったような同意の論法の評価の前例に，みな，したがったものである．もしも，原因の本当の推定方法がわかったとしたら，こんな場合，目的をとげる前に吟味に失敗するということもなかっただろうと思われる．供述を決意した人が誰であれ，証人の意見が一致したかどうかは，原因に対する事後の事象であることがわかる．されば，結果により原因を推定することが，ここでは問題になる．また，まったく自然に，そしてやすやすとラムベルトが発見してくれた方法に結局は依存してしまうことになる．ラムベルトはその方法を，彼の天分を特徴づける稀なる気転によって発見したのである．」

854. 論文の著者は，天然痘に関するハイガース（Haygarth）による著作のフランス語訳から引用することで，その節を説明している．ハイガースのフランス語訳は 1786 年パリで出版された．ハイガースは数学上の友人からつぎのような所見を得ていたのである；天然痘の感染にさらされている 20 人の人のうち，1 人だけが天然痘にかからなかったと仮定して，すなわちいかに天然痘がその町で猛威をふるっていようとも，1 人の幼児が感染しなかったならば，感染しない可能性は $\dfrac{1}{19}$ と推測しうる．もしも家庭のなかで 2 人が感染しなかったならば，2 人とも天然痘にかからなかった確率は $\dfrac{1}{400}$ 以上である．もし，3 人が感染しなかったならば，その確率は $\dfrac{1}{8000}$ 以上である．

— 373 —

第19章　1780年から1800年までのいろいろな研究

　この陳述に対して，フランス語訳したド・ラ・ロッシュ氏は，分別ある議論によって，それが間違いであることを示したと，論文のなかに述べられている．翻訳者のノートの末尾を引用しよう．この引用文の主要部分はつぎの文章である．

　「もし，ファラオン・ゲームのテーブルに賭けた20人について，19人が破産したことが観察されたならば，財産を狂わさず，ファラオンにも賭けなかった人は誰もが19対1の賭けをしたと演繹できないと同時に，この人が賭博師であるという賭けが1対19でなされたと結論づけることもできない.」

　このことは，ド・ラ・ロッシュ氏がいうように馬鹿げたことである．そしてハイガースの友人によって与えられた推論も同じように馬鹿げていると，論文は主張している．われわれはこのノートのなかに若干の間違いがなければならないと考えることができる．彼は1対19を19対1というように逆にとってとる．また逆に19対1を1対19にとったりしている．そして，なぜプレヴォとリュイエがこのノートを推賞しているのか，理解に苦しむところである．なぜなら，ド・ラ・ロッシュは，ハイガースの友人の理由付けは馬鹿げているといっているのに，彼らはほんの少しばかり不正確なのだと思っているからである．プレヴォとリュイエはラプラスの原理による可能性の計算をつづけていって，それらが $\frac{20}{21}$, $\frac{400}{401}$, $\frac{8000}{8001}$ であることを見出した．それらの値は，ハイガースの友人が得た結果と大体同じなのである．

　855. 第Ⅱ節は原理の拡張に関するものである．論文の主張するところは，われわれが自然法則の定常性に対して確信をもっているし，かつ確率論の応用においても．この定常性に依拠しようとしていることである．それゆえ，われわれがその原理をこの種の法則の定常性に関した問題に応用しようと企てるなら，循環論法におちいると，警告している．

　856. 第Ⅲ節はいくつかの確率論の結果と，常識的な概念との比較にむけられている．

　843節の末尾の公式で $s = 0$ とおく．すると，公式

$$\frac{(p+1)(p+2)\cdots(p+r)}{(p+q+2)(p+q+3)\cdots(p+q+r+1)}$$

が導かれる．この結果は第Ⅲ節で考察されている，特殊な場合の結果である．この論文が結論として導こうとしている場合は，常識的概念と一致するようなものである．しかしながら，ある場合だけはその一致が直ちには明らかにならない．そして，論文は「これはラプラス氏によって（説明なしに）注意されているある種の逆理の説明をしているのである」と述べている．参照文献として『**高等師範学校紀要6号**』（*Écoles normals, 6 iéme cahier*）があげられている．われわれはこの場合を説明することにしよう．あるサイコロが1個あって先験的には何もわかっていないとする．試みに5回投げてみて，1の目が2回，1の目以外の目が3回でたことが観察された．つぎに4回投げたとき，すべてが1の目である確率を求めよ．ここで $p = 2$, $q = 3$, $r = 4$ である．上の結果は $\frac{3\cdot4\cdot5\cdot6}{7\cdot8\cdot9\cdot10} = \frac{1}{14}$ となる．もしも，われわれが先験的に，サイコロの1の目の面と1以外の目の面の数とが同数であることを知っておれば，求める可能性は $\frac{1}{2^4} = \frac{1}{16}$ であるはずである．一方，5回投げてたった2回しか1の目が出なかったことは，つづく4回の投げで連続1の目をうるための可能性が，前者の場合（1の目の面の数が不明），後者の場合（1の目の面の数と1以外の目の面の数が等しい）より小さくなければならないことを示唆する．それはラプラスの『**確率の解析的理論**』CVI頁において，同様の例に関連して説明がなされるであろうから，ここで逆理の説明をする必要はない．

　857. 第Ⅳ節はいくつかの数学的展開を与える．つぎの内容が本質的な部分である．n 個のサイコロがあって，それぞれ r 個の面をもっている．そして1の目の刻まれた面の数が，それぞれ m', m'',

— 374 —

m''', ……とする．もし，1個のサイコロが無作為にとられ，それを投げて1の目の出る確率は

$$\frac{m'+m''+m'''+\cdots\cdots}{nr}$$

である．

もし，1の目が出たあと，ふたたびそのサイコロを投げて2回目も1の目の出る確率は

$$\frac{m'^2+m''^2+m'''^2+\cdots\cdots}{r(m'+m''+m'''+\cdots\cdots)}$$

である．

はじめの確率の方が，後の確率よりも大きい．なぜならば

$$(m'+m''+m'''+\cdots\cdots)^2 > n(m'^2+m''^2+m'''^2+\cdots\cdots)$$

であるから．

論文はこの簡単な不等式を証明している．

858. プレヴォとリュイエはまた『**証言の価値に確率計算を応用するための論文**』（*Mémoire sur l'apprication du Calcul des Probabilités à la valeur du témoignage.*）と題する論文の著者でもある．

この論文は『ベルリン……アカデミーの紀要』1797年号に発表された．発行の日付は1800年である．論文は思弁的哲学の部の120–151頁に載っている．

論文はつぎの言葉ではじまる．

「この論文の目的は，新しい事柄をつけ加えるのではなくて，むしろこの理論の実際的な状態を認識することである．」

論文はまず122節で述べたヤコブ・ベルヌイの公式に対するラムベルトの『**オルガノン**』（*Organon*）のなかで書かれている批判に注目する．

それから，現在普通に受取られている一致した証言（concurrent testimory）の理論へと進んでいく．$m+n$ 回のうち，m 回真実を語り，n 回は嘘をつく証人がいるとしよう．もう1人の証人がいて，m' 回真実を語り，n' 回は嘘をつく．そのとき，もし彼らがある主張で一致した意見をはけば，それが真実である確率は $\dfrac{mm'}{mm'+nn'}$ である．

伝承の証言（traditional testimony）の一般理論もまた説明されている．前と同じ記号を用いて，ある証人が他の証人の報告をもとに供述するとき，それが真である確率は

$$\frac{mm'+nn'}{(m+m')(n+n')}$$

である．なぜならば，2人がともに真実を語るか，あるいは2人がともに嘘をついているならば，その供述は真であるから．もし，2人の証人がいて，つづけて各人が真の証言と反対の証言をしたら，その結果は真である．すなわち．二重の誤りが真になる．この結論は最初1794年にプレヴォによって示された．

クレイグの仮説が注目されている〔**91節**参照〕．

この論文における新しい点は，伝承の証言に関して提起された仮説のみである．そして，それは恣意性を認められているが，しかしその結論は吟味されている．仮説は，嘘であることが分った証言はなんら真実を知らせえない，というものである．この仮説の意味はひとつの例で説明すればよくわかるであろう．よく似た証人が2人いるとしよう．そのとき，さきに考察した場合における真実の確率として $\dfrac{m^2+n^2}{(m+n)^2}$ をとる代りに，$\dfrac{m^2}{(m+n)^2}$ をとろう．すなわち，証言がともに嘘であることから生ず

— 375 —

第19章　1780年から1800年までのいろいろな研究

るところの分子の項 n^2 を排除するのである.

　こうして，2人の証人が一致した証言をし，それが真実である確率と，それが嘘である確率はそれぞれ $\dfrac{m^2}{(m+n)^2}$ と $\dfrac{2mn+n^2}{(m+n)^2}$ である.

　さて，同じ性格をもち，前の1組の証人とは独立な，もう1組の証人がいて，この証人たちによって同じ陳述が肯定されたとする.　すると，一致した証言に対する通常の理論によってこれらの証人の組を結びつけると，2組の証人から生ずる確率として

$$\frac{m^4}{m^4+(2mn+n^2)^2}$$

をとる.

　それから，この式が $\dfrac{m}{m+n}$ に等しいとき，比 $\dfrac{m}{n}$ はいくらになるかという問題が生ずる.　つまり，2組の証人の力が1組の証人のそれに等しくなるのはどういう場合かというのである. $\dfrac{m}{n}\fallingdotseq 4.864$，それで $\dfrac{m}{m+n}\fallingdotseq\dfrac{5}{6}$ である.

　859. 王立アイルランド学士院会報の第Ⅶ巻に，神学博士，王立アイルランド学士院会員，マシュー・ヤング師 (Rev. Matthew Young) による，『**類推に対して事実を確立するに際しての証言の力について**』(*On the force of Testimony in establishing Facts contrary to Analogy*) と題する論文がある.　発行の日付は1800年.　論文は1798年2月3日に受理されている.　そして論文はその巻の79~118頁に載っている.

　論文は数学的というよりむしろ形而上学的である.　ヤング博士は一致した証人の証言の力を推定する現代的方法を適用しようといっているようである.　この方法では，等しい信頼性をもつ証人たちを想定すると，**667**節で得た公式と一致する公式をうる.　ヤング博士は，われわれが**91**節で注目した方法を誤りであると非難している.　彼はそれを「ハレー博士の方式」とよんでいるが，この呼び方に典拠を与えているわけではない.　ヤング博士は確率論について，ワーリングによって与えられた2つの規則を批判している.　しかしながら，これら2つの規則の最初のものは，説明に困難さを感じないし，またワーリングの規則を擁護するのも困難なことでない[6].

　　〔訳　註〕

　（1）**ギヴァニ・フランチェスコ・ジユセッペ・マルファチィ** (Giovanni Francesco Giuseppe Malfatti) は1731年トロントに生れ，1807年10月9日フエラーラで死去する.　はじめジュスイットの学校で教育されたが17才のときボロニアに出て，ヴィッセンツォ・リッカチに学ぶ.　1771年フエラーラの数学教師となり，一生をそこで送る.　彼は1803年に発表した論文『**切ロの問題についての覚え書**』(*Memoria sopra un problema stereotomico*) のなかで与えた問題「3角柱内に高さがすべて等しい円柱で，最大の体積を有するもの3つを内接させることによって，3角柱の残りの部分を最小にせよ.」で有名である.　この切ロを考えると「与えられた3角形内に3個の円を描き，おのおのが他に接し，かつ3角形の2辺に接するようにせよ」という問題になる.　マルファチィはこれを解析的に解いた〔スミス『**数学史**』第1巻515頁参照〕.

　（2）**クラプス・ゲーム**は2人の演技者が2個のサイコロをもってゲームする.　サイコロをもった人がサイコロを投げ，最初の投げで目の和が7または11ならば勝ち，2，3，12ならば負けになる.　それ以外の6通りの目の和が出たら，勝ちも負けもきまらないが，サイコロははじめの投げと同じ結果が出るか，あるいは目の和が7になるか，いずれかが起こるまで投げつづけ，7の前に前者が起こると勝ち，前者が起こる前に7が出ると負ける〔レビンソン『**偶然，運，統計**』(*Chance, Luck and Statistics*)，132頁〕.

— 376 —

（3）**エドワード・ワーリング**（Edward Waring, 1734–1798）は，有理数体に2次，3次，4次の無理数を添加して拡大したら，与えられた方程式が因数分解できるかどうか（5次方程式以上の代数的解法は可能か否かの研究の前段階）という問題，1770年には2または2より大きいすべての自然数が自然数のn乗の和で表わされ，このとき出てくる項数rはnにだけ依存するというワーリングの問題を研究しているが，証明はしていない．

（4）**アレクサンドル・テオフィーユ・ファンデァモンド**（Alexender Théophile Vandermonde）は1735年2月28日パリに生れ，1796年1月1日パリで死去する．1771年科学アカデミー会員，1782年工芸学校（Conservatoire des Arts et Métiers）の理事となる．彼の名を冠した行列式の定理がある．

（5）**メンデルスゾーン**（1729–1786）は道徳哲学者．神の存在と霊魂の不滅の証明を試みた．

（6）この頃，組合せ論はどうなっていたのであろうか．完全に確率論に従属してしまったのであろうか．

ルイブニョフ，（井関清志，山内一次訳）『**数学史**』446頁には

「組合せに関連した多くの具体的な問題を解くための一般論は，18世紀の70年代のおわりまで長い間改善されなかった．この時代にはドイツでヒンデンブルク（Hindenburg, 1741–1808）が創始者となり，指導者となって多くの数学者を組織した組合せ学派ができた．それから半世紀ほどたって，組合せ学派はあまり多くの計算法をもっていなかったので，それをつかい果てしまい，問題の内容と形式的な手段，記号法との間に起こってきた矛盾にうちかてず，この学派は崩壊してしまった．」

と述べられている．ヒンデンブルクは『**組合せ＝解析論文集**』（*Sammlung kombinatorisch ＝ analytischer Abhandlungen*）やこの学派によって神格化された書物『**順列・組合せおよび変分などの新体系の要綱**』（*Novi systematis Permutationum, combinationum et variationum etc. primae lineae*）を出しており，門下にローテ（Rothe），テッファー（Töpfer）がおり，プァッフ（Johann Friedrich Pfaff, 17651–825）らとも親交があったらしい．しかし，ケストナーがファッブに送った1797年4月28日付の書簡には「組合せ論的解析学については私はあなたと同じに考えるのです．神学者がもはやそんなに厳密には独占的に福祉を授与する宗教のためのものでなくなって以来，哲学者は独占的に批判的な哲学を持っております．それでなお欠けているのは，数学者が独占的に解析的＝組合せ論的算法を持つということです．」と書かれている．プァッフの友人で，フルボルトに，またウィルヘルム四世に数学を手ほどきしたエルンスト・ゴットフリート・フイッシャ（*Ernst Gottfried Fischer*）は1792年『**次元記号の理論的ならびに有限量の解析のいろいろの素材への応用**』（*Theorie der Dimensionszeichen nebst ihrer Anwendung and verschiedene Materien aus der Analysis endlicher Grössen*）を表わしたが，これはヒンデンブルクの書物の記号を新しくしただけで，それ以上でなかったため，剽窃の疑いをかけられ，両者はげしい非難を浴せあった〔コワレフスキー，中野広訳『**数学史**』294–297頁参照〕．

一方，わが国でも組合せ論＝変数術は大して進歩しなかった．本多利明（1742–1820）は『**断連探会行列起瑞**』を出版している．安島直円（なおのぶ，1739–1798.10.7）は，1785年（天明5年）5月『**連籌変数式**』を出版している．連籌（ちゅう）変数とは算木n本をもって表わしうる数が幾つあるかを論じたものである．

1籌では｜だから，一位変数は1．2籌には‖と⊤だから，一位変数2．3籌では一位の数‖，Ⅲを表わすから，一位変数2．4籌では‖‖，ⅢⅢ，5籌では‖‖，ⅢⅢ を表わすから，一位変数各2．

1籌では二位変数0，2籌では二位の数⊣を表わしうるから二位変数1．3籌では二位の数⊣，⊨，⊤，⊣の4．このような変数の間に，

$$(n+1)_m = n_m + n_{m-1} + (n-1)_{m-1} - 2(n-5)_{m-1}$$

なる法則があることを示している．n_mはn籌のm位変数の数である．n籌の変数の総数をN_nとすると

$$N_{n+1} = 2N_n + N_{n-1} - 2N_{n-5}$$

であることも示している．

会田安明（1747.2.10–1817）には『**算法変数術**』『**算法碁将戯変数**』2巻がある．

なお，川井久徳（ひさよし）は1804年『**国字変数**』を出し，47文字から同じ文字を用いずに作りうる歌の数は

$$\binom{47}{31} \times (31)!$$

第19章 1780年から1800年までのいろいろな研究

＝1 2360 8392 0431 1765 8555 9966 5777 2330 5908 2240万
これがどんなに大きいかを示すために，美濃紙1枚に歌30首をかき，100枚で1冊とする．厚さ8分，巾6寸5分，100冊2並びに箱におさめれば，高さ4尺5寸，巾1尺2寸5分，奥9寸7分．この1箱に30万首，箱数は計412澗余，1辺7兆4411億の箱を並べた立方体になるという〔『明治前日本数学史』第Ⅳ巻 268，269，342，399，508，550-551頁参照〕．

会田安明

ビキレの本の扉頁　　　ビキレ

— 378 —

第20章

ラプラス

860. ラプラス (Simon de Laplace) は1747年に生まれ，1827年に死去した[1]．彼はこの書物で論じようとしている主題について，念入りな論文を書いた．その後，それらの論文を合わせて，すぐれた著作『確率の解析的理論』(*Théorie analytique des Probabilités*) にまとめあげた．確率論は全般にわたり，他のどんな数学者よりも彼に負うところが多い．はじめにラプラスの論文を簡単に吟味して，そののちそれらの論文が再述されている著作を十二分に考察することにしよう．

ラプラス

861. この書物で論じようと思う主題にかかわるもので，ラプラスによって書かれた2篇の論文が『いろいろな学者たちによる……論文集』(*Mémoires……par divers Savans*) 第Ⅵ巻，1774年号に掲載されている．これらの論文についての簡単な紹介がその巻の序文の17-19頁にのっている．それはつぎのように結論づけている：

「ラプラス氏のこの2つの論文は，3年前アカデミーに提出された多数の論文のなかから選ばれたものであり，これらによって彼は事実上数学者の地位を確立したのである．彼の努力と才能とを賞めそやす人々も，誰もがこの若者と面識がないのであるが，近いうちに多種多様にわたる論題や難かしい論題をひっさげて，多量の重要な論文をもって，賞讃者たちに相まみえることになろう．」

862. はじめの論文は『再帰循環級数ならびにその偶然論への応用についての論文』(*Mémoire sur les suites récurro-récurrentes et sur leurs usages dans la théorie des hasards*) と題されている．それはその巻の353-371頁にわたっている．

循環級数は常差分方程式（ひとつの独立変数をもつ差分方程式）の解と関連づけられる〔318節参照〕．同様に再帰循環級数は偏差分方程式（2つの独立変数からなる差分方程式）の解と関連づけられる．ラプラスはここではじめてその用語と問題自体とを導入している．彼の論文のなかで，確率論に関する部分に限定して，彼の研究を説明しよう．

863. ラプラスは確率論に関する3つの問題を考察している．最初のものは，熟練度が等しくなく資本も等しくない2人の演技者を想定した遊戯継続の問題である．しかしながら，ラプラスはその問題を実際に解くというよりもむしろ問題の解き方を示しているといってよい．彼は熟練度が同じで資本も等しい場合からはじめ，それから熟練度の等しくない場合に進んでいる．そして解くのにさほど困難でない常差分方程式がえられる場合にかぎって分析をすすめている．彼は資本が等しくない場合は実際には取扱っていないが，解法の手順が長くなるというほかには何の障害もないことをほのめかしている．

この問題は『確率の解析的理論』の225-238頁のところで完全に解かれている〔588節参照〕．

864. その次の問題は『確率の解析的理論』の191-201頁に出てくる富クジに関係する問題である．解き方は両者ともほぼ同じであるが，『確率の解析的理論』を辿る方が簡単である．論文は『確率の

— 379 —

第20章 ラ ブ ラ ス

解析的理論』における議論の大部分を占める近似計算をまったく含んでいない．われわれはその問題
の歴史をすでに吟味しておいた〔448節，775節参照〕．

865. 第三の問題はつぎのようなものである：一かたまりの模造貨幣からある枚数を無作為にとる
とすると，この数が奇数もしくは偶数である可能性をそれぞれ求めよ．ラプラスの得たものは今日われ
われが普通に求めてえたものと同じである．しかしながら彼の導出方法は差分法を使っているから
必要以上にこみ入ったものになっている．しかし『確率の解析的理論』の 201 頁ではもっと簡単な解
法が与えられている．この問題については350節で説明ずみである．

866. そのつぎの論文には『結果による原因の確率についての論文』(*Mémoire sur la Probabilité
des causes par les événemens*) という題がつけられており，861節で引用した巻の621-656頁に掲載
されている．

その論文の冒頭にはつぎのように述べられている．

「偶然論は，それが必要とする組合せ算の繊細さと，計算に付随する困難さによって，解析学のな
かで一番好奇心をそそり一番むつかしいものである．大成功をおさめた理論を作ったと思われる人
はド・モワブルであり，『偶然論』と題するすばらしい作品を書いている．私が差分法を微分方程
式の積分によって構成するという研究をはじめてしたのは，この熟達した幾何学者のおかげである，
……」

867. それからラプラスは差分方程式の理論についての ラグランジュ の研究を参照し，さらに自分
自身の 2 つの論文についても言及している．2つのうちの 1 つの論文はいま吟味したばかりのもので
あり，もう 1 つの論文は1773年のアカデミーの論文集のなかに出てくるものである．しかし彼自身が
語るところによれば，彼の当面の目的は非常に違ったものである．そして次のように述べている：

「私が提議するのは，新しく考慮しがいのある結果による原因の確率を確定することであり，それ
は主として偶然の科学が市民生活のなかで有用でありうるという観点から研究されたものであるの
で，それだけ一層利益がある．」

868. この論文は確率論の歴史のなかで特筆すべきものである．なぜならば，この論文は観察され
た事象が起こる原因についての確率を測定する原理を明白に述べた最初のものであるからである．ベ
イズもこの原理を心に浮べていたにはちがいない．であるからこそ，ベイズという名前は出していな
いけれども，『確率の解析的理論』の CXXXVII頁で彼のことを参照している〔539節，696節参照〕[2].

869. ラプラスはつぎのような言葉で，彼が考えた一般原理を述べている：

「もしある結果が n 通りの異なる原因によって生起したとすれば，この結果をとる個々の原因の存
在確率は，これらの諸原因によってひき起こされる結果の確率と同じように存在し，そしてこれら
の諸原因の何れかひとつの存在確率は，この原因によって生起する結果の確率を，すべての原因に
ついての同様な諸確率の和で割ったものである．」

870. ラプラスは確率論のこの分野での標準的な問題を最初に吟味している：ひとつの 壺 の中に無
数の白札と黒札が入っているが，その割合は未知とする．($p+q$)枚の札が取り出されたとき，p 枚が
白，q 枚が黒であったとしよう．そのときつづく ($m+n$) 回の抽出でm枚が白，n 枚が黒である確率
を求めよ．

ラプラスは求める確率を

$$\frac{\int_0^1 x^{p+m}(1-x)^{q+n}dx}{\int_0^1 x^p(1-x)^q dx}$$

— 380 —

を与えている．もちろん，m 枚の白札と n 枚の黒札が指定された順序で抽出されるものと仮定しての話である〔704節，766節，843節参照〕．ラプラスは積分を行ない，そしてオイレルからかりた公式で，今日ではスターリングの定理とよばれている公式を使ってその値を近似している．

ここで考察されている問題は『**確率の解析的理論**』には明白に再述されていない．けれどもそれは363-401頁からなる章のなかに含まれている．

871. この問題を論じたのちにラプラスはつぎのように述べている．

「この問題の解は，すでに生起したものに基づいて未来の結果の確率を確定するための直接的な方法を与える．しかし，本題は非常に拡張しうるので，私はここでは次の定理の特異性を示すにとどめておこう．

壺のなかに入っている玉の総数と白玉の数の比が，2つの限界

$$\frac{p}{p+q}-\omega, \quad \frac{p}{p+q}+\omega$$

の間に含まれることが，p と q を十分大きくとると，いくらでも欲するだけ確実性に近づけることができる．ただし ω は任意に小さい数とする．」

その割合が指定された範囲内におちる確率は

$$\frac{\int x^{p}(1-x)^{q}dx}{\int_{0}^{1}x^{p}(1-x)^{q}dx}$$

である．ただし，分子の積分は $\frac{p}{p+q}-\omega$ と $\frac{p}{p+q}+\omega$ という範囲内で行われるものとする．ラプラスは大雑把な近似方法によって，この確率がほぼ1であるという結論に到達している．

872. ラプラスはつぎに分配問題に進む．彼は172節で与えた第2の公式を引用している．それは現在ではいくつかの著作のなかで証明されていると，彼は語っている．彼はまたアカデミーの1773年の論文集にのった自分の論文についても言及している．そしてつぎのような陳述をしている．

「……3人もしくはそれ以上の演技者たちの場合での分配の問題の一般的解法も同じように見つけうる．が，私の知る限りでは，解を求めようとこの方法に基づいて努力している幾何学者たちはいるにもかかわらず，誰もまだ解いたことがないのである．」

ラプラスのこの陳述は間違っている．なぜなら，ド・モワブルがその問題を解いていたからである〔582節参照〕．

873. 演技者Aの熟練度を x とし，演技者Bの熟練度を $1-x$ としよう．そして試合に勝つためにAは f ゲームのぞみ，Bは h ゲームのぞむとする．それから，もし彼らが試合を中途でやめ掛金を分配することに同意するならば，Bの分け前は $\phi(x, f, h)$ で示されるようなある量であるとしよう．各演技者の熟練度は未知としよう．AあるいはBが掛金を自分のものとするために勝つ必要があるゲーム総数を n としよう．そのとき，861節で与えた一般的原理から，Bの分け前は

$$\frac{\int_{0}^{1}x^{n-f}(1-x)^{n-h}\phi(x,f,h)dx}{\int_{0}^{1}x^{n-f}(1-x)^{n-h}dx}$$

となるとラプラスは述べている．

この公式は，Aが $n-f$ ゲームをすでに勝ち，Bが $n-h$ ゲームを勝っていなければならないという事実にもとづく〔771節参照〕．

— 381 —

第20章　ラ　プ　ラ　ス

874. さて，ラプラスは観測結果について考えられるべき平均の問題に進んでいく.

「前の定理によって，同じ現象に与えられる多くの観測値の間で見付けられねばならない中心を確定するという問題の解法に成功した. この巻に印刷された『**再帰循環級数について**』の論文につづいて，もうひとつの論文をアカデミーに提出して2年になる. しかし，印刷のときにその論文は削除されてしまったので，ついに陽の目をみることができなかった. それから，私はジャン・ベルヌイの天文学雑誌によって，ダニエル・ベルヌイとラグランジュが，まだ私の知らない手書きの2篇の論文のなかで，同じ問題を取扱っていることを知った. 題目の有用さと結びついたこの広告は，この研究対象についての私の意識をよみがえらせた. たとえ，この2人の著名な幾何学者たちが，私よりずっと首尾よくそれを取扱っていることは疑いないとしても，それでもなお私はここでその起源を私に発するところの研究を説明してみたいし，多数の観測値の間でとらねばならぬ中心を確定するための，より仮説の少ない，より確実な方法を生み出すことを検討しうるような別の流儀を人々に納得させたい.」

875. ラプラスは，それから，自分の問題を

「同じ現象に与えられる3つの観測値の間で見付けられねばならない中心を確定せよ.」

と説明する.

ラプラスは同等に確からしい正と負の誤差を想定する. そして，誤差が x と $x+dx$ の間に存在する確率に $\frac{m}{2}e^{-mx}dx$ という式をあてている. こうするにあたって，彼は実に些細なことではあるが，いくつかの理由をあげている. 彼は3つの観測値しか取り上げていない. だから，彼の研究がどこまで実用的価値をもつかはわからない.

876. ラプラスが述べるところによれば，いくつかの観測値の平均（mean）を考えることによって，2つの事柄が理解されうるのである. 平均とは真の値がそれ以上であることも，それ以下であることも同等に確からしいような値と理解できる. これを彼は確率の中心（milieu de probabilité）とよんでいる. もうひとつの解釈は，平均とは観測値の誤差にその確率をかけた積の値の合計が最小値をとるような値である. それを彼は誤差の中心（milieu d'erreur），もしくは天文学者が採用するにふさわしい値だから，天文学的中心（milieu astronomique）とよんでいる. ここでの誤差はすべて正の値にとられている.

ラプラスの言葉から，平均値についてのこれら2通りの概念が，異なる結論をもたらすであろうことは，十分予期しうることであろう. しかしながら，彼は同じ結論に達することを示しているのである. 両方の場合とも，平均値はある横軸上の点に対応し，その点を通る縦線によってある確率曲線の曲線下の面積は2等分される〔『**確率の解析的理論**』335頁参照〕.

ラプラスは平均という言葉のもうひとつの意味，すなわち，すべての値をならしてしまうこと（average）に注意を払っていない. この場合，平均値はある確率曲線の曲線下の面積の重心の横座標に対応する.

877. ラプラスは，それから『**確率の解析的理論**』の第Ⅶ章で考察している問題，つまり貨幣やサイコロが完全な対称性に作られていないときに，反復して生起する事象の可能性が，そのことによってどのように影響を受けるかという問題に進む. その問題について，いま説明している論文の説明と，『**確率の解析的理論**』の第Ⅶ章の説明とは違っている.

その論文における最初の問題は，ラプラスが特別に名前をつけているわけではないが，ペテルスブルクの問題に関するものである. 表が出る可能性が $\frac{1+w}{2}$ であり，それゆえ裏が出る可能性が $\frac{1-w}{2}$

—382—

であると仮定しよう．x 回の試行をして，第1回目の試行で表が出れば2クラウン，そして第2回目の試行までに表が出なければ4クラウン，……手に入れると仮定する．そのときの期待値は
$$(1+w)\{1+(1-w)+(1-w)^2+\cdots\cdots+(1-w)^{x-1}\}$$
である．

　もしも表の出る可能性が $\dfrac{1-w}{2}$ であれば，裏の出る可能性は $\dfrac{1+w}{2}$ となり，期待値を表わす式は，上式の w の符号をかえるだけでよい．もしも，表あるいは裏のいずれがより出やすいかがわかっていなければ，期待値として2つの式の和の $\dfrac{1}{2}$ をとるのがよかろう．その値は
$$1+\frac{1-w^2}{2w}\{(1+w)^{x-1}-(1-w)^{x-1}\}$$
である．

　これを展開し，w^2 より高次の項を無視すると
$$x+\left\{\frac{(x-1)(x-2)(x-3)}{1\cdot2\cdot3}-(x-1)\right\}w^2$$
となる．

　もしも，w を $0\leqq w\leqq c$ をみたす任意の値と仮定すれば，上式に dw をかけ，そして0から c まで積分すればよい〔529節参照〕．

878. 別の例としてラプラスはつぎの問題を考察する．Aが普通のサイコロを使って，少くとも1回ある与えられた面を出す確率を求めよ．

　もしもサイコロが完全に対称であれば，その可能性は $1-\left(\dfrac{5}{6}\right)^n$ である．しかし，もしもサイコロが完全に対称でなければ，この結果は修正されねばならない．ラプラスの研究によれば，その原理は，ラプラスが別に与えている例題のなかの原理と同一なので，話をその例題のみに限定しよう．6つの面をもつ普通のサイコロの代りに，3つの長方形の面をもつ3角壔を想定しよう．n 回の試行のうち，少くとも1回ある指定された面が出る確率を求めよ．ここで3つの面がでる可能性をそれぞれ $\dfrac{1+w}{3}$，$\dfrac{1+w'}{3}$，$\dfrac{1+w''}{3}$ とする．もちろん，
$$w+w'+w''=0$$
である．それから，3つの面のうち，どの面が指定されているかまったく分らないものとすると，3つの面のそれぞれについてが指定された場合の確率を計算し，それらの和の $\dfrac{1}{3}$ をとればよい．こうして
$$\frac{1}{3}\times\left[\left\{1-\left(\frac{2-w}{3}\right)^n\right\}+\left\{1-\left(\frac{2-w'}{3}\right)^n\right\}+\left\{1-\left(\frac{2-w''}{3}\right)^n\right\}\right]$$
$$=1-\frac{1}{3}\left\{\left(\frac{2-w}{3}\right)^n+\left(\frac{2-w'}{3}\right)^n+\left(\frac{2-w''}{3}\right)^n\right\}$$
をうる．

　もしも，w，w'，w'' の二乗以上のベキを無視すると，近似的に
$$1-\frac{2^n}{3^n}-\frac{n(n-1)}{1\cdot2}\frac{2^{n-2}}{3^{n+1}}(w^2+w'^2+w''^2)$$
をうる．

　w，w'，w'' については，それらのおのおのが $-c$ と $+c$ の間にあることは分っているが，これ以外は何も知られていないとする．$w^2+w'^2+w''^2$ の平均値とよばれるものを求めよう．

　$x+y+z=0$，かつ　$-c\leqq x,y,z\leqq+c$ なる条件のもとで，$x^2+y^2+z^2$ の平均値を求めたい．

第20章　ラ　プ　ラ　ス

その結果は

$$\frac{2\int_0^c\int_{-c}^{c-x}\{x^2+y^2+(x+y)^2\}\,dxdy}{2\int_0^c\int_{-c}^{c-x}dxdy}$$

である.

　ラプラスはこの結果を算出し，簡単にその足どりに理由を付している．幾何学的に考察すれば，その結果は容易に与えられるであろう．ある平面の方程式が $x+y+z=0$ とし，この平面上にある正六角形内のすべての点をとらねばならない．この六角形の xy-平面上への正射影も六角形であり，辺のうちの4つは c，他の2辺はそれぞれ $c\sqrt{2}$ に等しい．積分の結果 $\frac{5}{6}c^2$ をうる．それゆえ，可能性は

$$1-\frac{2^n}{3^n}-\frac{n(n-1)}{1\cdot2}\,\frac{2^{n-3}}{3^{n+2}}5c^2$$

である.

　879. 完全に対称ではない貨幣を考えよう．しかし表あるいは裏のどちらがより出やすいかは分っていないものとする．そのとき2回の試行で2回とも表の出る可能性もしくは2回とも裏の出る可能性が $\frac{1}{4}$ より大きいということは，ラプラスの方法から容易に判明する．実際上，それは $\frac{1}{2}\times\frac{1}{2}$ に等しいのではなくて，

$$\frac{1}{2}\left\{\left(\frac{1-w}{2}\right)^2+\left(\frac{1+w}{2}\right)^2\right\}$$

なる式で表わされる値に等しい．ラプラスはこの場合に注意を払って

　「まだ誰も注意したことがなく，私が予知した普通の理論のこの錯誤は，幾何学者たちの注意をひくにふさわしいもののように思われた．そして，社会生活という別の対象物に確率計算を適用するとき，そこでは同等であるものがあまりないように思われる．」

と述べている.

　880. ラプラスの『**確率の解析的理論**』のなかでは，この論文の内容は再述されていない．876節までに説明した論文の注目すべき内容は，ラプラスのその後の研究によって実際上取って替えられてしまった．しかし877節以後で説明した内容は，『**確率の解析的理論**』の第Ⅶ章のなかにでてくる.

　881. 確率論に関するラプラスのつぎの論文は『**いろいろな学者たちによる …… 論文集**』1773年号にある．発行の日付は1776年である．論文の題名は『**差分法による微分方程式の積分について，そして偶然論でのそれらの利用についての研究**』[3]（*Recherches sur l'intégration des Equations différentielles aux différences finies, et sur leur usage dans la théorie des hasards*）である.

　偶然論に関する部分は113-163頁を占める．ラプラスはいくつかの一般的な観察から始める．彼は877節で論じた内容に言及する．彼の語るところによると，対称性の欠除からひき起こされる利点は，2回の試行で表が1回も出ないことに賭けた演技者の側にある．なぜなら，2回の試行で表がでないことに賭けるということは，2回とも裏になることに賭けるのと同じであるから.

　882. 彼が解いている最初の問題は奇数と偶数の問題である〔865節参照〕.

　そのつぎの問題は複利についての問題であって，確率とは何のかかわりもないものである.

　さらにそのつぎの問題はつぎのようなものである．p 個の等しい面をもつ固体があって，各面に1，2，……，p の数字がひとつずつ刻まれている．n 回投げたとき，出る目が1，2，……，p の順である確率を求めよ.

　この問題は325節においてド・モワブルの研究を再述した事象の連（run of events）に関する問題

— 384 —

とほとんど同じである．ただ，その節で与えられている方程式の代りに

$$u_{n+1}=u_n+(1-u_{n+1-p})a^p, \quad \text{ただし} \quad a=\frac{1}{p}$$

をうるにすぎない．

883. そのつぎの問題はつぎのように述べられている．

「n人の演技者（1），（2），……，（n）がいて，次のやり方でゲームをする．まず（1）と（2）が勝負する．（1）が勝つと（1）がゲームに勝ったものとする．引き分けのとき，どちらか一方が勝つまで（1）は（2）と試合を続ける．（1）が負けると，（2）は（3）と勝負する．（2）が勝つと（2）がゲームに勝ったことになる．引き分けのときはどっちかが勝つまで試合を続ける．もし（2）が負けると，（3）は（4）と勝負し，ひきつづき演技者の1人が勝つまで試合がつづけられる．換言すると（1）が（2）に負かされ，（2）が（3）に負かされ，（3）が（4）に負かされ，……（$n-1$）が（n）に負かされ，（n）が（1）に負かされるとする．加うるに演技者の誰か1人が他に勝つ確率は$\frac{1}{3}$，引き分ける確率は$\frac{1}{3}$とする．x回目にこれら演技者の1人がゲームに勝つ確率を確定せよ．」

この問題は非常に難かしく，『確率の解析的理論』にも再述されていない．以下はその一般的な結果である．すなわち，任意に指定された演技者がx回目の試行で，試合に勝つ可能性をv_xとかくと，

$$v_x-\frac{n}{3}v_{x-1}+\frac{n(n-1)}{1\cdot2}\frac{1}{3^2}v_{x-2}-\frac{n(n-1)(n-2)}{1\cdot2\cdot3}\frac{1}{3^3}v_{x-3}+\cdots\cdots$$
$$=\frac{1}{3^n}v_{x-n}.$$

884. ラプラスは，つぎに演技者が2人の場合の分配問題を取りあげ，それから同じ問題を演技者が3人いる場合に拡張する〔872節参照〕．ラプラスはその問題を差分法を用いて解いている．論文が載っているその号のはじめのところに，誤植がいくつか訂正される．そして3人の演技者がいる場合の分配問題の別解が示されている．この別解は多項式の展開式にもとづくものであり，ド・モワブルによって与えられたものと事実上同一のものである．

ラプラスのそのつぎの問題は分配問題の拡張と考えられる．その問題は『確率の解析的理論』の233頁に再述され，「さらに…と仮定しよう」（Concevons encore）という言葉で始まる．

885. そのつぎの2つの問題は遊戯継続の問題に関するものである．第一の場合は，資本が等しい場合のもの，第2の場合は資本が等しくない場合のものである〔863節参照〕．その解法は前の論文のものより納得のゆくものではあるが，それでもなお，後程『確率の解析的理論』のなかで述べられている解にくらべると見劣りがする．

886. つぎの問題は，資本が等しい場合の遊戯継続の問題の拡張である．

各ゲームごとに，Aの勝つ可能性をp，Bの勝つ可能性をq，両方勝たない可能性をrとする．各演技者ははじめにmクラウンもっており，各ゲームごとに負けた者は勝った者に1クラウンを与えるものとしよう．そのときx回のゲームで演技が終る確率を求めよ．この問題は『確率の解析的理論』に再述されていない．

887. いま紹介している論文は差分法の理論の例題を集めたものとみなしてもよい．例示されている方法は，その後母関数（Generating functions）の理論によって取って替えられたが，今では再び演算子法に道をひらいたとして脚光をあびるようになった．取扱われている問題は順確率（direct probability）の問題ばかりであって，逆確率（inverse probability）の問題，すなわち観察された事

— 385 —

第20章 ラ プ ラ ス

象から推論される原因の確率に関する問題は含まれていない.

888. いま分析したばかりの論文の載っている同じ号に『**彗星の軌道の平均的な傾きについて, 地球の概形について, その作用についての論文**』(*Mémoire sur l'inclinaison moyenne des orbites des cométes, sur la figure de la Terre, et sur les Fonctions*) と題するラプラスの論文がある. その論文の一部分で, 論文集の503-524頁に, 彗星の軌道の平均的な傾きが論じられている.

これらの頁のなかで, ラプラスはダニエル・ベルヌイによってはじめられた問題を論じている〔395節参照〕. ラプラスの結果はその後,『**確率の解析的理論**』の253-260頁で述べられているものと一致しているが, 方法はまったく違ったものである. そしてどちらの方法も極端に厄介なものである.

ラプラスは数値例を与えている. 彼が発見したことは, 12個の彗星または惑星を考えると, それらの軌道がある固定した平面に対してできる平均的な傾きが $45°-7\frac{1}{2}°$ と $45°$ の間に存在する可能性は 0.339 である. そして, もちろんこの可能性は平均的な傾きが $45°$ と $45°+7\frac{1}{2}°$ の間に存在する場合の可能性と同じである[4].

889. 881節から888節までで説明した論文の載っている論文集は, 物理天文学との関係で注目すべきものである. 物理天文学について歴史家は普通成功をおさめた場合は記録にとどめるが, はかない失敗については省略してしまう. 同じ巻の論文集で, ラグランジュは月の運動の長年加速[5]は重力に関する普通の理論によっては説明しえないことを示そうとした. そしてラプラスは木星や土星の運動の変動はこれらの惑星の相互作用のせいにすることができないことを示そうとした〔『**いろいろな学者たちによる……論文集**』1773年号, 47頁, 213頁参照〕. ラプラスは物理天文学における彼の偉大な貢献のうちの2つの武器を用いて, 彼のライバルの誤りと自らの誤りの両方を修正するために生涯を送ったのである.

890. 確率論に関するラプラスのつぎの論文は『**確 率 に つ い て の 覚 え 書**』(*Mémoire sur les Probabilités*) と題されている. この論文は『**パリ……アカデミーの歴史**』1778年号に発表されたものである. 発行の日付は1781年, 論文は227-332頁に載っている.

巻頭の序の部分にのっているその論文の紹介記事のなかにはベイズやプライスの名前があげられている. しかし, 論文のなかではラプラスは彼らの名前はあげていない〔540節参照〕.

891. ラプラスは, まったく対称でない貨幣を投げることに関連した可能性に関する注意から説明をはじめているが, それはわれわれがすでに注目したものとよく似たものである〔877節, 881節参照〕. 彼は107節で与えた方法を用いて, 遊戯継続についての簡単な問題を解いている. Aの熟練度を p, Bの熟練度を $1-p$ で表わす. Aは賭金 m, Bは賭金 $n-m$ をもっていて, ゲームを始めるものとする. そのとき, AがBの賭金を全部まきあげてしまう可能性は

$$\frac{p^{n-m}\{p^m-(1-p)^m\}}{p^n-(1-p)^n}$$

である.

ラプラスは p の代りに順番に $\frac{1}{2}(1+\alpha)$, $\frac{1}{2}(1-\alpha)$ とおき, その和の半分をとる. こうして, Aの可能性として

$$\frac{\frac{1}{2}\left\{(1+\alpha)^{n-m}+(1-\alpha)^{n-m}\right\}\left\{(1+\alpha)^m-(1-\alpha)^m\right\}}{(1+\alpha)^n-(1-\alpha)^n}$$

を得, これを変形して

— 386 —

$$\frac{1}{2}-\frac{1}{2}(1-\alpha^2)^m\frac{(1+\alpha)^{n-2m}-(1-\alpha)^{n-2m}}{(1+\alpha)^n-(1-\alpha)^n}$$

を得る.

$\alpha\to 0$ のとき，Aの可能性を表わす式は $\frac{m}{n}$ になる．もしも $2m<n$ ならば，α が増加すればその式も増加することを示そうとラプラスは考えたようである．α が増加するとき，明らかに因数 $(1-\alpha^2)^m$ は減少する．もしも $2m<n$ ならば，α が増加するとき，分数

$$\frac{(1+\alpha)^{n-2m}-(1-\alpha)^{n-2m}}{(1+\alpha)^n-(1-\alpha)^n}$$

もまた減少することは明らかであるとラプラスは述べている．われわれはこのことを証明しよう．

$r=n-2m$，上の分数を u と表わすと

$$\frac{1}{u}\frac{du}{d\alpha}=r\frac{(1+\alpha)^{r-1}+(1-\alpha)^{r-1}}{(1+\alpha)^r-(1-\alpha)^r}-n\frac{(1+\alpha)^{n-1}+(1-\alpha)^{n-1}}{(1+\alpha)^n-(1-\alpha)^n}$$

である．だから

$$(1-\alpha)\frac{1}{u}\frac{du}{d\alpha}=\frac{r(z^{r-1}+1)}{z^r-1}-n\frac{z^{n-1}+1}{z^n-1}$$

となる；ただし，$z=\frac{1+\alpha}{1-\alpha}$ とおく．この式が負であることを示そう．このことは，r が相続く整数値をとるとき，$\frac{r(z^{r-1}+1)}{z^r-1}$ が増加することを示せば十分である．

$$\frac{(r+1)(z^r+1)}{z^{r+1}-1}-\frac{r(z^{r-1}+1)}{z^r-1}=\frac{(r+1)(z^{2r}-1)-r(z^{r+1}-1)(z^{r-1}-1)}{(z^{r+1}-1)(z^r-1)}$$

だから

$$z^{2r}-1>r(z^{r+1}-z^{r-1})$$

であることを示さねばならない．

指数の定理によって展開しよう．それから

$$(2r)^p>r\{(r+1)^p-(r-1)^p\}$$

すなわち

$$2^{p-1}r^{p-1}>pr^{p-1}+\frac{p(p-1)(p-2)}{1\cdot 2\cdot 3}r^{p-3}+\cdots\cdots$$

であることを示さねばならない；ただし p は任意の正整数値である．

しかし，このことは明らかである．なぜなら，r は1より大であると仮定されるし，かつ不等式の右辺の r の指数すべてが $p-1$ であったとしたら両辺は等しいからである．

r は2以下でないことも分る；すなわち，$r=1$ ならば $z^{2r}-1=r(z^{r+1}-z^{r-1})$ である．

これまで，r と n は整数であると仮定してきたが，この限定は必要である．なぜなら，式

$$\frac{(1+\alpha)^r-(1-\alpha)^r}{(1+\alpha)^n-(1-\alpha)^n}$$

にもどり，α の代りに0，1とおく．それから

$$\frac{r}{n}\text{と}\frac{2^r}{2^n},\quad \text{すなわち}\frac{r}{2^r}\text{と}\frac{n}{2^n}$$

を比較しなければならない．ところで $\frac{x}{2^x}$ を考えてみよう．x に関する微分係数は

$$\frac{1-x\log 2}{2^x}$$

第20章　ラ　プ　ラ　ス

である．それで x が 0 から $\dfrac{1}{\log 2}$ まで変化するとき，$\dfrac{x}{2^x}$ は増加する．したがって，α が増加するとき，$\dfrac{(1+\alpha)^r-(1-\alpha)^r}{(1+\alpha)^n-(1-\alpha)^n}$ は減少する．

ラプラスは『確率の解析的理論』の 406 頁でも同じ問題を取扱っている．そこでもまた「それは自明である」(il est facile de voir) という言葉で困難さを簡単に片づけてしまっている．ボウディチュ (Bowditch)[6] による『天体力学』(*Mécanique Céleste*) の翻訳の第 4 巻の巻頭論文の62頁に，

「"ラプラスの書物を読んで，「それは自明である」という言葉に出会うときはいつでも，どうしてそれが自明なのかがわかるまで，悪戦苦闘の末，数時間あるいはときに数日を要する"と感知することが，ボウディチュ博士自身習慣づいてしまった．」

と書かれている．

892. その論文の 240-258 頁には重要ではあるが，しかし難かしい研究が書いてあり，それは『確率の解析的理論』にも再録されている．ラプラスはその論文のなかで，570 節で言及したラグランジュによる研究を引き合いに出している．しかし，この引用個所は『確率の解析的理論』には省略されている．

893. ラプラスがつづいて考察する問題は，すでに前の論文で考察ずみのもので，結果から推論される原因の確率に関するものである〔868節参照〕．ラプラスは，前論文ですでに述べた一般的原理をくり返し述べている〔869節参照〕．それから870節で説明した問題を取りあげるが，白玉と黒玉を抽出するという代りに男子と女子の出生に関するものと言明している〔770節参照〕．

894. ラプラスはそれから定積分の近似計算を考察しはじめる．そして『確率の解析的理論』の88-90頁のなかに，ほとんど同じように再述されている方法を提示している．その方法を彼は例として $\int x^p(1-x)^q dx$ に適用し，それを使って提示ずみの定理を証明している〔871節参照〕．この証明は前のものに比べて一段とすぐれたものである．

895. 『確率の解析的理論』には再述されていないで，しかし注目に値するひとつの命題がここで与えられている．

$\int x^p(1-x)^q dx$ の値を求めたいとしよう．ただし，積分の範囲はある指定された限界の間にあるものとする．以下 $y=x^p(1-x)^q$ とおく．

$$p=\frac{1}{\alpha},\quad q=\frac{\mu}{\alpha}\ とおく．そして$$

$$z=\frac{1}{\alpha}\,y\,\frac{dx}{dy}$$

とする．

そのとき，部分積分法によって

$$\int y dx=\int \alpha z dy=\alpha y z-\alpha\int \dot{y} dz \quad\cdots\cdots\cdots\cdots\cdots\cdots\cdots\cdots\cdots (1)$$

$$\int y dz=\alpha\int z\frac{dz}{dx}dy=\alpha y z\frac{dz}{dx}-\alpha\int y\frac{d}{dx}\left(z\frac{dz}{dx}\right)dx$$

それで

$$\int y dx=\alpha y z-\alpha^2 y z\frac{dz}{dx}+\alpha^2\int y\frac{d}{dx}\left(z\frac{dz}{dx}\right)dx\quad\cdots\cdots\cdots\cdots\cdots\cdots (2)$$

y は x とともに減少する．ラプラスが示したのは，下限が 0 であり，上限が $\dfrac{1}{1+\mu}$ より小さい任意の x の値とするとき，$\int y dx$ の値は $\alpha y z$ より小さく，$\alpha y z-\alpha^2 y z\dfrac{dz}{dx}$ より大きいということであった．

— 388 —

こうして，われわれは近似の厳密さを吟味することができる．この命題はつぎのような考察にもとづいている．すなわち，x が $\frac{1}{1+\mu}$ より小である限り $\frac{dz}{dx}$ は正である．それゆえ (1) より $\int ydx$ は αyz より小さい．また $\frac{d}{dx}\left(z\frac{dz}{dx}\right)>0$ だから，(2) より $\int ydx$ は $\alpha yz-\alpha^2 yz\frac{dz}{dx}$ より大である．なぜなら，

$$z=\frac{x(1-x)}{1-(1+\mu)x}$$

が成立し，これは

$$z=-\frac{\mu}{(1+\mu)^2}+\frac{x}{1+\mu}+\frac{\mu}{(1+\mu)^2\{1-(1+\mu)x\}}$$

という形に表わすことができるからである．

それゆえ，x が $\frac{1}{1+\mu}$ より小さい限り z と $\frac{dz}{dx}$ は x とともに増加することが分る．これで求める命題が確立した．

〔また**767**節参照〕

896. それからラプラスはつぎのような問題を取りあげている．26年間にわたり，パリでは251527人の男子が出生し，241945人の女子が出生した．そのとき，男子出生の可能性が $\frac{1}{2}$ より大きい確率を求めよ．その確率は1との差が $\frac{1.1521}{1000000^7}$ 以下であることが判明している．

この問題は『**確率の解析的理論**』の377-380頁にも再録されており，そこでは26年間にわたるデータでなく40年間にわたる出生数のデータが用いられている．

897. 前節と同じデータをとり，ある与えられた年において，男子の出生数が女子の出生数を超えない確率を，ラプラスは考察している．そしてこの確率が $\frac{1}{259}$ より少し小さいことを発見している．

ロンドンにおける観察にもとづくデータを使って得られる同様の計算結果は $\frac{1}{12416}$ より少し小さい．『**確率の解析的理論**』の397-401頁ではもっと難しい問題，すなわち一世紀にわたって年間男子出生数が年間女子出生数を決して下まわらない確率を求めるという問題を論じている．論文におけるより単純な問題の論述の仕方と，『**確率の解析的理論**』のなかのより難しい問題の論述の仕方とは異なったものである．論文においては，ラプラスは差分方程式

$$y_m=z_m\varDelta y_m$$

を得，それから

$$\sum y_m=\text{定数}+y_m z_{m-1}\{1-\varDelta z_{m-2}+\varDelta(z_{m-2}\varDelta z_{m-3})$$
$$-\varDelta[z_{m-2}\varDelta(z_{m-3}\varDelta z_{m-4})]+\cdots\cdots\}$$

を導いている．そしてこれは**895**節で説明した積分法の定理に対応する差分法の定理であると彼は述べている．895節と同じように，彼が論じた問題においては，正しい結果が2つの近似的な結果の間におさまることを示している〔また，770節参照〕．

898. その論文の287頁には『**確率の解析的理論**』の369-376頁で念入りに論ぜられている問題の片鱗がうかがわれる．

899. それから，ラプラスは定積分の近似値を求める別のやり方を展開している．$\int ydx$ の値を求めたい．積分領域内での y の最大値を Y とする．$y=Ye^{-t}$ と仮定し，$\int ydx$ を t に関する積分に変数変換する．このような研究は『**確率の解析的理論**』の101-103頁に再述されている．

ラプラスは $\int_0^\infty e^{-t^2}dt$ の値を確定している．彼は二重積分

第20章　ラ　プ　ラ　ス

$$\int_0^\infty \int_0^\infty e^{-s(1+u^2)}\,dsdu$$

をとり，変数 s，u の順に積分したものと，u，s の順に積分したものとの値を等しいとおくことによって値を求めている．

900.　またラプラスは $y=Ye^{-l^2}$ と 仮定する代りに，$y=Ye^{-l^4}$ と 仮定する場合も考察している．『確率の解析的理論』の93-95頁で考察されているのは，若干これと類似したのものである．

論文のなかにあって，『確率の解析的理論』には再述されていない，いくつかの公式はまったく間違いである．その誤りを指摘しておこう．ラプラスは論文の298，299頁で

「いま二重積分 $\displaystyle\iint \frac{dxdz}{(1-z^2-x^4)^{\frac{3}{4}}}$ を考察しよう．積分の範囲は $x=0$ から $x=1$ まで，$z=0$ から $z=1$ までである．$\dfrac{x}{(1-z^2)^{\frac{1}{4}}}=x'$ とおいて，変数変換すると，この積分は $\displaystyle\int \frac{dz}{\sqrt{1-z^2}}\int \frac{dx'}{(1-x'^4)^{\frac{3}{4}}}$ となり，この積分は $x'=0$ から $x'=1$ まで，$z=0$ から $z=1$ までの範囲でなされる…」
と述べている．

それから，$\displaystyle\int_0^1 \frac{dz}{\sqrt{1-z^2}}=\frac{\pi}{2}$ だから，ラプラスは

$$\int_0^1\int_0^1 \frac{dxdz}{(1-z^2-x^4)^{\frac{3}{4}}}=\frac{\pi}{2}\int_0^1 \frac{dx'}{(1-x'^4)^{\frac{3}{4}}}$$

と推測する．

しかし，これは誤りである．なぜなら，x' の範囲は 0 と $\dfrac{1}{(1-z^2)^{\frac{1}{4}}}$ の間であって，ラプラスのいうような 0 と 1 の間ではない．それで計算の過程そのものが誤っている．

ラプラスはそのすぐあとでも，再び同じ誤りを犯している．彼は $\dfrac{z}{\sqrt{1-x^4}}=z'$ とおき，

$$\int_0^1\int_0^1 \frac{dxdz}{(1-z^2-x^4)^{\frac{3}{4}}}=\int_0^1 \frac{dx}{(1-x^4)^{\frac{1}{4}}}\int_0^1 \frac{dz'}{(1-z'^2)^{\frac{3}{4}}}$$

を導いている．

しかし，z' の上限は $\dfrac{1}{\sqrt{1-x^4}}$ であるべきで，ラプラスが仮定したような 1 ではない．それで計算の過程が誤ってくる．

901.　ラプラスは自分の方法を適用して $\displaystyle\int_0^1 x^p(1-x)^q dx$ の値を近似的に評価している．そしてスターリングの定理を証明する機会にも恵まれている〔333節参照〕．

902.　ラプラスはその論文の304-313頁で，つぎの問題を論じている．観察によれば，女子出生数に比べて男子出生数はパリよりロンドンの方がかなり大きい．このことは，パリよりもロンドンの方が男子の出生の可能性が高いことを示しているように思われる．そのときの確率の大きさを求めよ〔773節参照〕．

パリにおける男子出生の確率を u，パリで観察される男子出生数を p，女子出生数を q とする．ロンドンにおける男子出生の可能性を $u-x$，ロンドンにて観察される男子出生数を p'，女子出生数を q' とする．男子出生の可能性がパリよりロンドンの方が小さい確率を P とすれば

$$P=\frac{\iint u^p(1-u)^q(u-x)^{p'}(1-u+x)^{q'}dudx}{\iint u^p(1-u)^q(u-x)^{p'}(1-u+x)^{q'}dudx}$$

— 390 —

をうる.

　ラプラスは，分子の積分は $0 \leqq u \leqq x$, $0 \leqq x \leqq 1$ の範囲で計算し，分母の積分は x と u のあらゆる可能な値に対して計算したものであるという．だから，$u-x=s$ とすれば，分母は

$$\int_0^1 \int_0^1 u^p (1-u)^q s^{p'} (1-s)^{q'} du\,ds$$

となる.

　分子の積分の範囲についてのラプラスの陳述は間違いである．われわれは $0 \leqq x \leqq u$ について積分し，それから $0 \leqq u \leqq 1$ にわたって積分すべきである.

　さらにもうひとつ別の誤りが犯されている．ラプラスは方程式

$$\frac{p}{X} - \frac{q}{1-X} + \frac{p'}{X-x} - \frac{q'}{1-X+x} = 0$$

をうる.

　$x=0$ のとき，この方程式の根は

$$X = \frac{p+p'}{p+p'+q+q'}$$

であるといっているが，これは正しい．しかし，$x=1$ のとき $X=1$ であるといっているのは間違いである.

　しかしながら，実際には，ラプラスは自分の著作のなかでは正しい積分範囲を使っている．彼の解法は非常に曖昧である．しかし，やがてわれわれが注目するであろうすぐつぎの論文では，もっと明快な形にかきかえられている〔**909**節参照〕．彼は

$$p=251527, \quad q=241945$$
$$p'=737629, \quad q'=698958$$

という値を使って，現論文では

$$P = \frac{1}{410458},$$

すぐつぎの論文では

$$P = \frac{1}{410178}$$

なる値を得ている.

　この問題は『**確率の解析的理論**』381-384 頁のなかでも解かれている．しかし解答の仕方は異なっており，論文のなかに出てきたような誤りは犯されていない．その著作では，p と q の値として長期にわたる観察から得られた

$$p=393386, \quad q=377555$$

を用い，p' と q' は先の値と同じものを使って

$$P = \frac{1}{328269}$$

を得ている.

　この p と q の新しい値は，旧い値と比べて $\frac{p}{q}$ の値がやや大きいことがわかる．だから，当然 P の値は大きくなっている.

　903. その論文のなかで，ラプラスは観察された事象から未来の事象の確率を導出するいくつかの重要な考察を行なっている．そしてそれらは『**確率の解析的理論**』の394-396頁に再述されている.

第20章 ラ プ ラ ス

904. その論文の最後の10頁をラプラスは誤差論に割いている．彼は『**いろいろな学者たちによる……論文集**』第6巻における彼の論文のあとに，誤差論はラグランジュ，ダニエル・ベルヌイ，オイレルらによって考察されたと述べている．しかしながら，彼らの使った原理は自分のものとは違ったものであったので，彼は研究をつづけ，疑問の余地を残さぬ程正確な方法で結論を書こうという気になったらしい．したがって，若干拡張はされてはいても，前と同じ理論を彼は述べている〔874節参照〕．しかしながら，その理論はさほど重要とは思えない．

905. いま説明している論文は，確率論史上非常に重要なものであると見なされるだけの価値をもっている．定積分の近似値を求める方法は，この論文で詳しく説明されているが，それは一般的には数学に大きな貢献をしたとみなすべきであろうし，また特に特定分野にも大きな貢献をしたとみなすべきであろう．出生に関する問題にそれを応用すれば，いかんなく威力を発揮するので，確率論のなかでも特殊な価値を示している．

906. 確率論に関するラプラスのつぎの論文は，『**級数に関する論文**』(*Mémoire sur les Suites*)と題されている．これは『**パリ…アカデミーの歴史**』の1779年号に発表された．発行の日付は1782年．論文はその号の207-309頁に載っている．

この論文は母関数（Generating functions）の理論を含んでいる．269-286頁をのぞけば，ほとんどそのまま『**確率の解析的理論**』に再述されている．再述されている部分はその著作の9-80頁である．再述されていない頁の内容は，2階の偏微分方程式の解に関係のあるもので，確率論とは関係がない．

『**確率の解析的理論**』の18頁と19頁の冒頭に出てくる諸公式は，ニュートンの『**微分の方法**』(*Methodus differentialis*)のなかで与えられた公式と一致することが，論文のなかで述べられている．しかし，このことについては『**確率の解析的理論**』のなかに出てこない．

907. 確率論についてのラプラスのつぎの論文は『**大数の関数である諸公式の近似法について**』(*Sur les approximations des Formules qui sont fonctions de très-grands nombres*)と題されている．それは『**パリ……アカデミーの歴史**』1782年号で発表された．発行の日付は1785年．論文はその巻の1-88頁に載っている．

ラプラスは，スターリングの定理を用いて，高いベキの二項定理の中央の項の係数の評価から話を始めている．ラプラスはこれを級数論のなかでなしうるもっとも非凡な発見のひとつであると考えている．この論文の目的は，ある関数の数値を計算することが実際に行なえるために，その関数を大数を含む別の関数に相似変換することである．この論文はあまり内容を修正されないで，『**確率の解析的理論**』の88-174頁に再述されている．

この論文の29頁のはじめに1個所誤りがあり，その影響が30頁の終りまで及んでいる．2つの独立変数 θ と θ' のある関数を，これらの変数のベキに展開するものとしよう．2次の項を $M\theta^2 + 2N\theta\theta' + P\theta'^2$ と記す．ラプラスの誤りは $2N\theta\theta'$ の項を落したことである．この誤りの個所に対応している『**確率の解析的理論**』の108頁には，誤りは修正されている．

908. ラプラスのつぎの論文は前の論文のつづきである．それは『**続，大数の関数である諸公式の近似法について**』(*Suite du Mémoire sur les approximations des Formules qui fonctions de très-grands Nombres*)と題されている．それは『**パリ……アカデミーの歴史**』1783年号に発表された．発行の日付は1786年，論文はその巻の423-467頁に載っている．

909. ラプラスはここで『**確率の解析的理論**』の363-365頁；394-396頁に再述されているいくつかの問題について述べている．その論文の440-444頁は『**確率の解析的理論**』のなかに再述されていない．907節で明らかにしたように，それらは1782年の論文の誤った記事に部分的には依拠して書かれ

— 392 —

ていたからである.

ラプラスはこの論文において，確率の問題を解くのに彼の近似公式を適用している〔767節，769節参照〕．彼はわれわれが896節で言及した問題を取りあげ，前者と部分的には一致した結果に達している．また，われわれが902節で言及した問題も取りあげ，多くのより勝れた研究をし，前者と実質的に一致した結果に達している．彼は897節で引用した1世紀間にわたる出生数の問題を，902節で与えたよりもずっと小さい p と q の値を使って解決している．彼は求める確率は0.664であることを求めている．『確率の解析的理論』401頁では，彼は902節で与えたより大きな p と q の値を用いて，求める確率の値として0.782を得ている.

910. この論文にはまた『確率の解析的理論』195頁のなかで再述されている富クジに関する計算を含んでいる〔455節，864節参照〕.

ラプラスがその論文の433頁に示しているところによれば，ある積分範囲内での $\int e^{-t^2} dt$ の値の表をつくることが有用になるだろうということである．そしてこのような表をわれわれは現にもっているのである[7].

911. 同じ巻にラプラスによる『パリにおける出生，結婚並びに死亡について』(*Sur les naissances, les mariages et les morts à Paris…*) と題する別の論文がある．この論文はその巻の693-702頁に載っている.

つぎの問題が解かれている．フランスのような大国の年間出生数がわかっていると仮定しよう．さらにある地方に対しては人口と出生数と両方がわかっていると仮定しよう．もしも年間出生数に対する人口の比率が，ある地方でも国全体でも同じであると仮定すれば，国全体の人口をわれわれは求めることができる．このようにして求めた結果の誤差が，あらかじめ指定された量を超過しない確率を，ラプラスは求めている．彼は，フランスの人口数を十分正確に推定するためには，調査対象となる地方は人口100万以下であってはならないということを結論づけている.

この問題は『確率の解析的理論』391-394頁のなかで再述されている．必要な観察はラプラスの要請でフランス政府によってなされた．選ばれた地方の人口は200万を少し上まわるものであった.

その論文のなかの問題の解と，『確率の解析的理論』のなかの問題の解とは，大体において同じものであった.

912. 『ラプラスによる，1795年度高等師範学校における数学講義録』(*Leçons de Mathématiques données à l'école normale, en 1795, par M. Laplace*) のなかにも，確率の問題にあてられた講義録がある．講義録は『高等工芸学校雑誌』[8](*Journal de l'École Polytechnique*) 1812年号第7，第8分冊のなかに載っている．しかし164頁の記事から，もっと早く出版されたものがあったと推測される．確率に関する講義録は140-172頁にわたっている．それは確率論において得られたいくつかの結果の通俗的な解説であり，『確率の解析的理論』の第2版にはじめて現われた序論（Introduction）のなかへ展開されたことは，序論のはじめに述べられたことから分る.

913. 前ående節で注目した重要でない事柄を除いて，ラプラスは25年以上も確率論に手をふれないで放っておいたように思われる．おそらく彼の注意は，1798年から1805年の間にはじめの4巻が出た『天体力学』のなかで，自分自身の研究や他の天文学者の研究を具体化することに向けられていたのであろう.

914. 確率論に関連するラプラスのつぎの論文は『大数の関数である公式の近似について，加えてそれらの確率への応用についての論文』(*Mémoire sur les approximations des formules qui sont fonctions de très-grands nombres, et sur leur application aux probabilités*) と題されてい

— 393 —

第20章　ラプラス

る．この論文は『学士院の……学術報告』(*Mémoires…de l'Institut*) 1809年号のなかで発表されている．発行の日付は1810年．論文はその巻の353-415頁，論文の補遺が559-565頁に載っている．

915. 論じられている最初の主題は惑星と彗星の軌道の傾きに関する問題で，『確率の解析的理論』253-261頁に述べられているものである〔**888**節参照〕．議論のやり方もほとんど同じである．しかしながら，惑星にかかわる計算手順のなかに若干の相違点がある．なぜなら，その論文において，ラプラスは一番外側の角 (extreme angle) として2直角をとっているのに対し，『確率の解析的理論』では1直角をとっているからである．論文の362頁で，ラプラスはつぎのように述べている．

「もしも傾きが0からπまで変化するとしたら，逆向きの運動を考えることは必要なくなってしまう．なぜなら，傾きが1直角をこえると，運動の方向は逆向きになってしまうからである．」

ラプラスは『確率の解析的理論』の258頁と同じ数値結果を論文においても得ている．しかし，著作においては運動がすべて同じ方向にあるという事実をはっきりと用いているのに対して，論文ではこの事実が考慮すべき余地のあるものとしてほのめかされている．

彗星に対する計算は『確率の解析的理論』のなかでの計算と実質的には同じものであり，それについては次節で若干考察しよう．論文では彗星の数として97が，著作ではそれが100となっている．

916. ラプラスは前節で述べた問題の解法のなかに出てくる公式の近似計算のための研究を行なっている．その公式とは $\Delta^n s^i$ に対する級数であり，各項が正の量から成り立つ限り続くものとする．論文の内容の大部分はこの主題に割かれており，それはまた『確率の解析的理論』においても，165-171頁，475-482頁というように十分に取扱われている．この論文は『確率の解析的理論』のなかに再述されていない多くのものを含んでいるが，実はもっと良い方法にかえられて著作のなかに書かれているのである．

ラプラスは $\int_0^\infty t^4 e^{-ct^2} \cos btdt$ の値を求めるための2通りの方法を与えていることに注意しよう．しかし，$\int_0^\infty e^{-ct^2} \cos btdt$ を b に関して4回微分するか，あるいはそれを c に関して2回微分するというもっとも簡単な方法に気づいてはいない〔論文の368-370頁参照〕．

917. その論文の383-389頁に，『確率の解析的理論』の329-332頁に与えられたものとよく似た重要な研究が載っている．その研究とはある単一の誤差が生ずる法則が何であれ，多数の誤差の1次関数がある値をとる確率を求めることである．

その論文の390-397頁では，『確率の解析的理論』の170頁の冒頭に出てくる (q) という印のついた公式の証明がなされている．その論文の残りの頁では『確率の解析的理論』の168頁の (p) という印のついた公式の証明がなされている．(p) 式は『確率の解析的理論』の475-482頁で再び論じられる．論文における証明方法は非常にわずらわしく，『確率の解析的理論』のなかの証明方法よりも劣っている．

918. この論文の補遺は，『確率の解析的理論』の333-335頁と340-342頁に再述されている事柄から成り立つ．この補遺では，ラプラスが1778年の彼の論文に言及している〔**904**節参照〕．しかし，『確率の解析的理論』では何もふれられていない．彼は，ダニエル・ベルヌイ，オイレル，ガウスの名前をあげている．これに相当する『確率の解析的理論』の335頁の文節では，単に有名な幾何学者たち(*des géomètres célèbres*) と述べているだけである．

919. ラプラスのつぎの論文は『**定積分について，確率への定積分の応用について，ならびに特に観察結果の間で決めねばならぬ中心の求め方についての論文**』(*Mémoire sur les Intégrales Définies, et leur application aux Probabilités, et spécialement à la recherche du milieu qu'il*

— 394 —

faut choisir entre les résultats des observations.）と題されている．この論文は『学士院の……学術報告』（*Mémoires……de l'Institut*）1810年号に発表された．発行の日付は1811年．論文はその巻の279-347頁に載っている．

920. ラプラスは母関数や近似法に関する以前の論文にふれている．また，確率に関する自分の著作の出版も間近いことを述べている．以前でた論文において，彼は実数の世界から虚数の世界へ移行することによって，いくつかの定積分の値を得ている．しかし，このような方法は証明というよりむしろ発明に相当するものであると考えるべきだと，ラプラスは述べている．ラプラスの語るところによれば，ポワソンが1811年3月の『学術協会年報』（*Bulletin de la Société Philomatique*）のなかで，これらの結果のいくつかを証明したそうである．ラプラスは，現在直接その結果を出そうとしている．

921. 最初の考察は『確率の解析的理論』の482-484頁に再述されているものである．それにつづいて，『確率の解析的理論』の97-99頁に再述されたものがつづく．そのつぎが，演技者たちが同等の熟練度をもち，彼らのうちの1人が無限の資本をもっているときの，遊戯継続の問題である．この問題のなかで，『確率の解析的理論』の235-238頁で前述された近似計算が出てくる．そのつぎが玉に関する問題で，『確率の解析的理論』の287-298頁に再述されたいくつかの積分について長い論説が出てくる．最後に誤差論が出てくるが，それは『確率の解析的理論』の314-328頁，340-342頁に出てくる理論と多くの点で一致する．

922. その論文の327頁から，ひとつの定理が取りあげられている．それは『確率の解析的理論』には再述されていない．

0と1の間で，xが増加するとき，$\psi(x)$は減少するものとすれば

$$\int_0^1 \psi(x)dx > 3\int_0^1 x^2\psi(x)dx$$

であることを証明したい．

$$\frac{d\psi(x)}{dx} < 0$$

であるから，

$$\psi(x) > \psi(x) + x\frac{d\psi(x)}{dx}$$

0からxまで積分すると

$$\int_0^x \psi(x)dx > x\psi(x),$$

$$2x\int_0^x \psi(x)dx > 2x^2\psi(x),$$

すなわち

$$x^2\int_0^x \psi(x)dx > 3\int_0^x x^2\psi(x)dx$$

である．

『確率の解析的理論』の321頁で述べられている結果，すなわちある条件のもとで$\frac{k''}{k}$は$\frac{1}{6}$より小さいということは，この定理の1例である．

923. 1811年7月の日付のついている，『仏国天体暦』（*Connaissance des Tems*）1813年号のなかに，『大量観察の結果により決定せねばならぬ中心について』（*Du milieu qu'il faut choisir entre les résultats d'un grand nombre d'observations*）と題するラプラスによる記事が，213-223

第20章　ラ　プ　ラ　ス

頁に載っている．この記事は『**確率の解析的理論**』の322-329頁に再述されている内容を含んでいる．ラプラスは近刊の自分の著作についても述べている．

924. 1812年11月の日付のある『**仏国天体暦**』1815年号において，ラプラスの『**確率の解析的理論**』に関連のある記事が，215-221頁に載っている．その記事はその著作の抜萃からはじまり，その著作の目的と目次について，ラプラスの説明をつけ加えている．このあとに，太陽系の形成についてのラプラスの星雲説として知られているものについて，若干の批評が出ている．参考としてミッチェルによって，スバル座から抽き出された推測をあげている〔**619**節参照〕．

925. 1813年11月の日付のある『**仏国天体暦**』1816年号には，『**彗星について**』(*Sur les cometes*) と題するラプラスによる記事が，213-220頁に載っている．

観測された100個の彗星のうち，1個が双曲線をえがいて動くことが確かめられた．

ラプラスは確率論によって，この結果が予期されたものであることを示そうとした．なぜなら，1個の彗星は楕円か放物線をえがいて動くか，あるいは主軸をずっと大きくとるとほとんど放物線と区別のつかない双曲線をえがいて動くという確率が非常に大きいからである．

提起された問題の解答は非常にむつかしく，とくに言葉による説明が不十分である．解答を段階を追って説明しよう．

太陽の活動圏の半径を r とすると，r は非常に大きな値であり，地球の軌道の半径のおよそ10万倍はあるかもしれない．太陽のエネルギーの及ぶ球内にはいった瞬間の彗星の速度を V とする．だから，r はその瞬間における彗星の動径ベクトルとなる．彗星がえがいている軌道の長軸の半分を a，離心率を e，その近日点までの距離を D，V の方向が動径ベクトル r となす角を w とする．質量の単位として太陽の質量をとる．太陽と地球との平均距離を距離の単位にとる．そのとき，有名な公式

$$\frac{1}{a} = \frac{2}{r} - V^2$$
$$rV\sin w = \sqrt{a(1-e^2)}$$
$$D = a(1-e)$$

をうる．

これらの方程式から a と e を消去して

$$\sin^2 w = \frac{2D - \dfrac{2D^2}{r} + D^2 V^2}{r^2 V^2},$$

そしてこのことから

$$1 - \cos w = 1 - \frac{\sqrt{1 - \dfrac{D}{r}}}{rV} \sqrt{r^2 V^2 \left(1 + \frac{D}{r}\right) - 2D}$$

が出てくる．

さて，彗星が太陽の活動圏に入ってきたとき，内部に向かうあらゆる運動の方向は同程度に可能であると仮定すれば，その方向と動径ベクトルとのなす角が 0 と w の間に存在する可能性は $1 - \cos w$ であることがわかる．これらの限界方向に対応する近日点までの距離は 0 と D である．それからラプラスはつぎのように述べている．

「D の値すべてが同等に可能であると仮定すると，近日点までの距離が 0 と D の間に含まれる確率として

— 396 —

$$1-\frac{\sqrt{1-\dfrac{D}{r}}}{rV}\sqrt{r^2V^2\left(1+\dfrac{D}{r}\right)-2D}$$

をうる．この値に dV をかけ，つづいて V の定義域内で積分する．そしてその積分値を V の最大値 U で割る．すると V の値がこの定義域内に含まれる確率をうるであろう．V の最小値は，前の根号内の量を 0 とするもので，それは

$$rV=\frac{\sqrt{2D}}{\sqrt{1+\dfrac{D}{r}}}$$

である．」

上述の抜萃は明白なことでもないし，また正しくもないように思われる．明白でないというのは，問題のありかが不確実なままにされている点にある．正しくないというのは U に関することである．ラプラスのやり方ではなくて，普通のやり方で話を進めてみよう．

$$\psi(V)=1-\frac{\sqrt{1-\dfrac{D}{r}}}{rV}\sqrt{r^2V^2\left(1+\dfrac{D}{r}\right)-2D}$$

とおくとき，あらゆる方向の正射影は同等に確からしいとして，もし彗星が速度 V で動き出したとしたら，近日点までの距離が 0 から D までの間にある可能性は $\psi(V)$ であることがわかる．さて，近日点までの距離は 0 から D までの間にあり，しかし初期速度が分らないと仮定しよう．このような初期速度が指定された限界内にある確率を求めたい．これは逆確率の問題である．そしてその可能性は

$$\frac{\displaystyle\int\psi(V)dV}{\displaystyle\int\psi(V)dV}$$

である．ただし分子の積分は指定された限界内で，分母の積分は V の許容される極値の間での定積分である．

ラプラスは $\int\psi(V)dV$ の値を発見している．このために，

$$\sqrt{r^2V^2\left(1+\frac{D}{r}\right)-2D}=rV\sqrt{1+\frac{D}{r}}-z$$

と仮定する．

V の指定された限界として $\dfrac{\sqrt{2D}}{r\sqrt{1+\dfrac{D}{r}}}\leqq V\leqq\dfrac{i}{\sqrt{r}}$ をとる．この限界内での $\int\psi(V)dV$ の値は近似的に

$$\frac{(\pi-2)\sqrt{2D}}{2r}-\frac{D}{ir\sqrt{r}}$$

であることを，ラプラスは求めている．他の項は分母が r の大きなベキであるので無視されている．

上式は求めたい可能性の分子である．分母を求めるために，速度の上限は無限大，それで i も無限大であると仮定する．そこで求める可能性は

$$\left\{\frac{(\pi-2)\sqrt{2D}}{2r}-\frac{D}{ir\sqrt{r}}\right\}\div\frac{(\pi-2)\sqrt{2D}}{2r}=1-\frac{\sqrt{2D}}{i(\pi-2)\sqrt{r}}$$

である．

第20章 ラ プ ラ ス

たとえば，$i^2=2$ と仮定すると，軌道を楕円ならしめるぎりぎりの速度が存在する．

方程式 $\dfrac{1}{a}=\dfrac{2}{r}-V^2$ において，$a=-100$ と仮定する．そのとき

$$V^2=\frac{r+200}{100r}, \quad だから \quad i^2=\frac{r+200}{100}.$$

この i の値を用いるならば，軌道が楕円もしくは放物線もしくは地球の軌道の半径の100倍以上の主軸をもつ双曲線のいずれかである可能性を求めることができる．その軌道がより小さい主軸をもつ双曲線である可能性は

$$\frac{\sqrt{2D}}{i(\pi-2)\sqrt{r}}$$

である．ラプラスはこの結果を独自の方法で得ている．

$D=2$，$r=100000$，i の値をたったいま求めたものと仮定する．ラプラスの求めた可能性は，およそ $\dfrac{1}{5714}$ である．

それから，ラプラスの分析は，目に見える彗星に対して0と2の間の D のすべての値は同等に確からしいと仮定して，行なわれている．しかし，観測してみれば，近日点までの距離が1より大きいような彗星の数は，近日点までの距離が0と1との間にあるものよりもずっと少ない．このことによって，ラプラスはつづいて自分の結果をどのように修正するか考察している．

926. 1815年の日付のある『**仏国天体暦**』1818年号の361-381頁にラプラスの書いた2つの項目がある．最初の項目は『**自然哲学への確率計算の応用について**』（*Sur l'application du Calcul des Probabilités à la Philosophie naturelle*），第2の項目は『**自然哲学に応用した確率計算について**』（*Sur le Calcul des Probabilités, appliqué à la Philosophie naturelle*）と題されている．そこで論じられている問題は，376，377頁の内容を除けば，『**確率の解析的理論**』の第1補遺1-25頁に再述されている．これらは秒振子の長さを観測をもとにして決定するために，確率の公式を応用するという内容のものである．

927. 1818年の日付がある『**仏国天体暦**』1820年号の422-440頁に，ラプラスによる『**三角測量への確率計算の応用**』（*Application du calcul des Probabilités, aux opérations géodésique*）と題する項目がある．それは『**確率の解析的理論**』第2補遺1-25頁に再述されている．

928. 1820年の日付がある『**仏国天体暦**』1822年号の346-348頁に，ラプラスによる『**フランス南部における三角測量への確率計算の応用**』（*Application du Calcul des Probabilités aux opérations géodésiques de la méridienne de France*）と題する項目がある．それは『**確率の解析的理論**』の第3補遺1-7頁に再述されている．

929. さて，われわれは『**確率の解析的理論**』（*Théorie analytique des Probabilités*）と題するラプラスの偉大な著作について述べることにしよう．これは1812年発行の4つ折り版である．ナポレオン大帝への献辞，つづいて本文445頁，それから446-464頁に書物の目次，そのつぎの頁が正誤表となっている．

第2版は1814年，第3版は1820年に発行されている．

第2版は序論 CVI頁，本文3-484頁，目次485-506頁，あと2頁が正誤表である．

第1版の9-444頁は第2，第3版では翻刻されていない．というのは，数頁分が誤植のあったため削除され新しく版を組みかえたからである．

第3版では序論が CXLII頁にふえている．それからあとの部分は第2版と同じである．しかしな

— 398 —

がら，第1版以後に出版された研究内容が4つの補遺として追加されている．これらの補遺の正確な発表の日付は述べられていないが，第1補遺と第2補遺は1812年と1820年の間に，第3補遺は1820年に，第4補遺は1820年以降におそらく発行されたと思われる．一般に第3版の写しには，はじめの3つの補遺はあるが，第4補遺はない．

930. ラプラスの著作の本文のうちの大部分は，彼の生存中に出版された版では翻刻されなかったので，著作の頁を引用するときは一般にどの版のものでよい．それで参照する際の頁はとくにどの版と指定しないことにする．

ラプラスのなした研究はフランスでは，国費で出版された．その第7巻は『**確率の解析的理論**』であり，1847年の日付になっている．この巻は第3版の翻刻版である．表題，広告，序説，目次が CXCV 頁を占め，本文は532頁，4つの補遺が533-691頁に載っている．

本文について，ラプラス自身によって出版された版の n 頁は，国家版では $n+\dfrac{n}{10}$ 頁にあたる．だから，頁を引用するときはこの法則にしたがえば，どの版を用いてもよいことになる．国家版はもう少し信頼のおけるものにすべきではなかったかと思う．なぜなら，たとえば第2補遺にあったはじめからの誤植がそのまま再述されているからである．

931. さて，その著作の分析にとりかかろう．第3版を考察して，第2版の序論と異なる個処がいくつかあることに気がつく．

献辞は第1版以後にはでていない．それで，献辞をここで再述しておくことは面白いと思う[9]．

「ナポレオン大帝へ捧ぐ．陛下，臣の天体力学論を献上申しあげました節にお示し下さいました陛下の御好意に対しまして，臣は確率計算に関する著作をも陛下に献呈申しあげたいという願望をおさえ切れないのでございます．この精緻な計算は，生活のもっとも重要な問題のすみずみにまで拡がり，実際大抵のものは確率の問題に還元されてしまうのであります．この点につきまして，文明の進歩と国家の繁栄に貢献しうる人たちを十分に評価し，十分に激励される天性をおもちの陛下の関心をひくものであると考えます．もっとも生き生きとした認識によって，また限りない賞讃と尊敬の念をもって書きとらせました，この新しい献上物を受理していただきたく存じます．陛下のいとも下賤なる，いとも柔順なる下僕にして，忠良なる臣，ラプラスより．」

ナポレオン

ナポレオンの没落後，この献辞を削除したことについて，ラプラスは非難された．しかし，私はこの非難に同意しない．献辞はへつらい以外の何ものでもない．ヨーロッパの暴君がエルバ島の偽りの君主になったり，セント・ヘレナ島に追放されたりしているときに，この献辞をくり返しのせてあるということは皮肉以外何の意味もないことである．過失が犯されたとすれば，初版に献辞をのせたことにあるのであって，つづく諸版にそれを削除したことが間違いなのではない．

932. 初版の数頁が翻刻されないで，あとの版では別のものに置き換えられたことはすでに述べたが，それに該当している頁は，25, 26, 27, 28, 37, 38, 147, 148, 303, 304, 359, 360, 391, 392頁である．これらの頁を指摘しておく理由は，初版の研究者がいくつかの厄介な誤植を発見しているからである．

933. 『**確率の解析的理論**』の序論は別に8つ折り版で『**確率の哲学的試論**』(*Essai philosophique sur les Probabilités*) という表題で出版されている[10]．しかしながら，われわれは『**確率の解析的理論**』の第3版の序論の部分を参照することにする．

934. 序論の 1-XVI 頁では，確率についての一般的な見解と数学理論の基本的原理が説明されて

第20章　ラ　プ　ラ　ス

いる．言葉づかいは平易で，説明は分りやすいが，初心者によりよく基本的なことを説明しようとする目的からいえば，割りあてられた紙面は少なすぎるようである．

935. XVI-XXXVII 頁には『**確率計算の解析的方法について**』（*Des méthodes analytiques du Calcul des Probabilités*）という題の1節がある．そこでは主として母関数の理論の説明に割かれているが，記号の使用を極力控えた説明が行なわれている．この節はまったく紙面の浪費と考えられる．適当な記号で述べられた数学理論に読者が精通していなければ，そこに述べられていることは理解できそうもない．また，数学理論に精通している人にとっては，この節はまったく不必要である．

この節は第2版と第3版で異なっている．ラプラスは難解な数学の解法の過程を，普通の言葉で説明することによって，彼の企てた困難な研究の処理方法を改良したのだと訴えたかったのであった．われわれは2つの変化に気づく．ラプラスは XXIII と XXIV 頁でド・モワブルの循環級数の処理についての説明をいくつか述べている．しかしながら，この処理を理解したいと思う研究者たちは，原著であるド・モワブルの『**いろいろな解析**』28-33頁を調べねばならないだろう．また，ウォリスやその他の人々の，ほんのわずかではあるが，歴史的な引用が XXXV-XXXVII 頁になされている．これは単に『確率の解析的理論』の3-8頁が縮小されたものにすぎない．

936. この節のつぎには，ゲームに関する簡単な見解が述べられている．それから，同等と考えられる可能性のなかに存在しうる未知の不均等について，貨幣やサイコロが対称性を欠くときに生ずることを例にとって説明している〔877節，881節，891節参照〕．

937. つぎの節で述べられていることは，諸事象が限りなく数を増す場合の確率の法則についてである．そして，この節ではヤコブ・ベルヌイの理論とその結論について考察されている．ここでは，初版で献辞を述べた没落した皇帝に的をしぼったと思われるいくつかの反省がみられる．XLIII 頁から2つの文章を引用しておこう．

「これに反し，国民がその元首の野心や不誠実によって，どんな不幸な深淵にしばしば投げ落されてきたかをみるがよい．一大強国が征服欲に酔って，世界征覇を熱望するときには，いつでも独立の感情が，脅威を受けつつある諸国家の間に同盟を結ばせ，その強国はほとんどつねにこの同盟の犠牲になるのである．」

いま考察している節は第2版のものであるが，それは序論では違った立場を占めている．ラプラスは第3版では，題材の配列に若干変化を加えている．

この節の終りに，数学的な表現を数学的でない言語におきかえるという馬鹿げた例がある．ラプラスはつぎのような言葉で，ある種の確率の記述を与えている．

「母関数の理論はこの確率に非常に簡単な表現を与える．この表現式は，つぎのような積を積分することによって得られる．すなわち，この積分の式というのは，ある量についての多数の観測から導かれた結果がその真の値から外れる量の微分に，問題の性質によって決まるある1より小さい定数のあるベキ――その指数はこの隔りの自乗の観測の回数に対する比になっている――を掛けた形になっている．この積分式について与えられた限界内で積分したものを同じ積分式について，負の無限大から正の無限大まで積分したもので割れば，これは，真の値からの隔りがその与えられた限界内に含まれる確率を表わすであろう．」

『**確率の解析的理論**』自体に親しんだ研究者にとっても，ラプラスがどんな公式を使用したか想定することはむずかしい．しかし，それは309頁と，その他のところで述べられている．

$$\sqrt{\frac{k}{k''\pi}}\ \int dr e^{-\frac{kr^2}{4k''}}$$

— 400 —

であるに違いない.

同じような馬鹿げた説明例は,序論の LI 頁,第1補遺の5頁にもある.

938. XLIX-LXX頁を占める節は,『自然哲学への確率計算の応用』(*Application du Calcul des Probabilités, à la Philosophie naturelle*) と題する.そこで提出されている原理は簡単なものである.それを理解するために『確率の解析的理論』で論じられている一例を考えよう.朝9時と午後4時に晴雨計の高さを測り,これらの観測を多数回行なったとして,前者の平均が後者の平均より高いことが発見されたとすると,これは偶然にもとづくものなのか,それとも確固たる理由にもとづくものなのか.確率論の示すところによると,もし観測の数が十分に大きいならば,確固とした理由のあることはきわめてはっきりと指摘できよう.ラプラスはこのようにして,物理的天文学における自分の研究のいくつかを議論するようになったのだとほのめかしている.なぜなら,演算に確固たる理由が存在するということを,確率論は如実に示してくれるからである.

こうして,この節は,現実に物理的天文学に対するラプラスの貢献が要領よくまとめられている.そして,その内容は数理科学と人間の能力の勝利の記念すべき記録でもある.内容は――地球の形状が回転楕円体であることから生ずる月の運動の不規則性の説明――月の永年方程式――木星と土星の長期不均等性――木星の衛星の運動に関連した法則――潮汐理論などがそうである〔グローの歴史,115頁参照〕.彼はさらに――地球の温度が2000年間一定であることが示される――ことを述べている.しかし,ラプラスがどのようにしてこの結果に気づいたかははっきりしない.

939. 『確率の解析的理論』第2版において,ラプラスは,月の長年加速と潮汐の理論とを,確率論によって示唆された自己の労作のリストのなかに含めていない.また,序論の LI-LVI 頁は第3版のなかに組入れられ,第1補遺から削除されたように思われる.

ラプラスは『確率の解析的理論』においては引用文献をあげていない.それで,彼がなしたと称する確率に関する計算はすべて彼が発表したものかどうか断言できない.しかしながら,それらは『確率の解析的理論』の 350 頁に述べられている晴雨計に関するものと多分同種のものであろう.だからどんな意味でも目新しい原理を含んでいるとはいえないであろう.

ラプラスは LIV 頁で木星と土星の質量についてのある計算を述べている.そしてその計算は第1補遺でもなされている.ラプラスの到達した結果は,木星の質量についての推定値の誤差が全質量の $\frac{1}{100}$ にもならないのは,1対1000000 である.にもかかわらず,のちに確認されたことは,その誤差は $\frac{1}{50}$ と同じ程度のものであった〔ポワソン『**確率計算の一般規則を先に述べ,それから犯罪事例,市民生活事例の判断に確率を使う研究**』316頁参照〕.

940. ラプラスは『道徳科学への確率計算の応用』(*Application du Calcul des Probabilités aux Sciences morales*) について述べて革新と保守の対立する傾向について興味ある批評をいくつか行なっている.

941. つぎの節は『証言の確率について』(*De la Probabilité des témoignages*) と題する.この節は LXXI-LXXXII 頁を占める.それは『確率の解析的理論』の第XI章の代数的考察のうちのいくつかの算術的再述である.ラプラスの議論のうちのひとつは,ジョン・スチュワート・ミルの『論理学』によって批判された〔ミル『論理学』5版,第2巻,172頁参照〕.この題材はすでに735節で取り上げたものである.ラプラスは奇跡についてもある考察をなしており,ラシーヌ (Racine),パスカルやロック

ラシーヌ

― 401 ―

第20章 ラプラス

ロック

(Locke) の言葉を批判的にとりあげている．彼はパスカルの有名な推論を少し詳しく検討して，つぎのように述べている．

「パスカルの有名な論法に関する論争，英国の数学者クレイグが幾何学的な形式で再表現したところの論争もこの点で起こってくるのである．人がこれこれのことに従うならば，1, 2 年の生命ではなく，無限に長い幸福な生命を享受するであろうということを，神そのものから教えられたと証言する証人たちがいたとしよう．これらの証言の確率がいかに小さかろうとも，無限に小さくならなければ，命ぜられたことに従う人々の利益が無限であることは明らかである．なぜなら，その利益はその確率に無限の利益を掛けた積であるからだ．それゆえに，人はこの利益を請い受けるのに逡巡してはならない，と．」

〔『文芸誌』(*Athenaeum*)，1865年1月14日，55頁参照〕

942. つぎの節は『集会における選挙と決議について』(*Des choix et des décisions des assembleés*) と題されている．それは4頁分を占める．結果はある題目もしくは立候補者に対する投票に関することが述べられており，それは『確率の解析的理論』の第Ⅱ章の終りで得られたものである．

つぎの節は『裁判所の審判の確率について』(*De la probabilité des Jugemens des tribunaux*) と題され，5頁にわたる．結果は『確率の解析的理論』の第1補遺のなかで得られたものが述べられている．この節は『確率の解析的理論』ではほとんど面目を一新している．

そのつぎの節は『死亡率および生命，結婚ならびに任意の協同体の平均持続期間に関する諸表について』(*Des Tables de mortalité, et des durées moyennes de la vie, des mariages et des associations quelconques*) と題されている．6頁にわたるものである．結果は『確率の解析的理論』の第Ⅷ章で得られたものである．

つぎの節は『事象の確率にもとづく諸制度の利益について』(*Des bénéfices des établissemens qui dépendent de la probabilité des événemens*) と題されていて，5頁にわたる．この節は保険制度に関するものである．結果は『確率の解析的理論』の第Ⅸ章に得られたものである．

943. つぎの節は『確率の評価における幻影について』(*Des illusions dans l'estimation des Probabilités*) と題されている．この重要な節は LII–CXXVIII 頁にわたっている．『確率の解析的理論』の第2版では，これと対応している節はわずか7頁を占めているにすぎない．

ラプラスが注目している幻影はいろいろな種類のものである．主たる幻影のひとつは，実際には関係がないにもかかわらず，過去の事象が未来の事象に与える影響を考慮することである．このことは富クジの例で明らかにされるし，さらに第3版で改正された1人の男子の出生に関するCIV頁のいくつかの注意によって明らかにされる．もうひとつの例は賭博者がしばしば適用するある種の運命の概念である．

ラプラスは，確率論の大きな利益のひとつは第一印象を信頼しないことを教えていることであると考えている．このことは856節で説明した例や，10節のシュヴァリエ・ド・メレの立場によって説明できる．ラプラスは CVIII 頁で，男子の出生が女子の出生を上まわることに関するいくつかの見解を述べている．これらの諸見解は第3版では改められている．

ラプラスは，ライプニッツやダニエル・ベルヌイが行なった級数の和を，確率論に適用することを説明のリストのなかに入れている．そこでは，無限級数

— 402 —

$$1-1+1-1+\cdots\cdots$$

は $\frac{1}{2}$ に等しいと見積っている．なぜなら，偶数個ずつ項をくくると和は0，奇数個ずつ項をくくると和は1となるからである．そして無限個の項の数が偶数になるか奇数になるかは同等に確からしいと仮定されている〔デュガルト・スチュワート『ハミルトン編全集』第Ⅳ巻204頁参照〕．

ラプラスは，ときたま起こる予感や夢などによるみかけ上の立証について，いくつかの見解を述べている．一般に予感や夢の一致に重要さを結びつける人は，未来の予測がその事象によって誤り伝えられるような場合の数を見失なうことを注意している．彼は

「昔，ある神殿で，人々がそこに崇祀してある神の威力を称揚するために，神の加護を祈ることによって，難船を免れた，あらゆる人々からの献納物（les ex-voto）を一哲学者にみせたとき，その哲学者は神の加護を祈ったにもかかわらず，遭遇した人々の名前は何処に記載されているのかと尋ね，それらの人々の名前が記載されたのを，ついぞ見掛けたことのないのに気づいて，ひとつの注意を喚起した．それは確率計算にかなうものであった．」

と述べている．

944. ラプラスが**心理学**（Psychologie）と名づける長い議論は，この節の CXIII-CXXVIII 頁を占める．ここでは**感覚中枢**（sensorium）について多くのことが語られている．そして議論の結末から，あらゆる心理現象が感覚中枢の振動に力学の法則を適用することによって説明されると，ラプラスは空想したように思われる．事実，CXXIV 頁では信仰が感覚中枢の宥和になっていること，およびパスカルからの抜萃が引用されているが，その使い方はこの作家が決して是認しなかった方法でなされている．

945. つぎの節は『確実性に近づくいろいろな方法について』（Des divers moyens d'approcher de la certitude）と題され，6頁を占めている．ラプラスはいう．

「事実に基礎をおくもので，しかも新たなる諸観察によって，絶えず修正される諸仮定からの，帰納推理や類比推理，自然によって与えられたもので，しかもこのものの指示するところと，経験との無数の比較によって強力にされたところの，巧みな機才，こうしたものが真理に到達するための主たる方法である．」

CXXIX頁の，「われわれは判断する（Nous jugeons）」という言葉ではじまる文節は第3版では改められており，CXXXII頁の最後の4行も改められている．ラプラスは，地球の不動性を証明するために，帰納法を奇妙に悪用した人とした人としてベーコン（Bacon）を引用している．ラプラスはベーコンについて，つぎのように述べている．

「彼は真理の探究に対して，その掟を与えたが，その例は与えなかった．しかし専ら観測と実験とに従事するためには，形式ばった無意味な精細さを捨てるべき必要さを，理性と雄弁のすべての力をもって主張したり，また諸現象の一般的な諸原因に溯る真の方法を指示しながら，この偉大な哲学者は，彼がその生涯を終えた光輝ある世紀において，人間精神がなし遂げた大きな進歩に貢献したのであった．」

ベーコン

類比推理（Analogy）についてのラプラスの見解のいくつかは，デュガルト・スチュワートによって賛同的に引用されている〔デュガルド・スチュワート『ハミルトン編全集』第Ⅳ巻，290頁参照〕．

— 403 —

第20章 ラプラス

946. 序論の最後の節は『**確率論の史的覚え書**』（*Notice historique sur le calcul des Probabilités*）と題されている．この節は簡潔ではあるが勝れたものである．CXXXIX頁の中ほどからCXLI頁の終りにかけての文章は第3版では修正されている．この文章は，誤差論に関する第1補遺のなかの，ラプラスの研究に主として関連している．ラプラスは，彼が大いに進歩させたその題目のつまらぬ起源を引用しながら，この文節を終っている．彼は賭の遊びの考察に端を発したひとつの科学が，人類の叡智のもっとも重要な諸対象の上に建設されたことは注目に値すると語っている．

第2版の序論の最後の頁に述べられている『**確率の解析的理論**』の計画についての素描は，第3版では省略されている．

947. 序論の終りで，ラプラスは確率論の主張することを要約している言葉はここで再述するに十分値する．

「この試論によって，確率の理論は，実は計算された常識にほかならないことがわかるであろう．公平な精神が，自らはそれを了解し得ないことが屢々あるにしても，一種の本能によって感得するものを，確率論は正しく評価させるのである．もし人が，確率論のうんだ解析的方法や，この理論の基礎的諸原理の真実性，これらの原理を使って問題を解く場合に必要な緻密にして微妙な論理，確率論に基づく公益上の仕組み，また自然哲学および道徳哲学におけるもっとも重要な諸問題に対するその適用を通して，確率論が，すでに受け入れた適用範囲ならびに，なお，受け入れうる適用範囲などを勘案するならば，なお，もし人がそれに次いで，計算に附することもできないような諸事物についてさえ，確率論が，判断に際して，われわれを導きうる確実な見積を与え，かつ屢々われわれを迷わせる諸幻影を防ぐ途を教えることなどを認めるならば，これほどわれわれの思索に値する科学はなく，また大衆教育の組織に採用するのにこれほど有益なものはないことがわかるであろう．」

948. さて序論についてはこれくらいにして，『**確率の解析的理論**』そのものへ進もう．ラプラスはこれを2巻に分けている．**第1巻**（Livre I）は『**母関数の計算について**』（*Du Calcul des Fonctions Génératrices*）と題され，1-177頁を占める．**第2巻**（Livre II）は『**確率の一般理論**』（*Theorie générale des Probabilités*）と題され，179-461頁を占める．それから**附録**（Additions）が462-484頁を占める．

949. ラプラスが第1巻につけた題目は十分に内容そのものを示したものではない．母関数の題目は，厳密にそうよばれているが，この巻の第1部を構成しているにすぎない．第2部は確率論のなかに出てくるいろいろな式の近似計算の考察に割かれている．

950. 第Ⅰ巻の第Ⅰ部は，母関数がはじめて世に出た1779年の論文のほとんど再述である〔**906**節参照〕．この部は3-8頁に述べられている2，3の序論的な見解でもってはじめられる．第3版の3-8頁と第1版の1-8頁とは全然一致しない．そればかりか，第1版に特有な結論については何も述べられていない．ラプラスは数学における記法の重要性について注意を喚起している．そして，ベキを表わす記法の利益にはとくに意を用いて説明し，デカルトやウォリスのことに言及している．

ラプラスは，ライプニッツが微分に適するベキの記法の注目すべき用法をしていることを，指摘している．この用法は，演算の記号と量とを切りはなした例として近代的な術語で書くことのできるも

デカルト

— 404 —

のである．ラグランジュはベキと微分とのこのような類似性をさらに追求した．ベルリン・アカデミーの紀要1772年号に載せられたラグランジュの論文は，ラプラスによって帰納法によってなされたもっともすばらしい応用のひとつとして特徴づけられた．

951. 第1巻の第1部の第1章は『1変数の母関数について』（*Des Fonctions génératrices, à une variable*）と題する．9–49頁を占める．

母関数の方法は，ブール教授らによる演算子法の開拓によって，その価値の多くを失なってしまった．このような理由にもとづき，かつはその方法が差分法の著作のなかで十分に説明されているという理由から，ここではそれを説明しないことにする．

39–49頁には，今日演算子法とよばれるところのいろいろな公式が書かれている．これらの諸公式はラプラスによって証明された（demonstrated）ということはできない．彼は主として類比推理のみで満足している．ラグランジュがこの方法をここへ導入したのである〔**950**節参照〕．

公式のひとつを再録してみよう〔ラプラスの41頁参照〕．テーラーの定理を記号で書くと

$$\varDelta\, y_x = \left(e^{h\frac{d}{dx}} - 1 \right) y_x$$

となる^(12)．ただし，$\varDelta$ は x における定差 h から生ずる y_x の差分を表わす．だから，

$$\varDelta^{\,n} y_x = \left(e^{h\frac{d}{dx}} - 1 \right)^n y_x,$$

ラプラスはこれを

$$\varDelta^{\,n} y_x = \left(e^{\frac{h}{2}\frac{d}{dx}} - e^{-\frac{h}{2}\frac{d}{dx}} \right)^n y_{x + \frac{nh}{2}}$$

と変換する．

つぎの式は彼の方法である：

$$\left(e^{h\frac{d}{dx}} - 1 \right)^n y_x = e^{\frac{nh}{2}\frac{d}{dx}} \left(e^{\frac{h}{2}\frac{d}{dx}} - e^{-\frac{h}{2}\frac{d}{dx}} \right)^n y_x \quad.$$

さて，$k\left(\dfrac{d}{dx} \right)^r$ を

$$\left(e^{\frac{h}{2}\frac{d}{dx}} - e^{-\frac{h}{2}\frac{d}{dx}} \right)^n$$

の展開から生ずる任意の項を表わすものとする．そのとき

$$k\left(\frac{d}{dx} \right)^r e^{\frac{nh}{2}\frac{d}{dx}} y_x = k\left(\frac{d}{dx} \right)^r y_{x + \frac{nh}{2}}$$

である．そして，右辺の項は

$$\left(e^{\frac{h}{2}\frac{d}{dx}} - e^{-\frac{h}{2}\frac{d}{dx}} \right)^n y_{x + \frac{nh}{2}}$$

の展開式から生じたものと仮定することができる．こうして，公式が作られたと考えられる．

注目すべきことは，ラプラスがいま述べたような方法で公式を表現したのではないということである．テーラーの定理を書く彼の方法は

$$\varDelta\, y_x = e^{h\frac{dyx}{dx}} - 1$$

で，それから

$$\varDelta^n y_x = \left(e^{h\frac{dyx}{dx}} - 1 \right)^n$$

第20章　ラ　プ　ラ　ス

と書く.

　彼は，記号で処理されるべきところを言葉で述べている. それにもかかわらず，彼の出した公式は，幾分違った方法で表現しているわれわれの式と実際は一致する. われわれは，ナピーア対数の底を e と書くが，ラプラスは c を用いていることは注目してよい.

　もし，公式において，$h=1$，x を $x-\dfrac{n}{2}$ にかえると

$$\Delta^n y_{x-\frac{n}{2}} = \left(e^{\frac{1}{2}\frac{d}{dx}} - e^{-\frac{1}{2}\frac{d}{dx}} \right)^n y_x$$

を得る. この式を，ラプラスは別のやり方で45頁で求めている.

　952. 第1巻の第1部の第2章は『**2変数の母関数について**』(*Des fonctions génératrices a deux variables*) と題する. それは50-87頁を占める.

　ラプラスは2つの独立変数をもつ差分方程式を解くのに母関数の理論を適用する. 彼は63-65頁で，差分方程式

$$z_{x+1,y+1} - az_{x,y+1} - bz_{x+1,y} - cz_{x,y} = 0$$

を解く奇妙な手順を与えている.

　$z_{x,y}$ を t と τ の関数の展開式で $t^x \tau^y$ の係数であるとする. そのとき，この関数は

$$\frac{\phi(t) + \psi(\tau)}{\tau t\left(\dfrac{1}{\tau t} - \dfrac{a}{\tau} - \dfrac{b}{t} - c \right)}$$

でなければならないことは容易にわかる. ただし，$\phi(t)$ は t の任意の関数であり，$\psi(\tau)$ は τ の任意の関数である.

　しかしながら，ラプラスはつぎのように話をすすめる.

$$\frac{1}{\tau t} - \frac{a}{\tau} - \frac{b}{t} - c = 0$$

とおき，これを与えられた差分方程式の**生成方程式** (*équation génératrices*) とよぶ. t と τ のベキに展開したとき，$t^x \tau^y$ の係数として $z_{x,y}$ をもつ t と τ の関数を u とする. そのとき，$\dfrac{u}{t^x \tau^y}$ の展開式において，$t^0 \tau^0$ の係数は $z_{x,y}$ であろう.

　それから，ラプラスは $\dfrac{u}{t^x \tau^y}$ を変形する. **生成方程式**によって

$$\frac{1}{t} = \frac{c + \dfrac{a}{\tau}}{\dfrac{1}{\tau} - b}$$

とおく. それゆえ

$$\frac{u}{t^x \tau^y} = \frac{u\left(\dfrac{1}{\tau} - \dfrac{1}{b} + \dfrac{1}{b} \right)^y \left[c + ab + a\left(\dfrac{1}{\tau} - b \right) \right]^x}{\left(\dfrac{1}{\tau} - b \right)^x}.$$

　$\dfrac{1}{\tau} - b$ のベキによって，第2項を展開しよう. すると

$$\frac{u}{t^x \tau^y} = u\left\{ \left(\frac{1}{\tau} - b \right)^y + yb\left(\frac{1}{\tau} - b \right)^{y-1} + \frac{y(y-1)}{1 \cdot 2} b^2 \left(\frac{1}{\tau} - b \right)^{y-2} + \cdots\cdots \right\}$$

$$\times \left\{ a^x + \frac{x(c+ab)a^{x-1}}{\dfrac{1}{\tau} - b} + \frac{x(x-1)}{1 \cdot 2}(c+ab)^2 \frac{a^{x-2}}{\left(\dfrac{1}{\tau} - b \right)^2} + \cdots\cdots \right\}$$

— 406 —

となる.

2つの級数を掛ける. そして

$$V = a^x,$$

$$V_1 = yba^x + x(c + ab)a^{x-1},$$

$$V_2 = \frac{y(y-1)}{1 \cdot 2}b^2 a^x + yxb(c+ab)a^{x-1} + \frac{x(x-1)}{1 \cdot 2}(c+ab)^2 a^{x-2},$$

$$V_3 = \frac{y(y-1)(y-2)}{1 \cdot 2 \cdot 3}b^3 a^x + \cdots\cdots$$

$$\cdots\cdots\cdots\cdots$$

としよう.

そのとき

$$\frac{u}{t^x \tau^y} = u\Big\{ V\Big(\frac{1}{\tau} - b\Big)^y + V_1\Big(\frac{1}{\tau} - b\Big)^{y-1} + \cdots\cdots + V_y$$

$$+ \frac{V_{y+1}}{\frac{1}{\tau} - b} + \frac{V_{y+2}}{\Big(\frac{1}{\tau} - b\Big)^2} + \cdots\cdots + \frac{V_{y+x}}{\Big(\frac{1}{\tau} - b\Big)^x} \Big\}$$

となる.

しかし, 方程式

$$\frac{1}{t\tau} - \frac{a}{\tau} - \frac{b}{t} - c = 0$$

は

$$\frac{1}{\frac{1}{\tau} - b} = \frac{\frac{1}{t} - a}{c + ab}$$

となる. それゆえ

$$\frac{u}{t^x \tau^y} = u\Big\{ V\Big(\frac{1}{\tau} - b\Big)^y + V_1\Big(\frac{1}{\tau} - b\Big)^{y-1} + \cdots\cdots + V_y$$

$$+ \frac{V_{y+1}}{c + ab}\Big(\frac{1}{t} - a\Big) + \frac{V_{y+2}}{(c+ab)^2}\Big(\frac{1}{t} - a\Big)^2 + \cdots\cdots + \frac{V_{y+x}}{(c+ab)^x}\Big(\frac{1}{t} - a\Big)^x \Big\}$$

となる.

さて, 母関数から係数にうつり, 両辺の $t^0 \tau^0$ の係数を比較する. このことは左辺では $z_{x,y}$ を, 右辺ではこれから説明する級数となる.

$\varDelta$ を x に適用し, x の $x+1$ への変化によって生み出された差分を示すものとしよう. そして, 同様に δ を y に適用し, y の $y+1$ への変化によって生み出された差分を示すものとしよう.

さて,

$$\Big(\frac{1}{\tau} - b\Big)^r = b^r\Big(\frac{1}{b\tau} - 1\Big)^r$$

である. だから, $u\Big(\frac{1}{\tau} - b\Big)^r$ において, $t^0 \tau^0$ の係数は $b^r \delta^r\Big(\frac{z_{0,y}}{b^y}\Big)$ であろう; ただし, δ^r によって示される演算が $\frac{z_{0,y}}{b^y}$ に施されたのち, y が 0 とされるものとする.

同様に, $u\Big(\frac{1}{t} - a\Big)^r$ において, $t^0 \tau^0$ の係数は $a^r \varDelta^r\Big(\frac{z_{x,0}}{a^x}\Big)$ であろう; ただし, $\varDelta^r$ によって示され

— 407 —

第20章 ラプラス

る演算が $\frac{z_{x,0}}{a^x}$ に施されたのち，x が 0 とされるものとする．

このようにして

$$z_{x,y} = Vb^y\delta^y\left(\frac{z_{0,y}}{b^y}\right) + V_1 b^{y-1}\delta^{y-1}\left(\frac{z_{0,y}}{b^y}\right) + \cdots\cdots + V_y z_{0,0} + \frac{a}{c+ab}V_{y+1}\varDelta\left(\frac{z_{x,0}}{a^x}\right)$$

$$+ \frac{a^2}{(c+ab)^2}V_{y+2}\varDelta^2\left(\frac{z_{x,0}}{a^x}\right) + \cdots\cdots + \frac{a^x}{(c+ab)^x}V_{y+x}\varDelta^x\left(\frac{z_{x,0}}{a^x}\right)$$

をうる．

だから，$z_{x,y}$ を得るためには，$z_{0,1}$，$z_{0,2}$，$\cdots\cdots$，$z_{0,y}$ および $z_{1,0}$，$z_{2,0}$，$\cdots\cdots$，$z_{x,0}$ を知らねばならないことがわかる．

さて，ラプラスによって与えられたこの手順が証明できるものではありえないし，また理解しうるものでもありえないことを明らかにしよう．説明も与えずに，生成方程式によって 2 つの独立変数を結びつける彼の方法は非常に奇妙なものである．

しかし，演算子法の近代的な方法に慣れた研究者は，ラプラスの手順をもっと親しみのある言葉に変換することができよう．

$Ex=x+1$，$Fy=y+1$ とする．そのとき解を求めなければならない基本方程式は

$$(EF - aF - bE - c)z_{x,y} = 0$$

あるいは簡略化して

$$EF - aF - bE - c = 0$$

と書ける．

それから，$E^x F^y$ は，ラプラスが $\frac{1}{t^x\tau^y}$ を展開する方法で展開され，そして彼の結果は $E^x F^y z_{0,0}$ から得られる．このようにして，われわれは演算子法が基礎をおいている基盤に頼っているのである．

印刷しにくいダッシュ記号を避けるため，われわれはラプラスの記法を変えたことを注意しておく．ラプラスはわれわれが y と書いたところを x'，τ と書いたところを t'，δ と書いたところを $'\varDelta$ と書いている．

953. ラプラスは別の差分方程式を取りあげている．その方程式は

$$\varDelta^n z_{x,y} + \frac{a}{\alpha}\varDelta^{n-1}\delta z_{x,y} + \frac{b}{\alpha^2}\varDelta^{n-2}\delta^2 z_{x,y} + \cdots\cdots = 0$$

と表わされる．

ここで $\varDelta$ は差が 1 である x についてのものであり，δ は差が α である y についてのものである．

ラプラスが語るところによれば，生成方程式は

$$\left(\frac{1}{t}-1\right)^n + \frac{a}{\alpha}\left(\frac{1}{t}-1\right)^{n-1}\left(\frac{1}{\tau^\alpha}-1\right) + \frac{b}{\alpha^2}\left(\frac{1}{t}-1\right)^{n-2}\left(\frac{1}{\tau^\alpha}-1\right)^2 + \cdots\cdots = 0$$

であるという．

この方程式は分解されて，つぎの n 個の方程式に分解されると，ラプラスは想定している．すなわち

$$\frac{1}{t}-1 = \frac{q}{\alpha}\left(1-\frac{1}{\tau^\alpha}\right)$$

$$\frac{1}{t}-1 = \frac{q_1}{\alpha}\left(1-\frac{1}{\tau^\alpha}\right)$$

$$\frac{1}{t}-1 = \frac{q_2}{\alpha}\left(1-\frac{1}{\tau^\alpha}\right)$$

$$\cdots\cdots\cdots$$

— 408 —

ただし，q，q_1，q_2，……は方程式

$$\zeta^n - a\zeta^{n-1} + b\zeta^{n-2} - \cdots\cdots = 0$$

の n 個の根である．

それから，第1の根を使って

$$\frac{u}{t^x \tau^y} = \frac{u}{\tau^y}\left(1 + \frac{q}{\alpha} - \frac{q}{\alpha\tau^\alpha}\right)^x$$

$$= \frac{u}{\tau^y}(-1)^x\left\{\frac{q^x}{\alpha^x\tau^{\alpha x}} - x\frac{q^{x-1}}{\alpha^{x-1}}\left(1 + \frac{q}{\alpha}\right)\frac{1}{\tau^{\alpha(x-1)}} + \cdots\cdots\right\}$$

となる．

つづいて，母関数から係数へ移り，$t^0\tau^0$ の係数を等しくおくと

$$z_{x,y} = (-1)^x\left\{\frac{q^x}{\alpha^x}z_{0,y+\alpha x} - x\frac{q^{x-1}}{\alpha^{x-1}}\left(1 + \frac{q}{\alpha}\right)z_{0,y+\alpha(x-1)} + \cdots\cdots\right\}$$

をうる．

上式の右辺は

$$\left(1 + \frac{\alpha}{q}\right)^{x+\frac{y}{\alpha}}\left(-\frac{q}{\alpha}\right)^x\delta^x\left\{\left(\frac{q}{\alpha+q}\right)^{\frac{y}{\alpha}}z_{0,y}\right\}$$

の形にかくことができる．

量 $\left(\dfrac{q}{\alpha+q}\right)^{\frac{y}{\alpha}}z_{0,y}$ を任意の関数 $\phi(y)$ によって表わす．だから

$$z_{x,y} = \left(1 + \frac{\alpha}{q}\right)^{x+\frac{y}{\alpha}}\left(-\frac{q}{\alpha}\right)^x\delta^x\phi(y)$$

となる．

$z_{x,y}$ のこの値は差分方程式を満足するであろう．

n 個の根 q，q_1，q_2，……のそれぞれは同様な式をひき起こす．そして，$z_{x,y}$ に対してこのようにして得られた n 個の特解の和は，n 個の任意関数を含む一般解を与えるであろう．

前と同じく，研究者はこの手順を演算子法の言葉で変形することができよう．

ラプラスはさらにつづけて，α が無限に小さくなって，dyに等しくなるとする．それから対数をとると分るように，

$$\left(1 + \frac{dy}{q}\right)^{x+\frac{y}{dy}} = e^{\frac{y}{q}}$$

となる．だから

$$z_{x,y} = e^{\frac{y}{q}}(-q)^x\frac{d^x\phi(y)}{dy^x} + e^{\frac{y}{q_1}}(-q_1)^x\frac{d^x\phi_1(y)}{dy^x} + \cdots\cdots$$

をうる．

これは方程式

$$\Delta^n z_{x,y} + a\Delta^{n-1}\left(\frac{dz_{x,y}}{dy}\right) + b\,\Delta^{n-2}\left(\frac{d^2z_{x,y}}{dy^2}\right) + \cdots\cdots = 0$$

の完全解（complete integral）である．

ラプラスは，つづいて，2つの独立変数の場合において，現在では演算子の計算とよばれるものの，いくつかの公式を与えている〔『確率の解析的理論』68-70頁参照〕．

954. 70-80頁で，ラプラスは有限のものから無限に小さいものへ推移していくときの見解をいくつか述べている．彼の目的は，その手順に厳密な証明を添えることを示すにある．彼は振動する弦の問

— 409 —

第20章 ラプラス

題を引用することによって説明し，そして偏微分方程式の解における不連続関数の許容性という有名な問題に注目しているのである．彼はこのような関数はある条件のもとで許容可能であると結論づけている．ブール教授はその推論は不合理であるとみなしている〔ブール『差分法』（Finite Differences）第 X 章参照〕．

955. ラプラスは母関数についてのいくつかの考察をしてその章を閉じている．われわれが注意すべき唯一の点は，82頁に重大な誤りがあるということである．ラプラスはそこで差分方程式の解として不完全な形式を与えている．その完全な形式は第4補遺の5頁目に見出される．その誤りの影響は今後，974節，980節，984節で調べることにしよう．

ブール

956. つぎに第I巻の第2部について述べよう．これは1782年の論文の再録である．しかしながら，近似方法は1778年の論文のなかで述べられたものである〔894節，899節，907節，921節参照〕．

第I巻，第2部の第1章は『近似による積分について，また大きなベキをもつ因数を微分すること』（De l'intégration par approximation, des differentielles qui renferment des facteurs élevés à de grandes puissances）と題され，88-109頁を占める．

957. ラプラスが与えている近似の方法は非常に価値のあるものである．それを説明することにしよう．その最大値を含むような x の2つの値の間で，$\int y dx$ の値を求めることにしよう．$y=Ye^{-t^2}$ と仮定し，Y を y の最大値を示すものとする．そのとき

$$\int y dx = Y \int e^{-t^2} \frac{dx}{dt} dt$$

が成立する．

$y=\phi(x)$ とし，y が値 Y をとる x の値を a とし，$x=a+\theta$ と仮定する．このようにして

$$\phi(a+\theta)=Ye^{-t^2}$$

をうる．それゆえ

$$t^2=\log\frac{Y}{\phi(a+\theta)}.$$

この方程式から，t を θ の昇ベキの級数に展開し，さらに級数の反転によって θ を t の昇ベキの級数に表わすことができる．だから

$$\theta=B_1 t + B_2 t^2 + B_3 t^3 + \cdots\cdots$$

をうると仮定すると

$$\frac{dx}{dt}=\frac{d\theta}{dt}=B_1+2B_2 t+3B_3 t^2+\cdots\cdots,$$

すなわち

$$\int y dx = Y \int e^{-t^2}(B_1+2B_2 t+3B_3 t^2+\cdots\cdots)dt$$

となる．

ラプラスのやった方法はこのようなものである．B_1, B_2, B_3, ……が急速に収束する級数を構成する場合には，この方法は実用的価値がある．そして，ラプラスの著作の次の章から，この方法を適用しうるいくつかの例を与えている．これらの例においては，B_1, B_2, B_3, ……の項を計算するのに難

— 410 —

しさはない． B_5 までの，これらの係数についての一般的な値についての考察は，ド・モルガン（De Morgan）の『微分積分法』（*Differential and Integral Calculus*）602頁のなかに述べられている．

x の限界が，それに対応する y の値を 0 ならしめるような場合，t の範囲は $-\infty$ から $+\infty$ になるであろう．ところで

$$\int_{-\infty}^{+\infty} e^{-t^2} t^r \, dt = \begin{cases} 0 & （r \text{ が奇数のとき}） \\ \dfrac{(r-1)(r-3)\cdots\cdots 3\cdot 1}{\sqrt{2}^r}\sqrt{\pi} & （r \text{ が偶数のとき}） \end{cases}$$

である．

だから

$$\int y dx = Y\sqrt{\pi}\left\{B_1 + \frac{3}{2}B_3 + \frac{5\cdot 3}{2^2}B_5 + \cdots\cdots\right\}$$

をうる．

$y = Ye^{-t^2}$ という変換以外に，ラプラスは e の指数が $-t^2$ 以外の他の値をとる場合も考えている．著作の88頁では，e の指数が $-t$，93頁では e の指数が $-t^{2t}$ なる場合を考えている；はじめの場合では，Y は y の最大値であるとは仮定されていない．

958. いくつかの定積分が95-101頁に与えられており，それらと関連して，若干引用しておくのも便利なこともあろう．

95頁の（T）という印のついている公式は，1782年のラプラスの論文の17頁に出ているものである．すなわち，

$$\int_0^\infty \cos rx \, e^{-a^2x^2} dx = \frac{\sqrt{\pi}}{2a} e^{-\frac{r^2}{4a^2}}$$

である．これは1810年の『**学士院の……論文集**』290頁において，ラプラスによって与えられたものである〔D. ビラン・ド・アーン（D. Bierens de Haan, 1822-1895, オランダの数学史家）の『**定積分表**』（*Tables d'Intégrales Definies*）1858年，376頁参照〕．

$$\int_0^\infty \frac{\sin rx}{x} dx = \frac{\pi}{2}\,;$$

〔ビラン・ド・アーンの『**定積分表**』268頁参照〕

$a>0$ としたとき，

$$\int_0^\infty \frac{\cos ax}{1+x^2} dx = \frac{\pi}{2}e^{-a}, \quad \int_0^\infty \frac{x\sin ax}{1+x^2} dx = \frac{\pi}{2}e^{-a}.$$

これらの公式はラプラスによるものと思われる〔ビラン・ド・アーンの282頁：『**確率の解析的理論**』99-134頁参照〕．これら2つの結果は，

$$\int_0^\infty \frac{\sin ax}{1+x^2}\,\frac{dx}{x} = \frac{\pi}{2}(1-e^{-a})$$

とともに，1782年のラプラスの論文に加えて，D. F. グレゴリ（Gregory）の『**微分積分法の諸例題**』（*Examples of the···Differential and Integral Calculus*）のなかで引用されている；しかしそれらはそこでははっきりと与えられない：最後の結果に関しては，ビラン・ド・アーンの293頁にのっている．

959. 積分 $\int e^{-t^2} dt$ が957節の式のなかに出てくるので，この積分の値を近似する方式をいくつか観察するように，ラプラスは導かれている．彼は難点のない級数

— 411 —

第20章　ラ　ブ　ラ　ス

$$\int_0^\tau e^{-t^2}\,dt = \tau - \frac{\tau^3}{3} + \frac{1}{2!}\frac{\tau^5}{5} - \frac{1}{3!}\frac{\tau^7}{7} + \cdots\cdots,$$

$$\int_0^\tau e^{-t^2}\,dt = \tau e^{-\tau^2}\left(1 + \frac{2\tau^2}{1\cdot3} + \frac{(2\tau^2)^2}{1\cdot3\cdot5} + \frac{(2\tau^2)^3}{1\cdot3\cdot5\cdot7} + \cdots\cdots\right),$$

$$\int_\tau^\infty e^{-t^2}\,dt = \frac{e^{-\tau^2}}{2\tau}\left(1 - \frac{1}{2\tau^2} + \frac{1\cdot3}{2^2\tau^4} - \frac{1\cdot3\cdot5}{2^3\tau^6} + \cdots\cdots\right)$$

を与えている.

1782年の論文においては, これら3通りの式のうち, 第2式は出てこない.

ラプラスはまた, $\int_\tau^\infty e^{-t^2}\,dt$ の展開式を連分数の形で与えており, それは彼の『**天体力学**』(*Mécanique Celéste*) 第Ⅹ巻に出てくる. これと同じか, あるいは若干似た展開式はド・モルガンの『**微分積分法**』の591頁に出てくる.

960. 957節で与えた近似方法を, ラプラスは二重積分の場合にも拡張している. つぎに述べることは実質的には彼のやった手順通りである. y を 0 ならしめるような x と x' の範囲の間で $\iint y\,dx\,dx'$ を求めるとしよう. y の最大値を Y とし, その値に対応する x と x' の値を a, a' としよう.

$$y = Ye^{-t^2-t'^2}\quad x = a+\theta,\quad x' = a'+\theta'$$

と仮定する.

これらの x, x' の値を, 関数 $\log\dfrac{Y}{y}$ に代入し, それを θ と θ' のベキに展開する. そのとき, 仮定によって Y は y の最大値であるので, θ と θ' の係数はこの展開式においては 0 となるであろう. それゆえ, 結果は

$$M\theta^2 + 2N\theta\theta' + P\theta'^2 = t^2 + t'^2$$

すなわち

$$M\left(\theta + \frac{N}{M}\theta'\right)^2 + \left(P - \frac{N^2}{M}\right)\theta'^2 = t^2 + t'^2$$

とかくことができる.

独立変数 t, t' について唯ひとつの仮定をおいただけであるから, 自由にもうひとつの仮定をおくことができる.

$$\theta\sqrt{M} + \frac{\theta' N}{\sqrt{M}} = t$$

それゆえに

$$\theta'\sqrt{P - \frac{N^2}{M}} = t'$$

と仮定しよう.

さて, 二重積分の変数変換に対する普通の理論によって

$$\iint y\,dx\,dx' = \iint \frac{Ye^{-t^2-t'^2}\,dt\,dt'}{D}$$

をうる. ここで, $D = \dfrac{dt}{d\theta}\dfrac{dt'}{d\theta'} - \dfrac{dt}{d\theta'}\dfrac{dt'}{d\theta}$ である.

ここまでの手順は正しい. 近似のために, M, N, P が a と a' だけの関数であると仮定しよう. そのとき

$$M = -\frac{1}{2Y}\frac{d^2Y}{da^2},\quad N = -\frac{1}{2Y}\frac{d^2Y}{da\,da'},\quad P = -\frac{1}{2Y}\frac{d^2Y}{da'^2}$$

— 412 —

をうる.

そのとき

$$D=\sqrt{PM-N^2}=\frac{1}{2Y}\sqrt{\frac{d^2Y}{da^2}\frac{d^2Y}{da'^2}-\left(\frac{d^2Y}{dada'}\right)^2}$$

であることがわかる.

そして, t と t' の限界は $-\infty$ と $+\infty$ であるから, 最終的には大体

$$\iint ydxdx'=\frac{2\pi Y^2}{\sqrt{\frac{d^2Y}{da^2}\frac{d^2Y}{da'^2}-\left(\frac{d^2Y}{dada'}\right)^2}}$$

をうる〔907節参照〕.

961. 第Ⅰ巻の第2部第2章は『**線型差分方程式および線型微分方程式の近似について**』(*De l'intégration par approximation, des équations linéaires aux différences finies et infiniment petites*) と題されている. この章は110-125頁にわたっている.

この章は定積分を使って, 線型微分方程式を解く手順を例示している. ラプラスはこの問題に注目した最初の人であるように思われる. しかし, 現在では微分方程式についての著作のなかで十分に論じられている〔ブール『**微分方程式**』(*Differential Equations*) 参照〕.

962. 第1巻の第2部の第3章は『**前の方法の応用, 大きな数のいろいろな関数への応用**』(*Application des méthodes précédentes, à l'approximation de diverses fonctions de très-grands nombres*) と題されている. この章は126-177頁にわたっている.

最初の例はつぎのようなものである. 差分方程式

$$y_{s+1}=(s+1)y_s$$

を解かねばならないとする.

$y_s=\int x^s\phi dx$ と仮定しよう. ただし, ϕ は現時点では未決定の x についての関数であり, 積分の範囲はまた未決定とする.

$\delta y=x^s$ とおくと, $\frac{d\delta y}{dx}=sx^{s-1}$ である. そこで提起された方程式は

$$0=\int \phi dx\left\{(1-x)\delta y+x\frac{d\delta y}{dx}\right\}$$

となる. すなわち, 部分積分法によって

$$0=[x\delta y\phi]+\int\left\{(1-x)\phi-\frac{d}{dx}(x\phi)\right\}\delta ydx$$

となる. ただし, $[x\delta y\phi]$ は積分範囲内で考えられていることを意味する.

$$(1-x)\phi-\frac{d}{dx}(x\phi)=0$$

であるような ϕ を仮定し, $[x\delta y\phi]=0$ となるような積分の範囲をとる；そのとき, われわれの提起した方程式は満足される.

$$(1-x)\phi-\frac{d}{dx}(x\phi)=0\ から,$$

$$\phi=Ae^{-x}$$

をうる：ただし, A はある定数である. それから, $x=0$ のときと, $x=\infty$ のとき, $x\delta y\phi=0$ となるであろう. 結局

— 413 —

第20章　ラ　プ　ラ　ス

$$y = A\int_0^\infty x^s e^{-x}\,dx$$

となる.

　さて，この解としての積分を級数の形におく手順を話そう. $x^s e^{-x}$ の最大値が，$x=s$ においてとられることは容易にわかる. 957節によって

$$x^s e^{-x} = s^s e^{-s} e^{-t^2}$$

であると仮定し，$x = s + \theta$ とおく. かくして

$$\left(1 + \frac{\theta}{s}\right)^s e^{-\theta} = e^{-t^2}$$

が成立する.

　両辺の対数をとれば

$$t^2 = -s\log\left(1 + \frac{\theta}{s}\right) + \theta = \frac{\theta^2}{2s} - \frac{\theta^3}{3s^2} + \frac{\theta^4}{4s^3} - \cdots\cdots$$

級数の反転によって

$$\theta = t\sqrt{2s} + \frac{2}{3}t^2 + \frac{t^3}{9\sqrt{2s}} + \cdots\cdots$$

となり，それゆえ

$$dx = d\theta = dt\sqrt{2s}\left\{1 + \frac{4t}{3\sqrt{2s}} + \frac{t^2}{6s} + \cdots\cdots\right\}$$

となる.

　x の限界 0 と ∞ に対応する t の限界は $-\infty$ と $+\infty$ である. それで

$$\int_0^\infty x^s e^{-x}\,dx = s^s e^{-s} \int_{-\infty}^{+\infty} e^{-t^2}\ \sqrt{2s}\left\{1 + \frac{4t}{3\sqrt{2s}} + \frac{t^2}{6s} + \cdots\cdots\right\}dt$$

となる.

　積分することによって

$$y_s = A s^{s+\frac{1}{2}} e^{-s}\sqrt{2\pi}\left\{1 + \frac{1}{12s} + \cdots\cdots\right\}$$

となる.

　因数

$$1 + \frac{1}{12s} + \cdots\cdots$$

の値は非常に簡単に確定しうると，ラプラスは述べている.

　それを

$$1 + \frac{B}{s} + \frac{C}{s^2} + \cdots\cdots$$

によって表わすと

$$y_s = A s^{s+\frac{1}{2}} e^{-s}\sqrt{2\pi}\left\{1 + \frac{B}{s} + \frac{C}{s^2} + \cdots\cdots\right\}$$

となる.

　この値を方程式

$$y_{s+1} = (s+1)y_s$$

に代入すると，

— 414 —

$$\left(1+\frac{1}{s}\right)^{s+\frac{1}{2}}e^{-1}\left\{1+\frac{B}{s+1}+\frac{C}{(s+1)^2}+\cdots\cdots\right\}=1+\frac{B}{s}+\frac{C}{s^2}+\cdots\cdots;$$

それゆえ

$$\left(1+\frac{B}{s}+\frac{C}{s^2}+\cdots\cdots\right)\left\{e^{1-(s+\frac{1}{2})\log(1+\frac{1}{s})}-1\right\}$$

$$=-\frac{B}{s^2}+\frac{B-2C}{s^3}+\cdots\cdots.$$

かつ

$$1-\left(s+\frac{1}{2}\right)\log\left(1+\frac{1}{s}\right)=1-\left(s+\frac{1}{2}\right)\left(\frac{1}{s}-\frac{1}{2s^2}+\frac{1}{3s^3}-\cdots\cdots\right)$$

$$=-\frac{1}{12s^2}+\frac{1}{12s^3}-\cdots\cdots$$

となる.

こうして

$$\left(1+\frac{B}{s}+\frac{C}{s^2}+\cdots\cdots\right)\left\{-\frac{1}{12s^2}+\frac{1}{12s^3}-\cdots\cdots\right\}=-\frac{B}{s^2}+\frac{B-2C}{s^3}-\cdots\cdots$$

となる.

ここで, 係数を等しいとおくと

$$B=\frac{1}{12}, \quad C=\frac{1}{288}, \quad \cdots\cdots$$

となる.

y_s についての式のなかで A の値は y_s のある特解によって決定されねばならない. $s=\mu$ のとき, $y_s=Y$ をうるとする.

そのとき

$$Y=A\int_0^\infty x^\mu e^{-x}dx$$

であるから,

$$A=\frac{Y}{\displaystyle\int_0^\infty x^\mu e^{-x}dx}$$

である.

そこで

$$y_s=\frac{Ys^{s+\frac{1}{2}}e^{-s}\sqrt{2\pi}}{\displaystyle\int_0^\infty x^\mu e^{-x}dx}\left\{1+\frac{1}{12s}+\frac{1}{288s^2}+\cdots\cdots\right\}$$

となる.

最初の方程式は非常に簡単に積分することができる；そして

$$y_s=Y(\mu+1)(\mu+2)\cdots\cdots s$$

をうる.

だから, これら2つの y_s の値を等しいとおくことによって

$$(\mu+1)(\mu+2)\cdots\cdots s=\frac{s^{s+\frac{1}{2}}e^{-s}\sqrt{2\pi}\left\{1+\frac{1}{12s}+\frac{1}{288s^2}+\cdots\cdots\right\}}{\displaystyle\int_0^\infty x^\mu e^{-x}dx}$$

第20章 ラ ブ ラ ス

となる.

$s-\mu$ は正整数であると仮定されていることがわかる. しかし, s 自身は整数であるべき必然性はまったくない.

963. いま与えた手順について, ひとつの注意をしておこう.

$$\phi(s)=1+\frac{1}{12s}+\frac{1}{288s^2}+\cdots\cdots$$

と表わすと

$$\phi(-s)=1-\frac{1}{12s}+\frac{1}{288s^2}-\cdots\cdots$$

である.

さて, ラプラスは

$$\phi(s)\phi(-s)=1$$

であることは示していない. けれども, このことが真であることは134頁で仮定している. そのことは, スターリングの定理を証明する普通の方式を適用することによって示しうる. なぜなら, **334**節で与えた加算についてのオイレルの定理を用いることによって

$$1\cdot2\cdots\cdots s=s^{s+\frac{1}{2}}\,e^{-s}\sqrt{2\pi}\;e^{\psi(s)}$$

であることが明らかである. ただし

$$\psi(s)=\frac{B_1}{2s}-\frac{B_2}{3\cdot4s^3}+\frac{B_3}{5\cdot6s^5}-\cdots\cdots$$

で, 係数は有名なベルヌイ数である.

だから

$$\psi(s)+\psi(-s)=0,$$

それゆえ

$$e^{\psi(s)}\times e^{\psi(-s)}=e^0=1,$$

すなわち

$$\phi(s)\phi(-s)=1$$

である.

964. ある公式を考察してのちに, ラプラスは時に実数値から複素数値へ移ることによって, その公式から別の公式を導いている. この方法は論証的とは考えられない. そして, 実際ラプラス自らが認めていることだが, この方法は新しい公式を発見するために用いられるもので, こうして得られた結果は直接的な証明によって確認されるべきである〔『**確率の解析的理論**』87頁, 471頁, および**902**節参照〕.

だから, 彼の結果の例として, 著作の134頁にのっているものを引用しよう.

$$Q=\cos w\frac{(\mu+w\sqrt{-1})^\mu+(\mu-w\sqrt{-1})^\mu}{(\mu^2+w^2)^\mu}$$
$$+\sqrt{-1}\,\sin w\frac{(\mu-w\sqrt{-1})^\mu-(\mu+w\sqrt{-1})^\mu}{(\mu^2+w^2)^\mu}$$

とおくと

$$\int_0^\infty Q\,dw=\frac{2\mu\pi e^{-\mu}}{\displaystyle\int_0^\infty x^\mu e^{-x}dx}.$$

定積分についてのコーシー（Cauchy）の論文が『高等工芸学校雑誌』（*Journal de l'École Polytechnique*）28号のなかで発表されている．この論文は1815年1月2日に科学アカデミーに提出されたが，1841年にいたるまで印刷されなかった．この論文は，われわれが現在考察している章において，ラプラスが与えた結果をもっと完全な形で論じている．コーシーは148頁で

　「…私はラプラス氏が『確率計算』の第3章のなかで，実数から複素数へ移るときに演繹される数多くの公式を直接証明すると同時に，新しいいくつかの結果をうることにも成功した．そしてこの著作のなかでなしたいくつかの補遺のなかで，厳密な方法によって確認することにも成功した．」

と述べている．

　コーシーが参照している附録は『確率の解析的理論』の464-484頁を占める．そして第2版ではじめてあらわれたものであり，その日付は1814年のことである．

965. ラプラスが自分の近似法を使ってやった重要な応用は，ある多項式を高いベキまで展開したときの項の係数を評価することである．

　その多項式は $2n+1$ 個の項からなり，

$$\frac{1}{a^n}+\frac{1}{a^{n-1}}+\frac{1}{a^{n-2}}+\cdots\cdots+\frac{1}{a}+1+a+\cdots+a^{n-2}+a^{n-1}+a^n$$

によって表わされるとする．そしてその多項式を s 乗するものと仮定する．

　まずはじめに，a と独立な項の係数を求めることが必要である．

　a の代りに $e^{\theta\sqrt{-1}}$ を代入する．そのとき，

$$\{1+2\cos\theta+2\cos2\theta+\cdots\cdots+2\cos n\theta\}^s$$

が展開され，θ の倍数の cosine によって整理されたとき，θ と独立な項を求めたい．この項は0から π まで θ について上の式を積分し，π で割れば求められる．普通の公式を用いて cosine の級数の和を求める．それから，求める項は

$$=\frac{1}{\pi}\int_0^\pi\left\{\frac{\sin\dfrac{2n+1}{2}\theta}{\sin\dfrac{\theta}{2}}\right\}^s d\theta$$

$$=\frac{\pi}{2}\int_0^{\frac{\pi}{2}}\left(\frac{\sin m\phi}{\sin\phi}\right)^s d\phi$$

である：ただし，$\phi=\dfrac{1}{2}\theta$, $m=2n+1$ である．

　さて，式 $\left(\dfrac{\sin m\phi}{\sin\phi}\right)^s$ は

$$\phi=\frac{\pi}{m},\quad\frac{2\pi}{m},\quad\frac{3\pi}{m},\quad\cdots\cdots$$

で0になり，かつこれらの値のおのおのの間において，その式は極大値をとることがわかる．そして，それはまた，$\phi=0$ のときも極大となる．だから，限界が $\dfrac{\pi}{m}$ の相つづく倍数であるとき，積分値 $\int\left(\dfrac{\sin m\phi}{\sin\phi}\right)^s d\phi$ は957節によって計算することができる．

$\dfrac{\sin m\phi}{\sin\phi}$ の極大値を決定する方程式は

$$\frac{m\cos m\phi\sin\phi-\cos\phi\sin m\phi}{\sin^2\phi}=0$$

である．

— 417 —

第20章　ラ　プ　ラ　ス

$\phi=0$ のとき，この方程式は満足されることはわかる．　ϕ の他の値に対してはどうかというと，この方程式を

$$\tan m\phi - m\tan\phi = 0$$

の形におくことによって，より容易に求められる．さて，そのつぎの解が $m\phi=\dfrac{5\pi}{4}$ と $m\phi=\dfrac{3\pi}{2}$ の間にあり，さらにそのつぎの解が $m\phi=\dfrac{9\pi}{4}$ と $m\phi=\dfrac{5\pi}{2}$ の間にある，等々のことがわかる．

つづいて，

$$\int_0^{\frac{\pi}{m}}\left(\frac{\sin m\phi}{\sin\phi}\right)^s d\phi$$

を求めることにとりかかろう．

被積分関数の極大値は $\phi=0$ においてとり，その値は m^s である．

$$\left(\frac{\sin m\phi}{\sin\phi}\right)^s = m^s e^{-t^2}$$

と仮定すれば

$$\left(\frac{m\phi-\dfrac{1}{6}m^3\phi^3+\cdots\cdots}{\phi-\dfrac{1}{6}\phi^3+\cdots\cdots}\right)^s = m^s e^{-t^2}$$

である．だから，対数をとると

$$t^2 = \frac{s}{6}(m^2-1)\phi^2+\cdots\cdots$$

をうる．それゆえ，近似的に

$$\frac{d\phi}{dt} = \frac{\sqrt{6}}{\sqrt{s(m^2-1)}}$$

かつ

$$\int\left(\frac{\sin m\phi}{\sin\phi}\right)^s d\phi = \frac{m^s\sqrt{6}}{\sqrt{s(m^2-1)}}\int e^{-t^2}\,dt$$

である．

t の限界は 0 と ∞ である．ゆえに，近似的に

$$\frac{2}{\pi}\int_0^{\frac{\pi}{m}}\left(\frac{\sin m\phi}{\sin\phi}\right)^s d\phi = \frac{2}{\pi}\ \frac{m^s\sqrt{6}}{\sqrt{s(m^2-1)}}\int_0^\infty e^{-t^2}\,dt$$

$$= \frac{m^s\sqrt{6}}{\sqrt{s\pi(m^2-1)}} = \frac{(2n+1)^s\sqrt{3}}{\sqrt{n(n+1)2s\pi}}$$

となる．

ラプラスはつぎに $\left[\dfrac{\pi}{m},\ \dfrac{2\pi}{m}\right]$ なる範囲における ϕ に関する積分値を考察し，それからさらに $\left[\dfrac{2\pi}{m},\right.$
$\left.\dfrac{3\pi}{m}\right]$ なる範囲における ϕ に関する積分値を考察する，等々．s が非常に大きな数であるとき，これらの定積分が急速に 0 に近づくこと，そして $\left[0,\ \dfrac{\pi}{m}\right]$ なる範囲内で求められた値と比較すれば無視しうることを示している．この結果は，$\dfrac{\sin m\phi}{\sin\phi}$ の相つづく極大値が急速に 0 に近づくという事実にもとづいている．つぎにこのことを明らかにしよう．極大点においては

$$\frac{\sin m\phi}{\sin\phi} = \frac{m\cos m\phi}{\cos\phi} = \frac{m}{\cos\phi\sqrt{1+m^2\tan^2\phi}} = \frac{m}{\sqrt{\cos^2\phi+m^2\sin^2\phi}}$$

— **418** —

をうる．これは$\dfrac{1}{\sin\phi}$，すなわち$\dfrac{\phi}{\sin\phi}\cdot\dfrac{1}{\phi}$より小さい．それゆえ，なおさら$\dfrac{\pi}{2}$ $\dfrac{1}{\phi}=\dfrac{\pi}{2}$ $\dfrac{m}{m\phi}$より小さい．

だから，2番目の極大値 $\dfrac{\sin m\phi}{\sin\phi}$ は$\dfrac{\pi}{2}$ $\dfrac{m}{\frac{5}{4}\pi}=\dfrac{2m}{5}$より小さい．それゆえ，$\left(\dfrac{\sin m\phi}{\sin\phi}\right)^s$ の第1の極大値に対する第2の極大値の比は$\left(\dfrac{2}{5}\right)^s$より小さい．さらに，$\left(\dfrac{\sin m\phi}{\sin\phi}\right)^s$ の第1の極大値に対する第3の極大値の比は$\left(\dfrac{2}{9}\right)^s$より小さい．等々．

つぎに

$$\left\{\frac{1}{a^n}+\frac{1}{a^{n-1}}+\frac{1}{a^{n-2}}+\cdots\cdots+\frac{1}{a}+1+a+\cdots\cdots+a^{n-2}+a^{n-1}+a^n\right\}^s$$

の展開式における a^l の係数を求めよう．

この展開式における a^r の係数は a^{-r} の係数と同じである．そこで a^r の係数を A_r と記す．$a=e^{\theta\sqrt{-1}}$ とおき，その式を θ の倍数の cosine によって整理したと考える．そのとき，$2A_r\cos r\theta$ は $A_r(a^r+a^{-r})$ に対応する項であろう．もしこの式に $\cos l\theta$ をかけ，〔0, π〕なる範囲で積分すれば，$r=l$ なる項を除いて，あとはすべての項が0になろう．だから，その積分は $2A_l\displaystyle\int_0^\pi\cos^2 l\theta d\theta$ となる．そこで

$$A_l=\frac{1}{\pi}\int_0^\pi\left\{\frac{\sin\dfrac{2n+1}{2}\theta}{\sin\dfrac{\theta}{2}}\right\}^s\cos l\theta d\theta$$

となる．

前と同様に，$m=2n+1$, $\phi=\dfrac{1}{2}\theta$ とおくと

$$A_l=\frac{2}{\pi}\int_0^{\frac{\pi}{2}}\left(\frac{\sin m\phi}{\sin\phi}\right)^s\cos 2l\phi\,d\phi$$

となる．

前と同様に

$$\left(\frac{\sin m\phi}{\sin\phi}\right)^s=m^s e^{-t^2}$$

と仮定すると，近似的に

$$\phi=\frac{t\sqrt{6}}{\sqrt{s(m^2-1)}}$$

となる．

だから，積分は

$$\frac{2}{\pi}\quad\frac{m^s\sqrt{6}}{\sqrt{s(m^2-1)}}\int e^{-t^2}\cos\frac{2lt\sqrt{6}}{\sqrt{s(m^2-1)}}dt$$

となる．

前と同様，t の範囲を0から∞までとり，$\left[0,\ \dfrac{\pi}{m}\right]$の間に含まれない$\phi$に関する積分の部分をすべて無視するとしよう．そこで，**958**節によって，結局

$$\frac{2}{\pi}\quad\frac{m^s\sqrt{6}}{\sqrt{s(m^2-1)}}\quad\frac{\sqrt{\pi}}{2}e^{-\frac{6l^2}{s(m^2-1)}},\quad\text{または}\quad\frac{(2n+1)^s\sqrt{3}}{\sqrt{n(n+1)2s\pi}}e^{-\frac{3l^2}{2n(n+1)s}}$$

をうる．

— **419** —

第20章 ラ プ ラ ス

さて，a^{-l} の係数から，a^l の係数まで，両端の係数も含めた係数の和を求めたい．すなわち
$$2A_l+2A_{l-1}+2A_{l-2}+\cdots\cdots+2A_1+A_0$$
を求めたい．それはオイレルの定理を使えば一番うまくいく〔**334**節参照〕．近似的に
$$\sum_0^{l-1} u_x=\int_0^l u_x dx-\frac{1}{2}u_l+\frac{1}{2}u_0 \quad ;$$
ゆえに
$$\sum_0^l u_x=\int_0^l u_x dx+\frac{1}{2}u_l+\frac{1}{2}u_0,$$
だから
$$2\sum_0^l u_x-u_0=2\int_0^l u_x dx+u_l$$
となる．そこで求める結果は
$$\frac{(2n+1)^s\sqrt{6}}{\sqrt{n(n+1)s\pi}}\left\{\int_0^l e^{-\frac{3l^2}{2n(n+1)s}}dl+\frac{1}{2}e^{-\frac{3l^2}{2n(n+1)s}}\right\}$$
となる．

　ラプラスはオイレルの定理を，現在初等的な書物のなかで用いられているやり方，すなわち演算子法によって証明していることが認められる．

　966. ラプラスは158頁で公式
$$\frac{\int_0^\infty x^{l-1}e^{-sx}dx}{\int_0^\infty x^{l-1}e^{-x}dx}=\frac{1}{s^l}$$
を与えている．

　彼はこの公式を独自の方法で証明している．左辺の分子の積分において，$sx=x'$ とおくことによって求められることを観察するだけで十分である．

　だから，彼は
$$\Delta^n\frac{1}{s^l}=\frac{\int_0^\infty x^{l-1}e^{-sx}(e^{-x}-1)^n dx}{\int_0^\infty x^{l-1}e^{-x}dx}$$
を導出している．

　ラプラスは，i を非常に大きな値と仮定して，この式の近似値を計算している．彼の得た結果は，i の符号が変るときにも成り立つであろうと仮定している．それで彼は $\Delta^n s^l$ に対する近似式を得ている〔『**確率の解析的理論**』159頁参照〕．彼は附録において証明を与えている〔『**確率の解析的理論**』474頁参照〕．その証明では記号 $\sqrt{-1}$ がふんだんに使用されている．コーシーは**964**節で引用した論文の247頁でひとつの証明を与えている．ラプラスは163頁で $\Delta^n s^l$ に対する別の公式を述べている．彼は虚数の限界をもつ積分を用いて求めている．そしてそれから，ある論証によって彼の結果を確認している．

　967. 165頁で，ラプラスは，偶然論では $\Delta^n s^l$ に対する式において i 乗された量が正であるような項のみ考えることがしばしば必要になると述べている．それで彼はそのような場合についての適当な近似公式を求めようとしている．それから，彼は式
$$(n+r\sqrt{n})^\mu-n(n+r\sqrt{n}-2)^\mu+\frac{n(n-1)}{1\cdot 2}(n+r\sqrt{n}-4)^\mu-\cdots\cdots$$

— 420 —

の近似値をとくに考察する．ただし，級数はμ乗した量が正である限りつづく．そしてμはnよりやや大きいか，やや小さい整数である〔916節，917節参照〕．

その方法はすでに論じられた種類のものである．すなわち，それらは証明されていなくて，記号$\sqrt{-1}$を自由に駆使しているにとどまっている．

ラプラスの著作の171頁では，ひとつの点が注目される．彼はある公式を確立せねばならなかった．しかし，その手順にひそむ困難さを，「任意の定数を適当に決定する」（déterminant convenablement la constante arbitraire）という言葉でもって見すごされてしまっている．ラプラスの公式はコーシーによって確立された〔964節で引用した論文の240頁参照〕．

968. 終りに注意しておきたいことは，この章には多くの重要な結果が含まれているにもかかわらず，証明が非常に不完全であることが惜しまれる．われわれが言及したコーシーの論文は非常に入念なものであり，難解なものである．それで『確率の解析的理論』のこの部分は不満足な状態のままになっている．

969. つぎに『確率の一般理論』（Théorie Générale des Probabilités）と題する第II巻に達する．

今後，とくに断わりのない限り，ラプラスの著作の第何章というときは必ず第II巻の章を意味するものとする．

第1章は『この理論の一般的原理』（Principes généraux de cette Théorie）と題する．これは179-188頁にわたっている．それ

コーシー

は，確率論のはじめの諸原理の簡単な陳述が，例題とともに与えられている．

970. 第2章は『それぞれの可能性が与えられている単純な事象から構成される事象の確率について』（De la Probabilites des événemens composés d' événemens simples dont les possibilités respectives sont données.）と題されている．これは189-274頁にわたっている．この章は直接確率についてのいくつかの問題の解法を含んでいる．われわれは，それらを順番に論じていくことにしよう．

971. 最初の問題は富クジに関する問題である〔291節，448節，455節，775節，864節，910節参照〕．

当面の議論は，ラプラスが形式的に近似計算をしていたものにつけたしをしている．フランスの富クジは90本から成り，そのうちの5本が同時に抽出される．ラプラスは，86回の抽籤によって，すべての番号のクジがあらわれる可能性はおよそ1/2であることを示している．この近似計算は，ラプラスの著作の159頁で，ラプラスが与えた$\varDelta^n s^t$に対する公式の一例である〔966節参照〕．

ラプラスはまたド・モワブルによってもともと与えられたより粗い近似を使用していることも注意しよう〔299節参照〕．

972. ラプラスは201頁で奇数と偶数の問題を考えている〔350節，865節，882節参照〕．

ラプラスはつぎの問題をつけ加えている．ある壺にx個の白玉と，同数の黒玉が入っている．偶数個の玉が抽出されるとする．白玉と黒玉とが同数抽出される確率を求めよ．

全体の場合の数は$2^{2x-1}-1$であり，好都合な場合の数は$\frac{(2x)!}{x!x!}-1$である．それゆえ，求める確率は後者を前者によって割ればよい．

973. つぎの問題は得点の分配問題である．ラプラスはそれをいろいろ修正して十分に取扱っている．この議論は203-217頁を占める〔872節，884節参照〕．

ラプラスの考察の様式を，ごく大雑把に示そう．2人の演技者A，Bがゲーム・セットになるまでにそれぞれx点，y点必要とする．単一のゲームにおける彼らの勝つ可能性はそれぞれp，qとする．

第20章 ラ プ ラ ス

ただし，$p+q=1$ である．賭け金は早くゲーム・セットをした者の所有となる．このとき，各演技者に好都合な確率を決定せよ．

Aの確率を $\phi(x,y)$ とする．それから，つぎのゲームでAが勝つ可能性は p である．そしてもしもAが勝てば，彼の確率は $\phi(x-1,y)$ である．そして，q がこのゲームを落す可能性であるから，もしAが敗けたら，彼の確率は $\phi(x,y-1)$ となる．かくして

$$\phi(x,y)=p\phi(x-1,y)+q\phi(x,y-1)\quad\cdots\cdots\cdots\cdots\cdots\cdots\cdots\cdots\cdots\cdots\cdots\cdots (1)$$

が成立する．

$\phi(x,y)$ は2つの変数 t と τ のある関数 u の，t と τ のベキによる展開式における $t^x\tau^y$ の係数と仮定する．(1)から

$$u-\sum\phi(x,0)t^x-\sum\phi(0,y)\tau^y+\phi(0,0)$$
$$=u(pt+q\tau)-pt\sum\phi(x,0)t^x-q\tau\sum\phi(0,y)\tau^y\quad\cdots\cdots\cdots\cdots\cdots (2)$$

をうる．ただし，$\sum\phi(x,0)t^x$ は $x=0$ から $x=\infty$ まで x に関する加算を記す．そして，$\sum\phi(0,y)\tau^y$ は $y=0$ から $y=\infty$ まで y に関する加算を記す．(2)が真であることを示すために，2つの事実に注目しなければならない．

まず第1に，m と n はどちらも1より小さくないとして，$t^m\tau^n$ のような任意の項の係数が，(1)によって(2)の両辺で同じである．

第2に，m または n が1より小さいとき，(2)の左辺において，$t^m\tau^n$ のような項は相互に消去される．そしてそのようなことは(2)の右辺の項においてもそうである．

このようにして，(2)は完全に確立される．(2)から

$$u=\frac{(1-pt)\sum\phi(x,0)t^x+(1-q\tau)\sum\phi(0,y)\tau^y-\phi(0,0)}{1-pt-q\tau}$$

をうる．この結果を

$$u=\frac{F(t)+f(\tau)}{1-pt-q\tau}\quad\cdots\cdots\cdots\cdots\cdots\cdots\cdots\cdots\cdots\cdots\cdots\cdots\cdots\cdots\cdots\cdots (3)$$

とかくことにしよう；ただし，$F(t),f(\tau)$ はそれぞれ t と τ の関数で，いまのところは未決定の関数とする．$f(\tau)$ のなかの τ と独立な項は $F(t)$ のなかに含まれると仮定することによって，結果を

$$u=\frac{\chi(t)+\tau\psi(\tau)}{1-pt-q\tau}\quad\cdots\cdots\cdots\cdots\cdots\cdots\cdots\cdots\cdots\cdots\cdots\cdots\cdots\cdots (4)$$

とかくことができる．

だから，(3)と(4)のどちらかが差分方程式(1)の一般解としてとることができる．そしてこの一般解には特別な考察によって確定されねばならない2つの任意関数を含んでいる．(4)というもっとも都合のよい形式をとることによって，当面している場合におけるこれらの関数の決定について述べよう．

さて，Bが最初にゲーム・セットをとったならば，Aは敗ける．それで $\phi(x,0)=0$ が1より大きい x に対して成り立つ．そして $\phi(0,0)$ は起こりえないから，それも0とみなすことができる．しかし，(4)から $\phi(x,0)$ は $\dfrac{\chi(t)}{1-pt}$ の展開式における t^x の係数であることが出てくる．それゆえ，$\chi(t)=0$.

さらに，Aが最初にゲーム・セットをとったならば，Aは勝つ．それで，1より大きい y のすべての値に対して，$\phi(0,y)=1$ である．しかし，(4)から $\phi(0,y)$ は $\dfrac{\tau\psi(\tau)}{1-q\tau}$ の展開式における τ^y の係数であることが出てくるから，

$$\frac{\tau\psi(\tau)}{1-q\tau}=\frac{\tau}{1-\tau}\quad;$$

— 422 —

それゆえ

$$\tau\psi(\tau)=\frac{\tau(1-q\tau)}{1-\tau}\ .$$

だから，結局

$$u=\frac{\tau(1-q\tau)}{(1-\tau)(1-pt-q\tau)}$$

さて，$\phi(x,y)$はuの展開式における $t^x\tau^y$ の係数である．まず，t のベキに展開する．こうして t^x の係数として式

$$\frac{p^x\tau}{(1-\tau)(1-q\tau)^x}$$

をうる．それから，この式をτのベキに展開する．すると，結局 $t^x\tau^y$ の係数として

$$p^x\left\{1+xq+\frac{x(x+1)}{1\cdot2}q^2+\cdots\cdots+\frac{x(x+1)\cdots\cdots(x+y-2)}{(y-1)!}q^{y-1}\right\}$$

をうる．

それゆえ，これはＡに有利な確率である．そしてＢが有利な確率は，この式でpとqとを交換し，xとyとを交換してえられる．

その結果は172節で述べた２つの公式のうちの第２の形式のものと一致する．

974. 以上の考察は，実質的にはラプラスによるものである．彼は特別な場合として，$p=\frac{1}{2}$と $q=\frac{1}{2}$という特別の場合を考察している．しかし，このことは原理的には何の差異もない．しかし，ひとつの重要な相違がある．

われわれが

$$u=\frac{F(t)+f(\tau)}{1-pt-q\tau}$$

とおいた段階で，ラプラスは

$$u=\frac{f(\tau)}{1-pt-q\tau}$$

とおいている．これは誤りである．それは著作の82頁でラプラスによって与えられた間違った公式から生じたものである〔955節参照〕．ラプラスの誤りは，前節の方程式(2)が拠り所としていた事実の２番目のものに含まれる考察を無視した結果生じたのである．そしてこの種の見落しは，母関数の方法を用いるか，もしくはそれによって説明しようとする人々にはよくみられることであった．

975. 分配の問題について議論をつづけよう．そして２人以上の演技者がいる場合を想定する．第１演技者が x_1 点，第２演技者が x_2 点，第３演技者が x_3 点等々ゲーム・セットになるまでに必要とする．単一のゲームで勝つ可能性をそれぞれ $p_1,p_2,p_3,\cdots\cdots$ とする．第１演技者に好都合である確率を $\phi(x_1,x_2,x_3,\cdots\cdots)$ とする．そのとき973節における如く，方程式

$$\phi(x_1,x_2,x_3,\cdots\cdots)=p_1\phi(x_1-1,x_2,x_3,\cdots\cdots)+p_2\phi(x_1,x_2-1,x_3,\cdots\cdots)$$
$$+p_3\phi(x_1,x_2,x_3-1,\cdots\cdots)+\cdots\cdots\cdots\cdots\cdots\cdots\cdots\cdots\cdots\cdots\cdots\cdots\cdots(1)$$

をうる．

$\phi(x_1,x_2,x_3,\cdots\cdots)$は変数 $x_1,x_2,x_3,\cdots\cdots$ の関数uの展開式における $t_1{}^{x_1}t_2{}^{x_2}t_3{}^{x_3}\cdots\cdots$ の係数であると仮定する．それからラプラスはつぎのように論を進める．(1)から

$$u=u(p_1t_1+p_2t_2+p_3t_3+\cdots\cdots)\cdots\cdots\cdots\cdots\cdots\cdots\cdots\cdots\cdots\cdots\cdots\cdots(2)$$

に移り，それから

第20章　ラ　プ　ラ　ス

$$1 = p_1 t_1 + p_2 t_2 + p_3 t_3 + \cdots\cdots \tag{3}$$

を導出する．そこで

$$\frac{1}{t_1} = \frac{p_1}{1 - p_2 t_2 - p_3 t_3 - \cdots\cdots}$$

それゆえ

$$\frac{u}{t_1^{x_1}} = \frac{u p_1^{x_1}}{(1 - p_2 t_2 - p_3 t_3 - \cdots\cdots)^{x_1}}$$

$$= u p_1^{x_1} \{ 1 + x_1 (p_2 t_2 + p_3 t_3 + \cdots\cdots)$$

$$+ \frac{x_1(x_1+1)}{1\cdot 2}(p_2 t_2 + p_3 t_3 + \cdots\cdots)^2$$

$$+ \frac{x_1(x_1+1)(x_1+2)}{1\cdot 2\cdot 3}(p_2 t_2 + p_3 t_3 + \cdots\cdots)^3$$

$$+ \cdots\cdots\cdots \}.$$

ところで，$\dfrac{u}{t_1^{x_1}}$ における $t_1^0 t_2^{x_2} t_3^{x_3} \cdots\cdots$ の係数は $\phi(x_1, x_2, x_3, \cdots\cdots)$ である．最後の方程式の右辺の任意の項を $k u p_1^{x_1} t_2^m t_3^n \cdots\cdots$ と記す．そのとき，この項における $t_1^0 t_2^{x_2} t_3^{x_3} \cdots\cdots$ の係数は $k p_1^{x_1} \phi(0, x_2 -m, x_3 -n, \cdots\cdots)$ である．しかし，$\phi(0, x_2 -m, x_3 -n, \cdots\cdots)$ は 1 に等しい．なぜなら，第 1 演技者は得点をしなくても，賭金をうる権利があるからである．さらに，$m \geqq x_2$，$n \geqq x_3$，$\cdots\cdots$ の場合，$\phi(0, x_2 -m, x_3 -n, \cdots\cdots)$ の値すべては意味がない．なぜなら，これらの項は事実上存在していないからである．それで，そんな場合は 0 であると考える．そこで，結局

$$\phi(x_1, x_2, x_3 \cdots\cdots) = p_1^{x_1} \{ 1 + x_1 (p_2 + p_3 + \cdots\cdots)$$

$$+ \frac{x_1(x_1+1)}{1\cdot 2}(p_2 + p_3 + \cdots\cdots)^2 + \frac{x_1(x_1+1)(x_1+2)}{1\cdot 2\cdot 3}(p_2 + p_3 + \cdots\cdots)^3$$

$$+ \cdots\cdots\cdots \}$$

が成立する．ただし，p_2 のベキが $x_2 -1$ を超え，p_3 のベキが $x_3 -1$ を超え，$\cdots\cdots$，すべての項は意味がないものとする．

さて，ラプラスのこの手順において，注意しなければならないことを述べよう．

最初に，方程式(2)は間違っている．973節における如く，1 つもしくはそれ以上の変数 $x_1, x_2, x_3, \cdots\cdots$ が 0 であるような項を考慮すべきである．だから，追加項は，973節の方程式(2)におけるもののように，本節の方程式(2)の各項のなかに挿入されるべきである．

第二に，方程式(3)の処理の仕方が理解しがたい．これもラプラスのよくやるやり方で同様の場合はすでに注意しておいた〔952節参照〕．しかしながら，演算子法を用いることによって，ラプラスの手順を欠陥のないものに直すことができる．

976. この段階で『確率の解析的理論』の第 4 補遺について説明しておくことは 都合の 良いように思われる．この補遺は28頁にわたっている．ラプラスは母関数について若干の見解を述べ，差分方程式を解く正しい公式を，過去において形式的に与えていた間違った公式に替えて与えている〔955節参照〕．彼は『確率の解析的理論』を参照していないのみか，2 つの公式の相違についても全然気がついていない．彼は補遺の 4 頁でつぎのように語っている．

「この偏差分方程式を解く方法の主たる利益は，関数を展開するいろいろなやり方を代数的解析に整理してしまうことにあり，提起された問題によりうまく適合するものである．つぎの問題の解法は，私の息子ル・コント・ラプラスによるもので，解法の過程のなかでなされる考察は，母関数の計

—424—

算の上に新しい夜明けを招来するものである.」

それゆえに, 第4補遺の残りのすべてはラプラスの息子に帰せられるべきものである[13].

977. 第4補遺の主要部分は分配の問題の 一般化と考えられる問題の解からなっている. そこには 3つの問題がある. それらを説明することにしよう.

Ⅰ. 演技者Aは白玉と黒玉が入っている壺から1個の玉を抽出するとき, 白玉を抽出する可能性が p, 黒玉を抽出する可能性が q であるとしよう. ただし, 抽出された玉はもとに戻すものとする. つぎに, 第2の演技者Bが白玉と黒玉が入っている第2の壺から1個の玉を抽出するものとする. そしてそのとき白玉を抽出する可能性は p', 黒玉を抽出する可能性は q' とする. ただし, このときも抽出された玉はもとに戻すものとする. 2人の演技者は自分の壺から各人交互に1個ずつ玉を抽出し, 抽出した玉はもとに戻されるものとする. もしある演技者が白玉を抽出すれば, 彼の得点になり, 黒玉を抽出すれば得点としない. ゲーム・セットになるために, Aは x 点, Bは x' 点を必要とする. このとき, おのおのの演技者が有利な確率を求めよ.

Ⅱ. 3種類の玉が入っている壺から, Aが玉を抽出する. 第1の種類の玉が抽出されたときには, 彼は2点を得; 第2の種類の玉が抽出されたときには, 彼は1点を得; そして第3の種類の玉が抽出されたときには, 彼は0点とする. これら3つの種類の玉が抽出される可能性は p, p_1, q とする.

同様に, 同じような玉が入っている第2の壺から, Bが玉を抽出する. そして3つの種類の玉が抽出される可能性を p', p_1', q' とする. そこでⅠ. の場合と同様, 相手が何点かとってしまう前に, 各演技者が自分の勝ち点をとってしまう確率を求めたい.

Ⅲ. ひとつの壺のなかに, 黒玉と白玉がそれぞれ既知の数はいっているとする. そして1個の玉を非復元抽出する. つぎにもう1個の玉を非復元抽出し, ……抽出をつづける. このとき, 所定の個数の白玉が, 所定の個数の黒玉より先に抽出されてしまう確率を求めたい.

これら3つの問題は, 注意深く, かつ正しく母関数の方法を用いることによって解くことができる. すなわち, 方程式を真ならしめるに必要な項を与えてもれ落しのないようにすればよい〔974節参照〕. 問題が解かれたあとで, 特別な場合が演繹される.

第4補遺を研究する人は, 最初の問題では, $p+q=1$ かつ $p'+q'=1$, そして第2の問題では, $p+p_1+q=1$ かつ $p'+p_1'+q'=1$ であることを銘記しておくべきである.

978. これらの問題の解のあとに, 『母関数についての注釈』(*Remarque sur les fonctions génératrices*) と題する数頁がある. 第4補遺のなかで, われわれが主として興味をもつのはこの部分である. ここで述べられていることは, 975節のような場合, 方程式(2)は方程式(1)から正しく演繹されないということである. その理由は, 973節のようなやり方で, 両辺に追加項が加えられねばならないからである.

しかしながら, 第4補遺の24頁の冒頭には誤りがある. すなわち, t の関数をつけ加えるのにかわって, t の関数と t' の関数と2つの関数が付け加えられねばならない.

第4補遺の24頁において, そのあと, つぎのように続けられる.

「これらの関数を考慮する間違いは, 偏差分方程式の解法のためにこの手法を利用する際に, 重大な誤りにわれわれをおとし入れることがある. これと同様の理由で, 『確率の解析的理論』の第2巻の No.8 と No.10 の問題の解のなかで研究されている経過は, いささかも厳密でなく, つねに独立であり, かつ独立であらねばならぬ変数の間の結び付きをはかるなど, 矛盾を含んでいるように思われる. ここで成功し, また了解しやすい特殊な考察に入りこむことなく, われわれはこの補遺の冒頭で述べた積分の方法が, この問題にも同様に適用されること, そしてそれをもって簡単に

— 425 —

第20章　ラ　プ　ラ　ス

解きうることをみていくことにしよう.」

『確率の解析的理論』の No.8 に含まれているものとして 言及されている問題は, 975節において述べたものである. そして, 『確率の解析的理論』の No. 10 に含まれているものとして言及されている問題は, 980節で述べる予定のものである. 第4補遺は, 973節の方法で, 母関数を正確に用いることによって, これらの問題が解かれている.

だから, ラプラス自身が, 自分の著作のなかに第4補遺を取りつけたのであるから, 件の解法が不十分なものであることを自ら認めていたのだと結論づけることができよう. ラプラスによって示された如く, それらは不十分であり, しかも事実上理解しがたいものであることがわかった. しかし, 他方において, それらは演算子法の言葉に 簡単におきかえられ, 明白で満足のいくものになると思う〔952節参照〕.

979. 第4補遺から『確率の解析的理論』へもどろう. ラプラスのつぎの問題は, トレーズ・ゲーム (Treize) もしくは邂逅 (Rencontre) とよばれるゲームに関連のあるものである〔162節, 280節, 286節, 430節, 626節参照〕.

ラプラスはこの問題に217-225頁を割いている. 彼は解を与え, それから, 非常に大きな数が含まれているときの数値結果をうるために, 彼の近似計算法を適用している.

980. つぎに, ラプラスは遊戯継続の問題を 225-238 頁で考察している. その結果はド・モワブルによって発表され, ラグランジュによって証明された. この主題について, ラプラスはラグランジュの論文を大いに利用した〔311節, 583節, 588節, 863節, 885節, 921節参照〕. ラプラスが彼の解析学的な解を与える前に, 「この問題はある種の, 機械的であるところのつぎの手順によって, たやすく解くことができる」と述べていることに, われわれは気づく. 彼が与えた手順はド・モワブルによるもので, 『偶然論』の203頁にのっている〔303節参照〕. 考察の途中において, ラプラスはわれわれがすでに言及した類の手順を与えている. その手順が第4補遺では批判されたのである〔978節参照〕.

981. つぎに, ラプラスは, われわれがウォルドグラーヴの問題 (Waldegrave's problem) とよんだ問題を238-247頁で考察している〔210節, 249節, 295節, 348節参照〕.

C_1, C_2, ……, C_{n+1} と $n+1$ 人の演技者がいる. はじめに, C_1 と C_2 がまず演ずる. そして負けた者が共通の台の上に1シリングおく. つぎに勝った者が C_3 と演ずる. そして負けた者が再び台の上に1シリングおく. つぎに勝った者が C_4 と演技する. ある演技者が続けて残りの全員に勝つまで, ゲームはつづけられる. ただし, C_1 の順番は C_{n+1} のあとにふたたびまわってくるものとする. 勝った者が共通の台上の貨幣を全部手に入れるものとする.

ラプラスは, ゲームがちょうど第 x 回目のゲームで終る確率, および第 x 回目もしくはそれ以前にゲーム終了となる確率を決定している. 彼はまた, r 番目の演技者が第 x 回目のゲームで貨幣をきっかりと手に入れる確率を決定している. いいかえると, 彼は x のベキに展開し, t^x の係数をとらねばならぬ変数 t のある複雑な代数的関数を示している. それから, 第 r 番目の演技者の有利さについての一般的な式を導出している.

ラプラスの議論のなかで新しい点は, 第 r 番目の演技者が第 x 番目のゲームできっかりと貨幣を手に入れるであろう確率を決定したところである. ニコラス・ベルヌイはおのおのの演技者が要するに貨幣を手に入れる確率を求めただけである.

982. ラプラスについで, われわれもゲームがきっかりと第 x 番目の ゲームで終る確率を考察することにしよう.

この確率を z_x と記す. 第 x 番目のゲームで勝負がつくためには, $(x-n+1)$回目のゲームで演技に

—426—

参加した演技者が，このあとにつづく $n-1$ のゲームに勝たねばならない．

　貨幣を手に入れる人が，たった1回だけゲームに勝った演技者と演技をはじめると仮定する．そしてこの事象が起こる確率を P とする．このとき，演技が第 x 回目のゲームで終る確率は $\frac{P}{2^n}$ であろう．

しかし，演技が第 $(x-1)$ 回目のゲームで終る確率を z_{x-1} とすれば，z_{x-1} は $\frac{P}{2^{n-1}}$ に等しい．なぜなら，さきに述べたような結果が生起するためには，$(x-n+1)$ 回目のゲーム以前に1ゲームだけ勝っている演技者が，この回のゲームに勝ち，そしてつづく $n-2$ 回のゲームに勝つ必要があるからである．そして，これらの事象が生起する確率がそれぞれ P と $\frac{1}{2^{n-1}}$ であるので，その複合事象が生起する確率は $\frac{P}{2^{n-1}}$ となる．だから，

$$\frac{P}{2^n} = \frac{1}{2} z_{x-1}$$

となる．それゆえに，当面している場合との関係で，演技が第 x 回目のゲームで終る確率は $\frac{1}{2} z_{x-1}$ である．

　つぎに，貨幣を手に入れる人が，2ゲームだけ勝った演技者と演技しはじめると仮定する．この事象が起こる確率を P' とする．そのとき，演技が x 回目のゲームで終る確率は $\frac{P'}{2^n}$ である．それで，$\frac{P'}{2^{n-2}} = z_{x-2}$．なぜなら，演技が $(x-2)$ 回目のゲームで終るためには，第 $(x-n+1)$ 回目のゲームの前にすでに2ゲームだけ勝っていた演技者が，このゲームに勝ち，つづく $n-2$ 回のゲームに勝つ必要があるからである．だから

$$\frac{P'}{2^n} = \frac{1}{2^2} z_{x-2}$$

が成立する．それゆえに，この場合に関して演技が第 x 回目のゲームで終る確率は $\frac{1}{2^2} z_{x-2}$ である．

　以下同様にして，すべての部分確率をあつめると

$$z_x = \frac{1}{2} z_{x-1} + \frac{1}{2^2} z_{x-2} + \frac{1}{2^3} z_{x-3} + \cdots\cdots + \frac{1}{2^{n-1}} z_{x-n+1} \cdots\cdots\cdots\cdots\cdots\cdots\cdots\cdots(1)$$

をうる．

　t を変数にもつある関数 u があって，t のベキによって展開したときの t^x の係数を z_x としよう．そのとき，(1)から，937節と同じように

$$u = \frac{F(t)}{1 - \frac{1}{2} t - \frac{1}{2^2} t^2 - \frac{1}{2^3} t^3 - \cdots\cdots - \frac{1}{2^{n-1}} t^{n-1}}$$

をうる；ただし，$F(t)$ は現在のところ未決定な t の関数である．

　さて，もしも方程式(1)が十分大きな n に対して $x=n$ で成り立つならば，関数 $F(t)$ は次数 $n-1$ の関数である．しかし，(1)は $x=n$ で成立しない．なぜなら，方程式(1)を作るにあたって，貨幣を手に入れる演技者は少なくとも1ゲームを勝っていた相手と演技をしはじめると仮定された．だから，(1)においては，x は $n+1$ より小さいと仮定することはできない．だから，関数 $F(t)$ は次数 n の関数となろう．それで

$$u = \frac{a_0 + a_1 t + a_2 t^2 + \cdots\cdots + a_n t^n}{1 - \frac{1}{2} t - \frac{1}{2^2} t^2 - \frac{1}{2^3} t^3 - \cdots\cdots - \frac{1}{2^{n-1}} t^{n-1}}$$

第20章　ラ　プ　ラ　ス

とおくことができる．さて，演技は第n回目のゲームの以前では終了することはできない．そして，第n回目のゲームで演技が終了する確率は$\frac{1}{2^{n-1}}$である．それゆえ，nより小さいxに対して$a_x=0$である．そして，$a_n=\frac{1}{2^{n-1}}$である．だから

$$u=\frac{1}{2^{n-1}}\ \frac{t^n}{1-\frac{1}{2}t-\frac{1}{2^2}t^2-\frac{1}{2^3}t^3-\cdots\cdots-\frac{1}{2^{n-1}}t^{n-1}}$$

$$=\frac{1}{2^n}\ \frac{t^n(2-t)}{1-t+\frac{1}{2^n}t^n}$$

が成立する．

　uをtのベキ関数に展開したときのt^xの係数は，演技が第x回目のゲームで終る確率を示している．

　演技がx回目のゲームにおいて，もしくはそれ以前に終る確率は，uの展開式におけるt^xと，それより小さいtのベキとの係数の和であろう．そしてその和は$\frac{u}{1-t}$の展開式におけるt^xの係数に等しいであろう．すなわち，それは

$$\frac{1}{2^n}\ \frac{t^n(2-t)}{(1-t)\left(1-t+\frac{1}{2^n}t^n\right)}$$

の展開式におけるt^xの係数であろう．

　この式は

$$\frac{1}{2^n}\ \frac{t^n(2-t)}{(1-t)^2}\left\{1-\frac{t^n}{2^n(1-t)}+\frac{t^{2n}}{2^{2n}(1-t)^2}-\frac{t^{3n}}{2^{3n}(1-t)^3}+\cdots\cdots\right\}$$

に等しい．

　この展開式における第r番目の項は

$$\frac{(-1)^{r-1}}{2^{rn}}\ \frac{(2-t)t^{rn}}{(1-t)^{r+1}}=(-1)^{r-1}\left\{\frac{1}{2^{rn-1}}\ \frac{t^{rn}}{(1-t)^{r+1}}-\frac{1}{2^{rn}}\ \frac{t^{rn+1}}{(1-t)^{r+1}}\right\}$$

である．

　この第r番目の項をtのベキに展開することは容易にできる．t^xの係数は

$$(-1)^{r-1}\left\{\frac{1}{2^{rn-1}}\ \frac{(x+r-rn)!}{(x-rn)!r!}-\frac{1}{2^{rn}}\ \frac{(x+r-rn-1)!}{(x-nr-1)!r!}\right\}$$

$$=\frac{(-1)^{r-1}}{2^{rn}}\ \frac{(x+r-rn-1)!}{(x-rn)!r!}(x-rn+2r)$$

である．

　最終結果は，演技が第x回目のゲームにおいて，もしくはそれ以前で終了するであろう確率は，項数が$\frac{x}{n}$以下の整数である級数

$$\frac{x-n+2}{2^n}-\frac{(x-2n+1)}{1\cdot2\cdot2^{2n}}(x-2n+4)+\frac{(x-3n+1)(x-3n+2)}{1\cdot2\cdot3\cdot2^{2n}}(x-3n+6)-\cdots$$

である．

　ゲーム数にどんな制限も加えなければ，uの展開式において，tのすべてのベキの係数を無限個加えたものが，勝負が終る確率を表わすであろう．しかし，これらの係数の和はtが1に等しくされているときはuの値に等しく，このuの値は1である．そこで，これより推論できることは，ゲーム数

— 428 —

を十分大きくとることによって，演技を終了する確率を望み通りに1に近づけることができることである．

983. 方程式(1)が $x=n$ に対しては成立しないという事実は，ラプラス自身の解法のなかでは何ら注意されていない．ド・モルガン教授は『**大都会人のための百科全書**』（*Encyclopaedia Metropolitana*）における『**確率論**』の52節のノートで，つぎのように述べている．

「ラプラス（240頁）はこの間の事情については何もほのめかしていない．そしてこのような省略は彼の書き方の大きな特徴なのである．分析過程の結果を正しく述べることに誰も自信がないし，また分析の正しさが依存しているいろいろ微細な考察を指摘することにいままであまり注意を払ってこなかったのである．彼の『**確率論**』はわれわれがいままで読んだうちでは，もっと難解な数学的著作である．そしてその難解さは主としてこのような事情によるものである．『**天体力学**』も同じような難解さを十分兼ね備えている．しかし，その分析方法はあまりこみ入ってはいない．」

984. ラプラスがウォルドグラーヴの問題を論じつづけていくうち，彼は差分方程式

$$y_{r,x}-y_{r-1,x-1}+\frac{1}{2^n}y_{r,x-n}=0$$

にゆきあたったことがわかる．彼はこれを解き，正しい結果を出しているけれども，その手順は不満足なものである．なぜならば，それはすでにわれわれが指摘した誤りにもとづいているからである〔955節参照〕．

985. ラプラスのつぎの問題は，ド・モワブルやコンドルセによって論じられた<u>事象の連</u>（run of events）に関係するものである〔325節，677節参照〕．この問題は247-255頁にわたって述べられている．

1回の試行でその事象が生起する可能性を p で表わす．x 回の試行でその事象が i 回生起する確率を $\phi(x)$ としよう．そのとき，678節の方程式(1)から，記法をかえることによって，

$$\phi(x)=p^i+p^{i-1}(1-p)\phi(x-i)+p^{i-2}(1-p)\phi(x-i+1)+\cdots\cdots$$
$$+p(1-p)\phi(x-2)+(1-p)\phi(x-1)\cdots\cdots\cdots\cdots\cdots\cdots\cdots\cdots(1)$$

をうる．

ラプラスは，前節までとは異なり，連が第 x 回目の試行で終るであろう確率を z_x にとる．そのとき

$$z_x=(1-p)\{z_{x-1}+pz_{x-2}+p^2z_{x-3}+\cdots\cdots+p^{i-1}z_{x-i}\}\cdots\cdots\cdots\cdots\cdots\cdots(2)$$

をうる．

(2)はつぎのようにして導かれる．

$$z_x=\phi(x)-\phi(x-1)$$

であることは明らかである．それから，(1)において x を $x-1$ に変え，相減ずると(2)をうることができる．

大体，ラプラスはつぎのようにつづけている．もし，連が x 回目の試行で完成すれば $(x-i)$ 回目の試行は不都合な結果でなければならない．そしてつづく i 回の試行で好都合な結果が出なければならない．そのとき，ラプラスは i 通りの異なる場合を考える．

Ⅰ．第 $(x-i-1)$ 回目の試行が不都合な結果．

Ⅱ．第 $(x-i-1)$ 回目の試行で好都合な結果，第 $(x-i-2)$ 回目の試行で不都合な結果．

Ⅲ．第 $(x-i-1)$ 回目と第 $(x-i-2)$ 回目の試行で好都合な結果，第 $(x-i-3)$ 回目の試行で不都合な結果．

Ⅳ．第 $(x-i-1)$ 回目，第 $(x-i-2)$ 回目，第 $(x-i-3)$ 回目の試行で好都合な結果，第 $(x-$

第20章　ラ　プ　ラ　ス

$i-4$) 回目の試行で不都合な結果.

等々.

これらの場合のうちのひとつ, たとえばⅣをとろう. この場合が起こる確率を P_4 で記す. そのとき

$$P_4 p^{i-3} = z_{x-4}$$

であろう.

なぜならば, この場合, 3の連がすでに得られている. それでもしこのあとに $i-3$ の連がつづけば, 第 ($x-4$) 回目の試行でおわる i の連が得られる. $i-3$ の連が得られる可能性は p^{i-3} である.

ところで, このⅣの場合から生ずる z_x の項は $P_4(1-p)p^i$ である. なぜなら, 第 ($x-i$) 回目の試行において不都合な結果を, $1-p$ なる可能性で得, それから i の連が生ずるからである. だから, z_x の項は

$$\frac{z_{x-4}}{p^{i-3}}(1-p)p^i \qquad \text{または} \qquad p^3(1-p)z_{x-4}$$

である.

われわれが述べてきた方法はラプラスがおおよそ (nearly) 適用したものであると先に述べた. しかし彼のは随分曖昧なものである. われわれが与えた方法では P_4 はつぎの複合事象の確率を記した. すなわち, 第 ($x-i-4$) 回目の試行の前には i の連は起こらず, 第 ($x-i-4$) 回目の試行は不都合な結果で, それからつづく3回の試行が好都合な結果である事象の起こる確率である. 同様にして, 第 ($x-i-2$) 回目の試行の前には i の連は起こらず, 第 ($x-i-2$) 回目の試行は不都合な結果におわり, つぎの試行が好都合な結果である複合事象の確率を P_2 と記した. ラプラスは, 「$x-i-2$ 回目の試行でそれが起こらない確率を P' と名づけよう」といっている. しかし, 第 ($x-i-2$) 回目の試行以前に i の連が起こらなかったということは, ラプラスは形式的には何も述べていない. しかし, このことは当然のことと了解しておこう. それから, P_2 によって表わされる確率についてのわれわれの説明の3つの文節の最後の節を除けば, ラプラスの使っている P' は P_2 に一致する. それで, 実際には, ラプラスの使った記号で, pP' は P_2 と同じものである.

ラプラスは方程式(2)の解を与え, 結局325節で説明したのと同じ結果に達している.

986. それから, ラプラスは2人の演技者のうちの1人が, もう1人の演技者より先に i の連に成功する確率を求めている. しかし, この考察はコンドルセによって与えられたものに何もつけ加えることはないが, 形式的にはより勝手よくなっている. ラプラスの著作の250頁における結論が, コンドルセの場合にならって, 680節で述べたものと一致することは, ちょっと調べてみればわかることである.

それから, ラプラスはいくつかの新しい問題を考察している. そのなかで, 負けた者は1フラン預け, 預けた金額を全部, はじめて i の連を出した者が手に入れるとしたときの, おのおのの演技者の期待値を考察している.

987. ラプラスのつぎの問題はつぎのようなものである. 壺のなかに, 0, 1, 2, …, n と印のついた $n+1$ 個の玉が入っている. そして1個の玉が復元抽出される. そのとき, i 回目の抽出ののち, 記録された数の和が s である確率を求めたい. この問題とその応用が 253-261 頁にのっている 〔888節, 915節参照〕.

この問題はド・モワブルによる 〔149節, 364節参照〕. この問題に関するラプラスの解は非常にやっかいなものである. ラプラスがこの結果を惑星の運行面に応用している問題に進むことにしよう,

— 430 —

148節と同じように話を進めていくことによって，i 回の抽出ののち，抽出された数の合計が s である確率は

$$\frac{1}{(n+1)^i}(1-x^{n+1})^i(1-x)^{-i}$$

の展開式における x^s の係数であることがわかる．

それゆえ，求める確率は

$$\frac{1}{(n+1)^i}\left\{\frac{(i+s-1)!}{(i-1)!s!}-\frac{i}{1}\frac{(i+s-n-2)!}{(i-1)!(s-n-1)!}\right.$$

$$\left.+\frac{i(i-1)}{1\cdot2}\frac{(i+s-2n-3)!}{(i-1)!(s-2n-2)!}-\cdots\cdots\right\}$$

である．

もし，玉にそれぞれ $0, \theta, 2\theta, 3\theta, \cdots\cdots n\theta$ と印がついているならば，i 回の抽出ののちの数の合計が $s\theta$ である確率を与えるのはこの式である．

ところで，θ が無限に小さくなり，n と s が無限に大きくなると仮定しよう．上述の式は最後には

$$\frac{1}{(i-1)!}\left\{\left(\frac{s}{n}\right)^{i-1}-\frac{i}{1}\left(\frac{s}{n}-1\right)^{i-1}+\frac{i(i-2)}{1\cdot2}\left(\frac{s}{n}-2\right)^{i-1}-\cdots\cdots\right\}\frac{1}{n}$$

となる．

$$\frac{s}{n}=x, \quad \frac{1}{n}=dx \quad \text{とおくと，上式は}$$

$$\frac{1}{(i-1)!}\left\{x^{i-1}-\frac{i}{1}(x-1)^{i-1}+\frac{i(i-1)}{1\cdot2}(x-2)^{i-1}-\cdots\cdots\right\}dx$$

となる．

この式はつぎのような問題の結論とみなすことができる：その問題とは，単一の試行で数値結果が 0 と 1 の間に必ず存在し，かつすべての分数値は同等に確からしいものとする．i 回の試行ののち，得られた結果の和が x と $x+dx$ の間にある確率を決定せよ；ただし，dx は無限小量とする．それゆえに，i 回の試行ののち，得られた結果の和が x_1 と x_2 の間にある確率を求めるとするならば，上の式を x_1 と x_2 の限界内で積分しなければならない．こうして

$$\frac{1}{i!}\left\{x_2{}^i-\frac{i}{1}(x_2-1)^i+\frac{i(i-1)}{1\cdot2}(x_2-2)^i-\cdots\cdots\right\}$$

$$-\frac{1}{i!}\left\{x_1{}^i-\frac{i}{1}(x_1-1)^i+\frac{i(i-1)}{1\cdot2}(x_1-2)^i-\cdots\cdots\right\}$$

をうる．

本節における他の級数と同様，おのおのの級数は i 乗ベキの底数が正である限り続く．

出発点として，148節の代りに364節を用いることによって，この結果はもっと早く求めることができる．

1801年のはじめに，黄道に対する10個の惑星軌道の傾きの合計は，91.4187 フランス度，すなわち直角の0.914187であった．そこで，おのおのの惑星に対して0°と直角の間の任意の傾き角をとることが同等に確からしいと仮定して，傾きの合計が 0 と0.914187直角の間にある確率を求めよう．先の式によって，その値は

$$\frac{1}{10!}(0.914187)^{10}\doteqdot0.00000011235$$

である．

— 431 —

第20章　ラ ブ ラ ス

この確率に言及して，ラプラスはつぎのように述べている．

「…この値は非常に小さい．しかし，宇宙，つまり地球と同じ方向に動く惑星すべてから成り立つ世界の体系のなかで，甚だ注目すべき事情の確率と，それを結びつける必要がある．もし運行方向の向きがある方向かその逆向きかということが同等に確からしいとすれば，どちらかの方向をとるかの確率は $\left(\dfrac{1}{2}\right)^{10}$ である．それゆえ，同じ向きに惑星と地球の運動がなされており，かつ地球に対する惑星軌道の傾きの和が 0 と $91°4187$ の間にある確率をうるためには，0.00000011235 に $\left(\dfrac{1}{2}\right)^{10}$ をかける必要がある．掛けた結果はおよそ $\dfrac{1.0972}{10^{10}}$ である．もしもすべての惑星の傾きが，運動方向の向きのとり方と同様に容易であるとすれば，上記のことが起こりえない確率は $1-\dfrac{1.0972}{10^{10}}$ である．この確率はかくの如く確実さに近づく．この仮説のもとでは，観測された結果は真実らしく思われない．だからこの結果は，甚だ大きな確率をもって，黄道面に近づくかもしくはもっと自然なところで，太陽の赤道面に近づき，そして太陽の回転の方向に動く惑星の運行を決定するところの，根本原因が存在することを示している．」

それから，ラプラスは自分の結論を補強するほかの状況，たとえば衛星の運行が惑星の運行の向きと同じであるという事実をあげて言及している．

観測された彗星に応用された同様の考察では，黄道面に対する彗星の運行面の傾きに影響を与える根本原因の存在を疑うような，いかなる根拠も発見されなかった〔クールノー（Cournot），**『偶然論の解説』**（*Exposition de la Théorie des Chances*）270頁参照〕．

惑星の運行についてのラプラスの結論は，この問題に関する非常に有名な著作によって受け入れられた〔たとえばポワソン『……**確率についての研究**』302頁参照〕．しかし，他方，2人の著名な哲学者が不満であることを書き残している〔ブール（Boole）教授の**『思考の法則』**364頁，R. L. エリス（Ellis）による**『フランシス・ベーコンの著作集』**（*The Works of Francis Bacon*）第Ⅰ巻，1857年343頁参照〕．

988. ラプラスは 262–274 頁において非常に注目すべき手順と，それの例とを述べている〔**892**節参照〕．つぎの文章は彼が解いた問題についての説明である．

「i 個の正なる変数 $t, t_1, \ldots\ldots, t_{i-1}$ があって，それらの和を s，そしてそれらの変数の可能性の法則が分っているものとする．これらの変数の与えられた関数 $\psi(t, t_1, t_2, \ldots\ldots)$ がとりうることのできるおのおのの値に，それらの値に対応した確率をかけた積の和を求めることを提案する．」

この問題は非常に一般的な方法で取扱われている．というのは，可能性の法則(laws of possibility)が連続であるとも仮定されていないし，異なる変数に対して同じであるとも仮定されていないからである．このような包括的な考察は，ラプラスの偉大な能力を示す特徴的な見本であるとともに，自分の方法についての説明の簡潔さは当然理解することの難しさにつながるということの見本でもある．

単一の観察における誤差の起こりやすさの法則が分っていると仮定して，所与の個数の観測の誤差の和が，指定された限界内に存在する確率を決定するために，ラプラスは自分の結果を応用している．特別な場合には，ラプラスの公式は，**567**節で述べたラグランジュによる公式と一致する．

989. 271頁にひとつの例題がラプラスによって与えられている．われわれはそれをラプラスの一般的考察とは独立なものとして取扱った方が都合がよいと思っているが，ラプラス自身はそれを関係あるものとしている．1本の直線上に並んだ n 個の点がある．これらの点において縦座標をとる．これらの縦座標の総和が s に等しい．なおさらに最初の縦座標は第2の縦座標より大きくなく，第2の縦

— 432 —

座標は第3の縦座標より大きくない等々であるとする．このとき，第 r 番目の縦座標の平均値を求めよ．

第1の縦座標を z_1，第2の縦座標を z_1+z_2，第3の縦座標を $z_1+z_2+z_3$，……とする．それゆえ，$z_1, z_2, \cdots\cdots$ はすべて正の変数である．そして縦座標の総和は s であるから

$$nz_1+(n-1)z_2+(n-3)z_3+\cdots\cdots+z_n=s\cdots\cdots\cdots\cdots\cdots\cdots\cdots\cdots\cdots\cdots\cdots\cdots\cdots\cdots (1)$$

である．

第 r 番目の縦座標の平均値は

$$\frac{\iiint\cdots\cdots(z_1+z_2+\cdots\cdots+z_r)dz_1dz_2\cdots\cdots dz_n}{\iiint\cdots\cdots dz_1dz_2\cdots\cdots dz_n}$$

である．ただし，積分は制約式(1)を満足するあらゆる正の変数値にわたってとられるものとする．

$$nz_1=x_1, \qquad (n-1)z_2=x_2, \cdots\cdots$$

とおく．そのとき，上の式は

$$\frac{\iiint\cdots\cdots\left(\dfrac{x_1}{n}+\dfrac{x_2}{n-1}+\dfrac{x_3}{n-2}+\cdots\cdots+\dfrac{x_r}{n-r+1}\right)dx_1\,dx_2\cdots\cdots dx_n}{\iiint\cdots\cdots dx_1\,dx_2\cdots\cdots dx_n}$$

となる．ただし積分は

$$0\leqq x_1+x_2+\cdots\cdots+x_n\leqq s \cdots\cdots\cdots\cdots\cdots\cdots\cdots\cdots\cdots\cdots\cdots\cdots\cdots\cdots (2)$$

という制約式のもとで計算する．

ルジョンヌ・デリクレ（*Lejeune Dirichlet*）の定理を用いて，その結果を求めると

$$\frac{s}{n}\left\{\frac{1}{n}+\frac{1}{n-1}+\frac{1}{n-2}+\cdots\cdots+\frac{1}{n-r+1}\right\}$$

となることを示そう．

$x_1+x_2+\cdots\cdots+x_n$ が s と $s+\varDelta s$ の間にあるという条件を，(2)の代りに仮定する．そのとき，いま述べた定理を用いると

$$\iiint\cdots\cdots x_m dx_1 dx_2\cdots\cdots dx_n=\frac{(s+\varDelta s)^{n+1}-s^{n+1}}{(n+1)!}$$

かつ

$$\iiint\cdots\cdots dx_1 dx_2\cdots\cdots dx_n=\frac{(s+\varDelta s)^n-s^n}{n!}$$

をうる．そこで除法を行なうと

$$\frac{\iiint\cdots\cdots x_m dx_1 dx_2\cdots\cdots dx_n}{\iiint\cdots\cdots dx_1 dx_2\cdots\cdots dx_n}=\frac{(s+\varDelta s)^{n+1}-s^{n+1}}{(s+\varDelta s)^n-s^n}\quad\frac{1}{n+1}$$

をうる．

$\varDelta s\to 0$ のとき，この式の極限は $\dfrac{s}{n}$ である．それから，m の代りに 1，2，……，r の値をつぎつぎとおくと，結果をうることができる．

ラプラスはこの結果をつぎのように応用している．観測された事象が n 通りの原因 A，B，C，……のひとつから生じたものに違いなく，かつ法廷はその事象が生じたのはどの原因からであるかを判断しなければならないものと仮定しよう．

第20章 ラ プ ラ ス

各個人は自分の考えた確率の大小の順に，最小の確率をもつ原因を先頭にして並べるものとする．そのとき，並べ方のリストのなかで，第 r 番目の原因に対して，

$$\frac{1}{n}\left\{\frac{1}{m}+\frac{1}{n+1}+\frac{1}{n-2}+\cdots\cdots+\frac{1}{n-r+1}\right\}$$

なる数値をあてがうと考えよう．

法廷を構成する各メンバーの配列の仕方に応じて，同じ原因に属する値すべての合計が計算されねばならない．そして，合計のうちで最大のものが，法廷の判断のうちもっとも起こりやすい原因であることを示している．

990. ラプラスはもうひとつ例題を与えている．それも独立に取扱うことにしよう．ある役職に n 人の候補者がおり，選挙権所有者は功績の順番に彼らを並べると仮定しよう．最大の功績を a と記す．選挙権所有者が自分のリストの第 r 番目の場所においた候補者の功績の平均値を求めよ．

もっとも功績の高いものからはじめて，候補者の功績を $t_1, t_2, \cdots\cdots, t_n$ と記す．この問題はいましがた論じたものとは異なるものである．なぜなら，この場合，与えられた縦座標の合計に対応する条件は存在しないからである．選挙権所有者は候補者に対してどんな功績をも負わすことができ，功績は順序正しく並べられており，ある功績に直接先行する功績以上に大きなものもなく，また a より大きい功績もないという条件を満足するだけでよい．

r 番目の候補者の功績の平均値は

$$\frac{\displaystyle\iiint\cdots\cdots t_r dt_1 dt_2 \cdots\cdots dt_n}{\displaystyle\iiint\cdots\cdots dt_1 dt_2 \cdots\cdots dt_n}$$

であろう．

この積分は

$$0\leqq t_n \leqq t_{n-1} \leqq \cdots\cdots \leqq t_1 \leqq a$$

という条件のもとでとられる．この条件に関するラプラスの説明ははっきりしない．彼はどのようにして積分を計算するのかを説明せずに，結果だけを述べている．しかし，われわれは以下のようにしてそれを求める．

$$t_n = x_n, \ t_{n-1} = t_n + x_{n-1}, \ t_{n-2} = t_{n-1} + x_{n-2}, \ \cdots\cdots$$

とおく．それから平均値である上の式は，すべての変数が正でなければならず，また $x_1 + x_2 + \cdots\cdots + x_n \leqq a$ でなければならないという条件のもとに

$$\frac{\displaystyle\iiint\cdots\cdots (x_n + x_{n-1} + \cdots\cdots + x_r) dx_1 dx_2 \cdots\cdots dx_n}{\displaystyle\iiint\cdots\cdots dx_1 dx_2 \cdots\cdots dx_n}$$

となる．それから，前節の方法によって，その結果は

$$\frac{(n-r+1)a}{n+1}$$

となることが示される．

この結果をもとにして，おのおのの選挙権所有者が，最上と考える候補者に n 点を与え，その次の候補者に $n-1$ 点を与え，等々とすることを，ラプラスは提示している．それから最大の得点をえた候補者が選ばれるべきであるとする．ラプラスは

「もしも功績とは関係のない要件，たとえばもっとも正直であるというようなことさえ，しばしば

— 434 —

選挙人の選択にいささかも影響しないならば，また功績とは関係のない要件を最後のランクにおくことによって，もっとも恐るべき候補者をえらぶということを決めなければ，この方法は疑いもなく最良のものである．それは並みの功績をもつ候補者にとっては大変有難い方法でもある．でもやはり採用されたこの方法も経験とカンに頼るやり方のために見捨てられてしまった.」

選挙を管理するこの方法が何処で使用されたかを知ることは興味あることである．この題材はボルダとコンドルセによって考察されたものである〔690節，719節，806節参照〕．

991. 以上で，970節から始めたラプラスの著作の第2章の説明を終る．この章のほんの少しの部分がラプラス自身の独創になるものであることが，研究者にはわかるであろう．

992. ラプラスの第3章は『事象の無限の積に由来する確率の法則について』（*Des lois de la probabilité, qui résultent de la multiplication indéfinie des événemens*）と題されている．それは275-303頁にわたる．

993. 最初の問題はヤコブ・ベルヌイの定理を構成する問題である．ラプラスの考察を再録することにしよう．

おのおのの試行においてある事象が生起する確率を p とする．ある与えられた試行回数において，その事象が生起する回数が，ある指定された範囲内に存在する確率を求めよ．

$q=1-p$，$\mu=m+n$ とする．μ 回の試行において，ある事象が m 回は生起し，n 回は生起しない確率は，$(p+q)^\mu$ の展開式におけるある項，つまり

$$\frac{\mu!}{m!n!}p^m q^n$$

に等しい．

さて，もしも m と n が，$m+n=$ 一定という条件のもとで変化するならば，上に示した項の最大値は，$\frac{m}{n}$ が $\frac{p}{q}$ にできる限り近い場合に得られることが代数学によってわかる．それゆえに，m と n はそれぞれ μp と μq にできる限り近い．できる限り近いと述べた理由は，m が整数であっても，μp は必ずしも整数とは限らないからである．$m=\mu p+z$ と記す．ただし，z は正または負の値をとる適当な分数である．そのとき，$n=\mu q-z$ である．

$(p+q)^\mu$ の展開式において，$\frac{\mu!}{m!n!}p^m q^n$ の項のあと，前から数えて r 番目の項は $\frac{\mu!}{(m-r)!(n+r)!}p^{m-r}q^{n+r}$ である．

さて，m と n は十分大きな数と仮定し，スターリングの定理を用いて最後の式を変形することにしよう〔333節，962節参照〕．

$$\mu!=\mu^{\mu+\frac{1}{2}}e^{-\mu}\sqrt{2\pi}\left\{1+\frac{1}{12\mu}+\cdots\cdots\right\}$$

$$\frac{1}{(m-r)!}=(m-r)^{r-m-\frac{1}{2}}e^{m-r}\frac{1}{\sqrt{2\pi}}\left\{1-\frac{1}{12(m-r)}-\cdots\cdots\right\}$$

$$\frac{1}{(n+r)!}=(n+r)^{-n-r-\frac{1}{2}}e^{n+r}\frac{1}{\sqrt{2\pi}}\left\{1-\frac{1}{12(n+r)}-\cdots\cdots\right\}$$

をうる．

項 $(m-r)^{r-m-\frac{1}{2}}$ を変形する．その対数は

$$\left(r-m-\frac{1}{2}\right)\left\{\log m+\log\left(1-\frac{r}{m}\right)\right\}$$

であり，かつ

— 435 —

第20章　ラ　プ　ラ　ス

$$\log\left(1-\frac{r}{m}\right)=-\frac{r}{m}-\frac{r^2}{2m^2}-\frac{r^3}{3m^3}-\cdots\cdots$$

である.

　r^2 は大きさの位数において μ を越えないものと仮定し，$\frac{1}{\mu}$ 位の分数は無視するものとする．そうすると，$\frac{r^4}{m^3}$ のような項は，m が μ と同位であるから無視される．それで

$$\left(r-m-\frac{1}{2}\right)\left\{\log m+\log\left(1-\frac{r}{m}\right)\right\}$$

$$\doteqdot\left(r-m-\frac{1}{2}\right)\log m+r+\frac{r}{2m}-\frac{r^2}{2m}-\frac{r^3}{6m^2}$$

を得，さらに対数から数え直すと

$$(m-r)^{r-m-\frac{1}{2}}\doteqdot m^{r-m-\frac{1}{2}}\,e^{r-\frac{r^2}{2m}}\left(1+\frac{r}{2m}-\frac{r^3}{6m^2}\right)$$

となる.

　同様に

$$(n+r)^{-n-r-\frac{1}{2}}\doteqdot n^{-n-r-\frac{1}{2}}\,e^{-r-\frac{r^2}{2n}}\left(1-\frac{r}{2n}+\frac{r^3}{6n^2}\right)$$

　こうして，

$$\frac{\mu!}{(m-r)!(n+r)!}\doteqdot\frac{\mu^{\mu+\frac{1}{2}}\,e^{-\frac{\mu r^2}{2mn}}}{m^{m-r+\frac{1}{2}}n^{n+r+\frac{1}{2}}\sqrt{2\pi}}\left\{1+\frac{r(n-m)}{2mn}-\frac{r^3}{6m^2}+\frac{r^3}{6n^2}\right\}$$

を得る.

　ところで，m と n の値が $(p+q)^\mu$ の展開式のうちの最大値に対応するものとして，すでに指定されていると仮定すると

$$p=\frac{m-z}{\mu},\quad q=\frac{n+z}{\mu}$$

であるから，

$$p^{m-r}q^{n+r}\doteqdot\frac{m^{m-r}\,n^{n+r}}{\mu^\mu}\left(1+\frac{\mu rz}{mn}\right)$$

となる.

　それゆえ，最終的に最大項のあとの r 番目にある項は，近似的に

$$\frac{e^{-\frac{\mu r^2}{2mn}}\sqrt{\mu}}{\sqrt{2\pi mn}}\left\{1+\frac{\mu rz}{mn}+\frac{r(n-m)}{2mn}-\frac{r^3}{6m^2}+\frac{r^3}{6n^2}\right\}$$

となる.

　最大項の前の r 番目にある項は，上の式において r の符号をかえることによって近似値が得られる．これら2項を加えることによって，

$$\frac{2\sqrt{\mu}}{\sqrt{2\pi mn}}\,e^{-\frac{\mu r^2}{2mn}}$$

をうる.

　この式の値を，$r=0$ から $r=r$ まで合計すれば，それはある二項展開式の 最大項 の前にある r 項と最大項の後にある r 項と最大項の2倍との和になる．そこで，最大項をひけば，二項展開式の真中の項としての最大項を含む $2r+1$ 項の和の近似値をうる.

— 436 —

さて，334節において与えたオイレルの定理により

$$\sum y = \int y\,dr - \frac{1}{2}y + \frac{1}{12}\,\frac{dy}{dr} - \cdots\cdots$$

を得る．

ここで $y = \dfrac{2\sqrt{\mu}}{\sqrt{2\pi mn}}\,e^{-\frac{\mu r^2}{2mn}}$ であり，r に関する y の微分係数はこれに $\dfrac{\mu r}{2mn}$ の因数が付随する．そして $\dfrac{\mu r}{2mn}$ は高々 $\dfrac{1}{\sqrt{\mu}}$ と同位である．それで y に定数項をかけても $\dfrac{1}{\mu}$ と同位の項を得る．このようにして必要なだけつづければ

$$\sum y = \int y\,dr - \frac{1}{2}y + \frac{1}{2}Y$$

を得る；ただし，$\sum$ と $\int$ の2つの記号は $r=0$ をもって始まる演算を示すものとし，$\dfrac{1}{2}Y$ は二項展開式の最大項，すなわち $r=0$ のときの $\dfrac{1}{2}y$ の値を示している．式 $\sum y$ は通例の如く $r=0$ のときの y の値から，$r=r-1$ のときの y の値までの y の合計を示している．$r=r$ のときの y の値を加えると

$$\int y\,dr + \frac{1}{2}y + \frac{1}{2}Y$$

を得る．そしてこれから二項展開式の最大項をひけば

$$\int y\,dr + \frac{1}{2}y$$

を得る．

$\tau = \dfrac{r\sqrt{\mu}}{\sqrt{2mn}}$ とおく．すると結局

$$\frac{2}{\sqrt{\pi}}\int_0^\tau e^{-t^2}\,dt + \frac{\sqrt{\mu}}{\sqrt{2\pi mn}}\,e^{-\tau^2}$$

をうる．それゆえに，この式が $(p+q)^\mu$ の展開式のうちの $2r+1$ 項の和の近似値である．もちろん，その $2r+1$ 項のなかには，真中に最大項を含むものとする．確率論においては，この式は

　　μ 回の試行においてある事象の生起する回数が $m-r$ と $m+r$（$m-r$ と $m+r$ も含む）の間に，つまり

$$\mu p + z - \frac{\tau\sqrt{2mn}}{\sqrt{\mu}} \quad \text{と} \quad \mu p + z + \frac{\tau\sqrt{2mn}}{\sqrt{\mu}}$$

　　の間にある確率

を示している．換言すると，この式は

　　ある事象の生起する回数と全試行回数との割合が

$$p + \frac{z}{\mu} - \frac{\tau\sqrt{2mn}}{\mu\sqrt{\mu}} \quad \text{と} \quad p + \frac{z}{\mu} + \frac{\tau\sqrt{2mn}}{\mu\sqrt{\mu}}$$

　　の間に存在する確率

を与えている．

もしも μ が非常に大きければ，μp あるいは μq と比較して z は無視しうる．そのとき，$mn \fallingdotseq \mu^2 pq$. それで，つぎの結果が求められる．

　　もしも試行回数 μ が非常に大きかったならば，ある事象が生起する回数の全試行回数に対する割合が

— 437 —

第20章 ラ プ ラ ス

$$p - \frac{\tau\sqrt{2pq}}{\sqrt{\mu}} \quad \text{と} \quad p + \frac{\tau\sqrt{2pq}}{\sqrt{\mu}}$$

の間に存在する確率は

$$\frac{2}{\sqrt{\pi}}\int_0^\tau e^{-t^2}\,dt + \frac{1}{\sqrt{2\pi\mu pq}}e^{-\tau^2}$$

である.

994. いま得られた結果は確率論のあらゆる分野のなかでも, もっとも重要なもののひとつである. その結果に関して注意すべき点が2つある.

第一点は, τ が一定と仮定するとき, μ を十分大きくとることによって

$$p - \frac{\tau\sqrt{2pq}}{\sqrt{\mu}} \quad \text{と} \quad p + \frac{\tau\sqrt{2pq}}{\sqrt{\mu}}$$

の間をいくらでも近づけることができる一方, それに対応する確率はつねに

$$\frac{2}{\sqrt{\pi}}\int_0^\tau e^{-t^2}\,dt$$

より大きいということである.

第二点は, $\dfrac{2}{\sqrt{\pi}}\displaystyle\int_0^\tau e^{-t^2}\,dt$ の値は, 端数のない適当な τ の値に対しては1に非常に近くなることが知られている. この式の値の表は268節, 485節で引用したド・モルガン教授の著作と, 753節で引用したギャロウェイの著作のなかに見出される. 以下の抜萃は1への急速なる接近を十分説明してくれるものである. 第1列は τ の値を示し, 第2列はその τ の値に対応する $\dfrac{2}{\sqrt{\pi}}\displaystyle\int_0^\tau e^{-t^2}\,dt$ の値を示している.

0.5	0.5204999
1.0	0.8427008
1.5	0.9661052
2.0	0.9953223
2.5	0.9995930
3.0	0.9999779

995. 994節で得られた結果についての歴史に関しては, われわれはヤコブ・ベルヌイが考察を始めたこと, それからスターリングとド・モワブルがスターリングの定理の名称で知られる定理を用いて研究を進め, そして最後にオイレルの定理の名称で知られる定理が積分によって有限加算和を表現する方法を与えたことに注目しなければならない〔123節, 334節, 335節, 423節参照〕. しかし, 実際には, われわれはオイレルの定理において与えられる級数の第一項だけを用いているにすぎないし, 事実積分を粗い近似的求積によって評価しているにすぎないことがわかる. だから, ラプラスによって与えられた結果は, スターリングの定理が公表されるや否や, 数学者の支配可能な範囲に入ったといえよう.

ラプラスは, 彼の『**序論**』の XLII 頁で, ヤコブ・ベルヌイの定理について

「常識によって示されたこの定理を, 解析学によって証明することは困難であった. それで, 最初にこの問題を取扱った有名な幾何学者ジャック・ベルヌイは, 自分の与えた証明を非常に重要視した. この問題に適用された母関数の理論は単にこの定理を容易に証明するばかりでなく, さらに, 観察された諸事象についての比と, 諸事象それぞれの可能性の比との差がある限界内に含まれることの確率をも与えるのである.」

— 438 —

と述べている.

ラプラスは,スターリングの定理やオイレルの定理がそれぞれもっている価値を,母関数の理論に帰している.

われわれは,ラプラスが彼の論文のひとつのなかで用いたある種の加算の手順が,オイレルの定理と関連ないものであることに注目しよう〔**897**節参照〕.

996. ラプラスは**993**節で得られた結果についてつぎの例を与えている.

男児出生の確率と女児出生の確率が18対17であると仮定する.14000人出生したとして,男児の数が7363と7037の間に存在する確率を求めよ.

この場合,

$$p = \frac{18}{35}, \quad q = \frac{17}{35}, \quad m = 7200, \quad n = 6800, \quad r = 163$$

である.求める確率は,0.994303である.

計算についての詳しいことは,『**大都会人のための百科全書**』のなかの『**確率論**』の74節のなかに述べられている.

997. ところで,われわれが注目しなければならないことは,ラプラスがヤコブ・ベルヌイの定理について行なったところの,ある逆の応用である.これは**125**節ですでに言及し,そして現在注意深く論じなければならない,かなり重要な点である.

993節では,p が与えられていると仮定し,ある事象の生起する回数の全試行回数に対する割合が,指定された限界内にある確率を求めた.しかしながら,p が先験的に知られていないで,μ 回の試行において,ある事象が m 回は生起し,n 回は生起しなかったことが観察されたと仮定しよう.そのとき,**993**節で与えられた式は,$p - \dfrac{m}{\mu}$ が

$$-\frac{\tau \sqrt{2mn}}{\mu \sqrt{\mu}} \quad \text{と} \quad +\frac{\tau \sqrt{2mn}}{\mu \sqrt{\mu}}$$

の間に存在する確率であろうということである.すなわち,ラプラスはこの確率に対して

$$\frac{2}{\sqrt{\pi}} \int_0^\tau e^{-t^2} \, dt + \frac{\sqrt{\mu}}{\sqrt{2\pi mn}} e^{-\tau^2} \quad \dotfill (1)$$

という式を選んで用いている.

彼はこの公式からひとつの推論をひき出し,それについて282頁で

「われわれは原因の確率を取扱ったとき,観察された事象から演繹したように,p を0から1までの間に存在しうるひとつの変数のように考え,そして事象が観察されたのち,このいろいろな値の確率を確定するという結論に直ちに到達する.」

と述べている.

したがって,実際には,ラプラスがその問題に戻っていることがわかる〔『**確率の解析的理論**』363-366頁参照〕.

697節において述べた公式において,$a = 0$,$b = 1$ と仮定しよう.そのとき,もし $m + n$ 回の試行である事象が m 回生起し,n 回生起しないことが観察されるならば,1回の試行で可能性が α と β の間にある確率は

$$\frac{\int_\alpha^\beta x^m (1-x)^n dx}{\int_0^1 x^m (1-x)^n dx}$$

第20章　ラ　プ　ラ　ス

である.

$\mu = m + n$ とし,

$$\alpha = \frac{m}{\mu} - \frac{\tau\sqrt{2mn}}{\mu\sqrt{\mu}}, \quad \beta = \frac{m}{\mu} + \frac{\tau\sqrt{2mn}}{\mu\sqrt{\mu}}$$

とする. そのとき, ラプラスの近似法を用いれば, その確率は大体

$$\frac{2}{\sqrt{\pi}} \int_0^\tau e^{-t^2} dt \quad\cdots\cdots\cdots\cdots\cdots\cdots\cdots\cdots\cdots\cdots\cdots\cdots\cdots\cdots\cdots\cdots\cdots\cdots\cdots\cdots\cdots(2)$$

であることがわかる.

なぜならば, 957節の記法を用いれば, $y = x^m (1-x)^n$ をうる. それゆえに, y を最大ならしめる x の値は

$$\frac{m}{x} - \frac{n}{1-x} = 0$$

を満足する. それで

$$a = \frac{m}{m+n}.$$

そのとき

$$\begin{aligned}
t^2 &= \log \frac{Y}{(a+\theta)^m (1-a-\theta)^n} \\
&= \log \frac{Y}{a^m (1-a)^n} - m\log\left(1 + \frac{\theta}{a}\right) - n\log\left(1 - \frac{\theta}{1-a}\right) \\
&= \frac{\theta^2}{2}\left\{\frac{m}{a^2} + \frac{n}{(1-a)^2}\right\} - \frac{\theta^3}{3}\left\{\frac{m}{a^3} - \frac{n}{(1-a)^3}\right\} + \cdots\cdots.
\end{aligned}$$

だから, 近似的には

$$t^2 = \frac{\theta^2}{2}\left\{\frac{m}{a^2} + \frac{n}{(1-a)^2}\right\} = \frac{\theta^2 (m+n)^3}{2mn}.$$

それゆえに

$$\frac{\int_\alpha^\beta x^m (1-x)^n dx}{\int_0^1 x^m (1-x)^n dx} = \frac{Y \int_{-\tau}^\tau e^{-t^2} dt}{Y \int_{-\infty}^{+\infty} e^{-t^2} dt} = \frac{1}{\sqrt{\pi}} \int_{-\tau}^\tau e^{-t^2} dt = \frac{2}{\sqrt{\pi}} \int_0^\tau e^{-t^2} dt$$

このようにして, (1)と(2)という2つの結果を得る. 前者はヤコブ・ベルヌイの定理から当然出てくる逆用法とよばれうるものによって求められる. そして, 後者はベイズの定理にもとづくものであるといえよう. その2つの結果がまったく矛盾したものであることがわかる. しかし, その差違は, 実際には, あまり重要なものではない. しかし, 理論的に興味のあるものである.

結果(2)はラプラスにより実際に彼の366頁で, 述べられている. しかしながら, 彼は282頁で発見したものとの間の差違について, どんな見解も述べていない.

『確率計算の一般規則を先に述べ, それから刑事事件, 民事事件の裁判判決に確率を使う研究』の209頁において, ポワソンはラプラスと同じ仮定を用いて求めた結果(1)を述べている. しかし, 213頁では, ポワソンは違った結果を述べている. なぜなら, 要するに彼は1回の試行で可能性が

$$\frac{m}{\mu} - \frac{v\sqrt{2mn}}{\mu\sqrt{\mu}} \text{と} \frac{m}{\mu} - \frac{(v+dv)\sqrt{2mn}}{\mu\sqrt{\mu}}$$

の間にある確率は Vdv であることを発見しているからである；ただし,

— 440 —

$$V = \frac{1}{\sqrt{\pi}} e^{-v^2} - \frac{2(m-n)v^3}{\sqrt{2\pi\mu mn}} e^{-v^2} \cdots\cdots\cdots\cdots\cdots\cdots\cdots\cdots\cdots\cdots\cdots\cdots (3)$$

である.

これはポワソンの209頁のものと矛盾している. なぜならば, もし v について区間 $[-\tau, +\tau]$ で積分 $\int V dv$ をとれば, それは $\frac{2}{\sqrt{\pi}}\int_0^\tau e^{-t^2} dt$ となるからである. それゆえに, (1)という結果ではなく, (2)という結果に到達する. ポワソンが209頁と213頁の間の差違について何も注意していないということは奇妙なことである. 恐らく, 彼は209頁の結果を第一近似としてとらえ, 213頁の方がもっと正しい考察であるとみなしたのであろう.

ポワソンの結果(3)は, 『確率計算の……研究』のなかで, ポワソンとラプラスとがともに結果(1)に到達したのと同種の仮定にもとづき導出されている. しかし, その仮定は間違った結果に達する懸念をも非常にはっきりと少くさせる方法で用いられる. すなわち, その仮定は有限区間にわたるかわりに, 無限小区間にわたるように拡張されている.

しかしながら, ポワソンは以前にも『両性の出生の 比率についての覚え書』 (*Mémoire sur la proportion des naissances des deux sexes*) のなかで, その問題を考察している. この論文は『学士院の……論文集』 (*Mémoires……de l'Institut*) 第IX巻, 1830年のなかで公表された. そこで, 彼はベイズの定理を用いて, われわれが(2)の結果を確立したときに行なったのと同じ手順で結果を出している. しかし彼はさらによい近似値を出している. そして(3)という結果に到達している〔前述の論文271頁参照〕.

だから, 結果(3)は 2 通りの方法, すなわちヤコブ・ベルヌイの定理から当然出てくる逆用法によるか, ベイズの定理によって証明される.

ポワソンがその問題についての彼の最後の議論において, ヤコブ・ベルヌイ の定理の逆用法を採用しているので, 含まれている仮定の量がベイズの定理を使う場合に必要とされるものと同じ位であると, ポワソンが考えていたと推測される〔552節参照〕.

『ケンブリッジ哲学会報』 (*Cambridge Philosophical Transactions*) 第VI巻, 1837年号で発表された論文において, ド・モルガン教授は, ラプラスとポワソンが結果(1)に到達するのに, ヤコブ・ベルヌイの定理の逆用法とよばれるやり方を当然のこととして用いた事情に注意を払っている. そして, 彼は, すでに述べた通り, ベイズの定理に依存する考察を与えている. しかしながら, ド・モルガン教授は, ラプラスが結果(2)を暗に与えていること, およびポワソンが両方の方法によって結果(1)に到達していたという事実を見落していた. ド・モルガン教授の論文が載せられている巻の428頁を吟味すると, ド・モルガンの最終結果はポワソンの結果(3)において, V の値の第 2 項の v^3 を v に変形することに相当する. しかし, ポワソンの方が正しい. 2 人の数学者の出した結果が不一致なのは, つぎの理由にもとづく. つまり, ド・モルガン教授が考究中の頁の冒頭あたりで与えている μ と v の値の近似が彼の目的とするものとは程遠いものであったからである.

『百科全書ブリタニカ』 (*Encyclopaedia Britannica*) に掲載されているギャロウェイによる確率論において, どんな限定的な注意もなされないで, ド・モルガン教授の論文についての言及がはっきりとなされている. このことは奇妙なことである. なぜなら, その確率論はポワソンの『確率計算の……研究』の要約として書かれているからである. そしてポワソン自身も1830年の彼の論文に言及している. それで, われわれの結論のなかのすべてではないにしても, いくつかはギャロウェイの注意をひいただろうということは, 予期されたことであった.

998. ラプラスは284-286頁でつぎの問題を論じている. ある壺のなかに多数個の玉が入っていて,

第20章　ラ　プ　ラ　ス

いくつかは白玉，残りは黒玉，合計 n 個とする．おのおのの抽出において，1個の玉が抽出されると，黒玉を代りに壺にもどす．そのとき，r 回の抽出ののち，その壺のなかに x 個の白玉が存在する確率を求めよ．

999. この章の残り，287-303頁は，つぎの問題から生ずる研究に割かれている．A，B 2つの壺があり，それぞれ n 個の玉が入っており，そのうちのいくつかは白玉，残りは黒玉とする．全体としては白玉と黒玉の個数は同数であるとする．1個の玉がそれぞれの壺から抽出され，他の壺のなかに入れられる．そしてこの操作が r 回繰りかえされるとき，Aの壺のなかに白玉が x 個ある確率を求めよ．

この問題はダニエル・ベルヌイによって，はじめて与えられた問題である〔417節，587節，807節，921節参照〕．

求める確率を $z_{x,r}$ と記す．そのとき，ラプラスは

$$z_{x,r+1} = \left(\frac{x+1}{n}\right)^2 z_{x+1,r} + \frac{2x}{n}\left(1 - \frac{x}{n}\right) z_{x,r} + \left(1 - \frac{x-1}{n}\right)^2 z_{x-1,r}$$

という方程式を得ている．しかしながら，この方程式は正しい解をうるのが大変難しい．それでラプラスは大変大まかで不完全に解いている．n は十分大きいと仮定し，それから近似的に

$$z_{x+1,r} = z_{x,r} + \frac{dz_{x,r}}{dx} + \frac{1}{2}\frac{d^2 z_{x,r}}{dx^2}$$

$$z_{x-1,r} = z_{x,r} - \frac{dz_{x,r}}{dx} + \frac{1}{2}\frac{d^2 z_{x,r}}{dx^2}$$

$$z_{x,r+1} = z_{x,r} + \frac{dz_{x,r}}{dr}$$

を得る．

$x = \dfrac{n + \mu\sqrt{n}}{2}$，$r = nr'$，$z_{x,r} = U$ とする．そのとき，次数 $\dfrac{1}{n^2}$ の項を無視すると，方程式は

$$\frac{dU}{dr'} = 2U + 2\mu\frac{dU}{d\mu} + \frac{d^2 U}{d\mu^2}$$

となる．

ラプラスがどのようにしてこの方程式を立てたかは不明である．なぜなら，もしわれわれが $z_{x+1,r}$，$z_{x-1,r}$，$z_{x,r+1}$ に対して．彼の方程式を適用すると，方程式は

$$\frac{dU}{dr'} = 2\left(1 + \frac{1}{n}\right)U + 2\mu\left(1 + \frac{2}{n}\right)\frac{dU}{d\mu}$$

$$+ \left(1 + \frac{\mu^2}{n} + \frac{4}{n} + \frac{4}{n^2}\right)\frac{d^2 U}{d\mu^2}$$

となる．かくして，μ^2 は n と同じ位の大きさであるかも知れないので，誤差は $\dfrac{1}{n}$ と同位もしくはそれ以上に高位と思われる．

1000. ラプラスは定積分を用いて彼の近似方程式を解いている．だから彼は定積分についていくつかの補助定理を考察している．それから，ラプラス関数 (Laplace's Functions) とよばれるものと関連して起こる定理と類似性をもった別の定理に進んでいる．われわれは補助定理を2つ説明し，そしてラプラスの証明方法よりもおそらく簡単な方法でそれらを証明しよう．

i が正整数であるとするならば

$$\int_{-\infty}^{+\infty}\int_{-\infty}^{+\infty} e^{-s^2 - \mu^2}(s + \mu\sqrt{-1})^i \, ds \, d\mu = 0$$

であることを示そう．

— 442 —

$$s = r\cos\theta, \quad \mu = r\sin\theta$$

とおくことによって，この二重積分を変換すれば

$$\int_0^\infty \int_0^{2\pi} e^{-r^2}(\cos i\theta + \sqrt{-1}\ \sin i\theta)r^{i+1}dr\,d\theta$$

をうる．この積分においては，正と負の積分要素が互いに釣合っているから，結果は 0 であることが明白である．

さらに，i と q が正整数，$q < i$ とすれば

$$\int_{-\infty}^{+\infty}\int_{-\infty}^{+\infty} e^{-s^2 - \mu^2} \mu^q (s + \mu\sqrt{-1})^i ds\,d\mu = 0$$

であることを示そう．前と同様の変数変換をすれば

$$\int_0^\infty \int_0^{2\pi} e^{-r^2}(\cos i\theta + \sqrt{-1}\sin i\theta)\sin^q\theta\, r^{q+i+1}dr\,d\theta$$

をうる．さて，$\sin^q\theta$ は q が奇数ならば θ の倍数の正弦の項で，q が偶数ならば θ の倍数の余弦の項で表わされ，θ の最大の倍数は $q\theta$ である．そして，もしも m と n が等しくない整数とすれば

$$\int_0^{2\pi} \sin m\theta \cos n\theta\, d\theta = 0$$

$$\int_0^{2\pi} \cos m\theta \cos n\theta\, d\theta = 0$$

$$\int_0^{2\pi} \sin m\theta \sin n\theta\, d\theta = 0$$

が成立することがわかる．だから，求める結果がえられる．

ラプラスは，最後に，以前ダニエル・ベルヌイが述べたと同じ問題を考察している〔420節参照〕．ラプラスは任意個数の容器を想定して，微分方程式をたてている．そしてこれらの微分方程式の解を証明なしで与えている．証明は演算と量の記号を分離する近代的方法によって容易に求められる．

1001. ラプラスの第4章は，『**大量の観測値の平均結果における誤差の確率について，および一番好都合な平均結果について**』（*De la probabilités des erreurs des résultates moyens d'un grand nombre d'observations, et des résultates moyens les plus avantageux*）と題されている．この章は304-348頁を占める[(14)]．

この章はラプラスの著作のなかで一番重要なものであり，おそらく一番難解なものである．それは**最小二乗法**（method of least square）と称する注目すべき理論を含んでいる．初期のころ，ラプラスは観測の結果としてとられる平均値の問題に関心をむけていた．しかし，この章の内容は彼の出した論文のなかではずっと後の方の論文に見出されるものである〔874節，892節，904節，921節参照〕．

この章におけるラプラスの方法は非常に特異なものである．そして，普通の数学的言語に翻訳することなしに，それらを理解することはほとんどできないし，その結果を信用することすらできない．「最小二乗法が証明されている『**確率の解析的理論**』の第4章とほぼ同程度の魅力的な数学的考察は存在しないことを認めねばならない」ということが，R. レスリー・エリス（R. Leslie Ellis）によって注目された〔『**ケンブリッジ哲学会報**』第Ⅷ巻，212頁参照〕．

『**仏国天体暦**』1827年号と1832年号のなかに，観測の平均値についてのポワソンによる2つのもっとも重要な論文が掲載されている．これらの論文はラプラスの第4章についての注釈として書かれている．そのことは，ポワソンが最初に述べている「私は学生諸君に注釈の機会を持ちえたと考えている」という言葉から，彼の論文がラプラスの翻訳の一種であること，そしてそのことにポワソン自身

— 443 —

第20章　ラ　プ　ラ　ス

自己満足していたことがわかる．ポワソンは『確率の解析的理論』の第4章を，彼の論文の大部分に包含している．

　われわれはラプラスの第4章を説明するにあたって，非常に一般的な問題についてのポワソンの解法を述べることから始めよう．そうすれば，ラプラスの手順についての分析を一層わかりやすいものにすることができよう．しかし，同時に，記憶しておかねばならぬことは，功績はまったくラプラスに帰するものであるということである．ラプラスの手順は曖昧で嫌悪を感ずる程ではあるが，それでも理論上本質的なものはすべて含まれている．ポワソンはすばらしい説明の仕方でラプラスにせまっており，しかも未来の旅行者に非常に容易で安全な道を提供してくれてもいる．

　1002. 一連の s 個の観測がなされ，それぞれの観測値は未知の量の誤差をともなっていると仮定しよう．これらの誤差を ε_1, ε_2, ……ε_n によって記す．これらの誤差にそれぞれ所与の定数をかけたものの和を E で表わす．つまり

$$E = \gamma_1\varepsilon_1 + \gamma_2\varepsilon_2 + \gamma_3\varepsilon_3 + \cdots\cdots + \gamma_s\varepsilon_s$$

である．E が定められた範囲内に存在する確率を求めよ．

　それぞれの誤差は正とか負とかいろいろな値をとることができ，かつこれらの値がすべて所与の量 ω の倍数であるとしよう．これらの値が $\alpha\omega$ から $\beta\omega$ までの間にあると仮定されるであろう；ただし，α と β は正または負の整数であるか，もしくは0とする：そして $\alpha - \beta > 0$ とする．所与の誤差の可能性はおのおのの観測値において同じであるとは仮定されない．もし n が α と β の間のどのような値をも取りうる整数とするならば，第1観測値における誤差 $n\omega$ の可能性を N_1 で，第2観測値における誤差 $n\omega$ の可能性を N_2 で，第3観測値における誤差 $n\omega$ の可能性を N_3，……で表わす．w を積 $w\gamma_1$, $w\gamma_2$, $w\gamma_3$, ……, $w\gamma_s$ すべてが整数であるような因数とする．このような因数はつねにきちんと求められるか，あるいは任意に必要な程度の近似値として求められる．

$$Q_i = \sum N_i t^{w\gamma_i n\omega}$$

とする．ただし，$\sum$ は $n = \beta$ から $n = \alpha$ までのすべての n の値に対する加算を示す．

$$T = Q_1 Q_2 \cdots\cdots Q_s$$

とする；そのとき，wE がきっちり $m\omega$ に等しい確率は，T を t のベキに展開したときの $t^{m\omega}$ の係数である；ただし，m はある与えられた整数である．あるいは，同じことであるが，その確率は $Tt^{-m\omega}$ の展開式における定数項に等しい．

　$t^\omega = e^{\theta\sqrt{-1}}$ とおき，そのときの T を X で表わす．すると求める確率は

$$\frac{1}{2\pi}\int_{-\pi}^{\pi} X e^{-m\theta\sqrt{-1}} d\theta$$

である．

　λ, μ を2つの与えられた整数とし，$\lambda - \mu > 0$ とする．そのとき，wE が $\mu\omega \leqq wE \leqq \lambda\omega$ 内に存在する確率は，$m = \mu$, $\mu + 1$, $\mu + 2$, ……, λ とおき，それらの結果を加えることによって，最後の式から導出されるであろう．$e^{-m\theta\sqrt{-1}}$ の値の和は

$$\frac{\sqrt{-1}}{2\sin\dfrac{\theta}{2}}\left\{ e^{-\left(\lambda + \frac{1}{2}\right)\theta\sqrt{-1}} - e^{-\left(\mu - \frac{1}{2}\right)\theta\sqrt{-1}} \right\}$$

であるから，求める確率は

$$\frac{\sqrt{-1}}{4\pi}\int_{-\pi}^{\pi}\left\{ e^{-\left(\lambda + \frac{1}{2}\right)\theta\sqrt{-1}} - e^{-\left(\mu - \frac{1}{2}\right)\theta\sqrt{-1}} \right\}\frac{X d\theta}{\sin\dfrac{\theta}{2}}$$

に等しい．この確率をPと記そう．

さて，ωを無限小とし，λ，μ を無限大としよう．そして
$$\lambda\omega=(c+\eta)w, \quad \mu\omega=(c-\eta)w, \quad w\theta=\omega x$$
とする．

xに関する積分の範囲は$-\infty$から$+\infty$までである．また
$$d\theta=\frac{\omega}{w}dx, \quad \sin\frac{\theta}{2}=\frac{\omega x}{2w}$$
である．

だから，λおよびμと比較して $\pm\frac{1}{2}$ を無視すれば
$$P=\frac{1}{\pi}\int_{-\infty}^{+\infty}Xe^{-cx\sqrt{-1}}\sin\eta x\frac{dx}{x} \quad \cdots\cdots\cdots\cdots\cdots\cdots\cdots\cdots\cdots(1)$$
をうる．

この式は wE が $(c+\eta)w$ と $(c-\eta)w$ の間にある確率，すなわち，E が $c+\eta$ と $c-\eta$ の間にある確率を与える．

ωは無限小と仮定したから，おのおのの観測における誤差は無限個の値のうちのどれかひとつであると考えられる．それゆえ，おのおのの値の可能性は無限小になりうる．
$$\alpha\omega=a, \quad \beta\omega=b, \quad n\omega=z$$
とする．そのとき
$$t^{w\gamma_i n\omega}=e^{w\gamma_i n\theta\sqrt{-1}}=e^{\gamma_i n\omega x\sqrt{-1}}=e^{\gamma_i xz\sqrt{-1}}$$
である．
$$N_i=\omega f_i(z)$$
とする．それゆえに Q_i は
$$Q_i=\int_b^a f_i(z)e^{\gamma_i xz\sqrt{-1}}dz$$
となる．そして (1) におけるXに対して
$$Q_1 Q_2 Q_3\cdots\cdots Q_s$$
という積に対してうる新しい形式を設定しなければならない．
$$\int_b^a f_i(z)\cos\gamma_i xzdz=\rho_i\cos r_i, \quad \int_b^a f_i(z)\sin\gamma_i xzdz=\rho_i\sin r_i$$
と仮定すると
$$Q_i=\rho_i e^{r_i\sqrt{-1}}$$
$$Y=\rho_1\rho_2\rho_3\cdots\cdots\rho_s, \quad y=r_1+r_2+r_3+\cdots\cdots+r_s$$
とすると，そのとき
$$X=Ye^{y\sqrt{-1}}$$
となる．

(1)に代入すれば
$$P=\frac{1}{\pi}\int_{-\infty}^{+\infty}Y\cos(y-cx)\sin\eta x\frac{dx}{x}+\frac{\sqrt{-1}}{\pi}\int_{-\infty}^{+\infty}Y\sin(y-cx)\sin\eta x\frac{dx}{x}$$
を得る．

— 445 —

第20章　ラ　プ　ラ　ス

第2の積分における要素は，絶対値等しく異符号の対から成り，一方第1の積分における要素は，絶対値等しく同符号の対から成る．だから

$$P=\frac{2}{\pi}\int_0^\infty Y\cos(y-cx)\sin\eta x\,\frac{dx}{x}\quad\cdots\cdots\cdots\cdots\cdots\cdots\cdots\cdots\cdots\cdots\cdots\cdots\cdots(2)$$

となる．おのおのの誤差は a と b の間にあると仮定されているから，

$$\int_b^a f_i(z)dz=1$$

となる．

そこで，$x=0$ のとき $\rho_i=1$ であることが出てくる．そして x が任意の他の値をとるとき ρ_i は1より小さいことを示そう．

なぜならば

$$\rho_i{}^2=\left\{\int_b^a f_i(z)\cos\gamma_i xz\,dz\right\}^2+\left\{\int_b^a f_i(z)\sin\gamma_i\,xz\,dz\right\}^2,$$

すなわち

$$\rho_i{}^2=\int_b^a f_i(z)\cos\gamma_i xz\,dz\int_b^a f_i(z')\cos\gamma_i xz'\,dz'$$

$$+\int_b^a f_i(z)\sin\gamma_i xz\,dz\int_b^a f_i(z')\sin\gamma_i\,xz'\,dz'$$

$$=\int_b^a\!\!\int_b^a f_i(z)f_i(z')\cos\gamma_i x(z-z')dz\,dz'$$

$$\leqq\int_b^a\!\!\int_b^a f_i(z)f_i(z')dz\,dz'$$

$$\leqq\int_b^a f_i(z)\,dz\int_b^a f_i(z')dz'\leqq1$$

となるからである．

この点までの考察は正確であった．さて，われわれは近似することに進もう．s を非常に大きな数とする．そのとき，Y は非常に多数の因数の積であり，その因数のおのおのは $x=0$ のときを除いて1より小さい．そこで，x が非常に小さいときを除けば，Y はつねに小さいであろうと推論される．そして，x が小さいという仮定のもとに，Y の近似値を求めよう．

$$\int_b^a zf_i(z)dz=k_i,$$

$$\int_b^a z^2f_i(z)dz=k_i',$$

$$\int_b^a z^3f_i(z)dz=k_i'',$$

$$\int_b^a z^4f_i(z)dz=k_i''',$$

$$\cdots\cdots\cdots\cdots\cdots$$

としよう．そのとき，収束級数

$$\rho_i\cos r_i=1-\frac{x^2\,\gamma_i{}^2\,k_i'}{2!}+\frac{x^4\,\gamma_i{}^4\,k_i'''}{4!}-\cdots\cdots,$$

$$\rho_i\sin r_i=x\gamma_i\,k_i-\frac{x^3\,\gamma_i{}^3\,k_i''}{3!}+\cdots\cdots$$

をうるであろう．

— 446 —

$$\frac{1}{2}(k_i' - k_i{}^2) = h_i{}^2$$

とする．そのとき

$$\rho_i = 1 - x^2 \gamma_i{}^2 h_i{}^2 + \cdots\cdots, \quad r_i = x \gamma_i k_i \cdots\cdots$$

をうる．それゆえ

$$\rho_i \fallingdotseq e^{-x^2 \gamma_i h_i{}^2}$$

$\kappa^2 = \Sigma \gamma_i{}^2 h_i{}^2$, $l = \Sigma \gamma_i k_i$ とする：ただし，おのおのの加算は，$i = 1$ から $i = s$ までのすべての i にわたってなされる．そのとき

$$Y \fallingdotseq e^{-\kappa^2 x^2}, \quad y \fallingdotseq lx.$$

こうして，(2)は

$$P = \frac{2}{\pi} \int_0^\infty e^{-\kappa^2 x^2} \cos(lx - cx) \sin \eta x \frac{dx}{x} \cdots\cdots\cdots\cdots\cdots\cdots\cdots\cdots\cdots\cdots\cdots(3)$$

となる．

Y と y に対して与えられたところの近似値は，x が非常に小さいときはほとんど真の値に近いと考えることができる．そればかりか，このような状況のもとでは，重大な誤差は生じないであろう．なぜならば，x がかなり 0 から離れているときには，Y の真の値と近似値とはともに非常に小さくなる．だから，(3)を

$$P = \frac{2}{\pi} \int_0^\infty \left\{ \int_{-\eta}^\eta \cos(lx - cx + xv) dv \right\} e^{-\kappa^2 x^2} dx$$

の形におきかえうる．それから，積分の順序をかえ，958節の結果を用いると

$$P = \frac{1}{2\kappa\sqrt{\pi}} \int_{-\eta}^\eta e^{-\frac{(l-c+v)^2}{4\kappa^2}} dv \cdots\cdots\cdots\cdots\cdots\cdots\cdots\cdots\cdots\cdots\cdots\cdots(4)$$

をうる．それゆえ，これは E が $c + \eta$ と $c - \eta$ の間にある確率である．

κ^2 によって記される量が，実は正であることを示すことが必要である．つぎに示す通り，$h_i{}^2$ が実は正であるから，このことは妥当である．$\int_b^a f_i(z) dz = 1$ とともに，$h_i{}^2$ の定義から

$$2h_i{}^2 = \int_b^a z^2 f_i(z) dz \int_b^a f_i(z') dz' - \int_b^a z f_i(z) dz \int_b^a z' f_i(z') dz'$$

$$= \int_b^a \int_b^a (z^2 - zz') f_i(z) f_i(z') dz dz'$$

をうる．それでまた

$$2h_i{}^2 = \int_b^a \int_b^a (z'^2 - zz') f_i(z) f_i(z') dz\, dz'$$

である．

そこで，辺々相加えると

$$4h_i{}^2 = \int_b^a \int_b^a (z - z')^2 f_i(z) f_i(z') dz dz'$$

だから，$4h_i{}^2$ は 0 にはなりえない，本質的に正の量である．なぜならば，二重積分の要素は正であるから．

$f_i(z)$ を普通，第 i 番目の観測値における**誤差起生** (facility of error) を与える関数とよぶ．これは，誤差が z と $z + dz$ の間に存在する可能性を $f_i(z) dz$ が表わすことを示す．

もしも，誤差起生の関数があらゆる観察ごとに同じであるならば，それを $f(z)$ によって記す．それから，もはや必要のない添数 i をとって

第20章 ラプラス

$$k=\int_b^a zf(z)dz, \quad k'=\int_b^a z^2 f(z)dz \qquad h^2=\frac{1}{2}(k'-k^2)$$

$$\kappa^2=h^2\Sigma\gamma_i{}^2, \quad l=k\Sigma\gamma_i$$

をうる.

ポワソンの解法とはこのようなものである．彼は，ここで参照にした個所において，若干違った形式で研究をしている．われわれは専らどんな形式も採用しないで，われわれのみたいラプラスの第4章の内容を示す目的のために，もっとも調法であるべき組み合せをなす形式を採用した．われわれの記法は，ポワソン自身の考察のなかで使用しているものとまったく一致しているわけではない．たとえば，ポワソンが用いている a と b を交換する方が都合のよいこともわかった．

ポワソンの問題を終るにあたって，2つのことを注意しておこう．

Ⅰ．それぞれの観察において，誤差が同じ範囲，a と b の間にあるということを，われわれは仮定しておいた．しかし，その考察は，誤差の限界が観測の度ごとに異なる場合にも適用しうる．たとえば，第1観測値において，誤差は a_1 と b_1 の間になければならぬこと，その範囲は限界 a と b の内部にあることがわかっている．そのとき，$f_i(z)$ は b と b_1 の間および a_1 と a の間のすべての z に対しては 0 の値をとらねばならぬ z の関数である．

だから実際には，a と b がそのように選ばれているので，どんな観測における誤差も代数的には a よりも大きく，b よりも小さいということはないと仮定することだけが必要である．

Ⅱ．ポワソンは近似についてさらに一歩進んだ方法を提示している．$y=lx$ ととる．さらに厳密には $y=lx-l_1 x^3$ ととる；ただし

$$l_1=\frac{1}{6}\Sigma\gamma_i{}^3\{k_i''-3k_i k_i'+2k_i{}^3\}$$

である．

だから，

$$\cos(y-cx)\fallingdotseq\cos(lx-cx)+l_1 x^3\sin(lx-cx)$$

である．それゆえ(2)は

$$P=\frac{2}{\pi}\int_0^\infty e^{-\kappa^2 x^2}\ \cos(lx-cx)\sin\eta x\frac{dx}{x}$$

$$+\frac{2l_1}{\pi}\int_0^\infty e^{-\kappa^2 x^2}\ \sin(lx-cx)x^2\sin\eta x dx$$

となる.

われわれは前に，P のこの表現式の第1項を変形した．第2項は，第1項を l について3回微分し，そして l_1 を掛けることによって導かれることを観察するだけで十分である．それで，変形によって第2項に対しても，第1項のそれに類したものが得られるであろう．

1003. ラプラスは前節に含まれている一般的な結果についてのいろいろな場合を別々に述べている．さて，ラプラスの第1の場合を取り上げてみよう．

$\gamma_1=\gamma_2=\cdots\cdots=\gamma_s=1$ とする．誤差起生の関数はすべての観測ごとに同じであり，しかも定数であると仮定する．誤差の限界を $\pm a$ とする．そのとき

$$\int_{-a}^a f(z)dz=1$$

が成立する.

もし，$f(z)$ の定数値を C で表わすならば，そのとき

— 448 —

$$2aC=1$$

である.

ここで,

$$k=0, \quad k'=\frac{2Ca^3}{3}=\frac{a^2}{3}, \quad h^2=\frac{a^2}{6},$$

$$l=0, \quad \kappa^2=h^2\,\Sigma\gamma_t{}^2=sh^2=\frac{sa^2}{6}$$

$c=0$ とする. 前節の方程式(4)によって, s 回の観測値の誤差の和が $-\eta$ と η の間にある確率は

$$=\frac{\sqrt{6}}{2a\sqrt{s\pi}}\int_{-\eta}^{\eta}e^{-\frac{3v^2}{2sa^2}}dv=\frac{\sqrt{6}}{a\sqrt{s\pi}}\int_0^{\eta}e^{-\frac{3v^2}{2sa^2}}\,dv$$

である.

$\frac{v^2}{sa^2}=t^2$ とする. そのとき, 誤差の和が $-\tau a\sqrt{s}$ と $\tau a\sqrt{s}$ の間にある確率は

$$=\frac{\sqrt{6}}{\sqrt{\pi}}\int_0^{\tau}e^{-\frac{3t^2}{2}}\,dt$$

である.

このことはラプラスの著作の305頁の内容と一致することである.

1004. ラプラスのつぎの場合に移ろう.

$\gamma_1=\gamma_2=\cdots\cdots=\gamma_s=1$ とする. 誤差の限界を $\pm a$ とする. 誤差起生の関数はすべての観測ごとに同じであること, および正の誤差と負の誤差は同等に確からしいと仮定する. すなわち $f(-x)=f(x)$ と仮定する.

この場合

$$k=0, \quad h^2=\frac{1}{2}k', \quad l=0, \quad \kappa^2=\frac{s}{2}k'$$

となる.

1002節の方程式(4)によって, s 回の観測における誤差の和が $-\eta$ と η の間にある確率は

$$\frac{2}{\sqrt{2sk'\pi}}\int_0^{\eta}e^{-\frac{v^2}{2sk'}}dv$$

である.

このことはラプラスの著作の308頁と一致することである.

$$k'=\int_{-a}^{a}z^2f(z)dz=2\int_0^{a}z^2f(z)dz,$$

かつ

$$1=\int_{-a}^{a}f(z)dz=2\int_0^{a}f(z)dz\,;$$

それゆえ, z が 0 から a まで増加するとき $f(z)$ がつねに減少するならば, **922** 節におけるように, k' は $\frac{a^2}{3}$ より小さいことがわかる.

1005. ラプラスはつぎに, 多数の観測における誤差の和がある限界内にある確率を考察している. その場合, 誤差の符号は無視されており, すべての誤差は正として取り扱われている. 誤差起生の関数はすべての観測において同じであると仮定される.

すべての誤差は正として取り扱われているので, 実際には負の誤差が起こりえないものとする. だから, ポワソンの問題において, $b=0$ とおかねばならない.

— 449 —

$$\gamma_1=\gamma_2=\cdots\cdots\gamma_s=1 \quad \text{とおく. そのとき}$$

$$l=sk, \quad \kappa^2=\frac{s}{2}(k'-k^2)$$

である.

$c=l$ とする. そのとき，1002節の方程式(4)によって，誤差の和が $l-\eta$ と $l+\eta$ の間にある確率は

$$\frac{2}{\sqrt{2s\pi(k'-k^2)}}\int_0^\eta e^{-\frac{v^2}{2s(k'-k^2)}}\,dv$$

である.

このことはラプラスの著作の311頁と一致することである.

たとえば，誤差起生の関数が定数，つまりCであると仮定する. そのとき

$$\int_0^a f(z)dz=1$$

であるから，

$$aC=1$$

をうる.

かくして，

$$k=\frac{a}{2}, \quad k'=\frac{a^2}{3}, \quad k'-k^2=\frac{a^2}{12}$$

となる.

それゆえ，誤差の合計が$\dfrac{sa}{2}-\eta$ と$\dfrac{sa}{2}+\eta$ の間にある確率は

$$\frac{2\sqrt{6}}{a\sqrt{s\pi}}\int_0^\eta e^{-\frac{6v^2}{sa^2}}\,dv$$

である.

1006. ラプラスはつぎに誤差の平方の和が定められた限界内にある確率を考察する；ただし，誤差起生の関数はすべての観測において同じであり，正の誤差と負の誤差は同等に確からしいものとする. その結果を述べるために，まずポワソンの問題を一般化しなければならない.

$\phi_i(z)$を z の任意の関数を記すものとする.

$$\phi_1(\varepsilon_1)+\phi_2(\varepsilon_2)+\cdots\cdots\phi_s(\varepsilon_s)$$

が $c-\eta$ と $c+\eta$ の間にある確率を求めよう. この考察は1002節の考察と若干異なる. 1002節においては

$$Q_i=\int_b^a f_i(z)\,e^{\gamma_i x z\sqrt{-1}}dz$$

を得た. 現在の場合では， e のベキが $\gamma_i xz\sqrt{-1}$ に代って $x\phi_i(z)\sqrt{-1}$ である. 求める確率は

$$\frac{1}{2\kappa\sqrt{\pi}}\int_{-\eta}^{\eta} e^{-\frac{(l-c+v)^2}{4\kappa^2}}\,dv$$

であることがわかるであろう. ただし

$$l=\Sigma\int_b^a \phi_i(z)f_i(z)dz,$$

かつ

$$2\kappa^2=\Sigma\int_b^a\bigl\{\phi(z)\bigr\}^2 f_i(z)dz-\Sigma\biggl\{\int_b^a \phi_i(z)\,f_i(z)dz\biggr\}^2$$

である. 加算は $i=1$ から $i=s$ までのすべての i にわたるものである.

$\phi_i(z)$ がすべての i の値に対して, 同じ z の関数を表わすと限定する必要はない. しかしながら, ポワソンはこのような制限を設けた方が研究しやすいと考えたようである.

さて, たとえば, すべての i の値に対して, $\phi_i(z)=z^2$ が成立していると仮定しよう. そして誤差起生の関数はあらゆる観測において同じであるとする. そのとき, 前節と同じように, $b=0$ ととると

$$l=s\int_0^a z^2 f(z)dz,$$

$$2\kappa^2=s\int_0^a z^4 f(z)dz-s\left\{\int_0^a z^2 f(z)dz\right\}^2$$

である.

$c=l$ とする. そのとき, 誤差の平方の和が $l-\eta$ と $l+\eta$ の間にある確率は

$$\frac{1}{\kappa\sqrt{\pi}}\int_0^\eta e^{-\frac{v^2}{4\kappa^2}}\,dv$$

である.

このことはラプラスの著作の312頁と一致することである.

1007. ラプラスは 313-321 頁でもっとも単純な場合, すなわち, ひとつの未知の要素が観測から決定される場合における, 最小二乗法の利点を論証することに着手している 〔**921**節参照〕. ラプラスのやったことは, **1002**節でポワソンにもとづいて行なった考察と類似のものである. しかしながら, ラプラスは誤差起生の関数はすべての観測において同じであり, 正の誤差と負の誤差は同等に確からしいと仮定している. それでラプラスの研究はポワソンのものより一般性を欠く.

ラプラスとポワソンは, 最小二乗法についての研究の応用面ではかなり一致している. それについては後述しよう.

ある観測系において, 観測によってもたらされる量は, 一般に決定したい量ではなくて, 決定したい量のある関数である. その決定したい量の近似値はすでに既知と仮定し, さらに必要とされる補正量は非常に小さいので, その平方およびそれ以上のベキは無視しうると仮定する. その補正量を u で表わす. そして第 i 番目の観測における近似値を A_i とする. そしてその補正量を A_i+uq_i とする. 観測から求められた関数の値を B_i, この観測値の誤差を ε_i とし, これは未知量である. すると

$$B_i+\varepsilon_i=A_i+uq_i$$

となる.

$B_i-A_i=\delta_i$ とおく. すると, δ_i はその関数の近似値を上まわる観測値の超過分である. それで

$$\varepsilon_i=uq_i-\delta_i$$

が成立する.

s 回の観測のおのおのによっても, 同様の方程式が求められる. q_i, δ_i なる量はすべて既知であり, ε_i なる量はすべて未知である. これらの方程式系から, u の最良の値を求めたい.

前にやったように, これらの方程式のそれぞれに γ_i をかけ, それらの総和をとる. こうして

$$\sum\gamma_i\varepsilon_i=u\sum\gamma_i q_i-\sum\gamma_i\delta_i \cdots\cdots\cdots\cdots\cdots\cdots\cdots\cdots (1)$$

をうる.

それから, **1002**節の方程式(4)によって, $\sum\gamma_i\varepsilon_i$ が $l-\eta$ と $l+\eta$ の間に存在する確率は

$$\frac{1}{\kappa\sqrt{\pi}}\int_0^\eta e^{-\frac{v^2}{4\kappa^2}}\,dv$$

である。ただし，l と κ は1002節で定めた値である。

$\dfrac{v^2}{4\kappa^2}=t^2$ とおく。すると，$\sum r_\iota \varepsilon_\iota$ が $l-2\tau\kappa$ と $l+2\tau\kappa$ の間にある確率は

$$\frac{2}{\sqrt{\pi}}\int_0^\tau e^{-t^2}\,dt \quad\cdots\cdots\cdots\cdots\cdots\cdots\cdots\cdots\cdots\cdots\cdots\cdots\cdots\cdots\cdots\cdots(2)$$

である。

もし(1)において $l=\sum r_\iota \varepsilon_\iota$ とおくと

$$u=\frac{\sum r_\iota \delta_\iota}{\sum r_\iota q_\iota}+\frac{l}{\sum r_\iota q_\iota} \quad\cdots\cdots\cdots\cdots\cdots\cdots\cdots\cdots\cdots\cdots\cdots\cdots\cdots\cdots\cdots(3)$$

をうる。それゆえ，u の値の誤差が

$$-\frac{2\tau\kappa}{\sum r_\iota q_\iota}\ \text{と}\ \frac{2\tau\kappa}{\sum r_\iota q_\iota}$$

の間に存在するであろう確率は(2)式に帰せられる。

それから，τ が一定のままであると仮定すると，$\dfrac{\kappa}{\sum r_\iota q_\iota}$ が最小のとき，予想される誤差は最小であろう。それゆえ，r_ι のついている因数は，この式ができる限り小さくならしめるように取らなければならない。κ としてその値をとる。すると，その式は

$$\frac{\sqrt{\sum r_\iota^2 h_\iota^2}}{\sum r_\iota q_\iota}$$

となる。

それから，微分計算の法則によってこの式を最小ならしめる。すると，各因数は

$$r_\iota=\frac{\nu q_\iota}{h_\iota^2}$$

という方程式によって確定されなければならないことがわかる；ただし，ν はすべての因数に対して一定である係数である。

上記の値を代入した因数をもって，方程式(3)は

$$u=\frac{\sum\dfrac{q_\iota \delta_\iota}{h_\iota^2}}{\sum\dfrac{q_\iota^2}{h_\iota^2}}+\frac{\sum\dfrac{q_\iota k_\iota}{h_\iota^2}}{\sum\dfrac{q_\iota^2}{h_\iota^2}} \quad\cdots\cdots\cdots\cdots\cdots\cdots\cdots\cdots\cdots\cdots(4)$$

となる。そして確率が(2)式で指定されるような誤差の限界は

$$\pm\frac{2\tau}{\sqrt{\sum\dfrac{q_\iota^2}{h_\iota^2}}}$$

となる。

もしも，誤差起生の関数がすべての観測において同じであるならば，h_ι なる量はすべて等しく，それで k_ι の値もすべて等しい。こうして(4)は

$$u=\frac{\sum q_\iota \delta_\iota}{\sum q_\iota^2}+\frac{k\sum q_\iota}{\sum q_\iota^2} \quad\cdots\cdots\cdots\cdots\cdots\cdots\cdots\cdots\cdots\cdots\cdots\cdots(5)$$

となる。そして誤差の限界は

$$\pm\frac{2\tau h}{\sqrt{\sum q_\iota^2}}$$

となる。

もし，また正の誤差と負の誤差が同等に確からしいと仮定すると，**1004**節におけるように，$k=0$ である．こうして(5)式は

$$u=\frac{\sum q_\iota\delta_\iota}{\sum q^2{}_\iota} \cdots\cdots\cdots\cdots\cdots\cdots\cdots\cdots\cdots\cdots\cdots\cdots\cdots\cdots\cdots\cdots\cdots\cdots (6)$$

となる．

　これはラプラスの結果と一致する．

　また，ラプラスはその問題についてもうひとつの見解を提示している．誤差が x と $x+dx$ の間に存在する可能性を $\psi(x)dx$ で表わすと仮定する．そのとき

$$\int_0^\infty x\,\psi(x)dx$$

は予想されるべき正の誤差の平均値 (la value moyenne de l'erreur à craindre en plus) と称される．ラプラスは賭博における損失と誤差とを対比させ，演技者の利益もしくは不利益を得るためにその生起の可能性に利得もしくは損失を掛けるのと同じ方法で，誤差の量にその生起の可能性を掛ける．それから，ラプラスは予想されるべき誤差の平均値をできるだけ小さくなるような方法を吟味する．

　1002節の方程式(4)において，$c=\eta$ とおく．そして正の誤差と負の誤差が同等に確からしいと仮定すると，$l=0$ となる．そのとき，$\sum r_\iota\varepsilon_\iota$ が 0 と 2η の間にある確率は

$$=\frac{1}{2\kappa\sqrt{\pi}}\int_{-\eta}^{\eta}e^{-\frac{(\eta-v)^2}{4\kappa^2}}dv=\frac{1}{2\kappa\sqrt{\pi}}\int_0^{2\eta}e^{-\frac{v^2}{4\kappa^2}}dv$$

である．

　こうして，$\sum r_\iota\varepsilon_\iota$ が 0 と τ の間にある確率は

$$\frac{1}{2\kappa\sqrt{\pi}}\int_0^{\tau}e^{-\frac{v^2}{4\kappa^2}}dv$$

であり，それゆえに，$\sum r_\iota\varepsilon_\iota$ が τ と $\tau+d\tau$ の間にある確率は

$$\frac{1}{2\kappa\sqrt{\pi}}e^{-\frac{\tau^2}{4\kappa^2}}d\tau$$

であろう．

　それから，これは u における誤差が $\frac{\tau}{\sum r_\iota q_\iota}$ と $\frac{\tau+d\tau}{\sum r_\iota q_\iota}$ の間にある確率である．だから，u における誤差が x と $x+dx$ の間に存在するであろう確率は

$$\frac{\sum r_\iota\,q_\iota}{2\kappa\sqrt{\pi}}e^{-\frac{x^2(\sum r_i q_i)^2}{4\kappa^2}}dx$$

である．

　それから，これは上で $\psi(x)dx$ と書いたものである．だから

$$\int_0^\infty x\psi(x)dx=\frac{\kappa}{\sum r_\iota q_\iota\sqrt{\pi}}$$

を得，これは $\frac{\kappa}{\sum r_\iota q_\iota}$ が最小のときに最小になる．このことは前と同様の結果をもたらす．予想されるべき正の誤差の平均値は $\frac{h}{\sqrt{\pi\sum q_\iota{}^2}}$ となる．

　$\varepsilon_\iota=uq_\iota-\delta_\iota$ であるから，

$$\sum\varepsilon_\iota{}^2=\sum(uq_\iota-\delta_\iota)^2$$

をうる．

第20章　ラ　プ　ラ　ス

もしも誤差の平方の和ができる限り小さくなるという条件から u を求めるとしたら，微分計算によって

$$u = \frac{\sum q_\iota \delta_\iota}{\sum q_\iota^2}$$

を得，これは(6)式と一致する．それゆえ，u について先に求めた結果は，誤差の平方をできる限り小さくするという条件のもとで求めた結果と同じである．誤差起生の関数がすべての観測において同じであり，そして正の誤差と負の誤差が同等に確からしいと仮定して，(6)式が求められたことを想い出そう．(4)式における結果では，これらの仮定は含まれない．(4)式における u の値は

$$\sum \frac{(uq_\iota - \delta_\iota - k_\iota)^2}{h_\iota^2}$$

の最小値，すなわち

$$\sum \left(\frac{\varepsilon_\iota - k_\iota}{h_\iota} \right)^2$$

の最小値を探すことによって得られるものと同じであることがわかる．

1008. 前節の結果(4)，(5)，(6)式について，どれだけのことが論証されたかをみることは非常に重要である．言葉の厳密な意味からいって，われわれが u の**最確値**（most probable value）を得たという保証は何もない．ラプラスもポワソンもそのようなことを主張していない．彼らはその方法を，もっとも便利な方法（most advantageous method）とか，選好さるべき方法（method which ought to preferred）であると述べているにすぎない．

この方法と，おそらくもっとも自然であろうと思われる他の方法，つまり r_1, r_2, …… のおのおのが 1 に等しい値をとる方法とを比較してみよう．

前節において

$$u = \frac{\sum q_\iota \delta_\iota}{\sum q_\iota^2} + \frac{k \sum q_\iota}{\sum q_\iota^2} \quad \cdots\cdots\cdots\cdots\cdots\cdots\cdots\cdots\cdots\cdots\cdots\cdots\cdots\cdots\cdots\cdots (5)$$

という結果に到達した．

さて，r_1, r_2 …… に前節であてがった値を与える代りに，それぞれを 1 に等しいとおくと仮定しよう．そのとき，前節の l という量は $\sum k_\iota$ となる．それは，もし誤差起生の関数がそれぞれの観測において同じであると仮定すれば，sk となる．それで(5)式の代りに

$$u = \frac{\sum \delta_\iota}{\sum q_\iota} + \frac{sk}{\sum q_\iota} \quad \cdots\cdots\cdots\cdots\cdots\cdots\cdots\cdots\cdots\cdots\cdots\cdots\cdots\cdots\cdots\cdots\cdots (7)$$

をうる．

さて，(5)式は(7)式よりも一層好ましい．なぜなら，所与の確率に対応して，(5)式における誤差の限界の方が，(7)式における誤差の限界より小さいことが前節で示されていたからである．実際に，(5)式における誤差の限界は $\pm \dfrac{2\tau h}{\sqrt{\sum q_\iota^2}}$ であり，(7)式における誤差の限界は $\pm \dfrac{2\tau h \sqrt{s}}{\sum q_\iota}$ である．そして，前者の限界が後者の限界より小さいという結果は，

$$(\sum q_\iota)^2 < s \sum q_\iota^2$$

というよく知られた代数学の定理と同値である．

なお，(5)式と(7)式の右辺の第 2 項を無視することにすれば，

$$v = \frac{\sum q_\iota \delta_\iota}{\sum q_\iota^2} \cdots\cdots\cdots\cdots\cdots (6), \qquad u = \frac{\sum \delta_\iota}{\sum q_\iota} \cdots\cdots\cdots\cdots\cdots\cdots\cdots\cdots\cdots\cdots\cdots (8)$$

となる．そのとき，(6)式が(8)式よりなぜ一層好ましいかという別の理由が存在する．なぜなら，いま

— 454 —

引用した代数学の定理によって，(6)式を求めるときに無視した項は，(8)式を求めるのに無視した項よりも小さいからである．

1009. (6)式における誤差の限界が $\pm\dfrac{2\tau h}{\sqrt{\sum q_i}}$ であるという確率(2)が存在することが，1007節で示された．これは未知の量 h を含んでいる．ラプラスは h の近似値を観測自体から得ようと企てる．誤差の平方の和が，$l-\eta$ と $l+\eta$ の間に存在するであろうある確率があることが1006節で示された．誤差の平方の和の値を l と仮定する．すると

$$\sum \varepsilon_i{}^2 = l = s\int_0^a z^2 f(z)\,dz = 2sh^2$$

である．それで近似的に

$$h^2 = \frac{\sum \varepsilon_i{}^2}{2s} = \frac{\sum (uq_i - \delta_i)^2}{2s}$$

となる．そして，1007節の(6)式の u の値を用いると，

$$h^2 = \frac{(\sum q_i{}^2)(\sum \delta_i{}^2) - (\sum q\,\delta_i)^2}{2s\sum q_i{}^2}$$

をうる．

かくして，予想されるべき正の誤差の平均値は，1007節で，$\dfrac{h}{\sqrt{\pi\sum q_i{}^2}}$ であることが分っていたが，それは

$$\frac{\sqrt{(\sum q_i{}^2)(\sum \delta_i{}^2) - (\sum q_i\delta_i)^2}}{(\sum q_i{}^2)\sqrt{2\pi s}}$$

となる．

これはラプラスの322頁と一致している．

1010. つぎに，ラプラスは322-329頁で，2つの未知の要素が多数の観測から決定される場合について述べている〔923節参照〕．ラプラスの到達した結論は，最小二乗法は便利なものであるということである．なぜなら，最小二乗法によってもたらされる結果が，予想されるべき正の誤差の平均値をできる限り小ならしめることによって得られた結果と一致するからである．しかし，その考察は非常に面倒くさいものである．1007節の終りで述べたのと同じ仮定がなされている．

こうして，任意個数の未知量に対する最小二乗法が確立されたと，ラプラスは考えている；というのは，彼は327頁で，「……前の分析は任意個の要素に対して拡張しうることがわかる」と述べているからである．しかしながら，この主張は明白なこととは思われない．

ポワソンは問題のこの部分は考察していない．しかし，この問題は重要なので，私は1007節で求められた結論によって，1つ以上の未知の要素の場合に拡張できるような考察をなすことにしよう．1007節と同様，結論に到達する2通りの方法を述べよう．しかし，ラプラス自身は第1の方法を省略しており，そしてここで述べるのとは非常に異なる第2の方法を述べている．次節を書くにあたって，1001節で引用したR. L. エリスの論文が非常に役に立った．

1011. 1つの要素が観測によって決定されるという代りに，決定されるべき任意個の要素が存在するものと仮定しよう．これらの要素の近似値が既知であり，そこで各要素が必要とする小さな補正量を求めなければならないと仮定しよう，これらの補正量を x，y，z，……と記す．そのとき，観測をもとにして求められる方程式の一般形は

$$\varepsilon_i = a_i x + b_i y + c_i z + \cdots\cdots - q_i \cdots\cdots\cdots\cdots\cdots\cdots\cdots\cdots\cdots\cdots\cdots\cdots \tag{1}$$

であろう．

第20章　ラ プ ラ ス

ここで ε_i は未知量で，一方 a_i, b_i, c_i, ……, q_i は既知量である．(1)に r_i をかけ，$i=1$ から $i=s$ まですべての i に対してこれらの積の和をとる．そして因数 r_1, r_2, ……, r_s は条件

$$\sum r_i b_i = 0, \quad \sum r_i c_i = 0, \quad\cdots\cdots\cdots\cdots\cdots\cdots\cdots\cdots\cdots\cdots\cdots (2)$$

のもとに制約づけられているとする．そのとき，

$$x = \frac{\sum r_i q_i}{\sum r_i a_i} + \frac{\sum r_i \varepsilon_i}{\sum r_i a_i} \cdots\cdots\cdots\cdots\cdots\cdots\cdots\cdots\cdots (3)$$

を得る．

さて，1002節の方程式(4)から，$\sum r_i \varepsilon_i$ が $l-2\tau\kappa$ と $l+2\tau\kappa$ の間に存在するであろう確率は

$$\frac{2}{\sqrt{\pi}} \int_0^\tau e^{-t^2} dt \cdots\cdots\cdots\cdots\cdots\cdots\cdots\cdots\cdots\cdots\cdots\cdots\cdots\cdots (4)$$

であることがわかる；ただし，前と同様 $l = \sum r_i k_i$ である．$\sum r_i \varepsilon_i$ の代りに l とおく．すると(3)式は

$$x = \frac{\sum r_i q_i}{\sum r_i a_i} + \frac{l}{\sum r_i a_i} \cdots\cdots\cdots\cdots\cdots\cdots\cdots\cdots\cdots\cdots\cdots (5)$$

となる．そして(5)式によって確定する x の値のなかの誤差が

$$\pm \frac{2\tau\kappa}{\sum r_i a_i}$$

の間に存在するであろう確率(4)がある．

それから，各因数 r_i が(2)の条件を満足するとして，$\dfrac{\kappa}{\sum r_i a_i}$ をできる限り小ならしめよう．

われわれは因数 r_1, r_2, r_3, ……の絶対値がほしいのではなく，それらがどんな任意の大きさをとろうともその比だけが求めたいことは明らかである．それゆえ，$\sum r_i a_i = 1$ という条件を課したとしても何ら一般性を失わない．だから，$\kappa^2 = \sum r_i^2 h_i^2$ であるので，

$$\sum r_i a_i = 1, \quad \sum r_i b_i = 0, \quad \sum r_i c_i = 0 \cdots\cdots\cdots\cdots\cdots\cdots\cdots (6)$$

なる条件のもとで，$\sum r_i^2 h_i^2$ を最小ならしめたい．

そこで，微分計算にもとづき

$$\sum r_i h_i^2 dr_i = 0,$$
$$\sum a_i dr_i = 0,$$
$$\sum b_i dr_i = 0,$$
$$\cdots\cdots\cdots\cdots$$

をうる．

それゆえ，任意の乗数 λ, μ, ν, ……を用いて，

$$r_i h_i^2 = \lambda a_i + \mu b_i + \nu c_i + \cdots\cdots\cdots\cdots\cdots\cdots\cdots\cdots\cdots\cdots\cdots (7)$$

の形式の s 個の方程式の集合をうる．

$\dfrac{1}{h_i^2} = j_i$ とおく．そのとき，(7)式から

$$\left. \begin{aligned} 1 &= \lambda \sum a_i^2 j_i + \mu \sum a_i b_i j_i + \nu \sum a_i c_i j_i + \cdots\cdots\cdots\cdots\cdots\cdots \\ 0 &= \lambda \sum a_i b_i j_i + \mu \sum b_i^2 j_i + \nu \sum b_i c_i j_i + \cdots\cdots\cdots\cdots\cdots\cdots \\ 0 &= \lambda \sum a_i c_i j_i + \mu \sum b_i c_i j_i + \nu \sum c_i^2 j_i + \cdots\cdots\cdots\cdots\cdots\cdots \\ &\cdots\cdots\cdots\cdots\cdots\cdots\cdots \end{aligned} \right\} (8)$$

のような一連の方程式を演繹することができる．

(7)式に $a_i j_i$ を掛け，(6)式を考慮しながら i のすべての値について合計すると，(8)式の第1方程式をうる．つぎに(7)式に $b_i j_i$ をかけ，同様に i について合計すると(8)式の第2方程式をうる．さらに，(7)

— 456 —

式に $c_i j_i$ を掛け，同様に合計すると(8)式の第3方程式をうる，……．だから，(8)式の方程式の数は(6)式の条件の数に等しく，それゆえ未定係数 λ，μ，ν，……の数に等しい．こうして(5)式から

$$x = \sum r_i q_i + l \quad\cdots\cdots\cdots (9)$$

をうる．

さて，x のこの値が実際的にどのようにうまく計算しうるかを示そう．

$$a_i x' + b_i y' + c_i z' + \cdots\cdots = q_i + k_i$$

という型の s 個の方程式をとる．

まず，上式の両辺に $a_i j_i$ を掛け，すべての i の値に対して和をとる．それから $b_i j_i$ を掛け，i について和をとる，……．こうして

$$\left.\begin{aligned}
x' \sum a_i^2 j_i + y' \sum a_i b_i j_i + z' \sum a_i c_i j_i + \cdots\cdots &= \sum(q_i+k_i)a_i j_i \quad\cdots\cdots\cdots \\
x' \sum a_i b_i j_i + y' \sum b_i^2 j_i + z' \sum b_i c_i j_i + \cdots\cdots &= \sum(q_i+k_i)b_i j_i \quad\cdots\cdots\cdots \\
x' \sum a_i c_i j_i + y' \sum b_i c_i j_i + z' \sum c_i^2 j_i + \cdots\cdots &= \sum(q_i+k_i)c_i j_i \quad\cdots\cdots\cdots \\
\cdots\cdots\cdots\cdots\cdots\cdots &
\end{aligned}\right\}(10)$$

という系列をうる．

さて，x' が(10)式から演繹されるならば，$x' = \sum r_i q_i + l$ となり，それゆえ $x = x'$ となることを示そう．

連立方程式(10)に上から順に λ，μ，ν，……を掛け，そして加える．すると(8)式によって

$$x' = \lambda \sum(q_i+k_i)a_i j_i + \mu \sum(q_i+k_i)b_i j_i + \nu \sum(q_i+k_i)c_i j_i + \cdots\cdots$$
$$= \sum(q_i+k_i)j_i \{\lambda a_i + \mu b_i + \nu c_i + \cdots\cdots\}$$
$$= \sum r_i(q_i+k_i) \qquad \text{〔(7)式による〕}$$

をうる．

連立方程式(10)を使う利益は2重にある．第一は，対称的な手順で x' が決定され，それから x が決定される．第二は，連立方程式(10)は x'，y'，z'，……について対称的（symmetrical）である．だから，もしも x の代りに，y あるいは z あるいは他のどんな未知量でも求めたければ，これまでに述べたのと同じ方法を用いることによって，同じ連立方程式(10)に到達するであろう．そこで，確率論によって，x を x' に等しくとることによって x の値がもつと同じ便宜を，y を y' に等しくすることによって y の値も同様の便宜をもち，z を z' に等しくすることによって z の値も同様の便宜をもつことになる，……．事実，もしわれわれが x の値に代って y の値を考察することから始めたとすれば，条件式(6)は因数 r_1，r_2，r_3……の比率をそのままにしておくという方法で変えられねばならない．だから，(10)式のような対称な方程式の系列が形成されることは予期されたことなのである．

求める量 x，y，z，……に対してもっとも好都合な値をどのように得るかをこれまで述べてきた．

さて，式

$$\sum j_i \{a_i x' + b_i y' + c_i z' + \cdots\cdots - q_i - k_i\}^2$$

を最小ならしめる x'，y'，z'，……の値を求めたいとしよう．x'，y'，z'，……を決定するために連立方程式(10)に到達することがわかるであろう．そこで x，y，z，……に対して求められた値は式

$$\sum j_i(\varepsilon_i - k_i)^2 = \sum \left(\frac{\varepsilon_i - k_i}{h_i}\right)^2$$

に対する最小値を与えるものである．

もしもすべての i の値に対して $k_i = 0$，$h_i = $ 一定とすれば，x，y，z，……に対して求められた値は，誤差の平方を最小ならしめる．1007節における如く，これらの諸条件は，もし誤差起生の関数が

— 457 —

第20章　ラプラス

すべての観測ごとに同じであり，正の誤差と負の誤差が同等に確からしいとすれば，成立するであろう．

こうして結果に到達するひとつの方法を完成したので，つぎに他の方法に進むことにしよう．

1007 節の後半で述べたようにやれば，x の値の なかの誤差が(5)式によって決定されるとき，t と $t+dt$ の間に存在する確率は

$$\frac{\sum \gamma_i a_i}{2\kappa \sqrt{\pi}} e^{-\frac{t^2(\sum \gamma_i a_i)^2}{4\kappa^2}} dt \quad \cdots\cdots\cdots\cdots\cdots\cdots\cdots\cdots\cdots\cdots\cdots\cdots\cdots\cdots\cdots\cdots\cdots\cdots (11)$$

であることがわかる．

なぜなら，1002 節の方程式(4)において $c=\eta$ とおく．そのとき，$\sum \gamma_i \varepsilon_i$ が 0 と 2η の間に存在する確率は

$$= \frac{1}{2\kappa \sqrt{\pi}} \int_{-\eta}^{\eta} e^{-\frac{(l-\eta+v)^2}{4\kappa^2}} dv = \frac{1}{2\kappa \sqrt{\pi}} \int_0^{2\eta} e^{-\frac{(l-v)^2}{4\kappa^2}} dv$$

である．

こうして，$\sum \gamma_i \varepsilon_i$ が τ と $\tau+d\tau$ の間にある確率は

$$\frac{1}{2\kappa \sqrt{\pi}} e^{-\frac{(l-\tau)^2}{4\kappa^2}} d\tau$$

である．それゆえ，$\sum \gamma_i \varepsilon_i$ が $l+\tau'$ と $l+\tau'+d\tau'$ の間にある確率は

$$\frac{1}{2\kappa \sqrt{\pi}} e^{-\frac{\tau'^2}{4\kappa^2}} d\tau'$$

である．

これは，それゆえ，x の値のなかの誤差が(5)式で決定されるとき，

$$\frac{\tau'}{\sum \gamma_i a_i} \quad と \quad \frac{\tau'+d\tau'}{\sum \gamma_i a_i}$$

との間に存在するであろう確率である．

そして，それゆえ，x の値のなかの誤差が(5)式によって決定されるとき，t と $t+dt$ の間に存在するであろう確率は(11)式によって与えられる．

x の値のなかで予想されるべき正の誤差の平均値は(11)式に t をかけ，t に関して 0 から ∞ までの間で積分すれば得られるであろう．こうして，$\sum \gamma_i a_i = 1$ であるから，結果として $\frac{\kappa}{\sqrt{\pi}}$ が得られる．だから，この平均誤差をできるだけ小さくしたいと思えば，因数 γ_1, γ_2, γ_3, ……に対して前述と同じ値を得る．

κ の値を明らかにすることは興味がある．方程式(7)に γ_i をかけ，そして i のすべての値に対して和をとる．こうして(6)式によって

$$\kappa^2 = \lambda$$

を得る．

それから，2 つの未知量 x と y があると仮定しよう．(8)式から

$$\lambda = \frac{\sum b_i{}^2 j_i}{(\sum a_i{}^2 j_i)(\sum b_i{}^2 j_i) - (\sum a_i b_i j_i)^2}$$

であることがわかり，x に対する平均誤差は $\frac{\sqrt{\lambda}}{\sqrt{\pi}}$ であろう．

y について予想されるべき平均誤差は，x に対する平均誤差の式で a_i と b_i とを交換すれば求められる．

— 458 —

もしも 3 つの未知量が存在すれば，たったいま与えた 2 つの未知量の場合の平均誤差の式で

$$\sum a_i^2 j_i \ \text{を} \ \sum a_i^2 j_i - \frac{(\sum a_i c_i j_i)^2}{\sum c_i^2 j_i} \ \text{に}$$

$$\sum b_i^2 j_i \ \text{を} \ \sum b_i^2 j_i - \frac{(\sum b_i c_i j_i)^2}{\sum c_i^2 j_i} \ \text{に}$$

$$\sum a_i b_i j_i \ \text{を} \ \sum a_i b_i j_i - \frac{(\sum a_i c_i j_i)(\sum b_i c_i j_i)}{\sum c_i^2 j_i} \ \text{に}$$

変えることによって，その場合の平均誤差が求められる．

この規則を確立するために，もしわれわれが 3 つの方程式(8)をうるならば，最後の方程式から ν を λ と μ で表わし，それを第 1 式と第 2 式に代入することによってそれらを解きはじめることに気づくことのみが必要である．

同じ規則によって，3 つの未知量の場合から，4 つの未知量の場合の平均誤差を演繹しうる，等々．

このような規則を，ラプラスは 328 頁で与えているが証明はされていない．しかしながら，彼は誤差起生の関数がすべての観測ごとに同じであるとし，それで j_i はすべての i の値に対して一定であることを仮定している．そして，1009 節における如く，彼は

$$h_i^2 = \frac{\sum \varepsilon_i^2}{2s}$$

ととっている．

1012. ラプラスが 329-332 頁で述べている考察は，『確率の解析的理論』の第 4 章でこれまで注意してきたことよりも，1007 節で述べたところの一般的な内容にもっとも近づいているようである〔917 節参照〕．ラプラスはあらゆる観測ごとに誤差起生の関数は同じものを取っているが，しかし，正の誤差と負の誤差が同等に確からしいと仮定していないし，あるいは等値域をもつとも仮定していない．

1013. ラプラスは 333 頁で，これまではまだなされていない観測を考察していたが，これからはすでになされた観測を考察しようと，述べている．

観測によって未知の要素に a_1，a_2，a_3，……という値があてがわれたと仮定しよう．そして誤差 z の誤差起生の関数を $\phi(z)$ とし，この関数はあらゆる観測ごとに同じであると仮定する．さて，要素の真の値が x である確率を求めたい．それで誤差はいろいろな観測ごとに a_1-x，a_2-x，a_3-x，……である．

$$P = \phi(a_1-x) \cdot \phi(a_2-x) \cdot \phi(a_3-x) \cdots \cdots$$

とする．そのとき普通の逆確率の原理によって，真の値が x と $x+dx$ の間に存在する確率は

$$\frac{P dx}{\int P dx}$$

である；ただし，分母の積分は，x がとりうるすべての値にわたるものとする．

適当な積分範囲のもとで

$$H \int P dx = 1$$

となるような H を考え，

$$y = H\phi(a_1-x) \cdot \phi(a_2-x) \cdot \phi(a_3-x) \cdots \cdots$$

とする．

x を横座標にとり，y を縦座標にとって曲線を描くことを，ラプラスは構想している．すべての誤差が正とみなされるならば，観測の平均結果としてとるべき値は平均誤差を最小ならしめるところのものである．これはいま描いた曲線下の面積を 2 等分する縦軸に対応する x の値であることを，ラプ

— 459 —

第20章 ラプラス

ラスは示している. すなわち, 彼が最良と考えている平均結果は, 真の値がそれ以上であることも, それ以下であることも同等に確からしいものであるとする〔876節, 918節参照〕.

ラプラスは 355 頁で

「有名は幾何学者たちは, 中央値というのは観測された結果をもっとも確からしくせしめるように選ばなければならないとした. そして結局, 曲線の最大の縦座標をもつときの横軸の座標の値をとることにした. しかし, われわれの採用する中央値は, 確率論によって明白に示されている.」
と述べている.

この抜萃は, すでに1008節で述べた注意, つまり厳密にいえば, ラプラスの方法は一番確からしい (most probable) 結果を与えるのではなく, もっとも好都合なものとラプラスがみなす結果を与えるものである.

1014. ラプラスは 335-340 頁でつぎの問題を解くことに相当する考察を与えている. 観測によって与えられた結果の**平均** (average) が**最確値** (most probable result) として採用され, そして正の誤差と負の誤差が同等に確からしく, 誤差起生の関数がすべての観測において同じであると仮定するならば, 誤差起生の関数には暗にどんなことが仮定されているか?

z なる誤差起生の関数を $e^{-\psi(z^2)}$ によって表わす. これには正の誤差と負の誤差が同等に確からしいという仮定だけが含まれている. そこで, 前節における y の値は

$$He^{-\sigma}$$

となる; ただし, $\sigma = \psi(x-a_1)^2 + \psi(x-a_2)^2 + \psi(x-a_3)^2 + \cdots\cdots$.

最確値を求めるために, σ が最小になるような x を確定しなければならない. このことは方程式

$$(x-a_1)\psi'(x-a_1)^2 + (x-a_2)\psi'(x-a_2)^2$$
$$+ (x-a_3)\psi'(x-a_3)^2 + \cdots\cdots = 0$$

を与える.

さて, 平均値 (average) はつねに最確値 (most probable result) であると仮定しよう. s 回の観測のうち, i 回は結果 a_1 を, $s-i$ 回は結果 a_2 が出たとしよう. 前述の方程式は

$$i(x-a_1)\psi'(x-a_1)^2 + (s-i)(x-a_2)\psi'(x-a_2)^2 = 0$$

となる.

この場合における平均値は

$$\frac{ia_1 + (s-i)a_2}{s}$$

である.

方程式にこの値を x として代入すると,

$$\psi'\left\{\frac{s-i}{s}(a_1-a_2)\right\}^2 = \psi'\left\{\frac{i}{s}(a_1-a_2)\right\}^2$$

をうる.

このことは, $\psi'(z)$ が z と独立でなければ, すなわち $\psi'(z) = c$ でなければ, すべての $\frac{i}{s}$ および a_1-a_2 の値に対して成立することはできない.

だから, $\psi(z) = cz + c'$, ただし c と c' は定数である.

かくして, 誤差起生の関数は Ce^{-cz^2} の形をしている. そして, 誤差は $-\infty$ から $+\infty$ の間に存在しなければならないから

— 460 —

$$C \int_{-\infty}^{+\infty} e^{-cz^2}\, dz = 1,$$

ゆえに

$$C = \frac{\sqrt{c}}{\sqrt{\pi}}$$

である.

未知数がひとつの場合，最小二乗法によって与えられる結果は，平均をとることによって得られる結果と同じである．なぜなら，もし

$$(x-a_1)^2 + (x-a_2)^2 + \cdots + (x-a_s)^2$$

を最小ならしめる x を求めるならば，

$$x = \frac{a_1 + a_2 + \cdots + as}{s}$$

をうる.

そこで，観測によって得られる結果の平均値が最確値であるという，前の考察における仮定は，最小二乗法が最確値を与えるであろうという仮定と同等である．

1015. ラプラスは 340-342 頁を割いて，ある場合には最小二乗法が必要になることを示している．ラプラスがやっているような厄介な非対称形式をやめれば，考察はきわめて単純である．

いろいろな種類の観測値の集合から，ある要素を確定したいと仮定しよう．第 1 種のものには s_1 個の観測値があって，これらから値 a_1 が未知量に対して導かれる；第 2 種のものには s_2 個の観測値があって，これらから値 a_2 が未知量に対して導かれる；……等々．

x を未知量の仮説値とする．正の誤差と負の誤差は同等に確からしいと仮定する．すると，1007 節によって，観測値の第 1 集合から導かれる結果の誤差が，$x-a_1$ と $x+dx-a_1$ の間にある確率は

$$\frac{\beta_1}{\sqrt{\pi}} e^{-\beta_1{}^2(x-a_1)^2}\, dx$$

である.

ここで $\beta_1{}^2$ は $\dfrac{(\sum r_i q_i)^2}{4\sum r_i{}^2 h_i{}^2}$ を表わす．それで，β_1 の値は，われわれの用いた因数 r_1, r_2, ……の値に従属する．たとえば，これらの因数のおのおのを 1 に等しくとる．それは観測結果の平均を採用することに相当する；あるいは，これらの因数に対して，われわれがもっとも好都合な方式とよぶ値の系列をとりうる．もしも，われわれが後者をとれば

$$\beta_1{}^2 = \frac{1}{4} \sum \frac{q_i{}^2}{h_i{}^2}$$

であることがわかる.

同様にして，第 2 の観測値の集合から導かれる結果の誤差が $x-a_2$ と $x+dx-a_2$ の間にある確率は

$$\frac{\beta_2}{\sqrt{\pi}} e^{-\beta_2{}^2(x-a_2)^2}\, dx$$

である.

他の観測値の集合についても同様である．

だから，1013 節の方法を用いれば，x が未知量の真の値である確率は

$$e^{-\sigma}$$

に比例することがわかるであろう；ただし

$$\sigma = \beta_1{}^2(x-a_1)^2 + \beta^2{}_2(x-a_2)^2 + \beta^2{}_3(x-a_3)^2 + \cdots$$

第20章　ラプラス

さて，この確率が最大値をもつようなxの値を決定しよう．そのときには，σは最小値でなければならない．それで
$$x=\frac{\beta_1{}^2a_1+\beta_2{}^2a_2+\beta_3{}^2a_3+\cdots\cdots}{\beta_1{}^2+\beta_2{}^2+\beta_3{}^2+\cdots\cdots}$$
であることがわかる．

それから，ラプラスはおのおのの観測値の集合から，未知量のひとつの値を導出することによって，さらに最確値を探すことによってこの結果を得ている．もしも，$a_1, a_2, a_3, \cdots\cdots$がもっとも好都合な方法によって確定するならば，1007節で与えたものとこの結果とは形式的に同じである．もっとも，正の誤差と負の誤差は同等に確からしく，誤差起生のある関数が第1の観測値集合に適用され，また別の誤差起生の関数が第2の観測値集合に適用される，……と仮定しての話である．なぜなら，たったいま与えたxの値の分子は$\sum\frac{q_i\delta_i}{h_i}$に対応し，分母は1007節の$\sum\frac{q_i{}^2}{h_i{}^2}$に対応するからである．

1016. 誤差を取扱っている他の方法に関して，ラプラスは343-348頁でいくつかの注意を与えている．すなわち，nを十分大きいと仮定して，誤差の$2n$乗の和を最小ならしめる方法のことである．彼はこの方法を未知量が1つの場合について説明している．そして未知量が1つ以上ある場合については，『**天体力学**』(*Mécanique Céleste*)第Ⅲ巻を参照している．第Ⅲ巻で意図されている節は第39節でなければならない．そのなかで，ラプラスはここで論じられたようないくつかの規則を与えてはいるが，しかしそれらの規則を誤差の無限乗ベキの考察と関連づけてはいない．もうひとつの方法は『**天体力学**』のつぎの節で与えられているもので，引用されている1節のノートのなかでボウディチュ博士（Dr. Bowditch）がボスコヴィッチ（Boscovich）[15]のものとしている．ラプラスはこの方法を『**確率の解析的理論**』の第2補遺のなかで取り扱っており，そこでは彼はそれを**位置の方法**（method of situation）とよんでいる．

1017. ラプラスは346-348頁で，観測値の処理方法の歴史について少し説明している．単一の要素が決定されるべき場合の規則を，最初に企てた人はコーツ（*Cotes*）であるという．彼の規則は，1007節において
$$r_1=r_2=\cdots\cdots=r_s=1$$
ととることに相当する．それで
$$u=\frac{\sum\delta_i}{\sum q_i}$$

である．ラプラスの語るところによると，しかしながらその規則はずっと以前は数学者に用いられなかった．が，オイレルが木星と土星についての彼の第1論文でそれを用い[16]，つづいてマイヤ（*Mayer*）が月の秤動についての考察のなかで用いたということである[17]．ルジャンドルは任意個数の未知量が求められねばならないとき，最小二乗法は便利であるといっている[18]．しかしながら，ガウス（*Gauss*）は以前に自身この方法を用い，それを天文学者たちに知らせていた[19]．そして，またガウスは確率論によってその方法を正当化しようと努力した最初の人であった．

われわれはダニエル・ベルヌイ，オイレル，ラグランジュがこの題目を研究したことを知っている〔424節，427節，556節参照〕．ラムベルトとボスコヴィッチはこの問題に関する規則を示唆していた〔『**百**

ガウス

科全書（事項別配列）』の**中央値**（*Milieu*）の項；ボウディチュ博士の『**天体力学**』の翻訳，第Ⅱ巻，434頁，435頁参照〕．

最小二乗法に関するいくつかの他の論文の題名が，『**百科全書ブリタニカ**』の確率論の終りにあげられている．　またグリニチ王立天文台長ジョージ・B・エイリーによる『**観測値および観測値の組合せによる誤差の代数的ならびに数値理論**』（*On the Algebraical and Numerical Theory of Errors of Observations and the combination of Observations*）を研究者にすすめたい．

1018. ラプラスの第5章は『**現象とその原因の研究に対する 確率計算の応用**』（*Application du Calcul des Probabilités, à la recherche des phénomènes et de leurs causes*）と題されている．それは349-362頁を占める．

この章のはじめにラプラスがもってきている例は，この章の目的をはっきりとさせる着想なのであろう．　400日にわたって観測したところ，晴雨計の高さが 4mm も変化しなかったとしよう．　そして朝9時の高さの合計が，　午後4時の高さの 合計を 400mm も超過している，つまり毎日平均して 1mm 超過していることが与えられたと仮定しよう．　この超過が定常な原因による確率を求めることにしよう．

われわれが吟味しなければならないのは，それが定常な原因にもとづかないで，偶然的な混乱要因や観測誤差から生ずるという仮定にもとづいて，結果の確率がいくらかということである．

1004節の方法によって，午後の結果を上まわる朝の結果の日々の代数的超過は正または負であることが同等に確からしいと仮定して，s 回の超過の和が正の量 c を超えるであろう確率は

$$= \frac{1}{\sqrt{2k's\pi}} \int_c^\infty e^{-\frac{v^2}{2sk'}} dv = \frac{1}{\sqrt{\pi}} \int_\tau^\infty e^{-t^2} dt \quad ,$$

ただし　$\tau = \dfrac{c}{\sqrt{2sk'}}$　である．

そこで，和が c より代数的に小さい確率は

$$1 - \frac{1}{\sqrt{\pi}} \int_\tau^\infty e^{-t^2} dt$$

である．

さて，1004節と同じように，k' の最大値として $\dfrac{a^2}{3}$ をとりうる．それで τ の最小値は $\dfrac{c\sqrt{3}}{a\sqrt{2s}}$ である．また，$a=4$, $c=400$, $s=400$．それで，τ の最小値は $\dfrac{5\sqrt{3}}{\sqrt{2}} = \sqrt{37.5}$ である．

それゆえに，$1 - \dfrac{1}{\sqrt{\pi}} \displaystyle\int_\tau^\infty e^{-t^2} dt$ は1に非常に近いことがわかる．　だから，もし定常な原因が全然なければ，この超過の合計が 400 を下まわることはほぼ確実なものと見なされうる．すなわち，定常な原因が存在する確率は非常に高くなる．

1019. ラプラスは同様のやり方で，観測によって得られた物理的天文学のいろいろな結果の定常な原因の存在を，確率論によって認知するにいたったということを述べている．それから，これらの定常な原因の存在性を数学的な考察によって証明することに進む．この問題についての見解は，『**序論**』の LVII-LXX頁のなかで十分述べられている〔938節参照〕．

1020. ラプラスは359-362頁でビュッホンの問題を解いている．それについては650節で説明ずみである．

一組の平行線があると仮定する．　2本の隣り合う直線の間の距離を a，棒の長さを $2r$ とする．　棒が一直線を横切る可能性は $\dfrac{4r}{\pi a}$ である．　それで，993節によって，もし棒が非常に多数回投げ落され

— 463 —

第20章　ラ ブ ラ ス

るとすれば，その棒が全試行回数中，一直線を横切る回数の比率が $\dfrac{4r}{\pi a}$ に非常に近いことは確実である．それで，実験によって π の近似値を決定できる．

ラプラスは，「直線を横切る回数に対して，懸念される誤差を最小ならしめる比率 $\dfrac{8r}{a\pi}$ が 1 であることは容易にわかることである．」とつけ加えている．ラプラスはつぎのように論を進めたと思われる．1 回の試行でその事象の起こる確率を p とする．そのとき，993節によって，μ 回の試行でその事象が生起する回数が

$$p\mu - \tau\sqrt{2\mu p(1-p)} \quad \text{と} \quad p\mu + \tau\sqrt{2\mu p(1-p)}$$

の間にある確率は，大体

$$\frac{2}{\sqrt{\pi}}\int_0^\tau e^{-t^2}\,dt$$

である．

だから，できる限り上の範囲を狭ばめるには，$p(1-p)$ をできる限り小さくしなければならない．それで $p = \dfrac{1}{2}$．以上がラプラスの手順であったように思われる．しかしながら，これは間違っている．なぜならば，$p = \dfrac{1}{2}$ のとき，$p(1-p)$ は最大値をとるのであって，最小値をとるのではない．なおその上，$\tau\sqrt{2\mu p(1-p)}$ をできる限り小さくする必要はないが，この式と $p\mu$ との比はできる限り小さくしなければならない．そこで $\dfrac{\sqrt{p(1-p)}}{p}$ をできる限り小さくしなければならない．ということは $\dfrac{1}{p} - 1$ をできる限り小さくしなければならない．だから，p はできる限り大きくなければならない．当面している場合では $p = \dfrac{4r}{\pi a}$ である．ゆえに，この値をできるだけ大きくしなければならない．ところで，この問題の解においては，$2r \leqq a$ であることが仮定されている．だから，$2r = a$ が，もっとも望ましい棒の長さである．

ラプラスの誤りは，『大都会人のための百科全書』における『確率論』の172節で，ド・モルガン教授によって指摘された．しかしながら，もっとも奇妙だと思われる点は，これまで指摘されてこなかったこと，つまり，ラプラスが第 1 版では正しい結果を出しているという点である．そこで，彼は「……直線を横切る回数に対して，懸念される誤差を最小ならしめる比率 $\dfrac{2r}{a}$ が 1 に等しいことは容易にわかることである……」と言っている．初版の頁は抹消され，第 2 版と第 3 版では新しい頁が挿入され，こうして正しいことが誤ったことに変ったのであろう〔932節参照〕．

ビュッホン自身は失敗したビュッホンの問題の第 2 部を，ラプラスは正しく解いている．ラプラスの解法は650節で述べたものより簡単というわけではない

1021. ラプラスの第 6 章は『**観測された事象からひき出した，原因の確率と未来事象の確率について**』（*De la probabilité des causes et des événemens futurs, tirée des événemens observés*）と題されている．それは363-401頁を占める．

この章の題目は，初期のころからラプラスの注意を喚起していたものである．だから，確率論でなされた重要な拡張作業の功績を主としてラプラスに帰すると同時に，彼の先駆者であるベイズに対しても，同時に正当な名誉が与えられなければならない〔851節，868節，870節，903節，909節参照〕．

未知と仮定されるある単一事象の可能性を x，この単一事象にある指定された方法で従属するある複合事象の可能性を y で表わす．そのとき，y は x の既知の関数である．この複合事象が観測されたとしよう．そのとき，単一事象の可能性が α と β の間に存在する確率は

— 464 —

$$\frac{\int_{\alpha}^{\beta} y\,dx}{\int_{0}^{1} y\,dx}$$

である.

これは第6章の重要な公式である. ラプラスはそれに例を適用し, そして自分の近似法によって積分を評価している.

同様にして, もし複合事象が2つの独立な単一事象に従属しているならば, ある事象の可能性が α と β の間にあり, 他の事象の可能性が α' と β' の間にある確率は

$$\frac{\int_{\alpha'}^{\beta'}\int_{\alpha}^{\beta} y\,dx'\,dx}{\int_{0}^{1}\int_{0}^{1} y\,dx'\,dx}$$

である.

1022. ラプラスの著作のなかでも, この章であげられている例は, 彼の近似法の利点を際立って示している. しかし, それらは目新しいものでもなく, そしてまた原理的にも難かしくないので, それらを詳しく再述する必要があるとは思えない.

1023. ラプラスは366頁でひとつの見解を述べているが, それは簡単に吟味しておく価値があるかもしれない. もしも, 積分

$$\int_{-\tau}^{\tau'} e^{-t^2}\,dt$$

をとらねばならないとき, その近似値として

$$2\int_{0}^{\sqrt{\frac{\tau^2+\tau'^2}{2}}} e^{-t^2}\,dt$$

をとればよいというのである. これは $\tau'^2-\tau^2$ の平方を無視することに 相当すると彼は述べている. われわれは問題をつぎの形におくことができる. a と b を正数とし,

$$\int_{0}^{a} e^{-t^2}\,dt+\int_{0}^{b} e^{-t^2}\,dt=2\int_{0}^{x} e^{-t^2}\,dt$$

であるような x を求めたいとしよう.

$a<b$ と仮定する. そのとき, 実際上

$$\int_{a}^{x} e^{-t^2}\,dt= \int_{x}^{b} e^{-t^2}\,dt$$

であることを要する.

ラプラスは, 要するに近似値として $x=\sqrt{\dfrac{a^2+b^2}{2}}$ をとれといっている. しかしながら, その理由は一切述べていない. もっとも自然な近似値は, $x=\dfrac{a+b}{2}$ とすることであり, これは確かに彼の近似値よりもよりよい近似値である. なぜなら, e^{-t^2} は単調減少であるから, x の真の値は $\dfrac{1}{2}(a+b)$ より小さい. しかるにラプラスの近似値は $\dfrac{1}{2}(a+b)$ より大きいからである.

1024. ラプラスは369-376頁でゲームに関係ある問題を論じている〔868節参照〕. AとBがある回数試合をする. 1試合に勝つためには, 演技者は3ゲーム中2ゲームに勝たねばならない. Aが n 試合（n は十分大きい）中 i 試合勝ったことが分っているとき, Aの熟練度が所定の範囲内に存在する確率を求めることにしよう. もし, ある演技者がある試合の第1, 第2ゲームに勝ったならば, 第3

第20章　ラ　プ　ラ　ス

ゲームはやる必要がない．それゆえ，もし n 試合行なわれるならば，ゲームの総数は $2n$ と $3n$ の間に存在しなければならない．そのとき，ラプラスはゲームの最確数を求めている．

1025. ラプラスは377-380頁で，**896**節で説明ずみの問題を論じている．求める確率は

$$\frac{\int_{\frac{1}{2}}^{1} x^p(1-x)^q dx}{\int_{0}^{1} x^p(1-x)^q dx}$$

である；ただし，p と q は40年にわたる観測から導出された値である．これらの値は**902**節で与えられている．確率は近似的に

$$1-\frac{1-0.0030761}{\mu}$$

であることをラプラスは発見している；ただし μ は非常に大きな値で，$\log\mu>72$ である．こうして，ラプラスは，その確率が歴史上一番よく証明されている事実と少くとも等しいと結論づけている．

〔ラプラスの解法のなかに出てくる公式については**767**節が参照される．ヴィットオ村において観測された不規則さについては**768**節，**769**節参照〕

1026. ラプラスは381-384頁で，**902**節で注目した問題を論じている．

女児に対する男児出生数の比が，パリよりロンドンの方が大であるという観察事実に対する説明に，彼はある示唆を与えている．

1027. それから，ラプラスは死亡表から発見された結果の確率を考察する．もしも無数の幼児の生存期間を観察することができたら，死亡表は完全なものであろうと仮定する．そこで，彼は有限な幼児数をもとに作成された表が，理論的に完全な表と，ある定められた程度に偏っている確率を推定する．このあと，**1036**節で，ラプラスがここで考察したのと類似の問題を論ずるであろう．

1028. ラプラスが390頁で示している結果は，定積分についての一般定理を示唆するもので，ここでそれを証明しよう．

$u^2=a_1{}^2z_1{}^2+a_2{}^2(z_2-b_1z_1)^2+a_3{}^2(z_3-b_2z_2)^2+\cdots\cdots+a_n{}^2(z_n-b_{n-1}z_{n-1})^2$ とする．そして e^{-u^2} を $n-1$ 個の変数 $z_1,\ z_2,\ \cdots\cdots z_{n-1}$ のおのおのについて，$-\infty$ から $+\infty$ まで積分する．そのとき，結果は

$$\frac{\gamma\pi^{\frac{n-1}{2}}}{a_1a_2\cdots\cdots a_{n-1}a_n}e^{-\gamma^2z_n{}^2}$$

となるであろう；ただし

$$\frac{1}{\gamma^2}=\frac{1}{a_n{}^2}+\frac{b_{n-1}{}^2}{a_{n-1}{}^2}+\frac{b_{n-2}{}^2\ b_{n-1}{}^2}{a^2{}_{n-2}}+\cdots\cdots+\frac{b_1{}^2b_2{}^2\cdots\cdots b^2{}_{n-1}}{a_1{}^2}$$

である．

まず，z_1 に関する積分を考察しよう．

$$a_1{}^2z_1{}^2+a_2{}^2(z_2-b_1z_1)^2=(a_1{}^2+a_2{}^2b_1{}^2)z_1{}^2-2a_2{}^2b_1z_1z_2+a_2{}^2z_2{}^2$$

$$=(a_1{}^2+a_2{}^2b_1{}^2)\Big(z_1-\frac{a_2{}^2b_1z_2}{a_1{}^2+a_2{}^2b_1{}^2}\Big)^2+a_2{}^2z_2{}^2-\frac{a_2{}^4b_1{}^2z_2{}^2}{a_1{}^2+a_2{}^2b_1{}^2}=(a_1{}^2+a_2{}^2b_1{}^2)t^2+\frac{a_1{}^2a_2{}^2z_2{}^2}{a_1{}^2+a_2{}^2b_1{}^2}\ \ ,$$

ただし　$t=z_1-\dfrac{a_2{}^2b_1z_2}{a_1{}^2+a_2{}^2b_1{}^2}$　である．

t の範囲は $-\infty$ から $+\infty$ までである．t に関して積分する．すると z_1 はまったく取除かれ，因数

$$\frac{\sqrt{\pi}}{\sqrt{a_1{}^2+a_2{}^2b_1{}^2}}$$

— 466 —

を得る．そして，u^2 におけるはじめの2つの項の代りに，

$$\frac{a_1{}^2 a_2{}^2 z_2{}^2}{a_1{}^2 + a_2{}^2 b_1{}^2}$$

なる単一の項を得る．

つぎに，z_2 に関して積分する．すると，z_2 はまったく取除かれ，因数

$$\frac{\sqrt{\pi}}{\sqrt{\dfrac{a_1{}^2 a_2{}^2}{a_1{}^2 + a_2{}^2 b_1{}^2} + a_3{}^2 b_2{}^2}}$$

が導かれる．そして，u^2 のはじめの3項に代り，

$$\frac{a_1{}^2 a_2{}^2 a_3{}^2 z_3{}^2}{a_1{}^2 + a_2{}^2 b_1{}^2}\left\{\frac{a_1{}^2 a_2{}^2}{a_1{}^2 + a_2{}^2 b_1{}^2} + a_3{}^2 b_2{}^2\right\}^{-1}$$

なる単一の項が得られる．

こうして，さて，全体として因数

$$\frac{(\sqrt{\pi})^2 \lambda}{a_1 a_2 a_3},$$

ただし

$$\frac{1}{\lambda^2} = \frac{1}{a_3{}^2} + \frac{a_2{}^2}{b_2{}^2} + \frac{b_1{}^2 b_2{}^2}{a_1{}^2}$$

を得る．そして u^2 のはじめの3項は単一の項 $\lambda^2 z_3{}^2$ におきかえられる．

つぎに z_3 に関して積分する．こうして，z_3 をまったく取除き，因数

$$\frac{\sqrt{\pi}}{\sqrt{\lambda^2 + a_4{}^2 b_3{}^2}} = \frac{\sqrt{\pi}}{\lambda a_4 \sqrt{\dfrac{1}{a_4{}^2} + \dfrac{b_3{}^2}{\lambda^2}}} = \frac{\mu \sqrt{\pi}}{\lambda a_4}$$

を導き出す；ただし

$$\frac{1}{\mu^2} = \frac{1}{a_4{}^2} + \frac{b_3{}^2}{\lambda^2}$$

である．そして，u^2 のはじめの4項は単一の項

$$\frac{\lambda^2 a_4{}^2 z_4{}^2}{\lambda^2 + a_4{}^2 b_3{}^2} = \mu^2 z_4{}^2$$

で置換えられる．

このようにして進めることによって，所与の結果に達することは明らかである．

1029. ラプラスは911節で説明した問題に，391-394頁を割いている．問題は1027節で注目したものとよく似ており，その解法の仕方は後程1036節で説明するであろう．

ラプラスが385-394頁で考察している問題は，未来事象（future event）の確率に関連している．だから，これらの頁は奇妙なことに，それに相応しい場所とも思われない．それらは次節で分析する予定の議論につづくものである．だから，われわれは「観測された事象からひき出される，未来事象の確率を主として考察しよう」．

1030. ラプラスは 394-396頁で，観測された事象から導出した未来事象の確率という重要な問題を考察している〔870節，903節，909節参照〕．

1021節の記法にもどり，x の既知関数である z は，x で可能性が表わされる単一事象に従属するある複合事象の可能性を表わすものとする．そのとき，この未来事象の全確率 P は

— 467 —

第20章 ラ プ ラ ス

$$P = \frac{\int_0^1 yz\,dx}{\int_0^1 y\,dx}$$

によって与えられるであろう.

それから, ラプラスは上の式における積分に対する近似値を示唆している. 彼の見解の本質的な部分を再述しよう. 957節において,

$$t^2 = \log Y - \log \phi(a+\theta)$$

$$= \log Y - \log \left\{ \phi(a) + \theta\phi'(a) + \frac{\theta^2}{2}\phi''(a) + \cdots\cdots \right\}$$

$$= -\frac{\theta^2}{2}\,\frac{\phi''(a)}{\phi(a)} + \cdots\cdots$$

を得る；ただし, 仮説により, $Y = \phi(a)$, $\phi'(a) = 0$ である.

だから, 近似的に

$$t = \theta\sqrt{-\frac{1}{2}\,\frac{\phi''(a)}{\phi(a)}}$$

である.

そこで, もしも $x = 0$ と $x = 1$ において $y = 0$ となるならば, 近似的に

$$\int_0^1 y\,dx = \frac{Y^{\frac{3}{2}}\sqrt{2\pi}}{\sqrt{-\dfrac{d^2Y}{da^2}}}$$

を得る.

同様に, $x = a'$ のとき yz が極大値をとり, そのとき $yz = Y'Z'$ と仮定すれば

$$\int_0^1 yz\,dx = \frac{(Y'Z')^{\frac{3}{2}}\sqrt{2\pi}}{\sqrt{-\dfrac{d^2Y'Z'}{da'^2}}}$$

となる.

z が y の関数, すなわち $z = \phi(y)$ であると仮定すれば, y が最大値をとるとき, yz は最大値をとる. それで, $a' = a$. そして

$$\frac{dY}{da} = 0$$

だから,

$$\frac{d^2Y'Z'}{da'^2} = \left\{ \phi(Y) + Y\phi'(Y) \right\} \frac{d^2Y}{da^2}$$

であることがわかる.

そこで, 近似的に

$$P = \frac{\phi(Y)}{\sqrt{1 + \dfrac{Y\phi'(Y)}{\phi(Y)}}}$$

となる.

1031. ラプラスは397–401頁でつぎの問題を論じている. パリにおいて, 所定の年数の間, 女子よりも男子の方が毎年多く洗礼をうけていることが観察されている. そこでこのような事柄が一世紀にわたって持続するであろう確率を求めよう〔**897**節参照〕.

— 468 —

ある所定の年数の間に観察された男子の洗礼数を p，女子のそれを q とする．そして毎年の洗礼数を $2n$ とする．出生し，洗礼をほどこされようとしている幼児が男である可能性を x としよう．

$(x+1-x)^{2n}$ を級数

$$x^{2n}+2nx^{2n-1}(1-x)+\frac{2n(2n-1)}{1\cdot2}x^{2n-2}(1-x)^2+\cdots\cdots$$

に展開しよう．そのとき，この級数のはじめの n 項の和が，1 年間に男子の洗礼数が女子のそれを上まわる確率を示すであろう．

この和を ζ で表わす．ζ^i はそのような優勢さが i 年間持続する確率であろう．

ここで，前節の公式において，$y=x^p(1-x)^q$，$z=\zeta^i$ とおくと

$$P=\frac{\int_0^1 x^p(1-x)^q\zeta^i dx}{\int_0^1 x^p(1-x)^q dx}$$

を得る．

ラプラスは自己の近似法を使って積分の値を求めることに非常に成功している．彼は902節で与えた p と q の大きい方の値を使っている．そして大体 $P=0.782$ であることを発見している．

1032. ラプラスの第7章は『**完全に同等であると仮定される可能性の間に存在しうる未知の不規則性の影響について**』（*De l'influence des inégalités inconnues qui peuvent exister entre des chances que l'on suppose parfaitement égales*）と題されている．それは402-407頁を占める．

この章の問題も初期のころラプラスの注意をひいたものである〔877節，881節，891節参照〕．1 枚の貨幣を投げて表の出る可能性は，

$$\frac{1+\alpha}{2} \qquad \text{または} \qquad \frac{1-\alpha}{2}$$

のいずれかであると仮定するが，どちらの可能性になるかは同等に確からしいものとする．そのとき，n 回続けて表の出る可能性は

$$\frac{1}{2}\left\{\left(\frac{1+\alpha}{2}\right)^n+\left(\frac{1-\alpha}{2}\right)^n\right\}=\frac{1}{2^n}\left\{1+\frac{n(n-1)}{1\cdot2}\alpha^2+\frac{n(n-1)(n-2)(n-3)}{4!}\alpha^4+\cdots\cdots\right\}$$

となるであろう．

だから，このような貨幣で n 回続けて表を出そうと企てることは，貨幣が完全に対称であるときの可能性をこえるものであるから，有利である．

ラプラスは，貨幣が対称性を欠くことにもとづく影響を減らす方法を示している．

2 枚の貨幣AとBがあったとする．Aの貨幣で表と裏の出る可能性をそれぞれ p，q とする．そしてBの貨幣で表と裏の出る可能性をそれぞれ p'，q' とする．n 回 2 枚の貨幣を投げて，いつも同じ面が出る確率を決定しよう．

求める可能性は $(pp'+qq')^n$ である．

$$p=\frac{1+\alpha}{2},\quad q=\frac{1-\alpha}{2}\quad p'=\frac{1+\alpha'}{2},\quad q'=\frac{1-\alpha'}{2}$$

と仮定すると，

$$(pp'+qq')^n=\frac{1}{2^n}(1+\alpha\alpha')^n$$

である．

しかし，どの面に対称性が欠ければ望ましいかは分らないので，前の式において，p と q，p' と q'

第20章　ラ　プ　ラ　ス

を交換して

$$(pp'+qq')^n=\frac{1}{2^n}(1-\alpha\alpha')^n$$

であるかもしれない．だから，真の値は

$$\frac{1}{2}\left\{\frac{1}{2^n}(1+\alpha\alpha')^n+\frac{1}{2^n}(1-\alpha\alpha')^n\right\}$$
$$=\frac{1}{2^n}\left\{1+\frac{n(n-1)}{1\cdot2}\alpha^2\alpha'^2+\frac{n(n-1)(n-2)(n-3)}{4!}\alpha^4\alpha'^4+\cdots\cdots\right\}$$

であろう．

　1枚の貨幣を使って，n 回投げ n 回とも表の出る確率より，この確率の方がより $\frac{1}{2^n}$ に近いことは明らかである．

　1033. ラプラスは891節で述べた結果を再び与えている．Aの熟練度を p，Bの熟練度を q としよう．Aがはじめに a 枚の模造貨幣をもち，Bははじめに b 枚の模造貨幣をもつとする．そのときBを破産させるAの可能性は

$$\frac{p^b(p^a-q^a)}{p^{a+b}-q^{a+b}}$$

である．

　ラプラスは p に対して，つぎつぎと $\frac{1}{2}(1+\alpha)$，$\frac{1}{2}(1-\alpha)$ の値を代入し，その和の半分をとる．こうして，Aの可能性として

$$\frac{1}{2}\ \frac{\{(1+\alpha)^a-(1-\alpha)^a\}\{(1+\alpha)^b+(1-\alpha)^b\}}{(1+\alpha)^{a+b}-(1-\alpha)^{a+b}}$$

を得る．

　$a<b$ と仮定すれば，この式が $\frac{a}{a+b}$ よりつねに大きいことは容易に分るとラプラスは述べている．この値は $\alpha=0$ のときの極限である．これは，891節でなされたのと同じ陳述であるが，その証明はより簡単であろう．なぜならば，その節で適用された変形が再び繰返されていないからである．

$$\frac{1+\alpha}{1-\alpha}=x,\qquad u=\frac{(x^a-1)(x^b+1)}{x^{a+b}-1}$$

とおく．

　$a<b$ と仮定するとき，x が1から∞まで増加するにつれて，u も連続的に増加することを示さねばならない．

$$\frac{1}{u}\ \frac{du}{dx}=\frac{ax^a(x^{2b}-1)-bx^b(x^{2a}-1)}{x(x^a-1)(x^b+1)(x^{a+b}-1)}$$

であることがわかる．

　この式が負ではありえないことを示そう．

$$\frac{x^b-x^{-b}}{b}-\frac{x^a-x^{-a}}{a}$$

が負でありえないことを示さねばならない．

　この式は $x=1$ のとき0になる．そしてその微分係数は $(x^{b-1}-x^{a-1})(1-x^{-a-b})$ であり，それは x が1と∞の間にあるときは正である．ゆえに，x が1と∞の間にあるならば，与えられた式は正である．

　もしも，各演技者がはじめにもっている模造貨幣の数を2倍，3倍，……とふやすことに同意すれ

—470—

ば，Aの利益は連続的に増大するであろう，とラプラスは語っている．このことは容易に証明しうる．なぜならば，a を ka に，b を kb と変えると

$$\frac{(x^{ka}-1)(x^{kb}+1)}{x^{ka+kb}-1}$$

が k とともに連続的に増大することを示さねばならない．$x^k = y$ とおく．y が1より漸次増大するとき

$$\frac{(y^a-1)(y^b+1)}{y^{a+b}-1}$$

は連続的に増大することを示さねばならない．そして，このことはすでに証明ずみである．

1034. ラプラスの第8章は『平均寿命，平均結婚期間およびそれらと関連したこと』（*De durées moyennes de la vie, des mariages et des associations quelconques*）と題されている．それは408-418頁を占めている．

死亡表から n 人の幼児の平均寿命を求めたい；ただし n は非常に大きい数とする．ラプラスが研究したいと考えたのは，この値と真の値と考えられるものとの差違が，所定の範囲内にある確率である．ここで，真の値とは，$n \to \infty$ のときに得られる値を意味する．ラプラスの分析は第4章の分析と同種のものである．

1035. つぎに，ラプラスが吟味していることは，もしも特別な病気，たとえば天然痘のようなものが絶滅させられるならば，死亡者数の法則にどのような効果がもたらされるだろうかということである．ラプラスの考察は，ダニエル・ベルヌイによってなされ，ダランベールによって修正されたものと似ている〔402節，405節，483節参照〕．

ラプラスの結果を述べよう．402節において

$$\frac{dq}{dx} = \frac{q}{n} - \frac{1}{mn}, \quad \text{ただし} \quad q = \frac{\xi}{s}$$

なる方程式に到達していた．$\frac{1}{n} = i$，$\frac{1}{m} = r$ とおく．i と r は定数とは仮定されない．すると

$$\frac{dq}{dx} = iq - ir .$$

$v = e^{-\int i dx}$ とかくと

$$\frac{d}{dx} qv = -irv ,$$

ゆえに

$$qv = 定数 - \int irv dx .$$

$x = 0$ のとき，q と v はおのおの1であるから，積分の下端を0とすると，上の定数は1である．だから

$$qv = 1 - \int irv dx$$

405節で得られた微分方程式は，ここで用いている記法で表わすと

$$\frac{1}{z} \frac{dz}{dx} - \frac{1}{\xi} \frac{d\xi}{dx} = \frac{ir}{q} = \frac{irv}{1 - \int irv dx}$$

となる．それゆえ，積分すれば

第20章　ラ　プ　ラ　ス

$$\frac{z}{\xi} = \frac{\text{定　数}}{1 - \int irv dx}$$

である.

前と同様,定数は1である.　よって

$$z = \frac{\xi}{1 - \int irv dx}$$

となる.

この結果はラプラスの著作の414頁の結果と一致する.

もしも,iとrが定数であるならば,この式は便利なものであると,ラプラスは示唆している.しかし,iとrが変化するときは,彼が以前に考察したもうひとつの公式を選好している.その公式は**483**節でダランベールによって与えられたものでもあった.　観察によって与えられたデータを用いることによって,天然痘の消滅が平均寿命を3年増したことは明らかであると,ラプラスは述べている.ただし,このことはこの期間内での人口の増大によって食糧が減少するということは影響なしと仮定しての話である.

1036.　ラプラスは415-418頁で,ダニエル・ベルヌイによってはじめて論じられた平均結婚期間についての問題を論じている〔**412**節,**790**節参照〕.

ラプラスの研究ははなはだ曖昧である.われわれはその問題を処理するいろいろな方法を吟味することにしよう.

A歳の女性μ人が同年令の男性μ人と結婚するとしよう.μは大きな数とする.T年の終りに,夫婦関係を解消していない組が指定された数だけ残る確率を求めよう.死亡法則は男女とも同じと仮定する.死亡表から,A歳の人$m_1 + n_1$人中T年後に生きている人はm_1人いることがわかっていると仮定する.m_1とn_1は大きな数と仮定する.

提示された問題のひとつの解き方はつぎの通りである.ある特定の個人が,T年の終りまで生存している可能性は$\frac{m_1}{m_1 + n_1}$である.それである特定の夫婦がT年の終りまで生存している可能性は$\left(\frac{m_1}{m_1 + n_1}\right)^2$であろう.この値を$p$で表わす.それゆえ,はじめ$\mu$組の夫婦のうち,$T$年の終りでまだ$\nu$組の夫婦が残っている可能性は

$$\frac{\mu!}{(\mu - \nu)! \nu!} p^\nu (1 - p)^{\mu - \nu}$$

である.

ある特定の個人がT年の終りに生存している可能性が正確に$\frac{m_1}{m_1 + n_1}$であるという仮定が正しいとき,上式は正確なものである.この仮定は ヤコブ・ベルヌイの定理の逆使用とよばれるものと類似している〔**997**節参照〕.

ベイズやラプラスによって与えられた逆確率のおきまりの原理によっても,問題を解くことができる.A歳の人がT年の終りまで生存している可能性をxとし,それは未知であるとする.A歳の人$m_1 + n_1$人のうち,T年後まで生存している人はm_1人であるという.これらの数値は死亡表に記録された観測事象の結果である.そこで**1003**節において,yと記した量は

$$\frac{(m_1 + n_1)!}{m_1! n_1!} x^{m_1} (1 - x)^{n_1}$$

であり,zと記した量は

— 472 —

$$\frac{\mu!}{(\mu-\nu)!\,\nu!}(x^2)^\nu(1-x^2)^{\mu-\nu}$$

である．それゆえ

$$P=\frac{\mu!}{(\mu-\nu)!\,\nu!}\cdot\frac{\displaystyle\int_0^1 x^{m_1}(1-x)^{n_1}(x^2)^\nu(1-x^2)^{\mu-\nu}dx}{\displaystyle\int_0^1 x^{m_1}(1-x)^{n_1}dx}$$

である．

しかしながら，ラプラスはこれまで述べたいずれの方法も用いていない．述べているのは，両者の混合した形式である．彼の手順はつぎのように述べることができる．第1の解法を用いることにし，$p=\left(\dfrac{m_1}{m_1+n_1}\right)^2$ とおく代りに，p の値を決定するのにベイズの定理を用いるのである．

われわれは第2の解法を完成しよう．つぎの段階は，P の式のなかに出てくる積分の値を正確に評価することから成る筈である．しかしながら，ラプラス自身がやったと同様な，ある粗い近似で満足することにしよう．

993節によって

$$\frac{\mu!}{\nu!(\mu-\nu)!}(x^2)^\nu(1-x^2)^{\mu-\nu}\doteqdot\frac{e^{-\frac{r^2}{2\mu x^2(1-x^2)}}}{\sqrt{2\pi\mu x^2(1-x^2)}}$$

と仮定する．ただし，r は大きくなく，

$$\nu\doteqdot x^2\mu-r,\quad \mu-\nu\doteqdot(1-x^2)\mu+r$$

であると仮定される．

だから

$$P=\frac{\displaystyle\int_0^1\frac{x^{m_1}(1-x)^{n_1}}{\sqrt{2\pi\mu x^2(1-x^2)}}e^{-\frac{r^2}{2\mu x^2(1-x^2)}}dx}{\displaystyle\int_0^1 x^{m_1}(1-x)^{n_1}dx}$$

となる．

それから，**957**節，**997**節と同様

$$x^{m_1}(1-x)^{n_1}\doteqdot Ye^{-t^2},$$

$$x\doteqdot a+\frac{t\sqrt{2m_1n_1}}{\sqrt{(m_1+n_1)^3}},\quad \text{ただし}\quad a=\frac{m_1}{m_1+n_1}$$

とおくことにしよう．

そして，結局

$$P\doteqdot\frac{e^{-\frac{r^2}{2\mu a^2(1-a^2)}}}{\sqrt{2\pi\mu a^2(1-a^2)}}$$

となる．

それから，**993**節で与えたように，異なる r の値に対して加算しなければならない．結果は，夫婦関係を続けている組の数が

$$\mu a^2-\tau\sqrt{2\mu a^2(1-a^2)}\quad\text{と}\quad \mu a^2+\tau\sqrt{2\mu a^2(1-a^2)}$$

の間にある確率は近似的に

$$\frac{2}{\sqrt{\pi}}\int_0^\tau e^{-t^2}dt+\frac{1}{\sqrt{2\pi\mu a^2(1-a^2)^{3/2}}}e^{-\tau^2}$$

であるということである．

第20章 ラ プ ラ ス

これが実質的にラプラスの求めたものと一致する. 彼の著作の418頁3行目において, p' が非常に大きいと仮定されるという考察によって, 方程式は簡単にされる筈だということがわかる. それで, 方程式は

$$k^2 = \frac{1}{2n\phi^2(1-\phi^2)}$$

となる〔『大都会人のための百科全書』のなかの『確率論』の148節参照〕.

この問題について, さらにもうひとつの解法がある. 観察結果として, A 歳の人 μ_1 組の結婚のうち, T 年の終りに夫婦である組が ν_1 組残っているとする. 現在 A 歳の人の間で μ 組の人たちが結婚し, T 年の終りに ν 組が夫婦であろう結果の確率を求めよう. 1030節と同様に

$$P = \frac{\mu!}{\nu!(\mu-\nu)!} \frac{\int_0^1 x^{\nu_1+\nu}(1-x)^{\mu_1-\nu_1+\mu-\nu}dx}{\int_0^1 x^{\nu_1}(1-x)^{\mu_1-\nu_1}dx}$$

を得る.

a^2 の代りに $\frac{\nu_1}{\mu_1}$ とおけば, この結果は第2の解法の結果と同じようなものである. 実際的には $\frac{\nu_1}{\mu_1} \doteqdot a^2$ である. しかし, これらは異なるデータから得られたものであるから, 理論上は混同してはならない. 最後の方法は第2の方法よりずっと簡単である. しかし, 問題により直接的に関連した観察データから得たものであることが仮定される.

1037. ラプラスの第9章は『未来事象の確率に従属する利益について』(*Des bénéfices dépendans de la probabilité des événemens futurs*) と題されている. それは419-431頁を占める.

s 回という多数の試行がなされる. そして毎試行ごとに2つの場合のどれかひとつの場合が生起すると仮定する. そしてある場合が生起するとある金額を手に入れるものとし, 他の場合が生起したときは別の金額が受取られるものとする. このときの期待値を決定せよ.

ラプラスは第4章と同種の分析を適用している. われわれは1002節での考察から求める結果を演繹しよう. 1002節においては, ある変数 z はあらゆる値をとりうると仮定していた. さらに, その値が第 i 番目の試行において z と $z+\delta z$ の間にある可能性を $f_i(z)$ と表わした. しかしながら, ζ_i および ξ_i と記す, たった2つの値のみをとりうると仮定しよう. すると $f_i(z)$ は z が ζ_i と ξ_i の値にほとんど等しい場合を除いて, z のすべての値に対して0であると仮定しなければならない. そこで

$$\int_b^a f_i(z)dz = p_i + q_i$$

とおく;ただし, p_i は ζ_i にほぼ近い z の値から生ずる積分の部分を示し, q_i は ξ_i にほぼ近い z の値から生ずる積分の部分を示す. だから

$$p_i + q_i = 1$$

となる.

さらに, $\int_b^a z f_i(z)dz$ は, ζ_i と ξ_i にそれぞれほぼ等しい z の値から生ずる2項で表わせる. すなわち

$$\int_b^a z f_i(z)dz = \zeta_i p_i + \xi_i q_i$$

となる.

同様にして

$$\int_b^a z^2 f_i(z)dz = \zeta_i^2 p_i + \xi_i^2 q_i$$

—474—

となる.

さて, 1002節では $r_1=r_2=\cdots\cdots=r_s=1$ と仮定した. そのとき

$$l=\sum k_i=\sum(\zeta_i p_i+\xi_i q_i).$$

$$2\kappa^2=\sum(k_i'-k_i^2)=\sum\{\zeta_i^2 p_i+\xi_i^2 q_i-(\zeta_i p_i+\xi_i q_i)^2\}$$

$$=\sum\{(\xi_i^2 p_i+\xi_i^2 q_i)(p_i+q_i)-(\zeta_i p_i+\xi_i q_i)^2\}=\sum p_i q_i(\zeta_i-\xi_i)^2$$

となる.

1002節によって, $\sum\varepsilon_i$ が

$$\sum(\zeta_i p_i+\xi_i q_i)-2\tau\kappa \quad \text{と} \quad \sum(\zeta_i p_i+\xi_i q_i)+2\tau\kappa$$

の間にある確率は $\dfrac{2}{\sqrt{\pi}}\displaystyle\int_0^\tau e^{-t^2}dt$ である. ここでは, ζ_i もしくは ξ_i の符号には何の制約も設けていなかった.

この結果はラプラスが423頁で与えているものと一致する. 彼はその前に420頁で, 関数 $f_i(z)$ が試行の度ごとに同じであるという特殊な場合を取扱っている. それで, 添数 i はこのときは不必要になる. そして結果は1002節の終りの方で説明した方法で簡単化できる.

1038. あるひとつの重要な結果が前節の考察からごく自然に出てくるので, それを説明するために, ラプラスについての分析を一時中断しよう. あらゆる i の値に対して, $\zeta_i=1$ かつ $\xi_i=0$ と仮定する. だから,

$$l=\sum p_i, \quad 2\kappa^2=\sum p_i q_i$$

となる. そして $\sum\varepsilon_i$ は s 回の試行のなかである事象が生起する回数に等しくなり, 第 i 番目の試行でその事象の生起する可能性が p_i になる. こうして回数が

$$\sum p_i-\tau\sqrt{2\sum p_i q_i} \quad \text{と} \quad \sum p_i+\tau\sqrt{2\sum p_i q_i}$$

の間にある確率は $\dfrac{2}{\sqrt{\pi}}\displaystyle\int_0^\tau e^{-t^2}dt$ である.

これは試行毎にある事象の生起する可能性が一定でない場合における, ヤコブ・ベルヌイ の定理の拡張である. そして, もし p_i が i と独立であるならば, 993節の値と一致する結果が出てくる. このような拡張は, このことに非常な重要性をとりつけたポワソンによって与えられた〔ポワソン『……確率についての研究』246頁参照〕.

1039. もしも, 第 i 番目の試行で1037節のように2つの値をとるというのではなく, 多数の値のうちのどれかをとるとすれば, 考察はすでに述べたものと類似のものになろう. これらの値を ζ_i, ξ_i, χ_i, …… と記す. このとき

$$l=\sum(\zeta_i p_i+\xi_i q_i+\chi_i w_i+\cdots\cdots),$$

$$\text{ただし} \quad p_i+q_i+w_i+\cdots\cdots=1$$

を得る.

$$2\kappa^2=\sum\{\zeta_i^2 p_i+\xi_i^2 q_i+\chi_i^2 w_i+\cdots\cdots-(\zeta_i p_i+\xi_i q_i+\chi_i w_i+\cdots\cdots)^2\}$$

ラプラス自身は, 関数 $f_i(z)$ が試行毎に同じと仮定される特別の場合を考察している〔『確率の解析的理論』423-425頁参照〕.

1040. ラプラスはたったいま考察した問題に修正を加えている. それはより実用的な重要性をもちうるものである. 可能性については先験的に (a priori) に何もわかっていないと仮定するが, データだけは観測をもとにして得られるものとする. μ_1 回の試行において, ある結果が ν_1 回得られたことが観察されたとする. もしも, さらに μ 回の試行がなされ, その結果が得られたときは毎回 ζ 受取

— 475 —

第20章 ラ プ ラ ス

り，その結果が得られなかったときは毎回 ξ を失なう人の期待値を決定せよ．

ところで，この解析は1036節の終りで与えたものと似ている．その結果が得られた回数が

$$\frac{\mu\nu_1}{\mu_1} - \frac{\tau\sqrt{2\mu\nu_1(\mu_1-\nu_1)}}{\mu_1} \quad と \quad \frac{\mu\nu_1}{\mu_1} + \frac{\tau\sqrt{2\mu\nu_1(\mu_1-\nu_1)}}{\mu_1}$$

の間にある確率は $\dfrac{2}{\sqrt{\pi}}\displaystyle\int_0^\tau e^{-t^2}dt$ である．

しかし．μ 回の試行において，その結果が σ 回得られたとしたら，利益は

$$\sigma\zeta - (\mu-\sigma)\xi = \sigma(\zeta+\xi) - \mu\xi$$

である．

そこで，利益が

$$\mu\left\{\frac{\nu_1}{\mu_1}\zeta - \frac{\mu_1-\nu_1}{\mu_1}\xi\right\} \pm \frac{\tau(\zeta+\xi)}{\mu_1}\sqrt{2\mu\nu_1(\mu_1-\nu_1)}$$

の間にある確率が上記のものであろう．

これはラプラスが425頁で述べていることと実質的に一致することがわかる．

1041. つぎにラプラスは生命保険に関連した問題に進んでいる．彼の示すことは，保険会社の安定性は，大量の取引をすることに依存するということであった．このことはビエネメ (Bienaymé) によっても指摘されたことであって，もしも複利の研究が無視されたら，保険会社の安定性の評価は非常に高いものになるであろう〔クールノー (Cournot)『偶然論についての解説』(*Exposition de la Théorie des Chances*) 333頁参照，また1038節で与えた結果と関連したビエネメの公式に対しては，同じ著作の143頁参照〕．

1042. ラプラスの第10章は『**道徳的期待値について**』 (*De l'espérance morale*) と題されている．それは432-445頁を占める．この章は主としてダニエル・ベルヌイの論文の再述であるといえよう．その論文は377節から393節でわれわれは分析ずみである．ラプラス自身，彼の先駆者としてベルヌイの名をあげている．ラプラスは，われわれが388節で言及した証明をつけ加えている〔『**確率の解析的理論**』436頁，437頁参照〕．ラプラスはまた終身年金に関連した例題に，道徳的期待値の理論を適用している〔『**確率の解析的理論**』442-444頁参照〕．

ラプラスの著作444頁に，不等式についてのつぎのような例が述べられている．もしも，a_1, a_2, a_3, ……と b_1, b_2, b_3, ……が大きさの順に，単調増加列か単調減少列を作っているとすれば

$$\frac{a_1^2 b_1 + a_2^2 b_2 + a_3^2 b_3 + \cdots\cdots + a_n^2 b_n}{a_1 b_1 + a_2 b_2 + a_3 b_3 + \cdots\cdots + a_n b_n} > \frac{a_1^2 + a_2^2 + a_3^2 + \cdots\cdots + a_n^2}{a_1 + a_2 + a_3 + \cdots\cdots + a_n}$$

である．なぜなら，両辺の分母と分子を掛け合せて整理し，

$$a_r a_s (a_r - a_s)(b_r - b_s) > 0$$

という事実を利用すれば結果が出てくる．

ここで，もし2つの数列の一方が単調増加，他方が単調減少であるとすれば，上の不等式で不等号の向きは逆になる．

1043. ラプラスの第11章は『**証言の確率について**』 (*De la probabilités des témoignages*) と題されている．それは446-461頁を占める．

われわれは735節において本章の主たる原理を十分説明しておいた〔また941節参照〕．

著作の457頁におけるラプラスの手順は，そこから誤りは出てこないけれども，不適当な仮定が含まれている〔ポワソン『……**確率についての研究**』112頁参照〕．またラプラスの著作の第11章につい

— 476 —

ての批判については，ポワソンの著作の3頁と364頁に載っている．

1044. ラプラスの著作の 464-484頁は『付録』（Additions）である〔916節，921節参照〕．ここでは3つの問題が論じられている．

Ⅰ．ラプラスはウォリスの定理を証明している．彼は奇妙な方法で説明しており，その方法によって定理が発見されたという．けれども，それが発見者によって証明された方法だということはできない．

Ⅱ．ラプラスは $\Delta^n s^t$ に対する公式を証明している．その証明は大胆な仮定にもとづいて形式的に求められている．〔916節，966節参〕

Ⅲ．ラプラスは『確率の解析的理論』の 168頁で（ p ）と印をつけた公式を証明している〔917節参照〕．

1045. 『確率の解析的理論』の第1補遺は『自然哲学への確率計算の応用について』（*Sur l'application du Calcul des Probabilités a la Philosophie Naturelle*）と題されている．それは34頁ある〔926節参照〕．その補遺の題名は内容にあったものとは思われない．

1046. ラプラスの観測値の誤差論では，ある量が先験的には分らない値をとるが，しかしそれら自身は観測値から近似的に決定しうるということを，われわれは1009節でみてきた．ラプラスはこの点を説明し，そしてこの近似値を採用するのに何の遠慮もないことを示そうとしている〔第1補遺の7-11頁参照〕．しかしながら，ラプラスの考察から，確信がもてたとは私は思えない．

第1補遺の8頁で，非常にすばらしい定理がラプラスによって説明されている．彼は全然証明は与えていないが，「第2巻の $n°21$ の解析は，この一般的な定理を導く……」という特徴的な云い方をしている．その定理とはつぎのようなものである．1011節と同じように，ある量が観測によって決定されるものと仮定する．簡単のため，3つの量 x, y, z があると仮定する．もっとも便利な方法によって，これら3つの量の値を求め，これらの値をそれぞれ，x_1, y_1 z_1 によって表わす．

$$x = x_1 + \xi, \quad y = y_1 + \eta, \quad z = z_1 + \zeta$$

とおく．そのとき，ラプラスの定理が主張していることは，決定されるべき量の誤差の値として，ξ, η, ζ が同時に存在する確率が $e^{-\sigma}$ に比例するということである；ただし

$$\sigma = \frac{1}{4\kappa^2} \sum (a_i \xi + b_i \eta + c_i \zeta)^2$$

である．紙面の都合上，この定理の証明を省略する．しかし，他の機会をみつけてそれを発表したい．

1047. つぎにラプラスは6つの要素がもっとも便利な方法によって多数の観測値から決定されるということを仮定する．おのおのの変数に対して予想されるべき誤差の平均値を確定したいし，また誤差がある指定された限界内に存在する確率を決定したいと仮定して，彼は代数的なる研究を自分の都合のよい形に整理し直している〔第1補遺の11-19頁参照〕．それから，彼は 21-26頁で数値応用例を与え，**939**節ですでに言及した結果に到達している．

1048. ラプラスは彼の解析すべてが，正の誤差と負の誤差が同等に確からしいという仮定にもとづいていることを観察し，そしてつづいて，この制約が彼の出した結果の価値にいささかの影響も与えるものでないことを示そうと企てている〔第1補遺19-21頁参照〕．しかしながら，今度もまた，ラプラスの考察を確信もって正しいとは云えないように思われる．

1049. 第1補遺は判決の確率に関する節で終っている．それは第11章と関係している〔1043節参照〕．

1050. 第2補遺は『三角測量への確率計算の応用』（*Application du Calcul des Probabilités*

— 477 —

第20章 ラ プ ラ ス

aux opérations géodésiques）と題されている．それは50頁を占める〔927節参照〕．この補遺は1818
年2月の日付がついている．

　この補遺は非常に興味あるものであり，題材と著者から考えて理解しにくいということはない．ラ
プラスは立証の基礎（base of verification）としての測定から得られる知識が，ある測量の3角形の
諸要素の値をいかに補正するのに用いられるかを示している．ラプラスは反復円（repeating circles）
の使用を好意的に語っている〔第2補遺5，8，20頁参照〕．　反復円をもってなされた観測から結果
を導出することに対して，スヴァンベルク（Svanberg）によって提起された気まぐれな方法を，必要
以上の紙面を割いて論じているのである〔第2補遺32-35頁参照〕．

　ラプラスは彼が位置の方法（method of situation）とよぶところの観測値の処理方法を説明して
いる．そして彼が考察したところによると，いくつかの場合には，彼の第4章で説明したもっとも便
利な方法（most advantageous method）より好ましいものと主張されている．　この位置の方法は
『天体力学』第Ⅲ巻のなかで与えられたものであった．しかし，そこでは特別な名称はつけられてい
なかった〔1016節参照〕．どのようなときに，位置の方法がもっとも便利な方法よりも好ましいかを
決定する研究と，2つの方法を組合せて使ったときの価値の研究を，ラプラスは行なっている．

　1051. 第3補遺は『**フランス南部において，確率の測量公式への応用**』（*Application des formules
géodésiques de probabilité, à la méridienne de France*）と題されている．　それは36頁を占める
〔928節参照〕．

　ラプラスは第2補遺のいくつかの公式に数値例をあたえることから始めている．　7-15頁において，
測量公式の応用例と名づける簡単な例題を与えている．彼は所与の直線にすべて平行な底をもつ，2
等辺3角形の系列をとり，角の誤差から生ずる長さの誤差を求めている．その考察は第2補遺とよく
似ている．

　ラプラスは16-28頁で大規模三角測量における，土地の高さの測定誤差に関する論議をしている．

　29-36頁では，**多数の誤差の根源があるときの，確率計算の一般的方法**（*Méthode générale du
calcul des probabilités, lorsqu'il y a plusieurs sources d'erreurs*）とラプラスが名づける内容を
含んでいる．

　1052. 以上で『**確率の解析的理論**』についての説明を終る．ラプラスの先駆者たちからラプラスが
得た援助を割引いて考えたとしても，潮汐の理論のもっとも著名な著者の言葉をかりて，この著作を
「歴史上もっとも偉大な数学者によって書かれた，もっとも素晴らしい著作のひとつである」と断言
しても十分それに価するものである．

　ラプラスの著作の研究者にとって興味ある見解は，『**小型版百科全書**』のなかのド・モルガンの『**確
率についての論説**』（*Essay on Probability*）の附録の第1頁を参照すればよい．　『**百科全書ブリタ
ニカ**』のなかで発表されたギャロウエイの教程の序論を構成する『**科学史**』（*History of Science*）も
そうである．グロー（Gouraud）の著作の107-128頁も参照されよう．そしてデュガルド・スチュワー
トの『**ハミルトン編，スチュワート著作集**』のいろいろな章のなかでも，補遺の巻のなかの一般項目
に対して参考になる個所が多い．

　ポワソンによるいくつかの所見は，ここでは適切な場所で再述されている．それは『**アカデミー報告**』
（*Comptes Rendus……*）第Ⅱ巻396頁にでている．

　「疑いもなくラプラスは天体力学のなかで非凡な才能の持主であることを示した．現象の原因を発
　　見するのに，もっとも鋭敏な聡明さの証拠を示したのは彼であった．そしてまた，月の運動の加速
　　度の原因を発見したのも，オイレルやラグランジュが空しく探し求めた土星と木星の運動の大きな

— 478 —

不規則性の原因を発見したのも彼であった．しかし，彼が偉大な幾何学者であることは確率計算のなかで，さらに示されているということができる．なぜなら，偏差分の計算，級数にある種の積分を帰着させるための方法，そして母関数の理論と称するものを生み出したのは，この計算を使って行なう数多の応用のためであった．ラグランジュのより勝れた著作のひとつ，すなわち1775年の論文もまた確率計算に必要なものであり，部分的には役に立つ．それで，同じような人々の注意をひいた題目はわれわれのものとするにふさわしいことを信じよう．もしわれわれはできるならば，困難ではあるが興味ある題材のなかに何物かを探しあてて，それらに追加するよう努力しようではないか.」

〔訳　註〕

（1）ピエール・シモン・ド・ラプラス（Pierre-Simon de Laplace）に関する個人的，科学的な資料は1944年ノルマンディ上陸作戦の際，カーンで焼失してしまったので，新しくラプラス研究を始めるには大きな困難がある．

　1749年 3 月23日，ノルマンジーのボーモン・タン・オージュ（Beaumont-en-Auge）の村外れに生れた．曽孫の語るところによると，およそ金目のものは家になかったといわれている．多くの伝記作家は彼の父を農夫または農場主としているが，実際はリンゴ酒作りの職人であった．家も畠もみな借りもので，後年ラプラスによって買取られた．ラプラスは教会付属の学校にいき，6 才のときベネディット修道僧の団体に入った．（よくいわれるボーモンの陸軍学校に入ったのではない．ボーモンの陸軍士官学校は1776年の設立で，ラプラスがパリに出た 8 年後のことであった.）彼の伯父は，牧師であり，ちょっとした数学ができる人であったので，彼に教えたが，少年が10才になるまでに死んでしまった．1765年16才のとき学校を去り，カーン（Caen）のジェスイットにより再建された芸術学校に入り，ひきつづき人文系の勉強と僧服をまといつづけた．しかし，カーンでは 2 人の数学教師，クリストファ・ガドブレ（Christopher Gadbled）とピエール・ル・カニュ（Pierre Le Canu）に出会った．ラプラスはこの 2 人について数学を学び，彼らは師というより友人としてラプラスを遇し，ラプラスは長足の進歩をとげた．1768年19才のとき，しばしボーモンの学校の助教師をした．そして数週間たって，ダランベールといささか面識のあったピエール・ル・カヌの紹介状をもってパリに立った．パリについたラプラスは，その紹介状をもってダランベールを訪ねた．しかし，ダランベールの名声と権威からすれば，このような紹介状を多数受取っていたであろうから，この青年を冷くあしらった．ダランベールは最新の研究を書いたずっしりと重い書物をラプラスに渡して読んでくるようにと申し伝えた．数日後ラプラスはダランベールを訪れたが，ラプラスが本当のことをいっていないと考えてダランベールは再び冷たくあしらった．しかし，のちにラプラスの提出した力学の原理に関する労作によって，誤解はとけ，軍官学校で数学を教える地位を世話してくれた．1776年軍官学校の再組識で失職し，暫時はりつめた状況下におかれた．1783年陸軍士官学校の試験官に任命されたので，経済事情は好転した．（オーギュスト・フーリエ（August Fourier）の『ナポレオン 1 世の生涯』（*Life of Napoleon* I）によれば，ナポレオンはブリエンヌ（Brienne）の陸軍士官学校からパリの陸軍士官学校に1784年移り，翌年 9 月ラプラスによって将校任命の試験をされたという.）

　ラプラスの初期の頃の研究は『トリノ雑録』の1766-1769年号に出ているが，ラプラス自身は最初の公表された論文は1771年に書かれたものであるといっている．それは862節の論文のことである．しかし，この論文が出るまでにラプラスは多数の論文を科学アカデミーに提出し，棄却されたらしい．どれ位の論文が提出され，誰が棄却したかは不明である．そのことは861節に詳しい．〔F. N. ディヴィット（David）『ラプラスについての若干の注釈』（*Some Note on Laplace*）-"*Proceeeding of an International Research Seminar*"（1963年）〕

（2）これは誤まりである．CXXXVII頁では

　「ベイズは1763年刊の『哲学会報』で，すでになされた諸実験によって指示されたこれらの可能性が，与えられた限界内に含まれることの確率を，直接に探し求めた．彼は多少煩瑣ではあるが，洗練された非常に巧妙なやり方で，この確率に到達している．この問題は，観察された諸事象から結論された，原因ならびに未来事象の確

第20章　ラ　ブ　ラ　ス

率の理論に結びつくものである.」と述べている〔平野次郎訳『**偶然の解析**』374頁参照〕.

（3）直訳すれば表題のようになるが，ラプラスは，差分方程式を解くことを l'integrations des équations différentielles aux différences finies という.

（4）「太陽系のもう1つの同じ程度に顕著な現象は，いろいろな遊星や衛星などのそれぞれの 軌道 の 離心率（扁平率）が小さいことである．これに反していろいろな彗星の軌道は非常に扁平にされている．それは，この系の諸軌道には大小の扁平率の間にはさまれるいろいろな中間的な度合が決して見られないからである．われわれはここでもまた，規則的な原因の作用を認めないわけにはいかないのである．偶然によって，諸遊星およびそれらをめぐる諸衛星のすべての軌道が大体円形になったということは決してない．したがって，これらの天体のそれぞれの運動を決定したその原因が，それらの軌道を大体円形にしたのだということは必然的である．さらにいろいろの彗星のそれぞれの軌道がもつ大きな離心率は，またこの原因が存在しているということから生じたものでなければならない．とはいえ，この原因が，いろいろの彗星のそれぞれの運動方向に直接影響したというのではない．なぜなら，順行する彗星とほとんど同数の逆行する彗星があること，およびそれら彗星の軌道のすべてが黄道に対してもつ平均の傾斜角は45°に非常に近いこと——このことは，もしこれらの天体が偶然的に投げ出されたものならば，当然そうなるべき筈のものなのであるが——などを人は見出すからである.」〔『**偶然の解析**』156頁参照〕

（5）ハレーが古代の月食の観測と後世のものとを比較して発見したのが**長年加速**（seclar acceleration）である．月の平均黄経 L は T を時間（単位は100年）として，$L=a+Tb+cT^2$ で表わされる．c の値は $10''8$ である．c は小さいので短期間ではあまり $L=a+bT$ と違わないが，$T=10$（1000年）とすると L の差は $18'$ となって，月の視半径はおよそ $2'$ だけ大きくなる．$T=20$（2000年）とすると，L の差はその4倍となり，視直径の2倍以上になる．それで $L=a+bT$ で計算したのでは日月食は予測がくるってくる．なぜこのような加速がおこるかは長い間問題となったが，ラプラスは地球の離心率が長年摂動によって減ずることから，その原因を理論的に解明した.

（6）**ナタニエル・ボウディチュ**（Nathaniel Bowditch）1773年3月26日マサチューセッツ州に生れ，1838年3月16日ボストンで死去．自学自習で数学者となった．17才のときニュートンの『プリンキピア』をよむためにラテン語を勉強し，のちに数学の勉強に必要なためフランス語，スペイン語，イタリー語，ドイツ語に熟達した．『**新アメリカ実用航海術**』（*New American Practical Navigator* 1802年）ラプラスの『**天体力学**』の翻訳（1829–1839年）で有名〔スミス『**数学史**』第1巻，532頁参照〕.

（7）今日のほとんどすべての統計学の教科書に出てくる $\int_0^t e^{-t^2}dt$ の表は，フランスのルール州の中央学校の化学ならびに実験物理学の教授であったクランプ（Kramp）の1799年発行の書物『**天文学上の，ならびに地球上の屈折の解析**』（*Analyse des Réfractions Astronomiques et Terrestres*）に印刷された．第1表は $t=0.00$ から $t=3.00$ まで0.01刻みで $\int e^{-tt}dt$ の値を小数点11位まで，後3桁の差の欄を附している．

　第2表は $t=0.00$ から $t=3.00$ まで0.01刻みで $\log\int e^{-t^2}dt$ の値を与えるもの．第3表は $t=0.00$ から $t=3.00$ まで0.01刻みで $\log e^{tt}\int e^{-tt}dt$ の値を与えるものである〔H. M. ウォーカー；足利末男，辻博訳『**統計的方法論史**』（高城書店）74–75頁参照〕.

（8）**エコール・ノルマル**（高等師範学校，École Normale）と**エコール・ポリテクニク**（高等工芸学校，École Polytechnique）はフランス革命に誕生した有名な学校．前者は1793年，後者は1794年9月28日（はじめは École Centrale des Travaux Publics と名づけられたが，翌年改名された.）前者が主として文官，教師の養成の機関として，後者が技術者，砲工将校養成の機関として設立された．とくにエコール・ポリテクニクは数学史上不朽の名をとどめる学校となった．「高等工芸学校雑誌」は1795年春に創刊された〔小倉金之助，『**革命時代における科学技術学校—エコール・ポリテクニクの創立**』（数学史研究，第二輯）259–301頁参照〕.

（9）ラプラスの生涯の中期を記述しておこう．1783年アカデミーの準会員となり，1785年にはアカデミー会員となった．1788年，二流貴族の出である マリー・シャルロット・ド・クールティ・ド・ロマンジュ（Marie-Charlotte de Courty de Romanges）と結婚し，相つづいて一女一男を生んだ．1786年フレデリック大王の死にともなっ

— 480 —

て，ベルリンを去ったラグランジュのパリの到達で，ラプラスの生活は大変充実したものになった．好敵手あらわるとばかり論述をはじめた．すでにみてきたように確率論の研究論文はつぎつぎとあらわれたし，また天体力学の草稿もつくられつつあった．この『天体力学』は1799年から1825年にかけて全5巻発行されるが，その出版費用はパリ市議会議長サボー（Savor）によって支払われたのである．もっともこの天体力学のなかにも，多くの人々の思想財が，引用文を添えずにとり込まれており，ラグランジュやルジャンドルがその害をうけている．

1789年フランス革命の勃発によって，封建的な機関は民衆の襲撃のもとに破壊された．アカデミーの会員は資料を各人に分散，被害を最小にとどめようと考えた．1793年ルイ16世とマリー・アントワネット（Marie-Antoinette）がギロチンにかかってのちは，パリの街路を安全に歩くこともできなくなった．「君は誰か」「大工だ」「手をみせろ，大工ではない」といって牢につながれ，ギロチンにかけられることもしばしばであった．ラプラスの著作の費用を出してくれたサボーも，ギロチンにかかった．ラボワージェ（Lavoisier）の実験室の内容のリストをつくるため，アカデミーの生き残った会員の訪問を受けたとき，彼は害の及ぶのを恐れて拒んだという説も残っているが真偽ははっきりしない．ラプラスは革命中はムラン（Melun）で家族とともにひっそりと暮していたのであろう．ただ政治的でなかった上，イタリア人でもあったので，ラグランジュは比較的自由であった．1793年ラグランジュはエコール・ノルマルの教授となり，1795年にはエコール・ポリテクニクの教授となったが，その年ラプラスは新設のフランス経度調査局員に任命されている．1796年には カント・ラプラス の星雲説で有名な『宇宙系の説明』（Exposition du Système du Monde）が出ている．その頃にはテロの恐怖はすっかり消えフランス共和国は政治的平静さを取りもどす．1797年にはエコール・ポリテクニクの試験委員に任命されている．1799年に『天体力学』の第1巻，第2巻が刊行された．ラプラスの先見の明があったのか，これを市民ボナパルトにおくっている．それは1799年10月19日のことであったらしい．11月9日ナポレオンはクーデターを起こし，第一執政官となった．そして11月12日ラプラスはナポレオンによって内務大臣に任命された．翌日の晩，かつてラプラスの隠れ家の近くで捕えられ，処刑されたバイーイ（Bailly）の未亡人に年金を出すことを裁可している．しかし，やがてラプラスは「無限小の精神を行政にもちこんだ」として，ナポレオンから凡庸な行政官と判断され，6週間後には元老院議員に任命されて，あっさり免職させられた．つづいて元老院副議長，元老院議長となり，1803年には名誉議長（Chanceller）になっている．『天体力学』第3巻は1802年，第4巻は1805年に刊行されたが，いずれもナポレオンの献辞が仰々しく書かれている．そして1812年の『確率の解析的理論』の献辞へとつながる．〔ディヴィッド『ラプラスについての若干の注釈』，1963年参照〕

（10）『確率の哲学的試論』は1814年に初版，1815年に第2版，1816年に第3版，1819年には第4版が出ている．独訳は1819年テニエス（Tönnies）により，英訳は1902年トラスコット（F. W. Truscott）とエマリィ（F. L. Emory）によってなされている．これは第6版の訳である．和訳は，伊藤徳之助訳，岩波書店，1931年；および平野次郎訳，創元社，1950年；樋口順四郎訳，中央公論社，世界の名著第65巻，1973年である．

（11）第1原理から第10原理まで列挙しておこう．

「〔第一原理〕これら諸原理の最初のものは，確率の定義それ自体である．…あらゆる可能な場合の個数に対する都合のよい場合の個数の比である．」

「〔第二原理〕しかし，このことは同じ程度に可能ないろいろの異なった場合があることを仮定している．もし，それらの場合が同じ程度に可能でないならば，われわれはまず，それぞれの場合の生起する可能性を決定しよう．その正確な評価こそ，偶然論のもっとも微妙な点のひとつなのである．そうすると，問題の確率はおのおのの都合のよい場合の生起する可能性の総和となるであろう．」

これは現代の記法で書けば，$\mathbf{E}_1$，$\mathbf{E}_2$……$\mathbf{E}_n$ が排反事象のとき

$$P(\mathbf{E}_1+\mathbf{E}_2+\cdots+\mathbf{E}_n)=P(\mathbf{E}_1)+P(\mathbf{E}_2)+\cdots+P(\mathbf{E}_n)$$

となることである．

「〔第三原理〕偶然論のうちでもっとも重要な点のひとつであり，しかも，もっとも多くの人々を誤まらせるのは，確率相互を結びつけることによって，これらの諸確率が，あるいは増大し，あるいは減少するその仕方である．もし，諸事象が互に独立ならば，それらの全体が同時に起こる確率は，それぞれの確率の積である．」

第20章　ラ　プ　ラ　ス

これは現代の記法で書けば，$\mathbf{E}_1$ と $\mathbf{E}_2$ が独立な事象のとき

$$P(\mathbf{E}_1\mathbf{E}_2)=P(\mathbf{E}_1)P(\mathbf{E}_2)$$

となることである．

　「〔**第四原理**〕２つの事象がたがいに関連するとき，それらから合成された事象の確率は，第一の事象が生起する確率に，第一の事象がすでに生起した場合における第二の事象の確率を掛けたものである．」

これは現代の記法で書けば，$\mathbf{E}_1$ と $\mathbf{E}_2$ が従属な事象のとき

$$P(\mathbf{E}_1\mathbf{E}_2)=P(\mathbf{E}_1)P(\mathbf{E}_2|\mathbf{E}_1)$$

となることである．

　「〔**第五原理**〕ある事象——すでに生起しているとする——の確率，ならびにこの事象と 第二の事象——われわれがその生起を期待しているものとする——とから，合成された事象の確率，これら２つの確率が，先験的に計算されるならば，第一の確率で第二の確率を割ったものが，すでにその生起を観察された事象を前提とする期待された事象の確率となるであろう．」

このことを現代の記法で書けば，ある事象 $\mathbf{E}_1$ の存在する確率 $P(\mathbf{E}_1)$ と，$\mathbf{E}_1$ と関連する事象 $\mathbf{E}_2$ が $\mathbf{E}_1$ と同時に生起する確率 $P(\mathbf{E}_1\mathbf{E}_2)$ とが先験的に計算されると

$$\frac{P(\mathbf{E}_1\mathbf{E}_2)}{P(\mathbf{E}_1)}=P(\mathbf{E}_2|\mathbf{E}_1)$$

となることである．

　「〔**第六原理**〕ある観察された事象について，その事象を生起させる諸原因のおのおのは，その原因が存在するという仮定のもとに，該事象の生起することが確実らしければらしい程，ますます多くの確実らしさをもって指摘される．それで，これらの諸原因のいずれかひとつの存在に関する確率は，この原因によって事象の生起する確率を分子とし，すべての原因についての同様な諸確率の和を分母とする分数となるのである．もし，先験的に考えられたいろいろの原因が，同程度に蓋然的でないものとすれば，おのおのの原因によって生起する事象の確率の代りに，この確率に原因そのものの確率を掛けたものを用いなければならない．事象からその原因にまで遡ることを問題とする偶然解析のこの一分野は，このことをその基礎的原理としているのである．」

このことを現代の記法で書けば，事象 $\mathbf{E}$ の生起の原因を $\mathbf{C}_1$, $\mathbf{C}_2$, …, $\mathbf{C}_n$ とする．原因 $\mathbf{C}_i$ が存在して，そのために $\mathbf{E}$ が起こったという事象を $\mathbf{E}_t$ とすると，$\mathbf{E}_i=\mathbf{C}_i\mathbf{E}$,

$$P(\mathbf{C}_i|\mathbf{E})=\frac{P(\mathbf{C}_i\mathbf{E})}{P(\mathbf{E})}$$

$$=\frac{P(\mathbf{C}_i)P(\mathbf{E}|\mathbf{C}_i)}{P(\mathbf{C}_1)P(\mathbf{E}|\mathbf{C}_1)+P(\mathbf{C}_2)P(\mathbf{E}|\mathbf{C}_2)+\cdots+P(\mathbf{C}_n)P(\mathbf{E}|\mathbf{C}_n)}$$

そして，$P(\mathbf{C}_1)=P(\mathbf{C}_2)=\cdots=P(\mathbf{C}_n)$ ならば

$$P(\mathbf{C}_i|\mathbf{E})=\frac{P(\mathbf{E}|\mathbf{C}_i)}{P(\mathbf{E}|\mathbf{C}_1)+P(\mathbf{E}|\mathbf{C}_2)+\cdots+P(\mathbf{E}|\mathbf{C}_n)}$$

となる．

　「〔**第七原理**〕観察された事象から結論される未来事象の確率は，観察されたその事象から導かれる 各原因の確率に，その原因の存在に基づく未来事象の確率を掛けてできるおのおのの積を，すべて加え合せたものである．」

このことを現代の記法で書けば，$\mathbf{E}$ の生起がすでに観察されたあとで，$\mathbf{E}'$ が原因 $\mathbf{C}_1$, $\mathbf{C}_2$, …, $\mathbf{C}_n$ のいずれか１つのみによって生起する確率は

$$P(\mathbf{E}'|\mathbf{E})=P(\mathbf{C}_1|\mathbf{E})P(\mathbf{E}'|\mathbf{C}_1)+\cdots+P(\mathbf{C}_n|\mathbf{E})P(\mathbf{E}'|\mathbf{C}_n)$$

で与えられる．とくに，$P(\mathbf{C}_1)=P(\mathbf{C}_2)=\cdots=P(\mathbf{C}_n)$ ならば

$$P(\mathbf{E}'|\mathbf{E})=\frac{P(\mathbf{E}|\mathbf{C}_1)P(\mathbf{E}'|\mathbf{C}_1)+\cdots+P(\mathbf{E}|\mathbf{C}_n)P(\mathbf{E}'|\mathbf{C}_n)}{P(\mathbf{E}|\mathbf{C}_1)+P(\mathbf{E}|\mathbf{C}_2)+\cdots+P(\mathbf{E}|\mathbf{C}_n)}$$

である．

　「〔**第八原理**〕利得が若干の事象に由来するものであれば，各事象の確率にその事象より由来する額を 掛けて

— 482 —

得られる積の総和が，この数学的期待値である.」

このことを現代の記法で書けば，事象 E_1, E_2, $\cdots$, E_n について，それらの生起によるおのおのの利得額を a_1, a_2, $\cdots$, a_n とすれば

$$a_1 P(E_1) + a_2 P(E_2) + \cdots + a_n P(E_n)$$

で与えられる.

「〔第九原理〕一連の蓋然的な諸事象について，そのうちのある事象からは利益が，他のものからは損失が生ずる場合には，おのおのの有利な事象の確率に，その事象が招来する利益額を掛けて得られる積の和を作り，また，おのおのの不利な諸事象の確率に，その事象に附随する損失額を掛けて得られる積の和を作り，前の和から後の和を差引けば，それら一連の事象から生ずる利得が得られる.前の和より後の和の方が多ければ，利益は損失になり，期待は恐怖にかわる.」

このことを現代の記法で書けば，事象 E_1, E_2, $\cdots$, E_m の生起による利得額をそれぞれ a_1, a_2, $\cdots$, a_m；事象 E_1', E_2', $\cdots$, E_n' の生起による損失額をそれぞれ a_1', a_2', $\cdots$, a_n' とすると，問題の期待値は

$$\{a_1 P(E_1) + a_2 P(E_2) + \cdots + a_m P(E_m)\} - \{a_1' P(E_1') + a_2' P(E_2') + \cdots + a_n' P(E_n')\}$$

で与えられる.

「〔第十原理〕いかほどでも僅少な，ある額の相対的価値は，その絶対的価値を当面の人物の財産額全体で割ったものに等しい.このことは，その価値を0とは評価しえないような一定の財産を誰もが所存していることを仮定している. ……

ある人の財産のうちで，彼の諸期待とは別に保有されている部分を1としよう.いまこれらの期待のおのおのから由来する筈の，この財産の額が別々に決定され，またそれらの期待の確率も決定されるならば，それらの額をそれぞれに対応する確率だけベキ乗して，かつこれらをすべて相乗ずる.この積は，1とみなされた財産の一部ならびに彼の諸期待から彼が享受する筈の，精神的利得そのものを，その人に得させる物質的財産となろう.そこで，この積から1とみなされた量を引けば，その差が期待に基づく物質的財産の増加ということになろう.われわれはこの増加を，精神的期待値と名づけよう.1とみなされた財産が，諸期待から受ける財産のそれぞれの変化量に比して，如何ほどでも大きくなる場合には，この精神的期待値と数学的期待値とが合致するのはみやすい.しかし，これらの変化量がこの財産の大部分をなしているときには，これら2つの期待値は，著しく相互に異ってくるであろう.」

これを現代の記法で書けば，第九原理の場合と同じ記号を使って，精神的期待値は

$$(1+a_1)^{P(E_1)}(1+a_2)^{P(E_2)}\cdots(1+a_m)^{P(E_m)}$$
$$\times (1-a_1')^{P(E_1')}(1-a_2')^{P(E_2')}\cdots(1-a_n')^{P(E_n')} - 1$$

である.すべての i について $1 \gg a_i$, a_i' のとき

$$(1+a_i)^{P(E_i)} \div 1 + a_i P(E_i), \quad i = 1, 2, \cdots, m$$
$$(1-a_j')^{P(E_j')} \div 1 - a_j' P(E_j'), \quad j = 1, 2, 3, \cdots, n$$

であるから，結局，精神的期待値は大体

$$\sum_{i=1}^{m} a_i P(E_i) - \sum_{j=1}^{n} a_j' P(E_j')$$

に一致する.

(12) $f(x+1) - f(x) = \varDelta f(x)$ とおく.$\varDelta$ という演算子は差分間隔1の差分をとることを意味する.

もし，$f(x+h)$ がテーラー級数に展開できるならば

$$f(x+h) = f(x) + hDf(x) + \frac{h^2}{2!}D^2 f(x) + \frac{h^3}{3!}D^3 f(x) + \cdots,$$

形式的に

$$= \left\{ 1 + hD + \frac{(hD)^2}{2!} + \frac{(hD)^3}{3!} + \cdots \right\} f(x)$$

第20章 ラ プ ラ ス

$$=e^{hD}f(x)$$
$$f(x+h)-f(x)=(e^{hD}-1)f(x)$$

となる．とくに $h=1$ とおくと

$$f(x+1)-f(x)=\Delta f(x)=(e^{D}-1)f(x)$$

となって

$$\Delta+1=e^{D}$$

となる演算子が e^{D} である．

(13) 1826年10月24日付のアーベル（*Abel*）からホルンボー（*Holmboe*）あての，パリ便りには「ラプラスはもう何も書くまい．最後に書いたのは，確率論の付録である．息子が書いたのだと言うてはいるが，実際は自分で書いたのだろう．僕は学士院でしばしば彼をみた．小柄で活潑な爺さんだが，口が悪い．」と書かれている〔高木貞治『**近世数学史談**』124頁参照〕．

(14) ラプラスの『**確率の解析的理論**』第4章，302-327頁を訳出しておこう．

「18. さて，われわれは誤差の度数法則が既知である大量の観測値の平均結果を考察することにしよう．まず，おのおのの観測値に対して，誤差が

$$-n,\ -n+1,\ -n+2,\ \cdots,\ -1,\ 0,\ 1,\ \cdots,\ n-2,\ n-1,\ n$$

のいずれかであることが同等に確からしいものとする．おのおのの誤差をとる確率は $\dfrac{1}{2n+1}$ である．もしも観測値の個数が s であれば，多項式

$$\left\{ \begin{array}{l} c^{-n\omega\sqrt{-1}}+c^{-(n-1)\omega\sqrt{-1}}+c^{-(n-2)\omega\sqrt{-1}}+\cdots\cdots \\ \cdots\cdots+c^{-\omega\sqrt{-1}}+1+c^{\omega\sqrt{-1}}+\cdots\cdots+c^{n\omega\sqrt{-1}} \end{array} \right\}^{s}$$

の展開式における $c^{l\omega\sqrt{-1}}$ の係数は，誤差の総和が l となる組合せの総数である．この係数は同じ多項式の展開式に $c^{-l\omega\sqrt{-1}}$ を掛けたとき $c^{\omega\sqrt{-1}}$ と独立な項であるし，さらにそのベキとも独立な項である．そして，それは同じ展開式に $\dfrac{c^{l\omega\sqrt{-1}}+c^{-l\omega\sqrt{-1}}}{2}=\cos l\omega$ を掛けたとき，ω を含まない項に等しいことは明らかである．こうして，この係数の表現式として

$$\frac{1}{\pi}\int_{0}^{\pi}d\omega\cos l\omega(1+2\cos\omega+2\cos 2\omega+\cdots\cdots+2\cos n\omega)^{s}$$

をうる．

（第1巻36節）この積分は

$$\frac{(2n+1)^{s}\sqrt{3}}{\sqrt{n(n+1)2s\pi}}\,c^{-\frac{3l^{2}}{2n(n+1)s}}$$

である．誤差の組合せの総数は $(2n+1)^{s}$ である．前者の量を後者の量で割ると，s 個の観測値の誤差の和が l である確率が

$$\frac{\sqrt{3}}{\sqrt{n(n+1)2s\pi}}\,c^{-\frac{3l^{2}}{2n(n+1)s}}$$

であると求まる．」

以上の説明で，c とかかれているのは，現在では e と置き換えられる．また，第1巻36節には，多項式

$$(a^{-n}+a^{-n+1}+\cdots\cdots+a^{-1}+1+a^{1}+\cdots\cdots+a^{n-1}+a^{n})^{s}$$

の展開式における $a^{\pm l}$ の係数が計算される．ただし $a=c^{\omega\sqrt{-1}}$ である．

「もしも

$$l=2t\sqrt{\frac{n(n+1)s}{6}}$$

とおくと，誤差の和が

$$-2T\sqrt{\frac{n(n+1)s}{6}}\ \text{から}\ 2T\sqrt{\frac{n(n+1)s}{6}}$$

—484—

の間にある確率は

$$\frac{2}{\sqrt{\pi}}\int_0^T c^{-t^2}dt$$

であろう．この式は $n\to\infty$ の場合も成立する．そのとき，おのおのの観測値の誤差がおちる限界の間の区間を $2a$ とすると，$n=a$ で，前の限界は $\pm\dfrac{2Ta\sqrt{s}}{\sqrt{6}}$ となる．こうして，誤差の和が限界 $\pm ar\sqrt{s}$ のなかに含まれるであろう確率は

$$2\sqrt{\frac{3}{2\pi}}\int c^{-\frac{3}{2}r^2}dr$$

である．これはまた平均誤差が限界 $\pm\dfrac{ar}{\sqrt{s}}$ 内に含まれるであろう確率でもある．なぜならば，平均誤差は誤差の和を s で割れば得られるからである．

　s 個の彗星の軌道の傾きの和が与えられるであろう確率は，すべての傾きが $0°$ から $90°$ までの値をとることが同等に確からしいと仮定したとき，上記の確率と同じものであることは明らかである．おのおのの観測値の誤差の限界の区間巾 $2a$ は，この場合，可能な傾きの限界の区間巾 $\dfrac{\pi}{2}$ である．かくして，傾きの和が，限界 $\pm\dfrac{\pi r\sqrt{s}}{4}$ の間に含まれるであろう確率は

$$2\sqrt{\frac{3}{2\pi}}\int c^{-\frac{3}{2}r^2}dr$$

であり，それは13節で求めたものと一致する．」

ここで13節の結果といっているのは，$(n+1)$ 個の 0 から n まで番号のついた玉の入った壺がある．i 回玉を復元抽出し，番号の和が s である確率を求めよというものである．

　「一般に，おのおの正の誤差もしくは負の誤差の確率は $\varphi\left(\dfrac{x}{n}\right)$ によって表わされるとしよう．x と n は無限大にもっていく．

　そのとき，関数

$$1+2\cos\omega+2\cos2\omega+2\cos3\omega+\cdots\cdots+2\cos n\omega$$

において，$2\cos x\omega$ のような各項に $\varphi\left(\dfrac{x}{n}\right)$ を掛けねばならない．しかし，

$$2\varphi\left(\frac{x}{n}\right)\cos x\omega=2\varphi\left(\frac{x}{n}\right)-\frac{x^2}{n^2}\varphi\left(\frac{x}{n}\right)n^2\omega^2+\cdots\cdots$$

をうる．かくして

$$x'=\frac{x}{n},\ dx'=\frac{1}{n}$$

とおくことによって，関数

$$\varphi\left(\frac{0}{n}\right)+2\varphi\left(\frac{1}{n}\right)\cos\omega+2\varphi\left(\frac{2}{n}\right)\cos2\omega+\cdots\cdots+2\varphi\left(\frac{n}{n}\right)\cos n\omega$$

は

$$2n\int_0^1\varphi(x')dx'-n^3\omega^2\int_0^1 x'^2\varphi(x')dx'+\cdots\cdots$$

となる．そのとき

$$k=2\int_0^1\varphi(x')dx',\ \ k''=\int_0^1 x'^2\varphi(x')dx',\ \cdots\cdots$$

とする．先の級数は

$$nk\left(1-\frac{k''}{k}n^2\omega^2+\cdots\cdots\right)$$

となる．さて，s 個の観測値の誤差の和が限界 $\pm l$ のなかにある確率は，前の推論から分るように

$$\frac{2}{\pi}\int_0^\pi d\omega\int\cos l\omega\left\{\begin{array}{l}\varphi\left(\dfrac{0}{n}\right)+2\varphi\left(\dfrac{1}{n}\right)\cos\omega+2\varphi\left(\dfrac{2}{n}\right)\cos2\omega\\[2mm]+\cdots\cdots+2\varphi\left(\dfrac{n}{n}\right)\cos n\omega\end{array}\right\}^s dl$$

第20章　ラ　プ　ラ　ス

である．この確率は，それから

$$2\frac{(nk)^s}{\pi}\iint\cos l\omega\Bigl(1-\frac{k''}{k}n^2\omega^2-\cdots\cdots\Bigr)^s d\omega dl\cdots\cdots(u)$$

である．

$$\Bigl(1-\frac{k''}{k}n^2\omega^2-\cdots\cdots\Bigr)^s=c^{-t^2}$$

と仮定しよう．双曲対数をとることによって，s が大きな数のとき

$$s\frac{k''}{k}n^2\omega^2\doteqdot t^2,$$

それは

$$\omega\doteqdot\frac{t}{n}\sqrt{\frac{k}{k''s}}$$

となる．あるひとつの観測値の誤差が限界 $\pm n$ のなかに含まれている確率を表わすところの nk もしくは $2\int\phi\Bigl(\frac{x}{n}\Bigr)dx$ が1に等しくなる筈であることがわかれば，関数（u）は

$$\frac{2}{n\pi}\sqrt{\frac{k}{k''s}}\iint c^{-t^2}\cos\Bigl(\frac{lt}{n}\sqrt{\frac{k}{k''s}}\Bigr)dldt$$

となる．t に関する積分は $t=0$ から $t=\pi n\sqrt{\frac{k''s}{k}}$ まで，もしくは $n\to\infty$ と仮定すると $t=\infty$ までの範囲でとる．しかし，第1巻，25節から

$$\int\cos\Bigl(\frac{lt}{n}\sqrt{\frac{k}{k''s}}\Bigr)c^{-t^2}dt=\frac{\sqrt{\pi}}{2}c^{-\frac{l^2}{4n^2}\frac{k}{k''s}}$$

をうる．それから

$$\frac{l}{n}=2t'\sqrt{\frac{k''s}{k}}$$

とおく．関数（u）は

$$\frac{2}{\sqrt{\pi}}\int c^{-(t')^2}dt'$$

となる．かくして，上と同様，おのおのの観測値の誤差の限界の区間巾を $2a$ とすると，s 個の観測値の誤差の和が限界 $\pm ar\sqrt{s}$ 内に含まれるであろう確率は，もし $\phi\Bigl(\frac{x}{n}\Bigr)$ が定数ならば

$$\sqrt{\frac{k}{k''\pi}}\int c^{-\frac{kr^2}{4k''}}dr$$

である．そのとき $\frac{k}{k''s}=6$，それでこの確率は

$$2\sqrt{\frac{3}{2\pi}}\int c^{-\frac{3}{2}r^2}dr$$

となり，これは先に求めたものに適合する．

　もしも $\phi\Bigl(\frac{x}{n}\Bigr)=\phi(x')$ が x' の有理関数であり，整関数であれば，15節の方法によって，誤差の和が限界 $\pm ar\sqrt{s}$ の間に含まれるであろう確率は

$$(s-\mu\pm r\sqrt{s})$$

という形の量の s 乗，$2s$ 乗，……の級数により表わされる．ここで μ は算術級数的に増加し，各量はそれぞれが負になるまで続く．これらの級数と先に求めた同じ確率を表わす式とを比較することによって，われわれは非常に正確に級数の値をうる．そしてこの型の数列に関して，第1巻42節において与えておいた1変数のベキの差分についての結果と類似の定理をうる．

　もしも誤差の度数の法則が無限大まで拡張できるように負の指数関数によって表わされるならば，そして一般に誤差が無限大まで拡げうるならば，そのとき $a\to\infty$，かつ前述の方法の適用には若干の困難が生ずるであ

— 486 —

ろう．すべての場合において，b を任意の有限量とするとき

$$\frac{x}{b}=x', \quad \frac{1}{b}=dx'$$

とおく．そして上の解析を正確に辿っていくことによって，s 個の観測値の誤差の和が限界 $\pm br\sqrt{s}$ の間に含まれる確率として

$$\sqrt{\frac{k}{k''\pi}}\int c^{-\frac{kr^2}{4k''}}dr$$

を求めることができる．ここで $\phi\left(\dfrac{x}{b}\right)=\phi(x')$ は誤差 $\pm x$ の確率を表わすこと，そして

$$k=2\int_0^\infty \phi(x')dx', \quad k''=\int_0^\infty x'^2\phi(x')dx'$$

であることが注目される．

19. さて，非常に多数の観測値の誤差の和が与えられた限界内に含まれる確率を決定することにしよう．ここでは誤差の符号は無視するので，誤差はすべて正として取扱う．結局，級数

$$\phi\left(\frac{n}{n}\right)c^{-n\omega\sqrt{-1}}+\phi\left(\frac{n-1}{n}\right)c^{-(n-1)\omega\sqrt{-1}}+\cdots\cdots+\phi\left(\frac{0}{n}\right)$$
$$+\cdots\cdots+\phi\left(\frac{n-1}{n}\right)c^{(n-1)\omega\sqrt{-1}}+\phi\left(\frac{n}{n}\right)c^{n\omega\sqrt{-1}}$$

を考察しよう．$\phi\left(\dfrac{x}{n}\right)$ は誤差 $\pm x$ に対応する誤差の確率曲線の縦座標であり，x は n と同様，無限個の単位によって構成されるものとして考察される．この級数の第 s 番目のベキをとり，負の指数の符号を変えてのち，任意の指数，つまり $c^{(l+\mu s)\omega\sqrt{-1}}$ の係数は，符号を無視した誤差の和が $l+\mu s$ である確率である．そこで，その確率は

$$\frac{1}{2\pi}\int_{-\pi}^{\pi}c^{-(l+\mu s)\omega\sqrt{-1}}\left\{\begin{array}{l}\phi\left(\dfrac{0}{n}\right)+2\phi\left(\dfrac{1}{n}\right)c^{\omega\sqrt{-1}}+2\phi\left(\dfrac{2}{n}\right)c^{2\omega\sqrt{-1}}\\[2mm]+\cdots\cdots+2\phi\left(\dfrac{n}{n}\right)c^{n\omega\sqrt{-1}}\end{array}\right\}d\omega$$

に等しい．そのとき，その区間内で，積分

$$\int c^{-r\omega\sqrt{-1}}d\omega=\int(\cos r\omega-\sqrt{-1}\sin r\omega)d\omega$$

は 0 でない r の値すべてに対して 0 となる．

ω のベキに関する展開式は

$$\log\left\{c^{-\mu s\omega\sqrt{-1}}\left[\phi\left(\frac{0}{n}\right)+2\phi\left(\frac{1}{n}\right)c^{\omega\sqrt{-1}}+\cdots\cdots+2\phi\left(\frac{n}{n}\right)c^{n\omega\sqrt{-1}}\right]^s\right\}$$

$$=s\log\left\{\begin{array}{l}\phi\left(\dfrac{0}{n}\right)+2\phi\left(\dfrac{1}{n}\right)+2\phi\left(\dfrac{2}{n}\right)+\cdots\cdots+2\phi\left(\dfrac{n}{n}\right)\\[2mm]+2\omega\sqrt{-1}\left[\phi\left(\dfrac{1}{n}\right)+2\phi\left(\dfrac{2}{n}\right)+\cdots\cdots+n\phi\left(\dfrac{n}{n}\right)\right]\\[2mm]-\omega^2\left[\phi\left(\dfrac{1}{n}\right)+2^2\phi\left(\dfrac{2}{n}\right)+\cdots\cdots+n^2\phi\left(\dfrac{n}{n}\right)\right]\end{array}\right\}-\mu s\,\omega\sqrt{-1}\qquad(1)$$

を生ずる．それゆえ，

$$\frac{x}{n}=x', \quad \frac{1}{n}=dx'$$

とおき，さらに

$$2\int_0^1\phi(x')dx'=k, \quad \int_0^1 x'\phi(x')dx'=k', \quad \int_0^1 x'^2\phi(x')dx'=k'',$$

$$\int_0^1 x'^3\phi(x')dx'=k''', \quad \int_0^1 x'^4\phi(x')dx'=k^{\mathrm{IV}}, \quad \cdots\cdots$$

とおくと，方程式（1）の第 2 項は

— 487 —

$$s\log nk+s\log\left(1+\frac{2k'}{k}n\omega\sqrt{-1}-\frac{k''}{k}n^2\omega^2-\cdots\cdots\right)-\mu s\omega\sqrt{-1}$$

となる．おのおのの観測値の誤差は限界$\pm n$の間におちるので，$nk=1$を得る．かくして，先の量は

$$s\left(\frac{2k'}{k}-\frac{\mu}{n}\right)n\omega\sqrt{-1}-\frac{(kk''-2k'^2)sn^2\omega^2}{k^2}-\cdots\cdots$$

となる．

$$\frac{\mu}{n}=\frac{2k'}{k},$$

とおき，平方以上の高次のωのベキを無視することによって，この量は第2項までとればよいこととなり，先の確率は

$$\frac{1}{2\pi}\int c^{-l\omega\sqrt{-1}-\frac{(kk''-2k'^2)}{k^2}sn^2\omega^2}d\omega$$

となる．

$$\beta=\frac{k}{\sqrt{kk''-2k'^2}},\quad \omega=\frac{\beta t}{n\sqrt{s}},\quad \frac{l}{n}=r\sqrt{s}$$

とする．先の積分は

$$-\frac{\beta^2r^2}{4}=\frac{1}{2\pi}\frac{c}{n\sqrt{s}}\int_{-\infty}^{+\infty}\beta c^{-\left(t+\frac{l\beta\sqrt{-1}}{2n\sqrt{s}}\right)^2}dt$$

となる．そして，それから先の量は

$$\frac{\beta}{2\sqrt{\pi}\,n\sqrt{s}}c^{-\frac{\beta^2r^2}{4}}$$

となる．dl または $n\sqrt{s}\,dr$ を掛けて，積分した

$$\frac{1}{2\sqrt{\pi}}\int\beta c^{-\frac{\beta^2r^2}{4}}dr$$

は，l の値すなわち観測値の誤差の和が限界$\frac{2k'}{k}as\pm ar\sqrt{s}$ の間に含まれる確率であろう．ここで$\pm a$は個々の観測値の誤差の限界であり，われわれが無限個の部分に分割して考えるときには$\pm n$で表わした限界のことである．

こうして，符号を無視した誤差の和の最確値は，$r=0$ に対応する値である．その和は$\frac{2k'}{k}as$ である．$\phi(x)$ が定数であるとき，つまり$\frac{2k'}{k}=\frac{1}{2}$ なる場合は，誤差の和の最確値は最大可能な和の半分であり，その値はsa に等しい．しかし，もし$\phi(x)$ が定数でなく，誤差x が増加するとき逆に減少するならば，そのとき$\frac{2k'}{k}<\frac{1}{2}$ であり，符号を無視した誤差の和は可能な最大の和の半分より小さい．

同様の解析によって，誤差の平方の和が$l+\mu s$ であろう確率を確定することもできる．確率の式は積分

$$\frac{1}{2\pi}\int_{-\pi}^{\pi}c^{-(l+\mu s)\omega\sqrt{-1}}\left\{\begin{array}{l}\phi\left(\frac{0}{n}\right)+2\phi\left(\frac{1}{n}\right)c^{\omega\sqrt{-1}}+2\phi\left(\frac{2}{n}\right)c^{2^2\omega\sqrt{-1}}\\[4pt]\quad+\cdots\cdots+2\phi\left(\frac{n}{n}\right)c^{n^2\omega\sqrt{-1}}\end{array}\right\}^s$$

であることは容易にわかる．前の解析を精確にたどっていくと，

$$\mu=\frac{2n^2k''}{k}$$

をうるであろう．そして

$$\beta'=\frac{k}{\sqrt{kk^{\mathrm{IV}}-2k''^2}}$$

とおくと，s 個の観測値の誤差の平方の和が限界$\frac{2k''}{k}a^2s\pm a^2r\sqrt{s}$ の間にある確率は

$$\frac{1}{2\pi}\int\beta'c^{-\frac{\beta'^2r^2}{4}}dr$$

— 488 —

であろう．和の最確値は $r=0$ に対応するところの値で，それは $\dfrac{2k''}{k}a^2s$ である．もしも s が極端に大きな数であるならば，観測値の結果はごく僅か違うだけであって，因数 $\dfrac{a^2k''}{k}$ は十分に役立つ．

20. 大量の観測値の総体によって，すでに良い近似値であることが分っているある要素を補正したいとき，条件方程式をつぎのようにして出す．z をある要素の補正量とし，β をその観測値とし，それの解析式はその要素の関数であるとする．この要素に対して，近似値プラス補正量 z を代入し，z の平方は無視すると，この関数は $b+pz$ の形をしている．それは観測された量 β に等しいとおくと

$$\beta = b + pz$$

をうる．かくして，z は観測が正確であったなら決定されるべきものである．しかし，それは誤差をともないやすいものであるから，z^2 のオーダーの項を誤差とよぶと

$$\beta + \varepsilon = b + pz,$$

そして

$$\beta - b = \alpha$$

とおくと

$$\varepsilon = pz - \alpha$$

をうる．おのおのの観測値は同様の方程式を作り出すので，第 $(i+1)$ 番目の観測値に対して

$$\varepsilon^{(i)} = p^{(i)}z - \alpha^{(i)}$$

とかくことにする．これらの方程式を結びつけると

$$S\varepsilon^{(i)} = zSp^{(i)} - S\alpha^{(i)} \tag{1}$$

をうる．ここで記号 S は $i=0$ から $i=s-1$ まですべての i の値に対して成立することを示すものであり，s は観測値の総数である．誤差の和は 0 であるとすると

$$z = \frac{S\alpha^{(i)}}{Sp^{(i)}}$$

となる．これは，われわれが通常，**観測値の平均結果**とよぶところのものである．」

ここで S は今日の加算記号 $\sum$ の意味で使用されている．

「18節において，s 個の観測値の誤差の和が限界 $\pm ar\sqrt{s}$ の間に含まれるであろう確率は

$$\sqrt{\frac{k}{k''\pi}} \int c^{-\frac{kr^2}{4k''}}\,dr$$

であることがわかっている．$\pm u$ を結果 z における誤差とよぼう．方程式（1）における $S\varepsilon^{(i)}$ の代りに $\pm ar\sqrt{s}$ を代入し，z の代りに

$$\frac{S\alpha^{(i)}}{Sp^{(i)}} \pm u$$

を代入すると，これは

$$r = \frac{uSp^{(i)}}{a\sqrt{s}}$$

となる．結果 z の誤差が限界 $\pm u$ の間に含まれる確率は，こうして

$$\sqrt{\frac{k}{k''s\pi}}\,Sp^{(i)} \int \frac{1}{a} c^{-\frac{ku^2(Sp^{(i)})^2}{4k''a^2s}}\,du$$

である．

誤差の和が 0 と仮定する代りに，これらの誤差の 1 次関数

$$m\varepsilon + m^{(1)}\varepsilon^{(1)} + m^{(2)}\varepsilon^{(2)} + \cdots\cdots + m^{(s-1)}\varepsilon^{(s-1)} \tag{m}$$

が 0 であると仮定してもよい．ただし，m，$m^{(1)}$，$m^{(2)}$，……は正または負の整数である．この方程式 (m) において，ε，$\varepsilon^{(1)}$，……の代りに条件の方程式によって与えられた値を代入することによって，これは

$$zSm^{(i)}p^{(i)} - Sm^{(i)}\alpha^{(i)}$$

となる．関数 (m) を 0 に等しいとおくと

第20章　ラ　プ　ラ　ス

$$z = \frac{Sm^{(i)}\alpha^{(i)}}{Sm^{(i)}p^{(i)}}$$

となる．u をこの結果における誤差とすると

$$z = \frac{Sm^{(i)}\alpha^{(i)}}{Sm^{(i)}p^{(i)}} + u.$$

関数(m)は

$$uSm^{(i)}p^{(i)}$$

となる．観測値の数が大きいとき，誤差 u の確率を決定しよう．

このことに関して，積

$$\int\phi\left(\frac{x}{a}\right)c^{mx\omega\sqrt{-1}} \times \int\phi\left(\frac{x}{a}\right)c^{m^{(1)}x\omega\sqrt{-1}} \times \cdots\cdots \times \int\phi\left(\frac{x}{a}\right)c^{m^{(s-1)}x\omega\sqrt{-1}}$$

を考察しよう．記号 $\int$ は負の極値から正の極値まで，すべての x の値の上に拡がることを示す．上述のように，$\phi\left(\frac{x}{a}\right)$ は個々の観測値における誤差 x の確率であり，x は a と同じ単位で測られているものとする．この積の展開式における任意の指数 $c^{l\omega\sqrt{-1}}$ の係数は，観測値の誤差にそれぞれ m，$m^{(1)}$，$\cdots\cdots$ を掛けた和，いいかえると関数(m)が l に等しいであろう確率である．それから，最後に得た積に $c^{-l\omega\sqrt{-1}}$ を掛けると，この新しい積における $c^{\omega\sqrt{-1}}$ と独立な項および $c^{\omega\sqrt{-1}}$ のベキと独立な項は同じ確率を表わすであろう．もしも，ここで行なったように，正の誤差の確率が負の誤差の確率と同じであると仮定すれば，和 $\int\phi\left(\frac{x}{a}\right)c^{mx\omega\sqrt{-1}}$ のなかで，$c^{mx\omega\sqrt{-1}}$ を掛けた項と $c^{-mx\omega\sqrt{-1}}$ を掛けた項を結びつけることができる．それからこの和は $2\int\phi\left(\frac{x}{a}\right)\cos mx\omega$ の形をとるであろう．そして，すべての同様の和に対してもそうである．ここで関数(m)が l に等しい確率は

$$\frac{1}{2\pi}\int_{-\pi}^{\pi}\left\{\begin{array}{l} c^{-l\omega\sqrt{-1}} \times 2\int\phi\left(\frac{x}{a}\right)\cos mx\omega \\ \times 2\int\phi\left(\frac{x}{a}\right)\cos m^{(1)}x\omega \times \cdots\cdots \times 2\int\phi\left(\frac{x}{a}\right)\cos m^{(s-1)}x\omega \end{array}\right\}d\omega \qquad (i)$$

である．cosine を級数に変えると

$$\int\phi\left(\frac{x}{a}\right)\cos mx\omega = \int\phi\left(\frac{x}{a}\right) - \frac{1}{2}m^2a^2\omega^2\int\frac{x^2}{a^2}\phi\left(\frac{x}{a}\right) + \cdots\cdots$$

となる．$\frac{x}{a} = x'$ とおき，x の微分は 1 であるから $dx' = \frac{1}{a}$ であることがわかる．それで

$$\int\phi\left(\frac{x}{a}\right) = a\int\phi(x')dx'$$

である．前述の如く，

$$k = 2\int\phi(x')dx'$$
$$k'' = \int x'^2\phi(x')dx'$$
$$\cdots\cdots$$

とおく．積分の範囲は $x'=0$ からその正の極値までである．こうして

$$2\int\phi\left(\frac{x}{a}\right)\cos mx\omega = ak\left(1 - \frac{k''}{k}m^2a^2\omega^2 + \frac{k^{\mathrm{IV}}}{12k}m^4a^4\omega^4 - \cdots\cdots\right)$$

をうるであろう．この方程式の第 2 項の対数は

$$-\frac{k''}{k}m^2a^2\omega^2 + \frac{kk^{\mathrm{IV}} - 6k''^2}{12k^2}m^4a^4\omega^2 - \cdots\cdots + \log ak$$

である．$ak = 2a\int\phi(x')dx'$ は個々の観測の誤差が限界内に含まれるであろう確率を表わし，それは確実なことである．それで，$ak = 1$．このことは，先の対数が

$$-\frac{k''}{k}m^2a^2\omega^2 + \frac{kk^{\mathrm{IV}} - 6k''^2}{12k^2}n^4a^4\omega^4 - \cdots\cdots$$

となることである．このことから，積

$$2\int\phi\left(\frac{x}{a}\right)\cos mx\omega \times 2\int\phi\left(\frac{x}{a}\right)\cos m^{(1)}x\omega \times \cdots\cdots \times 2\int\phi\left(\frac{x}{a}\right)\cos m^{(s-1)}x\omega$$

が

$$\left(1+\frac{kk^{\mathrm{IV}}-6k''^2}{12k^2}a^4\omega^4 Sm^{(t)4}+\cdots\cdots\right)c^{-\frac{k''}{k}a^2\omega^2 Sm^{(i)2}}$$

であると容易に結論づけられる．それから前の積分（i）は

$$\frac{1}{2\pi}\int\left\{1+\frac{kk^{\mathrm{IV}}-6k''^2}{12k^2}a^4\omega^4 Sm^{(t)4}+\cdots\cdots\right\}\times c^{-l\omega\sqrt{-1}-\frac{k''}{k}a^2\omega^2 Sm^{(i)2}}d\omega$$

となる．$sa^2\omega^2=t^2$ とおくと，この積分は

$$\frac{1}{2a\pi\sqrt{s}}\int\int\left\{1+\frac{kk^{\mathrm{IV}}-6k''^2}{12k^2}\frac{Sm^{(t)4}}{s^2}t^4+\cdots\cdots\right\}c^{-\frac{lt\sqrt{-1}}{a\sqrt{s}}-\frac{k''}{k}\frac{Sm^{(i)2}}{s}t^2}dt$$

となる．$Sm^{(t)2}$，$Sm^{(t)4}$ は明らかに次数 s の量である．だから

$$\frac{Sm^{(t)4}}{s^2}\text{ は次数 }\frac{1}{s}$$

である．それから 1 に関してそれ以下の次数の項を無視すると，上の積分は

$$\frac{1}{2a\pi\sqrt{s}}\int c^{-\frac{lt\sqrt{-1}}{a\sqrt{s}}-\frac{k''}{k}\frac{Sm^{(i)2}}{s}t^2}dt$$

になる．

ω に関する積分は $\omega=-\pi$ から $\omega=\pi$ までとられ，t に関する積分は $t=-a\pi\sqrt{s}$ から $t=a\pi\sqrt{s}$ までの範囲でとらねばならぬ．そしてこの場合根号以下の指数は2つの限界においては無視しうる．なぜなら，s は大きな数であるか，もしくは a は無限個の単位に分割されると仮定されているからである．それゆえ，積分は $t=-\infty$ から $t=\infty$ までとることを許容しうる．

$$t'=\sqrt{\frac{k''Sm^{(t)2}}{ks}}\left\{t+\frac{l\sqrt{-1}k\sqrt{s}}{2ak''Sm^{(t2)}}\right\}$$

とおくと，先の積分関数は

$$\frac{c^{-\frac{kl^2}{4k''a^2 Sm^{(i)2}}}}{2a\pi\sqrt{\frac{k''}{k}Sm^{(t)2}}}\int_{-\infty}^{+\infty}c^{-(t')^2}dt'$$

となり

$$=\frac{c^{-\frac{kl^2}{4k''a^2 Sm^{(i)2}}}}{2a\sqrt{\pi}\sqrt{\frac{k''}{k}Sm^{(t)2}}}\cdot$$

$l=ar\sqrt{s}$ とおき，かつ l の微分は 1 であるから，$adr=1$ ということが分り，関数（m）は限界 0 から $ar\sqrt{s}$ の間に含まれる確率として

$$\frac{\sqrt{s}}{2\sqrt{\frac{k''}{k}Sm^{(t)2}}}\int c^{-\frac{kr^2 s}{4k''Sm^{(i)2}}}dr$$

をうるであろう．そして r に関するこの積分は 0 に等しい．

ここで関数（m）を 0 に等しくおくことによって確定するような要素内の，誤差 u の確率を知りたい．この関数は l に等しいか，あるいは $ar\sqrt{s}$ に等しいと仮定すると，前の関係式によって

$$uSm^{(t}p^{(t)}=ar\sqrt{s}$$

をうる．この値を前の積分関数に代入すると，

$$\frac{Sm^{(t)}p^{(t)}}{2a\sqrt{\frac{k''\pi}{k}}Sm^{(t)2}}\int c^{-\frac{ku^2(Sm^{(i)}p^{(i)})^2}{4k''a^2 Sm^{(i)2}}}du$$

となる．これは，u の値が限界 0 と u の間に含まれる確率の式である．それはまた，u が限界 0 と $-u$ の間に含まれるであろう確率の式でもある．

— 491 —

第20章　ラ　プ　ラ　ス

$$u = 2at\sqrt{\frac{k''}{k}}\frac{\sqrt{Sm^{(i)2}}}{Sm^{(i)}p^{(i)}}$$

とおくと，先の積分関数は

$$\frac{1}{\sqrt{\pi}}\int c^{-t^2}dt$$

となる．さて，確率の値が同じままであるとき，t も同じままであり，そして u の2つの限界の区間巾はますます小さくなり，

$$a\sqrt{\frac{k''}{k}}\frac{\sqrt{Sm^{(i)2}}}{Sm^{(i)}p^{(i)}}$$

より小さくなる．この区間巾が同じままであるとき，t の値すなわち結果的には，その要素の誤差がこの区間のなかにおちる確率は，同じ量 $a\sqrt{\dfrac{k''}{k}}\dfrac{\sqrt{Sm^{(i)2}}}{Sm^{(i)}p^{(i)}}$ がより小さくなるとき，より大きくなる．それから，この量を最小（$minimum$）ならしめる因数 $m^{(i)}$ の系列を選ぶことが必要である．そして，これらの系列のなかで，a, k, k'' が同じであるとき，$\dfrac{\sqrt{Sm^{(i)2}}}{Sm^{(i)}p^{(i)}}$ を最小ならしめる系列を選ばねばならない．

つぎの方法で同じ結果に到達することが可能である．ふたたび，u が限界 0 と u の間にある確率に対する式を考察しよう．その式の微分（$differential$）における du の係数は，要素内の誤差 u の確率曲線の縦座標である．その確率曲線の横座標によって表わされる誤差は $u=0$ のときの縦座標の両側に無限に広がることができる．このことは，あるゲームにおいて，すべての誤差が正であるか負であるかどうかは，実際に利得をえたか損失をうけたかどうかとみなすことであるともいえる．さて，この書物のはじめに若干頁を割いて説明した確率論によって，期待値はそれぞれの得失とそれに対応する確率を掛けて，それらを全部加えることによって計算できる．超過する恐れのある誤差の平均値は，積分

$$\frac{1}{2a\sqrt{\dfrac{k''\pi}{k}Sm^{(i)2}}}\int_0^\infty uSm^{(i)}p^{(i)}c^{-\frac{ku^2(Sm^{(i)}p^{(i)})^2}{4^2k''a^2Sm^{(i)2}}}du$$

に等しい．かくして，誤差は

$$a\sqrt{\frac{k''}{k\pi}}\frac{\sqrt{Sm^{(i)2}}}{Sm^{(i)}p^{(i)}}$$

である．マイナス符号をもった同じ量は，不足する恐れのある平均誤差を与える．選ばれなければならない因数 $m^{(i)}$ の系列は，これらの誤差が最小となるようなもの，それゆえ

$$\frac{\sqrt{Sm^{(i)2}}}{Sm^{(i)}p^{(i)}}$$

が最小になるようなものであることは明らかである．

もしも，この関数を $m^{(i)}$ について微分すれば，この導関数を 0 とおくことによって，最小値である条件

$$\frac{m^{(i)}}{Sm^{(i)2}} = \frac{p^{(i)}}{Sm^{(i)}p^{(i)}}$$

をうる．この方程式は i の値如何にかかわらず成立する．そして，i の変異が分数 $\dfrac{Sm^{(i)2}}{Sm^{(i)}p^{(i)}}$ に影響しえないとき，この分数を μ とおくことによって

$$m = \mu p,\quad m^{(1)} = \mu p^{(1)},\quad\cdots\cdots,\quad m^{(s-1)} = \mu p^{(s-1)}$$

をうる．そして，$p, p^{(1)}, \cdots\cdots$ がどんな値であっても，前の解析で仮定した如く，数 $m, m^{(1)}, \cdots\cdots$ が整数であるように μ をとることができる．そのとき

$$z = \frac{Sp^{(i)}\alpha^{(i)}}{Sp^{(i)2}}$$

をうる．そして，超過もしくは不足の恐れのある平均誤差は $\pm\dfrac{a\sqrt{\dfrac{k''}{k\pi}}}{\sqrt{Sp^{(i)2}}}$ となる．因数 $m, m^{(1)}, \cdots\cdots$ についてなしうるあらゆる仮定のもとに，これは可能な最小平均誤差である．

—492—

もし，m, $m^{(1)}$, ……の値が±1に等しいようにおくならば，超過もしくは不足の恐れのある平均誤差は，符号±が $m^{(i)}p^{(i)}$ を正にするように決めるときは，より少なくなるであろう．このことは

$$1=m=m^{(1)}=\cdots\cdots$$

と仮定すること，および z の係数が正であるような方法で条件方程式を用意することに相当する．これは普通の方法によってなされる．観測値の平均結果はそのとき

$$z=\frac{S\alpha^{(i)}}{Sp^{(i)}}$$

であり，超過するか不足するかどうかの恐れのある平均誤差は

$$\pm\frac{a\sqrt{\dfrac{k''s}{k\pi}}}{Sp^{(i)}}$$

に等しい．しかし，この誤差は可能な最小値であると思われた先の値よりより大きい．なおその上，このことはつぎのようにして示すことができる．それは不等式

$$\frac{\sqrt{s}}{Sp^{(i)}}>\frac{1}{\sqrt{Sp^{(i)2}}}$$

または

$$sSp^{(i)2}>(Sp^{(i)})^2$$

を証明するだけで十分である．実際

$$(p^{(1)}-p)^2>0 \quad \text{だから} \quad 2pp^{(1)}<p^{(1)2}+p^2$$

である．そこで，上の不等式の右辺において，$2pp^{(1)}$ の代りに量 $p^2+p^{(1)2}-f$, $f>0$ を代入することが出来る．同じような代入を，すべての同じような右辺の積に代入すると，左辺−(正の量)に等しくなる．恐れのある平均誤差の最小値に対応する結果

$$z=\frac{Sp^{(i)}\alpha^{(i)}}{Sp^{(i)2}}$$

は観測値の誤差の最小二乗法によって与えられるものと同じである．なぜならば，これらの平方の和が

$$(pz-\alpha)^2+(p^{(1)}z-\alpha^{(1)})^2+\cdots\cdots+(p^{(s-1)}z-\alpha^{(s-1)})^2$$

である．z がいろいろ変るとき，この関数が最小値をとる条件は先の式で表わされる．こうして，この方法で与えられることが好ましい．なぜなら，誤差の度数の法則がどのようなものであれ，それは比 $\dfrac{k''}{k}$ に従属するような法則であるから．

もしも $\phi(x)$ が定数であれば，この比は $\dfrac{1}{6}$ に等しい．x が増加するとき，$\phi(x)$ は減少すると仮定することが自然であると思われる方法で変化するとき，この比は $\dfrac{1}{6}$ より小さい．15節で与えた誤差の平均法則を適用すると，それによって $\phi(x)=\dfrac{1}{2a}\log\dfrac{a}{x}$ であるから，$\dfrac{k''}{k}=\dfrac{1}{18}$ となる．限界±a についていえば，これらの限界外に平均結果からの偏差がおちればその観測値を棄却せしめることにする．

しかし，観測値自体によっても，平均誤差に対する式において，因数 $a\sqrt{\dfrac{k''}{k}}$ を確定することができる．事実，前節において，観測値のなかで誤差の平方の和はほとんど $2s\dfrac{ak''}{k}$ に等しいということ，および大量の観測値があるとき，観測された和が，推定しうる値とそれほど違わないということが極度に確からしい．われわれはそれらを互に等しいとおきうる．さて，観測された和が $S\varepsilon^{(i)2}$ または $S(p^{(i)}z-\alpha^{(i)})^2$ に等しい．z に $\dfrac{Sp^{(i)}\alpha^{(i)}}{Sp^{(i)2}}$ を代入する．すると

$$2s\frac{a^2k''}{k}=\frac{Sp^{(i)2}S\alpha^{(i)2}-(Sp^{(i)}\alpha^{(i)})^2}{Sp^{(i)2}}$$

であることがわかる．そのとき，結果のなかで，超過もしくは不足する恐れのある平均誤差に対する上式は

$$\pm\frac{\sqrt{Sp^{(i)2}S\alpha^{(i)2}-(Sp^{(i)}\alpha^{(i)})^2}}{\sqrt{2s\pi}\,Sp^{(i)2}}$$

第20章　ラ　プ　ラ　ス

となる．この式においては，観測値もしくは条件方程式の係数によって与えられるもの以外は何も使われていない．」

（15）ルジェロ・ギュゼッペ・ボスコヴィッチ（Ruggero Giuseppe Boscovich, 1711. 5. 18–1787. 2. 13）は名前から分るようにユーゴスラヴィアからイタリヤへ移住してきた家族の出である．はじめジェスイットの聖職者の地位についたが，のち1740年ローマのロマノ・コレージォの数学と哲学の教授となった．彼はのちにヨーロッパ各地を点々とまわり，パリに数年間すんでいたこともある．1783年イタリヤに帰り，ミラノに定住した．彼は天文学について広汎な研究をし，黒点の３つの観測値から遊星の赤道を確定したり，天体の３つの観測値から軌道を確定したりした．『遊星の軌道の確定について』（*De determinanda Orbita Planetae*）1749年〔スミス『数学史』第１巻，517頁参照〕．

（16）これは1744年のオイレルの論文『若干の観測より惑星および彗星の軌道を決定する便利な方法を含む，惑星および彗星の運動論』（*Theoria motuum planetarum et cometarum, continens methodum facilem ex aliquot observationibus orbitas cum planetarum tum cometarum derterminandi*）である．

（17）月の自転に関して１°）月はそれ自身固定した軸のまわりに自転し，その周期は一恒星月，27. 321661日である；２°）自転の極は黄道の極とつねに一定の角 1°32′ をなす；３°）白道の極と黄道の極と自転の極とはつねに同一の大圏上にある；という法則（カッシニ（Cassini））がある．第１の法則は月がつねにその半面を地球に向けて決して他の半面を向けないという事実，第２第３の法則は空間内の軸の方向，を指定する．このような一見奇異な運動が力学的に可能であり，安定していることはラグランジュが始めて示したことである．この種の運動は一般に自転の角運動がある程度以上に小で，その形状が軸について対称でない場合に起こる．月の場合その振動はきわめて小さく，上の条件にあてはまるが，それでも地球からみれば外観的な動揺がある．それは自転の軸と公転の軸の一致しないこと，公転に中心差，出差などのあること，地心視差によるものである．これらを総称して月の秤動（libration of moon）という．

（18）ルジャンドル（Legendre）が1805年に出した『彗星の軌道を確定するための新しい方法』（*Nouvelles methodes pour la détermination des orbites des comètes*）の附録で『最小二乗法について』（*Sur la Méthode des moindres quarrés*）を論じている．

（19）ガウスの『円錐曲線をなして太陽のまわりを動く天体の運動の理論』（*Theoria Motvs Corporum coelestium in sectionibus conicis solem ambientium*）（1809年）の第２巻，第３節にのっている．以下，そのことを訳出しておく．

「175. いままで論じた特殊な問題を終って，もっと一般的な論議に入ろう．それは微積分を自然哲学へ応用するにあたって，もっとも実り多い内容をもつものである．V, V', V'', …を未知の量 p, q, r, s, …の関数とし，これらの関数の総数を μ，未知量の総数を ν とする．直接観測によって得られる関数値を $V=M$, $V'=M'$, $V''=M''$, …とする．一般的にいって，未知量は $\mu < \nu$ ならば不確定，$\mu = \nu$ ならば確定，$\mu > \nu$ ならばより一層確定するという問題を構成する．ここでは最後の場合に話を限定しよう．その場合，明らかに，あらゆる観測値の正確な表現は誤差がない場合にのみ可能である．そして，こういうことは事柄の性格上起こりえないから，未知量 p, q, r, s, ……の値のあらゆる系列は，観測の可能な誤差の限界内において，関数 $V-M$, $V'-M'$, $V''-M''$, ……の値を与えることができるものとみなさねばならない．しかしながら，このことは，これらの系列の一つ一つが同等の確率の度合をもつことを意味すると考えてはいけない．

まず第一に，すべての観測において，事物の状態はある事物が他より正確らしくないとは考えられないこと，および同量の誤差は同等に確からしいとみなすこととする．それで，おのおのの誤差 $\varDelta$ にあてがわれる確率は $\varDelta$ の関数によって表現されるであろうから，$\varphi\varDelta$ とかく．さて，この関数形を精しく指定することはできないけれども，少くともその値は $\varDelta = 0$ のとき最大となること，$\varDelta$ の値が互に反数であるときは等しいこと，$\varDelta$ を最大の誤差とすればそれより大きい誤差はないことは確定しうるであろう．それゆえ，$\varphi\varDelta$ は不連続関数の族に帰するのが適切なのであるが，実際的目的から，それを解析関数におきかえたければ，$\varDelta = 0$ で最大値をとり，その両側になだらかに下って，最後には０に収束してしまうような関数を考えればよい．すると実際上，

— 494 —

誤差の限界をこえれば，確率は 0 とみなしうる．なお，$\varDelta$ と $\varDelta + d\varDelta$ の間に誤差がある確率は $\varphi\varDelta \cdot d\varDelta$ によって表わされるであろう．そこで，一般に D と D' の間に誤差がある確率は，$\varDelta = D$ から $\varDelta = D'$ までの積分 $\int \varphi \varDelta \cdot d\varDelta$ によって与えられるであろう．この積分は $\varDelta = -\infty$ から $\varDelta = +\infty$ までの範囲では 1 に等しい．それゆえ，量 p, q, r, s, $\dots$ の値の任意の確定した系列を仮定すると，観測の結果 V に対して値 M を与える確率は $\varphi(M-V)$ によって表わされる．同様にして，観測の結果，関数 V', V'', $\dots\dots$ の値が M', M'', $\dots\dots$ を与える確率を $\varphi(M'-V')$, $\varphi(M''-V'')$, $\dots$ で表わす．さらに，すべての観測は相互に独立な事象とみなしうるから，積

$$\varphi(M-V)\varphi(M'-V')\varphi(M''-V'')\dots\dots = \Omega$$

は，これらすべての値が観測からともに生じたものであるという確率もしくは期待値を表わすであろう．

176. さて，同じ方法で，未知の量がどんな値をとろうと，任意の確定した値をとったときは，観測に先立って，ある確定した確率が関数 V, V', V'', $\dots\dots$ の値の任意の系列に対応する．それで，逆に関数の値が観測の結果によって確定したあとでは，ある確定した確率は未知量の値のあらゆる系列に適合し，そのことから恐らく関数値は求めうるであろう．なぜなら，明らかに，これらの系列は，事象が実際に起こったとき，より大きい期待値が存在するという点で，より確からしいものとみなしうるであろう．この確率の推定の仕方はつぎの定理にもとづく．

"もしもある仮定 H のもとで任意の確定された事象 E が起こる確率が h，先の仮定と排反な仮定 H' のもとで，同じ事象 E の起こる確率を h' とする．そのとき，事象 E が実際に起こった場合，

H が真の仮定であったという確率：H' が真の仮定であったという確率 $= h : h'$

である．ただし，2 つの仮定のどれを採択するかは同等に確からしいものとする．"

証明にあたって，仮定 H, H'，もしくはいくつかの他の仮定によって，事象 E もしくはある他の事象が起こったかどうか，異なる場合の系列を列挙しよう．ただし，おのおのの場合はそれ自身同等に確からしいものとする．

場合の数	想定されるべき仮定	起こるべき事象の名称
m	H	E
n	H	E でない
m'	H'	E
n'	H'	E でない
m''	H と H' 以外のもの	E
n''	H と H' 以外のもの	E でない

そのとき

$$h = \frac{m}{m+n}, \quad h' = \frac{m'}{m'+n'} ;$$

なお，その事象が起こる前には，仮定 H の確率は

$$\frac{m+n}{m+n+m'+n'+m''+n''}$$

である．しかし，事象が起こったあとでは，n, n', n'' の値は可能な場合の数から消えるから，仮定 H の確率は

$$\frac{m}{m+m'+m''}$$

である；同様にして，仮定 H' の確率は，事象が起こる前と起こった後とでは，それぞれ

$$\frac{m'+n'}{m+n+m'+n'+m''+n''} \quad \text{と} \quad \frac{m'}{m+m'+m''}$$

によって表わされるであろう．それゆえ，事象が起こる前には，仮定 H と H' に対して同じ確率が仮定されるから

$$m+n = m'+n'$$

— 495 —

第20章　ラ　プ　ラ　ス

をうるであろう．この事実から，定理の成立つことは容易に推測できる．

　さて，観測値 $V=M$, $V'=M'$, $V''=M''$, ……以外に未知の量を決定する他のデータが存在しないこと，およびこれらの未知の量の値の系列すべては観測に先立って同等に確からしいと仮定する限り，観測につづいて決定する確率は Ω に比例するであろう．このことは，未知の量の値が，限りなく近い範囲 p と $p+dp$, q と $q+dq$, r と $r+dr$, s と $s+ds$, ……の間にある確率は

$$\lambda\,\Omega\,dp\,dq\,dr\,ds\cdots\cdots$$

によって表わされる．ただし，量 λ は p, q, r, s, ……と独立な一定の量である．そして実際 $\frac{1}{\lambda}$ は

$$\underbrace{\int_{-\infty}^{+\infty}\cdots\cdots\int_{-\infty}^{+\infty}}_{\nu\,\text{個}}\Omega\,dp\,dq\,dr\,ds\cdots\cdots$$

であろう．

177. さて，このことから，量 p, q, r, s, ……の値の最確値の系列は，Ω が最大値をとる場合にえられることは容易にわかる．それゆえ，それは ν 個の方程式

$$\frac{d\Omega}{dp}=0,\quad \frac{d\Omega}{dq}=0,\quad \frac{d\Omega}{dr}=0,\quad \frac{d\Omega}{ds}=0,\quad \cdots\cdots$$

から導かれる．これらの方程式は

$$V-M=v,\quad V'-M'=v',\quad V''-M''=v'',\quad \cdots\cdots,\quad \frac{d\varphi\varDelta}{\varphi\varDelta\varDelta}=\varphi'\varDelta$$

とおくことによって

$$\frac{dv}{dp}\varphi'v+\frac{dv'}{dp}\varphi'v'+\frac{dv''}{dp}\varphi'v''+\cdots\cdots=0$$

$$\frac{dv}{dq}\varphi'v+\frac{dv'}{dq}\varphi'v'+\frac{dv''}{dq}\varphi'v''+\cdots\cdots=0$$

$$\frac{dv}{dr}\varphi'v+\frac{dv'}{dr}\varphi'v'+\frac{dv''}{dr}\varphi'v''+\cdots\cdots=0$$

$$\frac{dv}{ds}\varphi'v+\frac{dv'}{ds}\varphi'v'+\frac{dv''}{ds}\varphi'v''+\cdots\cdots=0$$

の形に書ける．

　それゆえ，関数 φ' の性質が既知となるや，問題の完全な確定解は消去法によって得られる．このことは先験的に定義できないから，別の観点から対象にせまるとして，暗黙のうちに，いわばどんな関数が基礎の関数として，共通の原則をもち，その優越さが一般的に認められているかを調べよう．任意の量が同じ状態のもとで同等の注意を払ってなされたいくつかの直接観測値によって確定されたならば，観測値の算術平均が最確値を提供するという仮説を公理とみなすことは確かに慣習となっている．それゆえ

$$V=V'=V''=\cdots\cdots=p$$

とおくことによって，一般に p の代りに

$$\frac{1}{\mu}(M+M'+M''+\cdots\cdots),\quad (\mu\,\text{は正整数})$$

におきかえると

$$\varphi'(M-p)+\varphi'(M'-p)+\varphi'(M''-p)+\cdots\cdots=0$$

を得るのは当然である．それゆえ，

$$M'=M''=\cdots\cdots=M-\mu N$$

と仮定することによって，任意の正整数値 μ に対して

$$\varphi'(\mu-1)N=(1-\mu)\varphi'(-N)$$

をうるであろう．そこで $\frac{\varphi'\varDelta}{\varDelta}$ は一定量（それを k で表わす）でなければならないことは容易に推測される．

— 496 —

$$\log \varphi \varDelta = \frac{1}{2}k\varDelta\varDelta + \text{定数}$$

$$\varphi \varDelta = \kappa e^{\frac{1}{2}k\varDelta\varDelta}$$

をうる．ただし，e は自然対数の底，定数$=\log\kappa$ と仮定する．その上，Ω が実際に最大値をとるためには，k は負でなければならない．この理由のために

$$\frac{1}{2}k = -hh$$

とおく．ラプラスによってはじめて発見されたエレガントな定理によって

$$\int_{-\infty}^{+\infty} e^{-hh\varDelta\varDelta}d\varDelta = \frac{\sqrt{\pi}}{h}$$

であり，われわれの関数は

$$\varphi\varDelta = \frac{h}{\sqrt{\pi}}e^{-hh\varDelta\varDelta}$$

となる．

178. たったいま求めた関数は，正直なところ，厳密に誤差の確率を表現することはできない．なぜなら，可能な誤差はあらゆる場合において，ある限界内に限定されているから，誤差の確率はこれらの限界をこえるとつねに 0 でなければならない．一方，われわれの公式はつねに 0 でないある値を与えている．しかしながら，われわれの関数値は $h\varDelta$ がかなり大きな値をとるとき，急速に減少するので，ほとんど 0 とみなしても差支えないから，上記の欠陥は実際上いささかの支障もない．それ以外に，研究対象の性質上，誤差の限界を厳密に指定することはできないのである．

最後に，定数 h は観測精度の測度とみなしうる．なぜならば，もしも誤差 $\varDelta$ の確率が

$$\frac{h}{\sqrt{\pi}}e^{-hh\varDelta\varDelta}$$

によって観測値のあるひとつの系列で表わされ，かつ多少とも正確に

$$\frac{h'}{\sqrt{\pi}}e^{-h'h'\varDelta\varDelta}$$

によって観測値の別の系列で表わされたと仮定するならば，先の系列における任意の観測値の誤差が $-\delta$ と $+\delta$ の間にある期待値は

$$\int_{-\delta}^{\delta} \frac{h}{\sqrt{\pi}}e^{-hh\varDelta\varDelta}d\varDelta$$

によって表わされる．そして同じ方法によって，後の系列における任意の観測値の誤差が $-\delta'$ と $+\delta'$ の間をこえない期待値は

$$\int_{-\delta'}^{\delta'} \frac{h'}{\sqrt{\pi}}e^{-h'h'\varDelta\varDelta}d\varDelta$$

によって表わされる．しかし 2 つの積分は明白に $h\delta = h'\delta'$ のとき等しい．さて，それゆえ，たとえば，$h' = 2h$ とすると，後者の系列における誤差の 2 倍の誤差を前者の系列では犯すことになる．その場合，普通のいい方をすれば，2 倍の精密度があとの観測値には付与されているといえる．

179. さて，この法則から出てくる結論を述べよう．積

$$\Omega = h^\mu \pi^{-\frac{1}{2}\mu}e^{-hh(vv+v'v'+v''v''+\cdots\cdots)}$$

が最大になるためには，和

$$vv + v'v' + v''v'' + \cdots\cdots$$

が最小でなければならぬことは明らかである．それゆえ，もし観測値すべてに同程度の正確さが仮定されるならば，未知量 p，q，r，s，$\cdots\cdots$ の最確値の系列は，関数 V，V'，V''，$\cdots\cdots$ の観測値と計算値の間の差の平方の和が最小になる場合である．この原理は，自然哲学への数学のあらゆる応用にしばしば用いられる約束事で

第20章 ラ プ ラ ス

あって，同じ量のいくつかの観測値の算術平均が最確値として適用できるというのと同じ性質をもった公理とみなさねばならない．

この原理は，等しくない正確さをもった観測値にも困難なく拡張することができる．たとえば，$V=M$, $V'=M'$, $V''=M''$, ……が求められることによって，観測値の精度の測度がそれぞれ h, h', h'', ……によって表わされるならば，そしてもしこれらの量に相互に比例する誤差が，これらの観測値に同等の資格をもって起こりうるならば，等しい精度の観測値によって，関数 hV, $h'V'$, $h''V''$, ……が直接 hM, $h'M'$, $h''M''$, ……から求められると考えてよい．それで，量，p, q, r, s, ……の最確値の系列は和 $hhvv+h'h'v'v'+h''h''v''v''$ $+……$，すなわち，実際の観測値と精度を掛けた計算値との差の平方の和が最小となるものである．

180. 前節で説明した原理は関数 V, V', V'', ……が線型関数であるとき，未知量を数値で決定するのに非常に迅速なアルゴリズムに変形しうる．

$$V-M=v=-m+ap+bq+cr+ds+……$$
$$V'-M'=v'=-m'+a'p+b'q+c'r+d's+……$$
$$V''-M''=v''=-m''+a''p+b''q+c''r+d''s+……$$
$$………$$

とし，そして

$$av+a'v'+a''v''+……=P$$
$$bv+b'v'+b''v''+……=Q$$
$$cv+c'v'+c''v''+……=R$$
$$dv+d'v'+d''v''+……=S$$
$$………$$

とおく．そのとき，177節の ν 個の方程式は，それによって未知量が決定するわけだが，観測値が同等によいと仮定して

$$P=0, \quad Q=0, \quad R=0, \quad S=0, \quad ……$$

となるであろう．その場合に，前節でわれわれはどのようにして他の形にかえるかを示した．それゆえ，決定すべき未知量と同数の方程式を得，それから未知量を普通の消去法によって求めるのである．

さて，この消去法がつねに可能かどうか，あるいは解が不定であるかどうか，あるいは解が不能かどうかをみよう．消去法の理論によって，第2と第3の場合は，方程式

$$P=0, \quad Q=0, \quad R=0, \quad S=0, \quad ……$$

のうちの1つが省略され，その省略されるある方程式が残りの方程式から作られる場合に相当し，このことは，線型関数

$$\alpha P+\beta Q+\gamma R+\delta S+……$$

をあてがうことが可能なとき，それが恒等的に 0 に等しいか，あるいは少くとも未知量 p, q, r, s, ……すべてから独立しているということと同じである．それゆえ，

$$\alpha P+\beta Q+\gamma R+\delta S+……=\kappa$$

と仮定する．直ちに

$$(v+m)v+(v'+m')v'+(v''+m'')v''+……$$
$$=pP+qQ+rR+sS+……$$

をうる．それで，もし

$$p=\alpha x, \quad q=\beta x, \quad r=\gamma x, \quad s=\delta x, \quad ……$$

とおくことによって，関数 v, v', v'', ……がそれぞれ

$$-m+\lambda x, \quad -m'+\lambda' x, \quad -m''+\lambda'' x, \quad ……$$

になると仮定すれば，明らかに

$$(\lambda\lambda+\lambda'\lambda'+\lambda''\lambda''+…)xx-(\lambda m+\lambda'm'+\lambda''m''…)x=\kappa x,$$

— 498 —

すなわち

$$\lambda\lambda+\lambda'\lambda'+\lambda''\lambda''+\cdots=0, \quad \kappa+\lambda m+\lambda'm'+\lambda''m''+\cdots=0$$

をうる．そこで，$\lambda=0$, $\lambda'=0$, $\lambda''=0$, ……であることが出てこなければならないから，また $\kappa=0$ である．それからあらゆる関数 V, V', V'', ……は，それらの値がたとえ，p, q, r, s, ……が増えようと減ろうと，数 α, β, γ, δ, ……に比例して変わらないことは明らかである．しかしながら，この種の場合，未知量の決定は，たとえ関数 V, V', V'', ……の真の値が与えられたとしても，可能でないだろうということは前にすでに注意した通りである．

最後に，関数 V, V', V'', ……が線型でないような場合に，ここで考察した場合に還元することが容易である．たとえば，π, χ, ρ, σ, ……を未知量 p, q, r, s, ……の近似値を表わすとすると，これらの未知量を

$$p=\pi+p', \quad q=\chi+q', \quad r=\rho+r', \quad s=\sigma+s', \quad \cdots\cdots$$

とおくことによって，別の未知量 p', q', r', s', ……を導入する．この新しい未知量の値は明らかに非常に小さいので，それらの平方やお互いの積は無視しうる．そのことによって，方程式は線型となるであろう．もしも，計算が完成してみて，未知量 p', q', r', s', ……が予想に反して大きければ，平方や積を無視することが安全でないようにみえるので，同様の手法をくり返して修正を施すことができる．

181. たった1つの未知量 p のみがある場合，それを確定するために，関数 $ap+n$, $a'p+n'$, $a''p+n''$, ……の値がそれぞれ M, M', M'', …に等しいことが観測によって分れば，p の最確値は

$$A=\frac{am+a'm'+a''m''+\cdots\cdots}{aa+a'a'+a''a''+\cdots\cdots}$$

となるであろう．但し $m=M-n$, $m'=M'-n'$, $m''=M''-n''$, ……．

この値についている正確さの度合を推定するために，観測において，誤差 $\varDelta$ の確率は

$$\frac{h}{\sqrt{\varDelta}}e^{-hh\varDelta\varDelta}$$

によって表わされる．そこで p の真の値が $A+p'$ に等しい確率は，もしも $A+p'$ が p の代りに代入されるならば，関数

$$e^{-hh\{(ap-m)^2+(a'p-m')^2+(a'p-m')^2+\cdots\cdots\}}$$

に比例するであろう．この関数の指数は

$$-hh(aa+a'a'+a''a''+\cdots\cdots)(pp-2pA+B)$$

の形に直しうる．ここで B は p に独立である．それゆえ，関数自体は

$$e^{-hh(aa+a'a'+a''a''+\cdots)p'p'}$$

に比例する．それゆえ，あたかも1回の直接観測によって p が推定しうる如く，同じ正確さの度合が値 A にあてがわれ，その正確さとはじめの諸観測値の正確さとの比は

$$h\sqrt{aa+a'a'+a''a''+\cdots\cdots}:h=\sqrt{aa+a'a'+a''a''+\cdots\cdots}:1$$

であることは明らかである．

182. 数個の未知量があるとき，それらの値に正確さの度合をあてがうことに関する議論を始めることは必要であるが，そのために，関数

$$W=vv+v'v'+v''v''+\cdots\cdots$$

をもう少し注意深く考察することにしよう．

I.

$$\frac{1}{2}\frac{dW}{dp}=p'=\lambda+\alpha p+\beta q+\gamma r+\delta s+\cdots\cdots,$$

$$W-\frac{p'p'}{\alpha}=W'$$

とおく．$p'=P$ をうること，および

— 499 —

第20章　ラ　ブ　ラ　ス

$$\frac{dW'}{dp} = \frac{dW}{dp} - \frac{2p'}{\alpha} \cdot \frac{dp'}{dp} = 0$$

だから，関数 W' は p と独立であることは明らかである．係数

$$\alpha = aa + a'a' + a''a'' + \cdots\cdots$$

はつねに明らかに正の量である．

Ⅱ．同じやり方で

$$\frac{1}{2} \frac{dW'}{dq} = q' = \lambda' + \beta'q + \gamma'r + \delta's + \cdots\cdots,$$

$$W' - \frac{q'q'}{\beta'} = W''$$

とおく．すると

$$q' = \frac{1}{2} \frac{dW}{dq} - \frac{p'}{\alpha} \cdot \frac{dp'}{dq} = Q - \frac{\beta}{\alpha} p', \quad かつ \frac{dW''}{dq} = 0$$

をうる．これから，関数 W'' は p と q の両方に独立であることがわかる．このことは，もしも $\beta'=0$ となれば，成り立たない．しかし W' は $vv + v'v' + v''v'' + \cdots\cdots$ から導かれ，量 p は方程式 $p'=0$ によって，v, v', v'', $\cdots\cdots$ から消去されることは明らかである；これから，β' は消去したあとでは，vv, $v'v'$, $v''v''$, $\cdots\cdots$ における qq の係数の和である；これらの係数のおのおのは，未知量が不定である上述の例外的な場合をのぞけば，一度にすべて 0 とはなりえない，平方の形をしている．それで β' は正の量でなければならぬことは明らかである．

Ⅲ．再び

$$\frac{1}{2} \frac{dW''}{dr} = r' = \lambda'' + \gamma''r + \delta''s + \cdots\cdots, \quad W'' - \frac{r'r'}{\gamma''} = W'''$$

とおくことによって

$$r' = R - \frac{\gamma}{\alpha} p' - \frac{\gamma'}{\beta'} q'$$

をうるし，また W'' は p, q, r と独立である．最後に γ'' の係数が正でなければならないことは，Ⅱと同じ方法で証明される．事実，γ'' は，方程式 $p'=0$, $q'=0$ によって p と q とが v, v', v'', $\cdots\cdots$ から消去されたのち，vv, $v'v'$, $v''v''$, $\cdots\cdots$ における rr の係数であることは容易に認められる．

Ⅳ．同じ方法で

$$\frac{1}{2} \frac{dW''}{ds} = s' = \lambda''' + \delta'''s + \cdots\cdots, \quad W^{\mathrm{IV}} = W''' - \frac{s's'}{\delta'''}$$

とおくことによって

$$s' = S - \frac{\delta}{\alpha} p' - \frac{\delta'}{\beta'} q' - \frac{\delta''}{\gamma''} r'$$

をうる．W^{IV} は p, q, r, s と独立，δ''' は正の量である．

Ⅴ．もしも p, q, r, s のほかに，なお他の未知量があるならば，この方法をつづけ，結局

$$W = \frac{1}{\alpha} p'p' + \frac{1}{\beta'} q'q' + \frac{1}{\gamma''} r'r' + \frac{1}{\delta'''} s's' + \cdots\cdots + 定数$$

をうるであろう．そのなかで，係数はすべて正の量である．

Ⅵ．さて，量 p, q, r, s, $\cdots\cdots$ に対する確定値の任意の系列の確率は関数 e^{-hhW} に比例する．それゆえに，p が不定のまま残り，残りの量がすべて確定しているときの系列の確率は，積分

$$\int_{-\infty}^{+\infty} e^{-hhW} dp$$

に比例するであろう．それはラプラスの定理によって

$$h^{-1} \alpha^{-\frac{1}{2}} \pi^{\frac{1}{2}} e^{-hh\left(\frac{1}{\beta'} q'q' + \frac{1}{\gamma''} r'r' + \frac{1}{\delta'''} s's' + \cdots\cdots\right)}$$

— 500 —

となる．それゆえ，この確率は関数 $e^{-hhW'}$ に比例するであろう．同じ方法で，もしも加うるに，q が不定として取級われるならば，$r,\ s,\ \cdots\cdots$ に対する確定値の系列の確率は，積分

$$\int_{-\infty}^{+\infty} e^{-hhW'} dq$$

に比例し，それは

$$h^{-1}\beta^{1-\frac{1}{2}}\pi^{\frac{1}{2}}e^{-hh\left(\frac{1}{\gamma''}r'r'+\frac{1}{\delta'''}s's'+\cdots\cdots\right)}$$

で，関数 $e^{-hhW''}$ に比例する．まったく同じ方法で，もし r がまた不定であると考えられるなら，残りの未知量 $s,\ \cdots\cdots$ に対する確定値の確率は，関数 $e^{-hhW'''}$ に比例する，等々．未知量の数が 4 つに達したとしよう．そのときも同様の結論が大なり小なりよく成り立つ．s の最確値は $-\dfrac{\lambda'''}{\delta'''}$ であり，この値が真の値 σ と異なる確率は，関数 $e^{-hh'''\sigma\sigma}$ に比例するであろう．そこで，はじめの観測値にあてがわれた精度を 1 に等しくおいた，と仮定して，この確定値に付与されるべき相対的な精度は $\sqrt{\delta'''}$ 以上であると結論づけられる．

183. 前節の方法によって，精度は都合よく未知量のみに対して表現されるが，一番最後の段階で消去法を用いねばならぬ．この不便さをさけるために，別の方法で係数 δ''' を表わすのが望ましい．方程式

$$P = p'$$

$$Q = q' + \frac{\beta}{\alpha}p'$$

$$R = r' + \frac{\gamma'}{\beta'}q' + \frac{\gamma}{\alpha}p'$$

$$S = s' + \frac{\delta''}{\gamma''}r'' + \frac{\delta'}{\beta'}q' + \frac{\delta}{\alpha}p'$$

から，$p',\ q',\ r',\ s'$ は $P,\ Q,\ R,\ S$ によって表現でき，

$$p' = P$$

$$q' = Q + \mathfrak{a}P$$

$$r' = R + \mathfrak{b}'Q + \mathfrak{a}'P$$

$$s' = S + \mathfrak{c}''R + \mathfrak{b}''Q + \mathfrak{a}''P$$

と表わされる．ここで $\mathfrak{a},\ \mathfrak{a}',\ \mathfrak{b}',\ \mathfrak{b}'',\ \mathfrak{a}'',\ \mathfrak{c}''$ は確定した量である．それゆえ，（未知量を 4 つに限定したとき）

$$s = -\frac{\lambda'''}{\delta'''} + \frac{\mathfrak{a}''}{\delta'''}P + \frac{\mathfrak{b}''}{\delta'''}Q + \frac{\mathfrak{c}''}{\delta'''}R + \frac{1}{\delta'''}S$$

をうる．そこでつぎの結論をうる．

方程式

$$P = 0,\quad Q = 0,\quad R = 0,\quad S = 0,\quad \cdots\cdots$$

から消去法によって導出される未知量 $p,\ q,\ r,\ s,\ \cdots\cdots$ の最確値は，もしも $P,\ Q,\ R,\ S,\ \cdots\cdots$ を当面不定なものとみなせば，$P,\ Q,\ R,\ S,\ \cdots\cdots$ による消去法と同じやり方で線型に表わすことができ，それで

$$p = L + AP + BQ + CR + DS + \cdots\cdots$$

$$q = L' + A'P + B'Q + C'R + D'S + \cdots\cdots$$

$$r = L'' + A''P + B''Q + C''R + D''S + \cdots\cdots$$

$$s = L''' + A'''P + B'''Q + C'''R + D'''S + \cdots\cdots$$

$$\cdots\cdots\cdots$$

をうる．こうすることによって，$p,\ q,\ r,\ s,\ \cdots\cdots$ の最確値はそれぞれ $L,\ L',\ L'',\ L''',\ \cdots\cdots$ となることは明らかであり，これらの確定値にあてがわれる精度はそれぞれ

$$\frac{1}{\sqrt{A}},\quad \frac{1}{\sqrt{B'}},\quad \frac{1}{\sqrt{C''}},\quad \frac{1}{\sqrt{D'''}},\quad \cdots\cdots$$

によって表わさる．ただし，はじめの観測値の精度は 1 とおく．未知量 s の確定に関して前に証明したことは，

第20章　ラ　プ　ラ　ス

未知数の記号の単なる交換によって，他のすべての未知量にも適用できる.

184. 例によって先の考察を説明するために，同等の正確さが仮定されている観測値によって

$$p-q+2r=3$$
$$3p+2q-5r=5$$
$$4p+q+4r=21$$

であることが分ったとしよう. しかし，第4番目の観測値に対しては，先の観測値の正確さの半分であてがわれているとして，

$$-2p+6q+6r=28$$

という結果になる. この最後の方程式を

$$-p+3q+3r=14$$

とかきかえる. すると，これは先の観測値と同じ正確さをもった観測法からの結果と考えられる. そこで

$$P=27p+6q-88$$
$$Q=6p+15q+r-70$$
$$R=q+54r-107$$

をうる. そして消去法によって

$$19899p=49154+809P-324Q+6R$$
$$737q=2617-12P+54Q-R$$
$$6633r=12707+2P-9Q+123R$$

をうる. それゆえ，未知量の最確値は

$$p=2.470$$
$$q=3.551$$
$$r=1.916$$

である. これらの確定値にあてがわれる相対的な精度は，はじめの観測値の精度を1とおけば，

$$p に対しては \sqrt{\frac{19899}{809}}=4.96$$

$$q に対しては \sqrt{\frac{737}{54}}=3.69$$

$$r に対しては \sqrt{\frac{2211}{41}}=7.34$$

となるであろう.」

　ガウス全集，第7巻（1906年）p. 240-p. 252，および *Henry Davis* 訳（1857年）（*Dover* 版1963年）p. 253 -p. 268 による.

— 502 —

付　　　録

1053. この付録では，この書物の印刷中に私の注意をひいたもので，しかるべき場所で引用するには遅すぎたいくつかの著作について述べることにする．

1054. 第5章で述べたヤン・デ・ウィットの小冊子は近年みつかり，英訳されて出版された．『保険雑誌』(*Assurance Magazine*) 第Ⅱ巻，1852年号，231頁にのっている フレデリック・ヘンドリック (Frederick Hendriks) による『保険の歴史に関する貢献』(*Contributions to the History of Insurance*) を参照せよ．死亡率に関するヤン・デ・ウィットの仮説については，同じ巻の393頁にのっている．〔右図〕

保険や同種の問題の歴史に関係する多くの興味ある[1]，価値ある論文が『保険雑誌』の各巻にのせられている．

1055. われわれの主題に関する論文は『学術官報補足』第Ⅸ巻，1729年の号にのっている．その論文の題名は『ヨハネス・リチェテイの遊びの科学，もしくは初等的な推論法とその応用』(*Johannis Rizzetti Ludorum Scientia, sive Artis conjectandi elementa ad alias applicata*) で，その巻の215-219頁と295-307頁を占めている．

この論文の297頁から，ダニエル・ベルヌイが偶然に関するいくつかの問題についてリチェテイやリッカチ (Riccati)[2] と論争したことがわかる．私の知るかぎりでは，この論争を引用した論文は他にみかけない．リチェテイはダニエル・ベルヌイの『数学演習』(*Exercitationes Mathematicae*) を引用しているが，1724年に出版された筈のこの書物を，私はまだ読んでいない．

リッカチ

論争の主要な点は期待値についての適当な定義をめぐるものであったといえよう．AとBとがともにゲームをすると仮定し，Aが総額 a を賭け，Bが総額 b を賭けるものとしよう．そして，$m+n+p$ 通りの同等に可能な場合があり，それらのうちの m 通りの場合にはAが賭金を全部手に入れる．また，それらのうちの n 通りの場合にはBが賭金を全部手に入れる．さらに，それらのうちの p 通りの場合には各人が自分自身のだした賭金を手に入れるものと仮定しよう．そのとき，普通の原理にもとづいてAの期待値は，演じられているゲームに関する限り

$$\frac{m(a+b)+pa}{m+n+p}$$

となる．あるいは，Aがすでに総額 a を即金で支払っていたという事実を考慮したいならば，期待値は

$$\frac{m(a+b)+pa}{m+n+p}-a=\frac{mb-na}{m+n+p}$$

付　　　録

にとればよいだろう．しかしながら，リチェテイは他の定義の方がよいとしている．彼の述べるところによれば，Aが総額 b を手に入れるのは，$m+n+p$ 通りのうちの m 通りの可能性であるので，Aの期待値は

$$\frac{mb}{m+n+p}$$

であるというのである．モンモールやダニエル・ベルヌイによって採用されている普通の定義は混乱と誤解をもたらしやすいことを，リチェテイは示そうとしている．しかし，このような結果は普通の定義から実際に導かれるものではなく，リチェテイ自身の誤解や未熟練さにもとづくものである．

　この論文は，どんな意味においても確率論のなかで足跡をのこすものではなかった．リチェテイはヤコブ・ベルヌイの有名な定理を，主として公理，つまり原因が一定の不変なものであれば結果も一定の不変なものと判断する，という公理にもとづくある一般的な推論によって証明したと考えた．彼は，彼の論文244頁において，ホイヘンスやヤコブ・ベルヌイによって論ぜられた問題についての短い考察を述べている〔33節，103節参照〕．その考察は不満足なものであり，リチェテイがその問題を明確に理解していなかったことを示している．

　1056. 私はド・モルガン教授のおかげで，前節で論じた論文を参照しえたが，ド・モルガン教授はそれをカレ（Kahle）の『**哲学の構成文庫**』（*Bibliothecae Philosophiae Struvianae*, ゲッチンゲン，1740年，全2巻，八折版）の第1巻295頁から知ったのである．ド・モルガン教授は同時に，私が手に入れることのできなかったつぎの著作も参照するように指示してくれた．

　アンドリュ・ルディジャー（Andrew Rudiger）『**偽と真の意味について**』（*De sensu falsi et veri*）第Ⅰ巻第10章と第Ⅲ巻．これについてはこれ以上説明しない．

　カレ自身の著作『**論理的確率の原理，数学的方法**』（*Elementa logicae probabilium, methodo mathematica*）マグデブルク，1735年刊，八折版．

　1057. 347節の初めに引用した著作には確率論についてのいくつかの註釈が含まれている．それらは「哲学序説」という部分で，第2巻の82-93頁を占めている．この著作は1736年にスフラフェサンデによって最初に出版されたことが第1巻のXLVII頁からわかる．その見解は確率の数学理論の概要を説明している．ス・グラヴサントが，事実上，ヤコブ・ベルヌイの定理の逆使用の例を述べていることは興味深い〔『**スフラフェサンデ哲学数学全集**』85頁参照〕．その例は125節で説明したものと同じ種類のものである．

　1058. 131節でオイレルのものとした結果が，本当はジャン・ベルヌイのものであることがわかった〔『**ジャン・ベルヌイ……全集**』第4巻，22頁参照〕．彼はつぎのように述べている．

　「そして私の兄の切なる願望は一応満たされたかのようである．というのは，和を求めるというこの困難な研究を考えぬいたのであるから．しかし正直いって，すべての人々は彼の勤勉さをあざけり笑うかもしれないが．もし，誰かがこの和を探究し吟味していたとしたら，これまで吾々をあざむいてきたその人の勤勉さに対して，大いなる喜びを共有したいと思っている．『**無限級数についての論究**』254頁．（乞い願わくば）兄に発見の栄誉を与え給え．」

　1059. 確率についての論文が有名なモーゼス・メンデルスゾーンによって書かれた．それは彼の『**哲学全集**』（*Philosophische Schriften*, 1761年）に載せられたものと思う．私はそれを1771年にベルリンで発行された2巻本からなる『**哲学全集**』版で読んだ．この論文は第2巻の243-283頁にわたっている．

　メンデルスゾーンは確率論の著者としてパスカル，フェルマー，ホイヘンス，ハレー，クレイグ，

ペティ，モンモール，ド・モワブルの名前をあげている．メンデルスゾーンはスフラフェサンデの著作から，ヤコブ・ベルヌイの定理の例に相当する一節を引用している．そして，メンデルスゾーンはその定理の証明であると彼が考えた内容を述べているが，それはごく短い一般的推論にすぎない．

その論文の唯一の利点はつぎのようなものである．ひとつの事象Aが事象Bと同時に，あるいはほぼ同時に起こったものと仮定しよう．そのとき，事象の生起が偶然によるものか，因果関係にもとづくものであるかを調べたい．メンデルスゾーンが述べるところによると，もしその事象の生起がn回おこるとすれば，因果関係が存在する確率は$\frac{n}{n+1}$であると．しかし，彼はこの値をどうして求めたかは全然示していない．彼はつぎのような説明をしている．コーヒを飲んだら目まいにかかった人がいたとしよう．このようなことの起こるのは偶然であるかもしれないし，因果関係があるのかもしれない．もしそんなことがn回起こったと観察されたとき，コーヒを飲むことによって目まいが生ずる確率は$\frac{n}{n+1}$であると．

ベイズとラプラスの定理を適用すると，ある事象がn回生じたならば，つぎの試行においてそれが生ずる確率は$\frac{n+1}{n+2}$である〔848節参照〕．nが大きいときには，これはメンデルスゾーンの規則とほぼ一致することは，まことに奇妙である．しかし，それは明らかに偶然の一致にすぎない．なぜならば，メンデルスゾーンの論文からは，彼がその問題について多くの知識をもっていたか，数学に非常にたけていたことを示すものが，なにひとつないからである．それゆえに，彼がどんな意味においてもベイズに先んじていたとは考えられない．

メンデルスゾーンは彼の規則を，とくにヒュームの懐疑論を参照しながら，われわれの感覚の証拠にまつわる確信に関するいくつかの意見の根拠として役立てている．メンデルスゾーンはまた自由意志と予見の問題を論じている．しかしながら，このような難かしい問題にちょっとでも解決のいとぐちを見出したとは思えない．

840節でメンデルスゾーンの名がでたときから，彼が確率について論じていたことに私は気づいていた．しかし，私は彼の論文が数学的理論に支えられた内容を全然もっていないと思ったので，それを吟味しなかった．ところが，故ブール教授のたっての要望で，その論文を吟味することにした．ブール教授は，以前ケンブリッジ大学においてヘブライ語の教師であったベルナルド博士が残したいくつかの原稿のなかで，メンデルスゾーンが参照されていることを知った．そこでこれをもとにして，私がその論文の特徴を報告するように望んだのである．

1060. 私は入手できなかった4つの著作の題名を，本屋のカタログのなかでみかけた．すなわち

チュボー（Thubeuf）『**賭事についてのすばらしい算術の原理**』（*Élémens et principes de la royal Arithmétique aux jettons*）12枚折版，パリ，1661年

F. W. マルプルク（Marpurg）『**勝負運をよくする技術**』（*Die Kunst, sein Glück spielend zu machem*）ハンブルグ．1765年，4つ折版．

フェン（Fenn. I）『**賭博師の利益と不利益を確定するための計算法と公式**』（*Calculations and formalae for determining the Advantages or Disadvantages of Gamesters*）1772年，4つ折版．

『**確率論に関する構造**』（*Frömmichen Ueber Lehre der Wahrscheinlichkeit*）ブラウンシュワイヒ，1773年，4つ折版．

1061. 私が990節で述べた点に関して，モンチュクラの1節を見落していた〔モンチュクラ『**数学史**』Ⅲ，421頁参照〕．コンドルセによって暗示された選挙方法がかつてジュネーヴで採用されたらしい．その選挙方法の欠点はリュイエ（Lhuilier）の『**フランス国民の同意のもと，ジュネーヴで1793**

付　　録

年2月に行われた選挙方法についての吟味』（*Examen du mode d'élection proposé en février* 1793, *à la Convention nationale de France, et adopté a Genève*）（1794年）という著作で述べられている．

1062.　確率論の非常に奇妙な応用がワーリング（Waring）によって述べられている〔ワーリング『代数的考察』（*Meditationes Algebraical*），第3版，1782年，xi頁，69頁，73頁参照〕．たとえば，彼はある方程式における虚根の数を確かめる規則を述べている．そして，つぎのようにいう．

「2次方程式においては，この方法は真に虚根の数を明らかにする．しかし，3次方程式においては，虚根の数を明らかにするこの確率は十分吟味しないで確率計算すると，2：1というような誤りにおちいる．」

私がこれを参照できたのは，シルヴェスター（Sylvester）教授が1864年の『哲学会報』にのせた『代数方程式の実根と虚根』（*Real and Imaginary roots of Algebraical Equations*）というすばらしい論文の写しを送ってくれた好意のおかげである．シルヴェスター教授は独立に同種の応用をなしていた〔『哲学会報』1864年号の580頁参照〕．そこで彼はつぎのように述べている．

「私自身と同様に，ワーリングもまたこの種の規則と関連した確率についての定理を論文の主要部分にして述べている．しかし，結論に到達する手がかりが全然述べられていない．それらが正しいかどうかはまったく疑わしい．」

〔訳　註〕

（1）**保険の歴史**について簡単に述べておこう．保険は元来海上保険から起こり，のちに生命保険に発展する．少くとも1661年以前に書かれた筆者不明のフランスの著書『信号旗』（*Le Guidon*）によると

「この国において，遠い所へ，例えばイタリーの海岸，コンスタンチノープル，アレキサンドリア，その他の地中海の港へとか大西洋へ航海しようとする者は，トルコ軍のガリ船（昔奴隷や囚人に漕がせた二段橈の船）とかフリゲート船（20〜60門の砲を塔載した往時の帆走艦）とか，アフリカ北部の回教徒の国バーバリの海賊船が海を横行し，彼らが捕えたキリスト教徒の売買，輸送にあたっていたので，それに対する恐怖があった．それでこの国の船長が航海を引受けたときは，荷物運送業者の商人に対して，同乗客が捕われた時に賠償する規定を契約のなかに入れることを主張したのである．そのときには乗組員の分も入れ，契約に船長，船員および同乗者の身代金を評価し，船の名前を明記し，かつ寄留港やその期間および身代金の受取人を記載していた．捕獲された証明や証拠があれば，この契約を引受けたものは15日後に身代金の金額を支払わねばならなかった．」

とある．このように保険事業が船乗りに負う所大であることは理解できよう．こうして，イギリスではイタリーにすむロンバート人（Lombard）の移民によって保険の知識を知ったのである．そしてロンバート人のすむ地帯，ロンバート街が保険市場の中心になった．1547年という日付はイギリスでもっとも古い記録に残っている保険契約の日付である．

一方火災保険もギルドの成員の火災による罹災者の救済のために，その事業の一部としてはじめられたが，1666年のロンドン大火以後，ようやく保険事業として成立したようである．その頃から年金保険制度も人々の関心をひくようになったらしい．もっとも年金保険制度は15世紀にも Montes pietatis（慈善による救済）として存在したのではあったが，それは教会による貸付金庫ともいうべきものにすぎなかった．

ところが17世紀になると，欠乏した国家財政を救うために，**トンチン年金**が考察された．トンチンとは考案者トンチ（Lorenzo Tonti, 1630–1695）からきている．1644年フランスに渡ったトンチは枢機官マザラン（Mazarins）に重用された．マザランは国の財政を借入金で賄おうと考え，トンチがその案を提出した．すなわち，2500万リーブルの元本を集め，それに対して国家の歳入から年102.5万リーブルの利息を支払う．これは元本に対して4.1％にあたる．元本を払込んだ人は，10組に分けられる．その分け方は7才間隔にして，63才までを9

— 506 —

組に，63才以上を1つの組に入れる．各組に対して10.25万リーブルずつ利息を支払い，組の元本総額に達するまで継続する．この利息は生残組員によって分配されるが，1人当りの分配額は組によって変化する．というのは2500万リーブルの元本が各組均等になっていないからである．若年令組は多く，高年令組には4.1%より高くなる．このように毎年利息を支払っていくと，組の一番最後まで生き残った人は1人で，10.25万リーブルの年金をもらう．そして彼が死亡すると政府はその組への利息の支払いを停止するから，政府の手に元本が残る．しかし，この提案は国王の裁可を得たが国会の反対で成立しなかった．

トンチはこれでも落胆せず，大規模な *Blanque*（一種の富クジ）を提案した．5万枚の札を1枚2ルイで売り，そのうち半分を賞金として返す．1等賞は3万リーブル支払うというものである．しかしこの富クジ案も拒絶された．フランスでトンチの企画がいれられたのは1689年になってからである．

ところがマザランに提案する少し前に，オランダを訪れたトンチは，アムステルダムの市長クリンゲンベルク（Klingenberg）に会って同様の話をしている．しかも，この地方はデ・ウィットの年金に関する報告もあったので素直にトンチの提案は受入れ，1671年アムステルダム市で政府は5万フローリンの借入をした．これを1口250フローリン，200口に分け，8%の利息をつけた．これは加入年金に無関係な**単純トンチン**（Die einfache Tontine）であった．1人で2口以上購入した人があったので応募人数は183人であった．その後の経過は右表の通りである．

トンチン年金の引受手（Unternehmer）はトンチナリウス（Tontinarius）といい，普通国家である．応募して金を払い込む人をZeichner，年金受取人（被保険者）はトンチニスト（Tontinist）とよばれた．単純トンチンは引受手に非常な利益をもたらした．しかし最後の1人が死亡するまで年金を支払わねばならず，90年以上も支給がつづくのが普通であった．

それで加入時の年金によって組に分け，高年令組には高い利息を支払う**組別トンチン**（Klassentontine）が出現した．1747年デンマークで発足し，1831年消滅したトンチンは右の利息表による．これは大成功をおさめた．

年　度	生残人員	年　度	生残人員
1671	183	1711	97
1676	172	1716	64
1681	166	1721	52
1686	154	1726	40
1691	144	1731	27
1696	127	1736	22
1701	116	1738	20
1706	100		

組	年令階級	年金
1	0～14才	4%
2	15～29	6
3	30～44	8
4	45～59	10
5	60～	12

トンチンとは反対に，イギリスでは**友愛組合**（societies of good fellowship）がエリザベス女王の貧民救済法（Poor law）の余波で，1634年にはじめて誕生した．友愛組合は，出発当初から勤労階級の福祉の上に大きな影響を及ぼしたといえよう．法律による友愛組合の定義は

「組合員のために寄付による補助を受けるかまたは受けないで，次の給付を行なうものである．(1)組合員自身または組合員の夫，妻，子供，兄弟姉妹，甥，姪などのため肉体的精神的の疾病，老令（50才以上），配偶者の死亡または孤児となった場合の救済を行うこと．(2)組合員または組合員の子供の死亡の際の給付を行ない，組合員の夫，妻，または子供の死亡の際の葬式費用，または死亡組合員の寡婦に給付すること．(3)組合員が職を求めて旅行するとき，困窮したとき，難船したとき，ボートや網を失ったときに救済すること．(4)組合員または組合員の指定者が一定の年令に達した時に給付金を支給すること．(5)15ポンドを超えざる金額を火災により商売道具に損害をうけた時に給付すること」

である．金持が共済制度を悪用しないよう，200ポンド以上の給付，50ポンド以上の年金を行なってはいけないことが規定されていた．30ポンド以上の年金給付を行う友愛組合に対しては所得税の免税特典は適用されなかった．友愛組合は法律によって保護されていた．

友愛組合以外に当時いろいろな賭博保険が行なわれていた．1774年の賭博法（Gambling act）で禁止されるまで続いた．賭博保険は収益が大きいので，個人保険業者を規制する方策として，法人たる資格をうる方法として，国王の特許状が必要であった．こうして1707年アン女王の特許を得た会社が**アミカブル・ソサエティ**（Amicable

付　　録

Society) である．組合員2000人，保険のための費用5シリング，毎年の払込金6ポンド4シリング，対価として毎年その年度に死亡した組合員に集った掛金を分配する．当時ロンドンの年平均死亡率は20人に1人であるから，死亡加入者は平均100ポンド支給されることを予想して払込金が考えられたらしい．この組合にはハレーの死亡表は参考にされなかった．

　1762年に，加入年令により等差の設けられた平準保険料式の生命保険を営むようになったのは**エクイタブル・ソサエティ**である．これについては第14章の訳註で詳述した〔浅谷輝男『**生命保険の歴史**』参照〕．

（2）**リッカチ**もベルヌイと同様数学一家を形成している．ここで論争しているのは，第1代目のヤコボ・フランチェスコ・コント・リッカチ（Jacopo Francesco, Conte Riccati, 1676. 5. 28 ヴェニス-1754. 4. 15 トレヴィン）である．彼はリッカチ微分方程式

$$\frac{dy}{dx}=A(x)+B(x)y+C(x)y^2$$

の研究者として有名である．第2子ヴィンツェンツォ・リッカチ（Vincenzo Riccati, 1707. 1. 11-1775. 1. 17）も父親同様微分方程式，級数論，2次形式，双曲線関数など多方面の研究をしている．第3子ギョルダノ・リッカチ（Giordano Riccati 1709. 2. 25-1790. 7. 20）もニュートン哲学，幾何学，3次方程式，物理学に興味を示し，第5子フランチェスコ・リッカチ（Francesco Riccati, 1718. 11. 28-1791. 7. 18）も建築学用の幾何学を研究した〔スミス『**数学史**』第1巻513頁〕．

モーゼス・メンデルスゾーン

訳 者 あ と が き

　トドハンターの『パスカルの時代からラプラスの時代までの確率の数学理論の歴史』を訳しおわって，一言念のために申し添えておきたいことがある．それは，トドハンターが確率論自体の発展を跡づけ，整理し，そして可能な限り将来の展望をもたせようとして，まず組合せ論的な考察から，順次解析学を応用してラプラスの確率論の大著まで高めていくプロセスを，ほとんどすべてといってよい程の資料を駆使して述べているということである．したがって，訳註として加えた内容は，実はほとんど不要もしくはトドハンターからみれば歴史の流れに棹さす雑駁なものであろうと思われる．しかし，本邦でこの種の成書がない現在，本訳書を一種の資料集として利用される人々の便利のために，確率論ならびにその周辺の内容等で重要と思われる史料（たとえば，ヤコブ・ベルヌイの定理の証明，ド・モワブルの『偶然論』，ラプラスの『確率の解析的理論』，ガウスの論文の部分訳など）や解説（主として組合せ論や保険に関すること）を付け加えておいた．それでもなお書きもらしたものがある．すなわち

　ドパルシュ（A. Deparcieux, 1703-1768）『人間の寿命の確らしさに関する試論』（*Essai sur les probabilités de la vie humaine*）（1746年）

　ワルゲンチン（Wargentin, 1717-1783 ）『**一国における出生および死亡の年々の記録の効用についての註釈**』（*Anmerkungen vom Nutzen der jährlichen Verzeichnung der Geborenen und Verstorbenen in einen Lande*）（1775年）や，またラプラスがあげているデュプレ・ド・サンモオル（Dupré de Saint Maure），メサンス（Messance），モオー（Moheau），ベイリイ（Baily），デュヴィヤール（Duvillard）など，主として人口統計論や年金，保険などに専心した学者たちのものである．しかし，それらについては，足利末男『社会統計学史』（三一書房，1966年）（337～364頁）や，ヨーン（足利末男訳）『統計学史』，ウェスターゴード（森谷喜一郎訳）『統計学史』（栗田書店，1943年）を参考にされたい．

　現在でこそ確率論は数学の中心，主流として位置づけられているが，昔は確率論はまったく数学者が余技的に研究するもので，賭けの数学にすぎないと思われていた．訳者もそういう感覚でしかものを見ていなかった．しかし，いま本書を訳してみて，始めて，昔も確率論は数学の中心的な位置を占めていたのだということ，とくにド・モワブルとラプラスにおいてその感を強くしたのである．さらに本書の舞台は，関ケ原の戦（1600年）からシーボルトがオランダ商館付医師として長崎出島に来航（1823年）してくるまで，江戸時代の前中期220年間に相当するヨーロッパである．18世紀に入ってからは，わが国は百姓一揆がたえまなく起こり，米を中心とする経済がようやく破綻をみせはじめる頃，ヨーロッパではすでに年金，保険など福祉関係の研究が盛んに行なわれ，ド・モワブル，オイレル，ラグランジュ，コンドルセ，ラプラスなど大数学者といわれる人たちがこの問題に関心をもち，勝れた論文を書いていることに深い感銘を覚えた．当時の和算家の研究内容と比較してみるならば，このことは大きな意義をもつであろう．あとがきを書いている筆者の耳に，巷の選挙の候補者の声が聞えてくる．公約は福祉に力をつくすという．春闘の弱者救済のシュプレヒコールも聞えてくる1975年4月のことである．

著者の年代順リスト（附，年表）

年	一 般 歴 史 的 事 項	数 学 上 の 業 績
	（一492～448）ペルシャ戦役（一500）孔子 （一444）ペリクレス執政時代，ローマに銅法典 　（一450） （一331）アレキサンダー大王の統一，ヘレニズ 　ム時代　アリストテレス（一384～322）	（一624～一546）タレス （一571～一497）ピタゴラス，数の理論 　この頃ソフィスト，3大問題 （一380）プラトン
一300	アレキサンドリア市全盛時代（トレミー1世， 　2世） （一221）秦，中国統一 （一202）漢おこる （一146）カルタゴ，ギリシャ滅亡 （一 44）カエサル暗殺さる （一 31）アウグスッス・ローマ皇帝	（一300?）ユークリッド「幾何学原本」13巻 （一225）エラトステネス，測地学 　アルキメデス，静力学と搾出法 　アポロニウス「円錐曲線」
0	（29）キリスト死刑，12使徒布教 （98～117）トラヤヌス帝一5賢帝時代はじまる （200?）新約聖書の大部分なる （375）ゲルマン民族大移動 （395）東西ローマ帝国両分	 （100?）ヘロン　　　「測量術」 　ニコマクス　「算術」 （150?）プトレマイオス　「アルマゲスト」 （275）ディオファントス　「算術」13巻 （300）パップス　「数学集成」
400	日本のあけぼの，ビザンツ文化 （476）西ローマ帝国亡ぶ （527～565）ユスチニアヌス大帝（東ローマ帝国 　の中興） （529）アテネ．アカデミー閉ず	 （400）プロクロスのユークリッド註釈 （510）アリアバタ，球面3角 　ボエチウス　「哲学の慰め」
600	（622）マホメット（回教紀元） （641）アレクサンドリア図書館焼打ち （746）日．大仏開眼 サラセン文化黄金時代	 （628）ブラマグプタ　「ブラフマー修正体系」
800	 （870）フランク王国分裂，封建制確立 （907）唐滅亡，宋おこる （962）オット1世　神聖ローマ帝国	 （830）アル・フワリズミ　「代数学」
1000	 （1073）グレゴリ7世．法王権ふるう （1096）十字軍遠征はじまる（計8回） （1169）オックスフォード大創立 （1192）鎌倉幕府おこる	 （11c末）オマール・ハイヤム，3次方程式分類 　バスカラ　「リラワティ」

確 率 論 の 業 績（本書に出てくるもの）	統 計 学 の 業 績
（—11c）易（2元分類，重複順列）	旧約聖書のなかに，イスラエルの児童調査，ダビデの調査，クルスの調査の記録あり アリストテレスのなかに国家基本制度についての記述あり
	（—300?）孔子の「書経」のなかに農工業，交通，公課のデータあり （—106〜—43）キケロによるとローマでは国務調査，財政統計，軍事統計が作られていた
	ビザンチン帝国も官吏明細簿，行政規則集，教区名簿あり
	（710ごろ）日本．風土記（統計記録含む）
「創造記」の組合せ論	
	（1086）ウイリアム征服王 「Doomsdaybook」
バスカラの組合せ論	

年	一般歴史的事項	数学上の業績
1200	このころ各地に大学おこる（ナポリ・パドヴァ・ローマ・パリ） (1279) 元おこる (1284) 英・ギルド条令，独ハンザ同盟の活動時代	(1202) フィボナッチ 「算盤の書」
1300	このころルネサンスはじまる (1318) ダンテ 「神曲」 (1392) 室町幕府成立	
1400	 (1453) 東ローマ帝国滅亡 レオナルド・ダ・ヴィンチ（～1519） (1492) コロンブス 新大陸発見	 (1494) パチオリ 「ズンマ」
1500 1550	(1510) ポルトガル東洋侵出 (1517) マルチン・ルーテル．宗教改革 (1543) 鉄砲伝来，ザヴィエル来日 (1558) エリザベス I 世即位，英国教確立 (1588) 英．スペイン無敵艦隊撃破 　　経済発展す，(98) ナント勅令（仏）	 (1543) コペルニクス 「天球の回転について」 (1590) ガリレオ 「運動について」落下法則
1600 1605	関ヶ原の戦，英国東印度会社設立，ブルーノ焚殺さる 徳川幕府成立	 ケプラー 「新天文学」惑星運動の第1，第2法則
1610 1615	 ロシア・ロマノフ王朝成立 ジェームズ I 世王権神授説 ガリレオ宗教裁判，後金の建国 ドイツ30年戦争おこる（～1648） サヴィリアン教授職設置	ケプラー 「光線屈折学」 ネピア 「対数表」 ケプラー 「コペルニクス天文学概要」 ブリッグス 「不思議なる対数規則の構成」

確 率 論 の 業 績 （本書に出てくるもの）	統 計 学 の 業 績
	(1296) ヴェニスが征服した州の 総督はその土地について定期的な報告を義務づけられる（政府統計のはじまり）
	(1421) ヴェニスで人口調査（モツェニゴー報告）
パチオリ，分配問題（1494）	
この頃バックレイ，組合せ論について	(1524) 宗門帳に関する規則（セーの宗教会議） (1542) コンタリーニ 「ヴェニスの国家とその支配についての5巻の書」 (1562) サンソヴィーノ 「古代，近代の若干の王国，共和国の政府と統治」 (1599) ボテロ 「万国誌」
この頃，カルダン **「サイコロ遊びについて」**	
ケプラー 「ヘビ座の裾の新星について」 この頃，ガリレオ 「サイコロ遊びについての考察」	
 プテアヌス，順列について	ピエール・ダヴィティの国家記述に関する大書

年	一 般 歴 史 的 事 項	数 学 上 の 業 績
1 6 2 0	ベーコン 「科学の新オルガノン」	
1 6 2 5	仏. リシュリュー執政	
1 6 3 0	ガリレオ裁判始まる	
1 6 3 5	ハーバード大学設立 デカルト 「方法敍説」 日本. 鎖国令	カヴァリエリ 「不可分連続体の……幾何学」 デザルグ. 透視図法の研究 デカルト 「幾何学」
1 6 4 0	オランダ. イスパニアより独立 ルイ14世即位（～1715），マザラン宰相 清軍入関，チャールズⅠ処刑(イギリス共和制) ウエストファリア条約	パスカル. 円錐曲線の研究 このころフェルマー 「平面，空間の軌跡論入 門」（死後1679. 出版）
1 6 4 5	英. 共和政（～1660），クロムウエル	
1 6 5 0	英蘭戦争（～1654）	
1 6 5 5	英西戦争（～1659）	ウォリス 「無限算術」 ショーテン. デカルトの幾何学のラテン訳

確 率 論 の 業 績（本書に出てくるもの）	統 計 学 の 業 績
	ラエット編 「エルツヴィール・ト共和国」（オランダ人による各国家記述）（～1640）36巻
パスカル・フェルマー， 分配問題についての往復書簡 ホイヘンス 「サイコロ遊びにおける計算について」　　　遊戯継続の問題	ゼッケンドルフ 「**ドイツ連邦国家論**」

年	一般歴史的事項	数学上の業績
1660	イギリス王政復活 ルイ14世親政始まる（—1715） 英．王立協会創立 ルカス教授職設置	
1665	パリ．科学アカデミー発足 ルイ14世の第1次侵略 パスカル　「パンセ」	メルカトル　「対数術」 バーロー　「光学・幾何学講義」，ニュートン． 流率法発見
1670		ホイヘンス　「振子時計」 関孝和　「発微算法」
1675	マールブランシュ　「真理探究論」 グリニチ天文台設置 英ホイグ，トーリー2大政党制	ライプニッツ．微積分の基本定理を発見 ライプニッツ　「幾何学的記号」
1680	露．ピョートル大帝即位（〜1725） トルコ．ウィーン攻撃	
1685		ライプニッツ　「極大，極小および接線をつくるための新しい方法」 ⎰クレイグ　「図形の求積決定法」（ライプニッツ流） ⎱建部賢弘　「発微算法演段諺解」 ライプニッツ「深奥なる幾何学および無限小解析」 ニュートン　「自然哲学の数学的原理」
	名誉革命（オレンジ公議会召集） ネルチンスク条約露清間に締結，欧州列国の対仏大同盟	
1690	ロック　「人間悟性論」	ジャン・ベルヌイ．積分因子発見 ライプニッツ　「無限級数 …… を超越的な問題に適用……」
1695		⎰ジャン・ベルヌイ　「最速降下線について」 ⎱ロピタル　「無限小解析」

— 516 —

確　率　論　の　業　績（本書に出てくるもの）	統　計　学　の　業　績
	ヘルマン・コンリング．統計学と名づける国情論の講義を公示 ⇐グラント　「死亡表の観察」（政治算術学派） コルベール，仏国全土に人口調査を計画
ライプニッツ　「組合せ論」	
カラムウエル　「2つの数学，組合せ論」 ヤン・デ・ウィット「年金について」	アムステルダム市でトンチン年金実施 ベックマン　「国土地理的・政治的記述」（第1版） （大学派） ボーゼ　「世界各国・国情論概説」（大学派）
ソーヴォー　「バゼット・ゲームについて」	
   {ウオリス　「偶然論の本質的，基本的部分」 {ヤコブ・ベルヌイ．偶然論の問題2題，学芸雑誌に	ペティ　「ダブリンの死亡表の諸観察」（政治算術派） このころライブニッツとノイマン政治算術に関心もつ トンチの提案でフランス・トンチン年金制が国営で実施
ヤコブ・ベルヌイ．1685年の問題の解 アーバスナット　「偶然の法則について」 ロバーツ　「福引の……算術的逆理」	⇐ペティ　「政治算術」（政治算術派） ペティ　「アイルランドの政治的解剖」（同上） ⇐ハレー．死亡表の作成 キング　「英国の……自然的，政治的諸観察」 （政治算術派）

— 517 —

年	一般歴史的事項	数学上の業績
1700	ベルリン．アカデミー設立 北方戦争始まる（—1721） イスパニア王位継承戦争おこる（—1713） プロシャ王国創立	ヤコブ・ベルヌイ変分法の創始．
1705	ニューコメン，蒸気機関改良 大ブリテン王国成立	ニュートン 「光学」，「3次曲線の計算」 ニュートン 「一般算術」
1710		ニュートンの補間公式 テーラー 「直接および逆の増分法」
1715	ユトレヒト条約 ジョージ1世（ハノーヴァー朝）即位 吉宗，享保の改革 蘭仏英独4国同盟	 スターリング 「ニュートン流の微分法」
1720	吉宗，洋書の禁を弛む	
1725	女帝カザリン，ペテルスブルク・アカデミー設立 西・墺同盟，ウィーン条約 プロシャ富国強兵策（デッサウ歩兵操典） オイレル．測地線の研究 オイレル．ガンマ関数発見	
1730	ポーランド王位継承戦（〜35）	オイレル．ベーター関数発見 クレーロー 「2重に曲った曲線」 （空間座標の利用）

確 率 論 の 業 績（本書に出てくるもの）	統 計 学 の 業 績
クレイグ 「**キリスト教神学の数学的原理**」 「人間の証言の信頼性の計算」	ダヴェナント 「貿易差額……蓋然的方法」（政算派）
    モンモール 「**偶然ゲームに関する解析の試み**」（第1版） ⎰ニコラス・ベルヌイ 「推論法試論」 ⎱バーベイラック 「**ゲームの理論**」	保険会社アミカブル設立
アーバスナット「両性の誕生数においてみられる一定の 　　　　　　規則性からひき出される神の摂理につい 　　　　　　ての証明」 ド・モワブル「**クジの測定について**」 ⎰スフラフェサンデ，両性の出生数についての研究 ⎱関 孝 和，　　　　ベルヌイ数についての研究 ヤコブ・ベルヌイ「**推論法**」 ⎰モンモール「**偶然ゲームに関する解析の試み**」（第2版） ⎪ニコラス・ベルヌイ．ウォルドグラーヴの問題について ⎨ド・モワブル．ウォルドグラーヴの問題について ⎩ブラウン．ホイヘンスの訳 ド・モワブル「**偶然論**」（第1版）	
  建部賢弘 「綴術算経」 松永良弼 「**断連総術**」 メラン 「偶数か奇数かのゲームについて」 リチェティ 「遊びの科学」	 オットー 「**国情論初歩**」（大学派統計学） スエーデン，統計一般調査の提案
⎰ニコル 「ゲームに関するいくつかの問題の吟味と解 ⎪　　　法」 ⎨ダニエル・ベルヌイ 「クジの測定についての新しい試 ⎪　　　論」 ⎩クラーメル．ペテルスブルクの問題についてのニコラ 　　　スあての書簡	

—519—

年	一 般 歴 史 的 事 項	数 学 上 の 業 績
1735	ゲッチンゲン大学設立 プリンストン大学設立	
1740 1745	フレデリック大王即位（～1786） オーストリア継承戦争（～1748） 日本. このころ各地に百姓一揆 モンテスキュー 「法の精神」	マクローリン 「流率論」 ダランベール 「動力学論」 ダランベール 「流体の平衡と運動……の論究」 オイレル 「等周問題の解」（変分法） クレーロー. 線積分の概念 ダランベール. 弦の振動の方程式 オイレル 「無限小解析序説」2巻 マクローリン 「代数に関する3つの論文」
1750 1755	ラ・メトリ 「人間機械論」 モンテスキュー 「法の精神」 フランス啓蒙思想，百科全書刊行はじまる フランクリンの避雷針 モスクワ大学設立 プラッシィの戦（英. ベンガルを占領） 平賀源内，電気の研究	ダランベール 「宇宙系の……研究」 オイレル 「微分学の原則」2巻
1760 1765	露. カザリン2世即位（～96） 東インド会社，ムガール帝より地税徴集権獲得 イギリス産業革命(～1830)，ワットの蒸気機関	オイレル. 楕円積分の加法定理発見

確　率　論　の　業　績（本書に出てくるもの）	統　計　学　の　業　績
ビュッオン．確率についてのいくつかの問題の解法 ダニエル・ベルヌイ．惑星軌道面の傾きについての懸賞 論文 スフラフェサンデ，ヤコブ・ベルヌイの定理の逆使用例 ド・モワブル　「**偶然論**」（第2版）	
シンプソン　「**偶然の性質と法則**」 ジャン・ベルヌイ　「**偶然について**」	アンケルゼン　「**文明国一覧表**」（表派統計学） ジュッスミルヒ　「**神の秩序**」（政治算術学派） ドパルシュー「**寿命の確率**」 ケルセボーム　「……**政治算術論集**」 ｛アッヘンワル　「**ヨーロッパ諸国国家学緒論**」 　　　　　　　　　　　　　　　　　　（第1版） ｛ワルヒ　「……**国家基本制度概説**」（大学派統計学）
オイレル　「**邂逅のゲームにおける確率の計算**」 ドドソン　「**数学博物館**」（第2巻） ｛ホイル　「**偶然ゲームについて**」 ｛ダランベール　「**百科全書，（表か裏か）（ペテルスブル 　　 クの問題）**」 ド・モワブル　「**偶然論**」（第3版） ｛シンプソン　「**観測値の平均をとることの利点**」 ｛ダランベール　「**百科全書（賭事）**など」 クラーク　「**偶然の法則**」	アッヘンワル　「**ヨーロッパ諸国 および 諸国民国家基 本制度**」（第2版） ウォーレス　「**人口論に関する一論**」 アッヘンワル．第3版，スウーデン製表記録委員会設 置 ライトハルト　「……**国家科学序論**」（大学派統計学） ビューシング　「……**国家基本制度……の序論**」 　　　　　　　　　　　　　　　（比較統計学）
｛ダニエル・ベルヌイ「**天然痘による死亡についての新し 　　い分析**」 オイレル「**人類の死亡数と出生数に関する一般的研究**」 ｛　「**終身年金**」 ｛ダランベール　「**数学小論**」第2巻（確率計算に関する 　　こと） ｛メンデルスゾーン マレ「**3人の演技者の……分配問題**」 ｛ベイズ（プライス）「**偶然論における一問題を解くため 　　の試み**」 ｛有馬頼徸　「**断連変局法**」 オイレル　「**ファラオン・ゲーム での 胴元の利益につい て**」	ベルトラーム　「**現在の……国家基本制度論入門**」 　　　　　　　　　　　　　　　　　　（大学派） 保険会社エクイタブル設立（生命保険事業の今日的形 態）

年	一 般 歴 史 的 事 項	数 学 上 の 業 績
	英，大ピット首相に	ラムベルト 「平行線論」
		オイレル 「積分法の原則」3巻（—1770）
	露土戦争（～71）	オイレル 「一般算術」2巻
1770		オイレル．二重積分を導入
		モンジュ 「展開面，曲率半径，空間曲線のね じれ」
	ポーランド第1次分割	┌ラグランジュ．三重積分を導入 └ 「方程式の代数的解法」
	ボストン．茶箱投棄事件	
1775	杉田玄白「解体新書」，ルイ16世（～92）即位	モンジュ 「可展面の性質」
	アメリカ独立戦争（～1783）	
	アメリカ合衆国独立宣言	オイレル．関数が解析的なることの必十条件
	アダム・スミス 「国富論」	
1780	カント 「純粋理性批判」	
1785		
	米国憲法制定	
	カートライト，力織機	ラグランジュ 「解析力学」
	フランス大革命（～1795），ワシントン米大統領	ラグランジュの不定乗数法（極値問題）

— 522 —

確 率 論 の 業 績（本書に出てくるもの）	統 計 学 の 業 績
［オイレル 「ジェノア・富クジについて」 ［ビグラン 「同上」	
ダニエル・ベルヌイ 「推論法試論に無限小算法を用いること」	
［ビグラン 「充分理由の原理の使用について」 ［ミッチェル 「確率視差」	
［ジャン・ベルヌイ Ⅲ ［ダランベール 「数学小論」第5巻 　　　　　　　　（死亡率表，種痘について）	
［ジャン・ベルヌイ Ⅲ 「ジェノア・富クジについて」 ［オイレル 「確率計算における一大難問の解」 ［ダニエル・ベルヌイ 「推論法の問題の解析的精論」	ルカ 「ヨーロッパの実際的国情論」（比較統計学） ノルウェー・デンマーク人口調査
ラグランジュ 「多数の観測値の 結果として 平均値をとる方法」	
ランベルト 「確率計算に由来する……迷信」	
マレ 「確率の計算について」	
ラプラス 「差分法による微分方程式の解法について」	ガッテラー 「一般的世界統計の理想」（大学派）
ラプラス 「再帰循環級数とその偶然論への応用」	
ラグランジュ 「循環級数と偏差分線型方程式について」	
エマーソン 「数学集録」	
［ダニエル・ベルヌイ「非常に多くの観測値からの最確値の決定」 ［オイレル 「ダニエル・ベルヌイの論文についての註釈」 ［ビュッホン 「道徳算術試論」	
ラプラス 「確率についての覚え書」	
［ラプラス 「級数に関する覚え書」 ［フス 「確率計算に…ついての研究」	
［フス 「先の論文の補足」 ［プレヴオ 「偶然の儲けの理論の諸原理」	
［プレヴオ 「投票による選挙」 ［ボルダ 「同上」 ［コンドルセ 「確率論，論文，第1，第2」	
［コンドルセ 「確率論，論文，第3，税の評価」 ［マルファテイ 「ダニエル・ベルヌイ の問題 についての論評」 ［ラプラス 「大数の関数である諸公式の近似法について」 ［ワーリング 「代数的量を蓋然的な関係…に換算する原理」	
［ラプラス・ビキレ 「確率の計算について」 ［コンドルセ 「確率論，論文第4，未来事象の確率」	
［コンドルセ 「確率論，論文第5，第6，異常な出来事の確率」 ［ダニエール 「偶然ゲームについての反省」	クローメ 「欧州諸国の大きさと人口」（表派→ 　プレイフェア「商業地図と政治地図」統計図表へ）
［オイレル 「多数観察結果の平均をとる方法」 ［コンドルセ 「投票の多数決による……試論」	
ダニエル 「パリにあって」	レーマー 「国情論教科書」（大学派）

年	一般歴史的事項	数学上の業績
1790	独, ロマン主義文学運動, 新人文主義教育思潮 仏. 恐怖時代 ラヴォアジェ処刑, コンドルセ自殺, ロベスピエール暗殺	
1795	エコール・ポリテクニク創立, ポーランド滅亡 ナポレオン. イタリー, エジプト遠征 松平定信の寛政改革 本居宣長 「古事記伝」 ブリューメル18日（ナポレオン・クーデター）	ラプラス 「宇宙系の説明」 [ラグランジュ 「解析的関数論」 [ラクロア 「微分積分学」3巻（—1800） モンジュ 「画法幾何学講義」 ラプラス 「天体力学」第1巻, ガウス 「代数方程式の根の存在」
1800	昌平坂学問所	ガウス「算術精論」, カルノー「……図形の相反変換」
1805	ナポレオン. 仏皇帝に 神聖ローマ帝国滅亡 フルトンの汽船	カルノー「位置の幾何学」 ルジャンドル. 平方剰余の相反法則
1810	ベルリン大学創設, ヘーゲル 「論理学」	ポワソン 「力学」2巻
1815	ウィーン会議, スチーヴンソンの機関車 ナポレオン百日天下 英. 金本位制	ホーナー. 方程式の根の近似解法
1820	英船浦賀入港, ギリシャ独立宣言 シーボルト出島着任, モンロー主義宣言	コーシー 「解析学講義」第1巻 フーリエ 「熱の解析的理論」, バベージ. 計算機を作る コーシー 「微積分講義」

確 率 論 の 業 績（本書に出てくるもの）	統 計 学 の 業 績
	シンクレア 「スコットランドの統計的叙述」20巻 （～1798）
┌ラグランジュ 「年金について」 └ワーリング 「人間の知識の諸原則」 トランブレ 「確率計算についての初等的吟味」	┌リューダー 「国情論序説」（大学派） └モイゼル 「統計学教科書」
┌アンション 「確率計算の基礎についての疑問」 └トランブレ 「確率計算に関する……疑問の研究」	┌マーダー 「統計学の概念および学説」（大学派） └シュプレンゲル「主要ヨーロッパ諸国の国情論綱要」 （大学派）
┌トランブレ 「結果に由来する原因の確率について」 └ラプラス 「高等師範学校，確率論講義録」	
┌トランブレ 「天然痘の死亡率」 └プレヴォ，リュイエ 「確率について」	
┌プレヴォ，リュイエ 「結果による原因の確率の推定の 仕方について」 └トランブレ 「循環級数の一般項を求める方法」	ファブリ 「統計学余論」（大学派）
トランブレ 「結婚期間と未亡人の数について」	マルサス 「人口の原理」匿名，ロンドンで発行
トランブレ 「観測値の……中心をとる方法」 トランブレ 「偶然ゲームについての計算」	
	マンナート 「ヨーロッパ……の統計」（大学派） ┌ゲス 「統計学の概念について」（大学派） └シュレーツァー 「統計学理論」 このころから大学派と表派の争い激化する モイゼル 「統計学の文献」2巻（1806～1807） ニーマン 「統計学および国情論綱要」（比較派）
ガウス「天体運動論」 ラプラス「大数の関数である公式の近似について」	
ラプラス 「定積分とその確率への応用」	
ラプラス 「確率の解析的理論」（第1版） ラプラス 「大量の観測結果の……中央値」 ラプラス 「確率の解析的理論」（第2版） ラプラス 「自然哲学への確率論の応用」 ラプラス 「彗星について」	リューダー 「統計学批判」…大学派の崩壊→脱皮
ラプラス 「3角測量への確率論の応用」	
ラプラス 「確率の解析的理論」（第3版） ラプラス 「フランス南部での3角測量について確率論 の応用」	フーリエの人口統計（数学手法を統計へ） クロッツ 「学問としての統計学の理論」 フイッシャ 「学問としての統計学要綱」

人 名 索 引

〔A〕

Accius, Naevius (アキウス) ……………………337.
会田安明（あいだ・やすあき）………………378.
Airy, George Biddel (エーリー) ………………463.
Ancillon (アンション) …………………………369.
Arbuthnot, John (アーバスナット) ………24, 59〜
　62, 65, 124, 167, 183〜186, 199.
有馬頼僮（ありま・よりのぶ）………………299.
安島直圓（あじま・なおのぶ）………………377.

〔B〕

Bacon, Francis (ベーコン) ………………403, 432.
Baily, Francis (ベイリ) ………………………368.
Barbeyrac, Jean de (バーベイラック) ……120, 183.
Barrow, Issac (バロー) ……………………18, 23.
Bauhusius, Bernhard (バウフシウス) ………28, 29.
Bayes, Thomas (ベイズ) ………78, 256〜262, 319,
　441, 472, 479, 505.
Beguelin, Nicolas de (ビグラン) ……280〜286, 300.
Bernard (ベルナルド) …………………………505.
Bernoulli, Jacob (ベルヌイ, ヤコブ) …24〜26, 29,
　30, 44, 45, 56, 58, 61, 67〜81, 85, 92, 99,
　100, 102, 103, 113, 121, 125, 126, 133, 138,
　167, 174, 182, 184, 195, 235, 245, 289, 290,
　297, 306, 318, 356, 373, 375, 400, 438〜443,
　472, 475, 504, 505.
Bernoulli, Jean (ベルヌイ, ジャン) ……68, 81, 91,
　92, 95, 97, 102, 103, 108, 113〜115, 118, 123,
　131, 133, 135, 193, 194, 200, 206, 280, 362,
　364, 504.
Bernoulli, Nicolas (ベルヌイ・ニコラス) ……57, 68,
　69, 71, 91〜93, 98〜100, 105〜127, 135, 139,
　141, 143, 144, 148, 156, 164, 167, 174, 182〜185,
　193, 204, 205, 218, 220〜222, 233, 354, 426.
Bernoulli, Daniel (ベルヌイ, ダニエル) ………127,
　200〜216, 237, 241, 244, 247, 248, 253, 275,
　317, 327, 350〜353, 357, 358, 362, 363, 386,
　392, 394, 402, 442, 443, 462, 471, 476, 503,
　504.
Bernoulli, Jean III (ベルヌイ, ジャンIII世) …280〜
　284, 288, 298.
Bhaskara (バスカラ) ……………………………37.
Bicquilley, C. F. de (ビキレ) ………64, 360〜362.
Bienaymé, I. J. (ビエネメ) …………………476.
Binet, Jacques Phillipe Marie (ビネ) ……253, 255.

Boole, George (ブール) …405, 410, 413, 432, 505.
Borda, Jean Charles de (ボルダ) ……326, 340, 356,
　357, 435.
Boscovich, Ruggers Giuseppe (ボスコヴィッチ) …
　462, 494.
Bowditch, Nathaniel (ボウディチュ) ……388, 462,
　463, 480.
Bramagupta (ブラマグプタ) …………………37.
Brown, W. (ブラウン) …………24, 59, 185, 186.
Buckley, William (バックレイ) ………28, 39, 40.
Buffon, Georges Louis Leclercde (ビュッホン) …
　188, 195, 233, 235, 243, 244, 248, 293〜297,
　317, 323, 361, 463.
Bullialdus, Ismaël (ブリアルドウス) …………73.
Buteo, Joannes (ブテオ) ………………………33, 39.

〔C〕

Calandri, G Ludovico (カランドリ) ………139, 172.
Canton, John (カントン) ……………………256, 257.
Caramuel, Y. Lobkowitz Juan (カラミュエル) …56,
　57.
Carcavi, Pierre (カルカヴィ) …………………10, 20.
Cardan, Geronimo (カルダン) ………1〜3, 5〜8, 33.
Carpenter, Lord (カーペンター卿) …………134.
Castelli, Benedetto (カステルリ) ………………5, 8.
Cauchy, Augustin-Louis (コーシー) ………18, 417,
　420, 421.
Clailaut, Alexis Claude (クレーロー) …………276.
Clark, Samuel (クラーク, サミュエル) …191, 279,
　280, 298.
Clavius, Christoff (クラヴィウス) ………33, 40, 56.
Condorcet, M. J. A. N. Caritat de (コンドルセ) …
　45, 163, 234, 253, 276, 297, 301〜341, 356,
　357, 362, 371, 372, 429, 430, 435, 505.
Cotes, Roger (コーツ) ………………136, 171, 462.
Cournot, Antoine Augustin (クールノー) ……206,
　321, 432, 476.
Craig, John (クレイグ) ……63, 64, 66, 375, 402,
　504.
Cramer, Gabriel (クラーメル) ………139, 171, 172,
　205, 206, 294.
Cuming, C. Alexander (カミング) ………………160.

〔D〕

D'Alembert, Jean le Rond (ダランベール) …13, 25,
　207, 209, 227, 228, 232〜254, 276, 285, 286,
　293, 317, 338, 369, 471, 479.
Dangeau, Marquis (ダンゴー侯爵) ……………58.
D'Anieres (ダニエール) ………………………364.
D. M. …………………………………………190.
Dante, Alighieri (ダンテ) ……………………1.

— 526 —

De Beaune, Florimond (ド・ボーヌ)…123, 124, 130.
De Ganières (ド・ガニエール) …………………30.
De Haan, David Bierens (ド・アーン) …………411.
De la Hontan, Baron (ド・ラ・オンタン男爵) …101.
De la Roche, Michel (ド・ラ・ロッシュ) …………374.
De Méré, Chevalier (ド・メレ) ………9〜13, 19, 21,
　　136, 245, 402.
De Moivre, Abraham (ド・モワブル) …26, 56, 62,
　　63, 70, 71, 77, 81, 91, 93, 95, 96, 100, 101,
　　104〜107, 120. 123, 127, 129, 131〜168, 174,
　　184〜193, 214, 224〜227, 257, 260, 266, 272,
　　273, 275, 276, 279, 280, 291, 297, 307, 318,
　　342, 343, 348, 349, 352, 354, 356, 364, 369,
　　381, 385, 400, 421, 426, 429, 430, 438, 505.
De Morgan, Augustus (ド・モルガン) ……28, 134,
　　138, 260, 295, 318, 332, 368, 369, 412, 429,
　　438, 439, 441, 478, 504.
Descartes, Réne (デカルト) …18, 43, 64, 69, 404.
De Witt, Jan (デ・ウィット) …42〜45, 47, 53, 503,
　　507.
Diderot, Denis (ディドロ) …………64, 234, 254.
Dirichlet, Lejeune (デリクレ) …………………433.
Dodson, James (ドドソン) …………278, 297, 298.
Drinkwater …………………………Lubbockをみよ.

〔E〕

Ellis, R. L. (エリス) ……………432, 443, 455.
Emerson, William (エマーソン) ………………293.
Epikuros (エピキュラス) ………………………8.
Euler, Leonard (オイレル) ……18, 23, 79, 88, 98,
　　100, 113, 146, 175, 177, 178, 179, 215, 218〜
　　231, 260, 280〜284, 288, 291, 317, 348, 349,
　　369, 381, 392, 394, 416, 420, 438, 439, 462,
　　478, 494, 504.

〔F〕

Faulhaberus, Johann (ハウルハベルウス) …73, 82.
Fenn, I. (フェン) ………………………………505.
Fermat, Pierre (フェルマー) …9〜20, 35, 36, 93,
　　102, 123, 138, 276, 504.
Fisher, Ernst Gottfried (フィッシャー) ………377.
Fontaine, Alexis (フォンテーン) ……206, 234, 255,
　　294.
Fontana, Don Gregorio (フォンタナ) …………163.
Fontenelle, Bernard le Bovier de (フォントネル)…
　　58, 65, 68, 91, 164.
Forbes, Edward (ホルベス) …………………287.
Fréret (フレル) ………………………………336.
Friedlander (フリードランダー) ………………18.
Fuss, Nicolaus (フス) …………75, 85, 297, 299.

〔G〕

Gaeta, Don Roberto (ガエタ) …………………163.
Galileo, Galilei (ガリレオ) ………………………4.
Galloway, Thomas (ギャロウエイ) ……59, 65, 337,
　　438, 441, 478.
Gauss, Karl Friedrich (ガウス) …394, 462, 494〜
　　502.
Gouraut, Charles (グロー) …… 1, 15, 36, 42, 44,
　　80, 253, 293, 401, 478.
Graunt, John (グラント) ……42〜44, 48, 49, 52.
Grave (グラーヴ) ………………………………369.
'sGravesande, W. Jacob Storm van (スフラフェサン
　　デ) …………91, 124, 127, 184, 185, 504, 505.
Gregory, D. F. (グレゴリー) …………………411.

〔H〕

Halley, Edmund (ハレー) ……45〜47, 53〜55, 93,
　　147, 208, 229, 238, 279, 376, 480, 504.
Ham, John (ハム) ……………… 60, 188, 190.
Hamilton, William (ハミルトン) …………123, 130.
Haygarth (ハイガース) ……………… 373, 374.
Hendriks, Friedrich (ヘンドリックス) …………503.
Herschel, John Frederick William (ハーシェル) …
　　287.
Hermann, Jacob (ヘルマン) ………………68, 81.
Hindenburg, Karl Friedrich (ヒンデンブルク) ……
　　377.
Hipparchus (ピッパルクス) ………………………37.
Hoyle, Edmand (ホイル) ……………278, 279, 364.
Hudde, Johann van (フッデ) …………43, 44, 52.
Hume, David (ヒューム) …………………………505.
Hutton, Charles (ハットン) …………132, 190, 195.
Huygens, Christian (ホイヘンス) ………13, 24〜27,
　　56〜62, 65, 69, 70, 93, 102, 105, 115, 123,
　　132, 133, 135, 168, 185, 356, 364, 504.

〔I〕

Izquierdus (イズキエルドウス) …………………56.

〔J〕

Jones, William (ジョーンズ) …………………93, 127.
Justell, Henri (ジャステル) …………………46, 54.

〔K〕

Kaestner, Abraham Gotthelf (ケストナー) ……278,
　　297, 377.
Kahle (カレ) …………………………………504.

人 名 索 引

Karstens, F. C. Lorenz（カルステンス）………353.
川井久徳（かわい・ひさのり）……………………378.
Kepler, Johann（ケプラー）……………………3.
Kerseboom, William（ケルセボーム）……219, 229.
Kramp, Chrétien（クランプ）…………………480.
久留島義太（くるしま・よした）……………………299.

〔L〕

Lacroix, Sylvestre François（ラクロワ）………317.
Lagrange, Joseph Louis Comte（ラグランジュ）…
　18, 70, 157, 194, 214, 224, 263～277, 317,
　342, 343, 353, 354, 363, 369, 380, 382, 386,
　392, 405, 426, 432, 462, 479, 481.
Lambert, Johann Heinrich（ラムベルト）…77, 288,
　298, 299, 353, 373, 375, 462.
Laplace, Simon de（ラプラス）……15, 70, 78, 100,
　108, 120, 145～148, 153, 156, 157, 163, 186,
　200～202, 205, 207, 209, 211, 213, 225～227,
　241, 245, 249, 253, 259, 271, 273, 275, 287,
　291, 293, 295, 296, 318, 322, 332, 338, 342
　～348, 352, 353, 372～374, 379～494, 505.
Laplace, Comte de（ラプラス）…………………424.
Leclerc, M. V.（ルクレール）……………………42.
Legendre, Adrien Marie（ルジャンドル）…167, 277,
　462, 494.
Leibniz, Gottfried Wilhelm Freiherr von（ライプニ
　ッツ）……12, 18, 24, 32～34, 39, 41, 44, 45,
　58, 59, 65～68, 72, 78, 92, 131, 184, 402, 404.
Leslie, John（レスリー）……………………28, 39.
Lhuilier, Simon-Antoine-Jean（ルュイエ）…63, 77,
　322, 344, 355, 370～377, 505.
L'Hospital, Guillaume-François-Antoine de（ロピタ
　ル）121, 130.
Libri, Conte Guglielmo Bruto Icileo Timoleon（リ
　ブリ）…………………………………1, 2, 5.
Locke, John（ロック）……………………401, 402.
Longomontanus（Severin, Christian ; ロンゴモンタ
　ヌス）……………………………………56, 57.
Lucas, Henry（ルーカス）……………………23.
Lullus, Reymondus（ルルス）……………56, 64, 65.
Lubbock, John William（ルボック）……12, 33, 42,
　46, 59, 63, 64, 259.

〔M〕

Maclaurin, Colin（マクローリン）…167, 175～178,
Mairan, Jean Jacques d'Ortons de（メラン）…186,
　187, 194.
Malebranche, Nicolas de（マールブランシュ）…91,
　122, 127.
Malfatti, Giovanni Francesco Giuseppe（マルファ
　ティ）………………214, 217, 357, 358, 376.

Mallet, J. A.（マレ）…75, 85, 146, 225, 280, 289～293.
Marpurg, F. W.（マルプルク）……………………505.
Maseres, Francis（マーサーズ）………34, 69, 73.
松永良弼（まつなが・よしすけ）……………198, 299.
Mayer, Tobias（マイヤー）……………………462.
Mazarins, Jules（マザラン）……………………506.
Mead, Richard（ミード）……………………185.
Mendelssohn, Moses（メンデルスゾーン）…369, 377,
　504, 505.
Mercator, Nicolaus（Kaufmann, N ; メルカトール）
　……73, 82.
Merian, Peter（メリアン）……………………67.
Michaelis（ミシャエリ）……………………100.
Michell, John（ミッチェル）……286, 287, 298, 327,
　396.
Michelsen, J. A. C.（ミハエルゼン）………353, 355.
Mill, John Stuart（ミル）……235, 304, 338, 401.
Monsoury, L'abbé de（モンズリ神父）…………109.
Montmort, Pierre-Rémond de（モンモール）……12,
　26, 36, 56～58, 64, 69, 71, 81, 91～127, 132～
　134, 141, 143, 148, 151, 155, 156, 163, 164,
　182～188, 192, 218, 220, 273, 290, 292, 293,
　354, 363, 364, 505.
Montucla, Jean Étienne（モンチュクラ）……12, 15,
　24, 28, 43, 44, 46, 58, 59, 68, 91, 92, 126,
　206, 207, 234, 253, 286, 505.
Morley, Henri（モーレイ）……………………3, 8.
Motte, Benjamin（モット）……………24, 27, 59.

〔N〕

Napoleon, Bonaparte（ナポレオン）…398, 399, 479.
Necker, Jacques（ネッカー）………233, 236, 255.
Neumann, Kasper（ノイマン）……………46, 54.
Newton, Issac（ニュートン）…18, 19, 23, 27, 53,
　63, 65, 66, 96, 122, 125, 126, 134, 164, 171,
　172, 274, 279, 280, 336, 392, 480.
Nicole, François（ニコル）………187, 188, 194.
Nozzolini（ノッツォリニ）……………………4, 5.

〔O〕

Oettinger, L（エチンガー）……………………156.
Orbais, L'abbé d'（ドルベ神父）………………109.
Oresme, Nicole（オレーム）……………………38.
Ozanam, Jacques（オザナム）……………………168.

〔P〕

Pacioli, Luca（パチオリ）………………1, 5, 38.
Pascal, Blaise（パスカル）………9～21, 30～34, 36,
　72～74, 93, 102, 103, 123, 138, 195, 244, 402,
　504.

— 528 —

Payne, William （ペイネ）　………………280.

Peacock, George （ピーコック）　………28, 39.

Pearson, Karl （ピアソン）　………………132.

Peterson （ペーターソン）　………………63, 64.

Petty, William （ペティ）　………43, 44, 52, 505.

Peverone （ペヴェローネ）　………………1, 5.

Pfaff, Johann Friedrich （プファッフ）　…………377.

Poisson, Siméon-Denis （ポワソン）　…190, 206, 338,
　363, 395, 432, 440〜441, 444〜448, 449, 451,
　454, 455, 475, 476, 477.

Prestet, Jean （プレステー）　… 36, 41, 72, 73, 167.

Prevost, Pierre （プレヴォ）　…63, 69, 77, 82, 322,
　344, 356, 370〜377.

Price, Richard （プライス）　…………256〜261, 318.

Ptolemy, Claude （トレミー）　………………29.

Putenanus, Ericius （プテアヌス）　………28, 29.

〔R〕

Racine, Jean Baptiste （ラシーヌ）　……… 19, 401.

Riccati, Jacopo Francesco Conte （リッカチ）　…503,
　512.

Rizzetti, Johannis （リチェッテイ）　………503, 504.

Roberts, Francis （ロバーツ）　……63, 132, 146, 149.

Roberval, de la Loubere Gilles Personne （ロベルヴ
　ァル）　………………………10, 12, 13, 20.

Rothe （ローテ）　………………………379.

Rudiger, Andrew （ルディジャー）　………………504.

〔S〕

Sacrobosco, Johannes （サクロボスコ）　………33, 40.

Saurin, Joseph （ソーラン）　………………68, 81.

Sauveur, Joseph （ソーヴォー）　………57, 58, 187.

Savile, Henry （サヴィル）　………………23.

Savot （サボー）　………………………481.

Schooten, Franci van （スホーテン）　……24, 27, 31,
　32, 52, 53, 72.

Schwenter, Daniel （シュベンター）　………33, 40.

関孝和 （せき・たかかず）　………………195.

Shaw （シャウ）　………………………132.

朱世傑 （しゅせいけつ）　…………………38.

Simpson, Thomas （シンプソン）　………62, 190〜195,
　214, 260, 266, 268, 279.

Smart, John （スマート）　………………163.

Stevens, Henry Stuart （ステヴィン）　……139, 149.

Stewart, Dugald （スチュワート）　………3, 297, 337,
　369, 372, 403, 478.

Stiefel, Michael （シュティフエル）　…………33, 40.

Stirling, James （スターリング）　………77, 164, 166,
　167, 174, 175, 179, 214, 317, 392, 416, 435,
　438, 439.

Struve, Friedrich Georg Wilhelm **von** （シュトルー

フェ）　……………………………287, 298.

Struyck, Nicolas （ストルイック）　………………43.

Süssmilch, Johann Peter （ジュッスミルヒ）　……65,
　276, 277.

Svanberg, Jönes （スヴァンベルク）　………………478.

Sylvester, James Joseph （シルヴェスター）　……506.

〔T〕

Tacquet, Andreas （タッケ）　………………36. 41.

建部賢弘 （たけべ・けんこう）　………………197.

田中佳政 （たなか・よしまさ）　………………197.

Tartaglia, Nicolo （タルタニア）　………1, 5, 33, 39.

Taylor, Brook （テイラー）　…………148, 173, 405.

Terrot （テロット僧正）　………………372.

Tetens, J. N. （テーテンス）　………… 353, 355.

Thomson （トムソン）　………………………59.

Thubeuf （チュボー）　………………………505.

Titius, Daniel （ティティウス）　………………63.

Todhunter, Issac （トドハンター）　……17, 53, 103,
　152, 157, 361, 370.

Tonti, Lorenzo （トンチ）　……………… 506, 507.

Töpfer （テッファー）　………………………377.

Trembley, Jean （トランブレ）　…111, 146, 211, 225,
　247, 272, 342〜355.

Turgot, Anne Robert Jacques （チュルゴー）　…301,
　339.

〔V〕

Vandermonde, A. T. （ファンデアモンド）　…368, 377.

Varignon, Pierre （ヴァリヌュオン）　………114, 130.

Vastel, L. G. F. （ヴァステル）　………………69.

Voltaire, François Marie Arouet （ヴォルテール）…
　254, 336, 337.

Vossius, Gerard （ボッシウス）　………………29.

〔W〕

Waldegrave, James （ウォルドグラーヴ伯爵）　……109,
　120, 121, 125〜127, 148, 185, 280, 426, 429.

Wallis, John （ウォリス）　…18, 24, 28, 29, 34〜36,
　40, 41, 69, 72〜74, 135, 146, 400, 404, 477.

Waring, Edward （ワーリング）　364〜369, 376, 377,
　506.

Watt （ワット）　……………… 59, 278, 279.

Woodcock, Thomas （ウッドコック）　…………138.

〔X〕

Xenocrates （クセノクラテス）　………………37.

— 529 —

事 項 索 引

〔Y〕

山路主住（やまじ・ぬしずみ）‥‥‥‥‥‥‥‥‥300.
Young, Mathew（ヤング）‥‥‥‥‥‥‥‥‥‥‥376.

事 項 索 引

〔ア〕

ウォリスの定理（Wallice's theorem）‥‥‥‥‥477.
ウォルドグラーヴの問題（Waldgrave's problem）‥
　119〜121, 133, 148, 185, 280, 426.
ウッドコックの問題（Woodcock's problem）‥138〜
　140.
演算子法（calculus of operations）‥405〜409, 420,
　426.
オイレル・マクローリンの公式（Euler-Maclaurin's
　formula）‥‥‥‥‥‥‥167, 175〜179, 416, 437.

〔カ〕

賭金（Pari）‥‥‥‥‥‥‥‥‥‥‥‥ 234, 255.
賭事（gageure）‥‥‥‥‥‥‥‥‥ 233, 235, 236, 255.
カミングの問題（Cumming's problem）‥160〜161.
期待値（expectation）‥‥‥‥200, 216, 234, 255, 327,
　476, 483, 503, 504.
組合せ（combinations）‥28〜39, 72, 74, 93, 140,
　255.
結婚期間の問題（problem of duration of marriages）
　‥‥‥‥211, 288, 352〜353, 471〜474.
ゲーム〔アルファベット順〕
　Aces of Hearts（ハートのエース）‥‥‥‥60, 188.
　Backgammon（仏 trictrac, 西洋双六）‥7, 60, 190.
　Bassette（バセット）‥‥‥‥58, 65, 76, 100, 115,
　　129〜130, 140, 233, 255, 363.
　Bernoulli, Nicolas's‥‥‥‥‥‥‥‥‥‥‥115〜118.
　Bowls（ボール）‥104, 133, 146, 191, 194, 280.
　Breland（ブルラン）‥‥‥‥‥‥‥‥‥‥‥‥363.
　Cartes（カード・ゲーム，トランプ）‥‥‥6, 7, 251.
　Chess（チェス）‥‥‥‥‥‥‥‥‥‥‥‥‥‥364.
　Cinq et Neuf‥‥‥‥‥‥‥‥‥‥‥‥‥‥‥75.
　Croix et Pile（貨幣の表か裏か）‥232〜235, 245,
　　246, 253, 255.
　Dice（仏. dé）‥‥‥‥‥‥‥‥‥‥6, 7, 233, 255.
　Draughts（ドラフト）‥‥‥‥‥‥‥‥‥‥‥364.
　Espérance（エスペランス）‥‥‥‥‥‥‥‥‥101.
　Ferme（フエルム）‥‥‥‥‥‥‥‥‥‥‥‥108.
　Hazard（ハザード，アザール）‥60, 62, 65, 101,
　　148, 190.

　Her（エール）‥‥‥‥‥‥ 108〜109, 121, 127, 354.
　Krabs（クラブス）‥‥‥‥‥‥‥‥‥‥‥363, 376.
　Lansquenet（ランスクネ）‥‥‥‥‥‥‥‥‥‥99.
　Noyaux（核）‥‥‥‥‥‥‥‥‥‥‥‥‥‥‥101.
　Odd and Even（奇数か偶数か）‥‥‥‥186, 380, 384,
　　421.
　Oublieux‥‥‥‥‥‥‥‥‥‥‥‥‥‥‥‥‥105.
　Passe-dix（パス・ディス）‥‥‥‥57, 65, 101, 363.
　Paume（英. tennis；ポーム）‥‥‥‥‥79〜80, 121.
　Pharaon（ファラオン）‥‥‥59, 65, 92, 96, 114,
　　140, 141, 172, 188, 220〜222, 294.
　Piquet（ピケ）‥‥‥‥‥‥‥‥‥‥‥‥‥101, 150.
　Quadrille（カドリーユ）‥‥‥‥‥‥‥‥141, 187.
　Quinquenove（キュンクノーヴ）‥‥‥‥‥‥‥101.
　Rafle, Raffling（ラッフル）‥‥‥‥‥‥‥101, 149.
　Royal Oak（ロイヤル・オーク）‥‥‥‥‥‥‥62.
　Tas（タ）‥‥‥‥‥‥‥‥‥108, 111〜112, 121.
　Treize（Rencontre；トレーズ，邂逅）‥‥99, 108,
　　114〜115, 118, 121, 142〜145, 218, 288, 369,
　　426.
　Trente et Quarante（30と40）‥‥‥‥‥‥190, 363.
　Trijaques（スリージャック）‥‥‥‥‥‥‥‥‥75.
　Trois Dez（トロワ・デ）‥‥‥‥‥‥‥‥‥‥101.
　Whist（ホイスト）‥‥‥‥‥62, 66, 149〜150, 364.
誤差論（theory of errors）‥‥‥‥214〜215, 263〜269,
　353, 362, 382, 392, 394, 443〜463, 484〜502.

〔サ〕

最小二乗法（method of least square）‥‥‥443, 451.
事象の連の問題‥161〜163, 192, 280, 307〜312, 384.
失踪者（absent）‥‥‥‥‥‥‥‥‥‥233, 255, 362.
死亡率（mortality）‥‥42〜47, 218, 238〜239, 248.
循環級数‥‥‥‥‥‥‥157〜159, 173, 271, 379, 382.
順列（permutations）‥‥‥‥‥‥‥‥34, 72, 74, 140.
推論の確率（probability of arguments）‥‥‥76, 77,
　381.
彗星についてのラプラスの問題‥‥‥‥‥‥‥396〜398.
スターリングの定理（Stirling's theorem）‥77, 165,
　179〜181, 214, 381, 392, 416, 435, 438.

〔タ〕

男女出生の問題‥‥‥‥125, 167, 183〜185, 214, 345〜
　348, 389〜392, 466, 468〜469.
『天体力学』（Mécanique Céleste）‥388, 393, 412,
　462, 463, 481.
天然痘の問題‥‥‥‥‥‥‥207〜210, 236〜249, 350, 471.
富クジ(lottery)‥59, 63, 105, 141, 188, 190, 191,
　222〜228, 234, 255, 281, 290, 349, 379, 421.
ド・モワブルの近似計算‥‥‥‥‥‥‥‥132, 136, 191.
ド・モワブルのサイコロの問題‥‥‥‥94, 95, 133, 137,
　164, 191〜192, 266, 297, 349, 431.

〔ナ〕

二項定理（binomial theorem）………………… 73 , 93.
年金（annuities）……… 46〜47 , 219 , 275‐276 , 365 , 506〜508.

〔ハ〕

『百科全書』（Encyclopédie）………… 43 , 44 , 64 , 187 , 232〜236 , 249 , 251 , 253 , 254 , 362〜364.
ビュッホンの問題（Buffon's problem）……… 235 , 295〜297 , 463〜464.
『火の機構』（Mechanique du Feu）……………… 125.
ファンデアモンドの定理（Vandermonde's theorem）
　………………………………………………… 370.
ブレスラオ表（Breslau Registers）……… 46 , 208 , 279.
『文芸誌』（Athenaeum）…………………… 43 , 64 , 402.
物理的前動（prémotion physique）……………… 125.
分配問題（problem of points）………… 9〜17 , 69 , 73 , 102〜104 , 132 , 138 , 187〜188 , 273 , 343 , 381 , 385 , 421 , 425.
ベイズの定理（Bayes's theorem）……… 78 , 256〜260 , 331 , 338 , 440 , 473.
ダニエル・ベルヌイの壺の問題（Daniel Bernoulli's problem of urns）…… 211〜214 , 275 , 357〜359 , 441〜443.

ベルヌイ数（Bernoulli's number ………… 73 , 82〜85 , 141 , 166.
ヤコブ・ベルヌイの問題………… 74〜75 , 289 , 297.
ペテルスブルクの問題（problem of Petersburg）……… 205〜206 , 232〜235 , 242 , 246 , 249〜251 , 285 , 286 , 294 , 327 , 382.
ヤコブ・ベルヌイの定理‥ 77〜78 , 85〜88 , 125 , 161 , 184 , 306 , 327 , 435〜438 , 439〜443 , 475.
保険（assurance）………………… 229 , 362 , 368 , 506.
母関数（generating function）…… 275 , 385 , 392 , 400 , 405 , 424 , 425 , 439.
ポワソンの問題（Poisson's problem）……… 443〜448.

〔ヤ〕

遊戯継続の問題（problem of duration of play）………… 70 , 105〜108 , 138 , 151〜16 I , 192 , 273〜275 , 366〜367 , 379 , 385 , 386 , 395 , 426.

〔ラ〕

ラプラス関数（Laplace function）………………… 442.

〔ワ〕

惑星の軌道面の傾き……… 206〜207 , 241 , 386 , 394 , 431〜432.

〈訳者紹介〉

安藤洋美（あんどう・ひろみ）

1931 年兵庫県川辺郡小田村に生まれる。兵庫県立尼崎中学、広島高等師範学校数学科を経て、1953 年大阪大学理学部数学科卒業。

桃山学院大学経済学部教授、学校法人桃山学院常務理事を歴任。

現在、桃山学院大学名誉教授

著書・訳書

『統計学けんか物語（カール・ピアソン一代記）』（1989 年，海鳴社）

『確率論の生い立ち』（1992 年、現代数学社）

『最小二乗法の歴史』（1995 年、現代数学社）

『多変量解析の歴史』（1997 年、現代数学社）

『高校数学史演習』（1999 年、現代数学社）

『大道を行く高校数学（解析編）』（山野熙と共著、2001 年、現代数学社）

『大道を行く高校数学（統計数学編）』（2001 年、現代数学社）

『中学数学精義』（2005 年，現数学社）

『確率論の黎明』（2007 年、現代数学社）

F.N. ディヴィッド『確率論の歴史：遊びから科学へ』（1975 年、海鳴社）

O. オア『カルダノの生涯』（1978 年、東京図書）

E. レーマン『統計学講話：未知なる事柄への道標』（1984 年、現代数学社）

C. リード『数理統計学者イエルジィ・ネイマンの生涯』（1985 年、門脇光也、長岡一夫、岸吉堯と共訳，現代数学社）

新装版　確率論史

1975 年 6 月 20 日	初　版発行
2002 年 12 月 15 日	改訂版発行
2017 年 7 月 20 日	新装版発行

著　者　　I. トドハンター
訳　者　　安藤洋美
発行人　　富田　淳
発行所　　株式会社　現代数学社
　　　　　〒 606-8425 京都市左京区鹿ヶ谷西寺ノ前町 1
　　　　　TEL 075（751）0727　FAX075（744）0906
　　　　　http://www.gensu.co.jp/

検印省略

© Hiromi Ando, 2017
Printed in Japan

印刷・製本　　有限会社　ニシダ印刷製本

ISBN 978-4-7687-0475-2

落丁・乱丁はお取替え致します.